Vorwort

Dieses Fachbuch wurde auf der Grundlage der Rahmenpläne der ständigen Konferenz der Kultusminister und Senatoren der Länder (KMK) sowie der Verordnung über die Berufsausbildung (Ausbildungsverordnung) des Bundes für die betriebliche Ausbildung erarbeitet.

Die für die Berufsausbildung notwendigen Lernfelder und Inhalte der Berufe Tischler/Tischlerin, Holzmechaniker/Holzmechanikerin sind umfangreich dargestellt. Viele Inhalte des Berufes Fachkraft für Möbel-, Küchen- und Umzugsservice, die sich oft im handwerklichen Bereich mit den genannten Berufen überschneiden, wurden sachgerecht eingeordnet.

Das Buch ist um das für alle drei Berufe wichtige Kapitel „Ladesicherung auf Fahrzeugen" erweitert worden. Im Kapitel „Küchenbau" wird dem Anspruch auf Montage sowie Wasser- und Elekroanschlüssen Rechnung getragen.

Die neuen EU-DIN-Normen wurden eingearbeitet. Auf ältere, in Deutschland noch gültige DIN-Normen wird hingewiesen.

Trotz der geänderten Normen für Sperrhölzer wird, in dieser Auflage die übliche, im Fachhandel gebräuchliche Bezeichnung FU (Furniersperrholz), beibehalten.

Der Wandel der Beruflichen Bildung in Europa findet Berücksichtigung.

Ein Lernfeldkompass weist den Weg durch das Buch. Die Inhalte sind den Lernfeldern zugeordnet. Die Lernfelder der drei genannten Berufe werden vollständig in Kapitel 16 präsentiert.

Die Arbeitsaufträge (105) sind in der Regel den jeweils zu erarbeitenden fachlichen Inhalten vorangestellt worden. Sie wurden unter Berücksichtigung der neuesten Didaktik und Methodik entworfen, der Kundenauftrag in den Mittelpunkt gestellt.

Die Schülerinnen und Schüler erwerben bei der Umsetzung der Arbeitsaufträge Handlungs-, Fach-, Human-, Sozial-, Methoden-, Medien- und Lernkompetenz. Sie werden zu selbstständigem Arbeiten im Team, Planen, Durchführen, Beurteilen und Präsentieren von Arbeitsaufträgen befähigt.

Der Lehrer/die Lehrerin als Initiator/-in und Begleiter/-in des Lernprozesses entscheidet darüber, wie viele und welche Lernaufgaben im Verlauf der Ausbildung bearbeitet werden. In Abhängigkeit von den jeweiligen Lernvoraussetzungen und Lernbedingungen fordern und fördern sie die Lernenden und sichern das Erlernte unter Einbeziehung der Arbeits-, Bewertungs- und Beobachtungsbögen.

Berlin, 2013   Die Autoren

Inhaltsverzeichnis

1   Ihre Berufswelt 1
   1.1   Berufsausbildung 2
   1.2   Betrieb und Arbeitsplatz 6
   1.3   Unfallgefahren und Unfallverhütung 7
       1.3.1   Arbeitssicherheit und Gesundheitsschutz 9
       1.3.2   Umgang mit Gefahrstoffen 11
       1.3.3   Betriebsanweisung 11
       1.3.4   Sicherheits- und Gesundheitsschutz-Kennzeichnung 13

2   Physikalische und chemische Grundlagen 15
   2.1   Physikalische Grundbegriffe 16
   2.2   Kohäsion und Adhäsion 19
   2.3   Kapillarität und Diffusion 20
   2.4   Chemische Grundbegriffe 21
       2.4.1   Gemenge (Dispersionen) 21
       2.4.2   Chemische Verbindungen (Reaktionen) 22
       2.4.3   Element, Molekül, Atom 22
   2.5   Luft und Wasser 24
   2.6   Oxidation und Reduktion 26
   2.7   Säuren, Basen, Salze 27

3   Holz und Holzwerkstoffe 31
   3.1   Der Wald 31
       3.1.1   Waldverteilung 32
       3.1.2   Bedeutung des Waldes 37
   3.2   Aufbau und Wachstum des Holzes 39
       3.2.1   Aufbau 39
       3.2.2   Wachstum 43
       3.2.3   Holzfehler, Wuchsfehler (Holzmerkmale) 45
   3.3   Eigenschaften des Holzes 53
       3.3.1   Allgemeine Eigenschaften 53
       3.3.2   Rohdichte, Härte, Elastizität 55
       3.3.3   Festigkeit 55

Lernfelder: Tischler/Tischlerin (TI)

1. Einfache Produkte aus Holz herstellen
2. Zusammengesetzte Produkte aus Holz und Holzwerkstoffen herstellen
3. Produkte aus unterschiedlichen Werkstoffen herstellen
4. Kleinmöbel herstellen
5. Einzelmöbel herstellen
6. Systemmöbel herstellen
7. Einbaumöbel herstellen und montieren
8. Raumbegrenzende Elemente des Innenausbaus herstellen und montieren
9. Bauelemente des Innenausbaus herstellen und montieren
10. Baukörper abschließende Bauelemente herstellen und montieren
11. Erzeugnisse warten und instand halten
12. Einen Arbeitsauftrag aus dem Tätigkeitsfeld ausführen

Lernfelder: Holzmechaniker/Holzmechanikerin (HM) (LF1–8 mit Tischler/Tischlerin identisch)

9. Holz und Holzwerkstoffe beschichten
10. Bauelemente des Innenausbaus auftragsgerecht herstellen
11. Fenster und Außentüren herstellen
12. Packmittel herstellen

Lernfelder: Fachkraft für Möbel-, Küchen- und Umzugsservice (FKU)

1. Den Ausbildungsplatz präsentieren
2. Einen Arbeitsauftrag im Möbel-, Küchen- und Umzugsservice erfassen und planen
3. Warenbestände sichern und Umzugsgut kontrollieren
4. Möbel, Küchen, Geräte oder Umzugsgut verpacken, lagern, transportieren
5. Möbel- und Küchenteile aus Vollholz bearbeiten
6. Möbel- und Küchenteile aus Holzwerkstoffen, Kunststoffen und Metallen bearbeiten
7. Möbel und Küchen montieren
8. Möbel und Küchen auf- und abbauen
9. Waren und Güter abholen und ausliefern
10. Elektrische Einrichtungen und Geräte installieren und deinstallieren
11. Wasserleitungen, Abwasserleitungen und Lüftungsanlagen einbauen und an- oder abschließen
12. Beschwerden und Reklamationen bearbeiten
13. Aufträge von der Planung bis zur Abnahme durchführen

	3.3.4	Leitfähigkeit...58
	3.3.5	Holzfeuchtigkeit.....................................59
3.4	Trocknung, Lagerung und Pflege des Holzes..........................63
	3.4.1	Natürliche Trocknung.................................64
	3.4.2	Künstliche (technische) Trocknung....................65
	3.4.3	Trocknungsschäden....................................66
3.5	Holzarten und ihre Bestimmung......................................67
	3.5.1	Holzarten..68
	3.5.2	Bestimmen von Holzarten..............................77
3.6	Holzschädlinge und Holzschutz......................................79
	3.6.1	Holzzerstörende Pilze................................79
	3.6.2	Holzzerstörende Insekten.............................83
	3.6.3	Holzschutzmaßnahmen..................................86
	3.6.4	Chemische Holzschutzmaßnahmen........................87
3.7	Handelsformen..95
	3.7.1	Rundholz...95
	3.7.2	Schnittholz..98
3.8	Furniere und Furniertechnik.......................................104
	3.8.1	Furnierherstellung und -arten.......................105
	3.8.2	Furnieren...109
	3.8.3	Furnierbearbeitungswerkzeuge........................112
3.9	Plattenwerkstoffe...113
	3.9.1	Sperrholz...114
	3.9.2	Holzspanplatten.....................................117
	3.9.3	Holzfaserplatten....................................121
	3.9.4	Schichtholz und Hohlraumplatten.....................122
	3.9.5	Andere Plattenwerkstoffe............................123
3.10	Sonderholz..124

4 Holzbearbeitung mit Handwerkszeugen 125
	4.1	Messen und Anreißen.................................126
	4.1.1	Längen-, Breiten- und Dickenmesszeuge...............127
	4.1.2	Richtungsmesszeuge..................................129
	4.1.3	Winkelmesszeuge.....................................131
	4.1.4	Anreißwerkzeuge.....................................132

Inhaltsverzeichnis

Lernfelder: Tischler/Tischlerin (TI)

1. Einfache Produkte aus Holz herstellen
2. Zusammengesetzte Produkte aus Holz und Holzwerkstoffen herstellen
3. Produkte aus unterschiedlichen Werkstoffen herstellen
4. Kleinmöbel herstellen
5. Einzelmöbel herstellen
6. Systemmöbel herstellen
7. Einbaumöbel herstellen und montieren
8. Raumbegrenzende Elemente des Innenausbaus herstellen und montieren
9. Bauelemente des Innenausbaus herstellen und montieren
10. Baukörper abschließende Bauelemente herstellen und montieren
11. Erzeugnisse warten und instand halten
12. Einen Arbeitsauftrag aus dem Tätigkeitsfeld ausführen

Lernfelder: Holzmechaniker/Holzmechanikerin (HM)
(LF 1–8 mit Tischler/Tischlerin identisch)

9. Holz und Holzwerkstoffe beschichten
10. Bauelemente des Innenausbaus auftragsgerecht herstellen
11. Fenster und Außentüren herstellen
12. Packmittel herstellen

Lernfelder: Fachkraft für Möbel-, Küchen- und Umzugsservice (FKU)

1. Den Ausbildungsplatz präsentieren
2. Einen Arbeitsauftrag im Möbel-, Küchen- und Umzugsservice erfassen und planen
3. Warenbestände sichern und Umzugsgut kontrollieren
4. Möbel, Küchen, Geräte oder Umzugsgut verpacken, lagern, transportieren
5. Möbel- und Küchenteile aus Vollholz bearbeiten
6. Möbel- und Küchenteile aus Holzwerkstoffen, Kunststoffen und Metallen bearbeiten
7. Möbel und Küchen montieren
8. Möbel und Küchen auf- und abbauen
9. Waren und Güter abholen und ausliefern
10. Elektrische Einrichtungen und Geräte installieren und deinstallieren
11. Wasserleitungen, Abwasserleitungen und Lüftungsanlagen einbauen und an- oder abschließen
12. Beschwerden und Reklamationen bearbeiten
13. Aufträge von der Planung bis zur Abnahme durchführen

4.2	Mechanische Grundlagen		133
4.3	Sägen		139
4.4	Hobeln		143
4.5	Schaben		148
4.6	Stemmen		150
4.7	Bohren		151
4.8	Raspeln und Feilen		154
4.9	Schleifen		156
4.10	Spannwerkzeuge und Vorrichtungen		158

5 Maschinelle Holzbearbeitung 165
5.1 Elektrotechnik 165
5.1.1 Elektrotechnische Grundlagen 165
5.1.2 Elektromotoren 169
5.1.3 Unfallschutz 172
5.2 Arbeitsmaschinen 174
5.2.1 Antrieb, Geschwindigkeit, Übersetzung 174
5.2.2 Schnittbewegung und Schnittgüte 177
5.2.3 Unfall- und Gesundheitsschutz 179
5.2.4 Sägemaschinen 182
5.2.4.1 Tischbandsägemaschine 182
5.2.4.2 Tisch- und Formatkreissägemaschine 184
5.2.4.3 Andere Kreissägemaschinen 189
5.2.5 Hobelmaschinen 192
5.2.5.1 Abrichthobelmaschine 193
5.2.5.2 Dickenhobelmaschine 196
5.2.5.3 Andere Hobelmaschinen 198
5.2.6 Fräsmaschinen 199
5.2.6.1 Tischfräsmaschine 200
5.2.6.2 Andere Fräsmaschinen 207
5.2.7 Bohrmaschinen 211
5.2.8 Schleifmaschinen 216
5.2.9 Hydraulische und pneumatische Geräte 221
5.2.9.1 Hydraulische Geräte 222
5.2.9.2 Pneumatische Geräte 223

Inhaltsverzeichnis

Lernfelder: Tischler/Tischlerin (TI)

1. Einfache Produkte aus Holz herstellen
2. Zusammengesetzte Produkte aus Holz und Holzwerkstoffen herstellen
3. Produkte aus unterschiedlichen Werkstoffen herstellen
4. Kleinmöbel herstellen
5. Einzelmöbel herstellen
6. Systemmöbel herstellen
7. Einbaumöbel herstellen und montieren
8. Raumbegrenzende Elemente des Innenausbaus herstellen und montieren
9. Bauelemente des Innenausbaus herstellen und montieren
10. Baukörper abschließende Bauelemente herstellen und montieren
11. Erzeugnisse warten und instand halten
12. Einen Arbeitsauftrag aus dem Tätigkeitsfeld ausführen

Lernfelder: Holzmechaniker/Holzmechanikerin (HM)
(LF 1–8 mit Tischler/Tischlerin identisch)

9. Holz und Holzwerkstoffe beschichten
10. Bauelemente des Innenausbaus auftragsgerecht herstellen
11. Fenster und Außentüren herstellen
12. Packmittel herstellen

Lernfelder: Fachkraft für Möbel-, Küchen- und Umzugsservice (FKU)

1. Den Ausbildungsplatz präsentieren
2. Einen Arbeitsauftrag im Möbel-, Küchen- und Umzugsservice erfassen und planen
3. Warenbestände sichern und Umzugsgut kontrollieren
4. Möbel, Küchen, Geräte oder Umzugsgut verpacken, lagern, transportieren
5. Möbel- und Küchenteile aus Vollholz bearbeiten
6. Möbel- und Küchenteile aus Holzwerkstoffen, Kunststoffen und Metallen bearbeiten
7. Möbel und Küchen montieren
8. Möbel und Küchen auf- und abbauen
9. Waren und Güter abholen und ausliefern
10. Elektrische Einrichtungen und Geräte installieren und deinstallieren
11. Wasserleitungen, Abwasserleitungen und Lüftungsanlagen einbauen und an- oder abschließen
12. Beschwerden und Reklamationen bearbeiten
13. Aufträge von der Planung bis zur Abnahme durchführen

		5.2.10	CNC-Maschinen. 229

	5.3	Numerisch gesteuerte Holzbearbeitungsmaschinen 230
		5.3.1 Grundlagen der Steuerungs- und Regelungstechnik. 230
		5.3.2 Numerische Steuerung 235
		5.3.3 Koordinaten (Verfahrachsen) 236
		5.3.4 Wegemesssysteme und Bezugspunkte an CNC-Maschinen 237
		5.3.5 Steuerungsarten 239
		5.3.6 Programmieren von CNC-Holzbearbeitungsmaschinen 240

6 Andere Werkstoffe 249

6.1	Metalle. 249
	6.1.1 Eisen und Stahl. 250
	6.1.2 Nichteisenmetalle (NE-Metalle). 252
	6.1.3 Korrosion und Korrosionsschutz 253
	6.1.4 Fertigungstechnik und Metallbearbeitung 253
6.2	Kunststoffe (Plaste) 260
	6.2.1 Kohlenstoffchemie 262
	6.2.2 Herstellung, Arten und Elemente der Kunststoffe 264
	6.2.3 Kunststoffbearbeitung 269
	6.2.4 Kunststoffverarbeitung. 273
6.3	Klebstoffe und Dichtstoffe 274
	6.3.1 Natürliche Leime 278
	6.3.2 Synthetische Klebstoffe 280
6.4	Glas 286
	6.4.1 Herstellung. 287
	6.4.2 Glaserzeugnisse 290
	6.4.3 Lagerung und Transport 294

7 Holzverbindungen 297

7.1	Verbindungsmittel 297
	7.1.1 Drahtstifte und Klammern 297
	7.1.2 Holzschrauben 300
	7.1.3 Dübel und Federn. 303
7.2	Breitenverbindungen 305
	7.2.1 Unverleimte Breitenverbindungen 305

Inhaltsverzeichnis

Lernfelder: Tischler/Tischlerin (TI)

Nr.	Lernfeld
1	Einfache Produkte aus Holz herstellen
2	Zusammengesetzte Produkte aus Holz und Holzwerkstoffen herstellen
3	Produkte aus unterschiedlichen Werkstoffen herstellen
4	Kleinmöbel herstellen
5	Einzelmöbel herstellen
6	Systemmöbel herstellen
7	Einbaumöbel herstellen und montieren
8	Raumbegrenzende Elemente des Innenausbaus herstellen und montieren
9	Bauelemente des Innenausbaus herstellen und montieren
10	Baukörper abschließende Bauelemente herstellen und montieren
11	Erzeugnisse warten und instand halten
12	Einen Arbeitsauftrag aus dem Tätigkeitsfeld ausführen

Lernfelder: Holzmechaniker/Holzmechanikerin (HM)
(LF1–8 mit Tischler/Tischlerin identisch)

Nr.	Lernfeld
9	Holz und Holzwerkstoffe beschichten
10	Bauelemente des Innenausbaus auftragsgerecht herstellen
11	Fenster und Außentüren herstellen
12	Packmittel herstellen

Lernfelder: Fachkraft für Möbel-, Küchen- und Umzugsservice (FKU)

Nr.	Lernfeld
1	Den Ausbildungsplatz präsentieren
2	Einen Arbeitsauftrag im Möbel-, Küchen- und Umzugsservice erfassen und planen
3	Warenbestände sichern und Umzugsgut kontrollieren
4	Möbel, Küchen, Geräte oder Umzugsgut verpacken, lagern, transportieren
5	Möbel- und Küchenteile aus Vollholz bearbeiten
6	Möbel- und Küchenteile aus Holzwerkstoffen, Kunststoffen und Metallen bearbeiten
7	Möbel und Küchen montieren
8	Möbel und Küchen auf- und abbauen
9	Waren und Güter abholen und ausliefern
10	Elektrische Einrichtungen und Geräte installieren und deinstallieren
11	Wasserleitungen, Abwasserleitungen und Lüftungsanlagen einbauen und an- oder abschließen
12	Beschwerden und Reklamationen bearbeiten
13	Aufträge von der Planung bis zur Abnahme durchführen

		7.2.2	Verleimte Breitenverbindungen	308

- 7.3 Längsverbindungen 311
- 7.4 Rahmeneckverbindungen 312
- 7.5 Kasteneckverbindungen 319
  - 7.5.1 Genagelte Eckverbindungen 320
  - 7.5.2 Gegratete Vollholzverbindungen 321
  - 7.5.3 Gezinkte Eckverbindung 324
  - 7.5.4 Gespundete, gedübelte und gefederte Eckverbindungen 329
- 7.6 Gestellverbindungen 331

8 Möbelbau 335
- 8.1 Möbelarten und -bauweisen 335
- 8.2 Der Weg zur Form 338
- 8.3 Möbelteile – Konstruktionsteile für den Möbelbau 341
  - 8.3.1 Möbelunterbau 343
  - 8.3.2 Oberer Möbelabschluss (Möbeloberteil) 344
  - 8.3.3 Rückwände 345
  - 8.3.4 Türen 346
  - 8.3.5 Rollläden 357
  - 8.3.6 Klappen 360
  - 8.3.7 Schiebetüren 362
  - 8.3.8 Schubkästen 364
  - 8.3.9 Fachböden 370
  - 8.3.10 Sitzmöbel 371
  - 8.3.11 Tische 375
    - 8.3.11.1 Tisch mit Schubkasten 378
    - 8.3.11.2 Der runde Zargentisch 379
  - 8.3.12 Einbauküchen 380
    - 8.3.12.1 Spülbeckenanlagen und Einbau 385
    - 8.3.12.2 Trinkwasseranschluss 387
    - 8.3.12.3 Anschluss an das Abwassersystem im Haus 390
    - 8.3.12.4 Elektrische Anschlüsse 391
    - 8.3.12.5 Küchenentlüftung 394
  - 8.3.13 Großküchen 395

Inhaltsverzeichnis

Lernfelder: Tischler/Tischlerin (TI)

1. Einfache Produkte aus Holz herstellen
2. Zusammengesetzte Produkte aus Holz und Holzwerkstoffen herstellen
3. Produkte aus unterschiedlichen Werkstoffen herstellen
4. Kleinmöbel herstellen
5. Einzelmöbel herstellen
6. Systemmöbel herstellen und montieren
7. Einbaumöbel herstellen und montieren
8. Raumbegrenzende Elemente des Innenausbaus herstellen und montieren
9. Bauelemente des Innenausbaus herstellen und montieren
10. Baukörper abschließende Bauelemente herstellen und montieren
11. Erzeugnisse warten und instand halten
12. Einen Arbeitsauftrag aus dem Tätigkeitsfeld ausführen

Lernfelder: Holzmechaniker/Holzmechanikerin (HM)
(LF 1–8 mit Tischler/Tischlerin identisch)

9. Holz und Holzwerkstoffe beschichten
10. Bauelemente des Innenausbaus auftragsgerecht herstellen
11. Fenster und Außentüren herstellen
12. Packmittel herstellen

Lernfelder: Fachkraft für Möbel-, Küchen- und Umzugsservice (FKU)

1. Den Ausbildungsplatz präsentieren
2. Einen Arbeitsauftrag im Möbel-, Küchen- und Umzugsservice erfassen und planen
3. Warenbestände sichern und Umzugsgut kontrollieren
4. Möbel, Küchen, Geräte oder Umzugsgut verpacken, lagern, transportieren
5. Möbel- und Küchenteile aus Vollholz bearbeiten
6. Möbel- und Küchenteile aus Holzwerkstoffen, Kunststoffen und Metallen bearbeiten
7. Möbel und Küchen montieren
8. Möbel und Küchen auf- und abbauen
9. Waren und Güter abholen und ausliefern
10. Elektrische Einrichtungen und Geräte installieren und deinstallieren
11. Wasserleitungen, Abwasserleitungen und Lüftungsanlagen einbauen und an- oder abschließen
12. Beschwerden und Reklamationen bearbeiten
13. Aufträge von der Planung bis zur Abnahme durchführen

8.4	Kleine Stilkunde des Möbels	396
	8.4.1 Altertum und Antike	396
	8.4.2 Mittelalter	398
	8.4.3 Neuzeit	400

9 Oberflächenbehandlung 413
   9.1 Vorbehandlungen 413
      9.1.1 Vorbereiten der Oberfläche 414
      9.1.2 Schleifen 415
      9.1.3 Strukturieren 416
   9.2 Beizen 417
      9.2.1 Arten und Anforderungen 418
      9.2.2 Auftragen und Trocknen 421
   9.3 Lackieren 422
      9.3.1 Lackarten und Anforderungen 423
      9.3.2 Lackiertechniken 426
      9.3.3 Lackierverfahren 429
      9.3.4 Glaslacke 435
      9.3.5 Natürliche Mittel zur Oberflächenbehandlung 436

10 Innenausbau und Außenbau 439
   10.1 Maßordnung im Hochbau 439
   10.2 Wärme-, Schall- und Brandschutz 442
      10.2.1 Wärme, Temperatur und Wärmeausdehnung 442
      10.2.2 Wärmeausbreitung und -speicherung 444
      10.2.3 Wärmeschutz 447
      10.2.4 Schall 449
      10.2.5 Schallschutz 451
      10.2.6 Brandschutz 454
   10.3 Wand- und Deckenverkleidungen 457
      10.3.1 Wandverkleidungen 458
      10.3.2 Deckenverkleidungen 464
   10.4 Trennwände 469
      10.4.1 Feststehende Trennwände 470
      10.4.2 Bewegliche Trennwände 472

Inhaltsverzeichnis

	Lernfelder: Tischler/Tischlerin (TI)
1	Einfache Produkte aus Holz herstellen
2	Zusammengesetzte Produkte aus Holz und Holzwerkstoffen herstellen
3	Produkte aus unterschiedlichen Werkstoffen herstellen
4	Kleinmöbel herstellen
5	Einzelmöbel herstellen
6	Systemmöbel herstellen
7	Einbaumöbel herstellen und montieren
8	Raumbegrenzende Elemente des Innenausbaus herstellen und montieren
9	Bauelemente des Innenausbaus herstellen und montieren
10	Baukörper abschließende Bauelemente herstellen und montieren
11	Erzeugnisse warten und instand halten
12	Einen Arbeitsauftrag aus dem Tätigkeitsfeld ausführen

	Lernfelder: Holzmechaniker/Holzmechanikerin (HM) (LF1–8 mit Tischler/Tischlerin identisch)
9	Holz und Holzwerkstoffe beschichten
10	Bauelemente des Innenausbaus auftragsgerecht herstellen
11	Fenster und Außentüren herstellen
12	Packmittel herstellen

	Lernfelder: Fachkraft für Möbel-, Küchen- und Umzugsservice (FKU)
1	Den Ausbildungsplatz präsentieren
2	Einen Arbeitsauftrag im Möbel-, Küchen- und Umzugsservice erfassen und planen
3	Warenbestände sichern und Umzugsgut kontrollieren
4	Möbel, Küchen, Geräte oder Umzugsgut verpacken, lagern, transportieren
5	Möbel- und Küchenteile aus Vollholz bearbeiten
6	Möbel- und Küchenteile aus Holzwerkstoffen, Kunststoffen und Metallen bearbeiten
7	Möbel und Küchen montieren
8	Möbel und Küchen auf- und abbauen
9	Waren und Güter abholen und ausliefern
10	Elektrische Einrichtungen und Geräte installieren und deinstallieren
11	Wasserleitungen, Abwasserleitungen und Lüftungsanlagen einbauen und an- oder abschließen
12	Beschwerden und Reklamationen bearbeiten
13	Aufträge von der Planung bis zur Abnahme durchführen

10.5	Systemmöbel und Einbaumöbel	472
10.6	Holzfußböden	475
10.7	Türen	480
	10.7.1 Türarten	482
	10.7.2 Innentüren	482
	10.7.3 Außentüren	497
10.8	Fenster	504
	10.8.1 Aufgaben und Anforderungen	505
	10.8.2 Bezeichnungen am Fenster	510
	10.8.3 Fensterarten	511
	10.8.4 Profilquerschnitte und Konstruktionsmaße für Holzfenster	516
	10.8.5 Flügelöffnung und Fensterbeschläge	522
	10.8.6 Werkstoffe im Fensterbau	524
	10.8.7 Verglasungsarbeiten	530
	10.8.8 Dichtstoffe	535
	10.8.9 Fenstereinbau und Baukörperanschluss	538
10.9	Treppen	541
10.10	Montage- und Befestigungstechnik	550
10.11	Messebau	556

11 Ladesicherung auf Fahrzeugen ... 559
    11.1 Gesetzliche Bestimmungen ... 559
        11.1.1 Be- und Entladen der Fahrzeuge ... 560
        11.1.2 Die Regeln der Technik ... 561
    11.2 Ladesicherung – Physikalische Grundlagen ... 561
        11.2.1 Gewichtskraft ... 562
        11.2.2 Massenkraft F ... 562
    11.3 Reibungskraft F ... 563
    11.4 Sicherungskraft ... 564
    11.5 Arten der Ladungssicherung ... 566
        11.5.1 Kraftschlüssige Ladungssicherung – Niederzurren ... 566
        11.5.2 Formschlüssige Ladesicherung ... 566
            11.5.2.1 Schrägzurren ... 567
            11.5.2.2 Diagonalzurren ... 568

Inhaltsverzeichnis

Lernfelder: Tischler/Tischlerin (TI)

1. Einfache Produkte aus Holz herstellen
2. Zusammengesetzte Produkte aus Holz und Holzwerkstoffen herstellen
3. Produkte aus unterschiedlichen Werkstoffen herstellen
4. Kleinmöbel herstellen
5. Einzelmöbel herstellen
6. Systemmöbel herstellen
7. Einbaumöbel herstellen und montieren
8. Raumbegrenzende Elemente des Innenausbaus herstellen und montieren
9. Bauelemente des Innenausbaus herstellen und montieren
10. Baukörper abschließende Bauelemente herstellen und montieren
11. Erzeugnisse warten und instand halten
12. Einen Arbeitsauftrag aus dem Tätigkeitsfeld ausführen

Lernfelder: Holzmechaniker/Holzmechanikerin (HM) (LF 1–8 mit Tischler/Tischlerin identisch)

9. Holz und Holzwerkstoffe beschichten
10. Bauelemente des Innenausbaus auftragsgerecht herstellen
11. Fenster und Außentüren herstellen
12. Packmittel herstellen

Lernfelder: Fachkraft für Möbel-, Küchen- und Umzugsservice (FKU)

1. Den Ausbildungsplatz präsentieren
2. Einen Arbeitsauftrag im Möbel-, Küchen- und Umzugsservice erfassen und planen
3. Warenbestände sichern und Umzugsgut kontrollieren
4. Möbel, Küchen, Geräte oder Umzugsgut verpacken, lagern, transportieren
5. Möbel- und Küchenteile aus Vollholz bearbeiten
6. Möbel- und Küchenteile aus Holzwerkstoffen, Kunststoffen und Metallen bearbeiten
7. Möbel und Küchen montieren
8. Möbel und Küchen auf- und abbauen
9. Waren und Güter abholen und ausliefern
10. Elektrische Einrichtungen und Geräte installieren und deinstallieren
11. Wasserleitungen, Abwasserleitungen und Lüftungsanlagen einbauen und an- oder abschließen
12. Beschwerden und Reklamationen bearbeiten
13. Aufträge von der Planung bis zur Abnahme durchführen

	11.5.2.3 Schlingenzurren (Kopflasching)	569
	11.5.2.4 Hilfsmittel zur Ladesicherung	569
11.6	Lastverteilung	571

12 Betriebstechnik . . . 575
12.1 Betriebsanlage . . . 575
12.2 Arbeitsplatz . . . 577
12.3 Förder- und Transportvorrichtungen, Spänebeseitigung . . . 578
12.4 Fertigungsablauf . . . 582

13 Service im Handwerk . . . 587
13.1 Kundenwerbung . . . 587
13.2 Mängelbeseitigung – Rechte und Pflichten . . . 589
13.3 Nachhaltige Kundenbindung . . . 590

14 Gesellenstück/Facharbeiterprüfung im Tischlerhandwerk . . . 593
14.1 Art und Konstruktion . . . 593
14.2 Hinweise für Entwurf und Fertigung . . . 593
14.3 Die Zeichnung . . . 594
14.4 Die Bewertung des Gesellenstücks . . . 594
14.5 Schriftliche Prüfung . . . 595
14.6 Hand- und Maschinenarbeitsprobe, mündliche Prüfung . . . 595
14.7 Entwurfsmappe/Prüfungsmappe . . . 596
14.8 Beispielhafte Darstellung . . . 596

15 Arbeitsmethoden im Unterricht . . . 605
15.1 Methodenrepertoire . . . 605
15.2 Methodenbeschreibung . . . 606
15.3 Arbeitsbogen/Bewertungsbogen/Beobachtungsbogen . . . 610

16 Lernfelder . . . 615

Firmenverzeichnis . . . 635

Sachwortverzeichnis . . . 637

Inhaltsverzeichnis

Lernfelder: Tischler/Tischlerin (TI)

1. Einfache Produkte aus Holz herstellen
2. Zusammengesetzte Produkte aus Holz und Holzwerkstoffen herstellen
3. Produkte aus unterschiedlichen Werkstoffen herstellen
4. Kleinmöbel herstellen
5. Einzelmöbel herstellen
6. Systemmöbel herstellen
7. Einbaumöbel herstellen und montieren
8. Raumbegrenzende Elemente des Innenausbaus herstellen und montieren
9. Bauelemente des Innenausbaus herstellen und montieren
10. Baukörper abschließende Bauelemente herstellen und montieren
11. Erzeugnisse warten und instand halten
12. Einen Arbeitsauftrag aus dem Tätigkeitsfeld ausführen

Lernfelder: Holzmechaniker/Holzmechanikerin (HM) (LF 1–8 mit Tischler/Tischlerin identisch)

9. Holz und Holzwerkstoffe beschichten
10. Bauelemente des Innenausbaus auftragsgerecht herstellen
11. Fenster und Außentüren herstellen
12. Packmittel herstellen

Lernfelder: Fachkraft für Möbel-, Küchen- und Umzugsservice (FKU)

1. Den Ausbildungsplatz präsentieren
2. Einen Arbeitsauftrag im Möbel-, Küchen- und Umzugsservice erfassen und planen
3. Warenbestände sichern und Umzugsgut kontrollieren
4. Möbel, Küchen, Geräte oder Umzugsgut verpacken, lagern, transportieren
5. Möbel- und Küchenteile aus Vollholz bearbeiten
6. Möbel- und Küchenteile aus Holzwerkstoffen, Kunststoffen und Metallen bearbeiten
7. Möbel und Küchen montieren
8. Möbel und Küchen auf- und abbauen
9. Waren und Güter abholen und ausliefern
10. Elektrische Einrichtungen und Geräte installieren und deinstallieren
11. Wasserleitungen, Abwasserleitungen und Lüftungsanlagen einbauen und an- oder abschließen
12. Beschwerden und Reklamationen bearbeiten
13. Aufträge von der Planung bis zur Abnahme durchführen

1 Ihre Berufswelt

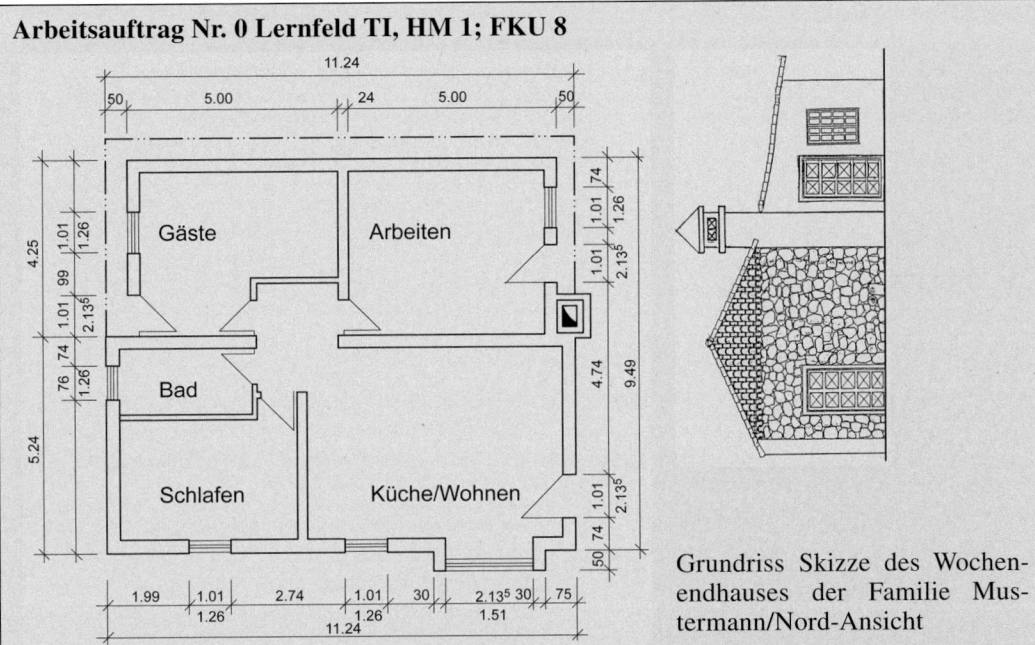

Arbeitsauftrag Nr. 0 Lernfeld TI, HM 1; FKU 8

Grundriss Skizze des Wochenendhauses der Familie Mustermann/Nord-Ansicht

- In dem Wochenendhaus sind Tischlerarbeiten auszuführen. Nennen Sie zehn verschiedene Beispiele für die Gestaltung des Hauses, einschließlich Inneneinrichtung, an denen der Tischler und Fachkräfte für Möbel-, Küchen und Umzugsservice beteiligt sein können. Sammeln Sie die Begriffe an einer Pinnwand/Tafel. Bilden Sie Oberbegriffe und ordnen Sie die Beispiele zu. Ergänzen Sie evtl. fehlende Arbeitsbereiche des Berufsfeldes Holztechnik. Übernehmen Sie die Übersicht in Ihre Unterrichtsmitschriften.

  Wichtiger Hinweis!
- Legen Sie einen Lernkarteiordner an. In diesem können Fragen und Lösungen der folgenden Arbeitsaufträge gesammelt werden. Der Lernkarteiordner bietet Ihnen die Chance der nachhaltigen Sicherung Ihres Wissens und die Möglichkeit einer optimalen Prüfungsvorbereitung.

Im Gegensatz zu den meisten Handwerkern und Industriefacharbeitern arbeiten sie mit einem natürlichen, gewachsenen Werkstoff. Als künftige Holzfachfrau/Holzfachmann, für eine bessere Übersichtlichkeit wird im Weiteren auf eine Unterscheidung verzichtet, oder Fachkraft für Möbel-, Küchen und Umzugsservice werden Sie mit offeneren Augen durch den Wald gehen und aus dem täglichen Umgang rasch ein enges Verhältnis zum Holz gewinnen. Holz ist auch in unserer technisierten und automatisierten Welt das geblieben, was es seit Jahrtausenden war: ein „schöner nachhaltiger" Rohstoff, der unter den Händen des kundigen und geschickten Handwerkers die reiche Vielfalt seiner Anwendungs- und Gestaltungsmöglichkeiten zeigt.

Je besser Sie die Eigenschaften und Bearbeitung des Werkstoffs Holz in der Berufsausbildung kennen lernen, desto mehr Freude werden Sie an Ihrem Beruf haben. Viele Jahre der Berufstätigkeit liegen vor Ihnen. Jahre, in denen Sie durch überlegte und sparsame Verwendung „Ihres" Rohstoffs Holz Mitverantwortung bei der Pflege und Erhaltung unserer Umwelt tragen. Dass Sie es in Ihrem Beruf nicht nur mit Holz zu tun haben, sondern mit vielen Materialien, zeigt Ihnen die Tabelle **1.**1.

Tabelle 1.1 Werkstoffe des Tischlers, Holzmechanikers und Möbel-Küchenmonteurs

Hauptwerkstoffe (Materialien, aus denen das Erzeugnis im Wesentlichen besteht)	Nebenwerkstoffe (Zubehörteile zum Erzeugnis)	Materialien (notwendig zur Herstellung des Erzeugnisses)	Verbrauchstoffe und Hilfsmaterialien (notwendig für den Produktionsablauf)
Vollholz Furniere Holzwerkstoffe andere Plattenwerkstoffe	Glas Kunststoffe Metalle Belagstoffe Textilien	Klebstoffe Dichtstoffe Holzschutzmittel Oberflächenmaterial Möbel- und Baubeschläge Verbindungsmittel	Schleifpapier Fugenleimpapier Putz- und Reinigungsmittel Schmierstoffe Brenn- und Treibstoffe Lösungsmittel

1.1 Berufsausbildung

> **Arbeitsauftrag Nr. 1 Lernfeld TI, HM 1; FKU 1**
> - Sie haben gerade eine Ausbildung im Tischlerhandwerk begonnen. Einige ihrer Freunde und Bekannte interessieren sich für diesen Beruf. Geben Sie Auskunft über das Berufsfeld, die unterschiedlichen Berufszweige, die in Ihrem Beruf Anwendung findenden Werkstoffe und Sicherheitsvorschriften.
> - Stellen Sie Ihren Ausbildungsbetrieb der Berufsschulklasse vor, indem Sie die folgenden Inhalte/Fragen in Ihren Vortrag einarbeiten:
>   a) Welche Produkte werden in Ihrem Betrieb hergestellt/montiert?
>   b) Mit welchen Maschinen werden diese Produkte hergestellt/montiert
>   c) Welche Materialien/Holzarten werden verarbeitet?
>
> Nutzen Sie für Ihren Vortrag das Internet, Visitenkarten des Betriebes, Prospekte und Fotos. Besprechen Sie die Inhalte Ihres Vortrages mit Ihrem Ausbilder/Betriebsinhaber.
>
> **Mögliche Fragen Ihrer Freunde und Bekannte:**
> 1. Was lernen Sie in der Grundausbildung und in der Fachausbildung?
> 2. Welche Möglichkeiten der Aus- und Weiterbildung haben Sie?
> 3. Worin unterscheiden sich grundsätzlich Handwerks- und Industriebetriebe?
> 4. Welche Arbeits- und Lagerräume bzw. -bereiche gibt es in holzverarbeitenden Betrieben?
> 5. Wie soll ein vorbildlicher Lagerraum gestaltet sein?
> 6. Welche Aufgaben hat die Berufsgenossenschaft?
> 7. Welche Gefahren drohen im Maschinenraum?
> 8. Wer erarbeitet die Unfallvorschriften und überwacht ihre Einhaltung?
> 9. Wer ist in der Berufsgenossenschaft versichert?
> 10. Nennen Sie die grundlegenden Regeln der Unfallverhütung.

Schule und Betrieb. Die Rechtsgrundlagen für Ihre Berufsausbildung stehen im Berufsbildungsgesetz (BBIG) vom 14.8.1969, zuletzt geändert durch Artikel 6 des zweiten Gesetzes zur Änderung der Handwerksordnung und anderer handwerklicher Vorschriften vom 25.3.1998 in den Ausbildungsverordnungen (AO) und in den Rahmenlehrplänen der Kultusministerkonferenz vom 8.3.2006. Ausgebildet werden Sie in Ihrem Ausbildungsbetrieb oder in einer „überbetrieblichen Lehrwerkstatt" und in der Berufsschule (Dualsystem). Der Ausbildungsgang umfasst die Grundstufe (1. Ausbildungsjahr) und die Fachstufe (2. und 3. Ausbildungsjahr). Vereinzelt wird das 1. Ausbildungsjahr (Grundstufe) im Rahmen eines vollschulischen Berufsgrundbildungsjahres (BGJ) oder einer 1-jährigen Berufsfachschule abgeleistet. Die betriebliche Ausbildung wird ergänzt durch überbetriebli-

1.1 Berufsausbildung

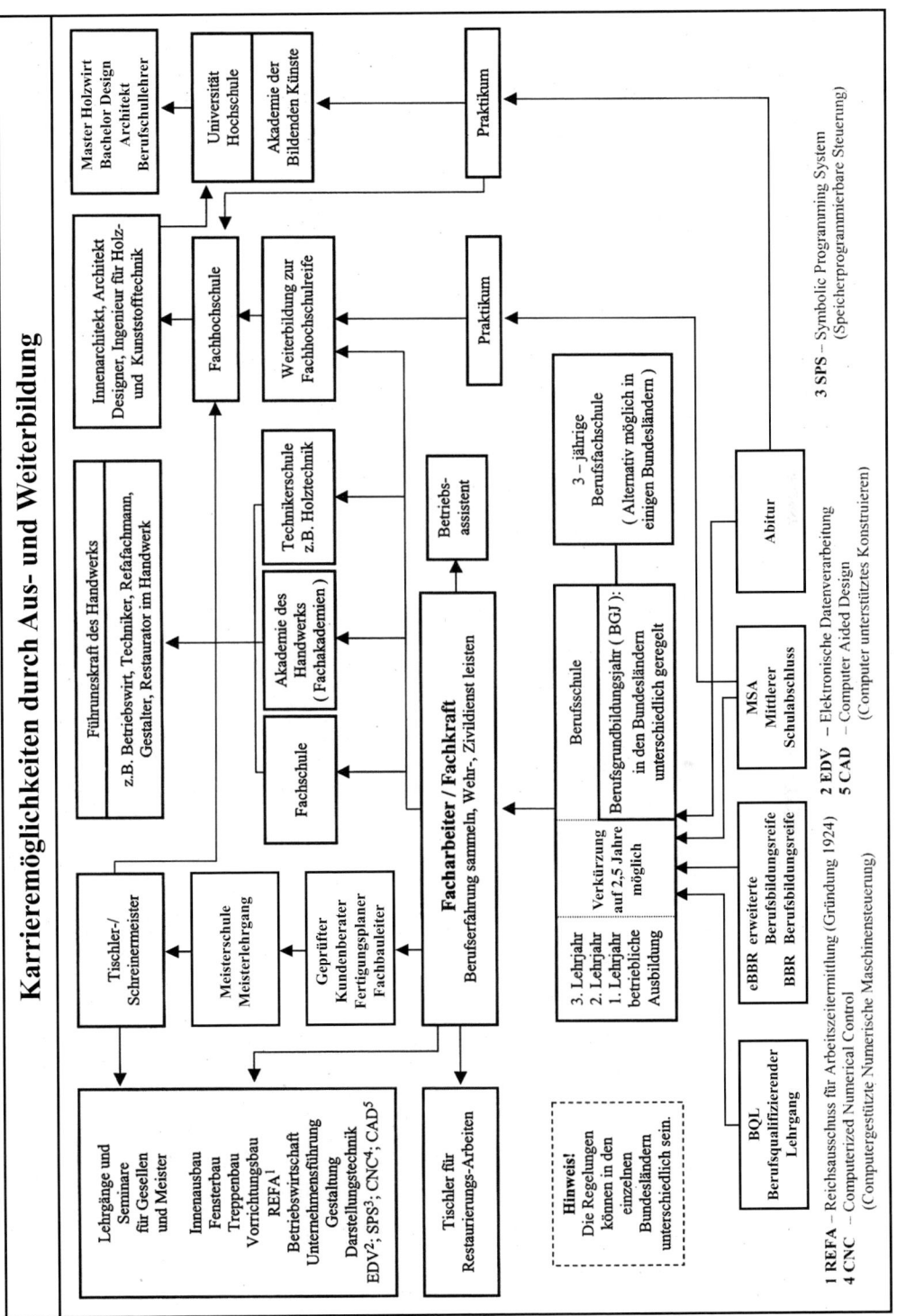

Bild 1.2: Überblick der Bildungsgänge im Handwerk

che Lehrgänge (TSM = Tischler-, Schreiner-, Maschinenlehrgang; TSO = Tischler-, Schreiner-, Oberflächenlehrgang). Nach Abschluss der Ausbildung legt der Auszubildende vor der Industrie- und Handelskammer (zuständig für Industriebetriebe) oder der Handwerkskammer (zuständig für Handwerksbetriebe) die Facharbeiterprüfung ab und erhält ein Abschluss- oder Abgangszeugnis der Berufsschule (**1.2**).

Um die Ausbildungsfähigkeit zu fördern, können in einigen Bundesländern Berufsqualifizierende Lehrgänge (BQL) besucht werden. Die an diesen Lehrgängen teilnehmenden Schülerinnen und Schüler haben ihre 10-jährige Schulpflicht bereits erfüllt.

Sie haben die Möglichkeit, einen Schulabschluss zu erwerben oder den nächst höheren zu erreichen. In der Berufsfachschule kann auch der MSA (mittlere Schulabschluss) erworben werden. Dies setzt den erweiterten Hauptschulabschluss voraus. Die Inhalte der BQL-Lehrgänge sind durch fachpraktischen Unterricht stark berufsorientiert geprägt.

Hinweis: Die Regelungen können in den einzelnen Bundesländern unterschiedlich sein.

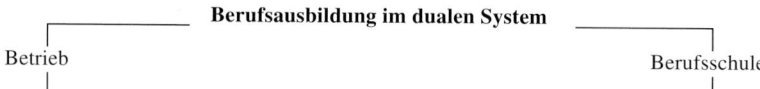

Berufsausbildung im dualen System

Betrieb — Berufsschule

Auszubildender mit Ausbildungsvertrag (BBIG) und (AO)
Praktische Ausbildung nach den Ausbildungsrahmenplänen (Bundesrecht)

Berufsschüler nach den Schulgesetzen des jeweiligen Bundeslandes
Theoretische Ausbildung nach den Rahmenlehrplänen der Bundesländer (Landesrecht)

Tabelle 1.3 Das Berufsfeld Holztechnik und seine zugeordneten Ausbildungsberufe

Handwerk	Industrie
Bootsbauer	Fahrzeugstellmacher
Bürsten- und Pinselmacher	Holzflugzeugbauer
Drechsler	Holzmechaniker
Glaser	Modelltischler
Fachkraft für Möbel, Küchen und Umzugsservice	Sägewerker
	Schiffszimmerer
Holzinstrumentenbauer	Technischer Zeichner
Modellbauer	Möbel und Ladenbau
Parkettleger	Kabeltrommelbauer
Rollladen- und Jalousiebauer	Palettenbauer
Schiffbauer	
Tischler	
Wagner	

Berufsfeld Holztechnik. Die berufliche Bildung wird für Tischler, Holzmechaniker und Fachkräfte für Möbel-, Küchen- und Umzugsservice den Rahmenplänen der ständigen Konferenz der Kultusminister und Senatoren der Länder (KMK) entsprechend vermittelt. Die Inhalte sind in Lernfeldern dargestellt (vgl. Kapitel 14), die den jeweiligen Lehrjahren zugeordnet werden. Die Tabelle 1.3 zeigt Berufe, die zum Berufsfeld Holztechnik gehören.

Von der Ausbildungsverordnung nicht erfasst sind die holzverwandten Berufe Holzinstrumentenbauer, Holzbildhauer, Orgelbauer, Parkettleger, Drechsler und Glaser.

Fortbildung.

Nach mehrjähriger Gesellentätigkeit und Besuch von Lehrgängen oder einer Meisterschule können Sie vor dem Prüfungsausschuss der Handwerkskammer bzw. der Industrie- und Handelskammer die *Meisterprüfung* ablegen.

In Fachschulen ist es möglich, nach mehrsemestrigem Vollzeitunterricht oder nach Abendlehrgängen die staatliche *Technikerprüfung* abzulegen.

Der Weg zum Ingenieur, Architekten, Designer oder Berufsschullehrer führt über das Abitur bzw. die Fachhochschulreife und das *Studium* an der Fachhochschule oder Universität.

Meister und Techniker können *Fachpraxislehrer* an einer Berufsschule werden.

Die Berufsausbildung ist im Berufsbildungsgesetz und in der Verordnung über die Berufsausbildung zum Tischler geregelt. Hier sind Ausbildungsinhalte, Ausbildungsgang, Prüfungsanforderungen u.a. festgelegt.

Gesellen und Facharbeiter können sich zum Meister, Techniker, Fachlehrer, Ingenieur und Architekten weiterbilden.

Berufliche Bildung in Europa

Die Vergleichbarkeit beruflicher Abschlüsse in Europa wird in Zukunft für den ausgebildeten Facharbeiter bei der globalisierten Arbeitssuche an Bedeutung zunehmen.

Die Tabelle **1.**4 informiert beispielhaft über die Strukturen Beruflicher Bildung verschiedener europäischer Staaten.

Vorrangiges Ziel des Handwerks, der Industrie und der ständigen Konferenz der Kultusminister und Senatoren der Länder (KMK) wird es sein, vergleichbare Berufsabschlüsse und Standards zu schaffen. Der europäische Gedanke muss im Unterricht diskutiert und während der Ausbildung im Betrieb gefördert werden.

Praktika in verschiedenen Europäischen Ländern sind im Sinne der besseren Berufsqualifizierung und Mobilität anzustreben, da bereits seit 1968 für alle Bürger Europas die Freizügigkeit besteht, überall in der Europäischen Union zu leben und zu arbeiten.

Seit dem 1.1.2000 gibt es den **„EUROPASS-Berufsbildung"**. Die Verbesserung des Erwerbs von Kenntnissen und Kompetenzen in der Berufsaus- und -weiterbildung in enger Zusammenarbeit von Schule/Ausbildungszentren und Betrieben in der EU ist das vorrangige Ziel.

Der EUROPASS-Berufsbildung wird durch die für die Organisation der Berufsbildung im Ausgangsland zuständige Bildungseinrichtung ausgestellt. Dieses Dokument enthält die persönlichen Daten der Person in Berufsausbildung; Informationen über die laufende Berufsbildung (Ziel, Inhalt, Dauer, Betreuer), zu der der europäische Berufsbildungsabschnitt gehört, sowie Daten über die Berufsausbildungsabschnitte im Ausland (Aufnahmepartner, Ausbilder, Ausbildungsinhalte usw.). Hierdurch werden die im Ausland erworbenen Qualifikationen, die Bestandteil der Berufsbildung im Ausgangsland sind, bescheinigt.

Der EUROPASS-Berufsbildung ist altersunabhängig. Ihn kann jede Person erhalten, die in einem Mitgliedstaat der Europäischen Union eine berufliche Bildung – sei es eine Ausbildung, eine alternierende Berufsbildung oder eine sonstige (Weiter-) Bildung absolviert und im Rahmen einer grenzüberschreitenden Vereinbarung von Bildungseinrichtungen einen Berufsbildungsabschnitt im Ausland verbringt.

Zur **Finanzierung des Aufenthaltes** (sprachliche Vorbereitung, Versicherung, ggf. Fachkurse, Fahrt- und Aufenthaltskosten, Verwaltungskosten des Trägers) gibt es Zuschüsse der Europäischen Kommission.

Das **Aktionsprogramm „Leonardo da Vinci"** hat sich als Katalysator erwiesen, um die Beziehungen zu bisher unbekannten Bildungseinrichtungen zu vereinfachen und um Praktikanten aus dem Ausland zu finden.

Im Jahr 2011 wurde die **Deutsche Gesellschaft für internationale Zusammenarbeit (GIZ)** gegründet. Der Deutsche Entwicklungsdienst (DED), die Gesellschaft für technische Zusammenarbeit (GTZ) und die InWent (Internationale Weiterbildung und Entwicklung) gingen in dieser neuen Gesellschaft auf.

Die GIZ bietet Dienstleistungen für die nachhaltige Entwicklung in vielen Wirtschaftsbereichen und Ländern an. Sie fördert Frieden, Sicherheit, Demokratie und Wiederaufbau von Staaten. Sie sichert die Ernährung, Gesundheit und Grundbildung bis hin zu Umwelt-, Ressourcen- und Klimaschutz.

Die Partner in verschiedenen Ländern werden durch Management- und Logistikleistungen unterstützt. In akuten Notsituationen werden Nothilfe- und Flüchtlingsprogramme durchgeführt. **Den Teilnehmern an den Programmen wird die Chance geboten weltweit Berufserfahrung zu sammeln. Austauschprogramme für junge Berufstätige legen den Grundstein für erfolgreiches Arbeiten auf dem nationalen und internationalen Arbeitsmarkt.**

Wichtigste Auftraggeber sind das Bundesministerium für wirtschaftliche Zusammenarbeit und Entwicklung, die Regierungen anderer Länder, die Europäische Kommission, die Vereinten Nationen und die Weltbank.

Tabelle 1.4 Vergleich der Systeme beruflicher Bildung in Europa

Land	Berufsbildungsgang	Dauer	Struktur de Berufsbildung
Dänemark	Konsekutives System verschiedener Lernorte im Sandwich-Prinzip	41–47 Monate	Allgemeine Einführung 20–30 Wochen; danach bis zu 3,5 Jahre lang praktische Ausbildung im Unternehmen, theoretische und praktische Ausbildung in Blockunterricht im Ausbildungszentrum
Finnland	Berufsausbildung in einer Berufsschule	36 Monate	Theoretische und praktische Ausbildung in der Berufsschule mit schuleigenen Werkstätten; eine Ausbildungsphase von ca. 20 Wochen in Unternehmen
Italien	Betriebliche Lehre als paralleles duales System	36–48 Monate	Im 1. und 2. Jahr theoretische und praktische Ausbildung im Ausbildungszentrum mit eigenen Werkstätten plus praktische Ausbildung in Unternehmen; im 3. und 4. Jahr nur praktische Ausbildung in Unternehmen
	Ausbildung in einem Ausbildungszentrum	36 Monate	Theoretische und praktische Ausbildung im Ausbildungszentrum; zusätzliche Praktika in Unternehmen
Niederlande	Betriebliche Lehre als paralleles duales System	24–48 Monate	Praktische Ausbildung in Unternehmen an 4 Tagen in der Woche; theoretische Ausbildung an 1 Tag in der Berufsschule
	Vollausbildung in der Berufsschule	24 Monate	Theoretische (ca. 75 %) und praktische (ca. 25 %) Ausbildung in der Berufsschule

1.2 Betrieb und Arbeitsplatz

Handwerk und Industrie. Die scharfen Grenzen zwischen Handwerks- und Industriebetrieben sind fließend geworden.

Grundsätzlich können wir sagen, dass sich Handwerksbetriebe nicht (oder nur teilweise) auf bestimmte Erzeugnisse spezialisieren. Ein Tischler liefert auf Bestellung Fenster und Türen ebenso wie Möbel, Kästen und Sonderanfertigungen aus ausgesuchten edlen Hölzern.

Industriebetriebe haben sich dagegen auf bestimmte Produkte oder Serienmöbel spezialisiert, die sie unter Einsatz entsprechender Spezialmaschinen (bis zur Automatisierung) in großen Mengen herstellen.

Holzverarbeitende Betriebe haben je nach Größe verschiedene Räume oder abgeteilte Bereiche für den Bankraum, den Maschinenraum, das Holzlager und Zubehörlager sowie den Spritzraum. Hierbei sind die Auflagen der Arbeitsstättenverordnung zu erfüllen.

Im Bankraum werden Sie die handwerklichen Fertigkeiten erlernen. Die Einrichtung soll zweckmäßig, Hobelbank und andere Arbeitsmittel sollen der Körpergröße angepasst sein. Dass es sich in einem hellen, trockenen und beheizbaren Raum besser arbeiten lässt als in einem düsteren, feuchten und kalten, ist selbstverständlich. Sauberkeit und Ordnung am Arbeitsplatz sind die wichtigsten Werkstattregeln, von denen auch besonders die Arbeitssicherheit abhängt.

Im Maschinenraum begegnen uns Lärm, Staub und erhöhte Unfallgefahren. Ein Gehörschutz verhindert unheilbare Gehörschäden, seine Benutzung ist für jeden Mitarbeiter verbindlich vorgeschrieben ebenso wie die Arbeitsschutzkleidung. Lüftungs- und Absauganlagen und Atemschutzmasken schützen vor schädlichem Staub. Die Gefahrenbereiche der Maschinen sind zu kennzeichnen. Auch hier sind Sauberkeit und Ordnung oberstes Gesetz.

Lager. Ein aufgeräumtes, übersichtlich angeordnetes Lager erspart viel Ärger und langes Suchen.

Gestapeltes Schnittholz, Furniere und Holzwerkstoffplatten sind nach Sorten und Abmessungen zu lagern und gegen Umkippen zu sichern. Vorschriftsmäßige Luftfeuchte und Temperatur sowie gute Lichtverhältnisse im Lager sind Voraussetzungen, um Qualitätsminderungen zu vermeiden.

Im Spritzraum steht wiederum die Sicherheit an erster Stelle. Hier herrscht absolutes Rauchverbot. Essen und Trinken sind ebenso zu unterlassen. Lackreste an Spritzgeräten und Arbeitsplätzen müssen aus Sicherheitsgründen von Zeit zu Zeit (am besten sofort) entfernt werden; dabei ist auf eine umweltgerechte Entsorgung zu achten. Belüftungsanlagen sind vorgeschrieben und auch bei der Arbeit einzuschalten!

Elektrische Anlagen sollten möglichst in einem besonderen Raum stehen und müssen gegen Explosion gesichert sein. Spritzgeräte und -schläuche sind nach der Arbeit gründlich zu reinigen und laut Herstelleranweisung zu pflegen. Feuerlöschanlagen und Handlöschgeräte sind einsatzbereit und in ausreichender Anzahl vorgeschrieben. Fluchtwege dürfen nicht zugestellt werden.

> Die SOS-Regel lautet: Durch **S**auberkeit und **O**rdnung zur **S**icherheit. Sie sind die wichtigsten Werkstattregeln, um gute Arbeit zu leisten und die Unfallgefahren zu verringern, dabei gilt ein absolutes Rauchverbot für alle Bereiche der Holzbearbeitung

1.3 Unfallgefahren und Unfallverhütung

Arbeitsunfälle sind häufig. Ursachen sind meist fahrlässiges, unvorsichtiges oder sogar rücksichtsloses Verhalten, Unkenntnis oder Missachtung der Vorschriften, schließlich auch Materialfehler. Arbeitsunfälle bringen dem Betroffenen Schmerzen, Körperschäden und Sorgen, vielleicht sogar den Tod. Damit schafft er Leid auch für seine Familienangehörigen. Für den Betrieb bedeutet der Ausfall eines Mitarbeiters Störung und Schaden. Die Unfallkosten (Arzt, Krankenhaus, Kur, Rente) aber hat die Allgemeinheit zu tragen – also wir alle. Sie erhöhen die Soziallast.

Einen Schwerpunktbereich bei Arbeitsunfällen stellen die sich täglich ereignenden mehr als 1.000 *Sturzunfälle* in deutschen Unternehmen dar.

Viele Arbeitsunfälle dieser Art führen zu Dauerschäden der Betroffenen mit der Folge gänzlicher oder teilweiser Berufsunfähigkeit.

Unfallverhütung. Eine große Zahl der Arbeitsunfälle kann durch das *Tragen von Sicherheitsschuhen* vermieden werden (**1.5**).

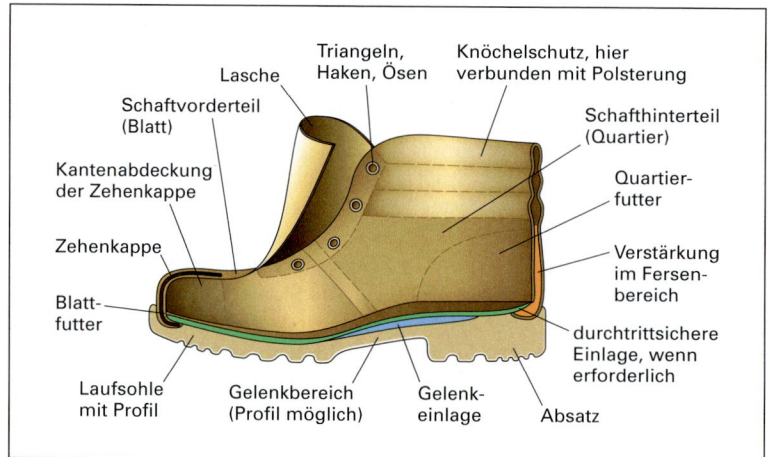

Bild 1.5: Bestandteile eines Sicherheitsschuhs

Sie verhindern Unfälle durch:
- Umknicken, Ausrutschen – Stolpern und Stürzen,
- Fußverletzungen durch mechanische Einwirkungen wie Überrollen, Einklemmen, herabfallende Lasten, Durchtreten von Nägeln und Schrauben
- Schädigung der Körperhaltung und Gelenkverschleiß, frühzeitige Ermüdung der Steh- und Gehfunktion

Um Unfälle zu vermeiden, muss man die Gefahren kennen. Deshalb haben die Berufsgenossenschaften als Träger der gesetzlichen Unfallversicherung Vorschriften erlassen, die in jeder Werkstatt gut sichtbar angebracht sein müssen. Merkhefte der Holzberufsgenossenschaft geben außerdem wichtige Hinweise. Die von Herstellern und Betreibern, Unternehmern und Arbeitnehmern gemeinsam mit Sachverständigen der Berufsgenossenschaften und Beamten der staatlichen Gewerbeaufsicht erarbeiteten Unfallverhütungsvorschriften sind *gesetzliche Mindestanforderungen* für die Sicherheit am Arbeitsplatz. Technische Aufsichtsbeamte der Berufsgenossenschaften, Gewerbeaufsichtsbeamte und Sicherheitsbeauftragte in den Betrieben überwachen die Durchführung dieser Vorschriften.

Unfallverhütungsvorschriften sind nicht erlassen, um Ihnen „Ungelegenheiten" zu machen, sondern Gesundheit und Leben zu erhalten. Sie zu beachten und zu befolgen, ist deshalb selbstverständlich.

Versichert gegen Berufsunfälle und -krankheiten ist jeder, der aufgrund eines Arbeits-, Dienst- oder Ausbildungsverhältnisses beschäftigt ist.

1.3 Unfallgefahren und Unfallverhütung

1.3.1 Arbeitssicherheit und Gesundheitsschutz

Arbeitsauftrag Nr. 2 Lernfeld TI, HM 1; FKU 3, 6

- Um die innerbetriebliche Gesundheitsvorsorge richtig zu verstehen ist es unbedingt notwendig alle Hinweis- und Warnschilder sowie Gebotszeichen zu kennen, verstehen und verantwortlich zu handeln.

Erarbeiten Sie sich die Sicherheitskennzeichen mithilfe der *„Puzzle-Methode"*.

Kopieren Sie die Symbole in vierfacher Vergrößerung. Schneiden Sie die Symbole (Piktogramme) ohne Beschriftung aus.

Kleben Sie die Piktogramme auf ein DIN-A2-Blatt in dem Sie diese den folgenden Überschriften zuordnen:
– Verbotszeichen
– Warnzeichen
– Gebotszeichen
– Rettungszeichen
– Gefahrensymbole

Die Piktogramme werden nun mit den dazugehörigen Kennfarben (Rot, Blau, Orange, Grün) umrandet und entsprechend (z. B. Rauchen verboten) benannt.

Nutzen Sie das Internet.
Arbeiten Sie in Gruppen.

Die fertigen Gruppenarbeiten werden der Klasse vorgestellt. Korrekturhinweise werden aufgenommen und in den Arbeiten berücksichtigt.

Die Arbeiten werden vervielfältigt und in die Unterrichtsprotokolle übernommen.
- Ihre Firma beteiligt sich an der europaweiten Ausschreibung eines Bauprojektes in Spanien. Die Baustelleneinrichtung hat begonnen.
Sie reisen mit dem Geschäftsführer Ihrer Firma nach Spanien, um die Gegebenheiten der Baustelle zu besichtigen und Details des zu erwartenden Auftrages zu klären.
Die Baustelle ist bereits eingezäunt. Am Eingangstor hängt das abgebildete großformatige Plakat mit Sicherheitszeichen.
Bitte benennen Sie die jeweiligen Zeichen und erläutern Sie die Arbeitsbereiche auf die die Sicherheitszeichen hindeuten. Diskutieren Sie die Situation auf der Baustelle mit der Klasse.

Persönliche Schutzausrüstungen. Wenn Verletzungen oder Gesundheitsgefahren am Arbeitsplatz durch technische und organisatorische Maßnahmen nicht ausgeschlossen werden können, müssen persönliche Schutzausrüstungen vom Unternehmer zur Verfügung gestellt werden. Die Versicherten müssen die persönlichen Schutzausrüstungen benutzen (**1.6**). Die Kennzeichnung erfolgt mit Gebotszeichen.

■ **Sicherheitsschuhe**

in der Werkstatt und auf Baustellen

■ **Schutzhandschuhe**

bei Gefahr von Handverletzungen, aber nicht an laufenden Maschinen verwenden!

■ **Gehörschutz**

muss in Lärmbereichen getragen werden (ab 90 dB) Pflicht

■ **Atemschutz**

z. B. bei Schleif- und Lackierarbeiten

■ **Kopfschutz**

Schutzhelme: Auf Baustellen oder wenn mit herabfallenden Teilen zu rechnen ist.
Haarnetz: Wenn lange Haartracht in der Nähe von rotierenden Maschinenteilen oder Werkzeugen getragen wird.

■ **Schutzbrille**

wenn mit Augenverletzungen zu rechnen ist

■ **Enganliegende Kleidung**

bei Arbeiten an Maschinen. Schmuckstücke dürfen beim Arbeiten nicht getragen werden.

Bild 1.6 Persönliche Schutzausrüstungen (Gebotszeichen)

1.3.2 Umgang mit Gefahrstoffen

Gefahrstoffe sind Stoffe, Zubereitungen und Erzeugnisse mit gefährlichen Eigenschaften. Gefahrstoffe erkennt man an den Gefahrensymbolen (**1.7**).

Gefahrstoffe müssen immer mit Warnzeichen gekennzeichnet sein (**1.8**).

Ausführlichere Vorschriften und Hinweise sind in der Gefahrstoff-Verordnung GefstoffV der Berufsgenossenschaft zu finden.

Giftige Stoffe

Gefahr: Nach Einatmen, Verschlucken oder Aufnahme durch die Haut treten meist Gesundheitsschäden erheblichen Ausmaßes oder gar der Tod ein.
Vorsicht: Jeglichen Kontakt mit dem menschlichen Körper vermeiden und bei Unwohlsein sofort den Arzt aufsuchen.

Gesundheitsschädliche Stoffe

Gefahr: Bei Aufnahme in den Körper verursachen diese Stoffe Gesundheitsschäden.
Vorsicht: Kontakt mit dem menschlichen Körper, auch Einatmen der Dämpfe vermeiden und bei Unwohlsein den Arzt aufsuchen.

Ätzende Stoffe

Gefahr: Lebendes Gewebe wird bei Kontakt mit diesen Chemikalien zerstört.
Vorsicht: Dämpfe nicht einatmen und Berührung mit Haut, Augen und Kleidung vermeiden.

Reizend wirkende Stoffe

Gefahr: Dieses Symbol kennzeichnet Stoffe, die eine Reizwirkung auf die Haut, Augen und Atmungsorgane ausüben können.
Vorsicht: Dämpfe nicht einatmen und Berührung mit Haut, Augen und Kleidung vermeiden.

Leichtentzündliche Stoffe

Gefahr: Diese Stoffe geben selbst unterhalb Raumtemperatur genügend Dämpfe ab, die von einer Zündquelle entzündet werden können. Die Dämpfe können mit Luft explosionsfähige Gemische bilden.
Vorsicht: Von offenen Flammen, Wärmequellen und Funken fernhalten.

Umweltgefährliche Stoffe

Gefahr: Bei Freisetzung in die Umwelt gefährden diese Stoffe sofort oder langfristig Gewässer, den Boden, die Atmosphäre.
Vorsicht: Produkte oder deren Rückstände sind als gefährlicher Abfall zu entsorgen.

Bild 1.7 Gefahrensymbole und ihre Bedeutung

Verdünnung

giftig   leichtentzündlich

Enthält zwischen 20 % und 50 %
Methanol, Toluol, Butanol
Gefahrenhinweise beachten:
Giftig beim Einatmen und Verschlucken
Sicherheitsratschläge beachten:
Darf nicht in die Hände von Kindern gelangen!
Behälter dicht verschlossen halten!
Von Zündquellen fernhalten – nicht rauchen!
Berührung mit der Haut vermeiden!
Maßnahmen gegen
elektrostatische Aufladungen treffen!
Hersteller, Einführer, Vertreiber

Bild 1.8 Aufkleber auf der Verpackung

1.3.3 Betriebsanweisung

Für jeden Gefahrstoff muss im Betrieb Ausbildungswerkstatt und Schule eine Betriebsanweisung vorhanden sein (**1.9**). Über diese Betriebsanweisungen ist jeder Mitarbeiter vor dem Umgang mit Gefahrstoffen durch autorisierte Personen im Rahmen einer jährlich wiederkehrenden Unterweisung zu informieren. Er hat die erfolgte Unterweisung durch seine Unterschrift zu bestätigen. Auszubildende und Jugendliche dürfen nur unter Aufsicht einer fachkundigen Person mit Gefahrstoffen umgehen.

Betriebsanweisung Nr.: Gem. 20 GEFSTOFF	Betrieb:

Bereich/Tätigkeit:

Bankraum

Gefahrstoffbezeichnung

_____
(Handelsname eintragen)
Lösungsmittelhaltiger Klebstoff auf Polychloropren-Basis, toluolfrei

Gefahren für Mensch und Umwelt

- Leichtenzündlich. Dampf-Luftgemisch ist explosionsfähig.
- Gesundheitsschädlich beim Einatmen, Verschlucken oder bei Berührung mit der Haut
- Entwickelt im Brandfall ätzende Gase (Chlorwasserstoff)

(F – Leichtentzündlich)

Schutzmaßnahmen und Verhaltensregeln

- Nur bei eingeschalteter Absaugung arbeiten.
- Faß und Nachfüllbehälter dicht geschlossen halten.
- Von Zündquellen fernhalten.
- Maßnahmen gegen elektrostatische Aufladung treffen.
- Im Arbeitsbereich nicht essen, trinken und rauchen.
- Vor den Pausen und bei Arbeitsende Hände gründlich waschen, anschließend mit Handcreme einreiben.

Verhalten im Gefahrfall   Notruf: _____

- Gefahrbereich im Brandfall sofort verlassen.
- Entstehungsbrände mit Pulver oder Kohlendioxid löschen.

Erste Hilfe   Notruf: _____

- Benetzte Kleidung sofort ablegen.
- Bei Hautkontakt mit Seife waschen.
- Bei Einatmen höherer Konzentration sofort an die frische Luft gehen, Arzt verständigen.
- Bei Augenkontakt mit viel Wasser gründlich Spülen, Augenarzt aufsuchen.

Sachgerechte Entsorgung

- Nach Verschütten mit Putzlappen aufnehmen und in feuersicheren, geschlossenen Behältern verwahren.
- Reste vorschriftsmäßig entsorgen.
- Darf nicht in das Erdreich, Grund- oder Abwasser gelangen.

Datum, Unterschrift: _____

TA 1146

Bild 1.9 Beispiel einer Betriebsanweisung

1.3.4 Sicherheits- und Gesundheitsschutz-Kennzeichnung

Verbotszeichen (kreisrund, rot, schwarze Symbole auf weißem Untergrund), **Warnzeichen** (Dreieck, schwarz, schwarze Symbole auf weißem Untergrund, **Gebotszeichen** (kreisrund, weiße Symbole auf blauem Untergrund), **Rettungszeichen** (rechteckig /quadratisch, weiße Symbole auf grünem Untergrund) und **Brandschutzzeichen** (rechteckig, weiße Symbole auf rotem Untergrund) müssen gut sichtbar angebracht sein (**1.**10).

Der Unternehmer hat gemäß der Unfallverhütungsvorschrift BGV A8 für die Sicherheit- und Gesundheitsschutzkennzeichnung an den Arbeitsstätten zu sorgen und darauf zu achten, dass sich die Mitarbeiter daran halten. Die für die Ausbildungswerkstatt geltenden Unfallverhütungsvorschriften (UVV) sind an geeigneter Stelle auszulegen.

Bild 1.10 Auswahl von Sicherheits- und Gesundheitsschutz-Kennzeichnungen

Im Jugendarbeitsschutzgesetz (Gesetz zum Schutz der arbeitenden Jugend) sind u. a. Arbeitszeit, Nachtruhe, Urlaub und Pausen geregelt. Das Gesetz verpflichtet außerdem den Arbeitgeber, dem Jugendlichen die nötige Zeit zum Berufsschulbesuch zu gewähren. An Holzbearbeitungsmaschinen dürfen Jugendliche nur beschäftigt werden, soweit sie über 15 Jahre alt sind, die Tätigkeit für das Ausbildungsziel erforderlich ist und unter Schutz und Aufsicht eines Fachkundigen geschieht.

(Auf EU-Gesetzgebung und geänderte Lehr- und Ausbildungspläne achten.)

Weitere Voraussetzungen sind die betriebliche Grundunterweisung an den Maschinen; die überbetrieblichen Tischler/Schreiner-Maschinenkurse (TSM-Kurse).

2 Physikalische und chemische Grundlagen

Für das Erlernen eines technischen Berufes sind Kenntnisse über die physikalischen und chemischen Grundlagen notwendig. Der folgende Text erweitert Ihr Grundwissen, dient der Information und vertieft Ihr schulisches Vorwissen.

Arbeitsauftrag Nr. 3 Lernfeld TI 10

- Ihr Berufsschullehrer möchte, dass Sie einen Bericht über die physikalischen und chemischen Grundlagen schreiben, den Sie auch für Ihr Berichtsheft verwenden können.

  Sie dürfen unter folgenden Themenbereichen auswählen:
  A Physikalische Grundbegriffe
  B Chemische Grundbegriffe
  C Kohäsion und Adhäsion
  D Chemische Verbindungen
  E Element, Molekül, Atom
  F Luft und Wasser
  G Oxidation und Reduktion
  H Säuren, Basen und Salze

- Über den Bereich physikalische und chemische Grundlagen wird demnächst eine Klassenarbeit geschrieben. Zur besseren Vorbereitung und zum nachhaltigen Lernerfolg legen Sie bitte eine Karteisammlung (DIN A7) an.

- Schreiben Sie die folgenden Fragen einzeln auf die Vorderseiten der Karteikarten; die mithilfe Ihres Fachbuches erarbeiteten Antworten auf die jeweilige Rückseite.
  1. Was bedeutet Masse?
  2. In welchen Zustandsformen treten Körper auf?
  3. Wodurch lässt sich die Zustandsform eines Körpers ändern?
  4. Bestimmen Sie die Dichte eines Holzwürfels, der ein Volumen von 30 cm^3 hat und 16 g wiegt.
  5. Was versteht man unter Wichte?
  6. Welche Kräfte wirken in einer abgebundenen Klebefuge?
  7. Warum haften zwei aufeinander gelegte Glasplatten?
  8. Erläutern Sie, warum poröse Oberflächen besser saugen als glatte. Was ergibt sich daraus für Ihren Beruf?
  9. Wo spielt die Diffusion (Osmose) in der Natur eine wichtige Rolle?
  10. Worin bestehen die Unterschiede zwischen einem Gemenge und einer chemischen Verbindung?
  11. Wie lassen sich Dispersionen (z. B. Weißleim) trennen?
  12. Welche Eigenschaften haben Lösungen?
  13. Nennen Sie Legierungen.
  14. Was versteht man unter Synthese und Analyse? Welcher Zusammenhang besteht zwischen ihnen?
  15. Was ist ein Atom? Woraus besteht es?
  16. Stoffgemische bestehen aus Molekülen und Atomen. Erklären Sie an einer Skizze die Zusammenhänge zwischen Atomen und Molekülen.
  17. Wozu dient die Summenformel?
  18. Welche Maschinen und Geräte in der Schreinerei arbeiten mit Druckluft?

> 19. Woraus besteht Luft?
> 20. Warum ist Sauerstoff lebensnotwendig?
> 21. Schildern Sie den Kreislauf des Wassers.
> 22. Was versteht man unter der Anomalie des Wassers?
> 23. Erklären Sie die Oxidation und Reduktion.
> 24. Was bedeutet Korrosion? Wie kommt sie zustande?
> 25. Zu welchen Arbeiten braucht der Holzfachmann Säuren bzw. Laugen?
> 26. Wie entstehen Säuren und Basen?
> 27. Welche Schutz- und Vorsichtsmaßnahmen treffen Sie im Umgang mit Säuren und Laugen?
> 28. Wann ist eine Flüssigkeit neutral?
> 29. Wozu dient der pH-Wert?
> 30. Was bedeutet ein Absinken von pH 5 auf pH 4?
> 31. Wie viel mal saurer ist pH 4 als neutrales Wasser?

Körper und Stoff. Bei der Bezeichnung „Körper" denken wir sofort an unseren eigenen, den menschlichen Körper. Tatsächlich sind jedoch alle uns umgebenden Dinge Körper, Steine und Häuser, Fahrzeuge, Tische und Stühle ebenso wie Luft und Wasser. Form, Zustand und Lage der Körper sind verschieden und veränderlich – ein eckiger Körper lässt sich runden und fällt vom Tisch, wenn wir ihn anstoßen. Der Stoff, aus dem er besteht, ändert sich dabei nicht. Wir können Holz noch so sehr verkleinern, es bleibt doch stets Holz.

> Mit den Körpern und ihren Eigenschaften beschäftigt sich die Physik, mit den Stoffen und ihren Eigenschaften dagegen die Chemie.

2.1 Physikalische Grundbegriffe

Zustandsformen (Aggregatzustände). Erwärmtes Eis schmilzt zu Wasser, erwärmtes Wasser verdampft. Umgekehrt kondensiert abgekühlter Dampf und gefriert Wasser bei Minustemperaturen zu Eis. Körper treten also in drei Zustandsformen auf:
– als Festkörper (z. B. Eis, Holz, Metall, Mauerstein),
– als Flüssigkeit (z. B. Wasser, Leim, Lösungsmittel),
– als Gas (z. B. Wasserdampf, Luft, Sauerstoff).

Masse. Um einen Fußball vom Elfmeterpunkt ins Tor zu treten, braucht man Kraft. Der Torwart braucht ebenfalls Kraft, um den Ball sicher zu halten. Ohne Abschuss bleibt der Ball auf dem Elfmeterpunkt liegen, ohne Torwart fliegt er nach dem Schuss ins Tor. Ein Körper verharrt also in seinem Zustand der Ruhe oder gleichförmigen Bewegung, wenn nicht eine Kraft auf ihn wirkt. Dieses Beharrungsvermögen nennt man Masse (Formelzeichen m). Die Masse eines Körpers ist ortsunabhängig, auf der Erde ebenso groß wie auf dem Mond. Abhängig ist sie dagegen vom Volumen V und von der Stoffart des Körpers – ein langer Holzbalken ist schwerer zu heben als ein dünnes Furnier.

> **Masse m**
> – ist die Eigenschaft eines Körpers, sich Veränderungen seines Bewegungszustands zu widersetzen.
> – ist unabhängig vom Ort, aber abhängig von Volumen und Stoff des Körpers.
> – hat die Einheit kg (1 kg = 1.000 g, 1.000 kg = 1 t).
>
> $m = \varrho \cdot V$
>
> m = Masse; ϱ = Rohdichte; V = Volumen.

2.1 Physikalische Grundbegriffe

Zustandsformen
- fest z. B. Eis
- flüssig z. B. Wasser
- gasförmig, z. B. Rauch.

Bestimmt wird die Masse durch Vergleich mit geeichten Wägestücken auf der Balkenwaage. (Eichmaß ist ein in Paris gelagerter Platin-Iridium-Zylinder mit der Masse 1 kg.) 1 kg entspricht der Masse von 1 Liter Wasser bei 4 °C. Nach dem internationalen Einheitensystem (**S**ysteme **I**nternationale d'Unites = SI-Einheiten) ist die Masse eine gesetzlich festgelegte Basisgröße.

Berufshinweis. Bei Berechnungen der Holzmasse (Transportgewicht) muss die Rohdichte in Abhängigkeit vom Feuchtigkeitsgehalt ermittelt werden.

- **Laborversuch** Würfel verschiedener Holzarten und Abmessungen werden nummeriert, gewogen (g) und gemessen [cm]. Das Volumen (dm³) der Würfel wird berechnet und mit dem Gewicht in die Spalten „Volumen" und „Masse" einer Tabelle eingetragen. Die dritte Spalte bleibt noch frei. Aus den Eintragungen von Masse und Volumen lassen sich keine Schlüsse ziehen. Nun teilen wir die Masse durch das Volumen (Bild **2.**1).

Ergebnis Wir erhalten vergleichbare Werte (g/cm³) – die Dichte jeder Holzart.

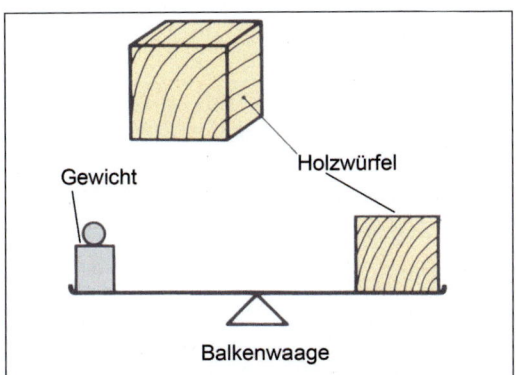

Bild 2.1 Bestimmen der Dichte

Die Dichte ϱ (rho, griech. Buchstabe r) ergibt sich, wenn man die Masse eines Körpers durch sein Volumen dividiert ($\varrho = m : V$). ϱ ist für jeden Stoff verschieden, eine ortsunabhängige Werkstoffkennzahl, die uns beim Bestimmen der Holzarten hilft. Doch Holz enthält wie viele andere Werkstoffe Poren und Hohlräume. Deshalb spricht man hier von *Rohdichte* (= einschließlich Poren). Wird das Volumen der *reinen* Holzsubstanz ohne Zellhohlräume, Poren oder Wassergehalt gemessen und zur Masse ins Verhältnis gesetzt, erhält man die *Reindichte*.

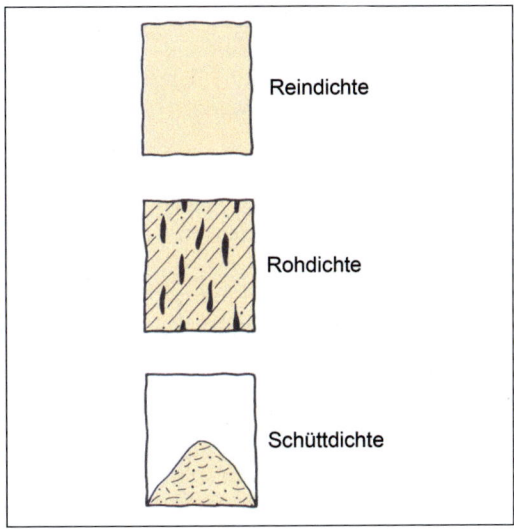

Bild 2.2 Unterscheidung der Dichte bei Hölzern

Die Reindichte beträgt für alle Holzarten, wegen der gleichartigen Zusammensetzung der Zellwände, etwa 1,5 kg/dm³. Von der *Schüttdichte* spricht man, wenn z. B. Holzspäne oder Sand lose aufgeschüttet werden (Bild **2.**2). Die Dichte einiger Stoffe zeigt Tabelle **2.**3.

Tabelle 2.3 Dichte einiger Stoffe

Werkstoff	Dichte in kg/dm³	
Stahl	7,85	
Aluminium	2,7	
Glas	2,6	
Beton	2,2	
Wasser bei 4 °C	1,0	
Eiche (lufttrocken)	0,7	(Rohdichte)
Eiche (darrtrocken)	0,66	(Rohdichte)
Fichte (lufttrocken)	0,47	(Rohdichte)
Fichte (darrtrocken)	0,42	(Rohdichte)
Holz allgemein ≈	1,5	(Reindichte)

> **Dichte ϱ**
> - ist eine ortsunabhängige Werkstoffkennzahl.
> - ergibt sich aus der Division von Masse durch Volumen
> $$\left(\varrho = \frac{m}{V}\right)$$
> - zu unterscheiden sind Rohdichte, Schüttdichte und Reindichte.
> - hat die Einheit kg/dm³ (1 kg/dm³ = 1.000 g/dm³, 1.000 kg/m³ = 1 t/m³).

■ **Laborversuch** Wir halten einen Holzklotz mit einer Hand frei an einer Schnur, bevor wir ihn – immer noch an der Schnur – auf die andere Hand legen (**2.**4).

Ergebnis Die Masse des Holzklotzes wirkt als Zugkraft lotrecht nach unten und als Druckkraft auf die Traghand.

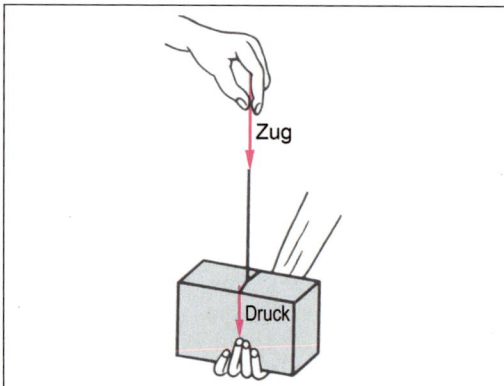

Bild 2.4 Gravitations- oder Schwerkraft

Gewichtskraft (Eigenlast). Die spürbare „Eigenlast" eines Körpers nennt man seine Gewichtskraft F_G. Es ist die Kraft, mit der er vom Erdmittelpunkt angezogen wird (Gravitations- oder Schwerkraft, **2.**4). Sie ist auch die Ursache dafür, dass ein frei fallender Körper beschleunigt wird, also immer schneller fällt.

Die Fallbeschleunigung nimmt mit der Entfernung vom Erdmittelpunkt ab, die Anziehungskraft wird geringer. Wo sich zwei Anziehungskräfte (etwa von Erde und Mond) gegenseitig aufheben, herrscht völlige Schwerelosigkeit.

Bei nicht zu langen Fallstrecken wird die Fallbeschleunigung (g) als gleichbleibend angenommen. Es gilt der Wert $g = 9{,}80665$ m/s². Für Rechnungen wird in der Regel der Annäherungswert $g = 9{,}81$ m/s² verwendet.

Gemessen wird die Gewichtskraft mit der Federwaage, angegeben in Newton (N).

Die Gewichtskraft (F_G) einer Masse (m) und der Fallbeschleunigung (g) wird nach dem Gesetz: $F_G = m \cdot g$ berechnet. Bei einer Masse von 1 kg und der Fallbeschleunigung von ~ 10 m/s² ergibt sich eine Gewichtskraft von: $F_G = 1$ kg $\cdot$ 10 m/s² = 10 kg m/s² = 10 Newton (1 kg m/s² = 1 N).

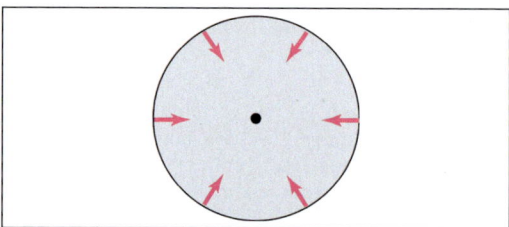

Bild 2.5 Die Eigenlast eines Körpers ist zum Erdmittelpunkt gerichtet und in gleicher Entfernung davon gleich groß.

> **Gewichtskraft F_G**
> - ist die Kraft, die den Körper zum Erdmittelpunkt zieht. ($F_G = m \cdot g$)
> - ist ortsabhängig.
> - hat die Einheit Newton (N), abgeleitet Dekanewton (daN), Kilonewton (kN) und Meganewton (MN). 1 daN = 10 N, 1 kN = 1 000 N, 1 MN = 1 000 000 N.

Die Wichte γ (gamma, griech. Buchstabe g) ist die Gewichtskraft eines Körpers je Raumeinheit – $\gamma = F_G : V$. Sie ist auch ortsabhängig.

> **Wichte γ**
> - ist ortsabhängig und hat die Einheiten daN/dm³, kN/m³
> - ergibt sich aus der Division von Gewichtskraft durch Volumen eines Körpers
> $$\left(\gamma = \frac{F_G}{V}\right).$$

2.2 Kohäsion und Adhäsion

■ **Laborversuch** Knicken Sie ein Kreidestück und eine Holzleiste gleicher Stärke von Hand, trennen Sie zwei längsverleimte Holzleisten mit dem Stemmeisen in der Leimfuge auf.
Ergebnis Die Körper setzen Ihnen unterschiedlichen Widerstand entgegen. Das verleimte Stück bricht zum Teil in der Leimfuge, zum Teil gibt es reinen Holzbruch. Daraus ist zu schließen, dass die Körper verschieden stark zusammenhängen.

Kohäsion (Zusammenhangskraft). Alle Stoffe sind aus Molekülen aufgebaut (lat. = kleine Masse). Die unvorstellbar winzigen Teilchen werden von der Zusammenhangskraft zusammengehalten. Diese Kohäsion ist bei jedem Körper unterschiedlich, wie der Versuch gezeigt hat, und bestimmt seine mechanischen Eigenschaften (z. B. Bruchfestigkeit, Druckfestigkeit).

■ **Laborversuch** Eine voll ausgehärtete und eine frische, noch nicht abgebundene Verleimprobe werden mit dem Stemmeisen in der Fuge getrennt.
Ergebnis Um die ausgehärtete Fuge zu trennen, braucht man erheblich Kraft, die frische Verleimung lässt sich dagegen mit geringem Kraftaufwand trennen (Leimbruch).

Nach dem Abbinden (Abwanderung des Dispergiermittels Wasser) und Aushärten des Leimfilms befinden sich nur noch die Leimmoleküle in der Fuge.
Die Kohäsion im Leim ist größer als im Holz. So ist es zu erklären, dass es bei Belastung der Fuge meist Holzbruch gibt.

Daraus ist zu schließen, dass die Kohäsion fester Körper sehr groß ist – hier liegen die Moleküle starr und dicht beieinander. Die Moleküle von Flüssigkeiten sind, wie die frische Verleimung zeigt, beweglicher, ihre Kohäsion ist geringer. Deshalb brauchen wir für Flüssigkeiten ein Gefäß.

Gase schließlich streben eher auseinander als zusammen, wie wir beim Wasserkochen erkennen. Gasmoleküle sind frei, werden praktisch nicht zusammengehalten, sodass wir Gase in verschlossenen Behältern halten müssen.

Die Zustandsformen der Körper sind veränderlich. Folglich lässt sich auch die Kohäsion der Körper durch Zufuhr oder Entzug von Wärme beeinflussen.

Die Zusammenhangskraft wirkt in einem Körper. Wie sich zwei oder mehr Körper zueinander verhalten, zeigt uns ein Versuch.

■ **Laborversuch** Wir drücken je einen Styroporstreifen im trockenen und angefeuchteten Zustand an die Wandtafel.
Ergebnis Der trockene Streifen fällt sofort ab, der angefeuchtete haftet – bei ihm wirkt die Anhangskraft.

Die Adhäsion (Anhangskraft) wirkt zwischen den Molekülen verschiedener und gleicher Körper. Warum nicht zwischen dem trockenen Styroporstreifen und der Tafel? Weil trockenes Styropor Luft enthält, die durch Anfeuchten aus den Poren verdrängt wird. Luft verhindert also eine Adhäsion.

> **Kohäsion** – Anziehungskraft zwischen den Molekülen eines Körpers
> **Adhäsion** – Anziehungskraft zwischen den Molekülen verschiedener und gleicher Körper

Berufshinweis. Auf der Adhäsion und Kohäsion beruht vor allem die Klebkraft des Leims. Das mit Wasser versetzte Leimpulver verdrängt die Luft aus den Poren, füllt Unebenheiten und lässt die Anhangskraft gleichmäßig auf der ganzen Holzoberfläche wirken. Nach dem Verdunsten des Wassers rücken die Leimmoleküle durch Anziehungskräfte zusammen und haften durch die Kohäsion.

2.3 Kapillarität und Diffusion

■ **Laborversuch** Ein weißer Mauerstein wird in eine flache, mit blau gefärbtem Wasser gefüllte Schale gestellt.

Ergebnis Nach kurzer Zeit steigt das blaue Wasser im Stein hoch (**2.6**).

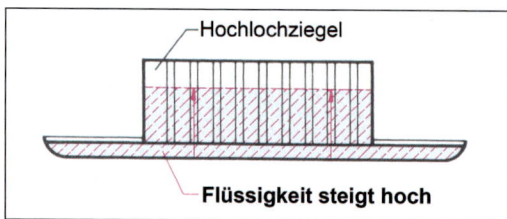

Bild 2.6 Kapillarität

■ **Laborversuch** Wir füllen ein Reagenzglas zunächst halb, dann bis an den Rand mit Wasser und beobachten den Wasserspiegel.

Ergebnis Bei halbgefülltem Glas steht der Wasserspiegel am Glasrand deutlich höher als in der Glasmitte. Im randvollen Zustand steigt der Wasserspiegel dagegen vom Rand bogenförmig zur Mitte an.

Kapillarität. Diese Erscheinung (**2.6**) nennt man Kapillarität. In besonders engen Röhren (Haarröhrchen) steigt die benetzende Flüssigkeit entgegen der Schwerkraft nach oben. Je enger die Röhre, umso höher steigt der Flüssigkeitsspiegel am Glasrand. Wie Versuch 1 zeigt, ist die Saugkraft der Kapillaren bei porösen Körpern besonders stark. In Gefäßen mit Flüssigkeiten überwiegt die Adhäsionswirkung an der Gefäßwand, die Kohäsionswirkung dagegen am oberen Gefäßrand. Diese Wechselwirkung von Adhäsion und Kohäsion beeinflusst die Kapillarität und führt zur Ausbildung verschiedener Flüssigkeitsradien.

Berufshinweise. Wenn man Massivholz (z. B. Weinstockpfähle) längere Zeit in einem mit Holzschutz gefüllten Behälter lagert, durchdringt das Holzschutzmittel infolge der Kapillarität nach und nach das ganze Holz. Die Flüssigkeit wird in Wuchsrichtung über das Hirnholz schneller aufgenommen (und gegebenenfalls wieder abgegeben) als quer zur Wuchsrichtung. (Warum?)

Die erhöhte Saugkraft poröser Oberflächen nutzt man beim Auftragen von Klebstoffen und dekorativen Oberflächenmitteln. Durch vorheriges Schleifen raut man die Oberfläche des Holzes auf und schafft so zusätzlich zu den angeschnittenen Poren feinste Vertiefungen (Kapillaren), in denen die Auftragsmittel aufsteigen und sich besser verankern (**2.7**).

Die Kapillarwirkung ermöglicht den Wurzelhärchen die Wasseraufnahme im Boden.

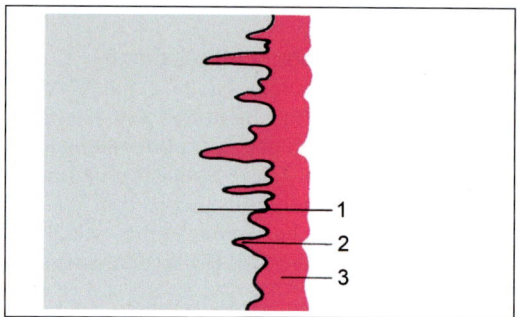

Bild 2.7 Verankerung von Auftragsmitteln durch Kapillarität
1 Untergrund
2 Poren
3 Anstrichmittel

Die Kapillarität wirkt zwischen einem Festkörper und einer Flüssigkeit bzw. einem Gas. Wie verhalten sich Flüssigkeiten und Gase mit- und untereinander? Diese Frage soll ein Versuch klären.

■ **Laborversuch** Wir geben in ein Glas Wasser einen Tropfen Kaliumpermanganat.

Ergebnis Nach kurzer Zeit färbt sich das ganze Wasser gleichmäßig blau-lila (**2.8**).

Bild 2.8 Diffusion

Diffusion. Der Versuch zeigt, dass sich Flüssigkeiten vermengen und, durchdringen. Das Gleiche gilt für Gase und für Gase mit Flüssigkeiten. Diese Erscheinung heißt Diffusion und spielt eine wichtige Rolle beim Nährstofftransport im Baum. Gase und Flüssigkeiten durchdringen und vermischen sich auch dann miteinander, wenn sie durch eine dünne, poröse Schicht (z. B. semipermeable Trennwand) getrennt sind. Man bezeichnet diesen Vorgang als Osmose.

> **Kapillarität** – Zusammenwirken von Kohäsion und Adhäsion zwischen Festkörper und Flüssigkeit bzw. Gas; verstärkte Saugwirkung bei porösen Festkörpern
>
> **Diffusion, Osmose** – Gegenseitige Durchdringung von Flüssigkeiten oder Gasen bis zum Ausgleich der Konzentration

2.4 Chemische Grundbegriffe

Bisher haben wir uns mit den Körpern und ihren Eigenschaften, also mit physikalischen Vorgängen befasst. Die Chemie untersucht dagegen die Zusammensetzung, Eigenschaften und Umwandlung der Stoffe.

2.4.1 Gemenge (Dispersionen)

■ **Laborversuch** In einer Schale werden Eisen- und Schwefelpulver vermischt (vermengt). An das Gemenge halten wir einen Magneten.

Ergebnis Der Magnet zieht das Eisenpulver an und trennt es somit wieder vom Schwefel. Beide Stoffe sind unverändert geblieben.

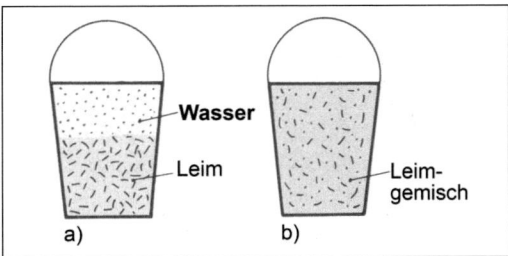

Bild 2.9 Suspension
a) entmischt,
b) gemischt

Gemenge sind Mischungen von Stoffen, die man physikalisch wieder trennen kann, ohne die Stoffe zu verändern. Zu unterscheiden sind Suspensionen, Emulsionen, Lösungen und Legierung.

Suspension. Bei länger lagernden Behältern mit PVAC-Weißleim haben sich die Leimteile deutlich unter dem Wasser abgesetzt. Sie sind schwerer als das Wasser und setzen sich deshalb ab. Beim Umrühren mischen sich beide Stoffe wieder miteinander, sodass der Leim verarbeitet werden kann (**2.9**). Solche Dispersionen, bei denen sich feste Stoffe (Leim) fein in einer Flüssigkeit (Wasser) verteilen, aber nicht lösen, heißen Suspensionen. Ihre Bestandteile trennen sich physikalisch durch Absetzen.

Emulsion. Wenn sich Flüssigkeiten in feiner Verteilung miteinander vermengen, spricht man von einer Emulsion (z. B. Milch = Rahm in Wasser, Wasser im „Wasserlack"). Auch Emulsionen trennen sich physikalisch durch Absetzen oder Filtrieren.

Lösung. Nitrocellulose-Lack (NC-Lack) lässt sich nur auf ein Möbelstück auftragen, wenn man ihm ein Lösungsmittel (Alkohol oder Ester) beigemischt hat. Man trägt also eine Lacklösung auf. Der Lack verteilt sich im Lösungsmittel so fein, dass er fürs Auge nicht mehr sichtbar ist, er geht in Lösung. Beim Trocknen des Lacks entweicht das Lösungsmittel (verdunstet), und der NC-Lack wird fest (**2.10**).

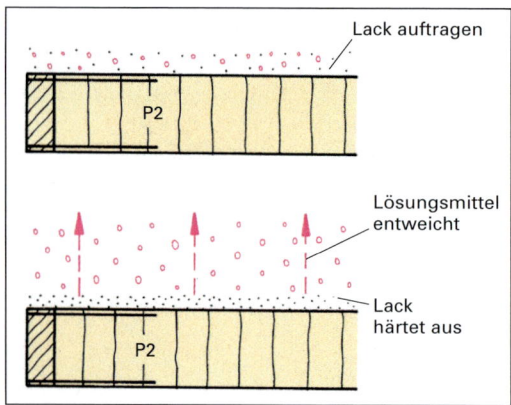

Bild 2.10 Lösung

Andere Lösungen von festen und flüssigen Stoffen sind z. B. Zucker oder Salz in Wasser. Im Wein ist Flüssigkeit (Alkohol) in Wasser gelöst. Solche Lösungen sind einheitliche (homogene) Stoffgemenge, die sich physikalisch durch Verdampfen oder Destillieren wieder trennen lassen.

Die Legierung ist ein Gemisch von zwei oder mehr Metallen. Bekannt und vielfach verwendet für Beschläge ist vor allem Messing, eine Legierung aus Kupfer und Zink. Beide Metalle werden in geschmolzenem Zustand vermischt. Die Eigenschaften einer Legierung weichen zum Teil erheblich von denen der Einzelmetalle ab. Durch Einschmelzen lassen sich Legierungen wieder in die Ausgangsmetalle zerlegen.

Gemenge (Gemische)
- sind Mischungen von Stoffen, die sich physikalisch wieder trennen lassen (z. B. durch Absetzen, Sieben, Destillieren, Verdampfen, Einschmelzen).
- verändern die Stoffe nicht.
- sind Suspensionen oder Emulsionen (Dispersionen).
- sind Lösungen oder Legierungen.

2.4.2 Chemische Verbindungen (Reaktionen)

■ **Laborversuch** Wir vermengen 4 g Schwefel- und 7 g Eisenpulver in einem Reagenzglas und erhitzen es.

Ergebnis Die Mischung glüht auf zu einer spröden Substanz, die weder die Eigenschaften des Eisens noch des Schwefels hat. Aus beiden Stoffen hat sich durch Wärmezufuhr ein neuer Stoff gebildet.

Bei der chemischen Reaktion reagieren zwei oder mehr Ausgangsstoffe unter Wärmezufuhr oder Wärmeabgabe miteinander und verbinden sich zu einem oder mehreren neuen Stoffen (Synthese). Solche Verbindungen lassen sich nicht mehr physikalisch, sondern nur noch chemisch wieder trennen (Analyse).

Ausgangsstoffe	Synthese ⇌ Analyse	Verbindung
Fe (Eisen) + S (Schwefel)		FeS (Schwefeleisen)

Das Wort „analysieren" kennen wir auch aus der Politik, dem Tagesgeschehen und der Technik. Was tun Sie, wenn Sie etwas analysieren?

Chemische Reaktion – Verbindung von Ausgangsstoffen unter Wärmezufuhr oder -abgabe zu neuen Stoffen (Synthese) mit anderen Eigenschaften
Chemische Verbindungen lassen sich nur chemisch wieder trennen (Analyse).

2.4.3 Element, Molekül, Atom

Element. Bei der Analyse gelangt man zu Stoffen, die sich auch chemisch nicht weiter zerlegen lassen. 111 solcher Grundstoffe oder Elemente sind bisher bekannt. Man bezeichnet sie mit Symbolen nach ihren lateinischen oder griechischen Namen (z. B. Fe = ferrum = Eisen, Pb = plumbum = Blei, O = oxygenium = Sauerstoff, H = hydrogenium = Wasserstoff).

Elemente sind Stoffe, die sich chemisch nicht weiter zerlegen lassen.

Moleküle kennen wir schon von der Kohäsion und Adhäsion her. Sie sind die kleinsten Teilchen einer chemischen Verbindung. Jedes Molekül hat die gleichen Eigenschaften wie die ganze Verbindung. Seine Zusammensetzung drückt sich in der chemischen Formel aus

2.4 Chemische Grundbegriffe

(z. B. FeS = Schwefeleisen). Die *Molekülmasse* ergibt sich aus der Masse und Anzahl der Einzelatome, die miteinander verbunden sind.

Das Atom ist das kleinste Teilchen eines Elements und daher je nach Element verschieden. Man gibt es mit dem chemischen Symbol an. Fe bedeutet also nicht nur Eisen, sondern 1 Atom Eisen. Die *Atommasse* ist unvorstellbar klein. Ihre Einheit ist der 12. Teil der Kohlenstoff-Atommasse. Kohlenstoff hat also die Atommasse 12, Sauerstoff 16 (**2.**11).

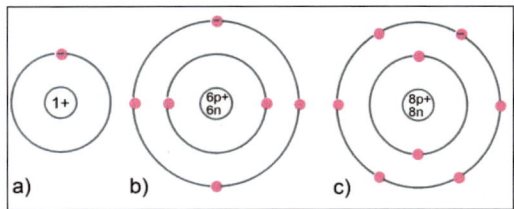

Bild 2.12 Atomaufbau
    a) Wasserstoffatom nur 1 Elektron,
    b) Kohlen Stoffatom im Kern
       6 Protonen + 6 Neutronen,
    c) Sauerstoffatom

Tabelle 2.11 Wichtige Elemente

Gruppe	Name		Zeichen	Atommasse
Metalle	**Schwermetalle**			
		Blei	Pb	207
		Chrom	Cr	52
		Eisen	Fe	56
		Gold	Au	197
		Kupfer	Cu	64
		Silber	Ag	108
		Zink	Zn	65
	Leichtmetalle			
		Aluminium	Al	27
		Calcium	Ca	40
Nichtmetalle	**fest**			
		Kohlenstoff	C	12
	gasförmig			
		Fluor	F	19
		Sauerstoff	O	16
		Stickstoff	N	14
		Wasserstoff	H	1

Den Bau des Atoms kann man sich wegen der Unsichtbarkeit des Atoms nur als Modell vorstellen. Der Atomkern im Zentrum bildet praktisch die gesamte Atommasse. Er enthält die elektrisch positiv geladenen Protonen *p* und die elektrisch neutralen Neutronen *n*. Um den Kern bewegen sich in kreisförmigen Bahnen mit unvorstellbarer Geschwindigkeit die elektrisch negativ geladenen Elektronen der Atomhülle (**2.**12). Die Anzahl der Protonen ist je nach Element verschieden und damit Unterscheidungsmerkmal eines Elements. Weil die Anzahl der Elektronen gleich der Protonenzahl ist, verhält sich ein Atom elektrisch neutral.

Das Atom
– besteht aus dem Kern mit Protonen und Neutronen sowie der Hülle mit Elektronen,
– ist das kleinste Teil eines Elementes,
– ist elektrisch neutral.

Molekül
– besteht aus mehreren Atomen,
– ist das kleinste Teil einer chemischen Verbindung.

Periodensystem. Nach ihren Eigenschaften – d.h. nach ihrem Atombau – kann man die Elemente in ein Periodensystem ordnen und ihnen eine Ordnungszahl geben. Das System ist einfach: Ausgehend vom Wasserstoff = 1 Proton = Ordnungszahl 1 nimmt die Kernladung von Element zu Element um 1 Proton (und damit auch um 1 Elektron) zu. Kupfer hat die Ordnungszahl 29, also 29 Protonen (und 29 Elektronen).

Erhaltung der Masse. Bei einer chemischen Reaktion ist die Masse der Ausgangsstoffe gleich der Masse der Endstoffe.

Wertigkeit. Die Elemente verbinden sich stets in bestimmten Mengenverhältnissen, nämlich entsprechend ihrer Wertigkeit. Die Wertigkeit bei den Elementen der Hauptgruppen (Periodensystem) ist abhängig von der Anzahl der Elektronen auf der äußersten Kernschale, die aufgefüllt oder abgegeben werden.

Ein einwertiges Element kann nur 1 Atom eines anderen Elements binden, ein zweiwertiges 2, ein dreiwertiges 3 usw. Zwei- und Mehrwertigkeit drückt man in einer Zahl zum Symbol des gebundenen Elements aus.

Beispiele $2\,H + O \rightarrow H_2O$,
denn Sauerstoff O ist zweiwertig
$4\,H + C \rightarrow CH_4$,
denn Kohlenstoff C ist vierwertig

$$4\,g\,H_2 \triangleq 36\,g$$
$$H_2O \quad 10\,g\,H_2 \triangleq x\,g\,H_2O$$
$$x = \frac{36\,g \cdot 10\,g}{4\,g} = \mathbf{90\,g\,H_2O}$$

Summen- und Strukturformel. Da die Summe einer chemischen Reaktion unverändert bleibt (Gesetz von der Erhaltung der Masse), kann man die Reaktion in einer Summenformel schreiben und die Mengen berechnen (stöchiometrische Berechnung).

Die Zusammensetzung der Moleküle wird noch klarer durch die Strukturformel

Beispiel
Wie viel g Wasser erhält man bei der Verbrennung von 10 g Wasserstoff?
$$2\,H_2 + O_2 = 2\,H_2O$$
$$4\,g + 32\,g = 36\,g$$

Beispiel
1 Molekül (2 Atome)   1 Atom   1 Molekül (3 Atome)

$H - H$ + $\overset{|}{\underset{|}{O}}$ → $H - \overline{O} - H$

Wasserstoff + Sauerstoff = Wasser

2.5 Luft und Wasser

■ **Laborversuch** In einer mit Wasser gefüllten Wanne wird eine Kerze auf einer schwimmenden Porzellanschale entzündet und mit einem Becherglas luftdicht übergestülpt.

Ergebnis Nach kurzer Zeit erlischt die Kerze, und der Wasserspiegel im Becherglas steigt um etwa $^1/_5$ (**2.13**).

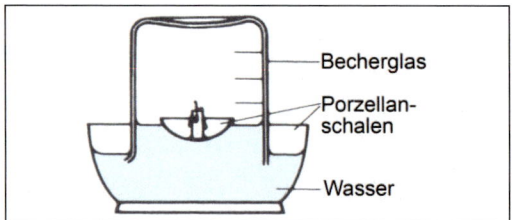

Bild 2.13 Luft unterhält die Verbrennung

Der Versuch zeigt, dass Luft einen Stoff enthält, der die Verbrennung ermöglicht. Wenn dieser Stoff verbraucht ist und nicht erneuert wird, erlischt die Kerze, und in den frei werdenden Raum strömt Wasser ein. Dieser Stoff ist Sauerstoff. Das Gasgemisch Luft besteht

– zu 78 % aus Stickstoff,
– zu 21 % aus Sauerstoff,
– zu = 1 % aus Edelgasen (Argon, Krypton, Helium) und Kohlendioxid.

Luft ist lebensnotwendig. Ohne Luft erstickt alles Leben, kann nichts verbrennen, kann sich kein Schall ausbreiten. Ohne die schützende Lufthülle, die unsere Erdkugel mit dem 500 km breiten Band der Atmosphäre umgibt, wären wir unmittelbar den UV-Strahlen der Sonne ausgesetzt. Auch für die Technik ist Luft eine wichtige Größe. 1 m³ Luft wiegt bei 0 °C 1,29 kg. Ihre Gewichtskraft erzeugt den Luftdruck. Da Luft Raum einnimmt, kann man sie verdichten und zu Antrieben nutzen (z. B. Kompressor). Als schlechter Wärmeleiter eignet sich Luft besonders zur Wärmedämmung.

Luftverschmutzung bedroht unsere Erde und unser Leben. Industrieabgase (Kohlendioxid und -monoxid sowie Schwefeldioxid), Auto- und Heizabgase verunreinigen die Luft in zunehmendem Maß. Der „Reinigungshaushalt der Natur", worin die Pflanzen durch Sauerstoffabgabe die Luft sauber halten, ist gestört und überlastet. So wurde es höchste Zeit, dass Gesetze und Bestimmungen zur Reinhaltung der Luft erlassen wurden. Die gesetzlichen Auflagen kosten die Industrie viel Geld, aber sie sind lebensnotwendig für uns alle. Auch jeder Einzelne sollte deshalb Luftverunreinigungen vermeiden.

2.5 Luft und Wasser

Sauerstoff ist nicht nur das häufigste Element, sondern auch eines der wichtigsten. Das Gas ist farblos, geruch- und geschmacklos, brennt nicht, unterhält aber die Verbrennung und verbindet sich leicht mit fast allen Elementen. Frei kommt Sauerstoff in der Atmosphäre vor, gebunden in vielen Verbindungen.

Stickstoff ist ebenfalls ein farb-, geruch- und geschmackloses Gas. In der Natur kommt es in vielen Verbindungen vor. Stickstoff brennt nicht.

Luft
- ist ein Gasgemisch aus Stickstoff, Sauerstoff und Edelgasen,
- fördert durch den Sauerstoff die Verbrennung,
- ist lebensnotwendig und daher vor Verschmutzung zu bewahren.

Wasser ist eine Verbindung von 2 Raumteilen Wasserstoff und 1 Raumteil Sauerstoff H_2O). 71 % der Erdoberfläche sind Meere, Seen und Flüsse. Wasser ist Hauptbestandteil aller Organismen und lebensnotwendig. Ohne Wasser verdorren die Pflanzen, verdursten Tiere und Menschen. Wasser ist aber auch das wichtigste Lösungsmittel.

Wasserstoff ist das leichteste Element. Es ist ein farb-, geruch- und geschmackloses Gas, brennt, unterhält aber die Verbrennung nicht (also gerade umgekehrt wie Sauerstoff).

Kreislauf des Wassers. Wasser bewegt sich in einem natürlichen Kreislauf. Durch die Sonneneinstrahlung verdunstet es zu Wasserdampf, wobei gelöste Salze ausfallen. Der Wasserdampf steigt hoch und sammelt sich zu Wolken. Bei Abkühlung oder Sättigung fällt das Wasser als Regen oder Tau nieder. Ein Teil bleibt als Oberflächenwasser in den Flüssen, Seen und Meeren. Der größere Teil aber sickert durch Sand und Kies als Grundwasser ins Erdreich. Dabei reinigt sich das Wasser durch Filtration von ungelösten Stoffen. Im Erdreich löst es Mineralien (vor allem Calcium- und Magnesiumsalze = chemische Verwitterung) und sprengt beim Erstarren Gesteinsschichten (physikalische Verwitterung). Als Quellwasser tritt es wieder an die Erdoberfläche, und der Kreislauf beginnt von neuem (**2**.14). Salzfreies Wasser schmeckt fade und ist „weich", Quellwasser dagegen ist wegen der gelösten Salze „hart". Zum Waschen muss es enthärtet werden, weil sich die Salze mit der Seife zu unlöslicher Kalkseife verbinden.

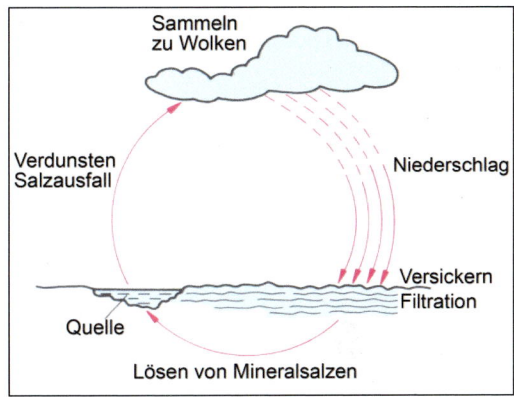

Bild 2.14 Kreislauf des Wassers

Unser Wasserbedarf steigt mit der Ausbreitung der Industrie und dem verbesserten Lebensstandard. Zwar führt man inzwischen das von Industrie und Haushalten benutzte Wasser nach gründlicher Reinigung in Kläranlagen wieder in den natürlichen Kreislauf zurück, doch sinkt wegen des großen Bedarfs der Grundwasserspiegel nach und nach, wozu auch die Bebauung und Versiegelung immer weiterer Flächen beiträgt. Außerdem nimmt die Verschmutzung des Wassers durch Chemikalien zu. Die Kanalisierung von Flüssen und Bächen beseitigt die natürlichen Staustufen. Damit wird der Sauerstoffanteil des Wassers nicht erneuert: Fische und Wasserläufe „sterben". Die zunehmende Bebauung der Flussauen und -täler, die Flusslaufbegradigungen sowie die Monokulturen in Forst- und Landwirtschaft führen bei großen Niederschlagsmengen zu Überschwemmungen, die sich vor allem vor Engpässen dramatisch schnell ausbreiten. Die Reinhaltung aller Gewässer (einschließlich des Grundwassers) ist für uns alle ebenso lebenswichtig wie die Luftreinheit. Auch hier hat der Gesetzgeber deshalb Bestimmungen geschaffen.

Achtung! Sie dürfen verbrauchtes Getriebeöl oder Säuren, Leim- und Lackreste nicht einfach ins Erdreich ablassen.

Als Lösungsmittel ist Wasser unentbehrlich. Viele feste, flüssige und gasförmige Stoffe lösen sich in Wasser. Salze z. B. lösen sich ganz darin auf, andere Stoffe (wie Lehm) verteilen sich fein in Wasser. Wasser kann jedoch nur eine bestimmte Menge Stoffe lösen. Wenn der Sättigungsgrad erreicht ist, bleibt der Überschuss ungelöst. In der Technik wird Wasser auch vielseitig als Verdünnungsmittel eingesetzt.

Anomalie des Wassers. Wasser hat nicht wie die anderen Stoffe bei 0 °C, sondern bei 4 °C seine größte Dichte von 1 kg/dm^3. Kühlt man es weiter ab, nimmt sein Volumen wieder zu (Anomalie des Wassers). Bei 0 °C gefriert es und dehnt sich dabei um $^1/_{10}$ seines ursprünglichen Volumens aus. Bei 100 °C geht es in den gasförmigen Zustand über.

Wasser
- ist eine Verbindung von Wasserstoff und Sauerstoff und hat die chemische Formel H_2O,
- ist das wichtigste Lösungsmittel für feste, flüssige und gasförmige Stoffe,
- ist lebensnotwendig und daher vor Verschmutzung zu bewahren.

2.6 Oxidation und Reduktion

Oxidation. Sauerstoff ist sehr reaktionsfreudig. Die Reaktion von Sauerstoff mit anderen Elementen verläuft oft sehr rasch. Dabei wird stets Energie (Wärme) frei. Man nennt diesen Vorgang Oxidation und die neue Verbindung Oxid.

Beispiele			
Metall	+ Sauerstoff	→	Metalloxid (fest)
2 Al	+ 3 O	→	Al_2O_3
Nichtmetall	+ Sauerstoff	→	Nichtmetalloxid (gasförmig)
S	+ 2 O	→	SO_2

Die Reaktion von Eisen mit Sauerstoff und Wasser zu Eisenoxid = Rost geht langsam vor sich, so dass man die Wärme nicht spürt. Verbrennungen sind schnelle Reaktionen, bei denen in kürzester Zeit viel Energie (Wärme) abgegeben wird. Rost ist eines der bekanntesten und „teuersten" Oxide, denn er richtet viel Schaden an. Einige Metalle (z. B. Kupfer, Aluminium) bilden stabile Oxide, die den Grundstoff vor weiterer Zerstörung schützen.

Achtung! Zum Befestigen von Außenwandverkleidungen müssen wegen der Oxidationsgefahr nichtrostende Schrauben und Nägel verwendet werden.

Reduktion ist der umgekehrte Vorgang: Einer Verbindung wird unter Wärmezufuhr der Sauerstoff entzogen, wobei das Reduktionsmittel oxidiert. Ein Beispiel dafür bietet der Hochofenprozess. Dabei entzieht man den Erzen mittels Kohlenstoff und Kohlenmonoxid den Sauerstoff. Das Reduktionsmittel Kohlenstoff oxidiert:

Eisenoxid + Kohlenmonoxid → Eisen + Kohlendioxid
Fe_2O_3 + 3 CO → 2 Fe + 3 CO_2
└─────── Oxidation ───────┘
└─── Reduktion ───┘

Berufshinweis. In der Schreinerei werden häufig Holzoberflächen durch Bleichen aufgehellt. Bei diesem Vorgang wird Sauerstoff entweder angelagert (Oxidation) oder entzogen (Reduktion s. Abschn. 9.1.3).

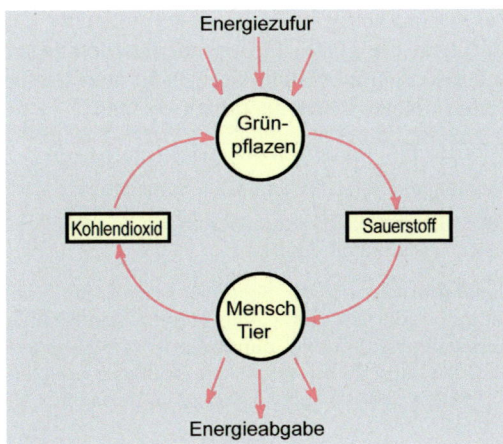

Bild 2.15 Redox-Vorgang

zeigt. Diese Wechselwirkung zwischen Oxidation und Reduktion nennt man Redox-Vorgang. Er spielt, wie Bild **2.**15 zeigt, bei den Atmungsvorgängen in der Natur eine wichtige Rolle.

Bei der Metallgewinnung aus Erzen werden Sulfide und Carbonate durch Rösten in *Oxide* überführt. Danach *reduziert* man die Oxide durch Kohlenmonoxid zu Metallen.

> **Oxidation** – Verbindung von Sauerstoff mit anderen Elementen unter Wärmeabgabe zu Oxid
>
> **Reduktion** – Entzug von Sauerstoff aus einer Verbindung unter Wärmezufuhr, wobei das Reduktionsmittel oxidiert
>
> **Redox-Vorgang** – Wechselwirkung zwischen Oxidation und Reduktion bei einer chemischen Reaktion

Redox-Vorgang. Während das Kohlenmonoxid im Hochofenprozess zu Kohlendioxid oxidiert, wird das Eisenoxid gleichzeitig zu Eisen reduziert, wie unsere Reaktionsformel

2.7 Säuren, Basen, Salze

Säuren entstehen, wenn sich Nichtmetalle mit Wasserstoff verbinden oder Nichtmetalloxide in Wasser lösen. So verbrennt bei vielen Fertigungsprozessen der Industrie Schwefel in Sauerstoff zu Schwefeldioxid (SO_2), das sich in der Atmosphäre mit der Luftfeuchtigkeit bzw. dem Regen zu einer Säure verbindet („saurer Regen"). Vom Mineralwasser her kennen wir die Kohlensäure, die sich beim Lösen von Kohlendioxid in Wasser bildet.

> **Beispiel**
>
> Nichtmetalloxid + Wasser → Säure
> SO_2 + H_2O → H_2SO_2
> (schweflige Säure)
> CO_2 + H_2O → H_2CO_2
> (Kohlensäure)

- **Laborversuch** Wir füllen vorsichtig konzentrierte Schwefelsäure in ein Reagenzglas und tauchen darin einen Holzspan bis zur Hälfte ein.
  Ergebnis Der Holzspan verkohlt – die Säure entzieht ihm das Wasser.

> **Vorsicht bei Arbeiten mit Säure!**
>
> Grundsätzlich Schutzbrille und Schutzhandschuhe tragen! Beim Verdünnen immer die Säure vorsichtig unter Umrühren ins Wasser geben – niemals das Wasser in die Säure gießen!
>
> Säureflaschen müssen mit Giftetikett versehen sein. Bei Unfällen (Säurespritzer) Säure mit viel Wasser fortspülen.

Säuren sind sauer, greifen die Haut an, zerstören unedle Metalle und verkohlen organische Stoffe. Sie färben blaues Lackmuspapier rot. (Lackmus ist ein Indikator = Anzeiger, ein mit Pflanzenfarbstoff gefärbtes Papier.) Während die Kohlensäure schwach ist, gehören Salzsäure (HCl), Schwefelsäure (H_2SO_4) und Salpetersäure (HNO_3) zu den starken Säuren. Da die Luft – besonders in Industriegebieten – Säure enthält, werden ungeschützte metallische und mineralische Bauteile angegriffen und zersetzt.

Für die Holzbearbeitung wichtige Säuren

Salzsäure HCl, in Wasser verdünnt, als Bleichmittel und zum Entfernen von Kalkflecken

Oxalsäure COOH
Zitronensäure (ungiftig) } zum Ausbleichen von Gerbsäureverfärbungen

Säuren
- sind Verbindungen von Nichtmetalloxiden mit Wasser oder Nichtmetallen mit Wasserstoff,
- färben blaues Lackmuspapier rot,
- greifen Haut und unedle Metalle an, verkohlen organische Stoffe.

Basen (Laugen) entstehen, wenn sich Oxide der Alkalimetalle (Natrium, Kalium, Calcium) mit Wasser verbinden. Charakteristisch für sie ist der Sauerstoff-Wasserstoff-Anteil – die Hydroxidgruppe OH.

Beispiel

Metalloxid + Wasser → Hydroxid
CaO + H_2O → $Ca(OH)_2$
(gelöschter Kalk)

Gelöschter Kalk ist ein Mörtelbestandteil und erzeugt auf gerbstoffhaltigen Hölzern Flecken. Außerdem greift er wie alle Laugen Aluminium, Zink und Kupfer an, wie folgender Versuch zeigt.

■ **Laborversuch** Im Reagenzglas wird etwas Aluminium mit Natronlauge (NaOH) übergossen.

Ergebnis Das Aluminium wird zersetzt.

Berufshinweis. Aluminiumgriffe an Holzfenstern müssen beim Einbau in Neubauten durch Kunststoff-Ummantelung vor Kalkspritzern geschützt werden.

Vorsicht bei Arbeiten mit Laugen!

Sie ätzen. Deshalb Schutzbrille und Schutzhandschuhe tragen.

Laugenspritzer mit viel Wasser fortspülen.

Basen sind seifig und fühlen sich glitschig an. Sie ätzen die Haut, greifen unedle Metalle an und lösen Fette (deshalb verwendet man sie für Seifen). Rotes Lackmus färben sie blau.

Für die Holzbearbeitung wichtige Basen

Salmiakgeist (NH_4OH) als Bleichmittelzusatz

Natronlauge (NaOH) zum Beseitigen von Farbtonresten (Totalbleichmittel)

Berufshinweis. In der Schreinerei wird das Holz entharzt, von den Harzgallen befreit. Durch heiße Kernseifenlösung (evtl. durch Zusatz von Salmiakgeist verstärkt) wird das in der Holzfaser eingelagerte Harz verseift und wasserlöslich gemacht.

Basen (Laugen)
- sind Verbindungen von Metalloxiden mit Wasser zu OH-Gruppen,
- färben rotes Lackmus blau,
- greifen die Haut und unedle Metalle an, lösen Fette.

■ **Laborversuch.** Wir füllen verdünnte Natronlauge in ein Reagenzglas und färben sie mit Lackmuslösung blau. Aus einer Bürette lassen wir so lange verdünnte Salzsäure zutropfen, bis die Blaufärbung verschwunden ist (**2.16**). Diese nicht mehr blaue und noch nicht rote, also neutrale Lösung wird eingedampft.

Ergebnis Beim Verdampfen scheiden sich weiße Kristalle aus. Die Geschmacksprobe ergibt, dass es sich um Kochsalz (NaCl) handelt. Die Reaktion ist nach dieser Formel verlaufen: NaOH + HCl → NaCl + H_2O.

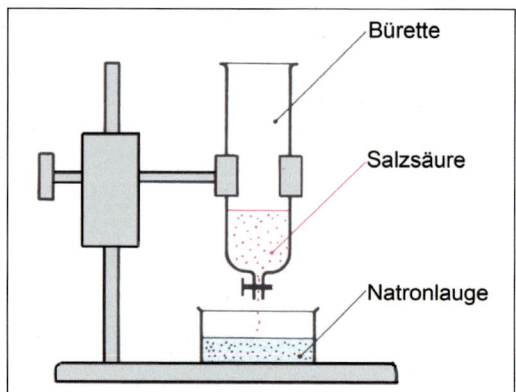

Bild 2.16 Neutralisation

2.7 Säuren, Basen, Salze

Salze können also durch Verbindung (Neutralisation) einer Lauge mit Säure entstehen. Sie bilden sich aber auch durch Säureangriff auf Metalle oder Metalloxide (Säurerest).

Benannt werden die Salze nach dem Metall und dem Säurerest (**2.17**).

Beispiele

Metall   Säurerest
   ↘   ↙

Mg + 2 HCl → H_2 + $MgCl_2$ (Magnesiumchlorid)

CuO + 2 HCl → H_2O + $CuCl_2$ (Kupferchlorid)

Tabelle 2.17 Säuren, Salze und Laugen

Säure		Salz Gruppe	Beispiel	Formel
Name	Formel			
Salzsäure	HCl	Chlorid	Natriumchlorid (Kochsalz)	NaCl
Schwefelsäure	H_2SO_4	Sulfat	Calciumsulfat (Gips)	$CaSO_4$
Salpetersäure	HNO_3	Nitrat	Natriumnitrat (Natronsalpeter)	$NaNO_3$
Kohlensäure	H_2CO_3	Carbonat	Natriumcarbonat (Soda)	Na_2CO_3
Phosphorsäure	H_3PO_4	Phosphat	Calciumphosphat	$Ca_3(PO_4)_2$
Essigsäure	CH_3COOH	Acetat	Natriumacetat	CH_3COONa
Kieselsäure	H_4SiO_4	Silikat	Aluminiumsilikat (im Ton)	$Al_2O_3 \cdot SiO_2$
Laugen				
Salmiakgeist	NH_4OH	–		
Natronlauge	NaOH	–		

Berufshinweise. Die Wirkung der meisten Farbstoffbeizen beruht darauf, dass in der Holzfaser Salze entstehen. Metallsalzverbindungen neigen umso weniger zu Reaktionen mit Holzinhaltsstoffen, je neutraler sie sind. Kalk-, Gips- und Zementflecken auf Naturholz-Oberflächen lassen sich mit verdünnter Salzsäure (eisenfrei) abbürsten (neutralisieren). Nach einigen Minuten wäscht man mit reinem Wasser nach. Dazu dürfen Sie keine metallischen Arbeitsgeräte verwenden und müssen Metallbeschläge vorher entfernen.

> **Salze** sind Verbindungen von Metall mit einem Säurerest (Reaktion einer Säure mit Metall, Metalloxid oder Metallhydroxid = Neutralisation).

Neutralisation ist der Zustand, in dem sich die Wirkungen von Säuren und Basen gegenseitig aufheben: Blaues Lackmuspapier färbt sich nicht rot, rotes nicht blau. Die entsprechenden Salze reagieren weder alkalisch noch sauer.

> Bei Neutralisation heben sich die Wirkungen von Säuren und Basen auf.

> Im Zusammenhang mit den Diskussionen um das Waldsterben wird oft vom pH-Wert gesprochen. Was bedeutet dieser Wert?

Der pH-Wert erfasst die Konzentration von freien Wasserstoffionen (H^+) in Flüssigkeiten. Somit gibt er an, ob eine Flüssigkeit eine Lauge, eine Säure oder neutral ist (**2.18**). Das Absinken um 1 pH-Wert (z. B. von pH 6 auf pH 5) bedeutet, dass die Flüssigkeit zehnmal saurer geworden ist. In den letzten Jahren ist ein stetiger Abfall des pH-Wertes im Regenwasser, in Flüssen und Seen festzustellen. Messungen ergaben nicht selten pH-Werte um 4 bzw. darunter. Ein „saurer Regen" mit pH 4 ist tausendmal saurer als neutrales Wasser mit pH-Wert 7! Bei einem pH-Wert 4 ist das Leben von Fischen in einem See bereits stark bedroht, bei geringer weiterer Absenkung unmöglich.

Auch für die Beurteilung von Holzarten und Werkstoffen zur Oberflächenbehandlung ist der pH-Wert von Bedeutung.

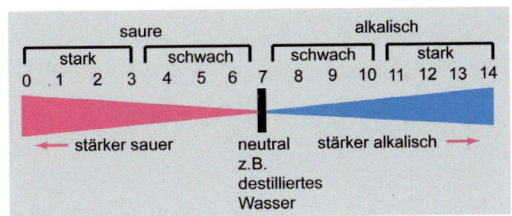

Bild 2.18 pH-Wertskala

3 Holz und Holzwerkstoffe

3.1 Der Wald

Arbeitsauftrag Nr. 4 Lernfeld TI, HM 1
- Als Experte sollten Sie die nachfolgenden Fragen beantworten können. Lesen Sie den folgenden Text zielgerichtet einschließlich Kapitel 3.1.2 „Bedeutung des Waldes". Verwenden Sie gegebenenfalls einen Textmarker oder einen Bleistift zum Markieren wichtiger Textstellen.
- **Ergänzen Sie Ihre Lernkartei!**
1. Ein Wald wird abgeholzt. Welche Gefahren bedeutet dies für die Umwelt?
2. Welche Geschehnisse gefährden den Waldbestand der Erde?
3. Stellen Sie die Bewaldungsdichte in der Bundesrepublik Deutschland als Säulendiagramm dar.
4. Nach welchen Waldschadstufen und entsprechenden Kennzeichnungen wird in der EU unterschieden?
5. Welche Bedeutung hat der Wald für den Menschen?

Der Wald produziert nicht nur den umweltfreundlichen Rohstoff Holz, sondern erfüllt seit Jahrtausenden auch wichtige *Umweltfunktionen* – die Regelung des Naturhaushalts und Schutz für die Menschen.

Er bietet Lebensraum für die übrige reiche Pflanzenwelt, Pilze, unzählige Kleinstlebewesen, Vögel und Wild.

Durch den *Klimawandel* wird die nachhaltige Pflege und sinnvolle Nutzung unserer Wälder immer wichtiger. Die Wälder leisten einen bedeutsamen Beitrag zu Klimaschutz. Der deutsche Wald gehört zu den vorratsreichsten CO_2-Speichern in Europa. In der ober- und unterirdischen Biomasse (Holz, Laub/Nadeln, Wurzeln) sind 1,2 Mrd. Tonnen Kohlenstoff gebunden. Bei Einberechnung des Waldbodens erhöht sich der Kohlenstoffspeicher um eine weitere Milliarde Tonnen. Jeder Kubikmeter Holz enthält 270 Kilogramm Kohlenstoff.

Darüber hinaus leistet die energetische Verwendung von Holz einen wichtigen Beitrag zur Verringerung fossiler Brennstoffe.

Die Holzverwendung im Laufe der Geschichte

Archäologische und mythologische Angaben zur Holzverwendung aus vorschristlicher Zeit (Auswahl unter Verwendung heutiger Ortsangaben):

400.000 v. Chr.: Jagdspeere, Schöningen (Fichte)

80.000 v. Chr.: Teere und Peche (Birke)

6300 v. Chr.: Arche Noah: 135 m lang, 22 m breit, 13,50 m hoch (Tanne)

5258 v. Chr.: Pfostenhäuser-Siedlung mit Brunnen, Leipzig-Plaußig (Eiche)

5089 v. Chr.: Brunnen in Blockbauweise, 15 m tief, Erkelenz-Kückhoven (Eiche), ältere Gefäße und Handwerkszeug (Ahorn/Weide)

5000 v. Chr.: Wasserfahrzeuge, bis 12 m lange Einbäume, Stralsund (Linde)

4400 v. Chr.: Pfahlbauten an den Voralpenseen (Eiche, Esche, Nadelholz)

3500 v. Chr.: Bauten der Jômon Periode, Japan

3300 v. Chr.: Alpine Ausrüstung von „Ötzi", Ötztaler Alpen (17 Holzarten)

3000 v. Chr.: Holzkohle für Metall- und Glas-/Fayenceherstellung in Ägypten (Sykomore, Tamariske, Akazie), Grabbauten und Schiffe (Zeder)

2890 v. Chr.: Rad, Seekirch-Stockwiesen

2707 v. Chr.: Holzbiege- und Einlegearbeiten (Intarsien), Ägypten

2613 v. Chr.: Brettspiel Senet (wie Backgammon), Ägypten (Holz/Elfenbein)

2010 v Chr.: Furnierherstellung, Ägypten

1575 v. Chr.: Sargmaske der Königin Sat-Djehuti, Ägypten (Sykomore)

1300 v. Chr.: Holz im Fernhandel, Schiffsfund vor der Türkei (Ebenholz)

12./13. Jh. v. Chr.: Trojanisches Pferd, Türkei

1150 v. Chr.: Bundeslade/Heiliger Schrein, Nahost (Akazie mit Gold)

2. Jh. v. Chr.: Antike Tragwerke, 15 bis 30 m überspannend

1. Jh. v. Chr.: Rheinbrücke für Cäsars Legionen, 600 m lang

2008: Bau der größten aus Holz gebauten Achterbahn in Europa (Heidepark Soltau)

3.1.1 Waldverteilung

Waldflächen der Erde

Nach einem Bericht der FAO (= Food and Agriculture Organisaton = Ernährungs- und Landwirtschaftsorganisation der Vereinten Nationen) sind ca. 26 % der Landesfläche unserer *Erde* mit Wald bedeckt, schätzungsweise 3,9 Mrd. Hektar (ha).

In *Europa* sind ca. 39 %, das entspricht ca. 1,1 Mrd. ha, mit Wald bedeckt.

Deutschland hat eine Waldfläche von ca. 11,1 Mio. ha, die sich auf die einzelnen Bundesländer unterschiedlich verteilt (3.6). Dies entspricht einem Flächenanteil von ca. 32 % des Landes.

Im Vergleich sind in Ländern wie Frankreich 25 %, Italien 20 %, Belgien 20 %, Dänemark 11 % und Großbritannien 9 % der Landesfläche mit Wald bewachsen.

Je nach **Waldbesitz** wird in der Bundesrepublik Deutschland in Privatwald, Wald des Bundes, Körperschaftswald und Treuhandwald unterschieden (**3.5**).

Der *älteste lebende Baum der Erde,* eine Fichte, steht in der schwedischen Region Dalarna und ist 9.550 Jahre alt. Der *größte Baum,* ein Küstenmammutbaum-Redwood, ist im Nationalpark Kalifornien/USA zu finden.

In den USA, China und Europa hat in den letzten Jahren ein Umdenkungsprozess hin zu dem Bewusstsein, dass die Wälder nur durch eine nachhaltige, ökologisch sinnvolle Nutzung gerettet werden können, stattgefunden. Kanada, Schweden, Norwegen und die ehemalige Sowjetunion GUS müssen kein Holz mehr importieren. Waldaktienfonds und Investments werden bei der Bevölkerung als Kapitalanlage immer beliebter. Zertifikate für nachhaltigen Holzanbau informieren die Verbraucher über die Herkunft des Holzes. Als Folge hat sich die Waldfläche vergrößert.

Der *Holzzuwachs im Deutschen Wald* liegt bei ca. 10 Kubikmeter je Hektar und Jahr. Pro Sekunde entsteht ein Holzwürfel mit einer Kantenlänge von 1,56 m. Verbraucht werden aber nur durchschnittlich 7 Kubikmeter je Hektar und Jahr. Auch die Stabilität und Biodiversität des deutschen Waldes konnte, durch die Steigerung des Laubbaumanteils, um 2 %, verbessert werden (**3.8**). Gleichzeitig hat das für den Artenschutz so bedeutende Holz abgestorbener Bäume oder Baumteile, das sogenannte Totholz, auf 14,7 Kubikmeter je Hektar zugenommen

Trotz dieser positiven Entwicklung hat die Waldfläche der Erde aus folgenden Gründen dramatisch abgenommen:

– Der Holzbedarf, auch für Tropenholz, vieler Industrieländer steigt von Jahr zu Jahr.

– Große Waldgebiete werden auch in den Industrieländern durch Schädlingsbefall, den Bau neuer Industrie- und Wohngebiete und den Straßenbau vernichtet.

– Durch die Bevölkerungszunahme in Entwicklungsländern wird der Bedarf an Naturholz, vor allem aber an Brennholz immer größer. Nahezu die Hälfte des eingeschlagenen Holzes wird als Brennholz verwendet.

– Infolge des unkontrollierten Einschlags, des Wanderrodungsbaues und der nur zögernden Wiederaufforstung kommt es zu einer Ausweitung der Wüsten- und Steppengebiete.

3.1 Der Wald

- Brandstiftungen verursachen Waldbrände in Kalifornien, Kanada und Griechenland.
- Rodungen in Brasilien, um Flächen für die Rinderhaltung und den Bau von Siedlungen zu gewinnen. Allein durch den Raubbau am tropischen Regenwald nimmt die Waldfläche jährlich um 13,5 Mio. Kubikmeter ab.

Waldsterben. Der Waldschadensbericht gibt jedes Jahr einen Überblick über den Zustand des Waldes in der Bundesrepublik Deutschland. Die Waldschäden werden in der Europäischen Gemeinschaft in Schadstufen eingeordnet (**3.1**). Die Einordnung erfolgt aufgrund von Veränderungen gegenüber dem normalen Erscheinungsbild der Krone, der Blätter, der Nadeln, der Äste, der Zweige, des Stammes und der Rinde.

Tabelle 3.1 Schadstufen

Schadstufe	Schäden	
0	ohne erkennbare Schäden	Baum gesund, gutes Wachstum
1	schwach geschädigt	> 10 % < 25 %, Krone beginnt zu verlichten
2	mittelstark geschädigt	> 25 % < 60 %, starke Kronenverlichtung
3	stark geschädigt	> 60 %, Baum absterbend
4	abgestorben	keine lebenden Blätter bzw. Nadeln, Baum abgestorben

Nach den bisherigen Erkenntnissen werden die Waldschäden hauptsächlich durch Luftverunreinigungen verursacht. Verantwortlich hierfür sind Kohlekraftwerke, Industrieabgase, Heizungen, Schiffe, Flugzeuge und Autoabgase, bedingt durch wachsende Mobilität und Zunahme des Verkehrsaufkommens.

Schwefeldioxide zerstören als „saurer Regen" die schützende Wachsschicht der Blätter, beeinträchtigen die Fotosynthese (s. Abschn. 3.2.1) und vergiften den Boden (**3.7**).

Erhöht wird die Gefahr einer Umweltkatastrophe durch das Sterben von Flüssen, Seen und Verunreinigung der Meere sowie die steigende Kohlendioxid-Produktion bei gleichzeitiger Vernichtung der tropischen Regenwälder als CO_2-Massenverbraucher.

Durch die Umweltverschmutzung wird eine Kettenreaktion ausgelöst, die zum Baumsterben führt.

Die einzelnen Einflüsse können unabhängig voneinander verlaufen, sich jedoch gegenseitig in der negativen Wirkung verstärken (**3.2** und **3.7**).

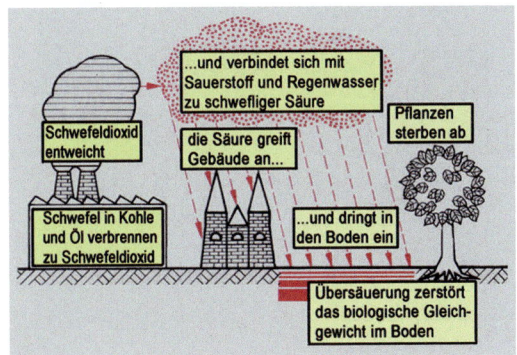

Bild 3.2 Entstehung und Wirkung des „sauren Regens"

Der Anteil der Bäume *ohne Verlichtung* (Schadstufe 0) hat sich auf 37 % (2008: 31 %) erhöht.

Die *mittlere Kronenverlichtung* (Schadstufe 1) ist mit 20,4 % (2008: 20,4 %) gleich geblieben.

Die *deutliche Kronenverlichtung* (Schadstufe 2, 3, 4) hat sich auf 28 % (2008: 26 %) erhöht.

Es wird deutlich, dass die zur Reinhaltung der Luft getroffenen Maßnahmen nicht ausreichen, um dem Wald nachdrücklich zu helfen und der Klimawandel den Wald belastet.

So hat die Bundesregierung Reinheitsgebote für Benzin und Öl erlassen, Katalysatoren im Automobilbau eingeführt, Filter für Fabriken vorgeschrieben, die zugelassenen Messwerte bei der Verbrennung von Öl und Gas auch in Privatheizungen gesenkt, den Braunkohleabbau verringert und den Ausbau der „Grünen Energien" wie Sonne, Erdwärme, Wasserstoff und Windkraft gefördert.

Die Schäden der Hauptbaumarten haben sich wie folgt entwickelt (**3.**3).

Tabelle 3.3 Schäden nach Baumarten

Baumart	mittlere Kronenverlichtung Schadstufe 1			deutliche Kronenverlichtung Schadstufe 2–4		
Jahr	2008	2010	2011	2008	2010	2011
Fichte	20,8 %	18,7 %	19,1 %	30 %	26 %	27 %
Kiefer	18,9 %	16,0 %	15,6 %	18 %	13 %	13 %
Eiche	28,3 %	29,6 %	26,3 %	52 %	51 %	41 %
Buche	22,0 %	23,3 %	30,4 %	30 %	33 %	57 %

Tabelle 3.4 Anteil der Baumarten

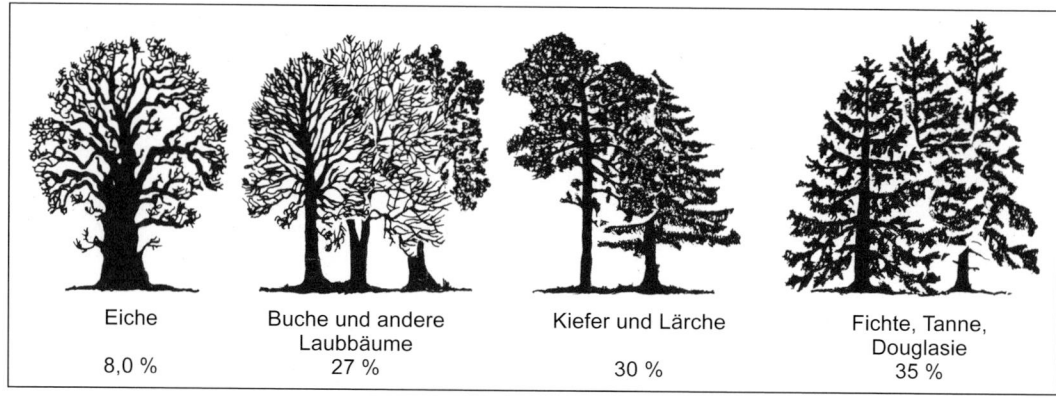

Eiche	Buche und andere Laubbäume	Kiefer und Lärche	Fichte, Tanne, Douglasie
8,0 %	27 %	30 %	35 %

Die Zustandsverbesserung bei den Eichen ist auf weniger Fraßschäden durch Raupen der Eichenwickler, Frostspanner, Schwammspinner und Eichenprozessionsspinner zurückzuführen.

Die deutliche Kronenverschlechterung bei den Buchen ist der verstärkten Fruchtbildung, insbesondere bei über 60 Jahren alten Bäumen, geschuldet.

Welchen prozentualen Anteil die Baumarten an der gesamten Waldfläche der Bundesrepublik Deutschland haben, wird in Tabelle **3.**4 deutlich.

Tabelle 3.5 Waldverteilung in der Bundesrepublik Deutschland

Landfläche	35,7 Mio. ha	
Waldfläche	11,1 Mio. ha	
Waldbesitz	– Privatwald	44 %
	– Wald des Bundes	ca. 3 %
	– Körperschaftswald	20 %
	– Treuhandwald	4 %

3.1 Der Wald

Tabelle 3.6 Anteil der Bewaldungsdichte an der Gesamtfläche des jeweiligen Bundeslandes

Hessen	42 %
Rheinland-Pfalz	42 %
Saarland	39 %
Baden-Württemberg	38 %
Bayern	36 %
Brandenburg	35 %
Thüringen	32 %
Sachsen	28 %
Nordrhein-Westfalen	26 %
Niedersachsen	24 %
Sachsen-Anhalt	24 %
Mecklenburg-Vorpommern	21 %
Berlin	16 %
Schleswig-Holstein	10 %
Hamburg	5 %
Bremen	1 %

11,1 Mio. ha Wald entsprechen 32 % der Gesamtfläche der Bundesrepublik Deutschland.

Die Verteilung der wichtigsten Nutzholzarten nach Regionen unserer Erde entnehmen Sie der Tabelle 3.8. Einige der genannten Holzarten stehen heute unter Artenschutz und dürfen nur in nachweislich kontrolliertem Plantagenanbau verarbeitet werden.

Nutzholzarten. Von den mehr als 30 000 Baumarten der Erde werden nur 700 bis 800 wirtschaftlich genutzt. Amerika und Kanada sind die größten Holzproduzenten der Welt. Lateinamerika (Mittel- und Südamerika) hat die größten Holzüberschussgebiete. Bedeutendster Holzlieferant für Europa und die Bundesrepublik ist Afrika. In Asien gehören Malaysia, Indonesien, Burma (Myanmar) und Thailand zu den wichtigsten Exportländern für Laubholz.

Die größten Tropenholzimporteure sind Japan, Südkorea, China und USA mit über 20 Mio m^3 pro Jahr. Im Vergleich werden in der Bundesrepublik Deutschland jährlich ca. 0,5 Mio m^3 Tropenholz verbraucht!

Waldflächen in Europa. Europa verfügt dank seiner günstigen geografischen Lage über ausgedehnte Bewaldungen. Rund 1,1 Mrd. ha bedecken ca. 39 % der Landfläche. Den Bestand bilden etwa 30 Baumarten. Im Norden sind es vorwiegend Nadelhölzer, daneben Laubhölzer wie Birke, Weide, Erle und Pappel. Mittel- und Südeuropa sind vor allem von Laub- und Mischwäldern bedeckt (Buche). Der Mittelmeerraum hat heute – bedingt durch Wärme und Trockenheit sowie Fehleingriffe des Menschen – nur noch einen geringen Waldbestand.

Holz aus europäischen und damit auch heimischen Wäldern gewinnt vor dem Hintergrund
– zurückgehender Waldflächen in den Tropen
– des steigenden Holzbedarfs unter Berücksichtigung der Nachhaltigkeit
– eines veränderten Bewusstseins im Umgang mit überseeischen Holzarten

zusehends an Bedeutung.

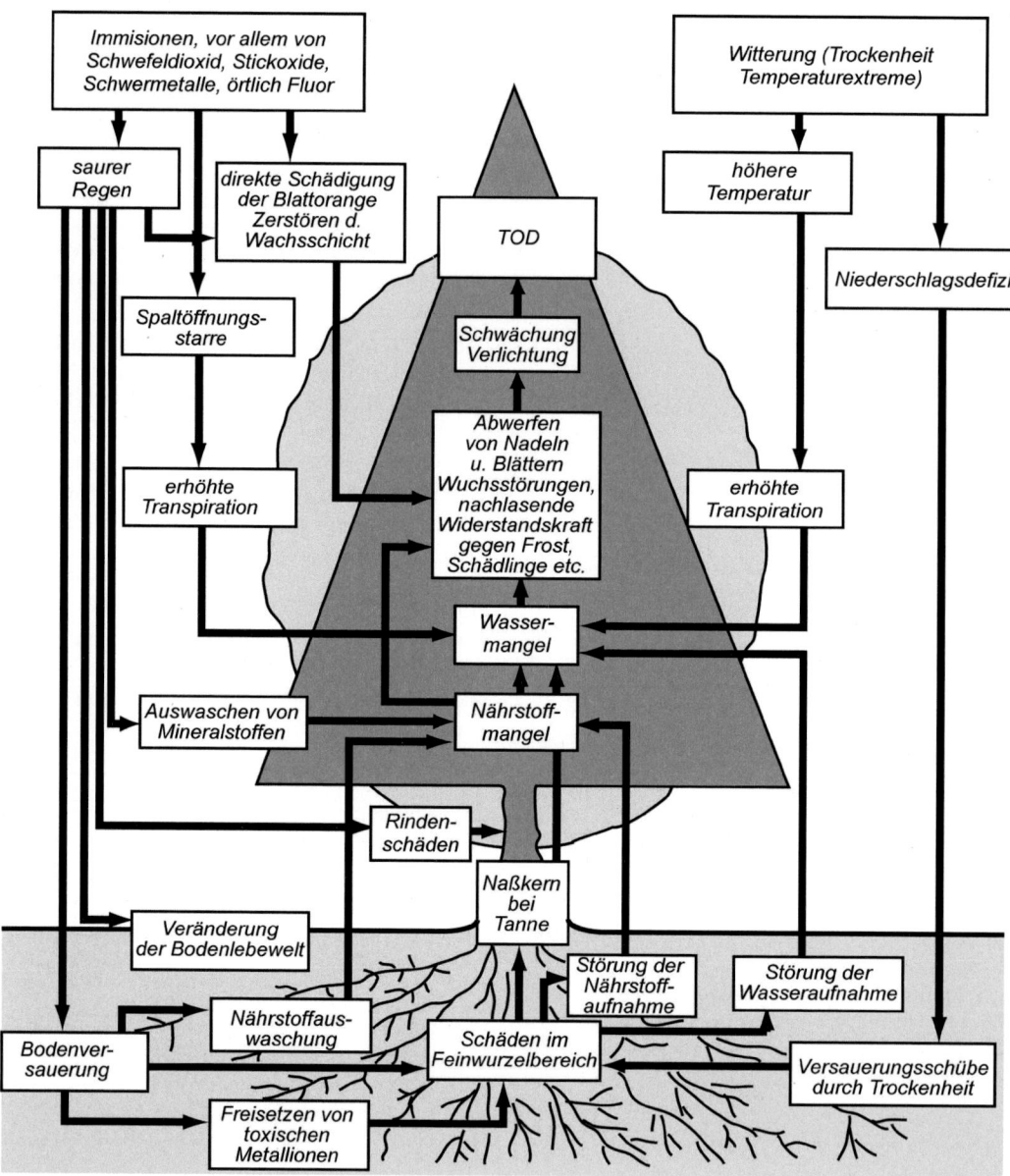

Bild 3.7 Kettenreaktion des Baumsterbens

Tabelle 3.8 Verteilung der wichtigsten Nutzholzarten nach Regionen (Angaben nach DIN 4076; vgl. Europäische Norm EN 13556 in Tabelle 3.63)

Europa	Nordamerika	Lateinamerika	Ostasien	Afrika
Ahorn AH	Ahorn AH	Balsa BAL	Japan. Rüster RU	Abachi ABA
Birke BI	Carolina Pine PIR	Greenheart GRE	Lauan, Red. MER	Afrormosia AFR
Birne BB	Douglas Fir DGA	Rio Palisander	Makassar Ebenh.	Afzelia AFZ
Buche BU	Eiche EIW, EIR	PRO	EBM	Ebenholz EBE
Douglasie DG	Esche ESA	Mahagoni MAE	Meranti MER	Framire FRA
Eiche EI	Hemlock HEM	Manio MAO	Merbau MEB	Iroko IRO
Erle ER	Hickory HIC	Pitch Pine PIP	Ostind. Palis. POS	Kosipo MAK
Esche ES	Kirschbaum KB	Pockholz POH	Padouk PBA, PML	Limba LMB
Fichte FI	Nussbaum NB	Rosenholz RSB	Ramin RAM	Makore MAC
Kiefer KI	Oregon Pine OGA		Sen SEN	Mansonia MAN
Kirschbaum KB	Pitch Pine PIP		Tamo ESJ	Niangon NIA
Lärche LA	Redwood RWK		TeakTEK	Okoume OKU
Linde LI	Rüster RU		Yang YAN	Padouk PAF
Nussbaurn NB	Vogelaugenahorn AHZ		Zeder CED	Sapeli MAS
Pappel PA				Sipo MAU
Tanne TA	Western Red Cedar RCW			Wenge WEN
Rüster RU				Zebrano ZIN

3.1.2 Bedeutung des Waldes

Der Wald ist eine der wichtigsten **Rohstoffquellen** und bietet viele **Arbeitsplätze.** In der Bundesrepublik Deutschland arbeiten ca. 1,2 Mio. Menschen im Bereich Forst und Holz. Sie erwirtschaften einen Jahresumsatz von ca. 160 Mrd. Euro.

Auch für die Lebensmittelindustrie ist Holz von großem Nutzen. Beispielsweise werden Verpackungsschalen für Datteln aus Furnier gefertigt. Für den Frischegeschmack bei Kaugummis, Husten- und Halsbonbons sorgt XYLIT, das aus der Rinde einiger Baumarten (z.B. Birke) durch chemische Modifikation gewonnen wird. Selbst im gerne gegessenen Speiseeis finden Verdickungsmittel Verwendung, die aus chemischen Bestandteilen des Holzes (Larboxymethylcellulose) gewonnen werden, um eine Kristallbildung im Milcheis zu verhindern.

Auch in den Rennwagen der Formel-1 wird für die Böden der Boliden der deutschen Weltmeister Michael Schumacher und Sebastian Vettel Formschichtsperrholz verwendet.

Erholungs- und Schutzfunktion. Etwa 80 % der Bundesbürger leben in Ballungszentren. Lärm, schlechte Luft, ungünstige Wohn- und Arbeitsbedingungen belasten sie. Viele Menschen suchen Erholung im Wald.

Ohne Sauerstoff gäbe es kein Leben auf der Erde, weder menschliches noch tierisches, noch pflanzliches. Erzeugt wird Sauerstoff durch Pflanzen vor allem von Bäumen. Sie reinigen die Luft, Äste und Blätter wirken als Staubfänger. Der Regen spült den Schmutz ab, der lockere Waldboden filtert die Verunreinigungen heraus. Das Klima wird günstig vom Wald beeinflusst. Über den Wäldern beruhigen sich Luftturbulenzen, Windstärken schwächen sich durch den Wald ab.

Eine Winderosion (Abtragen des wertvollen Humusbodens durch den Wind) wird verhindert. Der Waldboden wirkt infolge seines lockeren Aufbaus wie ein Schwamm. Er saugt das Regenwasser auf und gibt es gereinigt (gefiltert) an das Grundwasser weiter. Das Blätter-Nadeldach bremst zu heftige Regenfälle, das Wurzelgewirr verhindert ein Ausspülen des Bodens. Im Gebirge bilden Waldbestände Schutz gegen Lawinengefahr. Bäume sind für den Schallschutz von großer Bedeutung. Sie dienen als Lärmschutz zwischen Industrie- und Wohngebieten, an Straßen und Ansiedlungen.

In den letzten Jahren spüren wir immer mehr, dass sich das *Klima der Welt* verändert.

Seit 1957 werden ständig Messungen des CO_2-Gehalts und der Durchschnittstemperaturen der Luft durchgeführt. Diese wissenschaftlichen Untersuchungen haben den Nachweis der gegenseitigen Abhängigkeit erbracht. Steigt der CO_2-Gehalt der Luft, erhöht sich die Temperatur der Erde.

Der höhere CO_2-Gehalt führt einerseits zur Zerstörung der die Erde schützenden Ozonschicht, andererseits zu einer Verdichtung derselben. Die Sonnenstrahlen bleiben hierdurch vermehrt auf der Erde. Die großen Eisflächen der Erde in Grönland und Alaska sowie Gletscher schmelzen.

Die Eisflächen, die die Sonnenstrahlen bisher reflektiert haben, schmelzen. Die Erde erwärmt sich (**3**.9).

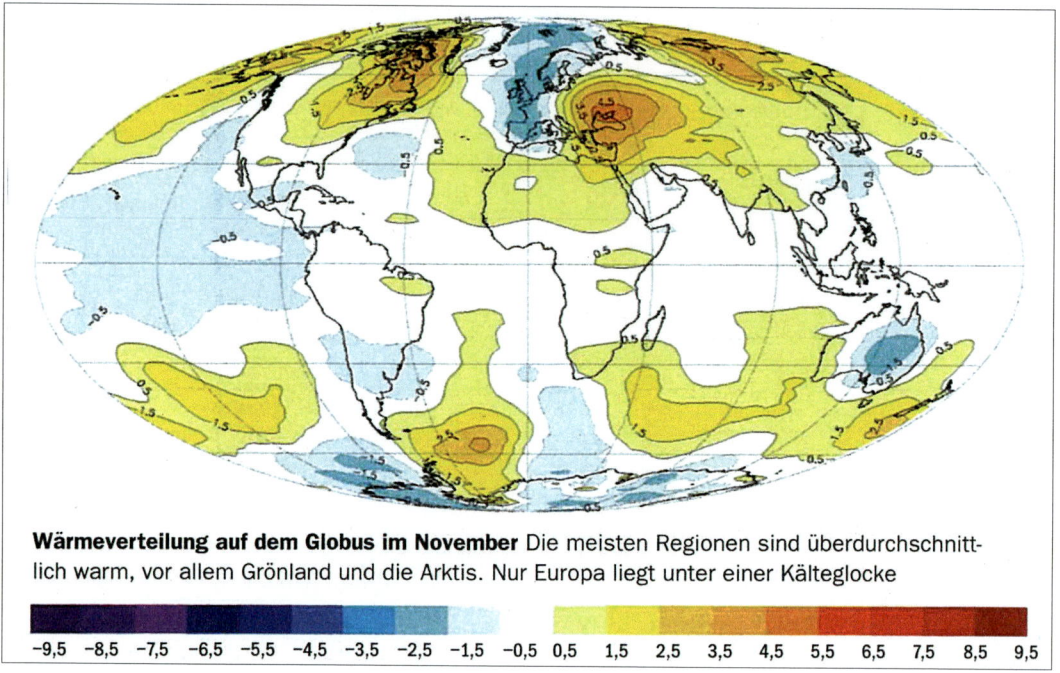

Bild 3.9 Wärmeverteilung auf der Welt

Die Erderwärmung führt in den nördlichen Breiten zu immer größeren und heftigeren Flächenbränden. Allein in den vergangenen zehn Jahren hat sich die verbrannte Fläche verdoppelt. Die Feuer setzen den tief im Boden gebundenen Kohlenstoff frei und pumpen damit wesentlich mehr klimaschädliche Gase in die Atmosphäre als bisher angenommen. Der Treibhauseffekt wird beschleunigt. Die Durchschnittstemperaturen steigen weiter. Durch den Anstieg der Temperaturen kann die wärmere Luft mehr Wasser aufnehmen. Bestimmte Erdteile trocknen aus, andere hingegen werden durch heftige Regenfälle überflutet. Die Anzahl der Hurrikans und Tornados nimmt zu.

Seit Beginn der Klimaaufzeichnungen im Jahr 1850 wurden keine höheren Messdaten als im meteorologischen Jahr 2010 gemessen. Die Temperaturen lagen um 0,65 °C über dem Mittelwert der Globaltemperaturen von 1951 bis 1980, der als Referenz dient.

Im Jahre 2010 waren nach einem Bericht der Vereinten Nationen 207 Millionen Menschen von Naturkatastrophen betroffen, die Schäden von mehr als 80 Milliarden Euro verursachten. Allein die Überschwemmungen in China kosteten 18 Milliarden Euro. In Australien wurde ein Gebiet von der Größe der Bundesrepublik Deutschland und Frankreich überschwemmt. In Malaysia und Indien ertranken zahlreiche Menschen in den durch heftige Regenfälle verursachten Fluten.

Die veränderten Klimabedingungen führen bereits zu einer rasch schwindenden Artenvielfalt. Der Rückgang der Artenvielfalt (viele Insekten verlieren ihre natürlichen Feinde) führt gleichzeitig zu der Ausbreitung von Infektionskrankheiten. Beispiele hierfür sind die Lyme-Borreliose, das Westnil-Fieber oder die Hantaviren. Auch Eisbären wird es aufgrund der sich verringernden Eisflächen und schwindendem Nahrungsangebots bald nicht mehr geben.

3.2 Aufbau und Wachstum des Holzes

Arbeitsauftrag Nr. 5 Lernfeld TI, HM 1
- Zur Vorbereitung auf die Gesellenprüfung bittet Sie ein Auszubildender aus dem 3. Ausbildungsjahr bei dem Thema „Aufbau und Wachstum des Holzes" zu unterstützen.

Mithilfe der Erstellung von Lernkarten (DIN A7) möchten Sie ihm helfen.

Im Prüfungsvorbereitungskurs hat er folgende Fragen mit geschrieben:
1. Nennen Sie die drei Hauptbestandteile des Baumes und ihre Aufgaben.
2. Was versteht man unter der Fotosynthese eines Baumes?
3. Welches wichtige „Abfallprodukt" entsteht bei der Fotosynthese?
4. Woraus bilden die Bäume ihre Nährstoffe?
5. Aus welchen Elementen besteht Holz? Geben Sie auch die Anteile in % an.
6. Welche Bedeutung haben Zellulose und Lignin für den Baum?
7. Erläutern Sie anhand einer Skizze den Aufbau einer Zelle.
8. Wozu dienen die drei Zellarten des Baumes?
9. Welche Besonderheiten zeigen die Nadelbaumzellen?
10. Wie heißen die einzelnen Stammteile (von innen nach außen)?
11. Wie verlaufen die Mark(Holz-)strahlen?
12. Erläutern Sie die Vorgänge in der Kambiumschicht.
13. Welche Schicht leitet a) die Salze aus dem Boden nach oben, b) die Nährstoffe nach unten?
14. Nennen Sie die Eigenschaften von Kernhölzern und geben Sie Beispiele.
15. Wodurch unterscheidet sich ein Splintholzbaum vom Kernholzbaum und Reifholzbaum?
16. Zählen Sie Reifholz- und Kernreifholzbäume auf.
17. Wie heißen die drei Schnittrichtungen am Stamm?
18. Erläutern Sie die Begriffe Früh- und Spätholz.
19. Woran erkennen Sie das Alter eines Baumes?
20. Was ist grobjähriges Holz? Wann gibt es feinjähriges Holz?
21. Warum haben subtropische Bäume keine typischen Jahresringe?
22. An welchen Stellen wächst der Baum in der Länge?
23. Was lässt sich außer dem Alter noch an den Jahresringen ablesen?

Erarbeiten Sie die entsprechenden fachlich richtigen Antworten mithilfe des folgenden Textes bis einschließlich Kapitel 3.2.2 „Wachstum des Holzes".

3.2.1 Aufbau

Holz ist einer unserer wichtigsten Rohstoffe und daher von großer volkswirtschaftlicher Bedeutung. Um ihn richtig verwenden und verarbeiten zu können, müssen wir uns mit seinem Aufbau und seinen Eigenschaften vertraut machen.

Stoffwechsel des Baumes. Bäume sind Lebewesen, die zum Wachsen Nahrung, Licht und Luft brauchen. Ihre Hauptbestandteile – Wurzeln, Stamm, Krone – haben dabei bestimmte Aufgaben zu erfüllen. Die Wurzeln verankern den Baum im Boden, aus dem sie zugleich Stickstoff, Magnesium, Eisen, Phosphor, Kalium, Schwefel und andere in Wasser gelöste Mineralsalze aufnehmen. Die Zellwand der Wurzeln ist durchlässig, sodass die Bodenfeuchtigkeit mit den gelösten Salzen in die Zellen eindringen kann (Osmose, s. Abschn. 2.3). Durch den Stamm wird im Splintholzbereich die Flüssigkeit mit ihren Salzen in die Krone zu den Blättern oder Nadeln geleitet (Kapillarität, s. Abschn. 2.3, Osmose). Hier werden die Nährstoffe produziert. Aus der Luft nehmen die Blätter über Spaltöffnungen auf ihrer Unterseite Kohlendioxid (CO_2) auf und zerlegen es mithilfe ihres Chlorophylls (Blattgrün) und der Sonnenenergie in Sauerstoff und Kohlenstoff. Den Sauerstoff geben sie wieder an die Luft ab („grüne Lunge"). Aus dem Kohlenstoff bilden sie mit den Mineralsalzen und dem

Wasser Traubenzucker, Stärke, Zellulose und Eiweißstoffe – die Nährstoffe des Baumes.

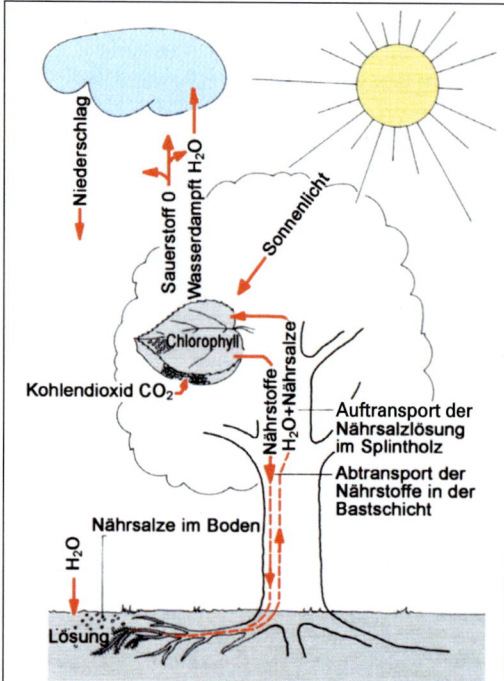

Bild 3.10 Assimilation (Fotosynthese) des Baumes

Diesen Vorgang nennt man *Assimilation* oder *Fotosynthese* (**3**.10). Das Wasser verdunstet zum größten Teil, während die Bastgefäße des Stammes die Nährstoffe in der Wachstumsschicht bzw. den Speicherzellen des Baumes verteilen.

Stoffwechsel des Baumes
- Die Wurzeln nehmen gelöste Mineralsalze auf.
- Der Stamm leitet sie im Splintholzbereich zu den Blättern.
- Die Blätter der Krone zerlegen durch Chlorophyll unter Sonneneinwirkung das Kohlendioxid aus der Luft und bilden die Nährstoffe (Assimilation oder Fotosynthese).
- Von der Bastschicht aus nach unten verteilen sie die Nährstoffe auf die Zellen der Kambiumschicht. Überschüsse werden in den Speicherzellen eingelagert.

– Wasseraufnahme der Wurzeln und Wasserleitung im Splintholz entgegen der Schwerkraft beruhen auf der Kapillarwirkung, der Osmose und dem bei der Verdunstung in den Blättern entstehenden Sog.

Chemische Zusammensetzung. Die Wissenschaft hat auch die chemische Verwendung von Holz ermöglicht. So werden Textilfasern, Farben, Lacke, Zucker, Kautschuk, Terpentin, Kolophonium, Kosmetika und andere Substanzen aus Holz gewonnen. Außerdem spielt Holz in der Zellstoffindustrie eine große Rolle. Die Grundstoffe (Elemente) des Holzes zeigt Tabelle **3**.11.

Tabelle 3.11 Chemische Elemente des Holzes

Kohlenstoff C 49 bis 50 %	Sauerstoff O 43 bis 44 %	Wasserstoff H etwa 6 %
Stickstoff N 0,1 bis 0,3 %	Mineralstoffe S, Na, Ca, Mg, Ka 0,1 bis 1 %	

Die Holzinhaltsstoffe (0,3 bis 10 %) beeinflussen die Güte und Verwendungseigenschaften des Holzes. Sie bestimmen u. a. Geruch, Farbe, Dauerhaftigkeit, Widerstandsfähigkeit gegen tierische Holzzerstörer oder gegen die Bearbeitung mit Werkzeugen. Außerdem bilden sie eine wesentliche Grundlage für die chemische Holzverwertung.

Zelle. Alle lebenden Organismen sind aus Zellen aufgebaut und wachsen durch Zellteilung. Unter dem Mikroskop sehen wir, wie sich die Baumzellen des Nadelholzes bienenwabenähnlich zu einem Gitter oder Netz ordnen (**3**.12a). Die Zellwand aus Zellulose umschließt u.a. das Protoplasma mit dem Zellkern als eigentlichem Lebensträger und den Farbstoffträgern (darunter Chlorophyll) (**3**.12b). Bei der Zellteilung spaltet sich der Kern, die Zelle schnürt sich ein und bildet um jeden Kern eine eigene Zelle (**3**.12c). In älteren Zellen teilt sich der Kern nicht mehr; diese Zellen strecken sich und füllen die großen Hohlräume mit Zellsaft. Untereinander sind die Zellen durch kleine runde oder ovale Öffnungen in den Wänden (Tüpfelchen) verbunden. Die Tüpfelchen regeln zugleich den Stoffaustausch zwischen den Zellen (**3**.13).

3.2 Aufbau und Wachstum des Holzes

Kohlenstoff-Verbindungen des Holzes

Die Zellulose (40 bis 60 %) ist von stabiler Beschaffenheit und bildet die Wände der Zellen, die den Holzkörper aufbauen.

Das Lignin (20 bis 40 %) lagert sich in den verholzten Zellwänden ein, dient als Kittsubstanz zwischen den Holzfasern und trägt so zur Festigkeit des Holzes bei.

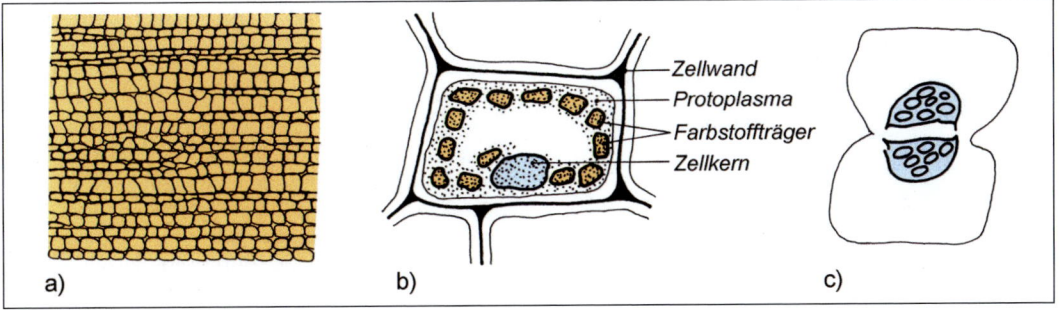

Bild 3.12 Baumzellen a) Mikrobild (Fichtenquerschnitt), b) Zellenaufbau, c) Zellteilung

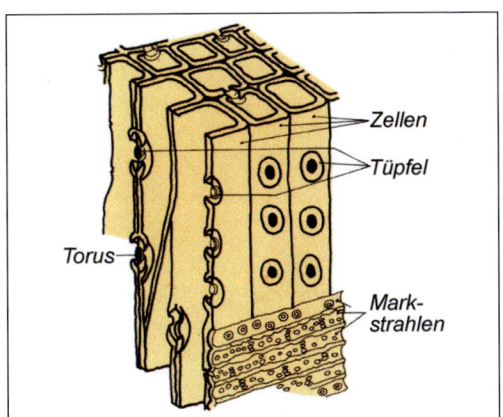

Bild 3.13 Nadelholztüpfelchen

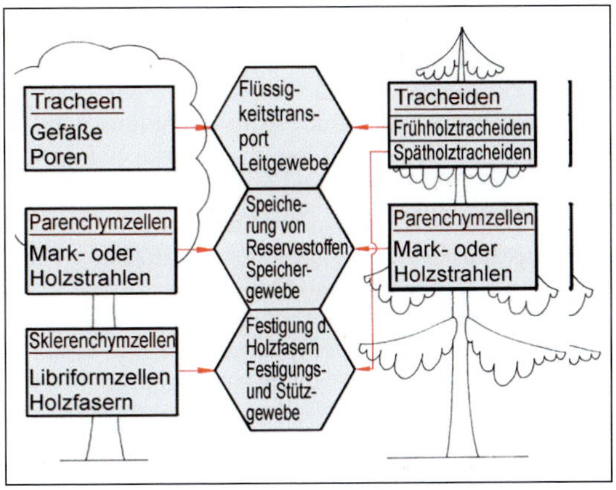

Bild 3.14 Zellarten bei Laub- und Nadelholz

Ein Baum ist aus vielen Zellen verschiedener Art und Größe aufgebaut. Grundsätzlich unterscheiden wir (Nährstoff-) Leit- und Speicherzellen sowie (Holz-) Stützzellen, doch ist der Aufbau von Laub- und Nadelhölzern unterschiedlich. Nadelholz ist entwicklungsgeschichtlich älter als Laubholz, sein Aufbau einfacher, wie Bild **3.**14 zeigt.

Tracheen sind die zwischen 10 cm und mehreren m langen Leitzellen im Splint der Laubhölzer. Auf den Querschnittsflächen sind sie als *Poren* z.T. mit bloßem Auge sichtbar (Eiche). Die Poren können zerstreut oder ringförmig angeordnet sein. Zerstreutporige Hölzer bilden in den gesamten Wachstumsperioden Gefäße, ringförmige nur im Frühjahr.

Parenchymzellen sind die bei den Laubhölzern stark ausgeprägten Markstrahlen zum Speichern der Nährstoffe.

Sklerenchymfasern sind kleine dickwandige (englumige) Stützzellen zur Festigung des Laubholzes.

Tracheiden bilden rund 90 % der Nadelholzzellen. Sie sind 3 mm lang und dienen beim Frühholz als Transportzellen für die flüssigen Nährsalze, beim Spätholz dagegen als Stützzellen zur Festigung des Holzes.

Parenchymzellen der Nadelbäume sind die meist nur eine Zelle breite Speicherschicht und daher kaum sichtbar.

Die Stammteile zeigt das Querschnittsbild **3**.15.

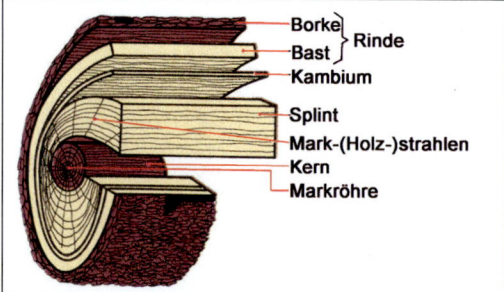

Bild 3.15 Systemskizze der Stammteile

Das Mark oder die Markröhre liegt bei normalem Wachstum in der Stammmitte. Es handelt sich um die abgestorbenen Stängelzellen der ersten Wachstumsperiode.

Die Mark(Holz)strahlen leiten die Nährstoffe in Richtung Stammmitte und dienen der Nährstoffspeicherung. Sie werden im Kambium gebildet und verlaufen radial bis zur Markröhre (primärer Markstrahl) oder enden früher (sekundärer Markstrahl).

Im Kernholz sind die Zellen abgestorben. Die Hohlräume füllen sich mit Ablagerungsstoffen wie Harz und Gerbsäure. Das Lignin hat die Zellen gefestigt und verholzt. Damit wird das Holz fester, dauerhafter und somit weniger anfällig gegen tierische Schädlinge. Die Verfärbung entsteht entweder durch die Ablagerungsstoffe oder erst in Verbindung mit Licht und Sauerstoff. Bäume verkernen in der Regel nach 20 bis 40 Jahren.

Das Splintholz ist der jüngere, saftführende Holzteil. In ihm werden die in Wasser gelösten Nährsalze nach oben transportiert. Bei Nadelholz dient hierfür der gesamte Splintholzbereich, bei zerstreutporigen Laubhölzern nur ein begrenzter Teil von Gefäßen im äußeren Splintholzbereich, bei ringporigen Laubhölzern dagegen das Frühholz der ersten 5 Jahresringe.

Die Kambiumschicht ist für das Dickenwachstum des Baumes verantwortlich. Durch Zellteilung produziert sie nach innen Holzzellen, nach außen Bastzellen.

Die Rinde wird aus Bastschicht (Innenrinde) und Borke (Außenrinde) gebildet.

Die Bastschicht (Innenrinde) umschließt das schleimartige Kambium nach außen. In ihr befinden sich die Siebröhren, die die flüssigen Nährstoffe senkrecht nach unten transportieren und verteilen.

Borke (Außenrinde) aus Korkgewebe schützt als äußerste Schicht den Stamm vor schädlichen Einflüssen und dem Vertrocknen. Die mit zunehmendem Dickenwachstum auftretenden Spannungen lassen die Borke aufplatzen. Form, Aussehen und Dicke der Rinde sind wesentliche Merkmale zur Baumartbestimmung.

Reifholz. Beim Bestimmen der Holzarten werden wir noch sehen, welche Rolle die Färbung spielt. Nicht alle Hölzer bilden einen dunklen Kern wie die Kernholzbäume. Reifholzbäume zeigen nur wenig Farbunterschied zwischen Kern und Splint, Splintholzbäume haben überhaupt keinen Kern (**3**.16).

Trennschnitte am Stamm machen die Teile sichtbar (**3**.17):

Der Quer- oder Hirnschnitt zeigt die Ringe um das Mark herum und die Markstrahlen als radiale, glänzende Striche von innen nach außen.

Der Radial-, Spiegel- oder Spaltschnitt zeigt eine schlichte Streifenstruktur parallel zur Stammachse und die Markstrahlen als Bandstücke quer zur Faser verlaufend, oft glänzend.

3.2 Aufbau und Wachstum des Holzes

Tabelle 3.16 Einteilung nach Kern-, Splint- und Reifholz

	**Kernholzbaum** dunkler, fester Kern; heller, weicher Splint; widerstandsfähig gegen Schädlinge, arbeitet weniger als Splintholzbaum z. B. Eiche, Kirsch-, Nuss- und Apfelbaum, Pappel, Kiefer, Lärche		**Splintholzbaum** ohne Farbkern, Splint gleichmäßig hell, enge Jahresringe; wenig widerstandsfest z. B. Ahorn, Birke, Erle, Hainbuche
	**Reifholzbaum** ältere Holzteile „reifen" aus, sind saftlos und dunkeln kaum, Splint wie beim Kernholzbaum z. B. Fichte, Tanne, Linde, Rotbuche, Birnbaum, Feldahorn		**Kernreifholzbaum** Kern ohne bestimmte Färbung, Reifholz wasserarm und hell wie Splintholz z. B. Ulme (Rüster)

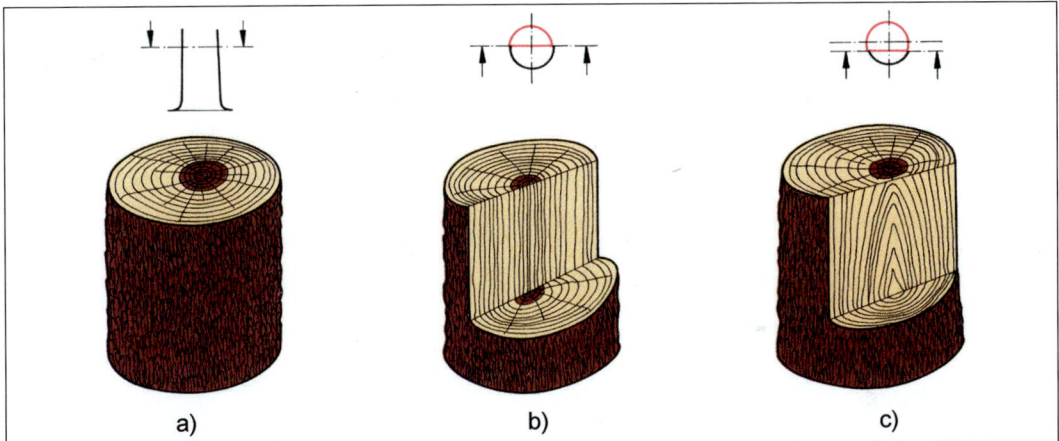

Bild 3.17 Trennschnitte am Stamm
a) Querschnitt, b) Radialschnitt, c) Tangentialschnitt

Beim Tangential-, Flader- oder Sehnenschnitt tritt die gefladerte (blumige) Zeichnung mit ihren unterschiedlichen Kurven zutage, während sich die Markstrahlen als kurze, meist dunkel abgesetzte Striche in Faserrichtung zeigen.

Zellenarten: (Nährstoff-)Leit- und Speicherzellen, (Holz-)Stützzellen
Stammteile: Mark, Kern, Splint, Kambium, Bast, Borke
Stammschnitte: Quer-(Hirn-), Radial-(Spiegel-), Tangentialschnitt (Fladerschnitt)

3.2.2 Wachstum

Ein Baum wird nicht nur höher, sondern auch dicker. Wir sprechen deshalb von einem Längen- und einem Dickenwachstum.

Dickenwachstum. In jedem Frühjahr beginnt bei unseren Bäumen eine neue Wachstumsperiode, teilen sich die Kambiumzellen und bilden nach innen und außen neue Zellen. Vom April bis Ende Mai wächst das Holz schnell und bildet große Zellen mit dünnen Wänden – das weitlumige *Frühholz*. Dann verlangsamt sich das Wachstum, die neuen Zellen werden kleiner und dickwandiger. Sie bilden das englumige *Spätholz*.

Bei Nadelbäumen ist das Frühholz breiter und heller als das Spätholz (**3.**18b), bei Laubbäumen ist es meist umgekehrt, weil sie erst neue Triebe und Blätter bilden müssen.

Allmählich gehen Früh- und Spätholz ineinander über und bilden so den *Jahresring* oder Jahrring (**3.**18a). Seine Breite hängt vor allem vom Standort und vom Klima ab.

Bei breiten Jahresringen infolge günstiger Voraussetzungen spricht man von *grobjährigem*, bei dünnen Ringen dagegen von *feinjährigem* Holz. Durch Abzählen der Jahresringe können wir also das Alter eines Baumes ermitteln. Dabei ist allerdings zu bedenken, dass es unter besonders günstigen Bedingungen in einem Jahr auch einmal zwei Ringe geben kann.

In den subtropischen Wäldern ist das Wachstum periodisch nicht begrenzt, hier wachsen die Hölzer das ganze Jahr hindurch. So gibt es keine scharf abgegrenzten Jahresringe. Dafür zeigen unregelmäßige Zuwachszonen die Zeitabstände zwischen Trocken- und Regenzeit (Scheinjahresringe).

Dickenwachstum

weitlumiges Frühholz – englumiges Spätholz
Jahresringe breit → grobjähriges Holz,
Jahresringe schmal → feinjähriges Holz

Längenwachstum. Von den Endknospen des Stammes, der Äste und Zweige aus wächst der Baum durch Zellteilung und -Streckung in die Länge.

Warum färbt sich das Laub im Herbst? Unsere Pflanzen haben sich dem Wechsel der Jahreszeiten angepasst. Nach der Winterruhe wachsen und blühen sie im Frühjahr und Sommer. Im Herbst, wenn die Durchschnittstemperatur sinkt, zerfällt das Chlorophyll, und in den Blättern werden die bisher vom Blattgrün überdeckten rötlichen und gelblichen Farbstoffe (Carotin und Xantophyll) sichtbar. Weil sich das Chlorophyll jedoch nicht in allen Blättern, nicht einmal im einzelnen Blatt auf einmal abbaut, färben sich unsere Wälder im Herbst so prächtig bunt. Im Absterben schließlich werden die Blätter braun und fallen ab.

Das Alter der Bäume lässt sich, wie wir gesehen haben, aus den Jahresringen ablesen. Unsere einheimischen Hölzer werden mehrere hundert, manche bis 500, einige sogar bis 1.000 Jahre alt. In Amerika und Afrika gibt es über 4.000-jährige noch lebende Grannenkiefern, Mammutbäume und Zypressen. Sie standen also schon 2000 Jahre v. Chr.! Solche Riesen erreichen Stammdurchmesser bis 10 m und Höhen von 110 m! Ihre Jahresringe verraten aber noch mehr als das Alter, das man bei ihnen genauer mit der Dendrochronologie oder der Radiokarbonmethode bestimmt. Aus den Breiten der Ringe ergeben sich nämlich Rückschlüsse über Klima und Standortbedingungen sowie Naturereignisse.

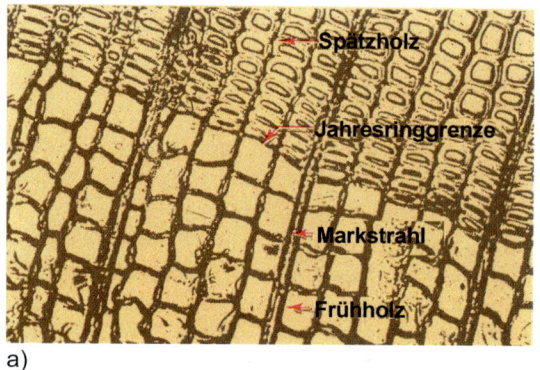
a)

b)

Bild 3.18 Dickenwachstum des Baumes (Querschnitt durch eine 15-jährige Douglasie)
  a) Früh- und Spätholz (Mikrobild)
  b) Jahresringe mit jeweils hellem Frühholz und dunklerem Spätholz

3.2 Aufbau und Wachstum des Holzes

Die Dendrochronologie (Dendrologie = Baumforschung, Chronologie = Zeitbestimmung) nutzt die Tatsache, dass die Bäume einer bestimmten Gegend unter gleichen Bedingungen zumindest annähernd gleich breite Jahresringe entwickeln. Diese Breiten misst man mithilfe des Mikroskops und überträgt die Werte in Kurven. Für die Altersbestimmung wird der Holzart eine Probe entnommen und dafür eine Kurve angelegt. Durch Vergleich der Kurven ergibt sich das Alter der zu bestimmenden Hölzer (**3.**19). Solche Kurven hat man für die Landschaften der Bundesrepublik und anderer Länder aufgezeichnet. Das Jahrringlabor der Universität Hohenheim hat für das südliche Mitteleuropa Jahrring-Chronologien der meist verwendeten Holzarten, EI – BU – TA – FI – KI, erstellt, die zumindest die letzten 800 Jahre umfassen.

Die Jahrringmethode wird eingesetzt bei der Ermittlung

– baugeschichtlicher Daten anhand von Hölzern aus Fachwerkhäusern, Holzdecken,
– Datierung für die Ur- und Frühgeschichte anhand von Holzfunden aus archäologischen Ausgrabungen,
– Datierung von Bildtafeln mittelalterlicher Maler, Holzskulpturen u.a.,
– Datierung von Musikinstrumenten wie Geigen, Flügeln,
– Datierung von mittelalterlichen Möbeln.

Bei der Radiokarbonmethode misst man den vom Baum aufgenommenen radioaktiven Kohlenstoff C14 und kommt so über die entsprechende Halbwertszeit zu ausreichend genauen Rückdatierungen über 10.000 Jahre.

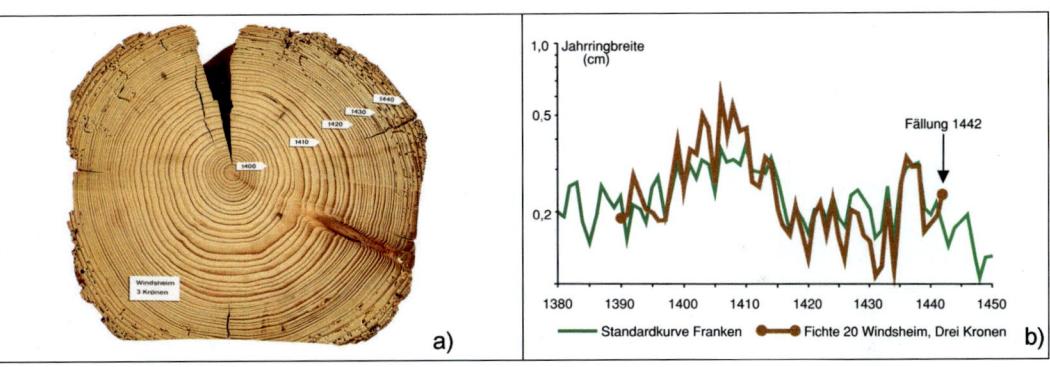

Bild 3.19 a) Fichtequerschnitt, b) Standardkurve

3.2.3 Holzfehler, Wuchsfehler (Holzmerkmale)

Arbeitsauftrag Nr. 6 Lernfeld TI, HM 1
- Zur Gestaltung des Büros für den Kundenempfang erhalten Sie von Ihrem Ausbilder den Auftrag, ein Plakat mit verschiedenen Holzfehlern und Wuchsfehlern zu entwerfen. Nutzen Sie für Ihren Entwurf die folgenden Informationen und Abbildungen des Kapitels 3.2.3.
- Vervollständigen Sie Ihr Plakat mit Realien typischer Holzfehler.

Im Verlauf seines Lebens ist der Baum vielen Einflüssen ausgesetzt. Witterung, Beschaffenheit des Untergrunds, Beschädigung durch Mensch und Tier, Umfeld und nicht zuletzt Erbanlagen wirken auf sein Wachstum ein. Unregelmäßigkeiten am Baum beleben zwar die Natur und sind manchmal geradezu reizvoll – dem Holzfachmann aber sind sie stets „ein Dorn im Auge". In der Regel mindern sie nämlich den Nutzwert des Stammes. Allein aus dieser Sicht rechtfertigt es sich, für diese Merkmale den sonst falschen Begriff „Holzfehler" zu gebrauchen.

Vollholzigkeit. Maßstab für die Beurteilung von Holzfehlern ist ein möglichst astfrei und gerade gewachsener Stamm von zylindrischer Form mit gesunden Ästen und regelmäßigen Jahresringen. Diese ideale „Vollholzigkeit" finden wir vorwiegend bei Bäumen im Waldverband (Bestandbäume, 3.19). Sie entwickeln im ständigen Kampf mit ihren Nachbarn um die lebensnotwendige Sonnenenergie ein stärkeres Dickenwachstum im Bereich der verhältnismäßig kleinen Krone. Die untere Stammpartie kommt dabei in der Versorgung mit Aufbaustoffen zu kurz.

Abholzigkeit zeigt sich daran, dass der Stammdurchmesser zum Zopfende hin deutlich sichtbar abnimmt. Als Holzfehler gilt die Abholzigkeit in der Regel, wenn die Stammdicke je laufenden Meter um mehr als 1 cm abnimmt. Bäume im Freistand (**3.20**) oder am Rand eines Bestandes (**3.21**) haben ein stärkeres Dickenwachstum im unteren Stammbereich als Bestandbäume. Ihr abholziger (kegelförmiger) Stamm setzt starker Windbelastung einen größeren Widerstand entgegen als ein normal gewachsener. Beim Einschnitt abholziger Stämme entsteht im Vergleich zu vollholziger Ware ein großer Verschnitt.

Bei Krummschäftigkeit wächst der Stamm in unregelmäßiger Form, häufig verursacht durch starke einseitige Belastung oder hängigen Untergrund. Dabei entstehen merkwürdige Formen, etwa ein Bajonettwuchs (**3.22**) oder ein Posthornwuchs (**3.23**). Hier hat ein Seitentrieb die Aufgabe des durch Wildverbiss oder andere Beschädigungen zerstörten Haupttriebs übernommen. Im Waldverband krümmen sich die Bäume manchmal durch Wind und Schnee, einseitige Belichtung oder aufgrund genetischer Anlagen zum Säbelwuchs (**3.24**). Krummschäftiges Holz ergibt nur kurze Nutzstücke.

Bild 3.19 Vollholzige Bestandbäume (Fichten)

Bild 3.20 Abholzigkeit im Freistand (Erle)

Bild 3.21 Abholzigkeit am Randbaum (Kiefer)

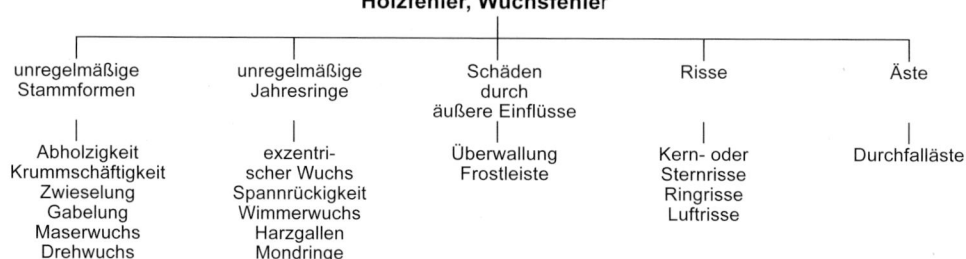

3.2 Aufbau und Wachstum des Holzes

Bild 3.22 Bajonettwuchs (Eiche)

Bild 3.23 Posthornwuchs (Kiefer)

Bild 3.24 Säbelwuchs (Kiefer)

Zwieselung und Gabelung. Manchmal wachsen zwei junge Bäume schon am Boden mit den Stämmen zusammen, in anderen Fällen wird der Haupttrieb eines jungen Baumes beschädigt und bildet noch in Bodennähe zwei gleichmäßig dicke Seitentriebe aus – die Zwiesel (echter Zwiesel, **3.**25), bei drei Trieben entsprechend Drillinge. Erbanlagen, Windbruch oder Insekten verursachen häufig in größerer Höhe eine Stammteilung in zwei Seitentriebe (**3.**26). Diese besonders bei Buchen und Birken auftretende Doppelstammbildung nennt man Gabelung (unechter Zwiesel). Im Gabelbereich reißen die Stämme leicht auseinander und ermöglichen so durch Eindringen von Wasser die Fäulnisbildung im Stamm. Die Vertiefungen im Gabelansatz werden als Wassertöpfe bezeichnet. Vergabelungen des Stammes unterhalb 8 m Baumhöhe setzen den Wert des Baumes stark herab. Beim Holzeinschnitt findet man unterhalb der Gabel die Doppelkerne (**3.**27).

Bild 3.25 Zwieselung

Bild 3.26 Gabelung

Bild 3.27 Doppelkern

Bei Drehwuchs verlaufen die Fasern spiralförmig um die Stammachse (**3.**28). Vordergründig dürften Erbanlagen die Ursache für diesen Fehler sein, der vor allem Rosskastanie, Eiche, Birnbaum, Fichte, Buche und Kiefer befällt. Der Drehwuchs kann rechts oder links herum laufen sowie – vorwiegend bei tropischen Hölzern (Sapeli-Mahagoni, Kambala) – die Drehrichtung wechseln. Drehwüchsiges Holz neigt zur Windschiefe und ist daher für die Verarbeitung in der Tischlerei ungeeignet.

Maserwuchs fällt durch Knollenbildung auf der Stammoberfläche auf (**3.**29). Meist entstehen diese Beulen durch Überwucherung unentwickelter Knospen (auch schlafende Knospen oder Augen genannt). Der unregelmäßige Faserverlauf und die eingeschlossenen Knospen erschweren die Bearbeitung des Holzes. Dagegen sind gesunde Maserknollen ein erheblicher Wertzuwachs. Das aus ihnen hergestellte Furnier eignet sich besonders für wertvolle Schreinerarbeiten. Solche gesunden Maserknollen treffen wir häufig bei Linde, Nussbaum, Ulme, Birke und Pappel. Beliebt ist auch der Vogelaugenahorn (Zuckerahorn).

Exzentrischer Wuchs. Wenn Bäume starken einseitigen Belastungen ausgesetzt sind (z. B. Winddruck oder steile Hanglage (**3.**31), produzieren sie unterschiedlich breite Jahresringe, um im Gleichgewicht zu bleiben. Durch den einseitig stärkeren Wuchs liegt die Markröhre nicht mehr zentrisch, sondern exzentrisch (**3.**30). Schnittholz von exzentrisch gewachsenen Stämmen verzieht sich beim Trocknen un-

Bild 3.28 Drehwuchs (rechts und links herum laufend)

Bild 3.29 Maserwuchs

Bild 3.31 Exzentrischer Wuchs durch asymmetrische Belastung

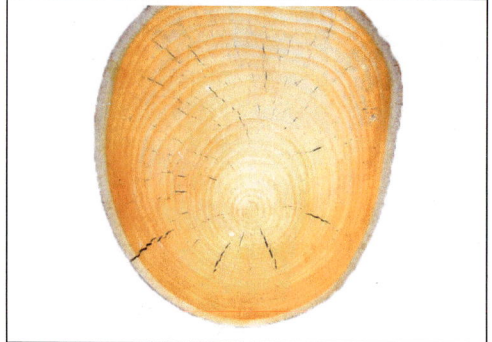

Bild 3.30 Exzentrischer Wuchs am Querschnitt

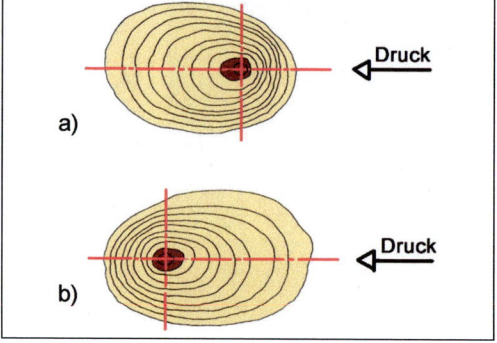

Bild 3.32 Reaktionsholz a) Druckholz, b) Zugholz

gleichmäßig, wenn man es nicht in Stücke mit etwa gleich breiten Jahresringen zerteilt.

Reaktionsholz entsteht durch die ständig asymmetrische Belastung bei exzentrischem Wuchs. Die Reaktion der Nadelbäume und Laubbäume ist unterschiedlich. Nadelbäume bilden Druckholz = Buchs- oder Rotholz, indem sie verstärkt Lignin in den breiten Jahresringen einlagern (**3.**32a). Laubhölzer bilden durch zusätzliche Zellulosestränge Zugholz = Weißholz (**3.**32b).

Bild 3.33 Spannrückigkeit am Querschnitt

Spannrückigkeit. Während sich beim normalen Stamm die Jahrringe kreisförmig um die Markröhre anordnen, verlaufen sie beim zerklüfteten Spannrücken in unregelmäßig vor- und zurückspringenden Wülsten und Furchen (**3.**33). Manche Stämme zeigen diese Abnormität in ihrer ganzen Länge. Meist finden wir sie aber nur im unteren Bereich als stark ausgeprägte Stützwurzeln. Die Schnittholzausbeute ist entsprechend gering, die Bearbeitung mit dem Hobel schwierig. Vor allem an Hainbuchen, Robinien, Eiben und Wacholder ist dieser Wuchsfehler zu beobachten (**3.**34).

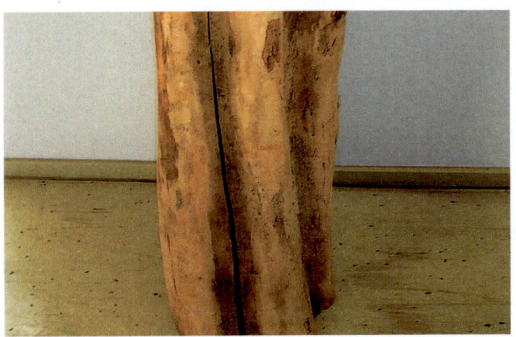

Bild 3.34 Spannrückigkeit am Stamm

Wimmerwuchs nennt man den wellenförmigen Verlauf der Jahrringe, der besonders bei Esche, Birke, Ahorn, Kirsche und Nussbaum auftritt (**3.**35). Er ist nicht eigentlich ein Wuchsfehler, sondern mehr eine Abweichung.

Das Furnier solcher Hölzer – wegen des unregelmäßigen Faserverlaufs auch z. B. Riegelahorn oder Riegelesche genannt – ist für die Möbelherstellung sehr gefragt.

Geriegeltes Fichtenholz und Ahornholz verwendet man gern als Resonanzboden im Musikinstrumentenbau.

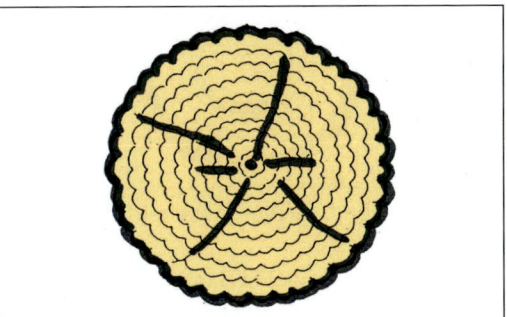

Bild 3.35 Wimmerwuchs

Harzgallen oder Harztaschen sind gehäufte Harzansammlungen an Fichten, Kiefern und Lärchen (**3.**36). Sie entstehen in der Hauptwachstumszeit, wenn zu viel Harz zum Füllen der Hohlräume anfällt. Der Wert des Holzes wird durch Harzgallen stark vermindert. Harzgallen sind daher sorgfältig zu reinigen, notfalls herauszuschneiden und durch ein Stück gesundes Holz zu ersetzen. Von Harzleisten spricht man, wenn nach äußeren Verletzungen eines Baumes Harz ausfließt.

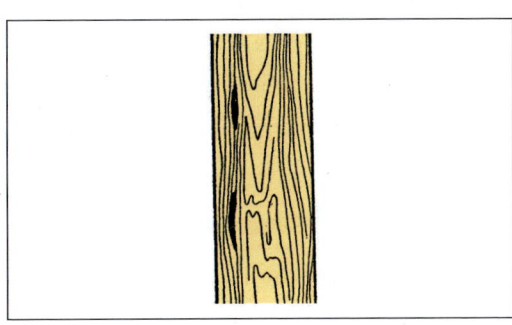

Bild 3.36 Harzgallen

Mondringe trifft man als nicht verkernte, mehr oder weniger breite (mondsichelartige), helle Ringe im sonst dunklen Kernholz der Eiche an (**3.**37). Hier ist die Verkernung durch Absterben der Zellen (meist infolge Frosteinwirkung) unterblieben. Da gerade das Splintholz der Eiche wegen seiner Anfälligkeit gegen tierische und pflanzliche Schädlinge für den Tischler nahezu unbrauchbar ist, bedeuten Mondringe für die Holzwirtschaft einen großen Wertverlust.

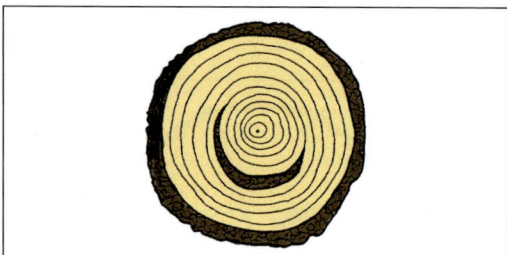

Bild 3.37 Mondring (vergessener Splint)

Überwallung. An vielen Bäumen fallen uns äußere Wunden auf, verursacht durch Menschen oder Tiere (Wildverbiss), Maschinen, Blitz oder Frost. Ähnlich wie der menschliche Körper versucht auch der Baum, Wunden zu verschließen, um Schädlingen das Eindringen zu erschweren. Dazu bildet der Nadelbaum eine Kruste aus Harz, der Laubbaum aus Wundgummi.

Je nach Größe der Wundfläche kann es jedoch Jahre dauern, bis die Stelle durch verstärkt gebildete neue Holz- und Rindenzellen geschlossen ist. Dieser Vorgang der Wundschließung heißt Überwallung (**3.**38).

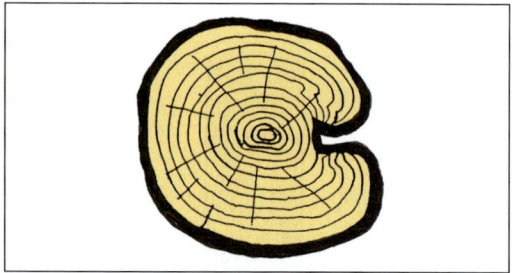

Bild 3.38 Überwallung

Ist die Wunde zu groß, kann der Baum sie nicht völlig schließen; holzzerstörende Pilze und Insekten können leicht eindringen.

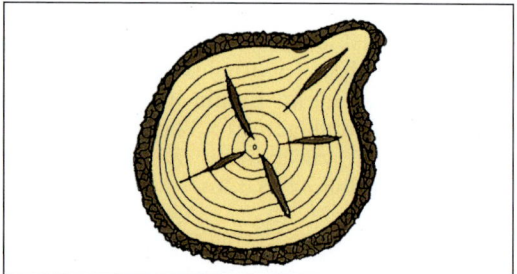

Bild 3.39 Frostleiste

Frostleiste. Bei starkem Frost zu Beginn der Wachstumsperiode kann der Saft im Splint gefrieren und den Stamm entlang der Faserrichtung auf reißen. Auch diesen Riss versucht der Baum zu überwallen. Oft reißt diese Überwallung mehrere Jahre hindurch in der Frostperiode erneut auf. Dadurch bilden sich die Frostleisten (**3.**39, **3.**40). Frostrisse treten vor allem bei Buche, Eiche, Esche, Ahorn und Linde auf.

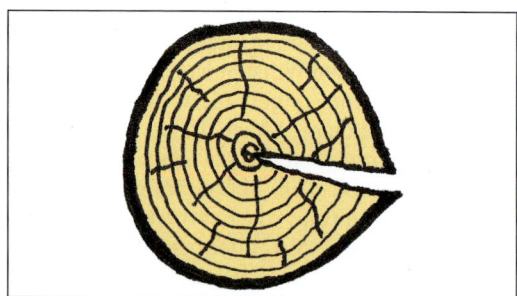

Bild 3.40 Frostleiste mit Kernriss

Kern- oder Sternrisse im Stamm entstehen durch Spannungen im Holz oder unmittelbar nach dem Fällen durch ungleichmäßige Trocknung. Sie gehen von der Markröhre aus und verlaufen in Richtung der Markstrahlen (**3.**41). Je nach Größe und Tiefe können sie den Holzwert beträchtlich mindern.

3.2 Aufbau und Wachstum des Holzes

Bild 3.41 Kern- oder Sternrisse

Ringrisse verlaufen entlang der Jahresringe (**3.**42). Verursacht werden sie durch Bewegungen (Zerrungen) entlang der Faser, wobei gerade breite Frühholzzonen besonders leicht aufreißen. Durchgehende Ringrisse führen zur *Ringschäle* (**3.**43). Dabei lösen sich ganze Holzteile der Schnittware der Länge nach ab – ein erheblicher Schaden.

Luftrisse (Schwindrisse) bilden sich beim Trocknen des gefällten Holzes (**3.**44). Vorwiegend im jungen, noch unverkernten Holz reißt das Holz auf. Um solche Schäden zu vermeiden, sollte gefälltes Holz umgehend eingeschnitten und fachgerecht gelagert werden.

Bild 3.42 Ringriss und Luftrisse

Bild 3.44 Luftrisse mit ausgeprägtem Kernriss

Die Äste tragen die Blätter und sind daher für den Baum lebensnotwendig. Sie bilden sich durch Seitenknospen unterhalb des Haupttriebs und haben wie der Stamm Jahrringe. Allerdings entwickelt der Ast ein festeres Zellgefüge als der Stamm, was neben dem verschiedenartigen Faserverlauf die spätere Bearbeitung erschwert. Anzahl, Art und Größe der Äste entscheiden maßgeblich über die Güteklasse des Holzes.

Durchfalläste. Die unteren Äste erhalten oft kein Licht und damit keine Nahrung mehr. Sie sterben, werden morsch und brechen schließlich ab. Die Wundstellen verschließt der Baum durch Überwallung. Diese natürliche Reinigung (Ästung) bildet zugleich eine Gefahr für den Baum, denn tierische und pflanzliche Schädlinge finden gerade an diesen Stellen gute Voraussetzungen für ihr zerstörerisches Werk. Angefaulte Äste färben sich schwarz, haben sehr oft keinen Verbund mehr mit dem Stammholz und fallen dann beim Schneiden heraus. Je nach

Bild 3.43 Ringschäle

Schnittrichtung unterscheiden wir Rundäste (quer zur Achse, **3.**45) und *Flügeläste* (schräg zur Achse **3.**46). Kranke Äste müssen auf jeden Fall ausgeflickt bzw. herausgeschnitten und ersetzt werden (**3.**47).

Gesunde Äste sind hell und fest mit dem Holz verwachsen. Man belässt sie, zumal sie als naturgegebene Bestandteile die Oberfläche beleben.

> Als Holzfehler werden Abweichungen vom Normalwuchs und Minderung des Nutzwertes bezeichnet.

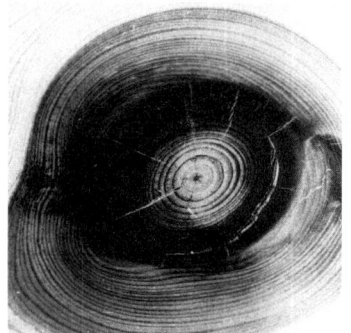

Bild 3.45 Gesunder Rundast (Kiefer)

Bild 3.46 Gesunder Flügelast (Kiefer)

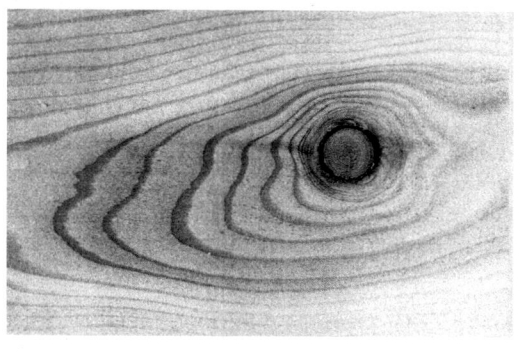

a)

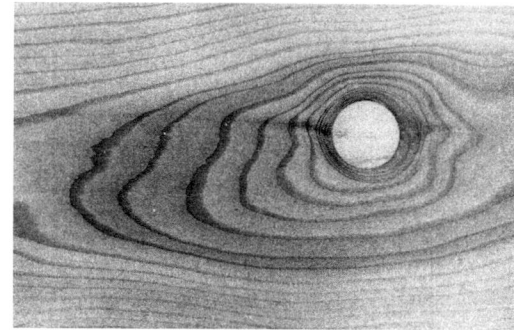

b)

Bild 3.47 Durchfallast (Kiefer)
a) krank, b) herausgeschnitten und ausgeflickt

3.3 Eigenschaften des Holzes

Arbeitsauftrag Nr. 7 Lernfeld TI, HM 1; FKU 5
- Erstellen Sie eine Präsentationsmappe für die Dokumentation Ihrer Ausbildung mit dem Thema „Eigenschaften des Holzes".

Ergänzen Sie Ihre Mappe durch Furnierproben und verschiedene Holzproben wie sie in Abbildung **3.**48 zu sehen sind.

Ihre Dokumentation sollte folgende Fragen beantworten:
1. Nennen Sie Einflüsse auf die Holzfarbe.
2. Nennen Sie Holzarten nach ihrem Gewicht und unterscheiden Sie dabei nach leichten, ziemlich leichten und mäßig schweren Hölzern.
3. Erläutern Sie den Unterschied zwischen Rohdichte und Reindichte des Holzes.
4. Erläutern Sie die Begriffe Darr- und Lufttrockenheit.
5. Warum schwimmen europäische Hölzer?
6. Erklären Sie den Unterschied zwischen Elastizität und Plastizität.
7. Wodurch wird die Elastizität von Holz beeinträchtigt?
8. Was versteht man unter Festigkeit? Auf welche Festigkeitsarten kann Holz beansprucht werden?
9. Verarbeiten Sie zugbeanspruchtes Holz quer oder längs zur Faser? Begründen Sie Ihre Antwort.
10. Welche Kräfte werden beim Biegen wirksam?
11. Fertigen Sie eine Schwalbenschwanzverbindung besser mit einem Scherwinkel von 40° oder 100°? Warum?
12. In welcher Richtung lässt sich Holz am leichtesten spalten?
13. Was bedeutet Dauerhaftigkeit des Holzes?
14. Warum ist Buchenholz für den Außenverbau ungeeignet?

Erst genaue Kenntnisse über Merkmale und Eigenschaften der verschiedenen Hölzer sichern den fachgerechten Einsatz, die richtige Be- und Verarbeitung in der Werkstatt. So lassen sich Wert oder Mängel am verarbeiteten Holz nicht damit erklären, dass es „gutes" oder „schlechtes" Holz gibt. Qualität oder Fehler liegen allein in der „richtigen" oder „falschen" Verwendung des Holzes begründet. Und zu Ihren Aufgaben wird später die Entscheidung gehören, welches Holz für welchen Zweck verwendet werden kann und darf.

3.3.1 Allgemeine Eigenschaften

Jedes Holz hat seinen eigenen Charakter. Farbe, Faserverlauf, manchmal ein besonderer Glanz und der Geruch grenzen die Hölzer voneinander ab.

Die Farbe ist ein wesentliches Merkmal. Solange das Holz frisch ist, erlaubt sie auch Aussagen über seine Güte – mit zunehmendem Alter dunkeln fast alle Hölzer unter Licht- und Lufteinwirkung nach. Jedes Holz hat durch die Ablagerung von Farbstoffen in den Zellen eine ihm eigene Färbung.

Krankes Holz zeigt eine typische Färbung, z. B. Bläue bei der Kiefer, Rotstreifigkeit bei der Fichte, Rotfäule oder Weißfäule.

Der Faserverlauf (Zeichnung oder Textur) ist für den Einsatz des Holzes von großer Bedeutung. Je nach Schnittrichtung erhalten wir schlichte, mit Spiegeln versehene oder geflammte Zeichnungen. Durch Besonderheiten oder Fehler im Wuchs ergeben sich wimmerwüchsige, pyramidenförmige, geriegelte oder gemaserte Texturen (**3.**48d bis g). Gesunde Äste beleben die Zeichnung auf eigene Weise (**3.**48h).

Der Glanz bietet keine Möglichkeit zur Beurteilung des Holzes. Nur wenige Bäume (Ahorn, Linde) zeigen einen typischen seidigen Glanz auf der Schnittfläche. Andere Hölzer (z. B. Eiche) haben im Bereich der geschnittenen Holz- bzw. Markstrahlen glänzende Spiegelflächen.

Der Geruch ist wichtig zur Holzartbestimmung. Denken wir nur an den typischen Harzgeruch einiger Nadelhölzer oder an den säuerlich-herben Geruch der Gerbsäure im Eichenholz. Im Allgemeinen hat gesundes Holz einen frischen, angenehmen Geruch, der sich aber schon bald nach

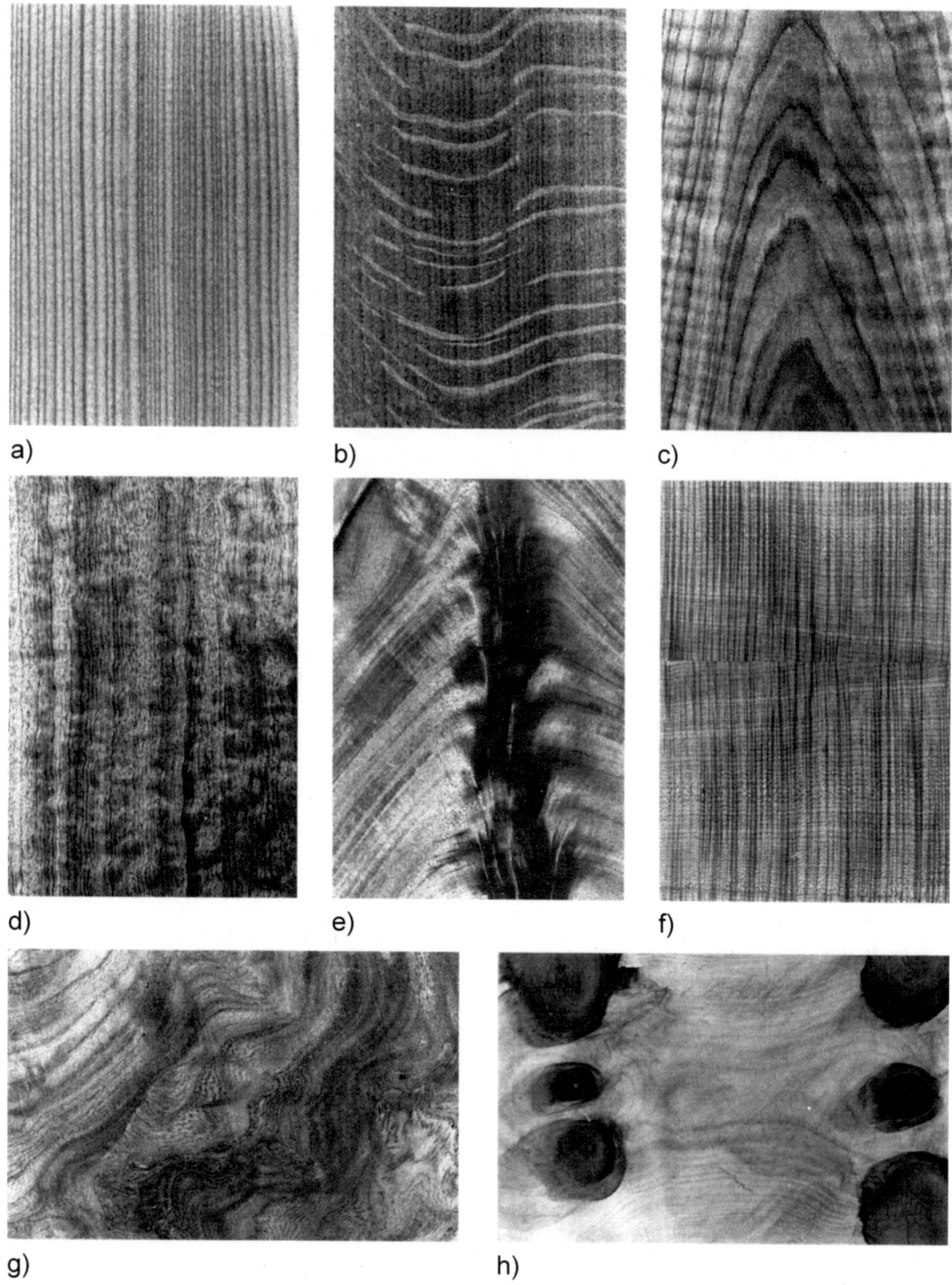

Bild 3.48 Zeichnung a) schlichte Streifen (Lärche), b) Spiegel (Eiche), c) Fladerschnitt, d) Wimmerwuchs, e) Pyramidenwuchs (Sipo-Mahagoni), f) geriegelt (Nussbaum), g) gemasert (Ulme), h) Äste

dem Einschnitt verliert. Krankes, befallenes Holz riecht dagegen meist faulig bis modrig. Alle diese Eigenschaften betreffen ästhetische (schöne) Gesichtspunkte und sagen nichts über die technische Verwendbarkeit der Hölzer aus. Dazu müssen wir uns mit den mechanischen Eigenschaften beschäftigen.

3.3.2 Rohdichte, Härte, Elastizität

Durchhängende Bücherbretter oder Schrankborde bringen Fehler des Herstellers an den Tag. Dasselbe betrifft wacklige Stühle, Tische oder gar Treppengeländer. Welche Ursachen können zugrunde liegen?

Das Gewicht ist das für die Praxis wichtigste Kennzeichen des Holzes. Zur Unterscheidung und Einteilung verwendet man Raumgewicht und Rohdichte des Holzes. Danach unterscheiden wir nach: sehr leicht (BAL), leicht (LI, PA, TA), ziemlich leicht (FI, KI, LA), mäßig schwer (AH, BU, ES), schwer (HB, WEN, PRO) bis sehr schwer (EBE, POH).

Die Rohdichte wird als Verhältnis der Masse zum Rauminhalt in g/cm³ angegeben (s. Abschn. 2.1). Während sich die Reindichte ϱ nur auf die Holzsubstanz bezieht und für alle Holzarten etwa 1,56 g/cm³ beträgt, schließt die Rohdichte g auch die Poren ein. Deshalb ist sie abhängig vom Holzaufbau (Zellstruktur, Anteil des Früh- und Spätholzes, Splint- und Kernholz) *und* vom Wassergehalt. Dies ist der Grund dafür, dass wir beim Ablesen von Rohdichtewerten aus Tabellen die Holzfeuchte (HF) beachten müssen.

Obwohl die genauesten Werte bei 0 % Holzfeuchte (Darrtrockenheit) erreicht werden, ermittelt man die Rohdichte meist bei 12 bis 15 % Holzfeuchte (Lufttrockenheit). Die Messergebnisse der Hölzer liegen zwischen 0,15 und 1,35 g/cm³. Dabei beträgt die Rohdichte lufttrockener europäischer Nadel- und Laubbäume weniger als 1,0 g/cm³ – sie sind leichter als Wasser ($\varrho_R = 1{,}0$ g/cm³) und schwimmen daher.

> Die Rohdichte wird mit folgender Formel berechnet:
> Rohdichte ϱ (rho)   Rohdichte = $\dfrac{\text{Masse}}{\text{Volumen}}$
> Masse m
> Volumen v $\varrho = \dfrac{m}{v}$
>
> Je größer die Rohdichte, desto feinporiger, schwerer und härter ist das Holz.

Die Härte des Holzes beeinflusst seine Bearbeitung. Je härter es ist, desto stärker widersteht es z. B. dem Eindringen der Werkzeugschneide – aber auch der Abnutzung. Die Holzhärte ist unterschiedlich und wird wie die Rohdichte vor allem vom Zellenaufbau und Wassergehalt bestimmt. So wird sie mit zunehmender Rohdichte größer und mit zunehmender Holzfeuchtigkeit geringer. In der Praxis begnügt man sich mit der Einteilung in weiche und harte Hölzer.

- **Laborversuch** Machen Sie mit dem Daumennagel entlang der Faser eine Ritzprobe. Auf der Oberfläche weicher Hölzer wird eine Spur sichtbar.

Der Handel teilt das Holz nach Härtegraden ein. Ermittelt wird die Härtezahl im Prüfverfahren nach Brinell. Sie gibt an, welche Kraft erforderlich ist, um eine Stahlkugel von 1 cm² Querschnittsfläche in die Holzfläche bei 12 % Holzfeuchte parallel und senkrecht einzudrücken. Danach unterscheiden wir Holz von sehr weich (LI, PA, WDE, KIW) über weich (FI, KI, TA, ER, DG), mittelhart (LA, LMB) und hart (AH, BU, EI, ES, RU) bis sehr hart (EBE, PRO, POH).

Elastizität. Eine äußere Krafteinwirkung kann den Körper verformen. Nimmt er seine ursprüngliche Form wieder ein, wenn die Kraft aufhört zu wirken, nennt man ihn elastisch. Ein Überschreiten der Elastizitätsgrenze führt zum Bruch oder zu plastischen Verformungen. So „ermüdet" die Holzfaser unter ständiger Belastung und verformt sich.

- **Laborversuch** Eine dünne, beidseitig aufgelegte Holzleiste wird mit der Hand in der Mitte belastet und wieder entlastet. Sie federt dann sofort in die Ausgangslage zurück.

Äste und Fehler beeinträchtigen die Elastizität.

3.3.3 Festigkeit

Festigkeit ist der Widerstand eines Körpers gegen die äußere Einwirkung von Kräften. Sie ist darum für die Verwendung des Holzes von großer Bedeutung. Die Festigkeit ist nicht nur bei den einzelnen Holzarten sehr unterschiedlich, sondern auch innerhalb einer Holzart. So ist Kernholz fester als Splintholz, trockenes Holz fester als feuchtes, feinjähriges Holz fester als schnellgewachsenes grobjähriges, älteres Holz schließlich fester als jüngeres. Mit steigender Rohdichte nimmt auch die Festigkeit des Holzes zu.

Für Bauholz (Deckenbalken, Dachsparren, Pfetten, Pfosten) ist die Art der Beanspruchung besonders wichtig, weil nur ausreichende Hölzer und Holzquerschnitte die Haltbarkeit der Konstruktionsteile garantieren.

Auch Tischler, Schreiner und Holzmechaniker dürfen die Festigkeit bei den Holzabmessungen nicht außer Acht lassen. Ein Bücherbord darf nicht durchbiegen, ein Stuhl nicht zusammenbrechen, Fenster und Türen müssen vielfältigen Belastungen standhalten, eine Treppe hat vorgeschriebene Belastungen zu tragen. Welche Kräfte auf ein Werkstück einwirken können, zeigt Tabelle **3.**49.

Dauerhaftigkeit erfasst die Zeit, in der das verarbeitete Holz seinem Zweck entsprechend voll gebrauchsfähig bleibt. Dieser Zeitraum ist unterschiedlich lang. Er hängt ab von der Verwendung, Holzart, Gerbstoff- und Harzhaltigkeit, Beschaffenheit und Trocknung sowie vom Standort. Die meisten Hölzer haben im Trockenen eine längere Lebensdauer, doch halten sich einige (z. B. Eiche und Buche) auch unter Wasser sehr lange. Stetiger Wechsel von Nässe und Trockenheit beeinträchtigt die Dauerhaftigkeit dagegen in jedem Fall. Deshalb ist Buche für Außenverbau überhaupt nicht geeignet.

Umfassende Kenntnisse des konstruktiven und chemischen Holzschutzes setzen die Dauerhaftigkeit des Holzes herauf (s. Abschn. 3.6.3).

Tabelle 3.49 Beanspruchung auf Festigkeit mit praxisnahen Laborversuchen

Beanspruchungsart/Versuch	Wirkung	
Zug- oder Zerreißfestigkeit ist der Widerstand des Holzes gegen das Zerreißen seiner Fasern. Die Kraft wirkt längs (II) oder quer (⊥) zur Faserrichtung. **Versuch** Ein Stück Furnier längs (II) und quer (⊥) zur Faserrichtung ziehen.	Quer zur Faser reißt das Probestück sofort auseinander. Eine Beanspruchung in dieser Richtung ist daher nicht möglich. Längs zur Faser ist ein Zerreißen	nicht möglich. Die Zugfestigkeit ist also sehr groß (etwa zehnmal größer als quer zur Faser). ES, BU und RU sind sehr, FI und PA sind wenig zugfest. Holz niemals quer zur Faser auf Zug beanspruchen.
Druckfestigkeit ist der Widerstand des Holzes gegen Zerdrücken, Zerquetschen oder Stauchen der Faser. Die Kraft wirkt längs (II) oder quer (⊥) zur Faserrichtung. **Versuch** Proben aus weichem und hartem Holz werden in beiden Richtungen fest in eine Schraubzwinge eingespannt. Nach einigen Minuten lösen wir die Zwingen und untersuchen die Eindrücke im Holz.	Beim Druck in Faserrichtung (Hirnholz) zeigen sich keine oder nur geringe Vertiefungen. Druck F II Druck F ⊥	Quer zur Faser sind die Eindrücke erheblich. Die Druckfestigkeit quer zur Faser beträgt nur 10 bis 15 % der Druckfestigkeit in Faserrichtung. EI, BU und ES haben hohe, PA und FI haben geringe Druckfestigkeit. Holz kann in Faserrichtung erheblich stärker auf Druck beansprucht werden als quer zur Faser

3.3 Eigenschaften des Holzes

Tabelle 3.49 Fortsetzung

Beanspruchungsart/Versuch	Wirkung	
Knickfestigkeit heißt der Widerstand des Holzes gegen seitliches Ausknicken (Biegen) infolge Druckeinwirkung. **Versuch** Holzleisten mit rechteckigem, quadratischem und rundem Querschnitt senkrecht aufstellen und in Richtung der Stabachse belasten.	Die Holzleisten brechen seitlich aus – zuerst die mit rechteckigem Querschnitt, dann die quadratische, schließlich die runde. 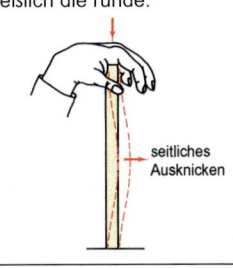	Je schlanker ein Stab ist, desto größer ist die Gefahr des seitlichen Ausknickens. Auf Druck belastete Pfosten und Stäbe müssen durch genügend starke Querschnitte vor dem seitlichen Ausknicken gesichert werden.
Biegefestigkeit ist der Widerstand des Holzes gegen Durchbiegung und Zerbrechen in Abhängigkeit von Faserverlauf, Rohdichte, Elastizität und Querschnitt des Holzteils. **Versuch** An beiden Enden aufliegende Holzleisten mit rechteckigem Querschnitt, von denen eine z.T. eingeschnitten ist, in Hochkantlage und flacher Lage belasten.	Die im unteren Leistenteil erweiterten und im oberen Teil verengten Einschnitte zeigen, dass die Fasern unten auseinander gezogen (Zug), oben dagegen gedrückt und gestaucht werden (Druck). 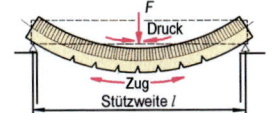	FI, TA, EI und ES sind für biegebeanspruchte Teile besonders geeignet. Biegebeanspruchte Holzleisten mit rechteckigem Querschnitt sollten nur in Hochkantlage verarbeitet werden.
Scherfestigkeit nennt man den Widerstand, den das Holz dem Abschieben bzw. Abscheren von Teilen entgegensetzt. Scherbeanspruchungen treten auf bei Holzverbindungen mit Nägeln oder mit Schrauben, bei Zinken- oder Schwalbenschwanzverbindungen. **Versuch** Zwischen zwei waagerecht aufgehängte dünne Leisten eine dritte schieben und mit beiden durch einen Drahtstift verbinden. Mittlere Leiste auf Zug beanspruchen.	Durch die Zugkraft wird der Drahtstift umgebogen, die Flächen verschieben sich, die Verbindung löst sich durch Abscheren. Die Scherfestigkeit ist quer zur Faser 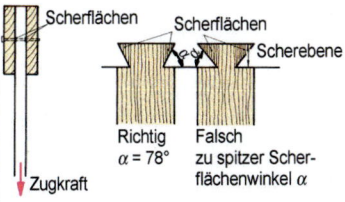	etwa viermal höher als längs zur Faser. Bei Zinken- und Schwalbenschwanzverbindungen wirkt die Zugkraft in Richtung Holzebene. Je spitzer der Scherflächenwinkel α, desto größer ist die Gefahr des Abscherens. Scherbeanspruchte Holzteile möglichst quer zur Faser verarbeiten. Scherflächenwinkel nicht zu spitz wählen.
Spaltfestigkeit ist der Widerstand des Holzes gegen das Auftrennen (Spalten) in Faserrichtung; abhängig von Härte, Holzfeuchte und Faserverlauf.	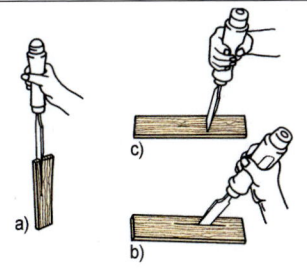	a) Spaltwirkung radial, in Richtung Markstrahlen am besten; b) Spaltwirkung tangential, in Richtung der Faser weniger leicht; c) Spaltwirkung quer zur Faser nicht möglich. Die meisten Nadelhölzer sowie PA, ER, BU, EI sind wenig spaltfest. ES, AH, RU und HB lassen sich schwer spalten. KB, PLT und Eibe sind sehr spaltfest.
Drehfestigkeit (Torsionsfestigkeit) heißt der Widerstand des Holzes gegen das Abdrehen in der Längsachse (in Faserrichtung).		

3.3.4 Leitfähigkeit

Arbeitsauftrag Nr. 8 Lernfeld TI, HM 1; FKU 5
- Führen Sie ein „*Prioritätenspiel*" durch, in dem Sie Schwerpunkte der Eigenschaften des Holzes festlegen.
  Erstellen Sie eine persönliche Rangfolge Ihrer Aussagen und begründen Sie diese.
  Besprechen Sie anschließend in Kleingruppen Ihre Arbeiten.
  Einigen Sie sich auf ein gemeinsames Ergebnis, welches Sie der Klasse vorstellen.
  Nach erfolgter Diskussion findet eine gemeinsame Auswertung im Klassenverband statt.
  Folgende Fragen sollten Sie bei Ihrer Arbeit berücksichtigen:
  1. Worauf beruhen die guten Wärmedämmeigenschaften des Holzes?
  2. Warum leitet trockenes Holz elektrischen Strom schlechter als feuchtes?
  3. Welcher Zusammenhang besteht zwischen der Rohdichte eines Holzes und seinem Wasseraufnahmevermögen?
  4. Erläutern Sie die Begriffe freies und gebundenes Wasser.
  5. Welche Ursachen und Auswirkungen hat die Wasseraufnahme unterhalb des Fasersättigungsbereichs?
  6. Man sagt, Holz arbeitet. Was meint man damit?
  7. Wie lautet das Gesetz vom Holzfeuchtegleichgewicht?
  8. Wovon hängt die Wasseraufnahmefähigkeit der Luft ab? Was geschieht, wenn die Luft gesättigt ist?
  9. Erklären Sie den Einfluss der relativen Luftfeuchtigkeit auf die Holztrocknung.
  10. Wie geht eine Darrprobe vor sich? Wie lautet die Formel zum Berechnen des Feuchtigkeitsgehalts?
  11. Worauf beruht die elektrische Holzfeuchtemessung?
  12. Skizzieren Sie ein Seitenbrett und tragen Sie die Formänderungen infolge Schwinden und Quellen ein.
  13. In welche Richtungen schwindet und quillt das Holz? Wo ist die Erscheinung am stärksten?
  14. Was bestimmt DIN 18355 über den zulässigen Holzfeuchtegehalt bei Tischlerarbeiten? Unterscheiden Sie dabei nach Holz für den Innen- bzw. Außenverbau.
  15. Durch welche Maßnahmen können Sie dem Arbeiten des Holzes entgegenwirken?

Die Leitfähigkeit von Schall ist ein wichtiges Merkmal beim Beurteilen der Holzgüte. So klingt trockenes Holz beim Anschlagen hell, krankes dagegen dumpf. Von besonderer Bedeutung ist die Schallleitung verschiedener Hölzer für die Verwendung als Resonanzholz im Musikinstrumentenbau. Wegen seiner Porigkeit und der damit im Vergleich zu anderen Werkstoffen geringen Dichte hat Holz hervorragende Schalldämmeigenschaften.
Die Wärmeleitfähigkeit ist wegen der Porigkeit sehr gering, sodass Holz auch gute Wärmedämmeigenschaften hat. Ausgedrückt wird die Wärmeleitfähigkeit durch die Wärmeleitzahl (s. Abschn. 10.2.1). Tabelle 3.50 zeigt deutlich, dass mit steigender Rohdichte auch die Wärmeleitfähigkeit des Holzes zunimmt. Trockenes Holz ist ein schlechter, feuchtes Holz ein guter Wärmeleiter.

Tabelle 3.50 Rohdichte und Wärmeleitfähigkeit

Werkstoff	Rohdichte in g/cm³		Wärmeleitzahl $\frac{W}{m \cdot K}$
Rotbuche BU	0,70	bei 12	0,18
Eiche EI	0,69	bis 15 %	0,19
Kiefer KI	0,52	HF	0,14
Fichte FI	0,48		0,14

Die elektrische Leitfähigkeit von trockenem Holz ist sehr gering. Mit zunehmender Feuchte steigt sie jedoch, weil Feuchtigkeit ein guter elektrischer Leiter ist. Im Zustand der Lufttrockenheit kann man Holz als Halbleiter verwenden. Mithilfe der elektrischen Leitfähigkeit ermittelt man auch die Holzfeuchtigkeit (s. Abschn. 3.3.5).

Die Schall- und Wärmedämmung des Holzes ist gut. Trockenes Holz hat schlechte, feuchtes Holz gute elektrische Leitfähigkeit.

3.3.5 Holzfeuchtigkeit

> **Arbeitsauftrag Nr. 9 Lernfeld TI, HM 1; FKU 5**
> - Nutzen Sie die Werkstatt Ihres Betriebes oder das Holzlabor Ihrer Schule. Fertigen Sie fünf Versuchsstücke aus verschiedenen Holzarten in gleich großen Abmessungen (empfohlen: 250 mm × 100 mm × 20 mm). Messen Sie die jeweilige Holzfeuchte. Skizzieren Sie Stücke in Vorder- Seiten- und Draufsicht in Ihren Unterrichtsmitschriften, benennen Sie diese nach der jeweiligen Holzart und sichern Sie die Holzfeuchte Messergebnisse in einer Tabelle.
> Legen Sie die Holzproben zwei Tage in einen mit Wasser gefüllten Behälter. Entnehmen Sie die Probestücke und tragen Sie die veränderten Holzmaße in Ihre Skizzen ein. Messen und sichern Sie die neuen Holzfeuchte Werte. Darren Sie die Holzproben in einem Darrofen oder Backofen. Messen Sie die jeweilige Holzfeuchte und Abmessungen der Probestücke. Vervollständigen Sie Ihre Tabelle und Unterrichtsmitschrift. Vergleichen Sie Ihre Arbeitsergebnisse mit denen Ihrer Mitschüler. Leiten Sie Quell- und Schwindregeln des Holzes ab.

Eine Buche braucht in einer Wachstumsperiode 7 000 bis 8 000 l Wasser. Eine Birke verdunstet an einem Tag über ihre Blätter wenigstens 300 l Wasser. Ein Kubikmeter frisch gefällten Holzes enthält je nach Holzart 200 bis 500 l Wasser. Diese Zahlen machen uns eindringlich die Bedeutung des Wassers für das Gedeihen der Bäume klar. Wie wir in Abschnitt 3.2 erfahren haben, transportiert es die Salze, ist bei der Assimilation beteiligt und verteilt die Nährstoffe.

Holz ist hygroskopisch. Das heißt, es nimmt aus der Luft Feuchtigkeit auf und gibt sie wieder an die Luft ab. Alle Zellhohlräume und Zellwände des Baumes enthalten Wasser, jedoch in unterschiedlicher Menge. Splintholz ist meist feuchter als Kernholz, im Erdbereich enthält der Stamm weniger Feuchtigkeit als im Zopfbereich. Der Feuchtigkeitsgehalt von waldfrischem (grünem) Holz hängt ab von Art, Größe und Alter des Baumes, dem Standort und der Fällzeit. Er schwankt entsprechend zwischen 30 und 200 % der Holzsubstanz. Auch die Rohdichte hat Einfluss darauf:

> Je höher die Rohdichte liegt, je fester also das Holz ist, desto geringer ist der Feuchtigkeitsanteil.

Fasersättigung. Unmittelbar nach dem Fällen beginnt das Holz zu trocknen. Dabei verdunstet zuerst das freie Wasser der Zellhohlräume (auch tropfbares oder kapillares Wasser genannt). Wenn die Zellhohlräume kein Wasser mehr enthalten, ist der Fasersättigungsbereich erreicht. Dann wird der Feuchtigkeitsgehalt (Formelzeichen u) des Baumes nur noch von dem in den Zellwänden gebundenem Wasser bestimmt. Dieser Wert liegt je nach Holzart zwischen 22 und 35 % (**3.51**).

Schwinden und Quellen („Arbeiten des Holzes"). Das in den Zellwänden gebundene Wasser verdunstet langsamer – je nach Holzart, Dicke, Luftfeuchte und Temperatur braucht es Jahre dazu. Verbunden damit ist eine Volumenverringerung – das Holz „schwindet". Wenn es in diesem Stadium unterhalb der Fasersättigung wieder Wasser aus der Luft aufnimmt, bindet es dieses in den Zellwänden und vergrößert dadurch das Volumen – es „quillt". Sobald die Fasersättigung erreicht ist, sammelt sich das aufgenommene Wasser wieder in den Zellhohlräumen (**3.51**). Dabei verändert sich das Holzvolumen nicht.

Holzfeuchtegleichgewicht. Da Holz hygroskopisch ist, passt es sich durch Aufnahme und Abgabe von Feuchtigkeit seiner Umgebung an: Trockenes Holz nimmt bei feuchtem Klima Wasser auf, feuchtes Holz gibt bei trockenem Klima Wasser an die Luft ab, bis ein Gleichgewicht von Holzfeuchtigkeit u, relativer Luftfeuchtigkeit f_r und Lufttemperatur erreicht ist.

Dieser Idealzustand des Holzfeuchtegleichgewichts kommt jedoch bei unserem wechselhaften Klima nur selten vor.

> Luftfeuchtigkeit, relative Luftfeuchtigkeit und Lufttemperatur streben einen Gleichgewichtszustand an, in dem Holz weder schwindet noch quillt.

Luftfeuchtigkeit und -temperatur bestimmen also die Holzfeuchte, wie das Diagramm 3.52 zeigt. Luft enthält immer eine gewisse Menge Wasserdampf. Je höher die Temperatur liegt, desto mehr Wasser kann die Luft aufnehmen. Dies spüren wir deutlich an einem schwülen Sommertag. Bei einem von der Temperatur beeinflussten bestimmten Gehalt ist die Wasseraufnahmefähigkeit der Luft jedoch erschöpft – die Luft ist gesättigt es bildet sich Kondenswasser oder kommt zu Niederschlägen. Diese Erscheinungen sind uns vom Badezimmer und aus der Natur bekannt.

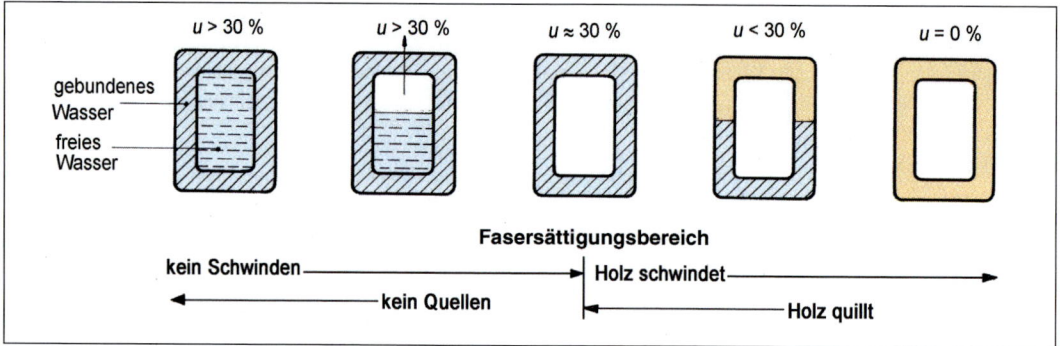

Bild 3.51 Wasserabgabe und -aufnahme der Holzzelle

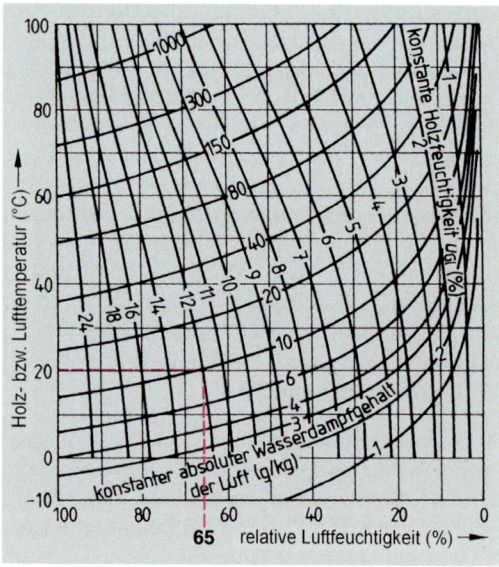

Bild 3.52 Feuchtegleichgewicht von Holz

Wir unterscheiden dabei:
- **die absolute Luftfeuchtigkeit** f_{abs} = die in der Luft enthaltene Wasserdampfmenge in g/m³,
- **die maximale Luftfeuchtigkeit** f_{max} = die bei Sättigung in der Luft enthaltene Wasserdampfmenge in g/m³,
- **die relative Luftfeuchtigkeit** f_r = das Verhältnis der in der Luft enthaltenen Wasserdampfmenge zur möglichen Höchstmenge in %:
- **den Taupunkt** = Sättigungspunkt der Luft = 100 % der relativen Luftfeuchtigkeit.

Beispiel
> Bei einer Temperatur von 20 °C und 65 % relativer Luftfeuchtigkeit ist das u_{gl} des Holzes = 12 %

Fassen wir diese Erkenntnisse zusammen:

> Die relative Luftfeuchtigkeit gibt an, ob die Luft trocken (weniger als 50 % f_r), mittelfeucht (etwa 60 % f_r) oder sehr feucht ist (80 bis 90 % f_r).
>
> Erhöht sich die Lufttemperatur, sinkt die relative Luftfeuchtigkeit. Sinkt sie, steigt die relative Luftfeuchtigkeit.
>
> Je trockener die Luft ist, desto schneller trocknet das Holz. Bei gleicher relativer Luftfeuchtigkeit trocknet Holz in warmer Luft schneller als in kalter.

3.3 Eigenschaften des Holzes

Ermitteln der Holzfeuchtigkeit. Holz wird durch Wasseraufnahme nicht nur schwerer und anfälliger gegen zerstörende Pilze, sondern ändert durch Quellen bzw. Schwinden auch sein Volumen. Dies erschwert die Maßhaltigkeit von Holzkonstruktionen. Die Holzfeuchtigkeit ist darum für die Verarbeitung von großer Bedeutung und muss genau ermittelt werden. Dies geschieht mit Hilfe des Darrverfahrens oder des elektrischen Messverfahrens.

Die Darrprobe ist am genauesten. Man wiegt die feuchte Holzprobe (Nassgewicht m_u) und trocknet sie dann im Darrofen bei 103 ± 2 °C so lange, bis die Feuchtigkeit restlos verdampft ist (**3**.53). Durch erneutes Wiegen erhält man das Trocken- oder Darrgewicht m_t und setzt die Werte in die folgende Formel ein:

$$u = \frac{m_u - m_t}{m_t} \cdot 100\ \% = \frac{100\ \text{g} - 80\ \text{g}}{80\ \text{g}} \cdot 100\ \%$$

$$u = \frac{2.000}{80} = 25\ \%$$

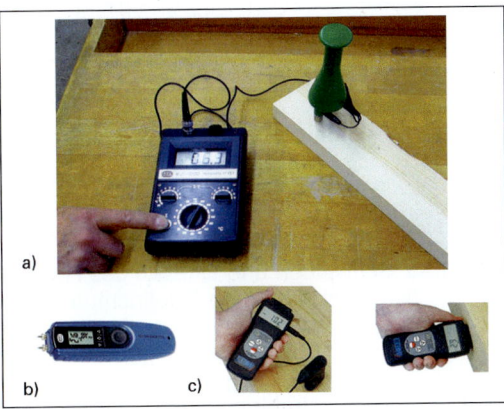

Bild 3.54 Elektrisches Holzfeuchte-Messgerät
a) mit Eindrück-Elektrode
b) mit Nadelmodus für Holz, Bau- und Dämmstoffe
c) mit Nadelmodus und/oder zerstörungsfreiem Suchermodus

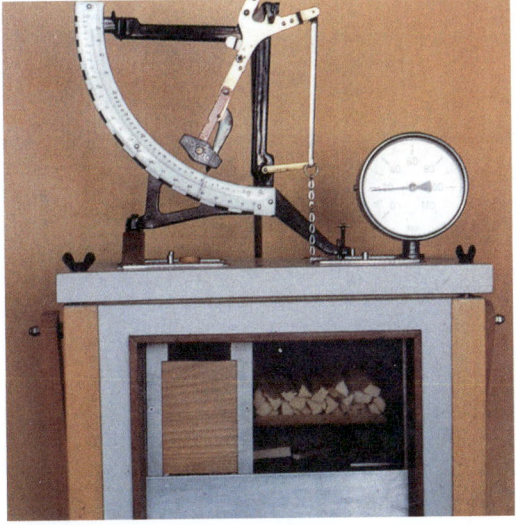

Bild 3.53 Darrofen mit Waage

Holzfeuchtigkeit
$$= \frac{(\text{Nassgewicht} - \text{Darrgewicht}) \cdot 100\ \%}{\text{Darrgewicht}}$$
$$u = \frac{m_u - m_t}{m_t} \cdot 100\ \%$$

Beispiel
Eine Darrprobe wiegt nass 100 g, trocken 80 g. Der Feuchtigkeitsgrad in % des Darrgewichts beträgt

Das elektrische Schnellmessverfahren beruht auf dem Zusammenhang zwischen der Holzfeuchte und dem elektrischen Widerstand des Holzes (s. Abschn. 3.3.4). Der Strom fließt zwischen den Elektroden (die in die Probe eingedrückt werden) durch das feuchte Holz. Das Messergebnis in % ist sofort ablesbar (**3**.54). Für Messungen oberhalb des Fasersättigungsbereichs sind elektrische Geräte nur bedingt zu verwenden.

Die digitale Feuchtemessung (mit Mikroprozessor) ist genauer. Das Gerät hat eine größere Bandbreite für Holzarten und druckt die Werte wahlweise in Blockform und mit Standardabweichungen aus.

Die Schwind- und Quellmaße sind abhängig vom Maß der Feuchtigkeitsabgabe bzw. -aufnahme, von der Art und Rohdichte des Holzes sowie von der Richtung der Volumenänderung. Dabei gibt das Quellmaß die Änderung in %, bezogen auf den trockenen Zustand, das Schwindmaß dagegen die Änderung in %, bezogen auf den nassen Zustand an. In der Praxis setzt man folgende Näherungswerte für den Schwund ein:

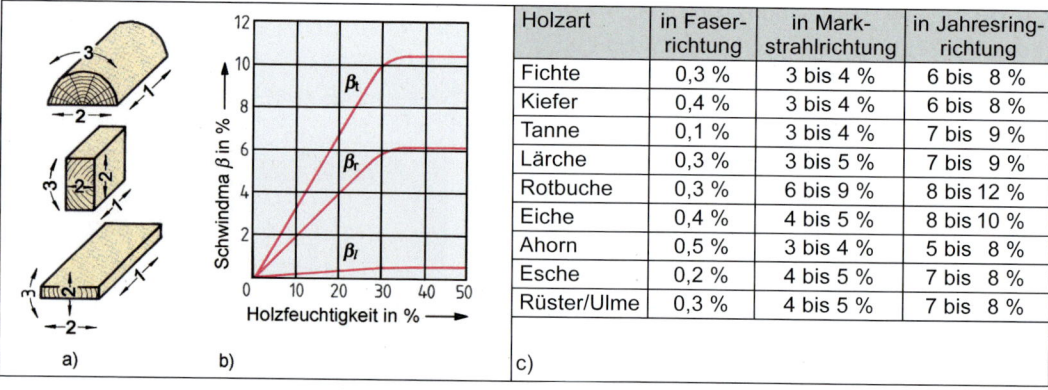

Bild 3.55 Schwinden und Quellen des Holzes
a) Schwind- und Quellrichtungen an typischen Querschnitten,
b) Schwindmaß dieser Richtungen (Rotbuche),
c) Schwindmaße ausgewählter Hölzer (Mittelwerte)
1 Faserrichtung   (β_l = axial)
2 Markstrahlrichtung (β_r = radial)
3 Jahresringrichtung (β_t = tangential)

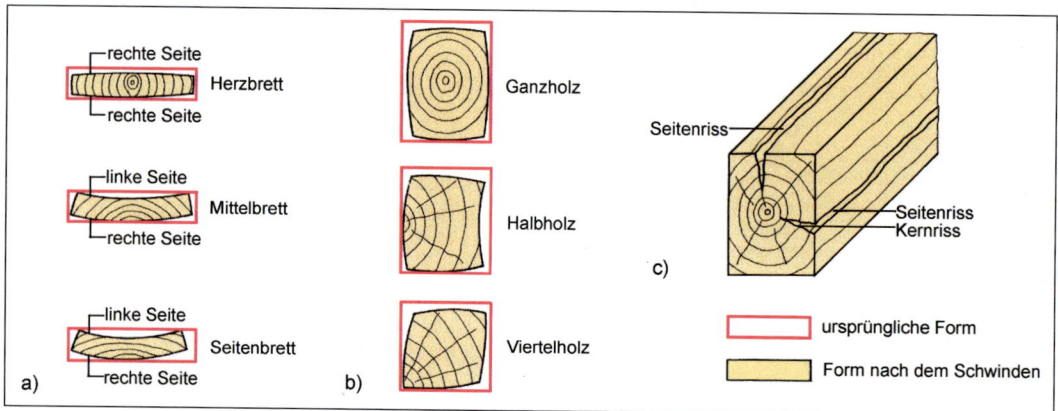

Bild 3.56 Typische Verformungen von Schnittholz-Querschnitten durch Schwinden
a) Werfen an Brettern und Bohlen,
b) Verformung von Kanthölzern,
c) Risse an einem Ganzholz-Querschnitt

- in Richtung der Fasern (längs = axial oder longitudinal) 0,1 bis 0,3 %,
- in Richtung der Markstrahlen (radial oder senkrecht zur Faser) etwa 5 %,
- in Richtung der Jahresringe (tangential oder quer zur Faser) etwa 10 %.

Dass diese Angaben nur mit Vorbehalt zu gebrauchen sind, zeigt die Tabelle **3.55**.

Je größer die Rohdichte, desto stärker arbeitet das Holz in den drei möglichen Richtungen (axial, radial, tangential).

Alle drei Verformungen treten zusammen auf und überlagern sich. Durch das Schwinden kommt es zum Werfen von Brettern und Bohlen, Verformen von Kanthölzern und zu Rissen (3.56), die die Maßhaltigkeit von Holzkonstruktionen stark beeinträchtigen. Darum muss das Holz durch Trocknung in einen Zustand gebracht werden, der annähernd dem Klima des vorgesehenen Einsatzorts entspricht. Für Bauholz müssen die in Tabelle **3.**57 angegebenen genormten Werte erreicht werden.

Sorgfältige Auswahl und sachgerechtes Verarbeiten der Hölzer sind weitere Maßnahmen gegen die Verformung (3.58).

Tabelle 3.57 Feuchtigkeitsgehalt von Bauholz

DIN 18355 (VOB)	Bauholz	u in %
Tischlerarbeiten	Holz für Bauteile an der Außenluft	12 bis 15
	Bauteile in Räumen	8 bis 12
im Einzelnen	Fenster und Außentüren, Möbel, Innentüren, Parkett, Täfelungen	12 bis 15
	– in Räumen mit Ofenheizung	10 bis 12
	– in dauerbeheizten Räumen	7 bis 10
	Furniere, Spanplatten, Schichtholz	6 bis 8

VOB = Verdingungsordnung für Bauleistungen

Holzauswahl

– Hölzer mit geringem Schwindverhalten und gutem Stehvermögen oder stehenden Jahresringen verwenden,
– Hölzer mit Wuchsfehlern, Ästen und Harzeinschlüssen aussortieren.

Holzverarbeitung

– Vollholzflächen in der Breite verleimen (Kern an Kern, Splint an Splint), bei Blindholzflächen außerdem die Bretter stürzen,
– bei Dickenverleimung auf gleiche Dicken der Bretter achten und linke Vollholzseiten aneinanderfügen,
– Sockelleisten, Türfutter, Bekleidungen und andere Vollholzteile mit der rechten Seite nach außen anbringen.

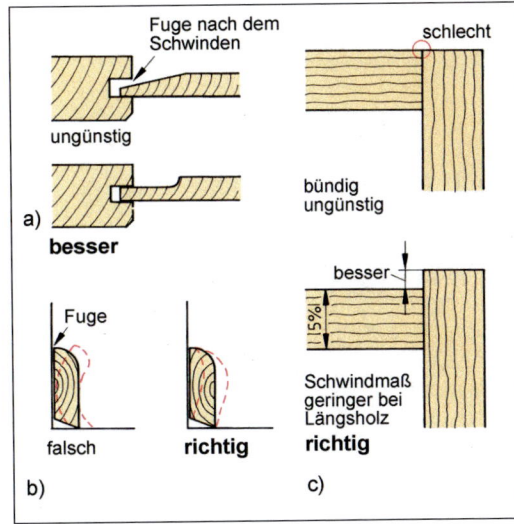

Bild 3.58 Maßnahmen, die das Arbeiten des Holzes berücksichtigen
 a) eingenutete Füllung,
 b) Sockelleiste (Fußsockel),
 c) richtige Eckverbindungen

3.4 Trocknung, Lagerung und Pflege des Holzes

Arbeitsauftrag Nr. 10 Lernfeld TI 1, 10; HM 1

- Sie haben die Möglichkeit, bei der Planung eines Holzlagerplatzes für die natürliche Holztrocknung mitzuwirken.
 Erstellen Sie eine konkrete Planung für die Umsetzung dieses Bauvorhabens.
 Folgende Fragen des verantwortlichen Bauleiters müssen in die Planung mit einfließen:
    1. Warum fällt man Bäume möglichst im Winter?
    2. Welche Vor- und Nachteile hat die Freilufttrocknung?
    3. Was müssen Sie beim Anlegen eines Trockenplatzes berücksichtigen?
    4. Wozu dienen Stapelleisten? Wie werden sie verwendet?
    5. Welche Forderungen muss ein Holzstapel erfüllen?
    6. Wie schützen Sie die Hirnholzflächen des Schnittholzes gegen Reißen?
    7. Wozu braucht man Sperreinlagen beim Stapelunterbau?
    8. Welchen Abstand zum Boden muss der Stapelunterbau haben? Warum?

Holz darf bei der Verarbeitung eine bestimmte Holzfeuchtigkeit nicht überschreiten. Es muss daher vor dem Verarbeiten getrocknet werden. Die Trocknung beginnt schon nach dem Fällen und beim Lagern. Der gefällte Baum wird an den Waldweg „gerückt" und „ausgeformt" (s. Abschn. 3.7.1), bevor er zu den Lagerplätzen des Handels bzw. der Sägewerke transportiert wird. Zum Trocknen des Holzes gibt es natürliche und technische Verfahren.

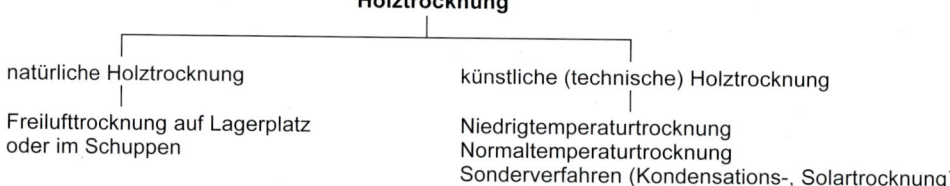

3.4.1 Natürliche Trocknung

Die Freilufttrocknung im Wald, auf dem Trockenplatz oder im Trockenschuppen des Holzhändlers oder Tischlers nutzt die natürlichen Bedingungen: Lufttemperatur, Luftfeuchte, Luftzirkulation und dauert je nach Holzart Monate bis Jahre.

Auch unter günstigsten Bedingungen kann das Holz in unseren Breiten auf natürliche Weise nur lufttrocknen (u = 15 bis 20 %) und darum lediglich für bestimmte Zwecke im Außenbau verwendet werden. Für den Innenausbau muss das Holz zusätzlich getrocknet werden.

Vorteile der Freilufttrocknung

- keine Energiekosten
- keine Trocknungsanlagen
- Lagerhaltung (Bevorratung) bevorzugter Holzarten
- langsamer Trockenvorgang

Nachteile der Freilufttrocknung

- Zufälligkeiten der Witterung
- Qualitätsminderungen durch lange Lagerung (Risse, Verwerfungen, Verfärbungen)
- lange Lagerzeit begünstigt tierische und pflanzliche Schädlinge sowie Feuergefahr
- lange Lagerzeiten, große Lagerbestände, langfristig gebundenes Kapital
- Trocknung begrenzt auf 15 bis 20 % Holzfeuchte
- großer Lagerflächenbedarf

Lagerplatz. Trotz überwiegender Nachteile wird die Freilufttrocknung auch künftig eine Rolle spielen. Um befriedigende Ergebnisse zu erzielen, ist eine fachgerechte Lagerung auf gut vorbereiteten Lagerplätzen nötig. Der Lager- oder Trockenplatz soll

- frei und luftig gelegen sein,
- durch geringes Gefälle oder künstliche Entwässerung trockenen Untergrund haben,
- keinen Gras- und Unkrautbewuchs haben, sondern möglichst eine Schotterauflage oder aber betonierte Flächen,
- feuerpolizeilichen Vorschriften genügen.

Der Stapelunterbau ist besonders wichtig (3.59).

Beim Stapelunterbau ist zu beachten

- Lagerhölzer stets auf Sockel, möglichst aus Beton oder Mauerwerk legen,

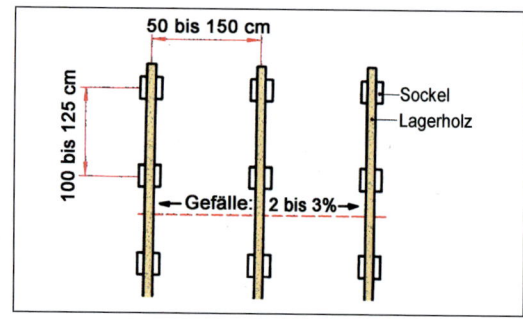

Bild 3.59 Stapelunterbau

- Abstand vom Boden zur Durchlüftung mindestens 40 cm
- durch Sperreinlagen (Bitumenpappe oder Folie) zwischen Sockel und Lagerholz das Eindringen von Bodenfeuchtigkeit verhindern.

Stapel. Zum Trocknen von frischen Schnitthölzern und wertvollen empfindlichen Holzarten eignen sich der Kastenstapel und Blockstapel (3.60). Im Blockstapel wird das unbesäumte Holz in seiner Stammlage aufgeschichtet. Außerdem gibt es besondere Stapelarten.

3.4 Trocknung, Lagerung und Pflege des Holzes

Für alle Stapelarten gilt:

- Anlage möglichst quer zur Windrichtung,
- Blockstapel höchstens 3 m, Kastenstapel bis 4 m hoch,
- obere Holzlage gegen direkte Sonneneinstrahlung und Regenwasser abdecken.
- Hirnholzflächen durch Anstrich, Metallbänder, Schutzleisten oder überstehende Stapelleisten vor Austrocknen und Reißen schützen,
- empfindliche Hölzer wie Ahorn, Esche, Eiche, Rotbuche, Kiefer und Linde überdachen oder in Schuppen trocknen.

Stapelleisten zwischen den Holzlagen ermöglichen eine gute Durchlüftung des Schnittholzes. Zu beachten ist bei Stapelleisten:

- im Stapel etwa gleiche, quadratische Leisten verwenden (Querschnitt i. M. 20/20 mm),
- Leisten übereinander anordnen, an den Stirnflächen bündig oder leicht vorstehen lassen,
- das Schnittholz muss in der ganzen Breite aufliegen, sonst drohen Verwerfungen,
- der Leistenabstand hängt von der Stapelgutdicke ab (Brettware 50 bis 100 cm, Bohlen max. 150 cm),
- Fichtenholzleisten sind geeignet, weil sich Fichte gut mit anderen Hölzern verträgt (keine Verfärbung).

Freilufttrocknung

- langsam und spannungsarm, u = 15 bis 20 %, Gefahr der Qualitätsminderung bei unsachgemäßer Lagerung,
- besondere Anforderungen an Stapelplatz und Stapel.

Rundholz wird vielfach bis zum Einschnitt auch im Wasser gelagert. So verhindert man Pilz- und Insektenbefall; das Holz reißt, „stockt" und „verblaut" nicht, die Holzfaser wird geschmeidig und lässt sich dadurch besser bearbeiten.

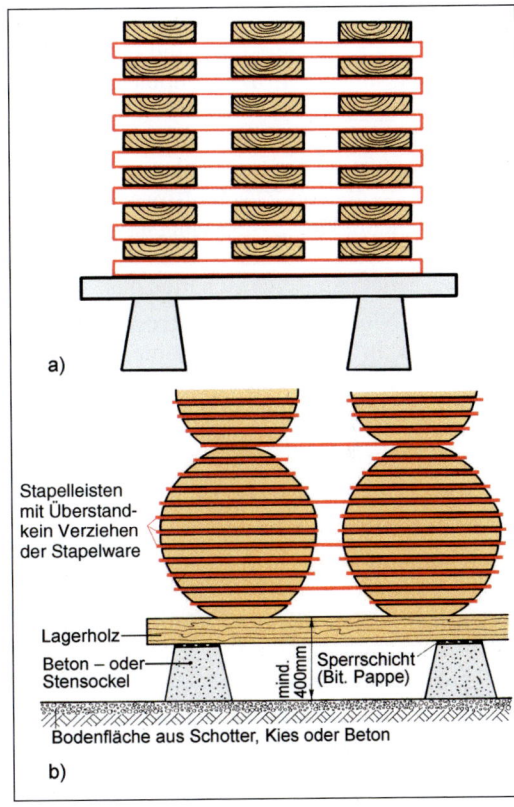

Bild 3.60 Stapel a) Kastenstapel, b) Blockstapel

3.4.2 Künstliche (technische) Trocknung

Arbeitsauftrag Nr. 11 Lernfeld TI 1, 10: HM 1, 11

- Neben der natürlichen Holztrocknung gibt es die künstliche (technische) Holztrocknung. Lesen Sie den Text des gesamten Kapitels und beantworten Sie die folgenden Fragen. Bitte ergänzen Sie Ihren Lernkarteiordner!
    1. Welche Vorteile bietet die technische Holztrocknung?
    2. Worauf sind Innenrisse zurückzuführen, und wie lassen sie sich vermeiden?
    3. Was bedeutet der Begriff Zellkollaps? Wie kommt es dazu?
    4. Wodurch wird Schnittholz windschief?
    5. Worauf sind innere Verfärbungen zurückzuführen?
    6. Welche Folgen hat Harzfluss?

Die technische Holztrocknung ermöglicht es, Temperatur, Luftgeschwindigkeit und Luftfeuchtigkeit zu steuern. So gelingt es, das Holz in kurzer Zeit (wenige Stunden oder Tage) ohne Qualitätsminderung auf jeden gewünschten Trockenheitsgrad zu bringen. Dabei werden zugleich tierische und pflanzliche Schädlinge abgetötet, Trockenplätze und damit Kosten gespart. Höchste Wirtschaftlichkeit bei der Kammertrocknung erreicht man mit dem Grundsatz „gleiche Holzart – gleiche Holzdicke – gleiche Zuschnittform – gleiche Anfangsfeuchtigkeit". Trocknungstabellen weisen für die einzelnen Holzarten die entsprechenden Trocknungseigenschaften aus.

Bei der Niedrigtemperaturtrocknung erzeugt man in der Trockenkammer künstlich ein Schönwetterklima. Bei 35 °C, einem eingestellten Holzfeuchtegleichgewicht u_g = 12 bis 14 % und der entsprechenden relativen Luftfeuchtigkeit f_r = 68 bis 76 % erreicht das Holz rasch eine Holzfeuchte von etwa 20 %, bevor es fertig getrocknet wird.

Die Normaltemperaturtrocknung ist das übliche Kammerverfahren. Bei 45 bis 90 °C (oder mehr) und starker Luftumwälzung erreicht das Trockengut schon nach kurzer Zeit die gewünschte Endfeuchte (3.61).

Der Trocknungsablauf hat fünf Stufen. Die Kammer wird unter Feuchtigkeitszugabe (gegen frühzeitiges Trocknen) auf die nötige Temperatur aufgeheizt. Mittels Durchwärmen (1 Stunde je cm Holzdicke) schafft man in allen Querschnittsbereichen des Holzes eine gleichmäßige Temperatur, bevor man es (um Trockenschäden zu vermeiden) schrittweise trocknet. Feuchteunterschiede nach dem Trocknen werden durch Konditionieren unter Feuchtigkeitszugabe ausgeglichen (2 Stunden je cm Holzdicke). Schließlich kühlt das trockene Holz langsam in der Kammer ab.

Bei der Kondensationstrocknung saugt man die durch Wasserabgabe des Holzes angefeuchtete Kammerluft ab und entzieht ihr die Wärme. Das kondensierende Wasser wird abgeleitet, die entfeuchtete Luft mit der gewonnenen Wärme erneut in den Kreislauf gegeben, bis das Holz die gewünschte Holzfeuchte erreicht hat. Durch die Wärmerückgewinnung spart man bei diesem Verfahren Energie.

Die Solartrocknung nutzt die Sonnenenergie und braucht Öl und Gas nur noch zum Antrieb der Ventilatoren. So trocknet man mit Niedrigtemperatur das Holz etwa doppelt so schnell wie durch Freilufttrocknung und erzielt im Sommer eine Holzfeuchtigkeit von 7 bis 9 %. Für den Winter muss die Anlage allerdings mit konventioneller Heizung ausgerüstet werden.

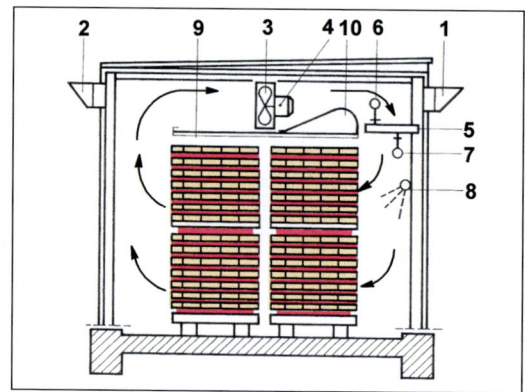

Bild 3.61 Hochleistungstrockner
1 Frischluftklappe
2 Abluftklappe
3 Axial-Ventilator
4 Motor
5 Heizregister
6 Heizmedium-Vorlauf
7 Heizmedium-Rücklauf
8 Sprühleitung
9 Zwischendecke
10 Luftumlenkbogen

> **Technische (künstliche) Trocknung**
> – in nur wenigen Stunden oder Tagen ohne Qualitätsminderung auf jede gewünschte Holzfeuchtigkeit,
> – tötet Schädlinge, spart Lagerplätze und Kosten.

3.4.3 Trocknungsschäden

Auch beim Einhalten aller gebotenen Vorsichtsmaßnahmen sind weder bei der natürlichen noch bei der künstlichen Holztrocknung Schäden und damit Wertminderungen auszuschließen. Holz ist schließlich ein organischer Werkstoff mit unterschiedlichen Inhaltsstoffen und Wuchsfehlern, der zudem in drei Richtungen schwindet oder quillt. Zu den möglichen Trocknungsschäden gehören Verschalung, Zellkollaps, Formänderungen, Verfärbungen und Harzausfluss.

Die Verschalung entsteht beim Holztrocknen, wenn die äußeren Bereiche sehr schnell trocknen und im inneren Querschnittsbereich noch viel Feuchtigkeit vorhanden ist. Das Feuchtegefälle führt zu Spannungen im Holz und damit häufig zu Rissen und Formänderungen. *Oberflächenrisse* sind die Folge der Verschalung oder zu starker Sonneneinstrahlung im Freien, *Innenrisse* entstehen durch zu hohe Temperatur bei niedriger Luftfeuchtigkeit. Innenrisse sind kaum zu beseitigen und entwerten das Holz meist völlig. Schwere Laubhölzer wie Eiche und Buche sind besonders gefährdet.

Zellkollaps. Wenn nasses (grünes, also noch mit freiem Wasser angereichertes) Holz bei mehr als 60 °C zu schnell trocknet, entsteht bei Eiche, Rotbuche und anderen Hölzern Zugspannungen, die den Holzquerschnitt sichtbar verformen. Dieses „Zusammenfallen" der Holzzellen (unregelmäßiger Schwund) nennt man Zellkollaps oder Zelleinbruch. Es tritt in der Regel nur im Kernholz auf. Durch starkes Dämpfen in der Trockenkammer kann man bei rechtzeitigem Erkennen den Schaden abwenden. Auch Innenrisse können eine Folge von Zellkollaps sein.

Formänderungen beim Trocknen entstehen vorwiegend durch Holz- oder Wuchsfehler im Holz, unterschiedliches Schwundverhalten in den verschiedenen Richtungen (Anisotropie) und Fehler beim Trocknen. Drehwüchsiges Holz wird windschief, unterschiedlicher Schwund verursacht Werfen oder Schüsseln (Hohlwerden), falsche Lagerung oder Stapelung führt zum Verbiegen der Bretter.

Verfärbungen an der Oberfläche infolge Sprühdampf, Kondenswasser oder Oxidation mit Metall sind weniger gefährlich als Flecken im Holzinnern. Da sie oft sehr tief ins Holz eindringen, mindern sie aber meist erheblich den Holzwert. Innere Verfärbungen sind oft auf zu hohe Luftfeuchte zurückzuführen. Durch niedrige Temperaturen oberhalb des Fasersättigungsbereichs lassen sie sich weitgehend vermeiden. Tabelle **3**.62 gibt einige Beispiele von Verfärbungen an.

Tabelle 3.62 Verfärbungen durch Trocknung

Temperatur	Holzart	Verfärbung
30 bis 40 °C	Eiche waldfrisch	braun bis graufleckig, unregelmäßige Streifenbildung
über 60 °C	Ahorn, Buche Birke, Linde Palisander Rüster Kirschbaum, Birnbaum	rötlich gräulich gefleckt lila rot braun
über 90°C	Nadelhölzer	gelb bis braun

Harzfluss tritt bei Temperaturen über 60 °C auf. Obwohl es sich nicht um einen eigentlichen Schaden handelt, ist die Be- und Verarbeitung verharzter Holzteile mit Schwierigkeiten verbunden.

Trocknungsschäden
– Verschalung → Risse
– Zellkollaps → Verformungen
– Formänderungen → Windschiefe, Werfen, Schüsseln
– Verfärbung und Harzfluss

3.5 Holzarten und ihre Bestimmung

Arbeitsauftrag Nr. 12 Lernfeld TI, HM 1; FKU 5
- Als Tischler/Schreiner und Fachkraft für Möbel-, Küchen- und Umzugsservice ist es von Bedeutung die wichtigsten europäischen und außereuropäischen Hölzer zu kennen. Wählen Sie aus der Tabelle **3**.63 Ihren Wunschbaum aus.
Üben Sie sich in einer Freihandskizze und ergänzen Sie Ihre Darstellung nach Vorgabe der Tabelle. Für die Darstellung der Außereuropäischen Hölzer wählen sie drei Arten aus (Blattgröße frei wählbar).
- Erstellen Sie eine Wandzeitung nach Tabelle **3**.64. Vervollständigen Sie die Wandzeitung durch Photos, Furniere und Holzproben. Nutzen Sie das Internet.
Zielsetzung der Aufgabe ist es, eine möglichst umfangreiche Dokumentation im Klassenverband zu erstellen. Die Einbeziehung von Realien fördert die Anschaulichkeit.

3.5.1 Holzarten

Neben unseren gebräuchlichen heimischen Holzarten werden im holzverarbeitenden Handwerk und der Industrie viele Hölzer aus anderen europäischen Ländern und aus Übersee verarbeitet. Die Unterscheidung in Laub- und Nadelhölzer ist für den Einsatz des Holzes nicht ausschlaggebend, sondern dient mehr der Übersicht.

Die folgende Auswahl der Nutzhölzer gibt einen Überblick über Vorkommen, Unterscheidungsmerkmale, Eigenschaften und Verwendungsmöglichkeiten (Tab. **3**.63 und **3**.64). Die Angaben über die Rohdichte ϱ_R beziehen sich auf eine Holzfeuchte von 12 bis 15 % und wurden für einen großen Teil der Holzarten eigens ermittelt. Geringe Abweichungen zu Angaben in vergleichbarer Fachliteratur sind daher leicht möglich. Die im Handel gebräuchlichen Kurzzeichen sind in Deutschland nach DIN 4076 und europaweit nach DIN EN 13556 genormt.

Für die Verwendung sind die Eigenschaften des Holzes maßgebend, doch spielen auch Aussehen und Preis eine wichtige Rolle.

Tabelle 3.63 Wichtige europäische Hölzer (Rohdichte ϱ_R in g/cm³ bei 12 bis 15 % HF) (DIN = Deutsche Industrie-Norm 4076, EN = Europäische Norm 13556)

	Arten und Merkmale	Eigenschaften	Verwendung
Nadelhölzer NH			
Douglasie DGA – DIN PSMN – EN	Douglastanne, -fichte, Oregon Pine, aus Amerika kultiviert; bis 90 m hoch, pyramidenförmig ähnlich Fichte; gerade abstehende Äste; wächst rasch Rinde glatt, dünn und grün, im Alter sehr dick, borkig, rotbraun bis schwarz; Nadeln dunkelgrün mit 2 Längsstreifen auf der Unterseite; hellbraune, hängende Zapfen mit breiten Deckschuppen	$\varrho_R = 0{,}50$; Kernholzbaum; Kern bräunlichrötlich, nachdunkelnd; Splint weiß bis hellgelb; Spätholz dunkler und scharf abgegrenzt; harzhaltig fest und hart, mittelschwer, wenig Schwund; sehr gut zu bearbeiten	Bauholz für innen und außen, Möbel, Fußböden, Verkleidungen, Schiffs- und Wasserbau, Sperrholz
Fichte FI – DIN PCAB –EN	Etwa 40 Arten, Rotfichte (Rottanne) am bekanntesten; bis 50 m hoch, schlank, pyramidenförmig, im Bestand bis 20 m hoch astfrei Rinde dünn, bräunlichrötlich, im Alter abblätternd; Nadelnrings um den Zweig, immer-grün, vierkantig und spitz; hängende, dunkelbraune Zapfen	$\varrho_R = 0{,}47$; Reifholzbaum; fastweißes Holz, Spätholz rötlichgelb und scharf abgegrenzt; viele Harzkanäle weich, fest, elastisch, leicht, wenig Schwund; gut zu bearbeiten, zu schnitzen und zudrechseln; mäßig witterungsbeständig, anfällig gegen Pilze(Bläue) und Insekten	Dachkonstruktionen, Innenausbau, Verkleidungen, Dielen, Zäune, Schälfurnier, Papier, feinjährig für Musikinstrumente, Grundstoff für Kolophonium und Pech
Kiefer KI – DIN PNSY – EN	Etwa 80 Arten, Föhre bedeckt fast $1/3$ unserer Waldfläche; bis 40 m hoch, unregelmäßige Krone, sehr krumme Äste, hoch astfrei Rinde stark borkig, dick, unten rissig, rot- bis graubraun; Nadeln lang, paarweise und immergrün (blaugrün); Zapfen kegelförmig, gedrungen, dunkelbraun	$\varrho_R = 0{,}50$; Kernholzbaum; Kerngelbrot bis braun, nachdunkelnd, Splint weißlich; Spätholz dunkler, deutlich abgegrenzt; viele Harzkanäle weich, fest, elastisch, mäßigschwer, wenig Schwund; gut zu bearbeiten, aber sehr harzhaltig (schlecht zu beizen); mäßig witterungsbeständig, anfällig gegen Bläue und Insekten	viel für Außenarbeit (Fenster, Türen), aber auch Innenausbau, Fußböden, Sperrholz, Furnier Grundstoff für Kolophonium, Pech und Terpentin

3.5 Holzarten und ihre Bestimmung

Tabelle 3.63 Fortsetzung

	Arten und Merkmale	Eigenschaften	Verwendung
Nadelhölzer NH			
Lärche LA – DIN LADC – EN	Etwa 10 Arten, Europäische L. am bekanntesten; bis 30 m hoch, schlank, stämmig; gerade Äste und dünne, hängende Zweige Rinde stark borkig, dick, bräunlich-rötlich; Nadeln in Büscheln, weich und geschmeidig, fallen im Herbst ab; Zapfen aufrecht, eiförmig, hellbraun, abgestorben schwarz	$\varrho_R = 0{,}60$; Kernholzbaum; Kern rötlichbraun, nachdunkelnd; Splint schmal und gelblich; Spätholz dunkler, scharf abgegrenzt; viele Harzkanäle fest und zäh, dauerhaft und wetterbeständig, mäßig schwer, wenig Schwund; gut zu bearbeiten, neigt aber zum Splittern; dauerhaft unter Wasser Borke unterhalb der äußeren Schichten deutlich lila gefärbt	gutes Bauholz für innen und außen, Fenster, Türen, Außenverkleidungen, Möbel, Schiffs- und Wasserbau, Messerfurnier
Tanne Ta – DIN ABAL – EN	Etwa 30 Arten, Weißtanne (Silbertanne); bis 65 m hoch, schlank, kegelförmig mit abgerundetem Wipfel, im Bestand sehr hoch astfrei; Äste dünn, gerade abstehend Rinde grau und glatt, im Alter Risse und Beulen; Nadeln zweireihig, flach, immergrün (oben dunkel, unten hell); Zapfen aufrecht, erst grün, später rötlich	$\varrho_R = 0{,}46$; Reifholzbaum; weiß bis rötlichgelb, Spätholz scharf abgegrenzt; keine Harzkanäle weich, zäh, elastisch, leicht, wenig Schwund; gut zu bearbeiten, leichter zu beizen und zu imprägnieren als die harzige Fichte; mäßig witterungsbeständig, anfällig gegen Bläue und Insekten im Splintholzbereich	Bau- und Werkholz, Papier, Kunsthandwerk, Instrumentenbau (Resonanzholz), Verbrettungen, Schiffsbau
Zirbelkiefer KIZ – DIN PNCM – EN Sibirische Zeder, Arve	wächst vorwiegend im rauhen Gebirgsklima; bis 20 m hoch Rinde glatt und silbergrau, später graubraun und rissig; Nadeln zu fünft, 5 bis 8 cm lang, unten bläulich; Zapfen rund bis eiförmig, Reifezeit 3 Jahre; Frucht der Arve (Nüsschen) essbar	$\varrho_R = 0{,}40$; Kernholzbaum; Kern rötlichbraun, stark nachdunkelnd; Splint gelblich; viele dunkle Harzkanäle, Jahresringe eng weich, ziemlich leicht und feinfaserig, wenig Schwund; gut zu bearbeiten, zu schnitzen und zu drechseln, schlecht zu beizen und zu imprägnieren (Harzgehalt) viele feste, dunkle (schwarze) Äste	Möbel, Schnitzarbeiten, Modellbau, Furnier, Bauholz schönes, astreiches Holz für Decken und Wandverkleidungen
Laubhölzer LH			
Buche, Rotbuche BU – DIN FASY – EN	unser häufigster Laubbaum, bis 40 m hoch, im Bestand vollholzig, bis 20 m astfrei Rinde glatt und grau mit vielen Astnarben (Chinesenbärte); Blatt eiförmig, grün, glänzend, seidig behaart; Blüten einhäusig; Frucht ölhaltige Bucheckern	$\varrho_R = 0{,}66$; Reifholzbaum; zerstreutporig, schlicht, rötlichhell, gedämpft rötlichbraun; braune, glänzende Markstrahlen (tangential sichtbar als kurze braune Striche, radial als Spiegel); oft „falscher Kern" (Rotkern) fest, hart und zäh, stark schwindend, mittelschwer, gedämpft gut biegefähig, Rissneigung durch Dämpfen gemindert; gut zu bearbeiten, zu beizen und zu polieren; anfällig gegen Feuchte, Insekten und Pilze, verstockt leicht	Schul- und Büromöbel, Treppen, Parkett, Werkzeugbau, Schälfurnier für Holzwerkstoffe, Holzkohle, Zellstoff, getränkt für Schwellen

Tabelle 3.63 Fortsetzung

	Arten und Merkmale	Eigenschaften	Verwendung
Laubhölzer LH			
Ahorn AH – DIN Bergahorn ACDS – EN Feldahorn ACCK –EN	Spitz-, Feld-, Silber-, Zucker-, **Bergahorn** (Vogelaugenahorn); bis 30 m hoch, stattlich Rinde glatt, graubraun, im Alter abblätternd; Blatt einfach, langgestielt, lappig und gefingert; Blüten traubenförmig, ein- oder zweihäusig; doppelte Flügelfrucht, in der Mitte der Samen (Nüsschen)	$\varrho_R = 0{,}61$; Berg- und Spitz-A. Splintholzbäume, Feld-A. Reifholzbaum; weiß bis rötlich-weiß, glänzend, feinporig, zerstreut sehr fest, mäßig hart, zäh, wenig Schwund, Rissneigung; sehr gut zu bearbeiten, zudrechsen, zu biegen, zu beizen und zu färben; nicht witterungsfest, anfällig gegen Pilze und Insekten	Berg- und Spitz-A. für Möbel und Innenausbau, Sportartikel, Musikinstrumente, Haushaltsgeräte, wertvolles Furnierholz Riegel-A. mit wellig, wimmrig verlaufenden Fasern
Eiche EI – DIN OCXE – EN Roteiche EIR – DIN OCXR – EN	**Stiel- oder Sommereiche**, Stein-, Trauben- oder Wintereiche, Rot-, Weiß-, Korkeiche; unser mächtigster und wertvollster LB; Alter oft bis 500, manchmal bis 1.000 Jahre, Nutzholzreife 200 Jahre im Bestand schlanker, astreiner Stamm, im Freistand knorriger Stamm mit breiter Krone Rinde stark borkig; Blatt einfach, lappig oder keilförmig gezahnt; Blüten einhäusig; Frucht Eicheln	$\varrho_R = 0{,}70$; Kernholzbaum; ringporig (Poren im Querschnitt als Löcher längs als ritzartige Vertiefungen sichtbar); helle Markstrahlen (im Längsschnitt als Spiegel, im Hirnholz als radiale Linien sichtbar), Kern bräunlich, Splint gelblichweiß; stark gerbsäurehaltig fest, hart, dauerhaft, schwer, mäßiger Schwund; gut zu bearbeiten, zu drechseln und zu biegen; Splint sehr anfällig gegen Schädlinge und nicht wetterfest, daher als Nutzholz nur begrenzt tauglich	Bauholz, Innenausbau, Möbel, Fenster, Türen, Parkett, Holzpflaster, Sperrholz, Furnier Mooreiche (dunkel bis schwarz) für wertvolle Möbel und Innenausbau Brücken- und Wasserbau
Esche ES – DIN FXEX – EN	**Gemeine Esche**, Ungarische Esche; bis 40 m hoch, schlank, astfrei Rinde dick, leicht borkig; Blatt bis zu 15 Fiederblätter am Stiel; Flügelfrucht mit länglichem Samen (Nüsse)	$\varrho_R = 0{,}62$; Kernholzbaum, ringporig; Kern hellbraun, dunkelt nach; Splint breit und weißlich fest, hart, besonders zäh und elastisch, schwer, langfaserig, starker Schwund, Rissneigung; gut zu bearbeiten, zu drechseln und zu biegen, schwer zu beizen; wenig witterungsbeständig, anfällig gegen tierische Schädlinge	Möbel- und Innenausbau, Turn- und Sportgeräte, Werkzeugstiele und -hefte, Hobel, Holzhammer wegen dekorativer Fladerung beliebtes Furnierholz
Ulme, Rüster RU – DIN ULMI – EN	Berg-, Flatter-, **Feldulme**; bis 30 m hoch und 400 Jahre alt, im Bestand astfrei Rinde dick und rissig (gefurcht), im Alter dunkelbraun; Blatt einfach, meist doppelt gesägt mit schiefem, ungleichem Rand; Blütenzwittrig mit dünnem, glockenförmigem Kelch; Flügelfrucht länglich oder abgerundet	$\varrho_R = 0{,}65$; Kernreifholzbaum, ringporig; Kern schokoladenbraun, Splint schmal, gelblichweiß; Reifholz mit grünlichen Streifen fest, hart, mäßig schwer, wenig Schwund, schwer spaltbar; neigt zum Werfen und Reißen; gut zu nageln, schrauben, drechseln, biegen, beizen und polieren; nicht witterungsbeständig, anfällig gegen tierische Schädlinge	Möbel, Innenausbau, Treppen, Parkett, Sportgeräte, Modellbau, Furnier, Drechslerarbeiten

3.5 Holzarten und ihre Bestimmung

Tabelle 3.63 Fortsetzung

	Arten und Merkmale	Eigenschaften	Verwendung
Laubhölzer LH			
Birke Bi – DIN BTXX – EN	Weißbirke, bis 100 Jahre alt, 20 m hoch Rinde braun, später weiß, im Alter borkig und schwarz; Blatt wechselständig, dreieckig klein, zugespitzt und doppelt gesägt; Kätzchen im Alter hängend, Flügelnüsschen, gelbbraun	$\varrho_R = 0{,}65$; Splintholzbaum, zerstreutporig, weißlich bis blassrötlichgelb; Fasern oft wellig und unregelmäßig (geflammt) fest, hart, zäh und elastisch, geringer Schwund, Werf- und Rissneigung; gut zu bearbeiten, zu beizen und zu polieren; nicht witterungsbeständig, sehr pilz- und insektenanfällig	Stühle und Tische, Drechslerarbeiten, vor allem Sperrholz und Furnier (bes. wertvoll Maserbirke und geflammte Birke), ferner für Instrumente, Fässer, Haarwasser, Kaminholz
Birnbaum BB – DIN PYCM – EN	kleine Bäume bis 15 m Höhe und geringen Durchmessern Rinde graubraun und rissig; Blätter wechselständig, ei- bis herzförmig gesägt und lang gestielt; Kernfrüchte	$\varrho_R = 0{,}72$; Reifholzbaum, zerstreutporig, blassgrau bis rötlichbraun; undeutliche Jahresringe, feine Spiegel, oft Markflecken, häufig geflammt fest, hart, oft spröde (Rissneigung), ziemlich schwer; gut zu bearbeiten, beiz- und polierbar; nicht witterungsbeständig, anfällig gegen Insekten	Möbel- und Innenausbau, Furniere (geflammte Furniere besonders wertvoll), daneben Werkzeuge, Drechsler- und Schnitzarbeiten, Musikinstrumente, Zeichengeräte
Erle ER – DIN Schwarzerle ALGL – EN Grauerle ALIN – EN	Schwarz-, Rot-, Weiß-, Grünerle; bis 30 m hoch, gerader langer Stamm Rinde glatt und grünlichbraun, später schwarzbraun und rissig; Blatt einfach, wechselständig, rundlich und doppelt gezähnt; eiförmige, im Alter schwarze holzige Zäpfchen, gestielt	$\varrho_R = 0{,}55$; Splintholzbaum mit rötlichweißer bis oranger Färbung, nachdunkelnd; zerstreutporig, Jahresringe verschieden breit und undeutlich, oft Markflecken- leicht, weich und biegsam, mäßiger Schwund, leicht spaltbar, gutes Stehvermögen; gut zu bearbeiten, beiz- und polierbar; nicht witterungsfest	Möbel- und Stuhlbau, Musikinstrumente, Holzschuhe, Bleistifte, Schnitzarbeiten, als Schälfurnier für Sperrholz, gefärbt als Imitationsholz für Ebenholz, Nussbaum u.a.
Hain-, Weißbuche HB – DIN CPBT – EN	Hagebuche, Hornbaum; geringe bis mittlere Größe (i.M. 20 m), selten im Reinbestand; Stamm oft krumm und spannrückig; langsam wachsend Rinde hellgrau, glatt und wellig; Blatt einfach, wechselständig und eiförmig, doppelt gesägt; einsamige Nüsschen, hartschalig, Fruchtkätzchen an einer Triebspitze	$\varrho_R = 0{,}86$; Splintholzbaum, zerstreutporig; Kern und Splint gelblich- bis grauweiß; Jahresringe, Gefäße, Markstrahlen undeutlich oder kaum sichtbar fest, sehr hart, zäh, elastisch, schwer; neigt zum Schwinden, Werfen und Reißen; gut zu bearbeiten, aber schwer zu nageln, zu hobeln und zu sägen; gut beiz- und polierbar; pilzanfällig	stark beanspruchte Stühle, Parkett, ferner Furnier und Drechslerarbeiten, Turngeräte, Werkzeuge, Kaminholz mit großem Heizwert

Tabelle 3.63 Fortsetzung

Laubhölzer LH	Arten und Merkmale	Eigenschaften	Verwendung
Kirschbaum KB – DIN PRAV – EN	Süßkirsche, Traubenkirsche; kleiner Baum bis 25 m hoch. Rinde glatt und graubraun, löst sich in Querbändern ringförmig ab; Blatt einfach, wechselständig, länglich-eiförmig mit doppelt gesägtem Rand; kugelige Steinfrucht	$\varrho_R = 0{,}60$; Kernholzbaum, halb-ringporig mit rötlichweißem Splint und gelblichbraunem Kern; deutliche Jahresringgrenzen, Markstrahlen als glänzende Spiegel sichtbar. Mäßig hart, fest und schwer, feinfaserig und biegsam, schwindet wenig; gut zu bearbeiten, beiz- und polierbar; nicht witterungsfest, anfällig gegen Pilze und Insekten	Furnier oder Vollholz im Möbel- und Innenausbau. Dekoratives, oft geflammtes oder gestreiftes Furnier. Schnitz- und Drechslerarbeiten, Musikinstrumente, Kunstgewerbe
Linde LI – DIN TIXX – EN	Winterlinde (Steinlinde), Sommerlinde (Frühlinde); bis 30 m hoch, im Freistand mit dichter Krone und dickem, kurzem Stamm. Rinde glatt und grau, später längsrissig und graugrün; Blatt einfach, wechselständig, herzförmig mit gezähntem Rand; Winterlinde klein-, Sommerlinde großblättrig; kantige Nüsschen, einsamig	$\varrho_R = 0{,}55$; Reifholzbaum, zerstreutporig mit weißlicher bis rötlichgelber Färbung, Jahresringe undeutlich, Markstrahlen gut sichtbar. Leicht, weich und zäh, schwindet wenig, trocknet schnell; gut zu bearbeiten, zu biegen und zu spalten; nicht dauerhaft, sehr anfällig gegen Pilz- und Insektenbefall	Holzwerkstoffe, Blindholz, Reißbretter, Schnitzholz, Holzschuhe, Streichhölzer, Spielwaren, Instrumentenbau für Holzwolle und Zeichenkohle, Blüten als Teegetränk
Nussbaum NB – DIN JGRG – EN	Walnussbaum, französischer, italienischer oder amerikanischer Nussbaum (NBA); bis 30 m hoch, große reichbelaubte Krone. Rinde glatt, hell, später tief längsrissig, braun; Blatt zusammengesetzt, wechselständig, langgestielt, länglicheiförmig; kugelige Steinfrucht, einsamig	$\varrho_R = 0{,}65$ bis $0{,}75$; Kernholzbaum, zerstreutporig; Splint hellgrau, Kern matt- bis dunkelbraun je nach Herkunft; Markstrahlen als Spiegel deutlich sichtbar; oft gestreift oder gerieglet. Mäßig hart, fest, zäh und biegsam, schwindet mäßig, sehr dauerhaft; gut zu bearbeiten, beiz- und polierbar	Dekoratives Furnier- oder Vollholz für Möbel- und Innenausbau (bes. wertvoll Furnier aus Maserknollen oder Wurzelstöcken), Drechslerarbeiten, Musikinstrumente, Kunstgegenstände
Pappel PA – DIN POTL – EN	Schwarz-, Silber-, Pyramiden-, Zitterpappel (Espe); bei günstigen Bedingungen bis 50 m hoch, vollholzig, wächst schnell. Borke stark rissig, grau- bis schwarzbraun; Blatt einfach, wechselständig, langgestielt und bewimpert, nahezu dreieckig; kleine, nach der Reife aufspringende Kapseln	$\varrho_R = 0{,}45$ bis $0{,}56$; Kernholzbaum mit weißlichem Splint und hellbraunem bis graubraunem Kern; Jahresringe deutlich, Markstrahlen kaum sichtbar; Zitterpappel = Splintholzbaum. Leicht, sehr weich und poröse, gutes Stehvermögen, mäßiger Schwund; Kern weniger dauerhaft als Splint; nicht witterungsfest	Furnier (Maserfurnier der Schwarzpappel), Holzwerkstoffe, Blindholz, Reißbretter, Streichhölzer, Verpackungen, Kistenbau, Schnittholz, Papierholz

3.5 Holzarten und ihre Bestimmung

Tabelle 3.64 Wichtige außereuropäische Hölzer

Name und Kurzzeichen nach DIN 4076	Herkunft, Merkmale und Eigenschaften	Verwendung
Nadelhölzer NH		
Abachi ABA – DIN TRSC – EN	Afrika, $\varrho_R = 0{,}47$; weißgrau bis blassgelb; zerstreutporig, Markstrahlen als Spiegel sichtbar weich, fest, gutes Stehvermögen, geringer Schwund; gut zu bearbeiten; anfällig gegen Insekten	Absperr- und Blindfurnier, Verpackungen, Modell- und Instrumentenbau, Türfutter und -bekleidungen
Afrormosia AFR – DIN DKEL – EN	Afrika, $\varrho_R = 0{,}76$; Kernholzbaum; Splint weißlich bis hellgrau, Kern gelblichbraun, nachdunkelnd; zerstreutporig dicht, fest, gutes Stehvermögen; korrosionsgefährdet	Innenausbau, Fenster, Parkett
Brasilkiefer, Parana Pine PAP – DIN (Brasilianische Arancarie)	Lateinamerika, $\varrho_R = 0{,}55$; Kernholzbaum; Splint gelblichgrau, Kern gelblich bis hellbraun; seidiger Glanz, schlicht strukturiert mit kleinen dunklen Spiegeln dicht, mäßig fest, hart, geringes Stehvermögen, Schwund mäßig bis stark, keine Harzkanäle; gut zu bearbeiten, guter Anstrichträger; gering witterungsbeständig	Innenausbau, Fußböden, Schälfurnier für Sperrholz
Hemlock, Schierlingstanne HEL – DIN TSHT – EN	Nordamerika, $\varrho_R = 0{,}51$; Splint schmal, gelblichgrau, Kern kaum dunkler, nachdunkelnd bei Licht; deutliche Jahresringgrenzen feinjährig, weich, gutes Stehvermögen, mäßig schwindend, harzfrei; gut zu bearbeiten, zu beizen und zu lackieren; nicht witterungsfest	Innenausbau, besonders Saunabau, Blind- und Rahmenholz
Pitch Pine PIP – DIN PHCR – EN	Nordamerika, $\varrho_R = 0{,}71$; überwiegend Kernholz verschiedener Kiefernarten; gelblichbraun bis braun mittelschwer, fest, hart, ziemlich gutes Stehvermögen; gut zu bearbeiten; weitgehend säurefest, wenig witterungsbeständig	chemische Industrie, Schiffsbau, Fenster, Tore, Fußböden
Redwood, Sequoia RWK – DIN SESM – EN	Nordamerika, $\varrho_R = 0{,}45$; Splint schmal, weiß- bis gelblichgrau; Kern rötlich bis violett, nachdunkelnd; deutliche Jahresringgrenzen, gleichmäßig strukturiert weich, leicht, gutes Stehvermögen, harzfrei, gut wärmedämmend; gut zu bearbeiten und in der Oberfläche zu behandeln; schwer entflammbar; witterungs-, pilz- und insektenfest	außen für Fenster und Verkleidungen, Innenausbau, Wand- und Deckenverkleidungen, Verpackungen, Instrumentenbau, Masten, Schwellen
Red Pine PIR – DIN PNRS – EN	Lateinamerika, ϱ_R stark schwankend; Splintholz verschiedener Kiefernarten; gelblichweiß bis blassbraun, deutliche Jahresringgrenzen. Weiteres s. Pitch Pine	Innenausbau
Red Cedar Western RCW – DIN THPL – EN	Nordamerika, $\varrho_R = 0{,}44$; Splint schmal, weiß mit graubraunen Streifen; Kern gelblichbraun bis dunkelbraun, mattglänzend, nachdunkelnd; klare Zuwachszonen, manchmal welliger Jahresringverlauf, zederartig riechend weich, leicht, mäßig bis stark schwindend, harzfrei, gutes Stehvermögen, gute Wärmedämmung; gut zu bearbeiten und in der Oberfläche zu behandeln; witterungs-, pilz- und insektenfest	außen für Wandverkleidungen, Tore, Fensterläden Innenausbau, Wand- und Deckenverkleidungen

Tabelle 3.64 Fortsetzung

Name und Kurzzeichen nach DIN 4076	Herkunft, Merkmale und Eigenschaften	Verwendung
Nadelhölzer NH		
Weymouthskiefer, Strobe KIW – DIN PNST – EN	Nordamerika, Europa, ϱ_R = 0,40; Splint gelblich-weiß; Kern gelbbraun, stark nachdunkelnd; großporig mit breiten Jahresringen	Rollläden, Schindeln, Kisten, Zündhölzer
Yellow Pine	weich, leicht, gutes Stehvermögen, stark harzhaltig, wenig Schwund; gut zu bearbeiten, aber schwierige Oberflächenbehandlung (Harzgehalt); anfällig gegen Pilz- und Insektenbefall	Blindholz, Papierholz, Holzwolle
Laubhölzer LH		
Afzelia AFZ – DIN PKEL – EN	Afrika, ϱ_R = 0,76; Kernholzbaum; Splint gelblich-grau, Kern gelb bis hellbraun, nachdunkelnd; zerstreutporig mit großen, sichtbaren Poren hart, sehr fest, spröde, geringer Schwund, sehr gutes Stehvermögen; witterungsbeständig	Fenster, Zäune, Parkett, Treppen, Arbeitstische
Balsa, Leichtholz BAL – DIN OHLG – EN	Lateinamerika, ϱ_R = 0,16 bis 0,25; weißlich bis rötlich; zerstreutporig mit großen, sichtbaren Poren und Markstrahlen als Spiegel sehr leicht und weich, gutes Stehvermögen, geringer Schwund, hohe Wärmeleitzahl; nicht witterungsfest, anfällig gegen Pilzbefall	Modellbau, Schwimmkörper, Isolierungen, Verpackungen, Korkersatz
Ebenholz Afrika: Msambu Asien: Makassar EBE-EBM – DIN DSXX-DSCL – EN	Afrika, Ostasien, ϱ_R = 1,05; Splint breit, blass-rötlich, Kern dunkelbraun bis schwarz; Gefäße nicht sichtbar, Markstrahlen nur im Splint erkennbar; Faserverlauf unregelmäßig; Makassar auffällig glänzend sehr hart und fest, aber spröde – neigt zum Reißen und Splittern; nur Kernholz als Nutzholz verwertbar; witterungsfest **Vorsicht: Schleifstaub ist gesundheitsschädigend!**	wertvolles Möbelholz, Kunstgegenstände, Instrumentenbau
Framire FRA – DIN	Afrika ϱ_R = 0,56; Kern blassgelb bis hellbraun, nachdunkelnd; Splint etwas heller, leicht glänzend; zerstreutporig, Zuwachszonen deutlich sichtbar, Markstrahlen als Spiegel erkennbar weich, fest, gutes Stehvermögen, schwindet mäßig, reißt wenig; guter Anstrichträger	Möbelbau, Treppen, Parkett, als Limba- oder Eichenersatz, Schälfurnier für Plattenwerkstoffe
Ilomba ILO – DIN PXAN – EN	Afrika, ϱ_R = 0,52; durchgehende, gleichmäßige Farbe, anfangs hellrosa, später gelblichbraun; zerstreutporig, Markstrahlen als Spiegel, regelmäßiger Faserverlauf, gleichmäßig strukturiert leicht, weich, mäßig schwindend; gut zu bearbeiten, guter Anstrichträger; pilz- und insektenanfällig	Schälfurnier für Sperrholz, Vollholz für Leisten
Iroko Kambala IRO – DIN (Koto) MIXX – EN	Afrika, ϱ_R = 0,68; Splint schmal, gelblichgrau, Kern grüngelb bis hellbraun, nachdunkelnd; zerstreutporig mit deutlichen Poren schwer, fest, mäßig schwindend, gutes Stehvermögen, dauerhaft; gut zu bearbeiten; nicht anfällig gegen Pilze und Insekten	Fenster, Außentüren und Außentore, Parkett

3.5 Holzarten und ihre Bestimmung

Tabelle 3.64 Fortsetzung

Name und Kurzzeichen nach DIN 4076	Herkunft, Merkmale und Eigenschaften	Verwendung
Laubhölzer LH		
Limba LMB – DIN TIXX – EN	Afrika ϱ_R = 0,56; durchgehend hellgelblich (helles Limba); zerstreutporig mit deutlichen Poren mäßig hart und schwer, mäßiger Schwund; gut zu bearbeiten, zu beizen und zu polieren; anfällig gegen Pilz- und Insektenbefall	Schälfurnier für Sperrholz, Türen, Büro- und Schulmöbel
Makore MAC – DIN TGHC – EN	Afrika, ϱ_R = 0,68; Splint graurosa, Kern hellrot bis rotbraun; zerstreutporig mit deutlichen Poren, häufig Faserabweichungen mäßig hart, sehr biegefest und elastisch, mäßig schwindend, gutes Stehvermögen; vielseitige Oberflächenbehandlung; witterungsfest **Achtung: Schleifstaub reizt die Atemwege!**	Möbel- und Innenausbau, Sperrholz, Treppen, Parkett
Mahagoni Amerikanisches = echtes M. MAE – DIN KHXX – EN	Lateinamerika, ϱ_R = 0,60; Splint schmal, hellgrau, Kern rotbraun, nachdunkelnd; zerstreutporig mit deutlichen Poren mäßig leicht, hart, wenig Schwund, überdurchschnittliches Stehvermögen; gut zu bearbeiten und in der Oberfläche zu behandeln; witterungsfest	hochwertiges Holz für Möbel- und Innenausbau, Fenster, Türen, Schiffsbau
Mansonia, Bete MAN – DIN MAAL – EN	Afrika, ϱ_R = 0,68; Splint schmal, weißgrau, Kern dunkelgraubraun, verblasst bei Lichteinwirkung; zerstreutporig, gleichmäßig strukturiert mäßig hart, gering schwindend, gutes Stehvermögen, mäßig schwer; gut zu bearbeiten; gering anfällig gegen Schädlinge **Achtung: Schleifstaub reizt die Atemwege!**	Möbel- und Innenausbau, Sitzmöbel, Parkett
Meranti – Light Red M. – Dark Red M. – White M. – Yellow M. MEG-MER-MEW – DIN SHDR – EN	Asien, ϱ_R = 0,47 bis 0,80; Splint schmal, gelblich bis grauweiß, nur bei Dark Red M. deutlich vom Kern abgesetzt; Kern gelblich bis rötlichbraun Stehvermögen befriedigend, geringe Dauerhaftigkeit, Dark Red M. harzhaltig; gute Oberflächenbehandlung, gut zu bearbeiten; gering witterungsfest	Dark Red M. und Light Red M. für Fenster White M. und Yellow M. für Sperrholz
Okoumé, Gabun OKU – DIN AUKL – EN	Afrika, ϱ_R = 0,46; Splint graurosa, Kern blassrosa, später dunkelrosa bis rötlichbraun wenig fest, weich, elastisch; gut zu bearbeiten und in der Oberfläche zu behandeln; wenig witterungsfest	Innenverkleidungen, Rückwände, Sperrholzerzeugnisse
Padouk PAF – DIN PTXX – EN	Afrika, ϱ_R = 0,80; Splint weißlichgelb, Kern purpurrot, nachdunkelnd; zerstreutporig mit deutlichen Poren hart, schlagfest und elastisch, dicht, schwer, gutes Stehvermögen; gut zu bearbeiten	für anspruchsvollen Innenausbau, Parkett, Sitzmöbel, Instrumentenbau
Palisander – Ostindisch POS – DIN DLLT – EN – Rio PRO DLNG – EN	Asien, Lateinamerika, ϱ_R = 0,87 bis 0,95; POS: Splint gelblich, Kern dunkelbraun bis violett mit dunklen Farbstreifen; PRO: Splint weißlich, Kern schokoladenbraun, schwarz gestreift; riecht süßlich alle sehr hart und fest, schwer spaltbar, gering schwindend; gut zu bearbeiten, aber schwierige Oberflächenbehandlung (PRO harzhaltig)	dekoratives Holz für Innenausbau und Stilmöbel, Drechsler- und Schnitzarbeiten, Instrumentenbau

Tabelle 3.64 Fortsetzung

Name und Kurzzeichen nach DIN 4076	Herkunft, Merkmale und Eigenschaften	Verwendung
Laubhölzer LH		
Pockholz POH – DIN	Lateinamerika, Asien, ϱ_R = 1,23; Splint schmal, hellgelb, Kern braun bis olivbraun, oft ins grünliche nachfärbend; zerstreutporig sehr schwer und hart, stark schwindend, mäßiges Stehvermögen, sehr dauerhaft, harzhaltig; schwer zu bearbeiten; säurefest	Vollholz für Maschinenlager, Schraubenwellen, Zahnräder, Hämmer, Hobelsohlen
Ramin RAM – DIN GYBN – EN	Ostasien, ϱ_R = 0,65; Splint schmal, gelblich, Kern blassgelblich; zerstreutporig, schlicht mit schmalen Spiegeln mäßig schwer und hart, gering schwindend; gut zu bearbeiten und zu beizen; bläuegefährdet	Leisten, Bretter, Rundstäbe, Schäl- und Messerfurnier, Möbelbau
Sapeli, S.-Mahagoni MAS – DIN ENCY – EN	Afrika, ϱ_R = 0,65; Splint hellgrau bis blassgelb, Kern rosa, später rotbraun nachdunkelnd; zerstreutporig; wegen häufigen Wechseldrehwuchses gerade verlaufende Glanzstreifen im Längsschnitt, dadurch Zeichnungen wie Pommelé, Frisé, Moiré mäßig schwer, hart und fest, mäßig schwindend, gutes Stehvermögen; sehr gute Oberflächenbehandlung	Innenausbau, Treppen, Parkett, Fenster
Sen SEN – DIN	Ostasien, ϱ_R = 0,52; Splint schmal, weißlich bis gelblichbraun, Kern graugelb bis blassbraun; ringporig mit deutlichen Poren, glänzend mäßig leicht, fest und zäh, elastisch, nicht sehr dauerhaft, mäßiger Schwund, gutes Stehvermögen; gute Oberflächenbehandlung	Messerfurnier im Möbelbau, Paneele, Vertäfelungen
Sipo, Utile, S.-Mahagoni MAU – DIN ENUT – EN	Afrika, ϱ_R = 0,66; Splint schmal, hellgrau, Kern hellrosa-braun, später dunkelbraun; oft Glanzstreifen durch Wechseldrehwuchs mäßig hart, gutes Stehvermögen; gut zu bearbeiten und zu polieren; widerstandsfähig gegen Pilze und Insekten	außen als Fenster, Türen und Bretterungen Möbel- und Innenausbau
Teak TEK – DIN TEGR – EN	Ostasien, ϱ_R = 0,75; Splint schmal, gelblichweiß, Kern dunkelbraun, nachdunkelnd; von schwarzen Adern durchzogen, ölig/wachsig glänzend; ringporig mit deutlichen Poren mäßig schwer, hart und fest, gering schwindend, sehr gutes Stehvermögen, fettig-wachsig, kautschukhaltig; gut zu bearbeiten, Oberflächenbehandlung mit Spezialmitteln	anspruchsvoller Möbel- und Innenausbau, Fenster, Fußböden, Sitzmöbel, Kunstgewerbe
Wenge WEN – DIN MTLR – EN	Afrika, ϱ_R = 0,86; Splint schmal, gelblichweiß, Kern braun, braunschwarz nachdunkelnd; matt glänzend, zerstreutporig schwer, gering schwindend, gutes Stehvermögen, dauerhaft; gut zu bearbeiten, Oberflächenbehandlung schwierig; witterungsfest	dekoratives Holz für Möbel- und Innenausbau, Parkett, Treppen, Fenster, Türen
Zebrano, Zingana ZIN – DIN MBXX – EN	Afrika, ϱ_R = 0,80; Splint weiß, Kern dunkelbraun mit olivbraunen, matt glänzenden Streifen; zerstreutporig mittelhart, fest und elastisch, schwer spaltbar; gut beizbar und polierbar, Splint nicht als Nutzholz verwendbar; witterungs- und insektenfest	Möbel- und Innenausbau, Teak- und Nussbaumersatz, Kunstgewerbe

3.5.2 Bestimmen von Holzarten

> **Arbeitsauftrag Nr. 13 Lernfeld TI, HM 1**
> - Es liegt ein Brettstück einer inländischen Holzart mit folgenden Merkmalen vor:
>   Farbe: zweifarbig; breiter, brauner Kern; schmaler, gelblich-weißer Splint
>   Zeichnung: Jahresringe deutlich sichtbar, Poren groß und ringförmig angeordnet
>   Spiegel: sichtbar
>   Harzgänge: nicht vorhanden
>   Geruch: leicht säuerlich, herb
>   Härte: mit dem Fingernagel nicht einzuritzen
>   Gewicht: schwer
>   Poren: grobporig
>   Bestimmen Sie die Holzart, indem Sie den nachfolgenden Text zielgerichtet lesen. Erläutern Sie Ihre Entscheidung vor der Klasse.
> - Erstellen Sie eine neue Aufgabenstellung. Lassen Sie diese von Ihren Mitschülern erarbeiten und erläutern. Nehmen Sie gegebenenfalls Korrekturen vor und begründen Sie diese unter Einbeziehung von Holzproben des jeweiligen Holzes.

Jede Holzart hat eine Reihe besonderer, ihr eigener Erkennungsmerkmale. Diese Artmerkmale ermöglichen es dem Fachmann in der Regel, die Hölzer zu bestimmen. Bei der Fülle der von uns verarbeiteten und zu verarbeitenden Holzarten werden wir dabei immer wieder „auf die Probe" gestellt. Um die Frage „Welches Holz ist es?" zu beantworten, müssen Sie intensiv und ständig die verschiedenen Merkmale beobachten und sich einprägen. Anfangs ist das „echt schwierig". Mit der Zeit und Übung wird es immer leichter, und schließlich macht es sogar Spaß.

Bei den einheimischen Stämmen wird die Artbestimmung erleichtert durch die Baumgestalt Rinde, Blätter, Blüten und Früchte. Schwieriger wird es bei eingeschnittenem Holz und den zahlreichen überseeischen Hölzern. Farbe, Geruch, Zeichnung, Harzgehalt, Gewicht, Härte und Spaltbarkeit bilden hier wichtige Anhaltspunkte. Zur völlig eindeutigen Bestimmung dient das Mikroskop. Doch hat nicht jeder Praktiker ein Mikroskop, speziell angefertigte Dünnschnitte und Bestimmungsschlüssel.

Für das Holzbild ist die Porigkeit des Holzes von großer Bedeutung. Sie beeinflusst das Aussehen und die Oberflächenstruktur. Bei Laubhölzern sind die Poren als mehr oder weniger große Punkte zu erkennen. Bei Nadelhölzern ist der Zellaufbau einfach und regelmäßig. Einer Unterscheidung der Porenanordnung ist auf dem Querschnitt nicht anzutreffen.

Bei Laubhölzern ist nach Porengröße und Porenlage in grob- oder feinporige Hölzer zu unterscheiden. Die Leitzellen sind bei grobporigen Hölzern gut mit bloßem Auge zu erkennen. Für das Erkennen von Leitzellen feinporiger Hölzer benötigt man eine Lupe oder ein Mikroskop.

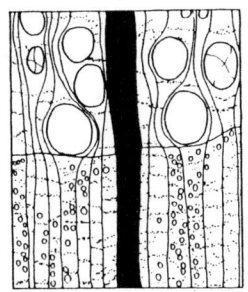 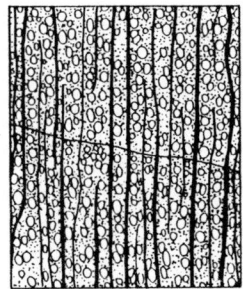

Eiche, grob- und ringporig

Birnbaum, fein- und zerstreutporig

Bild 3.65: Der Einfluss der Porigkeit auf das Holzbild

Sind die Poren gleichmäßig über den gesamten Querschnitt verteilt, werden diese Hölzer als *zerstreutporig* bezeichnet. Bei ringförmiger Anordnung der Poren spricht man von *ringporigen* Hölzern. Weisen die Hölzer beide Eigenschaften auf, wird dies als ring- *zerstreutporig* bezeichnet (3.65).

Für eine geschlossenporige Oberflächenbehandlung eignen sich aufgrund ihrer gleichmäßigen und dichten Struktur fein- und ringporige Hölzer.

Durch geeignete Oberflächenbehandlung kann der Charakter grobporiger Hölzer besonders hervor gehoben werden. Die als große Vertiefungen auftretenden Poren bei Eiche werden durch das Kalken noch deutlicher. Die Tabelle **3.**66 gibt einen Überblick über die Porigkeit verschiedener inländischer Laubhölzer.

Tabelle **3.**67 gibt einen Überblick über die mit bloßem Auge erkennbaren Unterscheidungsmerkmale. Die angeführten Holzarten beschränken sich dabei auf die wichtigsten bereits behandelten einheimischen Hölzer.

Tabelle 3.66: Porigkeit verschiedener Laubhölzer
(Angaben nach DIN 4076; vgl. Europäische Norm EN 13556 in Tabelle 3.63)

Holzart	grobporig	feinporig	ringporig	zerstreutporig
Ahorn (AH)		X		X
Birnbaum (BB)		X		X
Birke (BI)		X		X
Buche (BU)		X		X
Eiche (EI)	X		X	
Esche (ES)	X		X	
Kirschbaum (KB)		X		X
Linde (LI)		X		
Nussbaum (NB)	X			X
Rüster (RU)	X		X	

Tabelle 3.67 Merkmale zur Holzartbestimmung
(Angaben nach DIN 4076; vgl. Europäische Norm EN 13556 in Tabelle 3.63)

am stehenden Baum	am eingeschnittenen Holz
Baumgestalt – wipfelwüchsig (Stamm geht durch bis zur Spitze): FI, TA, KI, DG, LA – besenkronig (Stamm teilt sich schon nach wenigen Metern „besenartig"): EI, ES, RU, AH	**Holzfarbe** – einfarbig (Splint- oder Reifholz): BU, FI, TA, AH – zweifarbig (Kern- oder Kernreifholz): EI, ES, KI, DG, LA, RU
Rinde – glatt: BU, junge AH, TA, FI, DG – schuppig: AH (Berg-AH), FI – borkig: EI, AH (Spitz-, Feld-AH), RU, ES, KI, LA	**Zeichnung** – Jahresringe deutlich: EI, ES, FI, TA, KI, LA, DG – Jahresringe schwach/undeutlich: AH, BU – Poren ringporig → EI, ES, RU, zerstreutporig → AH, BU – Poren nicht vorhanden: FI, KI, LA, TA, DG – Spiegel deutlich: EI, BU, RU, AH – Spiegel undeutlich: ES, FI, TA, KI, LA, DG
Blätter – einfach: EI, AH, BU, RU – mehrfach: ES – genadelt: KI, FI, TA, LA, DG	**Harzgänge** – vorhanden: FI, KI, LA, DG – nicht vorhanden: TA, EI, ES, BU, AH, RU
Blüten und Früchte – Flügelfrüchte: RU, ES, AH – Kapselfrüchte: BU (Bucheckern), EI (Eicheln) – Zapfen: KI, FI, TA, LA, DG	**Geruch** – harzig: FI, KI, LA – säuerlich: EI, TA
	Mechanische Eigenschaften – hart: AH, EI, ES, BU, RU – weich: FI, TA, KI, LA, DG – sehr leicht bis leicht: FI, TA, KI, LA, DG – mittelschwer bis schwer: AH, EI, ES, BU, RU

3.6 Holzschädlinge und Holzschutz

Arbeitsauftrag Nr. 14 Lernfeld TI 10
- Frau Mustermann klagt über Schädlingsbefall in ihrem Haus.
  Sie wünscht eine fachliche Beratung.
  Gründen Sie Experten – Teams und erstellen Sie eine thematische Landkarte zu dem Problemfeld Holzschädlinge.
  Nutzen Sie folgende Strukturhilfe:

  Was wollen wir untersuchen?
  Holzzerstörende Pilze   Holzzerstörende Insekten
  Arten   Entstehung   Folgen

Mithilfe der folgenden Fragen und Aufgaben verschaffen Sie sich eine Planungsübersicht zu diesem komplexen Thema.
1. Welche sinnvolle Aufgabe erfüllen Pilze in Haushalt der Natur?
2. Was ist ein über(be)ständiger Baum?
3. In welche Gruppen teilt man die pflanzlichen Schädlinge ein?
4. Erläutern Sie die Destruktions- und die Korrosionsfäule.
5. Welche Gefahr löst der Baumkrebs aus?
6. Wie vermeiden Sie Lagerfäulen?
7. Woran erkennen Sie Stockigkeit und Rotstreifigkeit?
8. Beschreiben Sie die Wirkung der Bläue.
9. Wo ist der Echte Hausschwamm anzutreffen?
10. Warum ist er so gefährlich?
11. Welche Maßnahmen sind beim Befall mit Echtem Hausschwamm zu treffen?
12. Lagern Sie Kaminholz mit Pilzbefall in Ihrem Keller? Begründen Sie Ihre Antwort.
13. Welche Pilze können an den Fenstern wachsen?
14. In welche Gruppen teilt man die tierischen Schädlinge ein?
15. Welchen Schaden richtet der Kiefernspinner an?
16. Worin besteht der Unterschied zwischen Rindenbrütern und Holzbrütern?
17. Schildern Sie die Entwicklung der Insekten.
18. In welchem Entwicklungsstadium schädigen die Insekten das Holz?
19. Wo findet man den gefährlichen Hausbock:
20. Wie erkennt man Hausbockbefall?
21. Mit welchen Maßnahmen bekämpft man den Hausbock?
22. Woran erkennen Sie den Befall mit Klopfkäfern?
23. Warum lässt sich der Splintholzkäfer-Befall nur schwer feststellen?
24. Wie lange können sich die Larven der Holzwespe im Holz aufhalten?

3.6.1 Holzzerstörende Pilze

Sicher sind Ihnen schon Bäume aufgefallen, die inmitten ihrer begrünten Artgenossen kahl und trostlos dastanden. Dafür gibt es verschiedene Ursachen. Äußere Einwirkungen können den Nährstofftransport unterbunden haben, der Baum kann krank oder überständig (altersschwach) sein. Durch sein langsames Sterben lässt er viele andere Lebewesen gedeihen. Vögel, Insekten und Pilze nisten sich bei ihm ein und ernähren sich von ihm – er zerfällt allmählich, wird zerfressen, abgebaut und zerlegt. In diesem ständigen Kreislauf des Werdens und Vergehens kommt den Pilzen große Bedeutung zu. Machen sie sich jedoch an wirtschaftlich wertvollem, gesundem Holz zu schaffen, werden sie zu Schädlingen, die große Zerstörungen anrichten und daher bekämpft werden müssen.

Pilze sind Schmarotzer. Aus Abschn. 3.2.1 wissen wir, dass der Baum als Pflanze höherer Ordnung seine Aufbaustoffe durch Assimilation erhält: Mithilfe des Sonnenlichts und des Blattgrüns (Chlorophyll) wandelt er anorganische Stoffe in organische um (Zucker, Stärke, Eiweiß). Dagegen gehören die Pilze einer niedrigen Ordnung an. Sie haben kein Chlorophyll und können darum keine körpereigenen Stoffe aufbauen. Stattdessen ernähren sie sich auf parasitäre Weise – sie schmarotzen von den Aufbaustoffen der Bäume. Dabei gedeihen sie um so besser, je feuchter und wärmer es ist. Doch nicht alle Pilze sind Feinde des Baumes. Auch Pilze sind Teil im Ernährungshaushalt der Pflanzen, indem sie organische Stoffe in anorganische umwandeln, die z. B. auch von den Bäumen gebraucht werden. Anzeichen der holzzerstörenden Pilze sind ihre Fruchtkörper und Gewebe (Mycel). Das Mycel besteht aus einer großen Zahl kleinster Keim- oder Pilzfäden, den Hyphen. Sie dringen ins Holz ein und zerstören das feste Gefüge durch Abbau der Inhaltsstoffe oder der Holzsubstanz. Festigkeitsminderung und Farbveränderung am Holz sind die Folgen. Verbreitet werden die Pilze durch unzählige mikroskopisch kleine Keimzellen (Sporen).

Arten. Von den zahlreichen holzzerstörenden Pilzarten sollen hier die für den Tischler wichtigsten Schädlinge behandelt werden.

Stammfäulen am lebenden Baum. Der Tischler verarbeitet ausgesuchtes, gesundes Holz. Trotzdem sind Kenntnisse über die Erreger von Krankheiten am Baum auch für ihn wichtig, denn schadhaftes und ungesundes Holz kann er in der Regel nicht verwenden.

Holzzerstörende Pilze bauen die Zellulose und das Lignin ab, also die Hauptbestandteile des Holzes.

Braunfäule liegt vor, wenn die Zellulose abgebaut wird. Das Kernholz nimmt eine bräunliche bis rötlichbraune Farbe an. Durch das Aufspalten in drei senkrecht zueinander stehende Richtungen wird es „würfelbrüchig" und schließlich völlig zerstört. Da der Pilz die helle Zellulose der Zellwände zerstört, nennt man den Befall auch Destruktionsfäule = Abbaufäule (**3.**68). Verursacher sind u.a. Leberpilz, Fäulepilz und Wurzelschwamm am Nadelholz, Schwefelporling am Laubholz, Echter Hausschwamm u.a. am verbauten Holz.

Bild 3.68 Braunfäule, Kernfäule mit Überwallung

Weißfäule (Korrosionsfäule) entsteht, wenn die Pilze das Lignin abbauen. Die Holzstruktur bleibt dabei erhalten. Durch den Abbau bilden sich Spalten und Löcher im Holz, die mit dem weißlichen bis bräunlichen Mycel des Pilzes ausgefüllt sind.

Holzzerstörende Pilze

am lebenden Baum Stammfäulen	am frei gelagerten Holz Lagerfäulen	am verbauten Holz Hausfäulen
Braunfäule	Stockigkeit	Echter Hausschwamm
Weißfäule	Verfärbungen	Keller- oder Warzenschwamm
Baumkrebs		Blättlinge Weißer Porenschwamm
Astfäule	Bläue (kein Holzzerstörer)	

Gesundes und krankes Holz sind durch dunkle Linien scharf voneinander getrennt (**3.**69). Neben dem Kiefernbaumschwamm sind Zunderschwamm, Buchenschleimrübling und Hallimasch die Hauptverursacher der Weißfäule.

Baumkrebs. Im Bereich aufbrechender Knospen dringt Pilzgeflecht ein und ruft im äußeren Stammbereich (Rinde und Bast) beulenartige Anschwellungen hervor (**3.**70). Der Baum versucht, den Krankheitsherd zu überwallen. Obwohl die Holzsubstanz nicht zersetzt wird, ist der befallene Baum stark gefährdet, denn an den Krebsstellen können leicht andere holzzerstörende Pilze eindringen. Außerdem entzieht der Baumkrebs dem Baum Nährstoffe und kann dadurch Wachstumsstörungen, ja sogar das Absterben des Baumes verursachen.

3.6 Holzschädlinge und Holzschutz

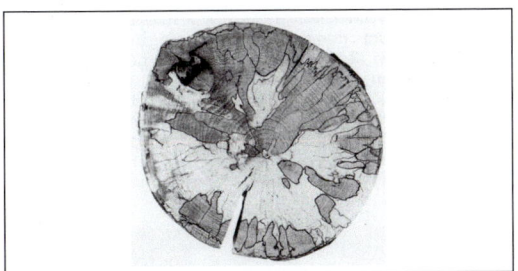

Bild 3.69 Weißfäule (Birke)

Bild 3.70 Baumkrebs

Astfäule. Die Überwallung von Wunden im Bereich abgebrochener Äste geht nur langsam voran. In dieser Zeit können leicht Pilze in den Stamm eindringen und erhebliche Fäulnisschäden verursachen.

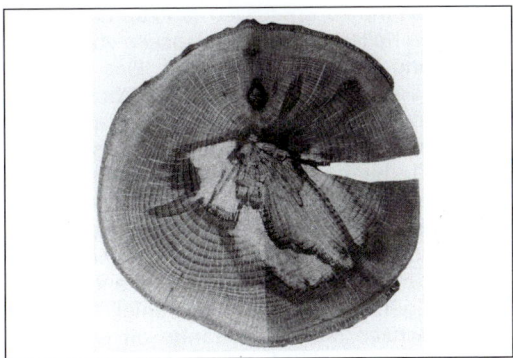

Bild 3.71 Stockigkeit (Buche)

Lagerfäulen und Verfärbungen. Wenn Stämme nach dem Fällen längere Zeit in unmittelbarer Berührung mit dem feuchten Erdreich bleiben, zeigen sie häufig Oberflächenfäulen, Innenfäulen oder Verfärbungen. Als Erreger kommen viele Pilze infrage. Durch raschen Einschnitt gefällter Stämme und sachgemäße luftige Lagerung des Schnittholzes lassen sich Lagerfäulen und Verfärbungen vermeiden.

Stockigkeit ist vorwiegend bei Buchen, Birken, Ulmen und Erlen zu finden. Stockflecken zeigen sich auf den Hirnflächen als weiße, rötliche und bräunliche Verfärbungen (**3.71**).

Bläue tritt vor allem bei frisch gefälltem und unsachgemäß gelagertem Schnittholz auf (**3.72**). Erreger sind die Bläuepilze, die sich sehr schnell vermehren. Sie leben von den Inhaltsstoffen der Zellen nur im Splintbereich, sind also keine Holzzerstörer. Daher ist es nicht richtig, von Blaufäule zu reden. Das dunkel gefärbte Mycel verursacht die Holzverfärbung. Die kleinen oft flaschenförmigen Fruchtkörper durchbrechen und zerstören Lack- und Farbschichten. Bei stärkerem Bläuebefall kann mehr Feuchte in das Holz eindringen und dadurch kann auch unter dem Anstrich Fäulnis entstehen. Verblautes Holz wird nicht im Außenbereich verwendet.

Bild 3.72 Durch Bläue verursachter Anstrichschaden

Hausfäulen am verbauten Holz. Vorwiegend in älteren, oft nur unzureichend gegen Feuchtigkeit abgesperrten Häusern, aber auch bei erhöhter Baufeuchtigkeit in Neubauten bilden sich Schwammarten. Sie mindern nicht nur erheblich den Wohnwert des Gebäudes, sondern beeinträchtigen auch die Gesundheit der Bewohner.

Der echte Hausschwamm ist der gefährlichste dieser holzzerstörenden Pilze. Seine Zerstörungskraft ist besonders groß, der Schaden nur unter erheblichem Aufwand zu reparieren (**3.73a**). Er tritt vorwiegend in Keller- und Erdgeschossen von Altbauten auf und bevorzugt Nadelholz. Das befallene Holz muss restlos ausgebaut und verbrannt werden. Bevor man neues Holz einbaut, muss die Schadensursache beseitigt werden. Meist kündigt sich der Pilz durch modrigen Geruch des Holzes an. An schlecht belüfteten, dunklen Stellen im Haus, wo Holzteile mehr als 20 % Feuchtegehalt haben, findet man das weiße, watteähnliche Pilzgeflecht (3.73a). Auf der Suche nach Holz und anderen zellulosehaltigen Materialien (z. B. Papier, Teppiche, Stroh) wachsen die Mycelstränge oft meterweit. Dabei machen sie auch vor Mauerwerk keinesfalls Halt, sondern durchwachsen Fugen und Ritzen. Durch den Abbau der Zellulose und Zellinhaltsstoffe verliert das Holz seine Tragfähigkeit, wird mürbe und zerfällt würfelartig (brüchig). Im Trockenzustand lässt sich das zerstörte Holz leicht zwischen den Fingern verreiben (3.73b).

Bild 3.74 Brauner Keller- oder Warzenschwamm

Bild 3.73 a) Echter Hausschwamm,
b) Schadenserkennung

> Der Echte Hausschwamm ist der gefährlichste holzzerstörende Pilz. Befallenes Holz muss ausgebaut und verbrannt werden.
>
> Echter Hausschwamm ist in den meisten Bundesländern anzeigepflichtig!

Der Kellerschwamm ist für das verbaute Holz im Haus nicht minder gefährlich als der Hausschwamm (3.74). Jedoch braucht er neben den genannten Wachstumsbedingungen erheblich mehr Feuchtigkeit (30 bis 60 % Holzfeuchte). Sein Vorkommen ist daher meist auf Kellerräume und in Bodennähe verbaute Hölzer beschränkt. Wegen der warzenförmigen Erhebungen auf dem Fruchtkörper nennt man ihn auch *Warzenschwamm*.

Blättlinge sind vorwiegend an Außenbauteilen zu finden. Über 90 % der Schäden an Fenstern werden durch Blättlinge verursacht. Sie bevorzugen feuchtes Holz und können daher Innenbauteile befallen, die häufig Feuchteeinwirkungen unterliegen. Blättlinge vertragen auch hohe Temperaturen und zeitweiliges Austrocknen. Das beige bis braune Mycel wächst nur im Holzinnern, sodass der Befall erst spät erkannt wird. Die Fruchtkörper wachsen leisten- und konsolenförmig aus Holzspalten. In frischem Zustand sind sie dunkelbraun bis schwärzlich. Auffallend sind die deutlich sichtbaren Lamellen (3.75).

Bild 3.75 Charakteristisches Wachstum von Blättlingen aus Trockenrissen

Der Weiße Porenschwamm befällt vorwiegend Nadelholz mit hohem Feuchtegehalt und kommt im Freien als auch im gelagerten oder verbautem Holz vor. Sein weißes Oberflächenmycel wächst eisblumen- oder fächerartig. Auch dieser Pilz ist für die Baumfäule verantwortlich, die zu einer völligen Zerstörung des Holzes führt (3.76).

3.6 Holzschädlinge und Holzschutz

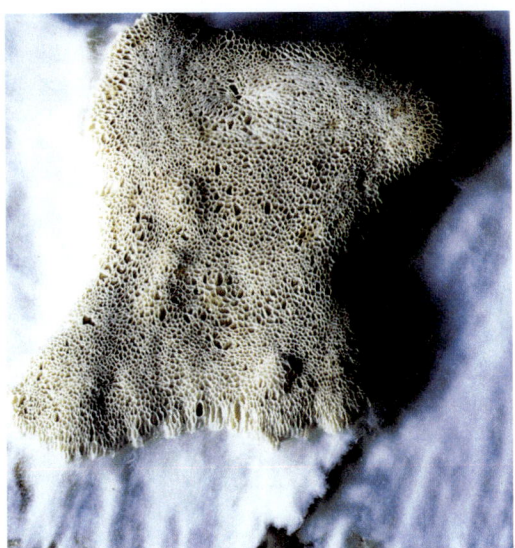

Bild 3.76 Weißer Porenschwamm

3.6.2 Holzzerstörende Insekten

Zu den natürlichen Feinden des Holzes gehören neben den Pilzen auch Insekten und ihre Larven, Säugetiere und Vögel. Ihre Schäden machen Holz für die Weiterverarbeitung in der Schreinerei vielfach unbrauchbar, mindern auf alle Fälle den Gebrauchswert. Zur Vorbeugung, aber auch zum Beseitigen von Schäden sind Kenntnisse über die wichtigsten Schädlinge nötig.

Forstschädlinge

Immer wieder lesen und hören wir von Waldkatastrophen. So erreichten die Sturmschäden zum Jahresbeginn 1990 ein in der Bundesrepublik Deutschland bisher nicht gekanntes Ausmaß. Nach vorsichtigen Schätzungen sind mehr als 30 Mio. m^3 Holz ein Opfer der Stürme geworden. Doch nicht nur diese Großschäden bereiten der Forstwirtschaft Probleme. In jedem Jahr gibt es erhebliche Nutzholzverluste durch Feuer, Schneebruch, Insektenfraß und andere Einflüsse.

Säugetiere, wie Hoch- und Niederwild, beschädigen die Bäume im Bereich der Wachstumsschicht. Die Verletzungen können zum Absterben oder zu Überwallungen der Bäume führen und begünstigen in gefährlichem Maß das Eindringen von holzzerstörenden Pilzen.

Vögel, besonders Spechte, schlagen die Bäume bei der Nahrungssuche im Rindenbereich auf oder bauen tiefe Nistlöcher in den Stamm (3.77). Solche Verletzungen sind häufig Ausgangspunkt für Stammfäulen.

Bild 3.77 Nistloch eines Spechtes

```
                    Tierische Schädlinge
          ┌──────────────────┴──────────────────┐
     am lebenden Baum              am gelagerten oder verbauten Holz
          │                                    │
     Forstschädlinge                   Technisch bedeutsame Schädlinge
          │                                    │
      Säugetiere                          Hausbock
      Vögel                               Gewöhnlicher Nagekäfer
      Insekten                            Splintholzkäfer
                                          Holzwespen
                                          Großer Eichbock
                                          Pappel- und Fichtenbock
```

Insekten und ihre Larven führen durch Kahlfraß oder Fraßgänge zu Wachstumsstörungen am Stamm (s. Abschn. 3.2.3, Verletzung der Haupttriebe → Posthornwuchs, Überwallung). Von den zahlreichen holzzerstörenden Insekten nennen wir die gefährlichsten: Nonne, Kiefernspinner und Borkenkäfer.

Der Kiefernspinner ist ein Falter, dessen Raupen sich von den Nadeln ernähren. Treten sie in größeren Mengen auf, kommt es zum Kahlfraß und damit zum Absterben des Baumes.

Die Nonne, ebenfalls ein Falter, befällt vorwiegend Fichten, aber auch Laubhölzer. Ihre Raupen ernähren sich von den Nadeln bzw. Blättern. Befallene Fichten sterben ab.

Borkenkäfer befallen in der Regel nur erkranktes Holz. Einige Arten dringen ins Holz ein und werden so zu technischen Schädlingen (Holzbrüter). Die meisten Käferarten ernähren sich von der Rinde oder der Bastschicht (Rindenbrüter). Treten sie in großen Mengen auf, können ganze Waldbestände zum Sterben verurteilt sein. Zu diesen Schädlingen gehört der Buchdrucker, der seinen Namen dem eigentümlichen Fraßbild verdankt (**3**.78).

Bild 3.78 Fraßbild eines Buchdruckers

Technisch bedeutsame Schädlinge. Die Bekämpfung der Forstschädlinge ist in erster Linie Aufgabe des Försters. Dagegen hat der Tischler vorwiegend mit Holzschädlingen zu tun, die im gelagerten oder verbauten Holz wirken. Ihre Fraßgänge machen das Holz für viele Verwendungszwecke unbrauchbar oder mindern den Wert der Holzerzeugnisse.

Entwicklungsstadien der Insekten. Da Larven oder Raupen die eigentlichen Holzzerstörer sind, wollen wir die Entwicklung der Insekten betrachten. Aus dem Ei schlüpft die Larve oder die Raupe. Ihr „Appetit" kennt keine Grenzen. In diesem Stadium, das den größten Zeitraum in der Entwicklung zum Vollinsekt einnimmt, zerstören die Larven das Holz, die Raupen machen sich über Nadeln und Blätter her. Erst nach mehreren Jahren verpuppen sich Larve und Raupe. Und schon wenige Wochen später schlüpfen der fertige Käfer oder Falter. Sie verlassen das Holz, erfüllen die Aufgabe der Fortpflanzung und schließen damit den Kreislauf (**3**.79).

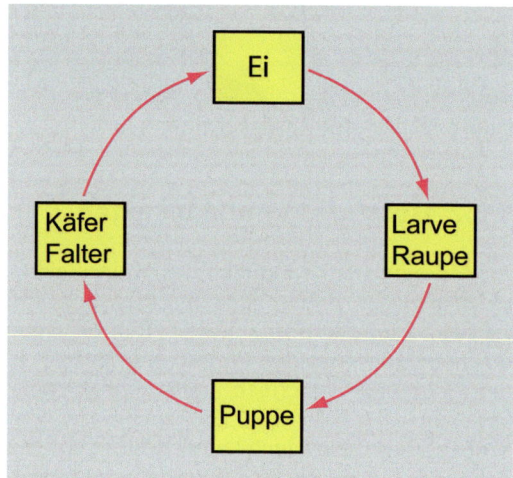

Bild 3.79 Kreislauf der Insektenentwicklung

Der Hausbock ist der gefährlichste Käfer für das verbaute Holz (**3**.80). Seine Larven befallen Nadelhölzer (seltener Laubhölzer) und finden sich daher im Holz der Dachkonstruktion, in Fachwerk, Deckenbalken und oft auch in Fensterrahmen. Meist nimmt man den Befall erst wahr, wenn sich ein Entwicklungskreislauf geschlossen hat. Der ausschlüpfende Käfer hinterlässt auf der Holzoberfläche 4 bis 7 mm große ovale Löcher. Da ein Hausbockweibchen im Durchschnitt 200 Eier legt und die Larven 4 bis 10 Jahre für die Entwicklung im Holz brauchen, ist das Ausmaß der Schäden sehr groß. Zur sicheren Erkennung eines Befalls gehört die Holzuntersuchung: Ein stumpfer Klang beim Anschlagen weist darauf hin, durch

Abbeilen der Kanten werden die Fraßgänge dicht unter der Oberfläche freigelegt.

Statisch nicht mehr tragfähige Bauteile sind auszuwechseln, die Fraßgänge gründlich auszubürsten und sorgfältig mit chemischen Holzschutzmitteln zu behandeln.

Bild 3.80 Hausbock
a) Larve, b) Insekt, c) Schadensbild

Der Hausbock ist der gefährlichste tierische Holzschädling. Befallene Bauteile sind nicht mehr tragfähig und müssen ausgebaut werden.

Der Gewöhnliche Nagekäfer (Anobium punctatum), im Volksmund auch als „Holzwurm" bezeichnet, ist der bekannteste Käfer (3.81). Er befällt verbautes Nadel- und Laubholz, besonders dort, wo höhere Feuchtigkeit und mäßige Temperaturen gegeben sind (also in Kellerräumen und Fußbodennähe, Wandflächen, Museen). Die weiblichen Käfer legen in Holzritzen oder Fluglöchern 20 bis 50 Eier ab, aus denen nach einigen Wochen die Larven schlüpfen, die das Holz bis in den Kern zerstören können. Die Larven leben 2 bis 8 Jahre im Holz. Nach der Verpuppung verlassen die meist bräunlich gefärbten Käfer das Holz durch kreisrunde, schrotschussartige Fluglöcher. Diese Fluglöcher kennen wir von alten Möbeln und Kunstgegenständen her. Häufig treten Anobien auch in Wandverkleidungen, Treppen, Dielen, Holzbalkendecken, an Möbeln und Korbgeflecht auf. Ausgeworfene Bohrmehlhäufchen zeigen oft den lebenden Befall an.

Die Schutzmaßnahmen sind dieselben wie beim Hausbock. Kunstwerke sollten Spezialisten (Restauratoren) behandeln.

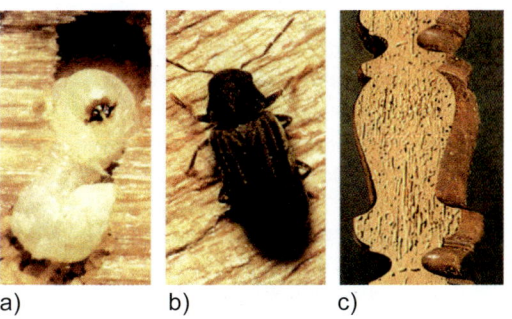

Bild 3.81 Anobien
a) Larve, b) Insekt, c) Schadensbild

Splintholzkäfer. Neben dem Splintholz- oder Parkettkäfer tritt häufig der mit Tropenholz eingeschleppte Braune Splintholzkäfer auf (3.82). Er gefährdet alle Hölzer, die Stärke als Holzspeicherstoff und genügend Eiweiß enthalten. Das ist bei einigen oft verarbeiteten Tropenhölzern der Fall (z. B. Limba und Abachi). Aber auch einheimische Holzarten wie Eiche, Esche, Nussbaum, Rüster sind zumindest im Splintteil anfällig gegen Splintholzkäfer. Nadelhölzer bleiben in der Regel verschont. Das Weibchen legt Dutzende Eier vorwiegend in die Holzporen.

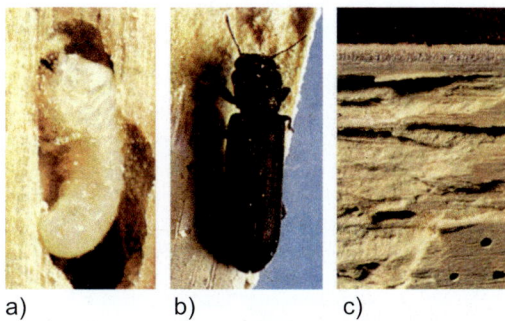

Bild 3.82 Brauner Splintholzkäfer
a) Larve, b) Käfer, c) Schadensbild

Die Larven verstopfen ihre Fraßgänge mit puderfeinem Fraßmehl, so dass ein Befall nur schwer erkennbar ist. Die Entwicklungsdauer der Käfer richtet sich nach dem Nährwert des Holzes und dem Klima; sie kann wenige Monate, aber auch mehrere Jahre betragen. Die Fluglöcher sind kreisrund und haben 1 bis 1,5 mm Durchmesser. Die Käfer sind braun, flach, stäbchenförmig. Sie laufen und fliegen in der Dämmerung. Bekämpft werden sie wie der Hausbock.

Holzwespen befallen das Holz noch im Wald oder im gelagerten Zustand. Verwundete Bäume und frisch entrindetes Nadelholz werden bevorzugt.

Die Larven haben eine Lebensdauer von 2 bis 4 Jahren und beenden ihre Entwicklungszeit nicht selten im schon verbauten Holz (**3**.83). Die geschlüpften Wespen bilden keine Gefahr mehr für das verbaute Holz. Es genügt daher, die etwa 4 bis 7 mm großen Fluglöcher zu verschließen.

a)   b)   c)

Bild 3.83 Holzwespe
a) Larve, b) geschlüpfte Wespe, c) Schadensbild

3.6.3 Holzschutzmaßnahmen

> **Arbeitsauftrag Nr. 15 Lernfeld TI 10**
> - Sie haben mit Ihrem Meister das Haus von Frau Mustermann begutachtet (vgl. Arbeitsauftrag 14) und pflanzlichen Schädlingsbefall im Kellerbereich als auch tierischen Schädlingsbefall im Dachstuhl festgestellt. Welche Holzschutzmaßnahmen können Sie Frau Mustermann empfehlen?
> Erstellen Sie eine thematische Landkarte.
> Nutzen Sie die folgende Strukturhilfe:
>
> *Holzschutz*
>
> | *Vorbeugen* | *Nachbehandeln* | *Bekämpfen* |
> |---|---|---|
> | – Baulich (technisch-konstruktiv) | | |
> | – chemische Maßnahmen | | *chemische Maßnahmen* |
>
> Mithilfe der folgenden Fragen verschaffen Sie sich eine Planungsübersicht zu diesem Thema.
> 1. Was ist unter baulichem Holzschutz zu verstehen?
> 2. Nennen Sie bauliche Maßnahmen zum Feuchteschutz und Brandschutz.
> 3. Welche Grundlagen (Gesetze, Verordnungen u.a.) zum chemischen Holzschutz sind Ihnen bekannt?
> 4. Welche Besonderheiten und Unterschiede kennzeichnen ölige und wasserlösliche Holzschutzmittel?
> 5. Erläutern Sie die Kurzzeichen Iv, P, W und E.
> 6. Welche Holzschutzmittel werden mit dem Prüfzeichen des Deutschen Institutes für Bautechnik ausgezeichnet?
> 7. Welche Verfahren zum Einbringen von Holzschutzmitteln sind Ihnen bekannt? Ergänzen Sie dazu die jeweiligen Eindringtiefen der Schutzmittel in das Holz.
> 8. Welche Forderungen werden an Anstrichmittel für die Behandlung von Holzoberflächen gestellt?
> 9. Nennen Sie Besonderheiten und Unterschiede von Dünn- und Dickschichtlasuren.
> 10. Welche Sonderverfahren des Holzschutzes in Dachstühlen sind Ihnen bekannt?
> 11. Was bedeutet die Angabe F 90?
> 12. Beschreiben Sie das Gefahrensymbol für sehr giftige Schutzmittel.
> 13. Welche Regeln für den Umgang mit Holzschutzmitteln kennen Sie?

Holz unterscheidet sich durch seine Schönheit, Dauerhaftigkeit gute Bearbeitbarkeit, hohe Festigkeit u.a.m. von vielen anderen Werkstoffen., Diese Vorzüge bleiben jedoch nur dann langfristig erhalten, wenn das Holz vor schädigenden Einflüssen bewahrt wird. Jährlich werden riesige Mengen Holz durch tierische und pflanzliche Schädlinge, Feuchtigkeit, Feuer und mechanische Einwirkungen zerstört. Was ist dagegen zu tun? Schon durch richtige Auswahl sowie fachgerechte Be- und Verarbeitung des Holzes lassen sich Schäden vermeiden.

3.6 Holzschädlinge und Holzschutz

Diese vorbeugenden technischkonstruktiven Maßnahmen werden ergänzt durch viele Mittel und Verfahren der chemischen Industrie.

> Baulicher Holzschutz hat Vorrang vor chemischen Maßnahmen. Vorbeugender Schutz ist einfacher, wirkungsvoller und billiger als nachträgliche Behandlung oder Erstbekämpfungsmaßnahmen.

Der bauliche Holzschutz erstreckt sich auf alle konstruktiven und bauphysikalischen Maßnahmen, die eine unzuträgliche Veränderung des Feuchtegehaltes von Holz- und Holzwerkstoffen (z. B. werden so die Voraussetzungen für einen Pilzbefall geschaffen, oder übermäßiges Quellen oder Schwinden beeinträchtigt die Brauchbarkeit einer Konstruktion) oder den Zutritt von holzzerstörenden Insekten verhindern sollen.

Der Schutz des Holzes vor Feuchtigkeit beginnt bereits beim Einschlagen. Das Fällen im Winter (saftarme Zeit), der rasche Abtransport und baldiges Entrinden verhindern den Befall durch Schädlinge, fachgerechtes Lagern schützt das Holz vor Feuchtigkeit, wie Abschn. 3.4.1 gezeigt hat. Dazu kommen

Bauliche Maßnahmen zum Feuchteschutz

– weite Dachüberstände, zurückliegende Türen, Fenster und Wandverkleidungen halten Niederschläge fern;
– senkrechte Fugenanordnung bei Verkleidungen verhindern das Eindringen von Wasser im Bereich von Nut und Feder;
– Abdeckungen, Tropfkanten und Regenschienen leiten das Wasser ab;
– Spritzwasser durch Niederschläge und Bodenfeuchtigkeit hält man durch entsprechend hohe Abstände fern; Abstände und Sperrschichten (Folien, Dichtungsmassen) verhindern die Feuchtigkeitsübertragung ins Holz durch angrenzende Bauteile;
– Hinterlüftungen, Dampfsperren und Dämmschichten lassen Kondenswasser nicht ins verbaute Holz eindringen;
– Holz und Holzwerkstoffe sind möglichst mit dem Feuchtegehalt einzubauen, der während der späteren Nutzung als Mittelwert zu erwarten ist. Die nach DIN 1052-1 und der DIN 4074 festgelegten Richtwerte für Holz sollten auch für Spanplatten und Sperrholz zugrunde gelegt werden. Bei Faserplatten liegen diese Werte um ca. 3 % niedriger;

– weiter sind besondere bauliche Maßnahmen nach DIN 68800-2 über Feuchtediffusion und Beispiele zur Vermeidung von Pilz- und Insektenbefall zu beachten.

Wichtig ist, der Feuchtigkeit keine Angriffsfläche zu bieten!

Gegen Feuer schützt schon das Rauchverbot im Sägewerk, auf dem Holzlagerplatz und in der Werkstatt. Leichtentzündliche Stoffe dürfen nicht in der Nähe von Holz gelagert werden. Feuerlöschgeräte in ausreichender Zahl, richtiger Anordnung und Funktionsbereitschaft sind Vorschrift.

Obwohl Holz brennbar ist, zeigt es beim Brand eine beachtliche Widerstandsfähigkeit. Es bildet nämlich an der Oberfläche durch Verkohlen eine Schutzschicht, die den Sauerstoffzutritt hemmt und damit das weitere Brennen verzögert. Außerdem verhindert das schlechte Wärmeleitvermögen des Holzes ein schnelles Ausbreiten des Feuers.

Bauliche Maßnahmen zum Brandschutz schreibt DIN 4102 „Brandverhalten von Baustoffen und Bauteilen" für alle Baustoffe vor (s. Abschn. 10.2.6). Dazu gehören:

– glatte Oberflächen, abgerundete oder gebrochene Kanten;
– rissfreies Holz und große Holzquerschnitte;
– Mindestabstände des Holzes von Schornsteinen und offenen Feuerstellen;
– Verdecken oder Verkleiden der Holzteile durch nicht brennbare Plattenwerkstoffe oder Verputz.

3.6.4 Chemische Holzschutzmaßnahmen

Chemische Holzschutzmittel werden eingesetzt, um tierische und pflanzliche Schädlinge an einer Zerstörung des Holzes zu hindern. Die Wirksamkeit der Mittel wird durch die giftigen Substanzen (Biozide) gewährleistet. Bei ihrem Einsatz sind unerwünschte Nebenwirkungen für Menschen, Tiere, den Boden und das Wasser nicht auszuschließen. Der Einsatz von chemischem Holzschutz ist daher soweit wie möglich einzugrenzen. Es ist unbedingt erforderlich, vor dem Einsatz die Gebrauchsanweisungen sorgfältig zu lesen und sich gegebenenfalls zusätzliche technische Merkblätter von den Herstellern zu beschaffen.

Wichtige Grundlagen zu Fragen des Holzschutzes

In der DIN EN 35 sind die Klassifizierungen und die Eindringtiefen von Holzschutzmitteln festgelegt. Die EN 460 beschreibt die Holzschutzmaßnahmen gegen Pilze.

- in der DIN 68800-2 – Vorbeugende bauliche Maßnahmen,
- in der DIN 68800-3 – Vorbeugender chemischer Holzschutz,
- in der DIN 68800-4 – Bekämpfungsmaßnahmen gegen holzzerstörende Pilze und Insekten,
- in der DIN 68800-5 – Vorbeugender chemischer Schutz von Holzwerkstoffen,
- im „Merkblatt für den Umgang mit Holzschutzmitteln", Herausgeber ist der Industrieverband Bauchemie und Holzschutzmittel e.V.,
- im Holzschutzmittelverzeichnis des Deutschen Institutes für Bautechnik,
- in den Landesbauverordnungen
    - im Bundesimmissionsschutzgesetz (BImSchG)
    - in der Gefahrstoffverordnung (GefStoffV)
    - im Chemikaliengesetz (ChemVerbotsV)
    - im Abfallgesetz (AbfBestV)
    - sowie in weiteren Gesetzen, Normen und der einschlägigen Fachliteratur.

In der DIN 68800 wird chemischer Holzschutz nur bei statisch beanspruchten Bauteilen gefordert. In allen anderen Bereichen liegt der Einsatz im Ermessen der Anwender. Prinzipiell kann durch geeignete Maßnahmen im Innenbereich von Wohnhäusern die Gefährdungsklasse GK 0 (**3**.84) erreicht werden und damit ist der Verzicht auf chemischen Holzschutz gegeben.

Gefährdungsklassen Zur Charakterisierung des Ausmaßes einer Gefährdung von Holzbauteilen durch Holzschädlinge sind in DIN 68800-3 Gefährdungsklassen definiert, nach denen Bauteile in bestimmten Anwendungsbereichen zugeordnet sind. Tabelle **3**.84 gibt diese Zuordnung wieder.

Die natürliche Dauerhaftigkeit verschiedener Holzarten kann den Einsatz von chemischen Holzschutzmaßnahmen einschränken oder gar überflüssig werden lassen. In DIN 68800-3 wird auf die Resistenzklassen Bezug genommen, genauer und ausführlicher informiert dazu die Europäische Norm EN 460. Tabelle **3**.85 informiert in Anlehnung an diese Norm über die natürliche Dauerhaftigkeit einer Holzart gegen Pilzbefall. Tabelle **3**.86 nennt einige wichtige Holzarten und deren Zuordnung (Angaben gemäß EN 350-352).

Tabelle 3.84 Gefährdungsklassen (GK) und zugeordnete Bauteile nach DIN 68800-3

Gefährdungsklasse	Anwendungsbereiche	Gefährdung durch			
		Insekten	Pilze	Auswaschung	Moderfäule
0	Bauteile wie in GK 1, die aber entweder allseitig durch eine geschlossene Bekleidung vor Insektenbefall geschützt oder die zum Raum hin so offen angeordnet sind, dass sie kontrollierbar bleiben	nein	nein	nein	nein
1	Innenbauteile bei einer mittleren relativen Luftfeuchte bis 70 % und gleichartig beanspruchte Bauteile		nein	nein	nein
2	Innenbauteile bei einer mittleren relativen Luftfeuchte über 70 % und gleichartig beanspruchte Bauteile Innenbauteile in Nassbereichen, Holzteile wasserabweisend abgedeckt Außenbauteile ohne unmittelbare Wetterbeanspruchung			nein	nein
3	Außenbauteile mit Wetterbeanspruchung ohne ständigen Erd- und/oder Wasserkontakt Innenbauteile in Nassräumen				nein
4	Holzteile mit ständigem Erd- und/oder Süßwasserkontakt auch bei Ummantelung				

Erläuterungen zu den Gefährdungsklassen der Tabelle **3**.82
GK 0 – kein chemischer Holzschutz erforderlich
GK 1 – Chemischer Schutz gegen Insekten erforderlich. Prüfprädikat Iv.
GK 2 – s. GK 1, zusätzlicher Schutz gegen Pilze erforderlich. Prüfprädikate Iv und P
GK 3 – s. GK 2, zusätzlicher Schutz vor Auswaschung. Prüfprädikate Iv, P und W
GK 4 – s. GK 3, zusätzlicher Schutz gegen Moderfäule. Prüfprädikate Iv, P, W und E

Tabelle 3.85 Festlegung der je nach Gefährdungsklasse erforderlichen natürlichen Dauerhaftigkeit gegen Pilzbefall (nach EN 460)

Gefährdungsklasse*	Dauerhaftigkeitsklasse				
	1	2	3	4	5
2	I	I	I	(I)	(I)
3	I	I	(I)	(I) – (x)	(I) – (x)
4	I	(I)	(x)	x	x

* GK 1 ist nicht aufgeführt, da dort definitionsgemäß keine Gefahr eines Pilzbefalls besteht; entsprechend ist in GK 1 die Dauerhaftigkeit aller Holzarten ausreichend gegen Pilzbefall.

I	Natürliche Dauerhaftigkeit ausreichend.
(I)	Natürliche Dauerhaftigkeit üblicherweise ausreichend, aber unter bestimmten Gebrauchsbedingungen (hohe Feuchtebeanspruchung, z. B. Schwellen) kann eine Behandlung mit Holzschutzmitteln empfehlenswert sein.
(I) – (x)	Natürliche Dauerhaftigkeit kann ausreichend sein (z. B. Fichtenholz bei einer hinterlüfteten Außenverbretterung), aber in Abhängigkeit von der Kombination Holzart, Durchlässigkeit und Beanspruchung im Gebrauch kann eine Behandlung mit Holzschutzmitteln notwendig sein (z. B. Kiefernsplintholz an einer schlecht hinterlüfteten Westfassade).
(x)	Eine Behandlung mit Holzschutzmitteln ist üblicherweise empfehlenswert, aber unter bestimmten Gebrauchsbedingungen kann die natürliche Dauerhaftigkeit ausreichend sein (z. B. amerikanisches Douglasienkernholz in einem trockenen Boden).
x	Eine Behandlung mit Holzschutzmitteln ist notwendig.

Arten. Je nach der gewünschten Wirksamkeit wird unterteilt nach Fungiziden (= gegen Pilzbefall) und Insektiziden (= gegen Insektenbefall).

Nach der Beschaffenheit unterscheidet man wasserlösliche, ölige und andere Holzschutzmittel.

Wasserlösliche Holzschutzmittel dienen vorwiegend zum Randschutz für halbtrockenes Holz (20 bis 30 % Holzfeuchte) und trockenes Holz (< 20 % HF). Sie lassen eine Beschichtung mit anderen Oberflächenmitteln zu, sind meist geruchlos und erhöhen nicht die Brandgefahr. Da das Wasser das Holz quellen lässt, sind die Einsatzmöglichkeiten dieser Schutzmittel begrenzt. Vor dem Anwenden löst man sie in Wasser und benutzt sie vor allem für Bauholz, Verbretterungen und Masten.

Nicht fixierende Salze, wie Bor- oder Fluorverbindungen, bleiben wasserlöslich und können somit ausgewaschen werden. Holzteile, die Niederschlägen, Erdfeuchte oder direktem Kontakt mit Wasser ausgesetzt sind, sind daher nur mit Fixierenden Salzen zu behandeln. Diese wandeln sich im Holz in nur sehr schwer wasserlösliche Verbindungen um.

Ölige Holzschutzmittel verwendet man vorwiegend für Hölzer mit < 20 % HF. Da sich Öle nicht mit Wasser verbinden, dringen sie sofort tief ins Holz ein. Je trockener das Holz, desto besser ist sein Aufnahmevermögen. Diese Schutzmittel verändern die Holzmaße praktisch nicht, wirken zudem wasserabweisend und witterungsbeständig, sind jedoch nicht geruchsfrei. Die Beschichtung des Holzes mit anderen Mitteln ist begrenzt. Erhältlich sind ölige Schutzmittel in flüssiger, gebrauchsfertiger Form. Korrosionsgefahren bestehen nur für Kunststoffe. Bei den heute gebräuchlichen öligen Holzschutzmitteln handelt es sich in der Regel um organische Wirkstoffe, die in organischen Lösemitteln gelöst sind.

Tabelle 3.86 Beispiele für Holzarten mit unterschiedlicher natürlicher Dauerhaftigkeit gegen Pilzbefall (Angaben nach EN 350-2). Die Angaben gelten nur für das Kernholz (dunkler, innerer Holzbereich). Das Splintholz (äußerer Holzbereich) ist als „nicht dauerhaft" einzustufen.

Klasse	Handelsname	Wissenschaftlicher Name	NH LH	Dichte kg/m^3	Splintbreite cm	Herkunft
1 sehr dauerhaft	Jarrah [1] Teak *	Eucalyptus marginata [1] Tectona grandis	LH LH	830 680	2 bis 5 2 bis 5	Australien SO. Asien
1 bis 2	Iroko Robinie	Milicia excelsa Robinia pseudoacacia	LH LH	650 740	5 bis 10 < 2	W/O. Afrika Europa
2 dauerhaft	Bongossi * Edelkastanie Eiche * Western Red Cedar	Lophira alata Castanea sativa Quercus robur Thuja plicata	LH LH LH NH	1060 590 710 370	2 bis 5 2 bis 5 2 bis 5 2 bis 5	Afrika Europa Europa N. Amerika
2 bis 3	Sipo/Sipo-Mahagoni Dark Red Meranti [2] Yellow Cedar*	Entandrophragma utile Shorea sp. Chamaecyparis nootkatensis	LH LH NH	640 680 480	5 bis 10 2 bis 5 2 bis 5	W/O. Afrika SO. Asien N. Amerika
3 mäßig dauerhaft	Douglasie * [3]	Pseudotsuga menziesii	NH	530	2 bis 5	N. Amerika
3 bis 4	Douglasie * [3] Kiefer * Lärche * Light Red Meranti [2]	Pseudotsuga menziesii Pinus sylvestris Larix decidua Shorea sp.	NH NH NH LH	510 520 600 520	2 bis 5 2 bis 10 2 bis 5 5 bis 10	Europa Europa Europa SO. Asien
4 wenig dauerhaft	Fichte * Tanne * Southern Pine * Western Hemlock *	Picea abies Abies alba Pinus elliottii Tsuga heterophylla	LH LH LH LH	460 460 450 490	** ** 5 bis 10 **	Europa Europa Z/N. Amerika N. Amerika
5 nicht dauerhaft	Buche * Esche Pappel Southern Blue Gum [1]	Fagus sylvatica Fraxinus excelsior Populus sp. Eucalyptus globulus [1]	LH LH LH LH	710 700 440 750	*** *** *** ***	Europa Europa Europa Europa

Die Einstufung beruht auf Versuchen mit Erdkontakt. Da Holz ein Naturprodukt ist, sind gewisse Schwankungen möglich. Die jeweilige Klassifizierung dient in erster Linie zu einem gegenseitigen Vergleich der Holzarten, insbesondere von unbekannten mit bekannten Holzarten.

Es sind die allgemein gebräuchlichen **Handelsnamen** aufgeführt. Regional können Unterschiede auftreten. Die in DIN 1052-1 aufgeführten Holzarten sind durch

*   gekennzeichnet, heimische Bauhölzer sind fett gedruckt
**   Hier besteht kein deutlicher Unterschied zwischen Kern und Splintholz
***   Kein Unterschied über den Holzquerschnitt, nicht relevant

[1] Es gibt mehrere Hundert verschiedene Eukalyptusarten
[2] Bei Meranti handelt es sich um ein Handelssortiment, keine bestimmte Holzart
[3] Die Dauerhaftigkeit ist je nach Herkunft unterschiedlich.

Für Hölzer der Klasse „sehr dauerhaft" (1 und 1–2) sowie „dauerhaft" (2 und 2–3) ist keine Schutzbehandlung mit Holzschutzmitteln erforderlich. Es reicht eine Veredelung mit biozidfreien Produkten. Bei allen anderen Hölzern („mäßig dauerhaft" – 3 und 3–4; „wenig dauerhaft" 4 und „nicht dauerhaft" 5) ist eine Holzveredelung und chemischer Holzschutz notwendig.

3.6 Holzschädlinge und Holzschutz

Auf dem deutschen Markt werden ca. 1000 verschiedene Holzschutzmittel angeboten. Für alle Holzschutzmittel, die zum Schutz von tragenden Bauteilen eingesetzt werden, ist das Prüfzeichen des Deutschen Institutes für Bautechnik (DIBt) erforderlich (**3.**88). Dieses Prüfzeichen wird erst dann vergeben, wenn der zweckgebundene Eignungsnachweis erbracht wurde. Neben der Bewertung der Wirksamkeit und der gesundheitlichen Folgen werden im Prüfbescheid Bedenken gegen Anwendungsbereiche sowie vorgeschriebene Einbringmengen genannt.

Die Wirksamkeit wird mit den Prüfprädikaten aus Bild **3.**87 beschrieben.

Holzschutzmittel, die für den Schutz von nichttragenden Bauteilen vorgesehen sind, können bislang ohne entsprechenden Nachweis verkauft werden. Nach DIN 68800-3 sollen aber auch in diesen Anwendungsbereichen nur Präparate mit den entsprechenden Prüfprädikaten verwendet werden. Die Hersteller haben sich in der Gütegemeinschaft Holzschutzmittel e.V. zusammengeschlossen und vergeben auf Antrag ein *Gütezeichen RAL-Holzschutzmittel* (**3.**89). Präparate mit dem *RAL-Gütezeichen* werden im Anhang des Holzschutzmittelverzeichnisses aufgeführt und sind ferner als gesondertes Verzeichnis erhältlich.

V	=	gegen Insekten vorbeugend
P	=	gegen Pilze vorbeugend
W	=	auch für Holz, das der Witterung ausgesetzt ist, jedoch nicht in ständigem Erdkontakt
E	=	auch für Holz in extremer Beanspruchung (ständiger Erd-/Wasserkontakt)

Bild 3.87 Prüfprädikate

Bild 3.89 RAL-Gütezeichen Holzschutzmittel

Die Gebinde tragen das *Überwachungszeichen* (*Ü-Zeichen*) der die Produktion überwachenden Materialprüfanstalt. Alle Präparate mit gültigem Prüfzeichen werden in dem jährlich erscheinenden Holzschutzmittelverzeichnis veröffentlicht.

Bild 3.88 Überwachungszeichen für Holzschutzmittel mit Prüfzeichen des DIBt

Anwendungsverfahren. Für das Einbringen der Holzschutzmittel stehen verschiedene Verfahren zur Verfügung. Dabei ist die Frage der Eindringtiefe der Schutzmittel von besonderer Bedeutung (3.90).

Kurzzeitiges Tauchen des Holzes (Kurzzeitverfahren), **Spritzen** oder **Streichen** ist als **Oberflächenschutz** anzusehen. Die Schutzmittel dringen je nach Holzart und Arbeitsaufwand nur wenige Millimeter in das Holz ein.

Bei der **Tauchimprägnierung** (Langzeitverfahren) wird das Schnittholz Stunden bis Tage in Trogtränkanlagen eingelagert. Die Eindringtiefe kann von wenigen Millimetern bis mehreren Zentimetern gehen. Durch die hohen Schutzauflagen erfolgt die Tauchimprägnierung nur in Fachbetrieben.

Bei der **Druckimprägnierung** (Kesseldrucktränkung, Vakuumtränkung) werden die Holzschutzmittel durch Druckunterschiede in das Holz gepresst.

Tabelle 3.90 Eindringtiefen und Schutzwirkung verschiedener Verfahren

Schutzwirkung		Eindringtiefe	Verfahren
	Oberflächenschutz	nur geringfügig eingedrungen	Streichen Spritzen Sprühen
	Randschutz	bis zu 1 cm	Tauchen Fluten
	Tiefschutz	mehr als 1 cm	Trogtränkung
	Vollschutz	vollständige Durchsetzung des Holzes	Kesseldruckimprägnierung

Mit Sonderverfahren bekämpft man befallene Holzteile und behandelt sie nach. Beim *Injektionsverfahren* wird das Mittel mit Hilfe von Spritzen oder Kännchen unmittelbar in die Fraßlöcher eingebracht. Nach der Behandlung verschließt man die Löcher mit Wachs. So arbeitet man vorwiegend bei der Möbelrestauration. Ebenfalls beim Aufarbeiten alter Möbel und Kunstgegenstände aus Holz nutzt man die *Begasung*. Dabei wirkt das Gas unter luftdichtem Abschluss längere Zeit auf das Holz ein.

Beim *Bohrlochverfahren* bohrt man in vorgeschriebenem Abstand Löcher in die befallenen Holzteile (Deckenbalken, Pfetten), füllt das Mittel ein und verschließt die Löcher mit Holzdübeln. Besser lässt sich die Schutzmittellösung unter Druck (z. B. 20 bar) ins Holz pressen. Zum Sanieren von befallenen Dachstühlen dient häufig das *Heißluftverfahren*. Bis zu 100 °C erhitzte Luft wird in den Dachraum geblasen. Nach 6 bis 10 Stunden Behandlung sind die tierischen Holzzerstörer abgetötet.

Tabelle 3.91 Baustoffklassen nach dem Brandverhalten

Bauaufsichtliche Benennungen	Europäische Klassifizierung nach DIN EN 13501-1	Baustoffe
Nicht brennbar	A1 A2 – s1, d0	z. B. Kalk, Sand, Beton mit organischen Bestandteilen (z. B. Gipskartonplatten ab 12,5 mm Dicke)
Schwer entflammbar	B, C – s1, d0 B, C – s3, d0 B, C – s1, d2 B, C – s3, d2	z. b. Eichenparkett, Gussasphaltestriche, Kunststoff-Hartschaumplatten
Normal entflammbar	D – s3, d0 E D – s3, d2 E – d2	z. B. Holz und Holzwerkstoffe > 2 mm Dicke, genormte Dachpappen, PVC-Bodenbeläge
Leicht entflammbar		z. B. Holz < 2 mm Dicke, Papier, Holzwolle

Chemischer Holzschutz gegen Feuer ist immer vorbeugend. Er macht das Holz schwerentflammbar. DIN 4102 teilt die Baustoffe nach ihrem Brandverhalten in nicht brennbare und brennbare ein (**3**.91).

Durch Behandeln mit den amtlich geprüften und zugelassenen Brandschutzmitteln können Bauteile aus Holz und Holzwerkstoffen schwerentflammbar gemacht werden. Zu unterscheiden sind Feuerschutzsalze und schaumschutzbildende Brandschutzmittel.

Anorganische Feuerschutzsalze (FEA) mit Phosphaten und anderen anorganischen Bestandteilen schützen das Holz von innen heraus. Sie werden im Kesseldruckverfahren, manchmal auch handwerklich eingebracht, sind nicht witterungsbeständig und führen bei Metall und Glas zu Korrosion. Die wasserlöslichen Salze wirken gleichzeitig gegen tierische und pflanzliche Schädlinge.

Schaumbildende Feuerschutzmittel (FES) werden als wässrige Lösung auf innenverbaute Holzteile gesprüht oder gespritzt. Unter Feuereinwirkung schäumt die Oberfläche auf und bildet so eine Schaumschicht, die den Zutritt von Sauerstoff unterbindet und damit die Entflammbarkeit verzögert. Entsprechend dieser Feuerwiderstandsfähigkeit spricht man von Bauteilen F30, F60, F120, F180, F30 bedeutet, dass die Bauteile dem Feuer 30 Minuten lang widerstehen. Holzwerkstoffe werden mit entsprechenden Sonderpräparaten geschützt. Eingesetzt werden Salze und auch organische Wirkstoffe mit fungizider Wirkung. Holzwerkstoffe, die Schutzmittel enthalten, sind durch Hinzufügen des Buchstabens „G" zum Plattentyp gekennzeichnet, z. B. V 100 G = Flachpressplatte mit begrenzt wetterbeständiger Verleimung, geschützt gegen holzzerstörende Pilze.

Die Oberflächenbehandlung mit Anstrichmitteln kann unterschiedlichen Zwecken entsprechen.

Anstrichmittel für die Behandlung von Holzoberflächen stehen für unterschiedliche Ansprüche zur Verfügung. Biozidfreie Produkte sollen das Holz vor Feuchteaufnahme und Vergrauen schützen und werden als *Wetterschutzmittel* bezeichnet. Soll die Schutzwirkung gleichzeitig gegen Holzschädlinge gerichtet sein, kommen *Holzschutzgrundierungen* und *Holzschutzlasuren* zum Einsatz. Diese Produkte enthalten dann jedoch Biozide. Im Innenbereich soll Holz in der Regel vor mechanischen und chemischen Einflüssen geschützt werden und darüber hinaus eine dekorative Wirkung haben. Diese, ebenfalls biozidfreien Anstrichmittel, bezeichnet man als *Holzveredelungsmittel.*

Zur Veredelung der Oberflächen und für den Wetterschutz sind farblose, lasierende und deckende Anstrichmittel erhältlich. Dabei wird der Einfluss der UV-Strahlung auf die Holzoberfläche von den Pigmentbeimengungen beeinflusst.

Farblose Anstrichmittel sind wegen fehlender Pigmente für den Wetterschutz ungeeignet (UV-Strahlen können ungehindert auf die Holzoberfläche einwirken), dienen dagegen der Holzveredelung.

Lasierende Anstrichmittel werden entsprechend ihrem Bindemittelanteil in Dünnschichtlasuren und Dickschichtlasuren unterteilt. Sie sind sowohl als Wetterschutz als auch zur Veredelung der Oberflächen geeignet.

Dünnschichtlasuren sind offenporig und wasserdampfdurchlässig. Der dünne Film lässt die Holzmaserung sichtbar bleiben.

Dickschichtlasuren bilden auf der Holzoberfläche einen lackartigen, weitgehend dampfundurchlässigen Film. Das Quellen und Schwinden des Holzes wird eingeschränkt.

Bei deckenden Anstrichmitteln handelt es sich um seidenglänzende Kunststofflacke in dekorativen Farbtönen. Acryllasuren und Acryllacke auf wässriger Basis lösen mehr und mehr die lösemittelhaltigen Produkte ab.

Holzschutzgrundierungen kommen zum Einsatz, wenn zu den genannten Forderungen der Schutz vor Holzschädlingen erforderlich ist. Die niedrigviskosen, biozidhaltigen Bindemittellösungen sollten mit einem giftfreien Schlussanstrich überzogen werden.

Holzschutzlasuren sind als Dünnschichtlasuren mit biozidem Zusatz und geringem Kunstharzanteil erhältlich. Grundierungen und Lasuren als Dispersion auf wässriger Basis stellen eine Alternative zu den lösemittelhaltigen Produkten dar.

Als biologische Holzschutzmittel werden Substanzen aus natürlichen Rohstoffen bezeichnet (Zitronenschalenöl, Holzessig, Bienenwachs u.a.). Ihre Anwendung ist ökologisch und gesundheitlich unbedenklich, die Beurteilung der Schutzwirkung unterliegt jedoch noch anderen Maßstäben als bei der Verwendung biozidhaltiger Substanzen. Der derzeitige Entwicklungsstand lässt jedoch erwarten, dass ein ungiftiger und nebenwirkungsfreier Holzschutz in absehbarer Zeit zum Standard werden kann.

Vorsichtsmaßnahmen. Der richtige Umgang mit Holzschutzmitteln und mit behandeltem Holz dient dem Schutz der Menschen und der Umwelt. Da die Wirksamkeit der chemischen Holzschutzmittel auf Giften beruht, muss umsichtig und sorgfältig damit umgegangen werden. Die jeweilige Gefährlichkeit der Stoffe geht aus dem Gefahrensymbol im schwarzen Druck auf orangegelbem Feld mit Kennbuchstaben und Gefahrenbezeichnung hervor (**3.92**).

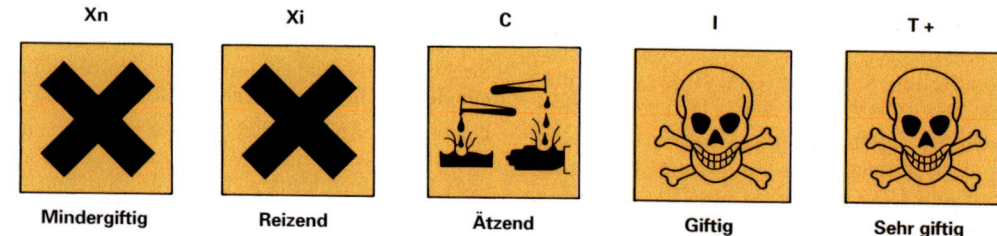

Bild 3.92 Gefahrensymbole der Holzschutzmittel

Holzschutzmittel, die unter den Anwendungsbereich der Gefahrstoffverordnung fallen, müssen auf dem Gebinde mit einem *Kennzeichnungsfeld* versehen sein (**3.**93). Dieses enthält Angaben über Gefährlichkeit (Gefahrensymbol), Warnhinweise im Hinblick auf den Umgang mit dem Produkt, Sicherheitsratschläge, Produktangaben (Bezeichnung, Art und Menge der Wirkstoffe) sowie Name und Anschrift des Herstellers.

Auch wenn kein Kennzeichnungsschild vorhanden ist, ist der sachgerechte Umgang mit dem Holzschutzmittel notwendig.

Regeln für den Umgang mit Holzschutzmitteln

- Herstellervorschriften genau befolgen!
- Schutzmittel nur in dafür vorgesehenen Behältern aufbewahren und so lagern, dass sie für Unbefugte (Kinder!) unerreichbar sind!
- Giftige und sehr giftige Schutzmittel (Totenkopf) unter Verschluss bringen!
- Verarbeitung nur in gut be- und entlüftbaren Räumen, dabei unbedingt Schutzbrille, Gummihandschuhe und Schürze tragen! Für einige Schutzmittel sind Atemschutzgerät und Schutzanzug vorgeschrieben!
- Während des Arbeitens mit Schutzmitteln nicht rauchen, essen oder trinken, danach gründlich Hände reinigen.
- Maßnahmen treffen, um ein Eindringen der Holzschutzmittel in das Erdreich, das Grundwasser, die Kanalisation oder das Oberflächenwasser zu verhindern.
- Reste von Schutzmitteln oder behandelten Hölzern sind nach der Abfallbestimmungsverordnung umweltgerecht zu entsorgen.

Kennzeichnung nach Gefahrstoffverordnung
Produktbezeichnung: ...... CKB
T

Enthält:
38 % Kaliumdichromat (380 g/kg)
34 % Kupfersulfat (340 g/kg)
25 % Borsäure (250 g/kg)

Giftig

50 kg netto
Herstelleranschrift

Gefahrstoffverordnung Gruppe III. Giftig beim Einatmen, Verschlucken und Berührungen mit der Haut. Reizt die Augen, Atmungsorgane und die Haut. Sensibilisierung durch Hautkontakt möglich. Kann Krebs erzeugen in Form atembarer Aerosole. Darf nicht in die Hände von Kindern gelangen. Von Nahrungsmitteln, Getränken und Futtermitteln fernhalten. Bei der Arbeit nicht essen, trinken, rauchen. Berührungen mit der Haut vermeiden. Bei der Arbeit geeignete Schutzhandschuhe und Schutzkleidung tragen. Bei Unwohlsein ärztlichen Rat einholen. Exposition vermeiden – vor Gebrauch besondere Anweisung einholen. Verpackung nicht wiederverwenden.

Chargen-Nr.

Bild 3.93 Beispiel eines Kennzeichnungsfeldes: hier für ein festes Holzschutzmittel

3.7 Handelsformen

> **Arbeitsauftrag Nr. 16 Lernfeld TI, HM 1, 2, 3**
> - Bauholz unterteilt man in Rund- und Schnittholz.
>   Sie haben die Gelegenheit für ihre Berufsschule einen Schaukasten zum Thema „Handelsformen des Holzes" zu gestalten.
>   Fertigen Sie ein Plakat. Nutzen Sie zur besseren Anschaulichkeit Werbeprospekte und Kataloge der Baumärkte.
> - Vor Beginn Ihres Entwurfes sollten sie mithilfe des folgenden Textes die Fragen beantworten können.
> 1. Warum fällt man Holz lieber im Winter als im Sommer?
> 2. Erläutern Sie die Angabe 7,50/35 auf der Hirnholzfläche gefällter Stämme.
> 3. Was versteht man unter Industrieholz?
> 4. Für welchen Einschnitt setzt man das Vollgatter ein?
>   Wie sieht das Schnittbild aus?
> 5. Skizzieren Sie
>   a) drei Kantholz- und Balkenschnitte (Systemskizze)
>   b) einen Prismen- oder Modelschnitt
>   c) einen Spiegelschnitt
> 6. Erläutern Sie anhand einer Skizze die Unterschiede von unbesäumtem, parallel und konisch besäumtem Schnittholz.
> 7. Woran erkennt man die rechte und die linke Seite eines Brettes (Skizze)?
> 8. In Welchen Handelsformen ist Schnittholz lieferbar?
> 9. Welcher Unterschied besteht zwischen Kanthölzern und Balken?
> 10. Wodurch unterscheiden sich Bretter und Bohlen?

3.7.1 Rundholz

Winterfällung. Der Weg des Holzes beginnt mit dem Einschlag, d. h. dem Fällen. Dazu nutzt man nach Möglichkeit den Winter, also die Wachstumspause. In diesen Monaten stehen der Forstwirtschaft in waldreichen Gegenden auch mehr Arbeitskräfte zur Verfügung, die während des Sommers in der Landwirtschaft tätig sind. Das saftarme Winterholz lässt sich ohne Gefährdung durch Pilze und Insekten einige Zeit lagern. Es kann darum langsamer austrocknen. Nicht zuletzt sind die Transportbedingungen (Rücken des Holzes) im Winter günstig (gefrorene Waldwege).

Sommergefälltes Holz sollte dagegen unmittelbar nach dem Einschlag abtransportiert, eingeschnitten und sorgfältig gelagert werden. Liegt es zu lange auf dem Waldboden, erstickt es oder wird stockig (Buche, Ahorn), Kiefern verblauen, Fichten und Tannen werden leicht rotstreifig. Pilze und Insekten finden günstige Lebensbedingungen.

Gefällt wird heutzutage überwiegend mit der Motor(Ketten)säge und mit Spezialmaschinen, seltener mit der Axt oder der Handsäge. Das Fällen erfordert umfangreiche Sachkenntnis und viel Geschick. Es gilt Unfälle zu vermeiden und Beschädigungen an anderen Bäumen auszuschließen. Auf der Fallseite wird die Fallkerbe angebracht, auf der gegenüberliegenden Seite etwas höher Δh der Fallschnitt (**3.94**).

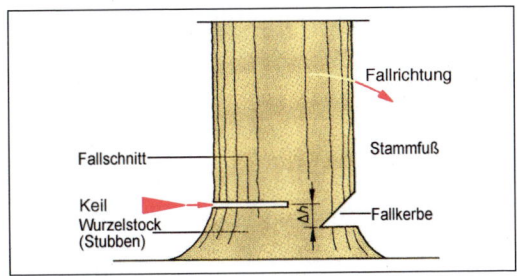

Bild 3.94 Fällen eines Baumes
$\left(\Delta h > \dfrac{d\,[cm]}{10}\right)$

Ein hinter der Säge eingeschlagener Keil verhindert das Klemmen der Säge und fällt nach weiterem Eintreiben den Baum.

Ausformen. An das Fällen schließt das Ausformen an. Die Äste werden vom Schaft abgetrennt, der Schaft wird „abgelängt" (vermessen und zerschnitten). Das ausgeformte Rohholz wird nach Stärke, Güte und geplantem Verwendungszweck sortiert und gekennzeichnet (**3.**95). Grundlagen für die Sortierung und Kennzeichnung sind folgende Vorschriften:
– EU-Richtlinien
– Gesetz über gesetzliche Handelsklassen für Rohholz (HKS = Handelsklassensortierung),
– ergänzende oder abweichende Regelungen der einzelnen Bundesländer.

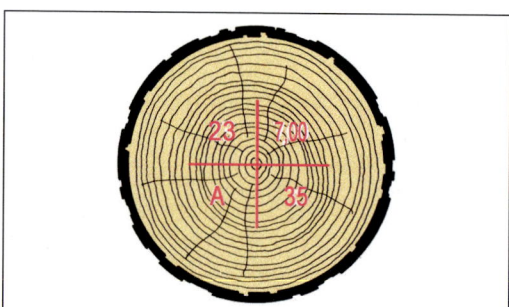

Bild 3.95 Rohholz-Kennzeichnung
23 = Stammnummer
7,00 = Stammlänge in m
35 = Mittendurchmesser in cm
A = Güteklasse

Nach dem Rohholzsorten-Gesetz ist Rohholz gefälltes, entwipfeltes und entastetes Holz, auch wenn es entrindet, abgelängt oder gespalten ist.

```
                Rohholzsortierung
        ┌──────────────┼──────────────┐
     Stärke          Güte        Verwendung
        │              │              │
    Langholz     4 Güteklassen   Schwellenholz
    Schichtholz                   Industrieholz
```

Langholz sind Stämme oder Stammteile, eingeteilt nach Mittenstärke-, Heilbronner oder Stangensortierung, die nach Festmetern (fm) oder Kubikmetern (m^3) gehandelt werden.

Bei der Mittenstärkesortierung wird das Stammholz auf ganze, halbe oder zehntel Meter abgelängt und nach dem Mittendurchmesser (ohne Rinde) in Stärkeklassen eingeteilt (**3.**96 und **3.**97).

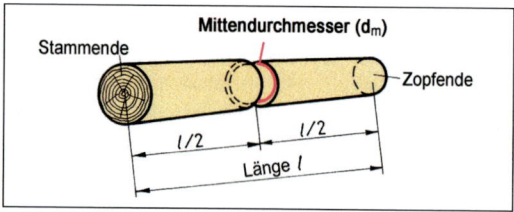

Bild 3.96 Mittendurchmesser d_m

Bei der Stangensortierung unterteilt man das Langholz nach dem Durchmesser mit Rinde, gemessen 1 Meter über dem dickeren Ende (**3.**98 und **3.**99).

Tabelle 3.97 Mittenstärkesortierung

Klasse	Mitten-Ø in cm
L0	bis 10
L1 a	10 bis 14
L1 b	15 bis 19
L2 a	20 bis 24
L2 b	25 bis 29
L3 a	30 bis 34
L3 b	35 bis 39
L4	40 bis 49
L5	50 bis 59
L6	über 60

Tabelle 3.98 Stangensortierung

Klasse	Durchmesser in cm	Länge (Nadelholz) in m
P1	bis 6	–
P2	7 bis 13	–
P2.1	7 bis 9	über 6
P2.2	10 bis 11	über 9
P2.3	12 bis 13	über 9
P2.4	12 bis 13	über 12
P3	über 14	–

Bild 3.99 Durchmesser einschließlich Rinde für Stangensortierung

Schichtholz wird im Allgemeinen rund oder gespalten in Längen von 1 m, 2 m, seltener 3 m geschnitten und gestapelt. Je nach Bundesland unterscheidet man dabei noch nach Industrie- oder Brennholz.

Gütesortierung. Das Stamm-Rohholz wird im [EU-Raum] einheitlich in 4 Güteklassen eingeteilt. Dabei sind Wuchsform, Astigkeit und Holzfehler entscheidend (**3.**100).

Zu den Güteklassen A, B, C und D sind Nummer, Länge in m, Mittendurchmesser in cm und Kennzeichen anzuschreiben oder anzuschlagen. Holz ohne besondere Gütenklassenbezeichnung gehört in die Klasse B. Furnierholz (F) ist der Güteklasse A zuzuordnen.

Nach der Verwendung gibt es Schwellen- und Industrieholz.

Schwellenholz ist gesundes, auch astiges Rohholz für Eisenbahnschwellen. Es wird in die Güteklassen SW1 bis SW4 eingeteilt.

Industrieholz ist Rohholz, das mechanisch oder chemisch zu Schicht- oder Langholz aufgeschlossen werden soll. Man teilt es ein in drei Güteklassen.

Tabelle 3.100 Güteklassen

Klasse	Beschreibung
A	Gesundes Holz mit ausgezeichneten Arteigenschaften, fehlerfrei oder nur mit unbedeutenden Fehlern, die die Verwendung nicht beeinträchtigen.
B	Holz von normaler Qualität einschließlich stammtrockenem Holz mit einem oder mehreren Fehlern wie schwache Krümmung und schwacher Drehwuchs, geringe Abholzigkeit, einige gesunde Äste von kleinem oder mittlerem Durchmesser (nicht grobastig!), geringe Anzahl kranker Äste von geringem Durchmesser, leicht exzentrischer Kern, einige Unregelmäßigkeiten des Umrisses oder andere durch eine gute allgemeine Qualität ausgeglichene Fehler.
C	Holz, das wegen seiner Fehler nicht zu den Güteklassen A und B gehört, jedoch gewerblich verwendbar ist. Hierunter fallen z. B. stark astige, stark abholzige oder stark drehwüchsige Stücke sowie abholzige oder astige Zopfstücke und kranke Stücke mit tiefgehenden faulen Ästen, Rot- und Weißfäule (aber nicht kleinen Faulflecken) oder anderen wesentlichen Pilz- oder Insektenzerstörungen sowie Stücke mit weitgehender Ringschäle.
D	Holz, das wegen seiner Fehler nicht in die anderen Güteklassen gehört, jedoch mindestens noch zu 40 % gewerblich verwendbar ist.

Aufmaß und Berechnung des Rundholzes. Der Stamm bildet einen Kegelstumpf, er verjüngt sich nach oben. Deshalb berechnen wir das Stammvolumen (mit oder ohne Rinde) nach der Formel des Kegelstumpfes (Näherungsformel):

$$\text{Volumen} \approx \text{Mittendurchmesser}^2 \cdot \frac{\pi}{4} \cdot \text{Länge}$$

$$V = d^2 \cdot \frac{\pi}{4} \cdot l$$

Übliche Formel: $V = d^2 \cdot 0{,}785 \cdot l$

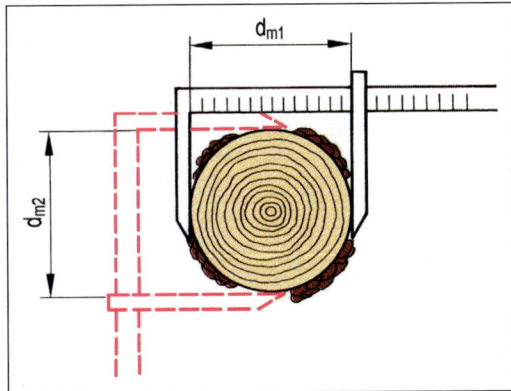

Bild 3.101 Zweimaliges Kluppen

Den Mittendurchmesser ermittelt man bei Stämmen bis 19 cm Durchmesser durch einmaliges Kluppen (Messen), ab 20 cm durch zweimaliges Kluppen senkrecht zueinander (**3.**101).

Die Maße werden nach unten auf ganze Zentimeter abgerundet. Für zweimaliges Kluppen lautet die Formel:

$$V = (d_{m1} + d_{m2})^2 \cdot \pi/4 \cdot l$$

Beispiel

Ein Eichenstamm mit einer Länge von 7,50 m wird zweimal gekluppt. d_{m1} ist 30 cm, d_{m2} 32 cm. Berechnen Sie den Stamminhalt (Volumen) in m³.

Lösung

$$\begin{aligned} V &= \left(\frac{d_{m1} + d_{m2}}{2}\right)^2 \cdot \frac{\pi}{4} \cdot l \\ &= \left(\frac{0{,}30\ \text{m} + 0{,}32\ \text{m}}{2}\right)^2 \cdot 0{,}785 \cdot 7{,}50\ \text{m} \\ V &= 0{,}31\ \text{m}^2 \cdot 0{,}785 \cdot 7{,}50\ \text{m} = \mathbf{0{,}566\ m^3} \end{aligned}$$

3.7.2 Schnittholz

> **Arbeitsauftrag Nr. 17 Lernfeld TI, HM 1, 2, 3**
> - Fertigen Sie eine technische Zeichnung nach DIN 919 auf einem DIN-A3-Blatt Hochformat im M 1:1 über die Halbfertigerzeugnisse aus der Tabelle **3**.112 an.
> - Zeichnen Sie jeweils zwei ineinander geschobene Bretter. Ihre Zeichnung sollte gespundete Bretter, Fasebretter, Stülpschalungsbretter und Profilbretter mit Schattennut zum Inhalt haben.

Schnittholz entsteht durch Zersägen von Rundholz parallel zur Stammachse. Daraus ergeben sich z. B. Bretter, Bohlen, Kanthölzer und Balken.

Einschnitt im Sägewerk. Unter Berücksichtigung der bestmöglichen Verwertung längt man im Sägewerk die Stämme noch einmal auf handelsübliche oder in Auftrag gegebene Längen ab. Auf Kreissägen besäumt man mit mehreren großen Sägeblättern (Vielblattkreissägen) Bohlen und Bretter oder schneidet sie zu Latten.

Die Einschnittarten richten sich nach den gewünschten Querschnittsmaßen (**3**.103)

Dabei unterscheiden wir nach Bild **3**.102.
- **Erdstamm,** wertvolles, astreines Holz für Blockware,
- **Mittelstamm,** gutes Holz für Kanthölzer, Balken, Bohlen und Bretter,
- **Zopfstück,** sehr astiges Holz für Kanthölzer und Balken.

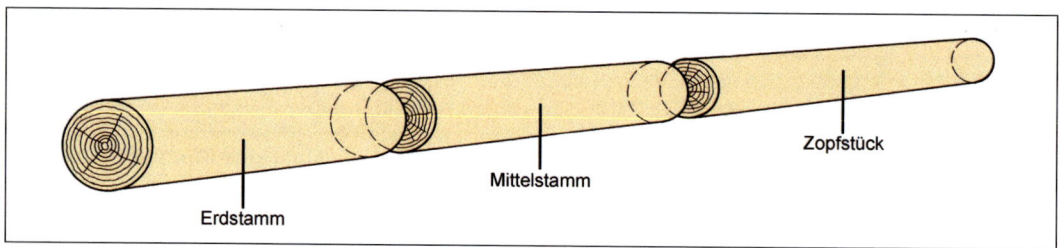

Bild 3.102   Stammteile

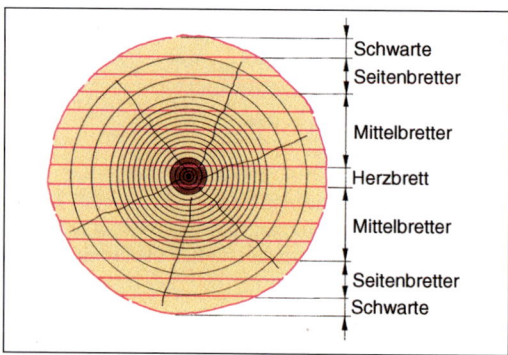

Bild 3.103   Vollgattereinschnitt

Das Vertikal- oder Senkrechtgatter zerschneidet in einem Durchgang den Stamm nach Anzahl der eingehängten Sägeblätter und ihrem Abstand voneinander (**3**.104).

> Beim Einschnitt ist die Holzfeuchte zu berücksichtigen. Das *Sägemaß* ergibt sich daher aus dem *Nennmaß* zuzüglich Schwindmaß des Holzes bis zur Maßbezugsfeuchte. Dagegen ist das *Sollmaß* nach Maschinenschnitt bei einem bestimmten Feuchtigkeitsgehalt zu erreichen.

Um die Stämme optimal auszunutzen, fertigt der Rundholzteiler vor dem Einschneiden eine Skizze an. Zum Einschneiden dienen Band-, Kreis-, Ketten-, vor allem aber Gattersägen.

Das Volumen des Schnittholzes ergibt sich aus den Normmaßen Dicke mal Breite mal Länge in m^3, auf drei Stellen hinter dem Komma genau (z. B. 0,753 m^3).

3.7 Handelsformen

Tabelle 3.104 Gatterschnitte

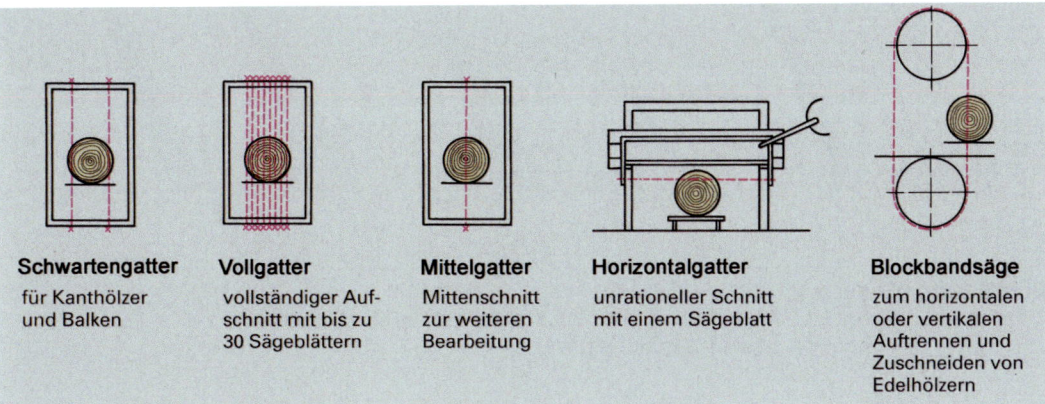

Tabelle 3.105 Schnittarten

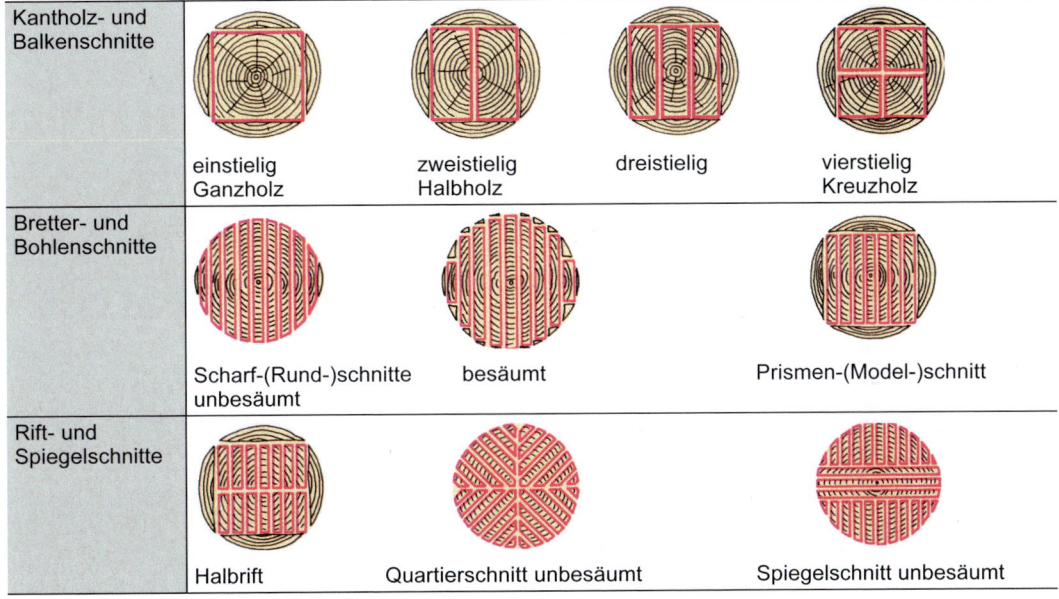

Unbesäumtes und besäumtes Schnittholz. Beim Scharfschnitt bleibt die Baumkante stehen – das Holz ist unbesäumt (**3.**106a). Seine Breite b_m wird in der Mitte gemessen, bei Dicken < 40 mm auf der Linken Seite (nach DIN 68371 nicht zwingend vorgeschrieben), > 40 mm als Mittelwert aus den Breitenmaßen beider Seiten. Bei parallel besäumtem Schnittholz werden die Bretter parallel beschnitten, so dass die Ware in der ganzen Länge gleich breit ist (**3.**106b). Dicke und Breite misst man an beliebiger Stelle, mindestens jedoch 15 cm von den Hirnholzenden entfernt. Bei konisch besäumtem Schnittholz verlaufen die Besäumschnitte an der Baumkante entlang (**3.**106c). Der Abfall ist geringer, die Ware aber nicht gleich breit. Gemessen wird ihre Breite in der Brettmitte. Die dem Stamminneren (Kern) zugewendete Seite bezeichnet man als *rechte Seite,* die der Stammoberfläche (Splint) zugewendete als *linke Seite.* Je nach Lagerung und Zuschnitt unterscheidet man Block-, Vorrats-, Dimensions- und Listenware.

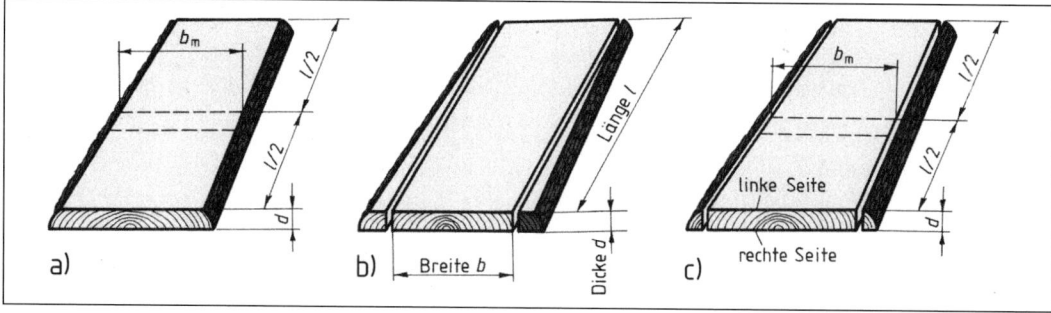

Bild 3.106 Schnittholz
a) unbesäumtes Schnittholz, b) parallel besäumtes Schnittholz,
c) konisch besäumtes Schnittholz

Rechenbeispiele:

Unbesäumte Bretter

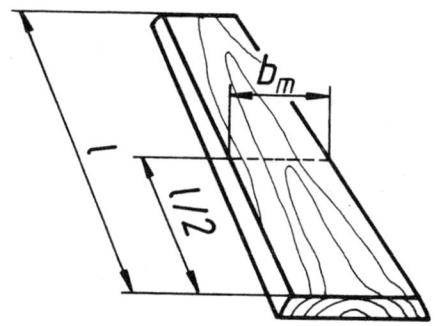

Fläche: $A = l \cdot b_m$

b_m = mittlere Breite, auf der <u>linken</u> Brettseite gemessen

Es ist die Fläche eines unbesäumten Brettes zu berechnen. Die Maße wurden am Zopfende mit 34 cm am Stockende mit 46 cm und in der Länge mit 5,40 m ermittelt.

$A = l \cdot b_m$
$b_m = \dfrac{0{,}34 \text{ m} + 0{,}46 \text{ m}}{2} = 0{,}40 \text{ m}$
$A = 5{,}40 \text{ m} \cdot 0{,}40 \text{ m} = \underline{2{,}16 \text{ m}^2}$

Unbesäumte Bohlen

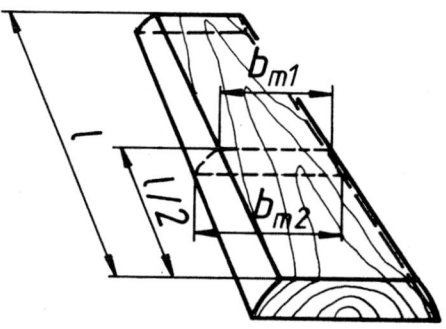

Fläche: $A = l \cdot b_m$
$b_m = \dfrac{b_{m1} + b_{m2}}{2}$

b_{m1} = mittlere Breite, auf der <u>linken</u> Bohlenseite gemessen
b_{m2} = mittlere Breite, auf der <u>rechten</u> Bohlenseite gemessen

Die unbesäumte Bohle hat eine Stärke von 55 mm. Die Mitte beträgt auf der rechten Seite 38 cm und auf der linken 31 cm. Die Bohle hat eine Länge von 4,85 m.

$A = l \cdot b_m$
$b_m = \dfrac{0{,}38 \text{ m} + 0{,}31 \text{ m}}{2} = 0{,}345 \text{ m}$
$A = 4{,}85 \text{ m} \cdot 0{,}345 \text{ m} = \underline{1{,}67 \text{ m}^2}$

3.7 Handelsformen

Blockware zeigt Bild 3.107. Die Bohlen und Bretter werden an ihrer Oberseite gemessen – die obere Hälfte des Blocks also auf der Schmalseite, die untere auf der Breitseite.

Vorratsware sind Querschnitte, die bevorzugt verwendet und daher im Sägewerk und Handel vorrätig gehalten werden. Für den Tischler und Holzmechaniker bedeutet dies kurze Lieferzeiten und Kosteneinsparungen.

Dimensionsware ist Schnittholz in nicht handelsüblichen, nur auf Bestellung gefertigten Abmessungen.

Listenware ist Schnittholz in normalerweise nicht vorrätigen Abmessungen.

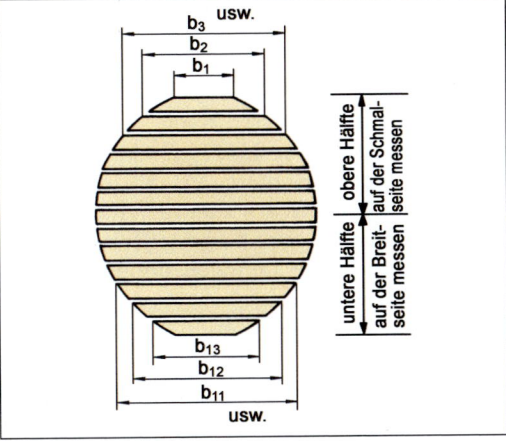

Bild 3.107 Blockware (Bloche)

Kanthölzer haben einen quadratischen oder rechteckigen Querschnitt mit Querschnittseiten von mindestens 6 cm.

Schnittholz-Handelsformen

- Bauschnittholz
  - Kantholz
  - Balken
  - Dachlatten
- Werkholz
  - Bohlen
- Halbfertigerzeugnisse
  - (Halbzeuge Halbfabrikate)
  - Brettschichtholz

Balken sind Kanthölzer, deren größere Querschnittseite mindestens 200 mm beträgt.

Dachlatten haben eine Querschnittfläche bis 32 cm².

Kanthölzer, Balken und Dachlatten werden in Holzlisten mit ihrer Breite und Höhe (durch Schrägstrich getrennt) angegeben. Dabei liegt halbtrockener Zustand zugrunde. Der mittlere Feuchtigkeitsgehalt darf also höchstens 30 % des Darrgewichts betragen (Fasersättigungsbereich). Tabelle 3.108 gibt die Abmessungen der Hölzer an.

Tabelle 3.108 Bauschnittholz-Abmessungen nach DIN 4070

Kantholz	A_{min} = 36 cm², A_{max} = 288 cm² 6/6, 6/8, 6/12, 8/8, 8/10, 8/12, 8/16, 10/10, 10/12, 12/12, 12/14, 12/16, 14/14, 16/16, 16/18, 14/16 cm
Balken	A_{min} = 100 cm², A_{max} = 480 cm² 10/20, 10/22, 12/20, 12/24, 16/20, 18/22, 20/20, 20/24 cm
Dachlatten	24/48, 30/50, 40/60 mm

Bohlen (Dielen) sind mindestens 40 mm dick, ihre große Querschnittseite ist wenigstens doppelt so groß wie die kleine.

Bretter haben eine Dicke zwischen 8 und 39 mm und eine Breite von wenigstens 80 mm. Die Maße gelten bei 14 bis 20 % HF, also bei Lufttrockenheit. Die Normallängen liegen zwischen 1500 und 6000 mm bei Abstufungen von 250 und 300 mm. Bei Stamm- und Blockware beträgt die Abstufung 100 mm, bei Dimensionsware 10 mm. Die Tabelle 3.109 zeigt die Abmessungen.

Tabelle 3.109 Werkholz-Abmessungen

	Bohlendicke in mm	Bretterdicke in mm
Nadelholz, ungehobelt nach DIN 4071	44, 48, 50, 63, 70, 75, ±1,5; 63, 70, 75 ± 2	16, 18, 22, 24, 38 ± 1
Nadelholz, gehobelt nach DIN 4073		
Europäische Ware	41,5, 45,5 ±1	13,5, 15,5, 19,5 ± 0,5 9,5, 11, 12,5
Nordische Ware	40, 45 ± 1	14, 16, 19,5 ± 0,5
Laubholz, ungehobelt nach DIN 68372 bei 18 % HF	40, 45, 50, 55, 60, 65, 70, 75, 80, 90, 100	18, 20, 25, 30, 35

Beispiele

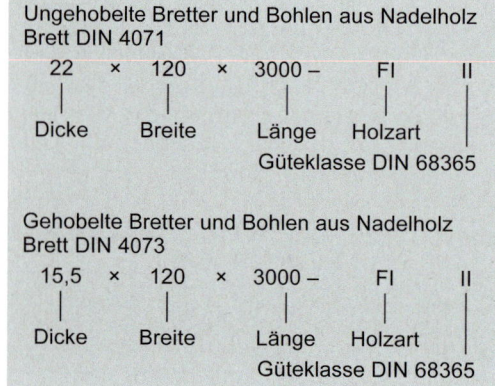

Tabelle 3.110 Güteklassen für Bauschnittholz nach DIN 4074

Güteklasse	I	II	III
Schnittklasse mind.	A	B	C
Tragfähigkeit	besonders hoch	gewöhnlich	gering

Schnitt- und Güteklassen für Bauschnittholz. DIN 4074 legt die Anforderungen fest. Für vielseitig und parallel geschnittenes Bauholz gibt es nach Breite der zulässigen Baumkante vier Schnittklassen (**3.**111). Die Güteklassen berücksichtigen Fehler und Krankheiten sowie Tragfähigkeit des Holzes (**3.**110).

Halbfertigerzeugnisse, auch Halbzeuge oder Halbfabrikate genannt, brauchen nur noch abgelängt und oberflächenbehandelt zu werden. Hergestellt werden sie für besondere Zwecke aus den gängigen Bauschnitthölzern. Ihre Abmessungen und Qualitäten sind weitgehend genormt. Wegen großer Stückzahlen lassen sie sich rationell und daher preisgünstig fertigen. Die Aufstellung **3.**112 gibt einen Überblick über Halbfertigerzeugnisse aus europäischen (nichtnordischen) Hölzern.

Brettschichtholz (BSH). Nach DIN 1052 besteht BSH aus mind. drei, beidseitig formparallel verleimten Brettern aus Nadelholz. Es wird in die Güteklassen I und II unterteilt. Es darf nur von Betrieben hergestellt werden, die eine entsprechende Leimgenehmigung erhalten haben (Leimlizenz).

Tabelle 3.111 Schnittklassen für Bauholz nach DIN 4074

Schnittklasse	Bezeichnung	Form, Abmessung	Darstellung am Ganzholzquerschnitt
S	scharfkantig	keine Baumkanten zulässig	
A	vollkantig	Baumkanten sind zulässig, ihre größte Breite darf $1/8$ der größeren Querschnittseite nicht überschreiten, von jeder Querschnittseite müssen mindestens $2/3$ von Baumkanten frei bleiben.	
B	fehlkantig	Baumkanten sind zulässig, ihre größte Breite darf $1/3$ der größeren Querschnitte nicht überschreiten, von jeder Querschnittseite muss mindestens $1/3$ von Baumkanten frei bleiben.	
C	sägegestreift	der Querschnitt muss auf allen vier Seiten durchlaufend von der Säge gestreift sein	

3.7 Handelsformen

Brettschichtholz darf bei der Herstellung nur eine Holzfeuchte von ≦ 15 % besitzen. Je nach späterem Anwendungsbereich werden die einzelnen Schichten mit unterschiedlichen Leimen (z. B. Bauteile, die der Witterung ausgesetzt sind, mit Resorcinharzleim) verbunden.

Vorteile von BSH: Hohe Holzqualität für höhere Beanspruchungen, Einsatzmöglichkeiten weit über die Verwendung von Vollholz hinausgehend, geringes Quell- und Schwundverhalten.

Die genormten Holzprofile sind in Bild **3.**113 abgebildet.

Tabelle 3.112 Halbfertigerzeugnisse

Art	Beschreibung und Abmessung in mm D = Dicke, B = Breite, L = Länge	
Gespundete Bretter (NH)	Bretter mit Nut und angehobelter Feder D 15,5, 19,5 ± 0,5; 25,5, 35,5 ± 1,0 B 95, 115 ±1,5; 135, 155 ± 2,0 L 1500 bis 4500 Stufung 250, 4500 bis 6000 Stufung 500^{+50}_{-25} DIN 68122	$S_1 = D$ $S_2 = 6$ $S_3 = 7 (6,5)$
Fasebretter (NH)	gehobelte und gespundete Bretter mit Nut und angehobelter Feder D 15,5, 19,5 ± 0,5 b 95, 115 ± 1,5 L wie gespundete Bretter DIN 68122	$S_1 = D$ $S_2 = 6$ $S_1 = 7 (6,5)$
Stülpschalungsbretter (NH)	gehobelte und gespundete Bretter mit Nut und angehobelter Feder D 19,5 + 0,5 B_1 115 ±1,5; 135,155 ±2,0 L wie gespundete Bretter DIN 68123	$b_1 = B$ $b_2 = 6$ $b_3 = 7 (6,5)$
Fußleisten (NH, LH)	zum Fugenabschluss zwischen Fußboden und Wand und zum Tapetenschutz **Beispiel** Fußleiste 15 × 73 × 3000 DIN 68125-FI	$b_1 = 73$ $S = 15$
Profilbretter mit Schattennut (NH, LH)	gespundetes Brett mit Nut und angehobelter Feder **Beispiel** Profilbrett DIN 68126 – 12,5 × 96 × 3000 – FI II $b_1 = 115 ± 1,5$ $b_3 = 7$ $S_1 = D$ $S_2 = 6$ $b_2 = 6$ $S_3 = 7 (6,5)$	
Akustikbretter (NH, LH)	gehobelte Bretter mit glatten oder genuteten Kanten für schallschluckende Verkleidungen von Wänden und Decken **Beispiel** Glattkantbrett 19,5 × 94 × 3000 DIN 68127-PIR(Redpine)	$b = 94$ $S = 19,5$
Balkenbretter (NH, LH)	vierseitig gehobelte Bretter, Kanten rechtwinklig (Form A), gefast (Form B) oder abgeschrägt (Form C) **Beispiel** Brett DIN 68128 – B 27 × 143 × 3000 – FI II	

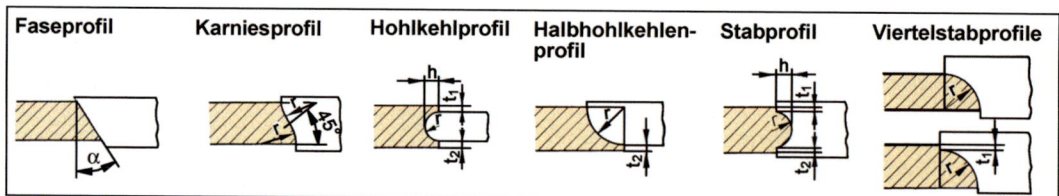

Bild 3.113 Holzprofile nach DIN 68120

3.8 Furniere und Furniertechnik

Arbeitsauftrag Nr. 18 Lernfeld TI, HM 5; FKU 6

- Um die Kunden zukünftig über Furniere und Furniertechniken beraten zu können, müssen Sie sich fundierte Kenntnisse zu diesem Thema erarbeiten.
  Erstellen Sie eine persönliche „Beratungsmappe – Grundwissen Furniertechnik".
  Die nachfolgenden Fragen sollen Ihnen bei der Arbeit helfen.
  Echtholzfurniere bieten die Möglichkeit einer optischen Aufwertung Ihrer Mappe.

1. Was sind Furniere? Wozu dienen sie?
2. Welche Gründe sprechen für die Verwendung von Furnieren gegenüber Vollholz?
3. Welche Herstellungsverfahren für Furniere kennen Sie? Erläutern Sie die Techniken.
4. Nach welchem Verfahren stellt man Furniere für Sperrholz her?
5. Warum dämpft oder kocht man das Holz vor der Verarbeitung?
6. Welche Bedingungen muss ein Lagerraum für Furniere erfüllen?
7. Warum darf die Reihenfolge der Furniere in den Paketen nicht geändert werden?
8. Was versteht man unter Deckfurnier?
9. Welche Aufgaben haben Blindfurnier und Absperrfurnier?
10. Was sagt DIN 4079 über die Furnierdicken aus?
11. Nach welchen Gesichtspunkten wählen Sie ein Furnier aus?
12. Warum bringt man vor dem Furnieren hochwertiger Möbel Vollholzkanten (Anleimer) an?
13. Was versteht man unter Stürzen der Furniere?
14. Wie bessern Sie eingerissene Furnierblätter, Wuchsfehler oder wellige Furniere aus?
15. Warum sollen Sie möglichst beide Seiten mit gleichem und gleich dickem Furnier bekleben?
16. Beschreiben Sie typische Verleimfehler und ihre Beseitigung.

Arbeitsvorschlag

- Der Besuch eines Furnierwerkes bietet die Möglichkeit Ihre Kenntnisse zu vertiefen und die Fertigung von Furnieren sinnlich zu erleben.

In den Museen finden Sie antike Möbel und Wandverkleidungen mit schmückenden Darstellungen aus verschiedenfarbigen Hölzern. Wenn Sie genau hinschauen, stellen Sie fest, dass diese Hölzer in Vertiefungen eingelegt sind. Die Kunst dieser Einlegearbeiten oder Intarsien stand einst in hoher Blüte. Schon vor mehr als 4000 Jahren war das Furnieren bekannt. Funde aus dem alten Ägypten zeigen, wie hervorragend die Handwerker die Furniertechnik beherrschten. Sogar die Herstellung von Sperrholz lässt sich im Altertum nachweisen. Auch im Mittelalter wurde furniert. Viele mit kunstvollen Intarsien versehene Möbel aus der Renaissance, dem Barock und Rokoko sind uns erhalten geblieben. Mit dem Messer oder Stecheisen arbeitete der Künstler Vertiefungen in die Holzoberfläche und füllte sie mit Hölzern, aber auch mit Metallen, Perlmutt, Bernstein oder Elfenbein. Heute stellt man Furniere in weitgehend automatisierten Industriebetrieben her.

Die Verwendung von Furnier stellt sowohl ökonomisch als auch ökologisch eine sinnvolle Nutzung des natürlichen Werkstoffes Holz dar. Der sparsame Umgang mit dem Naturprodukt Holz ist beeindruckend: so lassen sich aus einem Kubikmeter (m^3) Holz 16 komplette

Schlafzimmeroberflächen fertigen. Erzeugnisse werden damit für viele Menschen erschwinglich. Furnier ist gleichzeitig ein moderner Werkstoff mit einem hohen Gestaltungspotenzial.

Im Möbel- und Innenausbau werden heute vorwiegend Furniere für die Gestaltung der Oberflächen verwendet.

Gründe für das Furnieren
- Der Rohstoff Holz wird immer knapper und damit auch teurer.
- Massives Holz arbeitet, neigt also zum Reißen und Verziehen.
- Die dekorative Wirkung edler Hölzer lässt sich besser nutzen.
- Design- und Gestaltungsmöglichkeiten für den modernen Möbelbau
- Beachtung des Nachhaltigkeitsgebots unserer Rohstoffe

Bild 3.114   Rundholz auf dem Lagerplatz

3.8.1 Furnierherstellung und -arten

Zur Furnierherstellung ist nur ausgesuchtes Rundholz verwertbar. Geschulte Holzeinkäufer sind daher in der ganzen Welt unterwegs, um solche Stämme einzukaufen oder zu ersteigern. Alle Stämme werden im Werk gezeichnet, d.h. mit einer Nummer, mit Eingangsdatum, Herkunftsland und Maßangaben versehen (**3.**114). Die Stämme werden an den Hirnenden von den „Schmutzscheiben" getrennt, in die gewünschten Längen eingeteilt und entrindet. Auf der Blockbandsäge oder der Kreissäge richtet man den Stamm zu, trennt ihn also in Halb-, Drittel- oder Viertelblöcke (Quartiers) auf. Durch Kochen und Dämpfen in Dämpfgruben oder -kammern wird das Holz geschmeidig gemacht, damit man einen sauberen Schnitt erzielt. Einige Hölzer verändern beim Dämpfen mit gesättigtem Wasserdampf den natürlichen Farbton. Kochen beeinträchtigt den Farbton dagegen weniger. Bei der Herstellung unterscheidet man Sägen, Messern und Schälen.

Sägefurnier hat heute keine wirtschaftliche Bedeutung mehr. Bei diesem ältesten Verfahren werden die Furniere ohne Vorbehandlung (also auch ohne Verfärbung) vom Furniergatter in 1 bis 4 mm Dicke eben und daher rissefrei geschnitten.

Der Holzverlust durch den Sägeeinschnitt (50 % und mehr!) und der große Zeitaufwand erfordern einen hohen Preis. Daher wird Sägefurnier nur noch für besonders hochwertige und stark beanspruchte Teile in der Möbelrestauration und im Instrumentenbau verwendet. Geriegelter Ahorn wird nach dieser Technik für den Instrumentenbau aufgearbeitet.

Messerfurnier wird spanlos mit einem Messer vom Stamm geschnitten. Die auf der Blockbandsäge zugerichteten Stammabschnitte werden nach dem Dämpfen oder Kochen auf zwei Seiten glatt und parallel gehobelt, dann durch horizontale oder vertikale Messermaschinen in Furnierblätter zerlegt. Beim horizontalen Aufarbeiten gleitet das Messer waagerecht und im Schrägschnitt über den auf einem Tisch fest eingespannten Block und schneidet so etwa 50 Blatt in der Minute. Dabei werden vorwiegend größere Blöcke verwendet, Starkschnittfurniere und besondere Furniere (z. B. Pyramidenfurnier) erzeugt. Häufiger setzt man die vertikale Messermaschine ein. Hier bewegt sich der Stamm bis zu 100 Schnitten in der Minute senkrecht an einem feststehenden Messer vorbei. Je nach Zurichtung des Stammholzes erhält man beim Messern gefladerte (blumige) oder streifig gezeichnete Furniere. Messerfurniere krümmen sich beim Schneiden so stark, dass an der Unterseite Haarrisse auftreten. Idealerweise werden sie darum bei schmalen

Werkstücken mit der Unterseite aufgeleimt. Bei breiten Werkstücken werden durch Stürzen der Furnierblätter dekorative Flächen erzielt, die kaum sichtbaren Haarrisse werden durch die Behandlung der Oberfläche für den Laien nicht mehr sichtbar.

Wir unterscheiden 4 Methoden des Messerns:

Beim Flachmessern wird der Halbblock mit der Kernseite auf dem Tisch eingespannt. Je nach Schnittlage erhält man verschiedene Strukturen – von der lebhaften Fladerung der Außenseite bis zur schlichten Streifigkeit in Kernnähe (**3.**114a).

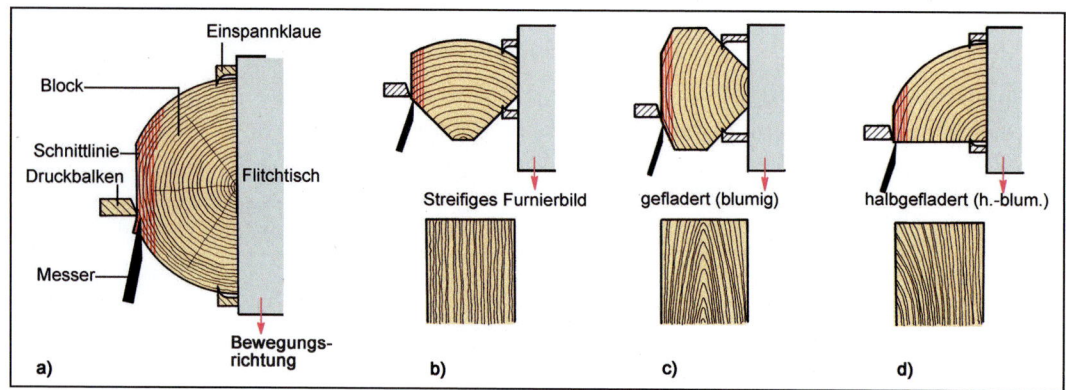

Bild 3.115 Messern
a) Flachmessern, b) Echt-Quartier-Messern,
c) Flach-Quartier-Messern, d) Faux-Quartier-Messern

Beim Echt-Quartier-Messern geht der Schnitt senkrecht zu den Jahresringen und ergibt daher eine streifige Struktur (**3.**115b).

Beim Flach-Quartier-Messern werden die Jahresringe flach angeschnitten. Das Ergebnis sind *Fladerstrukturen* (**3.**115c).

Beim Faux-Quartier-Messern (sprich: foh) schneidet man die Jahresringe nur an einer Seite flach an und erhält so Furniere mit einer *halbblumigen* Textur (**3.**115d).

Messerfurnier

- Flachmesser → verschiedene Strukturen
- Echt-Quartier-Messer → Streifenstruktur
- Flach-Quartier-Messer → Fladerstruktur
- Faux-Quartier-Messer → Halbblumentextur

Das Schälfurnier ist ein wirtschaftlich wichtiges Verfahren. Der gedämpfte oder gekochte Stamm wird zentrisch in die Maschine gespannt. Während er sich um seine Achse dreht, trennt ein feststehendes Messer ein zusammenhängendes Furnierband in der eingestellten Dicke ab. Das Furnierband wird sofort aufgewickelt oder zerteilt, die Schälgeschwindigkeit liegt bei max. 250 m/min. Man erhält Furniere mit unregelmäßig gefladerter Textur. Dünnschnittfurniere lassen sich bis 0,2 mm Dicke herstellen, für Stäbchensperrholz (stäbchenverleimte Tischlerplatten) schält man Furniere bis 10 mm Dicke ab. Auch hierbei gibt es verschiedene Techniken. Auf der Unterseite zeigen sich ebenfalls dünne Haarrisse.

Das Rund-Endlosschälen, das wir eben besprochen haben, wendet man hauptsächlich für großflächige Furniere zur Sperrholzherstellung an (**3.**116). Vorwiegend schält man ausländische Hölzer wie Abachi, Limba, Koto, Gabun und europäische wie Birke, Esche, Rotbuche, Tanne, Fichte, Kiefer und Pappel.

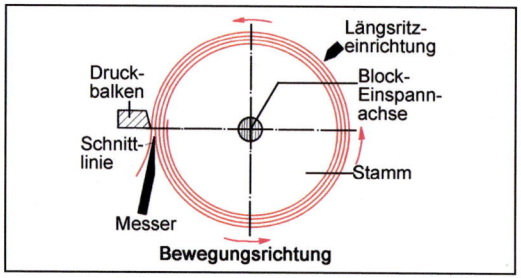

Bild 3.116 Rund-Endlosschälen

3.8 Furniere und Furniertechnik

Rundschälen Blatt für Blatt. Sollen hochwertige Holzarten geschält werden (z. B. Vogelaugenahorn, Rüster, Nussbaum, Esche, Myrte), wird der Block in Längsrichtung (*axial*) eingeritzt. Dadurch entsteht nach jeder Umdrehung des Stammes ein Blatt mit annähernd der gleichen Zeichnung des Vorblattes. Mit abnehmendem Durchmesser des Stammes verkürzen sich die Blattbreiten.

Beim Exzentrisch- oder Halbrundschälen spannt man den Block nicht in der Mittelachse (zentrisch), sondern außerhalb (*exzentrisch*) ein (**3**.117). Beim Drehen gegen das feststehende Messer werden Blätter abgeschält, deren Textur gemesserten Furnieren ähnelt.

Schälfurnier
- rund-endlos → zentrisch
- rund Blatt für Blatt axial eingeritzt
- halbrund → exzentrisch
- Stay-Log mit Flitches → zentrisch, mit Texturen

Trocknen und Beschneiden. Die gemesserten oder geschälten Furniere werden (z. B. im Bügeltrocknungsverfahren) auf 6 bis 8 % Holzfeuchte heruntergetrocknet um Verwerfungen und Risse, aber auch Verfärbungen oder Schimmelbildungen zu vermeiden.

Danach setzt man die Blätter der Reihe nach in Bündeln bzw. Paketen auf und besäumt bzw. beschneidet sie allseitig. Fehlerhafte Stellen durch Äste, Risse oder Farbabweichungen lassen sich dabei beseitigen. Die Pakete werden gebündelt, mit der Nummer ihres Stammes versehen und in der ursprünglichen Stammform aufgesetzt (**3**.119).

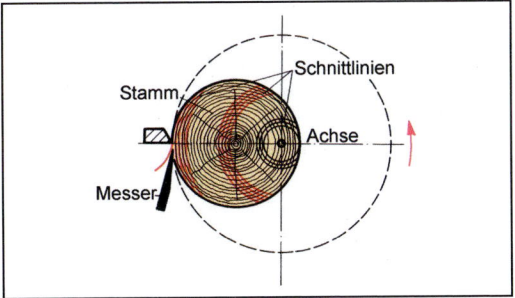

Bild 3.117 Exzentrisch- oder Halbrundschälen

Beim Stay-Log-Schälen spannt man den Stamm in den Stay-Log ein. Diese Spannbalkenvorrichtung ermöglicht einen größeren Schälradius und eine bessere Holzausnutzung, besonders bei geringerem Stammdurchmesser. Wie beim Messern kann man Stammsegmente (Flitches) einspannen und damit interessante Texturen erzielen (**3**.118).

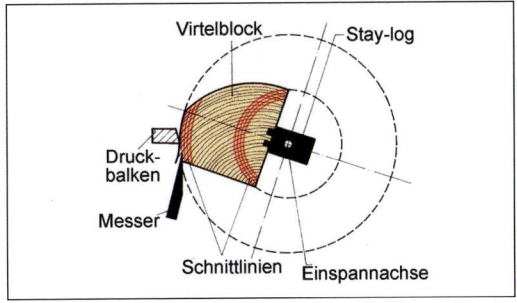

Bild 3.118 Stay-Log-Verfahren

Bild 3.119 Furnierlager

Taxieren und Lagern. Erfahrene Fachleute beurteilen die fertigen Furniere nach Gesamteindruck, Farbe, Zeichnung, Struktur, Fehlern und Verwendungsmöglichkeiten, um den Preis festzusetzen. Die Furnierpakete werden kühl (15 bis 20 °C) und mäßig trocken (10 bis 12 %) gelagert. In warmen und trockenen Räumen würden sie schnell austrocknen, brüchig und rissig, in feuchten Räumen dagegen stockig werden. Abdeckungen schützen sie vor Staub- und Lichteinwirkungen. Edelfurniere lagern wir in Regalen. Radial- und Maserfurnier lagert man zwischen Holzwerkstoffplatten, damit sie nicht wellig werden.

Normen und Arten. Nach der Verwendung unterscheidet man Deck-, Unter- und Absperrfurnier (3.120).

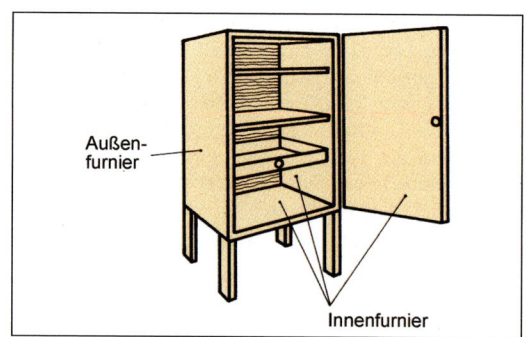

Bild 3.121 Außen- und Innenfurnierflächen

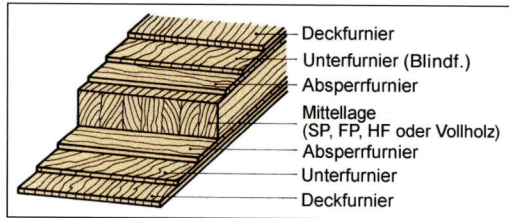

Bild 3.120 Aufbau einer furnierten Platte

Deckfurnier bildet die Sichtfläche furnierter Holzteile. Dabei bedeckt das *Außenfurnier* die äußeren Deckflächen, das *Innenfurnier* die inneren (3.120).

Unter- oder Blindfurnier liegt unter dem Deckfurnier. Es verhindert ein Reißen der Oberfläche und erhöht die Formstabilität.

Absperrfurnier ist die erste Furnierlage und stabilisiert die Form des Werkstoffs.

Als Deck- oder Außenfurnier finden wir auch *Maser-* und *Pyramidenfurniere*. Sie haben, wie die Namen sagen, eine bestimmte Maserung oder Textur. *Radialfurnier* verwendet man als Außenfurnier für runde Tischplatten. Nach dem Prinzip des Bleistiftspitzens schält man sie von kegelförmigen Stammteilen ab. Wurzelmaserfurniere werden aus den ausgekesselten Wurzelstöcken wertvoller Hölzer (z. B. Nussbaum, Kirschbaum) hergestellt.

Furnierverwendung
- als sichtbares Deckfurnier (Außen- und Innenfurnier)
- als Unter- oder Blindfurnier, um ein Reißen der Oberfläche zu verhindern
- als Absperrfurnier zur Stabilisierung

DIN 4079 legt die Furnierdicken und den zulässigen Feuchtigkeitsbereich (Messbezugsfeuchte 11 bis 13 %, bezogen auf das Darrgewicht) fest. Die Norm erfasst Dicken bis 1 mm. Größere Furnierdicken (z. B. für Absperrfurniere oder Mittellagen bis zu 10 mm) sind nicht berücksichtigt. Laubhölzer werden in Dicken von 0,50 bis 0,75 mm, Nadelhölzer von 0,90 bis 1 mm, Maserfurnier von 0,55 bis 0,65 mm gemessen.

Beispiel

Normgerechte Bezeichnung eines Messerfurniers (Langfurnier L) von 0,65 mm Dicke aus Eiche:

Messerfurnier L 0,65 DIN 4079 – EI

Design-Furniere (Finelinefurniere). Bei diesen industriell hergestellten Furnieren reicht die Produktpalette von exakt der Natur nachempfundenen Maserungen bis hin zu fantasievollen Strukturen in allen denkbaren Farbvariationen.

Herstellung. Zur Herstellung werden möglichst fehlerfreie Stämme ausgesucht und geschält. Die Furnierdicke ist abhängig von der späteren Verwendung. In der Regel finden weiche, helle Holzarten wie Pappel, Koto oder Ayous Verwendung. Für bunte Mehrschichtplatten werden die Furniere vollständig gefärbt und anschließend miteinander verleimt. In speziellen Pressformen erfolgt das Verpressen zu Blöcken. Durch Computerprogramme kann das Design festgelegt, Furnierschichten, Blockstärke, Pressformgeometrie und Schnittverlauf bestimmt werden. Auch nach Jahren ist es somit noch möglich, Furnier mit der gleichen Optik, ohne langes Suchen bei Furnierhändlern, zu finden.

Verarbeitung. Farbenfrohe Design-Furniere werden ähnlich wie natürliche Furniere verarbeitet. Der Klebevorgang muss unmittelbar vollständig nach Berührung des Klebers mit der Trägerplatte durchgeführt werden. Furniere, die zu lange in frischem Kleber liegen, können sich wellen. Dies gilt vor allem für Design-Furniere mit unterschiedlichen Faserverläufen wie z.B. Karo- oder Zickzack-Mustern.

Der Pressdruck sollte wie bei natürlichen Furnieren zwischen 20–40 N/cm² und die Presstemperatur nicht über 90 °C liegen. Die Pressplatten müssen bei der Abkühlung frei ausdampfen können, da die aus manchen Klebern austretenden Dämpfe bei längerer Einwirkung auf das Furnier Farbveränderungen zur Folge haben können. Die Platten sollten daher stehend, allseitig gut belüftet, abkühlen können. Geeignete Kleber sollten bei den Furnierherstellern erfragt werden. Bei der Verwendung von hellem Furnier ist dunkles Trägermaterial nicht empfehlenswert, da es durchschimmern kann. Steht jedoch nur dunkles Trägermaterial zur Verfügung, kann helles Unterfurnier, das mit 90° versetztem Faserverlauf aufgebracht wird, ein gelungenes Arbeitsergebnis ermöglichen.

Oft werden dunkle oder grobporige Holzarten verarbeitet. Ebenso wie bei diesen Holzarten findet bei Furnieren mit Vogelaugenstrukturen, die mithilfe von genoppten Pressplatten und anschließendem Messern der Blöcke parallel zur Furnierfuge hergestellt wurden, häufig eine eingefärbte Leimflotte Anwendung. Ein eventueller Leimdurchschlag kann kaschiert werden. Hierbei ist zu bedenken, dass möglicherweise Farbstoffe aus dem Kleber austreten, die die Farbe des Furniers verändern und bei der Lackierung Flecken verursachen können.

Schleifen und Lackieren. Je gröber die Körnung der beim Schleifen verwendeten scharfen Schleifpapiere/Schleifbänder ist, desto intensiver und kräftiger kommen beim Lackieren die Farben zur Geltung, da die Lacke im Gegensatz zu fein geschliffenen Flächen mehr in das Holz eindringen können. Die gleichzeitige Verwendung von hellem und dunklem Furnier in einer Fläche kann zu Problemen führen, da sich vorwiegend der dunkle Schleifstaub in den Poren des hellen Holzes absetzen kann. Dies kann zu Flecken oder unscharfen Rändern am Übergang zu einem anderen Furnierbereich führen. Ein sorgfältiges Absaugen der geschliffenen Flächen ist unabdingbar.

Für die Herstellung von Design-Furnieren werden heute ökologisch und gesundheitlich unbedenkliche Farben verwendet. Unverträglichkeiten von Farbstoffen und Lösungsmitteln können zu Farbausschwemmungen und Vergilbungen führen. Farbgebung, Grundierung und Endlackierung sollten an einem Probestück getestet werden. Lacke mit UV-Filter schützen Holz und Farben vor Farbveränderungen durch zu intensives Licht.

3.8.2 Furnieren

Beim Furnieren wird eine dünne Holzschicht auf eine Trägerplatte aus Holz oder Holzwerkstoff geleimt.

Auswahl. Der Fachhandel bietet eine reiche Auswahl an Hölzern zum Deck-, Blind- und Absperrfurnieren – mehr als 200 Arten stehen für alle Anforderungen (Verwendungszweck, Beanspruchung, Aussehen) zur Verfügung.

Auch Trägerplatten aus Holz und Holzwerkstoffen gibt es in großer Auswahl. Vor allem nimmt man Sperrholz-, Span- und Holzfaserplatten.

Vorbereitung. Die Trägerplatte oder Mittellage muss sauber und eben sein. Unebenheiten zeichnen sich auf der furnierten Fläche ab, Verunreinigungen verursachen Verleimfehler. Bei Holzwerkstoffen müssen die Kanten verdeckt werden. Bei hochwertigen Möbeln empfiehlt es sich, vor dem Furnieren Anleimer aus Vollholz anzubringen (Vollholzkante), damit keine Fugen zwischen Furnier und Anleimer sichtbar werden (**3.**122).

Meist versieht man die Kanten mit Furnierumleimern oder Kunststoffumleimern, die in der Regel mittels Kantenleimmaschine aufgeleimt werden. Bei sehr dünnen Deckfurnieren oder bei Papierverwendung wird die Trägerplatte vor dem Furnieren geschliffen.

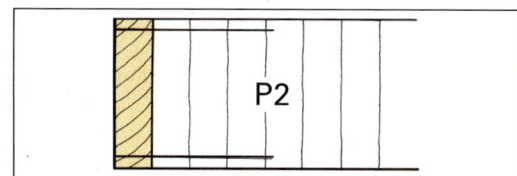

Bild 3.122 Überfurnierter Kantenleimer aus Vollholz

Stürzen. Die Furnierblätter sind in der Reihenfolge zu verarbeiten, wie sie vom Stamm abgenommen wurde. Nur dann ergibt sich ein einheitliches und gleichmäßiges Bild. Wenn die Oberfläche schlicht gezeichnet ist, leimen wir die Furnierblätter mit der Unterseite auf (**3.**123a). Damit verdecken wir Haarrisse. Bei blumigen, gefladerten Furnierbildern muss dagegen jedes zweite Blatt umgeklappt werden (**3.**123b). Dieser Vorgang heißt Stürzen und ergibt eine spiegelbildliche Wirkung.

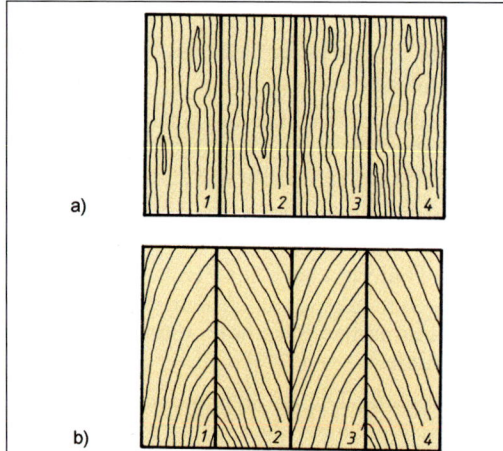

Bild 3.123 Furnieranordnung
 a) streifige Zeichnung, rissefreie Seite oben
 b) gefladerte Zeichnung, Blatt 2 und 4 gestürzt

Furnierfehler können bei der Herstellung oder Lagerung auftreten. Eingerissene Furnierblätter bessert man leicht durch Überkleben der Risse aus. Äste, Wuchsfehler oder Flecken lassen sich mithilfe eines Ausschlageisens entfernen und ausflicken. Vermesserte und durch Fehler beim Dämpfen verfärbte Furnierblätter müssen jedoch aussortiert werden.

Wir erkennen die vermesserten, dünneren Zonen, wenn wir das Blatt gegen das Licht betrachten. Wellige Furniere werden kurzzeitig in der beheizten Presse geglättet.

Fügen. Die Furniere werden von Hand oder mit Maschinen mit möglichst wenig Verschnitt zugeschnitten, gefügt und zusammengesetzt. Für den Zuschnitt kleiner Mengen von Hand dienen die Furniersäge oder/und das Intarsienmesser (**3.**124).

Bild 3.124 Zuschneiden mit der Furniersäge

Damit sich die Blätter möglichst fugenlos zusammensetzen, werden sie „gefügt". Dazu spannen wir sie zwischen Leisten ein und begradigen sie auf der Abricht-Hobelmaschine oder mit der Raubank (**3.**125).

Bild 3.125 Fügen mit der Raubank

3.8 Furniere und Furniertechnik

Zusammensetzen. Nach dem Fügen setzt man die Blätter zusammen. Je passgenauer, also dichter sie aneinander gereiht werden, umso eher vermeidet man unschöne Fugen und Ritzen auf der Oberfläche. Fugenpapier (Klebstreifen, von Hand oder maschinell aufgeklebt) verbindet die Blätter miteinander. Bei der industriellen Fertigung übernimmt die Furnierzusammensetzmaschine diese Aufgabe mit Fugenpapier, Leim oder Leimfäden.

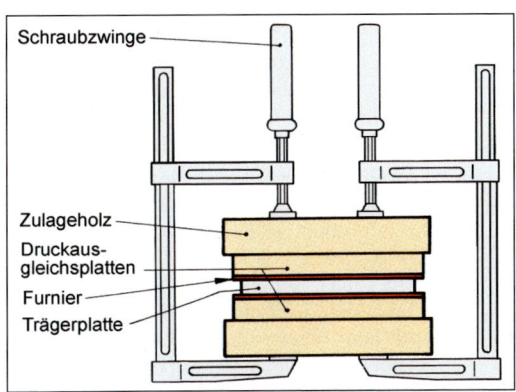

Bild 3.128 Furnieren von Hand

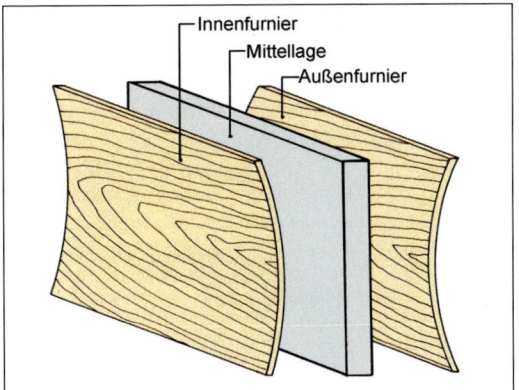

Bild 3.126 Furnieren einer Trägerplatte

Bild 3.129 Furnier-Etagenpresse

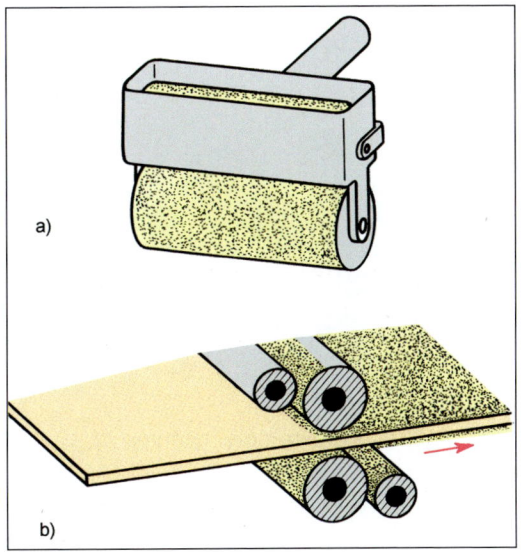

Bild 3.127 Leimauftrag a) mit Leimroller, b) mit Vierwalzen-Leimauftragsmaschine

Aufleimen. Nach dem Prinzip des Absperrens (s. Abschn. 3.9.1) wird die Trägerplatte oder Mittellage beidseitig mit der Furnierschicht beleimt. Damit sie sich nicht verzieht, verwenden wir auf beiden Seiten die gleiche Furnierart und -dicke (**3.**126). Je nach Leimart arbeitet man im Kalt-, Warm- oder Heißverfahren. Bei kleinen Flächen presst man das Furnier mittels Zwingen zwischen Druckausgleichsplatten oder hydraulisch auf (**3.**128). Der Leim ist genau nach Herstellerangabe zu verarbeiten. Man trägt ihn mit dem Kunststoff-Leimkamm (Zahnspachtel), dem Leimroller oder einer Leimauftragmaschine dünn und gleichmäßig auf (**3.**127).

Die rationelle Flächen-Furnierarbeit erfolgt mit der Hydraulischen Furnierpresse (**5.**103) oder bei hohen Stückzahlen mit der Furnier-Etagenpresse (**3.**129).

Verleimfehler entstehen durch unsachgemäßen Leimauftrag:

- Zu wenig Leim oder ungleichmäßiger Pressdruck führen zu ungeleimten Flächen, zu *Kürschnern* (**3.**130a). Diese Stellen müssen aufgeschnitten und neu verleimt werden.
- Zu viel Auftrag von zu dünnem Leim, fehlerhafte oder zu grobporige Furniere oder aber ein zu hoher Pressdruck können zu *Leimdurchschlag* führen (**3.**130b). Bei einem PVAC-Leim (Weißleim) lässt sich der Leimdurchschlag unmittelbar nach dem Pressen durch Bürsten entfernen – nicht aber bei Kondensationsleimen (Harzen)! Zur Vorbeugung empfiehlt es sich hier, die Leimflotte in der Holzfarbe einzufärben.

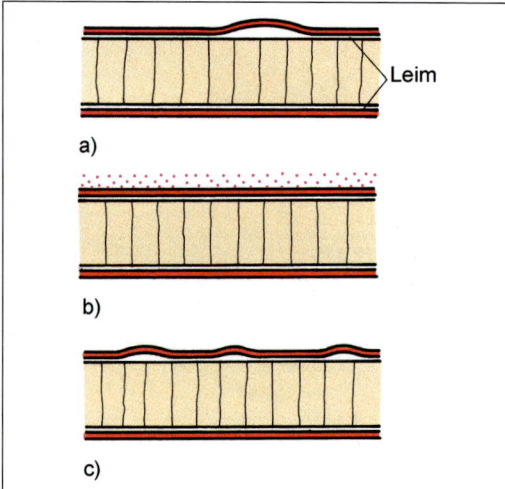

Bild 3.130 Verleimfehler
a) Kürschner,
b) Leimdurchschlag,
c) Leimwülste

3.8.3 Furnierbearbeitungswerkzeuge

Bevor Furniere bearbeitet werden, ist Feuchtigkeit, Farbe und Zustand (eben oder wellig) zu prüfen. Der Feuchtegehalt sollte zwischen 6 bis 10 % liegen. Wellige Furniere können in der Furnierpresse bei 40 °C, nach vorherigem Anfeuchten, mit geringem Druck eben gepresst werden. Zur Aufnahme der Feuchtigkeit dient eingelegtes färb- und druckfreies Papier.

Zur Furnierbearbeitung im engeren Sinne gehören das Zuschneiden, Anfügen, Ausflicken und Verkleben.

Die Furniere werden schneidend getrennt, ohne dabei zerspant zu werden.

Die **Furniersäge** (Tab. **4.**36) dient dem gröberen Längs- oder Querschnitt. Die Säge, deren Zahnspitzen auf Zug arbeiten und seitlich angeschliffen sind, wird entlang eines Anschlagslineals gezogen.

Der Fugen- und Streifenschneider (**3.**131) wird zum absolut genauen Längs- und Querschneiden verwendet. Die Fugen können ohne Nachhobeln sofort gefügt oder geklebt werden.

Mit dem Furnieraderschneider (**3.**132) können Furnieradern verschiedener Breite und Tiefe passgenau geschnitten und ausgeräumt werden. Beliebige Radien, Bögen oder Randabstände sind einstellbar und bei voller Sicht auf Vorschneider und Räumer ausschneidbar.

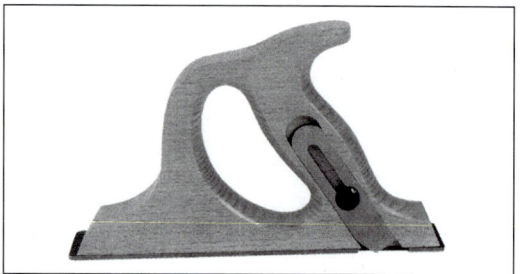

Bild 3.131 Fugen- und Streifenschneider

Bild 3.132 Furnieraderschneider

Das Furnier-Ausschlageisen (Lochstanze) wird zum Ausflicken (Ausstanzen) von Fehlstellen eingesetzt. Die Ausflickstelle sollte vorher durch Klebestreifen quer zur Faserrichtung des Furniers an den Rändern gegen Einrisse gesichert werden.

3.9 Plattenwerkstoffe

> **Arbeitsauftrag Nr. 19 Lernfeld TI, HM 2, 4; FKU 6**
> - Halten Sie einen Kurzvortrag zum Thema „Plattenwerkstoffe" vor der Klasse. Bereiten Sie sich mithilfe der „Konfettimethode" vor.
>   Die folgenden Fragen dienen als „Konfettistreifen", welche für den Vortrag beantwortet und zu einem Gesamtbild (Pinnwand, Plakat) gefügt werden müssen.
>   Verteilen Sie die Konfettistreifen (Fragen) im Losverfahren. Arbeiten Sie einheitlich auf DIN-A4-Blättern.
>   1. Welche Bedeutung haben Holzwerkstoffe in der Möbelfertigung?
>   2. Welche Eigenschaften der Holzwerkstoffe stechen gegenüber Vollholz hervor?
>   3. Was versteht man unter Sperrholz? Woher kommt der Name?
>   4. Aus welchen Hölzern fertigt man Furniersperrholz?
>   5. Erläutern Sie die Herstellung von FU.
>   6. Für welche Zwecke wird Furniersperrholz verwendet?
>   7. Wie stellt man KP her? Wozu verwendet man es?
>   8. Wodurch unterscheiden sich ST, STAE und SR?
>   9. Nennen Sie Eigenschaften und Verwendungsmöglichkeiten von ST und STAE.
>   10. Sie sollen zwei Briefkästen aus Sperrholz bauen, einen für außen, den anderen für innen. Welchen Normtyp wählen Sie jeweils?
>   11. Erläutern Sie den Einsatz von Sperrholzformteilen.
>   12. Woraus bestehen Holzspanplatten?
>   13. Erläutern Sie anhand einer Skizze den Aufbau einer dreischichtigen Flachpressplatte.
>   14. Wodurch unterscheiden sich Flachpressplatten von Strangpressplatten? Welche Arten sind Ihnen bekannt?
>   15. Was versteht man unter kunststoffbeschichteten dekorativen Flachpressplatten? Wofür verwendet man sie?
>   16. Warum ist die Begrenzung der Formaldehydkonzentration wichtig?
>   17. Erläutern Sie Aufbau und Herstellung von HB und MDF.
>   18. Wie erhalten Holzfaserplatten ihre Härte?
>   19. Was ist Schichtholz?
>   20. Welche Plattenwerkstoffe sind Ihnen bekannt, denen kein Holz, sondern andere Grundstoffe zugrunde liegen?
>   21. Nennen Sie Eigenschaften und Verwendung von HPL-Platten.
>   22. Wofür verwendet man Hartschaumplatten?
>
> Orientieren Sie sich bei der Gestaltung des Gesamtbildes an der nachfolgenden Übersicht der Plattenwerkstoffe.

Zu den Plattenwerkstoffen zählen die Holzwerkstoffe, die Kunststoffe, Gipskartonplatten und viele andere, wie die umseitige Übersicht zeigt.

Welche Werkstoffe werden in Ihrem Betrieb hauptsächlich verwendet? Wie groß sind etwa die Anteile von Vollholz und Holzwerkstoffen? Tatsächlich verarbeitet man heute erheblich mehr Holzwerkstoffe als Vollholz. In Deutschland werden jährlich rund 8 Mio. m^3 Spanplatten, 630.000 m^3 Faserplatten (einschl. MFB (MDF)) und rund 320.000 m^3 Sperrholz produziert. Einer Schätzung nach wurden die rund 140 Mio. m^2 Spanplatten zu 56 % im Möbel- und Innenausbau, 35 % im Bauwesen und 9 % für andere Zwecke eingesetzt.

Holzwerkstoffe können somit wichtige Aufgaben bei der Erfüllung verschiedener Bedürfnisse der Menschen übernehmen. Ohne sie wäre die Versorgung mit wesentlichen Gütern unserer Gesellschaft stark reduziert und viel zu teuer. Ihre Grundlage bildet das stetig nachwachsende heimische Holz, insbesondere Durchforstungs- und Schwachholz, aber auch Bearbeitungsreste aus Säge- und Hobelwerken und seit einiger Zeit auch in gewissen Mengen sauberes Gebrauchtholz. Holzwerkstoffe ermöglichen einen schonenden Umgang mit dem Rohstoff Holz, der Energieaufwand zur Herstellung ist relativ gering, Entsorgungsprobleme werden zusehends unproblematischer.

Leichte Bearbeitung, einfache Herstellung von Verbindungen, eingeschränktes „Arbeiten" und gute mechanische Eigenschaften sind weitere Gründe, die Holzwerkstoffe in vielen Bereichen dem Vollholz vorzuziehen. Die ständige Weiterentwicklung der Holzwerkstoffe verlangt eine Anpassung der entsprechenden DIN-Normen. Im Rahmen der Verwirklichung des gemeinsamen Binnenmarktes in Europa ist mit der Herausgabe von weiteren Euro-Normen (EN) zu rechnen.

Die Auswahl richtet sich nach dem Verwendungszweck und der vorgesehenen Beschichtung (z. B. Furnier oder Kunststoff), der Oberflächenbehandlung und den Kosten.

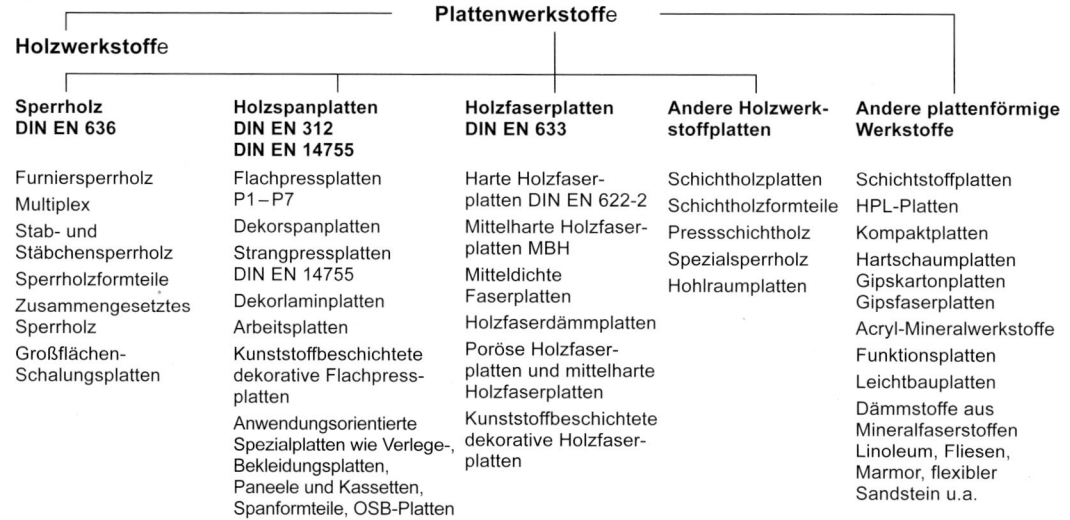

3.9.1 Sperrholz

Weil Holz hygroskopisch ist (s. Abschnitt 3.3.5), können wir sein Schwinden und Quellen niemals völlig ausschließen. Wenn wir es jedoch in Schichten zerlegen und diese erneut unter Wechsel der Faserrichtung zusammenbringen (verleimen), erhalten wir alle Vorzüge des gewachsenen Holzes, verringern aber das Arbeiten.

> Als Sperrholz werden alle Platten aus mindestens drei übereinander liegenden Holzlagen bezeichnet, deren Faserrichtung jeweils um 90° zueinander versetzt ist.

Durch die kreuzweise Anordnung schränken die Lagen gegenseitig ihr Schwinden und Quellen ein – sie „sperren" unerwünschte Bewegungen. Die einzelnen Lagen können aus Furnieren (in der Regel Schälfurnieren), Stäben aus Vollholz oder Stäbchen aus Furnier bestehen.

Sperrholz wird je nach Verwendungszweck und Eigenschaften in Furnier-, Stab- und Stäbchensperrholz und Sonderprodukte unterteilt.

Bei Furniersperrholz nach EN 636 (Furnierplatten, FU) bestehen alle Lagen aus Furnieren. Die Mindestzahl von drei Lagen sichert, dass sich die Platten nicht werfen (**3.**133). Die Decklagen zu beiden Seiten der Mittellage sind symmetrisch angeordnet, vielfach ist die Mittellage dicker als die Decklagen. Durch das Aufbauprinzip (3, 5, 7 oder mehr Lagen) entsteht eine ungerade Lagenzahl. Bei geraden Zahlen liegen die beiden mittleren Schichten parallel zueinander. Die Furnierdicke schwankt zwischen 0,5 und 5 mm. Je nach Leimart werden die Furniere auf 6 bis 10 % Holzfeuchte heruntergetrocknet, auf das gewünschte

3.9 Plattenwerkstoffe

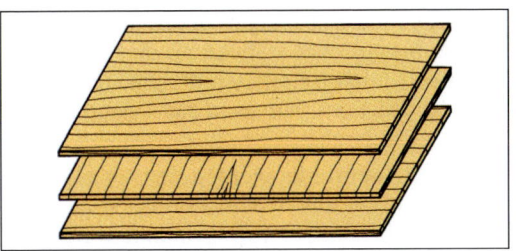

Bild 3.133 Aufbau und Herstellung von Sperrholz

Format zugeschnitten, Fehler ausgebessert. Leimauftragsmaschinen bringen den Klebstoff auf. Die zur Platte zusammengelegten Furniere werden maschinell bei etwa 170 °C gepresst, anschließend besäumt, geschliffen und nach Qualität der Deckfurniere sortiert. Zur Herstellung von Sperrholz dienen in Deutschland vorwiegend Fichte, Buche, Birke und Pappel, daneben einige ausländische Hölzer wie Gabun, Limba, Abachi. Furniersperrholz wird im Möbelbau u.a. für Rückwände, Schubkastenböden und Füllungen, aber auch für Wand- und Deckenverkleidungen eingesetzt. Es lässt sich gut bearbeiten, beschichten und furnieren. Gegenüber Vollholz hat es höhere Form und Maßbeständigkeit.

Die Klassifizierung erfolgt über ihre Beständigkeit gegen Feuchtigkeit in:
Furnierschichtholzplatten LVL/1 = Verwendung im Trockenbereich
Furnierschichtholzplatten LVL/2 = Verwendung im Feuchtbereich
Furnierschichtholzplatten LVL/3 = Verwendung im Außenbereich
Für Sonderzwecke hält der Handel entsprechende Furnierplatten bereit:

Sternholz (SN) sind Furnierplatten, bei denen die Faserrichtung benachbarter Furnierlagen einen spitzen Winkel bilden. SN bestehen aus mindestens 5 Lagen und werden vorwiegend im Maschinenbau für Zahnräder und Riemenscheiben verwendet.

Bau-Furniersperrholz (BFU) setzt man für tragende Zwecke im Bauwesen und im Innenausbau ein.

Bau-Furniersperrholz aus Buche (BFU-BU) nach DIN EN 636–(1-4) G/S (DIN 68705), ist besonders hochwertiges Sperrholz für tragende Zwecke im Bauwesen, für Maßnahmen im Innenausbau und andere mehr.

Multiplexplatten sind Furnierplatten mit mehr als 5 Lagen und Dicken über 12 bis 80 mm. Sie werden vor allem im Modellbau eingesetzt, aber auch für Möbelgestelle und Werkstatt-Arbeitsplatten.

Stab- und Stäbchensperrholz nach DIN EN 636–(1-4) G/S oder DIN EN 636–(1-4)S (früher Tischlerplatte) besteht aus der Mittellage und mindestens zwei parallel liegenden Absperrfurnieren. Nach dem Absperrprinzip sind die Lagen kreuzweise angeordnet. Bei 5 Lagen wird das Absperrfurnier noch mit einem Deckfurnier versehen, dessen Faser parallel zur Mittellage verläuft. Je nach Ausbildung der Mittellage heißen die Platten:

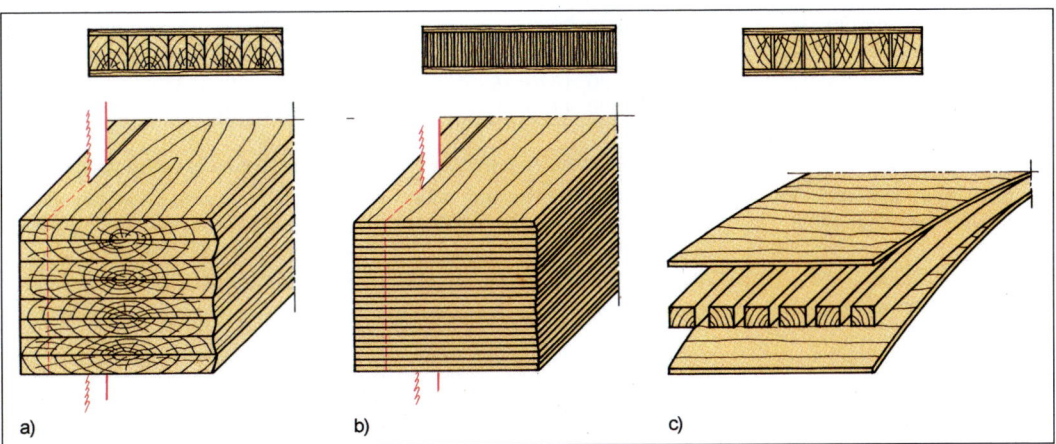

Bild 3.134 Aufbau von Stab- und Stäbchen-Sperrholz
a) Stabsperrholz (ST), b) Stäbchensperrholz (STAE), c) Streifenplatte (SR)

Stabsperrholz (ST) mit gesägten, plattenförmig aneinander geleimten Holzleisten von 24 mm Breite, höchstens 30 mm. Stabsperrholz wird nur noch selten im Blockverfahren (**3.134a**) hergestellt. Heute bildet man vorwiegend die Mittellage durch (oft punktweises) Verleimen von Brettstäben in einer sogenannten „Leisten-Zusammensetzmaschine". **Stäbchensperrholz (STAE)** mit plattenförmig aneinander geleimten Stäbchen aus 5 bis 8 mm dicken Rundschälfurnieren (**3.134b**).

Streifenplatte (SR) mit Holzleisten wie bei Stabsperrholz, jedoch nicht untereinander verleimt; nicht genormt (**3.134c**).

Bau-Stabsperrholz (BST) und Bau-Stäbchensperrholz (BSTAE) mit dicken Absperrfurnieren aus Buche oder Macore.

Für Mittellagen verwendet man vorwiegend Fichte, Kiefer, Abachi, Pappel und Limba, für Absperrfurniere Rotbuche, Limba, Abachi, Fichte und Erle. Platten aus Stab- und Stäbchensperrholz haben gute Biege-Eigenschaften und durch die stehenden Jahresringe der Holzleisten ein günstiges Schwind- und Quellverhalten. Sie sind gut zu bearbeiten, zu furnieren und haben ein geringes Gewicht. Im Möbel- und Innenausbau werden sie vielfach verwendet. Damit sich die Platten im Plattenlager nicht verziehen (durchbiegen), lagert man sie flach mit Bodenabstand oder stehend an der Wand. Die entsprechenden Bauplatten eignen sich vor allem für den Fertighausbau, für Container und Betonschalungen.

Sperrholzformteile werden in Spezialformpressen meist aus Rotbuchefurnier gefertigt und sind besonders formbeständig. Rückenlehnen und Sitze für Stühle, Gehäuse für Radios und Möbelteile bestehen daraus.

Beschichtetes Sperrholz wird angeboten mit fertigen Oberflächen aus Kunststoff-Folien, imprägniertem Papier und Kunstharzfilm-Überzügen oder beidseitig beplankt (beschichtet) mit Metallplatten(-folien).

Kunstharz-Pressholz (KP) besteht aus Furnierplatten (Rotbuche-Schälfurnier), die mit 10 bis 30 % Phenolharz angereichert und unter hohem Druck in hydraulischen Pressen zu Platten gepresst werden. Dabei verdichten sich die mit Harz gefüllten Poren. KP verwendet man für Formpressteile, Bohrschablonen und andere technische Zwecke.

Großflächen-Schalungsplatten aus Furniersperrholz nach DIN EN 636 (SFU) werden vorwiegend als Schalungsplatten im Betonbau eingesetzt.

Paneelplatten sind auf der Sichtseite z. B. edelholzfurniert und dienen zur Bekleidung von Wänden und Decken.

Tabelle 3.135 Sperrholz-Vorzugsmaße (DIN 4078)

Plattenart	Dicke in mm	Länge (in Faserrichtung) in mm	Breite (quer zur Faser) in mm
FU	4, 5, 6, 8, 10, 12 (gebräuchliche Lagermaße) 15, 18, 20, 22, 25, 30, 35, 40, 50, … (Multiplexplatten)	1220, 1250, 1500, 1530, 1830, 2050, 2200, 2440, 2500, 3050	1220, 1250, 1530, 1700, 1830, 2050, 2440, 2500, 3050
ST, STAE	13, 16, 19, 22, 25, 28, 30, 38	1220, 1530, 1830, 2050, 2500, 4100	2440, 2500, 3500, 5100, 5200, 5400

Furniersperrholz	Stab- bzw. Stäbchensperrholz	Zusammengesetztes Sperrholz
– alle Lagen aus Furnieren kreuzweise angeordnet	– Mittellage aus Holzleisten oder Schälfurnieren, Deck- und Absperrfurnier	– enthält mind. eine Lage, die nicht aus Furnier, Stäben oder Stäbchen besteht, nicht genormt
– z. B: FU, SN, BFU, KP, Multiplexplatten, Formsperrholz	– z. B. ST, STAE	– z. B. MB, P2
– für Wohn-, Sitzmöbel, Werkstatt- und Schultische, Einbauschränke, Wand- und Deckenbekleidungen, Verpackungen, Fahrzeugbau	– für Wohnmöbel, Einbauschränke, Regale	– für Möbel und Innenausbau

Die üblichen Klebstoffe für die Sperrholzherstellung sind Kunstharze, z. B. Harnstoff-, Melamin- und Phenol-Formaldehydharze. Sie besitzen unterschiedliche Resistenz gegen Feuchtigkeitseinfluss.

> **Einteilung nach der Verleimung (Klebung)**
> IF Verleimung nur beständig in Räumen mit im Allgemeinen niedriger Luftfeuchte. Nicht wetterbeständig.
> AW Verleimung beständig, auch bei erhöhter Feuchtigkeitsbeanspruchung. Bedingt wetterbeständig.

Einteilung nach Güteklassen. Sperrholz für allgemeine Zwecke wird nach Beschaffenheit der Deckfurniere in drei Güteklassen eingeteilt. Güteklasse 1 bezeichnet beste Qualität, 2 darf geringe, 3 größere Fehler aufweisen.

Unterschiedliche Güteklassen auf Vorder- und Rückseite der Platten sind üblich (z. B. 2–3).

Baufurnierplatten müssen den sogenannten Holzwerkstoffklassen 20, 100 oder 100 G angehören (s. Plattentypen Abschn. 3.9.2).

3.9.2 Holzspanplatten

Herstellung. Dünne Stämme (Durchforstungsholz), Äste sowie Reste aus Handwerk und Industrie (Späne, Schwarten, Furnierreste usw.) werden zu Spänen geschnitzelt (zerspant) und auf 3 bis 5 % Holzfeuchte heruntergetrocknet. Dabei ist der Hartholzanteil stetig zurückgegangen wegen der gesundheitsschädlichen Staubbildung. Im Mischer verbindet sich das Spanmaterial mit dem Bindemittel (6 bis 12 % synthetischer Klebstoff). Vorwiegend dient Harnstoffharz als Bindemittel, daneben Phenolharz und in zunehmendem Maß PMDI (ohne Formaldehyd). Das Spanmaterial wird durch Wurf oder Wind aufgestreut. In Etagen-, kontinuierlichen oder Kalanderpressen presst man die Formlinge unter hohem Druck bis 350 N/cm^2 und Temperaturen von 140 bis 240 °C zu Platten. Nach einigen Tagen der Reifelagerung werden die Platten besäumt und beschnitten.

Während Holzspanplatten ausschließlich aus zerspantem Holz bestehen, können Spanplatten auch holzartige Materialien, z. B. Flachs, enthalten.

> Holzspanplatten bestehen aus zerspantem Holz. Die Späne werden mit synthetischem Klebstoff versehen, in Schichten angeordnet und gepresst.
>
> Ihre Rohdichte liegt je nach Holzart und Plattendicke zwischen 0,55 und 0,75 g/cm^3.

Bei Flachpressplatten (P1–P7) liegen die Späne parallel zur Plattenebene (**3**.136b). Sie sind aus 1, 3 oder 5 Schichten aufgebaut oder mit stetigem Übergang hergestellt. Bei mehrschichtigem Aufbau bestehen die Deckschichten aus dünneren, feineren und höher verdichteten Spänen als die gröberen Mittelschichtspäne. Nach dem Herstellungsverfahren, dem Bindemittel und Zusätzen an Holzschutzmitteln unterscheiden wir:

> **Plattentypen nach DIN EN 312**
> **Anwendungsbereich**
> P1–P3 nicht tragend
> P4–P7 tragend

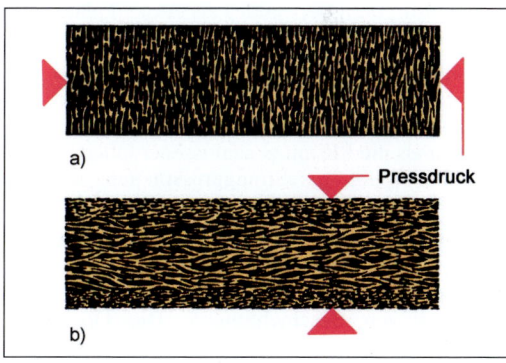

Bild 3.136 Spanlage bei Holzspanplatten im Querschnitt
a) Strangpressplatte,
b) Flachpressplatte

Abmessungen. Neben den handelsüblichen Dicken von 6, 8, 10, 13, 16, 19, 22 und 25 mm gibt es Dicken zwischen 3 und 80 mm. Die Breiten- und Längenabmessungen sind nicht genormt und je nach Hersteller unterschiedlich. Handelsüblich sind Breiten von 1250 bis 2600 mm und Längen von 2500 bis 5500 mm. Die Herstellverfahren erlauben praktisch den verschnittarmen Zuschnitt aller gewünschten Abmessungen.

Bei der Strangpressplatte nach DIN EN 13755 liegen die Späne vorwiegend senkrecht zur Plattenebene (**3**.136a). Nach diesem Verfahren, bei dem das Spänegemisch einschichtig zwischen zwei Heizplatten zu einem endlosen Plattenstrang gestopft wird (daher auch Stopfplatte), werden Vollplatten ES, ESL und Röhrenplatten ET, ETL gefertigt. Wir verwenden sie vorwiegend in der Türenfertigung als Einlagen, für Schallschluckplatten und in der Paneelfertigung. Strangpressplatten sind erhältlich als Rohplatten oder beplankte Platten. Die Beplankung mit Furnieren, Furniersperrholz oder Holzfaser-Hartplatten verbessert die Eigenschaften der Platten erheblich (Biegefestigkeit). Als Deck- oder Absperrfurniere werden u. a. verwendet: BI, BU, FI, KI, TA, MAC, LMB.

Sonderausführungen

Leichte Flachpressplatte (LF) mit oder ohne Beschichtung oder Beplankung mit höherer Schallabsorption; verwendet als Akustikplatte und zur Dekoration.

Strangpress-Röhrenplatten (LR oder LRD) sind beidseitig beschichtet oder beplankt. LRD hat eine durchbrochene Oberfläche und höhere Schallabsorption als die LR mit geschlossener Oberfläche. Außerdem gibt es Strangpressplatten für das Bauwesen und die Tafelbauart.

Kunststoffbeschichtete dekorative Flachpressplatten MFB nach DIN EN 14322 sind mehrschichtige, höher verdichtete Platten mit melaminharzgetränkten Beschichtungen. Die Oberfläche ist dekorativ und fleckenunempfindlich, ziemlich beständig gegen Laugen und Säuren, beständig gegen erhöhte Wärmeeinwirkung (Kochtopf) und gut zu pflegen. Verwendet werden MFB vor allem im Küchen-, Büro- und Labormöbelbau. Am besten eignen sich hartmetallbestückte Werkzeugschneiden beim Verarbeiten. Die Norm gilt für Platten bis 50 mm Dicke. Je nach Schichtdicke und Abriebwiderstand unterscheidet man dabei nach verschiedenen Anwendungsklassen.

Anwendungsorientierte Spezialplatten

Bekleidungsplatten, mit Nut- und Federprofil versehene, harnstoffharzverleimte Spanplatten meist der Normtypen DIN EN 312 P2, P3.

Paneele und Kassetten, auf der Oberfläche dekorativ veredelte Holzwerkstoffe, z. B. Spanplatten. Als Beschichtungen kommen Furnier, Kunststoff- und Metallfolien infrage. Fußboden-Verlegeplatten, Spanplatten des Normtyps P3.

Spanholz-Formteile (z. B. Werzalit), Formteile aus Spanholz, die in Stahlformen unter Zusatz von Melaminharz bei hohem Druck und Temperaturen um 170 °C gepresst werden. Sie eignen sich wegen ihrer Beständigkeit gegen Hitze, Witterung, Säuren und Holzschädlingen für Gartentischplatten, Tabletts, Außenverkleidungen, Zäune, Fensterbänke sowie für den Möbel- und Innenausbau (Kassettenplatten).

Holzwolle-Leichtbauplatten bestehen aus langfaseriger, längsgehobelter Holzwolle und einem mineralischen Bindemittel (Normzement, Baugips oder Magnesit). Nägel, Unterlagscheiben, Draht und andere Stahlteile zur Verarbeitung dieser Platten müssen verzinkt sein – sonst rosten sie. Holzwolle-Leichtbauplatten sind porös und haben daher gute Wärmedämmeigenschaften. Die raue Oberfläche macht sie zu ausgezeichneten Putzträgern. Verwendet werden sie als verlorene Schalung im Mantelbetonbau, im Flachdachbau, für schwimmende Estriche, leichte Trennwände, Rollladenkästen, wärmedämmende Schalen und Putzträger. Gefertigt werden sie in sechs Formaten: 52 cm breit, 2 m lang und 15, 25, 35, 50, 75, 100 mm dick. Zunehmend kombiniert man sie mit Schaumkunststoffen zu Mehrschicht-Leichtbauplatten, die die guten Eigenschaften beider Baustoffe vereinigen. Holzwolle-Leichtbauplatten werden nach DIN EN 13171 und DIN EN 13986 produziert.

Die zementgebundene Spanplatte ist ein Baustoff aus Nadelholzspänen (65 %), Portlandzement (25 %) und fertigungsbedingten Zutaten (z. B. Wasser). Die Dichte ist etwa 1,25 g/cm^3.

Bei der magnesitgebundenen Spanplatte sind Holzspäne und Magnesit gebunden. Die Dichte beträgt 1,05 bis 1,15 g/cm^3.

Beide Plattentypen eignen sich für Fußbodenerneuerungen, Feuchtraumverkleidungen bei erhöhten Anforderungen an den Schall- und Brandschutz. Sie lassen sich wie andere Holzspanplatten bohren, fräsen, sägen, furnieren, beschichten. Sie sind feuchtebeständig, unverrottbar, pilzbeständig, frei von chemischen Bestandteilen, geruchsneutral, schwerentflammbar, schalldämmend.

3.9 Plattenwerkstoffe

OSB-Platten (Oriented Strand Board) sind Spanplatten mit verhältnismäßig langen und breiten gerichteten Spänen und dadurch hohen Festigkeitseigenschaften in einer Richtung.

Nach DIN EN 300 wird nach folgenden Plattentypen und Kennzeichnungen unterschieden (siehe Tabelle **3.**137).

Tabelle 3.137 Holzwerkstoffe nach DIN EN 13968

Anwendungsbereiche		Spanplatten nach DIN EN 312	OSB-Platten nach DIN EN 300	Sperrholzplatten nach DIN EN 636	Massivholzplatten nach DIN EN 13353	Furnierschichtholz nach DIN EN 14374	Zementgebundene Spanplatten nach DIN EN 634-1/-2	Faserplatten, harte nach DIN EN 622-2	Faserpl., mittelharte nach DIN EN 622-3	Faserplatten, poröse nach DIN EN 622-4	Faserplatten, MDF nach DIN EN 622-5
nicht tragend	allgemeine Zwecke im Trockenbereich	P1	OSB/1	EN 636-1				HB	MBL und MBH	SB	MDF
	Inneneinrichtungen (Möbel) im Trockenbereich	P2	OSB/1			IF 20					
	nicht tragende Zwecke im Feuchtbereich	P3		EN 636-2				HB.H	MBL.H und MBH.H	SB.H	MDF.H
	allgemeine Zwecke im Außenbereich			EN 636-3				HB.E	MBL.E und MBH.E	SB.E	
tragend	tragende Zwecke im Trockenbereich	P4	OSB/2	EN 636-1	SWP/1	LVL/1	EN 634	HB.LA	MBH.LA1	SB.LS	MDF.LA
	tragende Zwecke im Feuchtbereich	P5	OSB/3	EN 636-2	SWP/2	LVL/2	EN 634	HB.HLA1	MBH.HLS1	SB.HLS	MDF.HLS
	hoch belastbare Platte für tragende Zwecke im Trockenbereich	P6							MBH.LA2		
	hoch belastbare Platte für tragende Zwecke im Feuchtbereich	P7	OSB/4					HB.HLA2	MBH.HLS2		
	tragende Zwecke im Außenbereich			EN 636-3	SWP/3	LVL/3	EN 634				

Span-Tischlerplatten vereinen die Vorteile beider Holzwerkstoffe. Die Mittellage besteht aus Stabsperrholz, während die Außenfurniere durch Flachpressplatten (Kalanderplatten) ersetzt werden. Das Material hat so die Festigkeitseigenschaften des Vollholzes im Inneren und die Feinporigkeit der Flachpressplatte im Deckbereich. Es wird im Möbel- und Innenausbau eingesetzt. Holzspanplatten sind nach DIN EN 1350-2 für feuerhemmende Bauteile (z. B. R30 (alt: F30) geeignet. Sie fallen in die Baustoffklasse B 2. Ihre Wärmeleitfähigkeit ist sehr gering (2 = 0,17), ihre Rohdichte liegt je nach der verwendeten Holzart zwischen 0,55 und 0,75 g/cm^3.

Formaldehyd ist ein bei höherer Konzentration in der Raumluft stechend riechendes Gas. Es entsteht durch Verbrennung organischer Substanzen (z. B. Zigarettenrauch, Autoabgasen, Ölfeuerungen) sowie im Stoffwechsel von Mensch, Tier und Pflanze.

Beispiele

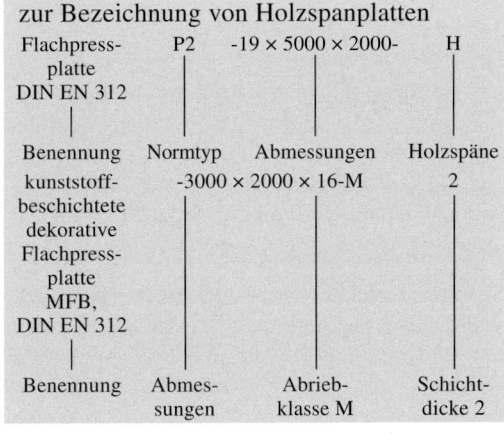

Beispiele

zur Bezeichnung von OSB-Platten und Kennzeichnung

Bezeichnung	OSB/1	OSB/2	OSB/3	OSB/4
Verwendung	Für allgemeine Ausführungen im Trockenbereich, Möbelbau, Innenausbau	Für tragende Ausführungen im Trockenbereich, Fertighausbau, Innenwände	Für tragende Ausführungen im Feuchtbereich	Hoch belastbare Platten für tragende Ausführungen im Feuchtbereich, Wände
Kennzeichnung durch Streifen	ein blauer Streifen	zwei blaue Streifen	ein weißer Streifen	zwei weiße Streifen

Die einfache chemische Verbindung besteht: aus Kohlenstoff, Wasserstoff und Sauerstoff (HCHO). Formaldehyd verwendet man als Reaktionskomponente für die Herstellung von Klebstoffen, Lackharzen, Textilimprägnierungen sowie direkt für Konservierungen und Desinfektionen.

Formaldehyd wirkt geruchsbelästigend und ist als krebsverdächtig eingestuft. Es reizt die Augen und Schleimhäute der Atemwege.

Für den Möbel- und Innenausbau dürfen nur Spanplatten der Emissionsklasse E1 (DIN EN 13986) (weniger als 0,01 % Formaldehydausdünstung) verwendet werden.

Flachpressplatten	Strangpressplatten	Sonderausführungen und anwendungsorientierte Spezialplatten
– Späne liegen parallel zur Plattenebene	– Späne liegen einschichtig senkrecht zur Plattenebene	– Flachpress- oder Strangpressplatten
– P2 (V20), P3 (V100), P3G (V100G), MFB (KF)	– ES, ESL, ET, ETL (SV,SR,SV1,SR1,SV2,SR2)	– LF, LR, LRD, L, Spanholz-Formteile, Paneele, Bekleidungsplatten, Verlegeplatten, OSB, Span-, Tischlerplatten
– Wohn-, Büro- und Küchenmöbel, Einbauschränke, Innenbekleidungen, Bauwesen, (Rohbau, Ausbau, Türen usw.)	– Türeinlagen, Spezialplatten	– zementgebundene Holzspanplatten (keine üblichen Spanplatten)
		– magnesitgebundene Holzspanplatten (keine üblichen Spanplatten)
		– Innenausbau, Bauwesen

Die Emissionsklasse E1

Sie kennzeichnet unbeschichtete und beschichtete Holzwerkstoffplatten, die geeignet sind, bei der Untersuchung im Prüfraum eine Ausgleichskonzentration von max. 0,1 ml/m^3 (ppm) Formaldehyd einzuhalten.

Die Emissionsklasse E1 b

Sie kennzeichnet unbeschichtete Holzwerkstoffplatten, die erst nach Beschichtung geeignet sind, ebenfalls eine Ausgleichskonzentration von max. 0,1 ml/m3 (ppm) Formaldehyd einzuhalten.

Der Emissionswert ppm bedeutet parts per million = Teile pro Million. 1 m^3 Luft = 100 cm × 100 cm × 100 cm = 1.000.000 cm^3. 1 ppm bedeutet: 1 Teil pro 1 Mio. Teile, also 1 cm^3 pro 1 Mio. cm^3.

Rohplatten (unbeschichtete Holzwerkstoffplatten) werden entweder werkmäßig mit melaminharzgetränktem Papier oder mit Deckfurnier beschichtet und lackiert. In jedem Fall muss die Eignung der Beschichtung den Richtlinien entsprechen.

3.9.3 Holzfaserplatten

Zur Herstellung werden Sägewerks-Resthölzer und Durchforstungsholz (Nadel- und/oder Laubholz), teils mechanisch, teils chemisch unter Dampfeinwirkung zerfasert. Bei dem vorwiegend angewendeten Nassverfahren mahlt man den Faserbrei und mischt zur Qualitätsverbesserung Chemikalien bei. Den Faserbrei formt man unter Zugabe von Kunstharzen zu großflächigen Platten und entwässert sie durch z.T. hohen Druck auf einem engmaschigen Sieb. Der Eigenharzgehalt des Holzes wirkt als Bindemittel. Je nach Plattenart (porös, hart, kunststoffbeschichtet) unterscheiden sich die Produktionsabläufe. Neuentwickelte Faserplatten wie MDF arbeiten im Trockenverfahren, ein Klebstoffzusatz zu den Fasern ist erforderlich.

Holzfaserplatten bestehen aus verholzten Fasern mit oder ohne Bindemittel-Zusatz.

Normtypen

Poröse Holzfaserplatten oder Holzfaser-Dämmplatten (HFD). Hier wird das Faservlies in Trockenkanälen getrocknet. Die vorgeformten Platten (Vlies) behalten dabei ihre Dicke und müssen nur noch auf die gewünschten Maße zugeschnitten werden. Die Rohdichte beträgt 230 bis 250 kg/m^3. Verwendet werden HFD als Akustikplatten (Dämmplatten) zum Luftschall- und Wärmeschutz. Löcher oder Schlitze in der Oberfläche vergrößern die schallabsorbierende Wirkung erheblich.

Poröse Bitumen-Holzfaserplatten (BPH) erhält man, indem man dem Faserbrei 10 bis 30 % Bitumen beimischt. Sie sind dadurch in besonderer Weise für den Einsatz in Feuchträumen geeignet. BPH 1 hat 10 bis 15 % Bitumen, BPH 2 15 bis 30 %.

Beispiel

zur Bezeichnung einer BPH 1				
Platte	12	× 2440 ×	1220	BPH 1 DIN 68752
|	|	|	|	|
Hersteller-angabe	Dicke	Länge	Breite	Normtyp

Für Harte Holzfaserplatten oder Holzfaser-Hartplatten HB (HFH) wird das Rohmaterial in hydraulischen Pressen unter hohem Druck (etwa 70 N/cm^2) und Temperaturen zwischen 180 und 210 °C gepresst. So erhalten die Platten ihr typisches Aussehen: eine sehr glatte Oberfläche durch Abdeckung mit einem hochglanzpolierten Blech und einer Unterseite mit gewebeähnlichem Siebdruck. In Kammern können die Platten bei etwa 160 °C mehrere Stunden nachgehärtet und dann zugeschnitten werden. Ihre Rohdichte liegt bei mehr als 800 kg/m^3. Wir verwenden HB (HFH) im Möbelbau und Innenausbau, als Rückwände oder Schubkastenböden. Außerdem nutzt man sie beim Beplanken von Spanplatten, als Verpackungsmaterial und bei der Türenherstellung.

Mittelharte Holzfaserplatten (HFM) werden im Nassverfahren ähnlich wie HFH hergestellt. Sie können beidseitig glatt produziert werden.

Mitteldichte Faserplatten (MDF) werden ähnlich den Spanplatten im Trockenverfahren hergestellt. Es handelt sich um Einschichtplatten mit einer höheren Verdichtung im Außenbereich. Verwendet werden nur Nadelhölzer im entrindeten Zustand (daher die helle Farbe). Für eine 16 mm dicke Platte wird ein Faserkuchen von nahezu 1 m Dicke aufgeschüttet und verpresst. Als Bindemittel dient vorwiegend Harnstoffharzleim.

Breitflächen (Oberflächen) und Schmalflächen (Kanten) sind geschlossen und können so, ähnlich dem Vollholz, profiliert werden. Die gute Fräsbarkeit ermöglicht die Herstellung von Softkanten. MDF-Platten eignen sich gut für Beschichtungen (Furnier, Papier, Kunststoff, flüssiger Lack u.a.). Rundungen und Kanten sind jedoch vor der Behandlung mit Oberflächenmaterialien vorzubehandeln (zu isolieren). Zum Bearbeiten müssen wegen des 25 % höheren Verschleißes der Werkzeugschneiden hartmetallbestückte oder Diamantwerkzeuge verwendet werden. Der feine Staub zwingt zu Vorsichtsmaßnahmen. Die Biegefestigkeit der Platten liegt bis doppelt so hoch wie bei Holzspanplatten, die Rohdichte bei > 600 kg/m^3.

MDF-Form sind industriell hergestellte, geschlitzte MDF-Platten die sich leicht biegen lassen. Es können große Formen und Radien ab 170 mm mithilfe einfacher Schablonen gefertigt werden.

Die geschlossene, homogene Oberfläche ist mittels Formteilen einfach zu furnieren. MDF-Form findet im gesamten Möbel- und Innenausbau vor allem für geschwungene Möbelfronten und andere gebogene Bauteile Verwendung.

Extraharte Holzfaserplatten HBI (HFE) stellt man her, indem man harte Holzfaserplatten nachträglich mit Öl tränkt und bei hohen Temperaturen mehrere Stunden lang nachhärtet. Sie werden vor allem dort eingesetzt, wo mit hoher Feuchtigkeit zu rechnen ist, ferner als Fußbodenbeläge und Betonschalungen.

Kunststoffbeschichtete dekorative Holzfaserplatten MFB (KH), HB sind harte Holzfaserplatten, die bei der Fertigung ein- oder beidseitig beschichtet werden. Die dekorativen Beschichtungen aus melaminharzgetränkten Papierfilmen ergeben einen festen Verbund mit der Trägerplatte. Vielfach wird in der Möbelindustrie auch die Lackplatte verwendet (flüssig beschichtete Hartplatte). MFB-Platten setzt man u. a. als Wandverkleidungen in Küchen und Bädern ein. Die Abmessungen gibt Tabelle 3.138.

Tabelle 3.138 Vorzugsmaße der Holzfaserplatten

Plattenart	Dicke in mm	Länge in mm	Breite in mm
MB (HFD)	5 bis 30	bis 6.000	bis 3.000
HB (HFH)	1,2 bis 6	bis 5.500	bis 2.100

Poröse (Bitumen-) Holzfaserplatten	Harte Holzfaserplatten	Kunststoffbeschichtete Holzfaserplatten
– MB (HFD)	– HB (HFH), MB (HFM), MDF, HBI (HFE)	– MFB (KH), HB
– für Schall- und Wärmedämmplatten, BPH in Feuchträumen und im Außenbereich	– für Möbelrückwände und Schubkastenböden, Türen, Verpackung; HB für Feuchträume und Fußbodenbeläge; MDF im Möbel- und Innenausbau	– für Wandverkleidungen in Küchen und Bädern, im Möbelbau

3.9.4 Schichtholz und Hohlraumplatten

Schichtholz (SCH) gehört zu den Furnierplatten, jedoch nicht zu den Sperrhölzern. Im Gegensatz zu diesen verlaufen beim SCH die (mindestens 7) Furnierlagen faserparallel. Bei dünnen Furnierlagen legt man ab und zu eine Querlage ein (z. B. an 5. oder 10. Stelle). Birke, Buche und Pappel eignen sich besonders für Schichtholz, das in Dicken zwischen 4 und 100 mm angeboten wird. Verwendet wird SCH im Flugzeug- und Maschinenbau, im Modell- und Sportgerätebau.

Im Gegensatz zu Schichtholzformholz federt Formschichtholz bei Belastung leicht nach.

Die Bruchfestigkeit in Richtung des Faserverlaufs liegt weit über der von Vollholz, in Querrichtung ist sie jedoch geringer. Formschichtholz wird daher bei hoch beanspruchten Teilen verwendet, die nur in eine Richtung gekrümmt oder belastet werden, wie es zum Beispiel bei Lattenrosten der Fall ist.

Schichtholzformteile unterscheiden sich vom Formsperrholz nur durch den gleichgerichteten Faserverlauf in den Furnierlagen,

Pressschichtholz (PSCH) s. Kunstharz-Pressholz in Abschn. 3.9.1.

Schichtholz ist nicht mit Mehrschicht-Sperrholz identisch! Normen, Typen und Abmessungen entsprechen denen des Furniersperrholzes.

Panzerholz. Dieses Holz ist ein aus Hartholzfurnieren bestehendes Sperrholz, das unter erhöhter Harzzugabe sehr stark verpresst wird. Hierdurch sind die hergestellten Platten extrem biegefest, hart, wasserfest und maßstabil. Sie finden Verwendung in verschiedenen Sicherheitsbereichen. Ab einer Materialdicke von 40 mm ist das Holz kugelsicher. Insbesondere Furniere aus Rotbuche in vergüteter, hoch verdichteter Form (Rohdichte 1,35 g/cm³) sind hierfür besonders geeignet. Weitere Anwendungsgebiete bietet der Einsatz in Form von Bolzen und Zahnrädern in Maschinenteilen. Auch die Transport- und Verkehrsindustrie nutzt im Formenbau und bei der Unterbodenkonstruktion der Formel-1-Rennwagen die Vorteile dieses Holzes.

Hohlraumplatten (HO) sind Verbundplatten aus einer Mittellage mit Hohlräumen und den beidseitig aufgebrachten Decklagen (-platten). Die Mittellage (bei Türen: Einlage) kann aus Latten- bzw. Leistenkonstruktionen (Holz und Holzwerkstoffe) bestehen oder aus Füllstoffen wie Papier, Schaumstoffen. Die Decklagen fertigt man aus Holzfaserplatten,

Flachpress-/Kalanderplatten, Spanplatten oder Furniersperrholz. HO-Platten werden im Möbelbau verwendet, vorwiegend aber für Sperrtüren (s. Abschn. 10.7.3).

3.9.5 Andere Plattenwerkstoffe

Zunehmend begegnen wir Kunststoffplatten. Daneben haben Gipskartonplatten ihre Bedeutung.

Schichtpressstoffplatten (HPL, früher DKS, DIN EN 438, T1) sind dekorative Kunststofferzeugnisse. Zur Herstellung dienen mit verschiedenen Harzen (Phenol-, Melaminharz) getränkte Papierbahnen. Bei hohem Druck und Temperaturen von 150 °C werden die Bahnen zu einer Kunststoffplatte verpresst (Duromere). Der Handel hält sie in vielen Farben und Mustern vorrätig. Die Dicken liegen bei 0,5, 0,8 und 1,0 mm, doch sind auch Sonderdicken lieferbar. HPL-Platten sind sehr hart, sehr druckfest, abwaschbar, wasserfest und unempfindlich gegen viele Chemikalien. Meist klebt man sie auf Spanplatten, Trägerplatten aus Stäbchensperrholz oder Furniersperrholz, Hartholz-Faserplatten, seltener auf Vollholz. Dazu eignen sich u.a. PVAC-Leime und Harnstoffharzkleber. Zum Bearbeiten von HPL-Platten sollte man nur hartmetallbestückte (HM-) Werkzeuge verwenden. Je nach Herstellungsart werden HPL-Platten unterschieden nach

- HPL = diskontinuierlich verpresste Schichtstoffplatten (auf stationären Pressen),
- CPL = kontinuierlich verpresste Schichtstoffplatten.

Plattenarten:
- Typ S für den allgemeinen Gebrauch
- Typ F schwer entflammbar
- Typ P nachformbare Platten

Verwendet werden HPL-Platten im Küchen- und Laborbau, für Türen, Trennwände und Verkleidungen.

Acryl-Holz-Verbundplatten stellen eine Verbindung von Kunststoffstreifen (Acryl) und Holzleisten dar. Die Dicke der einzelnen Streifen ist variabel. Nach der Verleimung werden die Oberflächen poliert, um die Transparenz der Acrylstreifen wieder herzustellen. Die Platten sind lichtdurchlässig und werden als Designmittel bei Möbel- und Zimmertüren, Tischplatten sowie Küchenmöbeln eingesetzt.

Hartschaumplatten entstehen durch Aufschäumen von Kunststoffen oder durch chemische Reaktion aus Polystyrol (PS) und Polyurethane (PUR). Sie sind in Verbindung mit anderen Werkstoffen als Verbundplatten oder als Styropor-, Poresta- und PUR-Schaumplatten im Handel und werden bei der Schall- und Wärmedämmung sowie im Kühlmöbelbau eingesetzt.

Gipskartonplatten sind beidseitig mit Karton (Pappe) gefertigte Gipsplatten, die in verschiedenen Stärken geliefert und im Innenausbau vielfach verwendet werden. Als Mehrschichtplatten kombiniert man Gipskarton- oder Gipsplatten häufig mit Hartschaumplatten. Verwendet werden die Platten als Wand- und Deckenverkleidungen (z. B. zum Verbessern der Wärmedämmung). Gipskarton-Bauplatten (GKB) sind nach DIN 18180 genormt

Gipsfaserplatten werden aus Naturgips und Zellulosefasern unter Zugabe von Wasser mit hohem Druck zu Platten gewalzt. Da keine chemischen Bindemittel enthalten sind, ist die Verwendung der Platten baubiologisch unbedenklich. Einsatzgebiete: Fußboden (Trockenestrich), Wand- und Deckenverkleidungen, im Feuerschutz- und Feuchtraumbereich und – als Verbundplatte mit Schaumkunststoff – im Schall- und Wärmedämmbereich.

Acryl-Mineralwerkstoffe (Mineral-Kunststoffplatten, Polymerwerkstoffe, Kunststein) wie Corian, Paracor, Askilan, Marlan, Varicor, Surell Wilsonart u.a. sind als Massivplatten und als Formteile erhältlich. Diese Werkstoffe sind porenlos, homogen, robust wie Stein und wie Holz zu verarbeiten und zu gestalten. Die thermische Verformbarkeit ist besonders hervorzuheben. Der Kunststein ist seidig und warm im Griff, lebensmittelecht, gegen Flecken unempfindlich, reinigungsfreundlich, wasserfest, schwer entflammbar, überdurchschnittlich schlagfest und weitgehend gegen Chemikalien resistent. Die Verklebung des Polymerwerkstoffes zu fast fugenlosen Werkstücken erfolgt mit dauerelastischen Spezialklebern, um die unterschiedlichen Längenausdehnungen der Beschichtungen und Trägerplatten ausgleichen zu können.

Aufgrund dieser hervorragenden Eigenschaften finden sie als Halbfabrikate im Küchenbau, bei Spülen, Lichtschaltern, in Bädern, aber auch im Ausbau von Objektbereichen in Hotels, Restaurants, Verkaufsläden, Arztpraxen, Krankenhäusern und WC-Kabinen im ICE Anwendung.

Asbestzementplatten werden, seit Asbestfasern als krebserregend erkannt wurden, mehr und mehr durch asbestfreie Plattenmaterialien ersetzt. Harmlose Stoffe mit gleichwertigen Eigenschaften finden u.a. Verwendung bei Dämmstoffen, im Brand-, Schall- und Feuchteschutz, bei Klebstoffen, im Beton- und Mörtelbereich (s. Abschn. 3.9.2).

Dämmstoffe aus Mineralfaser. Zur Herstellung presst man flüssiges Glas oder Basaltstein durch feine Düsen zu feinen Fäden. Je nach Weiterverarbeitung erhält man Glas- oder Steinwollematten bzw. -platten und setzt sie zur Schall- und Wärmedämmung bzw. im Brandschutzbereich ein.

3.10 Sonderholz

Bugholz wird auch heute noch nach einem Verfahren von **Michael Thonet (1796–1871)** gefertigt. Michael Thonet gründete nach einer Kunsttischlerlehre 1819 eine eigene Tischlerei in Boppard. Stühle und Tische ließ er nach einem patentierten Verfahren zu funktionalen, industriell gefertigten, für fast alle Bürger erschwinglichen, bezahlbaren Produkten herstellen. Die gefertigten Einzelteile konnten und können nach dem Baukastenprinzip auch mit anderen Teilen anderer Modelle kombiniert werden. Im Jahre 1910 produzierte die Firma Thonet fast 2 Millionen Bugholzmöbel.

Das für die Herstellung verwendete Holz darf keine Äste haben. Die Fasern müssen parallel zur Schnittkante verlaufen. Die gewählten Hölzer werden ca. 24 Stunden in Wasser gelagert und anschließen bei Hitze und Druck drei Stunden gedämpft. Anschließend ist die notwendige Biegefähigkeit gegeben. Um ein Reißen des Holzes infolge der Zugdehnung auf der konvexen Seite zu verhindern, wird am Außenradius ein Zugband aus Metall angelegt. Das Biegen kann im Handbiegeverfahren erfolgen. Es können dreidimensionale Bögen hergestellt werden. Hierbei wird das Holz von zwei Facharbeitern in eine Form hineingebogen und fixiert. Beim maschinellem Verfahren biegen und pressen Maschinen das Holz in eine Form und arretieren das Werkstück. Die Herstellung ist auf zweidimensionale Bögen beschränkt. Die anschließende Trocknung in der Trockenkammer dauert bei einer Temperatur von ca. 80 °C ca. 24 bis 48 Stunden. Nachbearbeitung, Feinschliff und Lackierung folgen.

Als bekanntestes Produkt gilt der „Sessel Nr. 14", der heute als „Wiener Kaffeehausstuhl" berühmt ist.

Bis zum Jahr 1930 wurden bereits 50 Millionen Stück verkauft. Heute hat die Firma Thonet GmbH ihren Sitz im nordhessischen Frankenberg.

Flüssiges Holz ist eine Mischung aus Naturfasern und Naturpolymeren. Hauptbestandteil ist ein Nebenprodukt aus der Zellstoffindustrie, Lignin. Es dient als Bindemittel bei der Vermischung mit Hanf oder anderen Naturfasern. Flüssiges Holz wird als Granulat produziert und kann jederzeit eingeschmolzen werden. Es besitzt die thermischen und mechanischen Eigenschaften von Holz, lässt sich aber wie Kunststoff, beispielsweise im Spritzverfahren, verarbeiten. Es ist ab 110 °C flüssig.. Das bekannte flüssige Holz „Arboform" der Firma Tecnarco kommt bei Uhren- und Computergehäusen, Griffen, Fahrzeuginnenverkleidungen, als Trägermaterial für Furniere und Parkett zur Anwendung.

4 Holzbearbeitung mit Handwerkszeugen

Arbeitsauftrag Nr. 20 Lernfeld TI, HM 1, 4; FKU 6
- Ihre Firma bekommt den Auftrag, das Wochenendhaus der Familie Kleinschmidt instand zu setzen.
  Ihre Aufgabe ist es ein Aufmaß vom Grundriss des Hauses anzufertigen.
  Tür- und Fensteröffnungen sollten ebenfalls ausgemessen werden.
  Bevor Ihr Meister Sie zum Kunden schickt möchte er, dass Sie sich einen gründlichen Überblick über Messwerkzeuge verschaffen.
  Sie sollen sich auch mit deren Handhabung vertraut machen.
- Bitte beantworten Sie zu diesem Zweck die folgenden Fragen:
  1. Was bedeuten Messen und Anreißen?
  2. Warum gibt es Maßtoleranzen?
  3. Warum ist die Messgenauigkeit von Rollbandmaß und Bandmaß nicht immer gleich?
  4. In einer Zeichnung steht das Maß 24 + 0,4 − 0,2.
     a) Wie groß ist das Toleranzmaß?
     b) Nennen Sie das Kleinst- und Größtmaß.
  5. Wozu dient der Nonius beim Messschieber?
  6. Erläutern Sie das Ablesen eines Maßes am Messschieber.
  7. Welches Messzeug nehmen Sie,
     a) um den Durchmesser eines Dübellochs auf V10 mm genau zu messen?
     b) um einen Winkel von 90° zu kontrollieren?
     c) um zu prüfen, ob eine Wand senkrecht steht?
     d) um zu prüfen, ob der Fußboden eines Raumes waagerecht ist?
     e) um einen vorgegebenen Winkel auf ein Werkstück zu übertragen?
  8. Wie prüfen Sie ein Winkelmaß auf Genauigkeit?
  9. Womit reißen Sie auf einer Vollholzfläche an?
  10. Was wird mit dem Baulaser gemessen oder geprüft?
  11. Was wird mit dem Teleskop-Messstab gemessen?
  12. Welche Messwerkzeuge benötigen Sie für die Ausführung Ihres Auftrages?

- **Arbeitsvorschlag:**
  Um Ihr theoretisches Wissen praktisch anwenden zu können, messen Sie bitte Ihren Klassenraum auf. Ihr Aufmass sollte eine vollständige Skizze mit sämtlichen Maßen einschließlich Fenster, Türen, Nischen, Pfeiler etc. enthalten.
  Anhand Ihrer Skizze fertigen Sie eine Grundrisszeichnung im M 1 : 50.
  Empfohlene Blattgröße DIN A3.

Arbeitsplatz Hobelbank

In Betrieben wird auch heute noch die Hobelbank am Arbeitsplatz genutzt. Sie dient zum *Einspannen* und *Ablegen* von Werkstücken und Werkzeugen bei der handwerklichen Fertigung (**4.**1).

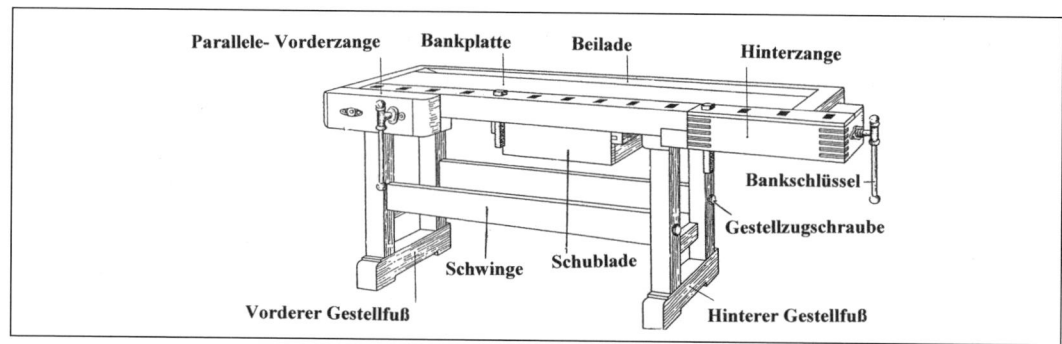

Bild 4.1 Hobelbank mit paralleler (französischer) Vorderzange

Die Hobelbankplatte wird aus gedämpfter Rotbuche gefertigt. Zur Vermeidung des Verziehens oder Verwerfens wird die Platte aus mehreren verleimten Stücken mit stehenden Jahresringen und doppelten Nuten und Querholzfedern sowie Hirnleisten hergestellt.

Die Platte ruht auf dem vorderen und hinteren *Gestellfuß*, die mittels *Schwingen* und *Gestellzugschrauben* verbunden sind. Die Vorderkante mit den Bankhakenlöchern zur Aufnahme der Bankhaken, hat eine Dicke von ca. 10 cm. Die Vertiefung an der rückwärtigen Bankseite wird als *Beilade* bezeichnet und dient dem Ablegen der Werkzeuge während der Arbeit. Zum Einspannen der Werkzeuge dienen die Zangen. Bei den *Vorderzangen* unterscheidet man nach der Bauart die deutsche und die französische (parallele) Vorderzange. Die deutsche Vorderzange besteht aus einem Backenstück, das mit einem Zwischenstück durch einen langen Bolzen mit der Platte verbunden ist. Die durch das Backenstück gehende Spindel drückt auf das Zangen- oder Druckbrett. Durch dieses wird das Werkstück fest gegen die Plattenvorderkante gedrückt.

Heute wird fast ausschließlich die *Parallel-Vorderzange* verwendet (**4.**2). Durch die Parallelführung wird für gleichmäßigen Druck in der ganzen Länge der Zange gesorgt. Beim Einspannen konischer Werkstücke müssen jedoch Hilfsstücke eine Schiefstellung der Zangenbaken verhindern.

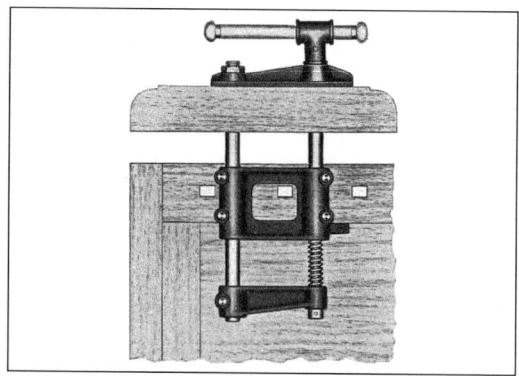

Bild 4.2 Parallele (französische) – Vorderzange (Ansicht von unten)

4.1 Messen und Anreißen

Vor Beginn der Holzbearbeitung im Betrieb oder auf der Baustelle müssen die Werkstücke gemessen und angerissen werden.

Durch Messen werden physikalische Größen (z. B. Längen, Winkel, Temperaturen, Holzfeuchten, Luft- und Öldrucke) mit festgelegten Maßeinheiten verglichen.

Durch Anreißen markiert man diese Maße mit einem Bleistift, Streichmaß oder Spitzbohrer auf dem Werkstück.

Messen und Anreißen sind die Voraussetzung, um Zeichnungen oder Brettrisse so auf den Werkstoff zu übertragen, dass daraus maßstabsgerechte und passende Werkstücke gefertigt werden können.

4.1 Messen und Anreißen

Beispiel

Aus einem unbesäumten Brett sollen Türfriese herausgeschnitten werden. Beim Anreißen ist zu beachten, dass die Türfriese später auf das endgültige Fertigmaß in Breite und Dicke gehobelt werden (**4**.3).

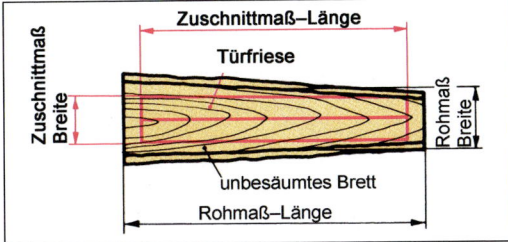

Bild 4.3 Unbesäumtes Brett

> Genaues Messen und Anreißen erleichtert das Arbeiten, verhindert Nacharbeiten und spart Werkstoff (Ausschuss).

Toleranz. In der Fertigungspraxis ist es nicht immer möglich, Zeichnungsmaße ganz genau einzuhalten, weil z. B. der Anschlag nicht genau im Winkel ist. Eine bestimmte Maßabweichung muss man deshalb hinnehmen, „tolerieren". Für den Metallbereich wurden die zulässigen Maßabweichungen als ISO-Toleranzen von den Normeninstituten der Industrienationen international festgelegt (ISO = International Organization for Standardization).

Austauschbau. Welche Vorteile bietet das Toleranzsystem? Wie in anderen Industriezweigen führen fortschreitende Kostenentwicklung und moderne Fertigungsverfahren auch in der Holzindustrie (etwa im Möbel-Serienbau) zum Austauschbau. Die einzelnen Teile werden nicht mehr von einem Facharbeiter hergestellt und zusammengebaut, sondern von mehreren, oft zu verschiedenen Zeiten und in verschiedenen Betrieben gefertigt. Nicht selten produziert man Teile „auf Lager", die der Kunde kauft und selbst zusammenbaut. Damit alle diese Einzelteile problemlos zusammengebaut werden können, dürfen sie nur innerhalb der zulässigen Toleranz abweichen.

> Die Toleranz gewährleistet, dass alle Einzelteile ohne Nacharbeit zusammenpassen.

Nennmaß und Abmaß. In den Fertigungszeichnungen nach DIN 919-2 sind deshalb zu den Einzelmaßen = Nennmaßen jeweils die oberen und unteren Abmaße = Toleranzen angegeben (**4**.4). Die Toleranz ist auf die erreichbare Fertigungsgenauigkeit abgestimmt und so ausgelegt, dass die Teile mit den tolerierten Istmaßen zusammenpassen.

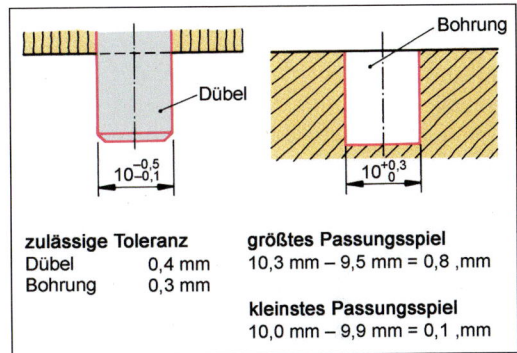

zulässige Toleranz
Dübel 0,4 mm
Bohrung 0,3 mm

größtes Passungsspiel
10,3 mm − 9,5 mm = 0,8 mm

kleinstes Passungsspiel
10,0 mm − 9,9 mm = 0,1 mm

Bild 4.4 Toleranzpassung bei einer Dübelverbindung

In der Praxis lassen sich auch bei großer Sorgfalt Maßabweichungen nicht vermeiden. Abmaße geben den Fertigungsspielraum an.

4.1.1 Längen-, Breiten- und Dickenmesszeuge

In der Praxis verwendet man Messzeuge mit unterschiedlichen Genauigkeitsgraden. Auf der Baustelle werden in der Regel keine so hohen Anforderungen an die Genauigkeit gestellt wie etwa in der Möbelserienfertigung. In einzelnen Betrieben war es früher üblich, ein häufig verwendetes Messgerät auf dem staatlichen Eichamt eichen zu lassen, damit die Maße genau eingehalten werden.

Das Meter (m) ist die Basiseinheit für Längen, Breiten und Dicken. Als Bezugsgröße gilt heute das Isotop des Elements Krypton (1 m = 1.650.763,73-Faches der Wellenlänge des Krypton-Isotops 86 im Spektrum). Nach dem Dezimalsystem erhalten wir bei Multiplikation mit 10 die nächstgrößere, bei Division mit 10 die nächstkleinere Einheit. Anders ausgedrückt: 1 m = 10 dm, 1 dm = 10 cm, 1 cm = 10 mm. Ausgenommen davon ist der Kilometer: 1 km = 1.000 m.

Der Gliedermaßstab aus Holz, Kunststoff oder Leichtmetall mit einschnappbaren Federgelenken ist 1 oder 2 m lang und hat eine Millimeterteilung. Bei längerem Gebrauch nutzen sich die Federgelenke ab und bekommen ein Spiel, das zu ungenauen Messergebnissen führt (2 bis 3 mm). Es sollte darum wenigstens ein geeichter Gliedermaßstab im Betrieb vorhanden sein.

Feste Maßstäbe bestehen aus geätztem Federbandstahl in Dicken von 0,3 bis 0,5 mm und Längen von 100 bis 500 mm mit Millimeterteilung. Man setzt sie für die Prüfung von Fixmaßen und zum Einstellen von Maschinenanschlägen ein.

Das Rollbandmaß aus Federbandstahl mit Millimeterteilung ist 2 bis 5 m lang, leicht gewölbt und hat einen Winkelanschlag. Es wird knickfrei in ein Stahl- oder Kunststoff Gehäuse mit Innenfeder eingezogen und eignet sich besonders für Messungen an gekrümmten Teilen (**4.5**).

Das Bandmaß mit 10 bis 50 m Länge und Zentimeterteilung besteht aus Stahlband oder Kunststoff mit Glasfasern verstärkt. Es eignet sich vor allem für Diagonal-Messungen beim Prüfen der Winkeligkeit von Räumen oder Raumecken. Die Messgenauigkeit ist sehr unterschiedlich. Sie hängt vom Material des Maßbands (Metalle dehnen sich bei Wärme aus), von der Luftfeuchte und der Lufttemperatur ab. Bei einigen Geräten sind die Abweichmöglichkeiten am Gehäuse angegeben.

Die Messlatte aus Hartholz, geeicht oder selbst hergestellt, hat eine Dezimalteilung und wird besonders zum Messen von Schnittholzprodukten beim Holzhändler verwendet. In der Schreinerei und auf der Baustelle benutzt man sie gern zum raschen Zuschneiden als verlängerten Meterstab.

Der Teleskop-Messstab dient zum Messen von Lichtmaßen (Tür- und Fensteröffnungen). Bei allen diesen „Strichmesswerkzeugen" kann es durch Ungenauigkeit leicht zu Messfehlern kommen (wenn Sie z. B. nicht genau senkrechten Blickwinkel haben). Diese Gefahr besteht weniger bei den „anzeigenden Messgeräten": Bei Messlehre und Messschieber.

Mit der Messlehre kontrollieren wir vor allem regelmäßig wiederholende Maßabstände (z. B. Dübelloch-Abstände, Breite und Länge von Möbelteilen) (s. Abschn. 4.11, Vorrichtungen).

Bild 4.5
Rollbandmaß

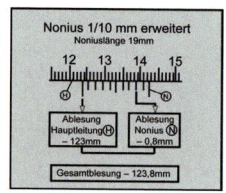

Bild 4.7
Ablesebeispiel beim $^{1}/_{10}$-Nonius

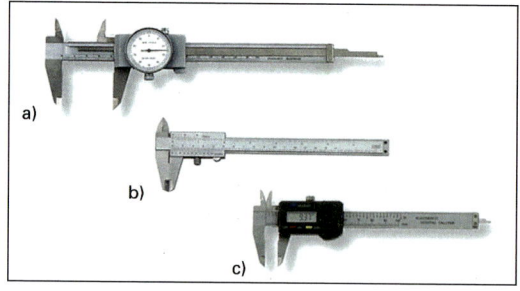

Bild 4.6   Messschieber
a) mit Messuhr
b) mit Nonius
c) mit digitaler Anzeige

Der Messschieber (Schieblehre) ist ein Universalmessgerät, z. B. für Längen-, Breiten- oder Dickenmessungen, Außen-, Innen- und Tiefenmessungen von Falzen, Nuten und Bohrungen. Mit der Noniusteilung erreicht man bei der Kontrolle von Plattendicken eine Messgenauigkeit von $^{1}/_{10}$, $^{1}/_{20}$ oder $^{1}/_{50}$ mm (**4.6**).

Der Nonius ermöglicht das Ablesen von Maßen, die zwischen der vorgegebenen Millimeterteilung der Schiene liegen. Sein Nullstrich wird als Komma gelesen und trennt je nach Teilung die ganzen von zehntel, zwanzigstel oder fünfzigstel mm. Beim Zehntel-Nonius sind 9 mm in 10 Teile geteilt. Wir lesen zuerst die ganzen Millimeter auf der Hauptteilung H ab, dann nach dem Komma die Zehntelmillimeter auf dem Nonius N (**4.7**).

Dickenmesser mit Messuhr ist geeignet für Zehntelmillimeter genaue Dickenmessungen bei Furnieren und Platten. Der Messbereich liegt in der Regel zwischen 0 bis 30 mm (**4.8**).

Einstell-Messlehren verwenden wir beim Einstellen von Maschinenwerkzeugen. Je nach Werkzeug (Fräser, Hobelmesser, Sägeblätter) lassen sich so der Messerflugkreis kontrollieren oder die Schnitttiefe einstellen.

Heute gibt es Wasserwaagen mit integriertem batteriebetriebenem Laserstrahl. Damit lassen sich auf der Baustelle, durch einen erzeugten Lichtpunkt, waagerechte und senkrechte Messungen über mehrere Meter exakt übertragen.

Bild 4.8   Messuhr

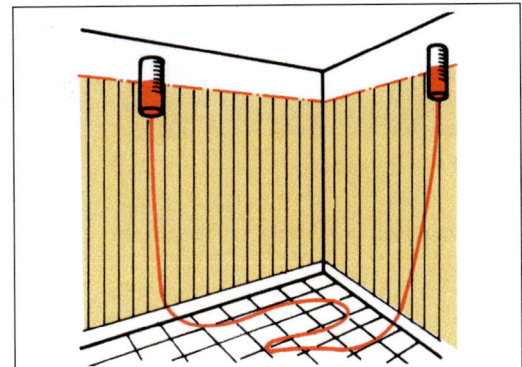

Bild 4.9   Verwendung der Schlauchwasserwaage

Vorsicht bei Einstell-Messlehren! Weil das Werkzeug meist eingebaut ist, muss die Maschine gegen plötzliches Einschalten gesichert werden!

4.1.2 Richtungsmesszeuge

Beim Einsetzen von Türen und Fenstern ist es wichtig, senkrecht und waagerecht einzubauen.

Mit der Schlauchwasserwaage ermittelt und überträgt man Waagerechte, z. B. um zwei gegenüberliegende Anschlusspunkte einer Wandverkleidung genau in die gleiche Höhe zu bringen. Man nutzt dabei die Eigenschaft des Wassers, in den hochgehaltenen Enden eines (bis zu 20 m langen) Schlauchs gleichhoch zu stehen. Auf die beiden Schlauchenden setzt man je ein Glasröhrchen mit seitlichen Markierungsstrichen (**4.9**).

Die Wasserwaage ist heute das Universalmessgerät für senkrechte und waagerechte Messungen auf der Baustelle. Sie kann in Verbindung mit der Richtlatte (Richtscheit) oder Richtschnur das Lot und die Schlauchwaage weitgehend ersetzen. Wasserwaagen werden aus Leichtmetall oder Harthölzern gefertigt. Wenn sich die Prüffläche genau in der waagerechten bzw. senkrechten Lage befindet, steht die Luftblase in der markierten Mitte der Libelle.

Die Richtschnur (Schlagschnur) dient dazu, zwei voneinander entfernte Höhenpunkte an einer Wand durch eine waagerechte Linie miteinander zu verbinden. Dazu wird die in einem mit Farbkreidestaub gefüllten Behälter aufgerollte Schnur abgezogen und von Höhenpunkt zu Höhenpunkt gespannt. Ist sie gut gestrafft und waagerecht (Kontrolle mit der Wasserwaage), wird sie kurz „angezupft", so dass sie gegen die Wand schlägt und eine farbige waagerechte Markierung hinterlässt. Der Bautischler setzt die Richtschnur zusammen mit der Schlauchwasserwaage und Wasserwaage ein, um eine rings um den Raum laufende waagerechte Höhenmarkierung zu bekommen, an die die Unterkonstruktion (Schattenfugenbrett) einer Deckenverkleidung anschließt.

Der Baulaser erzeugt einen gebündelten Lichtstrahl, der auf einen Punkt gerichtet werden kann oder automatisch um 360° rundläuft. Beim Rundlauf ergibt der Lichtstrahl eine horizontal liegende Bezugsebene. Beim Innenausbau können so gleichzeitig an allen Wänden eines Raumes Markierungen, z. B. für eine abgehängte Decke, vorgenommen werden.

Bild 4.10 Baulaser

Laserquellen sind entsprechend ihrer Energiedichte in verschiedene Laserklassen (Klasse 1, 1M, 2, 2M, 3R, 3B, 4) eingeteilt. Die zugängliche Strahlung nimmt bei Verkleinerung des Querschnitts durch optische Instrumente (Lupen, Linsen, Teleskope) zu.

Die bei Messwerkzeugen verwendete Laserquelle entspricht der Laserklasse 1 (Wellenbereich 400 nm–1.400 nm). Hier ist die Laserstrahlung unter vernünftigerweise vorhersehbaren Bedingungen ungefährlich. Es sind keine oder bestimmte Schutzmaßnahmen erforderlich.

Trotz allem sollten die folgenden Regeln berücksichtigt werden.
– Nicht direkt in eine Laserquelle sehen.
– Laser nicht direkt auf Mensch oder Tier richten
– Bei der Arbeit mit Baulasern sollte die Arbeitsstelle durch ein Warnschild gekennzeichnet sein.
– Das Tragen von Lasersichtbrillen wird bei diesen Arbeiten empfohlen.
– Mitarbeiter, die mit Laser umgehen, müssen über die Gefahren belehrt werden.

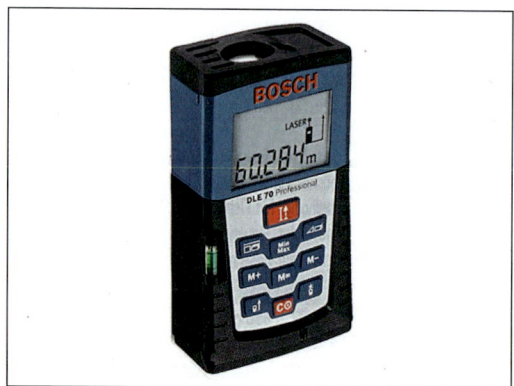

Bild 4.11 Handlaser für das Aufmaß

Die Unfallverhütungsvorschrift „Laserstrahlung BGV B2" der Berufsgenossenschaft und die dort festgelegten Schutzmaßnahmen wurden in der DIN EN 60825-1 berücksichtigt.

Laser, die nach 2004 neu in den Verkehr gebracht wurden, müssen nach dieser DIN klassifiziert sein. Für ältere Modelle gelten die Unfallverhütungsvorschriften uneingeschränkt.

Für das Aufmaß von Fenster, Türen und Fußböden eignen sich handliche *Laserdistanzmessgeräte* (*4.11, 4.12*).

Bild 4.12 Laserdistanzmessgeräte – mit unterschiedlichen technischen Leistungen

4.1 Messen und Anreißen

Die notwendigen Daten können mit geringem Zeitaufwand und Fehlerquote ermittelt und in die Laser- Software am Laptop/Computer übertragen werden. Die Geräte können Längen messen und Winkel/Neigungen bestimmen.

Durch Nutzung der geeigneten Software können nicht nur Aufmaßblätter erstellt, sondern auch Fensterfertigmaße, Fenstersymbole, Zubehörlisten etc. ermittelt werden. Auch die Verknüpfung mit anderen Datenbanken und Programmen ist möglich. Der Zeitaufwand vom Aufmaß bis zur Fertigstellung wird minimiert, die Kosten gesenkt. Dies führt zu einer größeren Kundenzufriedenheit.

4.1.3 Winkelmesszeuge

Das Einhalten bestimmter Winkelmaße, meist des rechten Winkels, bildete schon immer die Grundlage bauhandwerklicher Arbeit. Eine Vorfertigung bestimmter Teile wie Möbel, Fenster und Türen in der Werkstatt wäre nicht möglich, wenn nicht der rechte Winkel am Bau schon im Rohbau berücksichtigt worden wäre.

> Grundlagen der Winkelmessung ist die 360-Grad-Teilung des Kreises. In den SI-Einheiten entsprechen $360° = 400$ gon, d. h. $90° = 100$ gon.

Winkel und -maße bestehen aus Zunge und Anschlag. Genaue Winkel stellt man aus Leichtmetall oder Stahl her. Bei den in der Tischlerei üblichen Winkeln besteht der Anschlag aus Palisanderholz, das auf den Kanten mit Metall belegt ist, und einer Stahlzunge (**4.**13a). Wir prüfen Winkel, indem wir sie an einer geraden Kante anschlagen und entlang der Zunge anreißen. Nach Umklappen des Winkels muss der Riss mit der Zungenkante deckungsgleich sein (**4.**13b).

Gehrungsmaße bilden zwischen Zunge und Anschlagskante einen Winkel von 45° bzw. 135°. Sie sind im Aufbau ähnlich wie Winkelmaße.

Die Schmiege hat eine bewegliche Zunge, die in einem Langloch mit einer Flügelmutter festgeklemmt werden kann (**4.**14). Mit ihr lassen sich beliebige Winkel abnehmen, prüfen und übertragen.

Der Winkelmesser erlaubt im Gegensatz zur Schmiege das genaue Feststellen und Ablesen von Winkeln zwischen 0° und 180° (**4.**15).

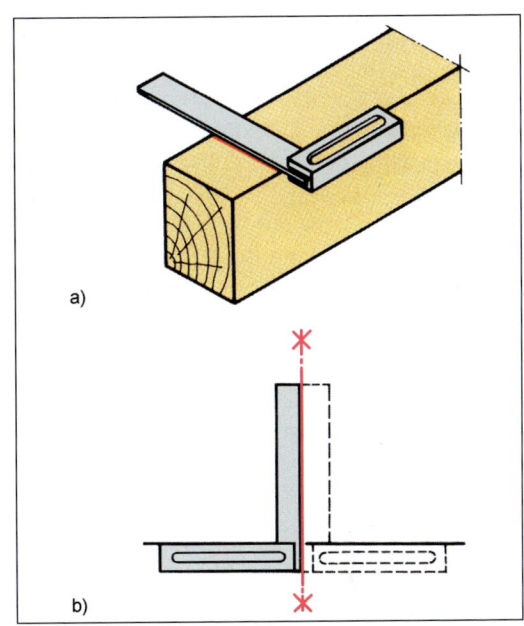

Bild 4.13 a) Anreißen eines rechten Winkels
b) Prüfen eines Winkels

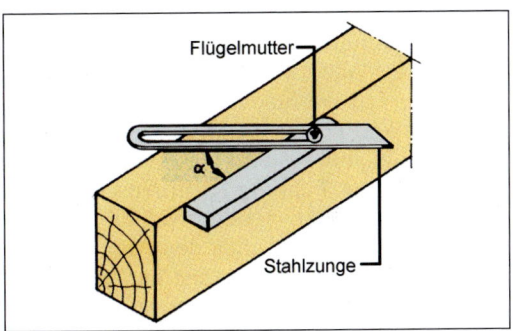

Bild 4.14 Anreißen eines Winkels mit der Schmiege

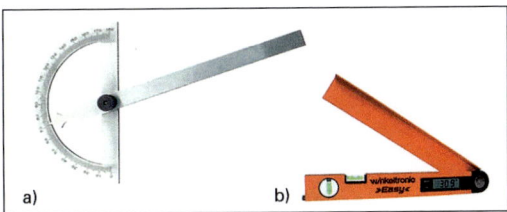

Bild 4.15 a) Winkelmesser
b) Digital-Winkelmessgerät mit integrierten Horizontal-Vertikal-Libellen

> **Arbeitsregeln beim Messen**
> - Messgeräte von Zeit zu Zeit auf Genauigkeit prüfen.
> - Beim Ablesen auf senkrechte Blickrichtung achten.
> - Stets rechtwinklig zur Bezugsebene messen.
> - Winkelmessungen immer an der gleichen Anschlagkante durchführen.

4.1.4 Anreißwerkzeuge

Je nach der Werkstoffeigenschaft und geforderter Genauigkeit setzen wir verschiedene Werkzeuge zum Anreißen ein.

Der gut gespitzte **Bleistift** darf das Werkstück nicht beschädigen.

Den Spitzbohrer (auch Reißnadel genannt) setzt man für scharfe Risse z. B. auf Kunststoffflächen oder oberflächenbehandelten Teilen ein, wo der Bleistift keine Markierung hinterlässt (**4.**16).

Das Streichmaß dient zum Übertragen gleich bleibender Maße auf Werkstücke, z. B. beim Anreißen von Verbindungen. Meist besteht es aus zwei gegeneinander verschiebbaren Zungen, die mit einem Anreißstift versehen sind und in der Führung (dem Anschlag) mit einer Stellschraube fixiert werden (**4.**17a). Beim Anreißen drückt man den Anschlag fest an die Werkstückkante, so dass der Anreißstift auf der Werkstückoberfläche einen parallelen Riss dazu hinterlässt. Sie können das Streichmaß an geraden und (mittels aufgesetzter Kurvenanschläge) an gekrümmten Kanten anschlagen (**4.**17b und c).

Für Sonderaufgaben verwendet der Tischler noch andere Mess- und Anreißwerkzeuge, z. B. Spitzzirkel, Stangenzirkel und Ellipsenzirkel (**4.**18).

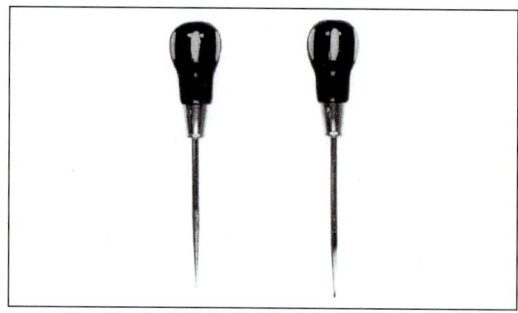

Bild 4.16 Spitzbohrer

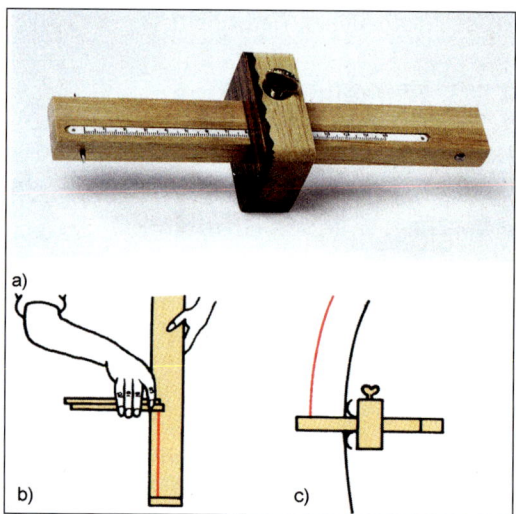

Bild 4.17 a) Streichmaß, b) Anreißen parallel zu einer geraden Kante, c) Anreißen parallel zu einer gekrümmten Kante

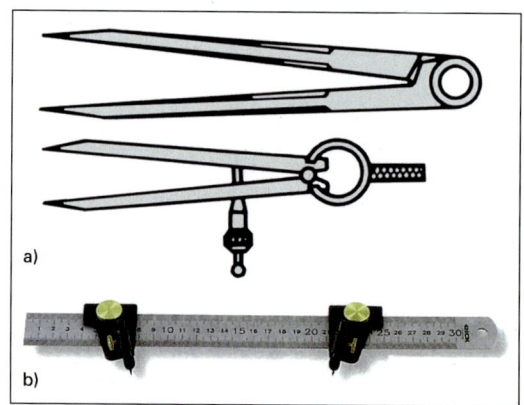

Bild 4.18 Spitzzirkel (a) und Stangenzirkel (b)

4.2 Mechanische Grundlagen

Arbeitsauftrag Nr. 21 Lernfeld TI, HM 1, 4

- Zur Vertiefung Ihres Grundwissens benötigen Sie größere Einblicke in die Mechanischen Grundlagen.

  Erstellen Sie Lernkarten mit folgenden Fragen mit den entsprechenden Antworten:
  1. Wodurch wird eine Kraft bestimmt?
  2. Was gilt für mehrere Kräfte auf der gleichen Wirkungslinie?
  3. In welchem Fall ist die Resultierende Kraft = null?
  4. Welche Regel gilt für Kräfte auf verschiedenen Wirkungslinien?
  5. Welche Größen werden zur zeichnerischen Darstellung von Kräften gebraucht?
  6. Wie ist die Trennkraft eines Keils zu vergrößern?
  7. Welche Gefahr droht bei zu kleinem Keilwinkel?
  8. Erläutern Sie die Begriffe Hebel und Kraftmoment.
  9. Wodurch nimmt das Kraftmoment zu?
  10. Wie lautet das Hebelgesetz?
  11. In welchem Fall spricht man von einem ein- bzw. zweiseitigen Hebel?
  12. Welche Reibungsarten sind beim Verschieben eines Tisches zu überwinden?
  13. Wovon hängt die Reibungskraft ab?
  14. Was versteht man in der Mechanik unter Arbeit und Leistung?
  15. Wandeln Sie 1W in andere Energieformen um.
  16. Erläutern Sie den Begriff Wirkungsgrad.

Bei der Holzbearbeitung werden viele Werkzeuge gebraucht (z. B. Sägen, Bohrer, Hammer, Schraubendreher, Zwingen). Im Lauf der Jahrhunderte hat der Mensch für jeden Arbeitsgang das entsprechende Werkzeug entwickelt. Doch bevor wir diese Werkzeuge behandeln, müssen wir Näheres über „Kräfte" erfahren, um die Wirkungsweise unserer Werkzeuge zu verstehen.

Kraft haben wir im Abschn. 2.1 als Gewichtskraft (Folge der Erdanziehung) behandelt. Kräfte können aber auch ein Werkstück verformen oder die Bewegung eines Wagens ändern. Gekennzeichnet werden Kräfte durch ihre Größe, ihre Richtung und ihren Angriffspunkt. Entscheidend ist also, wo eine Kraft einwirkt, wie stark sie ist und in welcher Richtung sie wirkt (**4.19**). Beim Stemmvorgang setzt sich die auf das Heft ausgeübte Schlagkraft bis zur Schneidenspitze fort – der Schlag treibt die Spitze ins Werkstück (**4.20**). Daraus folgt, dass sich Kräfte auf ihrer Wirkungslinie verschieben lassen. Andererseits setzt das Werkstück dem Stemmeisen mit seiner Kohäsionskraft Widerstand entgegen. Daraus schließen wir, dass es zu jeder Kraft auf der gleichen Wirkungslinie eine gleich große Gegenkraft gibt, die in entgegengesetzter Richtung wirkt.

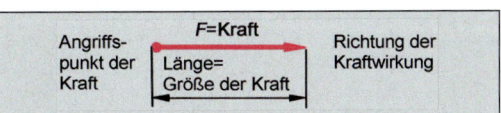

Bild 4.19 Zeichnerische Darstellung der Kraft F

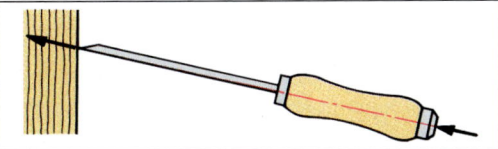

Bild 4.20 Zeichnerische Darstellung der Kraft F am Stemmeisen

Kraft F

- wird bestimmt durch Größe, Richtung und Angriffspunkt,
- lässt sich auf ihrer Wirkungslinie beliebig verschieben,
- hat eine gleich große, entgegengesetzt wirkende Gegenkraft. Kraft = Gegenkraft

Kräfte auf einer Wirkungslinie. Wie Bild **4.**19 zeigt, werden die Kräfte zeichnerisch als *Pfeile* dargestellt. Dazu wählt man einen geeigneten

Kräftemaßstab (z. B. 1 cm ≙ 10 N). Wenn drei Personen einen Wagen vorwärts schieben, greifen mehrere Kräfte in einem Angriffspunkt in gleicher Richtung an (F_1, F_2, F_3). Diese Kräfte kann man zu einer Gesamtkraft der *Resultierenden* (F_R) addieren. Wirken sie auf derselben Wirkungslinie entgegengesetzt, erhalten wir die Resultierende durch Subtraktion.

Beispiel 1

Zwei Körper haben, wie die Auswägung ergibt, 0,8 bzw. 1,2 N Gewichtskraft. Beide zusammen haben dann eine Gewichtskraft von 0,8 N + 1,2 N = **2 N**

$F_R = F_1 + F_2$

Beispiel 2

Die Federkraft der Rückholfeder eines Spannzylinders beträgt 5N, die pneumatisch übertragene Druckkraft auf den Kolben 150 N. Dann ist die wirksame Spannkraft 150 N − 5 N = **145 N**

$F_R = F_1 - F_2$

Wirken Kräfte in gleicher Richtung auf einer Wirkungslinie, addiert man sie zur Resultierenden:

$F_R = F_1 + F_2$

Wirken Kräfte entgegengesetzt auf einer Wirkungslinie, erhält man die Resultierende durch Subtraktion:

$F_R = F_1 - F_2$.

Gleichgewicht. Wenn die auf einer Wirkungslinie entgegengesetzten Kräfte gleich groß sind, heben sie sich gegenseitig auf. In diesem Fall ist die Resultierende = 0, die Kräfte sind im Gleichgewicht.

Kräfte auf verschiedenen Wirkungslinien. Wenn zwei Personen den Wagen an Seilen in verschiedene Richtungen ziehen, wirken ihre Kräfte nicht auf einer Wirkungslinie. Trotzdem können wir auch diese Kräfte zusammensetzen. Wir ermitteln sie zeichnerisch, indem wir die bekannten Wirkungslinien zu einem Kräfteparallelogramm ergänzen. Die Diagonale in diesem Parallelogramm ist die Resultierende (**4.**21). Der Vorgang heißt Kräftezusammensetzung.

Beispiel 1

Zwei Kräfte F_1 = 10 N und F_2 = 5 N greifen an einem Punkt (50° Winkel) in verschiedenen Richtungen an. Wie groß ist F_R?

Die Größe der gesamten Resultierenden ergibt sich zeichnerisch zu **14 N**.

Umgekehrt kann man mithilfe der Diagonalen im Kräfteparallelogramm auch Kräfte zerlegen (**4.**21b).

Beispiel 2

Die resultierende Kraft F_R beträgt 25 N. Die Wirkungsrichtungen der Teilkräfte $F_1 + F_2$ sind bekannt. Durch Parallelzeichnung erhalten wir die Pfeillängen $F_1 + F_2$ und messen sie zu F_1 = **21,75 N**,

F_2 = **13 N**.

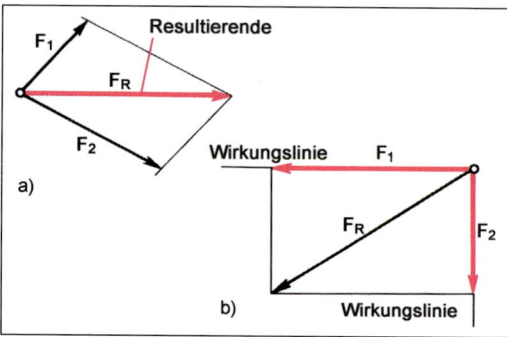

Bild 4.21 Kräfte auf verschiedenen Wirkungslinien
a) Zusammensetzen
b) Zerlegen

Wirken Kräfte auf verschiedenen Wirkungslinien, setzt man sie mithilfe des Kräfteparallelogramms zu einer Resultierenden zusammen.

Auf dem umgekehrten Weg wird eine Resultierende in zwei Einzelkräfte mit gegebenen Richtungen zerlegt.

Keilkräfte. Wenn wir unsere Werkzeuge näher betrachten, bemerken wir, dass alle Schneiden die Grundform eines Keils haben. Der Kraftaufwand beim Einschneiden hängt von der zu überwindenden Kohäsionskraft und von der Keilform ab. Beim Schneidenkeil dient die Schlagkraft (Vortriebskraft) als Resultierende, die wir unter einem

4.2 Mechanische Grundlagen

Angriffswinkel in die Spaltkräfte F_1 und F_2 zerlegen können. Je kleiner dieser Keilwinkel β ist, desto größer sind die Spaltkräfte – ein schmaler Keil dringt bei gleichem Kraftaufwand auch tiefer in den Werkstoff ein als ein breiter Keil (**4.**22).

Ist der Keilwinkel allerdings zu klein, verringert sich seine „Standzeit", er wird schneller abgenutzt und stumpf als ein Keil aus weicherem Werkstoff mit größerem Keilwinkel. Außerdem klemmt eine schmale Schneide leichter fest als eine breitere.

> Der Keil übersetzt Kräfte. Die erzeugte Trennkraft nimmt zu durch Vergrößern der Vortriebskraft oder Verringern des Keilwinkels.
> Höhere Werkstoff-Festigkeit erfordert einen größeren Keilwinkel.

In der Praxis ist die Schonung des Werkzeugs wichtiger als ein geringerer Kraftaufwand. Deshalb nimmt man den Keilwinkel eher etwas größer als zu klein.

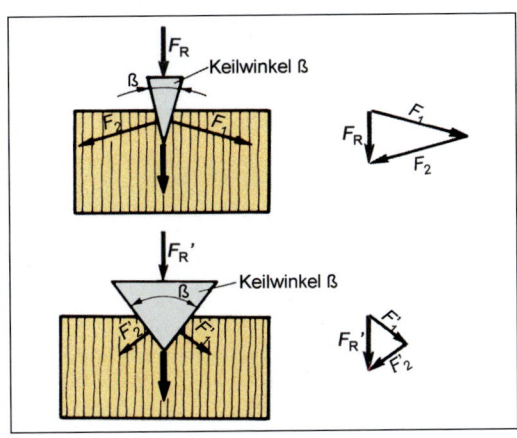

Bild 4.22 Keilwinkel und Spaltkräfte am zweischneidigen Keil Keilwinkel $\beta < \beta'$, Spaltkraft $F_1, F_2 > F'_1, F'_2$ Schlagkraft $F_R = F'_R$

Meist haben Werkzeugschneiden einen einseitigen Keil (**4.**23).

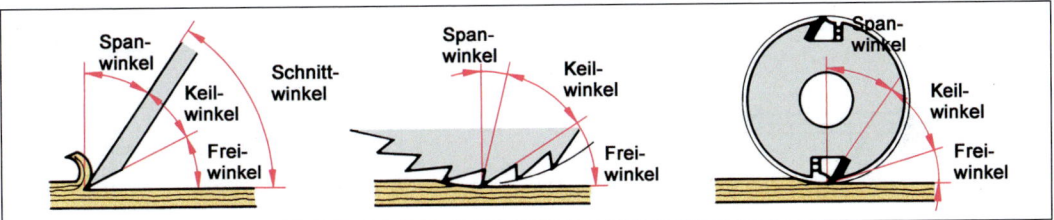

Bild 4.23 Schneidewinkel am einseitigen Keil

Dadurch bilden sie auch unterschiedliche Spaltkräfte und somit unterschiedliche Gegenkräfte im Holz – die Schneide verläuft in Richtung der Spiegelfläche (z. B. Stecheisen). Einseitige Keile kann man auch zum Spannen von Werkstücken einsetzen (**4.**24).

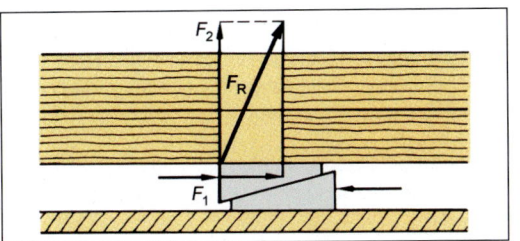

Bild 4.24 Einseitiger Keil zum Spannen

Hebel und Kraftmoment (Drehmoment). Ein langstieliger Hammer hat eine größere Schlagkraft als ein kurzstieliger. Warum? Weil sein Griff, sein „Hebelarm", länger ist. Was ist ein Hebel? Ein um eine Achse drehbarer starrer Körper, an dem Kräfte wirken können. Scheren und Zangen sind Werkzeuge mit zwei gegeneinander drehbaren Hebeln, die die Kräfte vergrößern. Diese Drehkraft heißt Kraft- oder Drehmoment. Ihr Angriffspunkt ist der Drehpunkt (beim Schraubenschlüssel z. B. die Schraubenkopfachse). Das Kraftmoment steigt, wenn der Hebelarm verlängert oder/und die angreifende Kraft vergrößert wird. Daraus ergibt sich die Formel (**4.**25a)

Kraftmoment = Kraft · Hebelarm
$M = F \cdot l$ Einheit: Nm

Beispiel

Ein Schraubenschlüssel hat die Hebellänge 20 cm und wird mit einer Kraft von 200 N betätigt. Wie groß ist das Kraftmoment?

$M = F \cdot l = 200\,\text{N} \cdot 0{,}20\,\text{m} =$ **40 Nm**

Hebelgesetz. Wirkt die Kraft vom Drehpunkt aus im Uhrzeigersinn, nennt man sie *rechtsdrehendes*, umgekehrt dagegen *linksdrehendes* Kraftmoment. Ein Hebel befindet sich im Gleichgewicht, wenn die linksdrehenden Momente gleich den rechtsdrehenden sind.

Hebelgesetz

rechtsdrehendes Moment = linksdrehendes Moment

$F_1 \cdot l_1 = F_2 \cdot l_2$ Oder $\Sigma M^* = \Sigma M^{**}$

(Σ = Sigma, griech. Buchstabe S für Summe)

Beispiel

Bild **4.25b** zeigt die Abmessungen einer Kneifzange. Wie groß ist die Kraft F_2 an der Schneide, wenn $F_1 = 200$ N beträgt?

$F_1 \cdot l_1 = F_2 \cdot l_2$

$F_2 = \dfrac{F_1 \cdot l_1}{l_2} = \dfrac{200\,\text{N} \cdot 0{,}15\,\text{m}}{0{,}03} =$ **1.000 N**

Hebelarten. Liegt der Drehpunkt wie beim Schubkarren oder Schraubenschlüssel bei der Last, handelt es sich um einen *einseitigen* Hebel. Liegt er zwischen den Kräften wie bei der Kneifzange, ist es ein *zweiseitiger* Hebel (**4.25**).

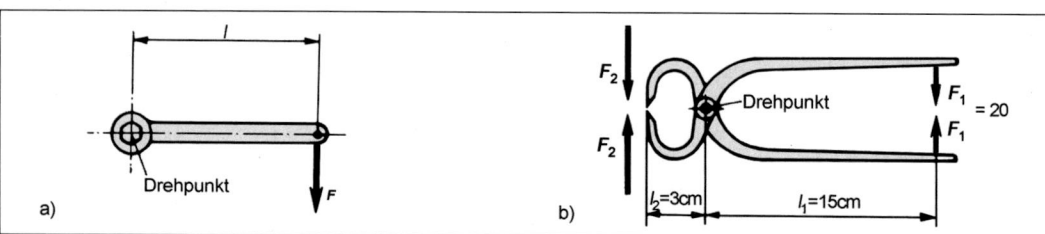

Bild 4.25 Hebel a) einseitiger Hebel, b) zweiseitiger Hebel

Reibung

Jeder Praktiker hat es schon erlebt dass die Einzugswalze an der Dickenhobelmaschine das Werkstück nicht mehr transportiert. Die Vorschubwalze dreht sich zwar weiter, doch wird das Werkstück nicht mehr eingezogen. Ursache ist meist eine verharzte oder verunreinigte Tischfläche. Abhilfe bringt der Auftrag von Gleitmitteln: er vermindert die Reibung der Werkstücke auf der Tischfläche. Um einen vollbeladenen Plattenhubwagen in Bewegung zu setzen, brauchen wir mehr Kraft, als einen bereits rollenden Wagen in Bewegung zu halten.

Reibungskraft. In beiden Fällen muss die Reibungskraft F_R überwunden werden (**4.26**).

Ihre Größe hängt von der Gewichtskraft und der Oberflächenbeschaffenheit der Körper ab: Einen schweren Schrank zu verschieben, erfordert mehr Kraftaufwand als einen leichten; bei rauhem Boden müssen wir stärker schieben als bei glattem, während sich der Schrank auf Rollen fast mühelos bewegen lässt. Entsprechend unterscheiden wir drei Reibungsarten:

Haftreibung = Widerstand eines ruhenden Körpers,
Gleitreibung = Widerstand eines bewegten Körpers,
Rollreibung = Widerstand eines rollenden Körpers.

Aus dem Schrankbeispiel ergibt sich das Verhältnis Haftreibung > Gleitreibung > Rollreibung.

4.2 Mechanische Grundlagen

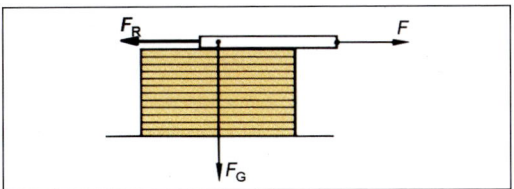

Bild 4.26 Reibungskraft F_R

Die Reibungszahl μ (mü, griech. Buchstabe m) zeigt das Verhältnis der Reibungskraft F_R zur Gewichtskraft F_G: $\mu = \dfrac{F_R}{F_G}$

Reibungskraft F_R
- ist der Widerstand eines Körpers gegen Bewegung,
- hängt ab von seiner Gewichtskraft und den Oberflächen,
- ist gleich Gewichtskraft F_G mal Reibungszahl μ.

Arbeit

Das Produkt aus Kraft und Weg ergibt die mechanische Arbeit W. Je größer der Kraftaufwand und der zurückgelegte Weg sind, desto größer ist also auch die verrichtete Arbeit.

Beispiel

Ein mit Spanplattenabschnitten beladener Wagen soll 50 m weit transportiert werden (**4.27**). Die Masse der gesamten Ladung (einschließlich Eigenlast des Wagens) beträgt 200 kg = 2.000 N, die Reibungszahl für Haftreibung 0,5, für Rollreibung 0,03.

Um den Wagen in Bewegung zu setzen, brauchen wir

$F_R = F_G \cdot \mu_{Haft} = 2.000\ N \cdot 0,5 =$ **1.000 N**

Um den Wagen in Bewegung zu halten, brauchen wir ständig

$F_R = F_G \cdot \mu_{Roll} = 2.000\ N \cdot 0,03 =$ **60 N**

Um den Wagen 50 m zu transportieren, ist an Arbeit erforderlich

$W = F_R \cdot s = 60\ N \cdot 50\ m =$ **3.000 Nm**

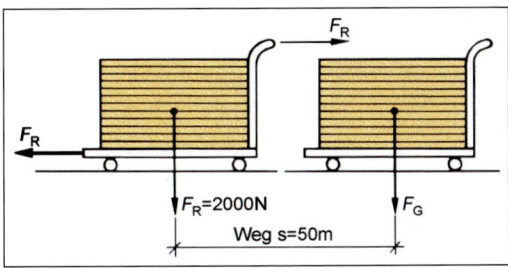

Bild 4.27 Arbeit

Arbeit = Kraft · Weg $W = F \cdot s$
Einheiten: W in Nm, F in N, s in m
1 Nm = 1 J = 1 Ws

Schiefe Ebene. Aus der Formel $W = F \cdot s$ schließen wir, dass wir durch einen längeren Weg Kraft sparen können. Diesen Vorteil nutzt man vor allem beim Heben und Senken schwerer Lasten: Statt sie senkrecht zu heben oder zu senken, schieben wir sie über eine schräge Rampe (= schiefe Ebene) hinauf bzw. herab (**4.28**).

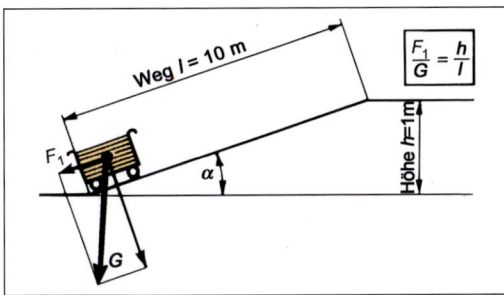

Bild 4.28 Schiefe Ebene

Die schiefe Ebene ist eine einfache Vorrichtung, um Kraft auf Kosten des Wegs zu sparen. Wir wenden sie an als Rampe, Keil oder Schraube.

Die Schraube ist eine besonders wichtige Anwendung der schiefen Ebene. Die Schraubenlinie entsteht, wenn wir eine schiefe Ebene um einen Zylinder wickeln (**4.29**). Die Steigung h entspricht der Hubhöhe, der Schraubenumfang etwa dem Weg s. Je geringer die Gewindesteigung h ist, desto weniger Kraft brauchen wir zum Eindrehen der Schraube (vgl. Holz- und Metallschraube). Allerdings erhöht sich die Anzahl der Schraubenumdrehungen. In Richtung der Schraubenachse können durch kleine Gewinde große Druck- oder Hubkräfte übertragen werden (Schraubzwinge).

Im Handwerksbetrieb werden heute im Wesentlichen zwei Schraubenarten als Verbindungsmittel eingesetzt. Die normalen Holzschrauben mit Schlitzkopf haben im Vergleich zu den heute meistens verwendeten Spax-Schrauben mit Kreuzschlitzkopf eine andere Gestaltung (Form). Die Spax-Schrauben haben ein durchgehendes Gewinde bis zum Kopf, wobei die Gewindegänge tiefer eingeschnitten und damit der Schraubenkerndurchmesser geringer ausfällt, als bei den älteren Holzschrauben.

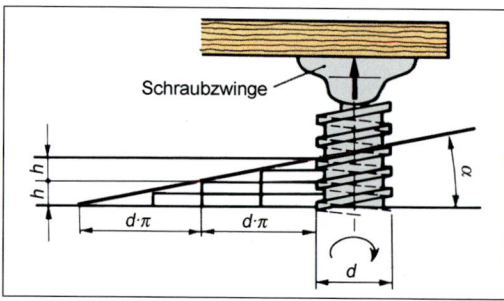

Bild 4.29 Schraubenlinie

Leistung (Energie)

Der Kollege, der den Wagen befördert, verrichtet Arbeit. In der betrieblichen Praxis bedeutet dies, dass er gearbeitet hat, doch wissen wir nicht, wie schnell der Wagen am Bestimmungsort angekommen ist. Erst die dazu aufgewendete Zeit bzw. die Geschwindigkeit sagt uns, wie wirkungsvoll die Arbeit war. So ergibt sich die Formel

$$\text{Leistung} = \frac{\text{Arbeit}}{\text{Zeit}} = \frac{\text{Kraft} \cdot \text{Weg}}{\text{Zeit}}$$

$$P = \frac{W}{t} = \frac{F \cdot s}{t}$$

Einheiten P in $\frac{\text{Nm}}{\text{s}}$, t in s

$$1\,\frac{\text{Nm}}{\text{s}} = 1\,\frac{\text{J}}{\text{s}} = 1\,\text{W}$$

Beispiel

Wenn der Wagen in 20 Sekunden 50 m transportiert wird, ergibt sich:

$$P = \frac{F \cdot s}{t} = \frac{60\,\text{N} \cdot 50\,\text{m}}{20\,\text{s}}$$

$$= 150\,\frac{\text{Nm}}{\text{s}} = 150\,\frac{\text{Ws}}{\text{s}} = \mathbf{150\,\text{W}}$$

Wird der Wagen von einer elektrisch betriebenen Transportkette gezogen, muss sie dieselbe Leistung aufbringen.

Energieumwandlung. Der Antriebsmotor der Transportkette wandelt die im Generator erzeugte elektrische Leistung des Stroms in mechanische Leistung um. Ebenso lässt sich die elektrische Leistung durch einen Heizstrahler in Wärmeenergie oder die chemische Energie des Kraftstoffs durch Verbrennen im Motor in mechanische Energie umwandeln. Energieformen lassen sich also umwandeln.

Wirkungsgrad. Bei diesen Umwandlungsvorgängen wird ein Teil der Energie (Leistung) von der Lagerreibung verbraucht und kann daher nicht mehr genutzt werden. Solche Leistungsverluste drückt man mit dem Wirkungsgrad η (eta, griech. Buchstabe e) aus. Er ist das Verhältnis der abgegebenen Leistung P_{ab} zur aufgenommenen Leistung P_{auf} und wird jeweils auf dem Leistungsschild eines Elektromotors angegeben. Weil P_{ab} immer kleiner ist als P_{auf}, ist der Wirkungsgrad kleiner als 1.

$$\text{Wirkungsgrad} = \frac{\text{abgegebene Leistung}}{\text{aufgenommene Leistung}}$$

$$\eta = \frac{P_{ab}}{P_{auf}} < 1$$

Beispiel

Ein Elektromotor nimmt vom Netz 1,5 kW auf und gibt an die Arbeitswelle 1,35 kW ab. Wie groß ist der Wirkungsgrad?

$$\eta = \frac{P_{ab}}{P_{auf}} = \frac{1{,}35\,\text{kW}}{1{,}5\,\text{kW}} = \mathbf{0{,}9}$$

4.3 Sägen

> **Arbeitsauftrag Nr. 22 Lernfeld TI, HM 1, 4; FKU 6, 8**
> - Bitte beantworten sie folgende Fragen mithilfe Ihres Fachbuches.
> 1. Welche Winkel gibt es am Sägezahn?
> 2. Welcher Teil des Sägezahns soll geschränkt werden?
> 3. Warum schärft man stets *nach* dem Schränken?
> 4. Woran liegt es, wenn die Säge verläuft?
> 5. Warum müssen die Sägezähne vor dem Schränken und Schärfen evtl. abgerichtet werden?
> 6. Warum wird die Furniersäge nicht geschränkt?
> 7. Nennen Sie die Sägearten und ihre Verwendung.
> 8. a) Warum hat die Feinsäge mit umlegbarem gekröpftem Griff eine Zahnform auf Stoß und Zug?
>   b) Welche Handsäge hat eine Zahnform „auf Zug"?
> 9. Welche Kontroll- und Einstellarbeiten sind an einer Absetzsäge vor Arbeitsbeginn durchzuführen?
> 10. Wie verhüten Sie Sägeunfälle?
>
> - Nach der Beantwortung der Fragen entwerfen Sie bitte ein Plakat zu den Handsägearten, Zahnformen und Gestellsägen mit entsprechenden Bezeichnungen. Arbeiten Sie in Gruppen. Stellen Sie die Ergebnisse der Klasse vor.

Vor der handwerklichen Bearbeitung wird das Werkstück angezeichnet und mit der Säge geschnitten. Je nach dem Verlauf des Sägeblatts zur Holzfaser erhält man Längs- oder Querschnitte.

Sägevorgang. Sägen trennen Holz und Holzwerkstoffe durch Zerspanen einer schmalen Schnittfuge. Der keilförmige Sägezahn dringt beim Andrücken im Vorwärtsstoß (Stoß) ins Holz ein, indem er die Fasern mit der Hauptschneide aufreißt. Rechts und links vom Sägeblatt wirken die Kanten der Zahnbrust als Nebenschneiden und trennen die Fasern ab (**4.30b**). Die Zahnlücken transportieren die Fasern, bis sie beim Zurückziehen (Zug) der Säge herausfallen.

> Sägen ist Spanen mit vielen hintereinander angeordneten Sägezähnen. Die Wirkung der Säge beruht
> - auf der Keilform der Zähne,
> - auf dem Zusammenwirken von Haupt- und Nebenschneide.

Schnittwinkel. Hart- und Weichholz, Quer- und Längsschnitt erfordern unterschiedliche Sägezahnarten. Maßgebend ist der Schnittwinkel δ (delta = griech. Buchstabe d). In der Regel ist er um so kleiner, je weniger Widerstand der Werkstoff den Sägezähnen entgegensetzt.

Wie Bild **4.**30a zeigt, besteht der Schnittwinkel aus dem Freiwinkel α und dem Keilwinkel β. Hinzu kommt der Spanwinkel γ.

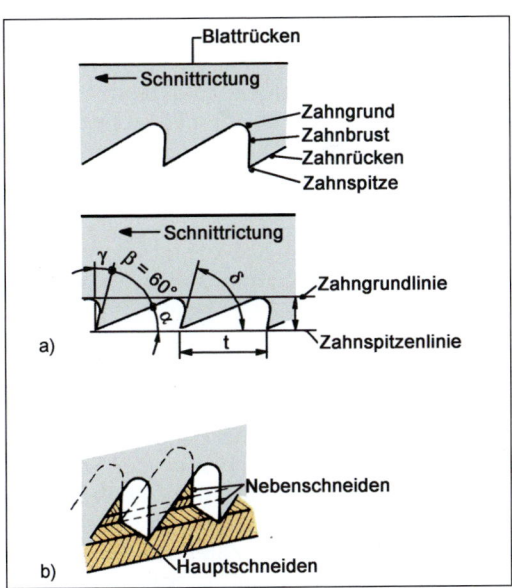

Bild 4.30 Sägezahn
a) Bezeichnung
(h = Zahnhöhe, t = Zahnteilung, α = Freiwinkel, β = Keilwinkel, γ = Spanwinkel, $\delta = \alpha + \beta$ = Schnittwinkel) $\alpha + \beta + \gamma = 90°$
b) Funktion von Haupt- und Nebenschneiden

Der Spanwinkel γ (gamma = griech. Buchstabe g) ist positiv, wenn der Schnittwinkel $\delta < 90°$ ist (Schneidewirkung mit geschlossenem Span). Bei $\delta > 90°$ ist γ negativ (Schabwirkung mit Scherspan).

Der Freiwinkel α (alpha = griech. Buchstabe a) lässt die Zahnlücke für den Rücktransport der Fasern.

Der Keilwinkel β bleibt unverändert 60°.

Zahnteilung. Weil der Keilwinkel des Sägeblatts konstant ist, muss man die unterschiedliche Festigkeit der Werkstoffe durch mehr oder weniger Zähne auf dem Sägeblatt berücksichtigen. Entsprechend größer oder geringer sind die Zahnabstände t (grob $t = 5{,}5$ bis 9 mm, mittel $t = 3$ bis 5 mm, fein $t = 1{,}5$ bis 2,5 mm). Von dieser Zahnteilung hängt zugleich die Sauberkeit der Schnittfläche ab.

> Je weniger der einzelne Zahn zu zerspanen hat, desto feiner wird die Schnittoberfläche.

Schnittwirkung. Optimal ist eine stark auf Stoß gestellte Sägezahnform, die jedoch viel Kraft erfordert und daher nicht von Hand betätigt werden kann, sondern den Sägemaschinen vorbehalten bleibt. Selbst die auf Stoß gerichteten Zähne sind zu schwer zu handhaben. Die Handsägen des Tischlers und Holzmechanikers sind auf Stoß und Zug oder schwach auf Stoß geformt (**4.**31). Die auf Zug (zum Körper hin) eingestellten Zähne werden nur selten gebraucht.

> Schnittwinkel, Zahnteilung und Zahnform bestimmen die Schnittwirkung.

Schränken. Damit sich das Sägeblatt durch den Reibungswiderstand in der Schnittfuge nicht verklemmt, sind die Zähne geschränkt, nämlich im oberen Drittel mit dem Schränkeisen oder der Schränkzange abwechselnd nach links und rechts gebogen (gefluchtet, **4.**32). Dabei müssen die Zähne des im Feilkloben eingespannten Blatts nach beiden Seiten gleich weit gebogen werden, denn bei einseitiger Schränkung verläuft die Säge. Die maximale Schränkweite beträgt das Doppelte der Sägeblattdicke.

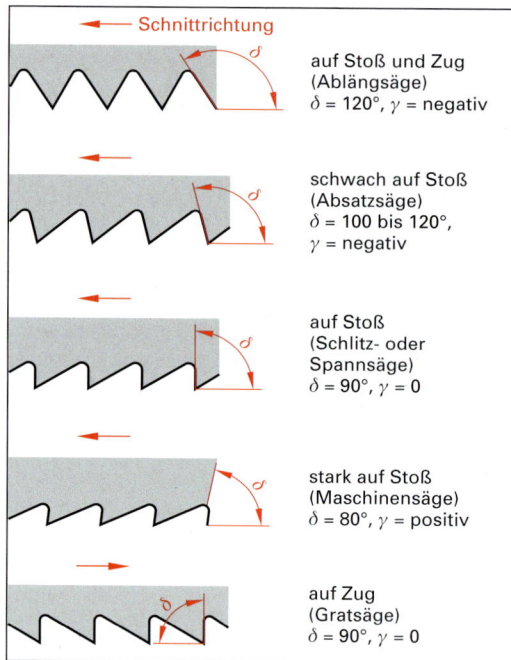

Bild 4.31 Zahnformen

auf Stoß und Zug (Ablängsäge)
$\delta = 120°$, γ = negativ

schwach auf Stoß (Absatzsäge)
$\delta = 100$ bis 120°, γ = negativ

auf Stoß (Schlitz- oder Spannsäge)
$\delta = 90°$, $\gamma = 0$

stark auf Stoß (Maschinensäge)
$\delta = 80°$, γ = positiv

auf Zug (Gratsäge)
$\delta = 90°$, $\gamma = 0$

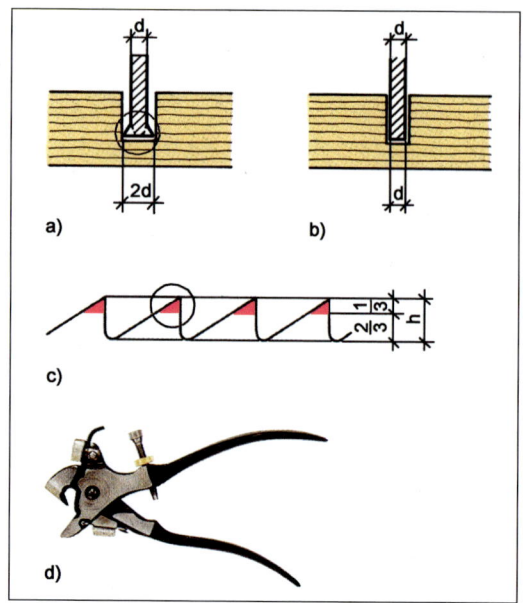

Bild 4.32 Schränken
a) geschränkter Zahn,
b) nicht geschränkter Zahn,
c) Schränkung im oberen Drittel,
d) Schränkzange

4.3 Sägen

Das Abrichten ist erforderlich, wenn die Zahnspitzen ungleich abgenutzt oder gefeilt sind. Dazu klemmen wir das Sägeblatt in den Feilkloben und feilen die Spitzen mit einer Flachfeile in Längsrichtung ab (**4.**33).

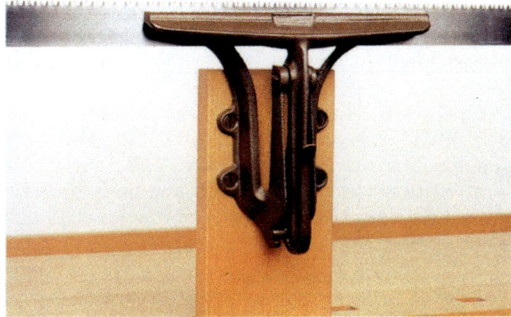

Bild 4.33 Sägeblatt im Feilkloben

Geschärft wird das Sägeblatt grundsätzlich nach dem Schränken, damit der feine Schleifgrat nicht beschädigt wird. Das Blatt klemmt man dazu in den Feilkloben. Den Keilwinkel von 60° und den runden Keilgrund erhalten wir durch Feilen mit einer abgerundeten gleichseitigen Dreikantfeile (**4.**34).

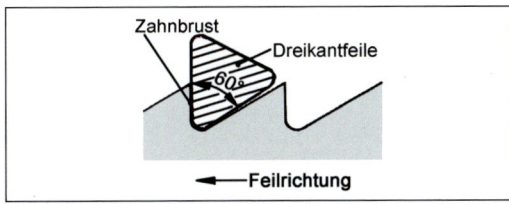

Bild 4.34 Schärfen

Sägeblätter erst nach dem Schränken und Abrichten schärfen.

Das Wissen um den Schärfvorgang zählt heute noch immer zum traditionellen Handwerk.

In der heutigen Zeit wird das regelmäßige Schärfen der Sägeblätter in der Werkstatt aufgrund des hohen Zeitaufwandes jedoch nicht mehr ausgeführt. Stumpfe oder beschädigte Sägeblätter werden durch neue ersetzt.

Sägearten. Bei den Handsägen unterscheidet man *Handvorspannsägen* (Gestellsägen) und *ungespannte* Sägen. Die Sägeblätter von Handvorspannsägen erhalten ihre Steifigkeit durch die Vorspannung in einem Rahmen, Bogen oder Gestell (**4.**35). Ungespannte Sägen haben ein freies, nicht eingespanntes Sägeblatt, das in einem Griff oder Heft mündet (**4.**36).

Handvorspannsägen müssen vor dem Sägen erst in die richtige Lage (Kontrolle durch Fluchten) gebracht und gespannt werden, da die Säge sonst verläuft. Bei längerem Nichtgebrauch sind die Sägen zu entspannen.

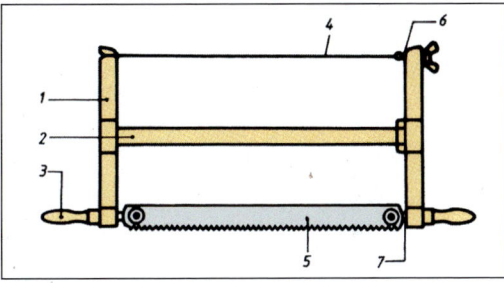

Bild 4.35 Gestellsäge (gespannt)
     1 Sägearm
     2 Steg
     3 Griff oder Hörnchen
     4 Spanndraht
     5 Sägeblatt
     6 Spannschraube mit Flügelmutter
     7 Angel

Tabelle 4.36 Handsägearten

Handvorspannsägen		
		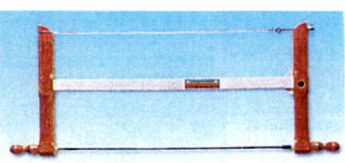
Bügelsäge Zähne auf Stoß vorwiegend für Längs- und Querschnitt von Vollholz	**Absetzsäge** feine Zahnteilung, Zähne schwach auf Stoß für saubere und genaue Schnitte	**Schweifsäge** schmales Sägeblatt, mit feiner Zahnteilung für Kurvenschnitte (Schweifen)
Ungespannte Handsägen		

Fuchsschwanz trapezförmiges Sägeblatt, Zähne schwach auf Stoß für Montagearbeiten	**Stichsäge** schmaler und dicker als Fuchsschwanz, Zähne auf Stoß für kleine geschweifte Plattenausschnitte	**Rückensäge** mit aufgesetzter aussteifender Rückenschiene, Zähne schwach auf Stoß für feinere Arbeiten
Ungespannte Handsägen		
	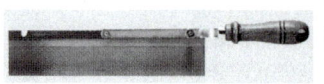	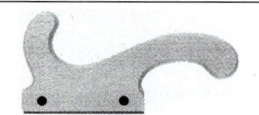
Gerade Feinsäge Zähne schwach auf Stoß für feine Schnitte	**Gekröpfte und umlegbare Feinsäge** Zähne auf Stoß und Zug rechts oder links gekröpft	**Gratsäge** Zähne auf Zug für Gratnuten
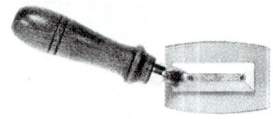	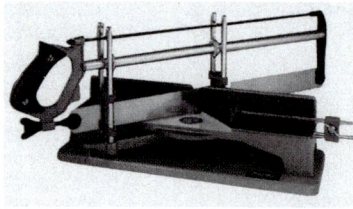	
Furniersäge auswechselbar, ungeschränkt, gekröpfter Griff, gerundetes Blatt, Zähne zur Spitze hin geschliffen zum Ablängen von Furnieren		**Gehrungssäge** Zähne schwach auf Stoß, Blatt gespannt und geführt für Gehrungsschnitte

Japanische Sägen (Zugsägen)

Japanische Sägen kommen immer häufiger bei feinen Holzarbeiten zum Einsatz. Da sie auf Zug schneiden, werden die Sägeblätter sehr dünn gearbeitet. Sie stehen unter Zugspannung und können somit nicht ausknicken. Geringerer Kraftaufwand und feine Schnittfugen sind die Folge.

Sägeblätter mit trapezförmigen Zähnen werden vor allem für Querschnitte verwendet. Die Zähne sind wechselseitig angeschliffen, wodurch sehr saubere Oberfächen entstehen.

Für Schnitte längs zur Faser werden Sägeblätter mit Dreieckszähnen verwendet. Durch sich verändernde Zahnteilung auf der Länge des Sägeblattes wird der Anschnitt erleichtert und die Schnittwirkung verbessert. Sägeblätter mit einer Universalverzahnung (Nezumi-Ba) haben eine Mischform der genannten Zahnarten und eignen sich für Schnitte quer und längs zur Faser.

Durch den hohen Härtegrad (über 70 Rockwell) verfügen die Impuls gehärteten, wechselbaren Einwegblätter über extrem lange Standzeiten und eine hohe Bruchfestigkeit. Sie eignen sich grundsätzlich für Weich- und Hartholz (**4.**37).

Durch die Zahnspitzenhärtung sind die Zähne nicht nachschärfbar. Beschädigte oder stumpfe Blätter müssen ausgewechselt werden. Der Blattwechsel ist in der beim Kauf einer Säge beiliegenden Gebrauchsanleitung beschrieben.

Die Sägen werden in drei verschiedene Typen eingeteilt (**4.**38):

4.4 Hobeln

Dozuki Sägen haben dünnste Sägeblätter und höchste Schnittpräzision. Der Rücken dient der Stabilisierung, daher ist die Schnitttiefe begrenzt.

Ryoba Sägen sind auf der einen Seite mit Trapez- und auf der gegenüberliegenden Seite mit Dreiecksverzahnung bestückt.

Kataba Sägen haben eine einseitige Mischverzahnung ohne Blattverstärkung. Sie eignen sich für tiefe und lange Schnitte. Als Sonderformen der Kataba sind die **Kobiki** (Auftrennsäge) und die **Kugihki** (Dübelsäge) zu nennen.

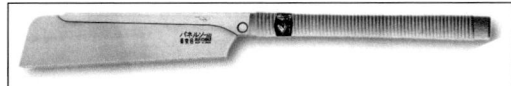

Dozuki

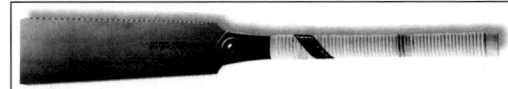

Ryoba

Kataba

Bild 4.38 Japanische Sägentypen

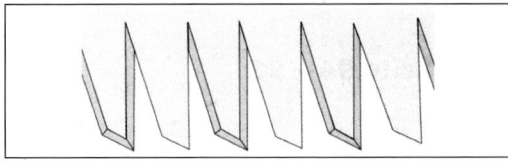

Trapezverzahnung

Dreiecksverzahnung

Universalverzahnung

Bild 4.37 Bezahnungsarten

Die **Griffe** sind aus leichtem Hinoki-Holz gefertigt. Die Rattan-Umwicklung oder Gummierung verbessert die Griffigkeit. Um die Führung zu verbessern und beidhändiges Arbeiten zu ermöglichen sind sie relativ lang gehalten.

Arbeits- und Unfallverhütungsregeln beim Sägen

- Die richtige Säge für den jeweiligen Werkstoff verwenden, auf geeignete Sägezahnform achten.
- Werkstück nicht federnd, sondern fest einspannen.
- Blattspannung gespannter Sägen vor Benutzen kontrollieren.
- Säge vorsichtig neben dem Riss ansetzen und zunächst auf Zug, ohne Druck sägen (Rissgefahr).
- Abfallende Stücke festhalten, letzte Sägestöße vorsichtig und leicht ausführen (Riss- und Abgleitgefahr).
- Säge sicher aufbewahren, Handvorspannsägen entspannen. Sägeblatt nur mit Blattschutz transportieren.

4.4 Hobeln

Arbeitsauftrag Nr. 23 Lernfeld TI, HM 1, 4; FKU 6, 8

- Bitte beantworten Sie die folgenden Fragen mithilfe des Fachbuches.
  1. Wozu dient die Hobeleisenklappe?
  2. Erläutern Sie das Schärfen des Hobeleisens.
  3. Worin unterscheiden sich Schlicht- und Doppelhobel?
  4. Welchen Hobel benutzen Sie, um kleine Unebenheiten auf einer gehobelten Fläche auszugleichen?
  5. Für welche Arbeiten nehmen Sie die Rauhbank?
  6. Sie sollen ein rauhes Werkstück glätten und ebnen. Welche Hobel verwenden Sie nacheinander?
  7. Warum ist beim Simshobel die vordere Hobelsohle verstellbar?
- Skizzieren Sie einen Handhobel und benennen Sie seine Einzelteile.

Gehobelt wird heute in der Regel maschinell. Für Montagearbeiten in der Werkstatt oder auf der Baustelle braucht man nach wie vor den Handhobel, den wir hier besprechen wollen.

Hobelvorgang. Beim Hobeln wird ein scharf angeschliffenes Messer (Hobeleisen) in einer Führungsvorrichtung (Hobel) über das Werkstück bewegt, um seine Fläche oder Kante zu ebnen, zu glätten und auf ein bestimmtes Maß zu begrenzen. Wir halten den Hobel mit beiden Händen und bewegen ihn mit leichtem Schwung und Druck möglichst in Faserrichtung über die Holzfläche (**4.**39a). Dabei hebt das keilförmig angefaste Hobeleisen Späne ab. Beim Ansetzen und Ausfahren darf der Hobel nicht abkippen, sonst werden die Kanten rund. Das Messer darf auf der Holzoberfläche keine Spuren hinterlassen, sondern soll einen geschlossenen Span abheben. Schwierig ist das Bestoßen von Hirnholzflächen („über Hirn"), weil der Hobel dann nicht wie beim Längsholz über das Hirnholzende hinausgefahren werden darf – sonst besteht Einreißgefahr (**4.**39c). Man kann den Hobel auch wenden und gegen den Körper ziehen.

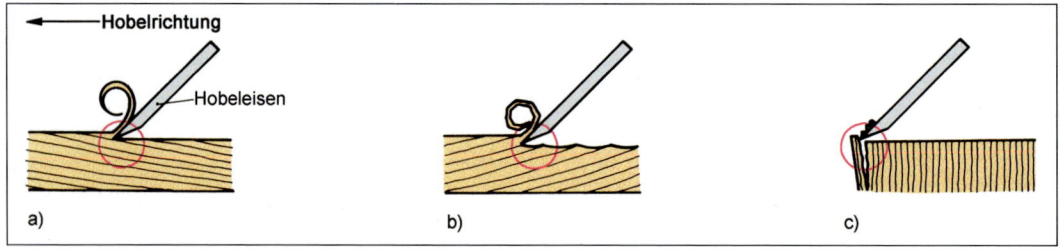

Bild 4.39 Hobelvorgang a) mit der Holzfaser, b) gegen die Holzfaser, c) am Hirnholz

Hobeln ist Spanen mit einem keilförmigen Hobeleisen

Hobelteile und -wirkung. Auf den Hobelkasten aus Rotbuchenholz ist die Hobelsohle aus Weißbuche oder Pockholz mit Zahnprofil aufgeleimt (**4.**40).

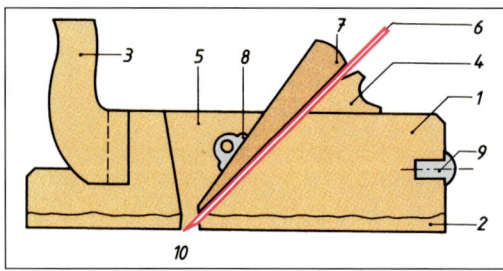

Bild 4.40 Hobel
1 Hobelkasten
2 Hobelsohle (aufgeleimt)
3 Nase (Griff)
4 Handschoner
5 Spanloch
6 Hobeleisen
7 Keil
8 Keilwiderlager
9 Schlagknopf
10 Hobelmaul (Spandurchgang)

Zum Führen des Hobels dienen die Nase vorn und der Handschoner hinten. Das Hobelmaul in der Hobelsohle erweitert sich nach oben zum Spanloch, worin ein Holzkeil mit Abstützung am Keilwiderlager das Hobeleisen festklemmt. Das Hobelmaul sollte nach Einbau des Hobeleisens noch eine Spandurchgangsöffnung von 0,5 bis 2,0 mm haben. Damit das vom Messer vorgespaltene Holz nicht einreißt, wird es an der Vorderkante des Hobelmauls (Spanbrecherkante) gebrochen (**4.**41a). Eine bessere Schnittwirkung – vor allem gegen die Faserrichtung – erreicht man mit dem Doppelhobeleisen. Dazu schraubt man auf das Hobeleisen eine verstellbare Klappe, die nur 0,5 bis 1,0 mm hinter der Schneide die Späne bricht (**4.**41b). Den Schnittwinkel bilden Hobelsohle und Eisenschneide. Der Keilwinkel wird für Hartholz größer gewählt als für Weichholz (**4.**42)

Die Schnittwirkung des Hobels geht bei größerem Schnittwinkel in Schaben über.

Einstellung des Hobeleisens. Die Spandicke stellen wir durch den Überstand des Hobeleisens an der Hobelsohle ein. Durch leichte

4.4 Hobeln

Hammerschläge auf das Eisenende tritt das Messer hervor und nimmt entsprechend dickere Späne ab. Durch einen leichten Schlag auf den Schlagknopf tritt es zurück und nimmt dünnere Späne ab. Die richtige Einstellung prüfen wir durch Hobelversuche, bevor wir den Holzkeil mit einem Hammerschlag endgültig festklemmen.

> Je geringer die Spandicke, desto feiner die Bearbeitung. Bei zu geringer Einstellung gibt es keinen geschlossenen Span mehr.

Pflege. Die Spanbrecherkante der Hobelsohle und das Messer nutzen sich durch die Reibung allmählich ab, werden stumpf, bekommen Riefen und Rillen. Dann stellt man das Messer zurück und schleift die Sohle an einem über den Maschinentisch gespannten Schleifpapier wieder plan. Anschließend wird die Sohle eingeölt. Das Hobeleisen muss besonders sorgfältig behandelt werden. Bei Lagerung und Transport wird es zur Schonung zurückgeklopft.

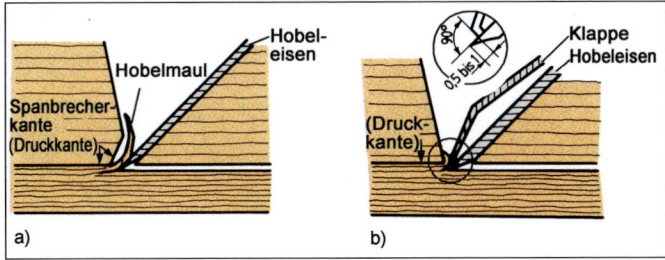
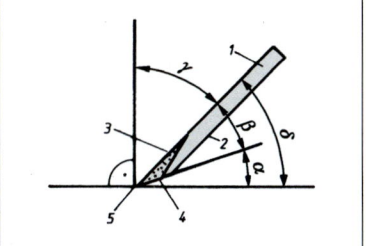

Bild 4.41 Hobeln
  a) Zusammenwirken von Druckkante und Hobeleisen beim Schlichthobel
  b) Zusammenwirken von Klappe und Hobeleisen beim Doppel- bzw. Putzhobel

Bild 4.42
Hobeleisen und Hobelwinkel
 1 Brust α Freiwinkel
 2 Rücken β Keilwinkel
 3 Spiegel γ Spanwinkel
 4 Fase δ Schnittwinkel
 5 Schneide

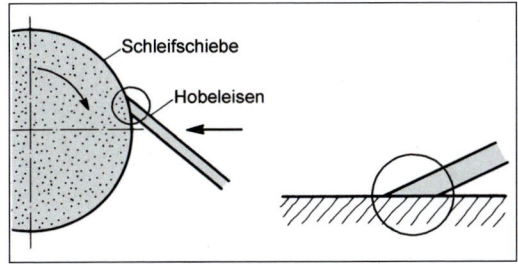

Bild 4.43 Schärfen und Abziehen des Hobeleisens

Zum Schärfen halten wir es mit der Fase an die gegenlaufende Schleifscheibe und kühlen zweckmäßig mit Wasser, denn die Fase darf nicht durchglühen. Der Keilwinkel von 25° ± 5° muss eingehalten werden. Der entstandene Grat wird auf einem feuchten Abziehstein abgezogen (**4.43**).

Fasenlänge = 2 × Eisendicke

Hobelarten. Je nach den Anforderungen in der Praxis stehen uns verschiedene Hobel und Hobeleisen zur Verfügung (**4.44**).

Tabelle 4.44 Hobelarten

Hobel	Merkmale	Verwendung
Flächenhobel Schrupp- oder Schropphobel	ovale, in der Mitte vorstehende Eisenschneide, einfach oder doppelt, 33 mm breit (DIN 5146); Schnittwinkel 45°	für besonders grobe Arbeiten (Abrichten alter Massivholzflächen, Oberflächengestaltung rustikaler Möbelfronten) Bearbeitung nicht in, sondern quer zur Faserrichtung („zwerch")
Schlichthobel	einfaches Hobeleisen (ohne Klappe), meist 48 mm breit (DIN 5145); Schnittwinkel 45°	für Grobarbeiten (Ebnen des noch rauen Holzes)
Doppelhobel	mit Spanbrechklappe, meist 48 mm breit (DIN 5145) Spandurchgang 1 mm; Schnittwinkel 45°	vielfache Verwendung: zum Ebnen, besonders zum Glätten grob vorgehobelter Flächen
Zahnhobel	feine Rillen in der Spiegelfläche des Eisens = zahnförmige, schabende Schneide (nicht mehr genormt); Schnittwinkel 75° bis 80°	zum Aufrauhen und Ausgleichen von Unebenheiten in gehobelten Flächen
Raubank	600 mm langer Hobel mit und ohne Klappe, Haltegriff hinter und Schlagloch vor dem Spanloch, Eisen 57 oder 60 mm breit (DIN 5145); Schnittwinkel 45°	zum Glätten und Ebnen (Abrichten) großer Flächen und zum Anfügen rechtwinkliger Kanten
Putzhobel	handlicher Hobel mit Klappe, Feineinstellung und Wendemessern (WS); Eisen 48 mm breit (DIN 5145), Schnittwinkel 49°	zum Feinglätten, Verputzen, Bestoßen und Bündighobeln besonders für furnierte Flächen
Reformputzhobel	feinste Einstellung des Hobeleisens mit Klappe (DIN 5149); Eisen 48 mm breit, Feineinstellung mit Einstellschraube, Schnittwinkel 49°	für feinste Putzarbeiten in Faserrichtung
Formhobel Simshobel	verschiedene Messerbreiten mit und ohne Klappe, Messerbreite = Hobelbreite, vordere Hobelsohle durch Flügelschrauben verstellbar zum Einsetzen des Eisens; Schnittwinkel 49°	für Fälze von Türen und Fenstern

Tabelle 4.44 Fortsetzung

Hobel	Merkmale	Verwendung
Grathobel	schräg eingebautes Eisen mit verstellbarem Anschlag und rechtwinkligem Anschliff	für Gratfedern an Leisten und Brettkanten
Grundhobel	Hakeneisen, durch Flügelschraube verstellbar	zum Ausarbeiten der eingeschnittenen Gratnut
Falzhobel	Eisen einseitig abgefälzt, mit Vorschneider und Anschlagschiene	für Fälze
Nuthobel	schmale, auswechselbare Hobeleisen, 2 mm Stahlschiene als Hobelsohle, einstellbarer Anschlag und einstellbare Tiefe	zum Ausheben einer Nut
Schiffshobel	Sohle anpassbar auch an runde Werkstücke	für grobe und feine Bearbeitung runder Flächen
Bestoßhobel für Hirnholz	mit oder ohne Feineinstellung des Doppeleisens, meist 45 mm breit, Schnittwinkel 49° Metallsohle	für Hirnholz und Kunststoffkanten
Absatz-Simshobel	mit und ohne Klappe, ohne Vorderstück, Schnittwinkel 49°	für Nacharbeiten von Tür- und Fensterrahmenfälzen

Tabelle 4.44 Fortsetzung

Hobel	Merkmale	Verwendung
Schabhobel	mit geradem oder gebogenem, einfachem Eisen, gebogener Griff, Schnittwinkel 45°	für Bearbeitung geschweifter Kanten oder Rundstäbe

Hobelfehler können Sie leicht vermeiden, wenn Sie sich diese Regeln einprägen:
- Stets *mit* der Faser hobeln.
- Das Hobelmaul darf nicht zu groß sein, die Spanbrecherklappe muss richtig eingestellt werden – sonst reißt die Holzoberfläche ein.
- Das Hobelmaul darf nicht zu klein sein und die Spanbrecherklappe nicht zu dicht auf dem Hobeleisen sitzen – sonst verstopft der Hobel.
- Die Hobelsohle muss gut gepflegt werden – saubere und glatte Oberfläche.
- Das Hobeleisen muss immer rechtwinklig angeschliffen werden – sonst ist die gehobelte Oberfläche uneben.

Die Spanbrecherkante (Klappenkante) muss absolut dicht auf der ganzen Breite der Spiegelfläche aufliegen (Blickkontrolle), sonst wird der Span nicht gleichmäßig gebrochen (**4**.45). Feine Spanteile dringen zwischen Klappe und Spiegelfläche des Hobeleisens ein und verstopfen allmählich das Hobelmaul.

Arbeitsregeln beim Hobeln
- Zum Transport und Lagern Hobeleisen zurücknehmen und nur leicht verkeilen.
- Hobelsohle regelmäßig auf gerader Unterlage abschleifen und einölen.
- Fase beim Schleifen nicht blau anlaufen lassen (kühlen).
- Beim Abziehen müssen Spiegelseite und Fase des Eisens vollflächig aufliegen.
- Zum Einstellen des Hobels nur leicht auf Keil (Eisen) oder Schlagknopf schlagen.

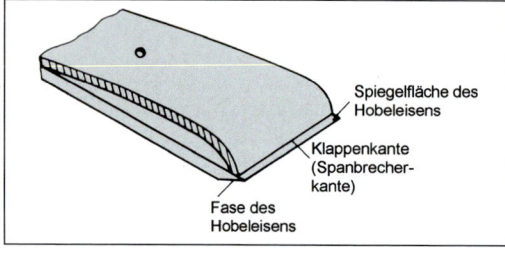

Bild 4.45 Spanbrecherklappe

4.5 Schaben

Arbeitsauftrag Nr. 24 Lernfeld TI, HM 1, 4; FKU 6, 8
- Bitte beantworten Sie die folgenden Fragen mithilfe Ihres Fachbuches. Vervollständigen Sie Ihre Lernkartei.
1. Für welche Arbeiten benutzen Sie die Ziehklinge?
2. Welchen Schnittwinkel halten Sie beim Arbeiten mit der Ziehklinge ein?
3. Wie wird der Ziehklingengrat von Hand abgezogen?

Durch Schaben werden letzte kleine Unebenheiten auf der Holzoberfläche beseitigt. Das Schaben entspricht dem Hobeln mit einem Schnittwinkel > 90° (negativer Spanwinkel). Die Ziehklinge lässt sich schieben oder ziehen, soll aber nicht durchgebogen werden (andernfalls bilden sich Unebenheiten).

Schaben entspricht dem Hobeln mit einem Schnittwinkel > 90°.

4.5 Schaben

Die Ziehklinge aus Werkzeugstahl dient zum Nachputzen gewölbter Teile oder Oberflächen, denen mit dem Hobel schlecht beizukommen ist. Beim Schaben werden die Fasern stark zusammengedrückt. Deshalb müssen wir die mit der rechteckigen oder ovalen Ziehklinge bearbeiteten Vollholzflächen vor der weiteren Oberflächenbehandlung wässern (**4.**46a).

Beim Ziehklingenhobel (**4.**46b) wird eine Ziehklinge in eine Halterung gespannt. Er dient zum Verputzen gewölbter Teile oder zum Entfernen von Leimfugenpapier.

Klingengrat anzuziehen (zu schärfen), legen wir die Ziehklinge so auf die Hobelbank, dass die Längskante etwas vorsteht. Mit dem dreikantigen Ziehklingenstahl fahren wir unter Druck leicht schräg von unten nach oben über die Längskante, sodass oben ein scharfer Grat entsteht (**4.**47a). Dieser Schärfvorgang setzt handwerkliches Geschick voraus; einfacher geht es mit dem Ziehklingen-Gratzieher (**4.**47b). Er wird mit leichtem Druck vor- und rückwärts über die eingespannte und eingefettete Ziehklingenkante bewegt.

Bild 4.46 a) Ziehklingen, b) Ziehklingenhobel

Pflege. Vor dem Schärfen werden **Ziehklingen** abgefeilt und abgerichtet. Dazu spannen wir die Klinge zwischen zwei Hartholzklötze oder in einen Feilkloben. Die überstehenden Längskanten werden mit einer feinen Flach- oder Dreikantfeile rechtwinklig abgefeilt und so lange mit dem Abziehstein abgezogen, bis keine Feilhiebe mehr erkennbar sind. Auf Kante und Fläche wird auch der Grat abgezogen, so dass die Kanten schartenfrei sind. Um den

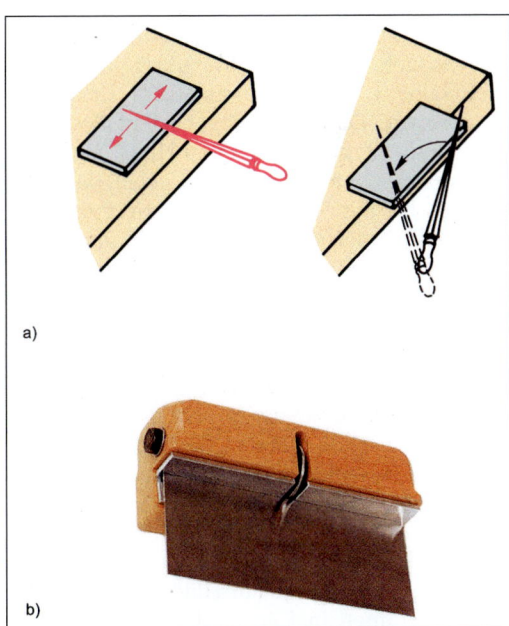

Bild 4.47 a) Schärfen der Ziehklinge
b) Ziehklingen-Gratzieher

4.6 Stemmen

Arbeitsauftrag Nr. 25 Lernfeld TI, HM 1, 4; FKU 8
- Bitte beantworten Sie die folgenden Fragen mithilfe Ihres Fachbuches. Vervollständigen Sie Ihre Lernkartei.
1. Welche Beitel verwenden Sie bei der Holzbearbeitung?
2. Warum ist der Lochbeitel dicker als der Stechbeitel?
3. Was müssen Sie beim Durchstemmen von Löchern beachten?
- Skizzieren Sie einen Stechbeitel und benennen Sie die dazugehörigen Fachbegriffe.

Stemmvorgang. Durch Stemmen mit einem keilförmig angeschliffenen Eisen werden Löcher ausgehoben (Loch oder Zapfen), Zinken (Schwalben) ausgestemmt und Beschläge eingelassen. Das Werkzeug besteht aus einer Klinge mit Heft und wird von Hand (Stechen) oder mit dem Schreinerklüpfel gegen das Holz bewegt. Da die Schneide die Form eines einseitig wirkenden Keils hat, wird sie immer bestrebt sein, in Richtung der Spiegelfläche und nicht in der Schlagrichtung des Stemmeisens vorzudringen. Dies kann man durch geschicktes Ansetzen des Messers oder durch Gegendrücken im Griff ausgleichen. Sicherheitshalber stemmen wir zunächst nicht direkt am Riss vor. Die zu bearbeitenden Werkstücke dürfen nicht federn, sondern müssen fest eingespannt werden. Beim Durchstemmen über die gesamte Holzdicke (bei Zinken oder Schlitzen) reißt das Holz leicht aus, wenn wir nicht von *beiden* Seiten anreißen und je zur Hälfte ausstemmen. Beim Stemmen in Längsholz kann das Holz leicht spalten (**4**.48).

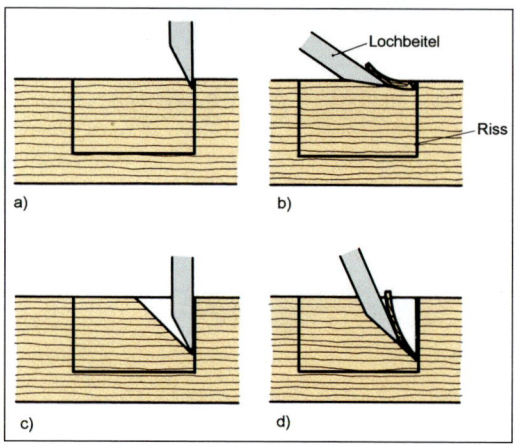

Bild 4.48 Arbeiten mit dem Lochbeitel
a) Beitel vor dem Riss ansetzen
b) Beitel schräg mit Spiegelfläche nach oben ansetzen, Holz ausstemmen
c) Beitel erneut und näher am Riss ansetzen
d) Holz ausstemmen, bis die gewünschte Tiefe erreicht ist

Werkzeug. Für Stech- und Stemmarbeiten verwendet der Tischler Stechbeitel (Stecheisen), Lochbeitel und Hohlbeitel. Die Klingen bestehen aus Werkzeugstahl, die Benennung zeigt Bild **4**.49.

Den Stechbeitel gibt es in Breiten zwischen 3 und 50 mm. Meist enthält unser Werkzeugkasten einen Satz von 4 bis 6 Stechbeiteln mit den Breiten 6, 10, 16, 20, 22 und 26 mm. Die Klinge hat gerade oder gefaste Kanten (**4**.50a), der Keilwinkel beträgt 25°.

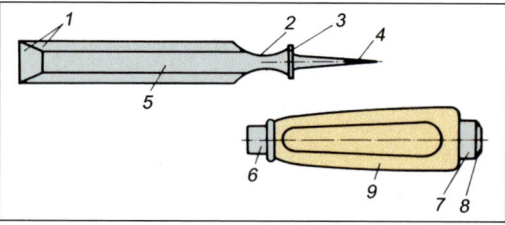

Bild 4.49 Stechbeitel
1 Haupt- und Nebenfase
2 Hals
3 Krone
4 Angel
5 Klinge
6 untere Zwinge
7 obere Zwinge
8 Schlagknopf
9 Heft (Griff)

Der Lochbeitel dient zum Ausstemmen tieferer Löcher. Wegen der erhöhten Biegebelastung (Hebelwirkung) ist seine Klinge dicker als breit geformt und verjüngt sich zum Griff hin in der Breite (**4.50b**). Der Keilwinkel beträgt 25°, die gebräuchlichsten Breiten sind 4, 5, 6, 8, 10, 12, 13 und 16 mm.

Der Hohlbeitel hat eine gewölbte Klinge, um Profile nachzustechen, Schalen auszustemmen oder runde Beschlagteile einzulassen (z. B. Schlösser, **4.50c**). Den Hohlbeitel gibt es in Breiten von 4 bis 26 und 30 bis 32 mm.

Das Fitscheneisen wird nur noch selten verwendet (**4.50d**). Es hat einen Metallgriff und ist in seiner Dicke auf das Einlassen von Fitschenbändern ausgerichtet, entspricht also der Beschlagdicke. Fitschenbandschlitze werden heute meist maschinell ausgearbeitet.

Das Riegellocheisen eignet sich zum Ausstemmen von Schlossriegellöchern bei Schubkästen oder kleinen Klapptüren, wo der Stechbeitel zu lang ist (**4.50e**).

Der Schreinerklüpfel, ein Hammer aus Hartholz, wird bei Stemmarbeiten eingesetzt, weil er die Werkzeughefte schont (**4.51**). Er wiegt 0,5 bis 1 kg und kann auch eine Metalleinlage haben.

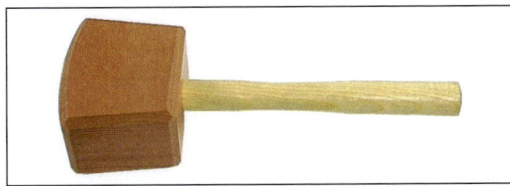

Bild 4.51 Schreinerklüpfel

Pflege. Beitel werden wie Hobeleisen geschärft und abgezogen. Wichtig ist, dass die Schleifscheibe keinen zu kleinen Radius hat und der Keilwinkel dadurch zu klein wird (optimal 25°) – sonst wird die Messerschneide nach dem Abziehen zu schwach und bricht leicht aus. Die Schneide muss rechtwinklig angeschliffen werden. Vorsicht – die Kanten glühen leicht durch! Im Gegensatz zu den Loch- und Hohlbeiteln dürfen Sie Stemmeisen nicht freihändig schärfen. Beim Beitelschärfen müssen Sie eine Schutzbrille tragen.

Arbeits- und Unfallverhütungsregeln bei Stemmwerkzeugen
– Keilwinkel von 25° nicht verändern, möglichst mit dem Klüpfel arbeiten.
– Beim Schärfen nicht zu stark drücken, damit die Kanten nicht durchglühen.
– Zum Schärfen Schutzbrille tragen, Schutzhaube am Schleifstein nicht entfernen. Stechbeitel niemals freihändig schärfen!

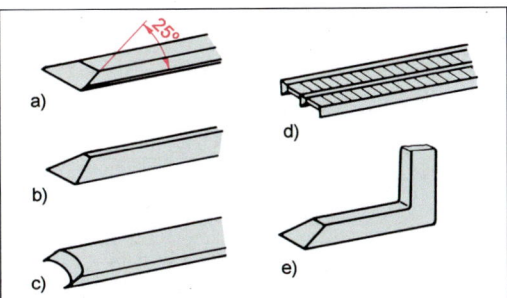

Bild 4.50 Stemmeisenarten
  a) Stecheisen (Stemmbeitel),
  b) Lochbeitel, c) Hohlbeitel,
  d) Fitscheneisen, e) Riegellocheisen

4.7 Bohren

Arbeitsauftrag Nr. 26 Lernfeld TI, HM 1, 4; FKU 6, 8

- Bitte beantworten Sie die folgenden Fragen mithilfe des Fachbuches. Vervollständigen Sie Ihre Lernkartei.

1. Bei welchen Bohrern stechen Sie mit dem Spitzbohrer oder der Reibahle vor?
2. Wozu dient die Knarre an der Bohrwinde?
3. Welchen Nachteil haben Zentrumsbohrer?
4. Worauf müssen Sie beim Bohren nicht durchgebohrter Löcher in Längsholz mit Schlangenbohrern achten?
5. Warum verlaufen Spiralbohrer mit Dachspitze leicht beim Ansetzen? Wie können Sie dies verhindern?
6. Erläutern Sie die verschiedenen Aufgaben von Haupt- und Nebenschneiden beim Zentrumsbohrer.
7. Wozu dient der Aufsteckversenker?
8. Erläutern Sie das Schärfen eines Bohrers.
9. Welcher Bohrer muss an der Schleifscheibe geschliffen werden?

Bohrarbeiten hat der Tischler täglich auszuführen. Er muss Dübellöcher und Beschläge (Topfbänder) bohren, Schrauben vorbohren, Äste ausflicken. Bei Möbelkorpusteilen aus Spanplatten ist die Dübelverbindung die günstigste Eckverbindung (s. Abschn. 7.1.3). In der Fertigung bohrt man wegen der Genauigkeit (Maßtoleranz) überwiegend elektrisch oder pneumatisch an feststehenden Maschinen. Nur noch im Bankraum oder auf Montage kommen Bohrwinde, Handbohrmaschine oder Akkuschrauber zum Einsatz.

Bohrvorgang. Bohren ist ein spanabhebender Arbeitsvorgang, bei dem sich das Schneidewerkzeug durch Drehen um seine Längsachse schraubenförmig in das Werkstück vorarbeitet. Die Holzfasern werden durch die keilförmige Schneide abgehoben und über die wendelförmige Förderschnecke (Transportschlange) aus dem Bohrloch transportiert. Weil Vollholz leicht ausreißt, haben die meisten Bohrer eine Vor- oder Nebenschneide, die die Fasern am Lochumfang vorritzen, bevor sie der Schneidenkeil am Lochgrund abhebt (**4.**52). Damit der Bohrer beim Ansetzen nicht „verläuft", hat er in der Regel eine Zentrierspitze. Den Vorschub auf das Werkstück in Richtung Bohrerachse erzeugen wir durch senkrechten Druck. Bei Bohrern ohne Zentrierspitze empfiehlt es sich, mit dem Spitzbohrer oder der Reibahle von Hand (in Hartholz mit dem Hammer) vorzustechen.

> Beim Bohren heben keilförmige Schneiden das Holz ab und transportieren es über die Förderschnecke ab.

Werkzeug. Wir unterscheiden Handbohrer, Bohrer für Bohrwinden und Handbohrmaschinen sowie für feststehende Bohrmaschinen. Handbohrer werden nur noch zum Vorbohren verwendet. Den Bohrer spannt man mit seinem Vierkantschaft ins Backenfutter der Bohrwinde oder Handbohrmaschine. Eine Bohrwinde mit *Knarre* lässt sich auch in Ecken und an Wänden einsetzen. Die Knarre stellen wir so ein, dass sich der eingespannte Bohrer nur vor- oder rückwärts mitdreht. Tabelle **4.**53 gibt einen Überblick über die Bohrerarten. Bohrmaschinen lernen wir in Abschn. 5 kennen. Bei Handbohrmaschinen ist darauf zu achten, dass die auf Werkstoff und Bohrerdurchmesser abgestimmte richtige Drehzahl eingestellt wird.

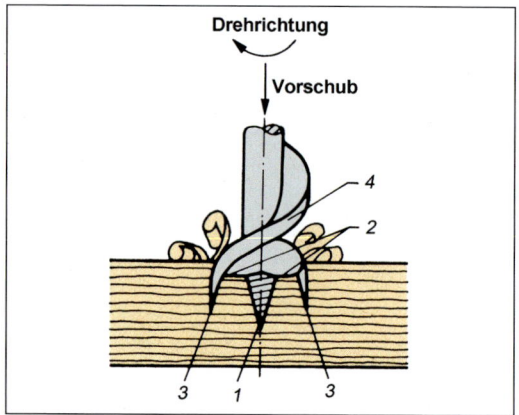

Bild 4.52 Bohrvorgang und Bohrerbezeichnungen
1 Zentrierspitze mit Gewinde
2 Hauptschneiden
3 Nebenschneiden (Vorschneider)
4 Transportschlange

Tabelle 4.53 Bohrerarten

Bohrer	Merkmale	Verwendung
Holzbohrer		
Schneckenbohrer Handschneckenbohrer Windenschneckenbohrer Vierkantschaft	konisch verlaufende Spitze, die Nadelholz beim Eindrehen leicht spaltet zum Einsetzen in Bohrwinden	zum Vorbohren von Nagel- und Schraubenlöchern

4.7 Bohren

Tabelle 4.53 Fortsetzung

Bohrer		Merkmale	Verwendung
Zentrumsbohrer			
Vorschneider, Spanabheber, Zentrierspitze ohne Gewinde	Form A	kurzer, leicht verstopfbarer Spandurchgang dreikantige Zentrierspitze, Vorschneider und Spanabheber	nicht für tiefere Bohrungen kaum noch verwendet
Zentrierspitze mit Gewinde	Form B	schraubenförmige Zentrierspitze	saubere und genaue Bohrlöcher
verstellbares und auswechselbares Messer	Form C	Vorschneider und Spanabheber verstellbar (Millimeterteilung)	für Bohrlöcher von 13 bis 40 mm bzw. 22 bis 70 mm Ø
Schlangenbohrer Form C (Irwin)		Gewindespitze, zwei Vorschneider, Spanabheber und Transportschlange für Späne; symmetrischer Aufbau, daher gute Führung (verläuft nicht)	für tiefere Löcher eingängige Bohrer für Weichholz, zweigängige für Hart- und Hirnholz
		zwei Spanabheber, jeweils mit Transportschlange	
Form G (Lewis)		breitere Transportschlangen als Form C	s. Form C
Holzspiralbohrer mit Dachspitze / mit Zentrierspitze		zwei Vor- und Hauptschneiden, ein oder zwei Spannuten	für Löcher mit glatten Wandungen in Längs- oder Hirnholz (Dübellöcher) für Metall (Vorstechen oder Vorbohren erforderlich) für Holz
Stufenbohrer l_1+l_2, l_1, l_2		Holzspiralbohrer mit Zentrierspitze (kleiner Durchmesser) und aufgesetztem Spiralbohrer ohne Spitze (großer Durchmesser) mit Klemmschraube	zum Bohren von zwei verschiedenen Durchmessern mit unterschiedlichen Lochtiefen in einem Arbeitsgang
Versenker (Krauskopf, Ausreiber) 90°		kegelförmige Spitze, Spitzenwinkel 90°, Schneidenkopf mit mehreren Schneiden	zum kegelförmigen Erweitern von Bohrlöchern, um Schraubenköpfe oberflächenbündig einzudrehen oder Dübel leichter einzusetzen
Aufsteckversenker		wird mit Klemmschraube in gewünschter Höhe am Schnecken- oder Spiralbohrer befestigt	zum Bohren und Versenken in einem Arbeitsgang
CNC-Dübellochbohrer L_1, D, L_2		Dachspitze und Doppelfase, Schaft mit Spannfläche und Einstellschraube	für Durchgangsbohrungen, MDF, HDF usw.

Pflege. Bohrer werden einzeln in Holzkästen, einfachen Steckvorrichtungen oder Taschen so aufbewahrt, dass sich die Schneideteile nicht berühren. Bei Steckvorrichtungen steckt der Schaft im Loch, steht also der Schneidenteil nach oben. Für Bohrer mit Hartmetallschneiden gibt es besondere Aufsteckhülsen. Mit Harz oder Leim verschmutzte Bohrer reinigt man in Nitrolösung, Petroleum oder heißem Wasser – nicht durch Abkratzen mit Metallgegenständen! Anschließend werden die sauberen Bohrer eingefettet oder eingeölt.

Kunst- und Forstnerbohrer werden bei den Maschinenbohrern im Abschn. 5.2.7 Tab. **5.**73 behandelt.

> Bohrer mit beschädigter Gewindespitze sind unbrauchbar.

Das Schärfen erfordert je nach Bohrerart verschiedene Techniken und viel handwerkliches Geschick, denn die Bohrdurchmesser und die Wirkung von Haupt- und Nebenschneiden dürfen nicht verändert werden. Die meisten Bohrer schärft man mit Feilen und prüft die Spitzenwinkel vorsichtshalber mit Schleiflehren. Spiralbohrer mit Dachspitze können wir nur an der Schleifscheibe schleifen. Vorschneider müssen auch nach dem Schärfen noch über die Spanabheber vorstehen. Die Übergänge zwischen Spanabheber und Einzugsgewinde dürfen nicht verändert werden. Nach dem Feilen bzw. Schleifen ziehen Sie alle bearbeiteten Bohrerteile mit einem Abziehstein nach, um Feilhiebe zu entfernen.

> **Arbeitsregeln beim Bohren**
> - Werkstück fest einspannen.
> - Für jeden Werkstoff den richtigen Bohrer einsetzen.
> - Bohrer mit Vierkantschaft nur für die Bohrwinde, mit rundem Schaft nur für Bohrmaschinen verwenden. Alle Spannstellen mit dem Schlüssel festziehen.
> - Anreißen, vorstechen, ankörnen oder vorbohren, damit der Bohrer nicht verläuft.
> - Bohrlochansatz prüfen, Bohrer nicht verkanten.
> - Nach Gebrauch Bohrer reinigen und so aufbewahren, dass die Schneiden nicht beschädigt werden.
> - Zum Schärfen stets das richtige Werkzeug benutzen.
> - Beim Bohren besteht erhöhte Unfallgefahr! Deshalb Arbeitsregeln beachten und Vorsicht walten lassen.

4.8 Raspeln und Feilen

> **Arbeitsauftrag Nr. 27 Lernfeld TI, HM 1, 4; FKU 6, 8**
> - Bitte beantworten Sie die folgenden Fragen mithilfe des Fachbuches.
> - Ergänzen Sie Ihre Lernkartei.
> 1. Wovon hängt die Hiebfeinheit der Raspel oder Feile ab?
> 2. Wodurch unterscheiden sich Einhieb- und Zweihiebfeilen?
> 3. Welche Regel gilt für das Raspeln und Feilen harter und weicher Werkstoffe?
> 4. Wie reinigen Sie Raspeln und Feilen?

Raspeln und Feilen wurden früher vielfach für Nacharbeiten von gesägten oder gestemmten Verbindungen (z. B. Schlitz und Zapfen), vorgesägten Ausschnitten und Schweifungen eingesetzt. Mit der Raspel wird grob vor-, mit der Feile fein nachgearbeitet.

Der Feilvorgang lässt sich mit einem flächig wirkenden Sägen vergleichen. Die Schneiden (Zähne) von Raspel oder Feile sind neben- und hintereinander versetzt angeordnet. Druck wird nur beim Vorwärtshub leicht schräg zur Fläche ausgeübt, sonst stumpfen die Schneiden zu schnell ab (**4.**54). Das Werkstück muss fest eingespannt sein.

> Feilen und Raspeln dienen mit ihrer flächigen Sägewirkung zur Nacharbeit.

4.8 Raspeln und Feilen

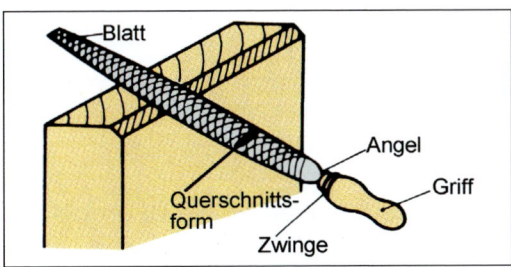

Bild 4.54 Raspeln oder Feilen

Werkzeug. Raspeln und Feilen bestehen aus dem Blatt, das sich nach vorn verjüngen kann, und der Angel. An der Angel wird das Blatt mit einer Zwinge im Holz- oder Kunststoffgriff befestigt. Achten Sie stets auf den festen Sitz des Blattes!

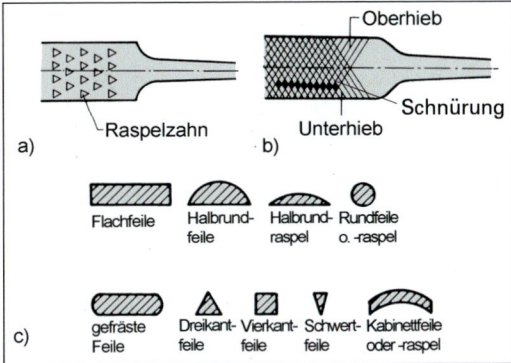

Bild 4.55 a) Raspelhieb,
b) Feilenhieb (Doppel- oder Kreuzhieb),
c) Querschnittsformen

Raspeln haben verhältnismäßig weit auseinanderstehende eingehauene Zähne (Hiebe) (**4.55**). Wir unterscheiden drei Hiebarten (Hiebnummern):

Hieb 1 = grob **Hieb 2** = halbschlicht **Hieb 3** = schlicht

Bei gleicher Raspellänge nimmt die Feinheit also mit steigender Hiebnummer zu. Bei zunehmender Raspellänge wird der Hieb jedoch bei gleicher Hiebzahl gröber, denn die Hiebzahl wird je cm^2 Raspelfläche ausgedrückt (**4.56**). Eine höhere Hiebnummer bedeutet deshalb nicht immer eine größere Feinheit!

Nach der Form unterscheidet man die flachstumpfe, halbrunde Kabinett- und runde Raspel (**4.55c**). Die *Sägeraspel* hat mehrere gezahnte Stahlstreifen, durch die die Späne abfließen können. Die Hobelfräserraspel und -feile haben ein auswechselbares Blatt.

Feilen haben gefräste oder gehauene Zähne, die enger zusammenstehen als bei der Raspel (**4.55b**). Es gibt Einhieb- und Doppelhiebfeilen (Kreuzhiebfeilen). Einhiebfeilen setzt man vorwiegend für die Bearbeitung von Aluminium ein.

Tabelle 4.56 Raspelhieb

Raspellänge in mm	Hieb-Nr. 1	Hieb-Nr. 2	Hieb-Nr. 3
	Hiebzahlen je cm^2		
150	14	20	28
200	11	16	22
250	9	12	18
300	7	10	14

Doppelhiebfeilen haben einen Unter- und einen Oberhieb, die in verschiedenen Winkeln angeordnet und unterschiedlich grob ausgeführt sind. Die versetzt angeordneten Zahnreihen nehmen beim Feilen sehr kurze Späne ab.

Wie bei den Raspeln geben die Hiebzahlen (hier 1 bis 4) unterschiedliche Feinheitsgrade nach Feilenlänge an. Eine Feile mit der Hiebzahl 3 ist also gröber als eine kürzere Feile mit derselben Hiebzahl.

Nach der Form unterscheiden wir: Dreikantfeile (z. B. zum Schärfen von Sägezähnen), Flach-, Halbrund-, Rund-, Vierkant-, Schwert-, Kabinett- und Hohlfeilen (**4.55c**).

Die Feinheit der Raspel und Feile hängt von der Hiebnummer und der Raspel-/Feilenlänge ab. Je kleiner die Hiebnummer und je länger die Raspel bzw. Feile, desto gröber der Hieb.

Grundsatz: Je härter der Werkstoff, desto feiner der Hieb.

Pflege. Raspeln und Feilen sollen immer nur für einen bestimmten Werkstoff verwendet werden. Sie müssen sauber sein. Mit Harz oder Leim verschmutzte Blätter legt man in heißes Wasser, Petroleum oder Nitroverdünnung und reinigt sie dann mit einer speziellen Feilenbürste. Die Griffe müssen aus Sicherheitsgründen fest auf der Angel sitzen.

4.9 Schleifen

> **Arbeitsauftrag Nr. 28 Lernfeld TI, HM 1, 4; FKU 6, 8**
> - Bitte beantworten Sie die folgenden Fragen mithilfe ihres Fachbuches.
> - Vervollständigen Sie Ihre Lernkartei.
> 1. Worin besteht der Unterschied zwischen einer offenen und einer geschlossenen Streuung der Schleifmittel?
> 2. Für welche Hölzer nehmen Sie eine offene Streuung? Begründen Sie Ihren Standpunkt.
> 3. Was gibt die Zahl 80 auf dem Schleifpapier an?
> 4. Für welche Handwerkszeuge verwendet man beim Schleifen Nass-, für welche Trockenschliff?
> 5. Was bedeutet der Härtegrad?
> 6. Welche Regeln müssen Sie bei der Arbeit am Schleifstein einhalten?
> 7. Welche Abziehsteine kennen Sie?

Gehobelte, gesägte oder gepresste Holz- und Holzwerkstoff-Oberflächen werden durch Schleifen eingeebnet (egalisiert) oder zur Weiterbehandlung aufgeraut. Furniere und bedruckte Papiere sind heute so dünn, dass die Trägermaterialien (Span- oder Sperrholzplatten) vor dem Leimauftrag geschliffen (egalisiert und kalibriert) werden müssen, damit das Furnier beim folgenden Fertigschliff nicht durchgeschliffen wird. Andererseits raut man die Oberfläche von Werkstoffen auf, um die Leimfläche zu vergrößern und damit die Haftung der Teile zu verbessern. In vielen Fällen ist heute der Maschinenschliff an die Stelle des Handschliffs getreten.

Der Schleifvorgang ähnelt dem Raspeln und Feilen, die er zunehmend verdrängt. Schleifen ist ein flächiges Schaben von vielen neben- und hintereinanderliegenden Schneiden (Schleifkörnern) mit einem Schnittwinkel > 90°. Wir schleifen vor allem bei später sichtbaren Holzflächen in Faserrichtung, weil sich quer zur Faser Schleifrillen (Riefen) ergeben. Wichtig ist, dass die Kanten erhalten bleiben. (Weitere Verarbeitungshinweise s. Abschn. 9.1.2.)

> Beim Schleifen nehmen scharfkantige Schleifkörner dünne Späne ab. Man schleift nach Möglichkeit in Faserrichtung.

Als Schleifmittel dienen Schleifpapier mit aufgeleimten oder künstlichen Schleifkörnern. Papier oder Leinengewebe finden als Kornträger Verwendung. Kombinierte Kornträger bestehen aus mehreren Papieren die mit Leinengewebe verstärkt sind. Sie können stark beansprucht werden und kommen daher z. B. bei Breitbandschleifmaschinen zum Einsatz.

Natürliche Schleifmittel bestehen aus Flint, Granulat, Naturkorund oder Quarz (Sandstein). Für künstliche Schleifkörper verwendet man Elektrokorund, Siliciumcarbid, Bornitride, Glas und künstliche Diamanten.

Die unterschiedliche Feinheit der Schleifpapiere wird durch die Körnungsnummern gekennzeichnet.

Diese leiten sich aus der Dichte der Schleifkörner, die mittels Schüttelsiebes auf den Kornträger aufgebracht werden, ab.

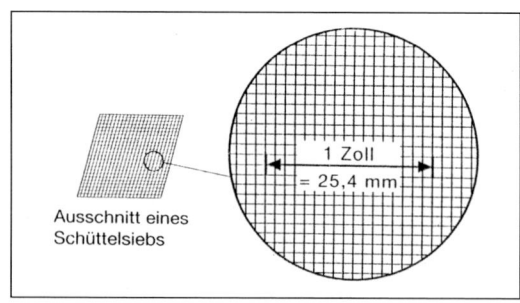

Bild 4.57 Anzahl der Sieblöcher pro Zoll

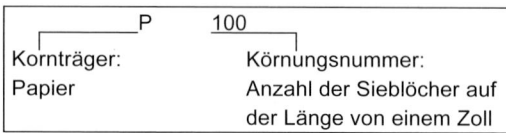

Bild 4.58 Schleifpapierbezeichnung

Je nach Streudichte der aufgeleimten Körner unterscheidet man die offene (OP) und die geschlossene (CL) Streuung.

4.9 Schleifen

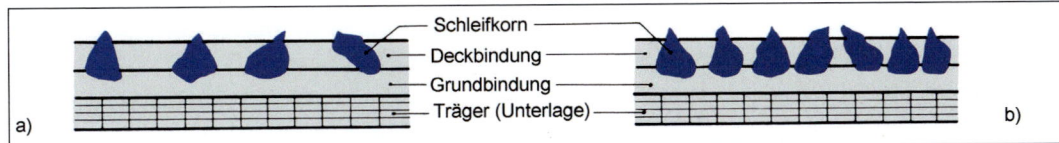

Bild 4.59 Aufbau von Schleifpapier a) offene Streuung b) geschlossene Streuung

Für die Bearbeitung von harten Hölzern kann geschlossen gestreutes Schleifpapier verwendet werden.

Bei der Bearbeitung von weichen und harzreichen Hölzern empfiehlt sich eine offene Streuung, weil sie den klebrigen Staub gut aufnimmt. Als Unterlage dienen beim Handschleifen von Holzoberflächen Schleifklötze aus Kork oder Holz (**4.**60)

Tabelle 4.61: Anwendungsbereiche verschiedener Schleifpapiere

Verwendung	Körnungsnummer
Alte Farbreste entfernen, Parkettschliff	30, 40, 60
Vorschliff, Nadelholz und Laubholz	80, 100
Feinschliff, Nadelholz und grobporiges Laubholz	120, 150
Feinschliff, feinporiges Laubholz	150, 180, 220
Zwischenschliff beim Lackieren	220, 240
Füller- und Lackschliff	280, 400, 600 (auch nass)

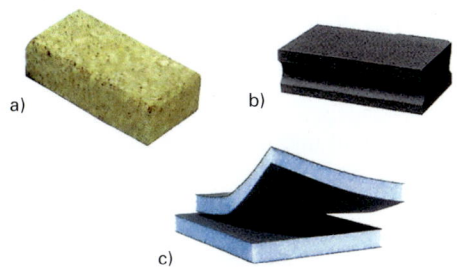

Bild 4.60 Handschleifmittel
a) Kork
b) Kombiklotz mit Klettstreifen
c) Schleifschwamm

Schleifen von Schneidewerkzeugen. Geschliffen werden jedoch nicht nur Holz und Holzwerkstoffe, sondern auch Werkzeugschneiden. Dazu verwenden wir Schleifscheiben mit unterschiedlichen Formen (**4.**62). Die Standzeiten der Schneidewerkzeuge sind recht unterschiedlich, wie wir schon festgestellt haben. Stumpfe Schneiden müssen an der Schleifscheibe geschärft werden. Dabei unterscheiden wir den Nass- und Trockenschliff.

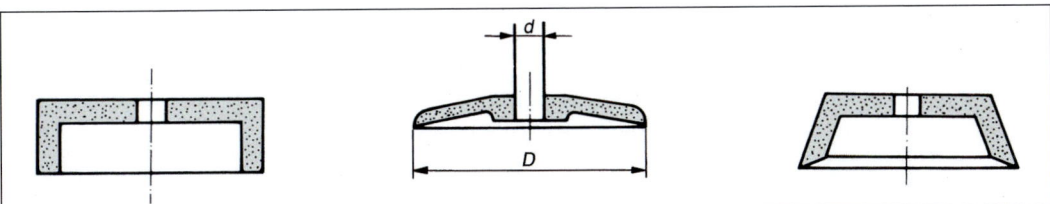

Bild 4.62 Scheibenformen

Zum Nassschliff eines Handwerkzeugs verwendet man nach wie vor natürliche Sandsteine. Wichtig ist die gleichmäßige Kühlung durch Wasser, damit Scheibe und Werkstück nicht zu heiß und die Scheibenporen gut gespült werden. Die feuchten Stellen der Schleifscheibe nutzen sich rasch ab und müssen daher regelmäßig mit Steinmaterial nachgerichtet werden. Andere natürliche Schleifmittel für Handwerkzeuge sind Scheiben aus Aluminiumoxid (Schmirgel, Naturkorund).

Trockenschliff. Für sehr harte Schneiden aus HSS-Stahl oder Hartmetall nahm man früher Naturdiamanten. Sie sind heute zu teuer und wurden darum durch künstliche Schleifmittel ersetzt, die meist im Trockenschliff arbeiten. Dazu gehören Elektrokorund (Normal- und Edelkorund) und Siliciumcarbid. Der Aufbau dieser Scheiben ist genormt.

Die Körnung wird wie beim Schleifpapier mit einer Zahl angegeben. Mit steigender Zahl nimmt die Feinheit zu.

Beispiel

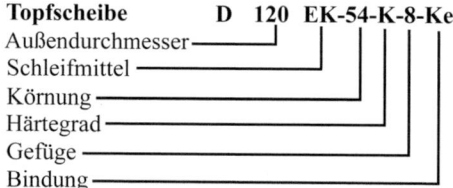

Topfscheibe   D 120 EK-54-K-8-Ke
- Außendurchmesser
- Schleifmittel
- Körnung
- Härtegrad
- Gefüge
- Bindung

Der Härtegrad einer Schleifscheibe gibt die Kraft an, die nötig ist, um ein einzelnes Korn aus dem Verband zu lösen. Die Hersteller kennzeichnen die Härte mit Großbuchstaben von A (äußerst weich) bis Z (äußerst hart).

Das Gefüge gibt den Anteil des Porenhohlraums am Gesamtvolumen des Schleifkörpers an. Bei dichtem Gefüge liegen die Schleifkörner eng beisammen und lassen wenig Hohlraum.

Künstliche (synthetische) Schleifscheiben müssen Sie regelmäßig mit Diamanten oder Spezialgeräten abrichten, um die Körner wieder griffig zu machen bzw. zu erneuern.

> **Arbeits- und Unfallverhütungsregeln an der Schleifscheibe**
>
> – Herstellerangaben (Bindungsart, Abmessungen, zugelassene Drehzahl, Körnung, Härte, Prüfvermerk) beachten.
> – Drehzahl der Maschine richtig einstellen, bei ausgewechselter Scheibe Probelauf.
> – Keine beschädigten Scheiben verwenden (evtl. Klangprobe).
> – Beim Schleifen Schutzbrille tragen und Schutzvorrichtungen verwenden.

Abziehen. Nach dem Schärfen ziehen wir Handwerkszeuge ab, um Grate zu entfernen. Dazu gibt es natürliche und künstliche Abziehsteine. Der *Belgische Brocken* ist ein natürlicher Stein mit sehr feinem Gefüge. Als Gleitmittel verlangt er Wasser. Der *Arkansasstein* braucht dagegen ein Petroleum-Öl-Gemisch als Gleitmittel und wird darin auch gelagert.

4.10 Spannwerkzeuge und Vorrichtungen

> **Arbeitsauftrag Nr. 29 Lernfeld TI, HM 1, 4; FKU 7**
> - Bitte beantworten Sie die folgenden Fragen mithilfe Ihres Fachbuches.
> - Vervollständigen Sie Ihre Lernkartei.
> 1. Nennen Sie drei Bankzubehörteile und erläutern Sie ihre Anwendung.
> 2. Womit spannen Sie lange dünne Leisten auf der Hobelbank fest?
> 3. Worin besteht der Unterschied zwischen Schraubzwingen und -knechten?
> 4. Wodurch schützen Sie die Holzoberfläche beim Spannen mit Zwingen?
> 5. Nennen Sie Gehrungswerkzeuge und erklären Sie ihre Verwendung.
> 6. Welcher Winkel kann mit der Gehrungsstoßlade angehobelt werden?

Wo Werkstücke gemessen, für nachfolgende Bearbeitungsvorgänge fixiert oder geführt und für Verklebungen gespannt werden müssen, werden Spannwerkzeuge oder Hilfsvorrichtungen benötigt.

Die Hobelbank ist das wichtigste Hilfsmittel des Tischlers zum Festhalten und Verleimen von Werkstücken. Sie besteht aus einer stabilen Buchenarbeitsplatte, die auf dem kräftigen Gestell liegt. Mit der Vorder- und Hinterzange werden die Werkstücke eingespannt (**4**.1).

Längere Werkstücke erfordern eine durchgehende Auflage und werden zwischen den Bankhaken mit der Hinterzange eingespannt. Schwere und lange Werkstücke (z. B. Korpusseiten) klemmt man mit der Vorderzange ein und unterstützt sie zusätzlich mit dem höhenverstellbaren *Bankknecht*. Für besondere Arbeiten gibt es zusätzliche Geräte: Seitenbank- und Spitzbankhaken, Hilfsspann- (**4.63**) und Parallelschraubstock (**4.64**).

Zwingen und Spanner sind bei der täglichen Arbeit unentbehrlich.

4.10 Spannwerkzeuge und Vorrichtungen

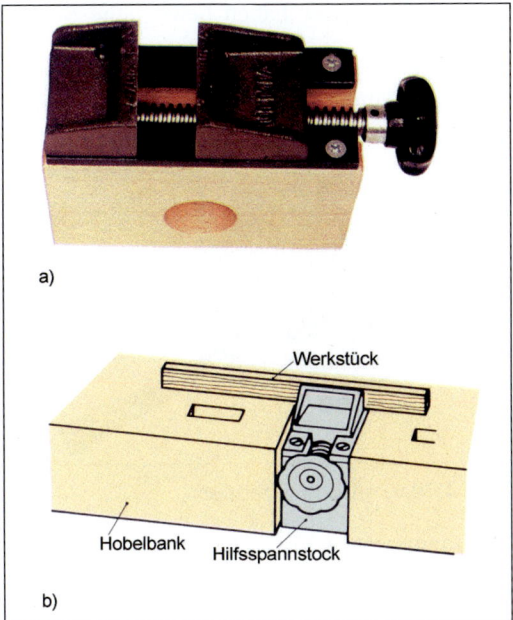

Bild 4.63 Hilfsspannstock (a) im Einsatz (b)

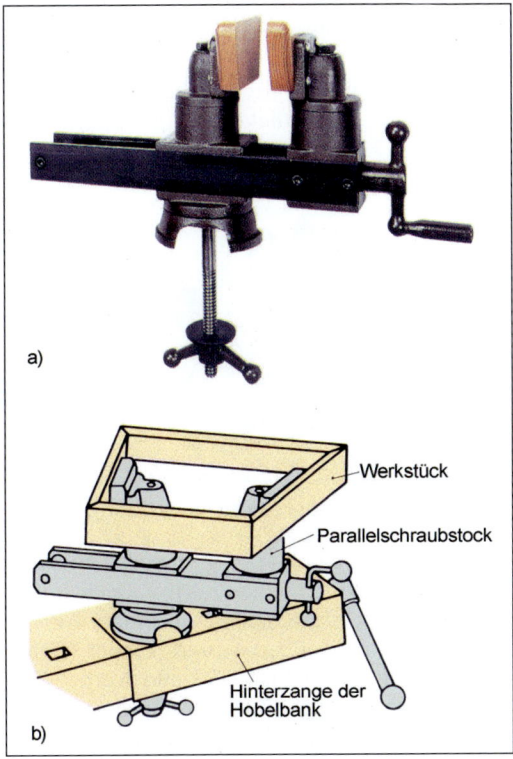

Bild 4.64 Parallelschraubstock (a) im Einsatz (b)

Die mechanische Schraubzwinge aus Metall ist das Universalwerkzeug zum Spannen und Festklemmen. Sie wird von Hand betätigt, hat eine starre Gleitschiene, je einen festen und beweglichen Spannarm (**4.**65). Im beweglichen Spanner sitzt eine Schraubspindel mit einem Holzgriff am oberen Ende und einer Kugeldruckplatte am unteren. Die Druckplatte liegt beim Spannen immer flächig auf und kann mit einer Kunststoff-Schutzkappe versehen sein. Die normale Schraubzwinge gibt es in Spannweiten von 120 bis 300 mm und einer Ausladung bis Mitte Spindel von 60 bis 250 mm. *Schraubknechte* unterscheiden sich davon nur durch größere Abmessungen. Ihre Spannweite reicht von 400 bis 2.000 mm, ihre Ausladungen gehen jedoch nur von 80 bis 250 mm.

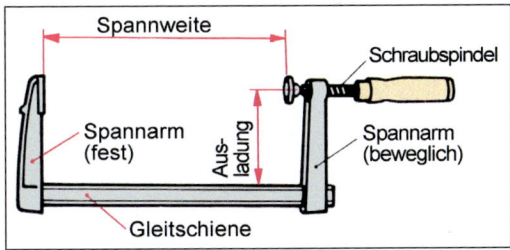

Bild 4.65 Schraubzwinge

Außer der Universalzwinge gibt es verschiedene Sonderformen für Spezialzwecke:

Korpuszwingen zum Spannen von flächigen, fertigbehandelten Werkstücken ohne Zulagen (**4.**66).

Klemmzwingen eignen sich für Umleimer oder Leisten, wo es auf geringen Anpressdruck, jedoch schnelles Ansetzen und Festklemmen ankommt. Die Spannarme bestehen aus Hartholz, der Spanndruck wird mit einem Exzenterhebel erzeugt (**4.**67).

Einhand-Zwingen sind von der Schienenseite und vom Holzgriff aus mit einer Hand zu bedienen, die andere bleibt frei zum Halten der Werkstücke (**4.**68).

Die Kantenzwinge wird wie eine Schraubzwinge angesetzt (**4.**69).

Gehrungs-Kantenzwingen gibt es in verschiedenen Ausführungen, um schräg zueinander stehende Leimflächen zu spannen.

Bild 4.66 Korpuszwinge

Bild 4.67 Klemmzwinge

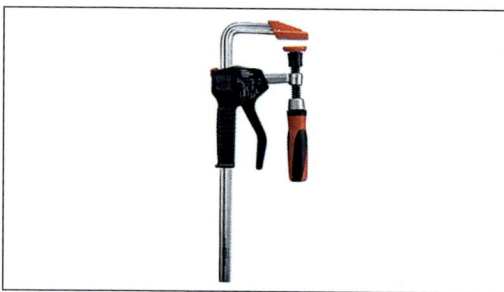

Bild 4.68 Einhand-Zwinge

Bild 4.69 Kantenzwinge

Leim- oder Spannklammern haben bewegliche Druckbacken, so dass auch konische Werkstücke und schräge Kanten gespannt werden können. Für Gehrungen gibt es Spannklammern ohne Backen. Der Anpressdruck entspricht dem einer leichten Schraubzwinge. Angesetzt werden die Klammern mit einer Spreizzange.

Gehrungsspanner haben bewegliche Spannbacken für Winkelverbindungen von 45° bis 120° und werden im Rahmenbau zum Spannen der Rahmeneckverbindungen eingesetzt (**4.**70).

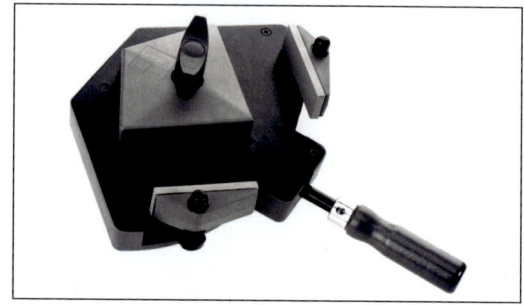

Bild 4.70 Gehrungsspanner

Rahmenpressen-Vorrichtung, bestehend aus vier Korpuszwingen, ergeben eine rechtwinklig geführte und verstellbare Rahmenpresse (**4.**71).

Sonderspannzwingen gibt es für Rundbogen und Längsverleimungen sowie andere Stellen, an denen normale Schraubzwingen zu umständlich anzusetzen wären.

Bandleimzwinge mit Kurbel dient zum Spannen von Werkstücken mit geschlossenem Umfang (**4.**72).

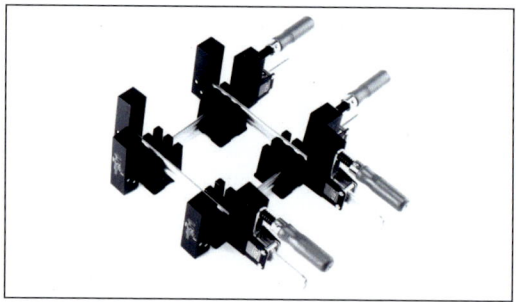

Bild 4.71 Rahmenpressen-Vorrichtung

Türspanner brauchen wir beim Verleimen größerer Vollholzflächen wie Tisch- und Arbeitsplatten. Sie bestehen aus einem I-Profil mit einem verstellbaren und einem festen Backen, der mit Stahlspindel und Kurbel ausgestattet ist. Die Spannweiten reichen von 800 bis 2.500 mm. Mit Türspannern lassen sich erheblich höhere Drücke als mit Zwingen oder Knechten erzielen.

4.10 Spannwerkzeuge und Vorrichtungen

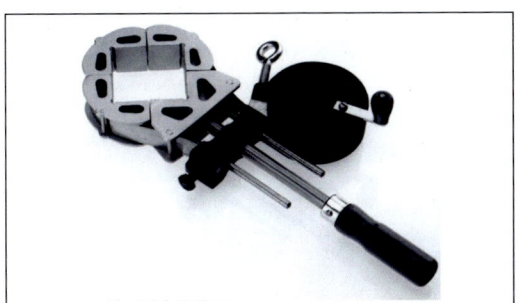

Bild 4.72 Bandleimzwinge mit Kurbel

Türfutterstreben dienen zum Spannen bzw. Fixieren von Türfuttern beim Ausschäumen. Sie können schon in der Werkstatt angesetzt und justiert (ausgerichtet) werden. Doch ist wegen der verschiedenen Anschläge und Maßskalen auf den Stahlstreben auch auf der Baustelle ein genaues Ansetzen möglich (**4.**73).

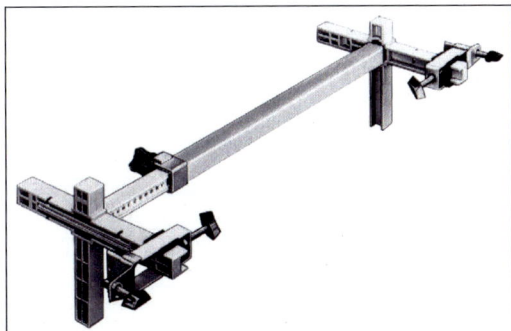

Bild 4.73 Türfutterstrebe

Arbeitsregeln. Spannwerkzeuge dürfen nicht direkt auf den zu verleimenden Werkstücken angesetzt werden, sondern nur mit Zwischenlagen (Zulagen). Diese müssen genügend steif sein und die Druckkraft der Zwinge auf eine möglichst große Fläche verteilen. Allerdings darf der Druck in der Leimfuge nicht zu klein werden, sonst gibt es Fehlverleimungen. Die Druckflächen der Zwischenlagen müssen glatt und frei von Verschmutzungen wie Leimspritzern sein.

Gehrungswerkzeuge. Mit der *Gehrungssäge/Gehrungsschneidlade* sägen wir Füllungsstäbe und Bilderrahmenprofile auf Gehrung (Tab. **4.**36). Die Vorrichtung können wir selbst anfertigen. Sie besteht aus einer Grundplatte und zwei seitlich aufgeleimten Wangen aus Buchenholz. In die Wangen werden mit dem Gehrungsmaß (45°) Einschnitte angerissen und bis zur Grundplatte gesägt. Auch Rechtwinkelschnitte lassen sich durchführen. Die *Gehrungsstoßlade* wird auf der Hobelbank zwischen den Bankhaken eingespannt, so dass die bereits angesägte Gehrung mit dem Hobel genau nachgearbeitet werden kann (**4.**74). Der *Gehrungsschneider* (Gehrungsstanze) arbeitet mit einem eingespannten Messer. Mit ihm schneiden wir vorzugsweise Leistenmaterial so sauber, dass keine Nacharbeit (Bestoßen, Schleifen) mehr erforderlich ist. Auch 90°-Winkel lassen sich schneiden.

Vorrichtungen können *mechanisch* (mit Handkraft), *pneumatisch* (mit Luftüber- oder -unterdruck), *hydraulisch* (mit Öldruck) oder *elektrisch* (Vorschubapparat) arbeiten. Sie dienen folgenden Zwecken:

– sich wiederholende Bearbeitungsvorgänge zu vereinfachen,
– die Maschinenrüst- und Maschinerbearbeitungszeiten zu verkürzen,
– sich wiederholende notwendige Messvorgänge zu verkürzen,
– die Bearbeitungsgenauigkeit zu erhöhen,
– den körperlichen Arbeitsaufwand zu senken,
– die Arbeitssicherheit zu erhöhen.

Bild 4.74 Gehrungsstoßlade

Bei *mechanisch* arbeitenden Vorrichtungen werden Keile, Hebelarme, Kniehebel oder Senkrecht- und Waagrechtspanner mit Handkraft betätigt. Entsprechend den folgenden Bearbeitungsvorgängen werden die Werkstücke in Aufnahmevorrichtungen gelegt, fixiert und festgespannt (**4.**75–**4.**82). Viele dieser Spanner oder Halter können auch an Druckluft angeschlossen werden.

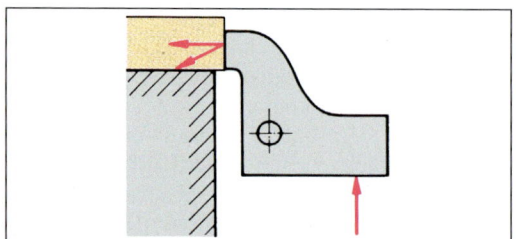

Bild 4.75 Umlenkung größerer Kräfte mit Hebel

Messlehren, die teilweise selbst angefertigt werden, dienen beim wiederholten Überprüfen gleich bleibender, aber auch veränderlicher Werkstückabmessungen (Toleranzen).

Damit die Werkstücke in Serienfertigung ihre Genauigkeit, auch bei großen Stückzahlen, behalten, werden Vorrichtungen oder Schablonen zum Zuführen und Bearbeiten so ausgebildet, dass sie als verdeckte Anschlagkante für Kopierstifte (Fräsarbeiten) oder entlang einem Anschlag (Winkel, Anlaufringe) als Führung dienen.

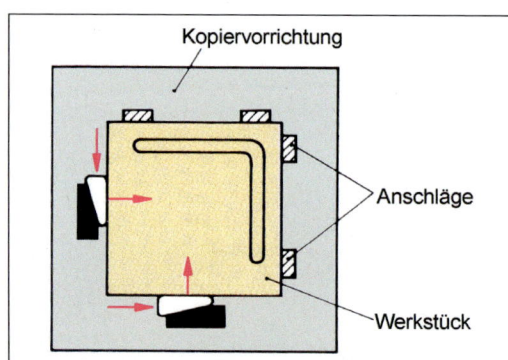

Bild 4.76 Werkstückfixierung mit einseitigen Keilen

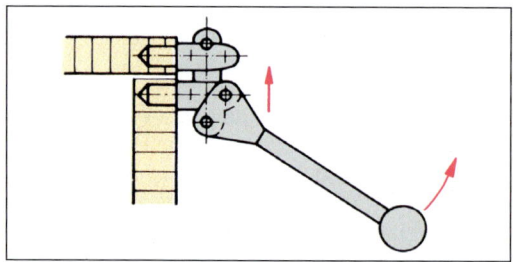

Bild 4.77 Kniehebelverschluss

Bild 4.78 Senkrechtspanner

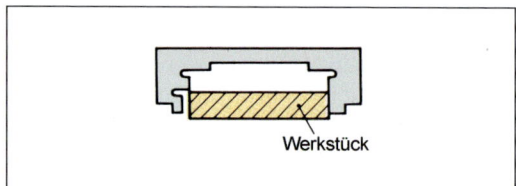

Bild 4.79 Grenzlehre für Außenmaße

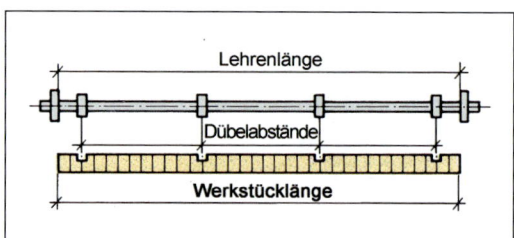

Bild 4.80 Dübelbohr-Schablone

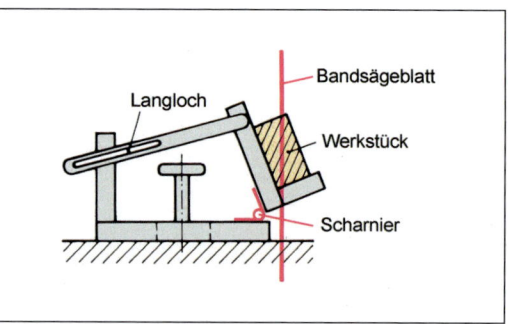

Bild 4.81 Schrägauftrennvorrichtung für Bandsäge

4.10 Spannwerkzeuge und Vorrichtungen

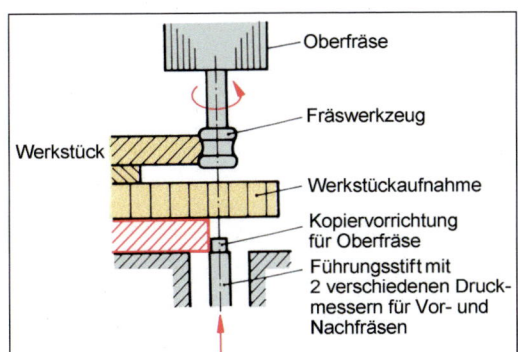

Bild 4.82 Kopiervorrichtung für Oberfräse

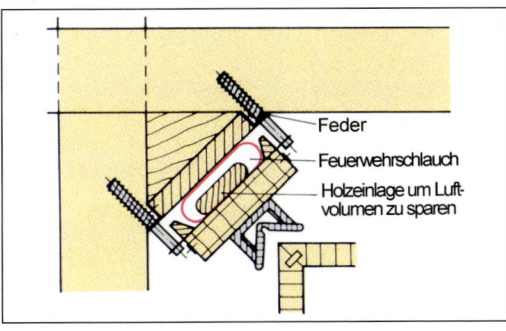

Bild 4.84 Vorrichtung für Gehrungseckverleimung mit Druckluft

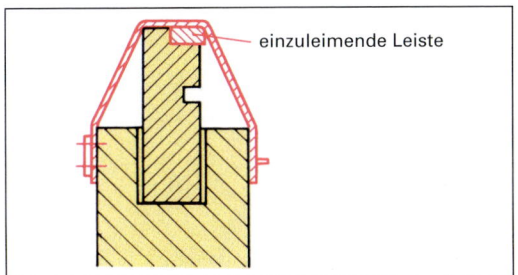

Bild 4.83 Spannen mit Gummiband oder Gurten

Selbst konstruierte Vorrichtungen erlauben einfache, aber auch schwierige sich wiederholende Verleimvorgänge rationell durchzuführen (**4.83/4.84**). *Pneumatisch* oder *hydraulisch* arbeitende Verleimständer sind auch im Kleinbetrieb flexibel einsetzbar, um Rahmen, Böden oder Kanten unterschiedlicher Länge, Dicke und Breite schnell und sicher zu verleimen (**4.84/4.85**). Erleichterungen schaffen auch Vakuum-Arbeitstische (**4.86**).

Bohrvorrichtungen zum Bohren von Löchern für Dübel und Beschläge wird sich der Praktiker im Lauf der Zeit selbst anfertigen. Bei der Werkstoffwahl für diese Hilfswerkzeuge muss er die erforderliche Arbeitsgenauigkeit und die Fertigungsstückzahl berücksichtigen. Früher wurde häufig Buchenholz verwendet, heute bevorzugt man schichtverleimte Plattenwerkstoffe. Alle Vorrichtungen sind so aufzubewahren, dass sie jederzeit greifbar sind.

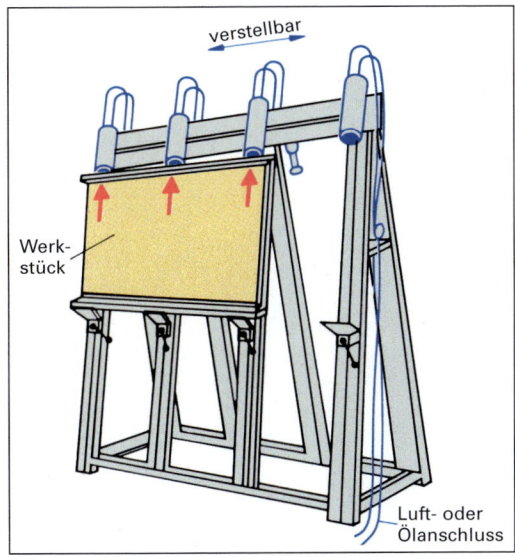

Bild 4.85 Doppelseitiger Verleimständer für Rahmen und Kantenverleimung

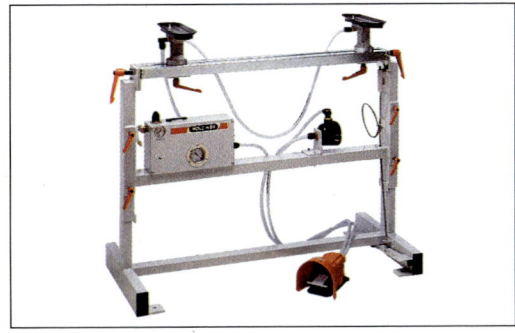

Bild 4.86 Vakuum-Arbeitstisch

5 Maschinelle Holzbearbeitung

> **Arbeitsauftrag Nr. 30 Lernfeld TI 1, 4, 12; HM 1, 4; FKU 5, 10**
>
> Tödliche Unfälle durch elektrischen Strom werden häufig durch Unkenntnis und Leichtsinn verursacht.
>
> Um Unfälle zu vermeiden und sich der Gefahr bewusst zu werden, sind Grundkenntnisse der Elektrotechnik unumgänglich.
>
> - Folgende Fragen dienen Ihnen als Strukturierungshilfe, um sich diesem schwierigen Thema zu nähern und es zu erschließen.
>   1. Was ist Voraussetzung, damit ein Strom fließen kann?
>   2. Wovon hängt die elektrische Leitfähigkeit des Holzes ab?
>   3. Wobei nutzt man die Leitfähigkeit des feuchten Holzes?
>   4. Nennen Sie Leiter und Isolatoren.
>   5. Welche Einheiten haben Strom, Spannung und Widerstand?
>   6. In welchem Verhältnis stehen diese drei elektrischen Grundgrößen zueinander? (Ohmsches Gesetz)
>   7. Erläutern Sie Gleich- und Wechselstrom.
>   8. Erklären Sie das Zustandekommen eines Drehstroms.
>   9. Welche Vorteile bietet der Drehstrom?
>   10. Wie berechnet man die elektrische Leistung und Arbeit?
>   11. Was versteht man unter dem Wirkungsgrad eines Elektromotors?
>   12. Welche Aufgabe hat der Stern-Dreieckschalter beim Elektromotor?
>   13. Warum dürfen Sie den Asynchronmotor nicht sofort auf Dreieck schalten?
>   14. Wodurch entsteht ein Kurzschluss?
>   15. Welchen Vorteil hat der LS-Schalter gegenüber der Schmelzsicherung?
>   16. Warum verwendet man bei Elektromotoren träge Sicherungen?
>   17. Warum erhöhen Feuchtigkeit und Nässe die Unfallgefahren mit elektrischem Strom?
>   18. Nennen Sie Schutzmaßnahmen gegen Berührungsspannungen.
>   19. Was tun Sie, wenn ein Kollege einen Elektrounfall erlitten hat?
> - Erstellen Sie eine Kollage zum Thema „Elektrounfallgefahren und Unfallverhütung" unter zuhilfenahme von Zeitungen und Merkblättern der Berufsgenossenschaft.

Hauptmotive für den technischen Fortschritt sind das Streben nach besseren Lebens- und Arbeitsbedingungen sowie der Zwang zu kostensparender Produktion. Die Erfindung der Dampfmaschine und die Nutzung der elektrischen Energie waren wichtige Stationen auf diesem Weg.

Die Antriebskraft für unsere Geräte und Maschinen liefert der elektrische Strom. Deshalb müssen wir uns mit der Elektrotechnik beschäftigen, bevor wir die Geräte und Maschinen behandeln.

> Betrachten wir eine Holzbearbeitungsmaschine, etwa eine Bandsäge. Ein Elektromotor entnimmt dem Stromnetz elektrische Energie und wandelt sie in kreisförmige Bewegung um. Riemenscheiben und ein umlaufender Riemen verbinden den Motor mit einer Bandsägerolle. Zwischen den Bandsägerollen ist das Sägeblatt eingespannt. Die Kraft des Elektromotors treibt über den Riemen die Bandsägerollen und damit das Sägeblatt an. Diese Kraft ist um vieles größer als unsere Muskelkraft. Sie wirkt schneller, „pausenloser" und genauer als die menschliche Kraft.

5.1 Elektrotechnik

5.1.1 Elektrotechnische Grundlagen

> Zählen Sie die Vorgänge in Ihrem Tagesverlauf auf, zu denen Sie elektrischen Strom brauchen. Wie sähe unsere Welt ohne elektrische Energie aus? Denken Sie dabei an die Industrie, den Verkehr, die Versorgungseinrichtungen. Was ist überhaupt Elektrizität? Wie entsteht sie? Wo begegnet sie uns in der Natur?

Elektrizität. Um diese Fragen zu beantworten, kommen wir auf den in Abschn. 2.4.3 besprochenen Aufbau des Atoms zurück. Um den Atomkern bewegen sich Elektronen. Die Anziehungskraft zwischen Atomkern und Elektronen verhindert, dass die Elektronen durch die Fliehkraft aus der Bahn geschleudert werden – Anziehungs- und Abstoßungskräfte sind gleich stark.

- **Laborversuch 1** Wir reiben einen Hartgummistab mit einem Wolltuch und hängen ihn in der Mitte an einem Faden auf. Dann behandeln wir einen zweiten Hartgummistab mit dem Wolltuch und nähern ihn einem Ende des aufgehängten Stabs. Was geschieht?
- **Laborversuch 2** Wir nehmen einen mit einem Wolltuch geriebenen Hartgummistab und einen mit Seide geriebenen Glasstab in gleicher Versuchsanordnung (5.1). Was beobachten Sie?

In Versuch 1 herrscht Ladungsgleichgewicht – die Körper stoßen sich ab. Doch wie Versuch 2 zeigt, sind die Elektronen nicht immer im Gleichgewicht.

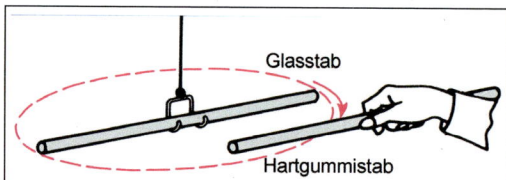

Bild 5.1 Kraftwirkung zwischen elektrisch geladenen Körpern

Hier hat ein Körper Elektronenüberschuss, der andere dagegen Elektronenmangel. Die überschüssigen Elektronen streben zu einem Körper mit Elektronenmangel. Dieses Streben nach Ladungsausgleich nennt man elektrische Spannung (Formelzeichen U). Ursache der Elektrizität ist also die zwischen ungleichartig geladenen Körpern bestehende Spannung – durch Ladungsunterschiede entsteht eine Spannung.

> Gleichartig elektrisch geladene Körper stoßen sich ab, ungleichartig geladene ziehen sich an.
>
> Ein Körper mit Elektronenmangel ist elektrisch positiv (+), einer mit Elektronenüberschuss negativ (−) geladen. Das Ausgleichsbestreben heißt elektrische Spannung.

In unseren Versuchen haben wir die Spannung durch Reiben erzeugt. In der Elektrotechnik reicht die Reibungselektrizität jedoch nicht aus. Hier erzeugt man die Spannung in Generatoren durch Induktion (Umwandlung mechanischer in elektrische Energie mithilfe eines Magnetfelds) oder im galvanischen Element und in Akkumulatoren durch chemische Vorgänge.

Strom, Stromkreis. Ein einfacher elektrischer Stromkreis besteht aus der Spannungsquelle, einer Glühlampe (**5.**2) sowie den Verbindungsleitungen (Hin- und Rückleitung) zwischen Spannungsquelle und Glühlampe. Bei geschlossenem Stromkreis fließt der Elektronenstrom von der negativen zur positiven Klemme. Leider hat man früher die Rolle der Elektronen als „Ladungsträger" nicht richtig erkannt und hatte daher international die technische Stromrichtung von Plus nach Minus vereinbart. Sie wurde beibehalten. Stromstärke, Spannung und Widerstand sind die Grundgrößen in einem elektrischen Stromkreis. Ein Stromkreis lässt sich durch einen Schalter ein- und ausschalten, eine Sicherung schützt die Leitungen vor Überlastung und Brand. Die Bauelemente werden durch Schaltzeichen dargestellt.

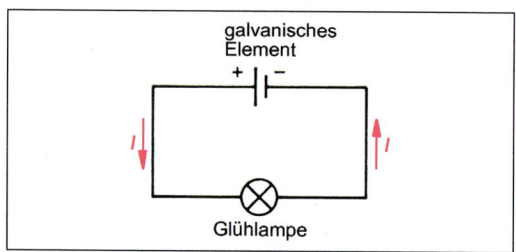

Bild 5.2 Stromkreis

Warum ist ein Stromschlag im Wasser viel gefährlicher als auf trockenem Boden? Warum ist man auf trockenem Gummiboden bei Stromschlägen weniger gefährdet? Antwort geben uns zwei Versuche.

- **Laborversuch 1** In die Versuchsanordnung **5.**3a mit Spannungsquelle (Batterie), Schalter und Glühlampe als Verbraucher spannen wir nacheinander ein Stück Eisendraht, Kupferdraht, Glas, Kohle, trockenes und feuchtes Holz, Gummi und Papier.
- **Laborversuch 2** Nach der Versuchsanordnung **5.**3b leiten wir den elektrischen Strom nacheinander durch feuchte Erde, Öl, destilliertes Wasser und die wässrige Lösung einer Säure oder

eines Salzes. *Ergebnis:* Die Lampe leuchtet mal hell, mal weniger hell, mal gar nicht auf, wenn der Stromkreis durch den Schalter geschlossen wird. Hell wird sie bei den Metallen. Weniger hell leuchtet sie bei Kohle und Erde sowie den wässrigen Säure- und Salzlösungen. Bei Glas, trockenem Holz, Gummi, Papier, destilliertem Wasser und Öl leuchtet die Lampe nicht auf.

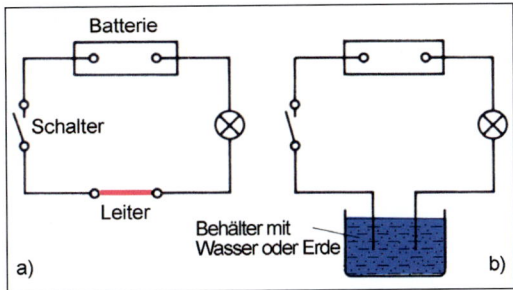

Bild 5.3 Elektrische Leitfähigkeit
 a) zum Versuch 1,
 b) zum Versuch 2

Leiter und Nichtleiter. Aus den Versuchen schließen wir, dass die Stoffe den elektrischen Strom unterschiedlich gut leiten: am besten die Metalle (helle Lampe), Kohle und feuchtes Holz weniger – Glas, trockenes Holz, Gummi und Papier gar nicht. Auch destilliertes Wasser und Öl leiten den Strom nicht – feuchte Erde und wässrige Lösungen von Salzen, Laugen und Säuren dagegen sehr gut.

> Metalle, Kohle und wässrige Lösungen von Säuren, Basen und Salzen sind Leiter. Glas, Gummi, trockenes Holz und Papier, Kunststoffe, destilliertes Wasser und Öl sind Nichtleiter (Isolatoren).
>
> **Achtung!** Auch der Erdboden und der menschliche Körper enthalten Lösungen von Säuren, Basen und Salzen in Wasser und sind daher Leiter!

Ursache für das unterschiedliche elektrische Verhalten der Stoffe sind die *freien Elektronen* bei Metallen (Atombindung). Jede Elektronenschale eines Atoms nimmt nur eine bestimmte Anzahl Elektronen auf, wie das **Bild** 5.4 zeigt: die kernnächste Schale 2, die folgende höchstens 8, die dritte 18, die vierte 32 usw. bis zur 7. Schale. Keine Außenschale kann aber mehr als 8 Elektronen aufnehmen. Meist hat sie weniger, ist also nicht voll besetzt und strebt daher den stabilen Zustand der Vollbesetzung an. Volle Besetzung erreicht sie, indem sie ihre „freien" Elektronen an andere Atome abgibt oder – wenn nur wenige zur Vollbesetzung fehlen – freie Elektronen von anderen Atomen aufnimmt. Leiter haben viele freie Elektronen, Nichtleiter oder Isolatoren dagegen nur sehr wenige. Nichtleiter können praktisch keinen Ladungstransport durchführen. Nicht chemisch reines Wasser enthält Salze und andere Stoffe, auch Säuren und Laugen, deshalb leitet es den elektrischen Strom. Es gelangen negative und positive *Ionen* ins Wasser. Geladene Atome oder Moleküle nennt man Ionen. Eine Flüssigkeit in der sich Ionen befinden, nennt man einen Elektrolyten.

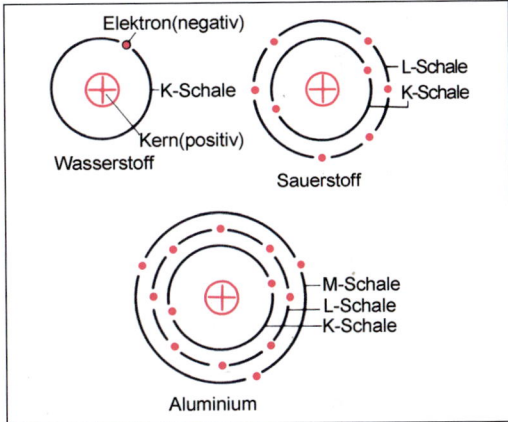

Bild 5.4 Atom mit Elektronenschalen

Widerstand. Leiter lassen den Strom nicht ohne Reibungswiderstand durchfließen. Wir spüren diesen Widerstand daran, dass sich der Leiter erwärmt. Widerstandsmessungen zeigen, dass der Widerstand (Formelzeichen R) vor allem vom *Leiterwerkstoff* abhängt. Man spricht deshalb von einem „spezifischen Widerstand". Kupfer z. B. hat einen geringen spezifischen Widerstand und eignet sich darum besonders gut als Leiter. Eisen hat einen größeren Widerstand, und bei Nichtleitern ist er so hoch, dass bei üblicher Spannung kein Strom mehr fließt.

Der Widerstand eines Leiters wird außerdem von seinem *Querschnitt,* seiner Länge und *Temperatur* bestimmt. Mit zunehmendem Querschnitt verringert sich der Widerstand, mit zunehmender Länge steigt er. Temperaturänderungen wirken sich bei den einzelnen Stoffen unterschiedlich aus.

Der spezifische Widerstand eines Leiters wird nach dem Gesetz

$$R = \varrho \cdot \frac{l}{A}$$

errechnet.

ϱ Dichte des Leitermaterials
l Länge des Leitermaterials
A Querschnittsfläche des Leiters

Strom- und Spannungsmesser. Ein Spannungsmesser wird stets an den Stromkreis (parallel zu Spannungsquelle und Verbraucher), ein Strommesser dagegen in den Stromkreis geschaltet (**5.5**). Die Einheiten für die drei elektrischen Grundgrößen zeigt Tabelle **5.6**.

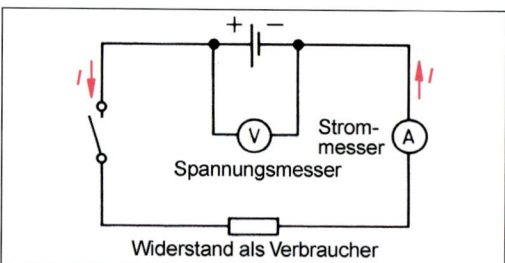

Bild 5.5 Schaltung von Strom- und Spannungsmesser

Ohmsches Gesetz. Spannung und Widerstand beeinflussen die Stromstärke. Bei gleich bleibendem Widerstand steigt die Stromstärke im gleichen Verhältnis wie die Spannung. Bei gleich bleibender Spannung verringert sich die Stromstärke im umgekehrten Verhältnis zum steigenden Widerstand. Dieses Verhältnis heißt nach dem deutschen Naturforscher Ohm das Ohmsche Gesetz.

Ohmsches Gesetz

$$\text{Stromstärke} = \frac{\text{Spannung}}{\text{Widerstand}} \qquad I = \frac{U}{R}$$

Einheit: $1\,\text{A} = \dfrac{1\,\text{V}}{1\,\Omega}$

Durch Umstellen der Formel erhalten wir

$$U = R \cdot I \qquad \text{und} \qquad R = \frac{U}{I}$$

Sind uns zwei Größen bekannt, können wir nun die fehlende berechnen.

Beispiel

Wie groß ist der Widerstand einer Glühlampe mit dem Aufdruck 3,5 V/0,2 A?

$$R = \frac{U}{I} = \frac{3{,}5\,\text{V}}{0{,}2\,\text{A}} = 17{,}5\,\Omega$$

Tabelle 5.6 Stromstärke Spannung, Widerstand

	Formelzeichen	Einheit	Umrechnungen
Stromstärke	I	Ampere A	1 A = 1.000 mA (Milliampere)
Spannung	U	Volt V	1.000 V = 1 kV (Kilovolt)
Widerstand	R	Ohm Ω	(omega, griech. Buchstabe o)

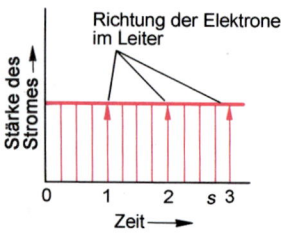

Bild 5.7 Gleichstrom

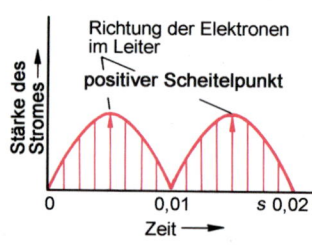

Bild 5.8 Pulsierender Gleichstrom

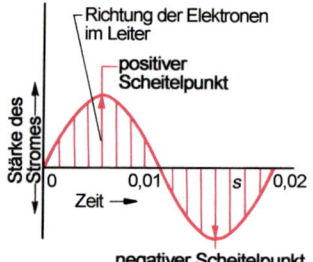

Bild 5.9 Sinusförmiger Wechselstrom (dargestellt *eine* Schwingung = Periode)

Spannungsarten. Wenn die Polung der Spannung unverändert bleibt, ändert sich auch die Stromrichtung nicht, so dass sich ein Gleichstrom ergibt (**5**.7). Die Werte von Gleichspannungen und Gleichstrom bleiben in der Regel gleich (konstant). Wenn sich das durch die Spannung entstehende elektrische Feld in einem bestimmten Takt ändert, sprechen wir von einem pulsierenden Gleichstrom (**5**.8). Ändert aber die Spannung in einem bestimmten Takt die Polung, ändert sich auch die Stromrichtung, und wir erhalten *Wechselstrom*.

Beim Wechselstrom haben die Klemmen (Pole) abwechselnd Elektronenüberschuss und Elektronenmangel: Wechselspannung und Wechselstrom haben einen sinusförmigen Stromverlauf mit einmal positivem, einmal negativem Scheitelpunkt (**5**.9). Eine Schwingung entspricht einer Periode des Wechselstroms.

Den Verlauf der Spannungsarten zeigen die Bilder **5**.7, **5**.8 und **5**.9. Die Anzahl der Schwingungen (Perioden) in der Sekunde heißt *Frequenz* und wird nach dem deutschen Naturforscher *Heinrich Hertz* in Hertz (Hz) angegeben.

Drehstrom. Um in einem Generator eine Wechselspannung von 1 Hz zu erzeugen, muss das Polrad in 1 Sekunde eine Umdrehung machen (in 1 Minute also 60 Umdrehungen, bei 50 Hz mithin 3.000 U/min). Bei drei räumlich gegeneinander versetzten Spulen entstehen drei Wechselspannungen (**5**.10a), deren Verlauf zeitlich gegeneinander verschoben ist, wie das Diagramm **5**.10b zeigt.

Statt eines einfachen Wechselstroms (Einphasenstrom) erhalten wir einen Dreiphasenstrom. Man nennt ihn Drehstrom, weil sich zwischen den drei versetzt angeordneten Magnetspulen ein sich drehendes Magnetfeld (Drehfeld) bildet. Drehstrom ist heute die Regel, weil er sich mit 3 oder 4 Leitern übertragen lässt (3 Außen-, 1 Neutralleiter, **5**.11). In einem Drehstrom-Vierleiternetz stehen so zwei verschiedene Spannungen (meist 230 V und 400 V) zur Verfügung.

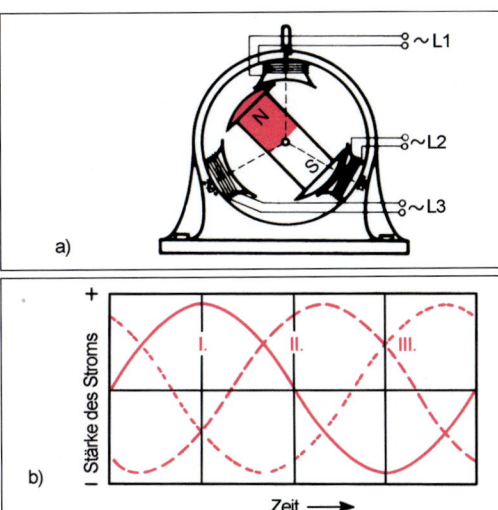

Bild 5.10 a) Drehstromgenerator,
b) die 3 zeitlich gegeneinander verschobenen Ströme des Drehstromsystems

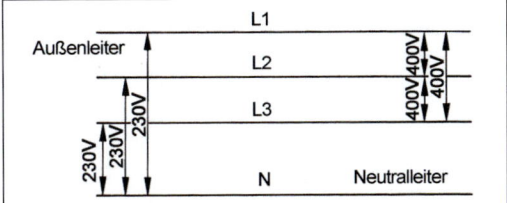

Bild 5.11 Drehstromübertragung (Vierleiternetz)

Bei Gleichstrom ist die Stromrichtung konstant, bei Wechselstrom ändert sie sich in einem bestimmten Takt (Frequenz). Drehstrom ist ein dreiphasiger Wechselstrom. Drehstromnetze sind heute für die Verteilung elektrischer Energie üblich.

5.1.2 Elektromotoren

Elektrische Leistung und Arbeit. Elektromotoren wandeln die dem Netz entnommene elektrische Energie in mechanische Energie um. Die Leistung P eines Motors ist seine wichtigste technische Angabe. Sie steht als *Bemessungsleistung* auf dem Leistungsschild (**5**.12).

Die elektrische Leistung P ergibt sich aus dem Produkt von Spannung und Stromstärke und hat die Einheit Watt (W). Wird die elektrische Leistung P eines Motors über eine bestimmte Zeit in Anspruch genommen, wird Arbeit verrichtet. Die elektrische Arbeit W ist das Produkt von elektrischer Leistung und Zeit. Ihre Einheit ist die Wattsekunde (Ws) oder das Joule (J). Gemessen wird die Arbeit durch den Elektrizitätszähler in Kilowattstunden (kWh).

Elektrische Leistung
= Spannung · Stromstärke $P = U \cdot I$
Einheit W (1 kW = 1.000 W) $1\,W = 1\,V \cdot 1\,A$
Elektrische Arbeit
= elektrische Leistung · Zeit $W = P \cdot t$
Einheit Ws = J (1 Kilowattstunde kWh =
3.600.000 Ws oder J) $1\,Ws = 1\,W \cdot 1\,s$

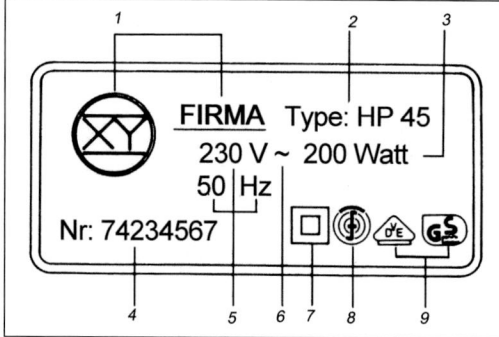

Bild 5.12 Leistungsschild
1 Hersteller
2 Typ
3 Bemessungsleistung
4 Geräte- oder Seriennummer
5 Bemessungsspannung und Bemessungsfrequenz
6 Betriebsmöglichkeit
7 Schutzklasse
8 Funkstörschutz
9 Sicherheitsprüfzeichen

Wirkungsgrad. Ein Teil der aufgenommenen elektrischen Leistung wird durch Reibungswiderstände in den Lagern und die Wärmeentwicklung des Elektromotors verbraucht. Die an der Motorwelle zur Verfügung stehende Leistung ist daher um diese Reibungs- und Wärmeverluste verringert. Das Verhältnis der abgegebenen zur aufgenommenen Leistung drückt man durch den Wirkungsgrad η aus (Eta, griech. Buchstabe e). Er ist stets kleiner als 1 und liegt bei Elektromotoren zwischen 0,7 und 0,9.

$$\text{Wirkungsgrad} = \frac{\text{abgegebene Leistung}}{\text{aufgenommene Leistung}}$$

$$\eta = \frac{P_{ab}}{P_{auf}} \leq 1$$

Um die Wirkungsweise von Gleichstrom-, Wechselstrom- und Drehstrommaschinen zu verstehen, müssen wir vom elektromagnetischen Feld ausgehen.

Elektromagnetisches Feld. Ein einfacher Versuch zeigt, dass die Magnetnadel eines Kompasses durch elektrischen Strom aus ihrer Nord-Süd-Richtung abgelenkt wird. Strom hat also eine magnetische Wirkung. Von Dauermagneten (Stabmagneten) wissen wir, dass sie Eisen anziehen, dass sich ihre gleichnamigen Pole abstoßen und die ungleichnamigen anziehen. Ein Versuch bestätigt dies.

- **Laborversuch** Auf einen mittig durchbohrten, ebenen Karton streuen wir Eisenfeilspäne. Durch das Loch führen wir einen Stromleiter. Was passiert, wenn im Leiter ein Strom fließt?

Die Eisenfeilspäne ordnen sich zu zusammenhängenden konzentrischen Kreisen um den Leiter, und zeigen damit deutlich ein magnetisches Feld an. Dieselbe Wirkung erzielen wir bei einer stromdurchflossenen Spule. Ihre magnetische Wirkung verstärkt sich noch, wenn wir einen Eisenkern in die Spule legen. Bewegen wir in diesem Magnetfeld eine Leiterschleife, entsteht ein Strom.

Stromdurchflossene Leiter sind von einem Magnetfeld umgeben.

Ein Elektromotor besteht aus dem fest mit dem Gehäuse verbundenen Ständer und dem sich drehenden Läufer. Durch das vom Drehstrom in der Ständerwicklung erzeugte Drehfeld entsteht ein Strom im Läufer. Sein Magnetfeld erzeugt ein Drehmoment und versetzt so den Läufer in Bewegung. Die entstandene mechanische Energie kann an der Überträgerwelle abgenommen werden. Die Drehfelddrehzahl des Ständers und die Läuferdrehzahl sind ungleich, deshalb nennt man diesen Motor Asynchronmotor.

5.1 Elektrotechnik

Asynchronmotoren werden wegen ihres einfachen Aufbaus am häufigsten verwendet (**5.**13). Sie eignen sich für Geräte und Maschinen mit größeren Leistungen, besonders für Holzbearbeitungsmaschinen. Der unempfindliche, fast wartungsfreie Motor braucht allerdings einen hohen Anlaufstrom beim Einschalten. Deshalb setzt man ihn durch eine Stern-Dreieckschaltung herab (△): Der Motor läuft auf der Schaltstufe Stern (⅄) mit einer Spannung von 230 V an jeder Wicklung an (etwa $1/3$ Volleistung) und wird bei Erreichen der Bemessungsdrehzahl (gleich bleibendes Motorengeräusch) auf Dreieck (Δ) weitergeschaltet. Dann liegt an jeder Wicklung die volle Bemessungsspannung von 400 V, und der Motor kann seine volle Leistung abgeben.

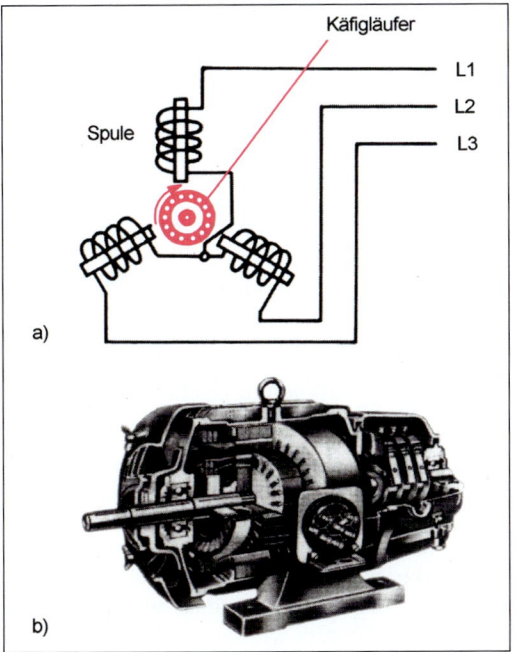

Bild 5.13 Drehstrom-Asynchronmotor
a) Prinzip, b) Schnitt

Gleichstrommotoren kommen in unseren Betrieben kaum vor.

Der Universalmotor ist für Gleich- und Wechselspannung geeignet und leistet 0,3 bis 1,5 kW. Er wird für Küchengeräte, Staubsauger und Handmaschinen (Bohrmaschine, Handkreissäge) verwendet. Der Läufer besteht meist aus geschichtetem Blech, die Leiterwicklung aus Kupfer (**5.**14). Über Bürsten, die auf einem Kollektor schleifen, nimmt der Läufer den Strom auf. Die Drehzahl ist lastabhängig: Beim Einschalten und bei geringer Belastung läuft der Universalmotor mit hoher Drehzahl, bei stärkerer Belastung mit geringerer. Kollektor und Kohlenbürsten sind empfindlich und nutzen sich ab. Ihre Reinigung und Auswechslung sind dem Fachmann vorbehalten. Der Tischler muss aber den Lüftungsschlitz sauber halten.

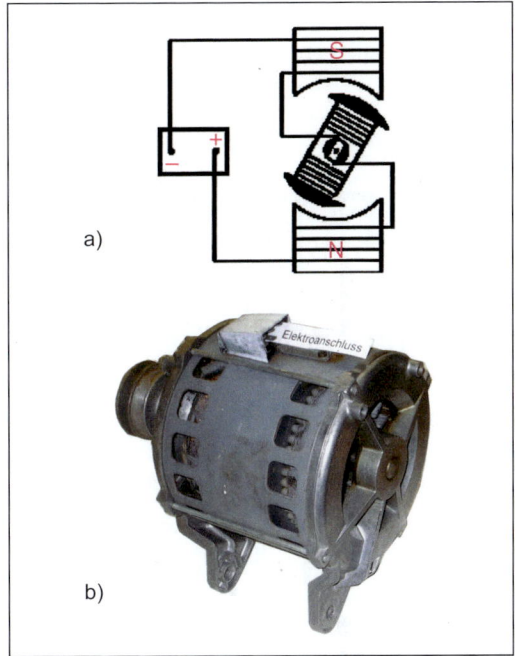

Bild 5.14 Universalmotor
a) Prinzip, b) Ansicht

Motorschutz. Bei Überlastung können an den Wicklungen Schäden durch zu starke Erwärmung entstehen. Dagegen sichert man die Motoren durch Motorschutzschalter und Schmelzsicherungen. Die Wärmebeanspruchung wird indirekt über die Stromaufnahme festgestellt.

Überstromschutz vor Überlastung und Kurzschluss. Ein Kurzschluss entsteht, wenn man die Pole einer Spannungsquelle nicht über einen Verbraucher, sondern direkt verbindet. Dabei ergeben sich u. U. sehr hohe Stromstärken. Eingebaute „Schwachstellen" im Stromkreis, wie Schmelzsicherungen und Leitungsschutzschalter, unterbrechen in solchen Fällen sofort den Stromkreis.

Die Schmelzsicherung ist in älteren Verteilerschränken noch vorhanden. Sie besteht aus einer Porzellanpatrone mit Sand und einem dünnen Schmelzleiter aus leicht schmelzbarem Metall (z. B. einer Widerstandslegierung, **5**.15). Die Dicke des Schmelzdrahts richtet sich nach dem Querschnitt der zu schützenden Leitung und der für sie zugelassenen Stromstärke. Die entsprechenden Angaben finden wir auf dem Sicherungseinsatz und zusätzlich durch Farbe gekennzeichnet. Zu unterscheiden sind *flinke* und *träge* Sicherungen. Träge Sicherungen sind weniger wärmeempfindlich als flinke und vertragen kurzzeitig höhere Belastungen. Deshalb eignen sie sich besser für die hohen Anlaufströme der Motoren.

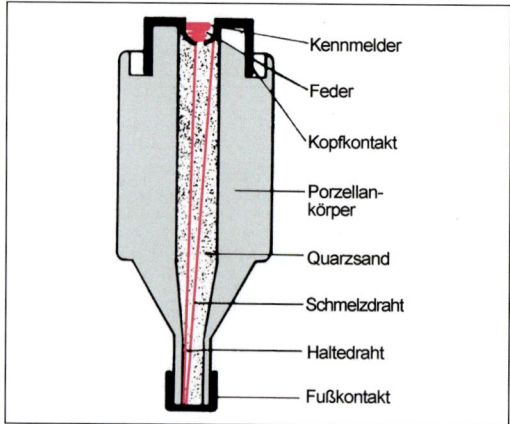

Bild 5.15 Aufbau einer Schmelzsicherung

> **Durchgebrannte Schmelzsicherungen nicht flicken, sondern auswechseln!**

Leitungsschutzschalter (LS-Schalter) sind Sicherungsautomaten, die den Stromkreis bei Überlastung durch ein Bimetall abschalten. Bei Kurzschluss unterbrechen Auslöser elektromagnetisch sofort den Stromkreis. Wenn der Schaden behoben ist, kann man den Stromkreis wieder einschalten.

> **Reparaturen an LS-Schaltern dürfen nicht vorgenommen werden!**

5.1.3 Unfallschutz

Der menschliche Körper ist, wie wir erfahren haben ein guter Stromleiter. Schon Stromstärken über 0,05 A können lebensgefährlich sein. Sie können bei Spannungen über 50 V auftreten. Herzkammerflimmern, Verbrennungen, Zerstörung von Körperzellen, Schocks und Tod sind die Folgen solcher Unfälle.

> **Spannung und Strom sind nicht direkt erkennbar und darum besonders gefährlich!**

VDE-Schutzmaßnahmen. Für die Installation elektrischer Anlagen sind Schutzmaßnahmen vorgeschrieben und unbedingt einzuhalten. Erarbeitet wurden sie vom Verband Deutscher Elektrotechniker (VDE). Das VDE-Zeichen auf dem Leistungsschild gewährleistet, dass dieses Gerät oder diese Maschine den Vorschriften entsprechen (**5**.16). Der Zusatz GS bedeutet, dass auch das „Gesetz über technische Arbeitsmittel" (Gerätesicherheitsgesetz) erfüllt ist. Tabelle **5**.17 nennt die Schutzmaßnahmen.

Bild 5.16 Sicherheitsprüfzeichen

> **Feuchtigkeit und Nässe erhöhen die Gefahr bei Berührungsspannung!**

Isolierung. Alle spannungsführenden Teile von elektrischen Anlagen und Geräten sind betriebsmäßig so isoliert, dass weder Mensch noch Tier gefährdet werden.

Die Schutzisolierung (5.18a) trennt alle spannungsführenden Teile durch eine vollständige und dauerhafte Isolierung von berührbaren Metallteilen. Schutzisolierte Geräte haben meistens eingegossene Stecker, sogenannte Konturenstecker. Die leitfähigen Gehäuse der elektrischen Betriebsmittel sind an den (grüngelben) Schutzleiter angeschlossen. Fließt in einem Fehlerfall Strom über das Gehäuse, dann trennt die vorgeschaltete Sicherung das Gerät vom elektrischen Stromnetz *(Schutz durch Abschaltung)*.

5.1 Elektrotechnik

Tabelle 5.17 Maßnahmen zur Vermeidung und gegen das Bestehenbleiben zu hoher Berührungsspannungen (Auswahl)

Schutz gegen direktes Berühren	Schutzmaßnahmen	
Isolierung aktiver Teile		
Gitterschutz (z. B. Heizstrahler, Bohrmaschinenkollektor)	**ohne Schutzleiter**	**mit Schutzleiter**
	Schutzisolierung (5.18a)	Schutz durch Abschaltung (im TN-Netz) Fehlerstromschutzschaltung (5.18b)
Abstand (z. B. Freileitung) Zusätzlicher Schutz durch Fehlerstromschutzeinrichtungen	Schutzkleinspannung	
	Schutztrennung	
Schutz bei indirektem Berühren		
Schutz durch Abschaltung oder Meldung		
Schutzisolierung		
Schutztrennung		

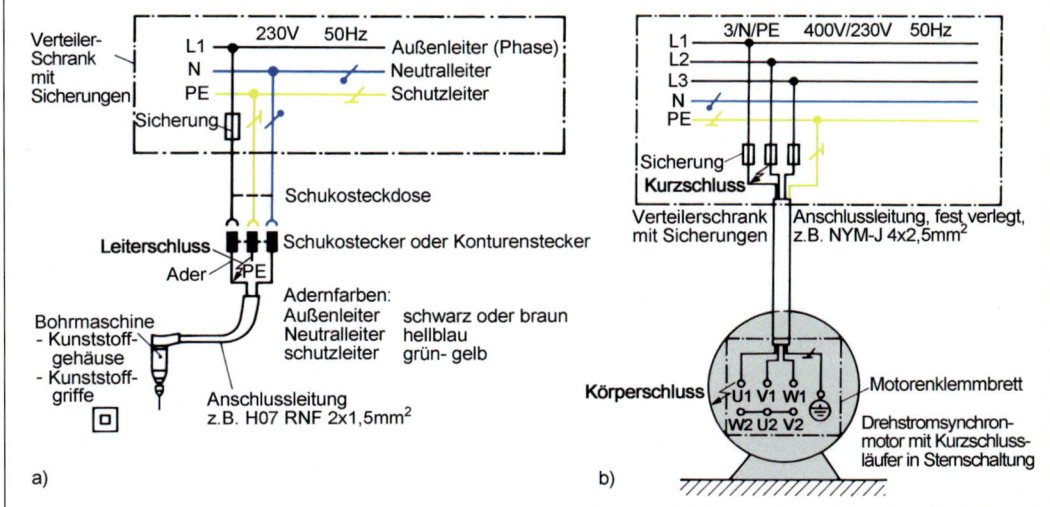

Bild 5.18 a) Schutzsicherung, b) Schutzmaßnahme mit Schutzleiter

Unfallgefahren und Unfallverhütung

- nur einwandfreie Kabel und Stecker verwenden.
- Reparaturen darf grundsätzlich nur der Fachmann ausführen.
- Heizgeräte nicht unbeaufsichtigt eingeschaltet lassen. Keine leicht brennbaren Stoffe in der Nähe lagern.
- Elektrische Geräte bei Störungen (z. B. schmorende Leitung, Rauch oder Geruch) sofort abschalten.
- Absicherungen nicht verändern.
- Motoren regelmäßig von Schmutz und Staub befreien.

Erste Hilfe bei elektrischen Unfällen

- Stromkreis unterbrechen, Strom abschalten.
- Sind Schalter, Sicherungen oder Steckverbindungen nicht erreichbar, muss der Verunglückte aus dem Stromkreis befreit werden. Dazu sich selbst isoliert aufstellen, Hände mit trockenen Tüchern umwickeln.
- An Ort und Stelle künstliche Beatmung durchführen – und zwar so lange, bis die Atmung wieder einsetzt
- Sofort den Notarzt anfordern
- Wiederbelebungsversuche führen manchmal erst nach mehreren Stunden zum Erfolg.

5.2 Arbeitsmaschinen

Arbeitsauftrag Nr. 31 Lernfeld TI 2, 4, 12; HM 2, 4; FKU 6

Erarbeiten Sie sich die Kenntnisse von Antrieb, Geschwindigkeit und Übersetzungen an Holzbearbeitungsmaschinen einschließlich Kapitel 5.2.2.

Arbeiten Sie nach der „*Zweischritt-Methode*".

Arbeiten Sie mit Ihrem Tischnachbarn zusammen.

Unabhängig voneinander beantworten Sie jeweils die Fragen mit geraden Zahlen und ungeraden Zahlen.

Durch Austausch Ihrer Ergebnisse vervollständigen Sie die Lösungen zum Fragenkatalog.

1. Warum werden ortsfeste Holzbearbeitungsmaschinen meist indirekt angetrieben?
2. Welche Vor- und Nachteile haben Flach- und Keilriemen?
3. Was versteht man unter Riemenschlupf?
4. Was versteht man unter dem Umschlingungswinkel?
5. Welcher Geschwindigkeit in km/h entspricht eine Schnittgeschwindigkeit von 63 m/s?
6. Welche Geschwindigkeiten werden bei der Vorschub- und der Schneidebewegung wirksam?
7. Ein Vorschubapparat arbeitet mit einer Vorschubgeschwindigkeit von 12 m/min. Wie viel lfd. m Werkstücklänge können in 1 Stunde gesägt werden?
8. Durch welche drei Maßnahmen kann die Messerschlagbogenlänge e verändert werden?
9. Erläutern Sie den Begriff Übersetzungsverhältnis.
10. Wie verhindern Sie Unfälle mit Riemenantrieben?

5.2.1 Antrieb, Geschwindigkeit, Übersetzung

Arbeitsmaschinen werden von Kraftmaschinen angetrieben. Die Antriebskraft der im Abschnitt 5.1.2 behandelten Elektromotoren (Kraftmaschinen) wird direkt oder indirekt über Riemen auf die Arbeitswelle der Arbeitsmaschine übertragen (**5.**19). Bei Handmaschinen nutzt man wegen der Handlichkeit vor allem den Direktantrieb (Handkreissäge), bei den ortsfesten Holzbearbeitungsmaschinen dagegen den indirekten Antrieb über kurze Riemen,

– weil Überlastungen der Arbeitsseite nicht direkt auf den Motor zurückwirken, sondern den Riemen schleifen oder abspringen lassen (Motorschutz);
– weil durch verschiedene Riemenscheibendurchmesser höhere Drehfrequenzen möglich sind.

Zahnrad- und Stirnradantriebe gibt es an unseren Maschinen kaum.

Riemen unterscheiden wir nach dem Querschnitt in Flach- und Keilriemen (**5.**20). *Flachriemen* bestehen aus Leder oder Gummi mit Nylonfaserverstärkung. Sie sind geschichtet aufgebaut und überlappend verklebt. Flachriemen haben einen größeren Schlupf als *Keilriemen*, d.h. höhere Gleitverluste und damit einen geringeren Wirkungsgrad. Der Keilriemen aus Gummi und eingelegten Zugverstärkungen sitzt beim Lauf nicht auf dem Grund der ein- oder mehrrilligen Riemenscheibe auf (**5.**21).

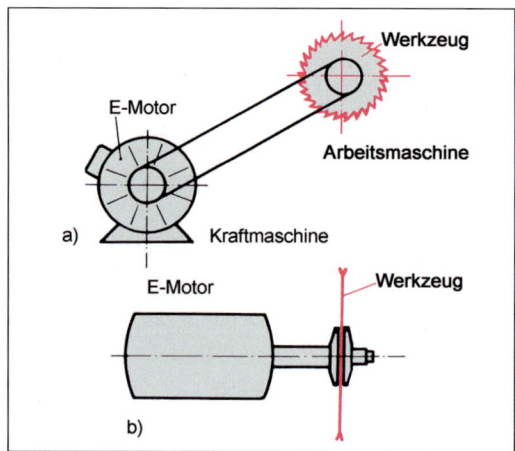

Bild 5.19 Antrieb
 a) indirekter Antrieb,
 b) Direktantrieb

5.2 Arbeitsmaschinen

Bild 5.20 Riemenarten
a) Flachriemen, b) Keilriemen

Bei Schlupf gleitet der Riemen ohne Haftreibung über die Riemenscheibe. Flachriemen haben einen größeren Schlupf als Keilriemen.

Um den Schlupf zu vermeiden, kommen verstärkt *Zahnriemen* zum Einsatz.

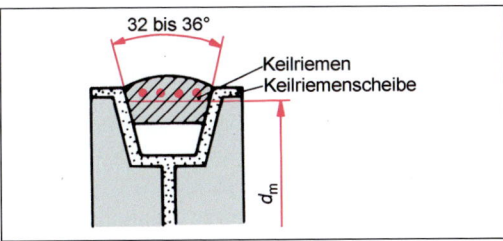

Bild 5.21 Keilriemen mit Scheibe

Riemenscheibe. Der Riemen muss beim Lauf eine bestimmte Spannung haben, um die Drehbewegung der (treibenden) Motor-Riemenscheibe durch Reibung auf die (getriebene) Arbeitswelle zu übertragen. Hat ein Riemen nicht genügend Spannung, gleitet er über die Scheibe, hat *Schlupf*. Durch die Motorwippe oder durch Spannrollen kann man die Riemenspannung beeinflussen. Die freilaufenden Riementeile heißen je nach der Drehrichtung ziehendes oder gezogenes Trum, bei der angetriebenen Riemenscheibe entsteht der *Umschlingungswinkel* (**5.**22). Je größer dieser Winkel ist, desto größer ist auch die kraftübertragende Reibfläche, desto kleiner ist andererseits der Schlupf. Abhängig ist der Umschlingungswinkel von den unterschiedlichen Durchmessern und von den Abständen der Riemenscheiben. Bei waagerecht angeordneten Riemenscheibenachsen vergrößert man daher den Umschlingungswinkel zusätzlich, indem man das (durchhängende) gezogene Trum nach oben legt. Auswahl und Anordnung der Riemenscheibendurchmesser beider Wellen richten sich nach der gewünschten Schnittgeschwindigkeit.

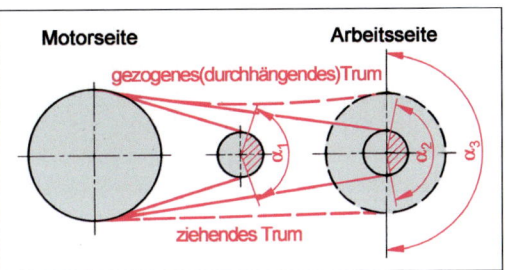

Bild 5.22 Umschlingungswinkel ($\alpha_1 < \alpha_2 < \alpha_3$)

Was ist Schnittgeschwindigkeit? Wie kann man sie messen?

Geschwindigkeit. Vom Mofa, Moped und Auto her kennen wir alle den Tachometer, der die Fahrgeschwindigkeit anzeigt. Wenn wir den Geschwindigkeitsmesser kontrollieren wollen, müssen wir eine genau abgemessene Strecke durchfahren und die Zeit stoppen.

Beispiel

In 1 min werden 1.000 m zurückgelegt = 1 km
In 60 min werden 60 · 1.000 m zurückgelegt
= 60 km

Fahrgeschwindigkeit also 60 km/h

Am Anfang und Ende dieser „Geschwindigkeitskontrolle" stand das Fahrzeug. Also kann die Fahrgeschwindigkeit nicht ständig 60 km/h betragen haben. Nach dem Start muss das Fahrzeug erst beschleunigt und vor dem Ziel wieder gebremst werden. Zeichnen wir den Fahrtverlauf auf, ergibt sich das Bild **5.**23. Daraus folgt:

- Die berechnete Geschwindigkeit von 60 km/h ist die Durchschnittsgeschwindigkeit.
- Die Geschwindigkeit lässt sich nur genau berechnen, wenn sie gleichförmig verläuft.

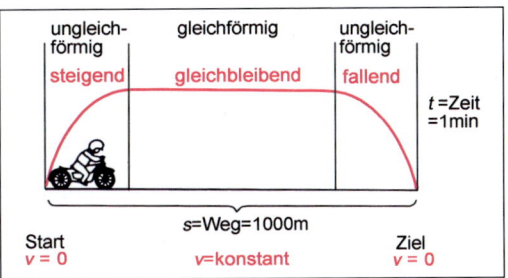

Bild 5.23 Geschwindigkeitstest

Die Formel dafür lautet:

Geschwindigkeit = $\dfrac{\text{Weg}}{\text{Zeit}}$

$v = \dfrac{s}{t}$ in km/h, m/min oder m/s

Beim Dickenhobeln wird das Brett geradlinig durch die Maschine vorgeschoben, während sich die Hobelmesser kreisförmig bewegen (Messerflugkreis). Auch die Handkreissäge wird geradlinig an das Werkstück herangeschoben, während die Schneiden eine Kreisbewegung machen. Diese Regel gilt für die meisten Holzbearbeitungsmaschinen:

Vorschubbewegung – Vorschubgeschwindigkeit → geradlinig

Schneidebewegung – Umfangs- oder Schnittgeschwindigkeit → kreisförmig

Die Vorschubgeschwindigkeit V_f berechnet man nach der Grundformel in m je min.

Vorschubgeschwindigkeit

$V_f = \dfrac{s}{t}$ in m/min

Die Schnitt- oder Umfangsgeschwindigkeit der Werkzeugschneiden wird ebenfalls nach der Grundformel berechnet. Wie groß ist dabei der Weg? Nach Bild **5**.24 liegt die Schneidenspitze auf dem Messer- oder Schneidenflugkreis. Macht die Hobelmesserwelle eine Umdrehung, hat sie den Umfang des Messerflugkreises zurückgelegt $(s = d \cdot \pi)$. Tatsächlich macht die Welle aber in einer Minute nicht nur eine Umdrehung, sondern (beim Direktantrieb) so viel wie die Umdrehungszahl n des Motors, die auf dem Leistungsschild in 1/min angegeben ist. So bekommen wir die Formel $s = d \cdot \pi \cdot n$. In der maschinellen Holzbearbeitung gibt man die Schnitt-/Umfangsgeschwindigkeit nicht wie bei der Metallbearbeitung in m je min, sondern in m je s an. Darum müssen wir das Produkt unserer Formel durch 60 dividieren und erhalten so die vollständige Formel für Holzbearbeitungsmaschinen:

Schnitt-/Umfangsgeschwindigkeit

$V_c = \dfrac{d \cdot \pi \cdot n}{60}$ in m/s

Faustformel: $V_c \approx \dfrac{r \cdot n}{1.000}$ in m/s

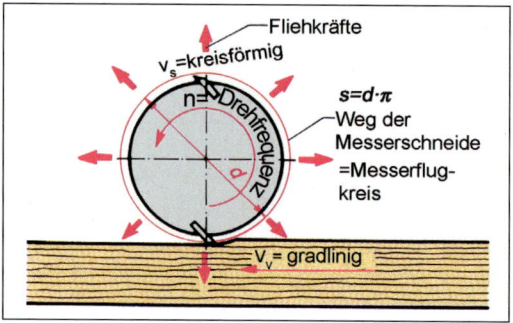

Bild 5.24 Schnitt-/Umfangsgeschwindigkeit (v_c) und Vorschubgeschwindigkeit (v_f)

Fliehkräfte. Fährt man zu schnell in eine Kurve, treiben die Fliehkräfte das Fahrzeug nach außen. Auch bei der kreisförmigen Bewegung der Maschinenwerkzeuge wirken die Fliehkräfte radial nach außen, wie Bild **5**.24 zeigt. Abhängig sind die Fliehkräfte von der Werkzeugdrehzahl, der Werkzeugmasse und dem Durchmesser des Werkzeugs oder Werkzeugträgers. Je höher diese Werte liegen, desto stärker wirken die Fliehkräfte. Sie belasten vor allem die Schneiden und den Werkzeugträger (Welle). Die nach allen Seiten wirkenden Fliehkräfte müssen gleich groß sein, sonst ist das Werkzeug unwuchtig. Dies ist beim Schärfen und beim Einbau der Werkzeuge auf den Werkzeugträger zu beachten.

Übersetzungsverhältnis. Betrachten wir die Umdrehungen der beiden Riemenscheiben in Bild **5**.25 genau, stellen wir fest, dass sich die Scheibe mit kleinerem Durchmesser häufiger um ihre Achse dreht als die Scheibe mit größerem Durchmesser. Sie hat einen kleineren Umfang und legt darum bei einer Umdrehung einen kleineren Weg zurück als die große Scheibe. Folglich muss sie sich häufiger drehen. Da die Zahl π konstant ist, hängt die Umdrehungszahl nur vom Durchmesser der Riemenscheibe ab. Nach Bild **5**.25 ergibt sich daraus die Beziehung:

5.2 Arbeitsmaschinen

$$v_1 = \frac{d_1 \cdot \pi \cdot n_1}{60}; \quad v_2 = \frac{d_1 \cdot \pi \cdot n_1}{60}$$

$v_1 = v_2 = v$ daher

$$\frac{d_1 \cdot \pi \cdot n_1}{60} = \frac{d_2 \cdot \pi \cdot n_2}{60}; \frac{\pi}{60}$$

$d_1 \cdot n_1 = d_2 \cdot n_2$ oder $\dfrac{n_1}{n_2} = \dfrac{d_2}{d_1}$

Unfallverhütung
– Riemenantriebe verkleiden, Verkleidungen nicht entfernen!
– Strom ausschalten (Not-/Ausschalter)
– Riemen nur im Stillstand auflegen oder abnehmen!
– Riemen ausreichend spannen, Laufflächen sauber halten!

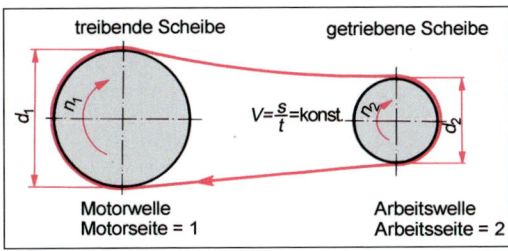

Bild 5.25 Übersetzungsverhältnis $d_1 > d_2$
$n_1 < n_2$

Die Durchmesser verhalten sich also umgekehrt wie die Drehzahlen. Setzt man die Drehzahlen beider Scheiben ins Verhältnis ergibt sich das Übersetzungsverhältnis i.

Übersetzungsverhältnis
$$i = \frac{n_1}{n_2} \text{ oder } i = \frac{d_2}{d_1}$$

Riemenantriebe sind eine Gefahrenquelle, besonders für den Lernenden. Deshalb prägen wir uns diese Regeln ein:

5.2.2 Schnittbewegung und Schnittgüte

Schnittbewegung. Bei der maschinellen Holzbearbeitung wird der Werkstoff im Gleichlauf oder Gegenlauf zerspant (5.26). Die Maschinenwerkzeuge können sich kreisförmig (rotierend), geradlinig umlaufend oder hin und her bewegen.

Beispiele

Kreissäge – kreisförmig, Bandsäge – geradlinig umlaufend, Stichsäge – geradlinig hin und her

Schnittgüte. Nach der Bearbeitung soll die Oberfläche des Werkstücks glatt und eben sein, sodass weitere Bearbeitungen überflüssig sind. Die geradlinig hin und her gehenden Werkzeuge verursachen meist gerissene Späne und darum eine rauhe, nachzubearbeitende Oberfläche. Glatter arbeiten die kreisförmigen Maschinenwerkzeuge. Die Schneidewirkung kann verbessert werden, wenn die Schneiden einseitig oder wechselseitig schräg angeordnet

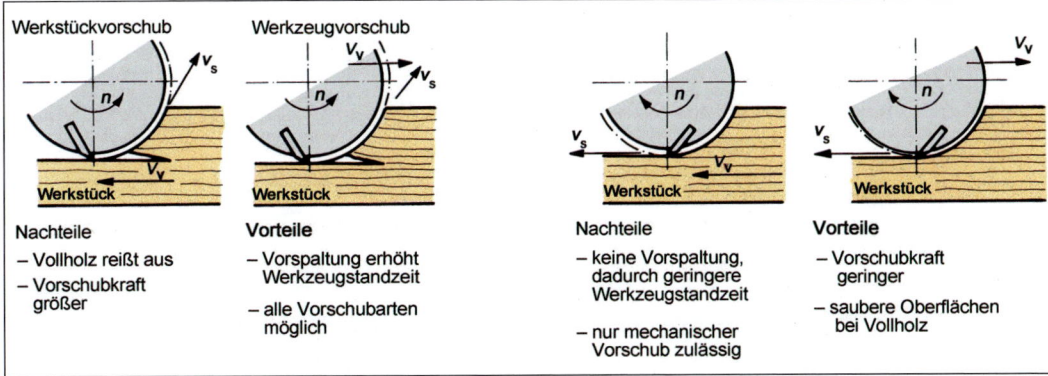

Bild 5.26 Schnittbewegung a) im Gegenlauf (gegen die Faser), b) im Gleichlauf (mit der Faser)

sind (Achswinkel, ziehender Schnitt). Durch die Erhöhung der Schnittgeschwindigkeit kann der Einfluss des Faserverlaufes vermindert und eine bessere Oberflächengüte erreicht werden (Tab. **5.**27). Um die Mulden, die durch den Messerschlag der Hobel- und Fräswerkzeuge verursacht werden, möglichst klein zu halten, kann man die Vorschubgeschwindigkeit, die Schnittgeschwindigkeit oder die Schneidenzahl verändern. Die Schneidenzahl ist durch die Bauform des Werkzeugs = Messerwelle mit zwei oder vier Messern festgelegt. Stellt man die Vorschubgeschwindigkeit zu schnell ein, werden die Abstände der Messerschlagbögen zu groß, und die Oberfläche wird nicht glatt genug (**5.**28a). Wird sie zu langsam eingestellt, wird die Oberfläche zwar glatt, weil die Messerschlagabstände kaum noch zu erkennen sind – aber die Schneiden arbeiten zu wenig. Sie schaben teilweise nur die Oberfläche. Bei mehreren Schneiden ist es in der Praxis ohnehin schwierig, alle genau auf *einen* Messerflugkreis-Durchmesser einzustellen (**5.**28b). Maßgebend für die Einstellung sind Werkstückmaterial, geforderte Oberflächengüte sowie Schneidenmaterial und -schärfe.

Tabelle 5.27 Schnittrichtungen eines rotierenden Werkzeuges bei der Holzbearbeitung

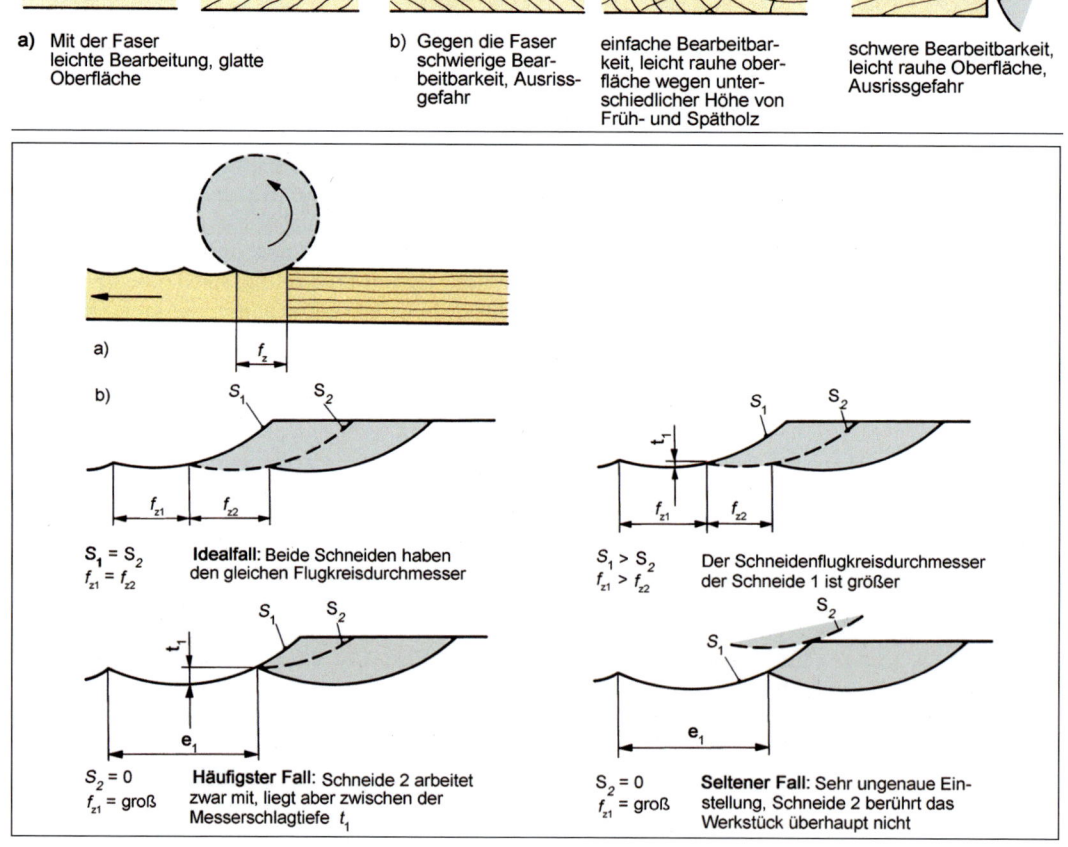

Bild 5.28 Zerspanung
a) Schema, b) unterschiedliche Messerschlagbreiten (Muldenbreiten) f und -tiefen t in Abhängigkeit von der Einstellgenauigkeit der Schneidenflugkreise (Schneiden S_1 und S_2)

5.2.3 Unfall- und Gesundheitsschutz

Arbeitsauftrag Nr. 32 Lernfeld TI 2, 4, 12; HM 2, 4; FKU 5, 6

- Erarbeiten Sie sich die Kenntnisse über Unfallschutz und Sägemaschinen einschließlich Kapitel 5.2.4.3. Arbeiten Sie nach der „*Dreischritt-Methode*".
  Bilden Sie ein *Drei-Personen-Team* und beantworten Sie jeweils die erste, zweite, dritte Frage usw.
- Vervollständigen Sie Ihren Lernkarteiordner indem Sie die Arbeitsergebnisse austauschen und sichern.
  1. Wozu verwendet man Tischbandsägemaschinen?
  2. Erläutern Sie die Arbeitsweise der Tischbandsägemaschinen.
  3. Wozu dient der Schiebestock?
  4. Wozu dient die Tischkreissägemaschine?
  5. Erläutern Sie den Aufbau der Tischkreissägemaschine.
  6. Welche Sägeblätter gibt es für Tischkreissägemaschinen?
  7. Nennen Sie die Sicherheitseinrichtungen der Tischkreissägemaschine.
  8. Welche unfallverhütende Vorrichtungen gibt es noch?
  9. Was bedeuten HM und PKD?
  10. Wie muss die Schnitthöhe bei der Tischkreissägemaschine eingestellt werden?
  11. Erläutern Sie das Besäumen und Auftrennen mit der Tischkreissägemaschine.
  12. Wie sind schmale Werkstücke an der Tischkreissägemaschine zu bearbeiten?
  13. Wie schneiden Sie auf der Tischkreissägemaschine kurze Werkstücke quer?
  14. Welche Bedingungen muss der Spaltkeil erfüllen?
  15. Wie groß darf die Durchtrittsöffnung für das Sägeblatt am Tisch höchstens sein?
  16. Welche Vorschriften gelten für den Parallelanschlag?
  17. Warum müssen Stahlsägeblätter regelmäßig geschärft und geschränkt werden?
  18. Woran erkennen Sie ein überhitztes Sägeblatt? Warum dürfen Sie es nicht mehr verwenden?
  19. Warum werden HM-bestückte Sägeblätter nicht geschränkt?
  20. Welchen Vorteil haben HM-bestückte Sägeblätter gegenüber anderen Sägeblättern?
  21. Nennen Sie spezielle Kreissägemaschinen und ihre Aufgaben.
  22. Zu welchen Arbeiten setzen Sie die Handkreissägemaschine ein?
  23. Was müssen Sie beim Arbeiten mit der Handkreissägemaschine beachten?
  24. Welche Sägemaschine nehmen Sie, um Ausschnitte auszusägen?

Nur 20 % der Unfälle bei der Holzbearbeitung werden durch Material, Transport oder Maschinen verursacht – 80 % verursacht der Mensch selbst! Besonders gefährdet sind die Hände.

Vorbeugender Unfallschutz. An kraftbewegten Maschinenteilen können böse Quetsch-, Scher-, Schneid-, Stich-, Stoß-, Fang-, Einzug- und Auflaufstellen entstehen. Die beabsichtigte oder unbeabsichtigte Berührung solcher Teile muss durch Verkleidung, Verdeckung (**5.29**a), Umwehrung (**5.29**b) oder Schaltfunktionen ausgeschlossen werden. Wichtigste Aufgabe des vorbeugenden Unfallschutzes ist es daher, Maschinen, Werkzeuge, Vorrichtungen und Verkleidungen sicher, einfach in der Handhabung und aufeinander abgestimmt zu konstruieren. Die Hersteller müssen die entsprechenden Vorschriften befolgen – aber auch der Tischler, Holzmechaniker und Fensterbauer

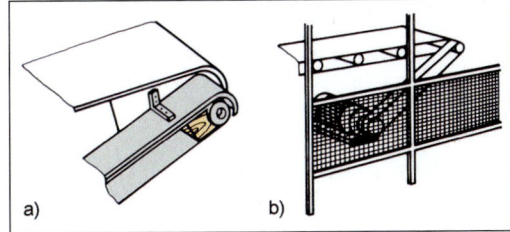

Bild 5.29 Schutzeinrichtungen an Holzbearbeitungsmaschinen
a) Verdeckung eines Riemens,
b) Umwehrung eines Riemenantriebs

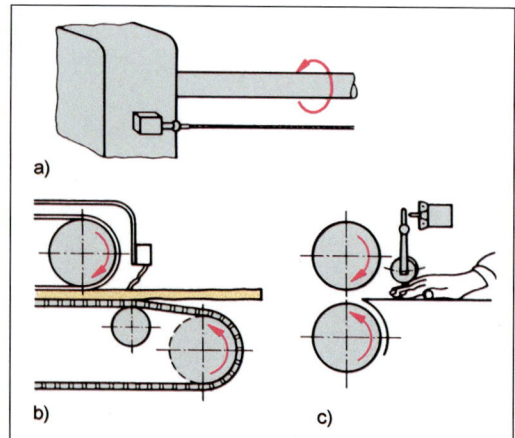

Bild 5.30 Sicherung an Holzbearbeitungsmaschinen
a) Gefahrenschalter bei mechanischem Vorschub (z. B. am Doppelendprofiler)
b) Tastschalter bei mechanischem Vorschub (z. B. an der Breitbandschleifmaschine)
c) Kontaktleiste (z. B. an der Vierseitenhobelmaschine)

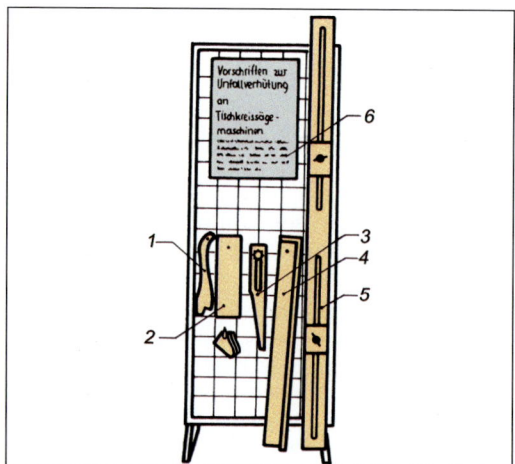

Bild 5.31 Vorrichtungseinheit für Schutz- und Arbeitseinrichtungen (z. B. Tischkreissäge)
1 Schiebestock
2 Schiebeholz für schmale Leisten
3 Abweisleiste für kleine abgeschnittene Stücke
4 Hilfsanschlag für schmale Werkstücke
5 Anschlag für Einsetzschnitte
6 Informationsplakat der Berufsgenossenschaft

die Unfallverhütungsvorschriften bei Maschinenarbeiten kennen und strikt befolgen!

Dazu gehört, dass die Schalter (Sicherungsmöglichkeiten) abschalten bzw. abschaltbar sind, bevor die Gefahrenstelle erreicht wird (**5.**30). Schutz- und Arbeitsvorrichtungen müssen übersichtlich und rasch greifbar unmittelbar neben den Maschinen angeordnet werden. Nach Gebrauch werden sie sofort wieder an den vorgesehenen Platz gelegt (Umrisse markieren, **5.**31).

Aber nicht nur durch Unfallgefahren der Maschinen wird der Mensch bedroht. Die zunehmende Automatisierung unseres Lebens, der wachsende Straßenverkehr – aber auch das übermäßig laute Hören von Musik verursacht oft bleibende Gehörschäden.

„**Berufskrankheit Lärm**" (s.a. Abschn. 10.2.4). Wer jahrelang täglich mehrere Stunden Lautstärken über 85 dB ertragen muss, hat mit unheilbaren Gehörschäden, Tinnitus, ja Taubheit zu rechnen. Dieser Geräuschpegel wird von Holzbearbeitungsmaschinen in der Regel weit überschritten. Die Unfallverhütungsvorschrift „Lärm" legt daher für alle Unternehmen verbindliche Richtlinien fest. Danach hat der Unternehmer alle Lärmbereiche zu ermitteln und zu kennzeichnen, in denen der Geräuschpegel 90 dB oder mehr beträgt. Er muss den dort Beschäftigten persönliche Schallschutzmittel (Gehörschutzstöpsel oder -kapsel) zur Verfügung stellen, die jeder Mitarbeiter benutzen muss. Außerdem dürfen in Lärmbereichen nur Personen beschäftigt werden, die durch Vorsorgeuntersuchungen überwacht werden und gegen deren Tätigkeit keine ärztlichen Bedenken bestehen.

Die Zunahme der maschinellen Holzbearbeitung erhöhte auch die Staub- und Späneentwicklung und führte zu immer aufwendigeren Absauganlagen. Von Holzstaub und Holzspänen am Arbeitsplatz gehen verschiedene Gefahren aus (s. Abschn. 12).

Um die Gesundheit der Mitarbeiter im Betrieb zu erhalten, wurden Grenzwerte der Staubkonzentration in der Atemluft am Arbeitsplatz (MAK-Werte für verschiedene Stoffe) festgelegt, die im Jahresmittel nach dem heutigen

Stand der Technik nicht überschritten werden dürfen. Außerdem gibt es Grenzwerte für den Reststaubgehalt der zurückgeführten Reinluft bzw. bei der Abluft ins Freie, von Absauganlagen (s. Abschn. 12). Diese Grenzwerte werden immer wieder überprüft und dann gegebenenfalls dem neuesten Stand angepasst. Neugeplante Absauganlagen sollten deshalb so ausgelegt werden, dass sie diese Grenzwerte möglichst weit unterschreiten, um auch dann noch dem Stand der Technik zu entsprechen, wenn diese Werte abgesenkt oder sich durch zusätzlich angeschlossene Maschinen der Reststaubgehalt geringfügig erhöht. Die Holzbearbeitungsbetriebe werden regelmäßig beraten und kontrolliert durch den Technischen Aufsichtsdienst der Holz-Berufsgenossenschaft und durch die örtlichen Gewerbeaufsichtsämter.

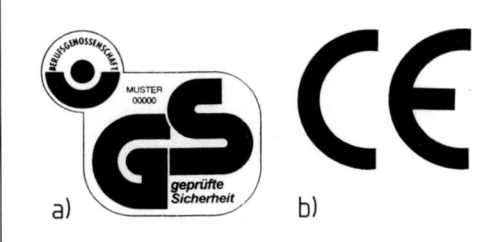

Bild 5.32 a) GS-Zeichen, b) CE-Zeichen

Grundsätze des vorbeugenden Unfallschutzes

– Die Unfallverhütungsvorschriften der Holz-Berufsgenossenschaft (Plakate) sind unmittelbar neben den jeweiligen Maschinen auszuhängen.
– Die Anleitung zur Ersten Hilfe sollte zentral ausgehängt werden.
– Der Unternehmer hat die Versicherten über die Vorschriften zu unterrichten, sie einzuweisen und die Benutzung der Schutzvorrichtungen zu veranlassen. Er muss die Betriebseinrichtung (Maschinen und Werkzeuge) auf dem Stand der Technik (Vorschriften) einrichten und erhalten.
Die Kennzeichnung geprüfter Maschinen mit GS-Zeichen (a) (geprüfte Sicherheit) bzw. CE-Zeichen (b) (auf europäischer Ebene) (**5.**32).

– Der Arbeitnehmer hat die Unfallverhütungsvorschriften und die Anweisungen des Unternehmers zu befolgen und damit für seine und seiner Kollegen Sicherheit zu sorgen.
– Die Feuer- und Brandschutzvorschriften sind zu beachten.
– Das Rauchverbot ist strikt einzuhalten, Alkoholgenuss zu unterlassen.
– Vorgeschrieben sind persönliche Schutzausrüstungen wie eng anliegende Arbeitskleidung, Schutzbrille bei Gefahr von Augenschädigungen, Gehörschutz im Lärmschutzbereich sowie Handschuhe beim Umgang mit ätzenden Stoffen.
– Erste Hilfe: In jedem Betrieb muss ein Verbandskasten vorhanden sein. Offene Wunden verbinden. Fremdkörper nur vom Arzt entfernen lassen. Bei stumpfen Bauchverletzungen sofort den Arzt rufen.

Unfallschutz an Maschinen

– Maschinen und Geräte dürfen nur von Befugten benutzt werden. Jugendliche unter 16 Jahren dürfen nach dem Jugendarbeitsschutzgesetz nicht an Maschinen beschäftigt werden. Jugendliche über 15 Jahren dürfen an einer Maschine arbeiten, wenn die Tätigkeit zur Erreichung des Ausbildungsziels erforderlich ist und unter Aufsicht eines fachkundigen Mitarbeiters geschieht.
– Werkstücke müssen sicher aufliegen und geführt werden oder fest eingespannt sein!
– Die vom Hersteller angegebene Drehzahl darf nicht überschritten bzw. unterschritten werden!
– Vor dem Beseitigen von Störungen, vor Wartungs- und Reinigungsarbeiten grundsätzlich Maschine stillsetzen und gegen unbefugtes Einschalten sichern!
– Umgang mit Druckluft: Größere Druckbehälter alle vier Jahre durch den TÜV kontrollieren lassen, Behälter gegen unbeabsichtigtes Auslösen der Spannvorrichtungen sichern. Das Abblasen am Körper ist verboten.

5.2.4 Sägemaschinen

Die modernen Tischlereien und Industriebetriebe arbeiten mit Säge-, Hobel-, Fräs-, Schleif-, Bohr- und Sondermaschinen. Aufbau und Wirkungsweise dieser Maschinen müssen Sie kennen, um die Maschinen richtig einzusetzen.

Arten. In holzbearbeitenden Betrieben gibt es je nach Verwendungszweck sehr verschiedene Sägemaschinen. Ein Teil gehört zur Grundausstattung jedes Betriebs, andere sind auf ganz bestimmte Arbeiten spezialisiert.

Grundausstattung
Tischband-, Tischkreissägemaschine
Kapp-, Stichsägemaschine
Handkreissägemaschine
Schattenfugensägemaschine

Spezialausstattung
Besäumkreissägemaschine
Vielblattkreissägemaschine
Doppelabkürz-Kreissägemaschine
Zapfenschneid- und Schlitzmaschine
Plattenformat-Kreissägemaschine
Pendelkreissägemaschine
Füge-Feinschnittmaschine

5.2.4.1 Tischbandsägemaschine

Die Tischbandsägemaschine gibt es in ortsfester und fahrbarer Ausführung. Sie dient zum Zuschneiden, Ablängen, Besäumen, Auftrennen, Schlitzen und Schweifen.

Aufbau. Der Ständer trägt den gusseisernen Tisch, die Sägerollen, den Motor und die Schutzvorrichtungen (**5.**33). Der Sägetisch ist bei einigen Ausführungen bis 45° abschwenkbar. Er hat einen verstellbaren Anschlagwinkel, manchmal auch eine Schwalbenschwanzführung für das Gehrungslineal.

Die Laufrollen sind ausgewuchtet und haben 300 bis 1.000 mm Durchmesser. Ihr Umfang ist mit einer Bandage aus Gummi oder Kork versehen, um die Sägezähne zu schonen und die Reibung zu erhöhen. Das Sägeblatt läuft in einem mit einer Einlage (Holz, Kunststoff, Aluminium) ausgekleideten Schlitz des Sägetisches.

Obere und untere Bandsägenrollen-Verkleidung müssen so ausgeführt sein, dass die Bandsägerollen bei Stillstand der Maschine kontrolliert und gereinigt werden können.

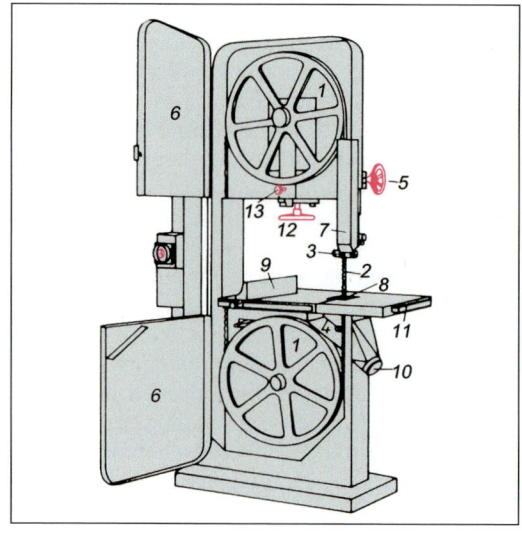

Bild 5.33 Tischbandsägemaschine
  1 Bandsägerollen
  2 abwärtslaufender Teil des Sägeblattes
  3 obere Sägeblattführung
  4 untere Sägeblattführung
  5 Verstellung der oberen Sägeblattführung
  6 Verkleidung der Bandsägerollen
  7 verstellbare Verdeckung des Sägeblattes
  8 Tischeinlage
  9 Parallelanschlag
  10 Absaugstutzen
  11 Befestigungsschiene für Tischvergrößerung
  12 Spannvorrichtung für das Bandsägeblatt
  13 Neigungsverstellung der oberen Bandsägerolle

Arbeitsweise. Angetrieben wird die Tischbandsäge direkt oder indirekt über Keilriemen auf der unteren, fest gelagerten Sägerolle. Die obere Rolle ist beweglich und elastisch gelagert, damit sich die Blattspannung mit einem Handrad regulieren lässt und Stöße aufgefangen werden. Die Bandgeschwindigkeit liegt zwischen 19 und 29 m/s. Die leicht ballige Form und das Material der Sägerollenbandage sichern einen ruhigen Lauf und ein selbsttätiges Ausrichten des laufenden Sägeblatts zur Bandagenmitte hin. Die geschränkten Sägezähne liegen frei auf der Bandage. Über und unter dem Sägetisch wird das Sägeblatt geführt. Im Tisch sind Hartholzplättchen eingesetzt, die obere Führung ist wegen der unterschiedlichen Schnitthöhen verstellbar. Sie soll immer knapp über dem Werkstück sitzen. Dazu gibt es verschiedene Ausführungen. Sie haben eine rückwärtige und zwei seitliche Führungsrollen (5.34). Die rückwärtige Rolle (am Sägeblattrücken) läuft nur beim Sägen mit. Die seitlichen Rollen dürfen die Sägezähne auch beim Sägen nicht berühren. Durch die große Masse der beiden Bandsägenrollen dauert es etwas länger, bis das Bandsägeblatt nach dem Einschalten die Bemessungsdrehzahl erreicht.

Das Bandsägeblatt aus unlegiertem Werkzeugstahl (WS) richtet sich in den Abmessungen nach dem Rollendurchmesser und der Sägeaufgabe. Die Blattdicke soll $1/1.000$ des Rollendurchmessers nicht überschreiten, sonst besteht Bruchgefahr. Löt- oder Schweißstellen (Verbindungsstellen) sind Schwachstellen! Sie müssen sauber gearbeitet und dürfen kaum sichtbar sein. Die Zahnform hängt vom Werkstoff ab und ist meist auf Stoß geschärft. Der Zahngrund muss rund geschliffen sein, damit das Sägeblatt nicht einreißt und die Späne besser transportiert werden. Wegen der Laufruhe dürfen die Sägeblätter nicht schlagen und werden daher maschinell geschärft und geschränkt. Die Schränkweite beträgt in der Regel das Eineinhalbfache der Blattdicke. Für feuchtes, weiches Holz wählt man eine größere Schränkweite als für hartes und trockenes.

Für Schweifarbeiten verwendet man ein schmales, gut geschränktes und geschärftes Sägeblatt (5.35). Seine Breite wird vom kleinsten Krümmungsradius des vorgesehenen Schnittverlaufs bestimmt. Die obere Blattführung stellen wir so tief herab, wie es die Werkstückdicke zulässt. Beim Zurückziehen in der Schnittfuge besteht die Gefahr, dass das Bandsägeblatt abspringt und reißt. Einschnitte quer zur Schweifung erleichtern die Arbeit und verringern die Unfallgefahr.

Beim Auftrennen am Anschlag nehmen wir ein breites Sägeblatt. Den Parallelanschlag richten wir nach dem Sägeblatt aus. Zum sicheren Führen schmaler Werkstücke dient ein Zuführholz, zum sicheren Vorschieben ein Schiebestock.

Unfallverhütung. Das Sägeblatt von Tischbandsägen ist bis auf die größtmögliche Schnitthöhe verkleidet und darf beim Reißen nicht herausschlagen. Bis auf den Schneidbereich muss es innerhalb der größtmöglichen Schnitthöhe verdeckt sein. Die Verdeckung reicht über die Zahnung und die äußere Blattseite und ist höhenverstellbar. Bei Bandsägemaschinen mit einem Rollendurchmesser über 315 mm ist die obere Blattführung mechanisch zu verstellen. Vorgeschrieben sind Bremseinrichtungen, die das Sägeblatt innerhalb von 10 Sekunden zum Stillstand bringen.

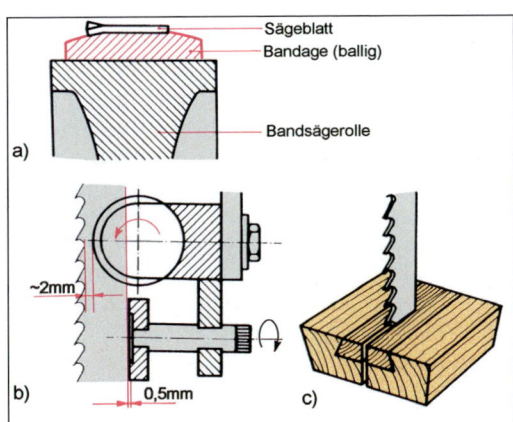

Bild 5.34 Sägeblatt
a) Bandage, b) obere Sägeblattführung, c) Hartholzplättchen im Tisch eingelassen

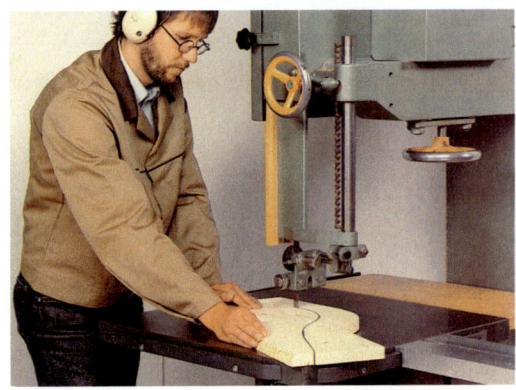

Bild 5.35 Arbeiten an der Bandsägemaschine

Die Absenkung der Werkstatttemperatur während der Wintermonate, z. B. am Wochenende und in der Urlaubszeit, kann zu Spannung im

Sägeblatt führen. Bandagen und Lager werden geschädigt.

Arbeitsregeln und Unfallverhütung
- Sägeblatt bis auf den Schneidbereich verdecken.
- Rundhölzer drehsicher einspannen.
- Finger beim Sägen stets geschlossen seitlich vom Sägeblatt halten!
- Kurze Werkstücke mit dem Schiebestock vorschieben, beim Hochkantschneiden mit der Winkelstütze arbeiten!
- Späne und Holzsplitter absaugen.
- Bei langen Betriebspausen z. B. Urlaub Sägeblatt entspannen u. kennzeichnen.

Andere Bandsägearten sind die ebenso aufgebauten, aber schwereren und größeren Trennband- und Blockbandsägemaschinen. Sie sind mit breiten Spezialsägeblättern bestückt.

5.2.4.2 Tisch- und Formatkreissägemaschine

Kreissägemaschinen gehören zu den wichtigsten und leider auch unfallhäufigsten Maschinen in der Tischlerei. Jeder holzbearbeitende Betrieb braucht sie als Universalmaschine für alle vorkommenden Sägearbeiten wie Quer-, Längs- und Formatschnitte, zum Besäumen, Zuschneiden, Ablängen. Wir können damit auch Nuten, Fälzen oder Schlitz und Zapfen herstellen.

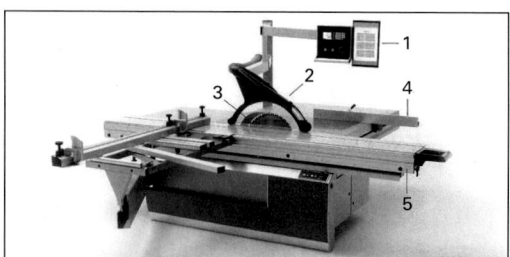

Bild 5.36 Formatkreissägemaschine
1. Bedienfeld
2. Schutzhaube mit Absaugung
3. Spaltkeil
4. Parallelanschlag
5. Rolltisch mit Teleskop-Queranschlag

Tischkreissägemaschine

Typisch für die Tischkreissäge ist der über dem Maschinenständer angeordnete allseitig geschlossene Maschinentisch mit der Austrittsöffnung für das Sägeblatt in der Mitte. Da das Werkstück beim Bearbeiten über den Tisch bewegt wird, ist bei großen Formaten oft keine sichere Auflage gewährleistet, Besäumschnitte erfordern besondere Führungsvorrichtungen. An den kastenförmigen Maschinenständer lässt sich seitlich ein Rolltisch anbringen, der die Auflagefläche vergrößert.

Formatkreissäge

In holzverarbeitenden Betrieben hat sich heute als Grundausstattung die Formatkreissäge wegen ihrer Vielseitigkeit, Eignung für Besäumschnitte sowie hohen Präzision bei Format- und Parallelschnitten weitgehend durchgesetzt (5.36).

Aufbau. Charakteristisch ist der neben dem Maschinentisch geführte Doppelrollwagen, auf dem das Werkstück während der Bearbeitung fest aufliegt. Die Antriebsaggregate und die Mechanik zur Höhen- und Schrägverstellung sind staubgeschützt im Maschinenständer angebracht. Seitenanschlag, Höhen- und Schrägverstellung sind heute weitgehend motorgetrieben. Die Bedienelemente sind in einem drehbaren Schaltkasten oberhalb der Arbeitsfläche übersichtlich und gut erreichbar angeordnet. Digitale Anzeigen ermöglichen hohe Präzision und Zeitersparnis. Für Parallelschnitte und zum Besäumen liegt das Werkstück fest auf dem Zuschneidewagen (Doppelrollwagen mit Aluprofilen), für Querschnitte auf einem Querschlitten, der am Rollwagen eingehängt und durch einen Teleskoparm abgestützt wird. Mit ausziehbaren Längenanschlägen bis 3.200 mm sind auch großformatige Platten millimetergenau und sauber zuzuschneiden. Mithilfe eines Gehrungsanschlages kann man Gehrungsschnitte auf dem Querschlitten ausführen. Rechts vom Sägeblatt befindet sich der Parallelanschlag. Das gewünschte Maß für den Breitenzuschnitt wird auf einer Tastatur eingegeben, nach Knopfdruck wird der Anschlag automatisch positioniert. Für Schrägschnitte und große Platten nimmt man den Anschlag ab. Für beschichtete Platten kann ein Vorritzaggregat eingebaut werden, das ein ausriss-

5.2 Arbeitsmaschinen

freies Schneiden an der Unterseite beidseitig beschichteter Platten ermöglicht. Das Material wird vom Vorritzer nur ca. 2 mm eingeschnitten und dann vom Hauptblatt durchtrennt. Hauptblatt und Blatt des Vorritzers müssen dabei in genauer Flucht liegen.

Zur Kraftübertragung vom Motor zur Sägewelle dient ein Keilriemen. Durch manuelles Umlegen des Riemens oder Polumschaltung des Motors lässt sich die gewünschte Drehfrequenz einstellen (Berücksichtigung von Materialart und Sägeblatt).

Zur sicherheitstechnischen Grundausstattung jeder Tischkreissägemaschine gehören

- ein Spaltkeil, gegen Kippen gesichert, senkrecht und waagerecht verstellbar (**5.**37). Er verhindert, dass das Werkstück verklemmt und zurückschlägt.
- die Schutzhaube, getrennt vom Spaltkeil befestigt (**5.**40), als Sicherung gegen Berühren des Sägeblatts und gegen herausfliegende Späne.
- das bis auf die Schnittstelle oben und unten vollständig verkleidete Sägeblatt.
- Absaugung von Spänen und Staub am Sägeblatt von oben und unten.
- Beträgt der Abstand zum Anschlag weniger als 12 cm, benutzen wir den Schiebestock zum Vorschieben. Eine Abweisleiste verhindert, dass kurze Werkstücke zurückschlagen. Für die sichere Führung sorgen Anschlag, Keilschneidebrett und Besäumniederhalter.

Sägeblatt. Die Wahl des Sägeblatts richtet sich nach dem Werkstoff, der Schnittgeschwindigkeit und der Schnittgüte. Heutige Maschinen erlauben Blattdurchmesser bis zu 450 mm bei einem Bohrungsdurchmesser von 30 mm. Auch die Sägezahnform wird vom

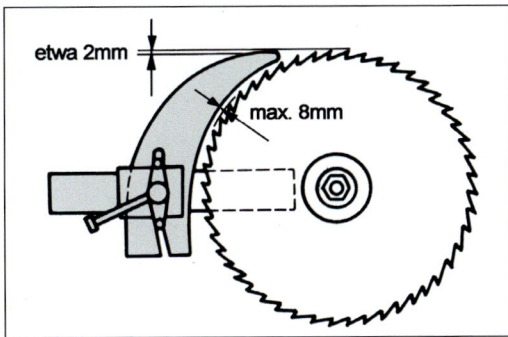

Bild 5.37 Spaltkeil

Tabelle 5.38a Schnittgeschwindigkeit (Richtwerte)

Stahlsägeblätter (HSS)	60 m/s
Verbundsägeblätter (HM-bestückt)	
Längsschnitt, Vollholz	80 bis 90 m/s
Querschnitt, Vollholz	70 bis 80 m/s
Span- und Sperrholzplatten	70 bis 80 m/s
Kunststoffbeschichtete Platten	70 m/s
Kunst- und Schichtstoffplatten	70 bis 80 m/s
Nichteisenmetalle (AL)	20 bis 50 m/s

Tabelle 5.38b Verbundkreissägeblätter

Schneidplattenformen	Verwendung und Ausführungsbeispiele
FZ = Flachzahn	Längs- und Querschnitte in Vollholz, Platten (FZ mit Abweisenocken)
WZ = Wechselzahn	Trenn- und Formatschnitte in Vollholz, Pressschichthölzer
HZ = Hohlzahn	Trenn- und Formatschnitte in Platten mit und ohne Belag
TZ = Trapezzahn	Trennschnitte in Platten mit Belag, Kunststoffprofile (FZ/TZ mit negativem Spanwinkel)
ES = einseitig spitz	Trenn- und Formatschnitte in Vollholz, quer zur Faser (mit negativen Spanwinkel)

Werkstoff bestimmt. Man unterscheidet Tragkörper (Grundkörper) und das Schneidenmaterial. Sägeblätter aus *einem* Material bestehen aus legiertem und unlegiertem Werkzeugstahl (*„Einteilige Werkzeuge"*, SP, HLS). Bei *„Verbundwerkzeugen"* setzt man mit Hartmetall (HM) oder polykristallinem Diamant (PKD) bestückte Sägeblätter ein.

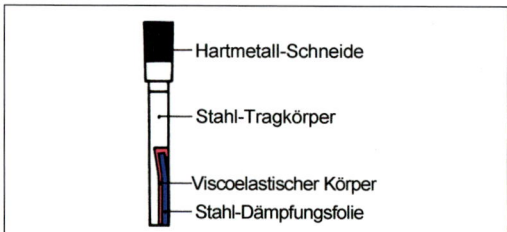

Bild 5.39 Antischall-Sägeblatt

Hartmetallbestückte (HM-)Zahnformen können für fast alle Werkstoffe eingesetzt werden. Sie haben eine erheblich höhere Standzeit als Blätter aus Werkzeugstahl und gleichen dadurch die höheren Anschaffungskosten wieder aus. Bis 4 mm Schnittbreite eignen sie sich für alle Vorschubarten. Die verschieden angeschliffenen Schneideplättchen können auf den Tragkörper des Sägeblatts aufgeklebt oder aufgelötet sein. Sie verjüngen sich zur Sägeblattmitte hin und sind immer breiter als die Sägeblattdicke. Deshalb müssen die Sägezähne nicht geschränkt werden. Das Antischall-Hartmetall-Kreissägeblatt reduziert den Lärm um ca. 10 dB. Dies wird erreicht durch eine einseitig in den Stahlgrundkörper des Sägeblattes versenkte viskoelast. Schicht, abgedeckt mit einer Stahldämpfungsfolie (**5.**39).

Arbeitsregeln
- Nur scharfe und gleichmäßig geschränkte Sägeblätter verwenden! Sägeblätter sorgfältig und nicht zu fest aufspannen.
- Spaltkeil auf das richtige Maß einstellen (maximal 8 mm Abstand zum Sägekranz).
- Schutzhaube entsprechend der Werkstückdicke einstellen (**5.**40).
- Schnitthöhe so einstellen, dass der Zahnkranz das Werkstück maximal 10 mm überragt. Günstigste Schnittgeschwindigkeit 70 bis 80 m/s, bei HM 100 m/s (**5.**38a).
- Arbeitsstellung einnehmen, Körper außerhalb des Gefahrenbereichs.
- Leisten mit dem Schiebehandgriff zuschneiden (**5.**41a).
- Für kurze und schmale Werkstücke Schiebestock benutzen (**5.**41b).
- Für Verdecktschnitte Spanhaube entfernen, Spaltkeil < 2 mm unter der höchsten Sägezahnspitze festmachen (**5.**37).
- Abweisleiste für schmale Werkstücke auf dem Tisch befestigen.

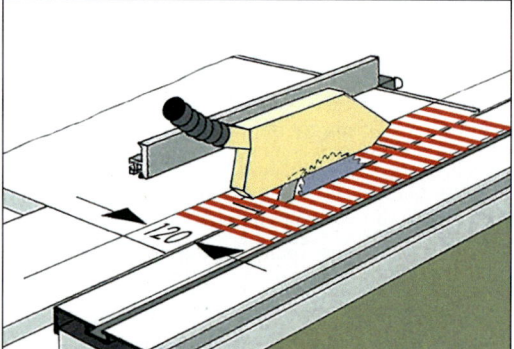

Bild 5.40 Schutzhaube, Gefahrenbereich

Zum Besäumen und Auftrennen
- Längsschnitt-Kreissägeblatt verwenden.
- Besäumniederhalter auf dem Rollwagen/Schiebetisch festklemmen.
- Werkstück ausrichten und unter den Besäumniederhalter drücken.
- Wenn möglich Besäumhilfe verwenden.
- Die rechte Hand (mit geschlossenen Fingern) übt den Vorschub aus.
- Die linke Hand wird an der Außenkante von Rollwagen/Schiebetisch geführt.

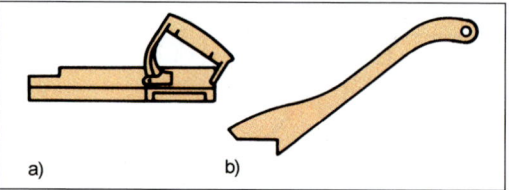

Bild 5.41 Schiebehandgriff (a) und Schiebestock (b)

Beim Schneiden von Leisten **unter 30 mm Breite** kommt es auch heute noch zu vielen Unfällen. Die Schutzhaube kann wegen der geringen Breite der Werkstücke nicht genügend abgesenkt werden. Der Einsatz eines Schiebestockes ist nicht möglich, weil er nicht zwischen Schutzhaube und Parallelanschlag geführt werden kann. Mit dem Einsatz von **Besäumniederhalter** und **Besäumhilfe** ist ein sicheres und rationelles Arbeiten an der Kreissäge auch bei diesem Arbeitsgang möglich (**5.44** a), b)).

Für den Zuschnitt wird das Werkstück zur Fixierung der gewünschten Breite am Parallelanschlag angelegt und auf dem Schiebetisch zwischen **Besäumniederhalter** und **Besäumhilfe** festgeklemmt.

Damit das Werkstück nicht zwischen Parallelanschlag und Sägeblatt einklemmt und zurückgeschleudert wird, muss das Anschlaglineal bis vor das Sägeblatt zurückgezogen werden. Ein „*Verlaufen*" des Werkstückes ist nicht möglich, da es bei der Bearbeitung zwischen Besäumniederhalter und Besäumhilfe geführt wird.

- **Zum Querschneiden kurzer Werkstücke** ein feinzahniges Kreissägeblatt verwenden. Parallelanschlag oder Hilfsanschlag so einstellen, dass das Werkstück nur bis zum Beginn des Schnitts anliegt. Werkstück nur mit einem Querschieber oder Queranschlag zuführen (**5.42b**). Der aufsteigende Teil des Zahnkranzes muss durch eine Abweisleiste gesichert sein.

Unfallverhütung

Spaltkeil. Der gegen Kippen gesicherte, zwangsgeführte Spaltkeil muss senkrecht und waagerecht verstellbar sein. Maximalabstand zum Sägeblattzahnkranz 8 mm. Spaltkeilspitze nicht höher als die Zahnspitze des obersten Sägezahns – etwa 2 mm darunter und nie tiefer als die Zahngrundhöhe des obersten Sägezahns einstellen. Der Spaltkeil soll dicker als das Sägeblatt, aber dünner als die Schnittfuge sein.

Schutzhaube getrennt vom Spaltkeil befestigen. Dies gilt für alle Maschinen, auf denen Sägeblätter von mehr als 250 mm Durchmesser verwendet werden können.

Durchtrittsöffnung für das Sägeblatt im Tisch so schmal wie möglich halten – beiderseits des Werkzeugs nicht mehr als 3 mm! Die den Werkzeugschneiden zugewandten Seiten der Öffnung müssen aus einem leicht zerspanbaren Werkstoff bestehen und auswechselbar sein.

Das Sägeblatt muss unter dem Tisch vollständig verkleidet sein.

– Begrenzung der Auslaufzeit des Sägeblattes auf max. 10 Sekunden.

Der Parallelanschlag wird so positioniert, dass das hintere Ende an eine gedachte Linie stößt, die im 45° Winkel vom Anfang des Sägeblattes nach hinten verläuft. Diese Einstellung verhindert ein Verklemmen der Werkstücke bei Trennschnitten.

Wartung und Pflege. Stumpfe Werkzeuge erfordern erheblich mehr Antriebskraft, haben eine größere Rückschlagskraft und sind deshalb gefährlicher als scharfe Werkzeuge. Kreissägeblätter müssen darum regelmäßig geschärft und geschränkt werden. Bei den hohen Geschwindigkeiten ergeben sich starke Fliehkräfte. Schon eine kleine Unwucht kann das Sägeblatt zerspringen lassen. Darum muss es *maschinell* mit dem Schärfautomat geschärft werden. Dazu gibt es speziell eingerichtete Schärfereien. Als Richtwert für die Schränkweite gelten $1/3$ Blattdicke oder $1/1.000$ Blattdurchmesser. Hinterschliffene Sägeblätter werden nicht geschränkt.

a)

b)

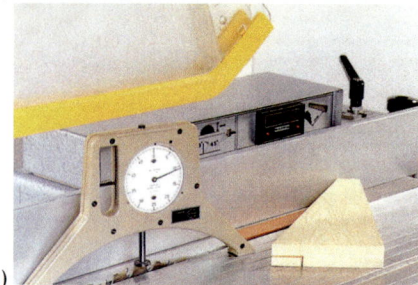
c)

Bild 5.42 Arbeiten an der Tischkreissägemaschine
a) **Längsschneiden – Besäumen**
Den Besäumniederhalter auf dem Schiebetisch einsetzen und festklemmen. Das Werkstück ausrichten und unter den Besäumniederhalter schieben. Beim Vorschieben, die Hände liegen mit geschlossenen Fingern flach auf dem Werkstück, das Werkstück gegen den Niederhalter drücken.
b) **Querschneiden – Herstellen kurzer Werkstücke**
Den Parallelanschlag oder Hilfsanschlag so weit zurückziehen, dass sich das hintere Ende vor dem Zahnkranz des Kreissägeblattes befindet – vermeidet ein Verkanten des Werkstückes. Eine Abweisleiste anbringen und die Werkstücke mit dem Schiebestock aus dem Gefahrenbereich entfernen.
c) **Verdecktschneiden – Nuten, Falzen, Absetzen**
Auch beim Verdecktschneiden den Spaltkeil benutzen – Maßeinstellung im Stillstand vornehmen.

Die sichere Arbeitsweise an der Tisch-/Formatkreissäge kann mit der Arbeitsvorrichtung „Fritz und Franz" der Holz-BG erhöht werden. Sie eignet sich für Von-Breitesägen (**5.**43a), hochkant auftrennen (Schneiden auf Umschlag) (**5.**43b) und zum Schneiden von nicht parallelen Teilen (**5.**43c). Das Absenken der Schutzhaube ist auch hier unverzichtbar.

a)

b)

c)

Bild 5.43 Arbeiten mit der Arbeitsvorrichtung „Fritz und Franz" der Holz-BG
a) Von-Breitesägen
b) Schneiden von nicht parallelen Werkstücken
c) Hochkant auftrennen (Schneiden auf Umschlag)

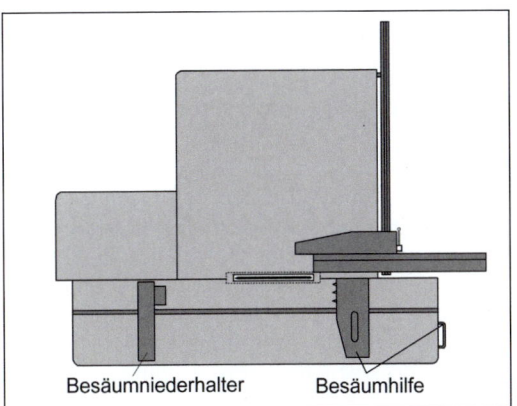
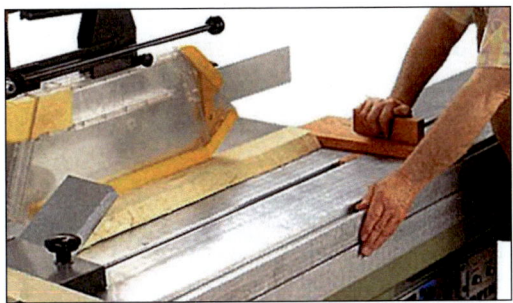

Bild 5.44 a) Besäumniederhalter und Besäumhilfe

b) Handhaltung und Vorrichtung beim Besäumen

Überhitzung. Beim Lauf erhitzen sich die Sägeblätter (besonders stumpfe) durch die Reibung. Überhitzungen erkennen wir am ruhenden Sägeblatt durch kreisrunde Brandflecken oder Beulen. Bei örtlicher Überhitzung dehnen sich die Blattzonen unterschiedlich stark aus, das Sägeblatt verliert seine Spannung, wird wellig und flattert beim Sägen. Bei der Arbeit mit solchen Sägeblättern können lebensgefährliche Risse entstehen. Kreissägeblätter können vom Hersteller nachgespannt oder von vornherein mit Dehnungsfugen im Zahnkranz versehen werden. Beträgt die Resthöhe oder Restdicke der HM-Schneidplatten weniger als 1 mm, sollte das Sägeblatt nicht mehr verwendet werden.

HM-bestückte Sägeblätter erfordern besondere Sorgfalt. Die aufgelöteten oder aufgeklebten Schneidplättchen können in der Fuge Haarrisse bekommen und die spröden Spitzen absplittern, wenn man das Sägeblatt beim Rüsten unvorsichtig auf den Tisch legt. Auch durch die Fliehkräfte oder einen harten Ast können sie sich lösen. Bei der Wartung werden HM-bestückte Sägeblätter zunächst durch Lösungsmittel von Harz- und Leimflecken befreit, bevor man die Zahnrücken freischleift und die Spanflächen schleift. Zum maschinellen Schleifen verwendet man z. B. Doppelbelag-Diamant-Schleifscheiben.

Rissige oder formveränderte Sägeblätter nicht mehr verwenden, sondern aus den Betriebsräumen entfernen! Sägeblätter mit beschädigten HM-Schneidplättchen nicht mehr verwenden! Kreissägeblätter nach dem Ausschalten nicht durch seitliches Gegendrücken bremsen!

5.2.4.3 Andere Kreissägemaschinen

Die Ein- und Vielblattkreissägemaschine dient zum Auftrennen von Schnittholz in Leistenmaterial (z. B. bei der Herstellung von Sperrholzmittellagen). Die Sägewelle liegt über dem Werkstück und kann bis zu fünf Sägeblätter mit Distanzscheiben aufnehmen. Der mechanische Vorschub erfolgt über eine Transportkette mit Gliederrückschlag-Sicherung wie bei der Dickenhobelmaschine. Neuere Maschinen haben eine zweite, im Tisch eingelassene Rückschlagsicherung.

Mit der Doppelabkürz-Kreissägemaschine können wir Fensterrahmen-, Schnitthölzer und Plattenwerkstoffe in einem Arbeitsgang beidseitig auf Länge oder Breite schneiden. Die Werkstücke werden auf die Auslegerarme gelegt oder gespannt und durch Verschieben der Ausleger von Hand bearbeitet. Beim Zurückfahren rücken bei einigen Ausführungen die Sägen automatisch 1 oder 2 mm zurück. Für Schrägschnitte sind sie bis 180° schwenkbar. Bei beschichteten Platten setzt man Ritzsägen ein, die beim Zurückfahren automatisch abgesenkt werden. Die Breite lässt sich auch elektrisch verstellen.

Die Zapfenschneid- und Schlitzmaschine ist eine Weiterentwicklung dieses Typs. Sie wird in der Fensterfertigung eingesetzt (**5.**45).

Bild 5.45 Zapfenschneid- und Schlitzmaschine

Plattenformat-Kreissägemaschinen trennen in vertikaler und horizontaler Arbeitsweise großformatige Platten auf. Der handwerkliche Betrieb bevorzugt die „stehende Maschine" (**5.**46). Auf dem etwas nach hinten geneigten Ständer lassen sich die Platten direkt aus dem stehenden Plattenlager ziehen und auf Rollen leicht verschieben. Das Sägenaggregat sitzt auf einem oben und unten geführten, vertikal verschiebbaren Sägewagen. Es lässt sich um 90° schwenken, sodass wir auch waagerechte Schnitte ausführen können. Die Schnitttiefe geht bis 45 mm. Bei den neuesten Maschinen sind Sägeschnitte programmierbar. Die Zuschnitte erfolgen nach Programmen, die den geringsten Verschnitt ermöglichen. Horizontal arbeitende Plattenformat-Kreissägemaschinen gibt es vorwiegend in der Industrie. Die längslaufende Säge sägt (je nach Dicke) bis zu fünf Platten übereinander in einem Durchgang. Der Auflagetisch kann zum Beschicken und Drehen der Plattenstapel mit einer Luftkissen-Einrichtung versehen werden.

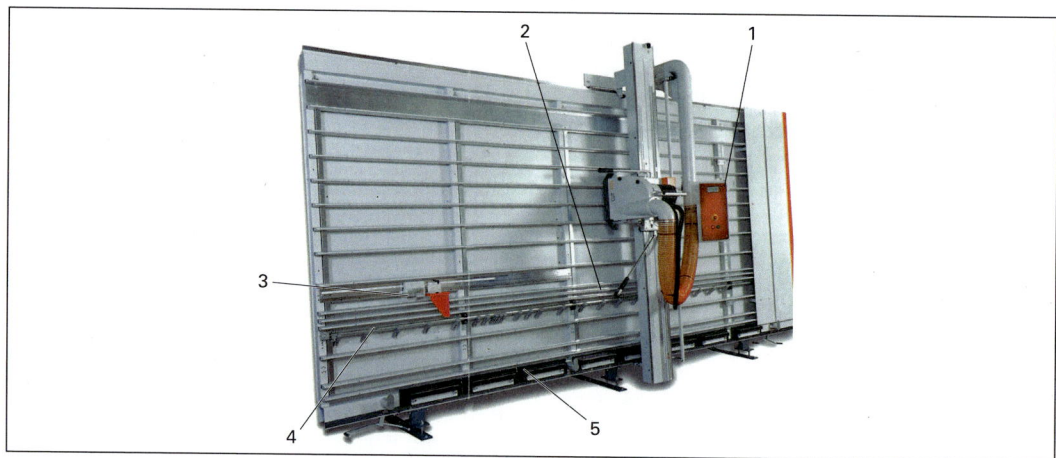

Bild 5.46 Vertikale Plattenformat-Kreissägemaschine
    1 Bedienpult
    2 Anlagerost
    3 Längsanschlag
    4 mittlere Werkstückauflage
    5 untere Werkstückauflage

Spezielle Ablängsägemaschinen gibt es für Betriebe, in denen viel Schnittholz abgelängt wird. Dazu gehören die Pendelkreissäge und die Gehrungskappsäge für Winkel- und Schrägschnitte mit obenliegender Sägewelle sowie die Untertischkappsäge mit untenliegender Welle. Wird die laufende Säge mechanisch (elektrisch oder pneumatisch) durch Hand- oder Fußauslösung bewegt, während das Werkstück aufliegt, sprechen wir von kraftbetriebener Schnittausführung. Für diese Maschinen gelten besondere Sicherheitsvorkehrungen der Holz-Berufsgenossenschaft.

Die Füge- und Feinschnittmaschine hat ein von Hand geführtes oder kraftbetriebenes Sä-

5.2 Arbeitsmaschinen

genaggregat. Die Werkstücke, Platten oder Furnierpakete werden fixiert und pneumatisch mit einem Spannbalken festgespannt, bevor man das untenliegende Sägeblatt auf einer Längsschiene daran entlang führt. Der Drehstrommotor (Direktantrieb) arbeitet mit einer Drehfrequenz von 9.000 U/min, so dass eine saubere Schnittoberfläche entsteht, die nicht nachbearbeitet werden muss. Die Furniere lassen sich anschließend sofort fügen. Die Schnitthöhe reicht bis 45 mm. Außer den besprochenen Sägen gibt es Handmaschinen: die Handkreissäge-, die Schattenfugen- und die Stichsägemaschine.

Die Handkreissägemaschine ist handlich und leicht. Gern wird sie zum Aufteilen von Plattenwerkstoffen nach Riss verwendet. Bei Vollholz eignet sie sich besonders zum Ablängen von Bohlen und Brettern. Auf der Baustelle ist sie unentbehrlich zum Ablängen von Latten, Profilbrettern und Abdeckleisten. Bei Montagearbeiten kann man sie mit einem Zusatzgerät in eine ortsfeste kleine Tischkreissägemaschine umrüsten und damit Winkel- und Schrägschnitt durchführen. Das Sägeblatt lässt sich bei einigen Typen bis zu 60° schrägstellen (5.47), die Schnitttiefe mit einem Tiefen-Anschlag von 0 bis 80 mm einstellen. Schutzhauben verhindern unbeabsichtigtes Berühren der Sägeblattzähne. Nach dem Schnitt kann die Maschine sofort abgelegt werden. Der Spaltkeil sitzt verdeckt hinter der Schutzhaube (maximal 5 mm hinter dem Sägekranz) und ist für Einsatzschnitte abschraubbar. Für beschichtete Plattenmaterialien wird die Maschine auf einer Führungsschiene, entgegen der üblichen Sägerichtung *gezogen* und vorgeritzt, anschließend nach Einstellung der Schnitttiefe wieder *geschoben* (5.48a, b).

Bild 5.47 Handkreissägemaschine

a)

b)

Bild 5.48 a) Vorritzen, b) Trennen

Mit der Schattenfugensägemaschine lassen sich eingebaute Wand- oder Deckenverkleidungen parallel zur Wand bzw. Decke absägen (5.49).

Die Stichsägemaschine hat ein hin und her gehendes Sägeblatt. Sie dient zum Aussägen von Ausschnitten in verschiedenen Formen (5.50): Mit entsprechenden Sägeblättern ausrüsten oder Raspeln bestückt, bearbeitet sie auch Metalle und Kunststoffe. Vor dem Ausschnitt bohrt man vor. Beim Aussägen hält ein Spänebläser die Schneidspur sauber. Mit einigen Typen sind auch Schrägschnitte bis 45° möglich. Die Schnitttiefe reicht bei Holzwerkstoffen bis 60 mm.

Arbeitsregeln

– Immer darauf achten, dass unter dem Werkstück genügend Luft ist.
– Bei Ablängschnitten das Werkstück so unterlegen, dass das Sägeblatt nicht festklemmt.
– Möglichst stets am Anschlag sägen. Mit einem Parallelanschlag lassen sich planparallele Längsschnitte ausführen.

Gesundheitsschutz

Alle Handmaschinen ohne integrierte Absaugung sind an eine geeignete Absaugung anzuschließen (Ausnahme: Bohrmaschinen).

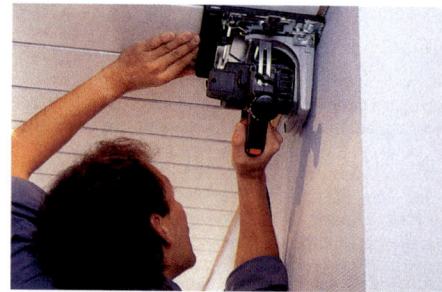

Bild 5.49 Schattenfugensägemaschine

Bild 5.50 Stichsägemaschine

5.2.5 Hobelmaschinen

Arbeitsauftrag Nr. 33 Lernfeld TI 2, 4, 12; HM 2, 4; FKU 5, 6

- Erarbeiten Sie sich die Kenntnisse über Hobelmaschinen einschließlich Kapitel 5.2.5.2 mit der „*Zweischritt-Methode*".
  Arbeiten Sie mit Ihrem Tischnachbarn zusammen.
  Unabhängig voneinander beantworten Sie jeweils die Fragen mit geraden und ungeraden Zahlen.
- Durch Austausch Ihrer Ergebnisse vervollständigen Sie die Lösungen zum Fragenkatalog.

1. Welchen maximalen Schneidenüberstand dürfen die Messer der Abrichthobelmaschine haben?
2. Warum gibt es keine Einmesserwelle?
3. Wie stellen Sie bei der Abrichte die Spandicke ein?
4. Was versteht man bei der Abrichte unter Spitz- und Hohlfuge?
5. Welche Sicherheitsvorkehrungen müssen Sie beim Abrichten kurzer Werkstücke treffen?
6. Wozu dienen die Tischlippen der Abrichte? Warum sind sie gelocht oder geschlitzt?
7. Welchen Tisch der Abrichte müssen Sie höher einstellen? Warum?
8. Was ist beim Einsetzen und Spannen der Streifenhobelmesser zu beachten?
9. Wie können Streifenhobelmesser geschärft und abgezogen werden?
10. Worin unterscheidet sich die Abrichte bei der Werkstückbearbeitung grundsätzlich von der Dickenhobelmaschine?
11. Wie stellen Sie bei der Dickenhobelmaschine die Spandicke ein?
12. Welche Aufgaben haben die Druckbalken der Dickenhobelmaschine?
13. Warum ist die Einzugswalze der Dickenhobelmaschine untergliedert und federnd gelagert?
14. Welchen Vorteil hat es, wenn Vorschub und Messerwelle der Dickenhobelmaschine von zwei Motoren angetrieben werden?
15. Nennen Sie die Vor- und Nachteile der kombinierten Abricht- und Dickenhobelmaschine im Vergleich zu den Einzelmaschinen.
16. Wie werden Wendemesser in die Messerwelle eingebaut?

5.2 Arbeitsmaschinen

Das Hobeln oder Glätten eines Werkstücks ist meist die letzte materialabtragende Bearbeitung im Fertigungsablauf. Sie hängt von der erreichbaren Oberflächengüte und der evtl. folgenden Oberflächenveredlung ab (z. B. Lackieren oder Beschichten mit Folien). Deshalb kommt ihr besondere Bedeutung zu. Wir kennen bereits die Handhobel. Dazu kommen folgende Hobelmaschinen:

Ortsfeste Hobelmaschinen
– Abrichthobelmaschine (Abrichte)
– Dickenhobelmaschine (Dickte)
– Kombinierte Abricht- und Dickenhobelmaschine
– Mehrseitenhobelmaschine (Kehlautomat)

Handmaschinen
– Handhobelmaschine

Oberflächengüte. Je feiner die Messerschläge, desto kleiner sind die Hobelmulden und desto glatter wird die Oberfläche. Die Messerschläge werden bestimmt von der Vorschubgeschwindigkeit der Drehzahl, der Messerzahl und -einstellung (s. Abschn. **5.**2.2).

5.2.5.1 Abrichthobelmaschine

Sie wird eingesetzt, um sägeraue, nicht rechtwinklig zueinander stehende Kanten und Flächen zu hobeln, abzurichten und zu fügen. Vorzugsweise werden Bohlen, Bretter und Kanthölzer bearbeitet.

Aufbau und Arbeitsweise (**5.**51). Die Abrichte besteht aus dem gusseisernen *Ständer*, der die Laufruhe gewährleistet. Zugleich trägt er die schwere Zwei- oder Viermesserwelle, die zwischen den beiden Abrichttischen liegt. Der *Aufnahmetisch* (Aufgabetisch, Vordertisch) ist etwas länger als der *Abnahmetisch* (Hintertisch) hinter der Messerwelle. Beide Tische lassen sich mit einer Schnellverstellung über eine Keilführung horizontal und vertikal verstellen. Dabei bestimmt der Aufnahmetisch die Spanabnahme, während die Oberfläche des Abnahmetisches genau auf der Höhe des Messerflugkreises liegt – sonst ergibt es keine ebene Fläche. Deshalb vor dem Einschalten der Maschine mittels einer geraden Leiste prüfen, ob Messerflugkreis und Abnahmetisch in einer Linie sind. Der Abnahmetisch ist teilweise in seiner Längsrichtung (zur Horizontalen) zu neigen, so dass Hohl- oder Spitzfugen entstehen (**5.**52). Das *Anschlagslineal* bildet einen verstellbaren Winkel, der auf den Tischen oder mit einer eigenen Führung befestigt ist.

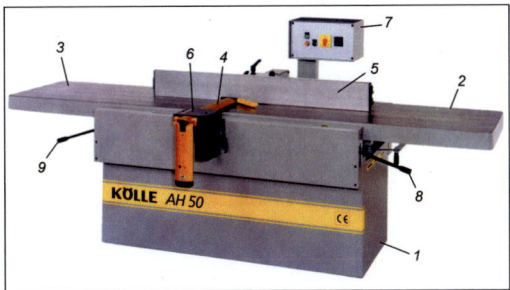

Bild 5.51 Abrichthobelmaschine
 1 Ständer
 2 Aufnahmetisch
 3 Abnahmetisch
 4 Messerwelle
 5 Fügeanschlag (Anschlagslineal)
 6 Messerwellenverdeckung vor dem Anschlag
 7 Bedienelemente
 8 Höhenverstellung Aufnahmetisch
 9 Höhenverstellung Abnahmetisch

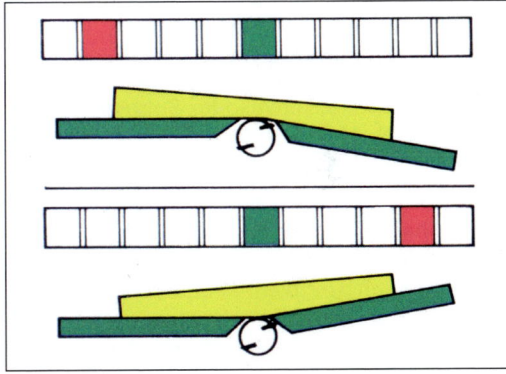

Bild 5.52 Elektrische Hohl-Spitzfugenanzeige

Den Abschluss der Tische zur Messerwelle bilden die Tischlippen. Sie können zur Lärmdämmung gezahnt oder gelocht sein und sind möglichst dicht an den Messerflugkreis heranzuführen (max. Abstand 5 mm). Die runde Sicherheitsmesserwelle gibt es mit parallel zur Achse oder für geräuscharmen Betrieb mit spiralig über den Wellenumfang eingesetzten und mit Wendemessern (Tersa-Welle), für rasches

Auswechseln (**5**.53). Angetrieben wird sie indirekt mit Keilriemen von einem im Ständer eingebauten Drehstrommotor (bis zu 5.000 U/min). Das Werkstück wird beim Abrichten im Gegenlauf über die Messerwelle vorgeschoben. Einige Maschinen haben am äußeren Ende des Tisches einen Absatz, so dass mit der Stirnseite der Messerwelle Fälze beschränkter Falztiefe gehobelt werden können.

Beim Einsetzen der Messer achten Sie darauf, dass alle Schneiden auf einem Flugkreis liegen. Dies erreichen Sie mit einer Einstelllehre (**5**.55a) und gleichmäßigem Anziehen der Schrauben von der Mitte nach außen. Andere Systeme arbeiten hydraulisch. Wendemesser werden lediglich seitlich in die vorgesehenen Nutprofile eingeschoben und spannen sich dann durch Fliehkraftwirkung der Keilleiste beim Einschalten selbst fest (**5**.55b).

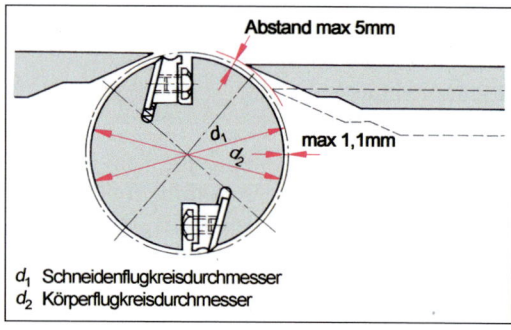

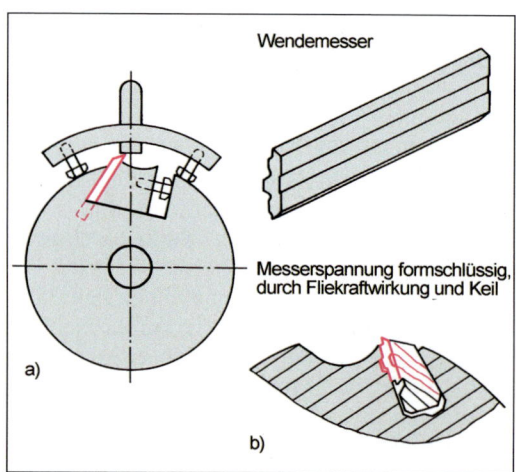

Bild 5.54 Abmessungen der Messerwelle

Bild 5.53 Messerwellen für Abricht- und Dickenhobelmaschine
a) Messerwelle für Streifenhobelmesser
b) Messerwelle für Spiralmesser
c) Messerwelle für Wendemesser (Tersa-Welle) – Centro-Fix-Welle

Die Hobelmesser richten sich in den Abmessungen nach der Messerwelle. In der Regel arbeitet man mit *Streifenhobelmessern*. Die zwei oder vier Streifenmesser setzt man in eine Vertiefung der Längsnut ein, wo sie von einer keilförmigen Druckleiste festgehalten und durch Druckfedern nach oben gedrückt werden. Die angeschliffenen Messerschneiden dürfen nicht über die verlängerte Oberkante des Abnahmetisches hinaus stehen, sondern sollten in einer horizontalen Linie liegen. Die Druckleiste muss den auftretenden Fliehkräften widerstehen. Außerdem bricht sie den Span und wird darum so eingesetzt, dass die Messerschneide nur um 1,1 mm übersteht (**5**.54).

Bild 5.55 a) Einsetzen von Streifenhobelmessern mit der Einstelllehre
b) Messerspannung durch Fliehkraftwirkung

5.2 Arbeitsmaschinen

Wartung und Pflege. Hobelmesser müssen regelmäßig geschärft und abgezogen werden. Zum Schärfen verwenden wir Hobelmesser-Schärfmaschinen mit Nassschliff (keine Ausglühgefahr). Dabei führen wir das aufgespannte Messer mechanisch an der Schleifscheibe vorbei. Geschliffen wird mit Topfscheiben gerade oder hohl. Zum Abziehen führen wir den Ölstein von Hand (ähnlich wie beim Handhobeleisen) am Messer entlang. Wegen der Rostgefahr werden die Messer sorgsam in Ölpapier eingewickelt und vor Beschädigungen geschützt aufbewahrt. Die Streifenhobelmesser sollen immer paarweise aufbewahrt werden. Die zu einem Satz gehörenden Hobelmesser müssen in Breite und Gewicht gleich sein, um Unwucht zu vermeiden.

Beim Abrichten breiter Werkstücke stellen wir zunächst die Maschinentische auf die vorgesehene Spanabnahme ein. Dann legen wir das Werkstück mit der hohlen Seite auf. Bei unebenen Werkstückflächen beginnen wir stets mit geringer Spanabnahme. Die Messerwelle wird, entsprechend den Werkstückabmessungen, vor und hinter dem Anschlag verdeckt. Beim Vorschub drücken wir in Tischrichtung.

Beim Abrichten von kurzen < 40 cm Werkstücken werden die Maschinentische ebenfalls auf geringe Spanabnahme eingestellt.

Bild 5.56 Messerwellenverdeckungen: Schutzbrücke, Gliederschutz mit Fügeleiste

> **Unfallverhütung**
> – Messerüberstand bei Rundmesserwellen radial höchstens 1,1 mm über dem Körperflugkreis der Welle.
> – Gleich schwere, mindestens 15 mm breite Messer verwenden.
> – Abstand zwischen Tischlippen und Messerwellenflugkreis so gering wie möglich einstellen (max. 5 mm).
> – Messerwellenverdeckung z. B. als Klappenschutz hinter dem Anschlag und als Schutzbrücke vor dem Anschlag (**5.**56).
> – Zum Anfügen schmaler Werkstücke Fügeanschlag verwenden.
> – Werkstücke nicht über die freie Messerwelle führen.

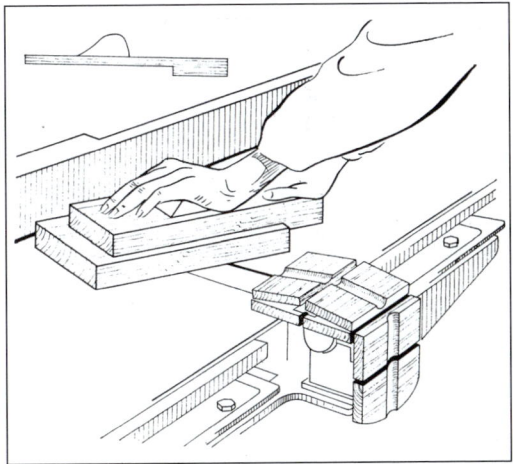

Bild 5.57 Arbeiten der Abrichte (Zuführlade für kleine Werkstücke)

Die Werkstücke sind mithilfe einer Zuführlade der Messerwelle zu zuführen. Die Zuführlade wird mit beiden Händen geführt (**5.**57).

Arbeitsregeln

- Vorgeschriebene Schutzvorrichtungen kontrollieren.
- Tische möglichst nahe zusammenschieben, Spanabnahme einstellen, Hohl- und Spitzfugeneinstellung prüfen.
- Den nicht benutzten Teil der Messerwelle abdecken (Gliederschutz, Schwenkschutz, Schutzbrücke).
- Anschlagswinkel prüfen.
- Beim Abrichten mit Händen wird das Werkstück mit beiden Händen und geschlossener Handhaltung so geführt, dass hauptsächlich Druck auf den Abnahmetisch ausgeübt wird.
- Die Befestigungsschrauben der Hobelmesser nur mit den zugehörigen Schlüsseln festziehen, keine Schlüsselverlängerung verwenden!
- Auflageflächen der Messer und Tragkörper vor dem Einspannen säubern. Schrauben von der Mitte aus anziehen.
- Bei kurzen Werkstücken < 400 mm Zuführlade verwenden und unter einem Winkel von 20° der Messerwelle zuführen.

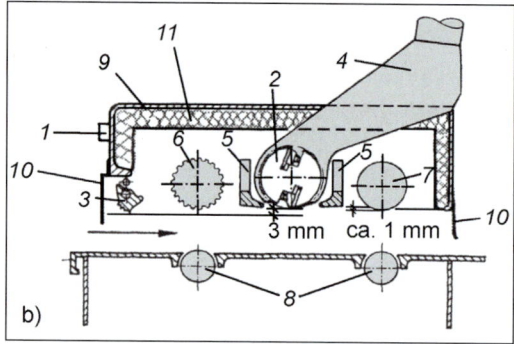

Bild 5.58 Dickenhobelmaschine (a) und Schnitt (b)
 1 Stellteile (EIN-AUS, NOT-AUS)
 2. Messerwelle
 3. Greiferrückschlagsicherung gegen Durchpendeln gesichert
 4. Absaugung (der Anschlusstrichter zum Absaugrohr verhindert den Zugriff zur Messerwelle)
 5. Druckbalken
 6. Einzugswalze
 7. Auszugswalze
 8. Tischwalzen/Gleitwalzen
 9. Schutzhaube
 10. Auswurf – Lärmschutz
 11. Dämmung

5.2.5.2 Dickenhobelmaschine

Auf das Abrichten folgt in der Regel das „Auf-Dicke-oder-Stärke-Hobeln" an der Dickenhobelmaschine. Dabei dient die schon abgerichtete Fläche als Auflage. Im Gegensatz zur Abrichte werden die Werkstücke hier *unter* der Messerwelle durchgeschoben. Bearbeitung wie bei der Abrichte im Gegenlauf, Vorschub mechanisch mit einer Einzugs- und Auszugswalze. Die Spanabnahme stellt man über eine Tischflächenverstellung mit dem Handrad oder maschinell ein.

Aufbau und Arbeitsweise (5.58). Die Dickenhobelmaschine besteht aus einem stabilen *Gussständer,* damit sie erschütterungsfrei läuft. Im Ständer sind die Rundmesserwelle sowie die Einzugs- und Auszugswalzen gelagert. Der Arbeits- oder *Auflagetisch* ist in der Höhe verstellbar. Er bestimmt die Spanabnahme und ist auf einen bis vier Tragspindeln kippsicher gelagert.

Nachdem die Holzdicke eingestellt ist, wird das Werkstück auf den Arbeitstisch gelegt und vorgeschoben. Die *Rückschlagsicherung* verhindert mit ihrer Sperrstange, dass die Messerwelle ungleich dicke Werkstücke zurückschleudert. Anschließend wird das Werkstück von der oben sitzenden, gefederten und geriffelten *Einzugswalze* (Gliederdruckwalze) erfasst. Gleichzeitig läuft unten die Gleitwalze mit und vermindert so die Reibung. Die Gliederdruckwalze und die untere Gleitwalze gewährleisten, dass unterschiedlich dicke und breite Werkstücke gleichmäßig erfasst werden. Von hier ab transportiert die Maschine das Werkstück. Kurz vor der Messerwelle drückt der vordere *Druckbalken,* hinter der Messerwelle dagegen der hintere Druckbalken das Werkstück durch Federkraft fest auf die Tischfläche, damit die eingestellte Holzdicke erzielt wird. Die meisten Maschinen sind mit Gliederdruckbalken ausgestattet und drücken auch ungleiche Werkstücke gleichmäßig an. Die Messerwelle ist wie bei der Abrichte mit zwei oder vier Streifenhobelmessern bestückt. Über ihr sitzt die Späneauswurfhaube welche an eine Absaugung für die zentrale Späneabsauganlage montiert ist. Das gehobelte Werkstück wird mit der obenliegenden glatten Auszugswalze weitertransportiert, wobei die zweite Gleitwalze mitläuft.

Angetrieben wird die Messerwelle indirekt über Keilriemen. Die Vorschubgeschwindigkeiten liegen gestuft zwischen 8 und 16 m/min. Es gibt auch Maschinen mit Messerwellenantrieb und Vorschub durch *einen* Motor (über verschiedene, miteinander gekoppelte Riemenscheiben). Wird die Messerwelle durch zu viel Spanabnahme überlastet, geht ihre Geschwindigkeit zurück, die Vorschubwalzen laufen mit verminderter Geschwindigkeit weiter. Deshalb muss eine Transportausrückung eingebaut sein.

Für **Wartung und Pflege** der Messerwelle und Messer gelten dieselben Regeln wie bei der Abrichte.

Unfallverhütung
- Die Greiferschneiden müssen in Ruhestellung mindestens bis 3 mm unterhalb des Schneidenflugkreises liegen. Der auf dem Werkstück aufliegende Greiferteil muss scharfkantig sein.
- Die Greiferrückschlagsicherung darf nicht durchpendeln, muss also nach jedem Anheben selbsttätig zurückfallen. Gliederbreite 8 bis 15 mm bei mehr als 250 mm Einschubbreite.
- Die Späneauswurföffnung muss so gestaltet sein, dass ein Hineingreifen in den Messerflugkreis ausgeschlossen ist.

Beim Hobeln schmaler Werkstücke stellt man die Tischhöhe auf die Werkstückdicke ein und wählt die richtige Vorschubgeschwindigkeit. Bei starren Einzugswalzen und Druckbalken sollen jeweils nur zwei Werkstücke gleichzeitig bearbeitet werden (Werkstücke an den Außenseiten der Einschuböffnung wie im Bild 5.59a zuführen). Bei Maschinen mit Gliedereinzugswalzen und -druckbalken können wir dagegen mehrere schmale Werkstücke gleichzeitig bearbeiten.

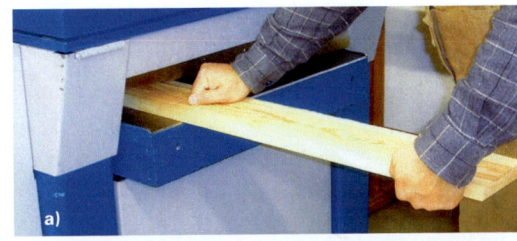

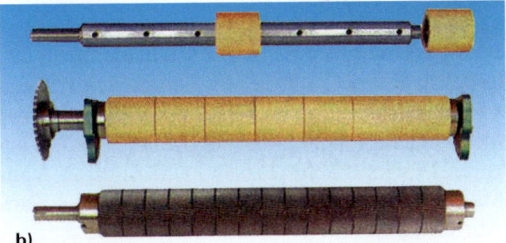

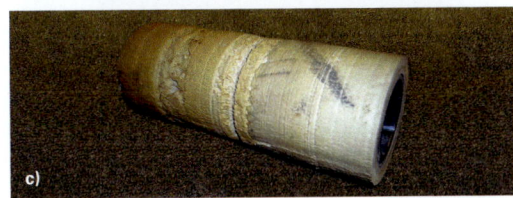

Bild 5.59 a) Zuführung der Werkstücke
b) Ein- und Auszugswalzen
c) verschlissene Ein- und Auszugswalzen

Sollen kurze Werkstücke ausgehobelt werden, was man vermeiden sollte, wird das Werkstück zuerst ausgehobelt und anschließend in kurze Werkstücke aufgetrennt. Beim Auflegen und Zuführen der Werkstücke nie dahinter, sondern stets daneben stehen.

Die Ein- und Auszugswalzen (**5.59**b) sind zu warten und zu pflegen. Verschlissene Walzen (**5.59**c) müssen rechtzeitig ausgewechselt werden.

Arbeitsregeln

- Rückschlagsicherung kontrollieren.
- Ungleich dicke Werkstücke nicht zu dicht nebeneinander in die Maschine schieben.
- Immer seitlich von den Werkstücken stehend einschieben.
- Klemmt ein Werkstück, zuerst den Vorschub abstellen, dann die Maschine ausschalten.
- Auslaufzeit der Hobelwelle auf max. 10 Sekunden begrenzen.
- Rückschlag und Holzauswurf beachten.
- Nicht in die laufende Maschine einsehen.

Arbeitsregeln und Unfallverhütung

- Während des Laufens nicht umrüsten. Schutzhaube nicht bei laufender Messerwelle einsetzen oder entfernen.
- Die klappbaren Tische gegen Zurückfallen sichern.
- Vor dem Dickehobeln prüfen, ob die Abrichttische arretiert sind. Messerwelle mit Schutzhaube abdecken.
- Beim Abrichten Messerwellenabdeckung auflegen.

5.2.5.3 Andere Hobelmaschinen

Die kombinierte Abricht- und Dickenhobelmaschine eignet sich besonders für kleinere Schreinereien. Ihr Aufbau gleicht der Dickenhobelmaschine: schwerer Gussständer, verstellbarer Arbeitstisch unter der Messerwelle, mechanischer Vorschub (**5.**60). Die etwas kürzeren Abrichttische lassen sich seitlich vom Ständer hochklappen und schwenken. Zum Abrichten nehmen wir die aufgesetzte Späneschutzhaube ab, klappen den Abnahmetisch und dann den Aufnahmetisch ab, weil darauf das Anschlagslineal befestigt ist. Die Tische werden arretiert (festgestellt) und lassen sich nun wie Abrichttische verstellen.

Die Mehrseitenhobelmaschine (Kehlautomat) ist eine weiterentwickelte Dickenhobelmaschine. Sie stellt in einem Durchlauf vier rechtwinklig zueinander stehende gehobelte Flächen her. Dazu dienen zwei hintereinander arbeitende horizontale Messerwellen (Abricht- und Dickenhobelwelle) und zwei parallel arbeitende (senkrechte) Spindeln. Auf die Spindeln können Profilfräser (z. B. Nut- und Federfräser) aufgesetzt werden. So lassen sich in einem Durchlauf Fensterprofile oder Paneele herstellen. Die Kehlautomaten haben bis zu 4 Horizontalwellen und 4 Spindeln. Sie werden bevorzugt in der Parkettindustrie und in Hobelwerken zur Fertigung von Profilriemen eingesetzt. Hierzu gehören auch die *Profilfräsautomaten* für profilierte Leisten (Sockelleisten) und Stäbe (**5.**61).

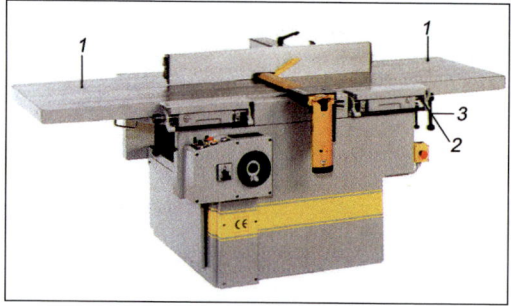

Bild 5.60 Kombinierte Abricht- und Dickenhobelmaschine
   1 Abrichttische
   2 Klemmhebel für Abrichttische
   3 Arretierung der Abrichttische

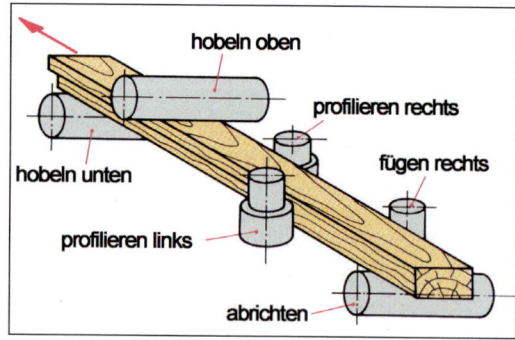

Bild 5.61 Prinzip Kehlautomat

5.2 Arbeitsmaschinen

Die Handhobelmaschine nutzt man für Handarbeiten, bei denen der Handhobel zu viel Zeit erfordert (**5.**62a). Viel verwendet wird sie auf der Baustelle, z. B. zum Abhobeln von Türkanten und Deckenbalken sowie zum Fälzen. Mit einer Hilfsvorrichtung lässt sie sich in eine stationäre Hobelmaschine umbauen (**5.**62b). Die Hobelbreite beträgt je nach Fabrikat 75 bis 250 mm. Ausgerüstet sind die Handhobelmaschinen mit verstellbaren Füge- und Falzanschlägen.

 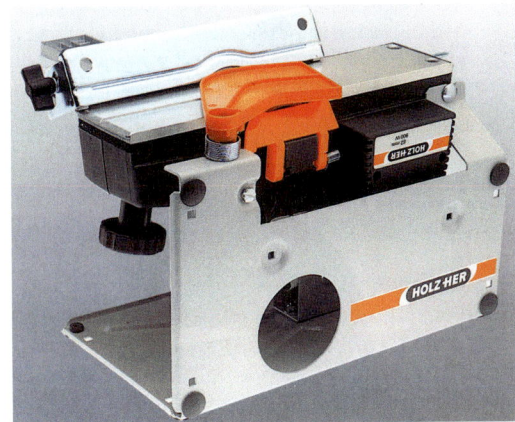

Bild 5.62 a) Handhobelmaschine   b) in stationärer Einrichtung

5.2.6 Fräsmaschinen

Arbeitsauftrag Nr. 34 Lernfeld TI 2, 4, 12; HM 2, 4; FKU 5, 6

- Heute haben Sie die Aufgabe eine „*Kartenabfrage*" zum Thema „Fräsmaschinen und Unfallverhütung" durchzuführen.

  Notieren Sie auf einer Karte jeweils zwei eigenständig formulierte Fragen.

  Fragen zum Thema Fräsmaschinen sollten z. B. auf blaue Karteikarten, Fragen zum Thema Unfallverhütung auf rote Karteikarten geschrieben werden. Schreiben Sie gut lesbar in Normschrift und ansprechender Größe.

  Die Karten werden gemischt und willkürlich an die Klasse verteilt.

  Die einzelnen Schüler befestigen nun die Fragenkarten an der Tafel/Pinnwand.

  Gemeinsam wird im Anschluss die Zuordnung und Richtigkeit der Fragen unter folgenden Aspekten diskutiert:
  - Welche Fragen wiederholen sich?
  - Sind die Fragen sinnvoll gestellt?
  - Sind die Fragen lösbar?

  Nach Bereinigung des Fragenfeldes werden die übrigen Fragen an Dreiergruppen verteilt, von diesen erarbeitet und der Klasse vorgestellt.
- Benutzen Sie die Unterlagen des TSM-Kurses Ihrer Holzberufsgenossenschaft.
- Die folgenden Fragen können Ihren Fragenkatalog ergänzen.
  1. Welche Vorschubarten unterscheidet die Holz-Berufsgenossenschaft?
  2. Nennen Sie die Bedingungen und Merkmale der Vorschubarten.
  3. Wie erreichen Sie bei der Tischfräsmaschine höhere Spindeldrehzahlen?

4. Welche Bauarten von Fräswerkzeugen gibt es?
5. Welcher Teil der Tischfräse nimmt das Fräswerkzeug auf?
6. Für welche Arbeiten an der Tischfräse muss ein Oberlager eingesetzt werden?
7. Warum müssen Sie bei kleinen Fräswerkzeug-Durchmessern mit hohen Drehzahlen arbeiten?
8. Was bedeuten kraft- und formschlüssige Verbindung in der Messerbefestigung?
9. Welche Sicherheitsvorkehrungen treffen Sie vor dem Rüsten (Werkzeugwechsel)?
10. Welche Schnittgeschwindigkeit dürfen Sie bei älteren Werkzeugen ohne eingeprägte Angaben einstellen?
11. Sie sollen mit der Tischfräse einen Falz fräsen. Wie stellen Sie die Falztiefe und -höhe ein?
12. Welche Regeln zum Unfallschutz sind beim Einsetzfräsen zu beachten?
13. Wozu dient der Kopierstift der Oberfräsmaschine?
14. Welche Arbeiten können Sie mit der Handoberfräse ausführen?
15. Welche mehrspindeligen Fräsmaschinen setzt man vor allem in der Serienfertigung ein?
16. Wie erzeugt man bei Oberfräsmaschinen die hohen Drehfrequenzen von 12.000 oder 18.000 U/min?
17. Schildern Sie die Vorgehensweise (Reihenfolge beachten) beim Herstellen eines Schlosskastenloches mit der Kettenfräsmaschine.

Fräsmaschinen bearbeiten den Werkstoff mit mehrschneidigen Werkzeugen (Fräser) in einer kreisförmigen Schnittbewegung. Sie sind die vielseitigsten Holzbearbeitungsmaschinen. Mit ihnen werden Holzverbindungen, Nuten, Fälze und Profile gefräst, mit Schablonen und Anlaufringen auch Einsätze. Wegen dieser Vielseitigkeit erfordert die Fräsmaschine unsere besondere Aufmerksamkeit.

Eingesetzt werden
– Tischfräsmaschine (Standardmaschine mit ein oder zwei Spindeln)
– Oberfräsmaschine
– Zinkenfräsmaschine (Keil- und Schwalbenschwanzzinken)
– Kettenfräsmaschine
– Mehrspindelige Fräsmaschinen (Zapfenschneid- und Schlitzmaschine, Kantenleimmaschine, Doppelendprofiler)
– Handfräsmaschinen (Ober-, Kitt- und Nutfräsmaschine)

Die Oberflächengüte beim Fräsen hängt wie beim Hobeln von Vorschubgeschwindigkeit, Drehzahl, Messerzahl und -einstellung ab.

5.2.6.1 Tischfräsmaschine

Aufbau (5.63). Der Ständer aus Stahl gewährleistet guten Stand und ruhigen Lauf. Er umschließt die Spindel und den Antrieb. Die *Tischplatte* aus Stahlguss ist rechteckig. In der Mitte hat sie eine runde Öffnung, aus der die Frässpindel herausragt. Je nach Werkzeugdurchmesser wird die Öffnung durch Einlegen von Ringen verkleinert oder durch Herausnahme vergrößert. Die *Frässpindel* (-welle) muss ausgewuchtet, sicher gelagert und für den Werkzeugwechsel mit einem Hebel arretierbar sein (5.64). Angetrieben wird die Maschine indirekt über Keilriemen durch einen polumschaltbaren Drehstrommotor (wahlweise

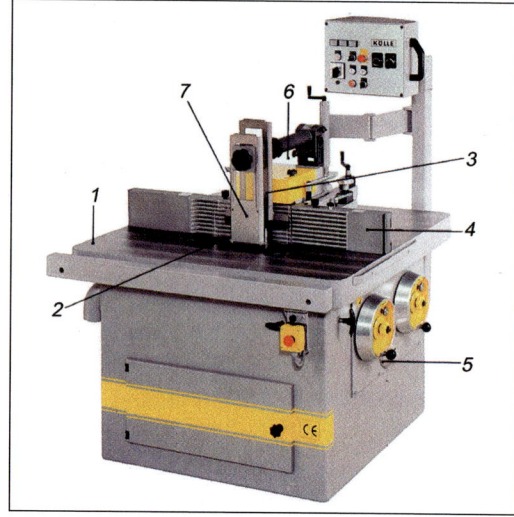

Bild 5.63 Tischfräsmaschine
1 Tisch
2 Tischöffnung mit Einlegringen
3 Fräsdorn mit Zwischenringen (auf Frässpindel)
4 Anschlagslineal
5 Spindelfeststellung
6 Hintere Werkzeugverdeckung
7 Vordere Werkzeugverdeckung (Handabweisbügel)

5.2 Arbeitsmaschinen

Rechts- oder Linkslauf), der über verschiedene Riemenscheiben-Durchmesser 3.000/6.000 bis 4.500/9.000 U/min liefert (**5.**66). Neue Maschinen haben eine Bremse zum Stillsetzen der Spindel („Notaus") und schwenkbare Frässpindeln. Durch die Schrägstellung der Spindel im Arbeitszustand erreicht man verschiedene Frästiefen und Profile bzw. Winkel. Wegen der verstellbaren Spindel müssen auch Antrieb und Absaugungsanschluss flexibel sein.

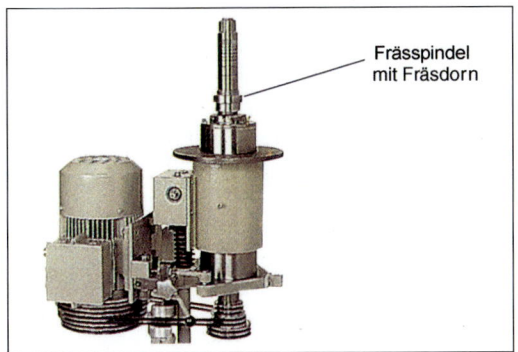

Bild 5.66 Fräsmotor mit Doppelriemenantrieb

Bild 5.64 Frässpindel mit Werkzeug und Absaugvorrichtung

Der *Fräsdorn* ist meist über eine konische Passung (Morsekegel) spielfrei in die Frässpindel eingesetzt und durch eine Überwurfmutter mit Differentialgewinde gesichert (**5.**65).

Das *Fräswerkzeug* wird mit Zwischenringen auf die gewünschte Höhe gebracht und mit einer Mutter am oberen Dornende fest angezogen.

Für sehr große Werkzeugdurchmesser oder wenn das Werkzeug weit über die Tischplatte hinausragt, muss ein Oberlager auf der Tischplatte montiert oder ein Dorn mit 40 mm Durchmesser verwendet werden. Bei einigen Bauarten ist die Frässpindel bis 45° nach vorn neigbar. Das *Anschlagslineal* aus zwei Hartholz- oder Kunststoffbacken lässt sich je nach Werkzeugdurchmesser in der Längsrichtung verstellen. In den Anschlagsbacken befinden sich durchgehende Bohrungen für die vordere Werkzeugverdeckung. Hinter dem Anschlagslineal sitzt die hintere Werkzeugverdeckung. Das Anschlagslineal können wir mit Griffschrauben auf die gewünschte Spanabnahme einstellen. Die Anschlagsbacken müssen so dicht wie möglich an das Werkzeug herangeführt werden. Für Formfräsarbeiten kann man das Anschlagslineal herunternehmen.

Einigen Maschinen kann man Schiebeschlitten oder Rolltische (z. B. für die Herstellung von Schlitz- und Zapfenverbindungen) aufsetzen.

Werkzeug. Die Vielseitigkeit der Fräsmaschine ergibt sich aus den verschiedenen Werkzeugen. Um uns einen Überblick zu verschaffen, betrachten wir zunächst nur die Fräserbauarten und unterscheiden

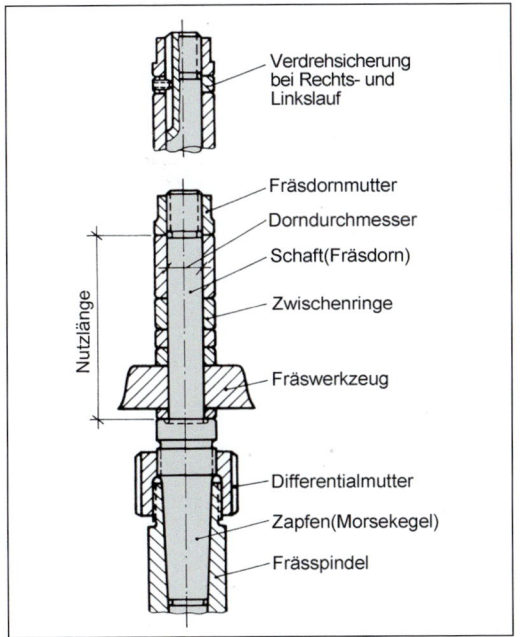

Bild 5.65 Frässpindel mit Dorn

- einteilige Werkzeuge,
- zusammengesetzte Werkzeuge,
- Verbundwerkzeuge,
- Werkzeugsätze.

Einteilige Werkzeuge (Massivwerkzeuge, 5.67a) bestehen durchgehend aus dem gleichen Werkstoff (z. B. aus durchgehärtetem Vollstahl SP, HLS oder HSS) und haben keine lösbaren Teile. Es gibt Falz- und Nutfräser, Grat- und Hobelfräser. Bei ihnen besteht keine Gefahr, dass Messer verrutschen oder durch die Fliehkräfte herausfliegen. Berücksichtigen müssen wir, dass der Fräskörper durch das Nachschärfen allmählich abgenutzt wird. Achten Sie deshalb auf Härte- und Schärfrisse.

Zusammengesetzte Werkzeuge bestehen aus einem Tragkörper und auswechselbaren Schneideteilen (Messer, Schneidplatten, 5.67b). Die Schneiden (HM-, HSS- oder Stellit- bestückt und massiv) sitzen form- und kraftschlüssig festgespannt im Schneidenträger.

Darstellung	Zeichnerische Darstellung	Symbolische Darstellung
HLS-massiv oder HSS  a)	Einteiliger Profilfräser für Kranzprofile 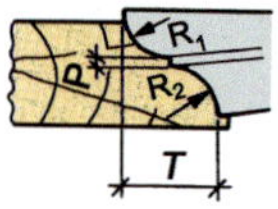	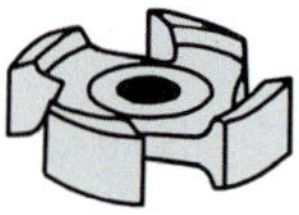
 HM-bestückt BG-Test 031-021 b)	Zusammengesetzte Fräser/Kehlscheibe für Kehlungen 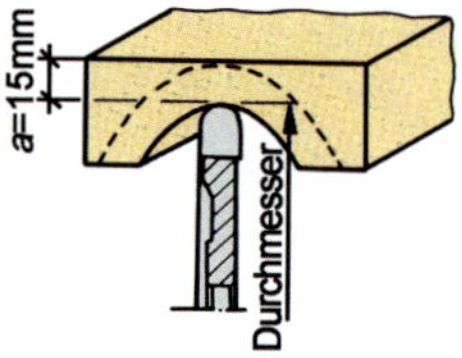	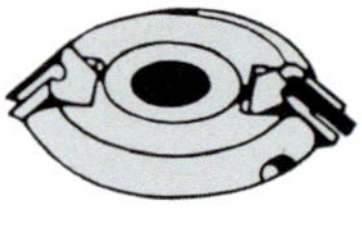
 HSS-bestückt BG-Test 031-089 c)	Verbundfräser für Keilzinkenverbindungen 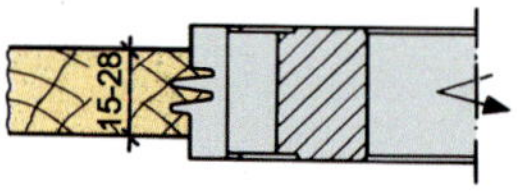	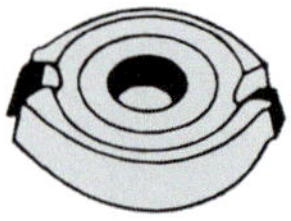
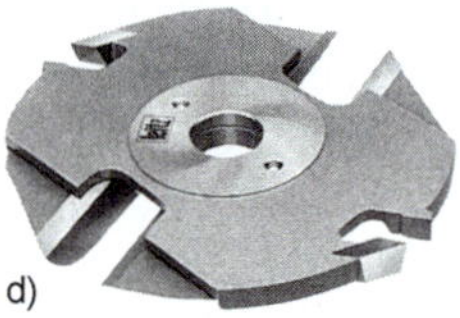 HSS-bestückt BG-Test 031-021 d)	Werkzeugsatz (2-teilig) für Abplattfräsungen 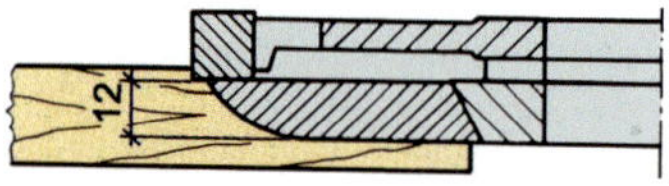	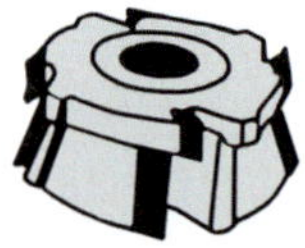

Bild 5.67 Fräserarten a) einteiliges Werkzeug, b) zusammengesetztes Werkzeug, c) Verbundwerkzeug, d) Werkzeugsatz

Das ist z. B. eine keilförmige Leiste mit Spannbacken, Bohrungen im Messer und entsprechenden Nocken in der Backennut. Der Schneidenträger ist lösbar mit dem Tragkörper verbunden. Vorteilhaft ist, dass der Tragkörper nur einmalig angeschafft werden muss; geschärft und damit auch verbraucht werden nur die Messer. Außerdem kann man in den Schneidenkörper verschiedene Profilmesser einsetzen (z. B. Wendemesser) und ihn dadurch vielseitig nutzen. Wichtig ist die sichere (formschlüssige) und genaue (Messerflugkreis) spandickenbegrenzte Befestigung der Schneiden.

Die Verwendung mehrseitig profilierter Messer ist verboten!

In der Praxis finden wir Werkzeuge zum Falzen, Nuten und Profilieren.

Verbundwerkzeuge (bestückte Werkzeuge, **5.**67c) bestehen aus einem Tragkörper und durch Löten unlösbar verbundenen Schneidkörpern. Die Tragkörper sind ungehärtet oder vergütet, die Schneidkörper aus HSS oder HM. Hierher gehören z. B. HM-bestückte Sägeblätter und Bohrer sowie Falzfräser. Ihr Nachteil ist, dass sie jeweils nur ein Profil fräsen.

Der Werkzeugsatz besteht aus mehreren gemeinsam aufgespannten Einzelwerkzeugen der genannten Arten (**5.**67d). Es können also einteilige, zusammengesetzte oder Verbundwerkzeuge sein. Man verwendet solche Sätze bei der Fensterprofil-Herstellung. Um die Rundlaufgenauigkeit der Fräser noch zu steigern, wurde ein *hydraulisches Spannsystem* entwickelt. Zwischen Fräswerkzeugbohrung und Frässpindel gibt es ein montagebedingtes Passungsspiel, das bei hohen Drehzahlen und großen Fräswerkzeugdurchmessern (Fliehkraft) evtl. noch verstärkt wird. Ein Spannelement aus nach innen und nach außen spannender Zentrierbuchse mit Zwischenraum für das Druckmittelfett dient als Aufnahme für die Fräswerkzeuge. Ist das Fräswerkzeug auf der Buchse fixiert, wird mittels einer Hochdruckfettpumpe ein Druck bis zu 450 bar im Zwischenraum erzeugt, dabei drückt die innere Hülse gegen die Frässpindel und die äußere Hülse gegen die Bohrung des Fräswerkzeuges.

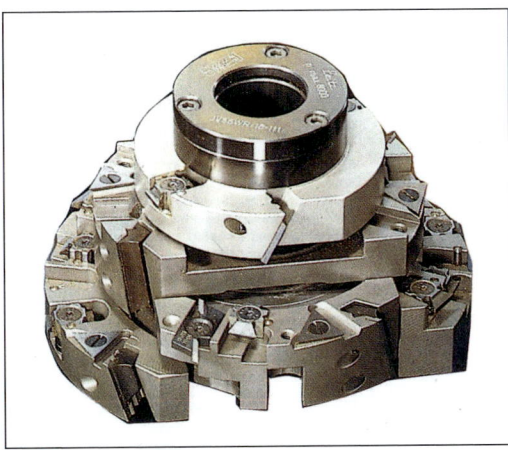

Bild 5.68 Hydraulisches Fräswerkzeugspannsystem

Das Schärfen des Werkzeuges erfolgt im hydraulisch gespannten Zustand auf einem Spezialschleifdorn (**5.**68).

Unfallgefahr! Das Arbeiten an Tischfräsmaschinen ist gefährlich. Ursachen sind die hohen Drehzahlen (Schnittgeschwindigkeit, Fliehkräfte), die Werkzeuge (Schneidenüberstand) und die dadurch verursachten hohen Rückschlagkräfte.

Beispiel

Arbeitet ein zusammengesetzter Fräser mit einem Flugkreisdurchmesser von 120 mm und einer Drehzahl von 9.000 1/min, erreicht er nach der Formel

$$v_c = \frac{d \cdot \pi \cdot n}{60} = \frac{0{,}12\,\text{m} \cdot 3{,}14 \cdot 9.000\,1/\text{min}}{60\,\text{s/min}} = 56{,}5\,\text{m/s}$$

Das entspricht einer Geschwindigkeit von 203,4 km/h! Löste sich bei dieser Geschwindigkeit ein Messer oder bräche ein Stück ab, flöge es wie ein Geschoss heraus.

Bei der Messerbefestigung unterscheidet man kraft- und formschlüssige Befestigung.

Bei der kraftschlüssigen Befestigung wird die Schneide nur durch Anpressdruck (Reibung) der Spannschraube am Tragkörper gehalten (**5.**69a).

Beispiel

Streifenmesser der Hobelmesserwelle

Bei der formschlüssigen Befestigung wird das Messer durch seine Form oder Anordnung gegen Verrutschen oder Herausfliegen gesichert (z. B. drückt ein Nocken beim Spannen in eine Bohrung des Messers, **5.**69b).

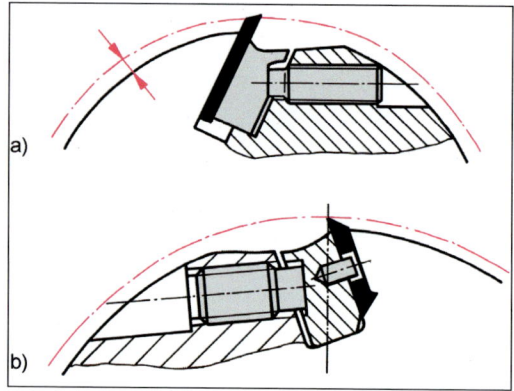

Bild 5.69 Messerbefestigung
  a) kraftschlüssige Befestigung,
  b) formschlüssige Befestigung

Zusammengesetzte, sich drehende Fräswerkzeuge müssen eine formschlüssige Messerbefestigung haben.

Die Vorschriften der Holzberufsgenossenschaft (UVV) legen aus Gründen der Arbeitssicherheit die Vorschubart und die darauf abgestimmte Bauform des Fräswerkzeuges fest (**5.**70). Man unterscheidet Werkzeuge für **Handvorschub** (BG-Test, EN-Norm: MAN) und für **mechanischen Vorschub** (Mech. Vorschub, EN-Norm: MEC).

Für Holzbearbeitungsmaschinen ist die Verwendung von Werkzeugen nach der Norm EN 847-1 verbindlich vorgeschrieben. Alle in Europa verkauften Werkzeuge müssen nach dieser Norm entwickelt und hergestellt werden.

Für den Handvorschub geeignete Werkzeuge erfüllen folgende Anforderungen:

rückschlagarm, Spandickenbegrenzung auf 1,1 mm, weitgehend kreisrunde Form, engbegrenzte Spanlücke.

Fräswerkzeuge müssen den Hersteller sowie den Drehzahlbereich angeben und außerdem mit der Vorschubart gekennzeichnet sein. Der angegebene Drehzahlbereich muss eingehalten werden. Ist bei älteren Werkzeugen nur die maximal zulässige Drehzahl angegeben, darf eine Schnittgeschwindigkeit von 40 m/s nicht unterschritten werden (erhöhte Rückschlaggefahr).

Tabelle 5.70 Vorschubarten bei Fräsmaschinen

	Handvorschub	mechanischer Vorschub
Zufuhr und Vorschub	nur von Hand (z. B. Fräsen am Anschlag mit Vorschubapparat, Fräsen mit Schiebeschlitten)	durch kraftbetriebene Spann- und Zuführvorrichtungen (z. B. Doppelendprofiler, Vierseitenhobelmaschine)
Bedingungen und Merkmale	Spandicke max. 1,1 mm, weitgehend kreisrunde Form, engbegrenzte Spanlückenweite, rückschlagarm	keine Begrenzung
Prüfzeichen	BG-Test, MAN oder HAND Handvorschub	dauerhafter Aufdruck „Mech. Vorschub" MEC

5.2 Arbeitsmaschinen

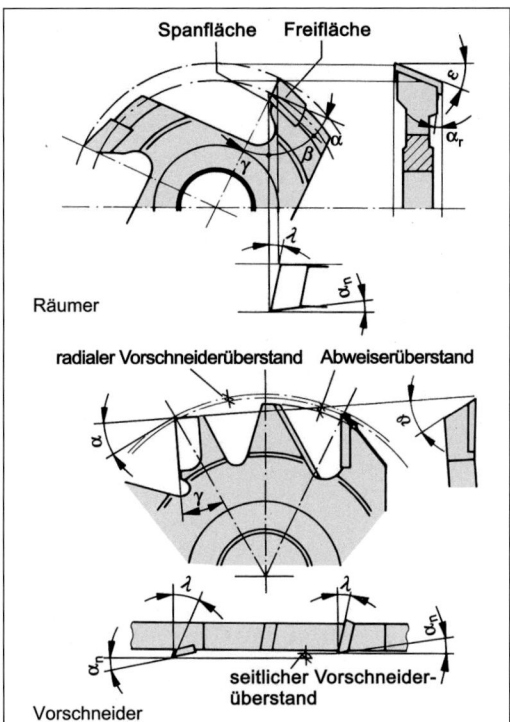

Winkel an Fräswerkzeugen

α = Freiwinkel: Winkel zwischen Tangente an den Flugkreisdurchmesser und Freifläche.
β = Keilwinkel: Winkel zwischen Spanfläche und Freifläche.
γ = Spanwinkel: Winkel zwischen Spanfläche und der Durchmesserlinie.
λ = Achswinkel: Brustschräge.
ε = Fasewinkel: am Holz gemessen.
α_n = Flankenwinkel: seitliche Freistellung der Schneide.
θ = Rückenschrägungswinkel: nur bei Vorschneidern.
α_r = Unterstechungswinkel: radiale Freistellung.

Tragkörper

Für Tragkörper (auch Grundkörper genannt) von Verbund- und zusammengesetzten Werkzeugen werden verwendet: Stahl, legiert und unlegiert, warmverformt, wärmebehandelt, Leichtmetall-Legierungen, geknetet, wärmebehandelt.

Schneidenwerkstoffe

SP = Spezialstahl, legierter Werkzeugstahl.
HL = Hochleistungsstahl, hochlegierter Werkzeugstahl.
HSS = Hochleistungsschnellstahl.
Stellit = vorteilhafte Anwendung bei Exoten- und Harthölzern.
HM = Hartmetall, nach unserer Wahl, bestgeeignet für den jeweiligen Verwendungszweck, insbesondere für Plattenwerkstoffe mit Beschichtung.
DIA = Polykristalliner Diamant.

Bild 5.71 Schneidengeometrie und Werkstoffe

Fräsdorne für Tischfräsmaschinen müssen mindestens 30 mm Durchmesser haben. Zwischenhülsen beim Aufspannen sich drehender Werkzeuge sind nur zulässig, wenn sie die gleiche Passung wie Werkzeuge und Werkzeugträger haben.

Wartung und Pflege. Die Werkzeuge sollten rechtzeitig gewechselt, regelmäßig gereinigt, geschärft und sorgfältig aufbewahrt werden. Fräser schärft man nur auf Werkzeugschleifmaschinen mit Teileinrichtung. Dabei dürfen keine Winkel verändert werden. Profilmesser sollten vor dem Anschärfen aufgezeichnet werden. Grundsätzlich sind die Vorschriften der Werkzeughersteller zu beachten.

Pflegegrundsätze
- Werkzeuge scharf halten
- Stumpfe Werkzeuge arbeiten schlecht und sind gefährlich.
- Schadhafte Werkzeuge (z. B. abgenutzte Schrauben, Risse) nicht mehr verwenden.
- Verharzte Werkzeuge säubern.
- Werkzeuge nur auf weichen Unterlagen (z. B. Holz) ablegen und sofort nach Gebrauch wieder an ihren Platz zurückbringen.

Zum Fräsen von Längsseiten mit Handvorschub verwenden wir ein für Handvorschub geeignetes spandickenbegrenztes Werkzeug. Für das Probefräsen nehmen wir ausreichend lange und breite Werkstücke und beginnen immer an der Werkstückvorderkante. Einsatzfräsen vermeiden wir oder verwenden eine den Werkstückabmessungen angepasste Rückschlagsicherung. Bei langen Werkstücken zusätzliche Tischverlängerung anbringen, um ein Abkippen des Werkstückes zu verhindern (**5.**73a). Nicht bei laufender Maschine den Anschlag verstellen!

Beim Einsetzfräsen kurzer Werkstücke arbeitet man mit Werkzeugen für Handvorschub (**5.**73c)! Nach dem Einstellen der Tischfräse stellt man die Spannlade nach den Abmessungen des Werkstücks ein. Tischverlängerungen mit Queranschlägen anbringen. Die Stahlstifte müssen in das Werkstück eindringen, damit es sicher in der Spannlade liegt. Die Lade wird an die linke Anschlaghälfte angelegt – beim Einschwenken ist auf die ständig feste Anlage des Einsteckbolzens zu achten. Beide Hände befinden sich rechts vom Fräsdorn.

Unfallverhütung
- Gefahrenbereiche kennen (**5.**72a).
- Richtiges und passendes Werkzeug wählen (Vorschubart und Werkstückmaterial beachten)!
- optimale Schnittgeschwindigkeit wählen (**5.**72b).
- Vor Aufspannen des Werkzeugs die Spindel arretieren, den Schneidezustand prüfen und die Tischöffnung durch Einlegeringe dem Werkzeugdurchmesser anpassen.
- Die Drehzahl der Spindel richtet sich nach dem Werkzeug und dem Arbeitsgang. Sie muss mit dem Herstellerzeichen dauerhaft angebracht sein und darf nicht überschritten werden.
- Schnitthöhe und -tiefe nur im Stillstand einstellen. Die Anschlagslineale möglichst dicht am Schneideflugkreis feststellen.
- Handabweisbügel entsprechend Werkstückhöhe anbringen, hintere Werkzeugverdeckung schließen, Probefräsung durchführen.
- Auslaufzeit der Spindel durch Bremseinrichtung auf 10 s begrenzen.
- Stets den Gehörschutz tragen.

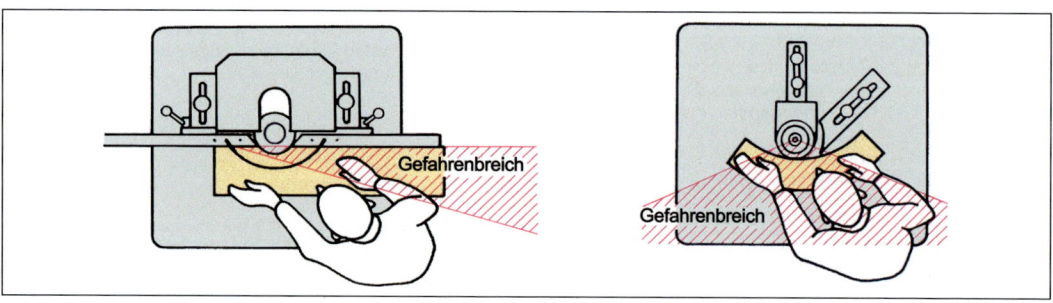

Bild 5.72a Gefahrenbereiche

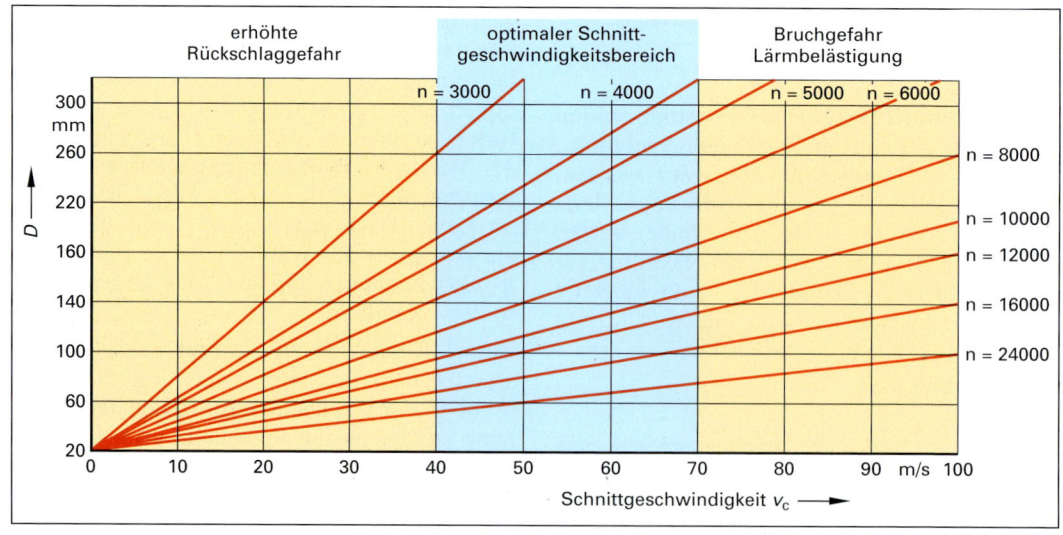

Bild 5.72b Diagramm zur Ermittlung der optimalen Schnittgeschwindigkeit

5.2 Arbeitsmaschinen

Das Bogenfräsen mit Schablone geschieht ebenfalls mit Werkzeugen für Handvorschub (**5.**73b). Der Anlaufring oder Bogenanschlag wird so über dem Werkzeug montiert, dass er die Schablone sicher führt. Die Werkzeugverdeckung muss den Schneidenflugkreis des Fräswerkzeuges im Arbeitsbereich um mindestens 15 mm überragen.

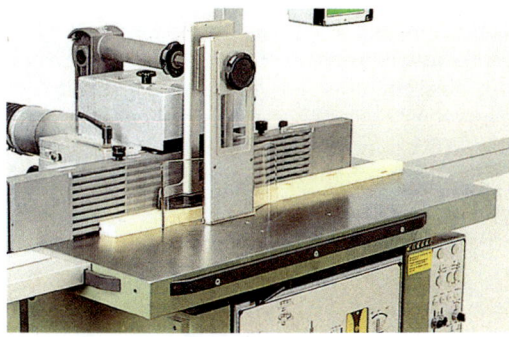

a)

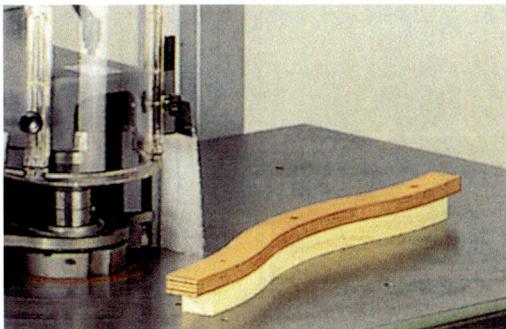

b)

c)

Bild 5.73 Arbeiten an der Tischfräsmaschine
    a) Fräsen von Längsseiten mit Handvorschub,
    b) Bogenfräsen mit Schablone
    c) Einsetzfräsen kurzer Werkstücke

Die verlängerte Schablone wird mit Stiften oder Spannern auf dem Werkstück befestigt, langsam am Anlaufring bis zum Beginn der Zerspanung vor- und dann gleichmäßig weitergeschoben. Bei Gegenholz setzen wir den Fräsvorgang durch Abdrehen fort. Beim Fräsen am Anlaufring ohne Schablone befestigen wir die Zuführleiste so, dass sie ein Mitdrehen des Auflaufrings verhindert. Die Zuführkante der Leiste muss gerade sein.

Arbeitsregeln
- Werkzeug prüfen und aufspannen.
- Schutzvorrichtungen prüfen und anwenden.
- Auflagetisch sauber halten.
- Anschlag nach dem Einstellen sicher befestigen.
- Beim Fräsen bogenförmiger Werkstücke das Werkzeug stets von oben verdecken.
- Arbeitsstellung und Handhaltung beachten.
- Auslaufzeit der Frässpindel auf 10 Sekunden begrenzen.

5.2.6.2 Andere Fräsmaschinen

Stationäre Oberfräsmaschinen

Sie werden zum Kopieren von Formen und zum Einlassen von Beschlagsteilen eingesetzt. Besonders eignen sie sich für die Fertigung von Massenartikeln aus Holz, Kunststoff, Plexiglas und ähnlichen Werkstoffen mit Einfräsungen, Bohrungen und Nuten. Meist kopiert man dabei nach untergelegter Negativschablone (**5.**76).

Der Aufbau ähnelt dem der Ständerbohrmaschine (**5.**74). Der Graugussständer dämpft die Erschütterungen, der Auflagetisch ist über ein Handrad höhenverstellbar. Die Frässpindel sitzt an einem Auslegerarm und ist bei einigen Fabrikaten bis 90° nach rechts und links schwenkbar. Bei anderen Maschinen lässt sich der Auflagetisch schwenken. Die Frässpindel bewegt sich durch einen Support (Vorschubeinrichtung) auf und ab. Der Vorschub geschieht durch das Werkstück. Den Direktantrieb der Frässpindel erzeugt ein Mittelfrequenzmotor (200 bis 300 Hz), der über einen eingebauten Frequenzumformer gespeist wird. Durch Umschalten der Frequenz, erreicht man wahlweise 12.000 und 18.000 U/min.

Bild 5.74 Stationäre Oberfräsmaschine

Es gibt Oberfräserwerkzeuge (Schaftwerkzeuge) für Rechts- und Linkslauf, Außen- und Innenfräsungen. Für Bohrungen werden Werkzeuge zum Einbohren, Innen- und Außenfräsen verwendet. Durch den Einsatz von Hartmetall-Wendeschneidplatten erhöht sich die Standzeit, die Schneidengeometrie und die Werkzeugdurchmesser bleiben erhalten. Der Werkzeuggrundkörper muss nur einmal beschafft werden (**5.**75).

Beim Kopieren trägt die Negativschablone auf der Oberseite das Werkstück und hat auf der Unterseite die Einfräsung für die gewünschte Form des Werkstücks (**5.**76). Wir schieben die Frässchablone am *Kopierstift* (der mit dem Werkzeug eine Achse bildet) so entlang, dass das Werkzeug das Werkstück genau in Form der Negativschablone bearbeitet. Der Kopierstift ist höhenverstellbar und für verschiedene Durchmesser auswechselbar.

Als Werkzeuge verwenden wir meist ein- und zweischneidige Fräswerkzeuge, die zentrisch oder exzentrisch ins Spannfutter eingesetzt werden. Es können auch andere Spannfutter aufgesetzt werden. Bei exzentrischen Fräsern können die Fräslochdurchmesser verändert werden.

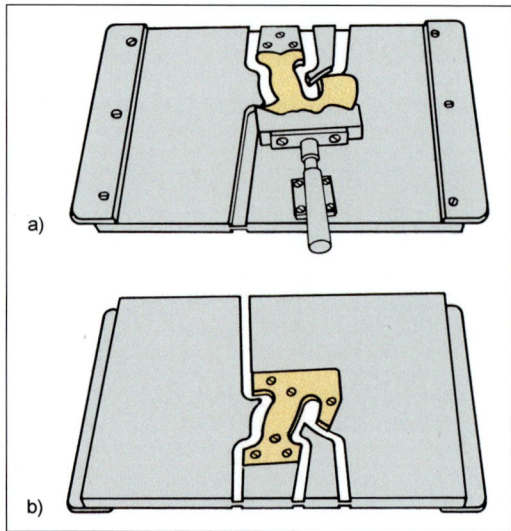

Bild 5.76 Oberfrässchablone
a) Oberseite mit dem Werkstück (hier Werkzeuggriff),
b) Unterseite mit Negativform

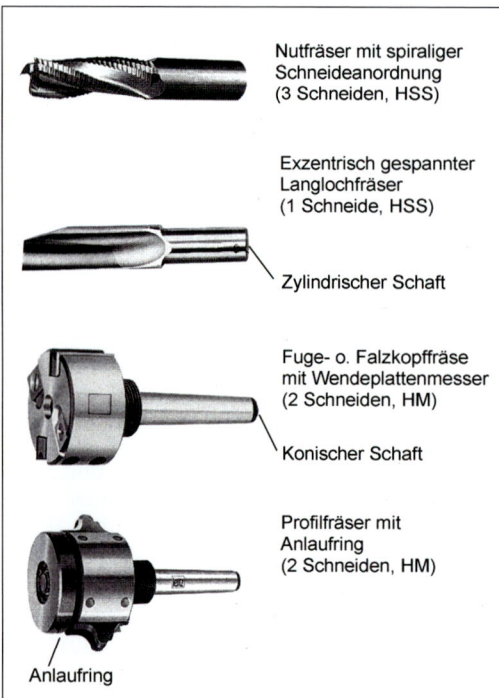

Bild 5.75 Fräswerkzeuge für Oberfräsmaschine

Unfallverhütung

– Werkzeugverdeckung anbringen und einstellen.
– Werkstück entweder über die Schablone am Kopierstift oder auf dem Tisch montierte Anschläge führen. Dabei stets außerhalb des Zerspanungsbereichs bleiben.
– Beim Werkstückvorschub Gleichlauffräsen vermeiden.

5.2 Arbeitsmaschinen

Die Zinkenfräsmaschine gibt es in verschiedenen Ausführungen (**5.**77)
- zur Herstellung von schwalbenschwanzförmigen Zinken als Eckverbindung für offene, halb- oder ganzverdeckte Zinken, Gratnuten und -leisten sowie Gehrungsfederverbindungen.
- zur Herstellung von Keilzinken für Längsholzverbindungen im Fenster- und Gestellbau.

Bild 5.77 Zinkenfräsmaschine

Die Kettenfräsmaschine (Kettenstemm-Maschine, **5.**78) dient zum Fräsen von Einfach- und Doppelschlitzen im Fensterbau sowie zum Ausfräsen von Schlosskasten und Riegeln bei Türen. Sie wird als Wand- oder Ständermaschine gebaut. Der Maschinenständer trägt im Oberteil den Führungsschlitten, der durch einen Handhebel nach unten bewegt wird. Im Oberteil sitzen der Antriebsmotor und das umlaufende Fräskettenwerkzeug. Durch Federzug wird der Führungsschlitten mit dem Werkzeug wieder nach oben bewegt. Unter der Fräskette befindet sich der nach rechts und links sowie nach vorn und hinten verstellbare Aufspanntisch.

Das Werkzeug ist eine umlaufende Sägezahnkette, die regelmäßig mit einem Spezialgerät nachgeschärft werden muss. Neuere Maschinen haben eine Kettenschmierung, die auch bei laufender Fräskette schmiert.

> **Unfallverhütung**
> - Vor Beginn Schutzstangen und Fräskettenspannung prüfen (**5.**79).
> - Prüfen, ob die Sicherung bei unbeabsichtigtem Einrücken anspricht.
> - Werkstück sicher einspannen.
> - Mit der rechten Hand den Frässchlitten absenken (Griff), mit der linken das Werkstück bewegen (Hebel).
> - Niemals beim Bearbeiten die Hände auf das Werkstück legen!

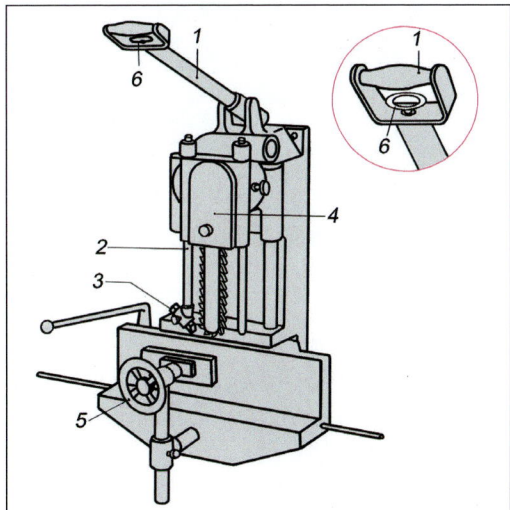

Bild 5.78 Kettenfräsmaschine
1. Bedienungshebel
2. bewegliche Schutzstangen zum Einstellen der Arbeitshöhe
3. Spanbrecher an der Schutzstange
4. Antriebsverkleidung
5. Spanneinrichtung
6. Sicherung gegen unbeabsichtigtes Ingangsetzen

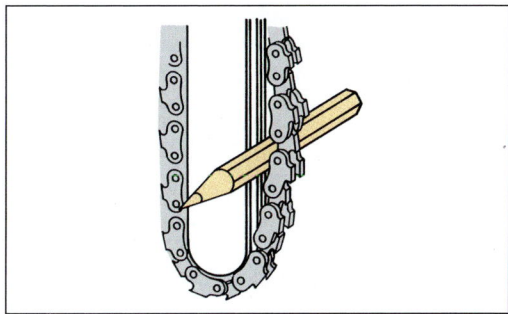

Bild 5.79 Prüfen der Kettenspannung

Profilfräsmaschinen haben mehrere Spindeln (**5.**80). Sie fräsen Rundstäbe (Dübelstangen), Viertelstäbe, Profilleisten, Sockelleisten, Führungsstäbe usw. in einem Arbeitsgang sauber fertig. Im Aufbau gleichen sie den Kehlautomaten, sind jedoch in den Abmessungen kleiner. Die Werkstücke werden mechanisch vorgeschoben, zuerst abgerichtet, dann links und rechts mit Fräsern im Gegenlauf profiliert und zum Schluss auf Dicke gehobelt.

Bild 5.80 Profilfräsmaschine

Doppelendprofiler sind eine Kombination von Kreissägen- und Fräsmaschinen. Überwiegend setzt man sie in der Serienfertigung ein. Auf automatisch laufenden Vorschubplattenbändern führen sie bei Geschwindigkeiten bis 30 m/min mehrere Arbeitsgänge (wie Ritzen, Ablängen, Fräsen und Nuten) beidseitig durch. Auf den über den Plattenbändern liegenden Querträgern lassen sich zusätzlich verschiebbare Bohraggregate anbringen.

Die Kantenleimmaschine arbeitet ebenfalls vollautomatisch. Sie kann Werkstücke in einem Durchlauf ein- oder beidseitig an den Kanten bearbeiten, Leim oder Kleber auftragen, die Kanten anpressen, bündig fräsen und schleifen. Durch Zusammenstellen von Doppelendprofiler und Kantenleimmaschine entstehen mehrstufige, verkettete Arbeitsabläufe (*Fertigungsstraßen,* 11.3), in denen bis zu 12 Arbeitsgänge beidseitig und vollautomatisch in einem Durchlauf ausgeführt werden können. Die Vorschubgeschwindigkeiten erreichen 40 m/min. Durch Anbringen von Säge- oder Bohraggregaten sind auch Bearbeitungen in der Fläche möglich. Solche Anlagen finden wir in der industriellen Möbelfertigung.

> **Unfallverhütung an mehrstufigen Bearbeitungsanlagen**
> – Sicherung von Quetsch-, Scher- und Einzugsstellen.
> – Schalter und Hebel nach den Vorschriften der Holz-Berufsgenossenschaft.

Handfräsmaschinen gibt es in mehreren Ausführungen für unterschiedliche Anwendungen.

Die Handoberfräse dient zum genauen freihändigen Profilieren von Flächen, zum Fräsen nach Schablone, zum Dübellochbohren und zum Einlassen von Beschlägen.

Die Umleimer- und Kantenfräse verwenden wir zum Bündigfräsen von Flächen- und Kantenüberständen aus Kunststoff oder Holz sowie zum Anfräsen von Profilen. Die Maschinen sind mit einem Abtaster ausgerüstet. Er lässt sich so einstellen, dass der Umleimer mit der Fläche eben gefräst wird (**5.**81).

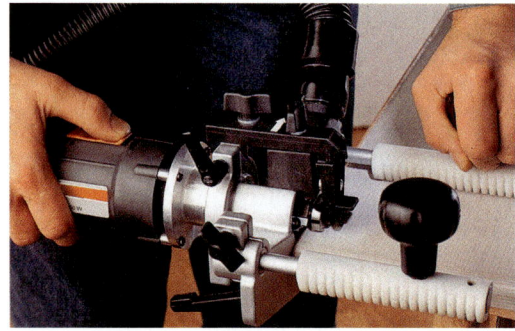

a)

b)

Bild 5.81 a) Arbeiten mit der Kantenfräse
  b) HM-Wendeplattenfräser für Kantenfräse

Die Kittfräse braucht der Glaser/Fensterbauer zum Ausfräsen von Kitt- und Glasresten, bevor er ein neues Glas einsetzt.

5.2 Arbeitsmaschinen

Die Handnutfräsmaschine mit Winkelanschlag ist einsetzbar für die Herstellung von Nut- und Federverbindungen bei stumpfen oder Gehrungsverbindungen von Korpusecken. Als Verbindungsmittel dienen Lamellofedern aus gepresstem Hartholz (Abschn. 7.1.3), wenn verleimt wird. Für demontable Verbindungen gibt es ein- und aushängbare Metallfedern.

Als Werkzeug dienen überwiegend hartmetallbestückte Fräswerkzeuge (**5.**81b).

Unfallverhütung an der Handfräsmaschine

- Vorrichtungen zur sicheren Maschinenführung benutzen.
- Werkstücke eben auflegen und gegen Verschieben sichern.
- Schablonen gegen Verschieben sichern.
- Maschinen erst nach Stillstand aus der Hand legen.
- Bei Werkzeugwechsel oder Störung Stecker ziehen.
- Mit beiden Händen arbeiten.

5.2.7 Bohrmaschinen

Arbeitsauftrag Nr. 35 Lernfeld TI 2, 4, 12; HM 2, 4; FKU 6

- Sie sollen sich einen Überblick über Maschinenbohrer verschaffen und präsentieren können.
  Nutzen Sie zur Lösung dieser Aufgabe die „*1, 2, 3*-Manager-Teamwriting-Methode".
  Bilden Sie Vierer- oder Sechsergruppen. Jeder Teilnehmer entwirft folgendes Formblatt.

Bohrer/Skizze	Name des Bohrers	Merkmal	Verwendung

Empfohlene Blattgröße DIN-A3-Hochformat.

Aus der Tabelle **5.**82 Maschinenbohrer wählt jeder Teilnehmer jeweils einen Bohrer, einen Namen, ein Merkmal oder die entsprechende Verwendung aus und vervollständigt das Formblatt. Nach kurzer Bearbeitungszeit (empfohlen 3–5 Min.) wird das jeweilige Formblatt in der Arbeitsgruppe weitergereicht und von dem nächsten Schüler in entsprechender Zeitspanne weiter bearbeitet.

Der Ablauf wiederholt sich bis zur Vollständigkeit des Formblattes.

- Nun erfolgt die Präsentation durch die Gruppen.

Bohrmaschinen brauchen Tischler, Holzmechaniker und Fachkräfte für Möbel-, Küchen- und Umzugsservice zum Bohren von Dübellöchern, zum Ausflicken von Ästen und zum Bohren von Beschlagslöchern. Den spanabhebenden Vorgang des Bohrens haben wir schon bei den Bohrwerkzeugen kennen gelernt. Je nach dem Verfahren wird der Bohrer gegen das Werkstück oder das Werkstück gegen den Bohrer geführt. Beim normalen Bohrer bewegt sich der Bohrer entlang seiner Längsachse gegen das Werkstück. Beim Langlochbohren bewegt er sich bis zur gewünschten Tiefe axial (entlang der Achse) gegen das Werkstück, dann quer zur Bohrtiefe, sodass ein *Langloch* entsteht. Alle Bewegungen können durch Anschläge genau fixiert werden.

Bohrwerkzeuge für Maschinenbohrungen teilen wir ein nach Einsatz (z. B. Dübelloch-, Astloch-, Senkbohrer), Form (z. B. Schlangen-, Spiral-, Forstnerbohrer) und Anzahl bzw. Anordnung ihrer Haupt- und Nebenschneiden (**5.**82).

Maschinenarten. Nach dem Verwendungszweck unterscheiden wir:

Handbohrmaschinen

Stationäre Bohrmaschinen
- Ständerbohrmaschine
- Astlochbohrmaschine
- Dübellochbohrmaschine
- Reihenlochbohrmaschine
- Kombinierte Bohrautomaten
- Langlochbohrmaschine

Gemeinsame Merkmale
- verstellbarer Auflagetisch (evtl. mit Werkstück-Spannvorrichtung)
- vertikal oder horizontal gelagerte Bohrspindel(n), evtl. verstellbar
- Antrieb direkt oder indirekt mit Riemen oder Kette

Tabelle 5.82 Maschinenbohrer

Bohrer	Merkmale	Verwendung
Spiral- oder Dübellochbohrer	gestreckter, zylindrischer HM-Schneidkopf mit 2 Haupt- und Nebenschneiden (radial bzw. am Umfang) a) Zentrierspitze, Spannut zum Abführen der Späne, Schaft mit Gewinde oder Zylinder; Antrieb über Zahnräder für bes. harte, anspruchsvolle Werkstoffe (Schichtpressstoffe) HM-Schneidköpfe oder 3 Haupt- und Nebenschneiden (b u. c)	in Dübelloch- und Reihenlochbohrmaschinen für alle Materialien; saubere, maßgenaue Bohrungen; mit Dachspitze für Metalle und Durchgangsbohrungen; durch Kombination mit verstellbarem Aufstecksenker werden die Dübellöcher zugleich angefast
Levin-Spiralbohrer (HSS)	1 Schneide, Führungsfacetten, großer Spanraum (HSS)	Massenfertigung hohe Standzeiten
Stufenbohrer (HSS), HM-bestückt)	Vorbohrer mit 2 Schneiden, 2 Vorschneidern und Zentrierspitze, Nachbohrer mit 2 Schneiden und 2 Vorschneidern mit abgesetzten zylindrischen oder Gewindeschaft (HSS/HM)	für abgestufte, maßgenaue Beschlagsbohrungen in der Serienfertigung
Forstnerbohrer	flacher, zylindrischer Schneidekopf, nach oben verjüngt, unten angeschliffen oder gezahnt; 2 Vorschneider für die höher sitzenden Spanabheber; kurze Zentrierspitze, daher genaues Ansetzen; Antrieb der Bohrer einzeln über eine Hohlwelle mit Rutschkupplung beim Bohren greifen zuerst die Hauptschneiden (Spanabheber) von der Mitte radial nach außen; nach $1/3$ Schnittbreite beginnen die Nebenschneiden zu arbeiten	vorwiegend in Astlochbohrmaschinen, für bes. saubere Löcher mit glatter Grundfläche (Ausflicken von Ästen), nicht für tiefere oder durchgehende Bohrungen
Kunstbohrer	weiterentwickelter Forstner-B, mit 2 schmalen Vorschneidern, daher schlecht von Hand zu führen; auch mit verstellbarem Messer	vorwiegend in Astlochbohrmaschinen
Zylinderkopfbohrer	flacher, zylindrischer Schneidekopf, nach oben verjüngt, unten angeschliffen; 3 Haupt- und Nebenschneiden, Hauptschneiden radial geneigt (arbeitet radial von innen nach außen), dadurch verkürzte Zentrierspitze; Schneiden und Zentrierspitze auswechselbar	für besonders harte Materialien (Schichtpressstoffe), für tiefere Bohrungen bei dicken Platten

Tabelle 5.82 Fortsetzung

Bohrer	Merkmale	Verwendung
Zylinderkopfbohrer mit Wendeschneideplatten Zentrierspitze Hauptschneide Nebenschneide (Vorschn.)	wie vorher, aber auswechselbare HM-Wendeplatten, Wendevorschneidern und Zentrierspitze; konstanter Schneiddurchmesser	für maßhaltige Beschlagbohrungen in Vollholz und Plattenwerkstoffen, unbeschichtet und beschichtet
Scheiben-(Zapfen-)schneider	1 oder 2 spiralförmige Räume schneiden am Umfang, Innen-Ø zwischen 10 und 50 mm in 5-mm-Stufung; Antrieb über Hohlwelle mit Rutschkupplung	für Scheiben oder Zapfen aus Querholz zum Einsetzen in die mit Forstner-B. vorbereiteten Astlöcher

Die Ständerbohrmaschine hat eine durch ein Handrad in der Höhe verstellbare vertikale Bohrspindel, die ein Bohrfutter zur Aufnahme der Bohrer trägt (**5.83**). Der in der Höhe verstellbare, drehbare Auflagetisch ist mit zwei Schwalbenschwanznuten versehen, um die Spannvorrichtungen aufzunehmen. Die Drehzahlen der Bohrspindel lassen sich dem Bohrdurchmesser in zwölf Drehzahlstufen anpassen. Für Bohrungen in Metall haben einige Fabrikate eine Kühleinrichtung. Ständerbohrmaschinen eignen sich besonders für genaue Einzelbohrungen, etwa für Beschläge (Fensterbau) in Holz, Kunststoff oder Metall. Kleine Werkstücke können wir in einen Maschinenschraubstock einspannen, der mit mindestens zwei Schrauben auf dem Maschinentisch befestigt ist.

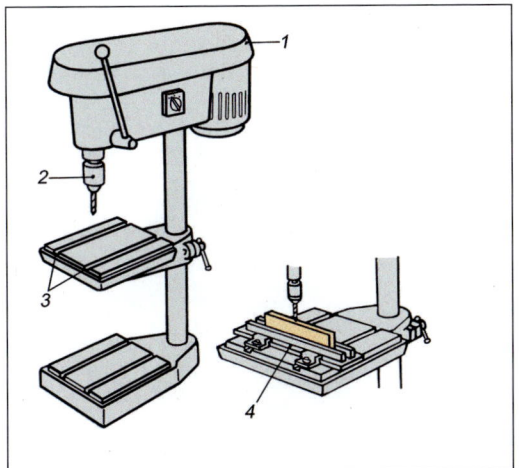

Bild 5.83 Ständerbohrmaschine
1 Antriebsverkleidung
2 Werkzeugspannvorrichtung (Bohrfutter)
3 Nuten im Arbeitstisch zum Befestigen der Werkstückspannvorrichtungen
4 Bohrschablone für schmale Werkstücke

Bild 5.84 Astlochbohrmaschine

Die Astlochbohrmaschine gibt es als Ständer- und Wandmaschine mit drei bis fünf Bohrspindeln, die einzeln oder zusammen angetrieben werden (**5.**84). Aus Sicherheitsgründen haben diese Maschinen oft eine automatische Kupplung, damit sich die Bohrspindeln erst in Bewegung setzen, wenn sie mit dem Handrad oder dem Hebel ans Werkstück herangeführt werden. Eine Druckfeder führt die Bohrspindel wieder nach oben, wenn der Hebel oder das Handrad losgelassen werden. Auf den mehrspindeligen Maschinen können wir gleichzeitig Bohrer unterschiedlicher Durchmesser einspannen und damit mehrere Arbeitsgänge (z. B. beim Anschlagen eines Topfbands) durchführen.

Astflickautomaten führen automatisch mehrere Arbeitsgänge aus: Astausbohren, Leimeinspritzen, Zapfendübel einpressen. Die Hubbewegung der Bohrspindeln geschieht pneumatisch.

Dübellochbohrmaschinen verwendet man zum Bohren von Korpussen, Rahmenverbindungen und Schubkästen sowie zum Einbohren von Schrankbeschlägen. Auf einem bzw. zwei schwenkbaren Bohrbalken sitzen mehrere Bohrspindeln für vertikale, schräge (Gehrung) und horizontale Bohrungen sowie Rasterbohrungen (32 mm). Die Bohrer werden sicher und genau mit einem Gewindeschaft befestigt. Nachdem das Werkstück pneumatisch gespannt ist, wird der Bohrbalken hydraulisch/pneumatisch vorgeschoben.

Die Reihenlochbohrmaschine dient speziell zum Bohren von Lochreihen in Schrankseiten und für Beschlagsbohrungen in Schranktüren. Der Auflagetisch hat Anschläge und kann nach beiden Seiten verlängert werden. So lassen sich auch lange Werkstücke durchlaufend bohren (**5.**85). Ein pneumatischer Niederhalter hält sie fest.

Kombinierte Bohr- und Montageautomaten arbeiten überwiegend in der Serienfertigung. Bei ihnen sind Gehrungssägen oder Nutfräsen mit verschiedenen Bohraggregaten gekoppelt, sodass Gehrungsschneiden und Rückwandnutfräsen mit Dübellochbohren in einer Werkstückeinspannung möglich sind.

Mit der direkt angetriebenen Langlochbohrmaschine können wir einzelne Dübellöcher, aber auch Langlöcher (z. B. Zapfenlöcher) ausbohren. Die Spindel ist horizontal gelagert (**5.**86). Zuerst wird das Werkstück aufgespannt, dann werden die Bearbeitungsgrenzen durch Anschläge in der Tiefe (axial = Lochtiefe) und Breite (seitlich = Lochlänge) festgelegt. Beim Langlochbohren muss das Werkzeug zuerst (axial) bohren und dann (seitlich) fräsen. Dazu dienen besondere Fräsbohrer mit seitlichen Schneiden.

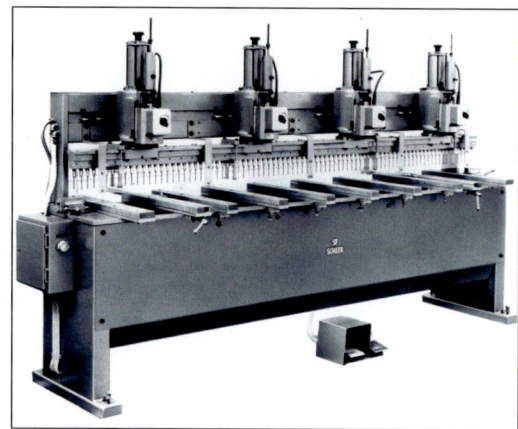

Bild 5.85 Reihenlochbohrmaschine

Die Langlochbohrmaschine gibt es auch als Teileinrichtung einer kombinierten Maschine.

Bild 5.86 Langlochbohrmaschine
 1 Werkstückspannvorrichtung
 2 Werkzeugverdeckung und -Spannfutter

Handbohrmaschinen sind sehr robust, weil sie im Betrieb, auf der Baustelle und auch vom Heimwerker beansprucht werden. Besonders strapaziert werden Kabel und Stecker. Defekte elektrische Teile sind deshalb auch die häufigste Ursache von Unfällen. Die heutigen Handbohrmaschinen sind alle schutzisoliert. Wir unterscheiden die normale Handbohr- und die Handschlagbohrmaschine.

Die Handschlagbohrmaschine (5.87) eignet sich für Bohrungen in Mauerwerk und Beton. Die Schlagwirkung wird über Nocken ausgelöst. Schlagstärke und Drehzahl lassen sich verändern. Als Werkzeug dienen hartmetallbestückte Spiralbohrer.

Bild 5.87 Handschlagbohrmaschine

Die **normale Handbohrmaschine** (5.88) hat zwei oder vier mechanisch umschaltbare Drehzahlbereiche. Gute Maschinen sind auch auf Rechts- oder Linkslauf umzuschalten und haben eine stufenlose Drehzahlanpassung (Steuerelektronik-Schalter). Unterschiedlich große Bohrdurchmesser erfordern verschiedene elektrische Leistungen, unterschiedliche Werkstoffe verschiedene Drehzahlen (Schnittgeschwindigkeit). Übliche Handbohrmaschinen haben ein Dreibackenfutter als Spannvorrichtung für die Bohrer (Spiralbohrer, Forstnerbohrer usw.) bis 13 mm Schaftdurchmesser. Die Bohrlochtiefe stellen wir mit Tiefenanschlägen ein. Netzunabhängige Bohrschraubmaschinen sind flexibler einsetzbar. Ausgestattet mit einem aufladbaren Akku und einem Ladegerät, haben diese Maschinen eine netzunabhängige Laufzeit.

Unfallverhütung an Bohrmaschinen

- Enganliegende Kleidung sowie Mütze oder Haarnetz zum Schutz gegen Aufwickeln der Haare tragen. Beim Bohren von sprödem Material Schutzbrille aufsetzen.
- Werkstück auflegen und sicher festspannen (gegen Herumreißen sichern). Spannschlüssel nicht im Bohrfutter stecken lassen.
- Nur rundlaufende Spannfutter verwenden oder Futter verdecken. Vorstehende Futterteile zusätzlich verdecken.
- Schmale Werkstücke in Bohrschablonen bohren.
- An Maschinen mit Vielfach-Bohrköpfen müssen Werkzeuge und Spindeln in der Ausgangsstellung bis auf die Austrittsöffnung verdeckt sein, wenn die Werkzeuge in der Ausgangsstellung nicht zwangsläufig stillstehen.

Kombinierte und Mehrzweckmaschinen vereinigen mehrere Bearbeitungstechniken. Während jedoch die mehrstufigen Anlagen der Serienfertigung mehrere Bearbeitungen im Durchlauf nacheinander ausführen, muss die Mehrzweckmaschine jeweils umgerüstet werden. Man setzt sie bei Platzmangel ein oder wenn Einzelmaschinen nur ungenügend ausgelastet wären. In kleiner Ausführung sind es heute auch beliebte Heimwerkermaschinen.

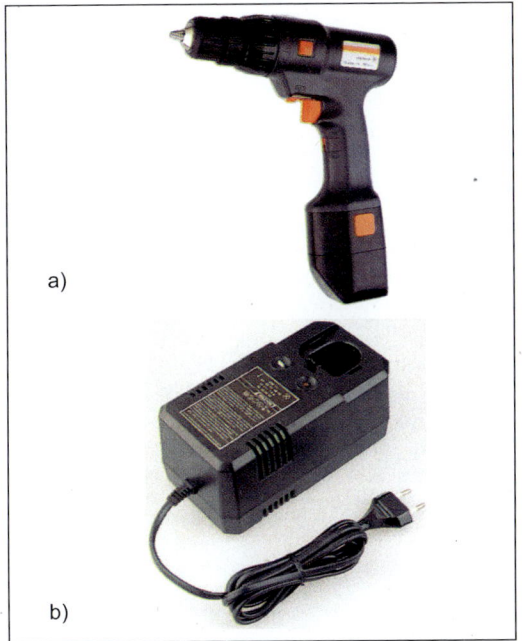

Bild 5.88 a) Handbohrmaschine zum Bohren und Schrauben
b) Ladegerät

Wir unterscheiden:

- Kombinierte Abricht- und Dickenhobelmaschine
- Kombinierte Kreissäge- und Langlochbohrmaschine
- Kombinierte Kreissäge-, Fräs- und Langlochbohrmaschine
- Kombinierte Kreissäge-, Fräs-, Langloch-, Abricht- und Dickenhobelmaschine
- Kombinierte Tischfräs- und Schleifmaschine
- Kombinierte Kreissäge-, Abrichte-, Dickenhobel-, Tischfräsmaschine (**5.89**)

Unfallverhütung

- Schutzvorschriften der entsprechenden Einzelmaschinen befolgen.
- Alle nicht benutzten Werkzeuge entfernen oder verdecken.

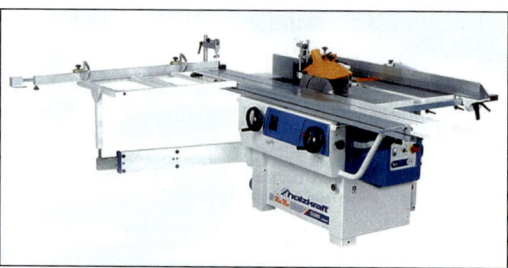

Bild 5.89 Kombinierte Kreissäge-Mehrzweckmaschine

5.2.8 Schleifmaschinen

Arbeitsauftrag Nr. 36 Lernfeld TI 2, 4, 12; HM 2, 4; FKU 6

- Um sich Fachkenntnisse über Schleifmaschinen zu erarbeiten bietet sich die „*Kopf-Stand-Technik*" an.
  Fragen zum Thema werden bei dieser Methode auf den Kopf gestellt, also in ihr Gegenteil verkehrt.

Beispiel:
Frage: Was versteht man unter Nass- und Trockenschliff?
Kopfstand/Gegenteil: Was versteht man nicht unter Nass- und Trockenschliff?

- Bitte stellen Sie die folgenden Fragen nach dieser Methode um.
  Notieren Sie die Kopfstandfragen auf Karteikarten.

1. Was versteht man unter Nass- und Trockenschliff?
2. Wie wird bei der Bandschleifmaschine das Schleifband gewechselt und gespannt?
3. Wie setzen Sie den Schleifschuh der Bandschleifmaschine auf das Schleifband?
4. Bei welchem Schliff können Vollholzoberflächen auch quer zur Faser geschliffen werden?
5. Wodurch vermeidet man ein frühzeitiges Vollsetzen des Schleifkorns?
6. Welche Bauarten von Breitbandschleifmaschinen gibt es?
7. Erläutern Sie die Arbeitsunterschiede der Breitband- und der Bandschleifmaschine.
8. Warum müssen in der Serienfertigung Plattenwerkstoffe vor dem Verleimen auf gleiche Dicke geschliffen (kalibriert) werden?
9. Wie arbeitet die Zylinderbandschleifmaschine?
10. Wie läuft das Schleifband bei der Kanten- und der Bandschleifmaschine?
11. Was bedeutet das Zeichen M auf einem Schwingschleifer?
12. Welche Sicherheitsmaßnahmen müssen Sie beim Arbeiten mit elektrisch betriebenen Schleifmaschinen beachten?
13. Was bedeuten Pfeil und Zahl auf einem Schleifband?
14. Welches Schleifkornmaterial setzt man bei Schleifmitteln ein?
15. Welche Folgen ergeben sich auf der Holzoberfläche, wenn Sie mit zu viel Druck und abgeschliffenem Schleifmittel arbeiten?

Wählen Sie nun jeweils eine Kopfstandfrage aus. Lassen Sie diese von einem Ihrer Mitschüler richtig stellen (auf die Beine stellen) und beantworten.

Den Zerspanungsvorgang des Schleifens haben wir beim Handschleifen in Abschn. 4.9 behandelt. Das Schleifen beschließt meist den Fertigungsablauf und dient als Vorbereitung für eine Oberflächenbehandlung. Geschliffen wird,
- um die Werkstoffoberflächen einzuebnen (egalisieren),
- um sie auf gleiche Dicke zu bringen (kalibrieren),
- um sie vor-, zwischen- oder nachzuschleifen (Lackschliff).

Arten. Je nach Betriebsgröße und Fertigungsweise bieten sich verschiedene Bauarten an (**5**.92):

Stationäre Schleifmaschinen
- Bandschleifmaschine
- Breitbandschleifmaschine
- Zylinderbandschleifmaschine
- Kantenschleifmaschine
- Scheibenschleifmaschine

Handschleifmaschinen
- Handbandschleifmaschine
- Tellerschleifmaschine
- Schwingschleifmaschine
- Winkelschleifer

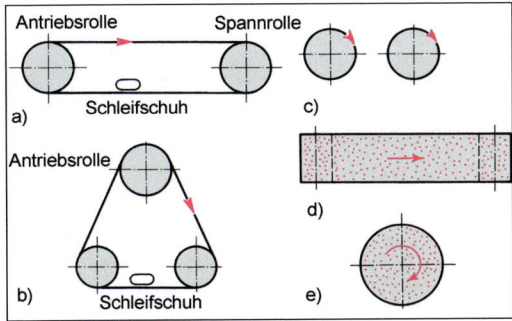

Bild 5.90 Schleifmaschinen im Prinzip
a) Bandschleif-, b) Breitbandschleif-, c) Zylinderbandschleif-, d) Kantenschleif-, e) Scheibenschleifmaschine

Nach dem Schleifverfahren unterscheiden wir Trocken- und Nassschliff.

Beim Trockenschliff wird der Schleifstaub trocken abgesaugt.

Beim Nassschliff (vor allem bei Lackschliff) wird das Schleifband durch Schleifmittelbesprühung gereinigt.

Die **Langbandschleifmaschine** ist eine der ältesten Schleifmaschinen. Sie ist heute mit einer elektronischen Tischhöhenverstellung ausgestattet (**5**.91). Ein gusseiserner Ständer trägt den auf Rollen gelagerten (quer zur Schleifrichtung beweglichen), höhenverstellbaren Arbeitstisch und die beiden Schleifbandrollen. Der Motor treibt die eine, festsitzende Schleifbandrolle direkt an. Die andere Rolle ist verstellbar, damit das umlaufende Schleifband gespannt werden kann (**5**.90a). Diese Schleifbandrolle wird über ein Spanngewicht oder durch Federdruck gespannt und ist schwenkbar, damit der Bandlauf reguliert werden kann. Der Elektromotor neuerer Maschinen erlaubt Rechts- und Linkslauf sowie durch Polumschaltung Bandgeschwindigkeiten von 11 und 22 m/s. Auf der Antriebsseite befindet sich die Staubabsaugung. Der Schleifschuh drückt das Schleifband an die Werkstückoberfläche. Er sitzt auf einem Metallrohr und wird in der Ausgangsstellung durch ein Gegengewicht oder eine Feder über dem Schleifband gehalten. Der Schleifschuh muss links und rechts ≈ 5 mm schmäler als das Schleifband sein. Durch das überstehende Schleifband könnte der Schleifschuh leicht Rillen eindrücken, das Band beschädigen oder abreißen. Deshalb ist der Schleifschuh unten mit Filz belegt.

Bild 5.91 Langbandschleifmaschine

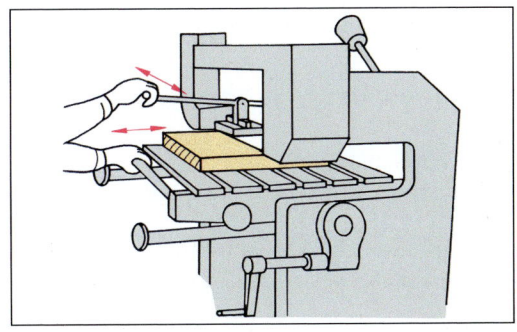

Bild 5.92 Arbeiten an der Bandschleifmaschine

Arbeitstechnik. Je nach Holzart bzw. folgender Oberflächenbehandlung wird grob vorgeschliffen, erst quer und dann längs zur Holzfaser. Für den feinen Nachschliff wechseln wir das Band und schleifen nur noch längs der Faser. Das Werkstück wird so auf den Arbeitstisch gelegt, dass es nicht verrutschen kann (Anschlag, Schleifrichtung). Nach dem Einschalten drückt die rechte Hand den Schleifschuh auf die Werkstückfläche. Zugleich bewegt die linke Hand den Arbeitstisch mit dem Werkstück gleichmäßig hin und her (**5.**92). Kleine Werkstücke schleifen wir auf dem oberen Tisch mit der Oberseite des Schleifbands, runde oder geschweifte Teile dagegen an der Schleifbandrolle. Damit sich die Schleifbänder nicht so schnell mit Schleifabrieb vollsetzen, gibt es druckluftbetriebene Ausblasvorrichtungen.

Die Schleifmittel sind endlose Schleifbänder mit Längen von 7.200 bis 8.500 mm und Breiten zwischen 110 und 200 mm. Rollenware gibt es in 50 m Länge und den Breiten 110 bzw. 120 mm. Hier schneidet man die Bandlänge selbst ab. Die Korngröße richtet sich nach der gewünschten Oberflächengüte (s.a. Abschn. 4.9) und beträgt

– 60 bis 80 beim Vorschleifen,
– 100 bis 120 beim Nachschleifen,
– 200 bis 400 beim Lackschleifen.

Die Breitbandschleifmaschine arbeitet mit mechanischem Vorschub. Die Werkstücke werden im Durchlauf auf Antirutsch-Transportbändern oder über gummierte Einzugswalzen befördert. Die Schleifbänder laufen endlos rechts oder links um wie bei der Bandschleifmaschine (**5.**90b). Sie sind aber erheblich breiter (610 bis 1.300 mm), sodass sie die gesamte Werkstückbreite bearbeiten. Die Bänder können oben oder unten laufen, auch 2- oder 3-fach hintereinander angeordnet sein (**5.**93a).

> **Unfallverhütung an Bandschleifmaschinen**
>
> – Das Schleifband muss an Umfang und Kanten bis auf den Arbeitsbereich verdeckt sein. Beschädigte Bänder sofort austauschen. Vor dem Einschalten die Spannung des Schleifbands prüfen.
> – Vorgeschrieben sind Vorrichtungen gegen Verletzungen an den Schleifbandkanten (Begrenzung der Tischbewegung, Schleifschuhführung).
> – Staub und Schmutz im Arbeitsbereich der Maschine entfernen. Die Höhe des Arbeitstisches entsprechend Werkstückhöhe einstellen.
> – Staub wirksam absaugen. Kleine Werkstücke in Nähe der Ansaugöffnung schleifen.

Den Schleifdruck bringen eine pneumatisch arbeitende, hin- und hergehende (oszillierende) Kontaktwalze oder ein Schleifschuh auf (**5.**93b). Der Schleifstaub wird sofort hinter der Kontaktwalze über Absaugkanäle (im Druckbalken) abgesaugt. Andere Fabrikate arbeiten mit Bürstenwalzen.

Breitbandschleifmaschinen eignen sich vor allem für die durchlaufende Serienfertigung. Sie lassen sich zu regelrechten *Schleifstraßen* koppeln und führen so den Kalibrierschliff (auf gleiche Dicke schleifen), Vor-, Zwischen- und Nachschliff von Trägerplatten in einem Durchgang aus. Erzielt werden absolut glatte und ebene Oberflächen – eine wichtige Voraussetzung für die industrielle Fertigung, um bei den dünnen Furnieren oder bedruckten Papieren Fehlverleimungen und Furnierdurchschliffe auszuschließen. Neueste Maschinen erlauben es auch ungleich dicke Werkstücke (max. 2 mm), furnierte Platten oder Werkstücke mit Ausschnitten nebeneinander im Durchlauf sauber zu schleifen. Die Maschinenleistungen erreichen bis zu 400 m^2 Fertigschliff je Stunde!

Eine kleinere Bauart ist die Tisch- und Rahmenbandschleifmaschine.

Zylinderbandschleifmaschinen arbeiten ähnlich wie die Dickenhobelmaschinen. Statt einer Rundmesserwelle haben sie ein, zwei oder drei Schleifzylinder für Vor- und Nachschliff, die oben oder unten sitzen können (**5.**90c). Die Schleifzylinder haben Aufspannvorrichtungen, mit denen das Schleifband am Umfang befestigt wird. Sie arbeiten im Gleich- oder Gegenlauf. Gummierte Transportbänder übernehmen den Vorschub. Damit sich der Schleifabrieb nicht festsetzt, führen die umlaufenden

Schleifzylinder noch eine hin- und hergehende (oszillierende) Bewegung aus.

Die Kantenschleifmaschine erleichtert die Arbeit in Klein- und Mittelbetrieben, in denen die Furnier- und Massivholzkanten noch von Hand geschliffen werden. Hier läuft das Schleifband auf zwei senkrecht gelagerten Schleifbandrollen rundum (**5**.90d). Der Ständer trägt den Motor, der eine Schleifbandrolle direkt antreibt, und den höhen- und schrägverstellbaren Arbeitstisch. Die andere Schleifbandrolle ist verstellbar zum Spannen des Schleifbands. Bei einigen Fabrikaten kann man das Band auch schräg stellen, bei anderen oszillieren die Bandrollen.

aufgespannt werden. Die zulässigen Drehfrequenzen liegen zwischen 3.000 und 4.500 U/min. Mit einem entsprechend eingestellten Anschlagslineal schleift man auf der Tischfräse auch Furnierkanten.

Eine große Lebensdauer haben auch Schleifhülsen bei oszillierenden Spindelschleifmaschinen (**5**.94).

Bild 5.94 Spindelschleifmaschine

Die Scheibenschleifmaschine hat eine waagerecht gelagerte Schleifscheibe, deren freie Seite mit Schleifmitteln belegt ist (ähnlich der Schärfmaschine, **5**.90e). Bei einigen Typen ist die Rollenwelle durch den direkt antreibenden Motor verlängert, sodass auf der anderen Seite eine kleine Bandschleifmaschine mitlaufen kann.

Handschleifmaschinen haben Elektro- oder Druckluftantrieb. Elektrisch betriebene Handschleifmaschinen sind meist mit einem Universalmotor ausgerüstet, und damit flexibel auf der Baustelle und in der Werkstatt einsetzbar. Sie müssen schutzisoliert sein. Stecker und Kabel sind regelmäßig zu prüfen.

Der Handbandschleifer eignet sich für Flächen-, Kanten- und Falzschliff. Das endlos umlaufende Schleifband läuft wie bei der Bandschleifmaschine auf zwei Rollen, von denen eine verstellbar ist. Der Schleifstaub wird in den angebauten Staubsack abgesaugt (**5**.95a). Mit dieser Maschine können Sie alle Holzarten, Plattenwerkstoffe, Metall und Lacke schleifen. Nach Einbau in ein Gestell lässt sie sich auch als stationäre Maschine einsetzen (**5**.95b).

Bild 5.93 a) Breitbandschleifmaschine, b) Schemaskizze

Zylinderschleifwalzen (Schleifigel) in den Durchmessern zwischen 30 und 120 mm und den Breiten zwischen 100 und 120 mm können auf jede Tischfräs- oder Bohrmaschine mit einem Spindelschaftdurchmesser von 30 mm

Schleifen und (mit geeignetem Aufsatz) zum Polieren auch an schlecht zugänglichen Stellen. Mit aufgesetzter Trennscheibe trennt er sogar Steine. Man setzt ihn für Bau- und Montagearbeiten ein (**5.**97).

Bild 5.97 Winkelschleifer

Bild 5.95 a) Handbandschleifer
b) in stationärer Einrichtung

Der Exzenterschleifer ist eine Weiterentwicklung des Tellerschleifers (**5.**96). Das runde gelochte Schleifblatt wird durch einen Kletthaftbelag gehalten. Durch die Löcher wird der Schleifstaub abgesaugt. Durch die zugleich schwingende und drehende Bewegung des Schleiftellers ist der Exzentenschleifer universell einsetzbar.

Bild 5.98 Schwingschleifer

Bild 5.99 Absauggerät für Feinstäube

Bild 5.96 Exzenterschleifer

Der Winkelschleifer arbeitet wie der Exzenterschleifer mit einer Schleifmittelscheibe. Durch seine Bauform eignet er sich zum

Der Schwingschleifer (Rutscher, **5.**98) ist in der Werkstatt unentbehrlich. Das Schleifmittel wird durch zwei Federklammern auf den gummibelegten Schleifschuh gespannt, der hin und

5.2 Arbeitsmaschinen

her schwingt. Dank der rechteckigen Form bearbeitet der Rutscher auch Ecken. Besonders eignet er sich für Zwischenschliffe lackierter Oberflächen.

Alle Handmaschinen müssen an geeignete Absaugungsanlagen (**5.**99) angeschlossen werden oder müssen integrierte Absaugungen haben (Ausnahme: Bohrmaschine).

Absauggeräte müssen den Staubklassen **L, M** und **H** nach **EN 60335-2-69** entsprechen und gekennzeichnet sein. In der Tischlerei werden überwiegend geprüfte und zugelassene Geräte der Staubklassen **L** und **M** eingesetzt. Die Staubklassen geben Hinweise, für welche Stäube die Geräte geeignet sind:

L Stäube mit MAK-Werten > 1 mg/m^3

M Stäube mit MAK-Werten $> 0,1$ mg/m^3 (mineralische Stäube, Holzstäube – auch Buche/Eiche)

H Stäube mit MAK-Werten auch $\leq 0,1$ mg/m^3 (krebserzeugende Stäube, Stäube mit Krankheitserregern)

MAK-Wert = Maximale Staubkonzentration in der Atemluft am Arbeitsplatz

Unfallverhütung an Schleifmaschinen
- Kabel, Stecker und Anschlüsse vor Gebrauch prüfen (Sichtprüfung).
- In Lackierräumen nur mit druckluftbetriebenen oder explosionsgeschützten Geräten arbeiten.
- Bandspannung prüfen, beschädigte (eingerissene) Schleifbänder auswechseln.
- Werkstück fest einspannen.
- Die Maschine immer mit beiden Händen führen.
- Schleifstaub muss abgesaugt werden
- Beachtung und Einhaltung der Staubklassen

5.2.9 Hydraulische und pneumatische Geräte

Arbeitsauftrag Nr. 37 Lernfeld TI 7, 12; HM 7

- Sie sollen sich den Themenkomplex hydraulische und pneumatische Geräte erarbeiten. Hier wird die *„Ffünf-Wörter-Methode"* gewählt.

  Jeder Teilnehmer schreibt fünf Wörter auf einzelne Karteikarten. Die Wörter sollen sich auf das Thema „Kraftübertragung durch Flüssigkeit und Gas bei Holzbearbeitungsmaschinen" beziehen.

  Alle Wörter werden anschließend an der Tafel/Pinnwand gesammelt.

  Sortieren Sie nun die Wörter unter Berücksichtigung des Fachbuchtextes 5.2.9 nach ihrer Zugehörigkeit zu bestimmten Bereichen und bilden Sie entsprechende Überschriften.
- Beantworten Sie anschließend mündlich in Expertengruppen die nachfolgenden Fragen:
1. Erklären Sie den Unterschied zwischen einem hydraulischen und pneumatischen Arbeitsmittel und ihrem Druckverhalten.
2. Nach welcher Formel wird der Druck berechnet?
3. Welche Geräte und Vorrichtungen in der Tischlerei arbeiten hydraulisch?
4. Warum nimmt der Luftdruck nach oben hin ab?
5. Womit misst man den Luftdruck?
6. Worin unterscheiden sich die Messverfahren?
7. Was besagt das Druck-Volumen-Gasgesetz?
8. Welche unerwünschten Nebenerscheinungen gibt es bei der Luftverdichtung, und wie verhindert man ihre schädlichen Auswirkungen?
9. Welche Größen bestimmen die Leistung einer Druckluftanlage?
10. Nennen Sie Vor- und Nachteile der Hydraulik und Pneumatik.
11. Welche Geräte und Vorrichtungen in der Tischlerei betreibt man heute pneumatisch?
12. Nennen Sie pneumatisch betriebene Geräte zur Energieumformung und Energiesteuerung.
13. Worin unterscheiden sich einfach- und doppeltwirkende Pneumatik-Zylinder?

Neben den elektrischen Maschinen werden in der Holzbe- und verarbeitung immer mehr hydraulisch und pneumatisch betriebene Geräte und Hilfsmittel eingesetzt. Bei ihnen sind die Brand- und Explosionsgefahr erheblich geringer als bei den elektrischen Maschinen. Außerdem übertragen sie die Kräfte unmittelbar.

> Was versteht man unter Hydraulik und Pneumatik? Das Wort Hydraulik stammt aus dem Griechischen und bedeutet Kraftübertragung durch Flüssigkeit (griech. hydro = Wasser). Entsprechend bedeutet Pneumatik Kraftübertragung durch Gase (griech. pneuma = Luft).

Hydraulik nutzt die Flüssigkeit als Arbeitsmedium (Arbeitsmittel), Pneumatik nutzt die Luft dazu.

5.2.9.1 Hydraulische Geräte

Hydrostatischer Druck. Die Physiker unterscheiden zwischen der Hydrostatik (ruhende Flüssigkeit) und der Hydrodynamik (strömende Flüssigkeit). Wie jede Materie übt auch die Flüssigkeit einen Druck aus – den hydrostatischen Druck. Er hängt von der Höhe des Flüssigkeitsspiegels im Behälter und der Flüssigkeitsdichte ab (**5.**100a).

Was geschieht, wenn wir den Behälter durch einen Gummistopfen dicht verschließen und den Stopfen auf den Flüssigkeitsspiegel drücken?

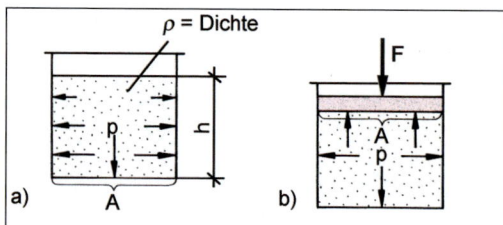

Bild 5.100 a) Hydrostatischer Druck
b) Hydraulischer Druck

Die Flüssigkeit lässt sich nicht zusammendrücken (verdichten). Vielmehr pflanzt sich der Druck fort und überträgt sich gleichmäßig auf die ganze Flüssigkeit, so dass er an jeder Stelle gleich groß ist (**5.**100b). Wird dieser hydraulische Druck zu stark, platzt der Behälter. Die Größe des hydraulischen Drucks p hängt ab von der Druckfläche A (Stopfendurchmesser) und der einwirkenden Kraft F.

> Flüssigkeiten lassen sich durch Krafteinwirkung praktisch nicht verdichten. Der Druck pflanzt sich innerhalb der Flüssigkeit fort und ist überall gleich groß. Wir berechnen ihn nach der Formel
> $$p = \frac{F}{A}$$ in bar oder Pascal (Pa).
> $1 \text{ bar} = 100.000 \text{ Pa} = 10 \frac{\text{N}}{\text{cm}^2}; \quad 1 \text{ Pa} = \frac{1 \text{ N}}{1 \text{ m}^2}$

In der hydraulischen Presse wird diese gleichmäßige Druckfortpflanzung ausgenutzt und die Kraft übertragen (**5.**101). Die Kolbenflächen A_1 und A_2 verhalten sich danach wie die Kolbenkräfte F_1 und F_2. Vergrößern wir die Kolbenfläche A_2, vergrößert sich also auch die Kolbenkraft F_2. Dieses Verhältnis drücken wir in einer Formel aus:

$$\frac{A_1}{A_2} = \frac{F_1}{F_2}$$

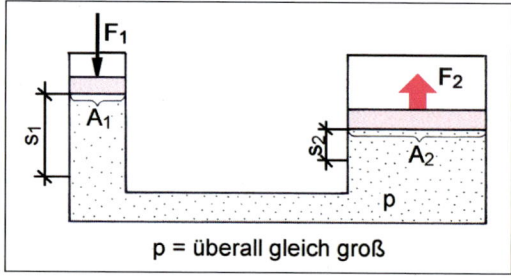

Bild 5.101 Hydraulische Presse

Beispiel

Auf den Pumpenkolben (kleiner Kolben) einer hydraulischen Presse mit der Fläche A_1 wirkt die Handkraft F_1. Wie groß ist die Presskraft F_2 am Hubkolben (großer Kolben) mit der Fläche A_2? Wie groß ist der Öldruck? $A_1 = 10 \text{ cm}^2$, $A_2 = 200 \text{ cm}^2$, $F_1 = 100 \text{ N}$, $F_2 = ?$, $p = ?$

$$\frac{F_1}{F_2} = \frac{A_1}{A_2} = F_2 = \frac{F_1 \cdot A_2}{A_1} = \frac{100 \text{ N} \cdot 200 \text{ cm}^2}{10 \text{ cm}^2} = 2.000 \text{ N}$$

$$p = \frac{F_1}{A_1} = \frac{F_2}{A_2} = \frac{100 \text{ N}}{10 \text{ cm}^2} = \frac{2.000 \text{ N}}{200 \text{ cm}^2} = 10 \frac{\text{N}}{\text{cm}^2}$$

Wirkt auf den kleinen Kolben eine Kraft F von 100 N, ergibt sich am größeren Kolben durch die 20-fache Vergrößerung der Kolbenfläche A_2 auch eine 20-fach größere Kraft F_2. Der Flüssigkeitsdruck beträgt überall 10 N/cm.

Die Kolbenwege s_1 und s_2 verhalten sich dagegen umgekehrt wie die Flächen und Kräfte. So erhalten wir die Formel

$$\frac{A_1}{A_2} = \frac{F_1}{F_2} = \frac{s_2}{s_1}$$

Was an Kraft gespart wird, geht also an Weg wieder verloren.

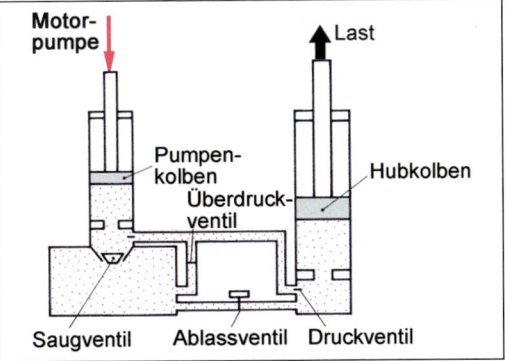

Bild 5.102 Einfaches Hydrauliksystem

Bild 5.103 Hydraulische Furnierpresse

Hydraulische Geräte arbeiten in der Regel mit elektrisch angetriebenen Pumpen, die die Druckflüssigkeit (heute meist Öl) aus dem Behälter ansaugen und zum Press- oder Hubkolben drücken (**5**.102). Den Durch- und Rückfluss des Öls steuern Ventile. In der Holzbearbeitung werden vor allem Presseinrichtungen für hohe Drücke hydraulisch betrieben (z. B. Furnierpressen **5**.103, Rahmen- oder Korpuspressen), daneben aber auch Hubgeräte wie Gabelstapler, Hubwagen und Hubtische.

5.2.9.2 Pneumatische Geräte

Luftdruck. Die unsere Erde umgebende Atmosphäre ermöglicht überhaupt erst menschliches, tierisches und pflanzliches Leben. Sie besteht aus dem Gasgemisch Luft aus Stickstoff, Sauerstoff und Edelgasen. Auch die Luft hat Masse. Ein Versuch zeigt uns die Wirkung des Luftdrucks.

- **Laborversuch:** Ein auf beiden Seiten offenes Glasröhrchen wird in einen wassergefüllten Behälter getaucht. Dann verschließen wir die obere Öffnung mit dem Daumen und nehmen das Röhrchen heraus. Ergebnis: Das Wasser entweicht nicht, weil der Luftdruck den Wasserdruck ausgleicht.

In der Atmosphäre drücken die höheren Luftschichten auf die unteren. So beträgt der Luftdruck auf der Erdoberfläche in Meereshöhe ≈ 10 N/cm² = 1 bar. Seine Größe hängt von der Entfernung zum Erdmittelpunkt ab. Mit wachsender Entfernung nimmt die Anziehungskraft (Schwerkraft) ab und es verringert sich darum auch die Luftdichte. Dazu brauchen wir nicht erst in den Weltraum zu fahren – schon im Gebirge merken wir, dass die Luft „dünner", der Luftdruck niedriger ist als in Meereshöhe. Gemessen wird der Luftdruck mit dem *Barometer* oder dem *Manometer* (**5**.104).

Das Barometer bezieht den Luftdruck auf den absoluten Nullpunkt (Vakuum), das Manometer dagegen auf die Normalatmosphäre (≈ 1 bar). So zeigt das Barometer stets einen um 1 bar höheren Druck an als das Manometer.

> Pumpen wir mit einer Luftpumpe Luft in den Fahrradschlauch, erhöht sich im Schlauch der Druck. Pumpen wir zu viel Luft hinein, wird der Überdruck zu groß, und der Schlauch platzt. Bei längerem Pumpen stellen wir außerdem eine Erwärmung der Pumpe fest.

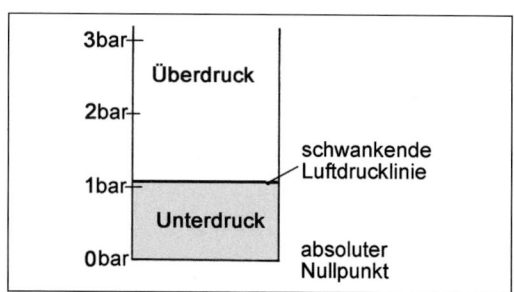

Bild 5.104 Druckmessung

Aus Erfahrung wissen wir, dass der Luftdruck im Fahrradschlauch auch ansteigt, wenn wir größere Strecken fahren oder wenn der Reifen längere Zeit praller Sonnenbestrahlung ausgesetzt wird. Drehen wir das Fahrradventil auf, entweicht die Luft zischend – die verdichtete Luft entspannt sich und gibt die gespeicherte Verdichtungsenergie frei. Daraus ist zu schließen:

> Luft lässt sich verdichten (komprimieren). Dabei entsteht Wärme. Verdichtete Luft ist gespeicherte Energie.

Druck-Volumen-Gasgesetz. Je dichter die Luft komprimiert wird, desto weniger Raum (Volumen V) nimmt sie ein: je mehr sich die Luft ausdehnt, desto „dünner" wird sie. Bei gleichbleibender (konstanter) Temperatur verhalten sich also die Drücke umgekehrt wie die Volumen (**5.**105).

In einen beheizten Raum tritt kühlere Luft durch das geöffnete Fenster ein, sinkt ab, erwärmt sich am Heizkörper und steigt nun wieder hoch – es entsteht eine Luftströmung.

Druckluftanlagen nutzen die Eigenschaft der Luft, sich verdichten zu lassen. In den fahrbaren oder stationären Anlagen saugt ein elektrisch angetriebener Verdichter (Hub- oder Rotationskolben) die atmosphärische Luft durch einen Schmutzfilter an und presst die verdichtete Luft in den Druckluftbehälter (**5.**106). Die Ventile sind so angeordnet, dass jeweils eines öffnet, wenn das andere schließt. Der Verdichter schaltet erst ab, wenn ein im Druckbehälter eingestellter Überdruck erreicht ist (Manometerkontrolle). Vom Druckbehälter führt eine Hauptleitung zu einem oder zu mehreren Druckluftverbrauchern. Entnehmen die Verbraucher Druckluft, sinkt der Überdruck im Druckluftbehälter. Sobald ein bestimmter, eingestellter unterer Druckgrenzwert erreicht ist (Manometerkontrolle), schaltet der Verdichter wieder ein. Die Verdichtung kann ein- oder zweistufig geschehen (**5.**107).

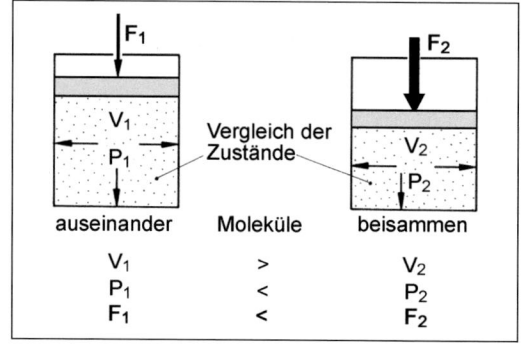

Bild 5.105 Druck-Volumen-Gasgesetz

$$\frac{p_1}{p_2} = \frac{V_2}{V_1} \quad \text{Mithin } p_1 \cdot V_1 = p_2 \cdot V_2 = \text{const}$$

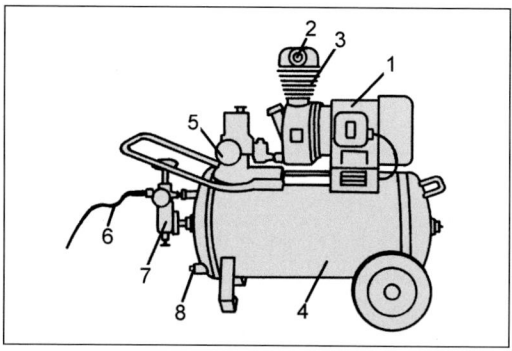

Bild 5.106 Druckluftanlage
 1 Elektromotor
 2 Luftansaugung
 3 Verdichter
 4 Druckbehälter
 5 Manometer
 6 Druckluftabgang
 7 Wartungseinheit
 8 Entwässerung

Mit zweistufigen Verdichtern sind höhere Drücke möglich: Die 1. Stufe verdichtet z. B. auf 10 bar, die 2. Stufe auf 15 bar.

5.2 Arbeitsmaschinen

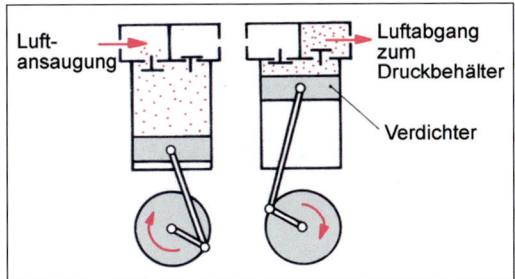

Bild 5.107 Einstufiger Kolbenverdichter

Die Größe einer Druckluftanlage wird bestimmt
- durch die Druckhöhe (bar),
- durch die Ansaugleistung (*l*/min),
- durch die Lieferleistung (*l*/min).

Weil sich das Volumen der angesaugten Luft durch die Verdichtung verringert, ist die Ansaugmenge immer höher als die Liefermenge. Der Unterschied hängt vom Verdichtungsgrad ab. Maßgebend bei der Anschaffung einer Druckluftanlage ist die zu erwartende Lieferleistung = Luftmenge aller Verbraucher plus Sicherheits- und Reservezuschlag.

Wartung und Pflege. Zu den unangenehmen Begleiterscheinungen der Pneumatik gehören die Erwärmung und der Wasserdampfgehalt der Luft. Sie erfordern eine Kühlung bzw. eine Wartungseinheit.

Kühlung. Wie wir schon bei der Luftpumpe feststellten, erwärmt sich die Luft bei der Verdichtung durch die Reibung der Moleküle. Umgekehrt tritt bei Druckentspannung eine Abkühlung auf. Je höher die Verdichtung, desto stärker erwärmen sich die Verdichter (Kompressoren). Sie müssen deshalb durch Kühlrippen gekühlt werden.

Wasserablassventile und Wartungseinheit. Die angesaugte Umluft enthält Staub und Wasserdampf (relative Luftfeuchtigkeit). Die Staubpartikel werden durch den Filter abgesondert, doch der Wasserdampf gelangt mit der Luft in den Druckbehälter.

1 m³ Luft kann bei 20 °C maximal 17 g Wasser aufnehmen. Bei einer relativen Luftfeuchte von 60 % enthält die Luft immer noch 17 g · 0,60 = 10,2 g Wasser (s. Abschn. 3.3.5). Ein Druckbehälter mit 1 m³ Rauminhalt kann auch bei verdichteter Luft nur die Wasserdampfmenge von 1 m³, also bei 20 °C Lufttemperatur und 100 % relativer Luftfeuchte nur 17 g Wasser aufnehmen. Bei einer Luftverdichtung auf 11 bar fällt aber die 10fache Menge Wasserdampf an. Kühlt zudem die Luft im Druckbehälter ab, weil die Raumluft-Temperatur sinkt, schlägt sich ein Teil des Dampfes als Kondenswasser nieder. Wird die verdichtete Luft rasch entnommen, kühlt sie sich in den Leitungen oder beim Verbraucher (z. B. Spritzpistole) ab und führt hier evtl. zu Betriebsstörungen.

Druckbehälter und Leitungen brauchen darum Wasserablassventile. Außerdem baut man nach der Luftentnahme aus dem Druckbehälter und vor allen größeren Verbrauchern eine Wartungseinheit in die Leitung ein. Sie besteht aus dem Druckluftfilter, dem Druckregler und dem Druckluftöler (**5.108**).

Der Druckluftfilter hält Schmutz-, Rost- und Wasserteilchen zurück.

Der Druckregler gleicht Druckschwankungen im Leitungsnetz aus.

Der Druckluftöler mischt der durchströmenden Luft tröpfchenweise Öl bei, damit die druckluftbewegten Teile (z. B. Spannzylinder) besser gleiten und Metallteile (z. B. Kupplungen) vor Korrosion geschützt werden.

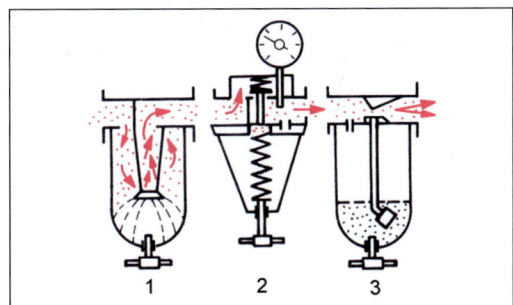

Bild 5.108 Wartungseinheit
1 Schmutzfilter
2 Druckregler
3 Druckluftöler

Vor- und Nachteile der Hydraulik und Pneumatik zeigt Tabelle **5.109** im Vergleich. Fast jeder Betrieb hat heute eine Druckluftzentrale oder wenigstens eine transportable Druckluftanlage. Die rasche Verbreitung der Pneumatik liegt auch daran, dass es in der rationalisierten Fertigung (z. B. beim raschen Spannen und Entspannen von Bohrteilen an der Dübelbohrmaschine) kein einfacheres und wirtschaftlicheres Arbeitsmittel gibt. So finden wir Druckluftanlagen

- als Antrieb von Bohr-, Nagel- und Schraubmaschinen,
- als Antrieb von Spann- und Pressvorrichtungen,
- zum Spritzen,
- als Steuerungs- und Arbeitsmittel für Förder- und Transporteinrichtungen in der Fertigung.

Druckluftbetriebene Handmaschinen (Nagel-, Schraub-, Bohr- und Schleifmaschinen) sind leichter und als Einzelgeräte billiger als vergleichbare elektrische. Sie sind außerdem überlastungssicher und verschleißfester. Bei Bohrmaschinen können wir die Drehzahlen stufenlos bis null regulieren. Der Luftverbrauch von pneumatischen Maschinen ist der Tabelle **5.**112 zu entnehmen.

Press- oder Spannvorrichtungen werden schnell und sicher mit Druckluft betätigt. Verleimständer, Verleimsterne und Rahmenpressen lassen sich rasch geänderten Werkstückabmessungen anpassen. Einfach- oder doppeltwirkende Spannzylinder mit oder ohne Rückholfeder spannen Werkstücke zügig ein oder pressen Verleimteile fest zusammen (**5.**110). Die hierbei auftretende Kolbenkraft des Spannzylinders berechnen wir nach der Formel

Kolbenkraft = Kolbenfläche · Betriebsdruck der Anlage · Wirkungsgrad

$F = A \cdot p \cdot \eta$

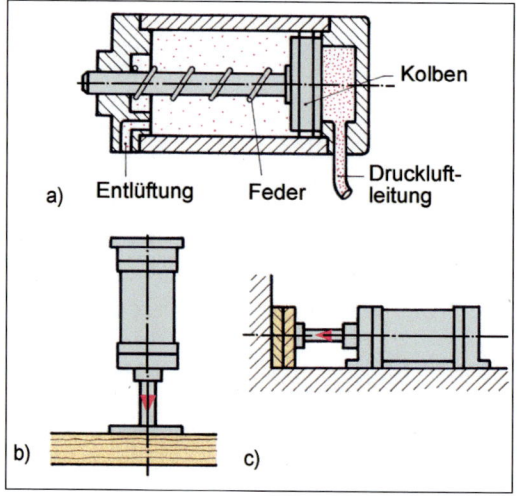

Bild 5.110 Pneumatik-Zylinder
a) einfach wirkender Zylinder mit Rückholfeder, b) Pressen,
c) Spannen, d) Spannvorrichtung

Tabelle 5.109 Hydraulik und Pneumatik

	Hydraulik	Pneumatik
Vorteile	erheblich höhere Drücke mit geringem Kraftaufwand Öl verhindert Korrosion und schmiert gleichzeitig die Metallflächen genau dosierbare Bewegungen einstellbar	Luft steht überall „kostenlos" zur Verfügung Druckluft ist speicherbar, leicht zu transportieren und schnell zu installieren (flexibel) leicht und schnell zu regulieren, hohe Anfangsgeschwindigkeiten keine Rückleitung, unempfindlich gegen Frost
Nachteile	schwierige und damit teure Installation keine Flexibilität bei verschiedenen Einsatzstellen im Betrieb raschere Arbeitsbewegungen erfordern erheblich höhere elektrische Leistungen nicht speicherbar, Rückleitung erforderlich	verhältnismäßig teure Anlage keine gleichmäßigen, genau dosierbaren Bewegungen möglich (Luft ist verdichtbar) nur für kleinere Drücke wirtschaftlich laute Abluft macht Schalldämpfer erforderlich

5.2 Arbeitsmaschinen

Tabelle 5.112 Luftverbrauch von pneumatisch betriebenen Geräten

Gerät, Größe in mm	Betriebsüberdruck in bar	Luftverbrauch (100 %)	
		in l/min	in m³/h
Ausblasepistole Düse 1/1,5/2 mm	6	65/140/250	4/8/15
Sprühpistole	3	65 bis 150	4 bis 9
Bohrmaschine Bohrdurchmesser Stahl 4 bis 8 mm	6	140 bis 750	8 bis 45
Schlagschrauber	6	130 bis 800	8 bis 48
Vertikalschleifer Scheibendurchmesser 180 bis 230 mm	6	1.000 bis 2.000	60 bis 120
Flächenschleifer (Rutscher) Blattgröße 300 × 100 mm	6	140 bis 250	8 bis 15

Beispiel

Ein Spannzylinder hat einen Kolbendurchmesser von 6 cm, Betriebsdruck 5 bar. Welche Druckkraft erreicht der Spannzylinder in N, wenn durch die Federkraft 5 % verloren gehen?

$A = d \cdot d \cdot 0{,}785 = 6 \text{ cm} \cdot 6 \text{ cm} \cdot 0{,}785$
$\quad = 28{,}26 \text{ cm}^2$
$F = A \cdot p \cdot \eta = 28{,}26 \text{ cm}^2 \cdot 50 \text{ N/cm}^2 \cdot 0{,}95$
$\quad = 1.342{,}35 \text{ N} \approx 1.340 \text{ N}$

Der nötige Verleimdruck in der Leimfuge kann durch die Zahl der Spannzylinder und ihren Abstand erhöht oder vermindert werden.

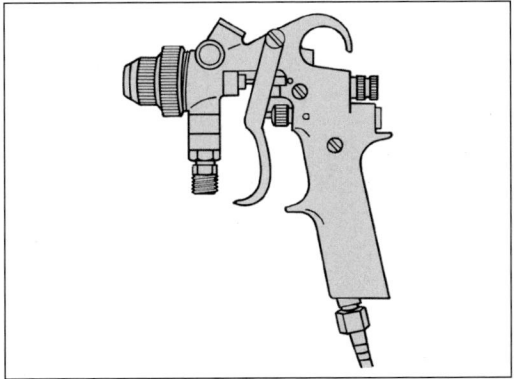

Bild 5.111 Druckluft-Spritzpistole

Druckluftspritzpistolen werden zum Lack- und Farbspritzen verwendet (**5.**111). Die Druckluft bildet über ein Regulierventil je nach Wunsch einen Rund- oder Flachstrahl. Sie kann auch die Lack- oder Farbflüssigkeit unter Druck setzen. Beim Airless-Verfahren (airless = luftlos) wird das flüssige Material ohne Luft verdüst. Der Flüssigkeitsdruck kann bis zu 200 bar betragen und wird hydraulisch erzeugt (s.a. Bild **9.**8).

Zur Energieumformung und -Steuerung wird die Druckluft in der modernen Serienfertigung eingesetzt. Wie wir bei den Press- und Spanneinrichtungen gesehen haben, wandelt man über einen Spannzylinder (Kolben) die Verdichtungsenergie der Luft in mechanische Energie (Arbeit) um (Energieumformung). Um den Spannzylinder der Presseinrichtung zu schließen und nach dem Pressen wieder aufzumachen, muss der Druckluftstrom entsprechend über Ventile und Schalter geführt werden (Energiesteuerung).

Zur Energieumformung benutzt man einfach- oder doppeltwirkende Zylinder mit und ohne Rückholfeder. Zur Energiesteuerung dienen Wege-, Sperr-, Druck- und Stromventile (**5.**113). Voraussetzung für die Druckluftsteuerung ist die genaue Ablauferfassung der Arbeitsvorgänge.

Bild **5.**114 zeigt einen einfachen Schaltplan.

Beispiel

Das Bohren von Dübellöchern an Korpusseiten soll automatisiert werden. Ablauf:
1. Arbeitsvorgänge bestimmen
2. Reihenfolge der Arbeitsvorgänge bestimmen
3. Welche Arbeitsgänge müssen miteinander gekoppelt werden?
4. Ablaufplan erstellen
5. Schaltplan mit genormten Symbolen erstellen
6. Probelauf (Probeschaltung)

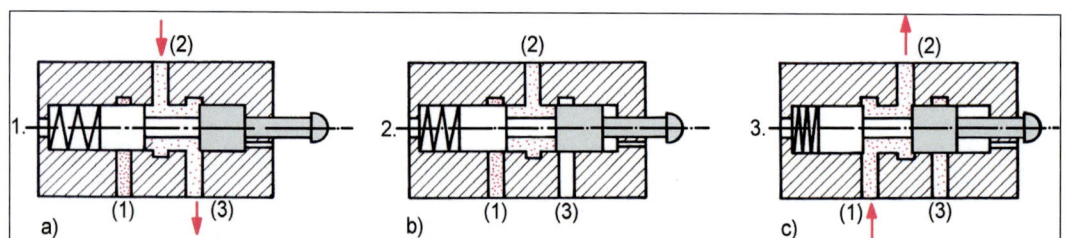

Bild 5.113 ³/₂-Wegeventil im Schnitt
a) in Ruhestellung ist der Druckluftanschluss P gesperrt, der Weg zur Entlüftung geöffnet (A → R)
b) Übergangsstellung, nachdem der Schalter betätigt ist
c) in Schaltstellung kann die Druckluft P → A strömen und den Verbraucher betätigen. Die Entlüftung R ist gesperrt.
(A) 2 Anschlussleitung zum Verbraucher, (P) 1 Druckluftanschluss, (R) 3 Entlüftung

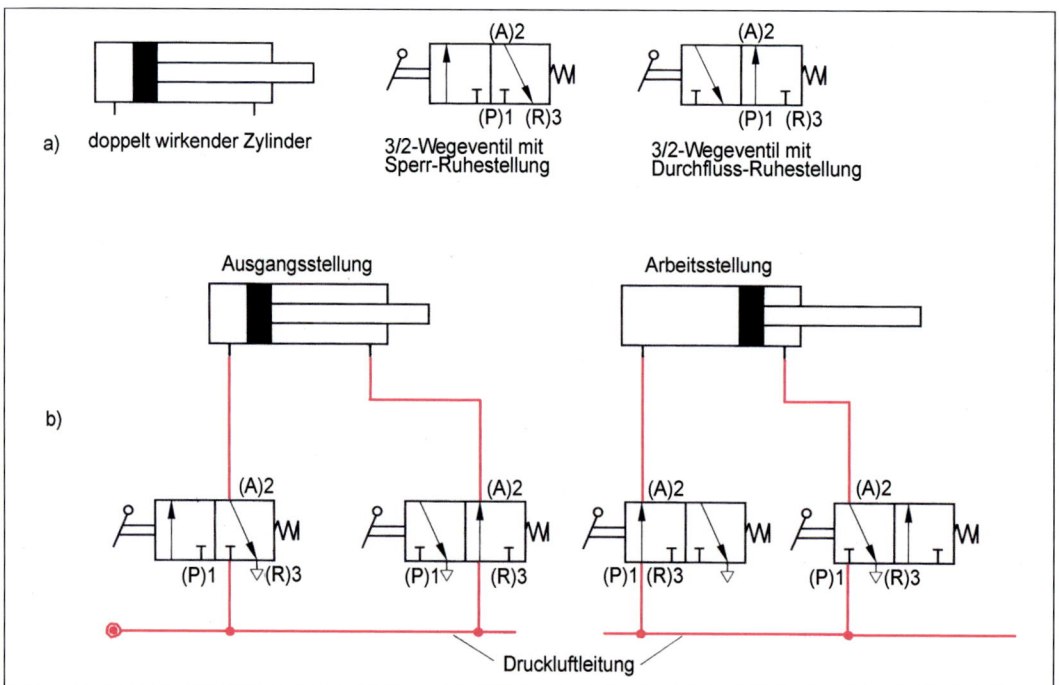

Bild 5.114 Einfacher Schaltplan mit Schaltsymbolen
a) Geräte: Zwei ³/₂-Wegeventile (WV), ein doppelt wirkender Zylinder, b) Schaltplan

5.2.10 CNC-Maschinen

CNC-Bearbeitungsanlagen im Holzbereich bestehen im Wesentlichen aus der Werkstückaufnahmevorrichtung, den Bearbeitungsaggregaten und dem Steuerpult. Das Werkstück wird horizontal aufgespannt oder transportiert. Die verschiedenen Bohr-, Fräs- und Sägeaggregate, verfahrbar oder fest, bearbeiten das Werkstück dreidimensional.

Die Werkzeugaufnahme und die Arbeitsbewegungen der einzelnen Aggregate sind computergesteuert und werden über das Steuerpult eingegeben. Der Programmablauf kann über einen Monitor, außerhalb der eigentlichen Bearbeitungsstelle, verfolgt und jederzeit gestoppt oder korrigiert werden (**5.**115a bis c).

Neuere Maschinen besitzen auch eine eigene Werkzeugverwaltung. Nicht benötigte Werkzeuge werden arbeitsbereit in Magazinen aufbewahrt. Sie können dort jederzeit, wenn der Programmablauf dies erfordert, durch den computergesteuerten Bearbeitungskopf angefahren, aufgenommen und in Arbeitsstellung gebracht werden.

Arbeitsabläufe

- Die Werkstücke werden mit Vakuumtechnik festgespannt oder elektrisch transportiert.
- Die Werkzeuge werden über Morsekonusse mechanisch und/oder pneumatisch vakuumtechnisch gespannt.
- Die Spindeldrehzahlen werden elektrisch über Frequenzumformer erzeugt.
- Die Arbeitsbewegungen der Spindeln erfolgen pneumatisch und elektrisch.
- Die Späne werden direkt am Entstehungsort über flexible und verfahrbare Kunststoffschläuche abgesaugt.

Computergesteuerte Holzbearbeitungsmaschinen werden als CNC-Maschinen bezeichnet.

a)

c)

b)

c)

Bild 5.115 a) CNC-Bearbeitungszentrum, b) Bearbeitungswerkzeuge und -Aggregate, c) Bearbeitungsbeispiele

In der CNC-Holzbearbeitung sind folgende Arten zu unterscheiden:

– Oberfräs-Bohrautomaten
– Kehlautomaten
– Plattenaufteilsägemaschinen

(s. auch Grundlagen der Steuerungs- und Regelungstechnik, Abschn. 5.3.1).

CNC-Maschinen sind zwar teuer in der Anschaffung, zeitaufwendig in der Verwaltung, Programmierung und Dateneingabe, aber sie bieten auch wesentliche Vorteile:

– Wiederholbarkeit von Bearbeitungsabläufen,
– veränderte Werkstückabmessungen sind schnell korrigiert,
– exakte Maßhaltigkeit der Werkstücke,
– hohe Bearbeitungsgeschwindigkeiten = kürzere Fertigungszeiten,
– Arbeitssicherheit der Mitarbeiter.

Die Werkzeuge für die CNC-Bearbeitung sollten wegen der flexiblen Einsetzbarkeit bei unterschiedlichsten Werkstoffen möglichst verschleißfest sein. Es sind deshalb HM- oder DP- bzw. DM-bestückte Werkzeugschneiden einzusetzen.

Hinweis:

HM = Hartmetall
DP = polykristalliner Diamant (Werkstattbezeichnung PKD)
DM = monokristalliner Diamant (Werkstattbezeichnung MKD)

5.3 Numerisch gesteuerte Holzbearbeitungsmaschinen

Arbeitsauftrag Nr. 38 Lernfeld TI 6, 12; HM 6
- Sie haben nicht die Möglichkeit an einer CNC-Maschine ausgebildet zu werden; möchten sich jedoch einen theoretischen Überblick über computergesteuerte Holzbearbeitungsmaschinen verschaffen.

  Mithilfe des folgenden Fragenkatalogs und Textes können Sie sich Grundwissen erarbeiten und sichern.
  1. Welche Vorteile haben CNC-Maschinen gegenüber herkömmlichen Maschinen?
  2. Welche Unterschiede bestehen zwischen einer NC- und einer CNC-Maschine?
  3. Wie sind die X-, Y- und Z-Achse an einem CNC-Fräsautomaten angeordnet?
  4. Welche Bezugspunkte gibt es an CNC-Maschinen? Erläutern Sie deren Bedeutung.
  5. Wie unterscheiden sich Strecken- und Bahnsteuerung?
  6. Welche Bemaßungsmöglichkeiten an Werkstücken gibt es für die CNC-Fertigung?
  7. Welche Vor- und Nachteile hat die Inkrementalbemaßung (Zuwachsbemaßung)?
  8. Erläutern Sie den Aufbau eines Fertigungsprogramms.
  9. Welche Angaben gehören zu den Weginformationen?
  10. Erklären Sie die Befehle G00, G01, G02 und G03.
  11. Welche Möglichkeiten der Programmerstellung gibt es?
  12. Welche Vorteile bietet die Unterprogramm-Technik?

Industrie und Handwerk sind heute unlösbar mit der Computertechnik verknüpft. Nur der Computer ermöglicht die immer schnelleren Arbeitsabläufe in der Serien- und Massenproduktion bei äußerster Materialausnutzung und Präzision. Bevor wir uns mit den rechnergesteuerten Maschinen vertraut machen, müssen wir die Grundlagen der Steuerungs- und Regelungstechnik kennen.

5.3.1 Grundlagen der Steuerungs- und Regelungstechnik

In der Technik übernehmen Steuerungs- und Regelungseinrichtungen wichtige Aufgaben an Maschinen und Produktionsanlagen. Sie ermöglichen den automatischen Ablauf vorausbestimmter Vorgänge (z. B. Spannen, Werkzeugbewegungen, Temperatur- und Druckregelungen) bis hin zur komplexen Prozessregelung von Fertigungsanlagen.

5.3 Numerisch gesteuerte Holzbearbeitungsmaschinen

Durch Steuern werden nach einem geplanten Ablauf bestimmte Funktionen ausgeführt. So schaltet sich z. B. eine Furnierpresse beim Erreichen eines vorgegebenen Pressdrucks durch ein Steuerungselement automatisch ab. Beim Steuern löst das Steuergerät (z. B. Schalter, Ventil) im Stellglied (z. B. Motor, Hydraulikpumpe) die Beeinflussung der Steuerstrecke aus (Pressdruck der Presse). Da Störungen nicht ausgeglichen werden und die Ausgangsgröße keine Rückwirkung hat, sprechen wir von einer offenen *Steuerkette* (5.116).

Die Steuerung kann nach einem Programm (Programmsteuerung), einem Zeitplan (Zeitplansteuerung), nach der Reihenfolge von Vorgängen (Ablaufsteuerung) oder nach zurückgelegten Wegstationen (Wegplansteuerung) erfolgen.

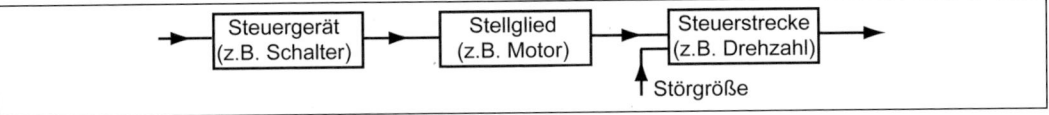

Bild 5.116 Offene Steuerkette

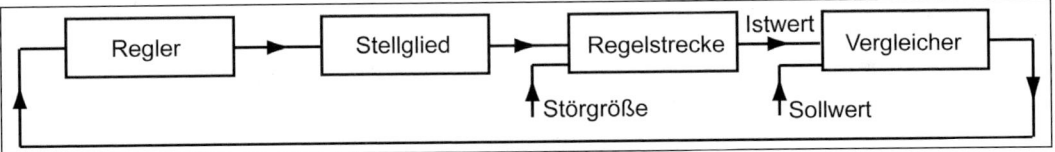

Bild 5.117 Geschlossener Regelkreis

> Unter Steuern versteht man den automatischen Ablauf eines geplanten Vorgangs ohne Rückwirkung auf die Eingabegröße (Stellgröße).

Durch Regeln werden die Stellglieder eines Systems automatisch gesteuert. Dabei werden die Istwerte ständig gemessen und mit den Sollwerten verglichen. Ein Regler beseitigt Abweichungen und Störungen durch Signale an das Stellglied. Diese Rückwirkung ergibt einen geschlossenen *Regelkreis* (5.117).

Beispiel

Der Trockenprozess bei der Kammertrocknung verläuft nach einem Trockenplan. Um Trockenschäden zu vermeiden, müssen z. B. Trockentemperatur und Luftfeuchtigkeit aufeinander abgestimmt und auf einem vorgegebenen Wert gehalten werden. Dies geschieht durch einen Regelvorgang. Eine Messeinrichtung vergleicht Ist- und Sollwerte. Bei Abweichungen erfolgt automatisch ein Ausgleichen bis zum Erreichen der vorgesehenen Werte.

Daraus ergeben sich die Aufgaben der Regelung:
– Istwert messen,
– Istwert mit Sollwert vergleichen,
– ggf. Abweichungen und Störgrößen beseitigen.

> Beim Regeln wird die Regelgröße ständig gemessen, mit der Sollgröße verglichen und bei Abweichungen angeglichen.

Die Prozessregelung finden wir bei vollautomatisierten, komplexen Fertigungsabläufen, z. B. bei der Spanplatten- und Faserplattenherstellung. Die rechner-(computer-)gestützten Regelanlagen erfassen zur Qualitätssicherung und Kontrolle eine Vielzahl von Einflussgrößen. Bei dieser vollautomatischen Prozessbeobachtung und -regelung sprechen wir von Prozessleitsystemen.

Steuerungsarten. Zum Steuern braucht man Informationen und Energie zur Signalübermittlung. Nach der Art der Signalübertragung unterscheiden wir mechanische, pneumatische, hydraulische, elektrische und elektronische Steuerungen.

Mechanische Steuerung. Informationsgeber sind z. B. Abtastmodelle (Kopierschablonen), Nocken oder Kurvenscheiben. Die Signale werden mechanisch (durch Hebel, Stößel und

Getriebe) übertragen und betätigen z. B. Ventile, Kupplungen oder Antriebsaggregate. Diese einfache, stabile und wartungsarme Steuerung wird wegen des großen Platzbedarfs, der Verschleißanfälligkeit einzelner Teile und der geringen Flexibilität nur für besondere Aufgaben verwendet. Der Einsatz beschränkt sich auf starre Steuerungen mit gleichbleibenden Bewegungsabläufen.

Beispiele

Bohreinrichtungen, Drechselmaschinen, Kopierfräsmaschinen

Pneumatische Steuerungen arbeiten mit Druckluft, die Ventile an Maschinen und Anlagen betätigt. Die Maschinen und Fertigungsanlagen werden durch pneumatische Ventile gesteuert (s. Abschn. 5.2.9). Luft als Energieträger steht überall zur Verfügung, eine Rückleitung ist nicht notwendig. Der erzeugte Überdruck ist jedoch begrenzt auf etwa 10 bar, die Genauigkeit zudem gering. Diese Steuerung eignet sich für geradlinige Schalt-, Verschiebe- und Zubringerfunktionen, weniger für Vorschubbewegungen.

Beispiele

Nagel- und Schraubapparate, Spannvorrichtungen, Spritzanlagen

Hydraulische Steuerungen öffnen und schließen die Ventile mit Druckflüssigkeit (Hydrauliköl). Sie ermöglichen hohe Kraftübertragung (Druck über 300 bar) und schnellen Richtungswechsel. Da die Hydraulikflüssigkeit nur in geringem Maß zusammendrückbar ist, können gleichförmige, lastunabhängige Bewegungen mit großer Genauigkeit übertragen werden. Die Anlagen erfordern Rückleitungen und viel Wartung.

Beispiele

Pressen, Spannvorrichtungen, Brems- und Vorschubeinrichtungen

Die pneumatische und die hydraulische Steuerung steuern mit Ventilen (Steuerglieder), je nach Aufgabe als Wege-, Sperr-, Strom- oder Druckventil.

Wegeventile steuern Anfang, Ende und Richtung des Mediums (der Luft oder der Hydraulikflüssigkeit). Benannt werden sie nach der Anzahl ihrer Anschlüsse (Wege = Zahl vor dem Schrägstrich) und den möglichen Schaltstellungen (Zahl nach dem Schrägstrich, **5.**118).

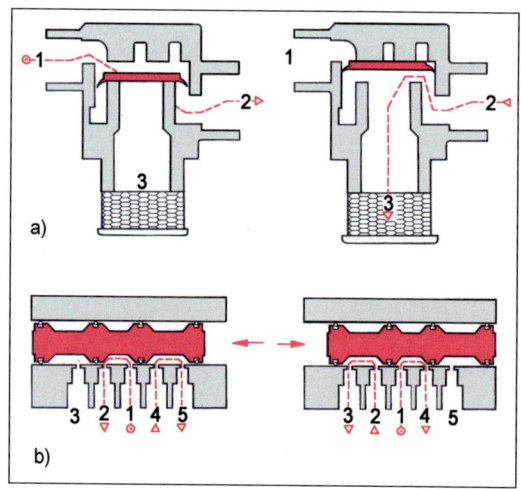

Bild 5.118 Wegeventile
a) 2/2-Wege-Tellersitzventil
b) 5/2-Wege-Kolbenschieberventil

Sperrventile sperren eine Durchflussrichtung und öffnen zugleich die entgegengesetzte Richtung.

Stromventile steuern den Durchfluss als Drossel- oder Drosselrückschlagventil (**5.**119).

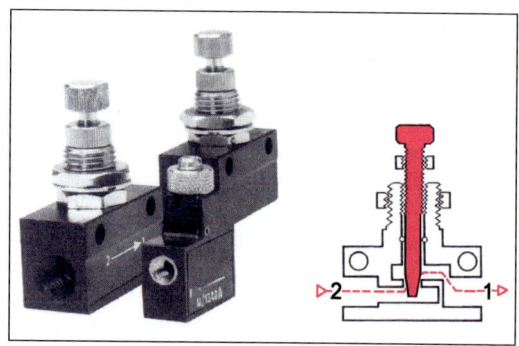

Bild 5.119 Stromventil

Druckventile regeln den Druck in der Steuerung als Druckregelventil oder sichern Anlagen gegen zu hohen Druck als Druckbegrenzungsventil.

Zylinder setzen die im Medium gespeicherte Energie durch Kolbenschub wie beim Auto in mechanische Arbeit um. Beim einfachwirkenden Zylinder ist der Kolben nur in einer Richtung verschiebbar und wird durch eine Feder zurückgeschoben oder -gezogen. Der doppeltwirkende Zylinder arbeitet dagegen in zwei Richtungen (Schub und Rückschub).

Elektrische Steuerungen ermöglichen eine sehr schnelle und kostengünstige Signalübertragung. Die Leitungsverlegung ist einfach und über große Entfernungen möglich. Aufgebaut sind elektrische Steuerungen aus elektrischen Betriebsmitteln und elektronischen Bauteilen. Elektrische Betriebsmittel sind Steuerungselemente mit schaltbaren Kontakten, die entweder mechanisch (durch Tasten oder Schalter) oder elektromagnetisch (durch Relais oder Schütze) betätigt werden. Die Taster und Schalter öffnen oder schließen eine elektrische Leitung. Schütze sind ähnlich aufgebaut wie Relais. Der elektrische Stromfluss in einer Spule erzeugt eine Magnetkraft, die einen Kontakt auslöst. Signalübertragungen von einem Stromkreis auf einen anderen sind möglich. Mit dem Schütz lassen sich große Leistungen übertragen. Bei der Anlaufschaltung eines Asynchronmotors werden z. B. Schütze mit einem Zeitrelais kombiniert, um den hohen Anlaufstrom beim Beschleunigen vom Stillstand auf die Bemessungsdrehzahl zu reduzieren und Schäden zu vermeiden.

Elektronische Steuerungen arbeiten mit kontaktlosen Steuerungselementen (z. B. Dioden, Transistoren und Kondensatoren). Sie sind raumsparend, leistungsfähig und schnell in der Signalverarbeitung. Besondere Bedeutung haben die mit Halbleiterwerkstoffen arbeitenden Bauelemente wie Dioden und Transistoren. Die wichtigsten Halbleiterwerkstoffe sind die Elemente Silicium und Germanium. Beide haben gitterförmig aufgebaute Kristalle und weisen in reinem Zustand bei über 0 °C eine nur geringe Leitfähigkeit auf. Wenn das Siliciumkristall durch bestimmte andere Elemente genau dosiert verunreinigt wird, bilden sich in seinem Gitter Störstellen mit einem Elektronenmangel oder -überschuss, und die Leitfähigkeit wird stark verändert. Den Einbau von Fremdelementen nennt man Dotieren. Legt man an ein Siliciumplättchen mit zwei unterschiedlich dotierten Halbleiterschichten eine elektrische Spannung, kann je nach Richtung ein Strom fließen (Durchlassrichtung) oder der Stromfluss verhindert werden (Sperrrichtung). Ein solches Bauelement mit zwei Anschlüssen, das wie ein Rückschlagventil wirkt heißt *Diode*.

Transistoren bestehen aus drei Halbleiterschichten mit unterschiedlicher Dotierungsfolge. An jeder Schicht gibt es einen Anschluss. Durch die mittlere Elektrode lässt sich der Stromdurchfluss des Bauelements steuern. Da für die Funktion ein geringer Strom ausreicht, liegt die Bedeutung in der Verstärkerwirkung.

Beispiel

> Das Wegemesssystem einer numerisch gesteuerten Maschine arbeitet mit einem Positionsmelder, der mitteilt, ob das vorgegebene Ziel erreicht ist oder nicht. Dazu wird über eine Verstärkerstufe (Schwingkreis und Transistor) ein Zählschritt gemeldet, wenn vorhandene Positionsmarken erreicht werden.

> **Elektronische Steuerungen** arbeiten kontaktlos mit Halbleiter-Bauelementen (Dioden, Transistoren).

Programmierbare Steuerungen. Nach der Art der Programmverwirklichung unterscheidet man die verbindungsprogrammierte und die speicherprogrammierte Steuerung.

Bei der verbindungsprogrammierten Steuerung (VPS) bestimmen die Leitungsverbindungen (z. B. Verdrahtung oder Verschlauchung) den Programmablauf. Ein Umprogrammieren ist nur durch Ändern der Leitungsverbindungen oder Auswechseln elektronischer Steuerungselemente möglich. Dieser Vorgang ist zeitaufwendig und kostenintensiv.

Speicherprogrammierte Steuerungen (SPS) sind digital arbeitende elektronische Steuerungen mit einem frei programmier- oder austauschprogrammierbaren Programmspeicher. Veränderte Steuerungs- und Regelungsaufgaben lassen sich programmieren, der Programmablauf kann schnell geändert werden.

Was versteht man unter dem Begriff „digital"? Wenn wir eine Spannung mit dem Zeigermessinstrument messen, folgt der Zeigerausschlag (das Signal) ständig der zu messenden Spannung – das Signal ist gleichwertig, analog. Ein Digitalmessinstrument misst die Spannung dagegen nicht fortlaufend, sondern in Stufen und Schritten durch Ziffernanzeige – die Signale sind digital (in Stufen und Schritten).

Speicherprogrammierte Steuerungen (SPS) werden zunehmend als Maschinensteuerungen eingesetzt und sind je nach Anforderung mit leistungsfähigen Mikroprozessoren ausgestat-

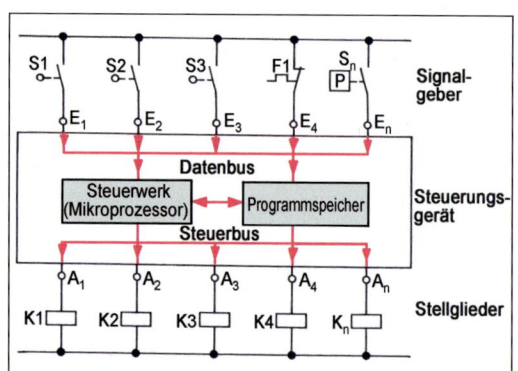

Bild 5.120 Speicherprogrammierte Steuerung (SPS)

tet. Den Aufbau einer SPS zeigt Bild **5.**120. An die Eingänge sind die Signalgeber (Schalter) an die Ausgänge die Stellglieder (Ventile, Schütze) mit Anzeigegeräten angeschlossen. Über die Leitungen (Datenbusse) gelangen die Daten in die Zentraleinheit. Sie besteht aus dem Steuerwerk (Mikroprozessor) und Programmspeicher. Vom Leitwerk aus kommen die Daten über den Steuerbus zu den Ausgängen. Eine Steuerungseinheit besteht aus drei Teilen: Programmspeicher, Steuerwerk und Peripherie.

Im internen Programmspeicher steht das Programm, nach dem die Steuerung arbeitet.

Eingänge			Ausgang
E1	E2	E3	A
0	0	0	0
1	0	0	0
0	1	0	0
0	0	1	0
1	1	0	0
1	0	1	0
0	1	1	0
1	1	1	1

a)

b)

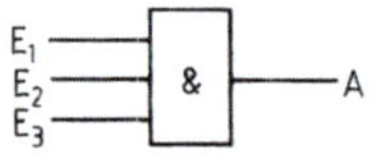

Bild 5.121 UND-Schaltung
a) Funktionstabelle
b) Schaltzeichen

Eingänge			Ausgang
E1	E2	E3	A
0	0	0	0
1	0	0	1
0	1	0	1
0	0	1	1
1	1	0	1
1	0	1	1
0	1	1	1
1	1	1	1

a)

b)

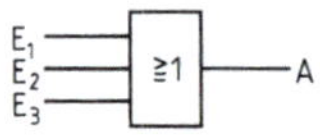

Bild 5.122 ODER-Schaltung
a) Funktionstabelle
b) Schaltzeichen

Eingänge	Ausgang
E	A
0	1
1	0

a)

b)

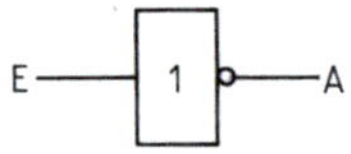

Bild 5.123 NICHT-Schaltung
a) Funktionstabelle
b) Schaltzeichen

Das Steuerwerk führt die Programmanweisungen aus, die im Programmspeicher hinterlegt sind. Das heißt, es organisiert das Einlesen von externen Signalen und Daten, verknüpft diese, führt Berechnungen durch und sorgt für die Ausgabe der Ergebnisse.

Peripheriebaugruppen sind die Digitaleingabe- und -ausgabegeräte, die Analogeingabe- und -ausgabegeräte sowie die Zeit- und Zählerbaugruppen.

SPS lassen sich über Datenleitungen und Zentralrechner zum Datenaustausch zusammenschließen (Vernetzung).

Speicherprogrammierte Steuerungen (SPS) eignen sich für anspruchsvolle Steuerungs- und Regelungsaufgaben. Sie haben frei- oder austauschprogrammierbare Speicher. Das Programm wird in die Zentraleinheit eingegeben, dort gespeichert und verarbeitet.

Logische Verknüpfung von Signalen. Die digitale Signalverarbeitung fußt nicht auf dem uns geläufigen Dezimalsystem (1, 2, 3 ... 10), sondern beschränkt sich auf zwei Signalwerte: auf die Ziffern 0 und 1. 0 bedeutet keine Spannung, 1 bedeutet Spannung. Wir nennen sie

Binärsignale (binär = zweiwertig). Die Eingangs- und Ausgangssignale binär-digitaler Form werden durch unterschiedliche Schaltungen miteinander verknüpft. Mit den folgenden drei Grundelementen lassen sich alle Verknüpfungen logisch (folgerichtig) aufbauen.

Die UND-Schaltung verknüpft zwei oder mehrere Eingangssignale zu einer Reihenschaltung. Da bei der Reihenschaltung eine Spannung am Ausgang nur messbar ist, wenn alle Eingänge Spannung haben, ergibt sich: Das Ausgangssignal A hat nur dann den Wert 1 (Spannung), wenn alle Eingangssignale E den Wert 1 haben. Die möglichen Kombinationen werden in eine *Funktionstabelle* eingetragen (**5.**121).

Die ODER-Schaltung verknüpft mehrere Eingangssignale zu einer Parallelschaltung. Da es bei Parallelschaltungen genügt, wenn ein Schalter betätigt wird, ergibt sich: Das Ausgangssignal A hat den Wert 1, wenn wenigstens ein Eingangssignal E den Wert 1 hat. Die Funktionstabelle **5.**122 zeigt wieder die Kombinationen.

Die NICHT-Schaltung dient zur Signalumkehr. Am Ausgang einer *NICHT*-Verknüpfung erscheint immer der dem Eingang entgegengesetzte Zustand.

So ergibt sich: Wenn das Ausgangssignal den Wert 0 hat, hat das Eingangssignal den Wert 1 und umgekehrt (**5.**123).

5.3.2 Numerische Steuerung

Während bei den herkömmlichen Holzverarbeitungsmaschinen der Tisch, die Welle oder der Anschlag mechanisch mit einem Handrad oder durch einen Hebel einzustellen sind, finden immer mehr Maschinen Eingang in Industrie- und Handwerksbetriebe, bei denen die Arbeitsabläufe durch eine elektronische Steuerung automatisch ausgeführt werden.

Damit sind die Genauigkeit, die Fertigungszeit und die Bearbeitungsqualität unabhängig vom Maschinenarbeiter. Allerdings braucht die Maschine Anweisungen in Form von Steuerbefehlen. Dazu muss der gesamte Arbeitsablauf im Voraus geplant und in einzelne Arbeitsschritte gegliedert werden.

Die Anweisungen werden mit Ziffern und Buchstaben verschlüsselt (programmiert) und in die Maschinensteuerung eingegeben. Nach dem Programmstart führt die Maschine die Bearbeitung des Werkstücks automatisch aus. Die Anschaffungskosten dieser Maschinen sind zwar sehr hoch, im Vergleich mit herkömmlichen Maschinen sind sie jedoch wesentlich leistungsfähiger.

Vorteile der numerisch gesteuerten Holzbearbeitungsmaschinen

- erhöhte Bearbeitungsqualität, wenig Ausschuss,
- gleichbleibende Bearbeitung durch den Programmeinsatz,
- kürzere Rüst- und Fertigungszeiten,
- bessere Maschinenausnutzung,
- sichere Herstellung auch komplizierter Teile,
- Wiederholbarkeit von Fertigungsabläufen.

CNC-Steuerung. CNC ist die Abkürzung für engl. „**c**omputerized **n**umerical **c**ontrol" und bedeutet so viel wie „rechnergestützte Steuerung durch Zahlen". Die elektronische Steuerung der Maschine enthält einen Computer (Kleinrechner), der ihre Funktionen und Kontrollmöglichkeiten wesentlich erweitert. So ist es möglich, Programme an der Maschine selbst zu schreiben, einzugeben und zu verändern. Die Steuerung kann auch Daten von anderen Maschinen übernehmen. Auf Programm- und Bedienungsfehler reagiert sie sofort mit Fehlermeldung und Programmstopp.

CNC-Maschinen sind mit einem ***DNC**-Anschluss* ausgestattet. DNC ist die Abkürzung für „direct numerical control" und bedeutet, dass die CNC-Steuerung direkt an einen zentralen Rechner angeschlossen ist, bei dem alle Informationen zusammenlaufen und gespeichert sind. Die Maschinensteuerung wird im Bedarfsfall mit Daten und Programmen über eine Datenleitung versorgt.

Zu den in holzverarbeitenden Betrieben besonders häufig anzutreffenden CNC-Maschinen zählen:

Plattenaufteil-, Bohr-, Dübel-, Fräsautomaten, Kehl- und Profilautomaten sowie Bearbeitungszentren mit Multifunktionen (mehreren Bearbeitungsfunktionen). Hier sollen Aufbau und Funktionsweise am Beispiel des CNC-Oberfräsautomaten erläutert werden.

Beim CNC-Oberfräsautomaten hat sich die CNC-Technik wegen der komplizierten Werkstückkonturen und der notwendigen räumlichen Bearbeitung von Teilen besonders bewährt und neue Möglichkeiten für die Fertigung eröffnet. Arbeitsgänge wie das Profilieren einer unregelmäßigen Füllung, das Einfräsen von Ornamenten oder die Bearbeitung geschweifter Möbelteile führt die Maschine nach einem Programm automatisch in beliebiger Stückzahl aus (**5.**124).

Bild 5.124 CNC-gesteuerter Oberfräsautomat

Bei der abgebildeten Maschine wird das Werkstück horizontal auf einen Vakuumrastertisch gespannt. Die Maschine hat mehrere Fräsaggregate mit automatischem Werkzeugwechsel, die im Bedarfsfall durch Bearbeitungseinheiten für Bohr-, Säge- oder Schleifarbeiten ersetzt werden können. Die Werkzeugbewegung erfolgt in drei Hauptachsen (dreidimensional) durch getrennt angeordnete Vorschubantriebe, die auch kurvenförmige Bahnen im Raum ermöglichen. Motordrehzahl, Schnitt- und Vorschubgeschwindigkeit sind über das CNC-Programm stufenlos regelbar.

5.3.3 Koordinaten (Verfahrachsen)

Für den Bearbeitungsablauf muss jeder Punkt im dreidimensionalen Arbeitsraum der Maschine genau und unverwechselbar bezeichnet werden. Dies geschieht durch ein dreiachsiges rechtwinkliges Koordinatensystem, das den Bewegungsachsen der Maschine entspricht. Der Kreuzungspunkt der aufeinander stehenden Hauptachsen X, Y, Z ist der Koordinationsnullpunkt. Legt man das Werkstück in dieses Koordinatensystem, können die Bearbeitungspunkte und Verfahrwege eindeutig beschrieben und nach Programm gesteuert werden (**5.**125).

Anordnung der Koordinaten. Für die Bezeichnung und Anordnung der Koordinaten können wir die abgespreizten Finger der rechten Hand als Hilfe benutzen (Rechte-Hand-Regel, **5.**126).

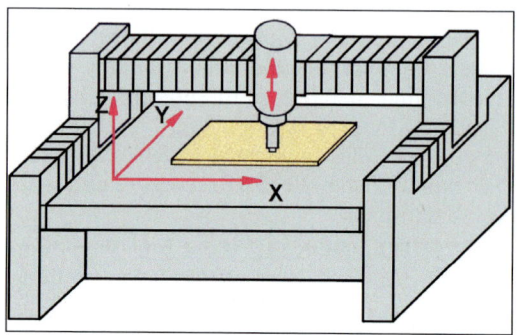

Bild 5.125 Verfahrrichtungen eines Oberfräsautomaten

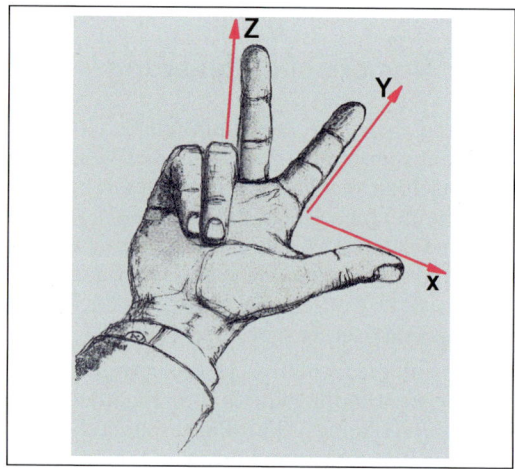

Bild 5.126 Rechte-Hand-Regel

5.3 Numerisch gesteuerte Holzbearbeitungsmaschinen

Daraus ergibt sich folgende Zuordnung

x-Achse (Daumenrichtung) liegt parallel zur Aufspannfläche und Vorderkante des Tisches, i.R. horizontal
y-Achse (Zeigefinger) liegt rechtwinklig zur x-Achse
z-Achse (Mittelfinger) steht senkrecht auf der Aufspannfläche in Richtung der Hauptarbeitsspindel.

Beim Programmieren geht man davon aus, dass sich das Werkzeug bewegt, während das Werkstück stillsteht. Die positiven Bewegungsrichtungen bezeichnet man wie die positiven Achsrichtungen mit + X, + Y und + Z.

Zusatzachsen. Für besondere Fertigungsabläufe mit Verschiebe- und Schwenkbewegungen stattet man CNC-Maschinen mit zusätzlichen Verschiebe- und Drehachsen aus (**5.**127). Erforderlich werden sie bei der Fertigung komplizierter Teile auf Maschinen mit mehr als drei Achsen.

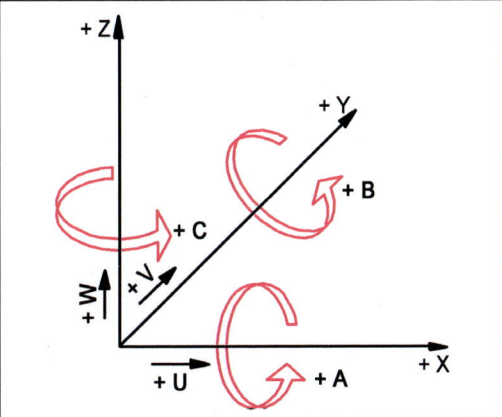

Bild 5.127 Rechtwinkliges Koordinatensystem mit Haupt- und Drehachsen sowie Verschiebeachsen

Drehachsen
Den Achsen x y z wird jeweils die Drehachse A B C zugeordnet

Die positive Richtung der in Grad programmierbaren Drehung entspricht dem Uhrzeigersinn beim Blick vom Koordinatennullpunkt der Hauptachsen aus.

Parallele Achsen (zu den Hauptachsen)
Den Achsen x y z wird jeweils parallel und linear
die Verschiebeachse U V W zugeordnet.

5.3.4 Wegemesssysteme und Bezugspunkte an CNC-Maschinen

CNC-Maschinen führen nach den vorgegebenen Steuerbefehlen die für die Fertigung notwendigen Bewegungsabläufe selbstständig und zuverlässig aus. Damit sie die Zielpunkte (Koordinaten) eines Bahnpunktes exakt anfahren können, brauchen sie Antriebsmotoren in den verschiedenen Bewegungsachsen und ein genau arbeitendes Wegemesssystem. Dabei vergleicht die Maschinensteuerung die augenblickliche Lage des Maschinentisches (Istzustand) mit der vorgesehenen Lage (Sollzustand). Bei Abweichungen oder Störungen löst ein Regler durch Steuerbefehle Bahnkorrekturen aus, bis Ist- und *Sollwert* übereinstimmen (**5.**128).

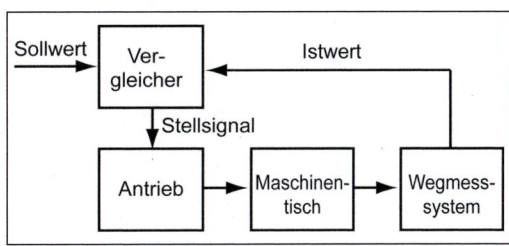

Bild 5.128 Lageregelkreis

Nach dem Ort der Messwertaufnahme unterscheidet man die *direkte* und die *indirekte* Wegemessung. Für Holzbearbeitungsmaschinen verwendet man die indirekte Wegemessung.

Dabei wird der Maschinentisch (oder das Werkzeug) durch ein Zählen der Umdrehungen der Vorschubspindel gesteuert und positioniert. Die Wegstrecken werden somit nicht unmittelbar am Maschinentisch gemessen, sondern *indirekt* über die Drehungen der Spindel oder des Vorschubmotors. Für Holzbearbeitungsmaschinen ist als Messprinzip die

Inkrementale Wegmessung (**5.**129) üblich. Dabei zählt eine optische Abtasteinrichtung die vorbeilaufenden Striche einer mit der Vorschubspindel verbundenen Strichscheibe. Die ausgelösten Impulse werden der Steuerung übermittelt (Impulsgeber). Für das Erreichen der einzelnen Bearbeitungspunkte werden die Zuwachswerte (Inkremente) an Impulsen vorgegeben und von dem Maschinentisch (oder Werkzeug) angesteuert. Der Rechner addiert bzw. subtrahiert die Anzahl der zurückgelegten Wegschritte.

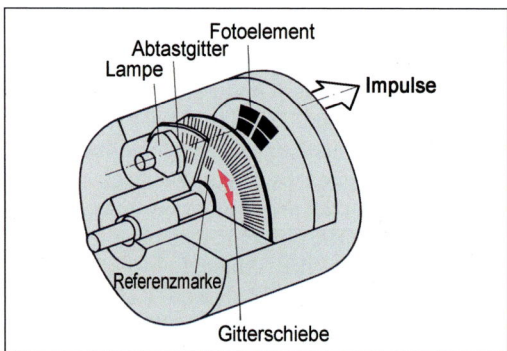

Bild 5.129 Indirekte Wegemessung, inkremental

Wegemesssystem an CNC-Holzbearbeitungsmaschinen:

Ort der Messwertaufnahme:
– *indirekt* durch Zählen der Vorschubspindel-Umdrehungen

Wegemessung:
– *inkremental* Rechner erfasst Zuwachswerte

Bezugspunkte sind für den Programmablauf und die Steuerung notwendig (**5.**130). Wir unterscheiden Maschinennullpunkt, Referenz-, Werkstücknullpunkt und Programmnullpunkt.

Den Maschinennullpunkt (MNP) legt der Hersteller fest. Es ist der unveränderliche Nullpunkt des Maschinenkoordinatensystems und zugleich Ausgangspunkt für alle weiteren Bezugspunkte der Maschine. Er befindet sich meistens an der linken vorderen Ecke des Maschinentisches.

Der Referenzpunkt (R) ist der vom Hersteller im Koordinatensystem der Maschine festgelegte Ausgangspunkt zum Einschalten und Normieren der Steuerung. Nach dem Ausschalten der Maschine oder bei Stromausfall kann damit der verlorengegangene Programm- und Werkstücknullpunkt wiedergefunden werden.

Der Werkstücknullpunkt (WNP) ist vom Programmierer frei wählbar. Er wird möglichst so gelegt, dass die Koordinatenwerte aus der Zeichnung als Fertigungsmaße übernommen werden können.

Bei symmetrischen Werkstücken mit spiegelbildlichen Bearbeitungsflächen legt man den WNP in die Symmetrieachse, um sich die Programmierarbeit zu erleichtern.

Am Programmnullpunkt (P) beginnt der Programmstart. Er ist frei wählbar und wird so gelegt, dass dort Werkzeug oder Werkstück gewechselt werden können.

Der Unterschied zwischen dem Maschinennullpunkt und dem Werkstücknullpunkt ist die *Nullpunktverschiebung*. Beim Einrichten der Maschine werden die Werte in die Steuerung eingegeben und bei den folgenden Programmanweisungen automatisch berücksichtigt.

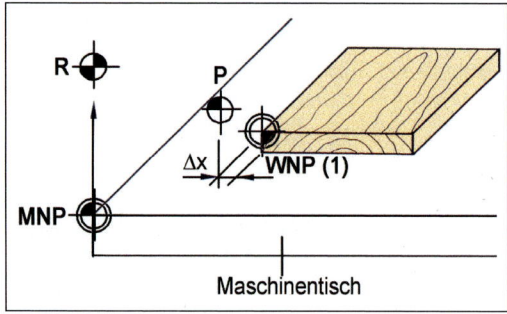

Bild 5.130 Bezugspunkte

Bezeichnung und Symbol		Erläuterung
Maschinennullpunkt MNP	⊕	unveränderlich, Ausgangspunkt für alle weiteren Bezugsquellen
Referenzpunkt R	⊕	unveränderlicher Punkt zum Einschalten der Steuerung
Werkstücknullpunkt WNP	⊕	frei wählbarer Punkt, von dem alle Fertigungsmaße ausgehen
Programmnullpunkt P	⊕	frei wählbarer Programmstart (Werkzeug/Werkstückwechselmöglichkeit)

5.3.5 Steuerungsarten

Bei der Steuerung der CNC-Maschinen in den verschiedenen Bearbeitungsrichtungen unterscheiden wir Punkt-, Strecken- und Bahnsteuerung.

Punktsteuerung. Das Werkzeug bzw. Werkstück fährt im Eilgang einen Bearbeitungspunkt an. Dabei ist das Werkzeug nicht im Einsatz. Die Bearbeitung wird erst durchgeführt, wenn der Zielpunkt erreicht ist (**5.**131).

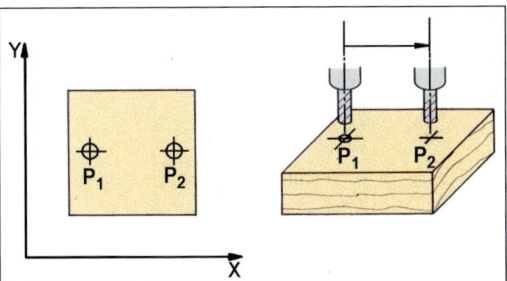

Bild 5.131 Punktsteuerung, Eilgang ohne Werkzeugeingriff

Beispiele
 Bohrautomat, Dübelautomat.

Streckensteuerung. Hier wird nur in einer Achsrichtung gesteuert. Alle Bearbeitungs- und Vorschubbewegungen sind deshalb gerade und achsparallel, die Bearbeitungsrichtungen rechtwinklig zueinander (**5.**132).

Beispiele
 Plattenaufteilsäge, Kantenbearbeitungsautomat

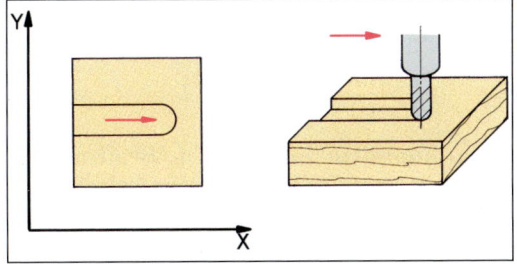

Bild 5.132 Streckensteuerung, achsparalleler Verfahrweg mit Werkzeugeingriff

Bahnsteuerung ermöglicht mehrachsige Bewegungen und damit beliebige Bearbeitungsbahnen in einer Ebene oder im Raum. Die Vorschubbewegungen der verschiedenen Bearbeitungsachsen müssen aufeinander abgestimmt werden. Für die nicht achsparallelen Bahnen ist ein Interpolator (Bahnkurvenrechner) erforderlich. Er steuert die Einhaltung eines bestimmten, für die Bahn notwendigen Streckenverhältnisses X : Y (bei Bahnen in der x-y Ebene). Für das Fräsen eines Kreisbogens berechnet der Interpolator z. B. eine Vielzahl von Punkten eines Polygons, das dem Kreisbogen angenähert ist. Mit diesen Werten werden die Vorschubantriebe der Maschine so gesteuert, dass die vorgesehene Kreisbahn entsteht (**5.**133).

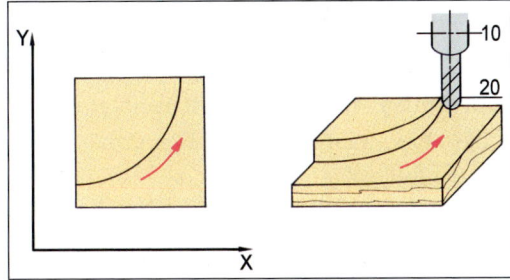

Bild 5.133 Bahnsteuerung, beliebiger Verfahrweg innerhalb eines Raumes mit Werkzeugeingriff

Bei der Bahnsteuerung sind Bewegungen in mehreren Raumrichtungen gleichzeitig möglich. Nach der Zahl der gleichzeitig und unabhängig voneinander arbeitenden Vorschubantriebe unterscheiden wir zwei-, drei- oder mehrachsige Bahnsteuerungen (2-D-, 2½-D-, 3-D-Bahnsteuerung).

Die technologische Entwicklung in der elektronischen Steuerungstechnik ermöglicht bei modernen Maschinen bis zu neun Bearbeitungsrichtungen.

Beispiel
 Oberfräsautomat, Bearbeitungszentren

> Punktsteuerung nur für Positionierung an einem Bearbeitungspunkt. Streckensteuerung für Bearbeitung in einer Achsrichtung.
>
> Bahnsteuerung für Bearbeitung in beliebigen Werkzeugbahnen in einer Ebene oder im Raum.

5.3.6 Programmieren von CNC-Holzbearbeitungsmaschinen

Programmaufbau

Für die Bearbeitung sind an einer CNC-Maschine u.a. die Wege des Werkzeugs, die Vorschubgeschwindigkeit, die Drehfrequenz und die Auswahl des Werkzeugs festzulegen. Diese Bedingungen und Vorgaben müssen in eine Form gebracht werden, die die Steuerung der Maschine verarbeiten kann. Zu diesem Zweck erstellt man ein Programm, das die notwendigen Angaben in verschlüsselter Form (codiert) enthält und den Arbeitsablauf schrittweise steuert. Die dafür verwendete Programmiersprache besteht aus Buchstaben, Ziffern und Sonderzeichen, deren Bedeutung DIN 66025 festlegt.

Um Programme übersichtlich und verständlich zu gestalten, hat man sich auf bestimmte Regeln für den Programmaufbau geeinigt.

Jedes Programm enthält *Weginformationen* und *Schaltinformationen.*

Die **Weginformationen** beschreiben die unterschiedlich gerichteten Arbeitsbewegungen des Werkzeugs oder Werkstücks (Koordinaten) und die Wegbedingungen.

Die **Schaltinformationen** beinhalten die für die Materialzerspanung notwendigen technologischen Angaben, wie beispielsweise Drehfrequenz, Vorschubgeschwindigkeit, Werkzeugaufruf und Zusatzinformationen (M).

Weginformationen	+	Schaltinformationen
– Wegbedingungen – Koordinatenwerte		– Technologische Informationen – Zusatzinformationen

Ein Programm besteht aus einer unterschiedlichen Anzahl von Sätzen mit Programmwörtern.

Programmwörter. Jedes Wort der Programmiersprache enthält eine Anweisung an die Maschinensteuerung und besteht immer aus einem Adressbuchstaben und einer Ziffernfolge. Mit dem am Wortanfang stehenden Adressbuchstaben wird eine bestimmte Maschinenfunktion angesprochen (z. B. Steuerungsart, Vorschub oder Drehzahl, **5.**134).

Dem Adressbuchstaben folgen Ziffern, die unterschiedliche Bedeutung haben. Einerseits können es direkte Zahlenwerte für den Vorschub oder die Drehzahl sein, andererseits Anweisungen für die Maschinenfunktion (Bewegungsrichtung der Maschinenspindel usw.). Da die Adresse erst durch die folgende Zahl eine genaue Bedeutung erhält, spricht man von der Schlüsselzahl.

Tabelle 5.134 Wortbestandteile, Adressbuchstuben

Buchstabe	Bedeutung
A, B, C	Drehung um die Achsen x, y, z
D	Werkzeugkorrekturspeicher
F	Vorschub
G	Wegbedingungen
I, J, K	Kreismittelpunktkoordinaten (Interpolationsparameter)
M	Zusatzfunktionen
N	Satznummer
S	Spindeldrehzahl
T	Werkzeugnummer
X, Y, Z	Bewegungen in X-, Y-, Z-Achse

Zusätzliche Sonderzeichen dienen für weitere Angaben wie Programmanfang, Satzende, Löschen und Leerzeichen (Tab. **5.**135).

Tabelle 5.135 Abdruckbare Sonderzeichen

Zeichen	Bedeutung
%	Programmanfang
(,)	Anmerkungsbeginn, -ende
+,-	plus, minus
.	Dezimalpunkt
/	Satzunterdrückung
:	Hauptsatz, auch bedingter Stopp des Programmrücksetzens

Programmsätze. Zu einem Bearbeitungsschritt gehörende Wörter ergeben einen Satz. Innerhalb eines Satzes werden die Wörter in einer festgelegten Reihenfolge angeordnet, um Übersichtlichkeit und ein besseres Verständnis zu ermöglichen. Diese Reihenfolge heißt Satzformat.

5.3 Numerisch gesteuerte Holzbearbeitungsmaschinen

Beispiel

	Satz-nummer	Weg-information	Schaltinformation
Satz –N10		G00 X20 Y10 Z40	F2000 S12000 T01 M03

Adresse   Schlüsselzahl

Ein Satz beginnt mit dem Buchstaben N und der Satznummer. Für die fortlaufende Nummerierung empfehlen sich Zehnerschritte (N20, N30, N40 usw.), damit man bei einem veränderten Fertigungsablauf nachträglich Sätze einschieben kann. Die Informationen über technologische Daten werden zur besseren Übersicht meist im ersten Satz vorangestellt und gelten solange, bis andere Werte eingegeben werden (selbsthaltend).

N10	G90	S12000	F2000T01
N20	G00	X30	Y10
N30	G00	Z4	M03
N40	G01	Z20	M08

…

Der Satz N20 ist im Beispiel der erste Bearbeitungsschritt

Programmstruktur. Das Zeichen % steht für den Programmanfang, dem die Programmnummer folgt. Es schließen sich die Sätze (N) an, die in der Reihenfolge der Satznummern ausgeführt werden. M30 bedeutet das Programmende und Rücksetzen.

> Ein Programm enthält Weginformationen und Schaltinformationen. Die Programmwörter eines Bearbeitungsschritts bilden einen Satz.

Weginformation. Die Weginformation eines Programms besteht aus Angaben zu den Wegbedingungen (G) und zu den Koordinaten (X, Y, Z) der Verfahrwege.

Beispiel

G00	X10 Y120 Z40
Punktsteuerung	Zielpunkt für die Verfahr-
Art der Bewegung	wege im Koordinatensystem

Koordinaten der Verfahrwege. Außer den Wegbedingungen sind Informationen mit geometrischen Angaben für die Bewegung erforderlich. Für die Werkzeugbewegungen benutzt man die Adressen X, Y, Z. Die folgenden Koordinatenwerte geben die Zielpunkte der Werkzeugbewegung in Millimeter an.

Voraussetzung für das Programmieren ist eine CNC-gerechte Bemaßung des Werkstücks mit genauer Angabe der Zielpunktkoordinaten, die von der Steuerung gelesen werden können. Die Bemaßung ist absolut oder inkremental möglich.

Bei der Absolutbemaßung beziehen sich alle Maße auf einen Werkstücknullpunkt. Diese oft verwendete Bemaßung ist übersichtlich und wenig fehleranfällig. Die Maßangaben entsprechen den Koordinatenwerten, die sich auf den Werkstücknullpunkt beziehen. Sie wird durch G90 angewählt (**5.**136).

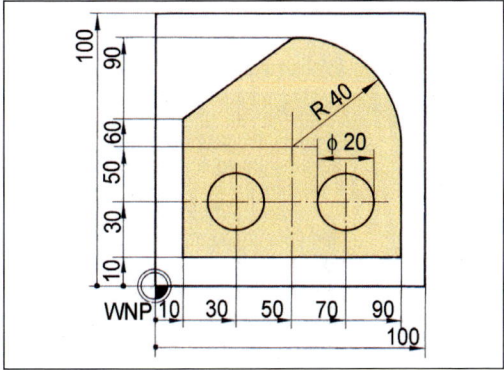

Bild 5.136 Absolutbemaßung

Bei der Inkremental- oder Kettenbemaßung wird der jeweilige Zuwachs (Inkrement) einer Maßkette zwischen Start- und Zielpunkt eingegeben. Der Wegzuwachs ist positiv in Koordinatenrichtung und negativ entgegen der Koordinatenrichtung. Damit wird das Programmieren erleichtert, doch setzt sich ein Maßfehler in der Kette fort, Maßänderungen erfordern eine Korrektur aller folgenden Koordinatenwerte. Man verwendet die Inkrementalbemaßung häufig für Unterprogramme. Angewählt wird sie durch G91 (**5.**137).

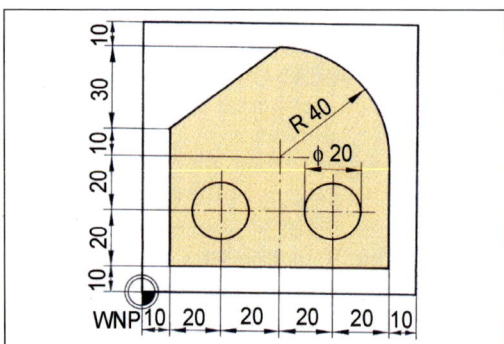

Bild 5.137 Inkremental- oder Kettenbemaßung

Durch die Wegbedingungen erhält die Maschinensteuerung wichtige Informationen über die Bewegung des Werkzeugs, z. B. auf einer Geraden oder einer Kreisbahn. Die programmierten Werkzeugbewegungen werden durch den Buchstaben **G** (engl. go) und zwei Ziffern näher bestimmt (**5.**138).

Tabelle 5.138 Wegebedingungen G (Auswahl)

Kennzeichen	Bedeutung
G00	Eilgang, Punktsteuerung
G01	Geradeninterpolation
G02	Kreisinterpolation im Uhrzeigersinn
G03	Kreisinterpolation im Gegenuhrzeigersinn
G04	Verweilzeit
G17	Ebenenauswahl x y
G18	Ebenenauswahl x z
G19	Ebenenauswahl y z
G40	keine Werkzeugbahnkorrektur
G41	Werkzeugbahnkorrektur links
G42	Werkzeugbahnkorrektur rechts
G53	Aufhebung der Nullpunktverschiebung
G54 bis 59	Nullpunktverschiebung
G60	Genau-Halt
G62	Bahnsteuerbetrieb mit Satzübergangsgeschwindigkeit
G64	Bahnsteuerbetrieb
G90	absolute Maßangabe (Bezugsmaßangabe)
G91	inkrementale Maßangabe

Beispiele

Programmieren von Geraden

G00: Ein programmierter Punkt wird im Eilgang angefahren (Positionieren), die davor wirksame programmierte Vorschubgeschwindigkeit unterdrückt, aber nicht gelöscht.

G01: Hiermit werden gerade Bewegungen des Werkzeugs programmiert. Da das Werkzeug im Einsatz ist, erfolgt die Arbeitsbewegung mit programmiertem Vorschub. Der dafür verwendete Begriff Geradeninterpolation bedeutet das Zerlegen der Werkzeugbewegung in kleine Teilstrecken der Hauptbewegungsachsen.

Programmieren von Kreisbögen und Vollkreisen:

G02, G03 bedeuten eine kreisförmige Arbeitsbewegung des Werkzeugs im (G02) oder gegen (G03) den Uhrzeigersinn. Bei kreisförmigen Bewegungen sind außer den Zielpunkten Angaben zur Lage des Kreismittelpunkts (I, J, K) oder des Radius zu programmieren. Da die Kreisbahn durch Zerlegen in kleine Teilstrecken der Hauptbewegungsachsen entstehen, spricht man von Kreisinterpolation (**5.**139).

Wegebedingungen werden eingegeben mit
– G00 für Werkzeugbewegungen im Eilgang,
– G01 für gerade Werkzeugbewegungen mit programmiertem Vorschub,
– G02 für Kreisbewegungen im Uhrzeigersinn,
– G03 für Kreisbewegungen entgegen dem Uhrzeigersinn.

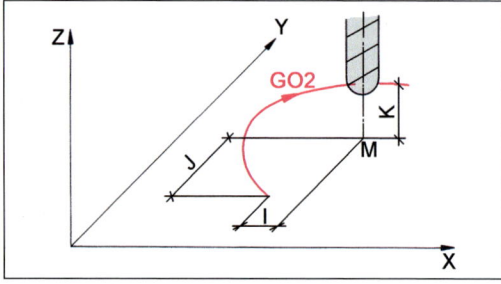

Bild 5.139 Kreisprogrammierung G02

Koordinatenwerte für den Zielpunkt werden eingegeben mit
– G90 als Absolutmaße, bezogen auf den Werkstücknullpunkt,
– G91 als Kettenmaße, bezogen auf den vorausgegangenen Bahnpunkt.

Werkzeugkorrekturen. Für die Bearbeitung eines Werkstücks sind in der Regel verschiedene Werkzeuge mit unterschiedlichen Maßen erforderlich. Um bei einer Änderung der Werkzeugmaße das Programm nicht korrigieren zu müssen, gibt man die Abmessungen der verschiedenen Werkzeuge (Länge, Durchmesser) in einen Werkzeugspeicher der Steuerung ein. Das gebrauchte Werkzeug wird mit der hinter der Adresse T stehenden Nummer aufgerufen (z. B. T02).

Bei einer Werkzeuglängenkorrektur berechnet die Steuerung den von der Werkzeuglänge abhängigen Bearbeitungsweg und führt automatisch die Korrektur durch.

Werkzeugbahnkorrektur. Beim Programmieren von Außen- und Innenkonturen an einem Werkstück ist der Fräserdurchmesser zu berücksichtigen. Das bedeutet, dass der Fräsermittelpunkt beim Bearbeiten des Werkstücks versetzt sein muss. Durch einen Korrekturbefehl wird die Werkzeugbahn von der Maschinensteuerung vorausberechnet.

Für die Korrektur der Werkzeugbahn sind einzugeben
- G41, wenn der Fräser links vom Werkstück laufen soll,
- G42, wenn der Fräser rechts vom Werkstück laufen soll (Blick in Vorschubrichtung)
- G40 hebt die Werkzeugkorrektur wieder auf (**5**.140).

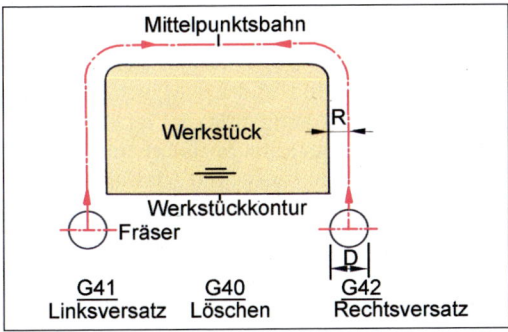

Bild 5.140 Fräserradiuskorrektur

Nullpunktverschiebung. Wenn zwei Werkstücke gleichzeitig auf dem Maschinentisch aufgespannt und bearbeitet werden sollen (z. B. bei wechselseitiger Beschickung), werden die unterschiedlichen Nullpunkte gemessen und mit G54 und G55 in die Steuerung eingegeben. Die Bearbeitung geschieht dann unter Berücksichtigung der Nullpunktverschiebung, die mit G53 wieder aufgehoben wird (**5**.141).

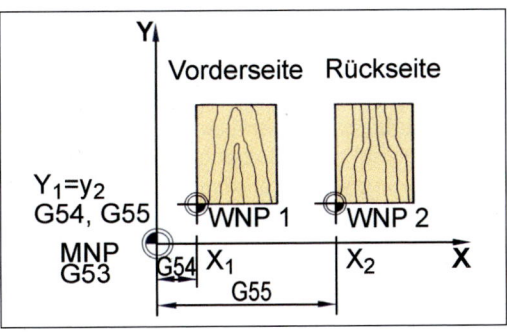

Bild 5.141 Nullpunktverschiebung

Technologische Informationen, Zusatzinformationen. Sie ergänzen die Weginformationen und enthalten Angaben über Drehzahl, Schnittgeschwindigkeit, Vorschubgeschwindigkeit und Werkzeuge, die unter Berücksichtigung des Werkstoffs und der Bearbeitungsaufgaben festgelegt werden. Als Adressbuchstaben dienen die Anfangsbuchstaben englischer Begriffe.

- **S** enthält Angaben zur Drehzahl (speed)
- **T** enthält Angaben zum Werkzeug (tool)
- **F** enthält Angaben zum Vorschub (feed) ...

Hinzu kommen Zusatzinformationen. Das sind Maschinenfunktionen, die nach DIN mit der Adresse M und einer folgenden Zahl eingegeben werden.

Kennzeichen	Bedeutung
M00	Programmhalt
M02	Programmende ohne Rücksetzen
M03	Rechtslauf der Werkzeugspindel
M04	Linkslauf der Werkzeugspindel
M05	Spindelhalt
M06	Werkzeugwechsel (manuell?)
M30	Hauptprogrammende mit Zurücksetzen

Programmieren eines Werkstücks

In der Regel wird das Programm an einem Büroarbeitsplatz und nicht an der Maschine erstellt. Dadurch geht keine wertvolle Produktionszeit verloren, für das Programmieren ist mehr Ruhe vorhanden und man kann den Rechner als Programmierhilfe nutzen.

Möglichkeiten der Programmerstellung

Manuelles Programmieren. Arbeitsschritte und Maschinenfunktionen werden „von Hand" in einem Programmformular festgelegt. Die Programmierbefehle nach DIN 66025 dienen als Grundlage, maschinenspezifische Besonderheiten sind zu berücksichtigen. Vor der Programmierung sollten vorhanden sein:
– vollständige Werkstückzeichnung mit Maßangaben in der gewählten Programmbemaßungsart
– Startposition, Werkstücknullpunkte
– Bearbeitungsplan mit allen technologischen Daten und den Bearbeitungsschritten.

Programmieren mit Rechnerhilfe. Spezielle Software ermöglicht durch die Eingabe der Werkstückgeometrie und technologischer Angaben (z. B. im Dialogverfahren) die Erstellung eines Programms. Simulationsläufe lassen sich am Bildschirm in 2-D-und 3-D-Darstellung in Realzeit oder mit Zeitraffer durchführen und dienen der Kontrolle der Bearbeitungsschritte. Vorhandene Standardprogramme lassen sich mit grafischen Eingaben und Umsetzung in ein Programm auf ähnliche Werkstücke anpassen (Parameter). Der Rechner erstellt als Ergebnis das CNC-Programm (**5.**142).

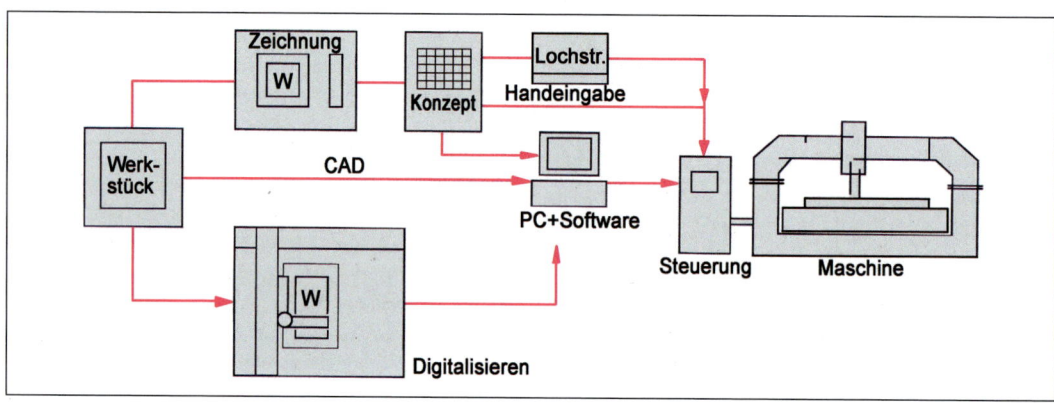

Bild 5.142 Möglichkeiten der Programmerstellung

Digitales Zeichenbrett. Ein rechnergestütztes Programmiersystem ist das digitale Zeichenbrett. Es ermöglicht durch ein Lesegerät die Konturerfassung aus einer unbemaßten Zeichnung oder einem flachen Musterteil. Mithilfe eines PC und spezieller Software können die erfassten Konturpunkte automatisch in ein CNC-Programm umgesetzt werden. Maschinenspezifische Daten werden dabei berücksichtigt.

Teach-in-Verfahren. Bei geometrisch komplizierten Teilen (Schnitzereien, Gestellmöbel) kann anstelle einer Zeichnung ein Musterteil als Vorlage dienen, das auf den Maschinentisch gespannt wird. Messtaster erfassen schrittweise die Geometriedaten, die von der Maschinensteuerung in ein Programm verarbeitet werden.

CAD/CAM System. CAD steht als Abkürzung für Computer Aided Design. Dabei wird das Werkstück auf dem Bildschirm rechnerunterstützt konstruiert. Die Nutzung des Rechners in der Konstruktion und als Maschinensteuerung bei der Fertigung führt zu einer Systemverknüpfung. Spezielle Software erstellt mit Hilfe der Konstruktions- und Maschinendaten automatisch ein lauffähiges CNC-Programm.

FMX-Schnittstelle. Um eine bessere Verbindung der unterschiedlichen Datenverarbeitungssysteme der Konstruktion und Arbeitsvorbereitung mit den CNC-Holzbearbeitungsmaschinen zu erreichen, wurde die einheitliche Schnittstelle FMX entwickelt. Sie ermöglicht, Software und Holzbearbeitungsmaschinen unterschiedlicher Hersteller ohne aufwendige Anpassarbeiten zu einem funktionsfähigen CAD/CAM-System zu verknüpfen. Dadurch lassen sich im Betrieb eingeführte CAD-Programme weiterverwenden.

Programmarten

Ein Hauptprogramm enthält den gesamten Fertigungsablauf eines Werkstücks, damit wird die Bearbeitung begonnen, die einzelnen Schritte abgearbeitet und das Programm beendet.

Unterprogramm (UP). Bestandteil eines Hauptprogramms kann ein Unterprogramm sein. Durch den Aufruf dieses Programms kann eine häufig wiederkehrende Bearbeitung schnell und einfach wiederholt werden. Das Unterprogramm wird aus dem Hauptprogramm mit „L" und UP-Nummer aufgerufen. Bei Wiederholung ist die Anzahl anzugeben.

Der Programmaufbau gleicht dem Hauptprogramm mit allen erforderlichen Wege- und Schaltinformationen.

Fräszyklen (Parameter) werden für Werkstücke gleicher oder ähnlicher Form eingesetzt, wo die Abmessungen sich jedoch ändern. Nach Eingabe der gewünschten Größen erfolgt automatisch die Übernahme in das Programm. Die rationelle Programmiertechnik spart Zeit und Speicherplatz, die neuen Werte können auch direkt an der Maschine eingegeben werden.

Anwendung: Taschenfräszyklen, Aussparungen, Lochreihezyklus.

Da die DIN für Parameterprogramme und UP nichts festlegt, unterscheiden sich die Programmierbefehle dafür bei den verschiedenen Steuerungen.

Tabelle 5.143 Programmblatt eines Werkstücks (CNC und Außenkontur)

Satz	Weginformation						Schaltinformation				Bemerkung
N	G	X	Y	Z	I	J	K	F	S	T	M	
%50												Programmnummer
N 10								F 3000	S 9000	T 01	M 06	Einschaltzustand
20											M 03	Spindel ein (Rechtslauf)
30	G 90											Absolute Maßeingabe
40	G 00			z 20								z-Achse sichern
50	G 00	x 35	y 25									Positionieren für C,
60	G 01			z-3								Eintauchen C
70	G 02	x 15	y 25		I + 25	J + 25						Kreisinterpolation
80	G 01	x 15	y 45									Fräsen der Geraden
90	G 02	x 35	y 45	z-3	I + 25	J + 45						Kreisinterpolation
100	G 00			z 20								Austauchen C
110	G 00	x 45	y 15									Positionieren N
120	G 01			z-3								Eintauchen N
130		x 45	y55									
140		x 65	y 15									
150		x 65	y 55									
160	G 00			z 20								Austauchen IM
170	G 00	x 95	y 25									Positionieren für C
180	G 01			z-3								Eintauchen C
190	G 02	x 75	y25		I + 85	J + 25						Kreisinterpolation
200	G 01	x 75	y 45									Fräsen der Geraden
210	G 02			z-3	I + 85	J + 45						Kreisinterpolation
220	G 00			z 20								Austauchen C
230										T 02	M 06	Werkzeugwechsel
240	G 00	x 0	y 0									Außenkontur fräsen
250	G 01			z-5								Eintauchen
260		x 0	y 70									Stirnseite fräsen
270		x 110										Längsseite fräsen
280			y 0									Stirnseite fräsen
290		x 0	y 0									Längsseite fräsen
300	G 00			z 20								Austauchen
310	G 74											Referenzfahrt
320											M 30	Programmende

Beispiel

Mit einem CNC-Oberfräsautomaten sind auf einem Werkstück die Buchstaben „CNC" einzufräsen und die Werkstückaußenkontur zu profilieren.

Lösung

(**5.**144) Die 3 mm tiefe Gravur der Buchstaben wird mit einem HSS-Nutfräser von 4 mm Durchmesser in dem Ahornbrett ausgeführt. Die Fräsermitte ist gleichzeitig Buchstabenmitte. Das Außenprofil fräsen wir mit einem rechtsdrehenden Profilfräser (Hohlkehlfräser, Radius 5 mm). Als Drehfrequenz für die Fräser wählen wir 9.000 1/min., die Vorschubgeschwindigkeit soll einheitlich 3.000 mm/min betragen. Das erstellte Programm (**5.**143) muss vor dem Einsatz an der Maschine getestet werden. Eine Möglichkeit dazu bietet die grafische Programmsimulation am Bildschirm nach Eingabe über die Tastatur. Eine Konturüberprüfung ohne Materialzerspanung ist möglich, wenn statt des Fräsers eine Kugelschreibermine eingespannt wird, die die Verfahrwege in einer Ebene auf einem Zeichenblatt darstellt. Die Werkzeugzustellung in der Z-Achse wird vorher abgewählt.

Erweist sich das Programm als fehlerfrei, kann es auf einem Datenträger abgespeichert werden.

Maschinenaufbau und Bedienung

CNC-Maschinen bestehen aus dem Maschinenständer mit Antriebs- und Bearbeitungsaggregaten sowie der Steuerung, die häufig neben der Maschine angeordnet ist.

Meist sind der Maschinentisch oder die Bearbeitungsaggregate verfahrbar, an einigen Maschinen können beide Funktionselemente gleichzeitig verfahren werden.

Bedienfeld einer CNC-Maschine

An die Stelle der Funktionselemente einer handbedienten Maschine tritt bei der CNC-Maschine das Bedienfeld.

Tasten mit Buchstaben, Ziffern und Vorzeichen dienen hauptsächlich zur Programmeingabe. Weitere Maschinentasten sind vorgesehen für die Maschinenfunktion (Ein- und Ausschalten), die Computerfunktion (Speichern, Löschen, Ändern von Daten) sowie die automatische Fertigung (**5.**145). Der Aufbau der Tastatur ist unterschiedlich. Der Bediener muss sich erst mit ihr vertraut machen, bevor er sicher mit der Maschine umgehen kann. Um die Maschinenbedienung zu erleichtern, hat man in DIN 55003 einheitliche Bildzeichen festgelegt (**5.**146).

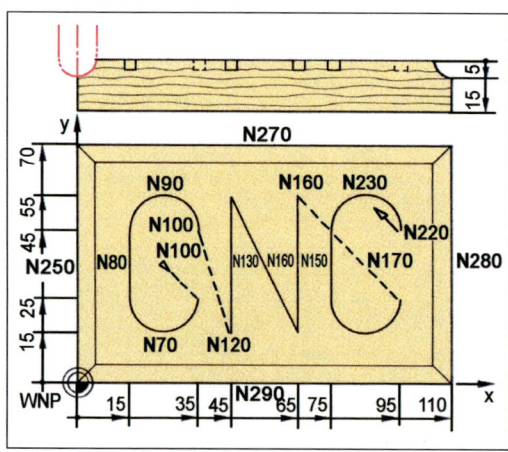

Bild 5.144 Fräsen eines Werkstücks

Bild 5.145 Bedienfeld einer CNC-Maschine

5.3 Numerisch gesteuerte Holzbearbeitungsmaschinen

Tabelle 5.146 Bildzeichen für CNC-gesteuerte Werkzeugmaschinen nach DIN 55003

Bildzeichen (Symbol)	Bezeichnung und Anmerkungen	Bildzeichen (Symbol)	Bezeichnung und Anmerkungen
	Programm einlesen – Auf Tastendruck wird das Programm in *den Speicher eingelesen, Zunächst* keine Maschinenfunktion	%	Programmanfang – Durch Tastenbetätigung wird das eingegebene *Programm auf den ersten* Programmschritt gestellt
	Satzweise einlesen – Auslösen durch Handbetätigung: Das innere Quadrat weist auf einen einzelnen Programmsatz hin		Programmierter Halt – Gleiche Wirkung wie die Zusatzfunktion M00
	Programm verändern, um Veränderungsfunktionen darzustellen (z. B. Einfügungen)		Handeingabe – Nach Tastenbetätigung erfolgt die Steuerung der Handeingaben
N	Satznummersuche (vorwärts) – Bei Tastenbetätigung wird der nächste Satz aufgerufen		Programmspeicher – Durch Tastenbetätigung wird der Programmspeicher angesprochen
N	Satznummersuche (rückwärts) – Bei Tastenbetätigung wird der vorhergehende Satz aufgerufen		Absolute Maßangaben – Nach Tastenbetätigung wird im Bezugsmaßsystem verfahren
	Relative Maßangaben (inkremental) – Nach Tastenbetätigung wird in relativen Maßangaben verfahren		Werkzeugkorrektur – Nach Tastendruck wird ein hiernach anzugebender Korrekturwert berücksichtigt
	Referenzpunkt – Bei relativen Maßangaben verwendete Position, die in einem bestimmten Bezug zum Achsennullpunkt steht		Dateneingabe in einen Speicher – Nach Tastendruck erfolgt das Einlesen der Daten in den Speicher
	Koordinatennullpunkt – stellt den Anfang des Maschinen-Koordinatensystems dar		Datenausgabe aus einem Speicher
	Werkzeuglängenkorrektur – Der Pfeil am symbolisch gezeichneten Fräser weist auf die Werkzeuglänge hin		Löschen – Vorsicht – diese Taste löscht das gesamte Programm!
	Werkzeugradiuskorrektur – Der Pfeil am symbolisch gezeichneten Fräser weist auf den Radius hin		Positions-Istwert – z. B. wird nach Tastendruck die gegenwärtige Position angezeigt

Betriebsart. Bei CNC-Maschinen ist vor dem Ausführen einer bestimmten Tätigkeit stets die entsprechende Betriebsart anzuwählen. Dabei unterscheiden wir drei Hauptgruppen:
- Handbedienung: Maschinenfunktion durch Tastenbetätigung,
- Programmierbetrieb: Programmeingabe an der Tastatur oder über Datenträger,
- Automatikbetrieb: Maschinenfunktion oder Programmsteuerung.

Auch bei der Handbedienung der Maschine wird das Werkzeug nicht durch Kurbelbetätigung in die Arbeitsposition gebracht – erforderlich ist nur ein Tastendruck. Die meisten Maschinenfunktionen lassen sich sowohl durch Handsteuerung als auch durch Programmbefehl ausführen.

Beispiel
> Einschalten der Spindel im Uhrzeigersinn durch Tastendruck oder
> Ausführen des Befehls M 03 (codiert) beim Programmstart

Werkzeuge und Werkzeugwechsel. Der häufige Werkzeugeinsatz und die großen Fertigungsgeschwindigkeiten erfordern Maschinenwerkzeuge mit langer Standzeit. Für die Bearbeitung eignen sich deshalb nur DP-, DM- und HM-Werkzeuge.

Bild 5.147 Werkzeugwechsler (Tellerausführung)

Bild 5.148 Werkzeugaufspannung durch Vakuumsaugteller

Die Fertigung eines Werkstücks erfordert verschiedene Werkzeuge. Deshalb sind CNC-Maschinen mit mehreren Arbeitsaggregaten oder einem Werkzeugwechsler ausgestattet. Das Wechseln erfolgt während der Herstellung nach Programmaufruf automatisch. Gebräuchlich für die Aufbewahrung sind:
- Werkzeugrevolver,
- Werkzeugmagazin (Pick-up, Tellerausführung, Kettenausführung, **5.**147).

Die Werkzeugdaten (Radius, Länge) werden unter der Werkzeugnummer gespeichert.

Spannen des Werkstücks. Eine sichere und exakte Werkstückaufspannung ist für die Fertigungszeit, Genauigkeit und Arbeitssicherheit wichtig. Vorherrschend sind pneumatische Spannmittel, bei hohen Zerspanungskräften auch mechanische und hydraulische. Gebräuchlich sind:
- Vakuumsaugelemente (-teller) (**5.**148),
- Vakuumrastertisch,
- Spannbacken,
- Druckkolbenspanner.

6 Andere Werkstoffe

Wer Holz bearbeitet, kommt auch mit anderen Werkstoffen in Berührung. Er verwendet z. B. Werkzeuge, Holzbearbeitungsmaschinen und Beschläge aus Stahl, Nichteisenmetalle und Kunststoffe. Dieses Kapitel vermittelt Grundkenntnisse über Eigenschaften und Bearbeitung dieser Materialien.

6.1 Metalle

Arbeitsauftrag Nr. 39 Lernfeld TI, HM 3; FKU 6

- Erstellen Sie eine „*Mind-Map*" zum Thema Metall in Partner oder- Gruppenarbeit.
  Kernpunkt bzw. Ausgangspunkt sollte folgende Frage sein: „*Was hat ein Tischler/Schreiner oder eine Fachkraft für Möbel-, Küchen- und Umzugsservice heute mit Metallen zu tun?*"
  Bilden Sie Sammelbegriffe für die unterschiedliche Verwendung von Metallen unter Einbeziehung von Wissen aus der eigenen Praxis.
  Nutzen Sie hierzu Baustoffhändlerkataloge mit entsprechenden Abbildungen.
- Mithilfe Ihrer Mind-Map, einschließlich Text 6.1.4, können Sie die folgenden Fragen beantworten. Nutzen Sie die „Dreischritt- *Methode*" (vgl. Arbeitsauftrag Nr. 32).
  1. Was ist Stahl?
  2. Was bedeuten die Werkstoffbezeichnungen S235JR?
  3. Was sind Halbzeuge?
  4. Was versteht man unter Korrosion?
  5. Was heißt Kontaktkorrosion?
  6. Nennen Sie mindestens drei Korrosionsschutzmaßnahmen.
  7. Welche Dichte kennzeichnet Leichtmetalle?
  8. Nennen Sie mindestens 5 NE-Metalle und deren wesentliche Verwendung.
  9. Wie wird ein metallischer Werkstoff beim Biegeumformen beansprucht?
  10. Was beschreibt der Begriff „Neutrale Faser"?
  11. Sie müssen ein Aluminiumblech biegen. Welches Werkzeug benutzen Sie zum Anreißen?
  12. Sie wollen ein Stahlblech biegen. Was müssen Sie beachten?
  13. Was bedeutet Fügen?
  14. Worin unterscheiden sich lösbare und unlösbare Verbindungen?
  15. Nennen Sie eine kraftschlüssige Verbindung.
  16. Wozu dienen Federring und Unterlegscheibe?
  17. Eine Nietverbindung wird formschlüssig bezeichnet. Was versteht man darunter?
  18. Beschreiben Sie einen Nietvorgang.
  19. Was ist beim Herstellen einer Lötverbindung zu beachten?
  20. Worin unterscheiden sich Schrupp- und Schlichtfeilen.
  21. Welche Feilen benutzen Sie zum Bearbeiten weicher Werkstoffe?
  22. Was bedeutet Schnittgeschwindigkeit?
  23. Berechnen Sie die Drehzahl für einen 5-mm-Bohrer zum Bohren einer Aluminiumlegierung.
  24. Wie groß ist der Kerndurchmesser für M6?
- Sollten Sie die Möglichkeit der Nutzung von Laboren haben, erarbeiten Sie sich dieses Fachgebiet durch praxisorientierte Versuche.

6.1.1 Eisen und Stahl

Eisen kommt in der Natur nicht rein, sondern nur in chemischen Verbindungen vor. Diese Verbindungen werden im Hochofenprozess so umgewandelt, dass graues und weißes Roheisen entsteht. Man erkennt dies an der unterschiedlichen Färbung der Bruchfläche.

Graues Roheisen wird in der Gießerei weiterverarbeitet. Der Kohlenstoffgehalt von *Grauguss* (GG) liegt zwischen 2,6 % und 3,6 %. Der Werkstoff besitzt eine hohe Druckfestigkeit, ist stoßempfindlich aber gut schwingungsdämpfend. Man gießt daraus z. B. Maschinenständer für Holzbearbeitungsmaschinen. Der Werkstoff lässt sich nicht biegen oder schmieden und nur bedingt schweißen.

Temperguss entsteht entweder durch mehrtägiges Glühen des Gussstückes unter Schutzgas wie Stickstoff bei ca. 1.100 °C (schwarzer Temperguss) oder durch Glühen in oxidierender Atmosphäre bei ca. 1.000 °C (weißer Temperguss). Der Vorgang wird *Tempern* genannt. Der Werkstoff ist zäher als Grauguss, besitzt gute Festigkeit und lässt sich hämmern, begrenzt verformen und auch schweißen. Aus weißem Temperguss werden z. B. Fittings, Schlüssel, Schraubzwingen, Kettenglieder, Tür- und Fensterbeschläge hergestellt, aus schwarzem Temperguss dickwandige Teile wie Schaltgabeln, Getriebegehäuse oder Zahnräder.

Weißes Roheisen wird im Stahlwerk zu Stahl weiterverarbeitet, indem während des Prozesses der hohe Kohlenstoffgehalt auf Werte unter 2 % gesenkt wird. Wir bezeichnen diese Stähle als *unlegierte* Stähle.

> Stahl ist ohne besondere Nachbehandlung schmiedbares Eisen mit einem Kohlenstoffgehalt unter 2 %.

Durch Legierung mit anderen Metallen lassen sich die Eigenschaften von Stahl dem gewünschten Verwendungszweck entsprechend verändern. Wir erhalten so *niedrig-* und *hochlegierte Stähle*.

Baustähle sind unlegierte Stähle, die nach ihrem Verwendungszweck sowohl in Massen- wie auch Qualitätsstähle eingeteilt werden. Zu ihnen gehören allgemeine Baustähle, Einsatz- und Vergütungsstähle.

Allgemeine Baustähle haben einen Kohlenstoffgehalt zwischen 0,15 % und 0,6 %. Sie sind nicht für Wärmebehandlung vorgesehen. Aus ihnen werden z. B. Maschinenteile, Form- und Stabstähle, Bleche, Rohre, Spannwerkzeuge, Schrauben, Nieten und Beschläge hergestellt.

Einsatzstähle sind Qualitäts- oder Edelstähle. Ihr Kohlenstoffgehalt liegt zwischen 0,01 % und 0,3 %. Durch Einsatzhärten erhalten sie besondere Gebrauchseigenschaften.

> Beim Einsatzhärten werden die Randschichten des Werkstoffes durch Aufkohlen härtbar. Einsatzgehärtete Werkstücke haben eine harte Oberfläche und einen zähen Kern und somit einen guten Verschleißwiderstand.

Zahnräder, Lagerzapfen und Messzeuge werden aus diesen Stählen gefertigt.

Vergütungsstähle haben einen Kohlenstoffgehalt zwischen ca. 0,25 und 0,65 %. Zu ihnen zählt man Qualitäts- oder Edelstahle. Durch Vergüten erhalten daraus gefertigte Werkstücke hohe Festigkeit und Zähigkeit.

> Vergüten ist eine Wärmebehandlung, bei der durch Härten und anschließendes Anlassen bei Temperaturen zwischen 400 °C und 650 °C hohe Zähigkeit bei bestimmter Festigkeit erlangt wird.

Aus Vergütungsstählen werden hochbeanspruchte Maschinenteile hergestellt.

Werkzeugstähle sind un-, niedrig- oder hochlegierte Stähle. Aus ihnen werden Werkzeuge mit bestimmten Eigenschaften gefertigt, so z. B. Schneidwerkzeuge, die auch bei höheren Temperaturen aufgrund des Zerspanvorganges noch ausreichende Standzeit besitzen.

Aus *unlegierten Werkzeugstählen* mit einem Kohlenstoffgehalt zwischen 0,65 % und 1,7 % werden Werkzeuge für niedrige Arbeitstemperaturen hergestellt deren Arbeitshärte durch Warmbehandlung erreicht wird. Dazu wird der Werkstoff auf Härtetemperatur erwärmt, in Wasser abgeschreckt und anschließend angelassen. Man erreicht durch das Anlassen eine Gefügerückbildung, die die Gebrauchshärte erwirkt. Werkzeuge, die aus diesem Werkstoff hergestellt werden, sind Hämmer, Feilen oder geringer beanspruchte Holzbearbeitungswerkzeuge.

Niedriglegierte Werkzeugstähle, auch Spezial-(SP-) Stähle genannt, enthalten bei einem Kohlenstoffgehalt von 0,3 % bis 2 % als Legierungsbestandteile z. B. Chrom, Nickel, Wolfram, Molybdän oder Vanadium. Zusammen mit Kohlenstoff entstehen im Gefüge z. B. Karbide, das sind besonders verschleißfeste Verbindungen, die Härte und Zähigkeit erhöhen und bei Warmarbeitsstählen auch die Verwendbarkeit für Arbeitstemperaturen über 200 °C ermöglichen. Aus ihnen werden Stecheisen, Maschinensägeblätter, Hobeleisen, Bohrer und Fräsketten hergestellt.

Hochlegierte Werkzeugstähle werden auch HL-Stähle genannt. Ihr Kohlenstoffgehalt liegt zwischen 0,9 und 1,7 %. Die Legierungsbestandteile Chrom, Molybdän oder Vanadium bilden Sondercarbide, die Arbeitstemperaturen bis ca. 1.300 °C zulassen. Sie sind auch als HSS-(**H**ochlegierter-**S**chnellarbeits-**S**tahl) oder HS-Stahl bekannt. Sie erreichen selbst bei ca. 600 °C (schwachrotglühend) Arbeitstemperatur noch vertretbare Standzeiten. Aus ihnen werden u. a. Fräser, Bohrer, Hobel- und Verbundwerkzeuge hergestellt.

Mit SS- und HSS-Werkzeugen werden Holzwerkstoffe und Harthölzer bearbeitet.

> Kreissägeblätter aus HSS- oder HS-Stahl dürfen wegen ihrer Bruchgefahr nur auf Kreissägemaschinen mit besonderen Sicherheitseinrichtungen verwendet werden.

Sonderstähle sind u. a. hoch legierte, nichtrostende Stähle von besonderer Oberflächengüte. Aus ihnen werden z. B. Edelstahlspülen für Küchen hergestellt.

DIA (PKD, DP) sind synthetisch, auf der Basis von Kohlenstoff hergestellte Schneidwerkstoffe (PKD, DP = polykristalliner Diamant). In technischen Anlagen werden bei Temperaturen von 1.300 bis 1.400 °C und unter Druck von 6.000 bis 7.000 Mpa (6.000 bis 7.000 bar) durch eine Hochdruck-Hochtemperatur-Synthese die Schicht aus Diamantkornmaterial unlösbar auf eine Hartmetallunterlage aufgesintert. Dieses Herstellungsverfahren ist sehr aufwendig, deshalb werden nur kleine Schneidenabmessungen (PKD-Bestückungsplatten sind 1,6 bis 3,2 mm dick) hergestellt. Schneidenmaterial aus PKD ist sehr stoßempfindlich und teuer. Die Standzeiten PKD-bestückter Sägeblätter oder Fräser liegen beim 200- bis 250-Fachen von HM-bestückten Schneiden. Sie werden bei der industriellen Herstellung von Möbeln und Fenstern eingesetzt.

Normung und Handelsformen

Mit welchem Werkstoff wir arbeiten, entnehmen wir der Werkstoffbezeichnung. Sie ist nach DIN genormt. Genauere Angaben können Tabellenbüchern entnommen werden.

Unlegierte Baustähle, warm gewalzt, erkennen wir an einem **S** sowie nachgestellten Ziffern und Buchstaben. Sie geben uns Auskunft über besondere Eigenschaften des Stahls.

Beispiel

Kurzname: *S235JR*

S = Stahl (Grundstahl)
235 = Streckgrenze R_e in N/mm² für Erzeugnisdicken < 16 mm
JR = Diese Gütegruppe besagt, dass dieser Stahl nach allen Verfahren schweißbar ist.

Diese Stahlart wird für gering beanspruchte Teile im Maschinen- und Stahlbau verwendet und ist gut zu bearbeiten.

Unlegierte Qualitäts- und Edelstähle werden nach dem Kohlenstoffgehalt bewertet, Edelstahl mit besonders geringem Phosphor- und Schwefelgehalt erhält noch den Kennbuchstaben E.

Beispiel

C45 ist ein unlegierter Vergütungs-(Qualitäts-)Stahl mit 0,45 % Kohlenstoffgehalt.

C45E ist ein unlegierter Einsatz-(Edel-)Stahl mit niedrigem S- und P-Gehalt und 0,45 % Kohlenstoff.

Niedriglegierte Stähle sind Qualitäts- und Edelstähle mit weniger als 5 % Legierungsbestandteilen. Den Legierungsanteil in Prozenten erhält man durch genormte Teiler.

Beispiel

34 Cr 4 ist ein Vergütungsstahl mit $^{34}/_{100}$ = 0,34 % Kohlenstoff und $^{4}/_{4}$ = 1 % Chrom (Cr) als Legierungsbestandteil.

Hochlegierte Stähle sind Qualitäts- und Edelstahle, wie wir sie z. B. bei Spülen in Einbauküchen finden. Das Kennzeichen für einen hochlegierten Stahl ist das X am Beginn der

Werkstoffbezeichnung, gefolgt von Angaben über die Zusammensetzung.

Beispiel

X 10 Cr Ni 18-8 ist ein hochlegierter Stahl mit 0,1 % Kohlenstoffgehalt, 18 % Chrom und 8 % Nickel. Um den Kohlenstoffgehalt zu erhalten, müssen wir die dem *x* folgenden Zahl durch 100 teilen. Die anderen Ziffern geben den realen Gehalt des Legierungsbestandteiles an.

Gusseisenwerkstoffe. Hier geben die Kurznamen Auskunft über Zugfestigkeit, Werkstoff, Grafitstruktur und das es sich um eine Europäische Norm handelt.

Beispiel

Kurzname: *EN-GJL-200*

EN = Europäische Norm
G = Guss
J = Eisen
L = Lamellengrafit
200 = Zugfestigkeit R_m N/mm^2

Die Werkstoffe werden u.a. zu Normteilen oder Halbzeugen und Blechen verarbeitet, aus denen dann die Werkstücke gefertigt werden. Halbzeuge sind Erzeugnisse, die u.a. durch Walzen von Metallen entstanden sind und zur Weiterverarbeitung genutzt werden. Die genauen Bezeichnungen sind wieder den DIN-Normen zu entnehmen. Nachfolgend zwei Beispiele.

Flach 40 x 12 DIN 1017 – S235JR ist z. B. ein warm gewalzter Flachstahl von 40 mm Breite und 12 mm Dicke, aus Stahl der nach allen Verfahren schweißbar ist und eine Streckgrenze von 235 N/mm^2 bei einer Erzeugnisdicke ≤ 16 mm hat. Anstelle von Flach kann auch die Abkürzung FI oder das Bildzeichen gesetzt werden.

L-Profil EN 10056-1 70 x 70 x 7 – S235JO ist ein gleichschenkliger Winkelstahl, a = 70 mm, t = 7 mm, aus S235JO.

Die genauen Informationen finden Sie in den genannten DIN-Normen.

6.1.2 Nichteisenmetalle (NE-Metalle)

Nichteisenmetalle werden in Leichtmetalle (Dichte < 4,5 kg/dm^3) und Schwermetalle eingeteilt. Zu den NE-Metallen gehören Aluminium, Kupfer, Blei, Zink, Zinn, Magnesium und deren Legierungen. Durch entsprechende Legierungsbestandteile erhält das Grundmetall die Eigenschaften, die es für Beschläge u. a. besonders geeignet sein lässt (**6.**1).

Hartmetalle werden durch Sintern hergestellt. Verarbeitet werden z. B. Wolfram- und Titankarbide mit Kobalt als Bindemetall. Die zu Pulver zermahlenen Stoffe werden bei 1.500 °C bis 1.600 °C zu Stäben oder Platten gepresst.

Tabelle 6.1 Wichtige Gebrauchseigenschaften von NE-Metallen und deren Legierungen

Metalllegierung	Eigenschaften	Verwendung
Aluminium	Dichte 2,7 kg/dm^3; weich und dehnbar, gut zu zerspanen; kerbempfindlich	neben Stahl am meisten in Holztechnik verwendet für Bleche, Wandverkleidungen u. a.
Al-Knetlegierungen	Legierungsbestandteile: Kupfer, Magnesium, Zink und Mangan; zugfester als Aluminium, korrosionsbeständig, gut zu verarbeiten	Fenster, Türen, Sonnenblenden, Regenschutzschienen, Simsabdeckung, Systemprofile, Wandplatten
Al-Gusslegierungen	höhere Zugfestigkeit als Aluminium	Beschläge, Türdrücker
Kupfer	Dichte 8,96 kg/dm^3; weich, zäh, gut dehn- und umformbar, weniger gut zerspan- oder giessbar	Türen, Bleche, Bekleidungen, Folien, Fassaden, Dächer
Kupfer-Zink-Legierungen (Messing)	korrosionsbeständig, gut zu bearbeiten und zu spanen	Schrauben, Zierleisten, Beschläge
Kupfer-Zinn-Legierungen (Bronze)	korrosionsbeständig, gut zu bearbeiten	Beschläge
Zink	Dichte 7,1 kg/dm^3; korrosionsbeständig, jedoch nicht gegenüber Säuren, Laugen, Kalk, Zement; gut dehn- und umformbar	Fensterbleche, Abdeckung für Dachbedeckungen
Zinklegierung (Zamak)	gut giessbare Legierung aus Aluminium, Zink und Kupfer	Bänder, Scharniere, Türgriffe, demontierbare Schrankverbinder
Blei	Dichte 11,4 kg/dm^3; korrosionsbeständig; sehr weich und dehnbar, gut umzuformen	Bleiverglasungen, Einfassungen (Bilder, Glas)
Hartmetalle	sehr hart und spröde, schlagempfindlich	Schneidwerkzeuge für hohe Schnittgeschwindigkeiten

6.1 Metalle

Tabelle 6.2 Korrosionsschutzmaßnahmen

Einölen, Einfetten	verwendet werden säurefreie oder organische Stoffe
Beschichtungen	sie werden durch Spritzen oder Streichen aufgetragen. Verwendet werden auf verschiedener Basis beruhende Farben.
Zwischenlagen aus isolierenden Stoffen	sie verhindern die Bildung eines galvanischen Elementes und somit die Kontaktkorrosion
Kunststoffbeschichtungen	werden aufgewalzt, aufgesprüht oder eingebrannt.
Emaillieren	durch Einbrennen von Emaillepulver. Der Überzug ist schlagempfindlich, aber hitze- und sehr korrosionsbeständig.
metallische Überzüge	werden chemisch erzeugt (z. B. Verzinkung) oder mechanisch aufgetragen (z. B. Aufwalzen einer Kupferschicht auf Stahlblech)
Eloxieren	ist ein geschütztes Verfahren zum Korrosionsschutz von Aluminium. Durch Elektrolyse bildet sich auf den als Anode in einer Säure befindlichen Metallteilen eine Oxidschicht, die Korrosion verhindert.

Weil Sintermetalle sehr hart sind und Hartmetallschneiden eine bis zu 100-facher Standzeit der Stahlwerkzeugschneiden erreichen, werden Schneidwerkzeuge mit Hartmetallschneiden versehen. Sie sind allerdings sehr schlag- und stoßempfindlich und erfordern deshalb pflegliche Behandlung beim Schleifen bzw. Einspannen des Werkzeuges.

Stellite sind Hartlegierungen aus Kobalt, Chrom und Wolfram unter Kohlenstoffzusatz. Sie werden anstelle von Hartmetallschneiden als Schneiden in Sägeblättern zur Vollholzbearbeitung eingesetzt.

Stellite werden auf die Sägezahnspitze aufgeschweißt und durch Bearbeiten mit einer Diamantschleifscheibe ausgeformt und geschärft.

6.1.3 Korrosion und Korrosionsschutz

> Unter Korrosion verstehen wir die Zerstörung von Metallen aufgrund chemischer oder elektrochemischer Vorgänge.

Eisen und Stahl werden aus Erzen, das sind chemische Verbindungen, gewonnen. Beide Werkstoffe sind bestrebt, die ursprüngliche Verbindung wieder einzugehen, sie rosten. Wir bezeichnen diesen Vorgang allgemein als Korrosion. Sie tritt nicht nur bei Eisen und Stahl, sondern bei allen unedlen Metallen auf und kann diese zerstören. Bekannt ist die zum Teil verheerende Wirkung von Rost. In einigen Fällen verhindert Korrosion aber auch die Zerstörung des Werkstoffes. Auf Kupfer z. B. bildet sich aufgrund der Korrosion Patina, eine Schicht, die das Kupfer gegen Korrosion schützt. Aluminium wird anodisch oxidiert, bekannt unter dem Begriff eloxieren. Durch das Verfahren wird eine Oxidschicht erzeugt, welche die weitere Korrosion des Werkstoffes verhindert.

Kontaktkorrosion, ein elektrochemischer Vorgang, entsteht, wenn verschiedene Metalle ein galvanisches Element bilden. Es fließt ein Strom, durch den das unedlere Metall zerstört wird. Kontaktkorrosion entsteht z. B. dort, wo ein Kupferbeschlag mit einer Stahlschraube befestigt wurde. Unter Einwirkung von Feuchtigkeit entsteht ein *kurzgeschlossenes* galvanisches Element. Der unedlere Werkstoff, der Stahl, zersetzt sich.

- **Laborversuch** Wickeln Sie über Nacht ein Stück Kupfer in Aluminiumfolie. Halten Sie am nächsten Morgen die geglättete Aluminiumfolie gegen das Licht. Was beobachten Sie?

Um Schäden an metallischen Bauteilen zu vermeiden, werden sie gegen Korrosion geschützt (**6.2**).

6.1.4 Fertigungstechnik und Metallbearbeitung

Im Zuge von Holzarbeiten kann es erforderlich werden, Metalle zu bearbeiten. In diesem Abschnitt lernen wir Verfahren kennen, die grundlegend für die professionelle Metallbearbeitung sind.

Biegeumformen dient dazu, die Form eines Werkstoffes durch Krafteinwirkung zu verändern. Biegen wir ein Blech oder einen Flachstahl, so unterscheiden wir zwischen Zug-, Druckzone und der Neutralen Faser (**6**.3). In der Zugzone wird der Werkstoff gedehnt, in der Druckzone gestaucht. Die Neutrale Faser ändert ihre Länge nicht. Wenn wir die Biegekante mit einer Reißnadel anreißen, muss der Riss in der Druckzone liegen, weil das Blech beim Biegen sonst einreißen kann.

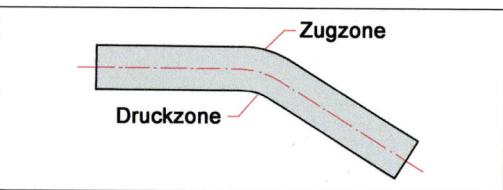

Bild 6.3 Belastungszonen beim Biegevorgang

Führen wir den Riss mit einer Messingreißnadel oder einem Bleistift aus, ist die Lage der Anrisslinie nicht zu berücksichtigen. Bleche aus Leichtmetall reißen wir immer mit einem Bleistift an.

Weil Bleche durch Walzen hergestellt werden, müssen wir vor dem Biegen auch die Walzrichtung ermitteln. Sie ist an einer feinen Riefenbildung auf der Blechoberfläche zu erkennen. Die Biegekante muss immer senkrecht zur Walzrichtung gelegt werden, weil sonst ebenfalls Bruchgefahr besteht (**6**.4). Ist die Walzrichtung aufgrund einer Oberflächenbeschichtung nicht zu erkennen, muss eine Biegeprobe angefertigt werden. Ausschlaggebend für die Qualität der Biegung ist auch der Biegeradius.

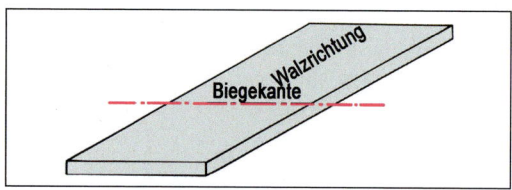

Bild 6.4 Walzvorgang

Er ist abhängig von der Dicke des Werkstoffes und dem Material. Wird der Biegeradius zu klein gewählt, besteht ebenfalls die Gefahr der Rissbildung bei der gestreckten und übermäßigen Stauchung im Bereich der gestauchten Faser. Der Mindestbiegeradius kann mit einer einfachen Formel über einen Biegefaktor f_B berechnet werden (**6**.5).

$$r_B = s \cdot f_B$$

In dieser Formel ist r_B der Biegeradius, s die Dicke des Werkstoffes, f_B der Biegefaktor.

Tabelle 6.5 Mittlere Werte für Biegefaktoren

Werkstoff	Biegefaktor
Aluminiumlegierungen	2,5
Kupfer	0,75
Magnesiumlegierungen	7,5
Messing/Stahl	1,5

Beispiel

Es soll ein Aluminiumblech von 3,5 mm Dicke gebogen werden. Wie groß ist der Mindestbiegeradius?

Lösung

geg: s = 3,5 mm f_B = 2,5   ges.: Mindestbiegeradius r_B in mm

$r_B = s \cdot f_B$ = 3,5 mm · 2,5 = **8,75 mm**

Der Mindestbiegeradius beträgt 8,75 mm.

Fügen. Unter Fügen verstehen wir das Verbinden von Teilen. Wir unterscheiden lösbare und unlösbare Verbindungen.

Lösbare Verbindungen können getrennt werden, ohne das Werkstück zu zerstören. Die Teile können jederzeit wieder verwendet werden.

Unlösbare Verbindungen können nur durch Zerstören des Werkstoffes getrennt werden.

Zu den lösbaren Verbindungen gehören u. a. Verschraubungen, zu den unlösbaren Lötungen, Nietungen und Klebungen.

Schraubverbindungen werden als *kraftschlüssig* bezeichnet. Durch die Vorspannkraft der Schraube werden die zu verbindenden Teile so stark zusammengepresst, dass die Reibungskraft zwischen den zu fügenden Teilen so groß ist, dass sie sich durch einwirkende Kräfte nicht gegeneinander verschieben können. Für Verschraubungen stehen eine Viel-

6.1 Metalle

Tabelle 6.6 Ausgewählte Schrauben- und Mutterformen, Scheiben und Schraubensicherungen

Bezeichnung nach DIN	Anmerkung
Flachrundschraube mit Vierkantansatz DIN 603 Halbrundschraube mit Nase DIN 607	Der Vierkantsatz verhindert, dass sich die Schraube beim Verschrauben mitdreht. Die Nase verhindert, dass sich die Schraube beim Anziehen mitdreht.
Sechskantschraube DIN 931, 933 u. a.	für die üblichen Schraubverhinderungen
Blechschraube DIN 7971 DIN 7976	Die Schraube formt das Muttergewinde beim Einschrauben. Kann in gedornte Löcher geschraubt werden. Vorteil: Sicherung der Schraube durch eingepressten Blechwulst.
Sechskantmutter DIN 439, DIN 970, u. a.	Gebräuchlichste Mutter für alle Befestigungsarten; verfügbar in verschiedenen Formen z. B. mit oder ohne Fase, flach oder selbstsichernd.
Hutmutter DIN 917, 986, 1587	deckt den bei einer normalen Verschraubung den aus der Mutter ragenden Schraubenbolzen ab. Senkt Verletzungsgefahr, schützt Gewindeende.
Unterlegscheibe DIN 125, Form A und B Federring DIN 127 Federscheibe DIN 137 Zahnscheibe DIN 6797	Vorwiegend für Sechskantschrauben und -muttern verwendet. Form B ist einseitig mit einer Fase versehen. dienen der Schraubensicherung

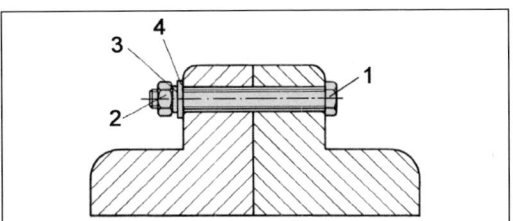

Bild 6.7 Schraubverbindung mit Unterlegscheibe und Federring
 1 Schraube DIN 933
 2 Mutter DIN 439
 3 Federring DIN 127
 4 Unterlegscheibe DIN 125

zahl von Schrauben, Muttern, Unterlegscheiben und Schraubensicherungen zur Verfügung, deren gebräuchlichsten die Tabelle **6.6** zeigt.

Das Bild **6.7** zeigt eine einwandfreie gesicherte Schraubverbindung mit Unterlegscheibe und Federring. Die Unterlegscheibe verhindert, dass sich der Federring in den Werkstoff des Werkstückes drückt. Der Federring sichert die Mutter so, dass sich die Verschraubung bei Schwingungen nicht lösen kann.

Wirkungsweise eines Federringes

Die Federkraft des Ringes presst die Mutter zusätzlich gegen die Gewindegänge. Durch den erhöhten Anpressdruck erhöht sich die Reibung zwischen Mutter und Schraubenbolzen. Die Mutter kann sich nicht lösen.

Nietverbindungen werden als *formschlüssig* bezeichnet. Tabelle **6.**8 zeigt ausgewählte Nietformen.

Tabelle 6.8 Ausgewählte Nietformen

Nietform	Anwendungsgebiet/ Bemerkungen
Senkniet DIN 661	Metallbau-, Ausrüstungstechnik, Leichtmetallbau, für glatte Nietstellen Schließkopf entweder als Halbrundkopf oder als Senkkopf
Linsenniet DIN 662	Trittbleche, Leisten, Beschläge

Nietverbindungen können nur durch Zerstören der Niete getrennt werden. Wir stellen eine einwandfreie Nietung in drei Arbeitsgängen her (**6.**9).

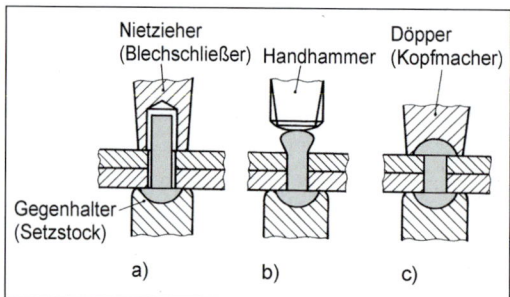

Bild 6.9   Nietvorgang

a) *Einziehen des Nietes.* Durch das Einziehen des Nietes werden zu verbindende Bleche fest zusammengepresst, wir nennen das *Blechschließen*.
b) *Anstauchen des Nietes.* Mit leichten Hammerschlägen wird der Niet angestaucht, sodass der Nietwerkstoff die Bohrung vollständig ausfüllt und die Grundlage für das Kopfformen gegeben ist.
c) *Kopf fertigformen.* Mit dem Döpper, dem Kopfmacher, wird der Nietkopf fertiggeformt.

Löt-, Schweiß- und Klebeverbindungen werden *stoffschlüssig* genannt. Sie können nur durch Zerstören getrennt werden.

Voraussetzung für eine gute **Lötverbindung** ist eine einwandfreie Lötfuge, damit das Lot gut legieren kann (**6.**10).

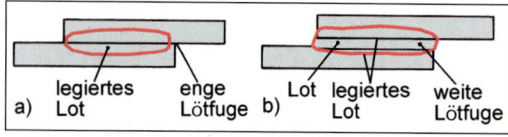

Bild 6.10   Löten
   a) enge Lötfuge: einwandfreie Legierung des Lotes mit dem Werkstoff – richtig
   b) weite Lötfuge: verminderte Festigkeit – falsch

Die Qualität einer Lötung hängt davon ab, in welchem Maße das Lot mit dem zu verbindenden Werkstoff in Legierung übergeht.

Bei **Schweißverbindungen** wird der Werkstoff der zu verbindenden Teile über die Schmelztemperatur hinaus erwärmt. In die Schmelze wird gleicher Werkstoff eingeschmolzen. Beim Gasschmelzschweißen sind Azetylen und Sauerstoff die gebräuchlichsten Schweißgase.

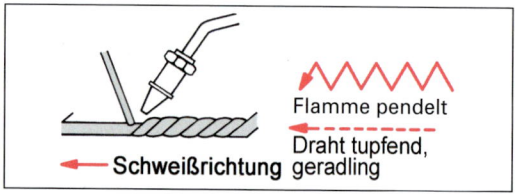

Bild 6.11   Nachlinksschweißung

Je nach Schweißarbeit und Werkstoff verwendet man *Nachlinks-* oder *Nachrechtsschweißung* (Bild **6.**11 und **6.**12).

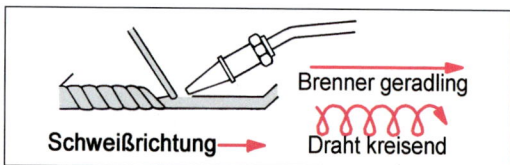

Bild 6.12   Nachrechtsschweißung

Beim Nachlinksschweißen wird der Brenner vor der Schweißnaht pendelnd nach links geführt, der Zusatzdraht geradlinig tupfend vor dem Brenner (**6.**11). Weil die Schweißflamme nicht in die Naht gerichtet ist, überhitzt sich die Schweißzone nicht. Die besonders bei dünnen Blechen bestehende Gefahr des Durchbrennens ist beim Nachlinksschweißen verringert.

Beim Nachrechtsschweißen führt man den Brenner vor der Schweißnaht geradlinig nach rechts, den Zusatzdraht kreisend zwischen Brenner und Naht (**6.**12). Die Flamme ist gegen die Naht gerichtet, der Werkstoff wird bis in die Wurzel der Schweißnaht sicher durchgeschmolzen, die Naht wird nachgeglüht. Die Restwärme des geschmolzenen Werkstoffs und des Zusatzdrahts verringert den Gasverbrauch und erlaubt schnelleres Arbeiten.

Nachlinksschweißen für Bleche bis 4 mm Dicke sowie für Gusseisen und Nichteisenmetalle.

Nachrechtsschweißen für Bleche über 4 mm Dicke, für Waagerecht- und Senkrechtschweißungen.

6.1 Metalle

In der Fügetechnik gewinnt das **Kleben** zunehmend an Bedeutung. Bei geringer Beeinträchtigung des Werkstoffgefüges lassen sich verschiedene Werkstoffe fügen. Verwendet werden Kunstharzkleber (Epoxidharze, Polyurethankleber, Phenolharze, Polyesterharze), die unter Druck und/oder Wärmewirkung aushärten. Allerdings sind Klebeverbindungen nur in Grenzen belastbar und haben eine geringe Temperaturfestigkeit.

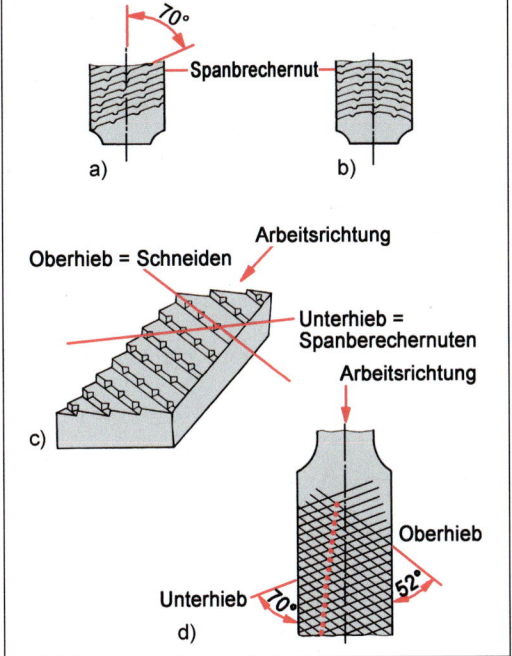

Bild 6.13 Hiebverlauf
a) schräger Hieb bei einhiebiger Feile, b) bogenförmiger Hieb bei einhiebiger Feile, c) Ober- und Unterhieb bei Kreuzhiebfeile, d) Winkel zur Achse einer Kreuzhiebfeile

Spanende Bearbeitung von Metallen muss häufig bei Reparatur- und Montagearbeiten erfolgen. Im wesentlichen wird es sich um Sägen, Feilen, Bohren oder Gewindeschneiden handeln. Die Grundform der Werkzeugschneide ist der Keil (vgl. Abschnitt 4.3 Sägen). Wie bei der Säge finden wir sie auch an der Feile und am Wendelbohrer, auch Spiralbohrer genannt.

Feilen werden gefräst oder gehauen (Bild **6.**13). Der Spanwinkel gefräster Feilen ist $< 0°$, sie wirken schneidend, der gehauener Feilen – 15°, sie wirken schabend. Wir unterscheiden aufgrund unterschiedlicher Hiebe z. B. Schrupp- und Schlichtfeilen. Für weiche Metalle verwenden wir grob gezahnte Feilen mit Spanbrechernuten. Schlichtfeilen, die am feineren Hieb zu erkennen sind, verwenden wir für Metalle zum Nachbearbeiten von geschruppten Flächen oder zum Entgraten.

Bohren. Bild **6.**14 erklärt die Bezeichnungen am Wendelbohrer. Zur Metallbearbeitung verwenden wir HSS-Bohrer oder solche mit Hartmetallschneiden. Für eine einwandfreie Bohrung muss der Bohrer einen dem zu bearbeitenden Werkstoff entsprechenden Spanwinkel haben. Falsch geschliffene Bohrer können leicht abbrechen oder ergeben eine unsaubere Bohrung.

Für wirtschaftliches Bohren ist die Wahl der richtigen Schnittgeschwindigkeit V_c wichtig. Sie hängt vom Bohrerwerkstoff und vom zu bearbeitenden Material ab und wird in m/min angegeben.

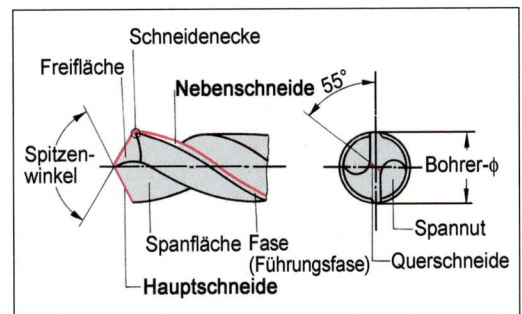

Bild 6.14 Bezeichnungen am Wendelbohrer

> Die Schnittgeschwindigkeit gibt die Geschwindigkeit der Werkzeugschneide am Werkstück bei der Spanabnahme an.

Bei der Bestimmung von Schnittgeschwindigkeiten ist normalerweise auch der Vorschub zu berücksichtigen. An dieser Stelle wollen wir davon ausgehen, dass im Rahmen der Holzverarbeitung die Berücksichtigung der Vorschübe bei der Zerspanung von Metallen unberücksichtigt bleiben kann. Sie sind in Tabelle **6.**15 deshalb nicht angegeben.

Tabelle 6.15 Ausgewählte Schnittgeschwindigkeiten v_c in m/min beim Bohren (mittlere Werte)

Werkstoff	Werkzeug aus	
	HSS-Stahl	Hartmetall
Stahl St 37-2	25 bis 35	40 bis 60
Gusseisen	20	70
Al-Legierungen	80 bis 140	200 bis 300
Kupfer	30 bis 60	(80 bis 100)[1]
Duroplaste (Schicht- und Pressstoffe)	100 bis 120	100 bis 120
Thermoplaste	50 bis 120	nicht geeignet

[1] Wegen ungünstiger Schneidengeometrie ist der Hartmetallwendelbohrer nur für wenige Werkstoffe geeignet.

Kennen wir die zulässige Schnittgeschwindigkeit, können wir die zulässige Drehfrequenz für die Bohrmaschine berechnen. Die Grundformel lautet

$$v_c = \frac{d \cdot \pi \cdot n}{1.000} \quad \left[\frac{m}{min}\right]$$

Stellen wir die Formel nach n um, können wir die zum Bohren benötigte Drehfrequenz der Arbeitsspindel an der Bohrmaschine berechnen.

$$n = \frac{1000 \cdot v_c}{d \cdot \pi} \quad [min^{-1}]$$

In dieser Formel ist n die an der Maschine einzustellende Drehfrequenz, v_c die aus der Tabelle abzulesende Schnittgeschwindigkeit und d der Durchmesser des verwendeten Wendelbohrers.

Beispiel

In ein 5 mm dickes Stahlblech soll ein 10-mm-Loch gebohrt werden. Zur Verfügung steht ein Bohrer aus HSS-Stahl. Welche Drehzahl darf an der Bohrmaschine höchstens geschaltet werden?

Lösung

geg.: $d = 10$ mm, $v_c = 30$ m/min
ges.: n in min^{-1}

$$\frac{1.000 \cdot v_c}{d \cdot \pi} = \frac{1.000 \cdot 30 \text{ m/min}}{10 \text{ mm} \cdot \pi} = 954,9 \text{ min}^{-1}$$

Die zulässige Drehzahl beträgt 955 min^{-1}

Geschwindigkeiten lassen sich grafisch darstellen. Bekannt sind Nomogramme oder Netztafeln, die als Maschinentafeln auch an Bohrmaschinen zu finden sind. Bild **6**.16 zeigt eine solche Netztafel.

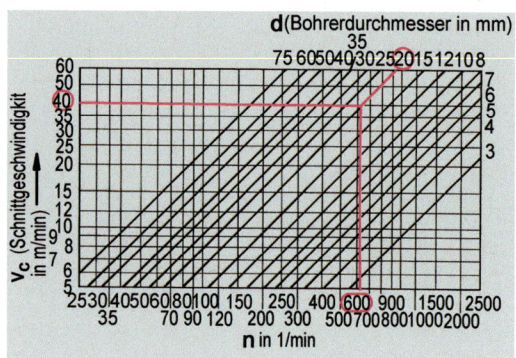

Bild 6.16 Netztafel

Auf der Y-Achse ist die Schnittgeschwindigkeit v_c in m/min auf der X-Achse, oben ist der Bohrerdurchmesser in mm, unten die Drehzahl in min^{-1} abgetragen. Wir können daraus ohne Rechenaufwand gesuchte Werte ablesen, müssen allerdings eine gewisse Ungenauigkeit in Kauf nehmen.

Beispiel

Welche Drehzahl ist zu wählen, wenn mit einem Bohrer von 20 mm Durchmesser und einer Schnittgeschwindigkeit von 40 m/min gearbeitet wird?

Lösung

1. Schritt: Wir suchen auf der Y-Achse den Wert 40 m/min und verfolgen die waagerechte Linie solange, bis sie zum Schnitt mit der schrägen Linie kommt, die für den Bohrerdurchmesser 20 mm steht.

2. Schritt: Vom Schnittpunkt aus gehen wir senkrecht nach unten zur X-Achse min^{-1}.

3. Schritt: Wir finden einen Punkt zwischen 600 min^{-1} und 700 min^{-1}.

4. Schritt: Wir wählen die **näher liegende** Drehzahl von 600 min^{-1}.

Es darf mit einer Drehzahl von 600 min^{-1} gearbeitet werden.

Neben der Auswahl der richtigen technologischen Daten ist die handwerkliche Vorbereitung zum Herstellen einer einwandfreien Bohrung zu beachten. Damit der Bohrer nicht verläuft, muss die Bohrung nicht nur sauber angerissen, sondern auch angekörnt werden. Um die Risslinie sauber mit dem Körner zu treffen, setzen wir diesen schräg an. Mit etwas Gefühl können wir den Riss mit der Körnerspitze ertasten. Wir stellen dann den Körner senkrecht und markieren mit einem leichten Hammerschlag (Bild **6.**17).

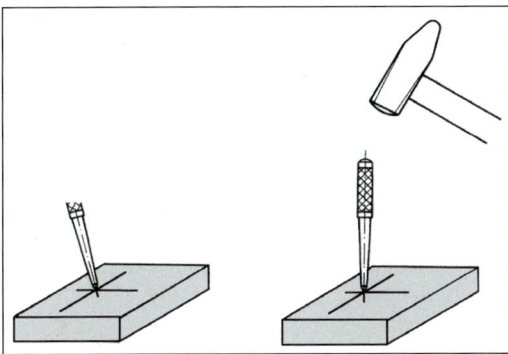

Bild 6.17 Ankörnen mit leichtem Hammerschlag

Senken. Eine Bohrung sollte immer angesenkt werden. Zum Entgraten oder für Aussenkungen für Senkschrauben verwenden wir Kegelsenker. Sollen Schrauben mit Zylinderkopf versenkt werden, benutzen wir einen Zapfensenker (**6.**18).

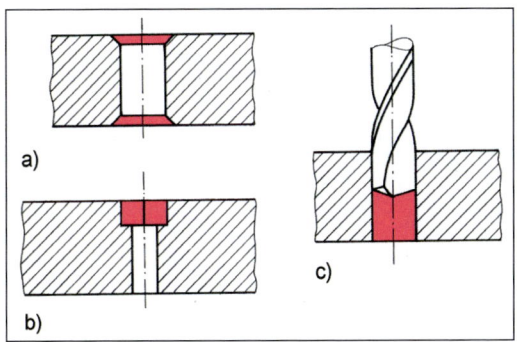

Bild 6.18 Senkarbeiten
a) Entgraten mit Kegelsenker,
b) Einsenken für Schraubenkopf mit Zapfen- oder Kegelsenker,
c) Aufsenken (Erweitern) mit Wendelsenker

Gewindeschneiden. Bei Montagearbeiten müssen häufig Gewinde geschnitten werden. Wir unterscheiden zwischen Außen-, das ist das Bolzengewinde, und Innen-, das ist das Muttergewinde.

Außengewinde schneiden wir mit dem Schneideisen. Es wird dem gewünschten Außendurchmesser entsprechend in den Schneideisenhalter gespannt (**6.**19). Das Schneideisen ist gerade anzusetzen.

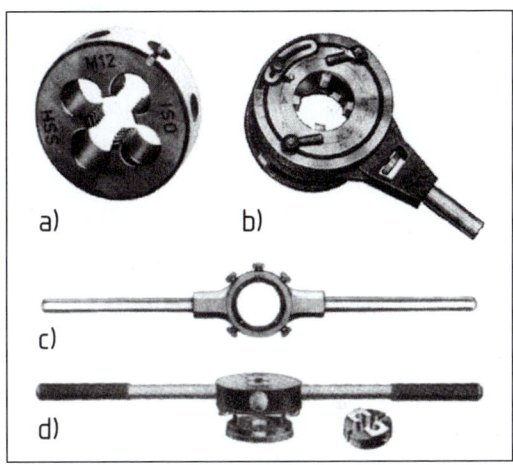

Bild 6.19 Schneidwerkzeuge für Außengewinde
a) Schneideisen, b) -halter, c) Gewindeschneidkluppe, d) Ratschen-Gewindeschneidkluppe

Innengewinde schneiden wir mit Gewindebohrern. Ein Gewindebohrersatz besteht aus dem Vor-, Mittel- und Fertigschneider, die nacheinander in das Windeisen eingespannt werden (**6.**20). Für Durchgangslöcher gibt es Gewindebohrer, in die Vor-, Mittel- und Fertigschneider geschliffen sind.

Damit der Gewindebohrer beim Schneiden nicht abbricht, muss der Kernlochdurchmesser richtig gebohrt und der Gewindebohrer mittig genau in Richtung der Bohrlochachse angesetzt werden. Bis M10 kann der Kerndurchmesser leicht in einer Überschlagsrechnung bestimmt werden. Es ist

$$d_k = 0{,}8 \cdot d$$

d_k ist der Kerndurchmesser, also der Durchmesser des zu wählenden Bohrers, d ist der Außendurchmesser des Gewindes.

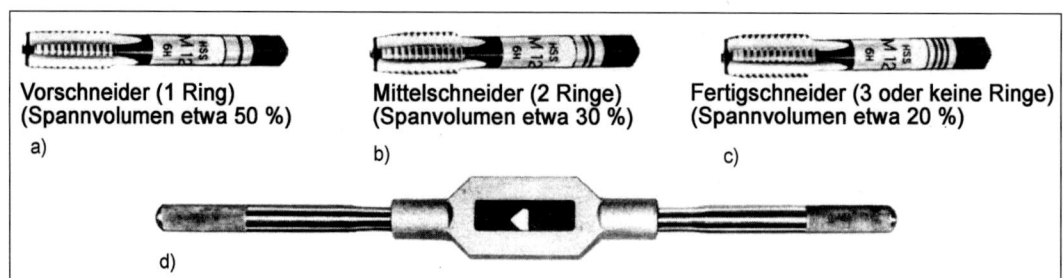

Bild 6.20 Schneidwerkzeuge für Innengewinde
a–c) Gewindebohrsatz, d) Windeisen zur Aufnahme eines Vierkants am Gewindebohrschaft

Beispiel

Bei der Montage von Metallfenstern sind Innengewinde M 8 zu schneiden. Welcher Bohrer ist zum Bohren des Kernloches zu wählen?

Lösung

geg.: M 8 mit $d = 8$ mm
ges.: Durchmesser des Bohrers
$d_k = 0{,}8 \cdot d = 0{,}8 \cdot 8$ mm = **6,4 mm**

Das Kernloch ist mit einem 6,4-mm-Bohrer zu bohren.

6.2 Kunststoffe (Plaste)

Arbeitsauftrag Nr. 40 Lernfeld TI, HM 3; FKU 6

- Erstellen Sie eine „*Mind-Map*" zum Thema Kunststoffe in Partner oder Gruppenarbeit.
  Kernpunkt bzw. Ausgangspunkt sollte folgende Frage sein: „*Was hat ein Tischler oder eine Fachkraft für Küchen- und Umzugsservice mit Kunststoffen zu tun?*"
  Nutzen Sie hierzu Baustoffhändlerkataloge mit entsprechenden Abbildungen.
  Bilden Sie Sammelbegriffe für die unterschiedliche Verwendung von Kunststoffen unter Einbeziehung von Wissen aus der eigenen Praxis.
- Mithilfe Ihrer Mind-Map, einschließlich Text 6.2.4, können Sie die folgenden Fragen beantworten.

1. Warum werden Möbel und Möbelteile aus Kunststoff hergestellt?
2. Was bedeutet Recycling?
3. Wie stellt man Kunststoffe her?
4. Welche Ausgangsstoffe braucht man dazu?
5. Erklären Sie die Wertigkeit am Beispiel eines Kohlenstoffatoms.
6. Was versteht man unter einem Makromolekül?
7. Wodurch unterscheiden sich gesättigte von ungesättigten Kohlenwasserstoffen?
8. In welchen Anordnungen können sich Moleküle zusammenfinden?
9. Wie entsteht ein Makromolekül?
10. Was sind monomere und polymere Verbindungen?
11. Durch welche Verfahren entstehen aus Monomeren Polymere?
12. Wozu verwenden wir im Betrieb Essigsäure?
13. Erklären Sie die Herstellung von Polymerisaten.
14. Nennen Sie wichtige Polymerisate.
15. Wodurch unterscheiden sich Polykondensation und Polyaddition?
16. Wie heißen die Produkte der Polykondensation und Polyaddition?

17. Was bedeutet Kondensation?
18. Nennen Sie die Eigenschaften der Plastomere.
19. Wie lassen sich Plastomere verarbeiten?
20. Nennen Sie Plastomere.
21. Welchen Molekülaufbau haben Duromere?
22. Lassen sich Duromere durch Erwärmen wieder verformen? Kann man Duromere sägen oder hobeln?
23. Worin unterscheiden sich Elastomere von den Duromeren?
24. Was sind Elastomere?
25. Warum zählt man Silicone zu den Kunststoffen?
26. Nennen Sie Beispiele für die Anwendung von Siliconen.
27. Stellen Sie tabellarisch die Hauptmerkmale der Plastomere, Duromere und Elastomere zusammen.
28. Nennen Sie fünf Methoden der Kunststoffbestimmung.
29. Wie bestimmen Sie PVC?
30. Wie erkennen Sie Polyäthylen?
31. Ein Kunststoff brennt in der Flamme, erlischt aber außerhalb der Flamme. Er erweicht und riecht nach Salzsäure.
    Um welchen Kunststoff handelt es sich?
32. Welche Kunststoffe wählen Sie für Schubkastenführungen?
33. Aus welchen Kunststoffen fertigt man Baubeschläge?
34. Wie lassen sich Kunststoffe fest verbinden?
35. Welche Kleber verwenden Sie für PE und PP?
36. Welche Besonderheiten haben Kunststoffbohrer?
37. Was müssen Sie beim Verschrauben von Kunststoffteilen besonders beachten?
38. Welchen Hobel wählen Sie für thermoplastische Kunststoffe?
39. Warum werden beim Sägen von Schichtpressstoffplatten hartmetallbestückte Sägeblätter verwendet?
40. Wovon hängt eine saubere Schnittkante ab?

- Gehen Sie schrittweise vor, indem Sie die Fragenkataloge A – D zeitversetzt erarbeiten.

  Fragenkatalog   A   F1 – F10
  *   B   F11 – F20*
  *   C   F21 – F30*
  *   D   F31 – F40*

Ausgangsstoffe. Kunststoffe begegnen uns auf Schritt und Tritt – nur nicht in der Natur. Wir müssen sie durch chemische Umwandlung natürlicher Stoffe oder künstlich aus chemischen Verbindungen herstellen. Für die künstliche Erzeugung brauchen wir Kohle und Erdgas, dazu Kalk, Luft und Wasser, vor allem aber *Erdöl*.

Recycling. Die Wiederverwendung von „Altmetallen" und Metallabfällen ist uns seit Langem geläufig. Weil die Rohstoffe Erdöl und Erdgas in der Zukunft knapper werden, aber auch der Kunststoffmüll (z. B. Verpackungen) immer größere Dimensionen erreicht, wurden auch Rückgewinnungsverfahren für Kunststoffabfälle entwickelt. Durch *Umschmelzen* werden zerkleinerte Abfälle unter Wärmezufuhr und Druck verpresst bzw. spritzvergossen und neu geformt (z. B. Thermoplaste). Durch *Hydrolyse* – d. h. Einwirkung von Wasserdampf unter hohem Druck und hoher Temperatur – gewinnen wir Ausgangsstoffe für bestimmte Plaste zurück (z. B. Polyurethan, Polyamid, Polyester). Durch *Pyrolyse* werden die Abfälle ohne Sauerstoffzufuhr erhitzt und in ihre chemischen Bauteile zerlegt. Mangels Sauerstoff können sie nicht verbrennen und umweltschädliche Gase entwickeln. Allgemein sollte beim Arbeiten mit Kunststoffprodukten beachtet werden, dass ein sparsamer Umgang durch Verwendung von Mehrwegverpackungen oder von wiederverwertbaren Kunststoffen den Energieverbrauch und das Abfallvolumen verringern.

Verwendung und Eigenschaften. Etwa 40 % der Kunststofferzeugung betreffen Lacke und Farben, Klebstoffe und Textilfasern. 60 % dienen als Formstücke, Beschläge und Werkzeuge in der Metall-, Elektro- und Bauindustrie. Für die holzverarbeitende Industrie stellt man u. a. Kunststoffmöbel, -fenster und -profile her. Kunststoffe werden in Massen und daher preiswert produziert. Sie sind gute Isolatoren (Nichtleiter), korrosionsbeständig, haben eine geringe Dichte und trotzdem verhältnismäßig hohe Festigkeit. Sortenrein getrennt, können bestimmte Kunststoffe wiederverwertet werden. Weitere Eigenschaften wollen wir durch Versuche selbst herausfinden.

Laborversuche

- **Versuch 1** Erhitzen Sie feste Kunststoffproben in kochendem Wasser und versuchen Sie, die heißen Proben zu verformen. Ergebnis?
- **Versuch 2** Erwärmen Sie dünne oder stabförmige Kunststoffproben über einer Flamme und versuchen Sie, sie zu biegen. Wie verhalten sich die verschiedenen Proben?
- **Versuch 3** Übergießen Sie Kunststoffproben in einem breiten Versuchsglas mit verdünnter Salzsäure. Kontrollieren Sie die Proben nach 1 Stunde, nach dem Herausnehmen und nach 1 Woche Trockenlagerung.

> **Kunststoffe** sind organische Stoffe (Kohlenstoffverbindungen).
>
> Erzeugt werden sie durch Umwandlung natürlicher Stoffe oder (meist) künstlich durch chemische Synthese, vor allem aus Erdöl, Kohle und Erdgas.
>
> Zur Kunststoff-Herstellung wird relativ viel Energie benötigt – Kunststoffe sind nicht biologisch abbaubar (verrottbar), wir sollten deshalb sparsam mit Kunststoffen umgehen.

6.2.1 Kohlenstoffchemie

Während sich die anorganische Chemie mit den „toten", nichtorganischen Stoffen beschäftigt (s. Abschnitt 2.4), steht im Mittelpunkt der organischen Chemie der Kohlenstoff. Er ist in vielfältigen Molekülen und Molekularverbindungen anzutreffen. Seine Atome können sich untereinander und mit anderen chemischen Elementen unbegrenzt zu Makromolekülen (Ketten) von 1.000 bis 1.000.000 Atomen verbinden (griech. makros = groß, lang). Kunststoffe sind solche Kohlenstoffverbindungen und daher makromolekular.

Betrachten wir den Kohlenstoff und seine Eigenschaften näher, damit wir die Bildung und Eigenschaften der Kunststoffe verstehen.

Gesättigte Kohlenwasserstoffe. Aus Abschnitt 2.4.3 wissen wir, dass sich ein Element im bestimmten Mengenverhältnis mit anderen verbindet. Je nachdem, wie viel Wasserstoffatome es bindet, ist es ein-, zwei- oder mehrwertig. Das Kohlenstoffatom ist vierwertig. Es greift gewissermaßen mit seinen Wertigkeitsarmen (Valenzen) in den Raum, um sich mit den Valenzen anderer Atome (z. B. Wasserstoff) zu verbinden. Wenn jeder Wertigkeitsarm einfach gebunden ist, ist das Atom gesättigt, darum stabil und reaktionsträge. Entstanden ist ein neues Molekül, z. B. das gasförmige Methan CH_4 (Grubengas). Verbinden sich zwei Kohlenstoffatome und ihre restlichen drei Valenzen mit Wasserstoffatomen, entsteht Äthan C_2H_6. Auch dieser Kohlenwasserstoff ist gesättigt, denn alle Kohlenstoffatome sind gebunden. Aus der Verbindung von 3 Kohlenstoffatomen und ihren 8 Restvalenzen mit Wasserstoffatomen entsteht Propan C_3H_8. Wir schließen daraus, dass die *Kettenstruktur der Formel ein Kennzeichen der Kohlenstoffchemie ist*.

Beispiele

C-Atom (4wertig)

Methan CH_4

Äthan C_2H_6

Propan C_3H_8

Ungesättigte Kohlenwasserstoff-Verbindungen. Kohlenstoffatome können sich mehrfach im Molekül verbinden (C = C). Diese Kohlenwasserstoffe werden zunehmend unbeständiger (instabil). Wegen der ungesättigten und darum reaktionsfähigen Atome kommt es zwischen den Bindungen zu Spannungen.

6.2 Kunststoffe (Plaste)

Doppel- und Mehrfachverbindungen von Kohlenstoffatomen bezeichnet man deshalb auch als „ungesättigte" Verbindungen. Sie sind leicht durch andere Moleküle oder Atome, Druck oder Hitze aufzubrechen.

Beispiele

$$\underset{\text{Äthylen } C_2H_4}{\overset{H\quad H}{\underset{H\quad H}{C=C}}} \qquad \underset{\text{aufgebrochen}}{\overset{H\quad H}{\underset{H\quad H}{-C-C-}}}$$

$$H-C\equiv C-H \qquad \text{Benzol } C_6H_6$$

In unseren Beispielen sind Äthylen, Acetylen und Benzol entstanden. Äthylen ist ein farbloses, süßlich riechendes Gas. Acetylen ist Ausgangsstoff für neue Verbindungen wie Benzol, Orion, Polystyrol, Plexiglas, PVC. Die Benzolformel zeigt uns, dass sich die Moleküle nicht nur faden- oder kettenförmig, sondern auch *ringförmig* anordnen.

Wenn sich solche einteiligen (monomeren) Verbindungen mit anderen verketten, entsteht ein vielteiliger (polymerer) Kohlenwasserstoff – ein Makromolekül wie z. B. Polyäthylen PE (Viel-Äthylen). PE ist ein fester, schmiegsamer, unzerbrechlicher und leicht formbarer Kunststoff.

Beispiel

$$C=C \rightarrow -C-C-\ -C-C-\ -C-C- \ldots$$

Ungesättigte Kohlenstoffverbindungen lassen sich leicht aufspalten. Deshalb können wir H-Atome auch durch andere (z. B. Chlor) ersetzen und erhalten dann Polyvinylchlorid PVC.

Beispiel

Polyvinylchlorid PVC

> **Gesättigte Kohlenstoffverbindungen** sind einfach gebunden, stabil und reaktionsträge. Einfachverbindungen sind zwischen gleichen und verschiedenen Atomen möglich.
>
> **Ungesättigte Kohlenstoffverbindungen** sind doppelt oder dreifach gebunden. Sie sind instabil und bestrebt, durch Reaktion mit anderen Atomen aufzubrechen und mit ihnen Einfachbindungen einzugehen (Makromoleküle).
>
> **Kohlenstoffatome** können sich zu Ketten oder Ringen ordnen.

Wenn wir bei gesättigten Kohlenwasserstoffen ein H-Atom gegen ein OH-Molekül auswechseln, erhalten wie Alkohole.

Beispiel

aus Methan wird Methanol (Methylalkohol) CH_4 → CH_3OH

aus Propan wird Propanol (Propylalkohol) C_3H_8 → C_3H_7OH

aus Äthan wird Äthanol (Äthylalkohol) C_2H_6 → C_2H_5OH

von Äthanol → über Acetaldehyd → zur Essigsäure

Dieser reine Alkohol geht bei Oxidation in Acetaldehyd (Aldehyde) und dann in die organische Essigsäure über.

Verdünnter Essigsäure begegnen wir im Betrieb als Neutralisierungsmittel.

Vorsicht im Umgang mit Säuren! Beim Verdünnen stets die Säure ins Wasser gießen, niemals das Wasser in die Säure!

Die giftige Zitronensäure und die Oxalsäure sind ebenfalls organische Säuren. Wir brauchen sie, wenn gerbstoffhaltige Hölzer zu bleichen sind. Auf die Gerbsäure (z. B. Tannin), vermischt mit Salmiakgeist, treffen wir beim Beizen (braune Farbe) von gerbstoffarmen Hölzern.

Aus der Synthese der Kohlenstoffverbindungen bilden sich als Zwischenprodukte Methan, Äthylen, Benzol, Phenol und Harnstoff.

Durch Aufbrechen dieser Molekülverbindungen entstehen reaktionsfähige Bindungen, die sich zu Makromolekülen verbinden.

6.2.2 Herstellung, Arten und Elemente der Kunststoffe

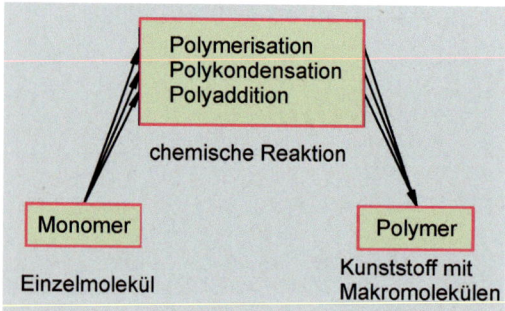

Bild 6.21 Vom Monomer zum Polymer (Herstellung der Kunststoffe)

Kunststoffe bestehen aus wenigen chemischen Elementen. Die bedeutendsten Elemente für die Herstellung von Kunststoffen und ihre Wertigkeit (Valenzen) zeigt Bild **6.**22 im Überblick:

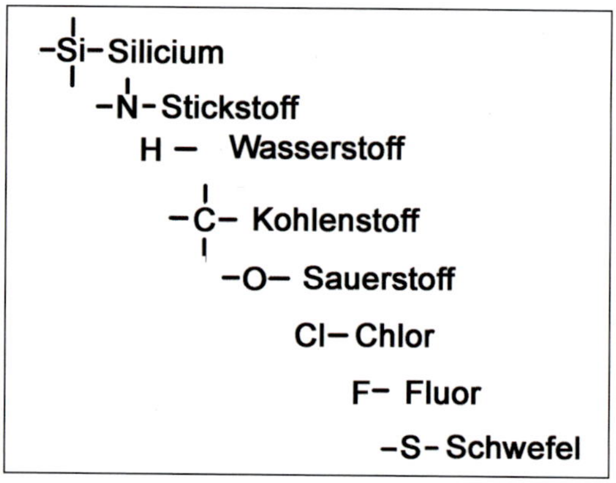

```
-Si- Silicium
 -N- Stickstoff
H —  Wasserstoff
 -C- Kohlenstoff
 -O- Sauerstoff
Cl-  Chlor
F-   Fluor
-S-  Schwefel
```

Bild 6.22 Chemische Elemente bei Kunststoffen

Bei der Polymerisation werden Doppel- oder Dreifachbindungen *gleichartiger*, niedermolekularer Kohlenwasserstoffe (Monomere) durch äußere Einflüsse wie Energiezufuhr und/oder Strahlung, Wärme, Reaktionsmittel aufgebrochen und zu fadenförmigen Makromolekülen (Polymere) verbunden (**6.**23).

Werden verschiedenartige Monomere eingesetzt, spricht man von Mischpolymerisation (Co- und Pfropfpolymerisation **6.**23). Von der Kettenlänge der Makromoleküle hängen die Eigenschaften der verschiedenen *Polymerisate* ab. Die Länge ist steuerbar. Zu den Polymerisaten zählen Polyäthylen (PE), Polyvinylchlorid (PVC), Polystyrol (PS) und Polyvinylacetat (PVAC).

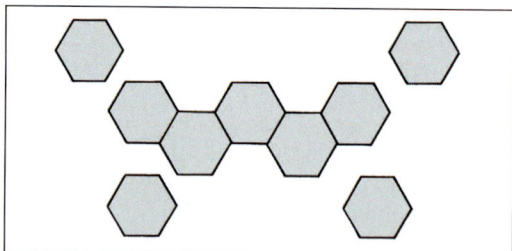

Bild 6.23 Polymerisation

Bei der Polykondensation werden *ungleichartige* Monomere, die teilweise mehrere reaktionsfähige Gruppen enthalten, miteinander zu Makromolekülen verbunden, dabei wird als Nebenprodukt ein niedermolekularer Stoff (meist Wasser) abgespalten. Es entstehen lineare (z. B. Polyamid) oder vernetzte (z. B. Phe-

6.2 Kunststoffe (Plaste)

nolharz) Makromoleküle. Die Polykondensation kann in Stufen erfolgen (z. B. Klebstoffe, Schichtpressstoffe), dabei wird durch Zugabe von Härtern und/oder Wärme die unterbrochene Stufenkondensation wieder in Gang gesetzt und zur Endkondensation geführt (irreversibler Zustand (**6.**24).

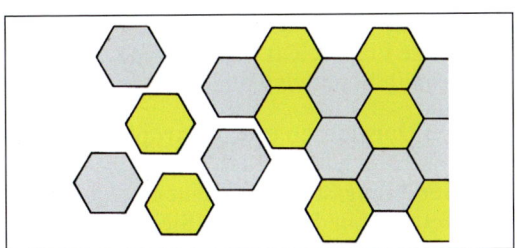

Bild 6.25 Polyaddition

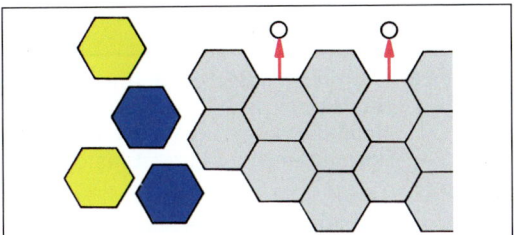

Bild 6.24 Polykondensation

Polymerisation – gleichartige Monomere – Polymerisate (Mischpolymerisate)

Polykondensation – ungleichartige Monomere, Kondensatabspaltung (Stufenkondensation) – Polykondensate

Polyaddition – ungleichartige Monomere – Polyaddukte

Die Polyaddition verläuft ähnlich wie die Polykondensation, aus *ungleichartigen* niedermolekularen Monomeren (z. B. Diisocyanat) entstehen weitmaschig vernetzte Makromoleküle (z. B. Polyurethan oder Epoxidharz). Es fallen dabei keine Abspaltprodukte an (**6.**25).

Die Kunststoffarten sind sehr zahlreich. Wir können sie nach den eben besprochenen Herstellungsverfahren oder nach ihren Eigenschaften in Plastomere, Duromere und Elastomere einteilen (**6.**26). Die verwandten Kurzzeichen geben die chemische Bezeichnung der Kunststoffart an (s. Tab. **6.**32).

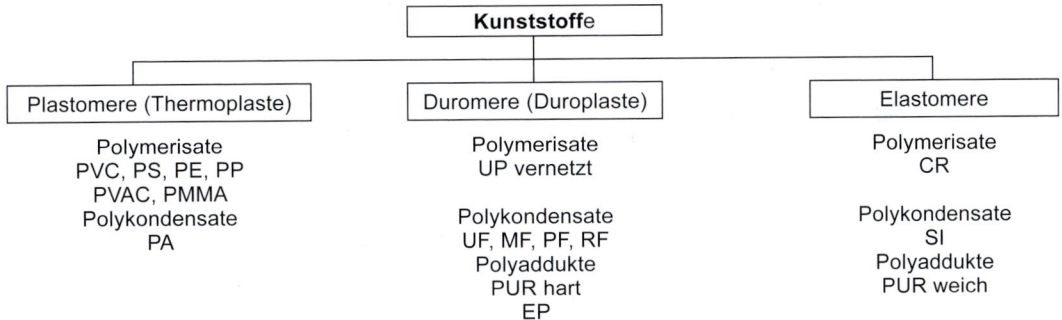

Bild 6.26 Einteilung der Kunststoffarten

Plastomere (oder Thermoplaste) sind meist durch Polymerisation entstanden und bestehen aus unvernetzten, langen Fadenmolekülen. Die Makromolekülanordnung ist unterschiedlich: vorwiegend linear, gestaltlos (amorph) oder streckenweise gebündelt (teilkristallin, **6.**27a, b), vorwiegend verknäuelt wie ein Wattebausch, amorph oder teilkristallin (**6.**27c, d).

Thermoplaste können wir sägen, hobeln, schleifen, bohren, feilen und teilweise kleben. Sobald wir sie erwärmen, verschieben sich ihre Fadenmoleküle – die Teile werden weich, verformbar. Bei Fließtemperatur werden sie „thermoplastisch", lassen sich gießen, streichen und schweißen, beim Abkühlen in der neuen Form bleibt die Lage der Moleküle bestehen.

Bei mechanischer Dauerbelastung können die Fadenmoleküle aneinander vorbeigleiten (= kalter Fluss, s. Abschnitt 6.3, Klebstoffe). Beim Umformen im Erweichungsbereich werden die Molekülfäden gestreckt und verharren nach Abkühlung in diesem Zustand. Bei erneuter Erwärmung gehen sie in ihre Ausgangslage zurück (= Rückstellvermögen). Angewandt wird diese Eigenschaft bei der Verpackung von Lebensmitteln mittels Folien.

Bei den Duromeren (oder Duroplasten) sind die Molekülfäden räumlich angeordnet und an den Berührungsstellen zu einem engmaschigen Netz verbunden (**6.**28). Sie werden beim Erwärmen nicht wieder verformbar.

Bild 6.28 Anordnung der Makromoleküle bei Duromeren

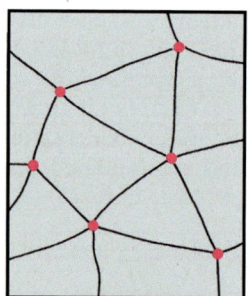

Bild 6.29 Anordnung der Makromoleküle bei Elastomeren

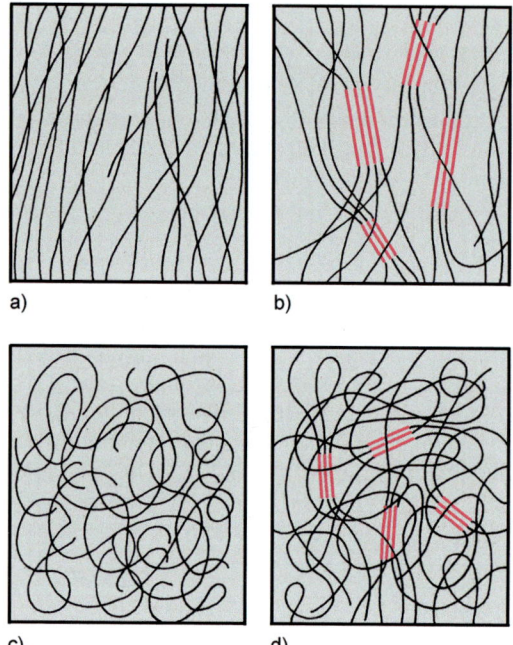

Bild 6.27 Anordnung der Makromoleküle bei Plastomeren
a) vorwiegend linear, amorph,
b) vorwiegend linear, teilkristallin,
c) vorwiegend verknäuelt, amorph,
d) vorwiegend verknäuelt, teilkristallin

Wir können diese festen Plaste aus Kunstharzen (z. B. Melamin, Phenol, Harnstoff) und Formaldehyd feilen, hobeln und sägen. Die dabei anfallenden Späne lassen sich nicht wieder einschmelzen. Als Beispiel nennen wir Phenoplaste (PF), Aminoplaste (MF, UF) und Polyester (UP). Beim Erhitzen zerfallen sie.

Bei den Elastomeren sind die Makromoleküle ebenfalls maschenartig aufgebaut, haben jedoch größere Maschen als die Duromere – sie sind räumlich weitmaschig vernetzt (**6.**29). Das Molekülgefüge lässt sich durch Krafteinwirkung innerhalb eines Grenzbereiches (stoffabhängig) dehnen und stauchen.

Nach der Krafteinwirkung geht der Molekülverband wieder in die Ausgangslage zurück (elastisch). Beim Erhitzen zerfallen sie wie alle Plaste.

Zu den Elastomeren gehören die Kunstkautschuke: Polybutadienkautschuk (CR), Ethylen/Propylen-Terpolymer (EPDM, früher AIPTK), Styrol-Butadien-Kautschuk (SBR) und Acrylnitril-Butadien-Elastomer (Nitrilkautschuk, NBR). Sie werden als Klebstoffe (CR) oder Dichtungsmaterial für Fenster (Vorlegebänder), Mauerfugen und dergleichen eingesetzt.

Bild **6.**30 zeigt die unterschiedliche Stabilität der drei Kunststoffarten, **6.**31 ihr Verhalten bei Temperaturänderungen.

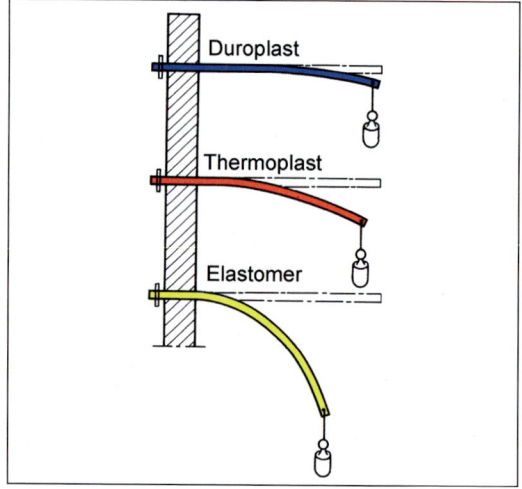

Bild 6.30 Stabilität der Kunststoffe

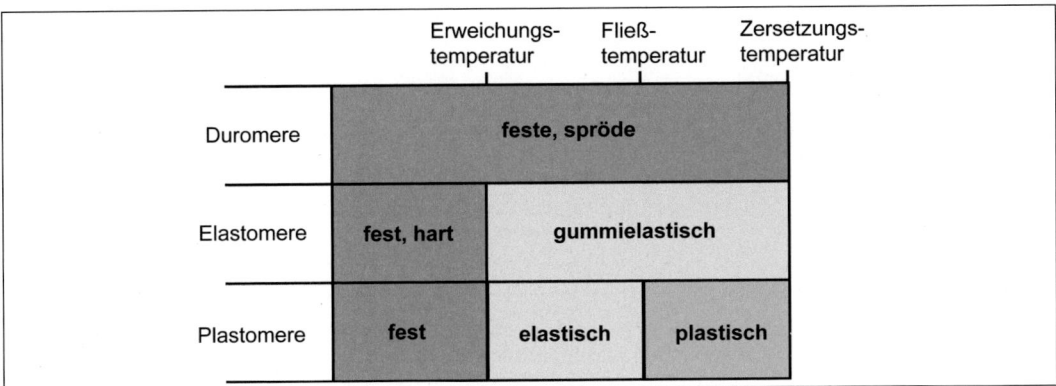

Bild 6.31 Temperaturverhalten der Kunststoffe

Silicone (SI) sind keine Kohlenwasserstoffe, sondern siliciumorganische Verbindungen. Sie zählen ebenfalls zu den Kunststoffen.

Hergestellt werden Silicone aus Quarzsand. Dieser wird zu Chlorsilanen und durch anschließende Hydrolyse- und Polykondensationsreaktion zu verschiedenen Siliconen umgesetzt.

Je nach Kondensationsgrad entstehen dabei Öle, Harze oder Kautschuke.

Sie sind wasserabstoßend, chemisch beständig und ölfest. Häufig verwendet man sie als dauerelastische Versiegelung (Verglasung) oder wasserabstoßende Schutzschicht (z. B. Mauerputz).

Duromere (Duroplaste) – Moleküle engmaschig vernetzt – hart, nicht verformbar

Elastomere – Moleküle weitmaschig vernetzt – dauerelastisch

Plastomere (Thermoplaste) – Moleküle linear oder verknäuelt – warm verformbar

Die Bestimmung von Kunststoffen ist durch verschiedene Verfahren möglich, z. B.:

Ritzprobe. Fingernagelkratzer sind nur bei Polyäthylen (PE) sichtbar.

Kupferdraht- oder Beilsteinprobe. Ausgeglühten Kupferdraht mit dem Kunststoff berühren und wieder in die Flamme halten. Bei PVC wird die Flamme durch den Chlorgehalt grün.

Schwimmprobe. Polyäthylen (PE) und Polyprophylen (PP) sind leichter als Wasser und schwimmen. Polystyrol (PS) sinkt langsam nach unten.

Geruchsprobe. Halten wir PVC in die Flamme, riechen die entstehenden Schwaden unangenehm. PMMA riecht mehr stechend und fruchtartig.

Bruchprobe. Wir spannen je einen Streifen Thermoplast und Duroplast fest. Nach Erwärmung bleibt der duroplastische Kunststoff brüchig, während sich der thermoplastische leicht und beliebig oft verformen lässt.

Brennprobe. Halten wir Duroplaste in die Flamme, zersetzen sie sich und entwickeln stark rußende Dämpfe. Thermoplaste dagegen erweichen, verbrennen und tropfen teilweise ab.

Tabelle **6.**32 gibt eine Übersicht über die Kunststoffe, ihre Eigenschaften und Verwendung in der Holztechnik.

Tabelle 6.32 Kunststoffe in der Holztechnik

Kunststoff	Moleküle/ Herstellung	Eigenschaften	Handelsnamen	Anwendungsbeispiele
Plastomere (Thermoplaste)	amorph teilkristallin	gut zu spanen und zu kleben, warm verformbar, bei Fließtemperatur gießbar, streichbar und schweißbar		
Polyvinylchlorid PVC	Polymerisation	fest, steif, farblos, aber einfärbbar, chemisch beständig	Vestolit, Vinoflex, Vinnolit, Scovinyl, Solvic	Schubkasten-, Fenster- und Dichtprofile, Fußleisten, Schubkastenführung
Polyvinylacetat PVAC	Polymerisation	erweicht bei etwa 80 °C, durchscheinend weiß, gemischt mit Weichmachern und Wasser, verarbeitet als Dispersionsleim	Ponal, Collafix, Cederin, Hymir, Rakoll	Leime
Polyäthylen PE	Polymerisation	weich oder hart, milchig-wachsartige Oberfläche, chemisch beständig, leicht zu bearbeiten	Lupolen, Hostalen, Vestolen	Schubkastenführung, Sitzmöbel, Baufolien
Polymethylmethacrylat (Acrylglas) PMMA	Polymerisation	glasklar, hart, lichtecht, stoßfest, hochglänzend, kratzempfindlich, chemisch beständig, nicht beständig gegen Lösungsmittel	Plexiglas, Resartglas	Lichtkuppeln, Gießharze, Leuchten
Polystyrol PS	Polymerisation	glasklar, aber einfärbbar, chemisch beständig, nicht beständig gegen Benzin und Benzol	Hostyren, Styropor, Vestyron	Schubkasten, Wärmedämmung
Polyamid PA	Polykondensation	sehr zäh, elastisch und verschleißfest, beständig gegen Öl, Benzin und schwache Laugen	Ultramid, Vestamid, Perlon, Nylon, Durethan	Schrauben, Sitzschalen, Muffen, Möbel- und Baubeschläge
Duromere (Duroplaste)	engmaschig vernetzt	fest, nicht mehr verformbar, gut zu spanen		
Phenoplast (Phenol-Formaldehydharz) PF	Polykondensation	hart, zäh und zugfest, gelblichbraun, dunkel einfärbbar, chemisch beständig, aber nicht gegen starke Säuren und Laugen	Kauresin, Bakelit	Leim
Aminoplast (Melamin-Formaldehydharz) MF	Polykondensation	ähnlich Phenolplast, glasigfarblos, einfärbbar	Formica, Resopal, Kauramin, Melan, Duropal	Leime, Lacke Sehichtpressstoffe
Harnstoff-Formaldehydharz UF	Polykondensation	hart, spröde, einfärbbar	Kaurit, Resamin, Tegofilm	Lacke, Leime, Leimfilme
Polyurethan hart PUR	Polyaddition	hart-elastisch	Baydur, Durol, DD-Lack	Montageschaum, Klebstoffe
Epoxidharz EP	Polyaddition	hart, spröde, milchig-trüb, chemisch beständig	Araidit, Epoxin, Lekutherm	Metallkleber
Elastomere	weitmaschig vernetzt	in weitem Temperaturbereich, gummielastisch		
Polychloroprene CR	Polymerisation	zähelastisch	Neoprene, Pattex	Dichtungsprofile, Kontaktkleber
Silicon SI	Polykondensation	wasserabweisend, chemisch beständig, keine Reaktion mit anderen Kunststoffen, sehr temperaturbeständig	Silopren, Silastik, Bostik Elastosil	Glasklebemittel, Fugenversiegelung
Polyurethan weich PUR	Polyaddition	weich – elastisch	Moltopren	Polsterschaum

Veränderung der Eigenschaften von Kunststoffen

Die Eigenschaften der Kunststoffe lassen sich *chemisch* oder *physikalisch* weitgehend dem späteren Verwendungszweck anpassen.

a) chemische Maßnahmen	Auswirkungen
– Polymerisationsgrad (= Anzahl der Molekülbausteine im Makromolekül)	Änderung von Verarbeitungseigenschaften, wie Fließfähigkeit und Schmelztemperatur (z. B. durch Einschmelzen von wiederverwertbaren Plastomeren verkürzen sich die Makromolekülketten = Qualitätsverlust)
– Weichmachung (innere) durch Co- oder Pfropfpolymerisation	Verringerung der Härte und Steifigkeit (z. B. Dichtungslippen) bei Plastomeren

b) physikalische Maßnahmen	Auswirkungen
– Weichmachung (äußere) durch Zugabe von schwerflüchtigen Flüssigkeiten in die plastomere Kunststoffschmelze	Verringerung der Härte und Steifigkeit bei Plastomeren (z. B. PVC) (Weichmacherwanderung möglich)
– Füllstoffzugabe (Glasfasern, Holz, Stoff, Mineralien, Metalle)	Erhöhung der Festigkeit (z. B. Boots- und Flugzeugbau) Befestigungsmöglichkeiten für Armaturen (z. B. Automobilbau) Gestaltung von Formteilen (z. B. Stuhllehnen)
– Treibmittelzugabe	Aufblähen von Kunststoffmassen zur Erzeugung leichter offen- oder geschlossenporiger Schäume (z. B. Polsterschaum oder Dämmstoff)
– Beimischung von Metallpulver – Cadmium-Zugabe	Kunststoff lädt sich nicht elektrostatisch auf Stabilisierung gegen UV-Strahlen (Kunststoffe im Außenbereich)
– Farbstoff-Zugabe	Farbeffekte für Gestaltung Brandschutz
– Beschichtung mit dünnen Metalloxidschichten im Galvanisier-Verfahren	

6.2.3 Kunststoffbearbeitung

Arbeitsauftrag Nr. 41 Lernfeld TI, HM 3; FKU 6
- Eine Kindertagesstätte beauftragt Ihre Firma mit der Herstellung von Wandobjekten. Es sind fünf Eulen (**6.**33) aus Resopal herzustellen.

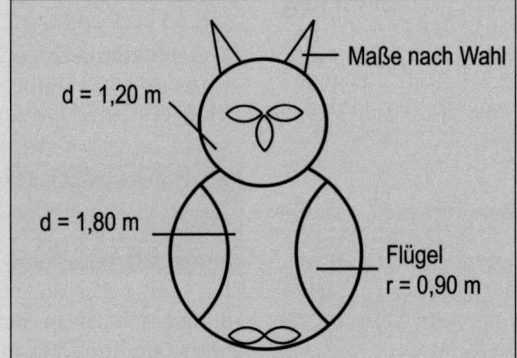

Bild 6.33

Beim Bau der Objekte werden praxisnahe Kreis- und Ellipsenkonstruktionen angewendet.

> Entwerfen Sie Ellipsenschablonen für Augen, Schnabel und Krallen in Partnerarbeit. Die Größe der Brennpunkte sind $D_1 = 30$ cm, $D_2 = 22$ cm. Es ist die Blattgröße DIN A3 Querformat zu wählen.
> - In Gruppenarbeit kann je eine Eule aus verschiedenfarbigen Pappen hergestellt werden und als Modell bei der Fertigung dienen. Augen, Ohren, Schnabel und Krallen können auf die beiden Grundformen (Körper) geklebt werden.

Im Betrieb verarbeiten wir viele Kunststoffe. Wir verbinden sie durch Kleben, Schweißen und Warmverformen mit anderen Kunst- und Werkstoffen. Wir bearbeiten sie durch Ritzen, Schneiden, Biegen, Abkanten, Feilen, Raspeln, Bohren, Aufreiben, Hobeln, Sägen sowie mit dem Laserstrahl. Wie Tabelle **6.32** zeigt, sind die Kunststoffe unterschiedlich gut zu bearbeiten.

Kleben. Alle Kunststoffe außer PE lassen sich gut kleben. Bei *Plastomeren* eignen sich besonders Lösungsmittel des betreffenden Kunststoffs. Die Fügeflächen werden leicht angerauht (aktiviertes Natrium), durch das Lösungsmittel etwas angelöst und fest zusammengepresst. Dabei verfilzen sich die Molekülfäden von Kleber und Kunststoff, sodass sich nach dem Verdunsten des Lösungsmittels eine feste, stabile Verbindung ergibt (Quellschweißen). Für *Polyäthylen* (PE hart oder weich) und *Polypropylen* (PP) verwenden wir Kontaktkleber (z. B. synthetischen Kautschuk, Polyurethan), Zweikomponentenkleber (z. B. Epoxidharze, Polyurethan) oder Schmelzkleber (z. B. Vinyl-Copolymere).

Duromere und *Elastomere* lassen sich mit Polyesterharz kleben. Auch Beschädigungen (Beulen etwa) werden damit ausgebessert. Die Teile oder Ausbesserungsstellen müssen vorher aufgeraut werden, damit der Klebstoff eine größere Angriffsfläche hat. *Polystyrol* lässt sich schon bei Raumtemperatur lösen. Dazu nehmen wir Diffusionskleber mit Lösungsmitteln (z. B. Toluol, Tetrahydrofuran, Dichloräthan). Auch Polymerlösungen eignen sich.

> **Vorsicht! Lösungsmitteldämpfe sind gesundheitsschädlich.** Absaugvorrichtungen sorgen dafür, dass die in der Raumluft zulässigen MAK-Werte (maximale Arbeitsplatz-Konzentration) nicht überschritten werden.

Durch Schweißen werden *artgleiche thermoplastische* Kunststoffe verbunden. Die durch Erwärmung plastisch gemachten Fügeteile werden leicht zusammengedrückt, wobei sich die Molekülfäden miteinander verfilzen. Nach der Verbindungsart unterscheiden wir Stumpf-, Überlapp-, Nut- und Abkantschweißen (**6.34**). Nach der Wärmezufuhr spricht man z. B. von Warmgas-, Heizelement- und Ultraschallschweißen.

Durch Warmgasschweißen verbinden wir tafel- und rohrförmige Halbzeuge, Rohrleitungen, chemische Apparate. Die Fügeflächen werden durch erwärmtes Gas (Druckluft oder Stickstoff) mittels Handschweißgerät plastisch gemacht und dann durch einen Schweißstab oder ein Schweißband aus gleichem Kunststoff verbunden.

Durch Heizelementschweißen fügt man tafel- oder rohrförmige Halbzeuge sowie spritzgegossene oder blasgeformte Serienteile zusammen. Ein elektrisch beheizter Schweißkolben liefert die nötige Wärme.

Durch Ultraschallschweißen werden spritzgegossene oder blasgeformte Serienteile auf die schnellste Art verbunden. Ein Wechselstrom von 20.000 bis 50.000 Hz erzeugt mechanische Schwingungen, die unter Druck auf die Fügeflächen übertragen werden und sie durch die Reibung erwärmen.

Außerdem gibt es das Reibschweißen, Heizdrahtschweißen und Hochfrequenzschweißen.

> **Warmgasschweißen** – tafel- und rohrförmige Halbzeuge
> **Heizelementschweißen** – tafel- und rohrförmige Halbzeuge, spritzgegossene oder blasgeformte Serienteile
> **Ultraschallschweißen** – spritzgegossene oder blasgeformte Serienteile

Zu beachten ist, dass Kunststoffe eine erheblich geringere Wärmeleitfähigkeit haben als Metalle. Die Temperatur an der Schnittstelle darf nicht so hoch sein, dass die Werkstückflächen (z. B. durch große Zerspanleistung) verschmieren. Häufig gibt es darum besondere Werkzeuge und Maschinen für die Kunststoffbearbeitung.

6.2 Kunststoffe (Plaste)

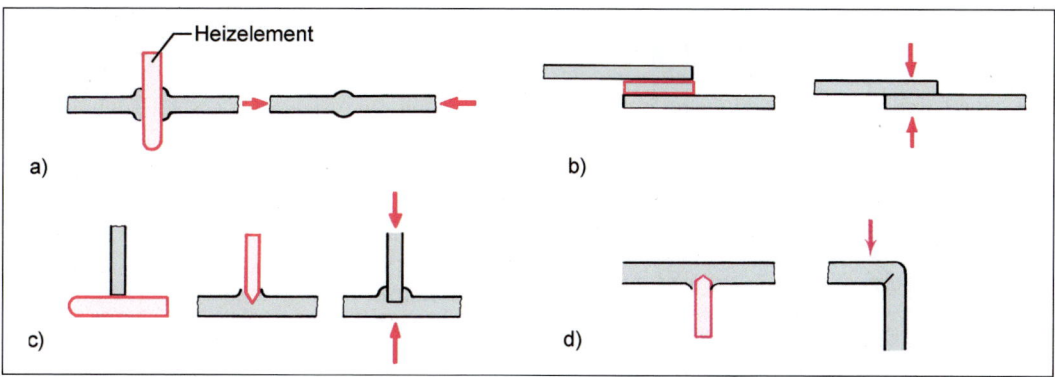

Bild 6.34 Schweißverbindungen (jeweils Anwärmen und Schweißen)
a) Stumpfschweißen, b) Überlappschweißen, c) Nutschweißen, d) Abkantschweißen

Ritzen und Schneiden. Folien und weiche Profile schneiden wir mit dem Messer oder der Schere, dicke Folien mit dem Messer an der Linealkante. Harte Kunststoffe werden mit dem Messer angeritzt nach oben gebogen und gebrochen (**6.**35).

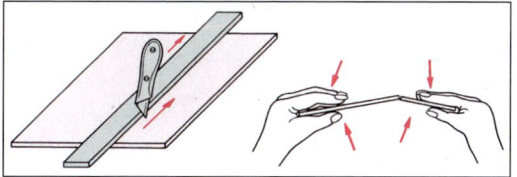

Bild 6.35 Anreißen und Brechen einer Kunststoffplatte

Beim Biegen und Abkanten werden thermoplastische Werkstoffe durch Infrarotstrahler oder Warmluftgebläse erwärmt, gebogen und bis zum Erkalten festgehalten (**6.**36). Blasen wir Druckluft zu, kühlt die Tafel schneller ab. Kunststoffe dehnen sich bei Erwärmung aus und gehen nach dem Abkühlen wieder in ihre ursprüngliche Lage zurück. Eine andere Möglichkeit bietet das Abkantschweißen.

Feilen und Raspeln. Kunststoffe können wir mit Holzfeilen und -raspeln bearbeiten. Besser sind jedoch Werkzeuge mit einem besonderen Feilenhieb, bei dem die Späne durch Ritzen herausfallen (z. B. Hobelfräserfeile). Die Feilenblätter sind auswechselbar und leicht zu säubern. Mit der Ziehklinge glätten wir die bearbeiteten Flächen. Bei der Kantenbearbeitung setzen wir die Feile im Winkel von 20 bis 45° zur Oberfläche an (**6.**37). Für die Rillen einer V-Naht beim Schweißen wählen wir einen Herzschaber.

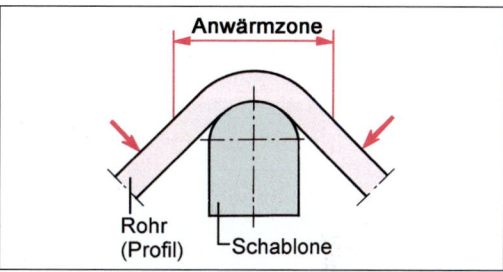

Bild 6.36 Biegen eines thermoplastischen Profils

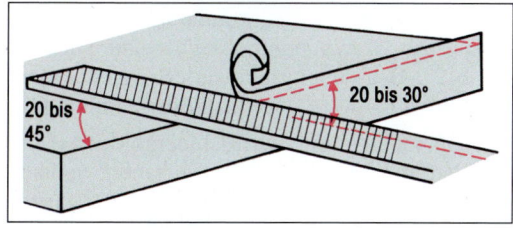

Bild 6.37 Kantenbearbeitung mit der Feile

Bohren und Aufreiben. Zum Bohren von Duroplasten verwenden wir Spiralbohrer aus der Metallbearbeitung, für weiche Kunststoffe dagegen besondere Kunststoffbohrer mit einem Spitzenwinkel von 60 bis 80° (statt 118° bei Metallbohrern).

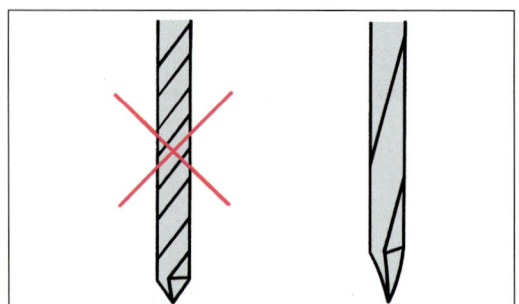

Bild 6.38 Drall beim Metall- und Kunststoffbohrer

Kunststoffbohrer haben auch einen steileren Drall (große Steigung) mit weiten Nuten (**6.**38). Kegelbohrer mit zwei parallel zur Bohrerachse verlaufenden Spannuten nehmen mehr Späne auf und eignen sich besonders für Thermoplaste. Löcher bis 30 mm Durchmesser bohren wir mit Zweischneider und Führungszapfen, über 50 mm Durchmesser mit Kreisschneider (**6.**39). Die Schnittgeschwindigkeit von Schnellstahlbohrern liegt bei etwa 0,8 m/min, von Hartmetallbohrern bis 1,6 m/min.

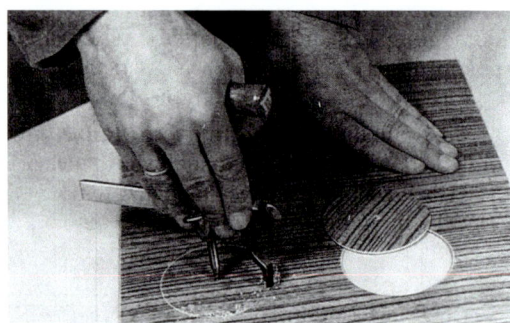

Bild 6.39 Kreisschneider

Schraubenlöcher müssen immer etwas größer sein als der Schraubendurchmesser, denn die Schrauben brauchen Spielraum, wenn der Kunststoff bei Temperaturschwankungen arbeitet (**6.**40). Unterlegscheiben oder Rosetten stellen die Verbindung zwischen Schraubkopf und Platte her. Verwendet werden Linsenkopfschrauben.

Hobeln und Sägen. Für thermoplastische Kunststoffe verwenden wir ausschließlich unsere Putz- und Schlichthobel. Duromere verlangen einen Kunststoffhobel mit Stahlsohle. Zum Trennen und Teilen der Kunststoffe nehmen wir unsere Holzsägen (z. B. den Fuchsschwanz) mit feinen und wenig geschränkten Zähnen. Für geschweifte Teile und Zuschnitte empfiehlt sich der Handknabber (**6.**41).

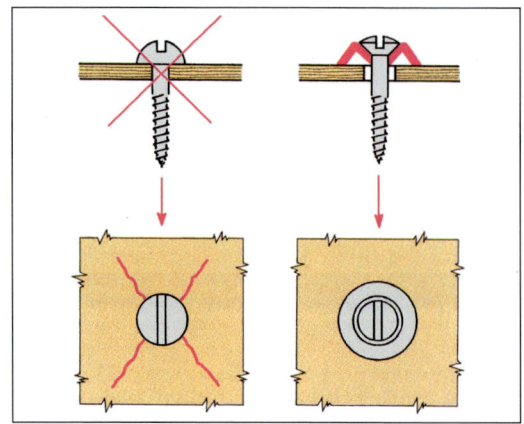

Bild 6.40 Schrauben brauchen Spielraum

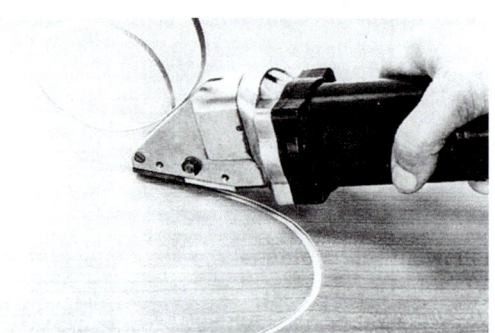

Bild 6.41 Handknabber

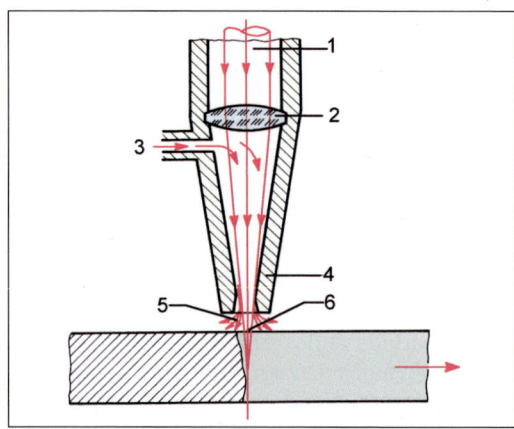

Bild 6.42 Trennen mit Laserstrahl
1 Laserstrahlenbündel
2 Optik
3 Gas
4 Schneiddüse
5 Gasaustritt
6 Brennfleck

6.2.4 Kunststoffverarbeitung

Zum Maschinensägen von Schichtpressstoffplatten eignen sich hartmetallbestückte Sägeblätter. Sie haben längere Standzeiten als die herkömmlichen Sägeblätter. Kreissägeblätter aus Hochleistungsstahl (HSS) dürfen nicht geschränkt und müssen konisch hinterschliffen sein. Bei Sägemaschinen ist besonders auf saubere Schnittkanten zu achten. Sie hängen ab von der Zahnform, Anzahl der Schnitte, Schnittgeschwindigkeit, dem Eintritts- und Austrittswinkel sowie dem Vorschub.

Trennen mit Laserstrahl. Der Laserstrahl ist ein bleistift- bis fingerdickes Strahlenbündel, das durch eine linsen- oder spiegeloptische Brennfläche (Durchmesser Bruchteile eines mm) geleitet wird und die Kunststoffe schmilzt oder verdampft. Je enger Laser sind, desto stärker wirken sie. Bei Kunststoffen nimmt man CO_2-Gaslaser, deren intensive Rotstrahlung das Material schmilzt (**6.**42).

Viele Kunststoffprodukte haben bereits eine industrielle Verarbeitungsstufe durchlaufen, bevor sie vom Tischler/Holzmechaniker, Glaser oder der Fachkraft für Möbel-, Küchen- und Umzugsservice weiter be- oder verarbeitet werden. Sie werden angeliefert als:

– Flüssigkeiten, z. B. Lacke, Leime, Farben,
– Pasten, z. B. Spachtelmassen, Fugendichtungsmassen,
– Feststoffe, z. B. HPL-Platten, Beschläge, PVC-Fensterprofile.

Einige wichtige Verarbeitungsverfahren von Kunststoffmassen im Überblick zeigt Tabelle **6.**43.

Tabelle 6.43 Verarbeitungsverfahren von Kunststoffen

Bezeichnung des Verfahrens	Schematische Darstellung der Funktionsweise	Anwendungsbeispiele
Formpressen		Formteile aus härtbaren Kunstharzen und Pressmassen
Warmformen (Vakuum- oder Druckluftformen)		Formteile (Behältnisse) aus plastomeren Halbzeugen (z. B. Platten)
Extrudieren (Strangpressen)		Halbzeuge aus plastomeren Kunststoffen. Vorprodukte zum Kalandrieren, Blasen, Spinnen (Spritzguss)
Blasen (meist im Anschluss an Extruder)		Hohlkörper aus plastomeren Kunststoffen
Kalandrieren (Walzen)		Folien aus plastomeren Kunststoffen, beschichtete Bahnen

6.3 Klebstoffe und Dichtstoffe

> **Arbeitsauftrag Nr. 42 Lernfeld TI, HM 3; FKU 5, 6**
> - Um sich dem umfangreichen Gebiet der Klebstoffe praxisnah nähern zu können, führen Sie bitte die in diesem Kapitel beschriebenen Versuche durch. Fertigen Sie ein Plakat mit dem Inhalt: Versuchsaufbau, Ablauf, Ergebnis zu jedem Versuch. Arbeiten Sie in Kleingruppen. Stellen Sie die Arbeitsergebnisse der Klasse vor.
> - Für die Prüfungsvorbereitung beantworten Sie nun die nachfolgenden Fragen.
>   1. Welche Kräfte wirken beim Verkleben?
>   2. Was bewirken Streckmittel im Leim?
>   3. Erläutern Sie den Vorgang der Kohäsion beim Kleben.
>   4. Wie nennt und misst man das Fließverhalten einer Flüssigkeit?
>   5. Wie entstehen Leimdurchschläge?
>   6. Wie vermeiden Sie Leimdurchschläge?
>   7. Wie viele Beanspruchungsgruppen für die Verleimung gibt es?
>   8. Was können Sie den Beanspruchungsgruppen entnehmen?
>   9. Welche Beanspruchungsgruppe wählen Sie für den Fensterbau?
>   10. Welchen Einfluss hat die Holzart auf die Verleimung?
>   11. Erklären Sie den Begriff der Reifezeit.
>   12. Wie nennt man die Zeit vom Leimauftrag bis zum Zusammenfügen der Teile?
>   13. Wie heißt der Zeitraum vom Beleimen der Flächen bis zum Erreichen des vollen Pressdrucks?
>   14. In der Gebrauchsanweisung steht „Topfzeit 2 Stunden". Was bedeutet das?
>   15. Nennen und begründen Sie drei Anforderungen an die Leimfläche und das Holz, damit eine einwandfreie, haltbare Verbindung zustande kommt.
>   16. Was ist eine Leimflotte?
> - Vervollständigen Sie bitte Ihre Lernkartei.

Mit Klebstoffen lassen sich Werkstoffe (z. B. Holz, Metall, Kunststoffe) durch Oberflächenhaftung (Adhäsion) und inneren Zusammenhalt (Kohäsion) ohne wesentliche Veränderung des Gefüges verbinden. Sie sind daher die wichtigsten Verbindungsmittel in der Holzverarbeitung. Da sich nicht jeder Klebstoff für einen Werkstoff und alle Beanspruchungen eignet, müssen wir mehr über die Eigenschaften und Anwendung der Klebstoffe kennenlernen.

Bei der Auswahl eines Klebstoffes müssen alle wichtigen Einflussgrößen berücksichtigt werden.

Eigenschaften der zu fügenden Bauteile
- Werkstoffkombinationen
- Werkstoffoberflächen
- Qualität der Fugenvorbereitung
- Größe der Klebefläche
- Temperaturbeständigkeit der Bauteile

Anforderungen an die Verklebung
- Beanspruchungsgruppe
- Festigkeit
- Beständigkeit bei verschiedenen Temperaturen
- geringe Kosten

Einzusetzende Klebetechnik
- Stückzahl
- Auftragsverfahren für Klebstoff
- Temperatur der Aushärtung
- Zur Verfügung stehende Zeit

Arbeitssicherheit und Umweltschutz
- Arbeitsschutzbestimmungen
- Reststoffentsorgung
- Absaugung schädlicher Dämpfe
- Brandschutz

Klebevorgang. Klebstofffugen erhalten ihre hohe Haftfestigkeit durch physikalische und/oder chemische Vorgänge während des Abbindens und Aushärtens im Klebstoffgemisch. Die *Adhäsionskraft* (Anhangskraft) ist unter anderem abhängig von der Benetzbarkeit der Werkstoffoberflächen durch die Flüssigkeit (Dispergier- oder Lösemittel), dabei spielt die

Oberflächenspannung und die Viskosität des Klebstoffes eine wichtige Rolle.

Bei porösen Werkstoffoberflächen kommt es dabei auch zu einem mechanischen „Verdübelungseffekt" (**6.**44a). Schon kleine Verunreinigungen, Fett- oder Ölflecken oder zu dickflüssige Klebstoffgemische können die Adhäsionswirkung beeinträchtigen.

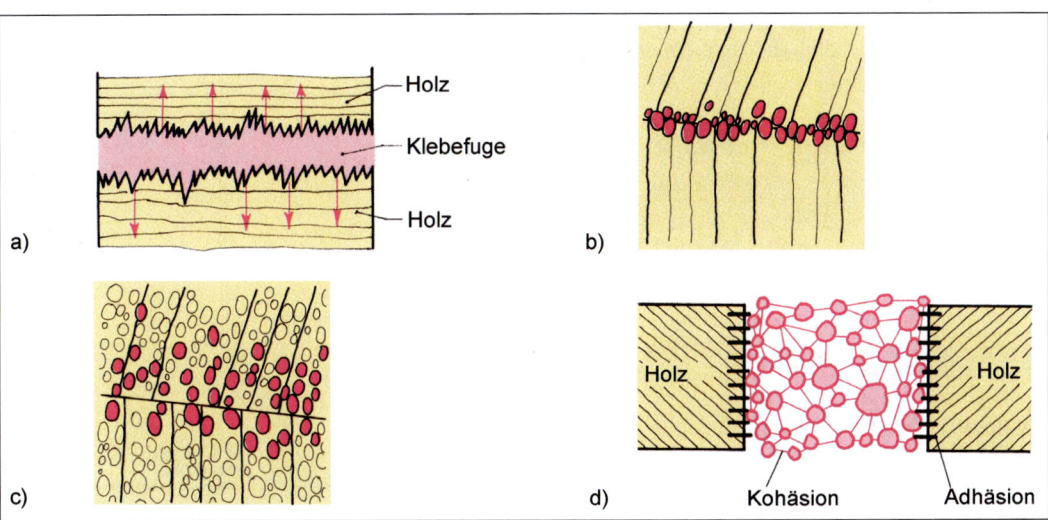

Bild 6.44 Klebevorgang
  a) mechanische Verdübelung
  b) gute Verleimung: Leim liegt in der Leimfuge
  c) schlechte Verleimung: Leim ist ins Holz abgewandert
  d) Kohäsion und Adhäsion bei der Verleimung

■ **Laborversuche**

Legen Sie je zwei Spanplatten und Glasplatten fest übereinander. Die Spanplatten können Sie mühelos wieder trennen, die Glasplatten schon etwas schwerer. Benetzen Sie aber die Glasplatten vorher mit Wasser, sind sie kaum noch zu trennen.

Nehmen Sie eine lackierte und eine unbehandelte, glatte Holzoberfläche. Geben Sie auf jede Oberfläche je einen Tropfen Wasser und betrachten Sie anschließend mit einer Lupe die Ausbreitung und den Randwinkel zwischen Tropfenrand und Werkstoff Oberfläche. Beim unbehandelten Holz fließt der Tropfen viel weiter auseinander und der Randwinkel ist spitzer. Nach dem Verdunsten und/oder Abwandern des Löse- oder Dispergiermittels in den Werkstoff (*Holzfeuchte*!) rücken die Klebstoffmoleküle enger zusammen (**6.**44b) – es tritt ein Volumenverlust in der Klebefuge ein. Diesen Verlust muss der Pressdruck (Zwinge oder Furnierpresse) ausgleichen, sonst gibt es Hohlräume in der Klebefuge.

Zwischen den Klebstoffmolekülen wirken *Kohäsionskräfte* (Zusammenhangskräfte) (**6.**44d) umso höher, je größer die Moleküle sind. In der Regel sind die Kohäsionskräfte zwischen den Klebstoffmolekülen größer als die zwischen den Werkstoffmolekülen. Belastet man eine fachmännisch richtig vorbereitete und ausgehärtete Verleimprobe mittels einer Zugkraft bis zur Zerstörung, so führt dies zu Holzbruch (**6.**45).

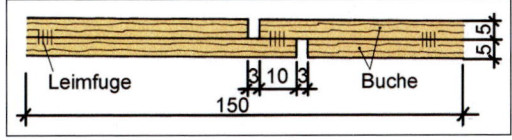

Bild 6.45 Probekörper für Zugversuch

Wird der Abbindevorgang durch saugende Werkstoffe, durch Wärmezufuhr/Wärmeentzug oder Verdunsten der Lösemittel herbeigeführt, so ist dies ein *physikalischer* Vorgang. Wird durch Wärmezufuhr ein Härter wieder aktiviert (Stufenkondensation), ein Härter gesondert zugegeben oder werden die mindestens zwei Komponenten eines Klebstoffes so miteinander gemischt dass durch eine Synthese-Reaktion eine neue Verbindung entsteht, so ist dies ein *chemischer* Vorgang. Bei den meisten Abbindevorgängen von Klebstoffen treten physikalische und chemische Reaktionen nebeneinander auf.

Klebstoffe verbinden Werkstoffe
- durch mechanische Verankerung (Verdübelung) in den Poren,
- durch Adhäsionskräfte (Anhangskräfte) der Werkstoffoberflächen und des Klebstoffs,
- durch Kohäsionskräfte (Zusammenhangskräfte) des Klebstoffs.

Viskosität. Wenn ein dünnflüssiger Klebstoff durch die Kohäsion zähflüssig wird, verändert er sein Fließverhalten: Er fließt langsamer. Dieses Fließverhalten nennen wir Viskosität und unterscheiden

- dünnflüssige (niedrigviskose) Stoffe = geringe Kohäsion, z. B. Testbenzin;
- dickflüssige (mittelviskose) Stoffe = größere Kohäsion, z. B. Öl;
- zähflüssige (hochviskose) Stoffe = starke Kohäsion, z. B. Farbpaste.

Gemessen wird die Viskosität mit Viskosimetern, meist mit dem Auslauf-Viskosimeter (6.46). Man füllt den genormten Becher mit der Flüssigkeit, öffnet die Auslaufdüse und misst die Zeit bis zum vollständigen Auslaufen. Die Auslaufzeit in Sekunden ist die Viskosität. Eine andere Messmethode arbeitet mit dem Kugelfallviskosimeter.

Beispiel
Auslaufzeit 50 Sekunden, Viskosität 50 DIN/s

Viskosität ist das Fließverhalten von Flüssigkeiten (dünn-, dick- oder zähflüssig).
Je dünner die Flüssigkeit, desto kürzer die Auslaufzeit und desto niedriger die Viskosität.

Leimdurchschlag. Die Viskosität des Klebstoffs ist nicht nur wichtig für die Klebwirkung, sondern kann auch Leimfehler verursachen. Ist die Viskosität des Leims zu hoch, wird zu viel Leim aufgetragen. Ist die Viskosität zu niedrig und das Furnier grobporig (z. B. Eiche), dringt der Leim durch Poren hindurch und ergibt hässliche Flecken. Außerdem wird das Holz zu stark durchfeuchtet (Verleimfehler siehe Abschnitt 3.8.2).

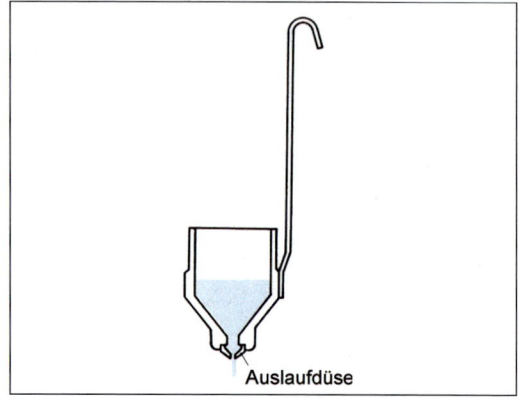

Bild 6.46 Auslauf-Viskosimeter

Normung. Doch dies sind nicht die einzigen Fehlermöglichkeiten. Aus Erfahrung wissen wir, dass sich einige Klebverbindungen unter Einwirkung von Kraft oder Feuchtigkeit wieder lösen. Manche verlieren bei starken Temperaturschwankungen oder im Lauf der Zeit ihre Wirkung. Andere bleiben auch unter extremen Bedingungen unlöslich. Für viele Zwecke genügt ein nicht wasserfester Klebstoff, für andere ist ein besonders beständiger Klebstoff erforderlich. Um solche Leimfehler zu verhindern, sind in DIN 68602, EN 204 Beanspruchungsgruppen für die Holz-Leim-Verbindungen nach Mindestfestigkeit und Verhalten bei Feuchtigkeit festgelegt (6.47).

In der Holzverarbeitung werden häufig synthetische Klebstoffe eingesetzt (6.50).

Beispiel
Eine gestemmte Außentür soll aus Sperrholz gefertigt werden, das nach DIN witterungs- und feuchtigkeitsbeständig sein muss. Nach Tabelle 6.47 ergibt sich dafür die Bezeichnung AW 100 G. Weil die Witterungseinflüsse sehr stark sind, muss die Rahmenkonstruktion den Beanspruchungen nach Gruppe D4 genügen.

6.3 Klebstoffe und Dichtstoffe

Tabelle 6.47 Beanspruchungsgruppen nach EN 204 (DIN 68602) und zugeordnete Verleimungsarten bei Holzwerkstoffen nach DIN 68763

Beanspruchungs-gruppe	Beispiele der Klimabedingungen und der Anwendungsbereiche	Holzwerkstoffklasse	
		Spanplatten	Sperrholz
D1	Innenbereich, wobei die Temperatur nur gelegentlich und kurzzeitig mehr als 50 °C und die Holzfeuchte maximal 15 % beträgt. *)	(V)20	(IF) 20
D2	Innenbereich mit gelegentlicher kurzzeitiger Einwirkung von abfließendem Wasser oder Kondenswasser und/oder kurzzeitiger hoher Luftfeuchte mit einem Anstieg der Holzfeuchte bis maximal 18 %.	(V) 100	(A) 100
D3	Innenbereich mit häufiger kurzzeitiger Einwirkung von abfließendem Wasser oder Kondenswasser und/oder eine langzeitige Einwirkung hoher Luftfeuchte. Außenbereich vor der Witterung geschützt.	(V) 100 G	(AW) 100 G
D4	Innenbereich mit häufiger starker Einwirkung von abfließendem Wasser oder Kondenswasser. Außenbereich der Witterung ausgesetzt, jedoch mit angemessenem Oberflächenschutz.	(V) 100 G	(AW) 100 G

*) Sind höhere oder andere als die in Gruppe 1 angegebenen Anforderungen an die Klebungen zu erwarten, z. B. bei Anwendung in anderen Klimazonen, dann sind besondere, den praktischen Bedingungen entsprechende Vereinbarungen über die Holzarten und Klebstoffarten zu treffen und eventuell weitere Prüfungen nach EN 205 durchzuführen.
D = durability class (engl.: Dauerhaftigkeitsklasse)

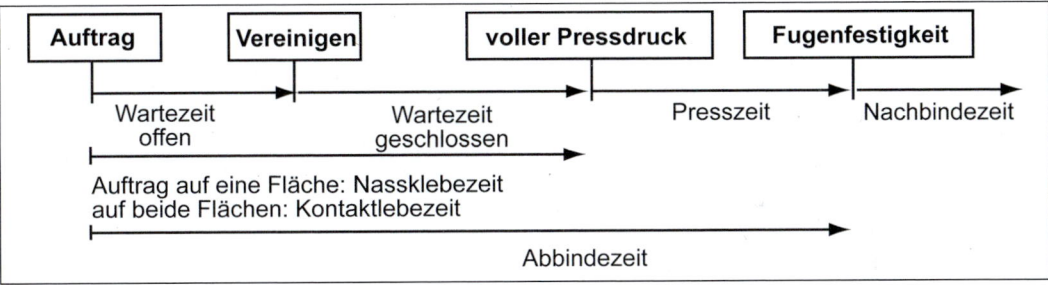

Bild 6.48 Klebzeiten

Je größer die Leimauftragsmenge, desto länger ist die offene Wartezeit.

Je feuchter das Trägermaterial, desto länger ist die offene Wartezeit.

Trockenes, saugendes Trägermaterial verkürzt die offene Wartezeit um so mehr, je höher die Luftfeuchte ist.

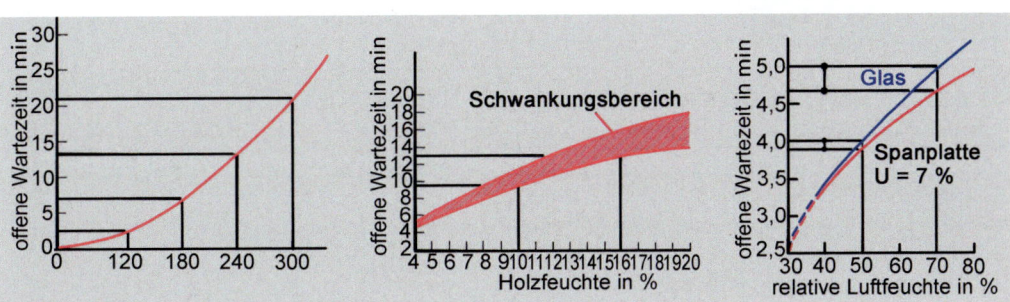

Bild 6.49 Einflussfaktoren auf die „offene Wartezeit"

Zeitbegriffe. Bevor wir uns mit den einzelnen Klebstoffen beschäftigen, müssen wir uns bestimmte Zeitbegriffe merken (**6**.48).

Reifezeit. Die vom Hersteller angegebene Zeit vom Ansetzen bis zur Gebrauchsfähigkeit des Klebstoffs.

Topfzeit. Die Zeit, die ein gebrauchsfähiger Klebstoff (z. B. nach dem Mischen der zwei Komponenten) bis zum Abbindebeginn im Gefäß bleiben kann. Nachher ist er unbrauchbar. Deshalb geben wir immer nur so viel Leim an, wie wir in der Topfzeit verarbeiten können.

Wartezeit. (Nassklebzeit beim Klebstoffauftrag auf eine Fläche, Kontaktklebzeit beim Auftrag auf beide Fügeflächen): die Zeit nach dem Klebstoffauftrag bis zum Abbindebeginn, in der der Pressdruck einsetzen muss. Die *offene Wartezeit* dauert bis zum Vereinigen, die geschlossene von der Vereinigung der Teile bis zum Erreichen des vollen Pressdruckes (**6**.49).

Presszeit. Die Zeitspanne zwischen Beginn und Ende des Pressdrucks. Sie endet, wenn der Leim abgebunden hat bzw. ausgehärtet ist.

Abbindezeit. Die Zeit vom Auftrag bis zum Erreichen der Fugenfestigkeit und Aufheben des Pressdrucks. Oft ist bis zur Weiterverarbeitung der Werkteile noch eine Nachbindezeit erforderlich.

Leimflotte. Leime sind Mischungen aus Leimmolekülen und Molekülen des Dispersionsmittels. Diesen verarbeitungsfertigen Leimansatz nennt man Leimflotte. Hinzu kommen evtl. noch Füll- und Streckmittel (**6**.51), manchmal auch Härter, Holzschutzmittel und Farbmittel.

Tabelle 6.50 Wichtige synthetische Klebstoffe im Holzbereich (Abkürzungen nach DIN 4076)

Synthese-Verfahren	Plastomer	Duromer	Elastomer
Polymerisation	KPVAC KCPD KSCH		KPCB
Polykondensation		KUF KMF KPF	
Polyaddition		KEP	PU

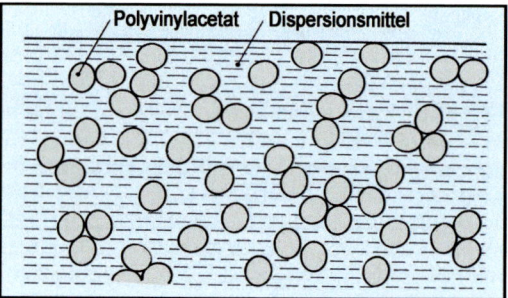

Bild 6.51 Polyvinylacetat im Dispersionsmittel

6.3.1 Natürliche Leime

Arbeitsauftrag Nr. 43 Lernfeld TI, HM 3; FKU 5, 6

- Arbeiten Sie nach der „*Puzzlemethode*".
  Wählen Sie hierzu die Tabelle **6**.54 *Übersicht über die Klebstoffe* (*Leime*).
  Fertigen Sie eine Kopie der Tabelle **6**.54. Zerschneiden Sie diese in „*Puzzleteile*" entsprechend den Vorgaben Klebstoff, Lieferform etc. Mischen Sie die 60 Teile und ziehen Sie der Klassenstärke entsprechend 2 bis 3 Puzzleteile.
  Übertragen Sie die Aufschrift der gezogenen Teile in großer Normschrift auf jeweils ein DIN-A4-Blatt. Die Farben der Blätter und deren Beschriftung ist wählbar.
  Fügen Sie anschließend Ihre Arbeiten zu einem „*Klebstoffinformationsplakat*".
- Visualisieren Sie das Plakat entsprechend den Anwendungen.
  Beispiel : Bootsbau
  Bringen Sie Verleimbeispiele aus der Praxis zur Vervollständigung Ihres Plakates mit in den Unterricht.
- **Prüfungsfragen zum Thema:**
  1. Welche Eigenschaft hat ein reversibler Klebstoff?
  2. Sind Kunstharzleime reversibel?

3. Nennen Sie drei Anwendungsgebiete für natürliche Leime.
4. Wie nennt man Dispersionsleime noch?
5. Worauf beruht die Wirkung von Glutinleimen?
6. Welche Kunststoffe verwendet man für thermoplastische Klebstoffe?
7. Was versteht man unter dem Weißpunkt?
8. Welche Gruppen von synthetischen Leimen gibt es?
9. An einer frischen Weißleimfuge bindet der Leim nach einiger Zeit nicht „glasig durchsichtig", sondern „kreidig" ab.
   a) Worauf ist dies zurückzuführen?
   b) Warum geht die Leimfuge auf?
10. Beschreiben Sie das Heißsiegelverfahren.
11. Vergleichen Sie Dispersions- und Kondensationsleime im Hinblick auf den Abbindevorgang.
12. Was sind Härter? Wie wirken sie?
13. Welche Wirkung hat abgebundener Kondensationsleim auf die Werkzeugschneide?
14. Worin unterscheiden sich Untermisch- und Vorstrichverfahren bei Kondensationsleimen?
15. Nennen Sie Füllmittel.
16. Was sind Streckmittel?
17. Was geschieht, wenn Sie zu viel Streckmittel beigeben?
18. Warum brauchen Kleber eine Ablüftzeit?
19. Was bedeutet „Metallkleber"?
20. Warum ist bei Kontaktklebern Vorsicht geboten?
21. Was ist Voraussetzung für den Einsatz eines Lösungsmittelklebers?
22. Wieviele Komponenten haben Epoxidharzkleber?
23. Unterscheiden Sie Schmelz- und Kontaktkleber
    a) nach den Lösungsmitteln
    b) nach dem Abbindevorgang.
24. Welche Leime verwendet man hauptsächlich im Fensterbau?
25. Warum nehmen Sie zum Aufleimen dekorativer Schichtpressstoffplatten auf Aluminiumplatten keinen Dispersionsleim?
26. Eine Fensterbank aus STAE 22 mm wurde beidseitig mit Schichtpressstoffplatten belegt (Oberseite schwarzes Schiefermuster). Nach einem Sommer – innerhalb der Gewährleistungsfrist – lösen sich Oberseite und Schichtkante. Was könnte die Ursache sein?
27. Welchen Leim nehmen Sie für Formingverleimungen?
28. Welche Klebstoffe eignen sich für Absperrarbeiten?
29. Warum wählt man normale Dispersionsleime nicht für Außenarbeiten?
30. Welche Kleber wählen Sie, wenn Sie Metalle miteinander verbinden wollen?

Die natürlichen Leime aus Glutin und Kasein wurden fast ganz von den künstlichen (synthetischen) Leimen verdrängt. In jüngster Zeit gewinnen sie jedoch infolge des verstärkten Umweltbewusstseins und der Hinwendung zu natürlichen Stoffen als *Bioleime* wieder an Bedeutung.

Abbinden der Dispersionsleime. Holzleime werden als kolloidale Lösungen, also im Sol-Zustand verarbeitet (lat. solvere = lösen; s. Abschnitt 2.4.1). Verdunstet das Dispersionsmittel oder wandert es ins Holz ab, wird der Leim fester, sirupartig – er geht in den Gel-Zustand über (Gelatine). Glutinleim lässt sich jedoch in den Soll-Zustand zurückverwandeln:

Er ist reversibel (umkehrbar) im Gegensatz zu den irreversiblen (nicht umkehrbaren) Kunstharzleimen.

Glutinleime (KG = Klebstoff Glutin). Rohstoffe sind die Eiweißverbindungen Gliadin und Glutenin (pflanzlich), Glutin und Kasein (tierisch).

■ **Laborversuch**

Waschen Sie ein Stück Teig in der hohlen Hand unter einem Wasserstrahl aus. Nach einiger Zeit wird das abfließende Wasser klar. In der Hand bleibt eine gummiartige, klebrige Masse – das quellfähige Gliadin und Glutenin.

Hauptbestandteil dieser Leime ist *Glutin*, das man in langwierigen Verfahren aus tierischen Häuten, Knochen, Sehnen und Knorpeln gewinnt. Nach ihnen bezeichnen wir diese Klebstoffe als Lederleim oder Knochenleim. Glutinleime werden als Granulat (Flocken, Perlen, Kristalle) oder Pulver geliefert, in Wasser gelöst und im Wasserbad erwärmt (daher die frühere Bezeichnung „Warmleime"). Die streichbare Flüssigkeit zieht sich beim Abkühlen zusammen (Kohäsion), bindet fest und elastisch ab. Voll ausgehärtet sind Glutinleime erst nach rund 24 Stunden.

Feuchtigkeits- und Wärmebeständigkeit sind gering – beim Durchfeuchten oder Erwärmen weichen die reversiblen Leime wieder auf. Wegen dieser Eigenschaften und ihrer Schimmelanfälligkeit verwendet man Glutinleime nur für Innenarbeiten in trockenen Räumen. Weil sie elastisch binden, nicht durchschlagen und verfärben, nimmt man sie für Restaurationen, Antiquitäten, Schmirgelbänder, Kleberollen und den Instrumentenbau.

Kaseinleime (KC) sind Magermilchprodukte (Käsestoff). Kasein wird erst durch Zusatz von Kalk wasserlöslich. Das Leimpulver ist hygroskopisch (wasseranziehend) und muss daher gut verschlossen aufbewahrt werden. Kasein quillt im Wasser auf, und durch Beimengung von Alkalien entsteht Kaseinleim. Die elastischen Leimfugen zeigen darum eine geringe Feuchtigkeits- und Wasserbeständigkeit. Kaseinleime sind ebenfalls schimmelanfällig. Der Kalkanteil verfärbt gerbstoffhaltige Hölzer (z. B. Eiche). Häufig gibt der Hersteller Zusätze bei. Deshalb müssen die Verarbeitungsvorschriften genau beachtet werden.

> **Natürliche Leime** bestehen aus Eiweißverbindungen (Glutin, Kasein). Sie werden durch Abkühlen oder chemische Reaktion unter Wasserabgabe fest.

6.3.2 Synthetische Klebstoffe

Plastomere (Thermoplaste). Synthetische Leime lassen sich schneller, einfacher, kostensparender und „maßgerechter" verarbeiten. Ihre Leimflotte besteht hauptsächlich aus Kunstharzteilchen in Lösung oder als Dispersion. Für bestimmte Verleimungsarbeiten werden noch Füllmittel oder auch Härter beigemischt. Der flüssige aufgetragene Klebstoff trocknet physikalisch, wird also bei Erwärmung plastisch. Nach der chemischen Zusammensetzung sind es PVAC-Leime.

Polyvinylacetatleime (KPVAC) gewinnt man durch Polymerisation von Vinylacetat (s. Abschn. 6.2.2) und nennt sie wegen ihrer Farbe auch **Weißleime**. Die Kunststoffmoleküle dispergieren in Wasser (6.51). Deshalb wird ein PVAC-Leim nur flüssig, gebrauchsfertig geliefert. Nach dem Auftragen verdunstet das Wasser, die Kunstharzbestandteile schieben sich eng zu einer plastischen Leimschicht zusammen. Wichtig ist die *Verarbeitungstemperatur*. Je nach Zusätzen liegt die niedrigste Verarbeitungstemperatur bei etwa 5 °C. Wird sie unterschritten, wird der Leim kreidig weiß und spröde, verliert Festigkeit und Bindefähigkeit. Wegen dieser Veränderung nennt man diese Temperatur die *Weißpunkttemperatur*.

Die Leimfuge ist beständig gegen Alterung und Schimmelpilze. Wasser lässt den Leim aufquellen und mindert seine Festigkeit, bis er wieder getrocknet ist. Bei Temperaturen von 40 bis 70 °C werden PVAC-Leime ohne Härter wieder weich. Kommen PVAC-Leime mit Eisen in Berührung, verfärben sie das Holz. Durchgeschlagene KPVAC waschen wir mit Aceton, Äthylacetat oder warmem Wasser und Bürste aus. Bei dauerhafter mechanischer Belastung der Leimfuge gleiten die Fadenmoleküle aneinander vorbei, es kommt zum „kalten Fluss", daher ist dieser Leim nicht für statisch belastete Bauteile geeignet.

> PVAC-Leime eignen sich vor allem für Eckverbindungen, Bautischler- und Furnierarbeiten, für den Zusammenbau von Möbelteilen, die Kantenleimung sowie für das Aufleimen von Kunststoffschichtplatten. Durch entsprechende Zusätze gewinnen wir Montage-, Furnier-, Fenster- und Lackleime.

Montageleime sollen schnell abbinden und erhalten daher einen Härterzusatz. Der Tischler verwendet sie für Holz- und Holzwerkstoffverbindungen. Ihre Wartezeit liegt zwischen 5 und 30 Minuten, die Presszeit beträgt bis 30 Minuten bei 0,3 bis 0,4 N/mm^2 Pressdruck, die Nachbindezeit bis drei Stunden. Am günstigsten sind Raum-, Holz- und Leimtemperaturen zwischen 18 und 22 °C, eine Holzfeuchte von 8 bis 12 % und eine relative Luftfeuchte von höchstens 65 %.

Furnierleime dienen, wie der Name sagt, meist zum Furnieren. Sie werden mit dem Leimspachtel oder einer Leimrolle aufgetragen. Die Wartezeit liegt zwischen 5 und 30 Minuten, die Presszeit beträgt bei 20 °C 60 Minuten und verkürzt sich bei höheren Temperaturen. Der Pressdruck beträgt meist 0,3 N/mm^2. Heißverleimungen sind bis 200 °C möglich; für die Kaltverleimung gelten die gleichen Werte der Holzfeuchte und Temperatur wie bei den Montageleimen.

Fensterleime. Durch Zugabe von Härtern unter 10 % (Isocyanat, Aluminiumchlorid) erreichen KPVAC-Leime die Beanspruchungsgruppe D3/D4 und sind somit im Außenbereich einsetzbar. Sie binden dann auch chemisch ab.

Sonderleime. *NC-Lackleime* lösen Lackschichten an der Oberfläche an und verbinden so die Werkstücke. Bei Kunstharzlacken wirkt die Adhäsion zwischen Leim und Lack als Verbindung. Die Wartezeit beträgt hier 5 bis 20 Minuten, die Presszeit bei 0,3N/mm^2 etwa 15 Minuten. Die Nachbindezeit dauert einige Stunden.

Polyvinylacetatleime

- binden in der Regel physikalisch durch Verdunsten des Wassers und Sol-Gel-Umwandlung ab,
- lassen sich am günstigsten zwischen 18 und 22 °C verarbeiten,
- erreichen bei etwa 5 °C den „Weißpunkt" und verlieren dann ihre Bindefähigkeit und Festigkeit,
- Leimdurchschlag lässt sich entfernen,
- kalter Fluss bei Dauerbelastung.

Duromere (Duroplaste). Im Gegensatz zu den thermoplastischen, reversiblen Dispersionsleimen binden Kondensationsleime chemisch und physikalisch ab (lat. *durus* = hart) und sind irreversibel.

■ **Laborversuch.** In einem Kolben wird Methylalkohol verdampft. Halten Sie eine glühende Kupferdrahtspirale hinein.

Ergebnis: Der stechende Geruch zeigt eine chemische Reaktion an. Der Kupferdraht gibt den Sauerstoff ab. Durch die Oxidation des Methylalkohols CH_3OH bildet sich das stechend riechende Formaldehydgas $HCHO$ unter Abgabe von Wasser H_2O. Weil sich bei diesem Prozess Wasser abspaltet, nennt man ihn Kondensation (s. Abschnitt 6.2.2).

Vorkondensation. Durch die Reaktion von Formaldehyd und dem Kunstharz (Phenol, Harnstoff, Melamin) beginnt das Harz zu härten. Ausgehärtete Kunstharze lassen sich jedoch nicht mehr als Klebstoff verarbeiten. Deshalb unterbricht der Hersteller die Polykondensation, wenn die Mischung gerade noch ausreichend wasserlöslich ist. Beim Verarbeiten solcher „vorkondensierter" Kunstharzleime setzt man den unterbrochenen Abbindeprozess durch Zugabe reaktionsfördernder Mittel (z. B. Härter und/oder Wärmezufuhr) wieder in Gang, so dass der Leim endgültig aushärtet. Danach sind Leimdurchschläge nicht mehr zu entfernen – selbst scharfkantige Werkzeuge stumpfen daran ab! Im Einzelnen unterscheiden wir drei Phasen (Stufenkondensation):

- **Im Resol-Zustand** wird die Aushärtung vom Hersteller unterbrochen. Das Harz-Formaldehyd-Gemisch ist als Vorkondensat wasserlöslich (flüssig), die Viskosität nimmt kaum zu.
- **Im Resitol-Zustand** wird der Aushärtungsprozess beim Verarbeiten fortgesetzt. Der Leim wird dickflüssig und zäh (hochviskos).
- **Im Resit-Zustand** bindet der duroplastische Leim als Endkondensat ab. Er ist irreversibel, nicht mehr löslich oder schmelzbar, sondern ausgehärtet und fest (**6.52**).

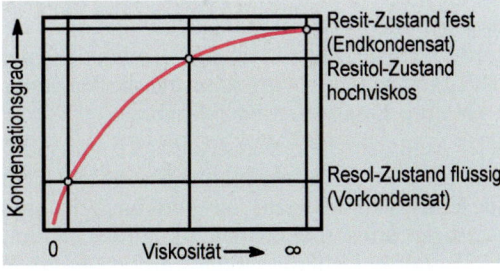

Bild 6.52 Stufenkondensations-Reaktion

Die Härter (z. B. Ammoniumchlorid, Ameisensäure, Zitronensäure) werden dem Kunstharzleim beigemischt (Untermischverfahren) oder beim Kaltleimen vorher auf die Werkstoffflächen getrennt aufgetragen (Vorstrichverfahren). Wärmezufuhr beschleunigt das Abbinden.

Polykondensationsleime
- entstehen aus der Verbindung von Kunstharzen und Formaldehyd,
- werden bei der Herstellung vorkondensiert (Resol-Zustand) und bei der Verarbeitung durch Zugabe von Härtern oder Wärme zur völligen Aushärtung endkondensiert (Resitol-, Resit-Zustand = Stufenkondensation),
- sind wasserfest und irreversibel.
- ergeben spröde Leimfugen, die die Werkzeuge abstumpfen, Leimdurchschlag lässt sich nicht mehr entfernen.
- haben bei Druck und Wärme eine kurze Abbindezeit,
- sind nur begrenzt lagerfähig.

Benannt werden die Kondensationsleime nach dem Ausgangsstoff: Harnstoff-Formaldehydharzleime, Melamin-Formaldehydharzleime, Phenol-Formaldehydharzleime.

Harnstoffharzleime (KUF = Klebstoff **U**rea **F**ormaldehyd; griech. urea = Harnstoff) härten durch chemische Reaktion mit dem Härter aus. Der Härter ist also beim Kalt-, Warm- und Heißleimverfahren erforderlich. Wir erhalten Harnstoffharzleime pulverförmig oder als Lösung. Je nach dem Härteranteil beträgt die Topfzeit 2 bis 70 Stunden, die Wartezeit dagegen nur 10 Minuten. Montageleime erfordern einen Pressdruck bis 0,3 N/mm^2 und eine Presszeit bis 6 Stunden, Furnierleime bis 10 N/mm^2 Druck für 1 bis 5 Minuten.

KUF sind sehr hart, wasserunlöslich und farblos. Da sie spröde sind, eignen sie sich nicht für Konstruktionsfugen. Die Verleimungen sind meist feuchtfest und können durch Mischen mit Melaminharz wetterbeständig werden. Vor allem verwenden wir KUF beim Furnieren.

Phenolharzleime (KPF) verfärben sich meist rotbraun und zeigen deutliche Fugen. Der chemische Prozess der Aushärtung wird durch Zugabe entsprechender Stoffe fortgesetzt und durch Wärme bei Presstemperaturen bis 140 °C beendet. Die Reifezeit dieser Leime beträgt je nach Produkt bis 15 Minuten, die Topfzeit bis 3 Stunden, die Wartezeit höchstens 15 Minuten. Der durchschnittliche Pressdruck liegt zwischen 1,0 und 2,5 N/mm^2. Bei höheren Temperaturen und Härteranteilen sind 2 bis 8 N/mm^2 erforderlich.

KPF sind witterungsbeständig („wetterfest") und tropenfest. Aufgrund ihrer Eigenschaften werden sie nach EN 204 der Verleimungsgruppe D4 zugeordnet. Eine Kaltaushärtung vollzieht sich, wenn starke Säuren (z. B. Paratoluolsulfonsäure) beigemischt werden. Wir verwenden Phenolharzleime für Zimmermannskonstruktionen (Holzingenieursbauten), Fenster, wasserfeste Spanplatten, Sperrholz sowie im Boots- und Schiffsbau.

Auch Papiere lassen sich mit Phenolharzen imprägnieren (tränken). Solche Kunstharzfilme (Tegofilm) werden für Furnierverleimungen bzw. Oberflächenvergütungen eingesetzt.

Resorcinharzleim (KRF) ist ein zweiwertiges Phenolharz und hat noch bessere Eigenschaften als der Phenolharzleim. Allerdings ist er erheblich teurer.

Melaminharzleime (KMF) sind teuer, oft kombinieren die Hersteller Melaminharze mit Harnstoffharzen. Eine besondere Stellung unter den Kondensationsleimen nehmen die Melaminharze auch deshalb ein, weil sie ohne Härter heiß abbinden. Als meist heißhärtend verwendete Furnierleime binden sie bei etwa 140 °C unter 0,8 N/mm^2 Druck in wenigen Sekunden ab. Die Fugen sind klar und spröde. Verleimungen aus KMF sind feuchtfest bis wetterfest und tropenfest. Sie werden daher nach EN 204 in die Verleimungsgruppen D1 bis D4 eingeordnet. KMF verwenden wir zum Furnieren und Absperren von Platten.

Zusatzstoffe zur Verbesserung des Leimes oder der Leimausbeute wurden mehrfach erwähnt. Sie werden vom Hersteller oder Verarbeiter der Leimflotte zugesetzt. Dabei handelt es sich um Füll-, Streck-, Schaum- und Farbmittel.

Füllmittel (fein gemahlene Kreide) verwendet man auch bei PVAC-Leimen. Sie haben keine Klebkraft, verringern aber bei dicken Fugen Schrumpfspannungen und verhindern Leimdurchschlag.

Streckmittel sind quell- und verkleisterungsfähige Pflanzenstoffe mit Klebkraft (z. B. Roggenmehl 1370, Weizenmehl 550, Stärke). Sie verbessern die Klebwirkung und erhöhen die Viskosität des Leimes, machen die Leimfuge elastischer, vermindern den Leimdurchschlag und erhöhen die Füllkraft (Kostensenkung). Die Streckmittelzugabe liegt bei 5 bis 20 %. Geben wir zu viel bei, verliert der Leim seine Verleimungsfestigkeit (**6.53**).

6.3 Klebstoffe und Dichtstoffe

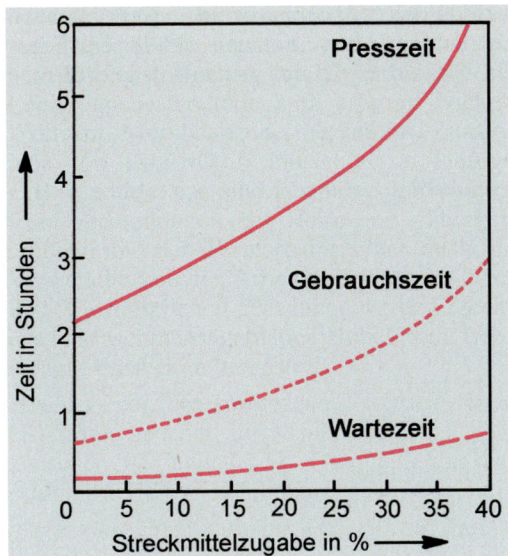

Bild 6.53 Wirkung eines Streckmittels auf einen Melaminharzleim (Zugabe bei 20 °C)

Schaummittel bilden kleine Luftbläschen in der Leimflotte und vergrößern das Leimvolumen. Ausbeute und Ergiebigkeit verbessern sich. Bei einer Volumenvergrößerung über 50 % lässt die Klebekraft des Leimes nach und führt zu Leimfehlern. Schaummittel werden heute nur äußerst selten der Leimflotte zugesetzt.

Farbmittel. Mischen wir entsprechende Farben (z. B. bei dunklen Furnieren) in die Leimflotte, bleibt der Leimdurchschlag unsichtbar.

Zusatzstoffe (Streck-, Füll- und Schaummittel) verbessern die Eigenschaften des Leimes und senken die Kosten. Farbmittel verdecken den Leimdurchschlag.

Kontaktkleber (KPCB) bestehen aus Lösungen von Kautschuk oder Kunstkautschuk (z. B. Polychloroprene) in organischen Lösungsmitteln. Als Lösungsmittel dienen Toluol, Äthylacetat, Spezialbenzin und Methyläthylketon. Sie sind leicht brennbar, die Klebstoffe daher feuergefährlich (Flammzeichen oder Aufdruck „Feuergefährlich")! Bei den nicht brennbaren Lösungsmitteln Methylenchlorid, Trichloräthylen oder Perchloräthylen besteht diese Gefahr nicht. Jedoch können bei längerem Einatmen höherer Konzentrationen gesundheitliche Schäden entstehen. Der flüssig gelieferte Kleber wird mit Zahnspachtel, Auftragswalze, Sprühdose oder Spritzpistole auf beiden Werkstücken aufgetragen. Wenn er beim Berühren mit dem Finger keine Fäden mehr zieht (*Fingerprobe*), ist das Lösungsmittel verdunstet und die Ablüftzeit erfüllt. Die Werkstücke werden unter kurzem aber hohem Druck zusammengepresst. Ein Verschieben oder Korrigieren der verbundenen Flächen ist nun nicht mehr möglich. Die verklebten Werkstücke können sofort weiterbearbeitet werden.

Durch Zusätze von Härtern und Weichmachern werden Kontaktkleber elastisch und wärmebeständiger bis 130 °C. Diese Elastizität verliert sich jedoch nach einigen Jahren, denn der Kleber versprödet durch Abwanderung der Weichmacher. Wir verwenden Kontaktkleber zum Bekleben von Rundungen sowie zum Verbinden von Metallfolien und Kunststoffen mit Holz.

Kontaktkleber (Polychloroprene)
– binden nach einer Ablüftzeit ab (Fingerprobe),
– sind mit brennbaren Lösungsmitteln feuergefährlich,
– enthalten gesundheitsschädliche Lösungsmittel.

Lösungsmittelkleber bestehen ebenfalls aus Lösungen von Kunststoffen oder Kunstharzen (z. B. Polyvinylharz) in den gleichen organischen Lösungsmitteln wie Kontaktkleber. Wir müssen also auch hier entsprechende Vorsicht walten lassen: Sie sind feuergefährlich, ihre Dämpfe gesundheitsschädlich. Der Kleber wird nur auf einem Werkstück verteilt. Damit das Lösungsmittel gut abwandern kann und sich eine einwandfreie Verklebung ergibt, muss eines der Werkstücke *saugfähig* sein.

Schmelzkleber (KSCH) sind plastomer und entfalten ihre volle Klebwirkung erst beim Erhitzen auf 200 °C. Aufgetragen werden sie z. B. mit der Kantenleimmaschine oder der Schmelzkleberpistole. Sie enthalten keine Lösungsmittel und erstarren darum sofort nach dem Auftrag (Heiß-Kalt-Verfahren). Polyamid-Schmelzkleber sind widerstandsfähiger gegen hohe Temperaturen und reißfester als Vinylacetat-Kleber – aber sehr teuer. Um die Adhäsionskräfte zu vergrößern und das Fließvermögen zu verbessern, geben die Hersteller dem Heißschmelzkleber noch klebrig machende Harze zu. Verwendet werden Schmelzkleber vor allem zum Aufkleben von Furnier-, Vollholz- oder Kunststoffkanten.

Plastomere Schmelzkleber werden bei etwa 200 °C aufgetragen und binden durch Abkühlen (physikalisch) ab.

Epoxidharzkleber (KEP) gebrauchen wir, wenn andere Kleber nicht genügen und bisherige Leime versagen. Sie haben eine hohe Festigkeit und sichern die dauerhafte Verklebung von Metall auf Metall, Holz auf Kunststoff, Glas auf Metall, Glas auf Glas, Kunststoff auf Kunststoff. Die flüssig, als Stangen, Pasten oder Pulver hergestellten Kleber sind hellgelb bis dunkelbraun. Sie binden chemisch ab, enthalten kein Lösungsmittel, aber Härter im Verhältnis 1 : 1. Es sind Zweikomponentenkleber, die kalt oder warm ohne Pressdruck abbinden. Die beiden Komponenten Epoxidharz und Härter binden bei Temperaturen bis 200 °C innerhalb weniger Minuten ab.

Diese Kleber sind sehr fest, elastisch und vielseitig verwendbar. Allerdings sind sie teuer und werden daher nur für besondere Verklebungen genommen. Auch bei ihnen ist Vorsicht geboten – ihre Dämpfe sind gesundheitsschädlich.

Epoxidharzkleber sind Zweikomponentenkleber. Ihre **Dämpfe sind gesundheitsschädlich.**

Polyurethankleber (PU) sind Ein- oder Zweikomponentenkleber, die wir meist zum Aufkleben von PVC-Folien, aber auch zum Verbinden von Holz, Metall und Glas verwenden. Sie haben eine gute Adhäsion, Wasserbeständigkeit und Elastizität, sind aber ebenfalls sehr teuer. Aufgetragen werden sie mit dem Zahnspachtel oder der Leimauftragsmaschine. Die Einkomponentenkleber enthalten selten Lösungsmittel und binden durch Wasser (Luftfeuchte) ab. Sie sind feuchtigkeitsbeständig und bis etwa 70 °C wärmefest. Geben wir Härter bei, können wir die Wärmefestigkeit bis auf 100 °C erhöhen. Als Zweikomponentenkleber binden sie ohne Lösungsmittel durch Mischung beider Komponenten und Zugabe von Beschleunigern in einigen Minuten oder erst in Stunden ab. Ein- und Zweikomponenten-PU tragen wir nur einseitig auf. Sie ergeben keine Verfärbungen.

Tabelle 6.54 Übersicht über die Klebstoffe (Leime)

Klebstoff	Lieferform	Verarbeitung/ Abbinden	Eigenschaften	Handelsnamen	Anwendung
Natürliche Dispersionsleime					
Glutinleim KG	fest pulverförmig	kalt, warm, heiß durch Kohäsion	fugenelastisch, reversibel, nicht verfärbend oder durchschlagend, begrenzt feuchtigkeits- und wärmefest, schimmelanfällig	Cellatherm, Jowacollwarmleim, Dorus-Rapid	trockene Innenräume Restaurierung, Antiquitäten Instrumentenbau, Furniere
Kaseinleim KC	pulverförmig	kalt durch chemische Verbindung von Kasein und Kalk	elastisch, irreversibel, feuchtigkeits- und wärmebeständig, verfärbt gerbstoffhaltige Hölzer	Jowat-Casein-Kaltleim, EMholz-Standardmarke	Sperrholz
Syntetische Klebstoffe					
Polyvinylacetatleim KPVAC	flüssig	kalt bis 5 °C, warm 18 bis 22 °C, heiß bis 70 °C durch Wasserverdunstung	Plastomer, reversibel, feuchtigkeits-, aber nicht temperaturbeständig (ohne Härterzugabe)	Ponal, Keime, Rakoll, Hymir, Dorus, Tempo S	Montage- und Furnierleim für Holz, Absperrarbeiten, Bautischler- und Formingverleimungen
Harnstoffharzleim KUF	pulverförmig	kalt und heiß Polykondensation durch Härter	duroplastisch, irreversibel, sehr hart, spröde, farblos, wasserunlöslich, nicht wetterfest	Kaurit, Pressal, Kleberit, Heißpressenleim 861, Rakoll UF 20	Montage- und Furnierleim für Innenarbeiten
Melaminharzleim KMF	pulverförmig	kalt (Montageleim) mit Härter, heiß (Furnierleim) ohne Härter Polykondensation	duroplastisch, irreversibel, wasserbeständig, kochfest, aber nicht wetterfest	Pressal, Melan, Kauramin	Furnieren und Verleimen von Spanplatten

Tabelle 6.54 Fortsetzung

Klebstoff	Lieferform	Verarbeitung/ Abbinden	Eigenschaften	Handelsnamen	Anwendung
Phenolharzleim KPF	flüssig	kalt (Montageleim) heiß (Furnierleim) durch Polykondensation	duroplastisch, irreversibel, wasser- und witterungsbeständig	Kauresin, Tegofilm, Kleiberit, Supracin 875	Montage- und Furnierleim für Zimmermannskonstruktionen, Fenster, wasserfeste Spanplatten, Boots- und Schiffsbau, Filme für Oberflächenvergütung
Kontaktkleber KPCB	flüssig	kalt mit Ablüftzeit durch Kohäsion/ Adhäsion Polymerisation	elastomer, sehr fest mit brennbaren Lösungsmitteln feuergefährlich! Dämpfe gesundheitsschädlich!	Neoprene, Baypren, Bostik, Kleiberit, Ardal, Pattex	Rundungen, Verbinden von Metallfolien und Kunststoffen mit Holz
Schmelzkleber KSCH	flüssig	bei 200 °C sofort ohne Lösungsmittel durch Abkühlen Polymerisation	plastomer, sehr fest, nicht wasserbeständig, nicht temperaturbeständig	Helmitherm Super, Elvax, Kleiberit Schmelzkleber 735, Jowatherm, Jowalin	Furnier-, Vollholz- und Kunststoff kanten
Epoxidharzkleber KEP	festpulverförmigflüssig	kalt und warm ohne Pressdruck Zweikomponenten ohne Lösungsmittel Polyaddition	duroplastisch, sehr fest, elastisch, gesundheitsschädlich!	Stabilit, Ultra Profix-Spezialkleber, Rakollit, Jowat-Metallix, Ceresit-Epoxidkleber	Metall auf Metall, Holz auf Kunststoff, Glas auf Glas, Kunststoff auf Kunststoff
Polyurethankleber PUR	flüssig pastös	Einkomponenten mit Lösungsmittel, kalt oder heiß bei 70 °C Zweikomponenten ohne Lösungsmittel Polyaddition	elastisch, wasserbeständig, wärmebeständig bis 70 °C, bei Härtezusatz bis 100 °C (Einkomponenten) gesundheitsschädlich!	Assil-M, Kleiberit-Plastic-Mastic 596.8, Jowatac Ponal-Pv-Leim	PVC-Folien, Verbinden von Holz mit Metall oder Glas

Polyurethankleber sind Ein- oder Zweikomponentenkleber.

Einkomponentenkleber können gesundheitsschädliche Lösungsmittel enthalten.

Die Tabelle **6.**54 gibt einen Überblick über verschiedene Dispersionsleime und Klebstoffe.

Dichtstoffe und Montageschäume. Sie dienen dem Abdichten und Dämmen von Bewegungsfugen zwischen Bauteilen sowie dem Befestigen (Kleben) von Bauteilen. Sie haften auf verschiedensten Werkstoffen durch Adhäsion, wenn diese sauber, fett- und ölfrei und entsprechend den Verarbeitungsrichtlinien vorbereitet wurden.

Es gibt *1- und 2-komponentige Produkte*, die sich in der Art der Aushärtungsreaktion (chemisch und/oder physikalisch) und der nach der Reaktion entstandenen Endstruktur unterscheiden:
1. Flüssige oder pastöse Fugendichtungsmassen (FDM), die nach der Aushärtungsreaktion eine *gummielastische*, homogene Endstruktur meistens in den Farben Weiß, Schwarz, Braun, Grau aufweisen (Behandlung s. Abschn. 10.8.7.1).
2. Flüssige Kunststoffmassen, die nach der chemischen Reaktion durch Gase um ein Vielfaches ihres ursprünglichen Volumens aufquellen und im Endzustand eine geschlossenporige Schaumstoffstruktur aufweisen. Sie werden als *Montageschäume* bezeichnet.

Die Basis für die Herstellung von *Montageschäumen* bilden Polyurethanverbindungen. Die flüssigen Ausgangssubstanzen werden in Aerosoldosen abgefüllt, die an der Arbeitsstelle mit Luftdruck ausgestoßen werden. Umweltfreundliche Treibgase bewirken eine 50- bis 100-fache Volumenvergrößerung des Doseninhaltes im aufgeschäumten Endzustand. Unangenehme Begleiterscheinungen dieses Aufschäumens sind das Entstehen örtlicher Drücke, Wärme- und Gasentwicklung. Wichtig ist es deshalb, die Dosierung gleichmäßig und sparsam nach den Verarbeitungsrichtlinien des Herstellers auszuführen. Bei Türfutter oder -zargen sollten nach dem Ausrichten Türfutterstreben angesetzt werden, um ein eventuelles Ausbeulen in die Türöffnung zu verhindern (**6.**55).

Verunreinigungen der Haut müssen sofort, vor dem Abbinden, mit Lösungsmittel entfernt werden. Polyurethan enthält den Gefahrstoff Isocyanat als Härter, deshalb sollten Schutzbrille und Schutzhandschuhe getragen, frei werdende Gase nicht eingeatmet werden. Die Montageschaumdosen sollen stehend, trocken und kühl (nicht über 50 °C), bei 20 °C ca. 12 Monate lagerfähig, gelagert werden. Von Zündquellen fernhalten, das Treibmittel ist brennbar. Leere Dosen sollten professionellen Entsorgungsfirmen zugeführt werden.

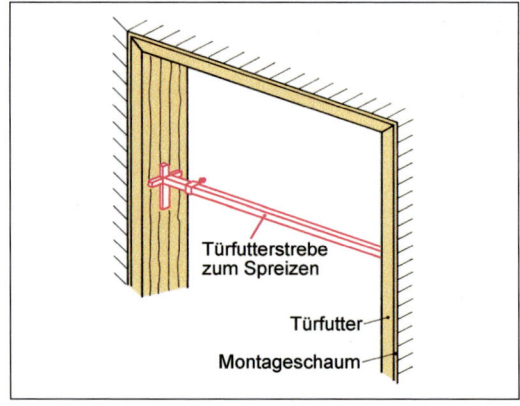

Bild 6.55 Türfutter mit Türfutterstrebe (siehe auch Bild 7.43)

6.4 Glas

Arbeitsauftrag Nr. 44 Lernfeld TI, HM 3

- Erstellen Sie eine „Mind-Map" zum Thema Glas in Partner oder Gruppenarbeit. Kernpunkt bzw. Ausgangspunkt sollte folgende Frage sein:
  „*Was ist Glas und woraus wird es hergestellt?*"
  Nutzen Sie bei Ihrer Arbeit die Oberbegriffe des Textes einschließlich Kapitel 6.4.3.
- Mithilfe Ihrer Mind-Map und des Textes beantworten Sie bitte die folgenden Fragen. Arbeiten Sie nach der „*Dreischritt- Methode*" (vgl. Kapitel „Methoden").

1. Was versteht der Glaser unter einem „kalten" und einem „warmen" Schnitt?
2. Welche Rohstoffe braucht man zur Glasherstellung? Nennen Sie mindestens vier.
3. Erklären Sie die Herstellung von Floatglas.
4. Beschreiben Sie den Aufbau einer Isolierglasscheibe.
5. Welche Oberflächengüte erreicht man beim Floatverfahren?
6. Eine Isolierglasscheibe ist vom Zwischenraum her mit Feuchtigkeit beschlagen. Welche Ursachen können Sie dafür nennen?
7. Welche beiden Herstellungsverfahren sind heute beim Flachglas üblich?
8. Worauf beruht die Wärmedämmwirkung und Schalldämmwirkung von Isolierglas?
9. Welcher Unterschied besteht zwischen Einscheibensicherheitsglas und Verbundsicherheitsglas in der Herstellung und im Aufbau?
10. Welche Bedeutung haben Metalloxide bei der Herstellung von Glasschmelze?
11. Welche Beispiele für Drahtglas kennen Sie?
12. Nennen Sie drei Möglichkeiten, die Schalldämmung eines Fensters zu verbessern.
13. Wie verhalten sich Einscheibensicherheitsglas und Verbundsicherheitsglas bei Bruch?
14. Warum werden heute überwiegend Isolierglasfenster eingebaut? (drei Gründe)
15. Nennen Sie drei Arten von Gussglas.
16. Beschreiben Sie den Aufbau eines Sonnenschutzglases.
17. Womit kann man Glas ätzen?
18. Auf welche Weise werden die Glasscheiben einer Isolierglaseinheit miteinander verbunden?
19. Was bedeutet SZR?
20. Was müssen wir beim Lagern und Transportieren von Glas beachten?

6.4 Glas

- Erarbeiten Sie die nachfolgenden Schwerpunktbereiche der Glastechnik in Gruppen. Nutzen Sie die Hinweise für die Präsentation.
  - Sonnenschutz   Flyer   original A4 zur Präsentation
  - Wärmeschutz   Zeitungsanzeige   als Plakat
  - Einbruchsschutz   Interview   Rollenspiel: Einbruch Kunstgalerie (Reporter/Glaser)
  - Brandschutz   Fernsehspot   Werbung /Power Point (wahlweise)
  - Schallschutz   Kundengespräch   Rollenspiel (Kunde/Glaser)
- Informations- und Materialbeschaffung (Glasmessen, Firmen, Internet)

Glas begegnet uns überall und in vielfältigen Formen – als Fenster und Spiegel, als Isolier- und Sicherheitsglas in der Technik, in den Gefäßen der Industrie und des täglichen Gebrauchs.

Eigenschaften. Glas ist ein hartes, aber sprödes Schmelzprodukt aus mehreren Stoffen. Es ist lichtdurchlässig und sehr beständig gegen Luft, Wasser und viele Chemikalien. Wärme und elektrischen Strom leitet es schlecht (**6.56**). Alle diese Eigenschaften lassen sich durch entsprechende Glaszusammensetzung beeinflussen.

Tabelle 6.56 Eigenschaften des Glases

Dichte	$2{,}5 \text{ kg/dm}^3$
Härte	5 bis 7 (zum Vergleich: Diamant hat die Härte 10)
Druckfestigkeit	80.000 bis 120.000 N/cm^2
Biegefestigkeit	3.500 N/cm^2
Lichtdurchlässigkeit	bis 92 %

6.4.1 Herstellung

Rohstoffe. Eigentlicher Glasbildner ist der kieselsäurehaltige Quarzsand. Seinen hohen Schmelzpunkt (1.600 °C) setzt man durch Zugabe von Flussmitteln herab (z. B. Soda, Sulfat, Borsäure, Pottasche). Dass diese Rohstoffe allein nicht zur Glasherstellung genügen, zeigen folgende Versuche.

- **Laborversuch 1:** Wir mischen reinen Quarzsand (SiO_2) mit Soda ($NaCO_3$) und erhalten eine glasige Masse, die wir in Wasser legen und erhitzen.

  Ergebnis: Die glasige Masse (Wasserglas) löst sich in Wasser auf.

- **Laborversuch 2:** Wir wiederholen den Versuch, geben aber etwas zerkleinerten Kalkstein ($CaCO_3$) oder Dolomit zu. Ergebnis: Die Masse ist wasserunlöslich.

Kalkstein oder Dolomit stabilisieren also das Glas, geben ihm Härte und Glanz. Zum Färben der Glasmasse benutzt man Metalloxide.

Herstellung. Die Rohstoffe Quarzsand, Kalk und Alkalien werden in bestimmten Mengenverhältnissen in langgestreckten Wannenöfen oder in Hafenöfen bei etwa 1.400 °C eingeschmolzen. (Ohne die alkalischen Flussmittel Soda und Sulfat erreichte man den Schmelzpunkt erst bei einer Temperatur von 1.620 °C.) Da das Glas für die Formung der Glastafel bzw. des Glasbands durch Gießen oder Ziehen eine gewisse Zähigkeit erreichen muss, wird es auf etwa 1.000 °C und in einem geschlossenen Kühlkanal weiter bis auf 100 °C abgekühlt, bevor es in einem offenen Kühlkanal die normale Umgebungstemperatur erreicht. Dieser Prozess geht verhältnismäßig langsam vor sich, denn durch zu schnelles Abkühlen können Spannungen auftreten. Am Ende der Kühlstraße befindet sich die Schneidanlage, an der das Glasband manuell oder maschinell in entsprechende Größen (Bandmaße) zugeschnitten wird.

> Glas besteht aus Quarzsand, Kalkstein und Alkalien. Diese Rohstoffe werden bei großer Hitze vermengt und geschmolzen.

Bei den Herstellungsverfahren unterscheiden wir das Floaten, Gießen, Walzen, Ziehen, Blasen und Pressen.

Beim Floaten oder Schwimmen läuft die geläuterte (gereinigte) Glasschmelze auf geschmolzenem Zinn und breitet sich „obenauf schwimmend" (floaten) aus, bis eine bestimmte Gleichgewichtsdicke erreicht ist (**6.57**). Durch die völlig ebene Oberfläche des flüssigen Metalls unter dem Glas und durch die Oberflächenspannung auf dem Glas entsteht ein planparalleles Glasband, das man nicht mehr schleifen und polieren muss. Am Ende des Metallbads heben Walzen die Glasmasse ab und befördern sie weiter, wobei die Schmelze in langen Kühlkanälen abgekühlt und entspannt wird. Floatglas hat zwischenzeitlich die zuvor üblichen Herstellungsverfahren zur Flachglas-Erzeugung abgelöst. Ausnahmen bilden lediglich die Guss bzw. Ornamentgläser.

Beim Gießen und Walzen läuft das zähflüssig eingegossene Glas zwischen zwei wassergekühlten Formwalzen durch (**6.**58). Aus dem Abstand der beiden Walzen ergibt sich die gewünschte Glasdicke. Zugleich können die Walzen Muster in die Glasoberfläche eindrücken oder wie beim Drahtglas Drahtnetze einrollen. Das endlose Glasband rollt in den Kühltunnel und wird auf die geforderten Maße geschnitten. Auf diese Weise stellt man Draht- und Drahtornamentglas, Ornamentglas, Gartenklarglas, Profilbauglas, Gussglas und Welldrahtglas her.

Beim Blasen unterscheidet man das schon im Altertum bekannte Mundblasen und das neuere Maschinenverfahren. Zum Mundblasen braucht man eine Glasmacherpfeife, ein etwa 1,5 m langes Rohr mit Mundstück. Damit nimmt der Glasbläser Schmelze auf und formt daraus durch Drehen und Blasen einen Hohlkörper (Kübel). Diese erste Form wird abgekühlt und nach Erwärmung in die endgültige Form geblasen (Gläser, Flaschen, **6.**59). Das langwierige Mundblasen wird heute nur noch bei besonderen Gläsern (mundgeblasen) verwendet. Das maschinelle Verfahren nach dem gleichen Arbeitsprinzip ermöglicht viel höhere Stückzahlen und gleichbleibende Qualität für Form- und Verpackungsglas.

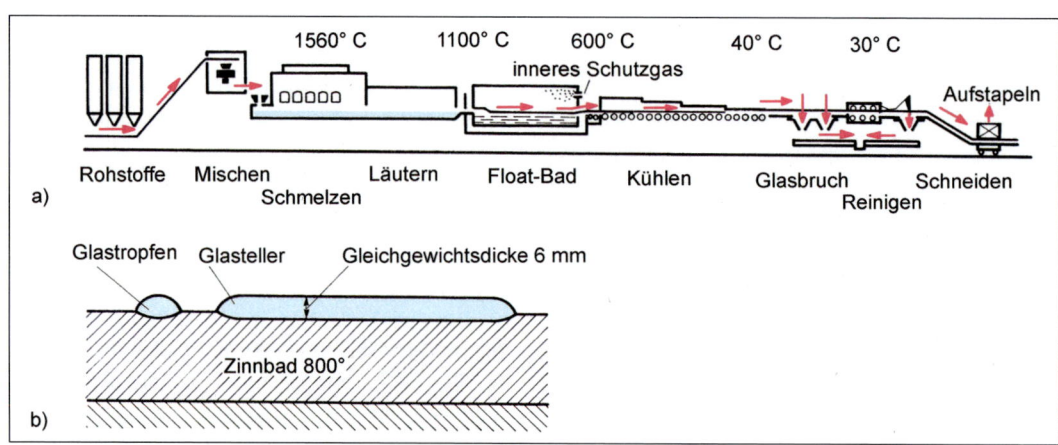

Bild 6.57 Float-Verfahren (a) mit Ausschnitt der Glasschicht im Float-Bad (b)

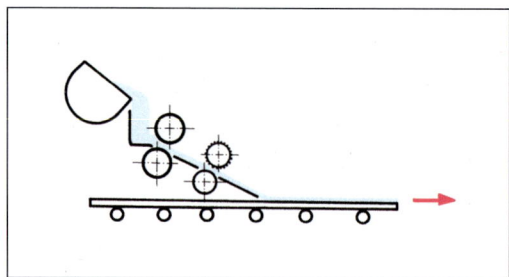

Bild 6.58 Gießen und Walzen

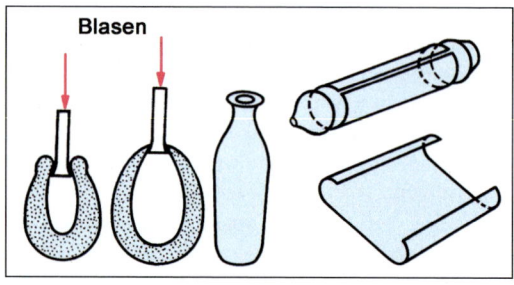

Bild 6.59 Blasverfahren

Beim Pressen fließt die Glasschmelze in eine Metallform und wird dort von einem Stempel auf die vorgesehene Dicke zusammengepresst (**6.**60).

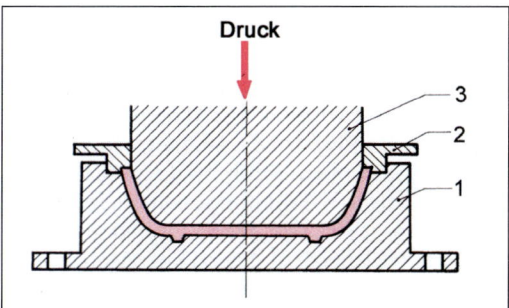

Bild 6.60 Pressen
 1 Form, *2* Deckring, *3* Stempel

So entstehen massive oder hohle dickwandige Glasformen wie Glasbausteine, Glasdachziegel und Glasfliesen.

Bearbeitung. Glas lässt sich durch Schneiden, Schleifen, Polieren, Ätzen, Bedrucken und Sandstrahlen bearbeiten, außerdem kann man es thermisch vorspannen.

Zum Schneiden benutzt der Fachmann den Glasschneider mit einem Stahlrädchen oder Diamanten an der Spitze (**6.**61). Je nach Glasart und Glasstärke werden verschiedene Stahlrädchen angewendet. Stahl und Diamant sind härter als Glas. So können wir damit am Schneidlineal entlang eine Kerbe in die Glasplatte ritzen. Diese Kerbe vergrößert sich zu einem Spalt, an dem entlang das Glas bei Beanspruchung – wie etwa einem leichten Schlag – bricht. Ein dünner Film aus Petroleum auf der Glasoberfläche erleichtert das Schneiden. Wartet man nach dem Ritzen einige Tage mit dem Brechen, geht die Spannung in der Kerbe verloren und das Glas bricht nicht mehr sauber durch („kalter Schnitt" im Unterschied zum sofortigen „warmen Schnitt"). Deshalb ritzen wir das Glas erst kurz vor dem Bruch (**6.**62). Die Nuten im Glasschneider dienen dazu, schmale Glasstreifen abzubrechen.

Schleifen und Polieren. Durch kurzes Anhalten des Glases in einem Winkel von etwa 45° an ein Schleifwerkzeug wird der nach dem Schnitt verbliebene Grat etwas gebrochen, somit entschärft und entgratet. Zum Schleifen dient ein mit Korund oder Siliciumcarbid beklebter Schleifkörper. Verschiedene Körnungen erlauben entsprechende Grob- oder Feinbearbeitung. Da beim Schleifen hohe Temperaturen entstehen, wird meist nass geschliffen. Poliert wird mit puderfeinem Schleifmittel.

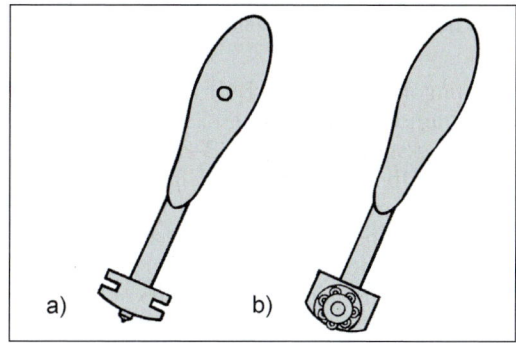

Bild 6.61 Glasschneider
 a) mit Diamantspitze
 b) mit Schneidrädchen aus Hartmetall

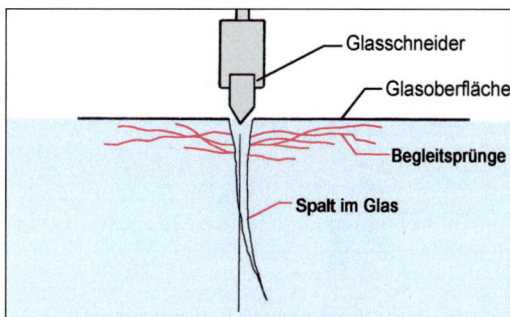

Bild 6.62 Schnittverlauf im Glas

Durch Ätzen und Sandstrahlen kann man Glas schmücken oder undurchsichtig machen. Beim Ätzen mit Flusssäure (HF) oder einem anderen Ätzmittel löst sich die Kieselsäureverbindung Glas auf. Ätzmuster zeichnet man mit Ätztinte und Goldfeder auf oder deckt die anderen Flächen ab.

Vorsicht! Flusssäure ätzt nicht nur Glas, sondern auch Ihre Haut, wenn Sie nicht aufpassen!

Beim **Sandstrahlen** prallen unter Pressluft feinste Sand- und Korundkörner auf die Glasscheibe und tragen die Oberfläche an unbedeckten Stellen ab. Je nach Entwurf und Schablone ergeben sich so verschiedene Muster.

Der **Siebdruck** ist ein modernes Verfahren zur Oberflächengestaltung von Architekturverglasungen. Dabei werden Muster, Flächen oder farbige Abbildungen mit keramischen Farben auf eine Floatglasscheibe gedruckt. Beim anschließenden Veredelungsprozess zu ESG (thermisches Vorspannen) werden die Farben eingebrannt. Dieses Verfahren erlaubt ebenfalls, auf umweltverträglichem Wege ätzonartige Oberflächen zu gestalten.

6.4.2 Glaserzeugnisse

Wir treffen überall auf Glas in verschiedenen Farben und Formen. Viele Gläser enthalten besondere Zusätze, z. B. Alkalisilitglas, Bleiglas, Elektroglas, Kalk-Natron-Glas oder Quarzglas. Zum Flachglas, das wir verarbeiten, zählen wir alle ebenen und gebogenen Scheiben wie Fensterglas, Gussglas, Kristallspiegelglas und Dickglas. Diese Glasarten werden zu Spezialgläsern (z. B. Mehrscheibenisolierglas) weiterverarbeitet.

Gussglas wird gegossen und gewalzt. Je nach Ausführung wird es als Drahtglas (D), Drahtornamentglas (DO) oder Ornamentglas (O) bezeichnet. Es ist nicht klar durchsichtig, kann farbig und mit Mustern oder Drahtnetzeinlagen in verschiedenen Dicken hergestellt werden. Durch genau berechnete Abmessungen der Oberflächen-Prägeform wie Wellen, Rippen oder Prismen erzielt man eine Lichtstreuung und Lichtlenkung, die alle Winkel eines Raumes aufhellt (**6**.63). Zahlreiche Ornamentierungen erlauben verschiedene Gestaltungsmöglichkeiten.

Floatglas ist klar, durchsichtig, reflektiert klar und ist verzerrungsfrei. Die hohe Qualität macht das früher notwendige Polieren von Glas überflüssig.

Mehrscheiben-Isolierglas ist eine Verglasungseinheit, hergestellt aus zwei oder mehreren Glasscheiben, die durch einen oder mehrere luft- bzw. gasgefüllte Zwischenräume voneinander getrennt sind. An den Rändern sind die Scheiben luft- bzw. gas- und feuchtigkeitsdicht durch organische Dichtungsmassen. Bei geklebten Randverbundsystemen wird der Abstand der Scheiben durch hohle „Abstandhalterstege" aus z. B. Aluminium oder verzinktem Stahl hergestellt. Die Stege enthalten Trocknungsmittel, die dem Scheibenzwischenraum bei der Herstellung des Mehrscheiben-Isolierglases eingeschlossene Restfeuchte entziehen. Für die Fenster kommt vor allem Floatglas zum Einsatz. Weitere verwendete Glaserzeugnisse sind u. a. beschichtetes Floatglas (Wärmedämmung, Sonnenschutz), Einscheiben-Sicherheitsglas, Verbundglas (Schalldämmung), Verbundsicherheitsglas, eingefärbtes Floatglas, Gussglas, Drahtglas usw.

Isolierglas für die Wärmedämmung. Das Maß für die Wärmeverluste durch einen Baustoff oder ein Bauteil (z. B. die Verglasung) ist der sogenannte U-Wert. Je niedriger der U-Wert einer Verglasung ist, desto besser ihre Wärmedämmung. Ein 4 mm dickes Floatglas hat einen U-Wert von 5,8 W/m²K. Ein Mehrscheiben-Isolierglas in Standardausführung besteht aus zwei 4 mm dicken Floatglasscheiben und einem luftgefüllten, 12 mm breiten Zwischenraum und hat einen U-Wert von 3,0 W/m²K. Der Wärmedurchgang durch ein Mehrscheiben-Isolierglas wird von den Vorgängen im Scheibenzwischenraum (Wärmestrahlung 60 % durch Überstrahlung, Wärmeleitung und Konvektion) dominiert.

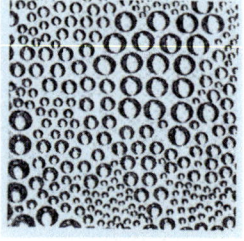
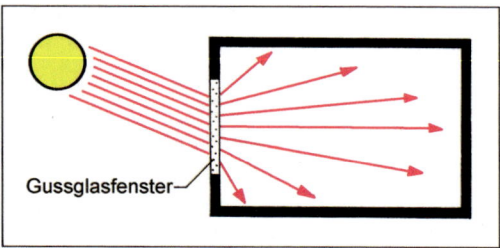

a)   b)

Bild 6.63 Gussglas a) verschiedene Muster, b) Lichtverteilung

Bei Wärmeschutz-Isoliergläsern werden die Wärmeübergänge durch Wärmestrahlung, Wärmeleitung und Konvektion verringert bzw. minimiert (Bild **6.**64). Die Verringerung des Übergangs durch Wärmestrahlung erfolgt über eine Beschichtung der zum Zwischenraum zeigenden Oberfläche der raumseitigen Scheibe des Isolierglases. Während die unbeschichtete Oberfläche eines Floatglases noch etwa 84 % der sie erreichenden Wärme in Form von Wärmestrahlung in den Scheibenzwischenraum (SZR) abgibt, sind dies bei einer mit einer Wärmeschutzbeschichtung versehenen Oberfläche nur noch 10 % bis 5 % und weniger. Der Übergang durch Wärmeleitung wird über den Tausch von Luft gegen ein Füllgas mit geringerer Wärmeleitfähigkeit (z. B. Argon) im Scheibenzwischenraum vermindert. Konvektion wird durch die Wahl der richtigen Breite des SZR nahezu unterdrückt. Für Argon-Füllungen sind 16 mm der Standard.

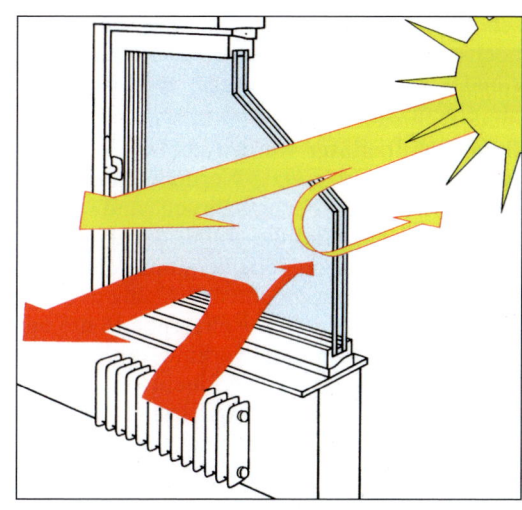

Bild 6.64 Wärmeschutz-Isolierglas

Xenon Füllungen kommen aufgrund des hohen Preises in der Praxis nur selten zur Anwendung.

Standard-Wärmeschutz-Isoliergläser haben einen U-Wert von 1,3 bis 1,1 W/m^{2}K. Mit geeigneten Füllgasen und verbesserten Herstellungsmethoden sind auch Werte bis zu 0,7 W/m^{2}K problemlos erreichbar. Wegen der Zwänge zur Energieeinsparung und Verringerung von Schadstoffemissionen infolge der Beheizung von Gebäuden wurden Wärmeschutz-Isoliergläser zwischenzeitlich zum Standardprodukt im Bereich der Mehrscheiben-Isoliergläser.

Wärmedämmende Isolierverglasungen bieten dem Bauherrn erhebliche Möglichkeiten der Heizkostenersparnis. Wohnkomfort und Behaglichkeit werden verbessert. Die geeignete Wärmedämmbeschichtung führt zu einer geringeren Wärmeabstrahlung bei hoher Wärmedämmung und hohem Gesamtenergiedurchlassgrad (g-Wert). Durch die Energieeinsparung wird gleichzeitig ein Beitrag zum Umwelt- und Klimaschutz geleistet.

Isolierglas für Schalldämmung. Schall und Lärm bilden in unserer „lauten Welt" eine große Belastung. Viele Menschen werden durch Lärm krank. Besonders groß ist der Lärm in belebten Straßen, Flugschneisen, an Autobahnen, in Diskotheken und Maschinenräumen. Eine normale Isolierverglasung reicht nicht

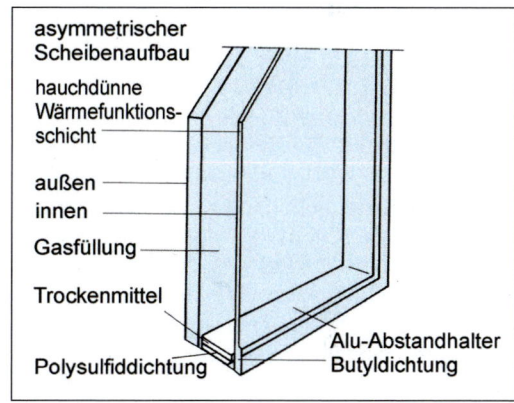

Bild 6.65 Schallschutz-Isolierglas

aus, solchen Lärm „vor dem Fenster" zu lassen (s. Abschn. 10.2). Dazu verbindet man Gläser unterschiedlicher Dicken zu einer Isolierglaseinheit oder Mehrscheibensysteme mit besonderen Gasfüllungen. Treffen die Schallwellen auf die Scheiben, geraten diese in Schwingung. Am stärksten schwingt die erste Scheibe. Die restliche Schallenergie trifft auf weitere Scheiben und Luftzwischenräume und verzehrt sich an diesen Hindernissen. Dicke Scheiben an der Außenseite des Fensters nehmen die ersten Schallwellen auf und hemmen den Schall. Glasflächen unterschiedlicher Dicke verstärken die Wirkung der Schallhemmung (**6.**65). Zusätzlich wird bei Schallschutzgläsern der Scheibenzwischenraum mit einem schlechtschallleitenden Gas gefüllt. Für besonders hochschalldämmende Isolierglasprodukte verwendet man eine oder sogar beide Scheiben aus einem Gießharz-Verbundglas.

Brandschutzgläser werden als Einfach- oder Isoliergläser eingesetzt. Normale Glasscheiben bersten bei Feuerausbruch und öffnen damit dem Zugwind die Bahn, der das Feuer anfacht. Verbundglasscheiben mit feuerhemmenden Zwischenschichten schäumen dagegen auf und bilden eine isolierende Platte aus Glas und Schaum. Sie verhindern Zugwind und halten lebensrettende Fluchtwege länger offen. Nach DIN unterscheidet man zwischen G-Glas (Schutz vor Feuer und Rauch) und F-Glas (Schutz vor Feuer, Rauch und Strahlungswärme). G-Gläser können im Brandfall Rauch und Flammen für eine bestimmte Zeit aufhalten. Sie sind jedoch nicht imstande, die Strahlungshitze eines Brandes abzuschirmen.

Die Gläser der F-Klasse verhindern nicht nur den Durchtritt von Rauch und Flammen, sondern auch den Durchtritt der Strahlungshitze bis zu 120 Minuten und bieten somit gefährdeten Personen ausreichend Schutz auf Fluchtwegen.

Einscheibensicherheitsglas (ESG). Wenn man eine Glasscheibe an der Oberfläche erhitzt und plötzlich stark abkühlt (abschreckt), kühlt das Glasäußere viel schneller als das Glasinnere ab. So entsteht außen eine *Druck*spannung, innen dagegen eine *Zug*spannung. Beim Einscheibensicherheitsglas erzeugt man diese Spannung künstlich. Dadurch wird das Glas elastischer, schlagfester und temperaturbeständiger. Beim Bruch zerfällt es in kleine Glaskrümel ohne scharfe Kanten, so dass die Verletzungsgefahr verringert ist (**6.**66). ESG verwendet man für Vitrinen, Treppengeländer, Ganzglastüren und -türanlagen, Sporthallenverglasungen und Seitenscheiben von PKW.

Beim **Verbundsicherheitsglas (VSG)** sind zwei oder mehr Scheiben mit durchsichtigen Kunststofffolien (z. B. Polyvinylbutyral) verbunden. An diesen zähelastischen Zwischenschichten bleiben die Glassplitter bei Stoß, Schlag usw. haften. So zeigen die einzelnen Glasscheiben lediglich Sprünge, während das gesamte VSG wegen seiner „Splitterbindung" vor Verletzungen schützt. Der Verbund aus Glas und Folien wird im Autoklaven bei erhöhter Temperatur und hohem Druck erreicht. VSG wird z. B. verwendet in Kfz-Windschutzscheiben, als Einfach- und als Isolierglas in Schaufenstern, bei Überkopfverglasungen und überall dort, wo Menschen in Verglasungen fallen oder gedrückt werden können (Bild **6.**67).

Angriffhemmende Verglasungen sind eine besondere Variante des VSG. Angriffhemmende Verglasungen (veraltete Bezeichnung: Panzerglas) werden je nach ihrem Einsatzzweck speziell geprüft und in Klassen eingeteilt. Es gibt durchwurf-, durchbruch-, durchschuss- und sprengwirkungshemmende Verglasungen. Ein besonderes Spezialprodukt ist die Kombination der Angriffhemmung mit einer Alarmgebung. Hier werden in der Verglasung enthaltene metallische Leiter z. B. bei einem Einbruch unterbrochen und lösen bei einer an

  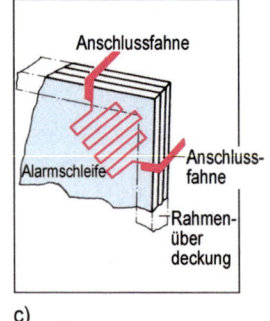 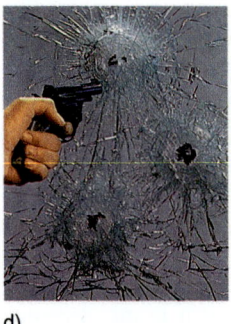

a) b) c) d)

Bild 6.66 Sicherheitsglas
a) Bruch bei einem Einscheibensicherheitsglas, b) Bruch bei einem Verbundsicherheitsglas, c) Alarmglas, d) Beschuss von angriffhemmender Verglasung

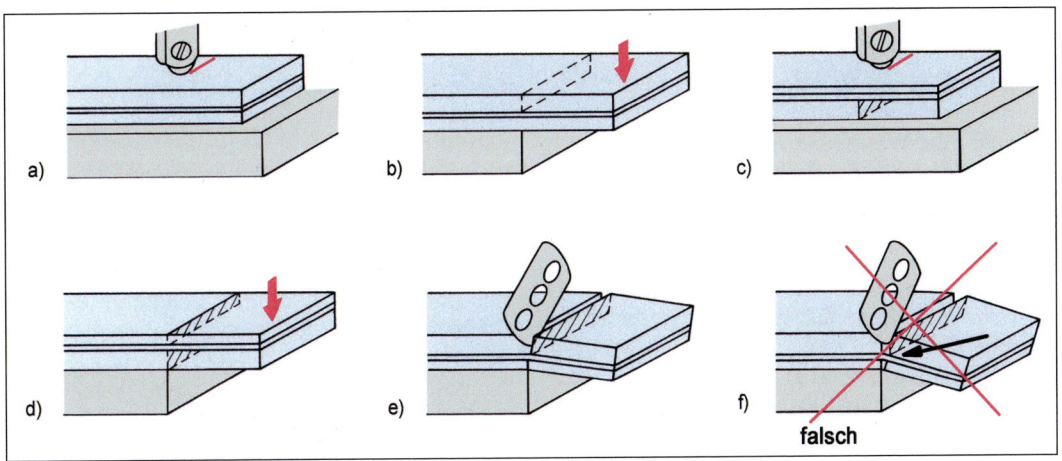

Bild 6.67 Schneiden von Verbundsicherheitsglas
a) Erste Schnittkerbe auf das dickere Glas; b) erste Schnittkerbe vorsichtig anbrechen, wobei die untere Tafel auf Biegung beansprucht wird; c) Glas wenden und zweite Schnittkerbe genau über der ersten; d) zweite Schnittkerbe vorsichtig anbrechen; e) bei ungleich dicken Scheiben Glas noch einmal wenden und bei möglichst knappem Öffnen der Schnittfuge Rasierklinge zum Durchschneiden der Folie einführen oder trennen mit einem Heißdraht f) bei zu weitem Aufbiegen der Schnittfuge zerrt die Folie und trennt sich am Rand vom Glas – Möglichkeit der späteren Folienablösung!

geschlossenen Alarmanlage automatisch einen Alarm aus. Vereinzelt werden bei angriffhemmenden Verglasungen auch Verbünde aus Glasscheiben und durchsichtigen Kunststoffplatten (z. B. aus Polycarbonat) eingesetzt. Angriffhemmende Verglasungen werden als Einfach- und als Isolierglas hergestellt.

Isolierglas für Sonnenschutz (6.68). Isolierglas in Standardausführung lässt die Sonneneinstrahlung zu etwa 3/4 auf direktem oder indirektem Wege passieren. Die so in einen Raum gelangte Sonnenenergie kann genutzt werden („passiver solarer Gewinn"), kann aber auch zu einer übermäßigen Aufheizung des Raumes führen.

In solchen Fällen bietet sich der Einsatz von Sonnenschutz-Isoliergläsern an. Ihre Wirkung beruht auf einer im Vergleich zum Isolierglas in Standardausführung erhöhten Reflexion („Reflexionsglas") oder Absorption („Absorptionsglas") der Sonnenstrahlung. Die Wirkung wird durch die Verwendung beschichteter und/oder eingefärbter Gläser erreicht. Sonnenschutzgläser werden zur architektonischen Gestaltung genutzt, weil eine erhöhte Reflexion und Absorption der Sonnenstrahlung auch eine erhöhte Reflexion und Absorption des sichtbaren Lichtes bedeutet. Der Aufbau der meisten Sonnenschutz-Isoliergläser ist so gewählt, dass gleichzeitig auch eine erhöhte Wärmedämmung erreicht wird. Alle Verglasungen gibt es auch als Kombischeiben, welche mehrere Anforderungen gleichzeitig erfüllen.

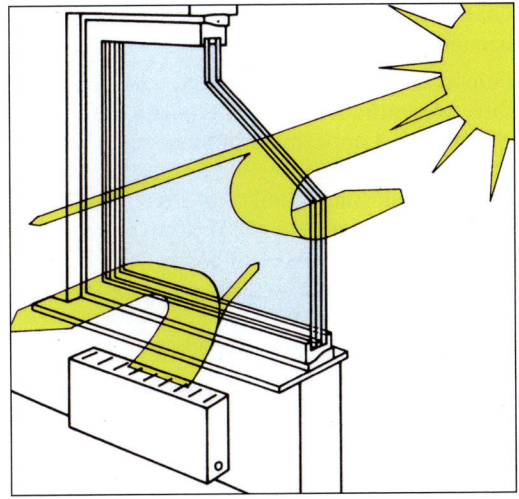

Bild 6.68 Sonnenschutz-Isolierglas

Anforderungen an ein funktionssicheres Sonnenschutz-Isolierungsglas:
- hohe Lichttransmission (L)
- niedriger Energiedurchlassgrad (g)
- sehr gute Wärmedämmung (U-Wert).

6.4.3 Lagerung und Transport

Gelagert wird Glas senkrecht auf Holz, Gummi oder Filz – niemals auf Metall oder Stein (Bruchgefahr). Bei Feuchtigkeitseinwirkung auf zusammenstehenden Scheiben lösen sich Glasbestandteile und es bilden sich graue Beläge und raue Oberflächen – das Glas wird blind. Solche Scheiben sind unbrauchbar für Verglasungen. Nur trockenes Glas darf deshalb zusammenstehen und muss durch Luftzug ständig vor Feuchtigkeit bewahrt werden. Nasse Scheiben reibt man trocken und verarbeitet sie umgehend. Papier zieht Feuchtigkeit an und eignet sich deshalb nicht für die Glaslagerung.

Transportiert wird Glas stehend (hochkant). Distanzhalter wie Schaumstoff, Kork o. a. verhindern, dass Scheiben beim Transport zerkratzen. Beim Tragen nimmt man einen Gummilappen oder Handschutz, damit die Scheiben nicht abrutschen. Am sichersten transportiert man Glas mit dem Tragegurt oder mit Saughebern. Schutz vor Schnittverletzungen bieten lederne Schutzmanschetten um die Handgelenke (Pulsader, Sehnen!) und eine Lederschürze.

Schutz vor Wärmeeinstrahlung. Im Freien gelagerte Glaspakete absorbieren die Sonnenstrahlen wesentlich stärker als Einzelscheiben. Es kommt zu starker, ungleichmäßiger Aufheizung im Glasstapel. Dadurch sind Glasbrüche infolge thermischer Überbeanspruchung und Beschädigungen des Randverbundes möglich. Besonders gefährdet sind beschichtete oder gefärbte Gläser, Ornamentgläser und drahtgebundene Gläser.

Schutz vor UV-Strahlung. Ebenso dürfen die im Freien gelagerten Glas-Einheiten nicht der direkten Sonneneinstrahlung ausgesetzt werden, weil der normale Randverbund nicht UV-beständig ist und die Oberfläche des Randverbundes durch UV-Strahlung geschädigt werden kann. Sollten dennoch Scheiben im Freien gelagert werden müssen, so sind diese gegen UV-Strahlung durch Abdecken mit nichttransparenten Folien oder ähnlichem zu schützen.

Chemische Einflüsse. Glas-Einheiten sind vor alkalischen Baustoffen wie Zement, Kalk u. a. zu schützen. Intensiv-Anlauger zum Abbeizen alter Farben auf Holzrahmen etc. müssen in nassem Zustand von den Scheibenflächen entfernt werden.

Mechanische Beschädigungen. Bei Arbeiten mit Winkelschleifern, Sandstrahlgeräten, Schweißbrennern etc. müssen die Scheibenoberflächen mithilfe von z. B. Gips- oder Kunststoffplatten vor möglichen Oberflächenschäden durch Funkenaufschlag o.a. geschützt werden. Bei Arbeiten in Scheibennähe sind die Oberflächen gegen Kratzer, Spritzer, Dämpfe, Schweißnebel usw. zu schützen. Dies gilt insbesondere auch für Heißasphaltarbeiten an Geschossböden.

> Glas senkrecht lagern, nicht auf Stein oder Metall stellen!
> Feucht gelagertes Glas wird blind.
> Glas hochkant transportieren, Gelenke durch Schutzmanschetten vor Schnittverletzungen schützen.

Produktkennzeichnungen

Im Glaserhandwerk finden Konformitäts-, Prüf- und Qualitätszeichen eine zunehmende Verwendung. Man findet sie auf Werkzeugen und Maschinen aber auch auf Produkten, die der Glaser und Fensterbauer selbst verarbeitet und herstellt.

Fenster und Türelemente müssen in Bezug auf ihre wesentlichen Anforderungen seit 1996 gemäß den Landesbauordnungen und auf der Grundlage der Bauregelliste des Deutschen Instituts für Bautechnik mit dem *Ü-Zeichen* (*Übereinstimmungszeichen*) gekennzeichnet sein (**6.69**).

Es wird in zwei Nachweistypen unterschieden. Die Zuordnung zu *Typ 1* besagt, dass alle Technischen Daten durch Vergleiche der technischen Merkmale (z. B. Konstruktionen) mit einem Regelwerk (z. B. DIN) festgelegt werden.

Die Zuordnung zu *Typ 2* besagt, dass mindestens ein technisches Merkmal durch die Messung in einem zugelassenen Prüfinstitut/-labor am Bauteil oder Baumuster überprüft worden ist. Das *Ü-Zeichen* ist auf dem Bauprodukt, der Verpackung oder auf dem Lieferschein kenntlich zu machen.

Für alle Produkte, die auf den europäischen Markt kommen, und für die technischen EG-Produkt-Richtlinien nach § 100a EWGV existieren (z. B. EG- Richtlinien für Bauprodukte), besteht seit dem 1.1.1996 eine Kennzeichnungspflicht. Bauprodukte, die in den europäischen Mitgliedsstaaten in den Verkehr gebracht werden, müssen mit dem CE-Zeichen gekennzeichnet sein (**6.**70).

Die CE-Kennzeichnung stellt im Gegensatz zum deutschen Ü-Zeichen kein Gütemerkmal dar.

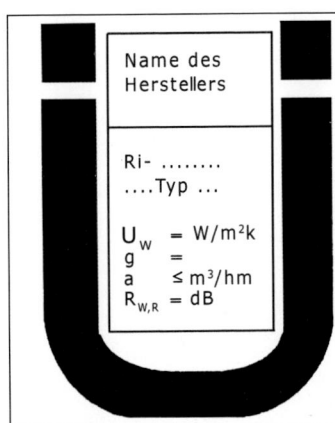

U_W = Wärmedurchgangskoeffizient k_F des Fensterelementes (Rahmen und Verglasung) in W/m²k

g = Gesamtdurchlassgrad der Verglasung

a = Fugendurchlasskoeffizient in m³/hm

$R_{W,R}$ = Schalldämmwert in dB

Bild 6.69 Ü-Zeichen

Bild 6.70 CE-Zeichen: Communautes Europeen (Europäische Gemeinschaften)

Die CE-Kennzeichnung belegt die Einhaltung von Mindestanforderungen der Produkte bezüglich der
- mechanischen Festigkeit,
- Brandschutz,
- Schallschutz,
- Hygiene, Gesundheit und Umweltschutz,
- Nutzungssicherheit,
- Energieeinsparung und Wärmeschutz.

7 Holzverbindungen

Holzverbindungen sind nötig, um Einzelteile zu einem formschönen und funktionsgerechten Werkstück zusammenzubauen.

Die Geschichte des Möbels ist eng verbunden mit der Entwicklung von Verbindungstechniken und neuen Verbindungsmitteln, wie wir in Abschnitt 8 sehen werden. Neben gestalterischer Absicht und Beanspruchung bestimmen die besonderen Eigenschaften des Holzes seit jeher die konstruktiven Verbindungen. Man unterscheidet unverleimte und verleimte Holzverbindungen.

Unverleimte Verbindungen verwendet man, wenn wirtschaftliche Gesichtspunkte im Vordergrund stehen und Werkstücke zerlegbar oder Einzelteile auswechselbar sein sollen.

Verleimte Verbindungen sind unumgänglich, wenn besondere Ansprüche an Festigkeit, Belastbarkeit und Dauerhaftigkeit gestellt werden.

7.1 Verbindungsmittel

Verbindungsmittel sind alle Arten von Fixierungs- und Verleimhilfen: Drahtstifte (Nägel), Klammern und Schrauben ebenso wie Dübel, Federn und Klebstoffe. (Leime und Klebstoffe s. Abschnitt 6.3.)

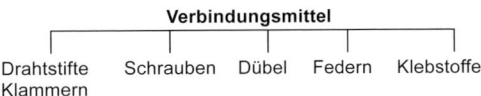

7.1.1 Drahtstifte und Klammern

> **Arbeitsauftrag Nr. 45 Lernfeld TI, HM 4, 5; FKU 5, 7**
> - Ihr Meister benötigt einen Vorzeigebericht für die Fachdokumentation in Ihrem Berichtsheft. Hierzu sollen Sie einen Bericht über Drahtstifte und Klammern erstellen.
>   Arbeiten Sie mit vielen Skizzen und wenig Text. Nutzen Sie das folgende Kapitel.
> - Die folgenden Fragen sollten in Ihrer Fachdokumentation Berücksichtigung finden.
> 1. Wie misst sich die Länge eines Drahtstiftes?
> 2. Wovon hängt die Festigkeit einer Nagelverbindung ab?
> 3. Wie können Sie die Haltekraft einer Nagelverbindung im Hirnholz verbessern?
> 4. Wie vermeiden Sie beim Herausziehen von Nägeln mit der Kneifzange Druckstellen in der Holzoberfläche?
> 5. Was bedeutet die Angabe 15×30 DIN 1152-bk auf einer Verpackung?

Die Nagelung ist eine der ältesten Verbindungen. Am Anfang standen Holznägel, später fertigte man Nägel aus Kupfer und Eisen. Heute treffen wir genagelte Verbindungen vor allem im Holzbau, bei Montagearbeiten und in der Verpackungsindustrie (z. B. Kisten) an.

> Schlagen Sie einen 30 mm langen Nagel und drehen Sie eine gleich lange dicke Holzschraube jeweils fast ganz in ein Längsholz. Versuchen Sie dann beide mit der Kneifzange herauszuziehen. Was stellen Sie fest? Wie sieht das Werkstück nach Ihrer „Bearbeitung" aus?

Drahtstifte (Nägel) fertigt man meist aus ungehärtetem Kohlenstoffstahl. Sie bestehen aus Kopf, Schaft und Spitze. Entsprechend unterscheiden wir sie nach ihrer Länge, Schaftdicke und Kopfform. Die Kopfform ist genormt und richtet sich nach dem Verwendungszweck. Die Länge misst stets von Kopfoberkante bis Nagelspitze (**7.1**).

Die Abmessungen werden einheitlich angegeben. Der Angabe der Schaftdicke in Zehntelmillimetern folgt die Schaftlänge in Millimetern. Die Oberfläche kann blank (bk), verzinkt (zn), blau geglüht (bl g) oder metallisiert (me) sein.

Beispiel 20 × 40 DIN 1151 A – bk

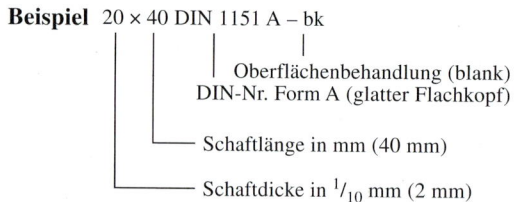

Oberflächenbehandlung (blank)
DIN-Nr. Form A (glatter Flachkopf)
Schaftlänge in mm (40 mm)
Schaftdicke in $1/10$ mm (2 mm)

Arten und Lieferformen. Die in holzverarbeitenden Betrieben verwendeten Drahtstifte zeigt Bild **7**.1. Im Handel werden sie nach Gewicht verkauft. Die Pakete enthalten auf farbigen Aufklebern oder gestempelt DIN-Nr., Gewicht, Abmessungen und Angaben zur Oberflächenbehandlung.

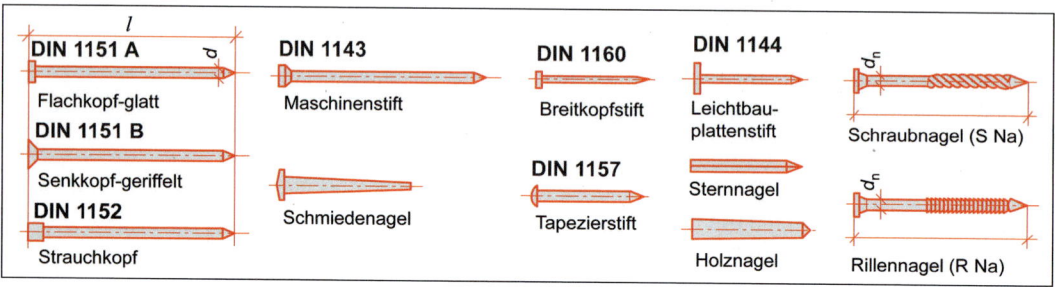

Bild 7.1 Genormte Drahtstifte und Sondernägel

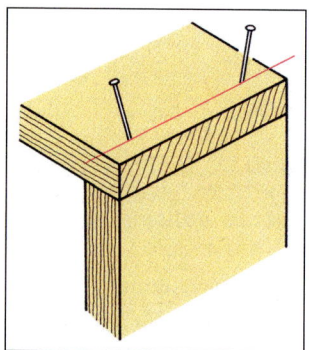

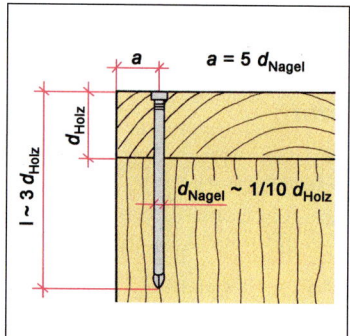

Bild 7.2 Drahtstifte schwalbenschwanzförmig ansetzen

Bild 7.3 Festlegen der Nagelgröße und Anordnung

Bild 7.4 Druckluftnagler mit Rundmagazin

Die Festigkeit einer Nagelverbindung hängt ab
- von Dicke, Länge, Oberflächenbeschaffenheit des Nagelschafts,
- von der Holzart (Hart- oder Weichholz),
- vom Faserverlauf des Holzes (Längs- oder Hirnholz),
- von der Holzfeuchtigkeit.

Quer zur Faser ist der Auszugswiderstand eines Stiftes erheblich größer als längs zur Faser. Besonders im Hirnholz halten schräg (schwalbenschwanzartig) angesetzte Stifte besser als gerade eingeschlagene (**7**.2), dürfen aber trotzdem nach DIN 1052 nicht für tragende Verbindungen verwendet werden. Eine genagelte Verbindung hat zusätzliche Haltekraft, wenn die Stifte etwas länger sind und auf der Rückseite umgeschlagen werden. Hartes und trockenes Holz lässt sich mit Stiften fester verbinden als weiches und feuchtes Holz. Damit das Holz nicht spaltet, setzen wir die Nägel mit Abstand vom Brettende an. Die Haltekraft bzw. der Auszugswiderstand eines Drahtstiftes lassen sich auch durch eine hohe Reibung zwischen Stift und Werkstoff verbessern. Dies erreichen wir durch Drahtstifte mit profilierter Oberfläche (**7**.1).

7.1 Verbindungsmittel

Der Nageldurchmesser richtet sich nach Dicke und Festigkeit des Holzes und soll nicht mehr als 1/10 der Brettdicke betragen (**7**.3). Die Nagellänge soll ca. das 3-fache der Dicke des zu befestigenden Bretts betragen.

Um die Spaltgefahr des Holzes zu vermindern, kann man die Nagelspitze leicht stauchen. Dadurch verringert sich jedoch die Haltekraft des Nagels im Holz.

Einschlagen und Ausziehen. Stifte werden mit dem Hammer oder dem Magazinnagler eingeschlagen. Die rationell arbeitenden Magazinnagler haben Nagelstreifen oder Rundmagazine und werden meistens mit Druckluft aber auch elektrisch betätigt (**7**.4).

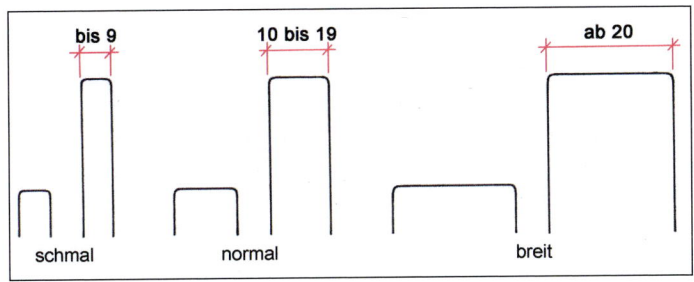

Bild 7.5a Klammerarten (Schmal-, Normal- und Breitrückenklammern)

Bild 7.5b Elektroklammergerät (Tacker)

Beim Ausziehen der Stifte aus Massivholz mit der Kneifzange müssen Sie darauf achten, dass keine Druckstellen auf der Holzoberfläche entstehen. Gut ist es, ein Stückchen Holz unterzulegen. Die Kneifzange darf nicht als Schlagwerkzeug benutzt werden! Die keilförmigen Schneiden des Zangenmauls können mit der Feile angeschärft werden. Die Kombinationszange hat gezahnte Greifbacken zum Festhalten von Metallteilen wie Draht oder Blech. Mit den Zusatzschneiden lassen sich Nägel, Schrauben und Drähte abzwicken.

Klammern verdrängen heute vielfach die Stifte. Die zweischäftigen Verbindungsmittel werden aus Stahldraht gefertigt. Je nach Einsatz gibt es schmale, normale und breite Klammern in unterschiedlichen Längen (**7**.5a). Für konstruktive Holzverbindungen verwendet man meistens schmale und normale lange Klammern, für Verbindungen mit weichen Materialien (Stoff, Leder) breite kurze Klammern. Klammern eignen sich nicht für eine Ausführung im Sichtbereich. Verarbeitet werden sie in großer Schnelligkeit durch Druckluft- oder Elektroklammergerät (Tacker) mit Speichermagazin (**7**.5b). Mit Klammern befestigt man Möbelrückwände, Verkleidungen auf Unterkonstruktionen und Polsterstoffe auf Holzgestellen.

Drahtstifte oder Klammern sind nicht ohne Beschädigung oder Zerstörung des Werkstücks zu lösen und gelten deshalb als unlösbare Verbindungen.

Zugbeanspruchte Teile dürfen nicht durch Nägel verbunden werden (DIN 1052).

7.1.2 Holzschrauben

Arbeitsauftrag Nr. 46 Lernfeld TI 2, 4, 12; HM 2, 4; FKU 5, 7

- Sie sollen sich einen Überblick über Holzschrauben verschaffen und präsentieren können. Nutzen Sie zur Lösung dieser Aufgabe die „*1,2,3-Manager-Teamwriting-Methode*". Bilden Sie Gruppen mit vier, sechs oder acht Teilnehmern. Jeder Teilnehmer entwirft folgendes Formblatt:

Holzschrauben Skizze	Benennung u. Normung	Möglicher Verwendungszweck

  Empfohlene Blattgröße DIN A3 hochkant. Verwenden Sie die Abbildungen **7.6** und **7.11** sowie den Text 7.1.2 zur Lösung.
  Jeder Teilnehmer wählt jeweils eine Holzschraube, Benennung und Normung oder möglichen Verwendungszweck und vervollständigt das Formblatt.
  Nach kurzer Bearbeitungszeit (empfohlen 3–5 Min.) wird das jeweilige Formblatt weitergereicht und von dem nächsten Teilnehmer in entsprechender Zeitspanne weiter bearbeitet.
- Der Ablauf wiederholt sich bis zur Vollständigkeit des Formblattes. Nun kann die Repräsentation erfolgen.
- Beantworten Sie die folgenden Fragen und ergänzen Sie Ihre Lernkartei.
  1. Erläutern Sie die Bezeichnung einer Holzschraube 2,0 × 25 DIN 7996-St.
  2. Nennen Sie Arten und Sonderformen von Holzschrauben.
  3. Wozu verwenden Sie Kreuzschlitzschrauber?
  4. Welche Mutterarten werden im Tischlereibereich verwendet?

Bezeichnung	Darstellung
Senkholzschraube DIN 97	
Halbrundholzschraube DIN 96	
Linsensenkholzschraube DIN 95	
Schlüsselschraube DIN 571	
Kreuzschlitzschraube DIN 7996	
Innensechskantschraube (Inbusschraube) DIN 912	
Innensternschraube (Torx-, Sitschraube)	
Spanplattenschraube (SPAX)	
Nagelschraube	

Bild 7.6 Schraubenarten und Kopfformen

Soll eine Verbindung hoch belastbar und wieder lösbar sein, wählt man Schrauben als Verbindungsmittel. Schrauben bestehen aus dem Schaft mit Gewindeteil und dem Kopf. Nach Kopfform und Verwendungszweck unterscheiden wir die im Bild **7.6** gezeigten Arten. Sie sind in der Regel genormt. Ist keine DIN-Norm angegeben, gelten die Angaben des Herstellers. Holzschrauben können aus Stahl (St), Messing (CuZn) oder Aluminium (Al) hergestellt sein. Die Oberfläche kann blank (bk), metallisiert (me) oder verzinkt (zn) sein. Verkauft werden sie in Paketen. Die farbigen Aufkleber auf den Paketen geben Stückzahl, Schaftdicke und -länge, DIN-Nr. und Kopfform an.

Beispiel

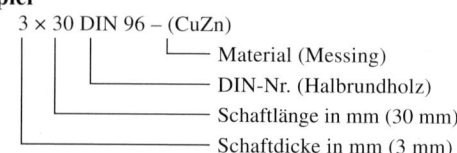

Vorbohren. Vor dem Eindrehen kleiner Schrauben stechen wir mit dem Spitzbohrer vor. Bei dickeren Schrauben bohrt man mit dem Bohrer ($d \approx$ Schaftdurchmesser der

7.1 Verbindungsmittel

Schraube) etwa ein drittel Tiefe vor. Bei sehr langen Schrauben in Hartholz ist es ratsam, noch tiefer vorzubohren – allerdings mit einem Bohrungsdurchmesser ≈ Schraubenkerndurchmesser (ohne Gewinde gemessen), sodass sich das Schraubengewinde noch ein Gegenprofil in Holz schneiden kann. Die Bohrungen für Linsensenk- und Senkholzschrauben müssen mit einem Aufreiber (Krauskopf) trichterförmig erweitert werden, damit der Schraubenkopf später bündig liegt. Messingschrauben drehen sich leichter ein, wenn man etwas Seife zugibt.

Baudübel (Mauerdübel) braucht der Tischler zur sicheren Verankerung von Unterkonstruktionen für Decken und Wandverkleidungen oder von Tür- und Fensterelementen im Baustoff (Beton, Mauerwerk, Gips). Sie bestehen aus Kunststoff oder Metall. Für die Auswahl des Dübels sind die zu erwartende Belastung, die Schraubendicke und die Gewindelänge der Holzschraube maßgebend (**7.7**). Je nach Untergrund bohrt man mit der Bohrmaschine oder Schlagbohrmaschine und Hartmetallbohrer den Außendurchmesser des Dübels vor. Die Bohrlochtiefe richtet sich nach der Dübellänge. Nach dem Vorbohren setzen Sie den Dübel flächenbündig in das Bohrloch (**7.8**). Beim Eindrehen der Holzschraube spreizt der eingeschnittene Dübel auf, presst sich gegen die Bohrlochwandung, und stellt so eine kraftschlüssige Verbindung zwischen Bohrlochwand und Schraubengewinde her („Presssitz"). Auf diese Art können Sie auch andere Teile in mineralischem Baumaterial verankern (z. B. Haken und Schlaufen).

Eindrehen. Beim Eindrehen schneidet sich das Gewindeprofil der Holzschraube keilförmig ins Holz. Im Holz entsteht so ein Gewindeprofil, das die Haftreibung und damit den Auszugswiderstand der Schraube erhöht.

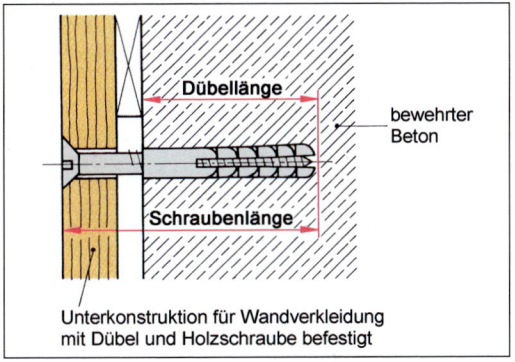

Bild 7.8 Baudübel bei Unterkonstruktion

> Wenn Sie Holzschrauben einschlagen zerreißt ihr Gewinde die Fasern. Die abgeknickten Fasern bieten keine Festigkeit. Folge: Eingeschlagene Holzschrauben halten noch weniger als Nägel!

Holzschrauben dreht man mit dem Schraubendreher von Hand ein. Die Schraubendreherklinge muss in Größe (Breite und Dicke) und Form (Schlitz oder Kreuzschlitz) auf den Schraubenkopf abgestimmt sein, um ihn nicht zu beschädigen (**7.9**). Von Zeit zu Zeit kann sie nachgeschliffen werden. Wichtig ist die handgerechte Form des Griffs. Zum maschinellen Eindrehen gibt es verschiedene Einsatzklingen für Elektroschrauber mit eingebauter Rutschkupplung, Druckluftschrauber oder Magazinschrauber.

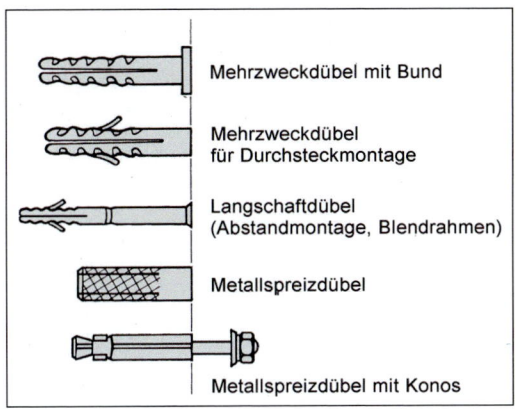

Bild 7.7 Baudübel

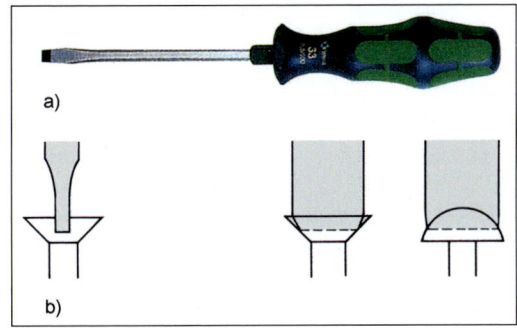

Bild 7.9 Schraubendreher
a) handgerechte Griffform,
b) Klinge passend zum Schraubenschlitz

In der Praxis verwendet man heute weitgehend maschinelle Schraubwerkzeuge. Für die verschiedenen Kopfformen und -größen der Schrauben sind unterschiedliche Einsatzklingen (Bits) erhältlich. Sie passen auch in die gebräuchlichen Steckschlüssel mit Schnellspannfutter. Innensechskant (Inbus) und Innensternschrauben (Torx) ermöglichen einen besseren Sitz der Schraubklinge und eine größere Kraftübertragung als Schlitz- oder Kreuzschlitzform (**7.**10a). Im Fachhandel gibt es die dazugehörigen Werkzeugsätze (Bits) (**7.**10b).

Eingeschlagene Holzschrauben ergeben keine haltbare Verbindung!

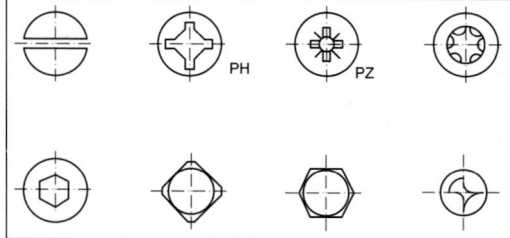

Bild 7.10a Anschlussform für Schraubwerkzeuge: Schlitz, Kreuzschlitz (PH oder PZ), Innenstern (Torx), Innensechskant (Inbus), Vierkant, Sechskant, Einwegform

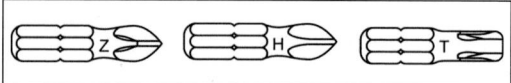

Bild 7.10b Werkzeugeinsätze (Bits) für Schraubwerkzeuge

Sonderformen von Holzschrauben zeigt Bild **7.**11.

Spanplattenschrauben (Spax) haben einen Senkkopf mit Schlitz- oder Kreuzschlitz. Das scharfkantige Gewinde verläuft meist von der Zentrierspitze bis zum Schraubenkopf. Die Schrauben lassen sich relativ leicht eindrehen und haben in Spanplatten und Holz durch die große Gewindefläche eine gute Haltekraft.

Stockschrauben haben ein Holz- und ein metrisches Gewinde (M5, M6, M8). Der vordere Teil wird in Holz oder einen Mauerdübel gedreht, auf den hinteren Teil kann man beispielsweise eine Platte mit einer Mutter befestigen.

M-Schrauben (Maschinenschrauben) haben Senk-, Linsen oder Halbrundkopf und ein genormtes metrisches Gewinde.

Holzschrauben mit Vierkant- oder Sechskantkopf (DIN 570, 571) zieht man mit dem Schraubenschlüssel an, der durch die Hebelwirkung große Kraftübertragung ermöglicht. Verwendung finden sie hauptsächlich im konstruktiven Holzbau. Unterlegscheiben verhindern das Einziehen des Schraubenkopfes in das Holz.

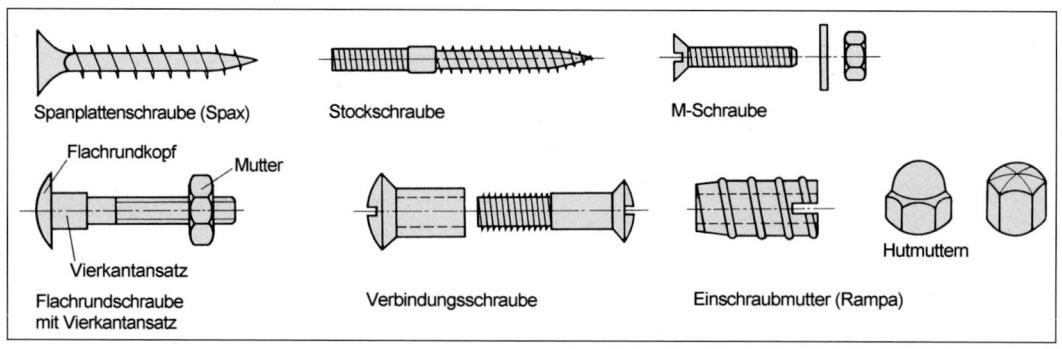

Bild 7.11 Sonderformen von Schrauben und Muttern

7.1 Verbindungsmittel

Schrauben mit Innensechskant benutzen wir für vorgebohrte sichtbare Gestellverbindungen.

Die Sechskantschraube mit Unterlegscheibe kann man auf beiden Seiten mit dem Schraubenschlüssel anziehen. Sie wird ins Fundament einbetoniert (Kopfseite) und z. B. zum Festschrauben von Holzbearbeitungsmaschinen eingesetzt.

Flachrundschrauben (Schlossschrauben) und Senkschrauben mit Vierkantansatz unterscheiden sich durch die Kopfform. Man verwendet sie bei einbruchhemmenden Verbindungen von Metall-Holz und Holz-Holz. Beim Anziehen der Vier- oder Sechskantmutter auf einer Unterlegscheibe wird der Kopf ins Holz gezogen; der Vierkantansatz verhindert ein Mitdrehen.

Nagelschrauben lassen sich mit dem Hammer einschlagen, ohne dass die Holzfaser dabei zerstört wird. Lösen kann man sie mit einem Schraubendreher.

Rückwandschrauben haben einen breiteren Kopf. Dadurch vergrößert sich die Andruckfläche auf den Werkstoff.

Mutterarten. Neben *Vier-* und *Sechskantmuttern*, die mit dem Schraubenschlüssel festgezogen werden, gibt es *Flügelmuttern*, die man von Hand anzieht. Wir verwenden sie für einfache Tischgestelle. *Linsensenk-Hülsenmuttern* haben einen Schlitzkopf und einen Schaft mit metrischem Innengewinde. Beim Verbinden zweier Schränke greift eine Linsensenk-Gewindeschraube mit dem Schlitzkopf ins Innengewinde und stellt so eine lösbare Verbindung her. Die Gewindelänge muss genau auf die Dicke beider Schrankseiten abgestimmt sein. *Einschraub-* oder *Einleimmuttern* (Rampa-Muffen) haben außen ein Holzgewinde und innen ein metrisches Gewinde. Sie werden mit einem breiten Schraubendreher in vorgebohrte Löcher eingedreht oder zusätzlich geleimt. An dem metrischen Innengewinde lassen sich später M-Schrauben eindrehen. *Hutmuttern* gibt es in hoher und flacher Form. Sie haben ein Lochgewinde und schützen das Schraubenende vor Beschädigungen.

> Verbindungen mit Holzschrauben sind lösbar. Sie haben eine größere Haltekraft im Holz als Drahtstifte. Für häufig zu lösende Verbindungen wählt man Kreuzschlitzschrauben.

7.1.3 Dübel und Federn

> **Arbeitsauftrag Nr. 47 Lernfeld TI 2, 4, 12; HM 2, 4; FKU 5, 7**
> - Ihr Meister benötigt einen Vorzeigebericht für die Fachdokumentation in Ihrem Berichtsheft. Hierzu sollen Sie einen Bericht über Dübel und Federn anfertigen. Arbeiten sie mit Skizzen und wenig Text. Nutzen Sie das folgende Kapitel.
> - Bitte beantworten Sie die Fragen und vervollständigen Sie Ihre Lernkartei.
> 1. Welche Dübel setzt man für Gehrungs-, welche für stumpfe Korpus-Eckverbindungen ein?
> 2. Nennen Sie die Vorteile von Dübelverbindungen gegenüber Federverbindungen bei Spanplatten.

Diese Verbindungselemente aus Holz, Holzwerkstoff oder Kunststoff verbinden Bauteile unlösbar oder lösbar miteinander. Sie dienen als Fixierungshilfen beim Zusammenfügen und Spannen, zum Übertragen und Ableiten von Kräften sowie zum Vergrößern der Leimfläche bei verleimten Verbindungen. Die Verbindung ist rationell herzustellen, sehr haltbar und in der Regel von außen nicht sichtbar.

Dübel gibt es in Hartholz (Buche) als Stangenware oder als Fertigdübel schon auf bestimmte Maße abgelängt, geriffelt und gefast. Die Riffelung der Dübel vergrößert die Leimfläche und verhindert außerdem, dass beim Einschlagen der Dübel der Leim abgestreift wird. Kunststoffdübel aus Polystyrol und Polyäthylen sind ebenfalls geriffelt, gefast und in bestimmten Längen für verleimte und unverleimte Verbindungen lieferbar (**7.12**).

Dübelabmessung: Die Wahl der richtigen Dübelgröße und die exakte Ausführung der Bohrungen sind für die Haltbarkeit der Verbindung von besonderer Bedeutung.

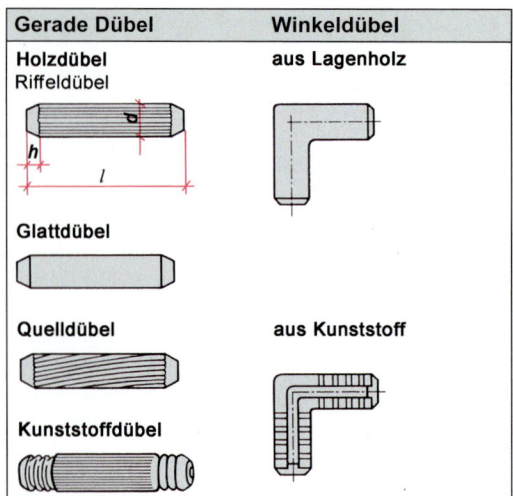

Bild 7.12 Dübelarten. Gerade Dübel und Winkeldübel aus Holz und Kunststoff

Dübeldurchmesser: 1/3 bis 2/3 der Holzdicke
Dübellänge: 2-fache Holzdicke

Die Bohrungstiefe soll 2 bis 3 mm größer sein als die Dübellänge.

Bei stumpfen Korpus-Eckverbindungen setzt man gerade Dübel, bei Gehrungseckverbindungen Eck- oder Winkeldübel ein. Sie bestehen aus Sperrholz oder Kunststoff.

DOMINO-Dübel sind geeignet für Rahmen-, Gestell- und Plattenbau. Die besondere Form und große Leimfläche gewährleisten eine hohe Stabilität (**7**.13).

Bild 7.13 DOMINO-Dübel

Für Gartenmöbel, Schiffsrestaurationen und Fensterbau werden DOMINO-Dübel aus Sipo-Holz anstelle von Buchenholz verwendet. Sipo ist witterungsbeständig und resistent gegen Insekten- und Pilzbefall.

Federn sind flächige Verbindungsmittel aus Furniersperrholz, Holzfaserplatten, Vollholz oder Kunststoff. Sie sind meistens eingeleimt, können aber auch lose in die Nuten eingesetzt werden (Brettverkleidung, Paneele).

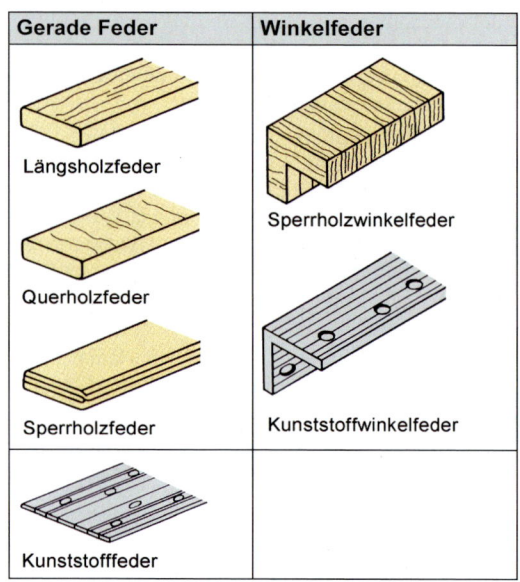

Bild 7.14 Federarten aus Holz und Kunststoff

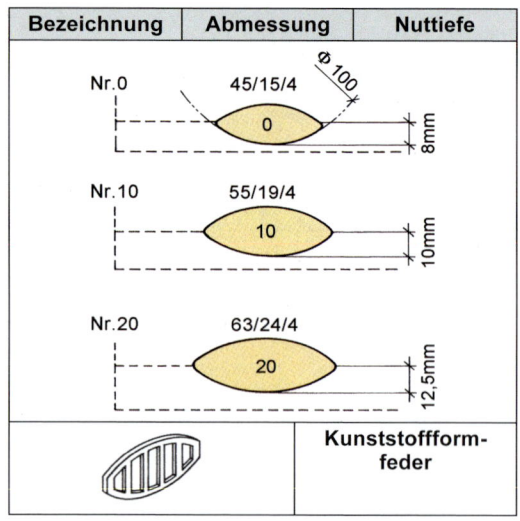

Bild 7.15 Formfedern aus Holz und Kunststoff

Federn gibt es aus Vollholz als gerade Hirnholz- oder Längsholzfeder. Häufig kommen auch die gerade Sperrholzfeder und die schichtverleimte Winkelfeder für Gehrungs-Eckverbindungen vor (**7**.14). Sie halten die Fuge beim Spannen besser

7.2 Breitenverbindungen

zusammen als eine Dübelverbindung, schwächen allerdings Werkstücke durch die durchgehende Nut. Abhilfe bietet hier die Formfeder, die nicht durchgenutet werden muss. Das Einsatznuten, das mit Handmaschinen auch auf der Baustelle geschehen kann, schwächt das Werkstück nicht

und fixiert die Möbelteile dennoch sicher (**7.**14). Für sehr dünne Korpus- oder Gehäuseteile aus Vollholz oder Plattenwerkstoffen eignen sich geriffelte Kunststofffedern, die nur 2 mm dick sind.

7.2 Breitenverbindungen

Arbeitsauftrag Nr. 48 Lernfeld TI 2, 4, 12; HM 2, 4

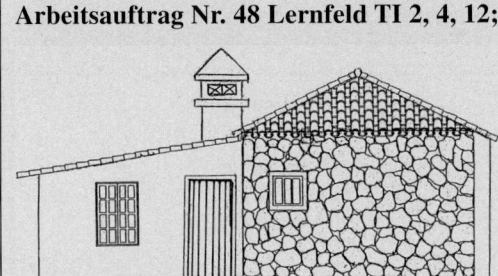

- Die Eingangstür an der Südseite des Hauses von Herrn/Frau Mustermann hat im laufe der Jahre Schaden genommen. Die Bretterverkleidung muss erneuert werden.

Ansicht: Süden

Bereiten Sie sich auf das Kundengespräch mit dem Kunden/der Kundin vor, indem Sie mehrere Möglichkeiten unverleimter Breitenverbindungen zeichnen/skizzieren.
Benennen Sie die jeweiligen Vor- und Nachteile.
- Nach Abschluss Ihrer Ausarbeitungen führen Sie bitte ein Beratungsgespräch mit einem Mitschüler vor der Klasse.

Nach der Konstruktion unterscheiden wir folgende verleimte und unverleimte Verbindungen.

Sollen großformatige Flächen aus Vollholz hergestellt werden, muss man mehrere Bretter in der Breite zusammenfügen, wobei die besonderen Eigenschaften des Holzes zu beachten sind. Man unterscheidet verleimte und unverleimte Breitenverbindungen.

7.2.1 Unverleimte Breitenverbindungen

Bei sehr breiten Holzflächen, die Feuchtigkeitsschwankungen ausgesetzt sind, wählt man unverleimte Breitenverbindungen.

Unverleimte Verbindungen aus Brettern erfordern in der Regel eine Unterkonstruktion. Bei der Ausführung ist darauf zu achten, dass die Bretter schmal zugeschnitten werden (ca. 100 mm) und zumindest in einer Richtung ungehindert „arbeiten" können. Beim Quellen und Schwinden dürfen sich keine störenden Fugen bilden.

Holzauswahl. Die verwendeten Bretter bestehen aus Seiten-, Mittel- und Kernbrettern. Ihre Holzfeuchte soll den klimatischen Verhältnissen angepasst sein, damit die Bretter später nicht zu viel quellen oder schwinden. Die Markzone neigt zum Reißen und wird deshalb herausgeschnitten (**7.**16). Seiten-, Mittel- und Kernbretter verarbeitet man getrennt, da ihr Holzbild und Formverhalten unterschiedlich ist. Bei Verwendung im Innenraum bildet die rechte Brettseite die Ansichtsfläche, weil ihre Textur (besonders bei Nadelhölzern) schöner ist. Im Außenbereich oder bei Fußbodendielen ist dagegen die linke Seite Ansichtsfläche, weil hier die harten Jahresringe nach innen laufen und die weichen Jahresringe überdecken. So verhindern wir, dass sich die harten Jahresringe von den weichen ablösen. Dass die linke Brettseite dabei hohl wird („Schüsseln"), muss man in Kauf nehmen.

oder Schrauben auf der Unterkonstruktion (Rahmen oder Lattung) befestigt. Um die beim Trocknen auftretenden Schwindfugen zu verdecken, nagelt man einseitig eine Deckleiste auf (**7.**17). Die Verbindung mit stumpfer Fuge wird heute nur noch für untergeordnete Zwecke eingesetzt: bei Kellertüren, Kisten und Verschlägen.

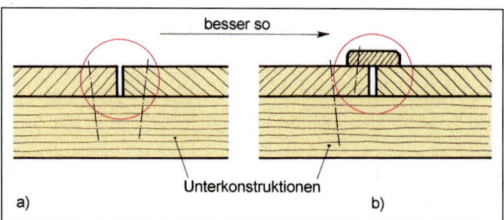

Bild 7.17 Stumpfe Fuge
a) offen
b) mit Deckleiste

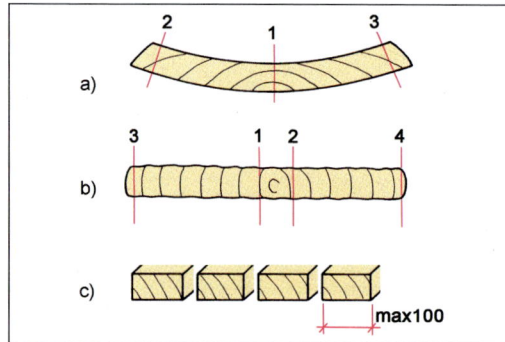

Bild 7.16 Vorarbeiten
a) Seitenbretter auftrennen, besäumen, b) Kernbretter Markzone ausschneiden, besäumen,
c) schmaler Brettzuschnitt

Markzone herausschneiden, schmale Zuschnittbreite, Bretter gleicher Stammlage zusammen verarbeiten (z. B. Seitenbretter mit Seitenbrettern).

Im Innenbereich: rechte Seite ist Ansichtsfläche.

Im Außenbereich und bei Fußböden: linke Brettseite ist Ansichtsfläche.

Die unverleimte Breitenverbindung ist möglich durch stumpfe, überfälzte, gespundete und gefederte Fuge sowie durch überschobene Schalung.

Die stumpfe Fuge ist die einfachste Art eine Holzfläche zu verbreitern. Die Bretter werden ausgehobelt und nebeneinander mit Nägeln

Bei der überfälzten Fuge können die Bretter schwinden, ohne dass eine durchgehende Fuge entsteht. Meist werden die Bretter an der Vierseiten-Hobelmaschine mit zwei einander ergänzenden Falzprofilen versehen (**7.**18a). Nachteilig sind der große Holzverlust durch das Fräsen und der bei Schwund aufstehende Falz. Um die Stoßfuge in der Sichtfläche hervorzuheben, können die Kanten angefast oder mit einer Hohlkehle versehen werden (**7.**18b). Beides wirkt dekorativ und gliedert die Fläche; Schwindfugen werden weniger wahrgenommen.

Anwendung: einfache Verschalung. Decken und Wandverkleidungen.

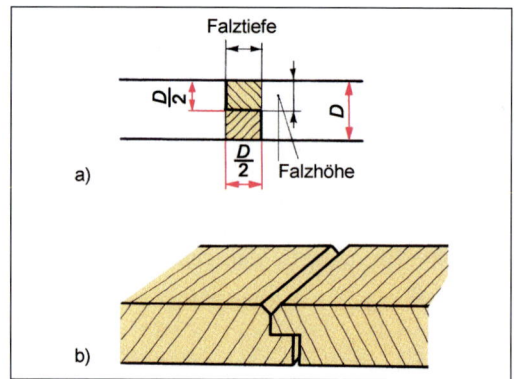

Bild 7.18 Überfälzte Fuge
a) Schema, b) mit angefasten Kanten

7.2 Breitenverbindungen

Die gespundete Fuge besteht aus Nut und angeschnittener Feder. Beim Zusammenschieben der Verbindung sollte zwischen Feder und Nutgrund noch etwas Luft (Spiel) bleiben. Die Nut wird also etwas tiefer ausgearbeitet, als die Feder tief ist, damit die Stoßfuge auf der Sichtfläche dicht ist (**7.**19a). Bei Fußbodendielen liegt die Nut etwas aus der Mitte nach unten versetzt, damit die Abnutzungsschicht der Lauffläche dicker wird. Auch bei dieser Fuge geht zwar viel Holz in der Breite verloren, doch ist sie durch die Führung stabiler und verformt sich weniger als die Falzverbindung. Häufig wählt man die gespundete Fuge bei Wand- und Deckenverkleidungen, weil sich die Schwundfuge auf der Sichtfläche durch eine breitere Feder oder ein Faseprofil an den Kanten verdecken lässt – wenn man sie nicht bewusst betonen will (**7.**19b und c). Eine verdeckte Befestigung der Riemen auf der Unterkonstruktion ist möglich, wenn man in der Nutwange verdeckt nagelt oder klammert.

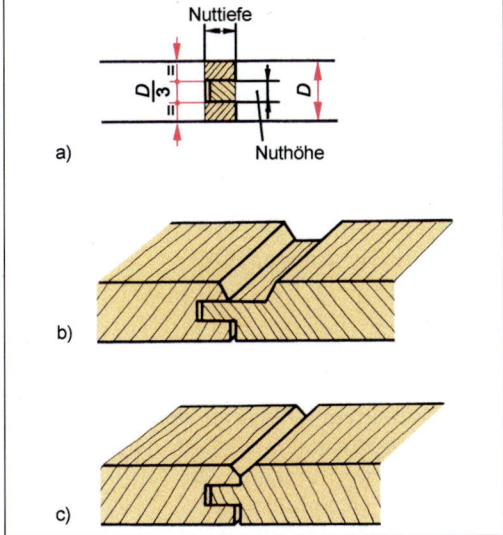

Bild 7.19 Gespundete Fuge
a) Schema, b) mit breiterer Feder,
c) mit Faseprofil

Bei der gefederten Fuge geht wenig Holz verloren. Die Riemen werden auf beiden Längskanten genutet und durch eine eingeschobene Feder aus Furniersperrholz oder Vollholz verbunden (**7.**20a). Bei Vollholzfedern müssen die Fasern quer verlaufen. Die Federn sollten etwas schmäler als die Summe der beiden Nuttiefen sein, damit die Fuge an der Sichtfläche dicht ist. Die Fuge kann aber auch profiliert, also betont werden (**7.**20b). Der Tischler wählt diese Verbindung bei Wand- und Deckenverkleidungen sowie bei Tür-Aufdoppelungen. Der Parkettleger verbindet Riemen und Stäbe mit einer außermittig sitzenden Feder.

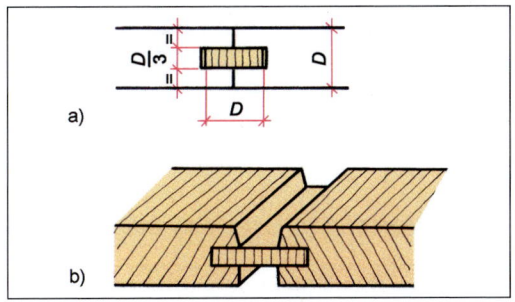

Bild 7.20 Gefederte Fuge
a) Schema, b) mit Faseprofil

Mit der überschobenen Schalung ergibt sich bei Haustüren und Verkleidungen eine besonders plastische Wirkung. Die Riemen werden an den Längskanten so genutet, dass die Nutwangen jeweils in die Riemennut passen (**7.**21a). Um sie leichter zusammenfügen zu können, fast man die Kanten an (**7.**21b).

Das Zeichnen der Hölzer vor der weiteren Bearbeitung verdeutlicht dem Facharbeiter Konstruktion und Zusammenbau. Die Kennzeichnung der Teile erleichtert die maschinelle Bearbeitung, verhindert Stillstandszeiten und Verwechslungen bei mehreren gleichen Teilen (**7.**22).

> Unverleimte Breitenverbindung durch stumpfe, überfälzte, gespundete und gefederte Fuge oder überschobene Schalung. Die Verbindungen und Befestigungen müssen bei Klimaschwankungen das Arbeiten der Bretter ermöglichen, ohne dass sich störende Fugen bilden.
>
> Das Zeichnen der Hölzer machen die Konstruktion und den Zusammenbau kenntlich, verhindert Verwechslungen und damit Stillstandszeiten im Arbeitsablauf.

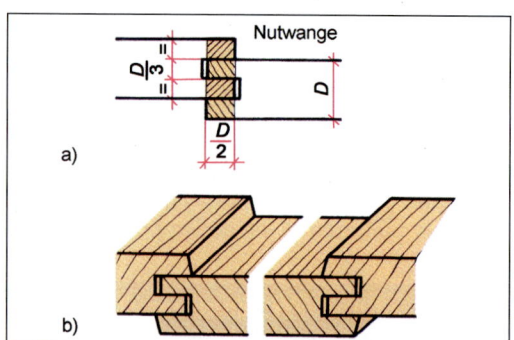

Bild 7.21 Überschobene Schalung
a) Schema, b) mit Faseprofil

Bild 7.22 Gezeichnete Hölzer

7.2.2 Verleimte Breitenverbindungen

> **Arbeitsauftrag Nr. 49 Lernfeld TI 2, 4, 12; HM 2, 4**
> - Herr und Frau Mustermann waren von Ihrer Beratung und der fachgerecht durchgeführten Erneuerung der Eingangstür ihres Wochenendhauses sehr angetan.
>
>   Sie erhalten einen Folgeauftrag. Für die Küche wird eine verleimte Tischplatte aus Massivholz mit den Maßen 1,20 m × 1,80 m benötigt.
>
>   Vor Beginn der Fertigung erwartet Ihr Ausbilder, dass Sie sich einen Überblick über die Vor- und Nachteile von verleimten Breitenverbindungen verschaffen und dies auf einem DIN-A3-Blatt festhalten.
>
>   Darüber hinaus sollen sie mehrere Pappen, entsprechend den zu verwendenden Hölzern (d = 40 mm, b = 80 mm) herstellen, um die bei der Fertigung zu beachtenden Verleimregeln besser veranschaulichen zu können.
> - Um die Kosten für die bestellte Tischplatte zu ermitteln, müssen Fläche, Umfang und lfd. m der Bretter berechnet werden.
> - Wählen Sie eine geeignete Holzart und berechnen Sie den Materialpreis der Tischplatte.

Oft erfordert der Verwendungszweck und die Beanspruchung, Vollholz in der Breite zu verleimen. Um stabile, fugenlose Flächen zu erhalten, müssen beispielsweise Arbeitsplatten (Werkbank), Tischplatten oder Füllungen verleimt werden. Dabei sind Holzbild, Schwundrichtung und Holzfeuchte der Bretter zu berücksichtigen. Wichtig ist auch, ob die Holzfläche später frei steht oder durch eine Rahmenkonstruktion bzw. Gratleiste gehalten wird.

Holzauswahl und Verleimregel. Eine fachgerechte Holzauswahl ist wichtig für eine qualitativ gute Arbeit. Haltbarkeit, Formbeständigkeit und gutes Aussehen der Fläche sind das Ziel.

Bei Herzbrettern trennt man vorher die rissanfällige Markzone heraus (**7.**16). Grundsätzlich verleimt man Kernkante an Kernkante und Splintkante an Splintkante, weil sich dadurch ein natürliches Holzbild ergibt. Außerdem arbeitet Splintholz stärker als Kernholz und man vermeidet so Absätze an der Leimfuge (**7.**23a) In jedem Fall sollen nur Bretter gleicher Stammlage miteinander verleimt werden: Mittelbretter mit Mittelbrettern, Kernbretter mit Kernbrettern. Sonst entstehen durch das unterschiedliche Schwundverhalten unebene Flächen mit Fugenmarkierung (**7.**23).

7.2 Breitenverbindungen

Auf eine annähernd gleiche Jahresringbreite ist zu achten (nur feinjähriges oder nur grobjähriges Holz verleimen). Für eine Fläche sind Bretter gleicher Stammteile zu verwenden (Zopf, Mittelstamm oder Stamm). Bei Füllungen ist das Fladerbild der Holzmaserung erwünscht und man verleimt deshalb Seitenbretter. Eine Rahmenkonstruktion oder eine Gratleiste verhindert, dass sich die Holzfläche beim Schwund rundzieht (**7.**23c). Spielt das Fladerbild keine Rolle (Blindholzflächen), werden die Seitenbretter vor dem Verleimen schmal aufgetrennt und gestürzt, sodass wechselseitig einmal die rechte, einmal die linke Brettseite oben liegt (**7.**23d). Dadurch bekommt man fast diagonal verlaufende Jahresringe und eine einheitliche Schwundrichtung. Grundsätzlich sind die Bretter in schmale Streifen aufzutrennen (max. 100 mm Breite) und wieder zu verleimen, dadurch verringern wir die Schwundspannungen und die Gefahr des Werfens (**7.**15). Für Aussehen und Bearbeitung ist es wichtig, dass die Fasern der einzelnen Bretter in gleicher Richtung verlaufen.

- Markzone herausschneiden,
- Splint an Splint und Kern an Kern leimen,
- Bretter gleicher Stammlage und Stammteile verleimen,
- Jahresringbreite beachten,
- rechte Seite als Sichtfläche wählen,
- aufgetrennte Seitenbretter für Blindholzflächen stürzen,
- Brettbreite max. 100 mm – gleiche Richtung der Holzfaser,
- Holzfeuchte am Einbauort beachten.

Zusammenlegen, Zeichnen. Die Bretter werden nach den genannten Regeln ausgewählt und so zusammengelegt, wie sie verleimt werden sollen. Man zeichnet sie mit dem Tischlerdreieck, um sie bei der weiteren Bearbeitung nicht zu verwechseln.

Wenn mehrere Flächen herzustellen sind, unterscheidet man diese durch Kennzeichnen mit verschiedenen Ziffern (**7.**22).

Fügen. Die Bretter können in der Breite mit einer stumpfen Fuge oder durch eine formschlüssige Verbindung angeschlossen werden. Das Zusammenpassen der Brettkanten nennt man Fügen. Voraussetzung für eine haltbare Leimverbindung ist ein exaktes Fügen der Bretter. Beim stumpfen Verleimen von Brettern lassen sich Unebenheiten an der Fuge auch bei großer Sorgfalt kaum vermeiden. Zusätzliche Verbindungsmittel oder ein Profilieren der Kante dienen der Fixierung beim Verleimen, vergrößern gleichzeitig die Verleimfläche und erhöhen die Festigkeit der Verbindung.

Die **stumpfe Leimfuge** erfordert eine gut passende, rechtwinklige Fuge. Bei fachgerechter Herstellung und fehlerfreier Verleimung erzielen wir damit eine hohe Festigkeit. Zunächst werden die gezeichneten sägerauen Bretter maschinell oder mit der Raubank gut passend gefügt. Für das Fügen mit der Raubank spannt man die nebeneinander liegenden Bretter – mit der Zeichenseite zusammen – in die Vorder-

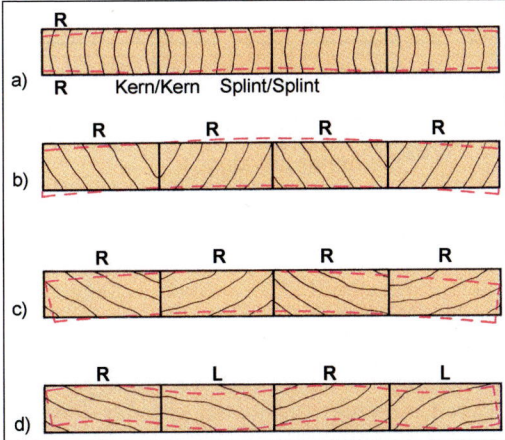

Bild 7.23 Holzauswahl (Verleimregel)
   a) Verleimte Herzbretter Kern an Kern, Splint an Splint, schlichte Zeichnung, kein Werfen
   b) Mittelbretter Kern an Kern, Splint an Splint, rechte Seite als Sichtseite, geringes Werfen
   c) Seitenbretter: Rechte Seite als Sichtseite, schönes Aussehen, starkes Werfen, Gratleiste oder Rahmenkonstruktion erforderlich
   d) Seitenbretter: Rechte Seite neben linker Seite (gestürzt), als Blindholz verwenden, geringes Werfen

zange. Beim Zurückklappen passt die Kante auch bei Abweichung vom rechten Winkel (Wechselwinkel). Die Fuge sollte leicht hohl gestoßen werden, damit die Enden nicht sperren (geschlossen bleiben). Zur Leimangabe legt man die Brettkanten bündig aufeinander. Beim Verleimen verhindern wir durch zusätzliches Einspannen in der Dicke ein Verrutschen der gefügten Bretter und erreichen eine ebene Fläche. Erst nach dem Entspannen werden der Fachboden oder die Tischplatte auf der Fläche abgerichtet und auf Dicke gehobelt, damit der Holzverlust gering bleibt. Mittels eingearbeiteter Gratleisten (liegende und stehende Gratleisten, s. Eckverbindungen aus Vollholz, Abschnitt 7.5.2) können große Vollholzflächen wirkungsvoll stabilisiert werden.

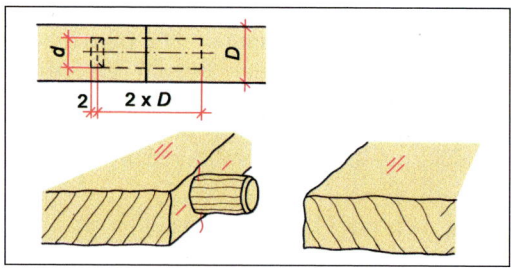

Bild 7.24 Gedübelte Fuge

Die gedübelte Fuge erhält durch eine passgenaue Anordnung der Dübel eine sichere Fixierung und größere Stabilität. Die Dübellöcher bohrt man etwas tiefer als die Dübel lang sind, sodass Raum für überschüssigen Leim bleibt. Die Dübel sollen am Umfang gerillt und an den beiden Enden angefast sein, damit beim Einsetzen der Leim nicht gänzlich abgestreift und das Holz nicht beschädigt werden kann (**7**.24). Eine Dübelmaschine erleichtert die Arbeit wesentlich.

Die gefederte Fuge kann ebenso wie bei unverleimten Breitenverbindungen zum Fixieren und zum Vergrößern der Leimfläche eingesetzt werden. Für die Federn verwendet man häufig Furniersperrholz, aber auch Kunststoff oder Formfedern (Lamello, **7**.13, **7**.14).

Die Kronenfuge wird maschinell mit einem Spezialfräser und nur bei Vollholz hergestellt. Je nach Fräserbauart gibt es sie in verschiedenen Formen. Bevorzugt verwendet man sie bei Funktionsmöbeln und Treppenstufen (Tisch-, Stuhlsitz-, Arbeitsplatten), wo es auf hohe Fugenfestigkeit ankommt. Erreicht wird dies durch die Passgenauigkeit der Kronenfuge und die große Leimfläche (**7**.25).

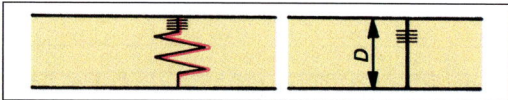

Bild 7.25 Maschinell gefräste Fuge (Kronenfuge). Größere Leimfläche (46 mm gegenüber 15 mm bei stumpfer Leimfuge)

Als Sicherung gegen das Verwerfen von Vollholzflächen dienen Hirn- und Gratleisten, die wir im Abschnitt 7.5.2 näher kennenlernen werden.

Verleimte Breitenverbindungen werden durch stumpfe, gedübelte, gefederte Fuge oder Kronenfuge hergestellt.

7.3 Längsverbindungen

> **Arbeitsauftrag Nr. 50 Lernfeld TI 2, 4, 12; HM 2, 4**
> - Auf Empfehlung von Frau Mustermann wendet sich ihr Nachbar Herr Kleinschmidt an Ihre Firma.
> Ein durch Schädlingsbefall stark geschwächter Dachbalken seines Wochenendhauses muss erneuert werden. Um die Dacheindeckung nicht aufnehmen zu müssen, entscheidet sich Ihr Meister für einen neuen zweiteiligen Balken, der vor Ort zusammengefügt werden kann.
> Erarbeiten Sie Lösungsvorschläge einschließlich Zeichnungen/Skizzen und Benennen Sie Vor- und Nachteile der Längsverbindungen.

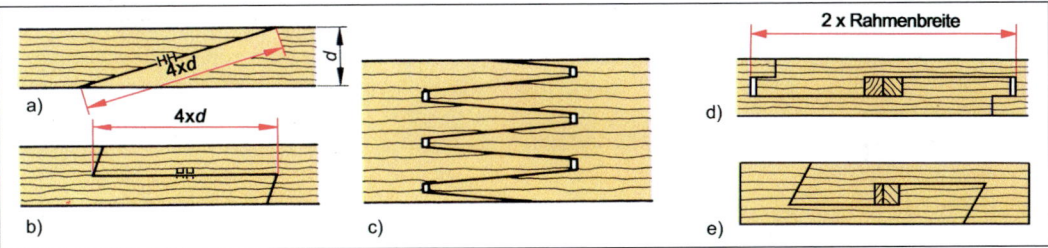

Bild 7.26 Längsverbindungen (Schnitte)
a) Schäftung, b) Überblattung, c) Keilzinken, d) französischer Keilverschluss,
e) schräges Hakenblatt, verkeilt

Längsverbindungen ermöglichen das Zusammenfügen (Stoßen) von Holzteilen in Richtung der Faser. Wir führen sie aus um handelsübliche Längen zu vergrößern oder aus Gründen der Konstruktion. In der Tischlerei verwenden wir Längsverbindungen hauptsächlich im Fenster- und Innenausbau bei langen oder bogenförmigen Werkstücken. Ausschlaggebend für die Wahl der Längsverbindung sind die Beanspruchung des Holzes und der Verwendungszweck. In der industriellen Holzverarbeitung finden wir die wirtschaftlich herzustellende, sehr haltbare *Keilzinkenverbindung* besonders häufig. Die Verbindungsform wird mit einem Spezialfräser an den abgelängten Werkstückenden angefräst (**7.**26c). Durch die Keilform ergeben sich formschlüssige Fügeflächen mit großem Langholzanteil für die Verleimung. Gefräste Holzteile sind binnen 24 Stunden zu verleimen, bevor sie ihre Form ändern können. Diese Längsverbindung verwendet man für lamellierte Fensterkanteln, Leimholzbinder und zur Verlängerung von Brettern. Andere, meist handwerklich hergestellte weniger haltbare Längsverbindungen sind die *Schäftung, Überblattung* (7.26a, b), *Schlitz und Zapfen*. Lösbar sind die verschiedenen *Keilverschlüsse* (z. B. Französischer Keil, **7.**26d, schräges Hakenblatt, **7.**26e). Bei der Schichtverleimung verleimt man gleich dicke gehobelte Bretter in mehreren Schichten, wobei die Stöße versetzt sind. Der Tischler verwendet diese Verbindung bei Rundbogentüren und -fenster oder runden Tischzargen.

> Wesentlich für die Haltbarkeit der Längsholzverbindung sind die Formschlüssigkeit der Fügekante, die Größe der Leimfläche und der Langholzanteil. Keilverbindungen können lösbar ausgeführt werden.

7.4 Rahmeneckverbindungen

> **Arbeitsauftrag Nr. 51 Lernfeld TI 2, 4, 12; HM 2, 4; FKU 5**
> - Als Übung zur Handfertigkeitsprobe für die anstehende Prüfung bietet sich die Möglichkeit einen Spiegelrahmen zu bauen.
>
>   Der Kunde hat die gewünschten Maße telefonisch mitgeteilt.
>
>   Der Spiegel hat die Maße 520 mm × 640 mm. Der Rahmen soll eine Breite von 50 mm und eine Dicke von 24 mm haben.
>
>   Ermitteln Sie die Rahmenaußenmaße.
>
>   Legen Sie eine Auftragsmappe mit folgendem Inhalt an:
> - Entwurf eines Deckblattes
> - fünf mögliche Rahmenverbindungen in Perspektive
> - Zeichnung nach DIN 919 mit Schlitz und Zapfenverbindung entsprechend den vorgegebenen Maßen im M 1:1; Horizontalschnitt A-A, Vertikalschnitt B-B, Vorderansicht mit Schnittlagen
> - Entwurf dreier möglicher Spiegelhalteleisten als Profil
> - Arbeitsablaufplan
> - Materialliste
> - Preisberechnung/verwendetes Holz : Kiefer oder Nussbaum

Der Rahmen ist eines der ältesten Konstruktionselemente im Tischlerhandwerk. Als der Tischler noch keine Plattenwerkstoffe kannte, war der Rahmen mit Füllung ein wesentliches Element, um größere, freistehende Holzflächen bei Türen und Korpusteilen zu schaffen. Einfache Rahmenkonstruktionen treffen wir bereits in der Gotik an. Heute finden wir Rahmenkonstruktionen bei nahezu allen Tischlerarbeiten (im Innen- und Möbelbau, bei Fenster und Türen). Bei Rahmenelementen nutzt man die geringen Schwundmaße in Faserrichtung der Rahmenhölzer aus (0,1 bis 0,3 %). Im Gegensatz zu einer Vollholzfläche quillt und schwindet ein gleichgroßer Rahmen in der Breite weniger. Rahmen sind maßhaltiger und formbeständiger als Vollholzflächen. Hinzu kommt das geringe Gewicht und die vielen Gestaltungsmöglichkeiten.

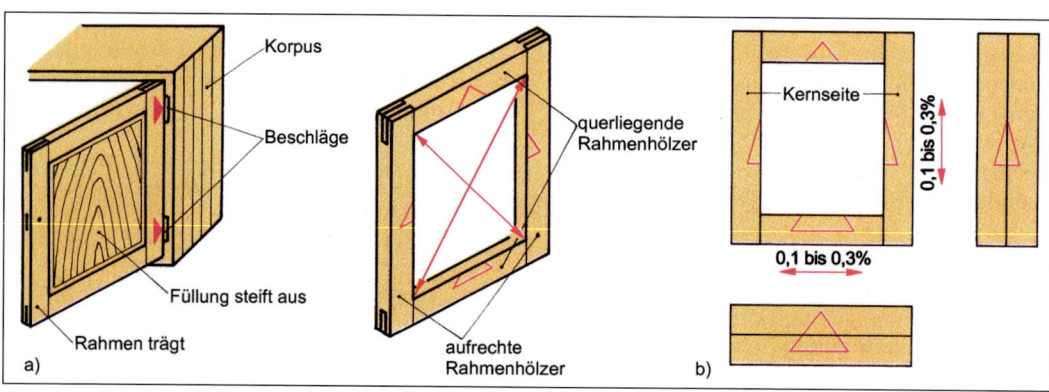

Bild 7.27 a) Rahmeneckverbindungen
b) Zusammenzeichnen der Hölzer

7.4 Rahmeneckverbindungen

Der Rahmen hat die Aufgabe, die Last der gesamten Konstruktion über die Beschläge auf den Korpus zu übertragen. Damit der Rahmen Stabilität erhält und nicht aus dem Winkel geht, wird er durch die eingelegte Füllung ausgesteift (**7**.27).

Die Rahmeneckverbindung hat vor allem die Aufgabe, die auftretenden Belastungen aufzufangen und ein Verformen der Rahmenhölzer zu verhindern. Die fachgerechte Ausführung der Verbindung ist wichtig für die Stabilität und das Stehvermögen des Rahmens.

Beispiel

Das Fenster ist eine typische Rahmenkonstruktion, die das erhebliche Gewicht großer Glasflächen und starke Windkräfte aufnehmen muss.

Der Rahmen überträgt die Konstruktionslast über die Beschläge auf den Korpus. Die eingelegte Füllung gibt ihm Stabilität und verhindert, dass er aus dem Winkel geht. Die Rahmenverbindung verhindert ein Verformen der Rahmenhölzer.

Holzauswahl. Rahmenhölzer dürfen sich nicht verziehen, sonst schließen Türen oder Fenster nicht einwandfrei. Deshalb ist die Wahl des richtigen Holzes sehr wichtig. Für die Rahmenhölzer eignen sich Kern- oder Mittelbretter (stehende Jahresringe) mit geradem Faserverlauf, ohne Äste und Risse.

Zusammenzeichnen und Anreißen. Nach der Holzauswahl folgt das Zusammenlegen und Zeichnen der Rahmenhölzer. Die aufrechten Hölzer gehen in der Regel durch, die dem Kern zugewandten Seiten liegen außen (fester Sitz der Bänder, schöneres Aussehen). Um bei der weiteren Bearbeitung Verwechslungen zu vermeiden, zeichnen wir die Rahmenhölzer mit einem Tischlerdreieck (**7**.27b). Angerissen wird von der Zeichenseite bzw. Innenkante aus.

Die Überblattung ist die einfachste Eckverbindung im Rahmenbau. Sie ist mit wenig Aufwand herzustellen aber nur gering belastbar (**7**.28). Die Rahmenhölzer werden wechselseitig bis zur Hälfte ausgeklinkt und müssen verleimt werden, damit die Verbindung wenigstens eine geringe Biegesteifigkeit erhält. Sinnvoll ist eine zusätzliche Sicherung durch Sternnägel oder Schrauben. Diese einfache Verbindung verwenden wir bei dünnen Rahmenhölzern und wenig beanspruchten Konstruktionen wie Zierbekleidungen oder aufgesetzten Rahmen.

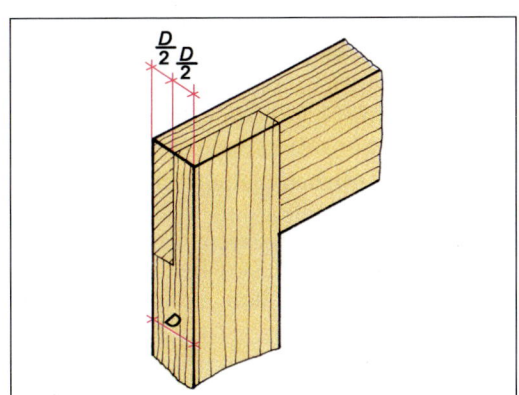

Bild 7.28 Überblattung

Die Überblattung auf Gehrung hat nur die halbe Leimfläche und ist daher noch weniger haltbar (**7**.29). Wir treffen sie nur bei einfachen Zierbekleidungen, Bilder- und Spiegelrahmen an.

Die Kreuzüberblattung wird bei sich kreuzenden Hölzern angewendet, z. B. bei Sprossenkonstruktionen, Zierrahmen, als Ständerfuß oder stapelbaren Kastenelementen, deren Eckverbindung bewusst hervorgehoben werden soll. Bei der Herstellung wird das eine Holz auf der Oberseite, das andere auf der Unterseite um die halbe Holzdicke eingeschnitten und ausgeklinkt (**7**.30).

Die Schlitz- und Zapfenverbindung ist die häufigste Rahmeneckverbindung (**7**.31). Während wir im Möbel- und Innenausbau häufig

Bild 7.29 Überblattung auf Gehrung

auch andere Eckverbindungen finden, ist sie im Fensterbau die Regel. Sie hat eine doppelt so große Leimfläche wie die Überblattung und daher eine erheblich höhere Festigkeit gegen Verdrehen.

In der Regel erhalten die aufrechten durchgehenden Rahmenhölzer die Schlitze, während die querliegenden abgesetzt werden und die Zapfen bekommen (7.31). Bei Fensterblendrahmen dagegen erhalten die querliegenden Rahmenhölzer die Schlitze, damit die Nuten bzw. Falze für Fensterblech, Innensims und Rollladendeckel im Längsholz durchgefräst werden können. Bei dickeren Rahmenhölzern > 50 mm im Fensterbau werden Doppel oder Dreifachzapfen angeschnitten (7.31b).

Die Verbindung wird außerdem für Rahmen im Möbel- und Innenausbau verwendet. Voraussetzung für eine gute Schlitz- und Zapfenverbindung ist genaues Anreißen. Nach dem Anreißen der Schlitz- und Zapfenlänge ist die Zapfeneinteilung mit dem Streichmaß auszuführen (1/3, 2/3 der Rahmendicke). Der Schlitz wird innen am Riss, der Zapfen außen am Riss mit der Schlitzsäge geschnitten (7.31). Nur bei exaktem Sägeschnitt hat man die Gewähr, dass die Verbindung gut zusammenpasst. Mit einem Stecheisen oder Lochbeitel stemmen wir den Schlitz von beiden Seiten aus. Für das Absetzen der Zapfenwangen spannen wir das Holz schräg in die Hinterzange und schneiden die Wangen mit der Absetzsäge leicht schräg, um

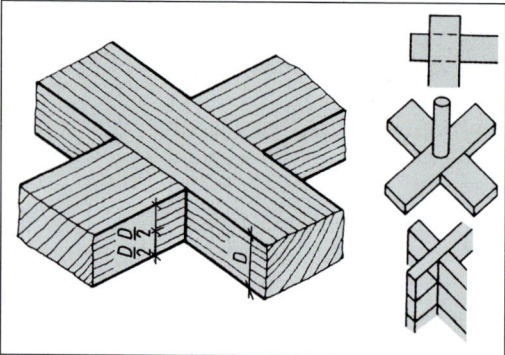

Bild 7.30   Kreuzüberblattung

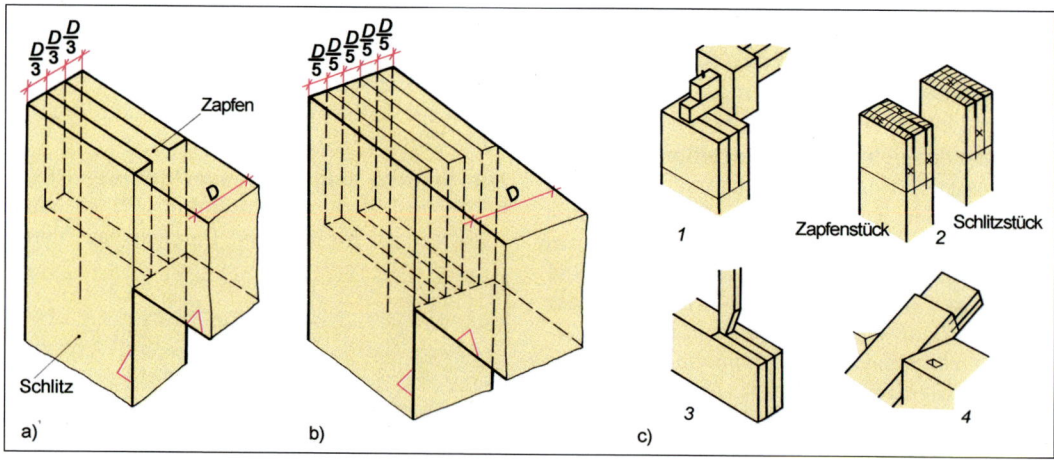

Bild 7.31   Schlitz- und Zapfenverbindung
a) einfache Schlitz- und Zapfenverbindung (Teilung),
b) doppelte Schlitz- und Zapfenverbindung
c) Herstellen der Schlitz- und Zapfenverbindung
1   Anreißen der Verbindung
2   Anschneiden von Schlitz und Zapfen
3   Ausstemmen des Schlitzes
4   Absetzen des Zapfens

7.4 Rahmeneckverbindungen

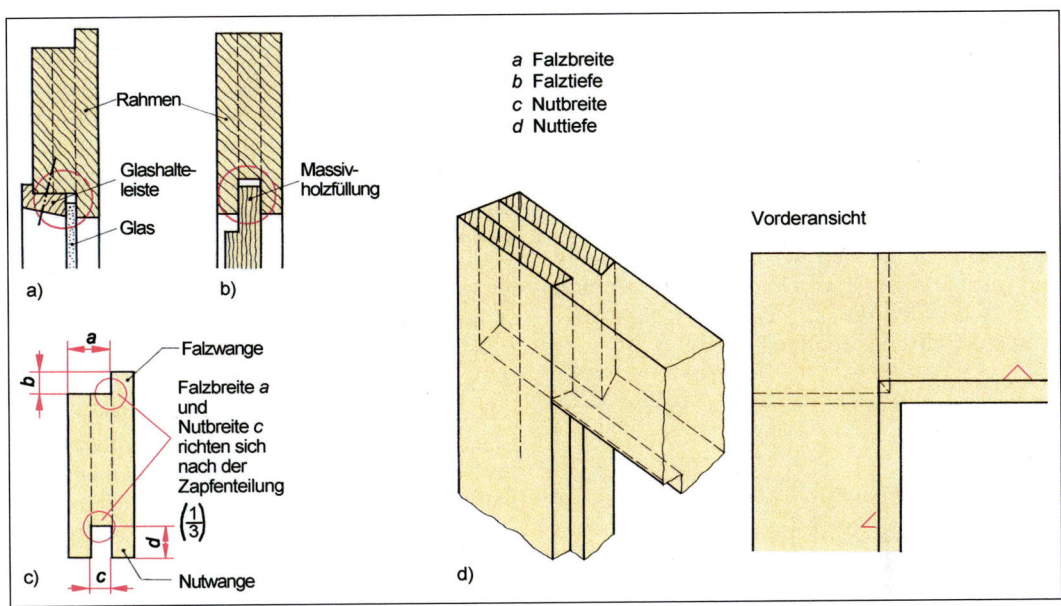

Bild 7.32 Rahmen mit Nut und Falz
a) Rahmen mit Falz, b) Rahmen mit Nut, c) Breiten und Tiefen am Rahmen,
d) Schlitz und Zapfen mit Kittfalz und Fase

eine dichte Fuge zu erhalten. Vor dem Verleimen stecken wir die Verbindung probeweise zusammen. Der Zapfen soll straff im Schlitz sitzen, ohne ihn zu spalten. Beim Verleimen und Spannen ist darauf zu achten, dass der Rahmen im Winkel ist.

Schlitz- und Zapfenverbindung mit Innenfalz oder Nut. Um die Füllung zu befestigen, erhalten die Vollholzrahmen eine umlaufende Nut oder einen Falz. Bei Glasfüllungen wählt man den Falz und befestigt die Scheibe mit geschraubten oder genagelten Glashalteleisten fest an der Falzwange (**7.**32a). So kann die Scheibe jederzeit in der verleimten Rahmenkonstruktion erneuert werden. Soll die Füllung jedoch fest eingebaut werden, erhalten die Rahmenteile eine Nut in Dicke des Zapfens. Bei dieser einfachen Art der Befestigung muss man die Füllung beim Verleimen der Eckverbindung mit einsetzen (**7.**32b).

Nut- und Falzbreite und -tiefe müssen sich der Zapfenteilung anpassen, sonst ergibt sich beim Zusammensetzen im Schlitzgrund ein Loch.

Um Rahmenelementen ein schöneres Aussehen zu geben, werden Innenkanten gefast, profiliert oder erhalten einen eingelegten Profilstab. Für die Ausführung gibt es unterschiedliche Möglichkeiten.

Werden Falz- und Nutwange gefast, müssen die entsprechenden Gegenstücke im Schlitz- und Zapfenteil ebenso eine Fase erhalten. Dies ist schon beim Anreißen zu berücksichtigen (**7.**32d).

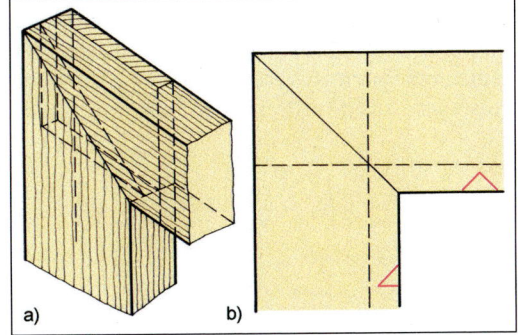

Bild 7.33 Schlitz und Zapfen einseitig auf Gehrung a) Schema, b) mit Innenfalz (Vorderansicht)

Schlitz- und Zapfenverbindung auf Gehrung.
Bei Möbeltürrahmen mit Füllungen kann die Schlitz- und Zapfenverbindung aus formalen Gründen einseitig oder beidseitig auf Gehrung gearbeitet werden (**7.**33, **7.**34). Dies geschieht, wenn das Holzbild am Rahmenfries umlaufen soll, die Innenkante ein Profil erhält oder die Füllungsstäbe auf Gehrung abgesetzt sind. Entsprechend müssen wir die Schlitzwange ein- oder beidseitig auf Gehrung absetzen und beim Schneiden des Zapfens die Wange passend auf Gehrung arbeiten.

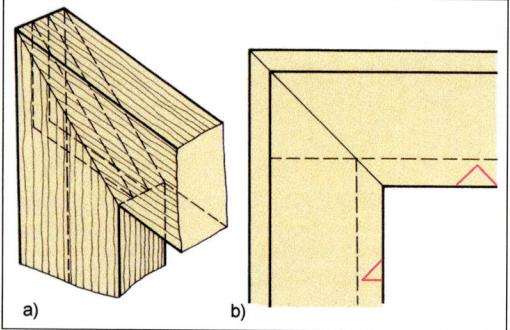

Bild 7.34 Schlitz und Zapfen beidseitig auf Gehrung a) Schema, b) mit Nut und Außenfalz (Vorderansicht)

Auf Hobel geschlitzte Rahmenverbindung.
Soll die Innenkante eines Rahmens mit Schlitz und Zapfen ein Profil erhalten, so muss bei der manuellen Herstellung in Profilbreite eine Gehrung angeschnitten werden (auf Hobel geschlitzte Verbindung). Die Zapfenbreite und Schlitztiefe verringert sich um das Profilmaß.

Überschobene Brüstung. Bei der maschinellen Fertigung verwendet man für profilierte Innenkanten vorzugsweise einen entsprechenden Fräsersatz aus Profil- und Konterprofilfräser. Damit lässt sich die Verbindung rationell herstellen und eine dichte Brüstungsfuge erzielen. Das aufrechte Rahmenholz erhält auf der gesamten Länge ein durchgehendes Profil, die Zapfenbrüstung ein Konterprofil.

Die Schlitz- und Zapfenverbindung mit durchgestemmten Zapfen setzen wir ein, wenn die Rahmenfriese Breiten von 100 bis 160 mm erreichen, also bei Innen- und Außentüren sowie schweren Tischgestellen. Die Verbindung hat durch den Zapfen eine große Formschlüssigkeit und erzielt hohe Festigkeitswerte. Weil Holz in Längs- und Querrichtung sehr unterschiedlich arbeitet, verleimt man Längsholz nicht mit Querholz in großer Breite. Bei den schmalen Rahmenfriesen im Möbelbau besteht wegen der geringen Schwundmaße keine Rissgefahr. Um jedoch bei großen Rahmentüren eine haltbare Eckverbindung zu schaffen, die das Holz ungehindert arbeiten lässt, wird der Zapfen durchgestemmt. Er ist nur etwa $2/3$ so breit wie der Türfries. Das letzte Drittel der Breite wird als Nutzapfen bis zur Hirnkante der Längsfriese weitergeführt. Der Nutzapfen ist etwa so lang wie dick. Er führt den Zapfen beim Quellen und Schwinden in der Nut des Längsfrieses und hält beide bündig. Deshalb darf er *nicht* geleimt werden.

Stemmen wir den Zapfen ganz durch, so dass er als Hirnholz auf der Kante des Längsfrieses sichtbar wird, können wir ihn zusätzlich im Längsfries verkeilen, wenn wir das Zapfenloch nach außen breiter ausstemmen. Die Keile müssen so zugeschnitten sein, dass sie dort den höchsten Pressdruck erzeugen, wo der Zapfen geleimt wird – und das darf nur in der Nähe der Zapfenbrüstung geschehen (7.35). Diese Verbindung ist stark belastbar und eignet sich darum besonders für große Rahmentüren.

7.4 Rahmeneckverbindungen

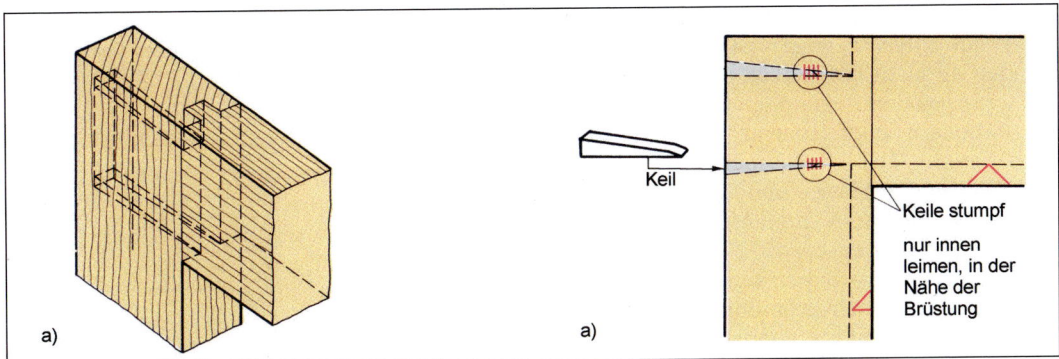

Bild 7.35 Gestemmter Zapfen mit Nutzapfen
a) Schema b) mit Innennut (Vorderansicht)

Schlitz- und Zapfenverbindungen mit durchgestemmten Zapfen sind stark belastbar.

Voraussetzungen:
- passgenaues Anreißen und Ausarbeiten unter Berücksichtigung des arbeitenden Holzes,
- richtig zugeschnittene Keile,
- Zapfenleimung nur in Nähe der Zapfenbrüstung.

Andere Rahmeneckverbindungen. Die *gefederte* Rahmeneckverbindung mit dem eingesetzten oder falschen Zapfen ist heute selten. Häufig finden wir Gehrungsecken mit Sperrholz- und *Formfedern* (7.36). In welchen Fällen Rahmenecken mit Schlitz und Zapfen, Formfedern oder Dübel verbunden werden, hängt von dem Verwendungszweck und der Fertigung bzw. der maschinellen Einrichtung des Betriebs ab. Besonders bei der *stumpfen Dübelung* (also wenn die aufrechten Rahmenfriese durchgehen) ist die Holzeinsparung ein gewichtiger Vorteil gegenüber der Schlitz- und Zapfenverbindung – an einem Querfries wird die doppelte Zapfenlänge gespart! Damit die Verbindung nicht verdreht, sind wenigstens zwei Dübel nötig. Dübelung auf Gehrung wird wegen des Verdrehens mit zwei Winkel- oder Eckdübeln ausgeführt (**7.**37).

Dübelverbindungen erfordern genaues Anreißen und Bohren. Die Dübellöcher werden etwas tiefer gebohrt als die Dübel, damit der Leim voll aufgenommen wird und die Verbindung bündig schließt.

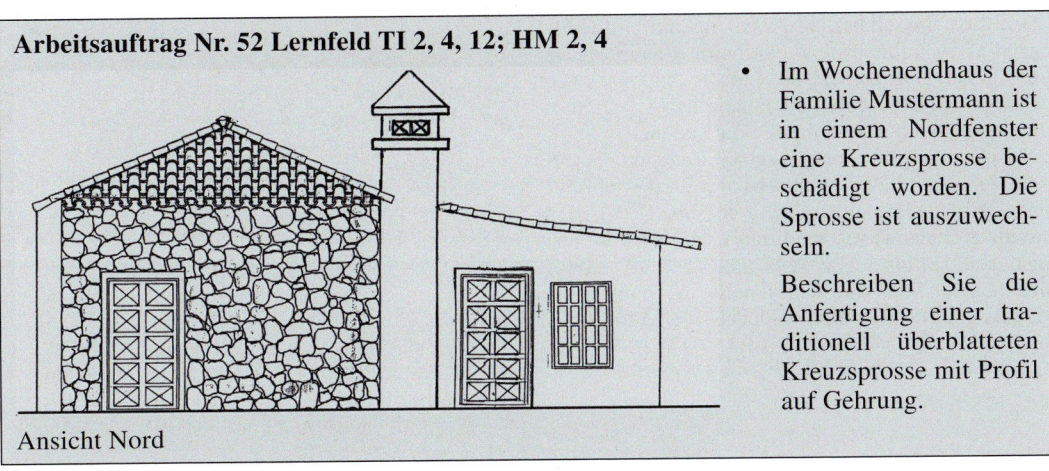

Arbeitsauftrag Nr. 52 Lernfeld TI 2, 4, 12; HM 2, 4

- Im Wochenendhaus der Familie Mustermann ist in einem Nordfenster eine Kreuzsprosse beschädigt worden. Die Sprosse ist auszuwechseln.

- Beschreiben Sie die Anfertigung einer traditionell überblatteten Kreuzsprosse mit Profil auf Gehrung.

Ansicht Nord

Die Sprossenverbindung gibt es vorwiegend bei alten Fenstern. Der Bautischler wendet sie auch bei Innen- und Außentüren an, wenn größere Glas oder Füllungsflächen aufzugliedern oder einbruchsicher zu machen sind. Die Sprossenhölzer werden kreuzweise überblattet und erhalten in Abstimmung mit dem umlaufenden Rahmen dessen Falz- und Faseprofil (**7**.38a, b). In der Altbausanierung von Fenstern werden heute auch Kreuzsprossenverbindungen gekontert. Das heißt, ein Sprossenprofil läuft durch, während das querlaufende Profil abgesetzt („gekontert") wird (**7**.38c).

Bei der Kreuzsprosse mit Fase führt man die Überblattung mit überschobenem Profil oder auf Gehrung geschnitten aus (**7**.38).

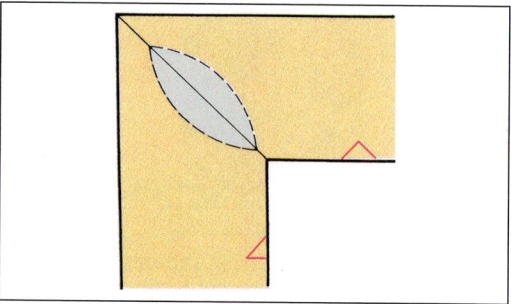

Bild 7.36   Formfeder (Lamello) auf Gehrung

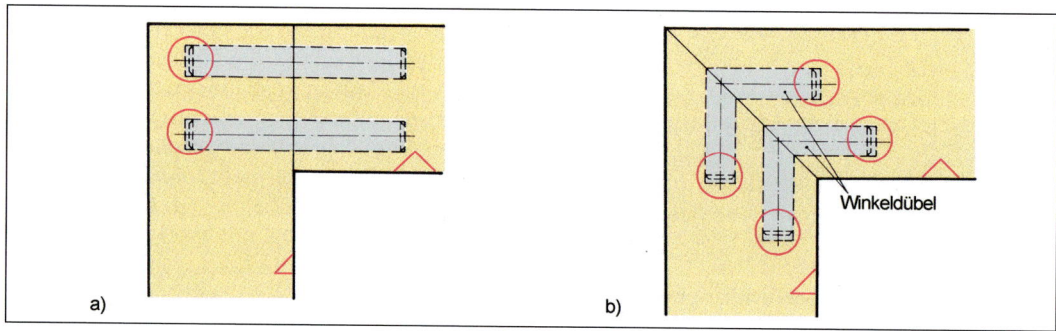

Bild 7.37   Dübelung
    a) stumpf,
    b) auf Gehrung

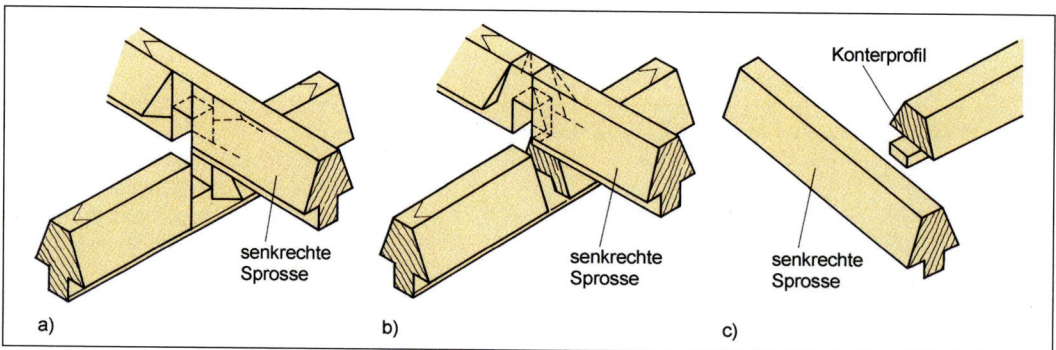

Bild 7.38   Kreuzsprosse
    a) überblattet, Profile auf Gehrung,
    b) überschobenes Profil,
    c) gekontert, Profil abgesetzt

Arbeitsauftrag Nr. 53 Lernfeld TI 2, 4, 12; HM 2, 4; FKU 5, 7

- Zur Vorbereitung auf eine mögliche Klassenarbeit erhalten Sie den folgenden Fragenkatalog. Erstellen Sie Lernkarten und vervollständigen Sie Ihren Lernkarteiordner.
1. Zählen Sie die Hauptgruppen der Holzverbindungen auf.
2. Nennen Sie unverleimte Breitenverbindungen bei Vollholz.
3. Welche Regel gilt für unverleimte Breitenverbindungen?
4. Warum schneidet man Herzstellen bei Vollholzverbindungen heraus?
5. Welche Brettseite ist Ansichtsfläche im Innen- und Außenbereich? Begründen Sie Ihre Antwort.
6. Welche unverleimte Breitenverbindung wählen Sie a) für Fußbodenriemen, b) für eine Kellertür, c) für Deckenverkleidungen?
7. Warum sollen Sie die Hölzer vor der Weiterbearbeitung reißen oder zeichnen?
8. Warum ist bei verleimten Breitenverbindungen auf die Schwundrichtung des Holzes zu achten?
9. Dürfen Sie Kernholz am Splintholz leimen? Begründen Sie Ihre Antwort.
10. Wozu dienen die Fugen beim Verleimen?
11. Was müssen Sie bei einer gedübelten Fuge beachten?
12. Worauf kommt es bei der Längsverbindung an?
13. Warum müssen Sie gefräste Holzteile innerhalb von 24 Stunden verleimen?
14. Wozu setzt man die Schichtverleimung ein?
15. Welche Aufgaben haben Rahmen und Füllung bei der Rahmeneckverbindung?
16. Welche Möglichkeiten der Rahmeneckverbindung kennen Sie?
17. Warum wird die Schlitz- und Zapfenverbindung bevorzugt?
18. Beim Zusammenstecken einer Schlitz- und Zapfenverbindung entsteht im Schlitzgrund ein Loch. Welcher Fehler wurde gemacht?
19. Erläutern Sie die Fertigung einer Schlitz- und Zapfenverbindung mit durchgestemmtem Zapfen.
20. Welchen Vorteil bietet die stumpfe Dübelung gegenüber der Schlitz- und Zapfenverbindung?

7.5 Kasteneckverbindungen

Arbeitsauftrag Nr. 54 Lernfeld TI 2, 4, 12; HM 2, 4; FKU 5

- Für eine Skulpturengalerie sollen 32 Säulen aus Buche mit quadratischer Grundfläche hergestellt werden. Die Maße betragen für die Seitenlänge 30 cm und für die Höhe 1,20 m.
  Der Künstler wünscht aus Designgründen, dass die Eckverbindungen genagelt werden.
  Erstellen Sie eine Auftragsmappe mit folgendem Inhalt:
  – Deckblatt
  – Skizzen von drei verschiedenen Korpusverbindungen
  – Materialliste
  – Preisermittlung/verwendetes Holz: Buche oder Kiefer
  – Vorschlag für verschiedene Drahtstifte/Nägel
  Besprechen Sie in Gruppen den möglichen Arbeitsablauf in der Werkstatt.
  Überlegen Sie, wie viel Zeit Sie für die jeweiligen Arbeitsschritte benötigen werden.
- Ermitteln Sie die Lohnkosten bei einem angenommenen Stundenlohn von 36,50 €.
  Suchen Sie nach Möglichkeiten einen günstigen Preis anbieten zu können (evtl. Plattenwerkstoffe verwenden).
  Präsentieren Sie Ihr Säulenprojekt der Klasse.
  Die folgenden Fragen dienen als Strukturhilfe für eine erfolgreiche Projektbearbeitung.
1. Wie werden Kasteneckverbindungen belastet?
2. Durch welche Maßnahmen können Sie die Belastbarkeit von Kasteneckverbindungen verbessern?
3. Für eine Korpuseckverbindung werden Längs- und Hirnholz unterschiedlicher Feuchtigkeit miteinander verleimt. a) Welche Folgen hat das? b) Welche Holzfeuchte sollte Vollholz beim Verleimen haben?
4. Warum sollen Sie die Drahtstifte schwalbenschwanzförmig und versetzt einschlagen?
5. Welche Stifte nehmen Sie im Möbelbau und welche für Kisten und Paletten?

Bei Möbeln, Truhen oder Türfuttern müssen Tischler und Holzmechaniker Seiten und Böden über Eck zu einem stabilen Korpus oder Kasten verbinden (**7**.39). Die Eckverbindungen werden im Wesentlichen durch das Eigengewicht der Korpusteile (bei Transport oder Lagerung) belastet. Die Belastbarkeit verbessert sich durch größere Leimflächen und besondere Formgebung (z. B. Zinken → kraft- und formschlüssige Verbindung). Kasteneckverbindungen werden rechtwinklig angerissen und ausgearbeitet. Zusammen mit der aussteifenden Rückwand halten sie den Korpus im Winkel, so dass die Tür bzw. die Klappe angeschlagen und einwandfrei geschlossen werden können. Bei zerlegbaren Korpusverbindungen ist ein aussteifendes Element wie Rückwand oder Boden unerlässlich.

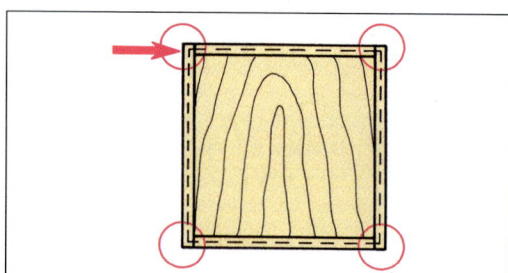

Bild 7.39 Belastung der Kasten- oder Korpuseckverbindung

Holzauswahl. Auch bei Korpuseckverbindungen müssen wir die Materialeigenschaften berücksichtigen. Vollholz hat eine höhere Biege- und Zugfestigkeit als z. B. Spanplatten (**7**.40), doch dürfen wir nur Längsholz mit Längsholz und Hirnholz mit Hirnholz verleimen. Vollholz braucht Platz zum „Arbeiten" und soll daher bei Eckverbindungen eine einheitliche Holzfeuchtigkeit aufweisen. Man kann die Eckverbindungen nageln, graten, zinken, spunden, dübeln oder federn.

> Für unlösbare Eckverbindungen eignen sich nur Werkstoffe mit etwa gleichen Eigenschaften.
> Bei Eckverbindungen Längsholz mit Längsholz und Hirnholz mit Hirnholz verleimen!
> Bei Massivholzverleimungen auf einheitliche Holzfeuchtigkeit von 8 bis 12 % im Innenbereich achten.

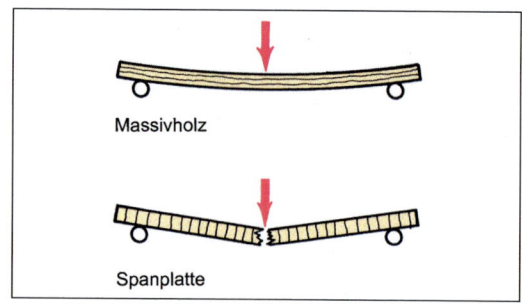

Bild 7.40 Biegefestigkeit von Massivholz und Spanplatte

7.5.1 Genagelte Eckverbindungen

Die genagelte Kasteneckverbindung kommt bei einfachen und unsichtbaren Vollholzverbindungen vor. Im Möbel- und Innenausbau verwenden wir dazu ausschließlich Drahtstifte mit Stauchkopf nach DIN 1152. Sie lassen sich leicht versenken und auskitten (z. B. beim Befestigen der Türbekleidung am Türfutter). Für Kisten und Paletten setzt man dagegen Drahtstifte mit Senkkopf nach DIN 1151 ein, weil sie bei Belastung nicht so leicht ins Holz eindringen. Die Verbindung wird haltbarer, wenn wir die Drahtstifte schwalbenschwanzförmig ansetzen und ganz durchschlagen, sodass die überstehenden Spitzen zu „Widerhaken" umgelegt werden können (s. Abschnitt 7.1.1). Weil Nägel im Hirnholz schlechter halten als im Längsholz, setzt man bei Transportkisten Eckleisten ein (**7**.41).

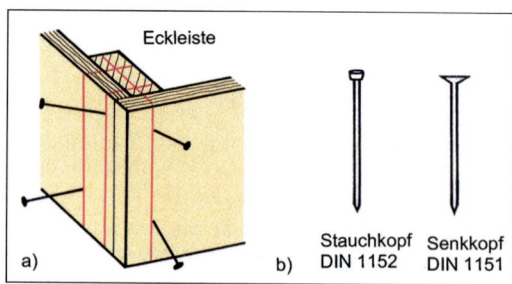

Bild 7.41 Stumpf genagelte Kasteneckverbindung a) schwalbenschwanzförmig und möglichst versetzt, b) Drahtstifte

7.5 Kasteneckverbindungen

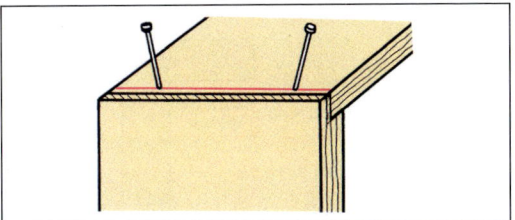

Bild 7.42 Ausgefälzte Nagelverbindung

Ausgefälzte und stumpf eingelassene Kasteneckverbindungen gibt es neben den behandelten stumpfen Nagelungen. Die ausgefälzte Nagelung ist angebracht, wenn keine Drauf- und Untersicht gegeben sind. Sie sichert die Holzfläche beim Nageln gegen Verrutschen und wird meist zusätzlich verleimt (**7.**42).

Die Spaltgefahr beim Verbinden von Längsholz mit Längsholz vermindert sich, wenn wir die Nägel nicht im gleichen Jahresring, sondern versetzt einschlagen.

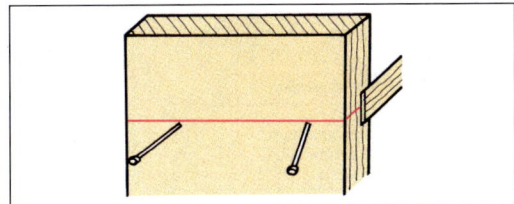

Bild 7.43 Stumpf eingelassene Nagelverbindung

Nagelverbindungen in Hirnholz sind weniger haltbar als in Längsholz. Drahtstifte schwalbenschwanzförmig und versetzt einschlagen.

Stauchkopfstifte im Möbel- und Innenausbau, Senkkopfstifte für Kisten und Paletten.

Bei stumpf eingelassener Verbindung geht Zweckmäßigkeit vor Schönheit. Sie erhöht die Belastbarkeit und sichert den Boden gegen Verformung (**7.**43).

7.5.2 Gegratete Vollholzverbindungen

Arbeitsauftrag Nr. 55 Lernfeld TI 2, 4, 12; HM 2, 4; FKU 5
- Ihre Arbeit für die Skulpturengalerie war ein voller Erfolg und sorgte bei der Vernissage für eine positive Stimmung der Besucher.
  Die Galerie benötigt für die Präsentation und Ablage der Ausstellungskataloge eine Vollholztischplatte aus Buche. Diese soll auf einige der Säulen gelegt werden.
  Die fertigende Tischplatte hat die Maße 2,40 m × 1,20 m × 40 mm. Die Verleimregeln sind unbedingt zu beachten.
- Erstellen Sie eine Zeichnung mit selbst gewählter Gratverbindung im M 1:1 als Vorder- und Seitenansicht.
- Skizzieren Sie vier verschiedene Hirnholzleisten perspektivisch.
- Erstellen Sie einen Arbeitsablaufplan für die Herstellung einer Gratverbindung.
- Bilden Sie ein Team aus vier Mitschülern und kalkulieren Sie einen Angebotspreis.
Der Stundenlohn beträgt 36,50 Euro. Die Oberfläche wird 2 × geölt.
- Überprüfen Sie durch eine Handarbeitsprobe Ihre geschätzte Zeitermittlung.
- Zeichnen Sie Ihr Projekt in Isometrischer Darstellung im M 1:20 auf ein DIN-A4-Blatt.

Die Erarbeitung der nachfolgenden Fragen dient der Wissensfestigung.
- Ergänzen Sie Ihren Lernkatalog.
1. Wofür werden stehende und liegende Gratleisten eingesetzt?
2. Welche Teile erhalten die Gratnut?
3. Warum schneidet man die Gratnut nicht auf die gesamte Holzbreite?

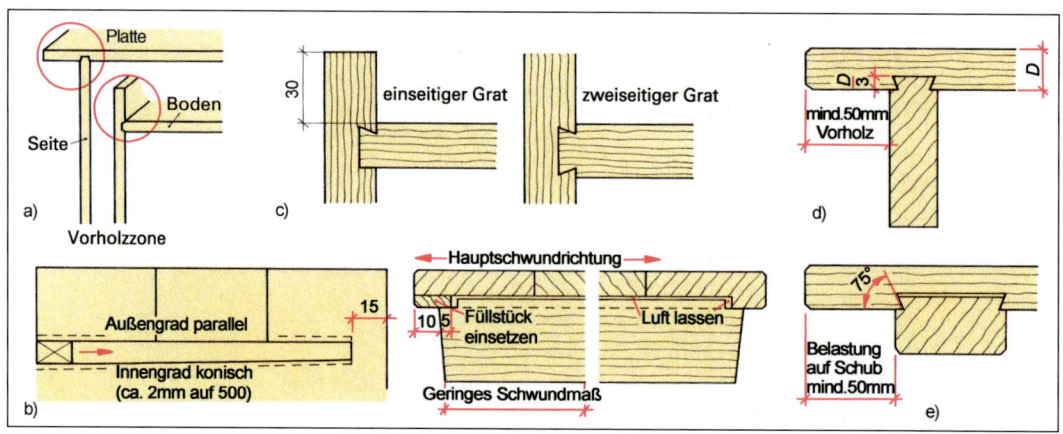

Bild 7.44 Gegratete Vollholzverbindungen
a) Seite und Boden gegratet, b) Brettfläche mit Gratleiste, c) ein- und zweiseitiger Grat, d) stehende Gratleiste, e) liegende Gratleiste

Diese handwerklichen Verbindungen sind besonders stabil und formschlüssig. Auch ohne Leimangabe nehmen sie bei passgenauer Form große Belastungen auf.

Die Gratverbindung sichert freistehende verleimte Vollholzflächen gegen Verformen und ermöglichen ihnen gleichzeitig das Arbeiten in der Breite ohne Rissbildung (**7**.44). Wir finden sie ausschließlich bei Vollholzkonstruktionen. Sie kann von Hand oder maschinell mit der Oberfräse hergestellt werden.

Gegratete Seiten und Böden. Das durchgehende Teil erhält stets die Gratnut, die quer dazu angeordneten Böden oder Mittelseiten erhalten den Grat mit einer Schräge von ca. 75° (**7**.44a).

Die Tiefe der Gratnut soll nicht mehr als 1/3 betragen, damit die Brettfläche genügend Stabilität behält und sich beim Einschieben des Grats nicht hohl zieht. Gratfeder und Gratnut sind leicht konisch (keilförmig) auszuführen. Dadurch wird das Zusammenfügen erleichtert. Durch den Druck der Gratfeder an die Nutwangen entstehen im Holz Scherkräfte. Erforderlich ist deshalb bei Brettflächen ein Vorholz von mind. 30 mm, um ein Abscheren in der Faser zu vermeiden. Der Grat kann einseitig oder zweiseitig ausgeführt werden (**7**.44c). Der zweiseitige Grad weist durch die Einspannung eine höhere Festigkeit auf. Da man bei Böden und Seiten Holz mit gleichem Faserverlauf verbindet, kann der Grat auf der ganzen Länge verleimt werden. Die Gratfeder muss sich etwa 2/3 der Länge leicht einschieben lassen und im letzten Drittel stramm anziehen.

Gratleisten

Das Werfen freistehender Vollholzflächen (Platten, Türen) verhindert man durch Grat- oder Hirnleisten. Sie müssen gleichzeitig das Arbeiten der Holzfläche in der Hauptschwundrichtung ohne Rissbildung ermöglichen. Sie verlaufen immer quer zum Langholz der Vollholzfläche. Für das Quellen und Schwinden in der Fläche muss am Ende der Gratnut Luft bleiben. Damit die Verbindung fest anzieht und die auftretenden Kräfte aufnimmt, verjüngen sich Gratfeder und Gratnut um ca. 2 mm auf 500 mm Länge. Bei der Holzauswahl für die Gratleiste muss auf einen günstigen Jahresringverlauf geachtet werden, um das Schwinden gering zu halten. Besonders geeignet ist Hartholz mit feinen Jahresringen. Da unterschiedliche Holzrichtungen zusammenkommen, dürfen Gratleisten nur ca. 1/3 verleimt werden, damit der Rest ungehindert arbeiten kann.

Man unterscheidet stehende und liegende Gratleisten:

Die stehende Gratleiste ist schmal und hoch (**7**.44d). Wir verwenden sie für Tische, Arbeitsplatten, wo vorwiegend Belastungen senkrecht zur Fläche auftreten. Sie widersteht der Verformungskraft des Vollholzes am besten und hält die Fläche eben.

7.5 Kasteneckverbindungen

Die **liegende Gratleiste** ist breit und flach (**7**.44e). Wir verwenden sie meist für stehende Flächen (Türen), wo die Hauptbelastung in der Plattenebene auftritt. Bei Türen werden häufig die Bänder daran angeschlagen.

Wegen ihrer großen Breite muss auf stehende Jahresringe besonders geachtet werden. Sonst lockert sie sich leicht beim Schwinden und verzieht sich.

Herstellung von Hand (7.45)

Gratfeder anstoßen: Den Grathobel auf ein Drittel der Brettdicke einstellen. Damit den Außengrad gerade und den Innengrad verjüngt anstoßen (ca. 2 mm auf 500 mm).

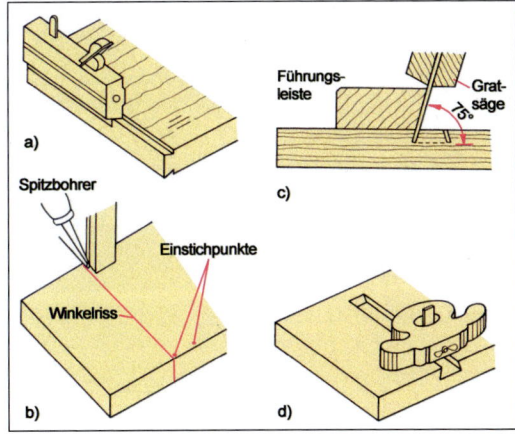

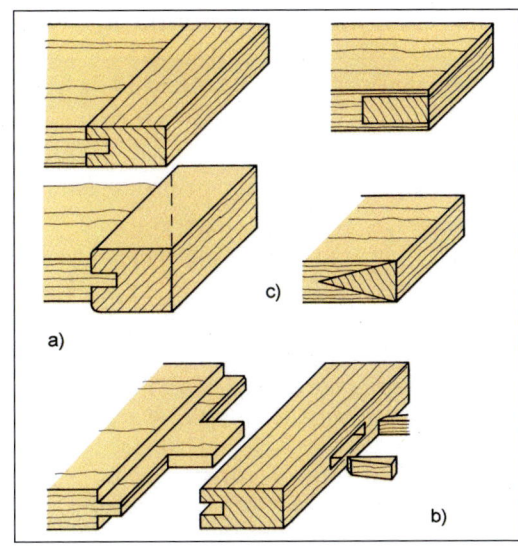

Bild 7.45 Herstellen einer Gratverbindung
    a) Gratfeder anstoßen
    b) Gratnut anreißen
    c) Gratnut schneiden
    d) Gratnut ausarbeiten

Bild 7.46 Hirnleisten und Hirnfedern
    a) Hirnleisten
    b) Hirnleiste gestemmt
    c) Hirnfeder

Gratnut anreißen: Mindestens 50 mm Vorholz stehen lassen, parallel zur Hirnholzkante werden Außen- und Innenkante der Gratleiste angerissen, mit beiden Enden die Maße der angestoßenen Gratfeder mit Spitzbohrer markieren. Mit einer geraden Leiste sind die Punkte zu verbinden. Nuttiefe an der Brettkante anreißen.

Gratnut einschneiden: an einer Führungsleiste mit der Gratsäge schneiden.

Gratnut ausarbeiten: mit einem Stecheisen grob vorstemmen. Nutgrund mit einem Grundhobel sauber ausarbeiten. Zwischen dem Grund der Gratnut und der Gratfeder muss etwas Luft bleiben.

Zusammenpassen und verleimen: Die Verbindung soll erst im letzten Drittel stramm passen, Leimangabe auf ein Drittel der Länge. Bei der maschinellen Herstellung mit Oberfräse wird meist zuerst die Gratnut eingefräst und dann die Gratleiste angepasst.

Hirnleisten

Hirnleisten und -federn verwendet man zur Stabilisierung schmaler Holzflächen, wenn Gratleisten störend sind. Sie schützen gleichzeitig das Hirnende der Fläche. Als Verbindung am Hirnende der Platte dient eine Feder oder ein verkeilter Zapfen (**7**.46). Die Federn oder Leisten sollten aus Hartholz sein. Weil Quer- und Langholz zusammentreffen, dürfen Hirnleisten und -federn nur in der Mitte verleimt werden. Dadurch ist das Arbeiten nach beiden Seiten möglich.

Beachte beim Graten:
- Ausreichend Vorholz stehen lassen,
- Nuttiefe max. 1/3 der Holzdicke, Gratfeder und Gratnut verjüngen, am Gratgrund Luft lassen, Gratleiste aus hartem Holz, Jahresringverlauf beachten. Gratleisten nur im vorderen Drittel verleimen.

7.5.3 Gezinkte Eckverbindung

> **Arbeitsauftrag Nr. 56 Lernfeld TI 2, 4, 12; HM 2, 4; FKU 5**
> - Die Galerie benötigt acht Aufbewahrungskästen für Prospektmaterial.
>
>   Aus Gründen der optischen Gestaltung sollen je zwei Kästen mit offener Zinkung, halbverdeckter Zinkung, Schrägzinkung und Fingerzinkung gefertigt werden.
>
>   Die Maße für die Kästen betragen 25 cm in der Breite und Länge (Bodenmaß), 120 mm in der Höhe. Für den Boden ist eine Furnierplatte mit 6 mm Stärke zu verwenden, die stumpf angeleimt werden kann.
>
>   Beachten Sie bei der Erstellung Ihrer Projektmappe folgende Hinweise:
> - Präsentationsdeckblatt,
> - Zeichnung der Zinkeneinteilung mit Berechnungsbeispiel für jede Zinkenart,
> - Arbeitsablaufpläne für die verschiedenen Zinkungsarten,
> - Kalkulation für 8 Kisten bei einem Stundenlohn von 36,50 Euro,
> - die Oberflächen werden 2 × geölt,
> - überlegen Sie, wie der Angebotspreis durch alternative Verbindungen und Materialeinsatz günstiger gestaltet werden kann,
> - überprüfen Sie Ihre Zeitvorgabe durch praktische Handarbeitsproben in Ihrer Ausbildungswerkstatt.
> - Die folgenden Fragen können als Strukturhilfe zur Lösung Ihres Arbeitsauftrages genutzt und in Ihren Fragenkatalog eingearbeitet werden:
> 1. Nennen Sie Eigenschaften und Vorzüge der Zinkenverbindungen.
> 2. Was müssen Sie bei der Zinkenteilung berücksichtigen?
> 3. Wie lautet die Grundregel zur Zinkenteilung?
> 4. Warum erhalten bei Schubkästen die Vorder- und Hinterstücke die Zinken?
> 5. Welche Möglichkeiten der Zinkenverbindung gibt es?
> 6. Welche Vorzüge haben Fingerzinken?

Zinken sind eine alte handwerkliche Eckverbindung bei Vollholzkonstruktionen wie Schubkästen, Truhen und Kastenmöbeln. Die Verbindung ist zweckmäßig und formschön zugleich. Sie dient heute noch als Nachweis für handwerkliches Können und ist Bestandteil der Gesellen- und Meisterprüfung.

Gezinkte Eckverbindungen sind ähnlich wie Gratverbindungen in der Hauptbelastungsrichtung formschlüssig. Die Verbindungselemente sind keilförmige und gerade Zapfen, die man Zinken bzw. Schwalben nennt. Durch die Verzahnung erhält die Verbindung eine große Festigkeit und kann ohne Spannwerkzeug verleimt werden. Die verbundenen Teile können ungehindert schwinden und quellen, aber sich nicht werfen. Von Bedeutung für die Haltbarkeit der Verbindung ist die Schräge der Schwalben. Sie können leicht in Faserrichtung abscheren, wenn die Schräge zu groß gewählt wird (ideal sind 75 bis 80°).

Wir unterscheiden offene, halbverdeckte, Gehrungs-, Schräg-, Zier- und Fingerzinken.

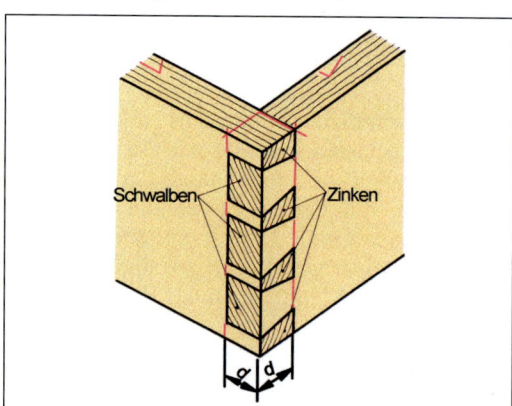

Bild 7.47 Einfache (offene) Zinken

Bei den *offenen Zinken* sind Schwalben und Zinken an beiden Außenseiten sichtbar (**7.47**).

Welches Teil die Zinken bekommt, hängt von der späteren Beanspruchung und dem Zusammenbau ab. Bei Schubkästen erhalten in der Regel die Vorder- und Hinterstücke die Zinken. (*Warum?*)

Zinkeneinteilung. Weil die Zinken Kräfte übertragen und zugleich schmücken, müssen sie gleichmäßig eingeteilt werden. Dafür gibt es verschiedene Möglichkeiten.

Als wichtige Gesichtspunkte sind zu beachten:
– Richtmaß für die Zinken- und Schwalbenabmessung ist die Holzdicke „d"
– die Zinkenschräge soll ca. 80° betragen (Seitenverhältnis 1 : 6)
– der Eckzinken darf nicht zu schwach ausgebildet werden.

Von den verschiedenen Möglichkeiten für die Einteilung werden zwei näher beschrieben.

1. Möglichkeit. Die Einteilung der Zinken und Schwalben wird dabei auf der Mittellinie der Hirnholzhälfte am Zinkenstück vorgenommen (Streichmaßriss). Die mittlere Schwalbenbreite entspricht etwa der Holzdicke. Die Zinken sind halb so breit wie die Schwalben. Daraus ergeben sich auf der Mittellinie bei gleichmäßiger Einteilung in der Holzbreite jeweils 2 Teile für die Schwalben- und ein Teil für die Zinkenbreite (**7**.48).

Anzahl der Schwalben =	$\dfrac{\text{Holzbreite}}{1{,}5 \times \text{Holzdicke}}$
Anzahl der Zinken =	Anzahl der Schwalben + 1 (Eckz.)
Anzahl der Teile =	Schwalbenzahl × 2 + Zinkenzahl
Teilemaß =	$\dfrac{\text{Holzbreite}}{\text{Anzahl der Holzdicke}}$
Regel:	Mittlere Schwalbenbreite (etwa Holzdicke) = 2 Teile
	Mittlere Zinkenbreite (etwa halbe Holzdicke) = 1 Teil

Beispiel
Holzbreite 100 mm, Holzdicke 20 mm
Anzahl der Schwalben = $\dfrac{100}{30}$ = 3.33 = 3 Schwalben
Anzahl der Zinken = 3 + 1

Anzahl der Teile: 3 Schwalben × 2 + 4 Zinken = 10 Teile
Teilemaß: $\dfrac{100}{10}$ = 10 mm

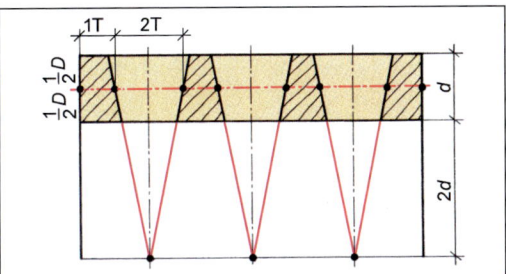

Bild 7.48   Zinkeneinteilung auf der Mittellinie

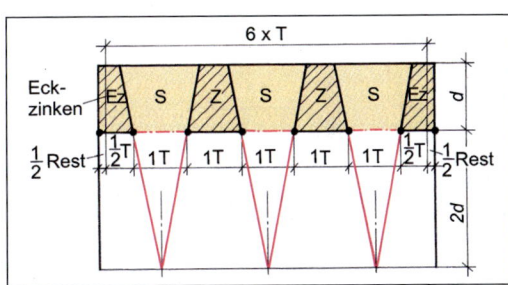

Bild 7.49   Zinkeneinteilung an der Innenkante

2. Möglichkeit. Die Einteilung erfolgt an der Innenkante der Hirnholzfläche des Zinkenstücks. Man teilt die Holzbreite durch die Holzdicke. Das Ergebnis wird auf eine gerade Zahl gerundet (z. B. 4, 6, 8) und ergibt die Anzahl der Teile. An der Innenkante sind Schwalben + Zinken gleich breit und entsprechen den Abmessungen der Teile. Anschließend teilt man die Holzbreite durch die Anzahl der Teile. Dabei rechnet man auf volle mm, Restbeträge werden später auf die Eckzinken verteilt. Für die Eckzinken rechts und links wird je 1/2 Teil + 1/2 Rest abgetragen. Die restlichen Teile werden an der Innenkante abgemessen (**7**.49).

Anzahl der Teile =	$\dfrac{\text{Holzbreite}}{\text{Holzdicke}}$

Ergebnis runden auf *gerade* Zahl

Abmessung der Teile =	$\dfrac{\text{Holzbreite}}{\text{Teile}}$

Ergebnis abrunden auf mm, der Rest wird je zur Hälfte auf die Eckzinken verteilt (1/2 Teil + 1/2 Rest)

Beispiel

Holzbreite: 100 mm, Holzdicke: 20 mm

Anzahl der Teile: $\dfrac{100 \text{ mm}}{20 \text{ mm}} = 5 \rightarrow 6$

(gerundet auf gerade Zahl)

Abmessung der Teile: $\dfrac{100 \text{ mm}}{6 \text{ mm}} = 16 \text{ mm} + 4 \text{ mm}$
(Rest)

Eckzinken: 1/2 Teil + 1/2 Rest
8 mm + 2 mm = 10 mm
Zinken und Schwalben abmessen.

Die Zinkenschräge kann vom geübten Tischler nach Augenmaß ausgeführt werden. Eine Zinkenschablone erleichtert jedoch die Arbeit und ermöglicht eine gleichmäßige Teilung.

Herstellung der offenen Zinkung. Mit dem auf die Holzdicke des Gegenstücks eingestellten Streichmaß reißen wir die Schwalben- und Zinkenlänge von der sauber bestoßenen Hirnkante aus an. Nach dem Anreißen der Zinken werden die abfallenden Teile gekennzeichnet. Mit der Absetzsäge schneiden wir auf der abfallenden Seite genau am Riss. Beim Ausstemmen beginnen wir neben dem Riss, stemmen bis zur halben Holzdicke, wobei eine Auflage stehen bleibt. Anschließend stemmen wir von der Rückseite das Stück fertig aus. Zum Anreißen der Schwalben stellen wir das fertige Zinkenteil mit der Hirnseite so auf das Gegenstück, dass es mit den seitlichen Kanten bündig steht. Mit dem Spitzbohrer reißen wir die Zinkenumrisse auf das Schwalbenteil an und übertragen die Risse winklig auf die Hirnseite. Nun können wir die Schwalben anschneiden und ausstemmen. Nach dem Absetzen der Außenecken des Schwalbenstücks werden die Teile zusammengepresst, innen verputzt und verleimt.

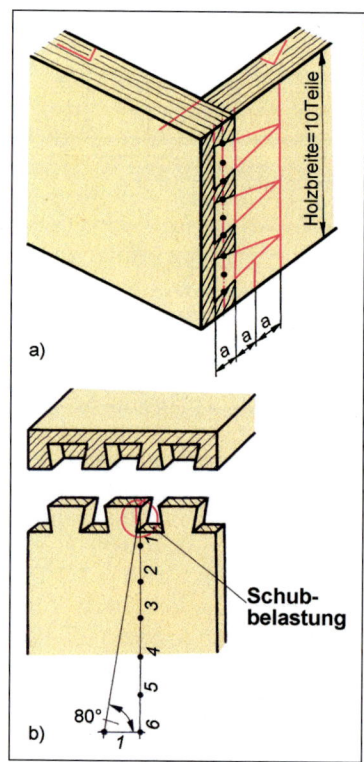

Bild 7.50 Halbverdeckte Zinken a) Schema b) Seitenverhältnis 1:6 ≙ 80° = Zinkenschräge

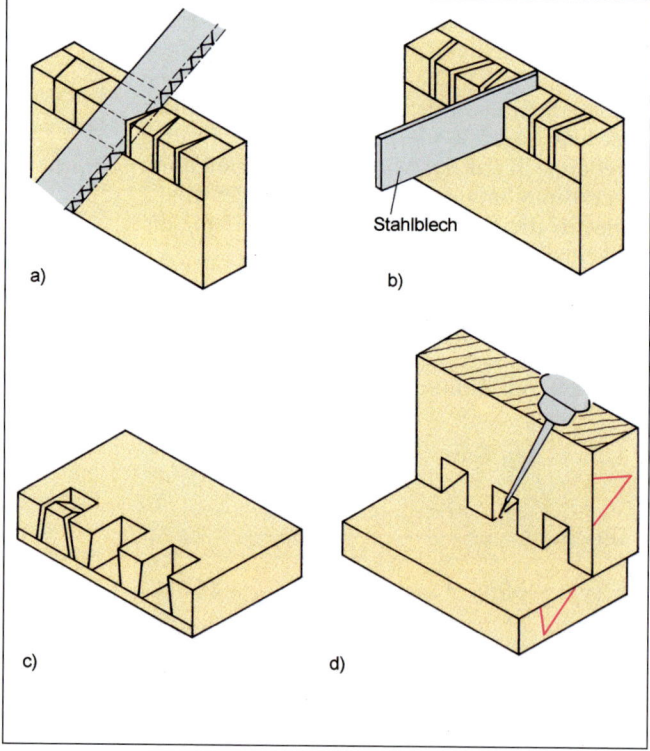

Bild 7.51 Herstellen einer halbverdeckten Zinkung a) Zinken anschneiden, b) Sägeschnitt nacharbeiten, c) Zinken ausstemmen, d) Schwalben anreißen

7.5 Kasteneckverbindungen

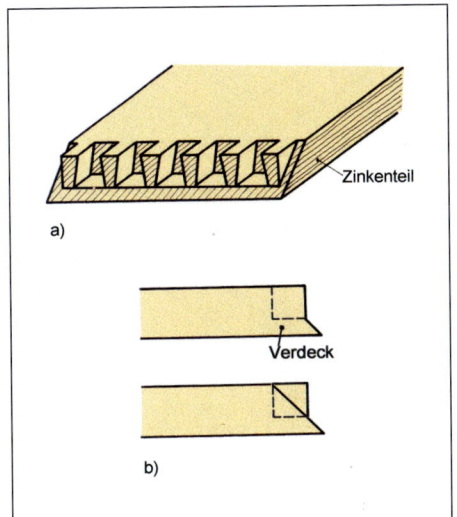

Bild 7.52 Verdeckte Zinken (Gehrungszinken) a) Schema b) 2 Möglichkeiten der Fugenausbildung

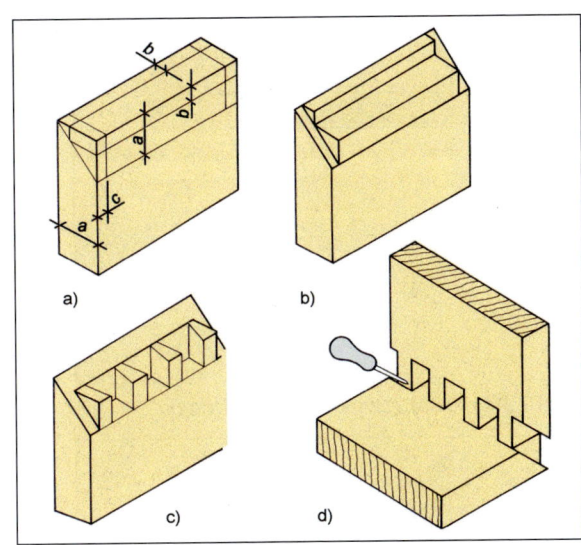

Bild 7.53 Herstellen einer verdeckten Zinkung (Gehrungszinkung) a) Verdeck anreißen, b) Falzen, c) Zinken herstellen, d) Schwalben anreißen

Halbverdeckte Zinkung. Hierbei ist nur eine Seite der Verbindung sichtbar, die Hirnholzflächen der Schwalben bleiben verdeckt (7.50). Diese Verbindung wählt man für Schubkasten-Vorderstücke und andere Teile, wo die Zinkung von einer Seite nicht sichtbar sein soll. Die Dicke des Verdecks sollte etwa 1/4 bis 1/3 der Holzdicke betragen.

Herstellung. Das Verdeck wird von der Innenseite aus mit dem Streichmaß angerissen (Holzdicke-1/4). Mit der gleichen Einstellung reißen wir von der Hirnfläche aus die Schwalbenlänge an. Die Zinkeneinteilung erfolgt wie beschrieben und lässt das Verdeck unberücksichtigt. Die Zinken schneidet man von der Innenkante des Werkstücks aus mit schräg geführter Säge an. Da der Zinkengrund von der Säge nicht erfasst wird, kann durch vorsichtiges Einschlagen eines Stahlblechs (angeschliffenes altes Sägeblatt) der Sägeschnitt in diesem Bereich vertieft werden. Nach dem Ausstemmen der Zinken folgen für das Schwalbenteil die gleichen Arbeitsgänge wie bei der offenen Zinkung (7.51).

Gehrungszinkung. Hierbei ist die Konstruktion nicht sichtbar. Sie eignet sich für furnierte Werkstücke. Die Haltbarkeit ist geringer als bei der offenen Zinkung. Beim Anreißen ist darauf zu achten, dass außer dem Zinken- auch das Schwalbenstück ein Verdeck erhält wie bei der halbverdeckten Zinkung 1/4 bis 1/3 der Holzdicke (7.52). Wird das Verdeck um den Eckzinken herum jeweils um 45° abgesetzt, bekommt man eine Gehrung.

Herstellung. Mit dem Streichmaß reißt man von der Hirnfläche aus auf der Innenseite die Holzdicke an (a). Es folgt das Anreißen der Verdeckwange (1/3 bis 1/4) an den Hirnkanten – anders als bei der verdeckten Zinkung – von der Außenseite (b). Mit der gleichen Streichmaßeinstellung wird von der Hirnfläche die Innenfläche angerissen (b). Anschließend reißt man an den Außenkanten die Gehrung und Gehrungsbreite (c) an. Mit der Absetzsäge werden die Teile so eingeschnitten und abgesetzt, dass ein Falz entsteht und die Verdeckwange stehen bleibt. Dann werden die Gehrungen an den Ecken angeschnitten. Das Anschneiden und Ausstemmen führt man wie bei der halbverdeckten Zinkung aus. Zuletzt wird mit einem Simshobel die Gehrung an den Verdeckwangen angestoßen (7.53).

Schrägzinkung. Die einfache Schrägzinkung wendet man bei Werkstücken mit einer schrägen Neigung an einer Seite an wie z. B. Schubkästen mit schrägem Vorderstück. Die Zinkung wird offen oder halbverdeckt ausgeführt. Beim Anreißen der Schrägzinkung muss man darauf achten, dass die Mittellinie der Schwalben parallel zur Holzfaser verläuft, damit die Schwalben nicht abscheren. Deshalb ist es sinnvoll zuerst die Schwalben anzureißen und

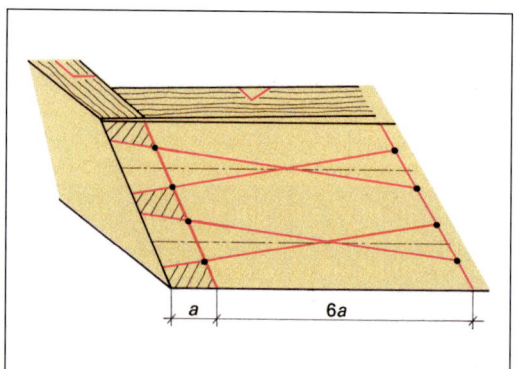

Bild 7.54 Schrägzinken (halbverdeckt)

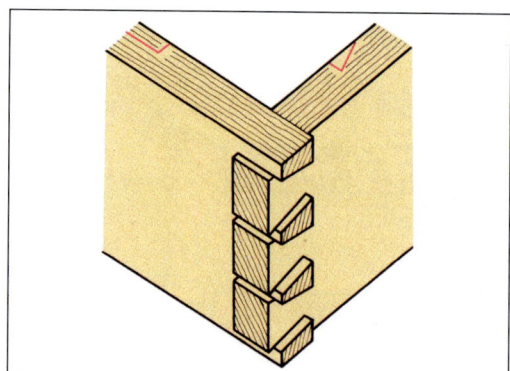

Bild 7.55 Zierzinken

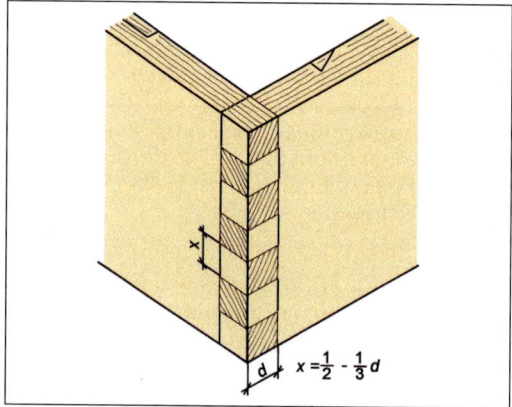

Bild 7.56 Fingerzinken

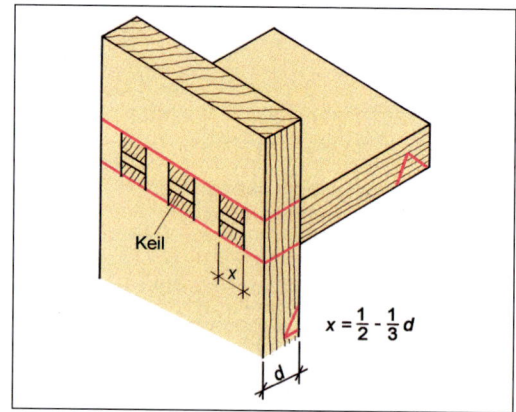

Bild 7.57 Fingerzapfen

fertigzustellen. Ein einfaches Verfahren für das Anreißen soll beschrieben werden.

Nach Anreißen der Holzdicke teilen wir die Zinken am Schwalbenstück ein. Mit der Schmiege reißen wir die sechsfache Holzdicke als Parallelriss an und übertragen die Zinkeneinteilung auf diesen Riss. Durch die diagonale Verbindung der Punkte erhalten wir die Schwalbenumrisse, deren Mitte faserparallel verläuft (**7.**54).

Zierzinken. An freistehenden Vollholzmöbeln wie Truhen oder Kästen kann man die Zinkeneckverbindung hervorheben und dem Möbel damit ein besonderes Gepräge verleihen. Die Zinken- und Schwalbenteile lässt man etwas überstehen (mind. 5 mm) und fast oder rundet die Kanten (**7.**55).

Maschinenzinken ermöglichen es, die zeitaufwendige handwerkliche Fertigung durch Maschineneinsatz zu verkürzen. Bei maschinell hergestellten Zinken fräst man mit einem Gratfräser Zinken und Schwalben. Die Schwalbenecken sind an der Stirnseite gerundet – bei offenen Zinken fällt dies sofort auf, bei halbverdeckten ist es von außen nicht erkennbar. Die Herstellung der passgenauen Verbindung ist bei großer Stückzahl zeitsparend.

Fingerzinken (Parallelzinken) haben parallele Schnittflächen. Die formgleichen Zinken beider Teile mit einer Breite von 1/2 bis 2/3 der Holzdicke ähneln Zapfen (**7.**56). Man kann die Verbindung mit der Kreissäge oder Tischfräse herstellen, erzielt so eine hohe Passgenauigkeit und damit besonders hohe Festigkeitswerte. Die Anfertigung von Hand ist selten.

Fingerzapfen eignen sich für Vollholzböden in Regalen (**7.**57). Die Zapfenlöcher sind von beiden Seiten genau anzureißen und zu stemmen. Durch Verkeilen der Zapfen diagonal oder quer zur Faser der Seite erhält die Verbindung mehr Festigkeit.

7.5.4 Gespundete, gedübelte und gefederte Eckverbindungen

> **Arbeitsauftrag Nr. 57 Lernfeld TI 2, 4, 12; HM 2, 4; FKU 5, 7**
> - Ihre Firma benötigt für das Verkaufsbüro ein Präsentationsplakat auf dem gespundete, gedübelte und gefederte Eckverbindungen dargestellt sein sollen.
> Wählen Sie für das Plakat das DIN-A2-Format.
> Skizzieren/Zeichnen Sie die Verbindungen im M 2:1 um die Anschaulichkeit zu verbessern. Beschriften und bemaßen Sie Ihre Darstellungen nach DIN 919.
> - Folgende Fragen können als Strukturhilfe dienen und in Ihren Lernkarteiordner eingearbeitet werden:
> 1. Erläutern Sie den Unterschied von gespundeten, gedübelten und gefederten Eckverbindungen.
> 2. Welche Arbeitserleichterungen bieten Dübelloch-Schablonen und Dübelfix?
> 3. Mit welchen Dübeln stellen Sie Korpuseckverbindungen auf Gehrung her?
> 4. Warum setzt man Federeckverbindungen nur bei Vollholz und Sperrholz ein?
> 5. Beschreiben Sie den Schrankverbinder und seine Anwendung.

Die Belastbarkeit von verleimten Eckverbindungen in Plattenbauweise richtet sich vor allem nach der Größe der Leimfläche und ihrer Oberfläche. Verbindungsmittel dienen oft vorrangig der Lagefixierung, aber auch dem Vergrößern der Leimfläche und dem Ableiten von Kräften.

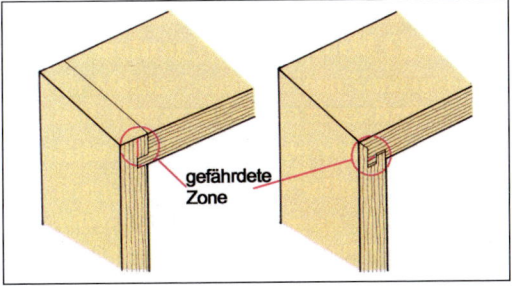

Bild 7.58 Gespundete Korpuseckverbindungen

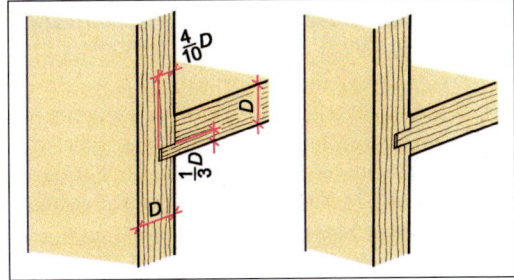

Bild 7.59 Gespundete Böden

Die gespundete Eckverbindung ist eine Nut- und Federverbindung mit angeschnittener Feder (**7.58**). Sie wird bei Korpuseck- und T-förmigen Verbindungen von Seite und Zwischenboden aus Vollholz verwendet (**7.59**). Man setzt sie heute nur noch selten ein, weil Vollholz leicht abschert bzw. bei Zwischenböden leicht spaltet und die Seitenteile durch die durchgehende Nut stark geschwächt werden.

Für Vollholz- und Plattenbaukonstruktionen dienen heute vorzugsweise Dübel, Federn und Schrankverbinder als Verbindungsmittel. In der Serienfertigung haben sie Vorteile: rationelle Fertigung, wenig Verschnitt. Bei Korpuseckverbindungen gibt es lösbare und feste Verbindungen sowie stumpfe und auf Gehrung gearbeitete.

Gedübelte Verbindungen sind leicht herzustellen und schwächen vor allem bei Spanplatten den Querschnitt nicht allzu sehr. *Gerade Dübel* richten sich in Länge und Durchmesser nach der Holz- oder Plattendicke (**7.**60b). Das Dübelloch wird etwas tiefer gebohrt, um Platz für überschüssigen Leim zu lassen. Im Handwerk wird teilweise noch mit dem Streichmaß angerissen, rationeller arbeitet man mit selbst gefertigten Dübelloch-Schablonen, dem Dübelfix oder mit Dübelmaschinen (**7.61**). Bei diesen Methoden entfällt das Anreißen, die Anzahl der Dübellöcher und ihre Abstände in der Korpustiefe sind bestimmbar. Wichtig ist das genaue Anschlagen und Fixieren der Geräte, bevor man mit der Hand- oder Ständerbohrmaschine bohrt.

Winkel- oder *Eckdübel* ermöglichen Korpuseckverbindungen auf Gehrung (**7.**60a). Zuerst werden die Dübellöcher in Korpusseite und Boden gebohrt, dann erst sägt oder fräst man auf Gehrung. Bei umgekehrter Reihenfolge würde der Bohrer auf der schrägen Gehrungsfläche abrutschen, weil er nicht durch die Spitze geführt wird.

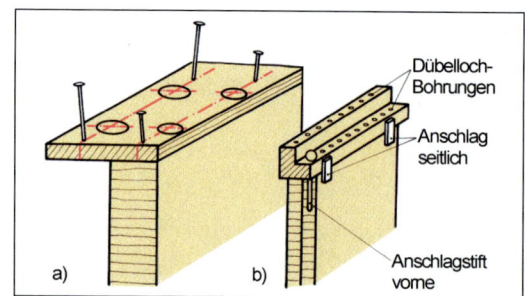

Bild 7.61 a) Dübelloch-Schablone, b) Dübelfix

Die in Bild **7**.60 gewählte Darstellung der Dübel ist weiterhin zulässig. Empfohlen wird die vereinfachte Darstellung im Bild **8**.14b.

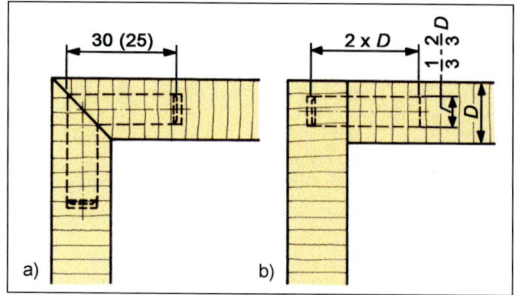

Bild 7.60 Gedübelte Korpuseckverbindungen (Schnitte) a) auf Gehrung gedübelt, b) stumpf gedübelt

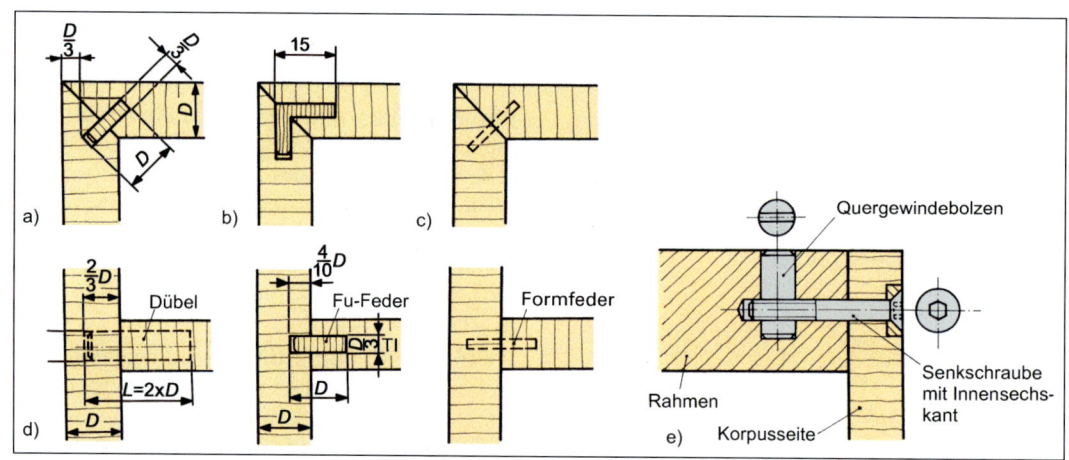

Bild 7.62 Gefederte Korpuseckverbindungen (Schnitte)
a) auf Gehrung gefedert (gerade Feder), b) Winkelfeder, c) Formfeder, d) T-förmige Verbindungen von Seite und Boden, e) Schrankverbinder, demontabel (lösbar)

Gefederte Verbindungen haben im Gegensatz zu gespundeten keine angeschnittene, sondern eine eingesetzte Feder (Fremdfeder, **7**.62). Sie schwächen den Holzquerschnitt erheblich und werden deshalb nur bei Massivholz- oder Sperrholz-Eckverbindungen eingesetzt. Auch für die T-förmige Verbindung von Seiten und Boden können wir Federn oder Dübel verwenden (**7**.62d).

Lösbare Korpuseckverbindungen. Zur Platzersparnis beim Lagern und Transportieren werden Schränke heute überwiegend mit lösbaren Verbindungen gebaut. Es gibt eine große Auswahl von Beschlägen für zerlegbare Möbel aus Metallen, Metalllegierungen und Kunststoffen. Sie unterscheiden sich

– in der Form der Korpusverbindung (stumpf, auf Gehrung),
– in der Wirkungsweise des Verbindungsmittels (Trapez-, Exzenter-, Schraubverbinder),
– im Einbau in Seite oder Boden (aufgesetzt, ganz oder teilweise eingelassen).

Eine besondere Verbindung ist der Schrankverbinder, eine Senkschraube mit Quergewindebolzen (7.62e).

Im eingebauten Zustand werden die Anzugsbolzen mit Schraubendreher oder Inbusschlüssel angezogen. Als Fixierungshilfe können vorher eingeleimte Dübel ein Versetzen der Böden nach oben oder unten verhindern. Bei der Auswahl des Beschlags sind das Material (Vollholz, Plattenwerkstoffe), die Holzdicke und die Optik zu beachten.

7.6 Gestellverbindungen

> **Arbeitsauftrag Nr. 58 Lernfeld TI 2, 4, 12; HM 2, 4**
> - Ihr Berufsschullehrer möchte, dass Sie einen Kurzvortrag über Gestellverbindungen halten. Schreiben Sie zur Vorbereitung einen Bericht, den Sie auch für Ihr Berichtsheft verwenden können.
>   Entwerfen Sie zur Unterstützung Ihres Vortrages eine Folie mit beispielhaften Verbindungen (Skizze /Zeichnung).
> - Die Beantwortung der folgenden Fragen dient der Vorbereitung und Strukturierung Ihres Vortrages.
>   1. Welche Eckverbindung wählen Sie für eine dekorative Konsole aus Vollholz? Begründen Sie Ihre Wahl.
>   2. Was versteht man unter Gestellverbindungen?
>   3. Woraus bestehen Gestellverbindungen?
>   4. Weshalb baut man bei Hockern und Tischen einen verkeilten Steg zwischen zwei Stollen ein?

Gestellverbindungen finden wir bei Tischen, Sitz- und Liegemöbeln sowie Möbelunterbauten. Sie verbinden Stollen und Zargen winkelstabil miteinander. Stege steifen häufig die Konstruktion zusätzlich aus. Die Gestellverbindung ist eine Weiterentwicklung der Rahmeneckverbindung: durch das Verbinden von drei Teilen entsteht eine Raumeckverbindung (7.63). Wegen der hohen Belastungen und der auftretenden Drehmomente, die besonders beim Verrücken der Möbel wirksam werden, muss die Eckverbindung eine große Festigkeit aufweisen. Die Verbindung von Stollen und Zarge kann gestemmt oder gedübelt ausgeführt werden. Durch die Anordnung der Zargen außen am Stollen erhalten wir eine große Zapfen- bzw. Dübellänge, was die Stabilität der Verbindung erhöht.

Gestemmte Stollenverbindung. Diese Verbindung ist sehr stabil aber aufwendig herzustellen (7.63). Die Zarge sollte aus gestalterischen Gründen mit einem kleinen Rücksprung an den Stollen anschließen. Die Zapfenenden erhalten eine Gehrung mit ausreichend Luft (ca. 2 mm), damit die Zarge beim Schwinden nicht auseinandergedrückt wird. Durch den Gehrungsanschluss erreicht man eine große Zapfenlänge und Leimfläche. Der Zapfen wird bei 2/3 der Höhe ausgeklinkt, soll aber nicht breiter als 60 mm sein, damit er durch starkes Schwinden nicht locker wird. Im oberen Bereich bleibt ein Nutzapfen stehen, der nicht verleimt wird. Er hält die Brüstungsfuge dicht und verhindert das Werfen der Zarge. Der Nutzapfen kann unterschiedlich ausgebildet sein (7.64). Günstige Festigkeitswerte erzielt man mit dem schräg verlaufenden Nutzapfen (unterschnitten), weil dadurch der Zapfen in der gesamten Länge eingespannt ist. Bleibt das Hirnholz des Stollens sichtbar (z. B. Stuhlbein), wählt man den schräg auslaufenden Nutzapfen (7.64c).

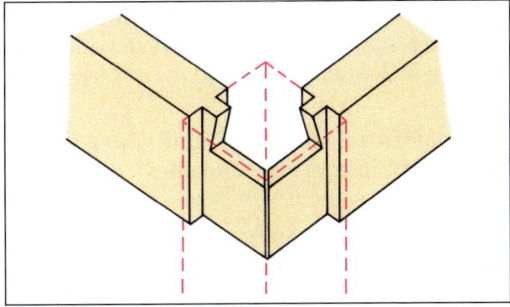

Bild 7.63 Gestellverbindung: gestemmter Zapfen mit schrägem Nutzapfen

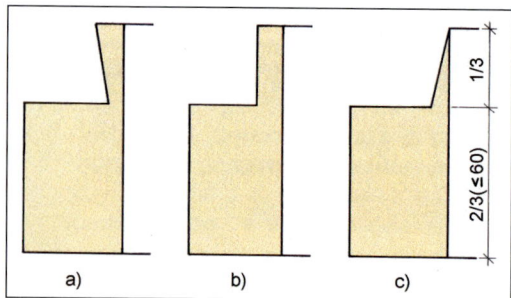

Bild 7.64 Nutzapfenformen
a) schräg untersetzt, b) gerade, c) schräg auslaufend

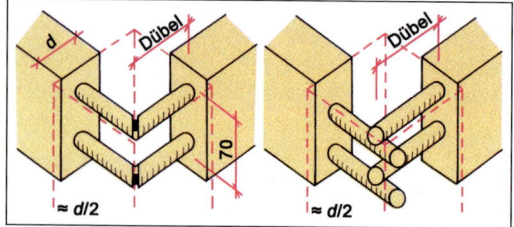

Bild 7.65 Gedübelte Gestellverbindung a) auf Gehrung, b) versetzt angeordnet

Herstellung. Anreißen der Teile, Schlitzen der Zarge, Ausklinken des Zapfens, Absetzen des Zapfens, Herstellen der Zapfenlöcher (manuell stemmen; maschinell mit Langlochbohrmaschine oder Kettenfräse).

Gedübelte Stollenverbindungen finden wir hauptsächlich in der industriellen Fertigung. Die Verbindung mit Dübeln ist rationell herzustellen und bringt Zeit- und Holzersparnis. Bei einer fachgerechten Ausführung erzielen wir die gleiche Stabilität wie mit dem gestemmten Zapfen. Wesentlich für die Haltbarkeit ist eine große Dübellänge. Bei einer hohen Zarge lassen sich die Dübel versetzt anordnen (verzahnt). Bei einer schmalen Zarge schneidet man die Dübel auf Gehrung oder kürzt sie wechselseitig (**7**.65).

Für **quadratische Stollen und Zargen,** die flächenbündig anschließen sollen, verwenden wir folgende weitere Verbindungstechniken:

Keilzinken: Durch Spezialfräser erreichen wir einen formschlüssigen und passgenauen Anschluss mit einer großen Leimfläche. Mit der rationell herzustellenden Verbindung erzielt man hohe Festigkeit (**7**.66). Weitere Möglichkeiten sind die Verbindung der quadratischen Querschnitte durch **Zapfen** bzw. **Doppelzapfenverbindungen** (**7**.67) oder **Dübelverbindungen** (**7**.68).

Verbindungsbeschläge findet man hauptsächlich bei zerlegbaren Gestellmöbeln. Im Fachhandel sind unterschiedliche Systeme für die Verbindungselemente erhältlich. Durch Dübel oder eine Feder erreichen wir eine zusätzliche Fixierung und verhindern das Verdrehen der Elemente.

Sonderausführungen

Eingeschnittene Zargen: Die Zargen werden wechselseitig ausgeklinkt und in den Stollen eingelassen. Die Verbindung finden wir meist bei zerlegbaren Möbeln. Durch den Stollenanschluss mit dem Zargenüberstand von 20 bis 40 mm wirkt die Verbindung sehr dekorativ (**7**.69).

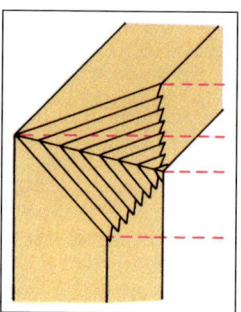

Bild 7.66 Keilzinkenverbindung

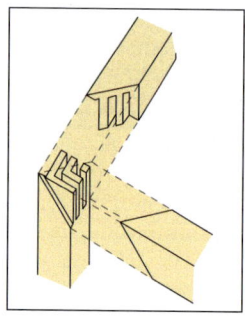

Bild 7.67 Doppelzapfen, allseitig auf Gehrung

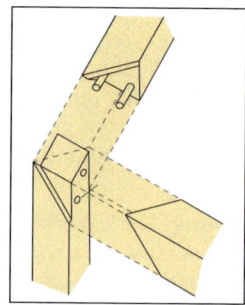

Bild 7.68 Dübelverbindung, Zarge allseitig auf Gehrung

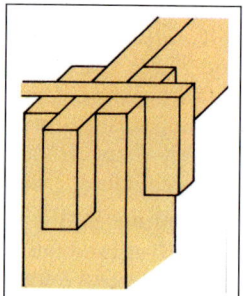

Bild 7.69 Eingeschnittene Zargen

7.6 Gestellverbindungen

Bild 7.70 Verkeilter Stegzapfen

Verkeilter Stegzapfen. Den verkeilten Stegzapfen finden wir bei Regalen oder rustikalen Wangenmöbeln wie Tischen und Bänken. Bei entsprechender Ausbildung des Zapfens wirkt diese Zierverbindung sehr dekorativ. Die Verbindung bleibt unverleimt und ermöglicht das Zerlegen des Werkstücks (7.70). Der verlängerte Zapfen erhält das Keilloch, das ca. 3 mm in die Wange hineinreicht, damit der Keil anzieht. Das Vorholz am Zapfen darf nicht zu kurz sein, da es sonst abschert (7.71). Böden lässt man ca. 4 mm in die Seiten ein, um das Werfen der Fläche zu verhindern.

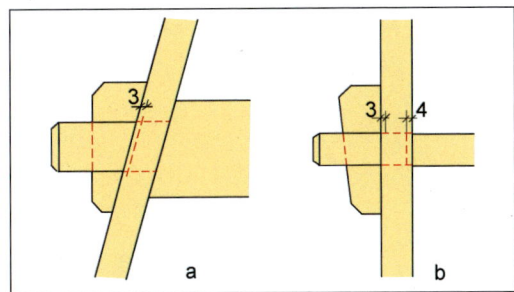

Bild 7.71 Verkeilter Stegzapfen
a) mit schräger Wange
b) mit gerader Wange, Regalboden eingelassen

8 Möbelbau

8.1 Möbelarten und -bauweisen

> **Arbeitsauftrag Nr. 59 Lernfeld TI 5, 12; HM 5; FKU 8**
> - Erstellen Sie eine Collage zum Thema Möbelbauarten. Nehmen Sie Werbeprospekte und Versandhauskataloge zu Hilfe.
>   Die folgenden Fragen sollten Sie bei der Erstellung Ihrer Collage leiten:
>   1. Wodurch werden die Maße eines Möbels bestimmt?
>   2. Welchen Zweck erfüllt das Möbel?
>   3. Wie gestalte ich das Möbel?
>   4. Welche Konstruktion und Bauweise wähle ich?
>   5. Welche Werkstoffe und Beschläge verwende ich?

Möbel dienen seit alters her als Einrichtungs- und Gebrauchsgegenstände im Wohn- und Arbeitsbereich. Mit Ausnahme der modernen Einbaumöbel lassen sie sich bewegen – sie sind „mobil" (lat. *mobilis* = beweglich) und so zu ihrem Namen gekommen. Einteilen können wir sie nach verschiedenen Gesichtspunkten:

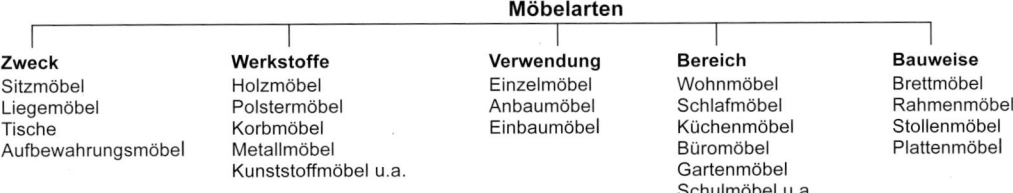

Zweck	Werkstoffe	Verwendung	Bereich	Bauweise
Sitzmöbel	Holzmöbel	Einzelmöbel	Wohnmöbel	Brettmöbel
Liegemöbel	Polstermöbel	Anbaumöbel	Schlafmöbel	Rahmenmöbel
Tische	Korbmöbel	Einbaumöbel	Küchenmöbel	Stollenmöbel
Aufbewahrungsmöbel	Metallmöbel		Büromöbel	Plattenmöbel
	Kunststoffmöbel u.a.		Gartenmöbel	
			Schulmöbel u.a.	

Maße. Möbel dienen, wie die Übersicht zeigt, nicht nur der Raumgestaltung, sondern sollen auch zweckmäßig sein. Ein 500 mm hoher Tisch ist nicht zweckmäßig, weil wir uns nicht auf einem Stuhl daransetzen können. Ein 1000 mm hoher Kleiderschrank ist unzweckmäßig, weil wir unseren Mantel nicht hineinhängen können.

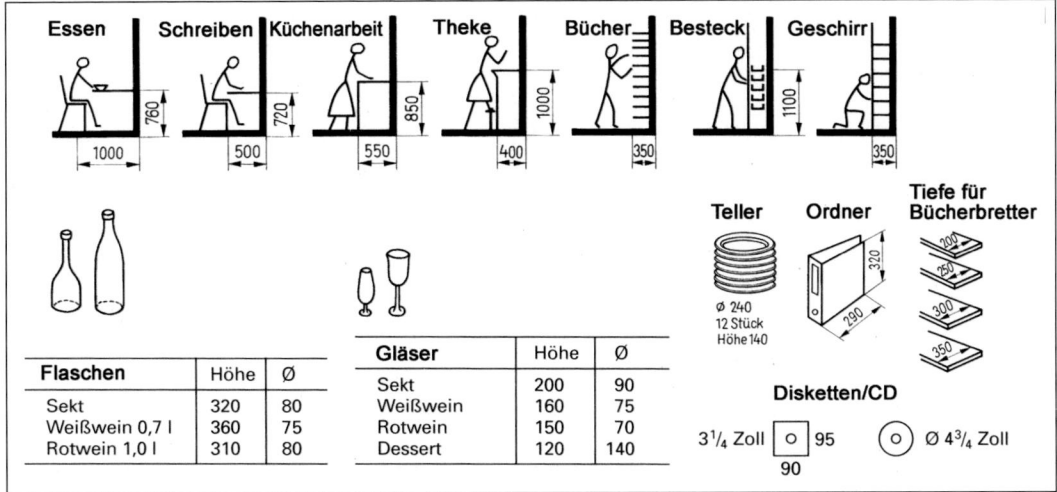

Bild 8.1 Möbelmaße richten sich nach den menschlichen Körpermaßen (DIN 18011), Maße in mm und den Bedarfsmaßen der Gegenstände

Daraus folgt:

> Möbelmaße werden durch die Körpermaße des Menschen und die Bedarfsmaße der entsprechenden Gegenstände bestimmt.

Um zweckmäßige, funktionsgerechte, gebrauchstaugliche Möbel anzufertigen, sind die maßgeblichen Möbelnormen zu beachten!

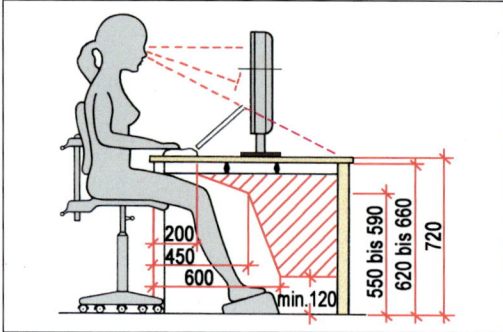

Bild 8.2 Mindestbedarf für Beinraum (nach DIN 4549)

Die DIN 18011 unterscheidet nach Arbeits- und Schreibhöhen, Sitzhöhen und -tiefen, Gesamthöhen und Möbeltiefen. DIN 68880 gibt die gegenstandsbezogenen Maße an (**8.**1). DIN 4549 enthält Angaben zu Schreibtischen, Büromaschinentische und Bildschirmarbeitstische (**8.**2).

Wichtige Normen für den Möbel im Wohnbereich sind: DIN 68885 (Tische), DIN 68878 (Stühle), DIN 68890 (Kleiderschränke).

Beispiel

Schreibtischmaße nach DIN 4549

Schreibtische	Plattengröße		Höhe
	Breite	Tiefe	
ohne Unterschrank	1.560 bis	780	
mit 1 oder 2 Unterschränken	1.800	800	720
ohne Unterschrank oder mit einem Unterschrank	1.200	780 bis 800	720

Möbelbauweisen

Arbeitsauftrag Nr. 60 Lernfeld TI 4, 5, 12; HM 4, 5; FKU 8

- Erstellen Sie eine Tabelle, in der Sie die vier verschiedenen Möbelbauarten gegliedert darstellen.
  Beginnen Sie mit einer Skizze des jeweiligen Möbelstücks. Benennen Sie die Erkennungsmerkmale, Werkstoffe und Verbindungsmittel.
  Berücksichtigen Sie die geschichtliche Entwicklung des Möbelbaus.
  Folgende Fragen sollten mithilfe Ihrer Tabelle beantwortet werden können:
  1. Woher kommt das Wort Möbel?
  2. Worauf beziehen sich Möbelmaße?
  3. Aus welchen Teilen besteht der Rahmenbau?
  4. Welche Holzverbindungen wählt man im Rahmenbau und im Gestellbau?
  5. Was sind Stollen?
  6. Nennen Sie Holzverbindungen beim Plattenbau.

Nach der Beschaffenheit und den konstruktiven Besonderheiten des Möbels unterscheiden wir 4 Bauweisen. Sie haben sich mit der Geschichte des Möbels entwickelt. Worin unterscheiden sie sich?

Im Brettbau, der ältesten Bauweise, wird Vollholz verarbeitet. Die Möbelteile fertigt man aus verleimten oder unverleimten Brettern. Dabei nimmt man meist die rechte Seite des Holzes wegen der schöneren Zeichnung nach außen. Beachten müssen wir, dass die Bretter an den Korpusecken jeweils in gleicher Schwundrichtung verarbeitet werden. Grundsätzlich fügen wir Hirnholz an Hirnholz und Längsholz an Längsholz (s. Abschnitt 7.2.2).

Die Brettflächen können wir mit stumpfer Leimfuge, Dübel, Nut und Feder, Nut und angestoßener Feder oder Überfälzung verbinden. Boden und Seiten graten, dübeln, zapfen oder zinken wir zusammen (s. Abschnitt 7.5.3). Holzverbindungen können als schmückendes Beiwerk das Möbelstück verschönern. Die

Brettflächen lassen den ursprünglichen Holzcharakter hervortreten, sodass auch Äste und andere Holzfehler gestaltend wirken und den Eindruck des rustikalen Möbels entstehen lassen (**8**.3).

Der Rahmenbau mit Rahmen und Füllung erfordert weniger Vollholz und bringt Gewichtseinsparung. Rahmen bleiben maßhaltig, haben ein hohes Stehvermögen und ermöglichen der Füllung ungehindertes Arbeiten. Für Rahmenfriese eignen sich nur Kern- oder Mittelbretter ohne Wuchsfehler. Die rechten Seiten und Kernkanten zeigen nach außen, die Ecken werden geschlitzt, gestemmt oder gedübelt.

Bild 8.3 Brettbauweise

Bild 8.4 Rahmenbauweise

Die Füllungsflächen können wir zusätzlich durch Sprossen unterteilen. Füllungen bestehen z. B. aus Vollholz, FU-, ST-, STAE-, P2-, MDF-Platten oder Glas. Vollholz- oder Holzwerkstofffüllungen liegen in der umlaufenden Nut oder in einem Falz und dürfen nicht eingeleimt werden. Glasfüllungen darf man für den Fall einer Reparatur nur im Falz einlegen und verleisten (**8**.4).

Gestaltende Elemente sind die Füllung, die Längs- und Querfriese. Die Füllung wirkt z. B. durch die Holzfladerung, Wahl eines lebhaften Furniers oder einer Intarsie als Bild und Schmuckelement. Auch eine Glasfüllung zeigt besondere Wirkung, da die Gegenstände im Inneren des Möbels sichtbar werden und einen Kontrast zur klaren Linienführung des Rahmens bilden. Schmale schlichte Friese umrahmen optisch die Fladerung der Holzfüllung, breite dagegen wirken massig, schwer und grob. Ein breites Querfries im unteren Rahmenteil hebt die Standfestigkeit durch Betonen der Waagerechten. Zusätzliche Profilleisten oder profilierte Friese verstärken den Unterschied zwischen Füllung und Rahmen.

Innerhalb der Grenzen durch Konstruktion und Material können wir den Rahmenbau gestalten
- durch Breite und Anordnung des oberen und unteren Frieses,
- durch Maßverhältnisse, Größe und Anordnung der Füllungen und Flächen,
- durch Holzart und Richtung der Holzfasern im Verhältnis zu den Rahmenfriesen, den Zierfälzen und Profilleisten.

Beim Stollenbau dienen durchgehende Pfosten (Stollen) zugleich als Möbelfüße. Die Stollen sind durch Zargen, Rahmen oder Platten miteinander verbunden (**8**.5). Als Verbindungsmittel verwendet man Dübel, Zapfen oder Feder. Die Seiten, Böden und Türen können wir aus Rahmen oder Platten bauen. Die Möbelteile können verleimt oder durch lösbare Beschläge verbunden sein. Vorwiegend dient der Stollenbau für Tische, Stühle, Liegemöbel und Möbelunterbauten (Fußgestell, **8**.13). Häufig kombiniert man Stollen- mit Rahmenbau.

Im Plattenbau werden heute die meisten Möbel hergestellt. Holzwerkstoffplatten arbeiten weniger als Vollholz, sind formbeständiger, einfach und rationell zu verarbeiten. Die Möbelteile bestehen aus Tischler-, Span- oder MDF-Platten (**8.6**). Sichtbare Kanten erhalten Anleimer oder Umleimer aus Vollholz, Furnier oder Kunststoff. Die Verbindung des Möbelkorpus kann fest oder lösbar ausgeführt werden. Bei einer festen Verbindung der Möbelteile werden Seiten und Böden mit Dübel, Feder oder Lamello stumpf oder auf Gehrung verleimt. Für zerlegbare Möbel verwendet man Dübel und lösbare Verbindungsbeschläge.

Für Füllungen, Schubkastenboden und Rückwände nehmen wir FU- und HB-Platten, die selbst geringes Stehvermögen aufweisen und wenig arbeiten.

Möbel im Plattenbau erhalten einen Sockel, ein Fußgestell oder tragende Seitenelemente.

> Brett-, Rahmen-, Stollen- und Plattenbau haben jeweils bestimmte Holzverbindungen und Konstruktionsmerkmale. Sie beeinflussen die Gestaltung von Möbeln wesentlich.

Bild 8.5 Stollenbauweise

Bild 8.6 Plattenbauweise

8.2 Der Weg zur Form

Arbeitsauftrag Nr. 61 Lernfeld TI 4, 5, 12; HM 4, 5

- Für die Gestaltung eines Präsentationsraumes in Ihrer Firma werden Sie gebeten, folgende Arbeiten zum Thema „Zeichnerische Konstruktion und rechnerische Ermittlung des Goldenen Schnittes" anzufertigen.

  1. Der in der Vorderansicht dargestellte Schrank ist im Maßstab 1:10 zu zeichnen (Blattgröße DIN A4).
     Die Ansicht und die aufgeteilten Schankflächen sind dem *Goldenen Schnitt* entsprechend zu konstruieren. Die Entwicklung ist farbig darzustellen.
  2. Die Maße der dargestellten Anrichte sind zu errechnen und im Maßstab 1:5 zu zeichnen (Blattgröße DIN A4). (alternativ Blattgröße DIN A3 für beide Zeichnungen)
  3. Entwerfen Sie die Ansicht eines eigenen Möbelstückes, das dem Goldenen Schnitt entspricht. Gestalten Sie ein entsprechendes Plakat im Maßstab 1:2. Nutzen Sie Gestaltungsmaterialien wie Pappen, Furniere etc. Diese Arbeit erfolgt in Gruppenarbeit.

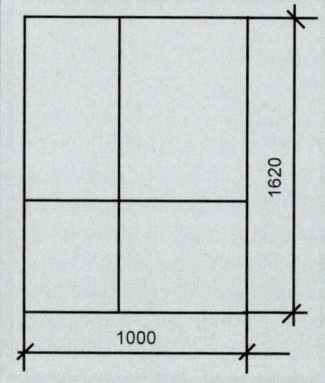

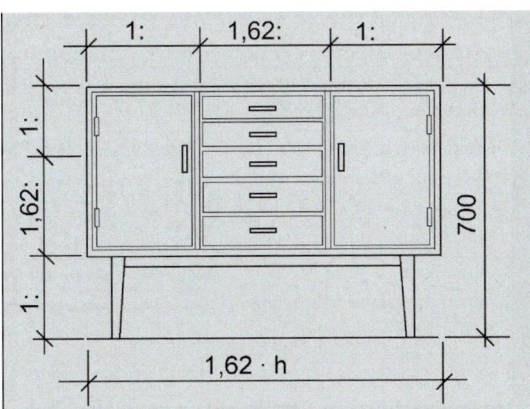

- Die selbst entworfenen Möbelansichten werden wenn möglich gerahmt und der Klasse in Form einer Präsentation vorgestellt.
- Die einzelnen Gruppenmitglieder bewerten die Mitarbeit der anderen auf einem Formblatt.
- Die Präsentation wird durch die Klasse beurteilt (Formblätter: siehe Methoden).

Möbel werden in der Regel für einen besonderen Verwendungszweck entworfen: Ein Schreibtisch ist anders aufgebaut als ein Küchentisch, ein Bücherschrank anders als eine Anrichte. Oft stellen wir jedoch fest, dass die Maßverhältnisse (Proportionen) nicht stimmen, dass Kontraste fehlen. Eine überall angewendete Symmetrie langweilt, eine zu gewagte Asymmetrie dagegen stört. Welche Gesichtspunkte sind bei der Formgebung zu berücksichtigen?

Durch die Gestaltung erhält das Möbel seinen individuellen unverwechselbaren Charakter. Die Vorstellungen und Wünsche des Kunden, der Zeitgeschmack und die räumliche Umgebung finden Eingang. Wichtige Gesichtspunkte bei der Gestaltung sind: Form und Größenverhältnisse, materialgerechte Konstruktion, Werkstoff und Oberfläche, Dekor und Schmuckelemente, Auswahl und Anordnung von Beschlägen. Das Zusammenwirken der Gestaltungselemente prägt das Erscheinungsbild (Design).

Die Proportionen und Flächengliederung spielen bei der Möbelgestaltung und Raumeinrichtung eine große Rolle. So ist es bei der Einrichtung eines Zimmers wichtig, das richtige Maß zwischen Möbel und Raum zu finden. Zu große und wuchtige Möbel in einem kleinen Zimmer wirken erdrückend, bedrängend und raumbestimmend. Die Möbelflächen können durch unterschiedliche geometrische Formen gegliedert werden. Sie können verschiedene Empfindungen hervorrufen: Liegende Rechtecke vermitteln Standfestigkeit, Sicherheit und Schwere; stehende Rechtecke dagegen Lebendigkeit, Herausforderung und Zielstrebigkeit. Wichtig für die Wirkung ist das Seitenverhältnis. Harmonische oder spannungsreiche Wirkung lässt sich durch unterschiedliche Seitenverhältnisse erzielen. Quadratische Formate lassen Gleichförmigkeit und Ausgewogenheit erkennen (**8.**7).

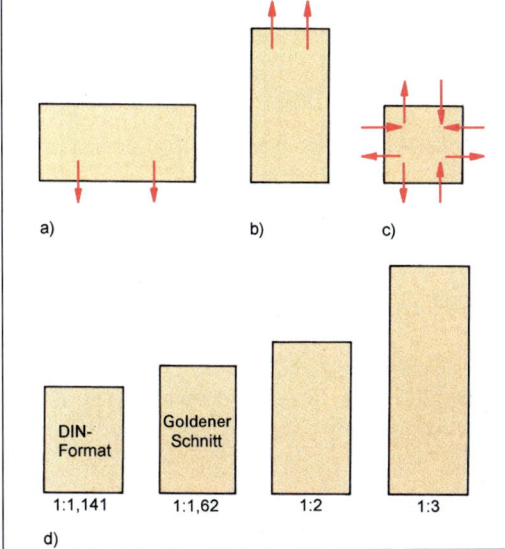

Bild 8.7 Proportionen und Flächenaufteilung
a) liegendes Rechteck (Standfestigkeit, Sicherheit, Schwere)
b) stehendes Rechteck (Lebendigkeit, Herausforderung)
c) Quadrat (Gleichförmigkeit, Ausgewogenheit)
d) Wirkung verschiedener Rechtecke

Jedes Möbel zeigt eine Ordnung, eine Harmonie oder Disharmonie. Harmonie wird durch ausgeglichene Proportionen erreicht.

Der Goldene Schnitt, der als Gestaltungsprinzip seit der Antike verwendet wird, gibt ein ausgeglichenes, harmonisches Verhältnis. Wir finden ihn häufig bei den Formgesetzen der Natur, wie z. B. bei Pflanzen und beim Menschen (**8.**9a). Eine Strecke ist nach dem Goldenen Schnitt geteilt, wenn sich ihre kurze Teilstrecke (m = Minor) zur längeren (M = Major) wie die längere Teilstrecke zur gesamten Strecke verhält: $m : M = M : G$. Das entspricht angenähert dem Zahlenverhältnis 3 : 5 ~ 5 : 8, der Verhältniswert beträgt: ~ 1,62, der Kehrwert ~ 0,62 (**8.**8).

Nach dem Goldenen Schnitt gestaltete Rechtecke ergeben harmonische Flächen (**8.**7d, **8.**9, **8.**10).

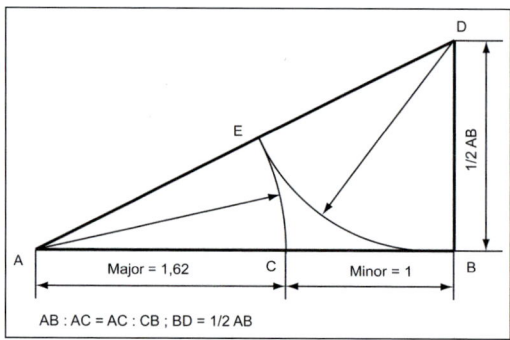

Bild 8.8 Zeichnerische Konstruktion des Goldenen Schnittes

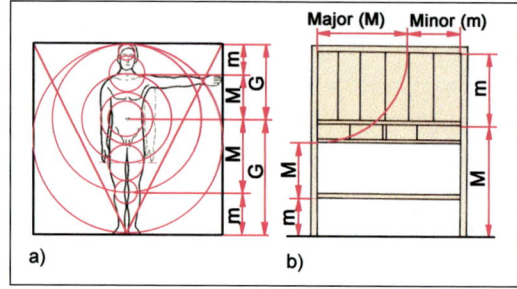

Bild 8.9 Goldener Schnitt
a) Maßverhältnis beim Menschen,
b) am Möbel

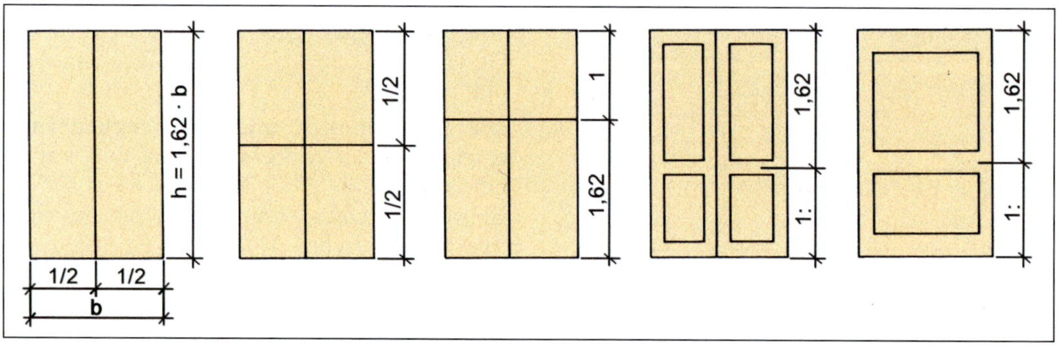

Bild 8.10 Flächenaufteilung nach dem Goldenen Schnitt

Kontrastwirkung. Durch die Aufteilung der Flächen gewinnt das Möbel Spannung oder wirkt langweilig. Auch durch Kontraste (Gegensätze), durch ein ausgewogenes Verhältnis von schmalen und breiten Formen, von dünner und dicker Linienführung, hellen und dunklen Hölzern, großen und kleinen Ornamenten gestalten wir ein Möbel. Werkstoffauswahl, Oberflächenbehandlung prägen das Bild.

Schnitzereien, Intarsien oder schmückende Elemente wie Griffe, Griffleisten, Knöpfe, Griffrosetten, ausgesuchte und gut angeordnete Beschläge unterstreichen das Aussehen (**8.**11).

Die Formteile des Möbels müssen in ihrer Gewichtigkeit, ihrem Formcharakter, ihrer Farbigkeit, Oberflächenstruktur und Plastizität aufeinander bezogen sein.

Symmetrie und Asymmetrie. Bei Symmetrie ist alles spiegelbildlich auf die betonte Mitte bezogen (**8.**12a). Asymmetrisch angeordnete Flächen erzeugen dagegen ein Spannungsverhältnis. Sie weichen von der Mittellinie ab, bilden optische Schwerpunkte. Die Wirkung entsteht hier durch gegensätzliche Verteilung und Anordnung bestimmender Möbelteile (**8.**12b). Sind diese Anordnungen ungünstig oder falsch gelagert, haben wir das Empfinden eines schiefen oder misslungenen Möbelstücks. Ordnen wir bestimmte Grundformen wie etwa Ornamente in regelmäßiger Wiederkehr an, wird unser Auge von Form zu Form geführt. Es entsteht ein Formenrhythmus.

Wirtschaftliche Herstellung. Bei der Gestaltung und Konstruktion des Möbels muss neben der Formschönheit und Zweckmäßigkeit die wirtschaftliche Herstellung bedacht werden. Qualifizierte Mitarbeiter und eine geeignete betriebliche Ausstattung müssen eine kostengünstige Umsetzung des Entwurfs ermöglichen. Ausgewählte Werkstoffe sind fachgerecht und sparsam zu verarbeiten.

Bild 8.11 Griffe und Griffanordnungen am Korpus

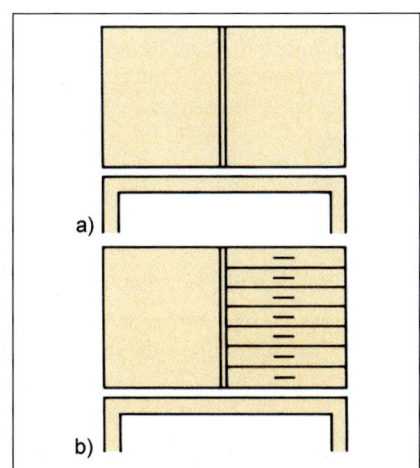

Bild 8.12 Flächenaufteilung
a) symmetrisch,
b) asymmetrisch

8.3 Möbelteile – Konstruktionsteile für den Möbelbau

Arbeitsauftrag Nr. 62 Lernfeld TI 4, 5, 12; HM 4, 5; FKU 7, 8

- Um das komplexe Thema Möbelteile zu erarbeiten wenden Sie bitte die „*Zehn-Wörter-Methode*" an. Nutzen Sie die „*Lese-fix-Methode*", indem Sie die nachfolgenden Seiten bis zum Lernabschnitt Klappen jeweils im Zehn-Sekunden-Abstand „überfliegen".

Wählen Sie pro Seite ein Wort und notieren Sie dies auf einer Karteikarte/Blatt im DIN-A5-Format. Beachten Sie Ihre Schriftgröße.

Orientieren Sie sich bei dieser Methode an den Oberbegriffen:
- Möbelunterbau
- Möbeloberteil
- Rückwände
- Türen
- Möbelbeschläge
- Möbelschlösser

Sammeln Sie sämtliche Begriffe/Karteikarten/Blätter an der Tafel/Pinnwand entsprechend den vorgegebenen Oberbegriffen.

Jeder Schüler erläutert hierbei ein von ihm gewähltes Wort.

Überprüfen Sie die Zuordnung, evtl. Doppelnennung und Richtigkeit der Begriffe. Ergänzen bzw. sortieren Sie die Sammlung. Erstellen Sie nun für jeden Oberbegriff eine Wandzeitung.

Arbeitsauftrag Nr. 63 Lernfeld TI 4, 5, 12; HM 4, 5; FKU 7, 8

- Für die von Ihnen zu den Oberbegriffen

  A – Möbelunterbau
  B – Möbeloberteil
  C – Rückwände
  D – Türen
  E – Möbelbeschläge
  F – Möbelschlösser

  angefertigten Wandzeitungen müssen Skizzen gefertigt werden um sie eindrucksvoll präsentieren zu können. Bilden Sie Arbeitsgruppen den Oberbegriffen (A–F) entsprechend mit vier oder sechs Teilnehmern.

Achtung:
Da der Inhalt der Gruppe D sehr umfangreich ist, wird diese Gruppe in D1 (Skizzen einer aufschlagenden und einer zurückspringenden Tür, zwei Mittelanschlüsse mit Leisten) und D2 (Skizzen einer vorspringenden und einer überfälzten Tür, zwei Mittelanschlüsse mit Überfälzung) geteilt.

Jede Gruppe wird mit der Anfertigung von Skizzen beauftragt.

Die Gruppenteilnehmer erhalten je ein DIN-A3-Blatt, welches zeichnerisch in gleichgroße Felder der Teilnehmeranzahl entsprechend eingeteilt und mit dem entsprechenden Oberbegriff beschriftet wird.

Die Teilnehmer wählen nun je eine Darstellung dieses Kapitels und skizzieren diese in ein Feld des angelegten Blattes. Nach ca. 7–10 Min. werden die Zeichenblätter an den nächsten Gruppenteilnehmer weitergereicht und in der vorgegebenen Zeit ergänzt.

Dieser Ablauf wiederholt sich bis zur Fertigstellung.

Der beste Entwurf wird von den Gruppenteilnehmern präsentiert, erläutert und ebenso wie die anderen Entwürfe der entsprechenden Wandzeitung zugeordnet.

- Die folgenden Fragen sind nach Fertigstellung der Wandzeitungen mündlich in den Gruppen zu beantworten. Der Berufsschullehrer weist der jeweiligen Gruppe die Fragen zu.

1. Aus welchen Elementen besteht ein Möbelkorpus?
2. Welche Möglichkeiten gibt es für die Ausführung des Schrankunterteils?
3. Welche oberen Schrankabschlüsse sind möglich?
4. Wie kann ein Kranz konstruiert sein?
5. Welche Arten von Drehtüren sind zu unterscheiden?
6. Welche Vor- und Nachteile haben die verschiedenen Ausführungen der Drehtüren?
7. Warum sollen Drehtüren eine Breite von 600 mm nicht überschreiten?
8. Für welche Drehtüren verwendet man die Kröpfungen A, B, C und D?
9. Welche Anforderungen sind an Beschläge zu stellen?
10. Wodurch unterscheiden sich Bänder und Scharniere?
11. Welche Aufgaben hat die Lisene?
12. Beschreiben Sie den Einbau eines Zapfenbandes.
13. Aus welchen Teilen besteht ein Topfscharnier?
14. Nennen Sie die Vorteile eines Topfscharniers. Was ist ein Stulp?
15. Welche Angaben müssen Sie beim Kauf eines Türschlosses machen?
16. Wodurch unterscheiden sich Nutbart- und Buntbartschlüssel?

- Die Gruppenteilnehmer können nach Beantwortung ihrer Fragen die Teilnehmer anderer Gruppen mit der Beantwortung der Fragen beauftragen.
  Sollten diese die Fragen nicht mithilfe der Wandzeitung beantworten können, muss diese unter Einbeziehung des Fachbuches vervollständigt werden.

- Ergänzen Sie Ihren Lernkarteiordner!

Möbel bestehen in der Regel aus dem Möbelunterbau und dem damit verbundenen Korpus.

Den Möbelkorpus bilden die Seiten, der untere und obere Boden sowie die Rückwand. Seiten und Boden sind bei Plattenwerkstoffen stumpf oder auf Gehrung gedübelt, gefedert oder formschlüssig verbunden. Als Korpuseckverbindung für Vollholz sind Zinken, Grat und Fingerzapfen gebräuchlich (s. Abschnitt 7.5). Der Korpus kann Schubkästen, Züge, Fachböden oder Fächer enthalten. Verschlossen wird er durch Türen, Klappen oder Rollläden. Kleinere Möbel werden meist verleimt, größere müssen für den Transport zerlegbar sein und erhalten darum lösbare Schrankverbindungsbeschläge (**8.**14c).

Der Möbelunterbau trägt den Korpus.

8.3.1 Möbelunterbau

Bei der Wahl der Unterbaukonstruktion sind neben den gestalterischen Gesichtspunkten die Bauweise und auftretende Belastungen zu berücksichtigen. Wir unterscheiden folgende Möglichkeiten:

Wangen sind durchgehende Schrank- oder Regalseiten aus Vollholz oder Plattenwerkstoffen, deren Unterkante als Standfläche dient. Sie geben dem Möbel ein rustikales Aussehen. Eine Ausfräsung in der Wangenmitte verbessert die Standsicherheit (**8.**13a). Die Verbindung zwischen Wange und Boden wird bei der Brettbauweise (Brettfüße) gegratet, gezapft oder gedübelt. Beim Plattenbau können die Böden durch Dübel, Federn und Schrankbeschläge verbunden werden. Zur Verbesserung der Standsicherheit und Vergrößerung der Auflagefläche setzt man bei Tischen unter die Wange oft einen Kufenfuß (**8.**13b).

Sockel können wegen der aufrechten Querschnittsfläche große Belastungen aufnehmen. Wir verwenden sie daher vorwiegend für schwere, breite Möbel, Einbauschränke oder bei Plattenbauweise (**8.**13c). Sie sind 80 bis 200 mm hoch und können drei- oder vierseitig ausgeführt werden. Nach der Lage zum Möbelkorpus kann der Sockel vor-, zurückspringend oder bündig (Schattennut sinnvoll) sein. Er ist als Rahmen oder Kasten fest mit dem Korpus verbunden oder wird als selbstständiges Element auf dem Boden ausgerichtet und anschließend mit dem aufgesetzten Korpus verbunden. Als *Verbindungsmittel* dienen Dübel, Federn, Schrauben oder Krallen. Bei zerlegbaren Plattenmöbeln finden wir meist eine Sockelblende (z. B. als Steckverbindung) zwischen den durchgehenden Seiten. Der Raum lässt sich auch für einen Sockelschubkasten nutzen. Zum Ausrichten der Möbel dienen oft höhenverstellbare Sockelbeschläge, die am Unterboden oder Sockelrahmen befestigt werden (**8.**13d).

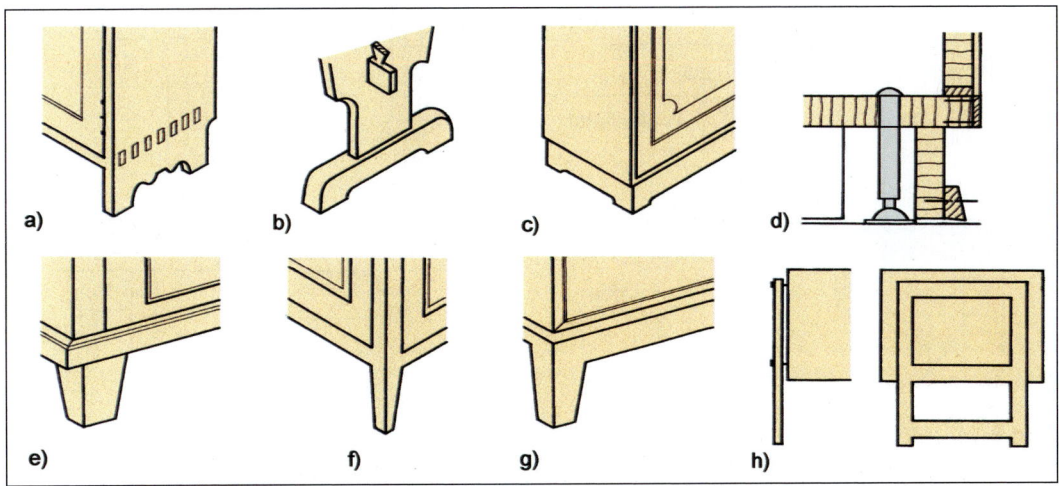

Bild 8.13 Möbelunterbau
a) Wangenfuß, b) Kufenfuß, c) Sockel, d) höhenverstellbarer Sockel mit Sockelblende, e) Einzelfuß, f) Stollenfuß, g) Zargengestell, h) Seitengestell

Einzelfüße unterschiedlicher Form (**8.**13e konisch, geschwungen oder kugelförmig) werden unter den Korpus montiert. Sie lassen das Möbel leichter erscheinen und tragen das gesamte Gewicht. Die Befestigungen zum Unterboden oder Bodenrahmen – meist mit Dübel oder Zapfen – müssen die auftretenden großen Belastungen aufnehmen.

Stollenfüße laufen als senkrechte Pfosten an der Korpusecke durch, tragen das Möbel und sind gleichzeitig Verbindungselemente zu den Seiten, Zargen und Böden (**8.**13f).

Zargengestelle verwendet man für Möbel, bei denen Bodenfreiheit erwünscht ist und die leicht wirken sollen (**8.**13g). Die Zargen tragen den Korpus, verhindern ein Durchbiegen des Unterbodens und sind durch Dübel oder Zapfen mit den Füßen verbunden. Bei einer bündigen Lage zum Korpus sollte aus konstruktiven und gestalterischen Gründen eine Schattennut vorgesehen werden. Die Zargengestellhöhe liegt zwischen 200 und 500 mm; bei Schreibschränken ist auf Beinfreiheit zu achten.

Seitengestelle sind rahmenartige Konstruktionen aus Holz oder Metall, die man beidseitig mit Abstandhaltern am Korpus montiert (**8.**13h). Sie werden hauptsächlich für Schreibtische und niedrige Schränke verwendet und lassen das Möbel leicht erscheinen.

> **Der Möbelunterbau** besteht aus Wangen, Sockeln, Einzel- oder Stollenfüßen, Zargen- oder Seitengestellen.

8.3.2 Oberer Möbelabschluss (Möbeloberteil)

Der obere Abschluss eines Möbels kann als Oberboden, Kranz oder Blatt ausgeführt werden.

Der Oberboden schließt bündig oder mit geringem Höhenunterschied an die Schrankseite an. Bei Vollholz verwenden wir für die Eckver-

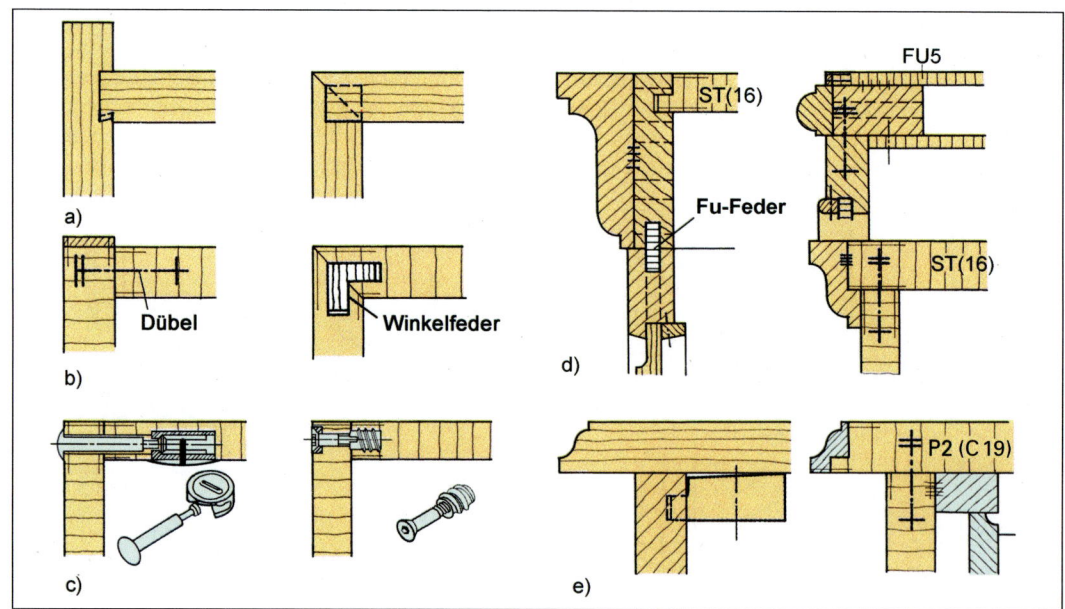

Bild 8.14 Möbeloberteil
a) Oberboden, Vollholz (gegratet, Gehrungszinken), b) Oberboden, Holzwerkstoff (Dübel, Winkelfeder), c) lösbare Verbindungen (Dübel mit Exzenter, Schraube mit Rampamuffe), d) Kranz (gezinkter Kasten, Rahmen, Holzwerkstoffplatte), e) Blatt (Platte), Vollholz (mit Nutklotz) – Holzwerkstoff (gedübelt)

bindung Zinken, Gratung oder Fingerzapfen (**8**.14a). Als *Verbindungsmittel* für Plattenwerkstoffe dienen Dübel, Federn oder Lamello (**8**.14b). Ein Gehrungsanschluss verbessert das Aussehen der Oberseite, erfordert aber mehr Arbeitsaufwand und Sorgfalt beim Verleimen. Für größere Möbelelemente verwendet man lösbare Verbindungsbeschläge (**8**.14c).

Den Kranz finden wir an hohen Schränken. Durch seine Formgebung und Profilierung trägt er wesentlich zum Aussehen des Möbels bei. Der flache Kranz wird als Rahmen oder profilierte Holzwerkstoffplatte ausgeführt, der hohe Kranz als gezinkter, gedübelter oder gefederter Kasten (**8**.14d).

Das Blatt (Platte) bildet den oberen Abschluss bei Schränken mittlerer Höhe oder Tischen. Der Überstand beträgt 30 bis 100 mm. Er schützt die Möbelfront und vergrößert die Ablagefläche (**8**.14e). Material (Vollholz oder Holzwerkstoff) und Größe der Platte haben Einfluss auf die Befestigungsart.

Möbeloberteil: Oberboden, Kranz oder Blatt (Platte).

8.3.3 Rückwände

Rückwände sollen den Korpus staubdicht abschließen und winkelstabil halten. Sie bestehen aus Furniersperrholz (4 bis 8 mm), Holzfaserplatten (3,5 bis 6 mm), Holzspanplatten (8 bis 10 mm) oder Rahmen mit Füllungen. Für stabile Rückwände von freistehenden Schränken verwendet man auch dickere Holzspanplatten und Tischlerplatten. Für den Einbau der Rückwand gibt es verschiedene Möglichkeiten:

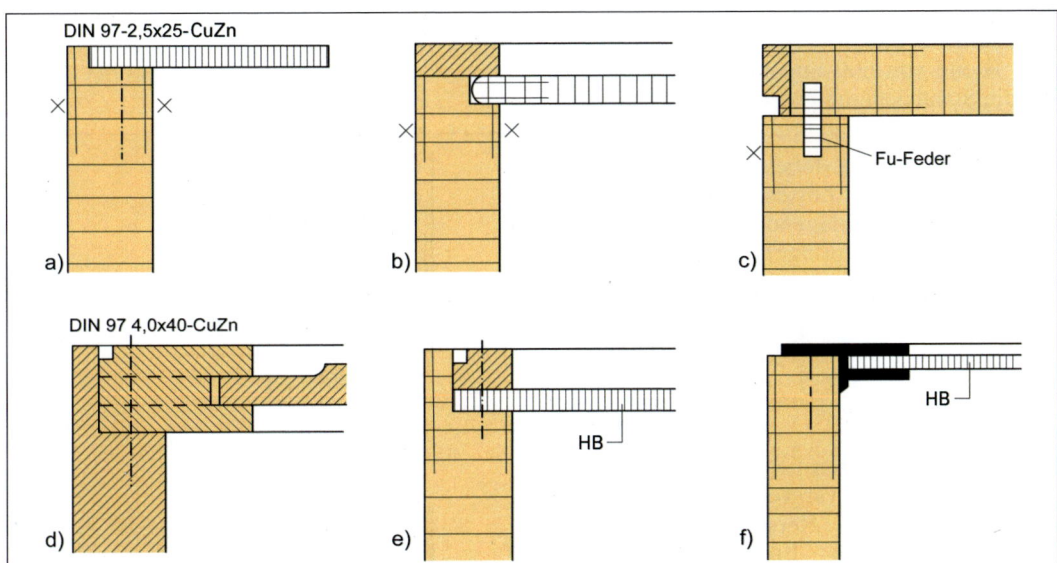

Bild 8.15 Einbaumöglichkeiten von Rückwänden
a) eingefälzt b) eingenutet c) aufgesetzte Platte d) Rahmen mit Vollholzfüllung
e) eingefälzt mit Leiste f) Kunststoffprofil

- **Eingefälzte Rückwände** können ausgewechselt werden, schließen bündig ab und lassen sich genau einpassen (**8**.15a); sind zurückspringend und mit Halteleiste befestigt (**8**.15e).
- **eingenutete Rückwände** sind nicht passgenau und im Regelfall nicht auswechselbar, jedoch schnell zu montieren (**8**.15b);
- **stumpf aufgesetzte Rückwände** sind rationell auszuführen, doch bleiben die Kanten seitlich sichtbar (**8**.15c);
- **Rahmen mit Vollholzfüllung** sind aufwendig in der Konstruktion und durch die Rahmenaufteilung gegliedert (**8**.15d);
- in **Profilschienen gehaltene Rückwände** sind einfach auszuführen (**8**.15f).

Für Einbauschränke müssen Rückwände aus Furnierplatten mindestens 6 mm, aus Holzspanplatten 8 mm dick sein. Vollholzfüllungen werden bei größeren Möbeln meist in einen Rahmen gesetzt und nach der Außenseite angefast oder abgeplattet.

Rückwände mit Rahmen und Vollholzfüllungen werden bevorzugt für Einzelmöbel verwendet, die im Raum stehen.

> **Rückwand:** eingefälzt, eingenutet, stumpf aufgesetzt, Rahmen mit Füllung oder in Profilschienen

8.3.4 Türen

Drehtüren

Drehtüren werden mit Scharnieren oder Bändern rechts oder links am Korpus angeschlagen (Rechts- bzw. Linkstüren/-bänder). Sie erfordern Drehraum beim Öffnen und sollten eine Breite von 600 mm nicht überschreiten, um die Standsicherheit nicht zu gefährden und die Bänder nicht zu überlasten.

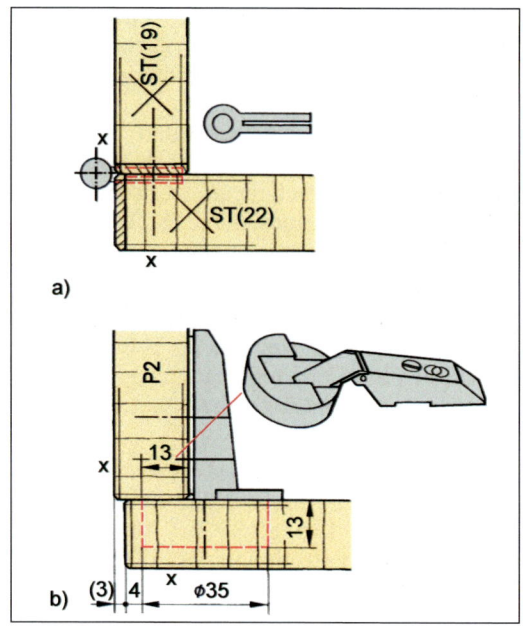

Bild 8.16 Aufschlagende Tür
a) Zylinderband, gerade (A)
b) Topfscharnier

Nach der Lage zur Möbelfront unterscheiden wir aufschlagende, einschlagende und überfälzte Türen. Einschlagende Türen können zurückspringend, vorspringend oder bündig sein.

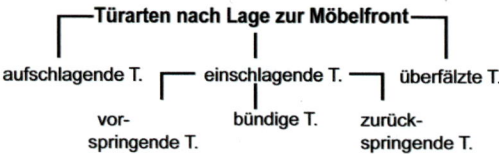

Aufschlagende Türen liegen vor der Korpusseite, betonen und vergrößern damit optisch die Möbelfront. Die Herstellung ist einfach, das arbeitsaufwendige Einpassen entfällt, da die Tür aufschlägt. Um Maßtoleranzen auszugleichen und die Montage zu erleichtern, sollte die Tür an der Korpusseite 2 bis 3 mm zurückspringen. Da die Tür wenig Schutz vor Staub bietet, kann man eine innenliegende Staubleiste oder einen Falz vorsehen. Zum Anschlagen dienen Topf- oder Stangenscharniere, Winkel- oder Aufsatzbänder Kröpfung A. Stangenscharniere und Aufschraubbänder verlangen viel Drehraum an der Türkante, Winkelbänder ermöglichen einen Öffnungswinkel von 270° (**8.16**).

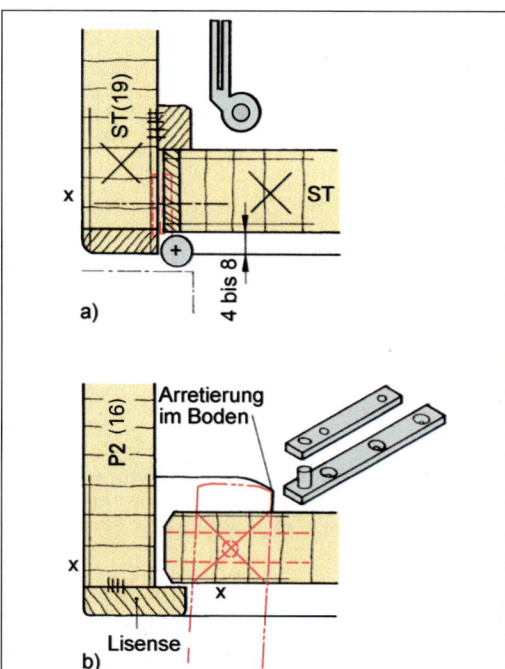

Bild 8.17 Zurückspringende Tür (stumpf einschlagend)
a) Kröpfung B
b) Zapfenbänder

Zurückspringende (einschlagende) Türen zeigen die Möbelkanten, zwischen denen sie 4 bis 8 mm zurückspringend angeschlagen sind.

Wenn wir Staubleisten anleimen oder die Korpuskante fälzen, ergibt sich eine gute Abdichtung und gleichzeitig ein Anschlag. Für diese Türen wählt man oft Aufsatzbänder Kröpfung B, auch eignen sich Stangenscharniere. Zapfenbänder oder Topfscharniere mit gekröpftem Montagearm oder einer erhöhten Montageplatte (**8.**17). Ein mit der Korpuskante bündiger Türanschluss ist zu vermeiden. Schon kleinste Maßdifferenzen und Fugenunterschiede werden dabei deutlich sichtbar.

Vorspringende (einschlagende) Türen liegen mit ihrer Front 4 bis 8 mm vor der Korpuskante. Durch ein Außenprofil oder eine umlaufende Beistoßleiste (Schattennut zwischen Korpus und Tür) erreicht man ein gefälligeres Aussehen. Für Abdichtung und Anschlag gilt das gleiche wie bei der zurückspringenden Tür. Zum Anschlagen dienen Aufsatzbänder Kröpfung C, Scharniere, Topfscharniere oder Einbohrbänder (**8.**18). Einschlagende Türen können in ihrer Beweglichkeit beeinträchtigt werden, wenn der Boden sich durchbiegt.

Überfälzte Türen schlagen wir mit der gefälzten Kante an der Korpusseite an. Die Tür schließt staubdicht ab und verdeckt die Korpusfuge, erfordert aber einen großen Herstellungsaufwand. Die Durchbiegung des Ober- oder Unterbodens kann die Beweglichkeit beeinträchtigen. Die Türkante können wir profilieren, abfasen oder stumpf lassen. Zum Anschlagen verwendet man Scharniere oder Aufschraubbänder Kröpfung D, die ein Falzmaß von 5, 7,5 oder 10 mm erfordern. Daneben finden wir Einbohrbänder, Topfscharniere und an alten Möbeln noch Einstemmbänder (Fitschen). Die Überschlagstärke richtet sich nach dem Durchmesser der Bandrolle (mindestens 5 mm), sollte aber wenigstens ein Drittel der Türstärke betragen (**8.**19). Bei geschlitzten Rahmentüren muss der Zapfen im Türfalz liegen und bündig sein – sonst gibt es am Überschlag störende Hirnholzflächen.

Mittelanschluss. Sind an einem Korpus ohne Mittelwand zwei Drehtüren anzuschlagen, können wir den *Mittelanschluss* überfälzen oder mit Schlagleiste ausführen. Der Anschluss muss staubdicht sein, die rechte Tür sich immer zuerst öffnen lassen. Bei der aufgeleimten Schlagleiste soll die aufgeleimte

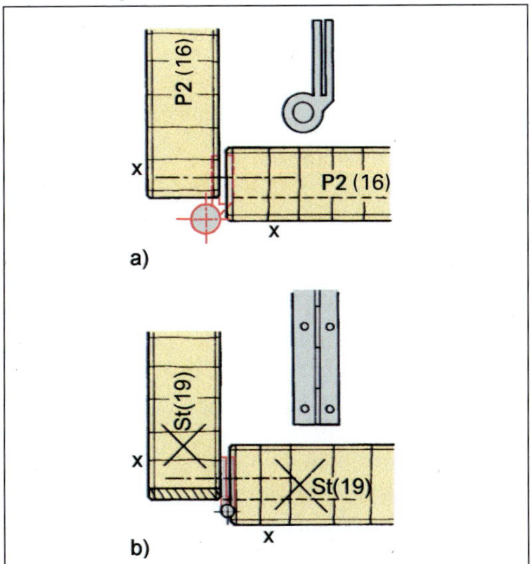

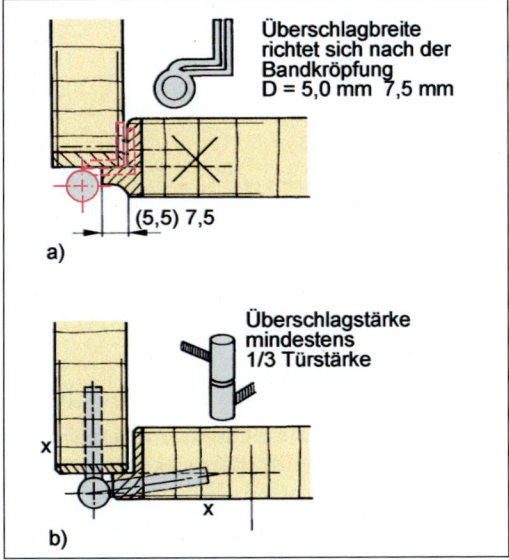

Bild 8.18 Vorspringende Tür
(stumpf einschlagend)
a) Zylinderband, Kröpfung C
b) Stangenscharnier

Bild 8.19 Überfälzte Tür
a) Zylinderband, Kröpfung D
b) Einbohrband

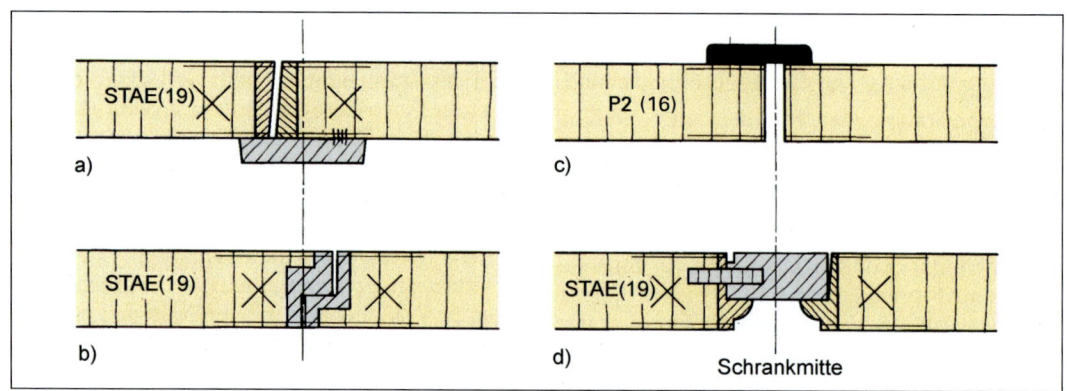

Bild 8.20 Mittelanschluss bei Drehtüren
a) aufgeleimte Schlagleiste außen, b) Überfälzung mit Haarfuge,
c) Kunststoffschlagleiste innen, d) eingeleimte Schlagleiste

Fläche größer als die aufschlagende sein, da die Leiste sonst abreißen könnte. Für innen liegende Schlagleisten sind die Türzuschnittmaße gleich. Eine überfälzte Mittelpartie kann mit Schattennut oder Haarfuge ausgeführt werden. Die Wahl der Konstruktion hängt von der Bauweise und Gestaltung des Möbels sowie vom Türanschlag ab (**8.**20).

Beschläge nennt man alle Elemente, die zum Bewegen, Verschließen und Verbinden von Möbelteilen dienen.

Arbeitsauftrag Nr. 64 Lernfeld TI 4, 5, 12; HM 4, 5; FKU 7

- Sie erhalten den Auftrag, Möbelbänder mit den Kröpfungen A, B, C, D und L im Maßstab 2:1 nach DIN 919 auf jeweils einem DIN-A4-Blatt zu zeichnen und diese Zeichnung farbig anzulegen.

Wählen Sie fachlich sinnvolle Plattenwerkstoffe mit Anleimern und Furnieren Ihrer Wahl. Verteilen Sie die Aufgaben nach der 1, 2, 3, 4-Abzählmethode.

Nutzen Sie zur Lösung dieser Aufgabe die folgende Fachdokumentation.

Maßstabsberechnungen

Maßstäbe geben immer das Verhältnis zwischen der Zeichengröße und der wirklichen Größe an.

Es wird in Verkleinerungsmaßstäbe und Vergrößerungsmaßstäbe unterschieden.

Folgende Maßstäbe sind nach DIN ISO 5455 genormt:

Vergrößerungsmaßstäbe: 2:1, 5:1, 10:1, 20:1, 50:1

Verkleinerungsmaßstäbe: 1:2, 1:5, 1:10, 1:20, 1:50, 1:100

Die *Verhältniszahl* gibt an, wie viel mal kleiner oder größer eine wirkliche Länge in der Zeichnung dargestellt wird. Die wirkliche Länge wird immer mit 1 bezeichnet.

Bei *Vergrößerungsmaßstäben* steht die wirkliche Länge 1 hinter der Verhältniszahl. Die Zeichnung wird daher der davorstehenden Verhältniszahl entsprechend größer gezeichnet.

Bei *Verkleinerungsmaßstäben* steht die wirkliche Länge 1 vor der Verhältniszahl. Die Zeichnung wird der dahinterstehenden Verhältniszahl entsprechend kleiner gezeichnet.

Drehbeschläge sollen die Tür so mit dem Möbel verbinden, dass sie dicht schließt, leicht zu öffnen ist und nicht hängt. Die gesamte Gewichtskraft der Tür lastet auf ihnen. Daher müssen sie in Funktion und Material (Stahl, Temperguss, Messing, Bronze, Leichtmetalllegierungen, Kunststoffe) den hohen Beanspruchungen entsprechen und in ausreichender Zahl angebracht werden. Niedrige, breite Türen belasten die Drehbeschläge stärker als hohe, schmale. Außerdem beeinflusst – wie wir gesehen haben – die Anschlagart der Wahl der Beschläge. Von den zahlreichen Drehbeschlägen wollen wir die wichtigsten kennenlernen.

> **Drehtüren** können mit Bändern oder Scharnieren angeschlagen werden. Bänder sind aushängbare Drehgelenke, die aus dem Stiftteil (Korpus) mit dem Lochteil (Tür) bestehen. Scharniere sind nicht aushängbare Drehgelenke mit einem mehrgliedrigen Gewerbe.

Bei Bändern unterscheiden wir Aufschraub-, Einbohr-, Einstemm-, Zapfen- und Winkelbänder.

Aufschraubbänder (Lappenbänder) bestehen aus dem zweigliedrigen Gewerbe mit Stift, dem aushängbaren Lochlappen an der Tür und dem Stiftlappen am Korpus. Sie sind für Rechts- und Linksanschlag unterschiedlich, haben gerade oder gekröpfte Lappen. Häufig werden die Bänder nach ihrer Form bezeichnet (z. B. Zylinder-, Ei-, Nuss-, Stilband, **8**.21). Beim Einbau befestigen wir zuerst den Lochlappen an der Tür, halten dann die Tür an den Korpus und reißen den Stiftlappen an. Bei abgerundeten Lappen benutzen wir meist die Handoberfräse (Schablone).

Einbohrbänder haben statt der Aufschraublappen zylinderförmige Einbohrzapfen mit dem Lochteil (Tür) und dem Stiftteil (Korpus). Die für die Einbohrzapfen erforderlichen Bohrungen werden mit Hilfe einer Bohrlehre schnell und genau ausgeführt. Die Bänder lassen sich für Links- und Rechtstüren verwenden und durch Drehen des Einbohrzapfens justieren (**8**.23).

Einstemmbänder oder Fitschen (franz. *ficher* = einschlagen) werden heute nur noch selten für überfälzte Türen verwendet. Die Bänder sind aushängbar, die Lappen einzustemmen und mit Fitschbandstiften bzw. -schrauben von innen zu befestigen. Zwischen den Lappen liegt meist ein Laufring.

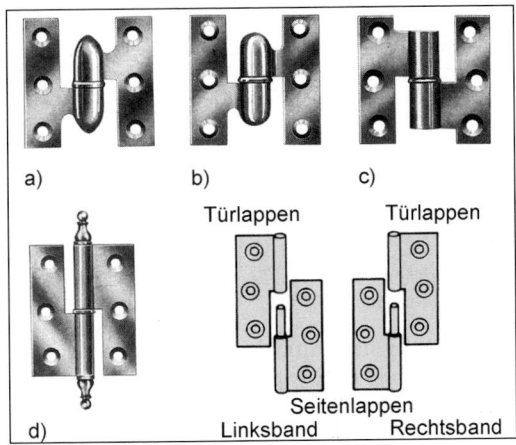

Bild 8.21 Aufsatzbänder unterschiedlicher Form
a) Eiband, b) Nussband,
c) Zylinderband, d) Stilband

Zapfenbänder sind bei geschlossenen Türen verdeckt und eignen sich für einschlagende Türen und Klappen. Es gibt Eckzapfenbänder, Zapfenbänder mit und ohne Arretierung und Zwillingsbänder für zwei direkt nebeneinander ruhende Türkanten. Für den Einbau ist ein besonderes Anreißmodell nötig, um den Drehpunkt zu ermitteln. Oft verdeckt eine vorgesetzte Kante (Lisene) die offene Fuge, die beim Anschlag zwischen Tür und Korpus entsteht. Wir zeichnen (im Querschnitt) die Tür in geschlossener und geöffneter Stellung. Die etwa 90° geöffnete Drehtür berührt dabei nicht die Lisenenkante. Der Schnittpunkt bei der Diagonalen ergibt den gesuchten Drehpunkt (**8**.24). Beim Einsetzen der Tür wird der untere Zapfenteil fest an die Tür geschraubt und unten in den Lochteil mit einer Unterlegscheibe im Möbelkorpus eingeschoben. Oben wird die Tür auf den eingelegten Zapfenteil aufgeschoben und danach festgeschraubt. Muss die Tür ausgebaut werden, entriegelt man sie und baut das Band in umgekehrter Reihenfolge ab.

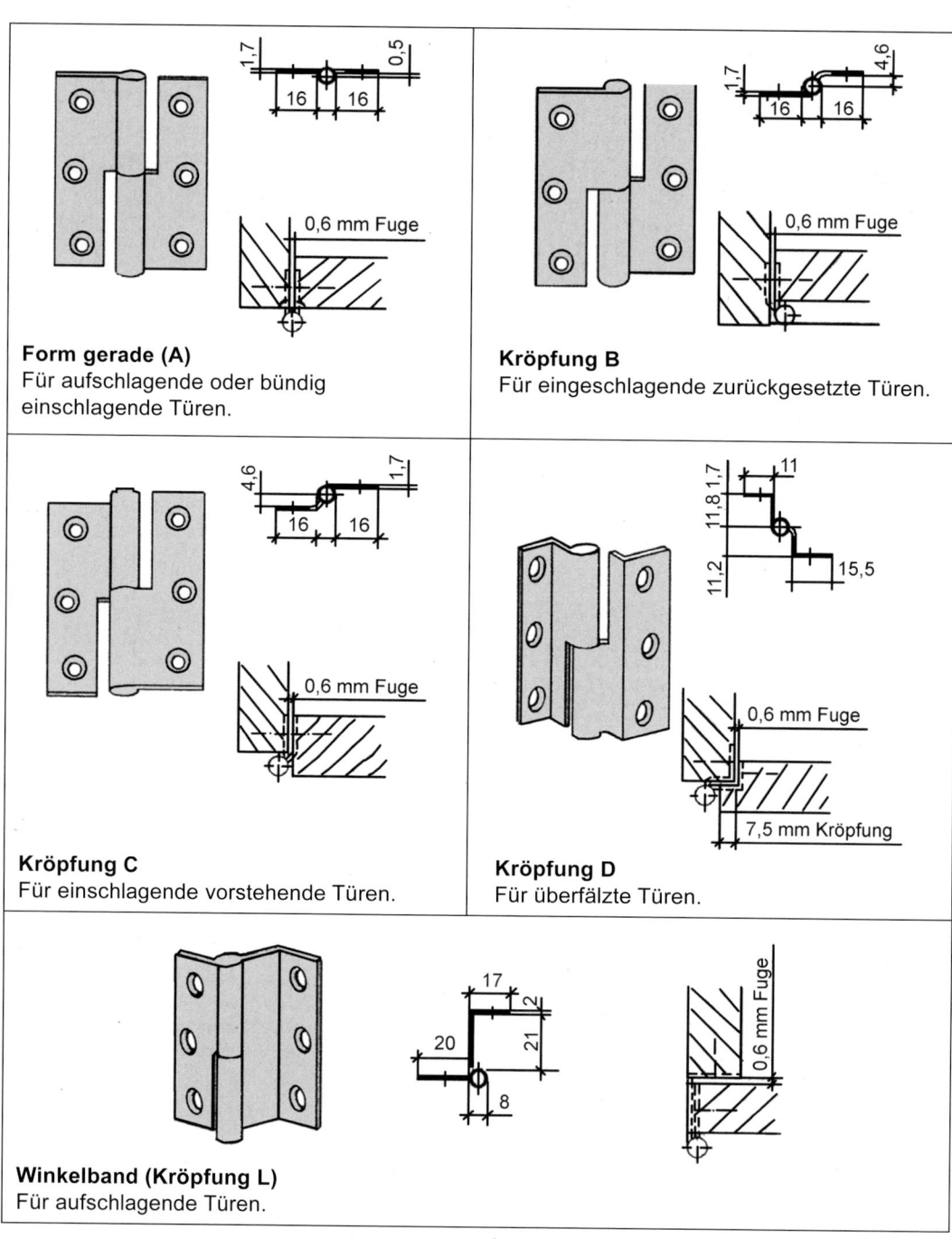

Bild 8.22 Kröpfungsarten – Zylinderbänder

8.3 Möbelteile – Konstruktionsteile für den Möbelbau

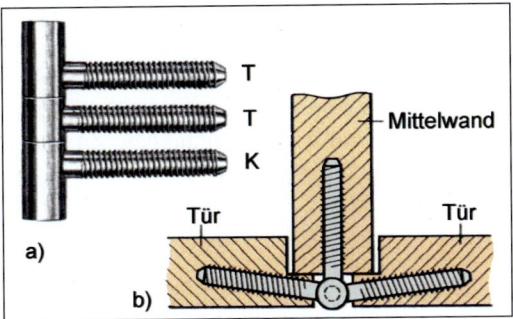

Bild 8.23 Einbohrband mit drei Gewindebolzen
a) Ansicht,
b) Schnitt

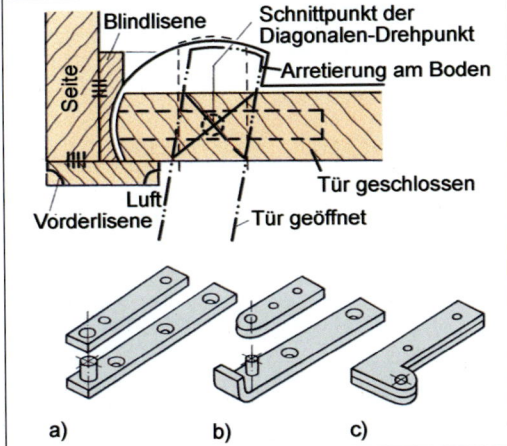

Bild 8.24 Zapfenbandanschlag und Zapfenbänder
a) gerade (Öffnungswinkel etwa 95°)
b) mit Anschlag (Öffnungswinkel bis 90°) c) Eckzapfenband (Öffnungswinkel 180–200°)

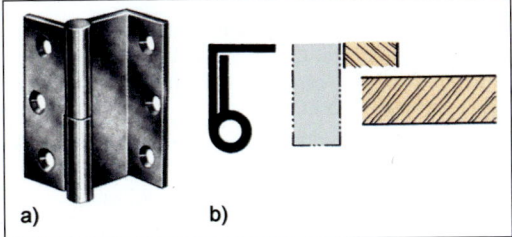

Bild 8.25 Winkelband mit Kröpfung L
a) Ansicht, b) Schnitt
(Öffnungswinkel bis 270°)

Winkelbänder (Kröpfung L) verwendet man bei Ecktüren und Türen rechts und links einer Mittelsei- te (**8.**25). Sie eignen sich für stumpf aufschlagende Türen und sind an der Türkante und der Korpussei- tenvorderkante anzuschlagen.

Bänder bestehen aus einem zweiteiligen Gewerbe mit Stift, dem Lochlappen und dem Stiftlappen. Es gibt gerade und ge- kröpfte Bänder, die aushängbar sind.

Zylinderbänder werden für unterschiedliche Anschlagarten verwendet (**8.**22). Das Ein- lassen der Zylinderbänder ist aufwendig und muss sorgfältig ausgeführt werden.

Einlassen eines Türbandes

Beim Einlassen sind die folgenden Arbeits- schritte empfehlenswert.

1. Die Bandmitte wird an der Tür festgelegt. Hierbei sollte der Abstand von der Tür- oberkante und -unterkante ca. 1/7 der Tür- höhe betragen.

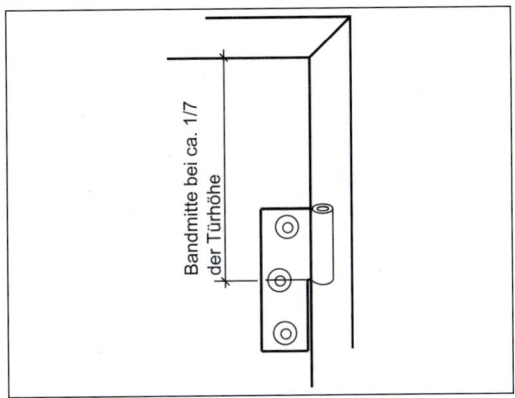

2. Das Türband wird am Mittelriss aufgelegt und die Bandlänge angerissen (Bleistift).

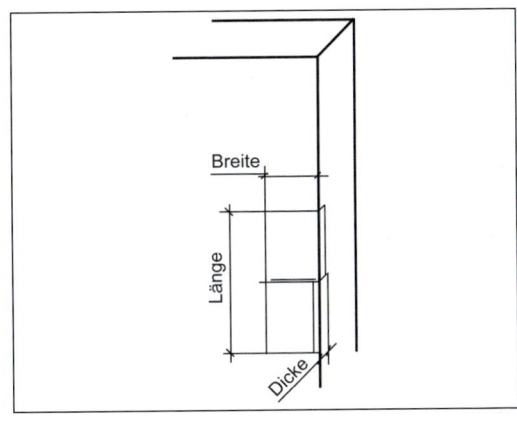

3. Die Breite und Dicke des Bandes werden direkt mit dem Streichmaß am Band abgenommen und an der Tür angerissen.

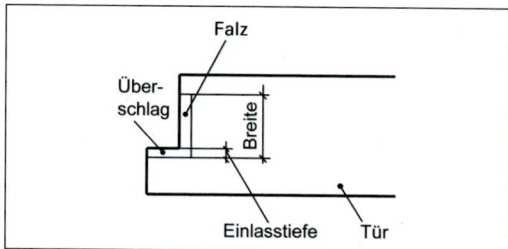

4. Der gekennzeichnete Bandeinlass wird mit dem Stechbeitel ausgestemmt und das Band eingelassen.

Wichtig!
Bei Zylinderbändern mit der Kröpfung D muss das Türband zuerst in den Überschlag und dann in den Falz eingelassen werden. Hierdurch wird die Einlasstiefe beim Ausarbeiten der Lappenbreite im Falz berücksichtigt.

Scharniere haben meist ein mehrteiliges Gewerbe und sind nicht aushängbar. Zu ihnen zählen Stangen-, Topf- und Spezialscharniere (z. B. Vici-, Sepa- und Zysa-Scharniere).

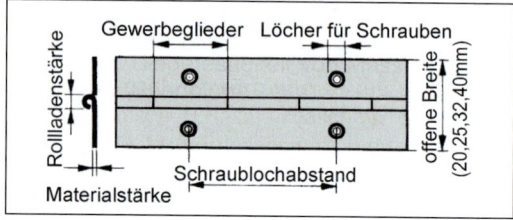

Bild 8.26 Stangenscharnier

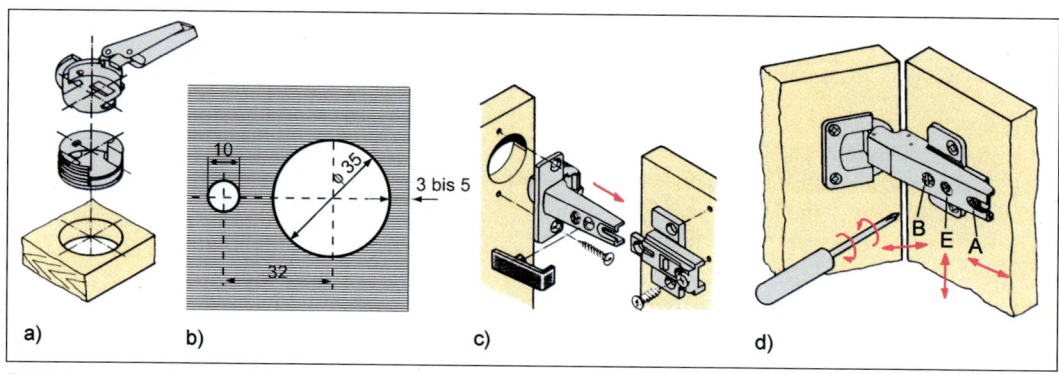

Bild 8.27 Topfscharnier
a) Montageprinzip, b) Topfscharnier mit Dübel, c) Einbau Weitwinkelscharnier, d) Verstellbarkeit des Weitwinkelscharniers, Seite mit Schraube B, Tiefe mit Schraube A, Höhe mit Schraube E.

Stangenscharniere (Klavierbänder) werden über die gesamte Länge der Türkante angeschraubt und können bis zu 3,50 m lang sein. Sie haben in aufgeklapptem Zustand die Breite von 12, 16, 20, 25, 32, 40 und 50 mm. Der Abstand der Löcher für Holzschrauben beträgt in der Regel 60 mm (**8.**26).

Topfscharniere sind bei geschlossener Tür nicht erkennbar und werden meist bei stumpf aufschlagenden Türen eingebaut. Sie haben zwei oder drei Drehgelenke (daher 2D- oder 3D-Scharniere) und bestehen aus Topf, Montagearm und -platte. Der Topf (d = 26 oder 35 cm) richtet sich in seiner Tiefe nach der Türstärke und wird als Schraub-, Dübel- oder Riegelbandtopf eingelassen. Der gerade bzw. gekröpfte Montagearm ist an der Korpusseite mit Montageplatten angeschraubt. Eine schnelle Montage ermöglicht die Cliptechnik. Der Scharnierarm wird an der Montageplatte eingehakt und bis zum Einrasten angedrückt.

Meist erlauben die Topfscharniere einen Öffnungswinkel von 90° (**8.**27). Die Anzahl der Topfscharniere richtet sich nach der Türhöhe (**8.**28).

Das Vici-Scharnier besteht aus zwei Platten und scherenartig wirkenden Gelenken. Die Lappen werden jeweils in die Tür und in die Seite eingelassen und öffnen die Tür bis 180° (**8.**29a).

Beim Sepa-Scharnier werden die abgerundeten Lappen maschinell eingelassen. Sie sind durch sechs Scharnierplättchen verbunden, die drehbar

8.3 Möbelteile – Konstruktionsteile für den Möbelbau

befestigt sind und sich beim Öffnen ausbreiten. Schließen wir das Scharnier, drücken sich die miteinander drehbar befestigten Scharnierplättchen zusammen. Der Öffnungswinkel beträgt 180° (**8.**29b).

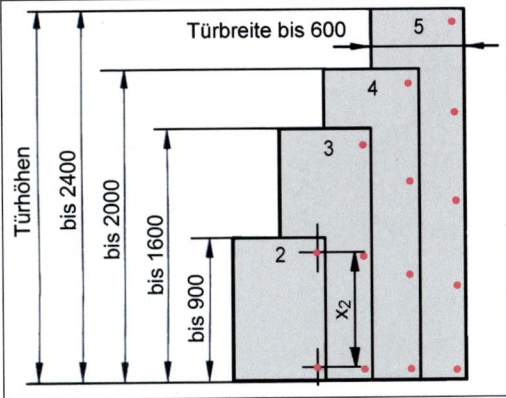

Bild 8.28 Anzahl der nötigen Topfscharniere für unterschiedliche Türhöhen (19-mm-Spanplatte)

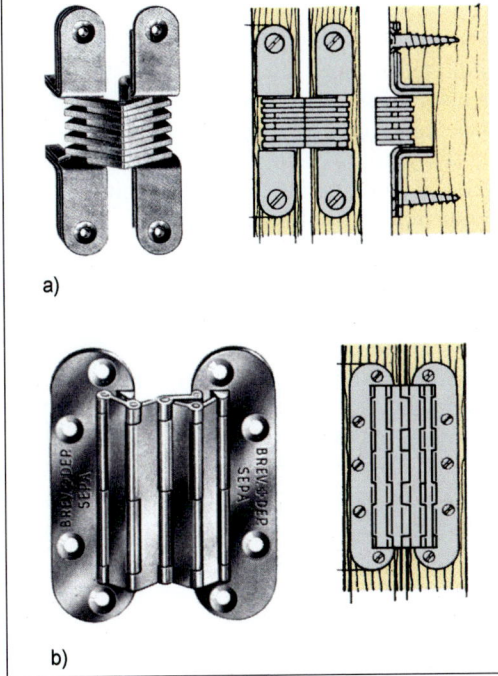

Bild 8.29 Einfrässcharniere in Ansicht und Schnitt a) Vici-Scharnier, b) Sepa-Scharnier

Zysa-Scharnier. Die Scharnierteile bestehen aus Zylindern, die an der Außenseite längs- und quergerillt und mit lamellenförmigen Gelenkplättchen miteinander verbunden sind. Beide Zylinder werden bündig in die entsprechenden Löcher eingelassen, Spannschrauben pressen sie unten und oben gegen das Holz. Das Scharnier erlaubt eine Öffnung bis zu 180° (**8.**30).

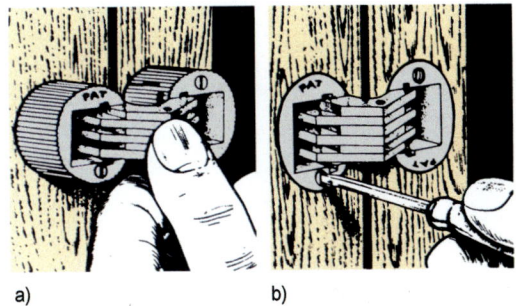

Bild 8.30 Einbohrscharnier Zysa
a) Einstecken in die Löcher mit oder ohne Verleimen
b) Befestigen mit Spreiz- und Holzschrauben

Scharniere haben ein mehrteiliges Gewerbe, sind gerade oder gekröpft und nicht aushängbar.

Topfscharniere lassen sich im eingebauten Zustand in 2 oder 3 Richtungen verstellen.

Zum Verschließen der Türen dienen Schnäpper, Riegel, Schlösser und Magnetverschlüsse.

Schnäpper. *Kugel-* **oder** *Rollenschnäpper* stehen unter Federdruck und klemmen sich beim Schließen des Möbelelements in den Anschlag bzw. das Schließblech (**8.**31a, c). Die Fangmagnete der Magnetschnäpper montieren wir am Korpus, die beweglich gelagerten Haftplatten an die Tür (**8.**31b).

Riegel (gekröpfte oder gerade Schubriegel, Kantenriegel) an der Innenseite der Drehtür schließen durch Einschieben in das Schließblech. Häufig werden sie bei Möbeltüren ohne Zwischenwand montiert (**8.**32).

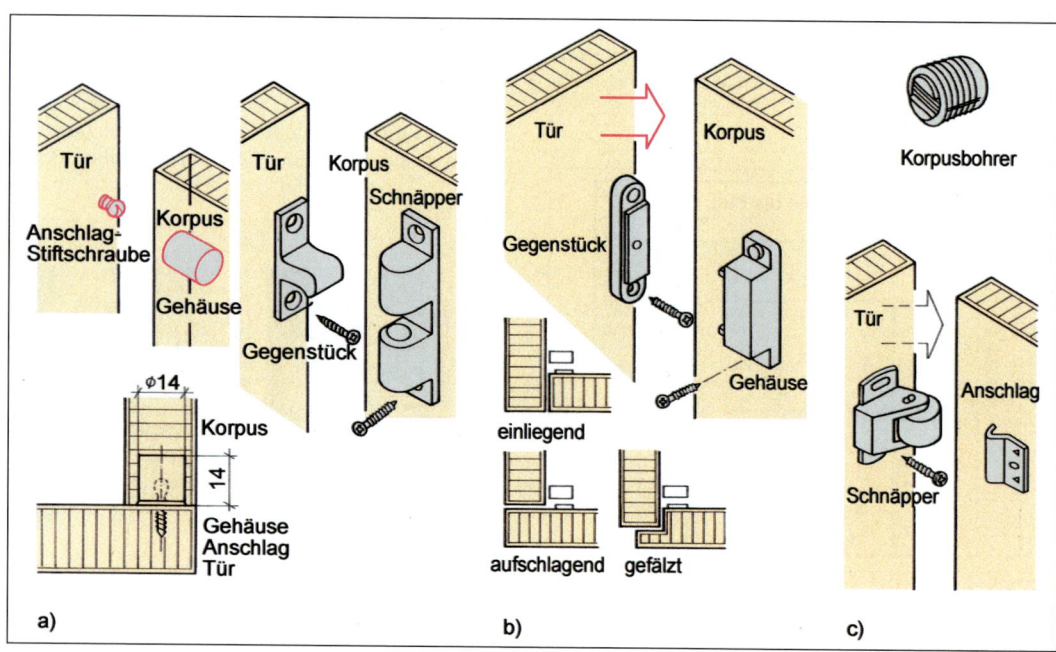

Bild 8.31 Verschließen von Drehtüren
a) Kugel- und Doppelkugelkörper, b) Aufschraub- und Einbohr-Magnetschnäpper,
c) Rollenschnäpper

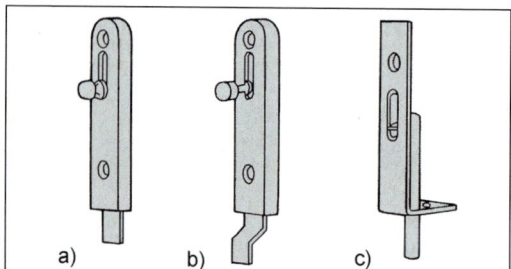

Bild 8.32 Schubriegel
a) gerade, b) gekröpft,
c) Kantenriegel

Möbelschlösser sichern Türen gegen unbefugtes Öffnen. Sie bestehen aus dem Schlosskasten mit Stulp und Decke, dem Riegel, der Schlüsselführung mit Dorn, den Schlüsselbuchsen bzw. Schildern und Schließblechen sowie dem Schlüssel. Für Möbeltüren verwenden wir Einlass-, Einsteck-, Aufschraub- oder Einbohrschlösser. Bei hohen Möbeltüren bauen wir Stangenschlösser ein.

Schlossteile: Schlosskasten, Riegel, Schlüssel, Sicherungseinrichtung.

Das Einlassschloss ist an der Innenseite von einschlagenden oder überfälzten Drehtüren festzuschrauben. Sein Rückenblech liegt mit der Türinnenfläche bündig. Der Riegel des Schlosses muss ins Schließblech passen (**8.**33a).

8.3 Möbelteile – Konstruktionsteile für den Möbelbau

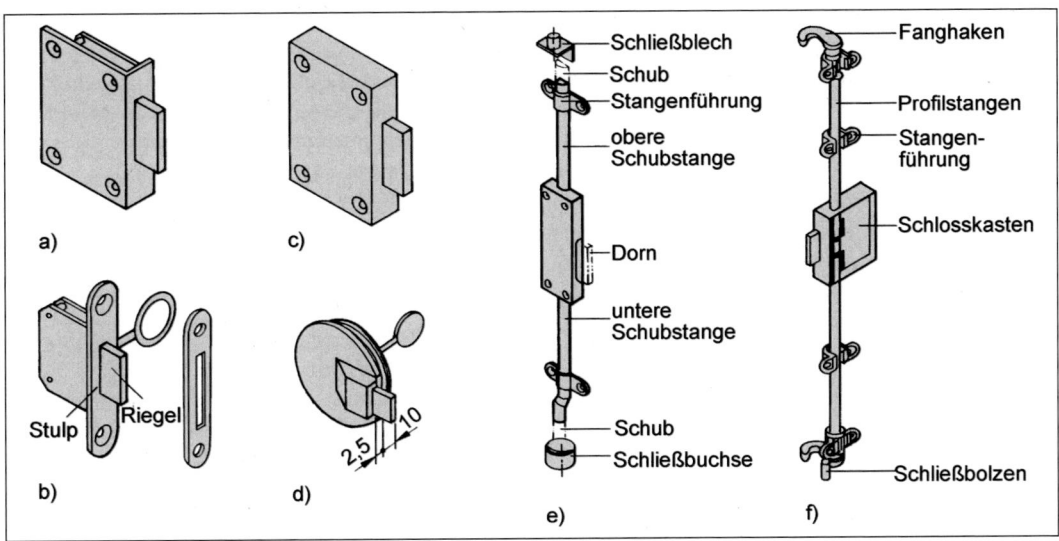

Bild 8.33 Möbelschlösser
a) Einlassschloss, b) Einsteckschloss, c) Aufschraubschloss, d) Einbohrschloss,
e) Schubstangenschloss, f) Drehstangenschloss

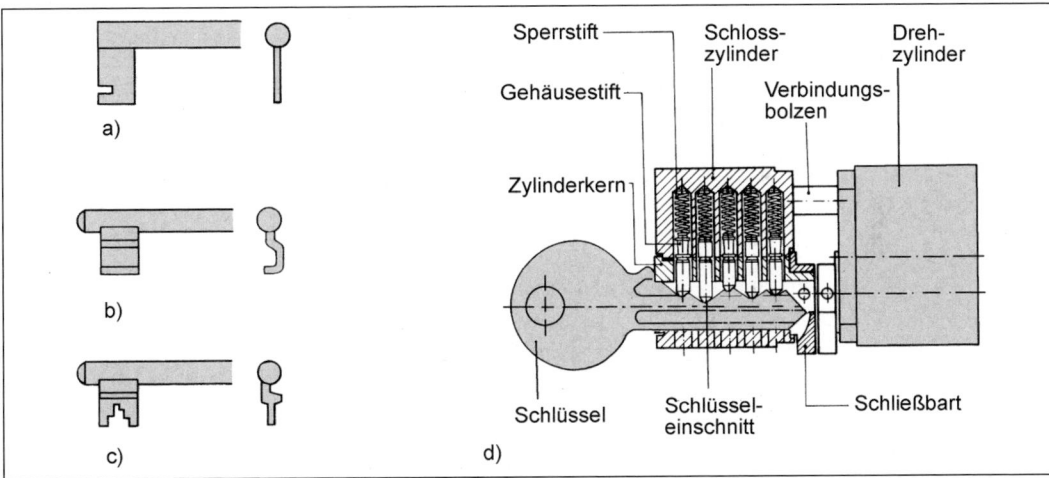

Bild 8.34 Schlüssel
a) Nutenbartschlüssel, b) Buntbartschlüssel, c) Schlüssel für Zuhaltungsschloss,
d) Schlüssel für Zylinderschloss

Beim Einsteckschloss versenken wir den Schlosskasten so tief in die Türseite, bis nur noch der Stulp mit dem Riegel sichtbar ist (**8.33**b).

Das Aufschraubschloss wird auf die Türinnenseite stumpf einschlagender, aufschlagender oder überfälzter Drehtüren geschraubt. Die Tür behält ihre volle Dicke. Das Schließblech gibt dem Riegel eine feste Führung (**8.33**c).

Das Stangenschloss verschließt mit Schubstangen oder Drehstangen oben und unten hohe Möbeltüren. Der Stangenteil bewegt sich beim Verschließen nach oben und unten in die vorgesehenen Stangenschließbleche (**8.33**e).

Beim *Drehstangenschloss* (Espagnolettenschloss) sind die Stangen an den Enden mit Fanghaken versehen. Sie drehen sich beim Verschließen um den Schließbolzen, der an Korpusboden und -decke befestigt ist (**8.33f**). Hohe Möbeltüren werden von Beschlägen und zusätzlich von Stangenschlössern im Winkel gehalten.

Zum Schlosseinbau brauchen wir folgende Angaben: Links- oder Rechtstür, Schlosstyp, Schließart und vor allem das *Dornmaß*. Um das Dornmaß zu ermitteln, messen wir von der Stulpvorderkante des Schlosses bis zur Mitte des Schlüssellochs (Dorn).

Der Schlüssel mit Ring, Halm und Bart verschließt das Schloss. Mit dem Ring drehen wir das Schloss, der Bart bewegt den Schlossriegel, der Halm verbindet Ring und Bart.

Es gibt verschiedene Schlüsselbartformen: Nutenbartschlüssel, Buntbartschlüssel, Zuhaltungseinrichtungen, Schlüssel für Zylinderschlösser (**8.34**).

Nutenbartschlüssel. Am Schlüsselloch befindet sich ein Zapfen im Schlosskasten, dem die Nut am Schlüsselbart entspricht (**8.34a**).

Buntbartschlüssel. Hier passen in ausgeschweifte Schlüssellochöffnungen Schlüssel mit entsprechend geschweiften Barten (**8.34b**).

Zuhaltungseinrichtungen. Neben dem Schlossriegel liegen mehrere Zuhaltungsplättchen mit gleichen Ausschnitten übereinander. Die Plättchen bewegen sich bei Einführen des Schlüssels unter Federdruck und durch den Riegel (**8.34c**).

Schlüssel für Zylinderschlösser. In einem Schlosszylinder liegen Sperrstiftpaare hintereinander, die den Drehzylinder blockieren. Der richtige Schlüssel drückt mit seinen Kerben die Stiftchen hoch, so dass sich der Zylinder mit dem Schlüssel dreht und den Riegel bewegt (**8.34d**).

Arbeitsauftrag Nr. 65 Lernfeld TI 4, 5, 12; HM 4, 5

Frau Mustermann hat wieder angerufen. Sie benötigt für ihr Wochenendhaus zur Aufbewahrung der Gläser einen Hängeschrank in Nussbaum. Der Schrank soll mit zwei Drehtüren ausgestattet sein, eine Höhe von 700 mm und eine Tiefe von 300 mm haben.

Bei der Inneneinrichtung des Wochenendhauses handelt es sich um geerbte alte Möbel. Daher möchte die Kundin, dass das neue Möbel nach den Regeln des „Goldenen Schnittes" gestaltet wird und der Schrank ein stehendes Rechteckformat erhalten soll.

- Erstellen Sie eine Auftragsmappe mit folgendem Inhalt:
– Deckblatt (auftragsbezogen gestaltet)
– Formskizzen
– Skizzen für vier verschiedene Möbelbauarten
– Funktionsüberlegungen
– Möglichkeiten verschiedener Holzverbindungen
– Maßgestaltung unter Einbeziehung der Aufbewahrungsgegenstände
– Konstruktionsüberlegungen (mit drei Alternativen)
- Art des Werkstoffes
- Verbindungsmittel
- Türanschlag
- Beschläge
- Profilierung
- Türeckausbildung
- Türmittelfuge
- Bodenträger
– Stückliste mit Materialpreis
– Arbeitsplan mit Zeitkalkulation
– Angebotspreis bei einem angenommenen Stundenlohn von 36,50 €

Zur Auswertung und Selbstkontrolle stellen Sie Ihre Arbeitsmappe bitte in einem Kundengespräch vor.

Bauen Sie ein Modell (Pappe, Styropor etc.) zur Unterstützung Ihres Kundengesprächs.

8.3.5 Rollläden

> **Arbeitsauftrag Nr. 66 Lernfeld TI 4, 5, 12; HM 4, 5**
> - Herr und Frau Mustermann waren mit der Präsentation zum Hängeschrank sehr zufrieden und haben den Auftrag erteilt.
>
>   Für ihre Familienurlaubsfotos in dicken Ordnern mit DIN-A4-Format sortiert, benötigen sie einen Rollladenschrank aus Nussbaum in dem mindestens 8 Ordner nebeneinander, insgesamt aber mind. 24 Ordner Platz haben.
>
>   Ihr Meister stöhnt: „Na ja, Kleinvieh macht auch Mist!" und beauftragt Sie wiederum mit der Erstellung einer Auftragsmappe mit dem Hinweis: „Die Arbeitsmappe können wir sicherlich für die Werbung neuer Kunden verwenden!"
>
> **Die Arbeitsmappe sollte folgenden Inhalt erhalten:**
> - Deckblatt mit Bezugnahme auf den Auftrag
> - Skizzen für die Formgebung
> - Maßüberlegungen unter Berücksichtigung der Aufbewahrungsgegenstände
> - Konstruktionsüberlegungen zu
>   - der Art des Werkstoffes
>   - Bodenträger
>   - Rollladenführung
>   - Verbindungsmittel
>   - Fachböden
> - Hauptzeichnung (Ansicht, Seitenansicht, Draufsicht im M 1:10)
> - Vertikalschnitt (B-B im Maßstab 1:1, DIN A2, Hochformat)
> - Stückliste mit Materialpreis
> - Arbeitsablaufplan mit Zeitkalkulation
> - Angebotspreis bei einem angenommenen Stundenlohn von 36,50 €
>
> Zur Kontrolle und Bewertung stellen Sie Ihre Arbeitsmappe in einem Kundengespräch vor.
>
> Ergänzen Sie Ihren Lernkarteiordner mit folgenden Fragen:
> 1. Nennen Sie Gründe für den Einbau von Rollläden.
> 2. Welche Arten von Rollläden gibt es?

Rollläden dienten schon im 18. Jahrhundert als Verschlussmöglichkeit von Schreibsekretären. Heute verwendet man sie sowohl im Büromöbelbau als auch bei Wohnmöbeln. Sie bestehen aus Holz- oder Kunststoffprofilen verschiedenster Form und sind horizontal oder vertikal in Führungsnuten (Hartholz- oder Kunststoffschienen) zu bewegen. Rollläden schließen staubdicht, beeinträchtigen im geöffneten Zustand nicht den Verkehrsraum und eignen sich besonders für Schränke, die längere Zeit geöffnet bleiben.

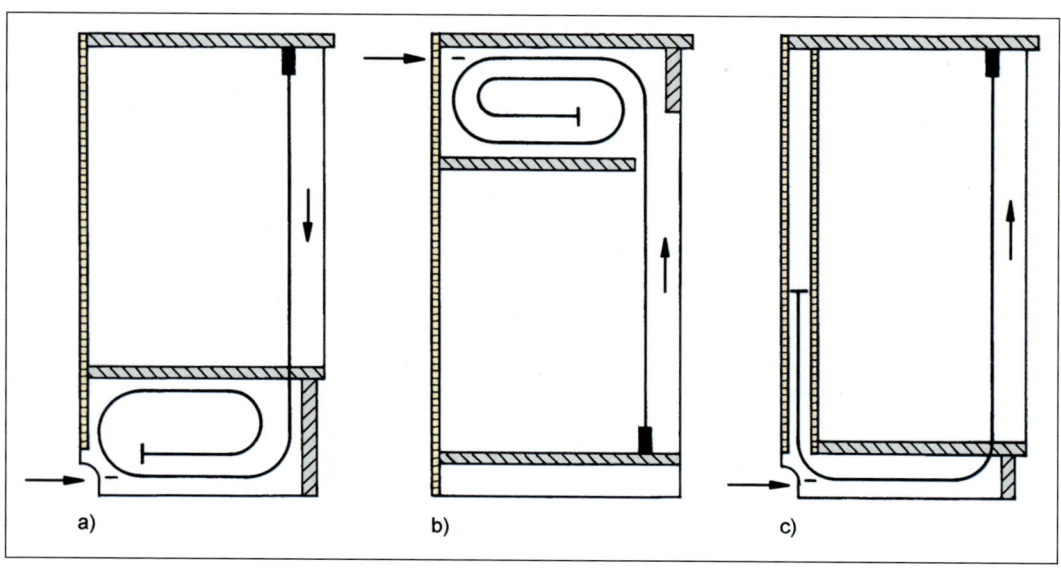

Bild 8.35 Vertikal laufender Rollladen
a) Sockelführung, b) Kranzführung, c) Rückwandführung

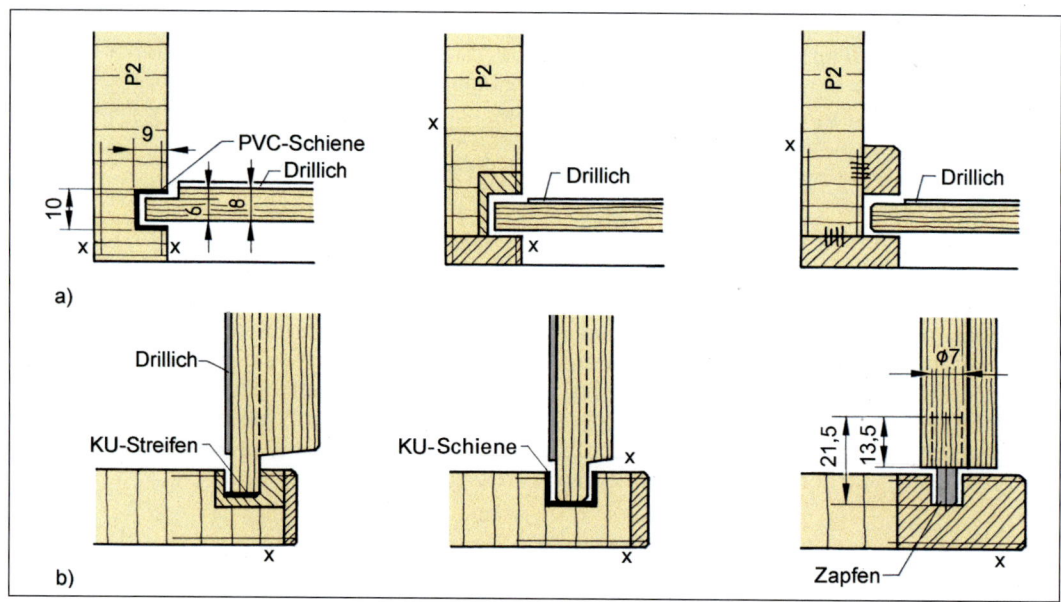

Bild 8.36 Rollladenführungen
a) vertikal, b) horizontal laufend

8.3 Möbelteile – Konstruktionsteile für den Möbelbau

Vertikal öffnende Rollläden öffnen nach oben oder unten. Sie können in einer Schnecke, im Kranz oder Sockel eingerollt werden oder laufen hinter die Rückwand (**8.**35, **8.**36a). Je nach Konstruktion entsteht ein Platzbedarf in der Höhe oder Tiefe.

Horizontal öffnende Rollläden werden seitlich hinter die Rückwand geführt. Die Führungsnut im Unterboden sollte mit Kunststoff ausgelegt werden, um den Reibungswiderstand zu verringern (**8.**36b, **8.**37).

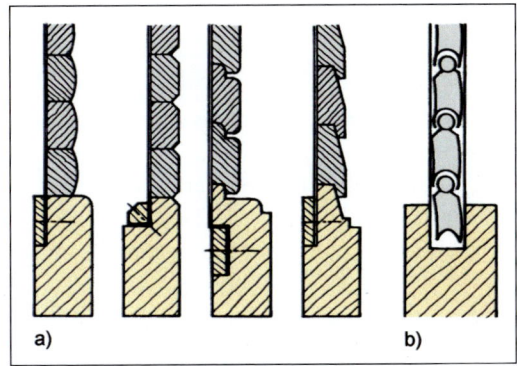

Bild 8.38   Rollladenstäbe
a) Holzstäbe, b) Kunststoffprofile

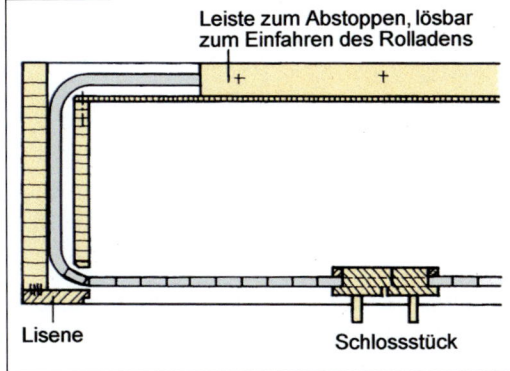

Bild 8.37   Horizontal laufender Rollladen

Der Radius für die Umlenkung und die Schnecke richtet sich nach der Breite der Stäbe. Ein zu kleiner Radius beeinträchtigt die Laufeigenschaften. Die Abmessung der Stäbe hängt von der Größe des Rollladens ab. Holzstäbe sollten eine Dicke von 6 bis 12 mm, eine Breite von 14 bis 25 mm und einen geraden Faserverlauf haben. In der Industrie stanzt man die Rollläden aus einer mit Stoff beleimten Holzplatte. Es kommen auch Kunststoffprofile zum Einsatz (**8.**38b).

Beschreibung der handwerklichen Herstellung eines Rollladens:

Auf einer Grundplatte befestigt man seitlich eine Falzleiste, die als Anschlag dient und das Hochdrücken der auf Länge geschnittenen Stäbe verhindert. Die Stäbe werden rechtwinklig mit der Ansichtsseite nach unten eingelegt. Nach dem Zusammendrücken und Festspannen der Leisten bringt man von der Rückseite mittelkräftige Leinwand mit einem dickflüssigen, elastischen Leim auf. Bei überfälzten Stäben genügen Drillichstreifen. Die Bahnen oder Streifen müssen seitlich mindestens 20 mm Abstand haben, damit sie nicht in den Führungsnuten scheuern. Für die Befestigung des Schlossstücks wird die Leinwandbahn länger gelassen. Vor dem Leimaushärten nehmen wir den Rollladen aus der Vorrichtung und beseitigen Leimreste zwischen den Stäben. Die Führungsnuten müssen einen mm breiter sein als die Rollladenstäbe und werden mit einer Oberfräse eingezogen. Zum Verschluss der Rollläden verwenden wir Jalousie- oder Hakenriegelschlösser. Das Schlossstück muss zur Aufnahme des Schlosses ausreichend dick sein (18 bis 24 mm) und wird an der überstehenden Leinwandbahn des Rollladens befestigt.

8.3.6 Klappen

> **Arbeitsauftrag Nr. 67 Lernfeld TI 4, 5, 12; HM 4, 5**
>
> Dank der guten Präsentation wurde der Auftrag für den Bau des Rollladenschrankes umgehend erteilt.
>
> Der Auftrag soll um die Fertigung eines Aufsatzes mit Klappe für kleinere Schreibarbeiten erweitert werden.
>
> Herr und Frau Mustermann möchten demnächst in die Firma kommen.
>
> Sie haben großes Interesse daran, die Werkstatt der Tischlerei kennen zu lernen, der sie so viele Aufträge erteilen und neue Kunden vermitteln.
>
> Bei dieser Gelegenheit möchten sie Einsicht in die Arbeitsmappe für den kleinen Schreibschrank nehmen.
>
> - Erstellen Sie zügig eine Repräsentationsmappe. Orientieren Sie sich an der Aufgabenstellung für den Rollladenschrank.
> - Zur Abrundung Ihres Fachwissens des Themenbereichs „Klappen" vervollständigen Sie bitte Ihren Lernkarteiordner.
> 1. Nennen Sie die Klappenarten.
> 2. Welche Drehbeschläge kann man für Klappen verwenden?
> 3. Wodurch kann eine Klappe offen gehalten werden?

Im Unterschied zu Drehtüren haben Klappen keine vertikale, sondern eine horizontale Drehachse. Nach Lage und Drehrichtung unterscheiden wir hängende, stehende und liegende Klappen. Sie werden wie Drehtüren aufschlagend, einschlagend oder überfälzt angeschlagen.

Hängende Klappen sind an der oberen Kante angeschlagen und lassen sich nach oben öffnen. Wir finden sie an Oberschränken von Küchen und Arbeitsplätzen. Im geöffneten Zustand halten Klappenstützen oder Scheren sie offen. Die üblichen Drehtürbeschläge sind so zu montieren, dass sich die Klappe nicht seitlich verschieben lässt und unbeabsichtigt aushängt. Bei Aufschraubbändern sind deshalb ein linkes und ein rechtes Band zu verwenden (**8.39**).

Stehende Klappen sind an der Unterkante angeschlagen und lassen sich nach unten bewegen. Sie dienen im geöffneten Zustand als Arbeitsfläche (Schreibschrank) und sollen möglichst mit dem anschließenden Boden bündig sein. Da sie im offenen Zustand durch Aufstützen oder Ablegen von Gegenständen zusätzlich belastet werden, sind Scheren oder andere Haltebeschläge nötig, um ein Abkippen und Ausreißen der Klappe zu verhindern. Bei größeren Klappen muss die Öffnungsgeschwindigkeit durch mechanisch oder pneumatisch wirkende Beschläge abgebremst werden. Der Winkel der Haltebeschläge ist wichtig für die Belastungen der Schrauben (mindestens 35° zur offenen Klappe). Die Anschlagpunkte sollte man (besonders bei Scheren) vorher zeichnerisch ermitteln und dann durch Schablonen auf das Werkstück übertragen. Als Drehbeschläge dienen hauptsächlich Zapfenbänder (mit und ohne Arretierung), Stangen- und Klappenscharniere (eingebohrt oder eingelassen) (**8.40**).

Liegende Klappen decken den Korpus waagerecht ab und werden nach oben geöffnet. Klappenstützen oder Scheren halten sie offen. Sie können mit sichtbaren (z. B. Zylinderbändern) oder unsichtbaren in die Kante eingelassenen Drehbeschlägen (z. B. Vici-, Sepa-, Zysascharniere) angeschlagen werden.

> Nach Anordnung am Möbelkorpus und Drehrichtung unterscheidet man stehende, hängende und liegende Klappen.
>
> Neben Drehbeschlägen gibt es Klappenhalterungen, die eine zu starke Belastung der Bänder und Scharniere verhindern.

8.3 Möbelteile – Konstruktionsteile für den Möbelbau

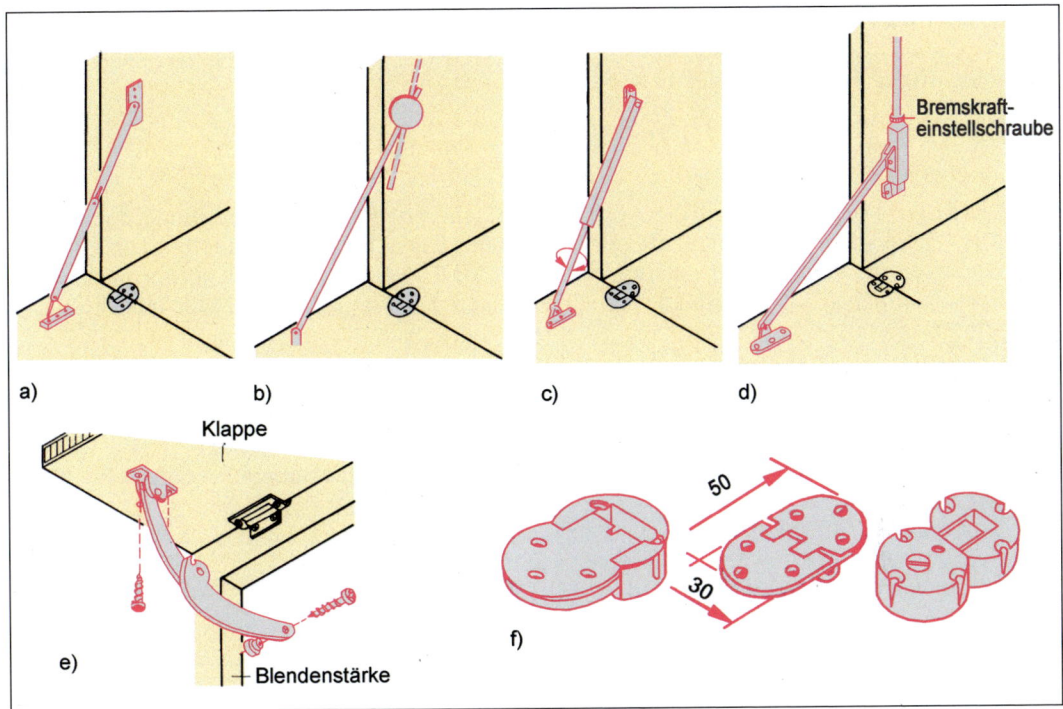

Bild 8.39 Klappen
  a) Klappenschere
  b) Klappenbremse mit Bremsgelenk
  c) Bremsklappenhalter mit Bremszylinder
  d) Klappenbremse mit Bremsschiene
  e) Hochstellstütze
  f) Klappenscharniere

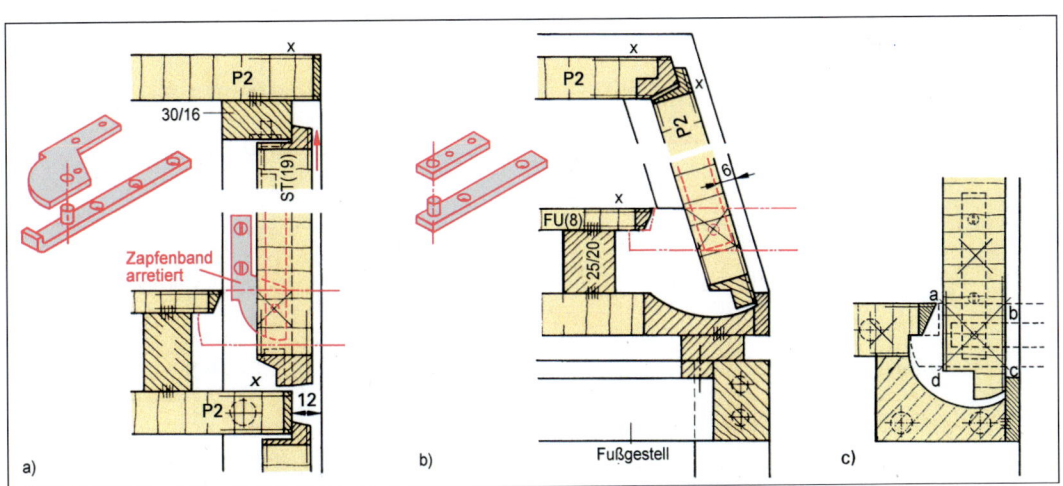

Bild 8.40 Stehende Klappen
  a) senkrecht stehende Klappe, dreiseitig gefälzt, Zapfenband mit Arretierung,
  b) schräg zurückliegende Klappe, oben gefälzt, Zapfenband ohne Anschlag
  c) senkrechtstehende Klappe, zwischenschlagend

8.3.7 Schiebetüren

Arbeitsauftrag Nr. 68 Lernfeld TI 4, 5, 12; HM 4, 5; FKU 3, 7

- Die Kunstgalerie hat die gute Zusammenarbeit mit Ihnen nicht vergessen. Auch Sie konnten sich von der positiven Ausstrahlung Ihrer Produkte bei einem Besuch der Galerie überzeugen.

  Die Galerie hat inzwischen die Ausstellungsfläche erweitert. Zur Gestaltung der neuen Ausstellungsräume werden 50 Hängeschränke mit Glasschiebetüren benötigt. Die Hängeschränke sind in einfacher Ausführung (z. B. MDF weiß lackiert) zu fertigen, um den Betrachter der Kunstgegenstände nicht abzulenken. Die vorgegebenen Maße eines Hängeschrankes sind:

  Länge 600 mm, Höhe 400 mm, Tiefe 200 mm, Glasstärke 6 mm

- Erstellen Sie eine Planungsgrundlage für die Herstellung der Hängeschränke als Serienmöbel. Arbeiten Sie im Team.
- Zur Ergänzung Ihres Fachwissens des Themenbereichs „Schiebetüren" ergänzen Sie bitte Ihre Lernkartei.
  1. Vergleichen Sie Vor- und Nachteile von Schiebe- und Drehtüren.
  2. Welche Arten von Schiebetüren unterscheidet man?
  3. Wie werden hohe Schiebetüren geführt?

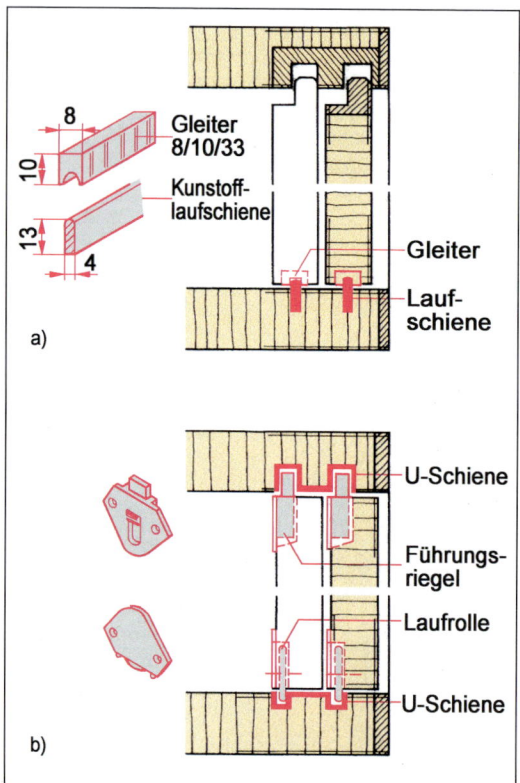

Bild 8.41 Stehende Schiebetür
a) gleitende, b) rollende Führung

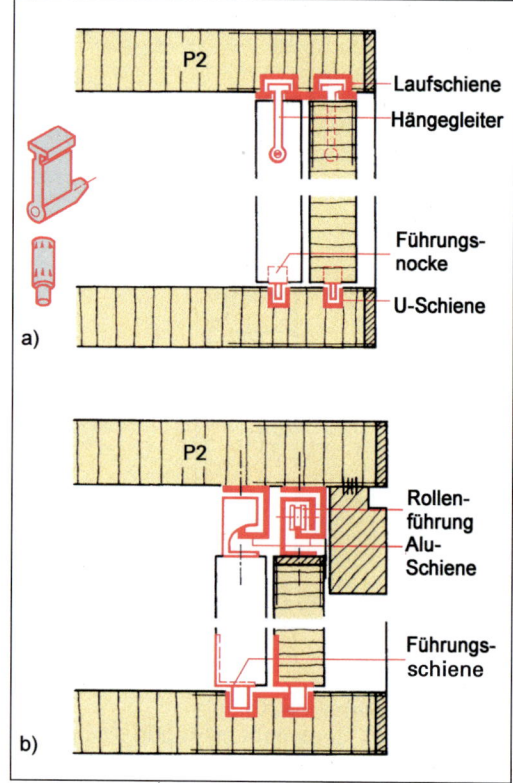

Bild 8.42 Hängende Schiebetür
a) gleitende, b) rollende Führung

Schiebetüren brauchen wenig Bewegungsraum, öffnen jedoch immer nur eine Hälfte des Möbels und bieten wenig Schutz vor eindringendem Staub. Wir montieren sie, wenn der Raum nicht genügend Platz für Drehtüren bietet oder wenn die Breite der Tür größer ist als die Höhe (schmale hohe Türen verkanten leicht!). Im Gegensatz zur Drehtür gibt es beim Öffnen der Schiebetür keine Schwerpunktverlagerung, die die Standsicherheit beeinträchtigen kann. Der Kraftaufwand beim Betätigen hängt vom Türformat und von der Führung (Reibungswiderstand) ab. Es gibt stehende und hängende Schiebetüren auf Gleit- oder Rollen- (Kugellager-)führung. Bei hochformatigen Türen ist die hängende der stehenden Ausführung vorzuziehen.

Bei stehenden Schiebetüren liegt das Türgewicht auf der unteren Gleit- oder Rollenführung. Die obere Führung hält das Türblatt senkrecht. Eine Nut- oder Profilschiene (aus Kunststoff oder Metall) im Oberboden führt das Türblatt. Das Türblatt muss einfach zu montieren sein und erhält z. B. einen innen liegenden Falz mit genügend Spielraum zum Aushängen oder einen Führungsriegel (**8.41**).

Bei hängenden Schiebetüren nimmt eine Gleit- oder Rollenführung das Türgewicht an der oberen Türkante auf. Nach der Lage zur Möbelfront unterscheiden wir im oder vor dem Korpus laufende (vorgehängte) Schiebetüren. Bei vorgehängten Türen können die Elemente im geschlossenen Zustand durch Spezialbeschläge in einer Ebene angeordnet werden, so dass sich eine glatte Front ergibt.

Für leichte Türen reicht eine Gleitführung. Großflächige, schwere und hohe Türen erfordern eine Rollen- oder Kugellagerführung. Das Laufwerk wird meist durch eine Blende verdeckt (**8.42**, **8.43**).

Führungsschubriegel an der Türunterkante oder ein Rollenlaufwerk dienen zur Blattführung im Unterboden (Nut oder Profilschiene erforderlich). Ein staubdichter Mittelschluss zwischen den Türblättern wird durch Bürsten oder abgeschrägte Leisten erreicht.

Zum besseren Türabschluss sollten die Korpusseiten eine Nut, einen Falz, eine Lisene oder eine eingeleimte Staubleiste erhalten.

Glasschiebetüren finden wir oft an Schaukästen und Vitrinen. Sie werden bei geringem Gewicht unten in Nuten oder Profilschienen geführt. Schwere Türen erfordern eine Lagerung auf Stahlkugeln oder einen Laufwagen, um die Reibungskräfte zu vermindern. Oben werden die Türen in Holznuten oder Nutschienen in der Lage gehalten (**8.44**).

Schiebetüren verschließen wir mit Hakenriegel- oder Druckzylinderschlössern. Um die äußere Tür nicht zu beschädigen, werden Griffmuscheln oder senkrechte Griffleisten eingelassen. Schiebetüren müssen ausreichend Abstand haben, damit keine Kratzspuren entstehen.

> Hängende und stehende Schiebetüren baut man ein, wenn der Raum für Drehtüren zu eng ist oder wenn die Breite der Tür größer als ihre Höhe ist.
>
> Dämpfungssysteme stoppen die Holz- und Glasschiebetüren sanft und ziehen sie leise in die geschlossene Stellung.

Faltschiebetüren bestehen aus schmalen meist schrankhohen Elementen, die sich mit einem speziellen Beschlagsystem harmonikaartig nach einer oder zwei Seiten schieben lassen. Sie nehmen im geöffneten Zustand nur halb so viel Platz ein wie Drehtüren. Der Schrankraum ist gut zugänglich. Die Anzahl der Faltelemente wirkt sich auf Aussehen und Dichtigkeit aus.

Die Schrankfront wird in schmale Elemente aufgeteilt, die harmonikaartig zusammengeschoben werden.

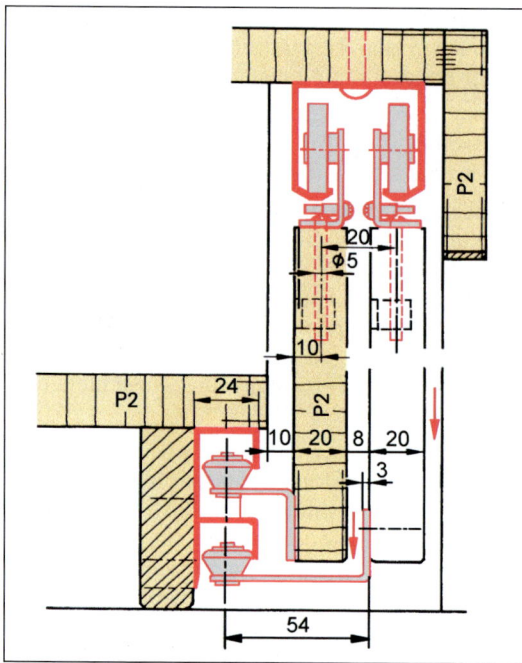

Bild 8.43 Schwere hängende Schiebetür mit Rollenführung

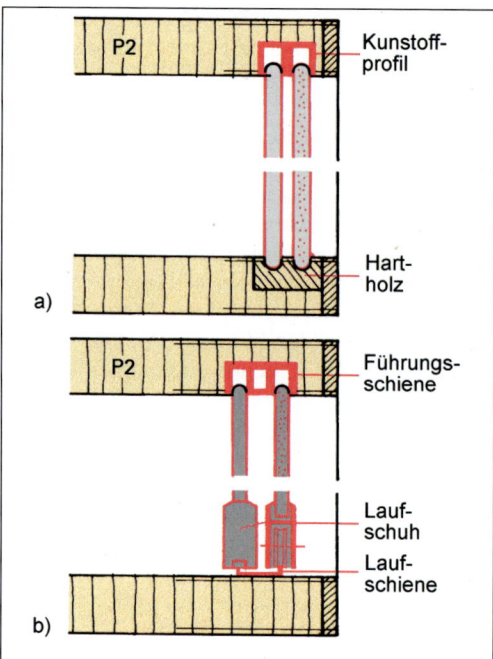

Bild 8.44 Ganzglasschiebetür
a) auf Hartholzführung gleitend
b) auf Laufschiene rollend

8.3.8 Schubkästen

> **Arbeitsauftrag Nr. 69 Lernfeld TI 4, 5, 12; HM 4, 5; FKU 8**
> - Sie sollen auf den Rollladenschrank der Familie Mustermann zwei nebeneinanderliegende Schubkästen als Aufsatz bauen.
>   Vergleichen Sie hierzu Ihre Planungsunterlagen des Arbeitsauftrages Nr. 66.
>   Die halbverdeckt gezinkt gefertigten Schubkästen sollen klassisch geführt werden und eine Höhe von maximal 120 mm haben. Alle anderen Maße und Konstruktionsdetails sind von Ihnen fachlich richtig zu wählen.
>   Fertigen Sie die Schnitte A-A, B-B und C-C im M 1:1 auf einem DIN-A3-Blatt an.
>   Als Orientierungshilfe für die Schnittanordnung kann die Abbildung **8.**52 dienen.
> - Vervollständigen Sie Ihren Lernkarteiordner mit den folgenden Fragen zum Thema „Schubkästen".
>   1. Welche wichtigen Konstruktionsregeln sind beim klassischen Schubkasten mit Führung zu beachten?
>   2. Nennen Sie die Vorteile der Nutleistenführung gegenüber der herkömmlichen Führung.
>   3. In welchen Fällen verwenden wir mechanische Führungen? Was ist bei der Bestellung anzugeben?
>   4. Welche Schubkasteneckverbindungen gibt es?
>   5. Was ist ein Englischer Zug? In welchen Fällen verwendet man ihn?
>   6. Auf ein Schubkastenvorderstück leimen wir ein Doppel aus Vollholz. Worauf ist dabei zu achten?

Schubkästen sind waagerecht in Richtung der Möbeltiefe bewegliche Behälter, in denen man Gegenstände übersichtlich, leicht zugänglich und gut greifbar aufbewahren kann (**8.**45). Wir können sie in der Möbelfront sichtbar anordnen oder auch nicht sichtbar hinter Möbeltüren, Klappen oder Rollläden. Bleiben sie sichtbar, sind sie ein wichtiges äußeres Gestaltungselement.

Schubkästen müssen gut zugänglich und so eingebaut sein, dass man in den offenen Kasten hineinsehen kann. Wesentlich ist die gute Gängigkeit. Damit Schubkästen in der Führung gut laufen und nicht verkanten, soll die Tiefe des Kastens größer als die Breite sein. Die Reibungsflächen müssen glatt sein. Griff oder Knopf montieren wir etwas oberhalb der Schubkastenmitte.

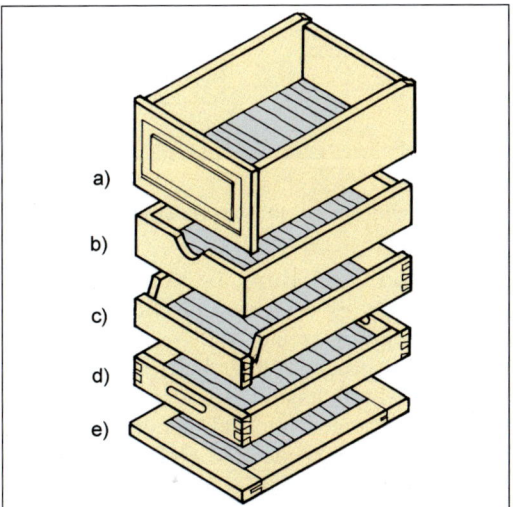

Bild 8.45 Schubkästen und Auszüge
 a) Schubkasten aufgedoppelt,
 b) Innenschubkasten,
 c) Englischer Zug,
 d) Tablettauszug,
 e) einfacher Schieber

Bei klassischen Führungen sollten die Schubkastenformate eine größere Tiefe wie Breite aufweisen und wenig Luft haben, um einen leichten Lauf der Schubkästen zu gewährleisten.

Teile des Schubkastens. Ein Schubkasten besteht aus dem Vorderstück, den Seiten, dem Hinterstück und dem Boden (**8.**46). Nach der gewünschten Möbelfront passt man ihn vorspringend, zurückspringend, überfälzt oder aufschlagend in den Korpus ein. Vorderstück und Seiten können aus Vollholz, Holzwerkstoffen oder Kunststoffprofilen gefertigt werden. Die folgende Beschreibung bezieht sich auf den klassischen Schubkasten mit Führung in Vollholz. Bei der Holzauswahl ist auf den Jahresringverlauf (Stammmittellage) und die richtige Holzfeuchte zu achten (6 bis 10 %).

Das Vorderstück ist der sichtbare Teil des Schubkastens. Meist wird es dicker als die Seiten ausgeführt (16 bis 20 mm), weil an ihm Schloss und Griff angebracht werden. Bei einer Aufdopplung kann die Zinkung offen, sonst muss sie halbverdeckt ausgeführt werden. Wenn wir auf das Vorderstück ein Doppel aus Vollholz leimen, müssen beide Hölzer die gleiche Holzrichtung haben.

Die Schubkastenseiten sind 10 bis 14 mm dick und werden zur Rückseite oben und unten leicht angefast, damit der Kasten einfacher einzusetzen ist. Vorder- und Hinterstück erhalten die Zinken, die zugbeanspruchten Seiten die Schwalben. Die Schwalben sind so anzuordnen, dass die durchgehende Bodennut des Vorderstücks verdeckt wird. Das Holz für die Seiten verarbeitet man mit der rechten Seite nach außen. Bei etwaigem Werfen bleibt die Verbindungsfuge am Eckzinken dicht und der Kasten klemmt nicht. Wegen der erhöhten Beanspruchung sollten die Seiten aus Hartholz bestehen.

Das Hinterstück schließt den Schubkasten zur Rückseite ab. Oft wird es dünner ausgeführt als die Seiten, weil es keine Nut zur Bodenaufnahme bekommt. Außerdem ist es schmaler als die Seiten, da der Boden von dieser Seite eingesetzt wird. Damit die Luft beim Hineinschieben des Kastens entweichen kann, führt man das Hinterstück etwa 8 mm niedriger als die Seiten aus.

Der Schubkastenboden steift den gesamten Kasten aus, hält ihn winkelstabil und trägt den Schubkasteninhalt. Er wird in die Seite und in das Vorderstück eingenutet und am Hinterstück verschraubt. Ein Nachpassen und Auswechseln ist möglich. Heute stellt man den Boden meist aus Furniersperrholz, bei einfacherer Ausführung aus Hartfaserplatte her; Vollholzböden finden wir nur noch bei älteren Möbeln. Die Faserrichtung muss parallel zum Vorderstück verlaufen, damit beide Teile das gleiche Schwindverhalten haben und sich der Boden nicht aus der Nut zieht (**8.**48).

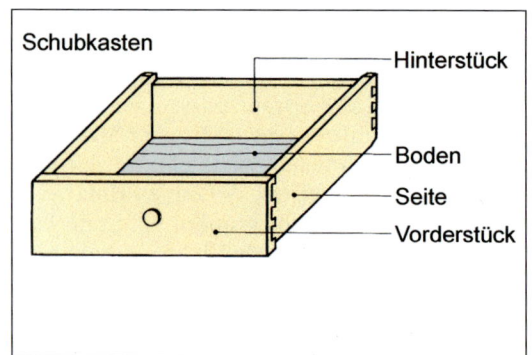

Bild 8.46 Bezeichnungen am Schubkasten

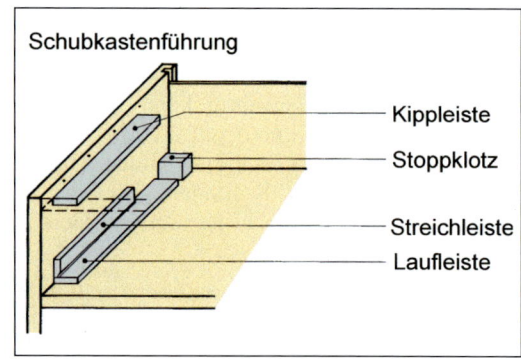

Bild 8.47 Bezeichnung an der Schubkastenführung

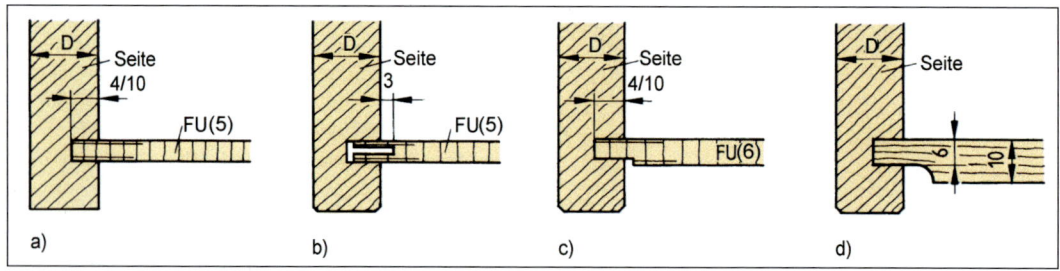

Bild 8.48 Schubkastenboden
a) Bodenkante eingenutet, b) eingenutet und geschlitzt, c) gefalzt, d) Vollholzboden

Schubkastenarten. Nach der Lage zur Möbelfront unterscheiden wir vier Schubkastenarten: zurückspringende, vorspringende, überfälzte und aufschlagende Kästen (**8.49**).

- **Bei zurückspringenden** Schubkästen springt das Vorderstück 4 bis 7 mm zurück. Dadurch ergibt sich die Plastizität in der Möbelfront.
- **Bei vorspringenden** Schubkästen springt das Vorderstück 4 bis 7 mm vor. Die Ansicht wirkt weniger plastisch, der Innenraum ist staubanfällig. Wegen der sichtbaren Fuge muss der Kasten genau eingepasst werden.
- **Bei überfälzten** Schubkästen erhält das Vorderstück einen Falz oder wird aufgedoppelt. Der Kasten schließt staubdicht, die Kastenfuge wird verdeckt. Wenn das Doppel aufgeleimt wird, müssen Material und Holzrichtung aufeinander abgestimmt werden. Ein Holzwerkstoffdoppel ist auf das Vollholz-Vorderstück aufzuschrauben.
- **Bei stumpf aufschlagenden Schubkästen** schlägt das Vorderstück in voller Dicke auf die Korpuskante. Ein genaues Einpassen des Vorderstücks ist nicht erforderlich.

Für die Eckverbindung des Vorderstücks mit der Seite gibt es verschiedene Möglichkeiten. Die Ausführung richtet sich nach Belastung, Qualitätsansprüchen und betrieblicher Ausstattung. Möglich sind offene oder halbverdeckte Zinkung, Nut und Federverbindung, gedübelt, gegratet oder auf Gehrung gefedert (**8.50**).

Eine Sonderform ist der in der Möbelfront liegende *Schieber*. Die herausziehbaren Platten dienen als Abstellflächen bei Anrichten und Büroschränken (**8.46e**).

Schubkastenführung. Der gute Lauf eines Schubkastens hängt wesentlich von der Schubkastenführung ab. Die Reibungskräfte sollen möglichst klein sein, der Schubkasten darf nicht verkanten. Wir unterscheiden die klassische Führung, Nutleistenführung und mechanische Führung (**8.51**).

8.3 Möbelteile – Konstruktionsteile für den Möbelbau

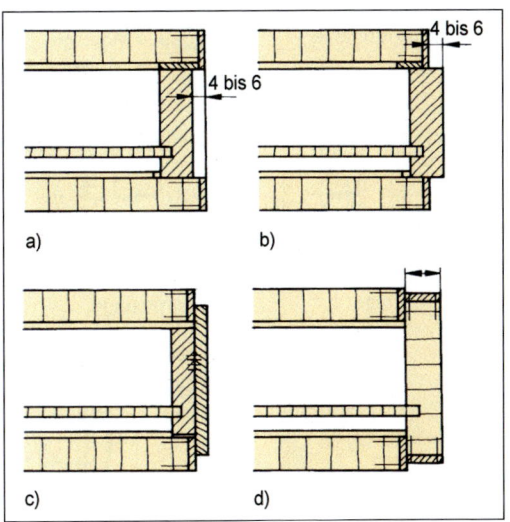

Bild 8.49 Schubkastenarten
a) zurückspringend b) vorspringend c) überfälzt (aufgedoppelt) d) aufschlagend

Bild 8.50 Eckverbindung von Schubkästen
a) halbverdeckt gezinkt b) genutet
c) offen gezinkt d) gedübelt
e) gegratet f) auf Gehrung gefedert

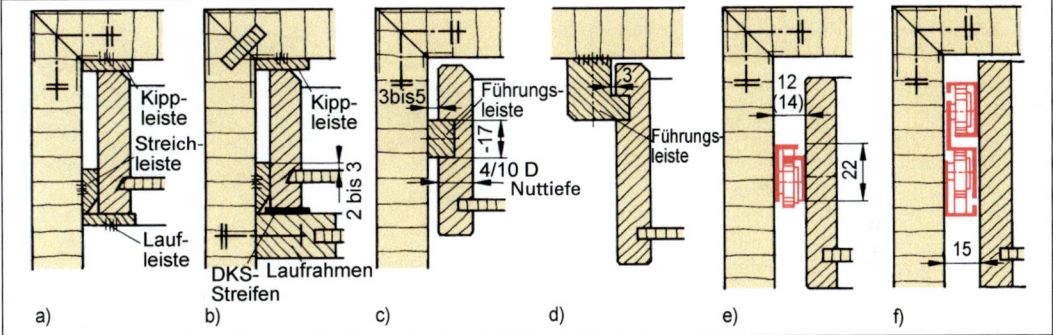

Bild 8.51 Schubkastenführungen
a) klassische Führung b) Laufleiste aus DKS
c) hängende Führung mit Nutleiste d) hängende Führung mit Falzleiste
e) mechanischer Teilauszug f) mechanischer Vollauszug

Die klassische Führung besteht aus Lauf-, Streich- und Kippleisten (**8.47**). Für die *Laufleisten* soll ein hartes Material verwendet werden, das einen geringen Reibungswiderstand aufweist (z. B. 3 bis 5 mm dicke feinporige Hartholzleisten aus Buche oder Ahorn oder ein etwa 1 mm dicker Schichtpressstoffstreifen). Durch die *Streichleisten* erhält der Schubkasten seine seitliche Führung. Die Leistenlänge beträgt etwa $2/3$ der Kastentiefe. An der Unterkante soll die Streichleiste eine Fase haben, damit Leimreste und Staub den Lauf nicht beeinträchtigen. Die *Kippleisten* geben dem Schubkasten die obere Führung und verhindern das Abkippen beim Herausziehen des Kastens. Damit der Kasten besser gleitet, reibt man die Schubkastenführungen oft mit Wachs ein. Ein *Stoppklotz* stoppt den Schubkasten ab. Er wird hinter der Seite mit etwa 3 mm Abstand von der Schrankrückwand befestigt (sonst besteht Resonanzgefahr). Die Stoppfläche soll Hirnholz sein.

Bei der Nutleistenführung läuft der Schubkasten mit seinen genuteten Seiten in Führungsleisten. Sie bestehen meist aus Hartholz oder Kunststoff und übernehmen die Aufgaben der Kipp-, Streich- und Laufleisten. Jedoch sind sie schneller zu montieren und erfordern weniger Einpassarbeit als die klassische Führung. Wir können sie auch unter dem oberen Boden befestigen, so dass der Schubkasten in einer ausgefälzten Leiste hängend läuft (**8.51**c, d).

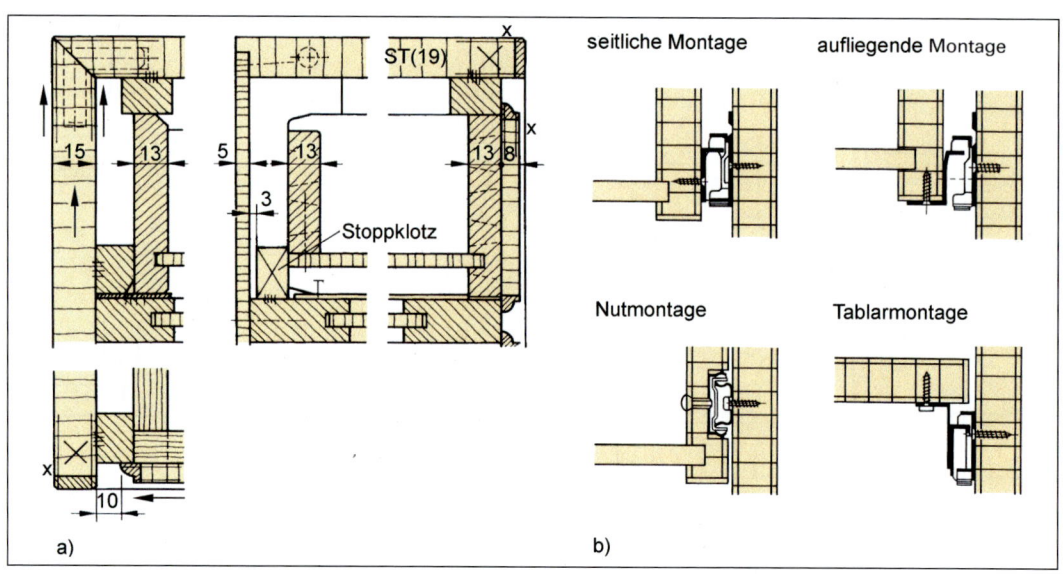

Bild 8.52 a) Klassischer Schubkasten mit aufgedoppeltem Vorderstück
b) Mechanische Schubkastenführungen

Bei der mechanischen Führung übernehmen Metallschienen mit Rollen oder Kugellagern die Schubkastenführung. Die hier statt der Gleitreibung auftretende Rollreibung verbessert die Laufeigenschaften. Mechanische Führungen eignen sich besonders für schwere, breite Schubkästen. Wir unterscheiden Teilauszüge, Vollauszüge (**8.**51, **8.**52) und Überauszüge. Beim Vollauszug kann der Schubkasten bis vor die Möbelfront gezogen werden. Für die Bestellung sind folgende Angaben wichtig: Teil- oder Vollauszug, Einbaulänge, Belastung, Art der Anbringung (seitlich oder unter dem Boden), Kugellager- oder Rollenauszug.

Um handwerkliches Können zu zeigen, finden wir heute bei Einzelstücken statt des mechanischen Vollauszugs teilweise wieder den herkömmlichen Kulissenauszug aus Holz.

Innenschubkästen. Hinter der Möbelfront (Türen, Klappen, Rollläden) werden oft Innenschubkästen, Englische Züge oder Tablettauszüge eingebaut. Sie müssen sich bei einem Öffnungswinkel der Tür von 90° ohne anzuecken bewegen lassen. Sollte der innen liegende Schubkasten abzuschließen sein, muss er entsprechend der Schlüsselkopflänge gegenüber der Tür zurückspringen (**8.**54).

Innen liegende Schubkästen erhalten bei großen Schränken oft ein eigenes Schubkastengehäuse. Für den Bau des Schubkastens gelten die beschriebenen allgemeinen Konstruktionsgrundsätze. Um den Schrankinnenraum gut zu nutzen, sollte man einge-

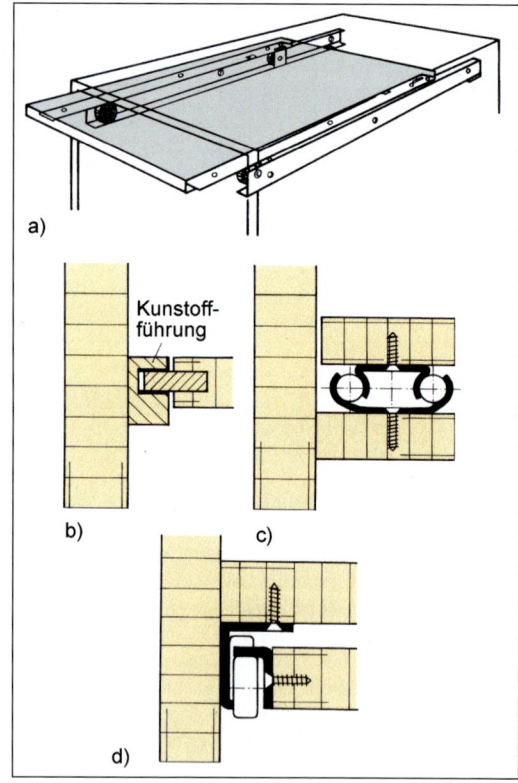

Bild 8.53 a) Tablettauszug in Ansicht,
b) Gleitführung c) Kugellagerführung d) Rollenführung

lassene Griffnuten, -muscheln oder Hängegriffe vorsehen.

Englische Züge haben ein niedriges Vorderstück, das gleichzeitig als Griff dient. Der Inhalt ist einsehbar und beim offenen Möbel zugänglich. Man baut die Züge bevorzugt als Papier- oder Wäscheauszüge in Büromöbeln oder Schränken ein. Das zum Unterfassen tiefergezogene Vorderstück sollte mindestens mit zwei Schwalben verbunden werden (**8.**45c).

Tablettauszüge sind ausziehbare Fachböden in Anrichten und Geschirrschränken, die oft auch zum Servieren benutzt werden (**8.**53).

> Die klassische Schubkastenführung besteht aus Lauf-, Streich- und Kippleiste.
> Bei der Nutleistenführung läuft der Schubkasten in zwei Führungsleisten.
> Mechanische Führungen montiert man bei schweren, breiten Schubkästen mit Teil- oder Vollauszug in Rollen- oder Kugellagerführung.

> Bei Einbau von Innenschubkästen und -zügen ist darauf zu achten, dass diese bei um 90° geöffneter Tür herauszuziehen sind, ohne dass sie dabei gegen die Türkante stoßen. Sollte der innen liegende Schubkasten abzuschließen sein, muss der Schlüsselvorsprung berücksichtigt werden; d.h. das Vorderstück springt um die Schlüssellänge gegenüber der Tür zurück (**8.**54).

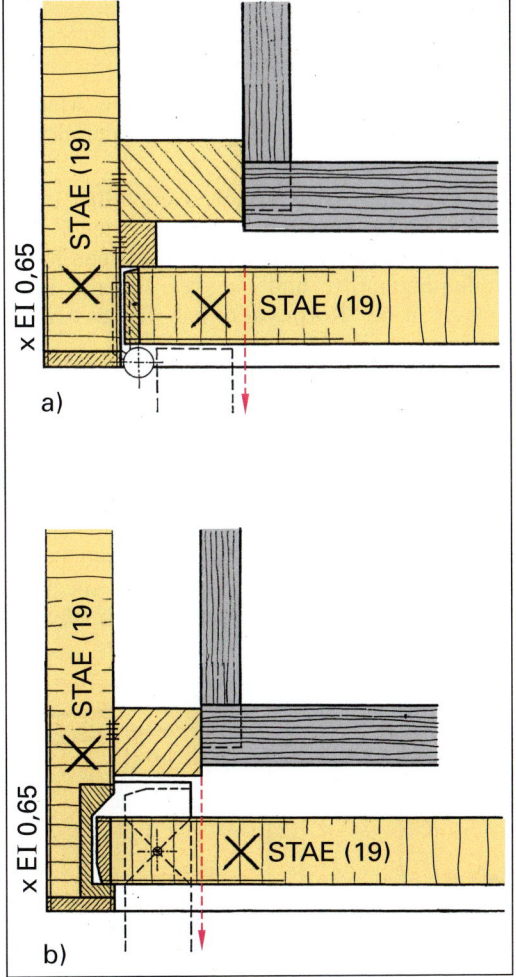

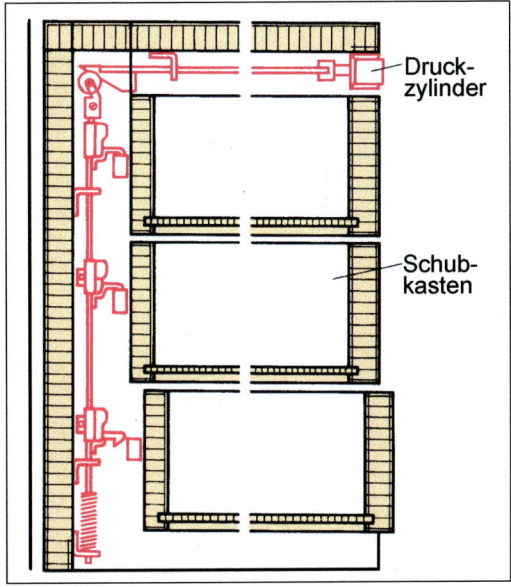

Bild 8.55 Schließanlage

Bild 8.54 Innen liegende Schubkästen
a) mit Zylinderband Kröpfung B
b) mit Zapfenband

Schubkastenschlösser sichern den Schubkasteninhalt und schützen als Einzelverschluss die Schublade. Für Einzelschubkästen baut man in der Regel dieselben Schlossarten wie bei den Möbeltüren ein. Liegen mehrere Schubladen übereinander, baut man häufig Zentralverschlüsse ein. Sie bestehen aus einem Zylinderschloss mit einer Verschlussstange, durch die sich alle Schubkästen gleichzeitig arretieren lassen (**8.**55).

8.3.9 Fachböden

> **Arbeitsauftrag Nr. 70 Lernfeld TI 4, 5, 12; HM 4, 5; FKU 8**
> - Bitte beantworten Sie die folgenden Fragen mit Hilfe Ihres Fachbuches und vervollständigen Sie Ihren Lernkarteiordner.
> - Zum besseren Verständnis Ihrer Antworten fertigen Sie bitte Skizzen an.
> 1. Welche Befestigungsmöglichkeiten gibt es für Fachböden?
> 2. Was ist zu beachten, um die Durchbiegung der Böden gering zu halten?

Fachböden nehmen Gegenstände unterschiedlicher Größe und Gewichte auf. Dabei sollen sie sich nicht verformen. Der Verwendungszweck und die Spannweite beeinflussen die Materialauswahl und Konstruktion. DIN 68874 unterscheidet drei Belastungsgruppen und legt maximale Werte für die Durchbiegung fest. Für die Dicke der Böden gilt als Richtwert 16 bis 20 mm. Die Spannweite soll bei normaler Belastung 1.000 mm und bei hoher Belastung (z. B. Bücher) 800 bis 900 mm nicht überschreiten. Fachböden aus Vollholz oder Tischlerplatte biegen sich weniger durch als Böden aus Holzspanplatte. Die Mittellage der Tischlerplatte und die Faserrichtung des Deckfurniers von Spanplatten sollen parallel zur Öffnungsbreite verlaufen. Bei Vollholzböden wirken sich außerdem die Holzart und der Jahresringverlauf auf die Durchbiegung aus.

Durch Vorleimer oder eingelassene Metallprofile lässt sich die Tragfähigkeit der Böden erhöhen.

Die Fachböden sollten höhenverstellbar montiert werden. Statt der früher üblichen Zahnleiste für Vollholzböden verwendet man heute Bodenträgerstifte und -stecker. Für die Bohrungen in der Korpusseite hat sich das rationelle *System-32* bewährt:

Im Abstand von 32 mm bohrt man eine Lochreihe von 5 mm Durchmesser, die außer den Bodenträgerstiften auch Beschläge für Türen und Schubkästen aufnehmen kann (**8.**56b). In die Korpusseiten eingelassene Bodenträgerschienen aus Metall oder Kunststoff haben die Vorteile guter Verstellmöglichkeit und hoher Belastbarkeit. Glasböden erfordern spezielle Bodenträger, die ein Verrutschen verhindern.

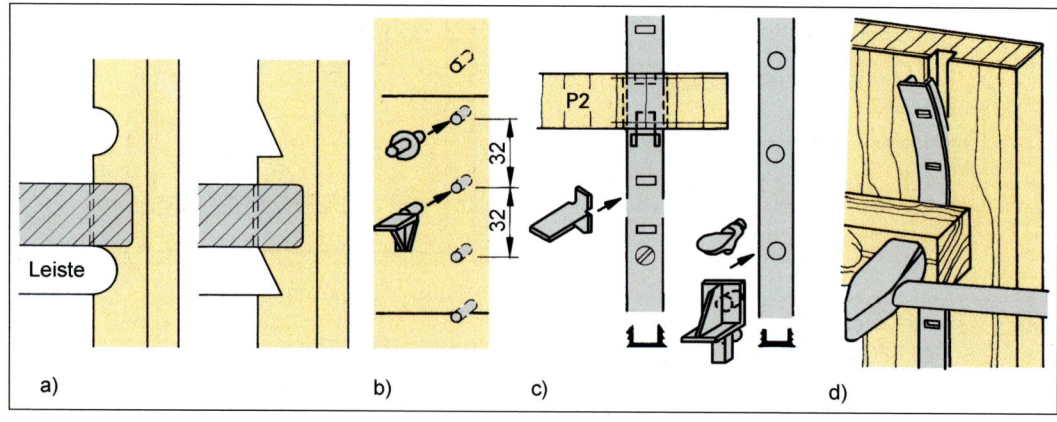

Bild 8.56 Fachböden
a) auf Zahnleiste,
b) 32er-Lochreihe,
c) Bodenträgerschiene,
d) Montage der Bodenträgerschiene

8.3.10 Sitzmöbel

Arbeitsauftrag Nr. 71a Lernfeld TI 4, 5, 12; HM 4, 5

- Die Skulpturengalerie benötigt fünf einfache Sitzhocker aus Buche, um ihren Besuchern – insbesondere Senioren – die Gelegenheit zum längeren Betrachten der Ausstellungsgegenstände zu ermöglichen.

  Zeichnen Sie einen Horizontalschnitt und einen Vertikalschnitt im M 1:1 nach DIN 919 nach folgender Abbildung.

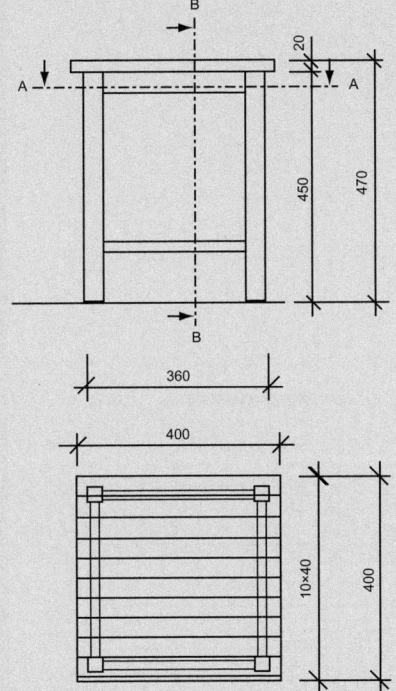
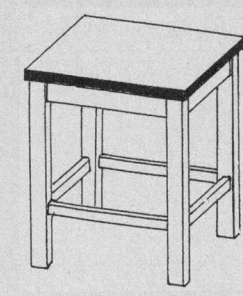

Bild 8.57 Hocker – Ansicht, Draufsicht, Perspektive

- Folgende Fragen sollten Sie anhand Ihrer Konstruktionszeichnung beantworten können:
1. Wodurch werden die Abmessungen von Sitzmöbeln bestimmt und welche Anforderungen werden allgemein an sie gestellt?
2. Benennen Sie die Konstruktionsteile eines Hockers.
3. Welche Konstruktionsteile sind für einen klassischen Hochstuhl gebräuchlich?
4. Legen Sie sinnvolle Abmessungen und Dimensionen für einen Kinderhocker fest.
5. Welche konstruktiven Fragen sind bei der Herstellung der Massivholzsitzplatte zu klären? Berücksichtigen Sie bei dieser Antwort das Arbeiten des Holzes.
6. Erstellen Sie eine Materialliste für die fünf bestellten Hocker.

Die wichtigsten Möbel sind Stühle, Sessel, Bänke etc., da der Mensch einen Großteil seines Lebens im Sitzen verbringt.

Entwürfe für Sitzmöbel aller Art sind unter Berücksichtigung der Formgebung, entsprechender Konstruktion und verwendeten Materialien stark von modischen Einflüssen geprägt.

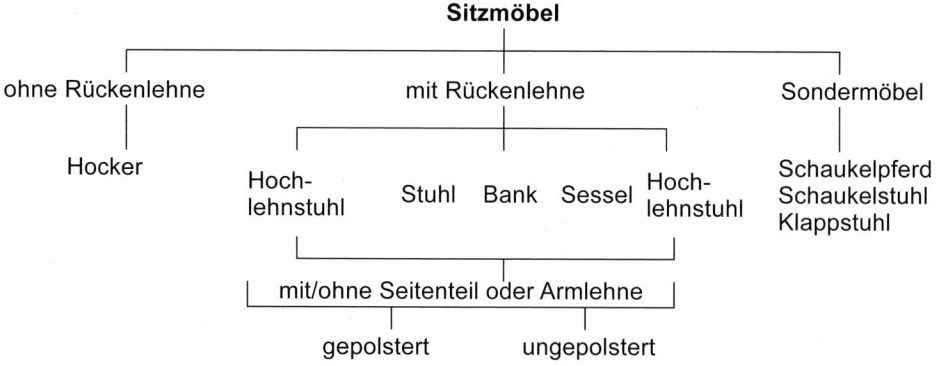

Die Richtmaße für ein Sitzmöbel richten sich nach den Durchschnittsmaßen des Menschen (Bild **8.**59). Die Sitzhöhe ist so zu bemessen, dass die Füße des Benutzers beim bequemen Sitzen den Boden berühren. Bei guten Kinderstühlen ist daher die Fußabstellfläche verstellbar. Die Sitzfläche ist im allgemeinen waagerecht gehalten.

Die Stuhlteile bestehen aus Bock und Lehne. Die Lehne wird aus den Hinterfüßen, der Hinterzarge und dem Lehnquerstück gebildet. Der Bock besteht aus den Vorderfüßen, der Vorderzange und den Seitenzargen. Zur Versteifung werden häufig Stege, auch Doppelstege, zwischen Vorder- und Hinterfüßen eingebaut (**8.**58).

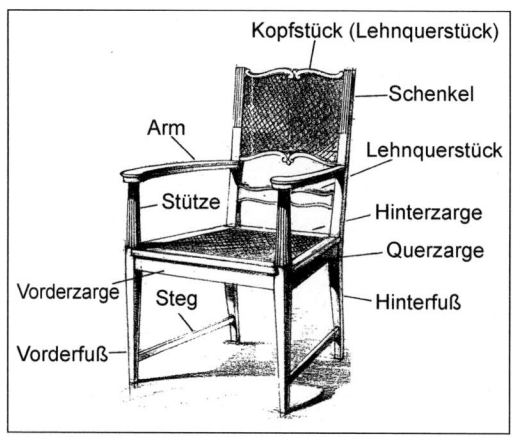

Bild 8.58 Klassischer Hochlehnstuhl/ Stuhlteile

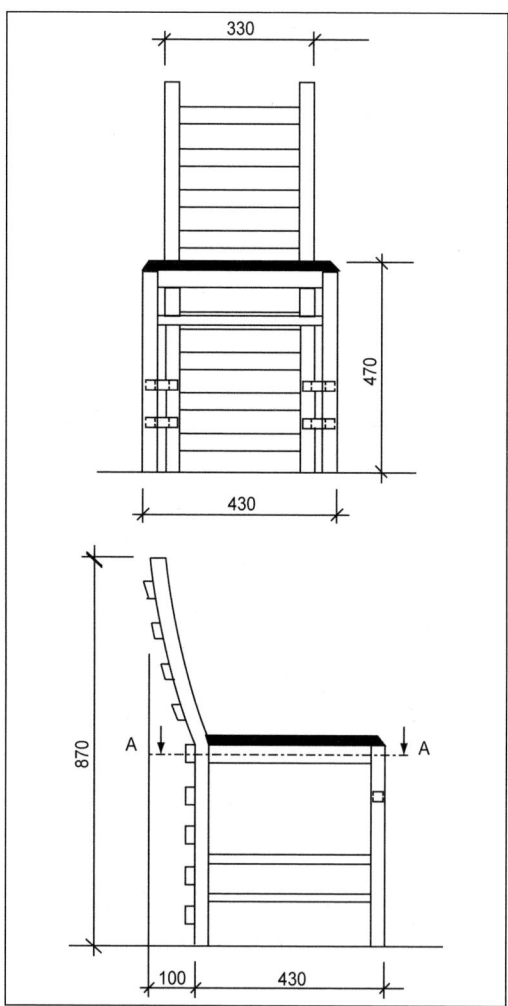

Bild 8.59 Richtmaße eines Hochlehnstuhls

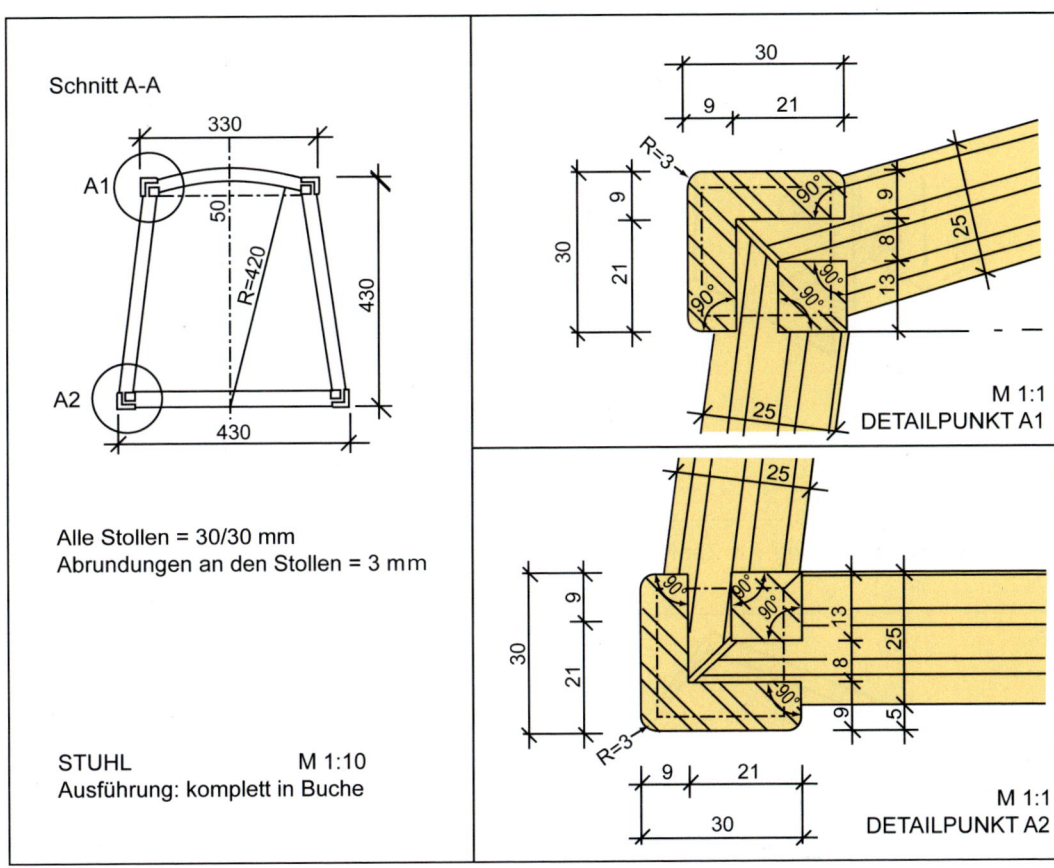

Bild 8.60 Hochlehnstuhl in Buche Schnitt A-A, Detailpunkte A1 und A2

Die Stuhlform sollte ergonomisch geformt sein, d.h. sie sollte sich den Gegebenheiten der menschlichen Anatomie anpassen und die Wirbelsäule in Lenden und Rücken stützen.

Die Verbindungskonstruktionen müssen starken Beanspruchungen standhalten und daher besonders sorgfältig verleimt werden. Für die Verbindung von Zargen und Stollen können Dübel (**8.**61), Zapfen, Schlitz und Zapfen (Bild **8.**60) Verleimfräserprofile (Kronenfugen, Minizinkung), verkeilte Steckverbindungen, Bohrverbindungen, Schrauben und Zapfen mit Holznägeln verwendet werden.

Die Zapfen der Zargen müssen rechtwinkelig in die Stollen eingestemmt werden.

Die Sitzflächen können aus Massivholz, formverleimt aus Sperrholz, aus Rohrgeflecht oder gepolstert gefertigt werden. Die massive Sitzfläche wird zwischen den Hinterfüßen eingepasst und von unten durch Nutklötzer (**8.**62a) gehalten. Die hintere Befestigung erfolgt durch das Aufleimen auf die Zarge.

Sperrholzsitze können aufgeleimt und/oder verschraubt werden. Rohr- und Polstersitze benötigen einen Rahmen, der in der Regel vorne auf Gehrung und hinten stumpf gedübelt ausgearbeitet wird. Der Rahmen wird in die vorher ausgefälzte Zarge gelegt (Bild **8.**62b). Die Fußgestelle können zusätzliche Stabilität durch den Einbau von Verstärkungen erhalten (Bild **8.**62a).

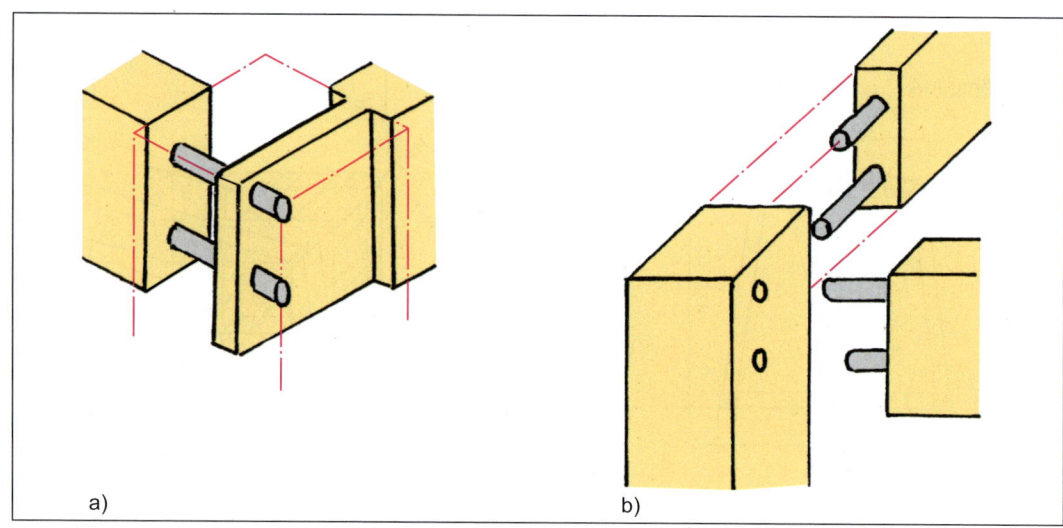

Bild 8.61 a) Verbindung von Zapfen und Dübeln   b) Dübel mit schmalen Zargen

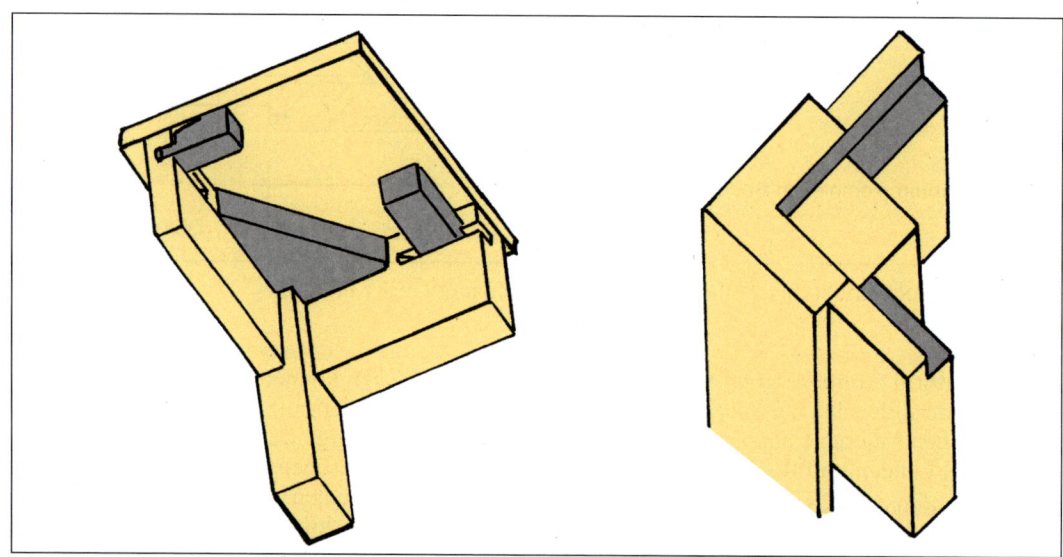

Bild 8.62 a) Befestigung des Sitzes, Nutklötze und Verstärker b) Falz für Polsterrahmen

Die Zapfen sind bei der Herstellung zu exeln. Unter Exeln ist das Absetzen des Zapfens (ca. 5 mm) rund umlaufend zu verstehen. Die Bearbeitung des Zapfens erfolgt mit einer Zapfenfräsmaschine, die gleichzeitig den Zapfen auf die gewünschte Länge und Breite fertigt (Bild **8.**63).

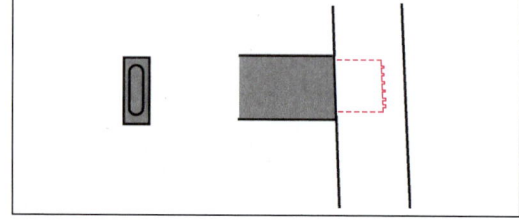

Bild 8.63   Geexelte Stolleneckverbindung

8.3 Möbelteile – Konstruktionsteile für den Möbelbau

Massivhölzer eignen sich für gerade bis mäßig geschwungene Sitzmöbelteile. Bei der Verwendung von Biegehölzern, schichtverleimtem Holz und Fadenholz können auch Stühle und Sessel mit starken Schweifungen, Krümmungen und außergewöhnlichen Formen hergestellt werden.

Stühle und Sessel werden nur noch selten handwerklich hergestellt. Sie sind größtenteils Erzeugnisse der Stuhl- und Polstermöbelindustrie. Für die Reparatur, Restauration und Nachbau dieser Möbelstücke besteht dennoch für den Tischler/Schreiner die Notwendigkeit, Grundkenntnisse im Gestellbau zu besitzen.

> **Arbeitsauftrag Nr. 71b Lernfeld TI 4, 5, 12; HM 4, 5**
>
> Die Galerie hat eine Vernissage veranstaltet. Das Publikum war sehr von den Ruhemöglichkeiten durch die von Ihnen gefertigten Hocker angetan. Dies führte zu einer längeren Verweildauer bei der Ausstellung. Auch wurden mehr Ausstellungsstücke als bei solchen Veranstaltungen üblich verkauft.
>
> Der Galeriebesitzer möchte nun Stühle bestellen, die aufgrund der begrenzten Abstellfläche stapelbar sein sollen. Er wünscht, dass Ihre Firma einige Entwürfe präsentiert.
>
> Bitte entwerfen Sie in einem Team drei stapelfähige Stühle. Verwenden Sie Prospekte und Kataloge zur Ideenfindung. Stellen Sie Ihren „Favoriten" der Klasse vor. Unterstützen Sie Ihre Präsentation durch Skizzen, Zeichnungen und einem Modell aus Styropor, Pappe oder Furnier. Nehmen Sie zum Abschluss einen Vergleich der gesamten Modelle im Klassenverband vor. Halten Sie die positiven Gestaltungspunkte schriftlich fest.

8.3.11 Tische

> **Arbeitsauftrag Nr. 72 Lernfeld TI 4, 5, 12; HM 4, 5**
>
> - Sie werden beauftragt, einen Esstisch (Massivholz Esche) mit der Fläche 1,40 m × 0,90 m, zu bauen. Die Tischfläche soll bei Bedarf vergrößert werden können.
>   Geben Sie einen Überblick über Möglichkeiten der Tischflächenvergrößerung.
>   Fertigen Sie die Konstruktionszeichnung eines Klapptisches mit drehbarer Klappe im M 1:10 an.
>
> **Aufgabe:** Zeichnen Sie folgende Schnitte des Dielentisches im Maßstab 1:1 (*DIN A3, Hochformat*)
> - Schnitt   A-A (Horizontalschnitt) als Halbschnitt
> - Schnitt   B-B (Vertikalschnitt) als Teilschnitt
> - Schnitt   C-C (Frontalschnitt) als Teilschnitt
>
> Vorder- und Seitenansicht mit Hauptmaßen und Angabe des Schnittverlaufs (M 1:10)

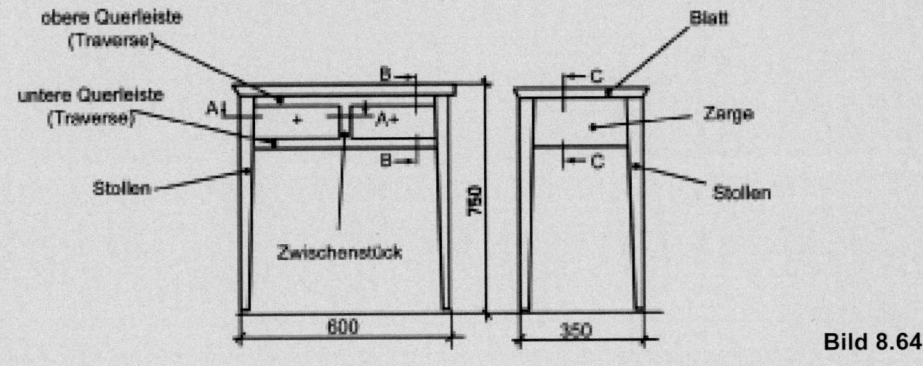

Bild 8.64

Konstruktion (Verbindungen):
- Verbindung von Stollen und Zarge: mit Nutzapfen
- obere Querleiste (Traverse) mit Stößen: mit Aufzinker
- untere Querleiste (Traverse) mit Stollen: mit Fingerzinken
- seitliche und mittlere Laufleisten mit Zarge bzw. Traverse: mit Nutzapfen
- Zwischenstück mit oberer und unterer Traverse: mit Fingerzinken
- Kippleisten mit Zarge bzw. Traverse: mit Nutzapfen
- Schubkasten: gezinkt (vorne halbverdeckt, hinten offen)

Tischarten	Breite	Tiefe	Höhe in mm
Esstisch, Küchentisch Wohnzimmertisch	1.100 – 1.300	700 – 900	720 – 750
Couchtisch	1.000 – 1.100	500 – 600	600
Arbeitstisch (Küche)	1.000 – 1.200	500 – 800	850 – 1.000

Maße, Design, Form und Bauart der Tische hängen von dem jeweiligen Verwendungszweck des Tisches ab. Es sind folgende Möbelmaße zu beachten:

Die Platzbreite beträgt pro Person ca. 600 mm. Für ein angenehmes Sitzen ist eine ausreichende Beinfreiheit wichtig. Der freie Beinraum sollte bei Ess- und Küchentischen 650 mm betragen (**8**.64). Tische mit hohen Zargen, z. B. für die Aufnahme eines Schubkastens, sollten die Mindesthöhe von 600 mm nicht unterschreiten.

Tischvergrößerungen werden durch Klapp-, Auszieh- oder Kulissenvorrichtungen erzielt.

Der Klapptisch

Klapptische können in verschiedenen Ausführungen hergestellt werden. Die Verbindung der Klappe mit der Platte erfolgt mit Scharnieren oder Einbohr-Klappenbändern.

Die Klappen können durch herausziehbare Schieber, Auszugleisten oder das Herausdrehen eines zusätzliche Tischbeins in waagerechter Lage gehalten werden. Das Tischbein, durch Scharniere mit Zarge und Steg verbunden, wird um 90° zur Klappenunterstützung herausgedreht (**8**.65).

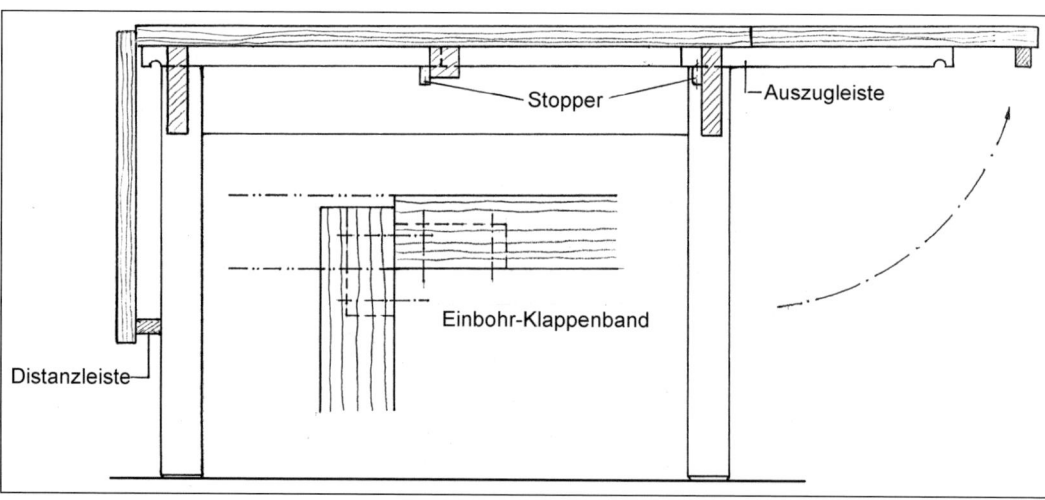

Bild 8.65 Klapptisch mit hängender Klappe

Nachteilig ist hierbei, dass die Klappen im hängenden Zustand stören. Als zweckmäßig hat sich die in Bild **8.**66 dargestellte Konstruktion erwiesen. Hierbei besteht die Klappe aus zwei Teilen, die im zusammengeklappten Zustand übereinander liegen. Die untere Hälfte ist drehbar im Punkt a auf einer Brücke gelagert. Zur **Drehpunktermittlung** wird der Tisch in der Draufsicht im zusammengeklappten und geöffneten Zustand gezeichnet. Vom Schnittpunkt der Stoßfuge mit der Blattkante wird mit der halben Blattbreite ein Viertelkreis geschlagen und dessen Eckpunkte miteinander verbunden. Eine vom gleichen Punkt unter 45° gezeichnete Linie gibt im Schnittpunkt mit der Sehne den gesuchten Drehpunkt. Bei diesen Tischen muss die Blattbreite mindestens gleich der halben Blattlänge sein. Um das Drehen der Tischplatte zu erleichtern, sollten die Füße an der Oberseite mit einem Filzstreifen/Kork als Gleitlager versehen werden.

Der rechteckige Ausziehtisch (Holländer)

Diese Konstruktionsform fand früher häufiger als die Klapptische Verwendung, gilt aber heute als veraltet. Diese Tische werden aber auch in unserer modernen Zeit noch gern genutzt. Reparaturen müssen nicht selten vom Tischler ausgeführt werden.

Die Führung der Auszugsteile erfolgt unter der Tischplatte. Die Zarge wird ausgeklinkt (**8.**67).

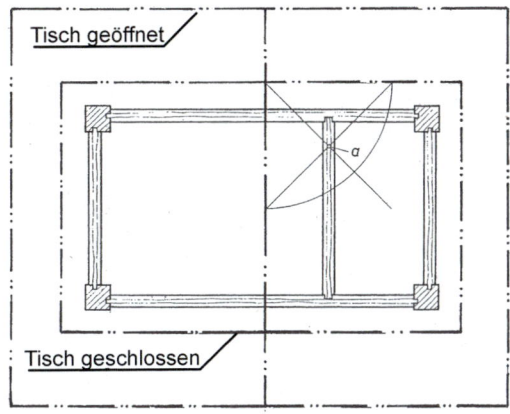

Bild 8.66   Drehpunktermittlung

Die Führung muss ein Zusammenstoßen der Zugleisten verhindern und einen leichten Lauf gewährleisten. Kernstück der Führung ist die Brücke, welche auf das Tischgestell aufgeschraubt ist.

Der einfache neuzeitliche rechteckige Ausziehtisch findet in der heutigen Zeit vielfach Verwendung (**8.**68)

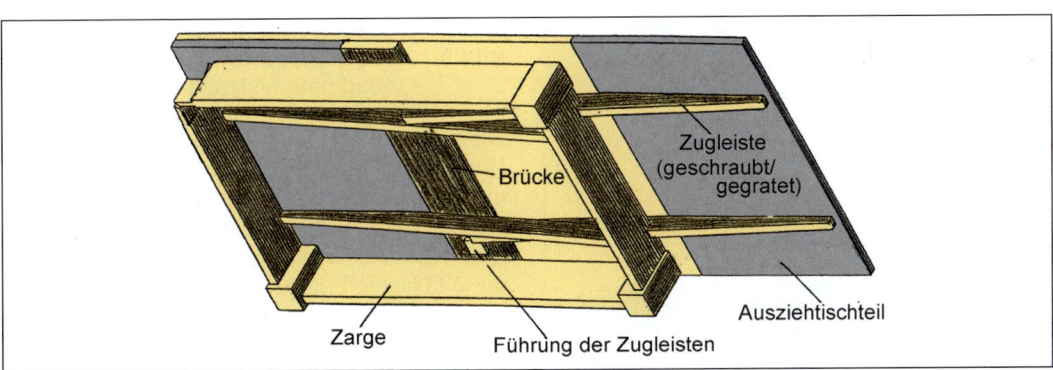

Bild 8.67   Unteransicht eines rechteckigen Ausziehtischs

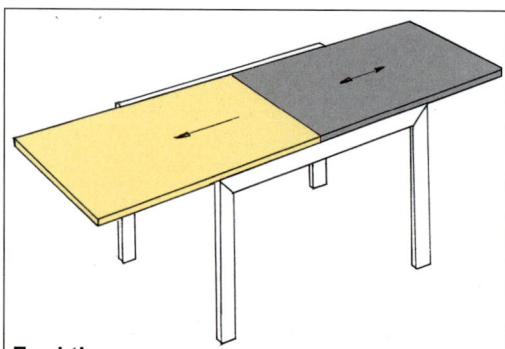

Funktion:
Obere Tischplatte bis zur Hälfte herausziehen, untere Platte ganz herausziehen und in den oberen Teil der U- Profile wieder einschieben.

Bild 8.68 Neuzeitlicher Ausziehtisch

8.3.11.1 Tisch mit Schubkasten

Werden in einem Tisch Schubkästen eingebaut, so ist die Konstruktion eines **oberen** und **unteren Travers** notwendig. Die Fuß-Zargenverbindung mittels Zapfen und gestemmten Loch ist eine grundsolide alte Holzkonstruktion (**8.**70), die aber heute weitgehend von der gedübelten Verbindung verdrängt worden ist.

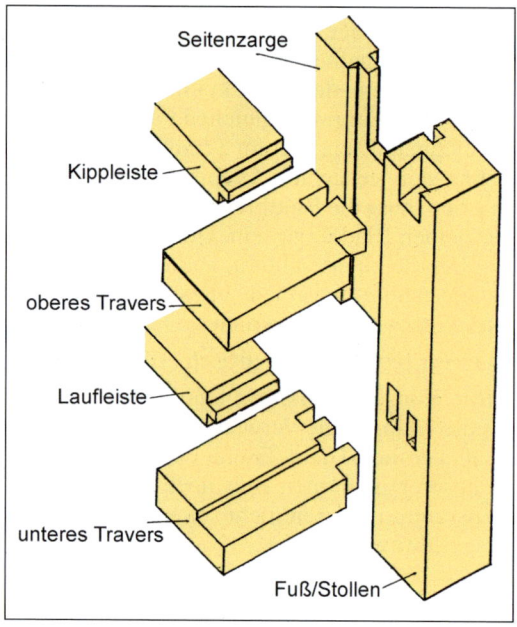

Bild 8.70 Fuß- Zargenverbindung mit oberer und unterer Traverse

Der Auszug liegt bei dieser Konstruktion unter der Platte in einer Nutführung mit genügender Luft zur oberen Platte. Eine Beschädigung der Platten beim Herausziehen wird somit vermieden. Durch das Fehlen einer Brücke ist eine Vergrößerung der Tischfläche auf das Doppelte möglich.

Die Platten sind durch U-Profile mit dem Tischgestell verbunden (**8.**69). Züge bzw. Zugleisten werden nicht benötigt. Durch unterschiedliche Beschichtung kann der Tisch gestaltet werden und vielseitige Verwendung finden.

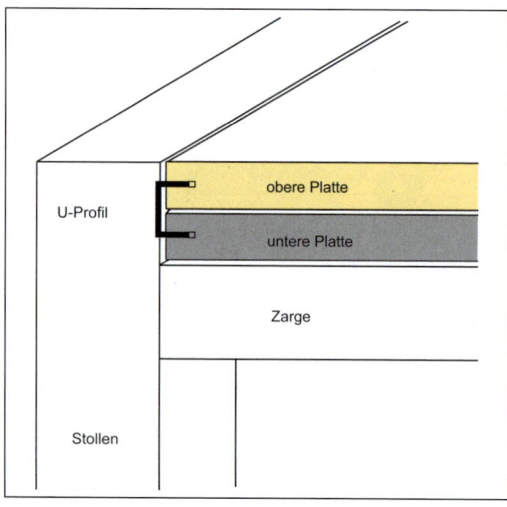

Bild 8.69 Verbund von ausziehbaren Tischplatten durch U-Profile

Diese ältere Konstruktion hat auch Nachteile. Das Langloch, das den Zapfen der Zarge aufnimmt, erstreckt sich nahezu auf 2/3 der Zargenbreite. Der Fuß wird hierdurch erheblich geschwächt. Die Fertigung eines Nutzapfens kann diesen Nachteil etwas ausgleichen, der Fuß erhält etwas mehr Stabilität. Es sollten nur langfaserige Hölzer für diese Konstruktion verwendet werden, da kurzfaserige Hölzer sich nicht zum Anschneiden des Nutzapfens eignen und unter Belastung des Fußes auf Zug und Druck brechen. Je nach Länderregion wird beim **oberen Travers** auch von einem **Einzinker oder Aufzinker** gesprochen, wenn der Schwalbenschwanz angeschnitten ist. Oft werden auch Fingerzinken oder Fingerzapfen angewendet. Lauf- und Kippleiste sind mittels angeschnittener Feder mit dem Travers verbunden. Die hierfür notwendige Nut in der hinteren Seite des Travers darf den hinteren Fingerzapfen nicht ganz durchschneiden, weshalb dieser breiter als die Feder der Kippleiste lang ist. Das **untere Travers** wird ausgefälzt, um eine Beschädigung durch die Laufkanten der Schubkastenseiten zu vermeiden. Auch kann das Vorderstück des Schubkastens an seiner Unterseite so bestoßen werden, dass es das untere Travers nicht streift. Unangenehme Geräusche und Beschädigung werden vermieden.

Das Travers-Mittelstück (**8.**71) bildet die Trennwand zwischen zwei Schubkästen und ist genau zu arbeiten. Der rechte Schubkasten muss in die Öffnung des linken Schubkasten passen und umgekehrt.

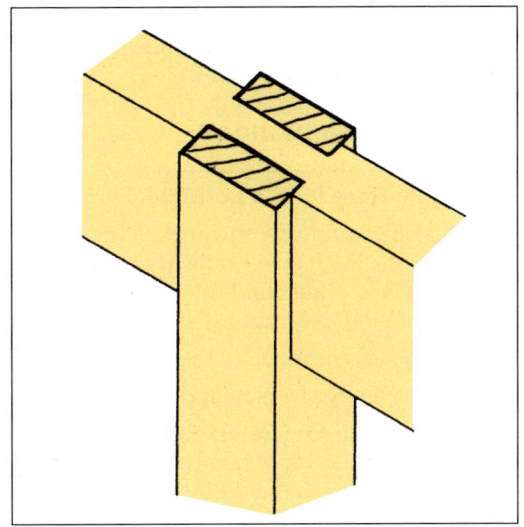

Bild 8.73 Tischfuß mit Zarge

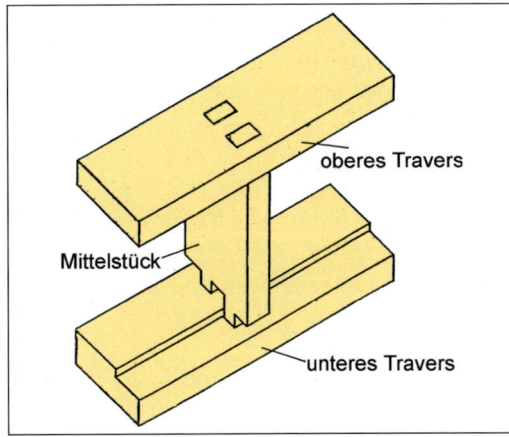

Bild 8.71 Oberes und unteres Travers mit Mittelstück

8.3.11.2 Der runde Zargentisch

Der runde Tisch besteht aus einer Platte, einer Rundzarge und vier Füßen (**8.**72, **8.**73).

Bild 8.72 Runder Zargentisch

Die Herstellung einer **Rundzarge** kann nach drei verschiedenen Methoden erfolgen. Die älteste Methode ist die **Rippenverleimung.** Die Rippen werden mithilfe einer Segmentschneidevorrichtung an der Bandsäge mit einem schmalen Sägeblatt auf Maß nach entsprechender Zeichnung geschnitten. Eine weitere Möglichkeit ist die Herstellung aus mehreren Vollholzdicken oder Biegesperrholzschichten, die in einer Vorrichtung aufeinandergeleimt und abgesperrt werden. Das Deckfurnieren erfolgt im gleichen Arbeitsgang. Runde und ovale Tischzargen lassen sich auch aus längs geschlitzten MDF-Platten und Biegesperrholz herstellen. Sollen die Füße durchlaufen, werden diese oben geschlitzt und die Zarge entsprechend ausgeklinkt. Bei durchlaufender Zarge wird der Zargenquerschnitt außen am Fuß abgesetzt. Die Zarge wird aufgedübelt und von innen aufgeleimt und verschraubt. Der runde Zargentisch wird auch mit einer Einlage unter der Platte zur möglichen Tischvergrößerung hergestellt.

Eine weitere Methode ist die **Wickeltechnik.** Einzelne Furnierlagen werden hierbei um einen stabilen Kern gewickelt. Die Lagen werden beim Verleimen mit einem Zugblech in Form gehalten und fixiert. Hierbei werden die Enden der einzelnen Lagen geschäftet oder stumpf verleimt. Im Gegensatz hierzu werden bei der **Presstechnik** die Lagen von innen nach außen gegen eine Form gepresst. Firmen, die sich auf Formholztechnik spezialisiert haben, bieten fertige Holzringe an.

8.3.12 Einbauküchen

> **Arbeitsauftrag Nr. 73 Lernfeld TI, HM 4, 5, 6; FKU 5, 6, 7, 8, 10, 11**
> - Planen Sie für das eingangs dargestellte Wochenendhaus der Familie Mustermann (s. Arbeitsauftrag 0) eine Küche (Grundriss und Ansicht M 1:20) in L-Form mit Ober-und Unterschränken, Spüle und folgenden Geräten: Kühlschrank, Geschirrspüle, E-Herd mit Ceran-Kochfeld, Dunstabzugshaube.
>   Vermaßen Sie die Lage der erforderlichen Geräte- und Arbeitssteckdosen.
>   Erarbeiten Sie Vorschläge für eine Arbeitsplatzbeleuchtung.
> - Um sich in der Gestaltungstechnik zu üben, wählen Sie bitte eine Ansicht der geplanten Einbauküche (**8.**78) und kopieren Sie diese in vergrößertem Maßstab auf ein DIN-A3-Blatt. Gestalten Sie die Ansichten farbig. Erstellen Sie zusätzlich eine Collage mit Furnieren, Folien etc.
>   Bilden Sie eine Expertengruppe (max. fünf Personen), die die Entwürfe bewertet, die besten fünf Entwürfe präsentiert und ihre Entscheidung vor der Klasse begründet.
>   Vervollständigen Sie Ihren Lernkarteiordner mit den folgenden Fragen zum Thema „Küchenbau":
> 1. Welche Aufgaben haben Dunstabzugshauben bei der Küchenentlüftung?
> 2. Wie unterscheiden sich Ablufthauben von Umlufthauben? Nennen Sie Vor-und Nachteile.
> 3. Aus welchen Gründen müssen Ablufthauben gegenüber Gasgeräten der Art B1 in der Wohnung verriegelt sein?

Die Küche gehört zum festen Bestandteil einer Wohnung und dient heute oft nicht nur der Zubereitung von Speisen sondern ist auch der Ort, wo gegessen wird und man sich zeitweilig aufhält. Durch die vielseitige Nutzung steigen die Ansprüche an Multifunktionalität und Repräsentation. Bei der Planung muss sowohl auf eine optisch ansprechende Gestaltung als auch auf Funktionalität geachtet werden (ergonomische Arbeitsabläufe, kurze Wege, Übersichtlichkeit, gute Ausleuchtung). Die Möbeloberflächen müssen pflegeleicht, die Arbeitsflächen besonders widerstandsfähig gegen Beschädigung und Hitze sein.

Koordinationsmaße für die Kücheneinrichtung

Grundlage für die Küchenplanung ist die DIN 68901, die Koordinationsmaße für Küchenmöbel, Geräte, Spülen und Arbeitsplatten festlegt. Durch Standardmaße für die einzelnen Elemente wird erreicht, dass sie zueinander passen, sich kombinieren lassen und austauschbar sind.

Breiten:

Grundlage ist das Modul 100 mm (1M). Für Küchengeräte werden 6 M (600 mm) bevorzugt, wir finden aber auch 4,5 M Geräte für die Kleinküche.

Höhen:

Die Arbeitsplattenhöhe hat als Richtmaß 850 bis 950 mm. Bevorzugt werden heute Maße über 900 mm, um ein bequemeres Arbeiten zu ermöglichen. Die Dicke der Arbeitsplatte beträgt 30–50 mm.

Unterschränke, Geräte, Spülen: Die lichte Höhe unter der Arbeitsplatte beträgt 820 bis 870. Der Rücksprung zur Vorderkante der Platte sollte mindestens 50 mm sein. Als Sockelhöhe von Möbeln und Geräten sind wenigstens 100 mm vorzusehen.

Oberschränke sollen mindestens 500 mm über der Arbeitsplatte und 650 mm über Spülen und Kochflächen angebracht werden. Hochschränke und Oberschränke müssen mit ihrem oberen Abschluss die gleiche Höhe aufweisen.

8.3 Möbelteile – Konstruktionsteile für den Möbelbau

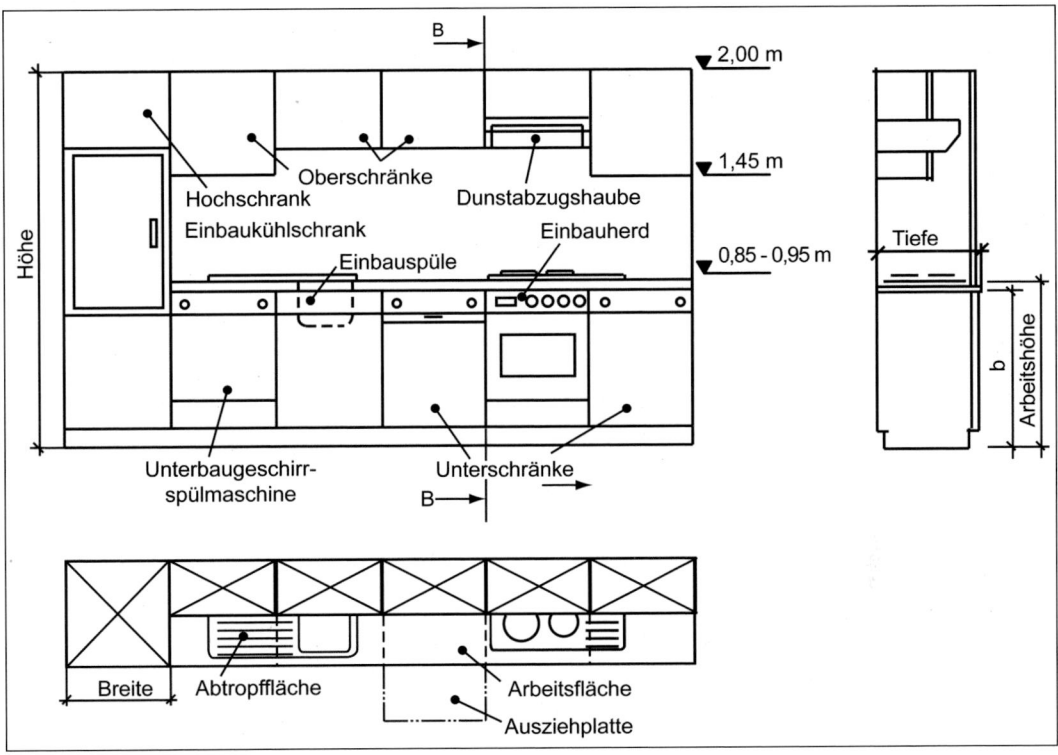

Bild 8.74 Einzeilige Küche mit Koordinationsmaßen, Anordnung der Küchenmöbel entspricht dem Arbeitsablauf

Tiefen:

Die Tiefe der Arbeitsplatten muss mindestens 600 mm betragen; Unterschränke und Spülen dürfen einschließlich der Türen und unter Berücksichtigung des Rücksprungs nicht tiefer sein. Hochschränke sollten bündig mit der Vorderkante der Arbeitsfläche abschließen. Die Tiefe der Oberschränke darf 350 mm einschließlich Tür nicht überschreiten, um die Arbeitsfläche gut nutzen zu können und Kopffreiheit zu haben.

Gesichtspunkte für die Planung

Die Anordnung der Küchenmöbel und Geräte soll dem Arbeitsablauf entsprechen und dadurch die Wege verkürzen und die Küchenarbeit erleichtern (**8.**74).

Ergonomische Gesichtspunkte müssen bei der Planung unbedingt berücksichtigt werden. Die Arbeitsplattenhöhe sollte der Körpergröße der Nutzer angepasst sein, für die Küchenarbeit muss ausreichend Platz sein, Geräte müssen sich gut bedienen lassen.

Bei der Anordnung der Geräte muss darauf geachtet werden, dass sie sich gegenseitig in ihrer Funktion nicht beeinträchtigen. Ein Kühl- oder Gefrierschrank sollte nicht neben dem Herd oder einer Mikrowelle stehen, um einen erhöhten Energieverbrauch zu vermeiden. Für die Lage aller Geräte muss in der Planung die Anschlussmöglichkeit geprüft werden. Das gilt neben den Elektrogeräten besonders für die Spüleinrichtungen, die neben dem Zufluss einen größer dimensionierten Abfluss mit Gefälle zur Fallleitung erfordern. Kühlschrank, Mikrowelle und Backofen sollten in Arbeitshöhe sein. Im Bereich der Unterschränke ist auf die Anordnung von Schubkästen und Auszügen mit Vollauszug zu achten (**8.**76).

Hilfreich für eine Küchengestaltung kann eine Zonenplanung sein, die 5 Bereiche unterscheidet: Bevorraten, Aufbewahren, Spülen, Vorbereiten, Kochen. Für Rechtshänder erfolgt die

Zuordnung im Uhrzeigersinn. Gegenwärtig findet man auch immer häufiger Planungskonzepte, die einzelne, unabhängige Küchenelemente zu einer wohnlichen Einrichtung kombinieren (Modulküche). Wir finden auch die Idee eines flexiblen Funktionszentrums aus Bausteinen und mobilen Containern (Concept von Hettich). Nach dem Küchengrundriss unterscheiden wir 5 verschiedene Formen der Anordnung:

Einzeilige Küchen führt man meist in kleinen Wohnungen aus, wo wenig Platz oder nur eine Wand für den Einbau vorhanden ist. Um die wichtigsten Geräte und ausreichend Arbeitsfläche zu haben, sollten mindestens 3 m vorhanden sein (**8.**75a).

Zweizeilige Küchen befinden sich an den Schmalseiten der Wände. Eine Seite lässt sich auch als Theke oder Raumteiler ausführen. Der Abstand zwischen den Zeilen solle etwa 1,20 m betragen. Breite Türen behindern die Bewegung und sind zu vermeiden (**8.**75b).

L-förmige Küchen nutzen neben der Längswand eine Stirnwand für die Anordnung. Dadurch sind kurze Wegstrecken und eine günstige Möblierung möglich (**8.**75d).

U-förmige Küchen erfordern mehr Platz. Hauptmerkmal sind viele Schrankelemente und viel Arbeitsfläche. Bei der Küchenarbeit bewegt man sich in relativ kurzen Wegen. Die Ecken können als Stauraum genutzt werden (spezielle Schränke mit Eckauszug) (**8.**75c).

Halbinsel- oder Inselküchen sind in den Ess- und Wohnbereich integriert. Die Position des Nutzers ist nicht zur Wand sondern zum Raum ausgerichtet.

Sie sind ideal für gemeinsames Kochen und Kommunikation dabei. Häufig wird in Gerätebereich und Vorbereitungsbereich getrennt (**8.**75e).

Bild **8.**77 zeigt das Beispiel einer kompletten Küchenplanung mit Angaben zu den Wasser- und Elekroanschlüssen.

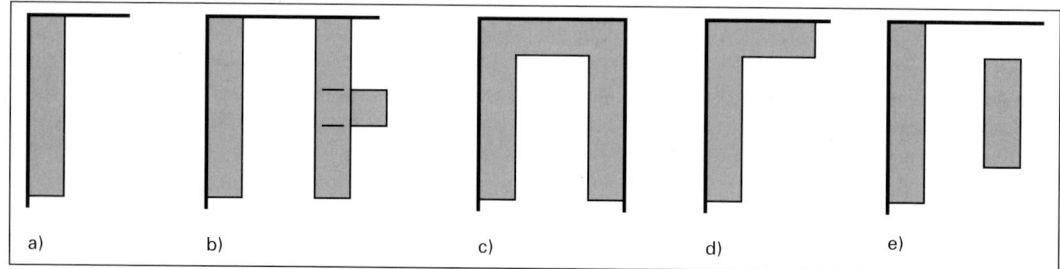

Bild 8.75   Küchenformen im Grundriss: a) einzeilige   b) zweizeilige   c) U-förmige   d) L-förmige   e) inselförmige Küche

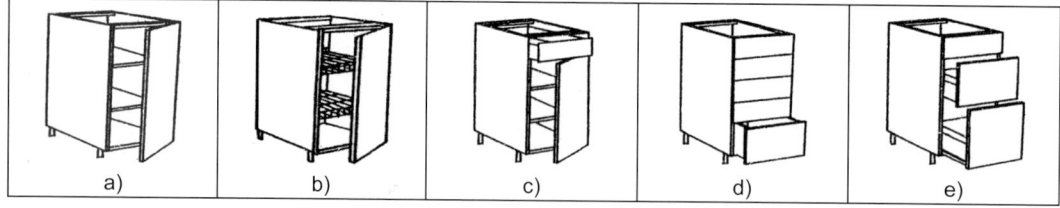

Bild 8.76   Unterschrank mit a) Einlegböden b) Drahtkörben c) Schublade und Böden d) Schubladen e) Auszügen

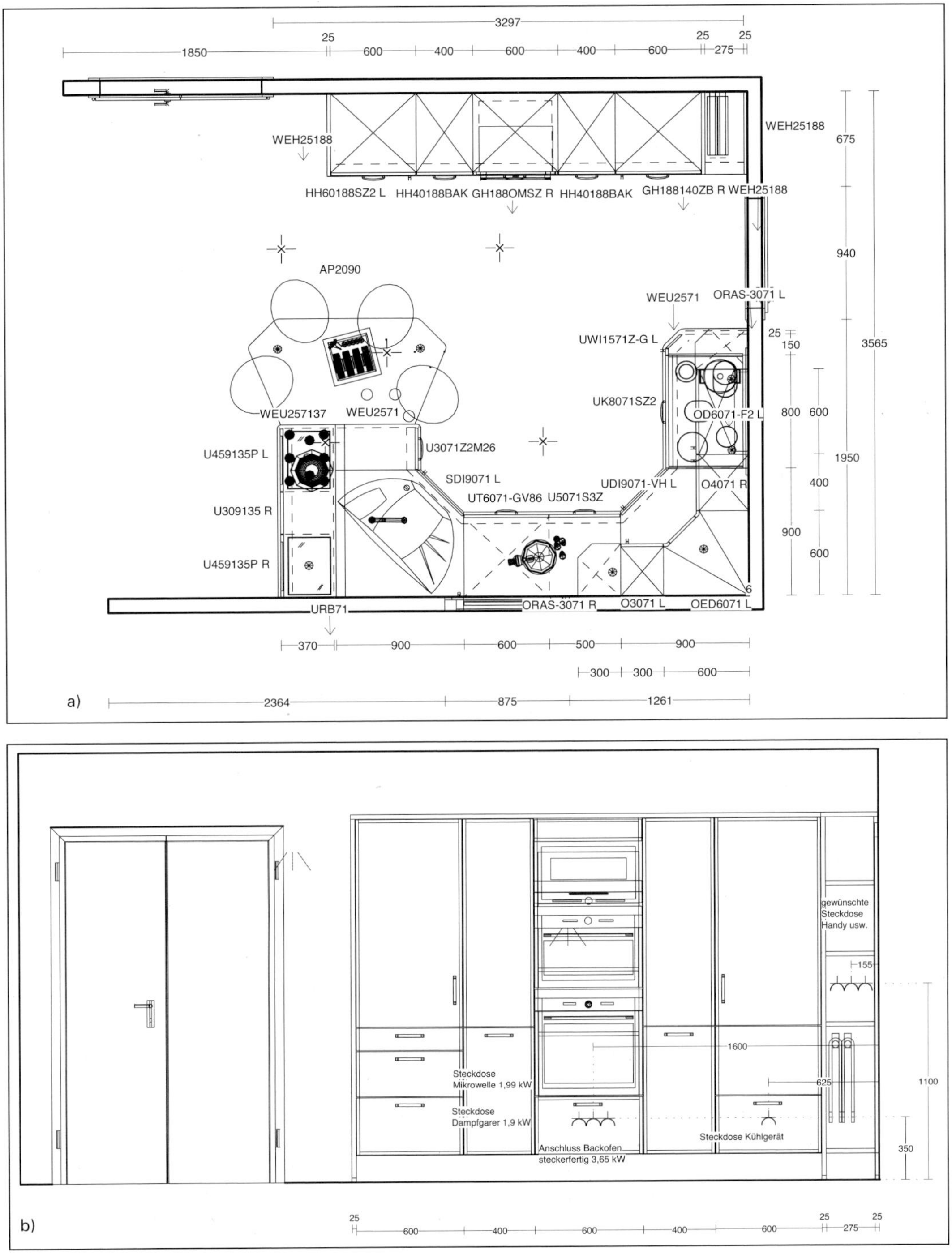

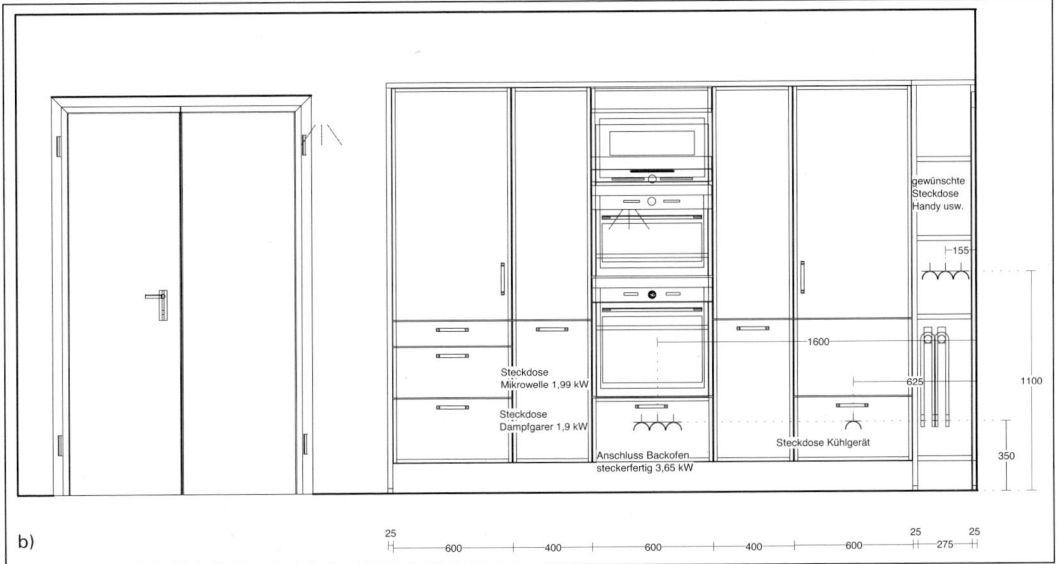

Bild 8.77 Planung einer Einbauküche mit Angaben zu Wasseranschlüssen und Elektroinstallationen
  a) Grundriss
  b) Ansicht Ost

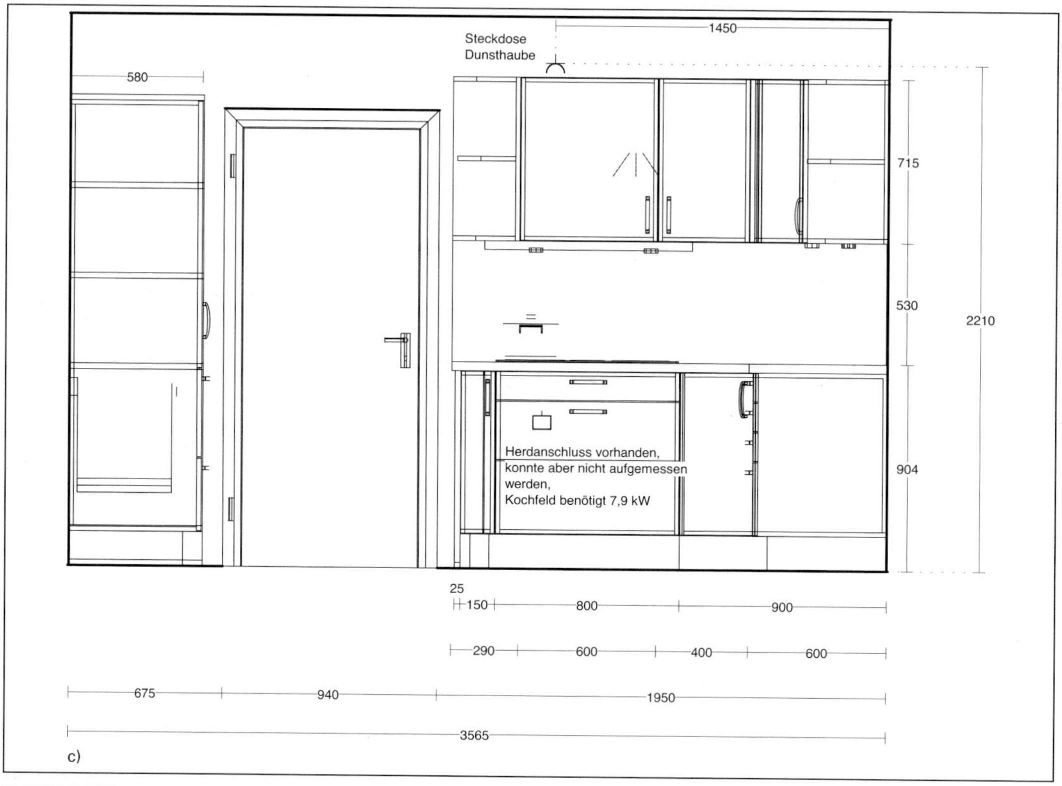

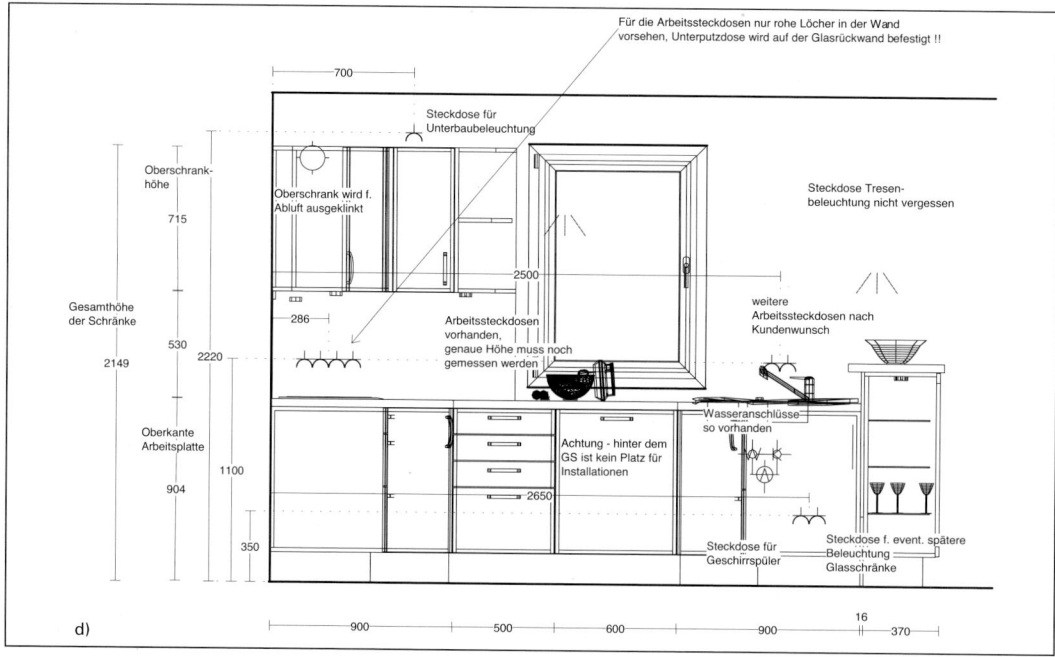

Bild 8.77 c) Ansicht Süd
d) Ansicht West

Küchenplanung für Behinderte

Die DIN 18040 enthält Planungsgrundlagen für barrierefreies Bauen und ersetzt das vorher gültige Regelwerk. Eingang finden neue Erkenntnisse aus Forschung und Entwicklung, die die Bedürfnisse von Menschen mit sensorischen und motorischen Einschränkungen entsprechend berücksichtigen.

An Küchen für Behinderte werden besondere Anforderungen gestellt (rollstuhlbefahrbar, Wendemöglichkeit 1.500 mm tief und 1.500 mm breit, unterfahrbare Arbeitsplatte, Geräte in Greifhöhe). Die Anforderung richtet sich nach der Art der Behinderung und erfordert individuelle Lösungen.

Fertigung und Montage

Heute werden Küchenmöbel weitgehend industriell gefertigt, der Planung entsprechend zusammengestellt und durch Handwerker am Ort montiert.

Vorherrschend sind Korpusmöbel unter denen höhenverstellbare Einzelfüße montiert werden, um Bodenunebenheiten auszugleichen und die Gesamthöhe verändern zu können. Der Sockelbereich ist offen, wird durch eine angeklemmte Sockelblende abgedeckt oder für Schubkästen genutzt. Angeboten werden auch noch Hoch- und Unterschränke, mit bis zum Boden durchgehenden Seiten, die im Sockelbereich für die Blende oder einen Schubkasten ausgeklinkt sind. Diese Konstruktion erschwert ein Höhenausgleich.

Der Korpus besteht meist aus kunststoffbeschichteten Spanplatten mit lösbaren Eckverbindungen zum besseren Transport. Die Korpusseiten erhalten Reihenbohrungen mit 32 mm Lochabstand. Dadurch lassen sich nicht nur die Einlegböden bedarfsgerecht in der gewünschten Höhe anordnen, sondern es können auch Schubladen, Auszüge oder Drahtkörbe eingesetzt werden (**8.**76). Hochschränke für Einbaugeräte erhalten eine verstärkte Konstruktion und sind höher belastbar. Zur Verbindung der Korpuselemente dienen spezielle Schrauben.

Die Schranktüren erhalten Topfscharniere, die ein Auswechseln der Elemente ermöglichen. Dadurch kann die Küchenfront nach Kundenwunsch gestaltet werden (**8.**74).

Die moderne Beschlagtechnik ermöglich für vollbeladene Schubkästen einen leichtgängigen Vollauszug und ein Abbremsen vor dem Schließen (Soft-Motion-Technologie). Für Oberschränke haben sich hängende Klappen bewährt, die durch Stützen offen gehalten werden. Durch unterschiedliche vorgefertigte Inneneinteilungen lassen sich Vorräte und Gegenstände übersichtlich in den Schränken aufbewahren. Die Arbeitsplatte muss eine hohe Stand- und Abriebfestigkeit aufweisen und widerstandsfähig gegen Chemikalien und Hitze sein. Sie bestehen aus Spanplatten mit einer beständigen Kunststoffbeschichtung, bei Vollholzplatten meist aus Ahorn, Buche oder Eiche. Für exklusive Küchen verwenden wir auch Edelstahl, Natur- oder Kunststein.

8.3.12.1 Spülbeckenanlagen und Einbau

Spülbeckenanlagen dienen in der Küche zur Vorbereitung von Speisen, zum Reinigen des Geschirrs und zum Ausgießen von Wasser.

Zur Spülbeckenanlage gehören:
- Spülbecken (Einzel- oder Doppelbecken),
- Zulaufgarnitur (Wand- oder Standarmatur),
- Ablaufgarnitur.

Spülbecken sind in unterschiedlichen Formen, Ausführungen und verschiedenen Werkstoffen erhältlich. Einzelbecken sind meist in Kleinküchen zu finden. Vorteilhafter sind zwei Spülbecken, die getrenntes Vor- und Nachspülen ermöglichen. Manche Ausführungen sind außerdem mit einem Abtropfteil oder einer Reste- und Gemüseschale ausgestattet. Für Schmutzwasser kann ein separater Ausguss angeordnet werden (**8.**78).

Die üblichen Werkstoffe sind:
- Edelstahl (glänzend, matt, mit Textur),
- emailliertes Stahlblech, weiß und verschieden farbig,
- Verbundwerkstoffe (Acryl mit Steinmehl gepresst),
- Sanitärkeramik.

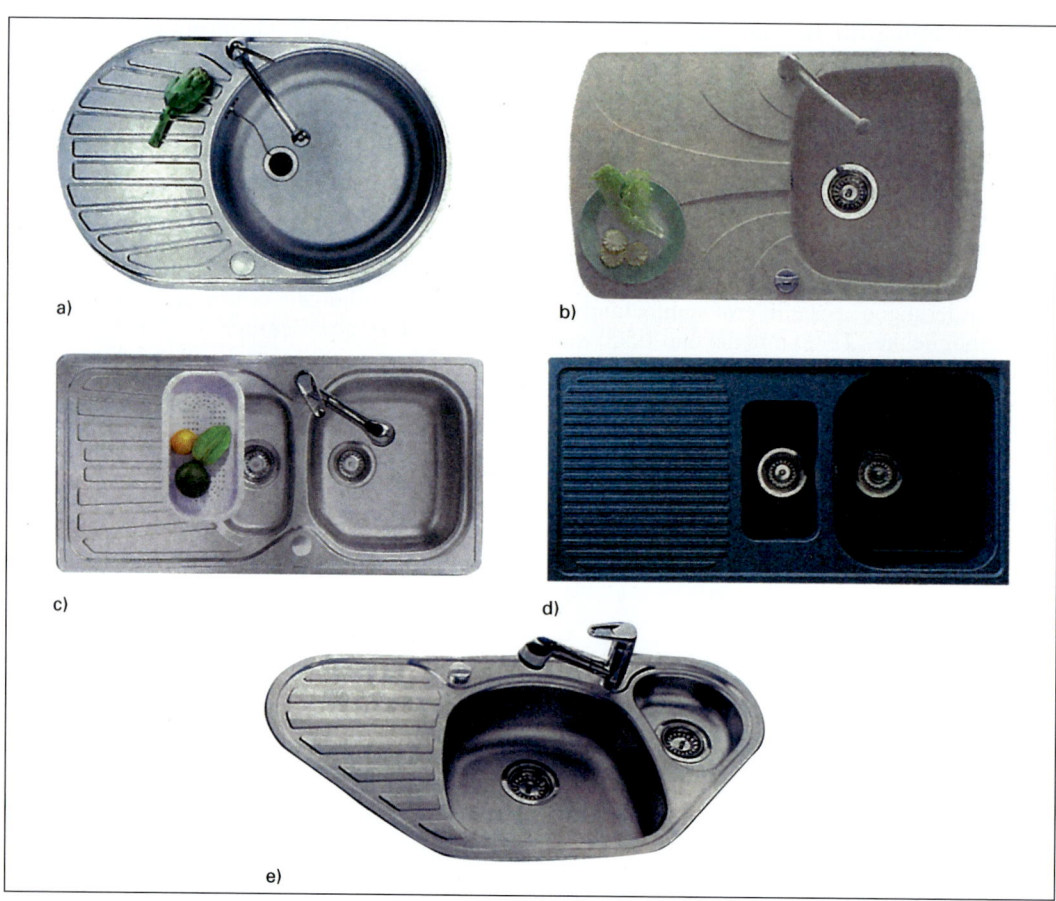

Bild 8.78 Einbauspülen
    a) Einzelspüle, Edelstahl glatt
    b) Verbundwerkstoff (US ab 45 cm Breite)
    c) Doppelspüle, Edelstahl
    d) Verbundwerkstoff
    e) Einbauspüle (Eckspüle), Edelstahl

Arten und Montage

Einbaubecken werden häufig in den vorbereiteten Ausschnitt der Arbeitsplatte auf einen Silikonstreifen gesetzt. Der Spülrand kann dabei aufliegen oder flächenbündig abschließen (**8.**79a).

Besteht die Arbeitsplatte aus Verbundwerkstoff, Naturstein oder Glas, eignet sich eine Spüle in Unterbauausführung. Der Ausschnitt muss präzise nach der Spülenabmessung mit glatter, sichtbar bleibender Schnittkante ausgeführt werden. Der kantenlose Einbau vermittelt einen ruhigen Gesamteindruck und bietet eine vergrößerte, leicht zu säubernde Arbeitsfläche (**8.**79b).

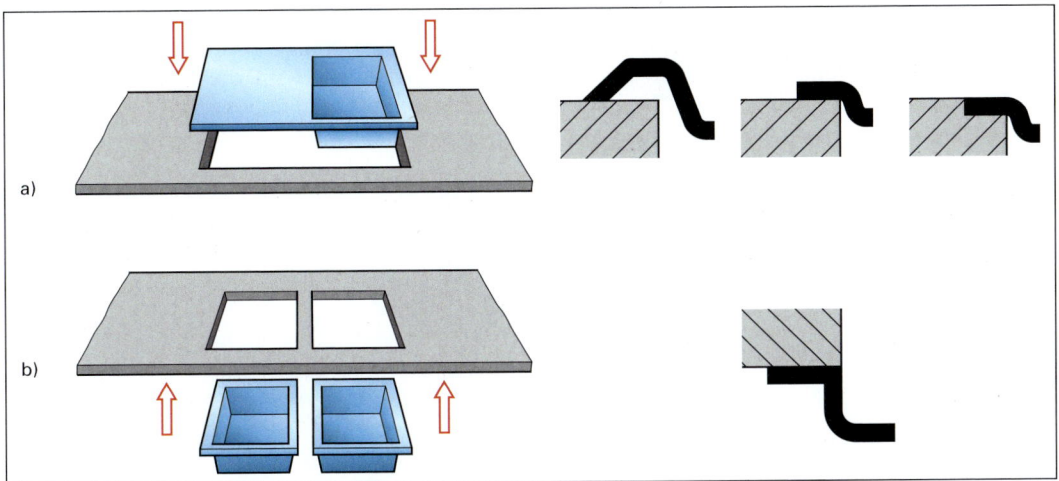

Bild 8.79 Einbaumöglichkeiten für Küchenspülen
a) von oben in die Arbeitsplatte
b) unter die Arbeitsplatte

Anschluss an Wasserleitungen

8.3.12.2 Trinkwasseranschluss

Kalt- und Warmwasserleitungen werden im Allgemeinen bei der Hausinstallation bis zur Entnahmestelle verlegt. Dabei ordnet der Installateur die *Warmwasserleitung oben* und *darunter die Kaltwasserleitung* an der Wand an. Die Auslässe enden meist mit nebeneinanderliegenden Eckventilen an der Zapfstelle (z.B. Spülenbereich). Ist eine Standarmatur am Spülbecken vorgesehen wird *links das Warmwasser* und *rechts das Kaltwasser* in ca. 60 cm Höhe, gemessen von der Oberkante des fertigen Fußbodens, angeschlossen. Für einen Wasseranschluss übertisch (Wandarmatur) müssen 1,10 m gemessen werden. Maßgeblich für alle Arbeiten ist die Einhaltung der *Technischen Regeln für Trinkwasserinstallation* (TWRI, DIN 1988). Als Leitungen werden Rohre aus nicht rostenden Stählen, Kupferrohre und seltener Kunststoffrohre mit der Zulassung für Trinkwasser verwendet. Zum Geschirrspülen wird Wasser mit einer Temperatur von 45 °C bis 55 °C verwendet. Bei fehlender zentraler Warmwasserversorgung sollte das Wasser in der Nähe der Entnahmestelle aufbereitet werden.

Elektrische Durchflusserwärmer (EDW) erwärmen das Wasser, während das Wasser durch sie hindurch fließt. Bei einer hohen Anschlussleistung (7,5–27 kW), ist Drehstrom erforderlich. Mehrere Entnahmestellen sind möglich, wobei sich bei gleichzeitiger Wasserentnahme die Durchflussmenge verringert. Die Steuerung der Geräte erfolgt hydraulisch oder elektronisch. Vorteilhaft sind die sofortige Betriebsbereitschaft, der geringe Platzbedarf und die unbegrenzte Warmwasserentnahme bei begrenzter Durchflussmenge.

Bei der Warmwasserbereitung mit **geschlossenen Elektro-Speichergeräten (Elektrodruckspeicher) ESW** steht der druckfeste wärmeisolierte Innenbehälter unter dem Druck der Trinkwasserleitung. Eine Sicherheitsgruppe ermöglicht das Abfließen des durch Erwärmung anfallenden Ausdehnungswassers. Es sind Speicher ab 5 l (meist Untertischspeicher) im Handel. Das jeweilige Speichervolumen ist bedarfsabhängig. Die Anschlusswerte betragen 2–6 kW, ab 4 kW wird Drehstrom benötigt. Mehrere Entnahmestellen sind möglich.

Niederdruckspeicher/offene Speicher arbeiten nach dem Überlaufprinzip. Beim Öffnen des Entnahmeventils fließt kaltes Wasser von unten in den Speicher und drängt das erwärmte Wasser aus dem oberen Bereich in den Auslauf. Der Behälter ist nicht für den Überdruck des Trinkwassers geeignet. Es ist nur eine Entnahmestelle möglich. In der Küche wird er meist unter der Spüle angeordnet. Für den Niederdruckspeicher wird eine besondere Spültischarmatur mit drei Anschlüssen benötigt. Um eine Verwechselung der Anschlüsse zu vermeiden, wird die Fließrichtung mit Pfeilen gekennzeichnet (**8.**80).

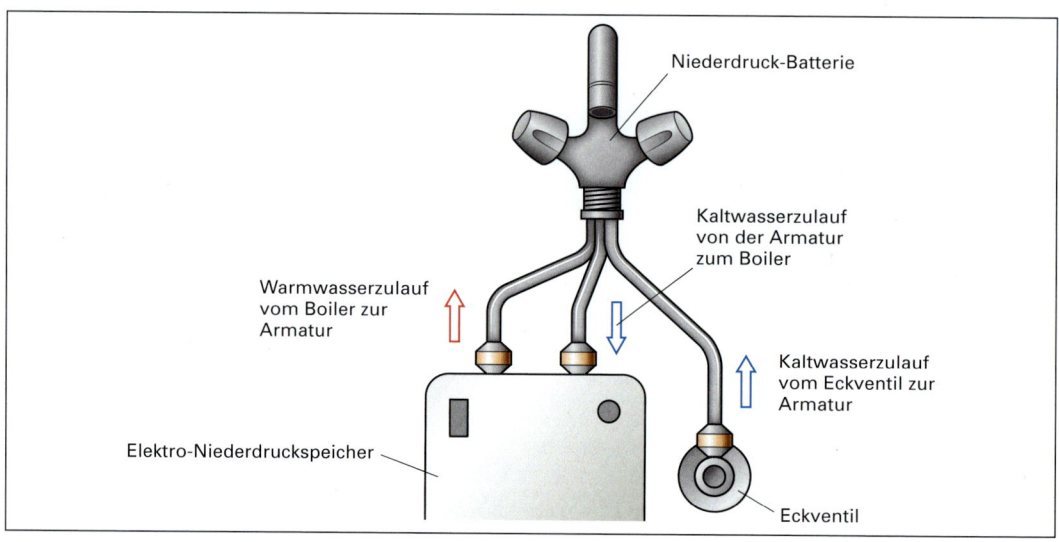

Bild 8.80   Anschluss eines Untertisch-Niederdruckspeichers

Mischarmaturen (**Mischbatterien**) haben einen Kaltwasser- und einen Warmwasseranschluss. Das Wasser kann beim Ausfließen gemischt werden. Wegen der einfachen Bedienung empfiehlt sich der Einbau einer Einhandmischbatterie mit Schwenkauslauf. Nach Art der Montage wird in *Standbatterien* und *Wandbatterien* unterschieden. **Die Anordnung der Wandbatterien** liegt mit der Rohrinstallation exakt fest. Spätere Änderungen der Lage sind nur mit erheblichem baulichen Aufwand (Aufstemmen der Wand, Zerstörung evtl. Fliesen) verbunden. Da der genaue Einbauort der Spüle in der Küche bei der Rohrinstallation oft nicht genau feststeht, finden häufig **Standbatterien** Verwendung, deren Eckventile durch die Einbaumöbel verdeckt werden (**8.**81).

Dem Anschlussdruck entsprechend wird in Mischbatterien für geschlossene (druckfeste) Anlagen, die unter vollem Leitungsdruck stehen, und offene, drucklose Anlagen unterschieden. Offene Anlagen stehen mit der Atmosphäre in offener, nicht absperrbarer Verbindung.

Achtung! Vor Inbetriebnahme müssen alle Anschlüsse und Leitungen auf Dichtheit überprüft werden.

8.3 Möbelteile – Konstruktionsteile für den Möbelbau

Herausziehbare Geschirrbrause

Bild 8.81 Spültischarmaturen
    a)   Einhebelwandarmatur
    b)   Zweigriff-Standarmatur
    c)   Einhebel-Standarmatur mit herausziehbarer Geschirrbrause
    d–f) Einhebel-Standarmatur

8.3.12.3 Anschluss an das Abwassersystem im Haus

Die zum Fallrohr führenden Abflussleitungen bestehen in den meisten Fällen aus hoch temperaturbeständigen Kunststoffrohren (HT-Rohr), die grau gefärbt sind. Handelsübliche Durchmesser (NW) sind: 40 mm, 50 mm, 75 mm, 110 mm; erhältlich in unterschiedlichen Längen.

Der Entwässerungsanschluss für die Spüle ist i.d.R. 0,50 cm hoch über OKF mit einem Durchmesser NW 50 mm angelegt. Spezielle Formstücke ermöglichen Richtungsänderungen, den örtlichen Gegebenheiten entsprechend (**8.**82).

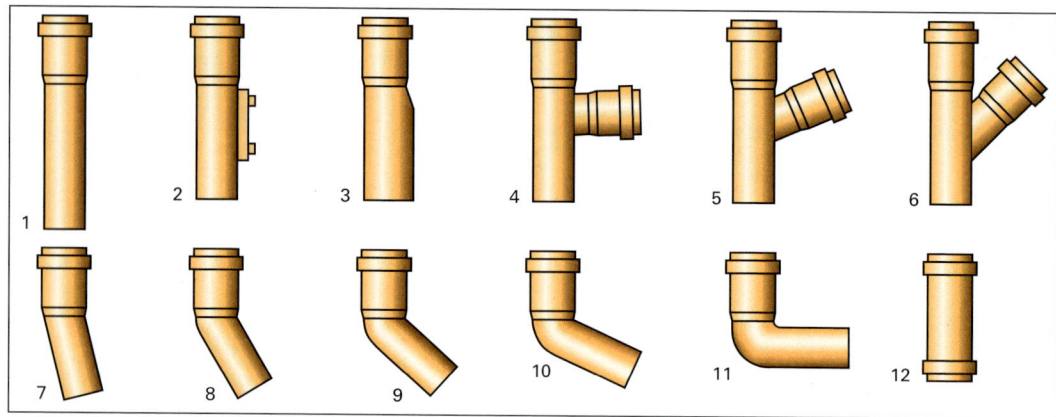

Bild 8.82 HT-Rohrformstücke
  1–3 Gerades Rohr mit Muffe,
  4–6 Rohr mit Abzweig,
  7–11 Rohr mit Bogen,
  12   Überschiebmuffe

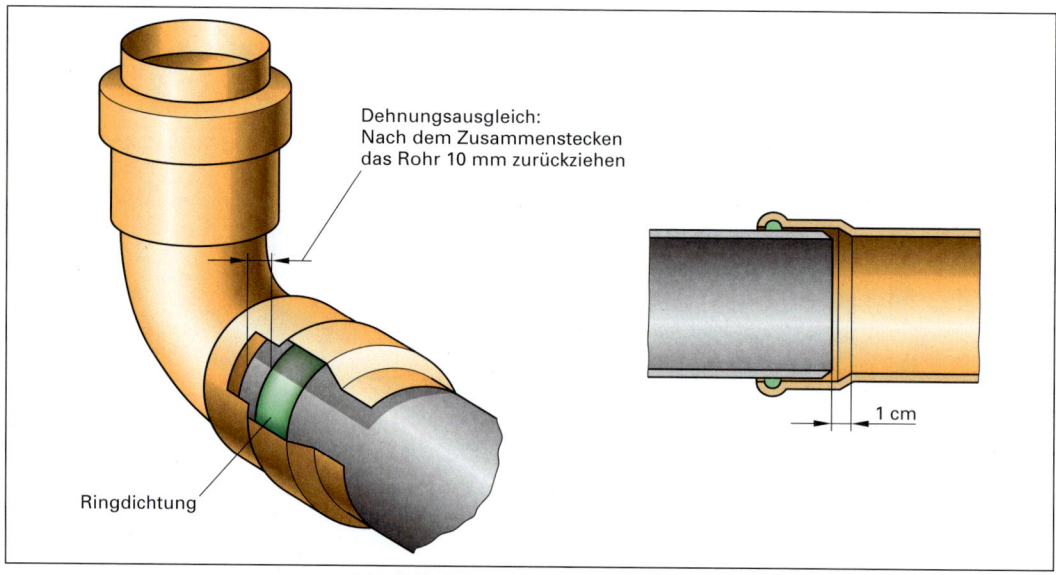

Bild 8.83 Dehnungsausgleich für Temperaturänderungen bei HT-Rohren

Da Abwasserleitungen nicht unter Druck stehen, sind die Rohrverbindungen einfach herzustellen.

Das Rohrende wird in die Anschlussmuffe geschoben und durch die eingelegte Ringdichtung abgedichtet. Zum Herstellen der erforderlichen Längen müssen die Rohre mit einer Feinsäge rechtwinklig getrennt werden. Hierbei entsteht ein Innengrad, der, damit sich das Rohr gut in die Anschlussmuffe stecken lässt, mit einer Feile entfernt wird. Jeder Widerstand behindert den Durchfluss und kann zu Ablagerungen führen. Das Rohrende wird mit Drehbewegungen bis zum Anschlag in die Muffe gesteckt und ca. 1 cm wieder zurückgezogen, da Temperaturschwankungen zu Längenänderungen des Materials führen (**8**.83). Der vorherige Auftrag eines Gleitmittels kann die Montage erleichtern.

Für eine gute Funktion sind vorschriftsmäßige Rohrdurchmesser und ein richtiges Gefälle von mind. 2 % wichtig (**8**.84). Sind mehrere Objekte am gleichen Abflussstrang angeschlossen, wählt man den nächst höheren Rohrdurchmesser. Als handelsüblicher Durchmesser (NW) gilt für Spülbecken, Spülmaschinen und Waschmaschinen DN 50.

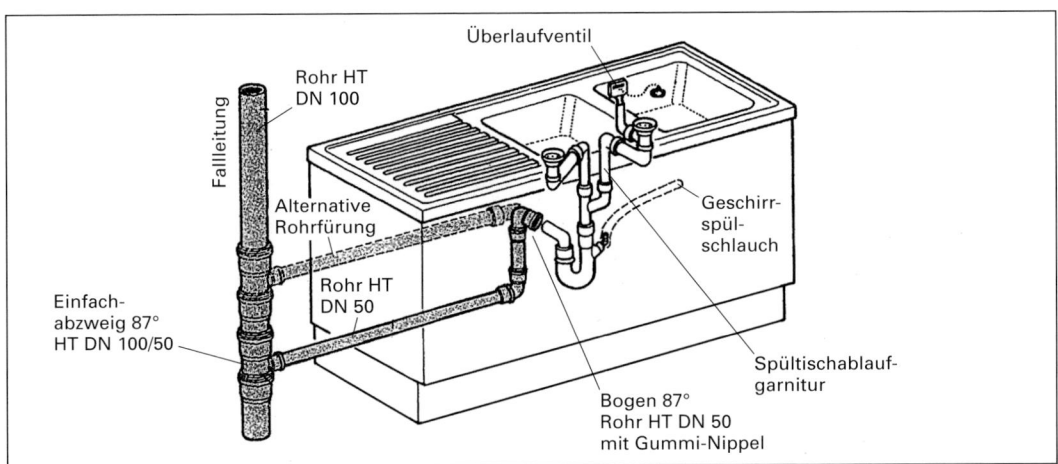

Bild 8.84   Montage eines Spülbeckenablaufs

8.3.12.4 Elektrische Anschlüsse

Bei der Planung und Ausführung von elektrischen Anlagen sind die einschlägigen Vorschriften und technischen Bestimmungen (DIN VDE 0100, DIN VDE 0150, DIN VDE 0606 T 1-Möbelinstallation) unbedingt zu beachten. In der Regel dürfen Arbeiten an elektrischen Anlagen nur von einer Elektrofachkraft ausgeführt werden. Elektrische Teile sind nach EN 500999 symbolisch gekennzeichnet (**8**.85a, b).

Mit einer Zusatzqualifikation können auch Mitarbeiter anderer Gewerke für festgelegte Tätigkeiten bei der Inbetriebnahme und Instandhaltung von elektrischen Anlagen und Betriebsmitteln eingesetzt werden (Elektrofachkraft für festgelegte Tätigkeit).

Elektrische Leitungen verbinden Stromquelle und Verbraucher, sie übertragen elektrische Energie.

Die Leitungsquerschnitte müssen richtig bemessen und mit dem zulässigen Leitungsmaterial fachgerecht ausgeführt werden. In Küchen erfolgt die Leitungsverlegung oft in Hohlwänden. Zulässig hierfür sind Leitungen und Kabel ohne Schutzrohr, deren Umhüllung aus flammwidrigem Kunststoff, z. B. PVC, bei Mantelleitungen NYM, besteht. Stegleitungen sind nicht zulässig.

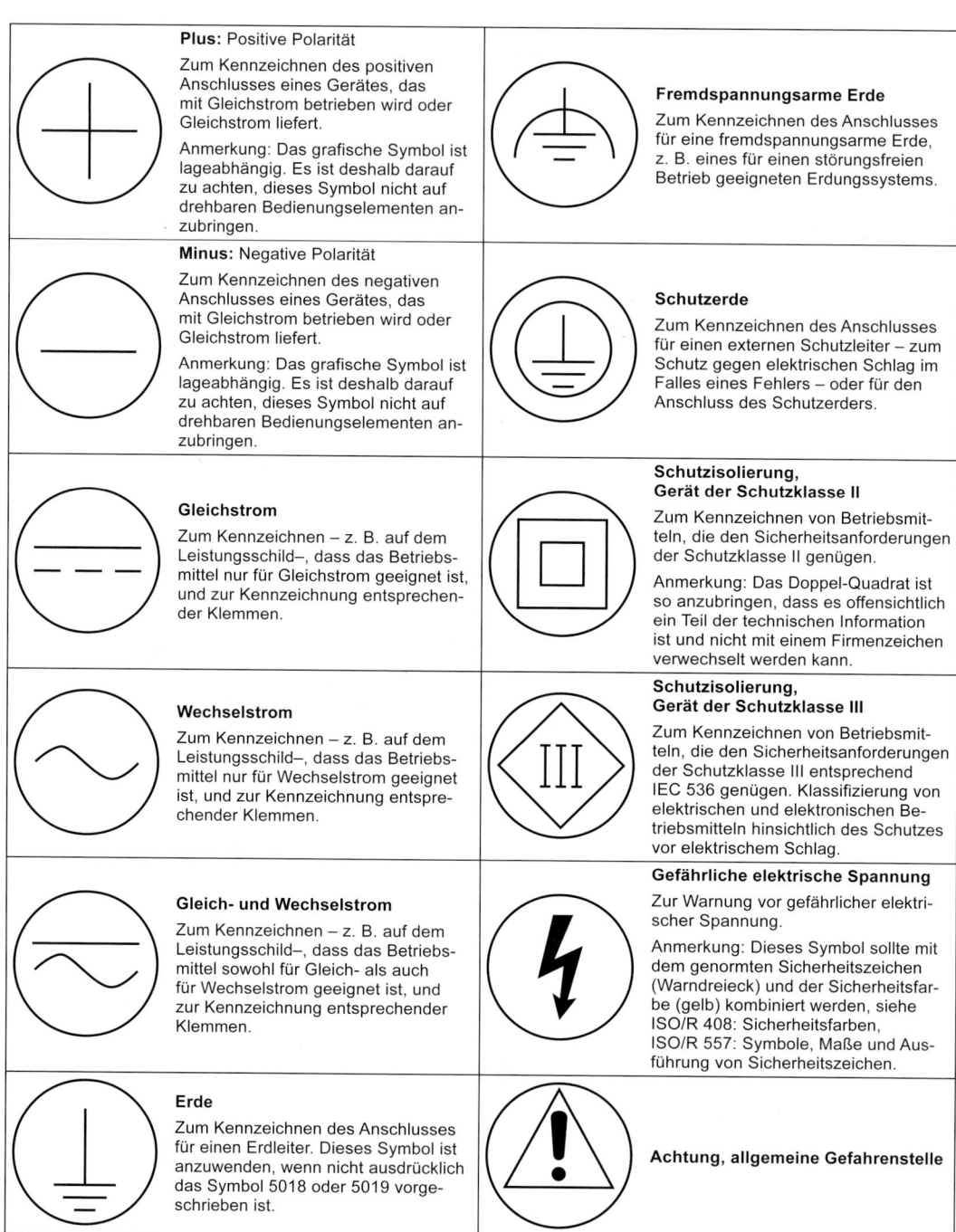

Bild 8.85a Grafische Symbole für die Kennzeichnung elektrischer Teile

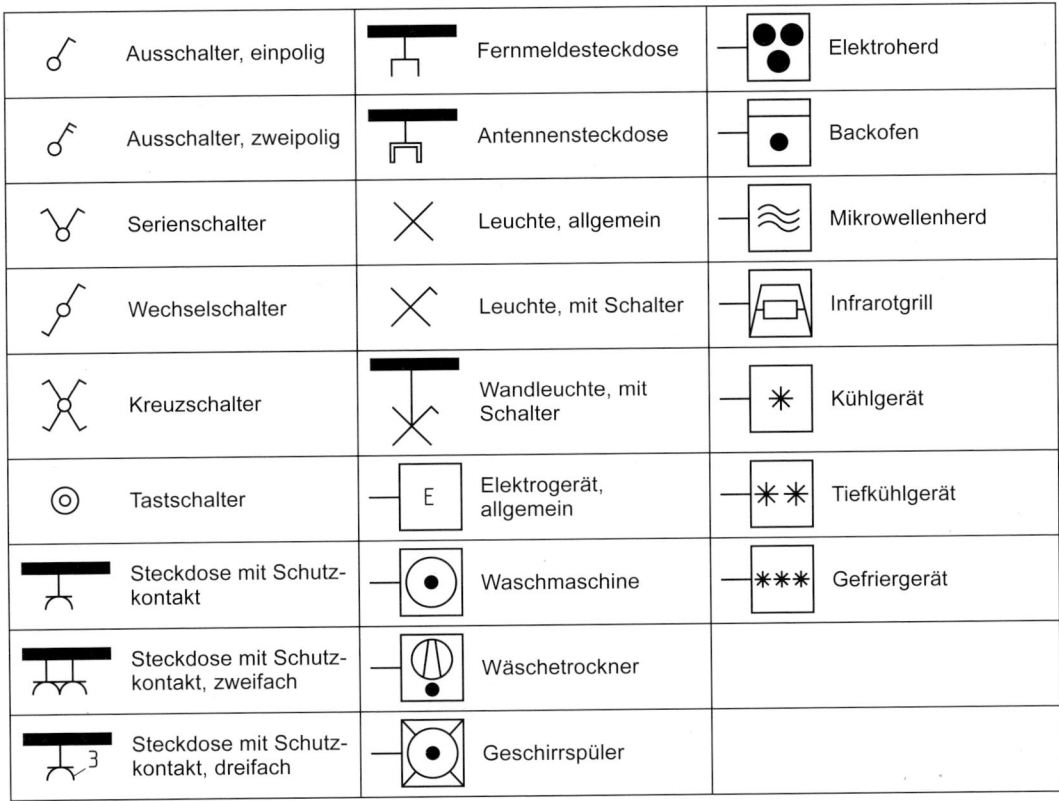

Bild 8.85b   Symbole von Elektrogeräten

Je nach Geräteausstattung sind 5 bis 6 Stromkreise vorzusehen Bei Geräten über 4 kW ist ein Drehstromanschluss erforderlich.

Richtwerte für Höhen elektrischer Anschlüsse über OKF (8.77, 8.85b):

- Herd (eigener Stromkreis, möglichst Kraftstrom)   0,30 – 0,35 cm
- Kühlschrank, Geschirrspüler, eigener Stromkreis 16 A   0,30 – 0,35 cm
- Dunstabzugshaube   2,10 – 2,15 m
- Arbeitssteckdosen   1,05 – 1,10 m

Beleuchtungsauslässe:
- Arbeitsplatz   1,35 m
- Oberschrankunterkante   1,65 m
- Innenschrank   2,10 – 2,15 m

Beleuchtung. Neben einer ausreichenden Allgemeinbeleuchtung durch natürliches Licht und Deckenbeleuchtung ist eine gute Arbeitsplatzbeleuchtung besonders wichtig. Bewährt haben sich Leuchtstofflampen hinter einer Blende unter den Oberschränken, Spots unter den Oberschränken (integriert) und LED-Beleuchtung an Geräten oder in Schrankinnenräumen.

8.3.12.5 Küchenentlüftung

Für eine gute Küchenentlüftung reicht ein Luftaustausch durch Öffnen des Fensters oder durch einen Außenwandventilator oft nicht aus. Deshalb sollte über der Kochstelle eine Entlüftungsmöglichkeit vorgesehen werden. Hierfür eignen sich Dunstabzugshauben als Unterbauhaube unter Oberschrank oder Regal oder Kaminhauben (**8.**86).

Bei der Planung und Montage muss ein Sicherheitsabstand der Dunstabzugshaube zum Kochfeld eingehalten werden (Elektroherd 65 cm, Gasherd 75 cm). Dunstabzugshauben arbeiten nach dem Abluft- oder Umluftprinzip (**8.**87).

Abluthauben. Für den Abluftbetrieb ist Frischluftzufuhr erforderlich, da sonst in geschlossenen Räumen ein Unterdruck entsteht. Wenn zu wenig Frischluft nachströmt, sinkt die Leistung des Lüfters und die Luftreinigung verschlechtert sich. Die Geräte saugen mit Ventilatoren die Kochschwaden über Fettfilter ab. Dabei entweichen Wasserdampf und Dunst, die Schwebeteilchen werden festgehalten. Die Filter müssen nach einer gewissen Betriebsdauer gewechselt werden.

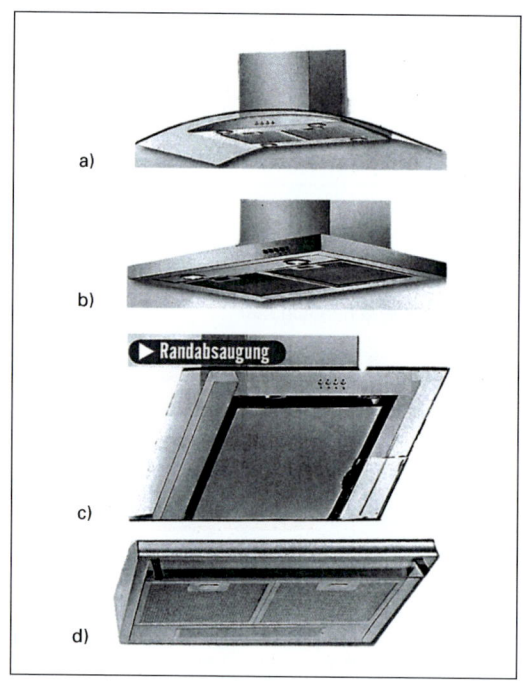

Bild 8.86 Dunstabzugshauben
a–c) Kaminhauben aus Edelstahl
d) Unterbauhaube

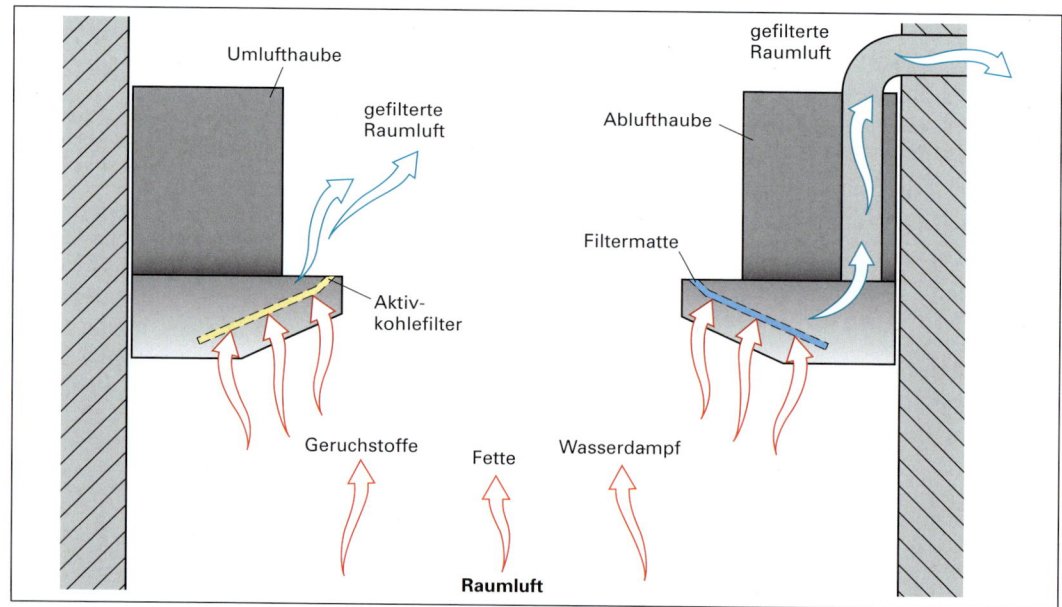

Bild 8.87 Arbeitsweise von Umluft- und Abluthaube

Die Abluft wird direkt nach außen oder zu einem Lüftungsschacht geführt. Hierzu dienen Flexschläuche (120 mm, 150 mm Durchmesser) oder Formstücke aus Kunststoff, Aluminium, verzinktem oder nicht rostendem Stahl. Sie müssen innen glatt sein, damit sich kein Schmutz ablagern kann. Die dichten Rohrverbindungen müssen in der Horizontalen ein leichtes Gefälle (2 %) nach außen aufweisen. Ablufthauben können im Ab- und Umluftbetrieb genutzt werden.

Achtung! Ablufthauben dürfen nicht gleichzeitig mit offenen Gasgeräten Typ B1 (Gastherme, Gasdurchlauferhitzer) betrieben werden, da die Abgase angesaugt werden können. Ablufthauben und Gasgeräte müssen gegenseitig verriegelt sein.

Umlufthauben werden verwendet, wenn ein Abluftanschluss nach außen oder an einen Lüftungsschacht nicht möglich ist. Diese Geräte saugen durch eingebaute Ventilatoren die zu reinigende Luft an und führen sie durch Fett- und Kohlefilter, die Fett und Gerüche durch Aktivkohlegranulat binden. Im Umluftbetrieb ist eine angemessene Lüfterleistung erforderlich.

Die Strömungsgeschwindigkeit der angesaugten Luft darf nicht höher als 0,6 bis 0,8 m/s sein. Bei zu hoher Strömungsgeschwindigkeit können sich die Geruchsstoffe nicht im Kohlefilter einlagern. Dunstabzugshauben mit zusätzlicher Randabsaugung haben eine effektivere Entlüftung, die über der gesamten Fläche des Kochfeldes wirkt.

Abluft- und Umlufthauben gibt es in den Standardbreiten von 60 cm und 90 cm mit 230-V-Anschluss.

8.3.13 Großküchen

In Großküchen müssen alle Funktions- und Arbeitsabläufe rationalisiert sein, um die Speisen schnell und ohne lange Warmhaltezeiten mit wenig Personal herstellen zu können. Unterschieden wird in kleine, mittlere und Großküchen. Die Organisation richtet sich nach den vier möglichen Versorgungssystemen: **Frischkost, Relaisküche, Warmverpflegung** und **Mischkost.**

Das Versorgungssystem bestimmt den betrieblichen Ablauf. Bei der Planung muss auf einen reibungslosen, gut organisierten Herstellungsablauf von Anlieferung, Lagerung, Erzeugung, Ausgabe und Geschirrrücknahme geachtet werden (**8.**88). Ein Großküchenplaner erstellt einen Funktionsablaufplan und entwickelt Vorschläge für die einzelnen Systeme sowie die Anordnung einzelner Küchengeräte. Um eine optimale Ablauforganisation (Weg der Speisen) zu erhalten, müssen die einzelnen Schritte des Arbeitsablaufs festgelegt und der gegebenen Raumsituation zugeordnet werden:

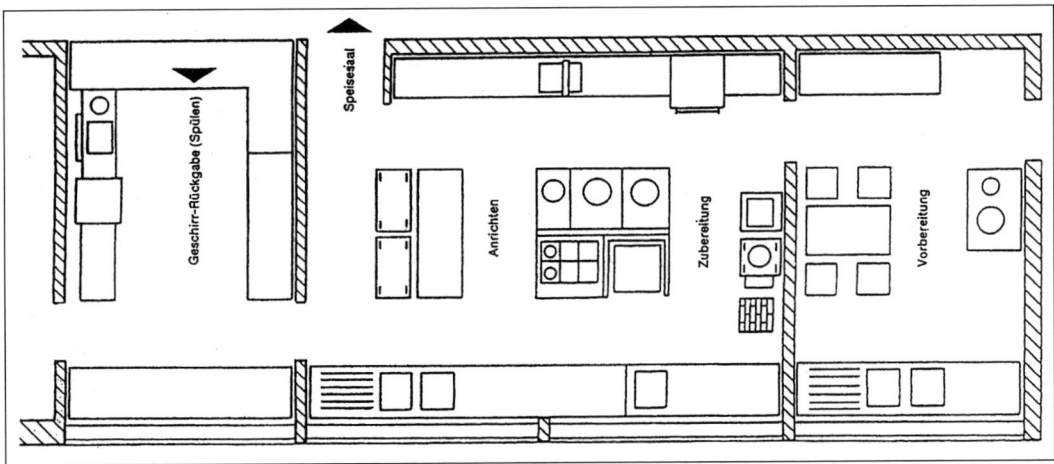

Bild 8.88 Grundriss einer Großküche (Carl-Legien-Schule, Berlin)

Anlieferung und Lagerung – Kontrolle – Vorbereitung – Zubereitung – Speiseverteilung zur Ausgabe – Geschirrrücknahme und -reinigung.

Wegen der hohen baulichen Anforderungen an Räume für Großküchen (Statik, Wasser-, Gas-, Elektroinstallation, Lüftung) muss der Planungsprozess früh beginnen. Spätere bauliche Änderungen sind meist zeitaufwendig, mit hohen Kosten verbunden und führen selten zu optimalen Lösungen. Aus hygienischen Gründen wird Edelstahl bevorzugt für Arbeitsplatten, Spülen und Lagerregale verwendet. Leistungsstarke, am Bedarf orientierte Küchengeräte und Spezialmaschinen erleichtern die Küchenarbeit.

8.4 Kleine Stilkunde des Möbels

Arbeitsauftrag Nr. 74 Lernfeld TI 11
- Die Klasse erhält den Auftrag, einen Schaukasten der Schule unter dem Motto „Kleine Stilkunde des Möbelbaus und Baustile" zu gestalten. Entwerfen Sie hierzu eine farbige Zeitleiste der einzelnen Epochen.
- Veranschaulichen Sie diese durch Erkennungsmerkmale, Skizzen, Kopien und Fotos.
- Teilen Sie die Klasse in Gruppen und ordnen Sie die einzelnen Epochen den jeweiligen Gruppen zu. Ziel ist es, eine zusammenhängende Zeitleiste farbig und anschaulich zu gestalten.
- Exkursionsvorschlag: Besuch eines Möbelmuseums.
- Entwickeln Sie Fragen und Antworten für Ihren Lernkarteiordner.
- Halten Sie unter Zuhilfenahme der Zeitleiste einen Vortrag in einer anderen Klasse.

Lange Zeit bildeten Truhen und Kästen die einzige bewegliche Einrichtung. Sie dienten als Gebrauchsgegenstände und Gestaltungselemente im Wohnbereich. Erst später entwickelten sich andere Möbelformen.

Stil. Die Geschichte des Möbels ist eng mit der Entwicklung der Architektur verbunden. Die Möbel zeigen typische Stilmerkmale der einzelnen Epochen, die wir kennen müssen, um heutige Formen (das Design) zu verstehen und Künftige mitzuentwickeln. Unter Stil versteht man die für eine bestimmte Zeit (z. B. Romanik, Gotik, Renaissance) typische Formausprägung auf allen Gebieten künstlerischen Schaffens.

Die folgenden Abschnitte geben Einblicke in die Epochen und ihre wichtigsten Stilmerkmale.

8.4.1 Altertum und Antike

Im alten Ägypten (etwa 2800 bis 300 v.Chr.), dem Land der monumentalen Pyramiden und Tempel, schufen Handwerker aus kostbaren Hölzern wie Zeder, Zypresse, Ebenholz oder Johannisbrotbaum ihre Möbel. Sie schmückten sie mit kunstvollen Ornamenten, Darstellungen aus dem täglichen Leben oder Sinnbildern aus dem religiösen Bereich (**8.89**). Einige der als Grabbeigabe verwendeten kostbaren Möbel sind erhalten geblieben. Konstruktive Holzverbindungen und Dekorationstechnik waren bereits hoch entwickelt. Die Drechselkunst und Furniertechnik waren bereits bekannt. Intarsien dienten als wichtiges Gestaltungselement.

8.4 Kleine Stilkunde des Möbels

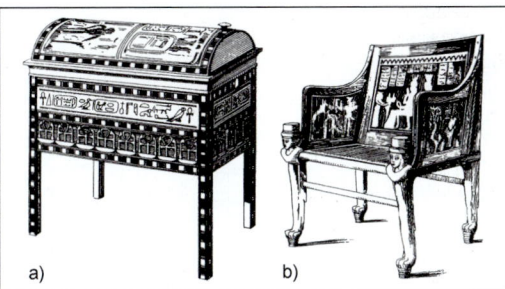

Bild 8.89 Ägyptische Möbel
 a) Schmuckkasten,
 b) Sessel des Pharao

Griechenland. Mit den Griechen (etwa 1000 bis 150 v.Chr.) beginnt die Antike. Die Griechen strebten nach Harmonie in allen Dingen und Maßen. Der „klassische" Tempel mit dem Querbalken (Architrav), Fries und Dreieckgiebel entsteht (**8.**90). Aus der dorischen Säulenordnung entwickeln sich die ionische und die korinthische Ordnung.

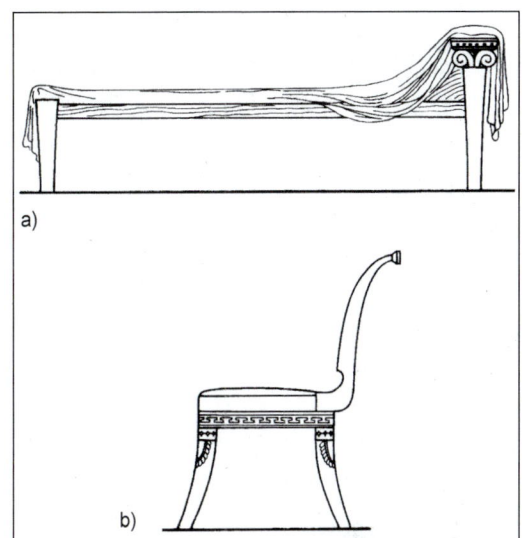

Bild 8.91 Griechische Möbel
 a) Ruhelager, b) Klismos-Stuhl

Bild 8.90 Poseidon-Tempel, Paestum

Auch die in Vasenbildern und Steinreliefs überlieferten Möbel zeigen ausgewogene, „klassische" und einfache Grundformen wie Mäander, Eierstab und Tiersymbole (**8.**91). Dübel, Verzapfung, Überblattung, Zinkung und auch Leimfugen sind bereits geläufig.

Die Römer (etwa 750 v.Chr. bis 450 n.Chr.) entwickelten die griechische Formenwelt vor allem technisch weiter.

Viele „Ingenieurbauten" entstehen – Thermen, Arenen, Aquädukte, Brücken und Straßen. Neben den Tempeln entstehen öffentliche Markt- und Gerichtsgebäude (Forum und Basilika) sowie Theater (**8.**92).

Bild 8.92 Römisches Bauwerk, Colosseum in Rom

Aus der griechischen Säulenordnung bildet sich das römische Kompositkapitell.

Die Möbel werden in Brett- und Stollenbauweise geschaffen. Gedrechselte Stollen zeigen das handwerkliche Können der Römer. Als Schmuck dienen Pflanzenornamente und Tiersymbole (**8.**93). Als Möbelgrundtypen waren Bett, Sitzmöbel, Tisch, Truhe und Schrank bekannt.

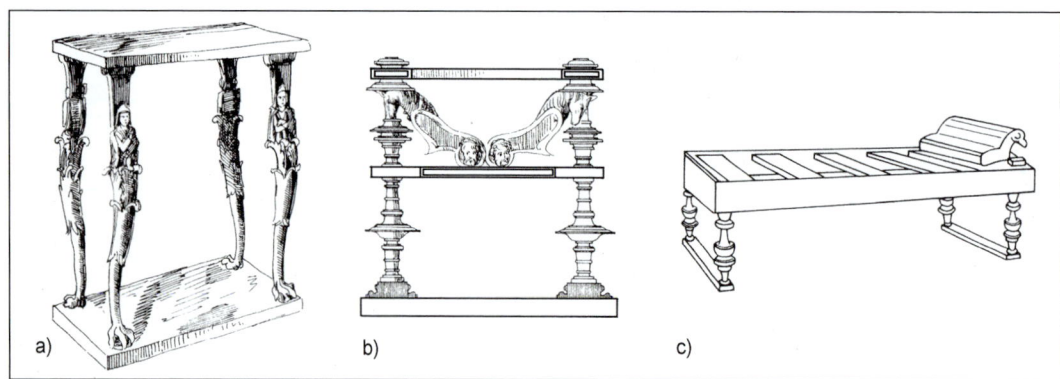

Bild 8.93 Römische Möbel
a) Tisch, b) Ehrensitz, c) Ruhelager

8.4.2 Mittelalter

An die Antike und die frühchristliche Zeit schließt sich das Mittelalter an. Es umfasst die Romanik und Gotik.

Die Romanik (etwa 800 bis 1250)

> Es ist die Epoche der Reichsgründungen in Mitteleuropa (Karl der Große, Friedrich I. Barbarossa). Im Schutz der Kaiserpfalzen und Adelsburgen oder in Klosternähe entwickeln sich Städte. Burgen, Kirchen und Klöster dienen als Wohn-, Sakral-(kirchliche) und Wehrbauten zugleich.

Baustile. Dicke schwere Mauern mit kleinen Fenstern und Rundbögen kennzeichnen diesen Stil. Aus der römischen Basilika entwickelt sich die Kreuzform der Klosterkirchen und Kaiserdome (z. B. Maria Laach, Dome in Speyer, Worms und Mainz, **8.**94). Die römischen Kompositkapitelle weichen gedrungenen Würfel-, Figuren- und Pflanzenkapitellen.

Möbelbau. In der Einrichtung beschränkt man sich auf wenige Gebrauchsmöbel. Sie sind wuchtig und schwer, haben aber oft kunstvoll gedrechselte Teile. Als Sitzgelegenheit werden Faltstuhl, Kastensitz und Bänke benutzt. Truhen und einfache Schränke sind wuchtige Brett- oder Stollenkonstruktionen mit einfachem Keil- und Kerbschnittmuster oder Ritzlinien (**8.**95).

Dübel, Zapfen und Metallband dienen als Verbindungs- und Gestaltungselemente (**8.**96). Die Säulenfüße und Blendarkaden der Möbel werden aus der Architektur übernommen. Die Möbel des Adels zeigen Klauenfüße und Löwenkopfknauf.

Bild 8.94 Romanisches Bauwerk, Dom zu Speyer

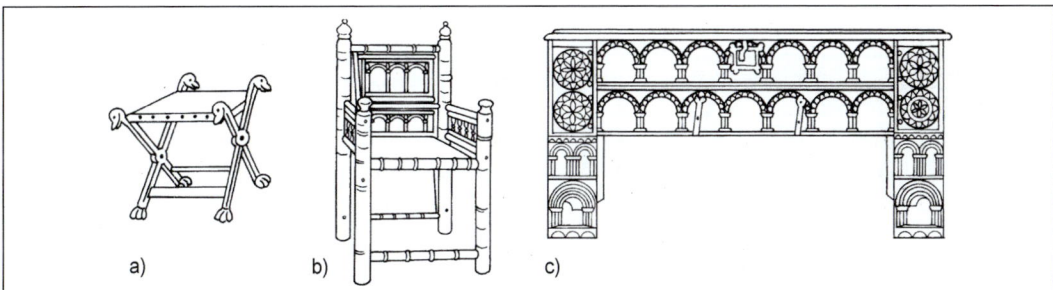

Bild 8.95 Romanische Möbel
a) Faltstuhl b) Kastenstuhl c) Truhe mit Rundbogenarkaden

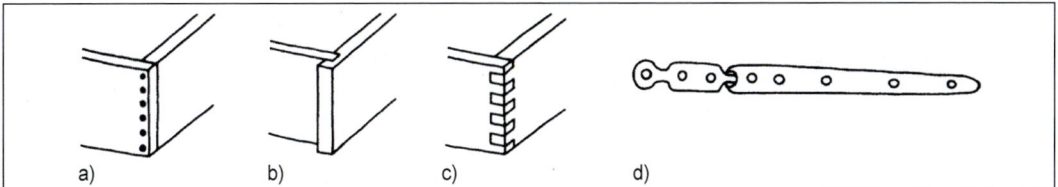

Bild 8.96 Romanische Holzverbindungen und Beschlag
a) gedübelt b) eingelassen c) gezinkt d) schmiedeeiserner Beschlag

Die Gotik (etwa 1250 bis 1500)

Ihr Ursprung liegt in Frankreich. Ein tief empfundener religiöser Glaube prägt diese Epoche. Es ist die Zeit der Städtegründungen, Gilden und Zünfte erleben ihre Blütezeit.

Baustil. Die Bauwerke sind feingliedrig, mit Betonung der senkrechten Linie. Kathedralen und Dome erheben sich fast schwerelos in den Himmel – denken wir nur an die französischen Kathedralen, den Wiener Stephansdom oder die Münster in Ulm, Freiburg und Straßburg. Die Wände der Kirchen öffnen sich dem Licht. Kunstvolles Maßwerk ziert die großen Spitzbogenfenster und Fensterrosetten (**8.97**).

Möbelbau. Die massive Brettbauweise der Romanik weicht mehr und mehr dem Stollenbau und Rahmenbau mit großen Flächen und Füllungen. Die in dieser Zeit aufkommenden Sägemühlen erleichtern den Zuschnitt und die Verarbeitung (1322 – erste Sägemühle in Augsburg). Die meisten der heute gebräuchlichen Holzverbindungen wie Graten, Zinken und Schlitzen werden entwickelt und angewendet. Sie schaffen die technische Voraussetzung für eine reichere Formgebung bei Sitzmöbeln (Falt-, Scheren-, Dreibeinstuhl, Kastensitz), Betten und Tischen (Kastentisch mit Schubladen). Aus zwei übereinander gesetzten Truhen entsteht der Schrank. Die aus Eiche, Esche oder Nadelhölzern gefertigten Möbel erhalten Ornamente in Flach- oder Kerbschnitzerei. Das Schmuckwerk wird reichhaltiger und zeigt neben Naturmotiven (Ranken, Blüten, Blättern) auch Zierprofile. Bänderwerk, Rankenreliefs, Tier- und Fabelwesen wechseln mit filigraner Maßwerkschnitzerei und Wappen. Rahmenkonstruktionen erhalten oft Füllungen mit Faltwerk oder X-Ornamenten (**8.98**).

Bild 8.97 Gotisches Bauwerk, Notre Dame, Paris

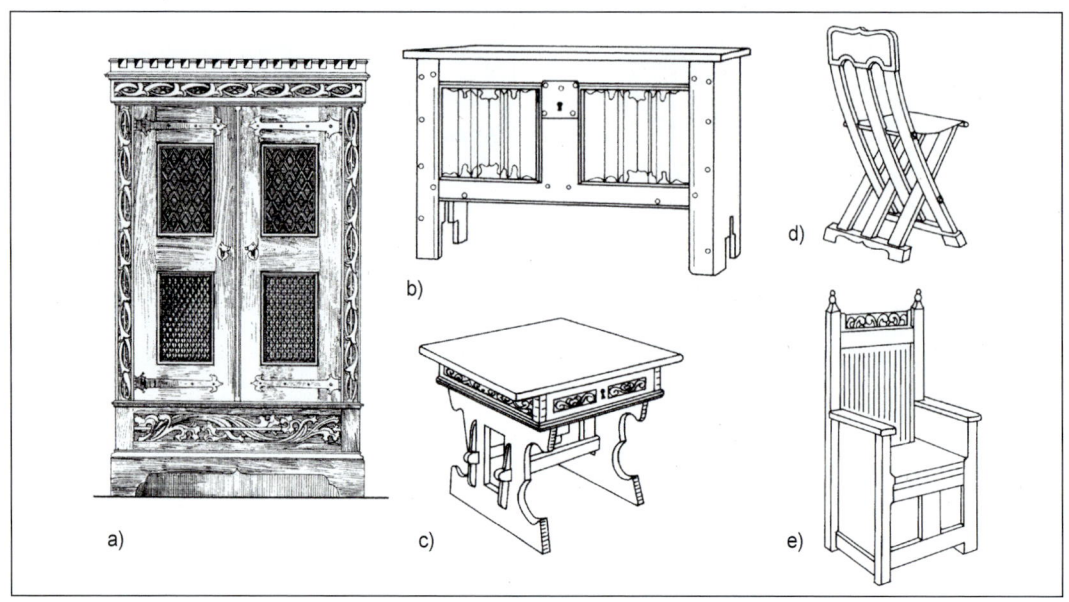

Bild 8.98 Gotische Möbel
a) Schrank b) Truhe c) Tisch d) Scherensitz e) Kastenstuhl

8.4.3 Neuzeit

Die Neuzeit beginnt mit der Erfindung des Buchdrucks mit beweglichen Lettern. Durch diese Erfindung Gutenbergs wird es möglich, Literatur und Wissen rasch zu verbreiten und damit Wissenschaft und Technik voll zu entfalten.

Die Renaissance (etwa 1500 bis 1600)

Die Epoche geht von Italien aus mit dem Bestreben, die Antike wiederzubeleben (Renaissance = Wiedergeburt). Griechische und römische Stilelemente werden aufgenommen und zu neuen Schöpfungen verarbeitet. Nicht mehr die Kirche steht im Mittelpunkt, sondern der Mensch. Die selbstbewussten Bürger bauen sich stolze Wohnhäuser und kunstvolle Rathäuser, die Fürsten errichten weitläufige Schlösser und prachtvolle Paläste. Rasch verbreitet sich die Renaissance über ganz Europa. Beispiele in Deutschland sind das Heidelberger Schloss sowie die Rathäuser in Augsburg und Bremen (**8.**99). Der gewaltige Aufschwung von Wissenschaft und Technik hat viele Erfindungen und Entdeckungen zur Folge. Handel und Gewerbe blühen, Stolz und Macht der Bürger wachsen.

Bild 8.99 Renaissance-Bauwerke, Bremer Rathaus und Roland

Bild 8.100 Renaissancemöbel
a) Truhe b) Tisch c) Stuhl d) Büffet e) Kredenz

Baustile. Die Bauwerke sind klar und harmonisch gegliedert mit Betonung der waagerechten Linien. Die quadratischen und rechteckigen Fensteröffnungen erhalten oft eine schmückende Umrahmung sowie dreieckige oder halbrunde Giebelfenster.

Unter den Händen der Handwerker entstehen Parkettböden aus vielfarbigen Hölzern. Kassettendecken aus Holz mit kunstvoll gestalteten Profilen und Verkröpfungen geben Zeugnis vom künstlerischen Schaffen.

Möbelbau. Antike Ornamente der Baukunst erscheinen auch auf den Möbeln, die in Rahmenkonstruktionen aus Eiche, Nussbaum, Kastanie oder Ebenholz gefertigt werden. Aus der Truhe entwickelt sich die Truhenbank, reich verziert mit Blumenranken, Tierköpfen oder Fabelwesen (**8.**100). An die Stelle des gotischen Kastentisches tritt ein Tisch mit schwerem Untergestell und reichen Ornamenten, dessen vasenförmige Balusterbeine sich allmählich zur Kugelform wandeln. Die Flächen der Wangentische dekoriert man mit Eierstab, Zahnschnitt, Blattwerkfries, Gesimsprofil, Palmetten, Masken und Fruchtgirlanden. Als Vorläufer des Prunkbüfetts kommt die Kredenz auf, ein kastenähnlicher Aufbau mit geschnitzten Türen auf meist offenem Untergestell.

Eine Abwandlung ist das Kabinettschränkchen, ein Querschrank auf hohem Fußgestell mit kleinen Schüben und Fächern. Kostbare Intarsien und Arabesken (plastisches Blatt- und Rankenwerk) zieren diese Schränke. Bei den Stühlen herrscht die Stollenkonstruktion vor, wobei Stollen und Zargen ebenfalls Formen aus der Baukunst zeigen: Ziergiebel, Säulen und Kapitelle. Die Stege sind gedrechselt. Auch gepolsterte Sitze kommen auf. Aus anfangs vereinzelt eingelegten farbigen Hölzern entwickelt sich die Intarsie.

Der Barock (etwa 1600 bis 1730)

Es ist das unruhige Zeitalter der Gegenreformation (des Religionszwists zwischen Katholiken und Protestanten) und des verheerenden 30-jährigen Krieges, der mit dem Westfälischen Frieden 1648 endet. Der Wunsch nach Repräsentation von Fürsten, wohlhabenden Kaufleuten und kirchlichen Würdenträgern fördert das darniederliegende Handwerk und die Künste.

a) b)

Bild 8.101 Barockbauwerke
a) Dresdner Zwinger (M. D. Pöppelmann) b) Vierzehnheiligen (B. Neumann)

8.4 Kleine Stilkunde des Möbels

Rasch greift der in Italien entstehende Barock (ital. *barocco* = schiefrund, sonderbar) mit seinen bewegten Linien, seiner Schmuck- und Prunkfreude auf ganz Europa über. Mitgeprägt wird der Barockstil vom Hof König Ludwigs XIV. von Frankreich, dem „Sonnenkönig".

Baustil. Es entstehen Schlösser mit verschwenderischer Ausstattung: säulengegliederte Fassaden, große Repräsentationssäle und Spiegelkabinette, ausgedehnte Gärten, die wir noch heute in Versailles bewundern können.

Andere europäische Fürsten ahmen diesen Louis-XIV.-Stil nach (Beispiele sind die Würzburger Residenz, das Ludwigsburger Schloss und der Dresdner Zwinger, **8.**101a). Prunk bestimmt auch die Kirchenbauten dieser Zeit, vor allem in Süddeutschland und Österreich (etwa Vierzehnheiligen (**8.**101b), Weingarten, Fulda).

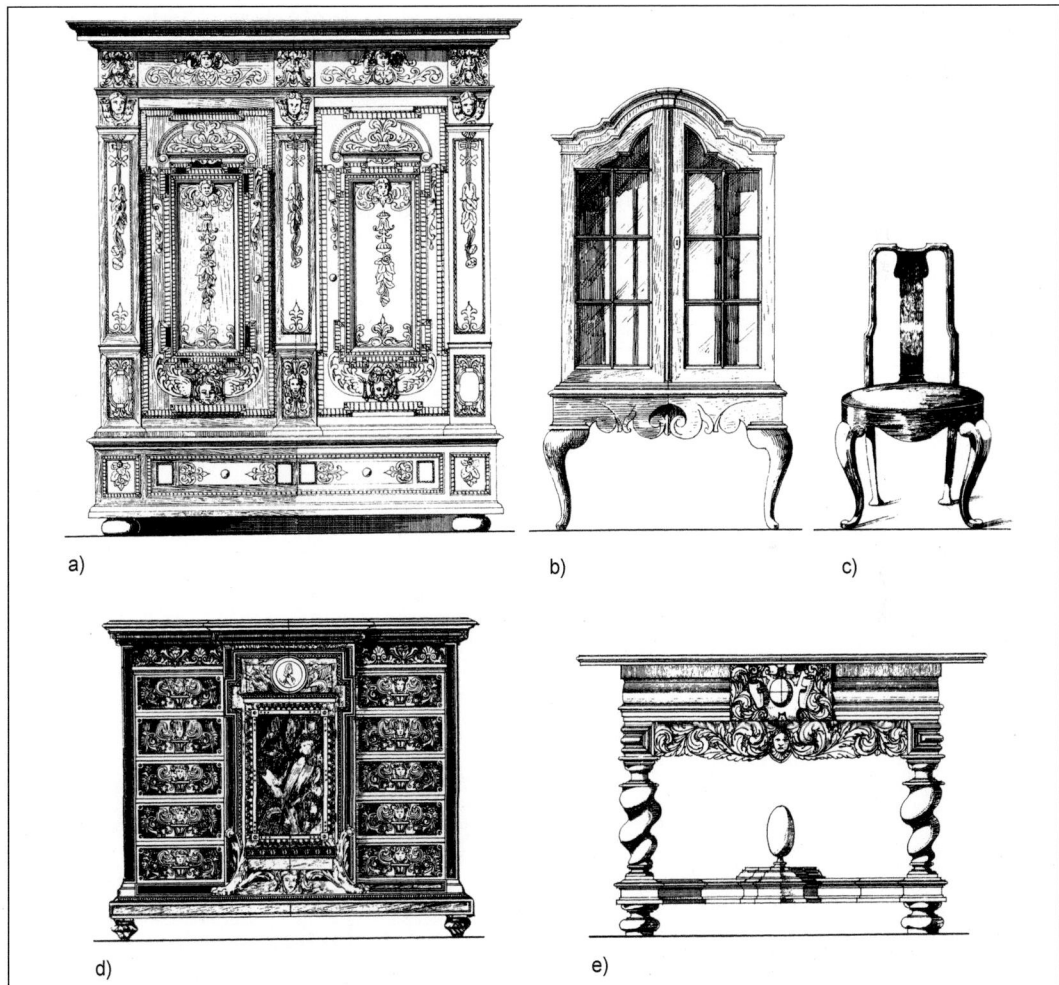

Bild 8.102 Barockmöbel
a) Schrank b) Kabinettschrank c) Stuhl (Queen Anne) d) Kommode e) Tisch

Möbelbau. Die Kommode mit Schubkästen zur Aufbewahrung löst die Truhe ab. Durch die Ergänzung mit einem Aufsatz entsteht der Kommodenschrank. Die gepolsterte Sitzbank (Kanapee) kommt auf, geschwungene Säulen stützen Tische und Schränke. Die schweren Schränke werden meist von Kugelfüßen getragen, darüber finden wir im Sockel große

Schubladen (Hamburger Schapp). Das weit ausladende Kranzgesims wird geschweift und erhält Kröpfungen. Die spitzovalen Türfüllungen sind gewölbt und reich profiliert. Die Möbelfronten zeigen oft Portalmotive. Aus dem Möbelhandwerk wird immer mehr eine Möbelbaukunst.

Berühmte Kunsttischler sind *André Boulle* (Boulletechnik) am französischen Hof, *Abraham* und *David Roentgen* sowie *Frangois Cuvillies* in Deutschland. Aus dem Rollwerk der Spätrenaissance entwickeln sich Knorpel- und Rollenwerk (**8.**102).

Alle gängigen Konstruktionen werden beherrscht. Man verarbeitet kostbare Hölzer, deren Oberfläche mit hochwertigen Lacken, Politur und Lackmalerei dekoriert wird. Für Intarsien verwendet man neben Edelhölzern auch Metalle, Perlmutt, Schildpatt und Elfenbein.

Rokoko (etwa 1730 bis 1770)

Der wirtschaftliche Aufschwung ermöglicht den Fürstenhöfen eine aufwändige, repräsentative Lebensweise.

Bild 8.103   Rocaille-Ornament

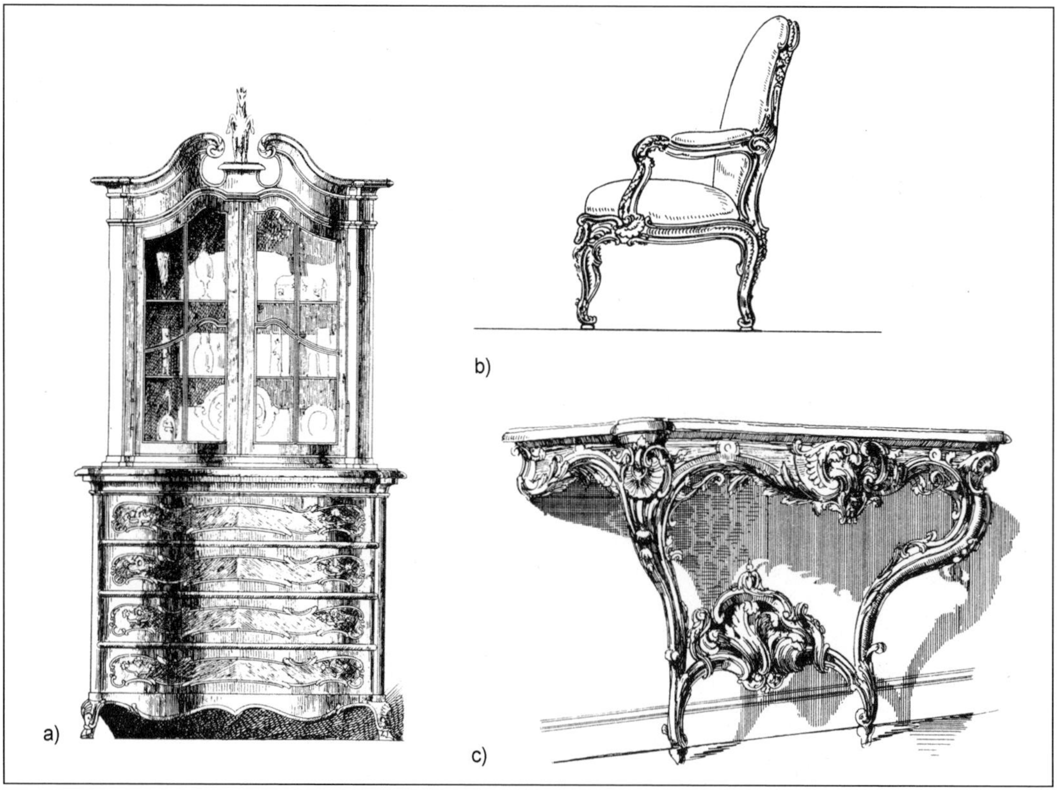

Bild 8.104   Rokokomöbel
a) Kommodenschrank, b) Sessel (Zopfstil), c) Konsoltischchen (Zopfstil)

Baustil. Im Rokoko vollendet sich das Barock. Seine schwere und wuchtige Würde weicht einer leichten, zierlichen Ornamentik. Muschelwerk (Rocaille, **8.**103), Stuckaturen und feines Zierwerk in schwingenden Linien kennzeichnen diese Epoche, in der Friedrich der Große Schloss Sanssouci (frz. = ohne Sorge, sorgenfrei) erbauen lässt.

Möbelbau. Man verarbeitet alle verfügbaren Holzarten, die konstruktiven Verbindungen bleiben weitgehend verborgen. Möbeloberflächen werden oft deckend lackiert oder vergoldet. Das Rokoko bevorzugt kleine Möbeltypen. Es entstehen kleine Kommoden, Schreibtische, zierliche Spieltische und graziöse Sitzmöbel, deren Polster mit Seide bezogen sind. Man dekoriert die Möbel mit spielenden Putten, stilisierten Vögeln, Rosengirlanden, Fruchtgehängen und Rautenmustern (**8.**104). Eckpilaster und Giebelkrönungen werden gern mit Rocaillen versehen.

In England schafft der Kunsttischler (cabinetmaker) *Thomas Chippendale* eine ganz neue Möbelkunst.

Klassizismus (etwa 1770 bis 1830)

Das nüchterne Denken der Aufklärung stärkt die Zweifel an der absolutistischen Gesellschaftsordnung des Barock und Rokoko. „Zurück zur Natur!", fordert *J. Rousseau*.

„Freiheit, Gleichheit, Brüderlichkeit" heißt der Leitspruch der Französischen Revolution von 1789, mit der eine neue Epoche beginnt. Napoleons Eroberungsfeldzüge in Mittel- und Südeuropa finden ein Ende durch die Befreiungskriege.

Baustil. In diesen Zeiten der politischen Erschütterungen orientiert sich die Kunst erneut an der Antike. In griechischen und römischen Formen errichten die Baumeister monumentale tempelartige Bauten (z. B. Brandenburger Tor und Alte Wache in Berlin sowie Glyptothek in München (**8.**105). Klar gegliederte Fassaden, antike Säulen und Kapitellformen und Giebelfelder prägen das Bild.

Möbelbau. Auf einen klaren konstruktiven Aufbau und eine handwerklich saubere Verarbeitung wird großer Wert gelegt. Vorherrschend sind ebene Flächen mit antiken Motiven. Die Tisch- und Stuhlbeine laufen konisch zu und enden häufig in Säulenkapitellen. Rechteck, Kreis, Oval und Symmetrie werden betont, Mäanderfriese unterbrechen die Flächen. Bevorzugt arbeitet der Kunsttischler mit Ebenholz, Mahagoni, Nussbaum, Kirschbaum und schwarz gebeiztem Birnbaumholz. Bronzemanschetten, Messingteile und vergoldete Dekors schmücken die dunklen Möbel. *David Roentgen* schafft nun Zylinderschreibtische, Toiletten- und Spieltische sowie Schränke mit Metallbändern und antikisierenden Elementen (**8.**106). Als einer der ersten beginnt er in dieser Zeit, „Typenmöbel" herzustellen und die Fürstenhäuser ganz Europas damit zu beliefern.

Bild 8.105   Glyptothek in München (L. v. Klenze)

Bild 8.106   Zylinderschreibtisch von David Roentgen

In England entstehen Wandtische (side-boards), Schreibkommoden, Klapptische und verglaste Bücherschränke. Dabei werden die Flächen durch gotisierende Bögen, durch Rocaille-Ornamente, Rosetten und Profile unterteilt. Berühmte Kunstschreiner sind *Thomas Chippendale* (der als Rokoko-Künstler begann), Sheraton und *Hepplewhite* (sprich Scheraton und Hepplwait). Durch ihre Möbel- und Vorlagebücher werden sie in ganz Europa bekannt (**8.**107). Im Möbelbau sind 3 Richtungen erkennbar.

Bild 8.107 Englischer Klassizismus
a) Chippendale-Büffet   b) Chippendale-Stuhl   c) Chippendale-Schreibtisch
d) Hepplewhite-Schrank

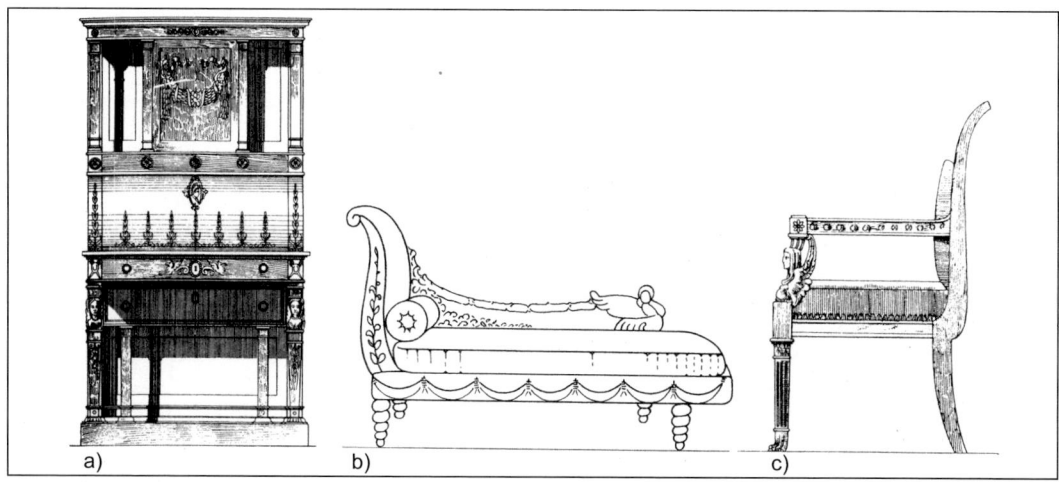

Bild 8.108 Empiremöbel
a) Schrank   b) Ruhebett (Méridienne)   c) Sessel

Der **Louis-Seize-Stil** entstand am französischen Königshof. In Deutschland entwickelt sich daraus der Zopfstil. Die Möbel wirken leicht und grazil, die Konstruktion wird betont. Die Schönheit des Holzes und seine Maserung bringt man durch Politur zur besonderen Geltung. Die Beschläge aus Bronze, Messing und Silber schmücken das Möbel. Beliebte Ornamente sind Girlanden, Kränze, Schleifen, Medaillons und Perlstäbe.

Empire-Stil bezeichnet die französische Möbelbaukunst der napoleonischen Zeit. Sphinxköpfe und -krallen, römische Rutenbündel, Adler- und Löwenköpfe, Palmetten und Säulenkapitelle sind die Kennzeichen dieser glanzvollen Kaiserzeit (**8.**108).

Biedermeier (etwa 1820 bis 1850). Diese nachklassizistische Stilrichtung findet ihren besonderen Ausdruck in einer bürgerlichen Wohnkultur der Beschaulichkeit und Behaglichkeit. Nach den Kriegsjahren zwingen die wirtschaftlichen Verhältnisse zu einer bescheidenen Lebensweise und einer schlichten, zweckmäßigen Gestaltung der Möbel. Die klar gegliederten Möbel sind einfach und funktionsgerecht gestaltet. Die Hölzer (Esche, Birke, Birn-, Kirsch-, Nussbaum, Mahagoni) wirken oft durch ihre schöne Maserung. Man bevorzugt einheimische Hölzer und helle Polituren (**8.**109).

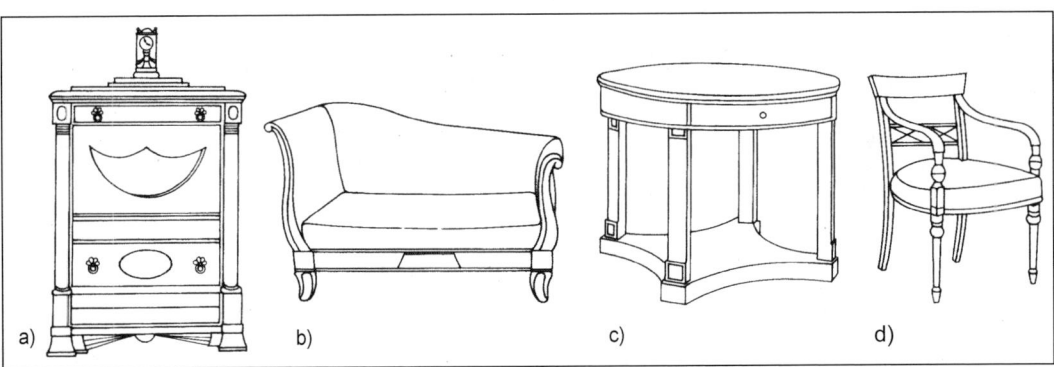

Bild 8.109 Biedermeiermöbel
a) Schrank b) Sofa c) Tisch d) Sessel

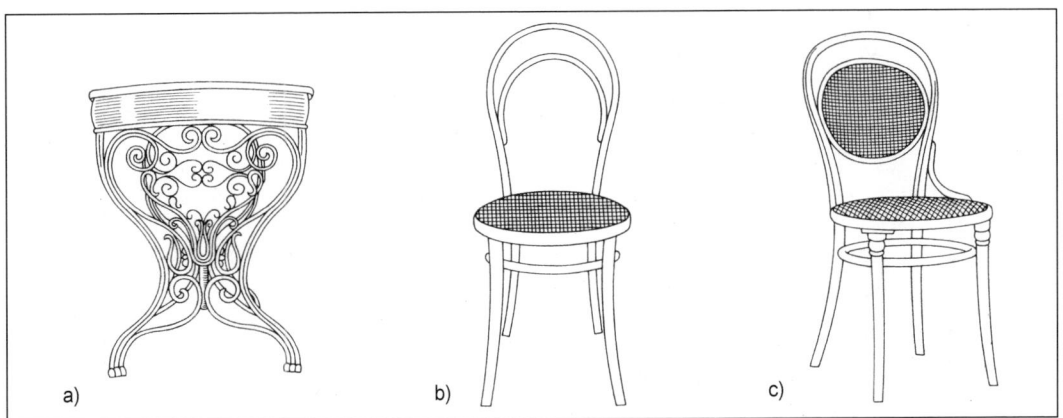

Bild 8.110 Bugholzmöbel
a) Tisch b) Stuhl Nr. 14 c) Stuhl mit Rohrgeflecht und Rückenlehne (alle M. Thonet)

Historismus oder Gründerzeit nennt man die verschiedenen Stilrichtungen zwischen 1850 und 1890. Die Industrialisierung nimmt zu, die „Revolution der Technik" verändert die Welt und ihre Gesellschaft von Grund auf. Neue Entdeckungen und Erfindungen, vor allem in den Naturwissenschaften, leiten eine fortschrittliche Entwicklung ein. 1871 gründet

Bismarck das Deutsche Reich. In den Großstädten entstehen die Slums der Fabrikarbeiter, und es flackern soziale Unruhen auf. Die Weltausstellung 1851 offenbart einen bestürzenden Niedergang des europäischen Kunsthandwerks.

Baustil. Das schnelle Wachstum der Städte führt zu hemmungsloser Bautätigkeit. Bei der Gestaltung der Gebäude beschränkt man sich auf die Nachahmung früherer Stilrichtungen. Kirchen in neuromanischer oder neugotischer Art werden errichtet, Theater baut man in Neubarock, Ministerien in Neurenaissance (Altdeutsch).

Möbelbau. Das Maschinenzeitalter beginnt und ermöglicht die industrielle Möbelfertigung. Vielfach verdrängt die billige Massenware der Fabriken handgefertigte massive Möbel. Stilformen vergangener Epochen werden nachgeahmt, nicht selten wahllos untereinander gemischt. Nur *Michael Thonet*, der in Wien mit der Serienproduktion von Möbeln beginnt, verzichtet auf Stilimitationen (**8**.110).

Seine Möbel zeigen sachlich-zeitlose Formen. Sie werden meist in einem Stück aus massivem Bugholz (Biegeholz) über Wasserdampf geformt. Von der Stuhlform Nr. 14 (**8**.110b) werden zwischen 1859 und 1930 allein rund 50 Millionen Stück hergestellt und verkauft!

Der Jugendstil (etwa 1890 bis 1914) bringt eine Wende in Kunst und Kunsthandwerk. Betonung der Linie, Zweckmäßigkeit und dekorative Elemente werden die Merkmale des Jugendstils, der sich auf alle Bereiche der Bildenden Kunst erstreckt. Künstler sagen sich von vergangenen Stilepochen los und schließen sich zusammen, Werkkunstschulen entstehen.

Baustil. Der Architekt strebt nach Helligkeit und verwendet daher besonders gern Glas als Gestaltungselement. Treppenhausfenster, Oberlichte, Kuppeln und Spiegel finden besondere Beachtung. Eisen bevorzugt man für hufeisenförmige Portale und Geländer; Fassaden erhalten schwungvolle Dekorationen, Gesimse Wellenlinien (**8**.111).

Bekannte Baumeister sind *Victor Horta*, *Henry van de Velde*, *Richard Riemerschmid*. Sie beschränken sich jedoch nicht auf die Architektur, sondern planen und erarbeiten auch die Inneneinrichtung bis zu den Vasen, Bestecken und Mustern.

Bild 8.111   Jugendstilfassaden in Prag

Möbelbau. Man strebt eine stilistisch einheitliche Raumgestaltung an. Die Möbel dienen der Raumdekoration, sind Gebrauchsgegenstände und Schmuckstücke zugleich. Die Forderung nach Sachlichkeit, Zweckmäßigkeit, Betonung der Werkstoffe und Ehrlichkeit bei ihrer Verarbeitung ist bestimmend für die Gestaltung. Hauptmerkmal dieses dekorativen Stils ist die Betonung der Linie (gerade, asymmetrisch, verschlungen). Die Natur dient als Vorbild bei Ornamenten und Formen. Die Gestaltung zeigt rustikale Motive neben stilisierten Ornamenten und pflanzlich-organische Formen (z. B. Wellenlinien, Ranken, besondere Lilien und Seerosen). Die Sitzmöbel sind funktions- und körpergerecht gebaut; Schreibtische und Schränke werden zweckmäßig konstruiert und kunstvoll ausgeführt (**8.**112). Bei den Möbeln lassen sich eine mehr dekorative (*van de Velde*) und eine mehr konstruktive geradlinige Gestaltung (*Hoffmann*) unterscheiden.

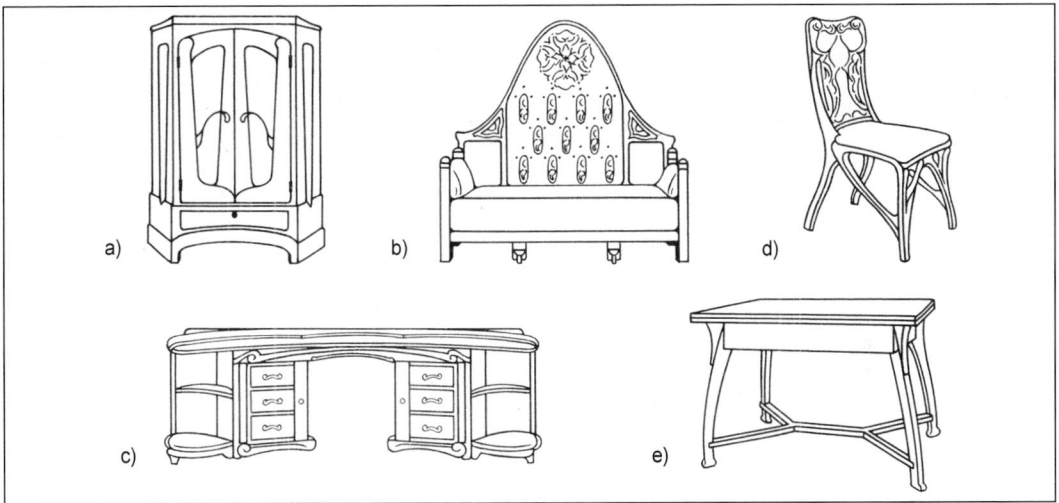

Bild 8.112 Jugendstilmöbel
a) Schrank (R. Riemerschmid)   b) Sofa (J. M. Ulbricht)
c) Schreibtisch (H. van de Velde)   d) Stuhl (H. Guimard)   e) Tisch (E. Kleinhempel)

Moderne

Zwei furchtbare Weltkriege, Wirtschaftskrisen und zunehmende Automatisierung der industriellen Fertigung prägen die Gesellschaft des 20. Jh. Das Hitler-Regime unterdrückte die fortschrittlichen Ideen der 20er-Jahre. Nach 1945 entstanden unterschiedliche Gesellschafts- und Wirtschaftssysteme in Deutschland, was sich auf die kulturelle Entwicklung auswirkte. Mit der Wiedervereinigung begann ein Prozess des Zusammenwachsens, Unterschiede traten immer mehr zurück.

Baustil. Eine funktionsgerechte Gestaltung mit großen Glasflächen, neuen Fensterwerkstoffen sowie der Einsatz von Stahl, Stahlbeton und anderen neuen Bauwerkstoffen kennzeichnen den Stil der Moderne (**8.**113).

Möbelbau (1. Hälfte 20. Jahrhundert). Mit Gründung der niederländischen Bewegung „Stijl" im Jahr 1917 entsteht ein neues Wohn- und Gestaltungskonzept (**8.**114a). 1919 gründet *Walter Gropius* das Bauhaus und strebt gemeinsam mit Vertretern aller Kunstgattungen eine Einheit von Kunst, Handwerk und Leben an. Klare Verhältnisse in Form, Maß und Funktion unter Beachtung der Material- und Konstruktionseigenart sind die Grundforderungen der neuen Sachlichkeit. Die Funktionalität ist bestimmend, auf Zierrat wird verzichtet, neue Werkstoffe werden für die Gestaltung gefunden (**8.**115). In den Hellerauer Werkstätten entwickelt man gestalterisch anspruchsvolle Serienprodukte. Als Werkstoffe verwendet man bevorzugt einheimische Werkstoffe und Furnier sowie Plattenwerkstoffe. Die Plattenwerkstoffe ermöglichen größere Holzausbeute und preisgünstige Serienproduktion. *Marcel Breuer*, *Mies van der Rohe*, *Le Corbusier* u.a. verwenden für ihre Möbel Stahlrohr, Leichtmetall, Lagenholz, Leder und andere Materialien (**8.**114). Das Hitler-Regime vertreibt die meisten Bauhaus-Künstler aus Deutschland, die künstlerische Gestaltung erleidet einen Niedergang.

Bild 8.113 a) Bauhaus in Dessau (W. Gropius) b) Wohnhaus in Berlin (A. Rossi)

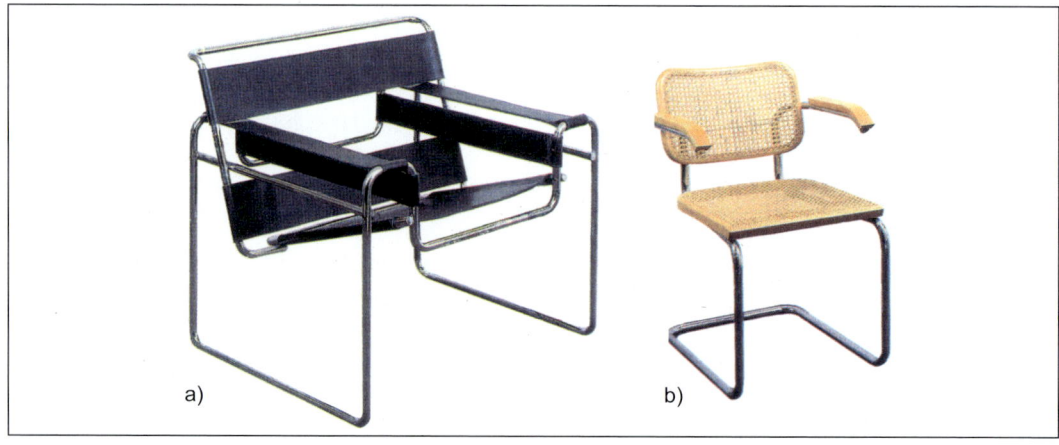

Bild 8.114 Bauhausmöbel von M. Breuer
 a) Wassily-Stuhl   b) Stahlrohr-Flechtwerkstuhl

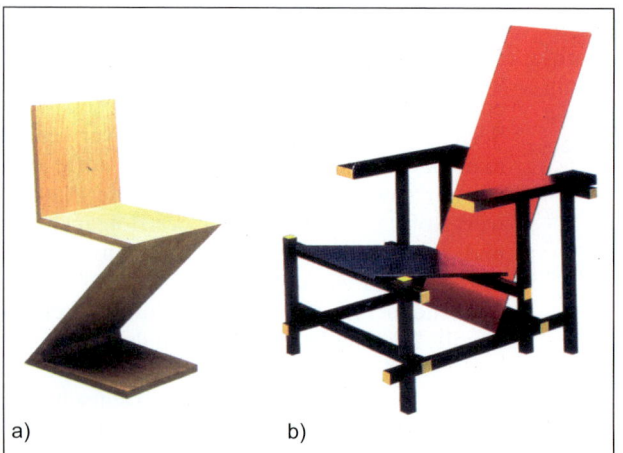

Bild 8.115 Sitzmöbel von Rietveld
 a) Zickzackstuhl   b) Rot-Blau-Stuhl

Bild 8.116 Sessel von A. Jacobsen

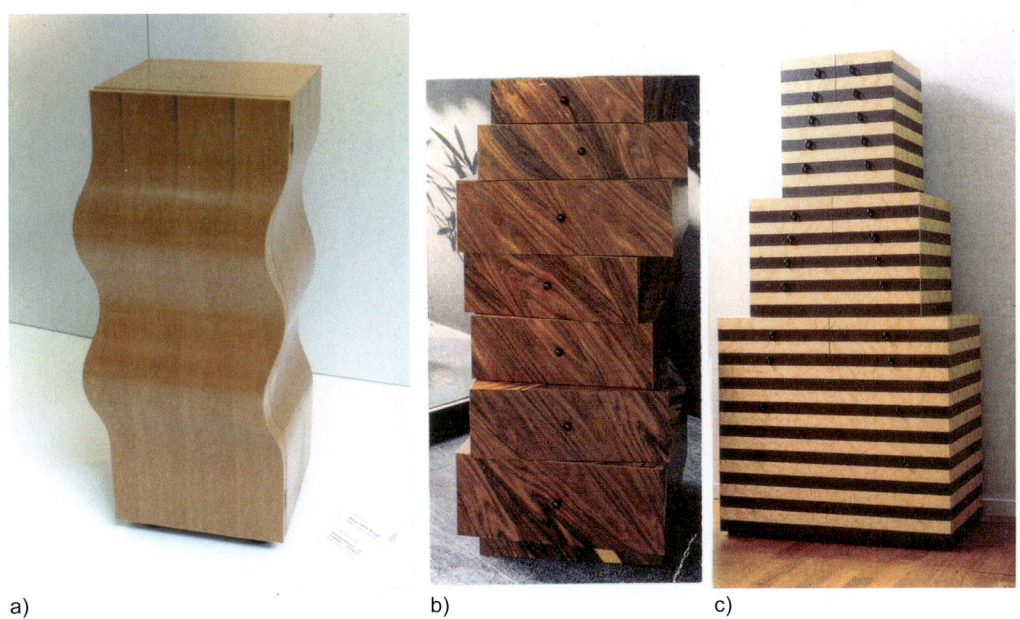

Bild 8.117 Moderne Möbelgestaltung
a) Dielenschrank   b) Schubladenstapel (Röthlisberger)   c) Stapelkommode

2. Hälfte 20. Jahrhundert. Nach 1945 beginnt der Siegeszug der Kunststoffe. Mit ihnen kommen neue Möbelformen auf, etwa in Spritzgusstechnik aus einem Stück gegossene Stühle aus Formschalen (8.116). Daneben zeigt sich ein starker Trend zu „Sitzmöbeln", die repräsentieren sollen. Wieder greift man auf Formen der Vergangenheit zurück. Rustikale Eichenmöbel finden ihre Käufer. Der individuelle Geschmack, den die Marktforschung der Möbelindustrie sorgfältig beobachtet und zu erfüllen sucht, kennzeichnet unsere Zeit. Statt einheitliche Stilepochen sind kurzlebige Modeströmungen zu beobachten.

Anfang der 80er-Jahre wird die Bauhausforderung nach formvollendeter Funktion von einer Gruppe Designer in Frage gestellt. Formen, Farbe und Materialien werden zum bestimmenden Gestaltungselement (Memphis-Möbel). Es folgt sowohl in Architektur als auch in der Möbelgestaltung eine Design-Bewegung, die ihre Ausdrucksmittel in einer „postmodernen" Formensprache finden (geometrische Gestaltungselemente wie Kreis, Dreieck, Kugel, Prisma sowie Symmetrie).

Heute findet das Einzelmöbel mit edlen Materialien, interessanten Details, sauber verarbeitet und ansprechend in der Form wieder besondere Beachtung neben abwechslungsreichen variablen Möbelsystemen mit neuen hochwertigen Werkstoffen und Lacksystemen.

Häufig finden wir eine Materialmischung aus Holz, Metall und Glas sowie anderen Werkstoffen, wodurch ein kontrastreiches Bild entsteht. Neue Plattenwerkstoffe (Formholz Sperrholz, Recoflex, Topan) erleichtern die Herstellung von Möbeln mit gewölbten Fronten und Seiten (8.117a). Durch die Entwicklung besonderer Furnierherstellungsverfahren ergeben sich neue Oberflächendekore (Finline, Streifenfurniere, 8.117b). Die CNC-Maschinentechnik ermöglicht die Realisierung von ausgefallenen Gestaltungs- und Konstruktionswünschen, auch in der Serie. Als ein neuer Möbeltyp entstehen Behältnismöbel (Containermöbel), die man ähnlich einer Möbelskulptur frei im Raum – allseitig zugängig – aufstellt (8.117c).

9 Oberflächenbehandlung

> **Arbeitsauftrag Nr. 75 Lernfeld TI 4, 5, 11, 12; HM 4, 5, 9; FKU 5, 6**
> - Bilden Sie Arbeitsgruppen und erstellen Sie je eine „Mind-Map" zum Oberbegriff Oberflächenbehandlung.
>   Präsentieren Sie Ihre Arbeitsergebnisse der Klasse. Diskutieren und vervollständigen Sie Ihre Arbeitsergebnisse.

Der Werkstoff Holz wird sehr vielseitig verwendet – im Außenbau und Innenausbau, im Kunsthandwerk, für Möbel und Gegenstände des täglichen Bedarfs. In keinem Bereich können wir das Holz nach der Fertigung im Rohzustand belassen. Erst die **fachgerechte Veredlung der Oberfläche**

- schützt vor Feuchtigkeit, Schmutz und Staub,
- schützt vor mechanischen und chemischen Einflüssen,
- zeigt die natürliche Schönheit.

Holz im Außenbereich muss besonders vor tierischen und pflanzlichen Holzzerstörern, vor Nässe und starker Sonneneinstrahlung bewahrt werden. Deshalb wird es mit Schutzlasuren versehen. Hier wollen wir die beschichtenden Techniken von Holzoberflächen im Innenausbau behandeln. Die transparente Behandlung lässt die natürliche Schönheit des Holzes, seine Textur und Farbe, erst voll zur Geltung kommen, verstärkt sie oft noch.

> Durch die Oberflächenbehandlung schützt man das Holz und bringt seine natürliche Schönheit voll zur Wirkung.

9.1 Vorbehandlungen

> **Arbeitsauftrag Nr. 76 Lernfeld TI 4, 5, 11, 12; HM 4, 5, 9; FKU 5, 6**
> - Erstellen Sie stichpunktartig einen Arbeitsablaufplan zu Themenbereich *„Vorbereitende Maßnahmen zur Oberflächenbehandlung"*. Verwenden Sie die Schlüsselbegriffe des folgenden Kapitels. Beginnen Sie mit dem Begriff *Holzauswahl*.
> - Vergleichen und bewerten Sie anschließend Ihre Ausarbeitungen in Bezug auf Vollständigkeit und logischen Ablauf. Nutzen Sie hierzu den OH-Projektor. Ein Experte stellt seinen Arbeitsablaufplan (auf OH-Folie) vor. Die Mitschüler beraten und sämtliche Ausarbeitungen werden ergänzt.
> - Die folgenden Fragen sollen Ihnen bei der Strukturierung helfen. Sie dienen auch zur Vervollständigung Ihrer Lernkartei. Nutzen Sie Ihre TSO-Unterlagen.
> 1. Nennen Sie Gründe, warum die Oberflächenbehandlung des Holzes eine wichtige Rolle spielt.
> 2. Welche Bedeutung hat der Holzschliff für die anschließende Behandlung mit Oberflächenmaterialien?
> 3. Was sind Schleifmittel?
> 4. Schleifmittel werden nach der Streuung unterschieden. Wann spricht man von einer geschlossenen und wann von einer offenen Streuung?
> 5. Welche Angaben enthält die Rückseite des Schleifpapiers?
> 6. Warum und wann wird Holz gewässert?

> Die Qualität einer Oberflächenbehandlung hängt in erster Linie von der Prüfung des Untergrunds und den Vorbehandlungsmaßnahmen ab. Wir wissen, dass jedes Holz über eigene Eigenschaften verfügt. Farbe, Härte, Struktur, Dichte und Inhaltsstoffe wirken sich auf das spätere Gesamtbild aus. Mängel in der Verleimung furnierter Flächen, Art und Aufbau des Trägermaterials, Klebstoffe, Einfluss der Feuchtigkeit u.a. können die Oberfläche beeinträchtigen. Beachten Sie auch genau die Vorschriften und Richtlinien der Hersteller von Oberflächenmaterialien. Die nachträgliche Beseitigung von Fehlern ist – wenn überhaupt – nur mit erheblichem Aufwand an Zeit und Kosten verbunden.

9.1.1 Vorbereiten der Oberfläche

Fehlerhafte Stellen in der Holzoberfläche müssen vor dem Holzschliff ausgebessert werden.

Das Entharzen der Oberfläche ist bei Nadelhölzern notwendig, damit die Beize gleichmäßig aufgenommen wird und bei lackierten Flächen kein Harz austritt. Zum Entharzen sollten möglichst alkalifreie Entharzungsmittel verwendet werden, um das Holz im Farbton nicht zu verändern. Lösungsmittel wie Aceton oder Terpentinöl sind aus haut- und umweltverträglichen Gründen nicht zu empfehlen. Die Industrie bietet eine Reihe von Entharzungsmitteln an. Entharzt wird in der Regel das schon geschliffene Holz. Die Oberfläche wird mit der Flüssigkeit satt benetzt und während der Einwirkzeit mehrmals kräftig durchgebürstet. Reste des Entharzungsmittels entfernen wir mit Schwamm oder Lappen und reiben die Fläche ab. Bei alkalischen Mitteln erfolgt das Nachwaschen mit reinem Wasser, bei Lösungsmitteln sind die Herstellerangaben genau zu befolgen.

Leimdurchschlag der vorwiegend verwendeten chemisch abbindenden Klebstoffe lässt sich nicht entfernen. Bei Holzarten grober Struktur ist wiederum der Leimdurchschlag nicht zu verhindern. Hier empfiehlt es sich, den Klebstoff im gewünschten Beizton einzufärben. Leimdurchschläge von Glutin- oder PVAC-Leimen können wir dagegen unmittelbar nach dem Pressvorgang mit Holzseifelösung und einer Bürste entfernen.

Dunkle Streifen an Stellen, wo vorher das *Fugenpapier* aufgeklebt war, kommen leider häufig vor. Diese Verfärbungen vermeiden wir nur, wenn wir sie rechtzeitig erkennen und die Stellen mit der speziellen Bronzebürste gründlich durchbürsten. Am besten wählt man möglichst dünnes Papier von neutraler Beschaffenheit und beseitigt es durch Abschleifen.

Öl-, Wachs- und Fettflecke verhindern die gleichmäßige Benetzung der Holzoberfläche. Je nach Stärke der Verschmutzung lassen sie sich mit den üblichen Entharzungs- oder Lösungsmitteln entfernen. Bei Zelluloselack-Verdünnung bearbeiten wir die ganze Fläche mit einer Wurzelbürste aus Pflanzenfasern und reiben sie mit einem Lappen ab.

Kalk-, Gips- und Zementspritzer sind die Folgen ungenügender Schutzmaßnahmen bei schon verbauten Holzteilen. Hier müssen wir die *gesamte* Holzfläche mit verdünnter Salzsäure (1:10) sorgfältig abbürsten, die Flüssigkeit einige Minuten einwirken lassen und dann mit reinem Wasser gründlich abwaschen. Dazu dürfen Sie keine metallischen Arbeitsgeräte verwenden, denn sie können mit der Salzsäure reagieren und zu *Oxidationsflecken* führen. Gerade auf gerbstoffhaltigen Hölzern (z.B. Eiche) verursachen Metalle und Metalloxide dunkle Oxidflecken. Solche Flecken entfernt man mit gängigen Bleichmitteln und spült gründlich ab, damit die Stellen nicht bleichen. Um eine fleckenartige Aufhellung zu vermeiden, sollte die gesamte Fläche behandelt werden.

Wässern. Durch Einsatz mangelhafter Werkzeuge oder mechanische Einwirkung wie Schlag und Stoß entstehen leicht Druckstellen im Holz. Beim Wässern mit heißem bzw. warmem Wasser quellen die eingedrückten Fasern wieder auf. Nach dem Trocknen wird die Fläche mit Schleifpapier in Längsrichtung ohne starken Druck geschliffen und sorgfältig entstaubt. Nadelhölzer können wir beim Wässern durch Salmiakzugabe zugleich leicht entharzen.

Durch Auskitten werden kleinere Schadstellen beseitigt. Dazu wählen wir möglichst Holzkitt oder Holzpaste im Farbton des Holzes. In der Praxis bereitet man sich diese Kitte oft selbst zu. So stellt man *Leimkitt* (Hirnholzkitt) her, indem man Hirnholz abschabt und mit verdünntem Leim zu einem Brei vermischt. *Flüssiges* Holz besteht aus Holzmehl, das mit Nitrozelluloselack zu einer Paste vermengt wird. *Wachskitt* bietet der Handel in Stangenform an. Mit ihm beseitigt man kleine Schadstellen auch in fertigen Oberflächen.

Kitte werden mit einem Spachtel oder einem Stecheisen gut eingedrückt und nach dem Austrocknen beigeschliffen. Bei größeren Vertiefungen empfiehlt sich eine Vorbehandlung mit Zelluloselack-Verdünnung. In jedem Fall ist sparsam mit Kitten umzugehen, weil die ausgebesserten Stellen weniger Oberflächenmaterial aufnehmen als das andere Holz und sich in der Farbe von ihm unterscheiden.

Tabelle 9.1 Korngrößen von Schleifmitteln

Nummer	Bezeichnung	Verwendung
16 bis 40	grob	Fußböden, Abzahnen, Aufrauen
50 bis 90	mittel	Vorschliff gehobelter und furnierter Flächen
80 bis 120	fein	Vorschliff von Hand und Maschine
120 bis 280	fein bis sehr fein	Fertigschliff von Hand und Maschine
240	sehr fein	Nachschliff von Hand nach Grundieren
220 bis 320	sehr fein	Vorschliff von Lackmaschinen
280 bis 500	sehr fein	Lackschliff von Hand und Maschine

Abbeizen. Vor dem Auffrischen alter Möbel ist in der Regel das vorhandene Oberflächenmaterial zu entfernen. Abbeizmittel lösen alte Öl-, Lack- und Dispersionsanstriche. Alkalische Mittel wirken chemisch durch Verseifen ölhaltiger Anstrichstoffe. Sie erfordern ein Nachwaschen mit heißem Wasser und Wurzelbürste. Gerbstoffhaltige Hölzer werden braun und sind mit verdünnter Säure zu neutralisieren (wieder aufzuhellen). *Abbeizfluide* wirken physikalisch durch Erweichen, Lösen, Ab- und Hochheben alter Anstriche. Man nimmt sie für Dispersions-, Öl- und Lackfarben. Fluide verfärben gerbstoffhaltige Hölzer nicht. Mit besonderen Zusätzen lösen sie jeden Altanstrich. Stets müssen Sie die Schutzvorschriften beachten und mit Lösungsmitteln (Testbenzin, Nitroverdünnung) nachwaschen, um die Paraffinreste zu entfernen. Beim Einsatz neutraler Abbeizer wird der Farbton der abzubeizenden Holzfläche erhalten.

9.1.2 Schleifen

Der Holzschliff ist die wichtigste Voraussetzung für eine einwandfreie Oberfläche. Der *Vorschliff* ebnet die Holzfläche ein, entfernt leichte Leimdurchschläge und das Fugenleimpapier. Der *Nachschliff* gibt dem Holz die nötige Glätte und Sauberkeit. Wir schleifen ohne stärkeren Druck, damit hochstehende Fasern nicht niedergedrückt, sondern sauber abgeschliffen werden. Nach jedem Schleifgang ist die Oberfläche zu reinigen, weil die Poren mit Schleifstaub angereichert sind. Dazu eignen sich Reinigungsbürsten, aber auch das Absaugen. Bei der Fließbandfertigung werden hierzu meist Bürstenmaschinen mit Luftabsaugung eingesetzt.

Geschliffen wird von Hand, mit Handschleifgeräten (Schwing-, Band-, Tellerschleifer) oder Schleifmaschinen (s. Abschn. 5.2.8). Die Schleifmittel bestehen aus der Unterlage und dem Schleifbelag.

Wichtig ist, dass zwischen den einzelnen gewählten Körnungen keine allzu großen Unterschiede liegen – sonst werden die Riefen des gröberen Schleifpapiers nicht ausreichend eingeebnet (**9.**1).

Schleifregeln

- Der gewünschte Glättegrad einer Oberfläche ist mit dem geringsten Aufwand an Schleifmaterial und -arbeit zu erreichen.
- Je feiner der letzte Schliff, desto besser das Ergebnis der Oberflächenbehandlung.
- Schleifmittel müssen frei von Metallpartikeln sein. Diese verursachen dunkle Punkte oder Flecken auf der Oberfläche.
- In Richtung der Holzfaser schleifen.
- Profile, auch Kantenprofile, mit Vliesbürste oder Schleifvlies glätten.
- Handschliff mit Schleifkork ausführen.

Unfallverhütung und Arbeitsregeln bei Wasserstoffperoxid

- Verätzungsgefahr! Schutzbrille, Gummihandschuhe und Gummischürze tragen!
- Berührung mit Haut und Augen vermeiden!
- Nur metallfreie Arbeitsgefäße und Werkzeuge benutzen (Kunststoff-, Glas- oder Steingutgefäße).
- Wasserstoffperoxid in dunklen Flaschen oder Kunststoffbehältern an einem kühlen Ort aufbewahren.

9.1.3 Strukturieren

Arbeitsauftrag Nr. 77 Lernfeld TI 4, 5, 11, 12; HM 4, 5

- Ihr Berufsschullehrer beauftragt Sie, einen Kurzvortrag zu Thema *„Strukturieren von Holzoberflächen"* zu halten.
  Zur Vorbereitung bietet es sich an einen Bericht zu schreiben, den Sie auch für Ihr Berichtsheft verwenden können.
- Führen Sie praktische Arbeiten im Laborunterricht durch.
- Die folgenden Fragen sollten mithilfe Ihres Berichtes zu beantworten sein.
1. Nennen Sie Mittel zum Bleichen des Holzes.
2. Was müssen Sie beim Umgang mit Bleichmitteln beachten?
3. Nennen Sie Verfahren zum Herstellen strukturierter Oberflächen.

Durch Bleichen erreicht man ein einheitliches Farbbild bei Hölzern mit unterschiedlicher Farbgebung. Helle Hölzer können zusätzlich aufgehellt, Flecken (z. B. Oxidationsflecken) aus Furnieren entfernt werden. Beim Bleichen ist Vorsicht geboten, um die Oberflächenstruktur des Holzes nicht nachteilig zu verändern und die Gesundheit des Benutzers nicht zu gefährden.

Als Bleichmittel dienen Zitronensäure und Wasserstoffperoxid. Oxalsäure und Chlorbleichlauge sollten wegen der Giftigkeit dieser Stoffe nicht zur Anwendung kommen.

Zitronensäure (aus Zitronen oder synthetisch hergestellt) hellt gerbstofffreie Hölzer auf und entfernt Oxidationsflecken, indem sie den Sauerstoff entzieht (reduzierendes Mittel). Zitronensäure ist ungiftig.

Oxalsäure und Chlorbleichlauge sind giftig und können bei mangelnder Vorsicht zu schweren Gesundheitsschäden führen. Bitte deshalb vermeiden!

Wasserstoffperoxid (H_2O_2) ist ein oxidierendes Bleichmittel. Seine Bestandteile sind flüchtig. Vorwiegend wird es zum Bleichen von gerbstoffarmen, feinporigen Hölzern verwendet (Ahorn, Buche, Esche, Kirschbaum). Es hinterlässt keine Rückstände und erspart so das Nachwaschen. Durch den Zusatz von Salmiak wird der Bleichvorgang beschleunigt und verstärkt. Zum Aufhellen von gerbstoffreichen Hölzern darf Wasserstoffperoxid nur in einer 5- bis 10%igen Lösung verwendet werden. Als Verdünnungsmittel dient reines Wasser. Auf ausreichende Trockenzeiten ist zu achten. Eiche kann strohig werden, daher Vorsicht. Neben den genannten Bleichmitteln bietet die Industrie Spezialbleichmittel, Bleichzusätze und Bleichbeizen an (bleichen und beizen in einem Arbeitsgang). Sie sind nach Herstellerangaben zu verarbeiten.

Egalisieren des Saugvermögens. Hirnholz und Längsholz haben, wie wir wissen, unterschiedliches Saugvermögen. Dadurch ergeben sich kontrastreiche Farbunterschiede. Ist ein solcher Unterschied unerwünscht, können wir das Saugvermögen egalisieren, ausgleichen. Früher bestrich man dazu das Holz mit einer dünnen Leimlösung. Heute verwenden wir vorwiegend Kunstharzdispersionen, die einen wasserunlöslichen, aber durchlässigen Film auf der Holzoberfläche bilden, oder klares Wasser bei Verwendung von Wasserbeizen.

Strukturierte, plastisch wirkende Oberflächen finden wir besonders bei Nadelhölzern wie Fichte, Kiefer, Lärche und Tanne. Dabei wird das Weichholz (Frühholz) abgetragen. Die harten Jahresringteile (Spätholz) bleiben stehen und treten dunkler, plastischer hervor. Furniere sollten eine Mindestdicke von 2,5 mm haben. Strukturieren kann man durch Sandstrahlen (Sandeln), Bürsten und Brennen.

Beim Sandstrahlen (Sandeln) wird die gut geschliffene linke Holzseite mit geeigneten Strahlmitteln in der Körnung von 0,5 bis 0,8 mm bestrahlt. Verwendet wird dazu ein Drucksandstrahlgebläse mit 6 bar Luftdruck. Die rechte Holzseite eignet sich nicht zum Sandeln – sie würde aufsplittern.

Beim Sandstrahlen entsteht feinster Sandstaub, der beim Einatmen die Gesundheit schädigt. Schutzmaske tragen!

Gebürstet wird von Hand mit einer Stahlbürste in Faserrichtung oder mit Maschinen (Stahlbürstenwalzen). Dabei wird jeweils das weiche Frühholz herausgebürstet, so dass eine reliefartige Wirkung entsteht.

Zum Brennen wird eine Lötlampe benutzt (**9.2**). Wir führen die breite Flamme schnell am Holz vorbei und kohlen so die Oberfläche etwas an. Beim anschließenden Ausbürsten bleiben die harten Holzteile (Spätholz) stehen, die weichen Teile des Jahresrings (Frühholz) werden dagegen abgetragen.

Die Brennwirkung lässt sich durch Einstreichen der Oberfläche mit Wasserstoffperoxid oder verdünnter Salzsäure unmittelbar vor dem Brennen verstärken. Hierbei empfiehlt es sich, wegen der Strukturbildung die rechte Holzseite zu behandeln.

**Vorsicht beim Arbeiten mit Luftdruck und Lötlampe!
Unbedingt die Vorschriften der Berufsgenossenschaft beachten!**

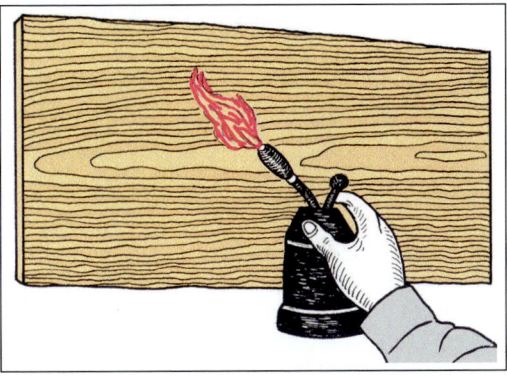

Bild 9.2   Mit der Lötlampe strukturierte Oberfläche

9.2 Beizen

Arbeitsauftrag Nr. 78 Lernfeld TI 4, 5, 11, 12; HM 4, 5; FKU 5, 6
- Die Nachbarn von Frau Mustermann waren bei einem Besuch von dem Hängeschrank begeistert (Vgl. Arbeitsaufträge Nr. 65 u. 69).
  Aus Kostengründen zögern Sie jedoch mit der Erteilung eines Auftrages für den Nachbau des Hängeschrankes.
  Ihr Meister beauftragt Sie mit der Vorbereitung eines Kundengesprächs.
  Er empfiehlt den Hängeschrank in Kiefer, Nussbaum gebeizt zu kalkulieren um den neuen Kunden die Auftragserteilung zu erleichtern.
  Bereiten Sie sich auf das Kundengespräch vor, indem Sie die Möglichkeiten von Beizen und ihrer Vor- und Nachteile in Erfahrung bringen.

- Die folgenden Fragen sollen Ihnen bei der Vorbereitung helfen:
1. Welche Arten von Holzbeizen gibt es?
2. Wodurch unterscheiden sie sich?
3. Was versteht man unter einem negativen Beizbild?
4. Wie kommt es dazu?
5. Welche Anforderungen stellt man an Holzbeizen? Was haben Sie beim Verarbeiten von Holzbeizen zu beachten?
6. Nennen Sie die Beizauftragsverfahren.
7. Was versteht man unter Räuchern des Holzes?
8. Erläutern Sie das Trocknen gebeizter Holzteile.

Nach dem Kundengespräch werden Sie beauftragt die *„10 goldenen Beizregeln"* aufzuschreiben. Nutzen sie den Lernkarteiordner.

Die Kunst des Holzbeizens hat ihren Ursprung in der alten Werkstattpraxis. Zum Holzfärben nahm man früher einfache Mittel wie Kalk, Farbholzextrakte, gelöste Eisenfeilspäne in Essig, Walnussschalenabsud, Pottasche oder aufgeschlämmte Erdfarben. Ende des 19. Jahrhunderts entwickelten sich mit der Herstellung synthetischer Farbstoffe modernere Beiztechniken. Heute ist das Beizen zur Oberflächenveredlung üblich geworden.

Beizen sind eingefärbte Flüssigkeiten. Sie werden auf das chemisch unbehandelte Holz aufgetragen, um einen gewünschten Farbton/Effekt zu erzielen, ohne die Struktur des Holzes zu verändern.

Beizen sind keine Anstrichstoffe, sondern dienen zum Anfärben des Holzes in der Faser. Das Porenbild und die Struktur der Hölzer werden betont. Bei unterschiedlichen Hölzern kann ein geringfügiger Farbausgleich erfolgen.

Der Handel bietet eine große Anzahl unterschiedlicher Holzbeizen an. Sie lassen sich in fünf Gruppen einteilen:

Beizen				
Hydrobeizen	Chemische Beizen	Kombinationsbeizen	Substratbeizen	Lösungsmittelbeizen

9.2.1 Arten und Anforderungen

Hydrobeizen (Farbstoffbeizen, Wasserbeizen) bestehen aus synthetischen, fertig gebildeten Farbstoffen mit Ergänzungsmitteln wie Pigmenten oder Spezialzusätzen, die ein gutes Eindringen und eine gleichmäßige Netzfähigkeit ermöglichen (z.B. Salmiakgeist bei harz- und fettreichen Hölzern). Hydrobeizen ermöglichen viele effektive Varianten bei sicherer Verarbeitung. Durch verschiedene Rohstoffkombinationen lassen sich auch rustikale Effekte erzielen. Das geeignete Hydro-Beizsystem wird je nach Holzart, gewünschtem Effekt und Applikationsverfahren ausgewählt. Die unterschiedlichen Systeme unterscheiden sich im Wesentlichen durch die jeweils verwendeten Farbstoff- oder Pigmentpräparationen sowie durch unterschiedliche Additive wie Verdicker, Netzmittel usw. Die Farbstoffe werden von der Holzfaser aufgenommen und „eingelagert". Nur die oberste Holzschicht färbt sich bei diesem physikalischen Vorgang ein. Bei Nadelhölzern kommt es dabei zu einem *negativen Beizbild:*

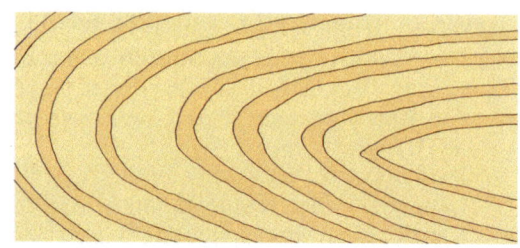

Bild 9.3 Unbehandelt (helleres Frühholz, dunkleres Spätholz)

9.2 Beizen

a)

b)

Bild 9.4 a) negatives Beizbild (dunkleres Frühholz, helleres Spätholz)
b) positives Beizbild (wie 9.3, jedoch durch Beize verstärkt)

Der im natürlichen Zustand helle und porige (weitlumige) Frühholzanteil (**9.**3) nimmt eine größere Menge Farbstofflösung auf als die dunklere und dichtere (englumige) Spätholzzone. So kommt es zu einer Umkehrung des ursprünglichen Holzbildes (**9.**4a).

Hydrobeizen eignen sich für jede Holzart. Sie sind einfach anzuwenden, farbstark und weitgehend lichtbeständig. In jedem Fall ist ein Lacküberzug erforderlich, denn die Farbstoffe sind auch in trockenem Zustand wasserlöslich. Wasserspritzer auf unlackierten Beizflächen hinterlassen Flecken. Handelsbezeichnungen sind im Wesentlichen Wasser-, Hartholz-, Nadelholz-, Spiritus-, Color- und Rustikalbeizen. Hydrobeizsysteme sind universell einsetzbar. Unabwendbar ist das für auf Wasser basierende Produkte typische Aufrauen des Trägermaterials. Bindemittel oder Lösungsmittelzusätze können hier nur bedingt Einfluss nehmen.

Chemische Beizen enthalten neben synthetischen Farbstoffen auch Metallsalze. Die metallsalzhaltigen wässrigen Beizen färben zusätzlich durch chemische Reaktion mit Gerbstoffen des Holzes oder gerbstoffhaltigen Vorbeizen (Zwei-Komponenten-Beizen). Beim Ein-Komponenten-Beizen wird die Beize direkt auf gerbstoffhaltige Hölzer aufgetragen (z.B. Eiche). Beim Zwei-Komponenten-Beizen trägt man zunächst *gerbstoffhaltige Vorbeize* auf und nach dem Trocknen *metallsalzhaltige Nachbeize*. Diese kommt jedoch heute nur noch wenig zum Einsatz. Bei *Nadelhölzern* entsteht durch diese Behandlung ein *positives Beizbild*. Die ohnehin dunkleren Spätholzzonen werden noch dunkler hervorgehoben (**9.**4b). Chemische Beizen sind lichtbeständiger. Aufgrund der Gefahrstoffverordnung werden im Handwerk nur noch die chemischen Beizstoffe Salmiakgeist, Natronlauge und Wasserstoffperoxid verwendet. Aus Gründen des Arbeitsschutzes sind auch diese Stoffe nicht als unbedenklich einzustufen.

Lösungsmittelbeizen enthalten zur Farbgebung Farbstoffe oder Feinstpigmente die in organischen Lösemitteln, hauptsächlich Alkoholen, enthalten sind. Die Trockenzeit kann durch die Wahl der entsprechenden Lösemittel, anders als bei den Hydrobeizen, eingestellt werden. Dies bewährt sich vor allem in begrenzten Lackier- und Trocknungssystemen. Auch der Zusatz von Bindemittellösungen kann die Verarbeitungsart beeinflussen.

Ein typisches Applikationsverfahren bei Lösemittelbeizen ist der satte Materialauftrag mit anschließendem Abreiben. Hierdurch kann der für diese Beizsysteme typische Rustikaleffekt für Holzarten wie Esche oder Eiche erreicht werden. Für diese Art der Anwendung müssen die Beizen besonders „offen" eingestellt werden. Hierdurch wird ein gleichmäßiges Beizen größerer Flächen gewährleistet, aber auch eine längere Trockenzeit bis zur Lackierung notwendig. Beizen, die im reinen Spritzauftrag verarbeitet werden, können schneller trocknend eingestellt werden. Sie sind daher für feinporige Holzarten besonders geeignet. Lösungsmittelbeizen werden nicht so universell eingesetzt wie Hydrobeizen, da das tiefe Eindringverhalten, welches zu Rustikaleffekten führt, nicht bei allen Holzarten (z.B. Buche, Ahorn) gewünscht wird.

Kombinationsbeizen enthalten synthetische Farbstoffe. Ihr Vorzug liegt darin, dass sie Farbkraft und Holzstruktur optimal betonen. Zu ihnen zählen in erster Linie die Nadelholzbeizen und die Wachsbeizen, bei denen Farbstoffe und Pigmente in einer wässrigen Wachsemulsion eingebettet sind. Sie werden meist flüssig und gebrauchsfertig angeboten und eignen sich besonders für Eichenholz. Die Deckwirkung ist hervorragend. Trotzdem entsteht nicht der Eindruck eines gestrichenen Holzes. Leider sind Kombinationsbeizen nur gering kratzfest und lassen Lacküberzüge wegen des Wachsgehalts nur schlecht trocknen. Beizen mit Kunststoffdispersion statt Wachs oder Harz nennt man Dispersionsbeizen oder „kratzfeste Beizen".

Substratbeizen bestehen aus Farbstoffen, Chemikalien und einer geringen Menge Substrat aus Kunststoff (dispergierende Kunstharze), das sich beim Auflösen der Beize im gewünschten Farbton einfärbt und in den Holzporen ablagert.

Anforderungen an Holzbeizen

- **Gleichmäßiges Aufziehen auf die Holzfaser**, so dass ein einheitlicher Beizton bei gleichzeitiger Belebung der Beizstruktur entsteht.
- **Feste Bindung der färbenden Bestandteile an die Holzfaser.** Diese Forderung erfüllen zahlreiche Holzbeizen, vorwiegend chemische Beizen, da sie mehr in der Faser verankert sind. Ausreichende Abrieb- und Wasserfestigkeit der gebeizten Flächen erhält man nach der Trocknung durch sorgfältiges Grundieren und Lackieren. Eine gute Tiefenwirkung, damit Widerstandsfähigkeit gegen mechanische Einwirkungen. Gute Lichtbeständigkeit. Die Farbstoffe und Pigmente unserer Beizen sind lichtecht, doch das Trägermaterial Holz ist es nicht. Vom Tages- oder Sonnenlicht getroffene Stellen vergilben, bleichen aus oder dunkeln nach – das wirkt sich besonders bei hellen oder schwachen Beiztönen störend aus.
- **Einwandfreie Porenbeizung** – bei manchen Holzarten ein Problem, weil die Poren nur ungenügend benetzt werden oder Einlagerungen in den Poren eine Einfärbung verhindern. In solchen Fällen bürsten wir die Beize mit einer Bronzedrahtbürste längs in Holzstrukturrichtung ein.
- **Beständigkeit gegen Chemikalien.** Die verarbeitungsfertigen Holzbeizen enthalten vereinzelt etwas Salmiakgeist (Ammoniakwasser), der die Farbstoffe während der Lagerung nicht verändern darf.

Verarbeitungsregeln

- Beize vor Entnahme aus dem Gebinde gut aufschütteln bzw. aufrühren. Nur kalte Beizlösung verarbeiten – auch bei den in heißem Wasser gelösten Pulverbeizen. Warme Beize dringt tiefer ins Holz ein und ergibt dadurch einen dunkleren Beizton.
- Die wichtigste Arbeitsvoraussetzung für gelungenes Beizen ist gutes Licht.
- Niemals direkt aus dem Vorratsgefäß beizen, sondern stets eine Beizschale verwenden! Beim Eintauchen des Pinsels würden Holzteilchen in den Kanister gelangen, die die Beize verderben. Beizenrest in der Beizschale nach der Beizarbeit umweltfreundlich entsorgen. Auf keinen Fall in das Vorratsgefäß zurückschütten!
- Zum Beizen nur einen Beizpinsel (ohne Metallzwinge) und metallfreie Arbeitsgefäße (Glas, Porzellan, Kunststoff) verwenden. Beschläge vor dem Beizen abnehmen. *Grund*: Metalle reagieren mit der Beize.
- Ein Werkstück oder eine Inneneinrichtung nur von *einem* Beizer bearbeiten lassen, um ein gleichmäßiges Beizbild zu gewährleisten.
- Beize auf senkrechten Flächen immer gleichmäßig von unten nach oben in Holzfaserrichtung auftragen. Umgekehrt entstehen Ablaufstreifen, die sich später nicht mehr beseitigen lassen.
- Die gebeizte Fläche mindestens 8 Stunden, besser über Nacht zur intensiven Trocknung abstellen.
- Beize immer satt nass in nass auftragen. Sehr große Flächen müssen daher zu zweit bearbeitet werden
- Die Beize ist vom Körper weg aufzutragen.
- Hirnholz ist vor dem Beizen zu wässern, wodurch die Saugwirkung des Holzes vermindert wird.
- Die Angaben des Herstellers sind bei der Verarbeitung unbedingt zu beachten.

9.2.2 Auftragen und Trocknen

Probebeizung. Da kein Holz wie das andere ist und auch innerhalb einer Holzart große Unterschiede auftreten, empfiehlt sich vor dem Beizen eine Probebeizung. Wenn Sie damit den richtigen Beizton erreicht haben, können Sie die Beize nach einem der folgenden Verfahren satt auftragen, einwirken lassen und in Faserrichtung vertreiben.

Wichtig ist die original Holzart bis zur Endbehandlung (Lackierung) weiter zu behandeln, um den original Endbeizton zu erkennen.

> **Beizauftrag**
> Beize quer und längs satt auftragen – einwirken lassen – Überschuss abnehmen – in Faserrichtung vertreiben.

Beizpinsel, Beizschwamm. Im Handwerks- und Innenausbaubetrieb werden Holzbeizen von Hand, also mit Pinsel oder Schwamm verarbeitet, in zunehmendem Maße jedoch im Spritzverfahren. Auf die vorbereitete Oberfläche wird die Beize satt aufgetragen, kreuz und quer gestrichen, der Überschuss nach kurzer Einwirkzeit mit dem ausgetupften Pinsel oder ausgedrücktem Schwamm abgenommen. Anschließend wird längs in Strukturrichtung vertrieben.

Das Spritzverfahren erfordert einen erfahrenen Beizer. Wird die Beize nach dem Spritzen vertrieben, muss sie etwas satter aufgetragen werden. Entfällt das Vertreiben, wird sie gleichmäßig und nicht zu satt aufgetragen. Beim Beizen mit automatischen Spritzanlagen stimmt man die Bandgeschwindigkeit auf die Spritzpistolen und die speziell zusammengesetzten Spritzbeizen mit guter Netzfähigkeit ab. Der Spritznebel muss abgesaugt werden. Nadelholzbeizen werden heute vorteilhaft im Spritzverfahren verarbeitet. Der Auftrag erfolgt durch das Aufsprühen der Beize, bis ein geringer Überschuss vorhanden ist; nicht vertreiben.

Das Tauchverfahren finden wir in Industriebetrieben, die Kleinteile wie Spielzeug oder Sitzmöbel aus Holz herstellen. Die gut entstaubten Werkstücke werden in die Beize getaucht, nach kurzer Einwirkzeit herausgenommen und 2 Minuten später mit einem Vertreiber nachbehandelt. So können keine dunklen Läufer oder Staustellen an den Kanten entstehen.

Walzen. Für den automatischen Durchlauf bei hoher Produktivität gibt es moderne Walzenbeizmaschinen mit Zusatzgeräten. Sie unterstreichen die natürliche Schönheit der Maserung optimal. Walzbeizen enthalten Farbstoffe und/oder Pigmente und kommen als Lösungsmittel-, Wasser- oder Spiritusbeizen in den Handel. Alle drei Beizarten – „klassisch", „farbig" und „rustikal" – führt die Walzenbeizmaschine einwandfrei aus. Die Lösungsmittelbeizen sorgen für sehr gleichmäßige Farbgebung, schließen ein Aufrauen des Holzes aus und ermöglichen eine schnelle Überlackierung.

Mit Walz-Rustikalbeizen erzielen wir auf tiefporigen Hölzern (z. B. Eiche, Esche) besonders dunkel eingefärbte Poren, die sich kontrastreich von den hellen Oberflächenspiegeln abheben. Bedingung ist eine feingeschliffene Holzoberfläche, die mit einer Drahtbürstenwalze vorbehandelt wird. Dabei werden die Poren geöffnet, gereinigt oder auch erweitert, was bei schlechten Furnieren zu einer ausgeprägten Porenstruktur mit großer Tiefenwirkung führt. Die Auftragsmenge liegt zwischen 15 und 60 g Beize je m^2. Für die sichere Einfärbung sehr tiefer Poren haben sich dünnflüssige Lösungsmittelbeizen auf einer offenporigen Moosgummiwalze bewährt. Überschüssige Beize vertreiben die Vertreiberbürsten. Durch Nachbehandlung mit dem Wischlappen (Papiervlies) wird der letzte Beizüberschuss beseitigt.

Das Gießen von Holzbeizen spielt nur eine untergeordnete Rolle. Es erfordert Gießmaschinen, die absolut gleichmäßig laufen, einen sauberen und einwandfreien Gießkopf haben und geringen Beizauftrag (etwa 40 g/m^2) ermöglichen.

> Durch Beizen ist kein Oberflächenschutz gegen mechanische oder chemische Beanspruchung gegeben. Gebeizte Oberflächen erhalten daher einen zusätzlichen Materialauftrag in Form von Lack.

Besondere Verfahren der Farbgebung

Das Räuchern ist eine einfache, aber wirkungsvolle Methode zum Färben von Eichenholz. Man stellt das Werkstück mehrere Stunden lang in einen Raum, dessen Luft mit Ammoniakgas angereichert ist (Aufstellen größerer Schalen mit Salmiakgeist). Das Ergebnis ist eine deutliche Braunfärbung der Holzoberfläche, die wir durch Beizen kaum so schön erreichen.

Antike Farbeffekte sind für Schränke, Truhen und nachgebaute Stilmöbel gefragt, um sie auch farblich „alt" erscheinen zu lassen. Antikbeize wird bevorzugt für Massiv-Eiche verwendet, wobei wir auf spiegelhaltigem Holz die kontrastreichste, wirkungsvollste Beizung erzielen. Furniere müssen mindestens 1,2 mm stark und wasserfest verleimt sein. Die Beize wird wie üblich aufgetragen und nach der Trocknung mit einer Nachwaschlösung behandelt. Etwa nach einer Stunde wäscht man die so neutralisierte Fläche mit Wasser ab.

Eiche gekalkt ist ein modernes, nicht gerade preiswertes System. Voraussetzung ist ein tiefporiges Eichen- oder Eschenholz mit ausgeprägten Poren. Die gebeizten oder unbehandelten Flächen werden sorgfältig grundiert und nach einem leichten Zwischenschliff mit einer Kalkeichenpaste eingefärbt. Erst nach guter Trocknung entfernen wir den Pastenrückstand außerhalb der Poren durch vorsichtiges Abreiben, entstauben sorgfältig und spritzen einen Mattlack auf. Die Holzporen lassen sich in den unterschiedlichsten Farben einfärben, so dass sich mit entsprechenden Beizen zahlreiche Farbkombinationen ergeben.

Patinieren. Für Farbschattierungen bei Möbeln, zum Korrigieren von Beiztönen oder zum Färben schlecht beizbarer Materialien (z.B. Rohrgeflechte, Spanplatten, Hartfaserplatten) nimmt man Patinierfarben. Die Filme dieser gebrauchsfertigen Farbstofflösungen auf Nitro-Kombi-Basis sind lichtecht und völlig transparent. Die Fläche wird grundiert, sauber geschliffen und sorgfältig entstaubt, bevor man die Patinierfarbe mit feiner Düse (0,5 bis 1,0 mm) und 2,5 bar bei gedrosseltem Materialausstoß aufnebelt. Farbschattierungen (Übergänge von hell zu dunkel) erzielt man durch geschickte Bewegung der Pistole, indem man die dunkler gewünschten Stellen öfter oder stärker dem Farbnebel aussetzt. Zu beachten ist, dass die Behandlung stets von außen nach innen vorgenommen wird. Zum Schluss bringt man auf die patinierte Fläche im Spritzverfahren einen Seidenmattlack oder Mattlack auf.

Eingefärbte Grundierungen oder Lacke ergeben ebenfalls eine transparente Färbung. Dazu dienen Abfärbetinkturen in zahlreichen Holzfarbtönen. Voraussetzung ist eine sauber grundierte, geschliffene und entstaubte Oberfläche. Das Material wird im Spritzverfahren gleichmäßig, normal stark aufgetragen, weil sonst Farbschattierungen oder -streifen entstehen. Der Einfärbeeffekt hängt nicht nur von der Auftragsstärke ab, sondern auch von der Eigenfarbe des Holzuntergrunds.

Trocknen gebeizter Holzteile. Die Trocknung des vom Beizen durchfeuchteten Holzes geschieht schonend, am zweckmäßigsten durch die Luft. An einem gut belüfteten Ort beträgt die Trockenzeit 1 bis 3 Stunden. In der industriellen Fertigung verkürzt man diese Zeiten durch höhere Raumtemperaturen, in einem Warmluftkanal sogar bis auf wenige Minuten.

Chemische Beizen und Kombinationsbeizen müssen auf natürliche Weise, also durch normaltemperierte Luft getrocknet werden.

> **Unfallschutz**
>
> Lösemittelbeizen entwickeln beim Trocknen gesundheitsschädliche Dämpfe und explosive Gase. Der Trockenplatz ist darum gut zu belüften. Offenes Feuer und Rauchen sind verboten.

Die Weiterbearbeitung gebeizter Hölzer geschieht erst nach völliger Trocknung.

9.3 Lackieren

> **Arbeitsauftrag Nr. 79 Lernfeld TI 4, 5, 11, 12; HM 4, 5, 9; FKU 5, 6**
> - Ihr Betrieb ist auf einer Holzfachmesse vertreten. Zur Gestaltung des Ausstellungsstandes werden Plakate benötigt. Inhalt der Plakate sollte u.a. sein:
> - die wichtigsten Lacke
> - Gesundheitsschutz
> - Auftragstechnik
> - Verwendung
>
> Orientieren Sie sich bei dieser Aufgabe an der Tabelle 9.6. Arbeiten Sie in Gruppen und ordnen Sie jeweils einen Lack der Gruppe zu.
> - Ihre Lernkartei sollte mit den folgenden Fragen vervollständigt werden.
> 1. Welche Anforderungen müssen Holzlacke erfüllen?
> 2. Nennen Sie Eigenschaften und Verwendungsmöglichkeiten der Nitrozelluloselacke (NC-Lacke).
> 3. Woraus bestehen DD-Lacke?
> 4. Wofür verwenden Sie DD-Lacke?
> 5. Erläutern Sie die Eigenschaften und Einsatzmöglichkeiten von Polyesterlacken.

9.3.1 Lackarten und Anforderungen

Mit dem Lackieren oder Beschichten der Oberflächen werden die Holzveredlungsarbeiten abgeschlossen. Beide Verfahren schützen und verschönern die Holzoberfläche.

Lacke sind harzhaltige Anstrichmittel mit besonderen Eigenschaften (z.B. in Verlauf, Durchhärtung und Widerstand). Sie bestehen aus Bindemitteln (Filmbildnern), die in flüchtigen Lösemitteln gelöst sind. Lacke sind farblos, enthalten keine Pigmente oder Farbstoffzusätze. (Im Unterschied dazu sind Lackfarben pigmentierte Lacke.) Lacke werden in einer bestimmten Schichtdicke aufgetragen und bilden einen festen Film.

Vom Filmbildner hängen Zähigkeit, Elastizität, Widerstandskraft und Aussehen des getrockneten Lacks ab. Man verwendet dazu veredelte Naturprodukte (z.B. Kolophonium, Schellack, Kopal) oder rein synthetisch hergestellte Kunstharze (Alkyd-, Acryl-, Polyester- und Polyurethanharze) sowie Weichmacher, Nitrozellulose (Zellulosenitrat) und spezielle Additive.

Als Lösemittel dienen: Ester, Alkohole, Glykolether, Benzinkohlenwasserstoffe und Benzolkohlenwasserstoffe (Toluol, Xylol), Ketone.

Aus gesundheitlichen Gründen sowie im Hinblick auf die Umweltverträglichkeit werden Methanol, Benzol verschiedene Glykole sowie chlorierte Kohlenwasserstoffe nicht mehr in Lacken verwendet. Auch ist die mitverwendete Menge an Aromaten beschränkt. Zusätze von Mattierungs-, Feinschliff-, Verlauf- und Entgasungsmittel verbessern die Eigenschaften.

Einen Überblick des jeweiligen Lösemittel- und Wassergehalts in den Standard-Lacksystemen zeigt die Tabelle **9.5a**.

Tabelle 9.5a Lösemittelgehalt in Standard-Lacksystemen

Lacktypen	Lösemittelgehalt	Wassergehalt
Standardtypen lösemittelhaltig		
Beize wässrig	90–99 %	90–99 %
Beize lösemittelhaltig	60–80 %	20–30 %
	5–30 %	70–90 %
NC Lack farblos	75–80 %	
NC Lack pigmentiert	60–70 %	
PUR Lack farblos	70–80 %	
PUR Lack pigmentiert	50–70 %	
PUR Lack medium solid farblos	60–70 %	
UP-Lack konventionell	35 % (15 %)*	
UP-Lack UV-härtend	35 % (15 %)*	
Walzlack UV	0–5 %	
Spachtel UV	0 %	
Spritzlack UV-härtend	10–70 %	
Verdünnung	100 %	
Standardtypen wasserverdünnbar		
Wasserlack konventionell	5–7 %	60–65 %
Wasserlack UV-härtend	5 %	58–60 %
Wasserlack 2K PUR	10 %	60 %

* Effektive Emission bei der Verarbeitung

Anforderungen und Arten. Lacke sollen leicht zu verarbeiten sein, gut verlaufen, schnell trocknen, einwandfrei durchhärten, ferner transparent, wasser- und chemikalienfest, kratz- und abriebbeständig, elastisch und gut schleifbar sein, Glanz- oder Matteffekt zeigen. Einteilen können wir sie nach verschiedenen Gesichtspunkten (**9.5b**).

Tabelle 9.5b Einteilung der Lacke

Rohstoffbasis (Filmbildner)	Ölhaltige Lacke	Ölfreie Lacke	Kunstharz- und Kunststofflacke
	Öllack Alkydharzlack	Nitrozelluloselack Nitrokombinationslack	PVC-Lack Acrylharzlack Phenol- und Melaminharzlack DD-Lack Epoxidharzlack Polyesterlack
Verarbeitung	Streichlack, Spritzlack, Tauchlack, Gießlack, Ballenmattierung		
Trocknung	oxidativ	physikalisch	chemisch
Oberflächeneffekt	**Glanzeffekt** Mattlack Seidenglanzlack Hochglanzlack	**Farbeffekt** Decklack, farbig Lasurlack Transparentlack Klarlack	**Oberflächeneffekt** Tauchlack Strukturlack u.a.
Beständigkeit	**mechanische** kratzfest abriebfest schlagfest	**chemische** säurebeständig alkalibeständig	**Hitze**
Verwendung	Holzlack, Möbellack,	Bootslack, Fußbodenlack	
Anstrichaufbau	Grundierung, Decklack, Schichtlack, Einschichtlack, Spritzfüller		

Lack
- schützt die Holzoberfläche vor mechanischen und chemischen Angriffen,
- verschönt die Holzoberfläche durch matten oder glänzenden, farblosen Überzug,
- besteht aus Filmbildner und Lösemittel.

Lacktrocknung. Der Film bildet sich durch physikalische, chemische oder oxidative Trocknung des Lacks.

- **Bei der physikalischen Trocknung** bildet sich der Lackfilm durch Verdunsten des Lösemittels. Dazu gehören Schellack und Nitrozelluloselacke.
- **Bei der chemischen Trocknung** härtet der Lack nach Mischen von Lack und Härter (Komponenten) und die damit ausgelöste chemische Reaktion. Zu diesen „Reaktionslacken" zählen Polyurethan (z. B. DD-Lack), säurehärtende und Polyesterlacke (Zwei-Komponenten-Lacke).
- **Bei der oxidativen Trocknung** härten die Öllacke durch Oxidation mit dem Luftsauerstoff.

Bei der Werkstatt-Trocknung, die in Klein- und Mittelbetrieben überwiegt, sollte die Raumtemperatur mindestens 20 °C betragen. Wegen der relativ langen Trockenzeiten müssen die Räume staubfrei sein und wegen der verdunstenden Lösemittel über eine ausreichende Absaugung und Frischluftzufuhr verfügen. Auf *Lacktrockenwagen* (Hordenwagen) lassen sich große Mengen plattenförmiger Werkstücke auf engstem Raum stapeln und trocknen.

In Großbetrieben, besonders in der Serienfertigung, braucht man kürzere Trockenzeiten. Die lackierten Flächen werden in Kammern oder Kanälen unter Wärme- und Luftzufuhr getrocknet, entweder in erhitzter Luft (Konvektion) oder durch Strahlung (Infrarotstrahlung) – häufig direkt im Anschluss an das automatische Lackauftragsverfahren. Für die Elektronenstrahl-Trocknung müssen speziell entwickelte Lacke eingesetzt werden. Bei physikalisch trocknenden Lacken lässt sich die Trockenzeit bei 30 bis 40 °C auf wenige Minuten herabsetzen. Da die Trockentemperaturen und Mindesttrockenzeiten der Lacke unterschiedlich sind, müssen die Angaben der Hersteller beachtet werden.

Viskosität. Der Festkörpergehalt des Lacks (Filmbildner) wird in Prozent angegeben. Für die verschiedenen Auftragsverfahren muss das Verhältnis zwischen Festkörpergehalt und Lösemittelanteil entsprechend eingestellt werden.

9.3 Lackieren

Tabelle 9.6 Wichtige Lacke (E = Eigenschaften, ! = zu beachten, A = Auftrag, V = Verwendung)

Nitro(zellulose)lacke NC-Lacke (CN-Lacke)	E	körperarm (~ 25 % Filmbildner), schnelle physikalische Trocknung (staubtrocken ca. 10 min., Durchtrocknung einige Std.) wasser- und trinkalkoholbeständig, kratzfest, aber nicht wetterbeständig; meist seidenmatt bis matt, schlecht streichbar, da das Lösemittel den Grundierungsfilm stark anlöst und die Lösemittel schnell verdunsten, Lagerung kühl mehrere Jahre
	!	**nicht mit anderen Bindemitteln mischen! feuergefährlich! Dämpfe schädlich!**
	A	Spritzen, Walzen, Gießen und Tauchen in 1 bis 3 Schichten
	V	bevorzugter Lack für Möbel- und Innenausbau sowie dort, wo schnelle Trocknung bei geringerer Beanspruchung gewünscht wird
Säurehärtende Lacke SH-Lacke	E	Ein- oder Zwei-Komponentenlacke (Mischung im vorgegebenen Verhältnis unmittelbar vor der Verarbeitung); körperreich (40 bis 45 % Filmbildner), durch chemische Reaktion härtend (staubtrocken 30 min., Durchtrocknung 1 bis 3 Tage bei mind. 18 °C und guter Durchlüftung) sehr füllig (halbgeschlossene Poren), hart, kratz- und abriebfest, nicht witterungsfest, wasser-, verdünnte Säuren- und Laugenbeständigkeit, Lagerung kühl
	!	**Beim Trocknen wird das stechend riechende Formaldehydgas frei und reizt bei ungenügender Absaugung die Schleimhäute!**
	A	Spritzen, Streichen (einige Sorten sind nicht tropfend), gießen in 2 bis 3 Schichten; Reste nach Eindicken nicht mehr verwendbar
	V	Da der Härter aggressive Säuren enthält, dürfen die Werkstücke keine Metallteile (Beschläge) haben. Airlessgeräte und Gießmaschinen müssen aus säurebeständigem Material bestehen. Weil der Härter die Holzoberfläche bei Direktauftrag verfärbt, muss vorher grundiert werden. SH-Lacke enthalten Formaldehyd und setzen dieses Gas während der An- und Durchtrocknung frei. Im Handwerk ist daher der Einsatz nicht zu empfehlen. **SH-Lacke entsprechen nicht mehr den gesetzlichen Bestimmungen und werden daher in Deutschland von den Herstellern nicht mehr angeboten**
Polyesterlacke UP-Lacke	E	aus Stammlack (Polyesterharze und Monostyrol) und Härter (Peroxide und Lösemittel), meist mit Paraffinzusatz; sehr körperreich (bis 96 % Filmbildner!), chemische Trocknung (Polymerisation; staubtrocken 20 min., Durchtrocknung 8 Std. bis 2 Tage) besonders füllig (porenschließend), glashart, außerordentlich beständig gegen Chemikalien, Wasser und mechanische Einflüsse, aber nicht wetterfest; unbrennbar (Nachtarbeit erforderlich (Abschleifen der Wachsschicht und Polieren), Lagerung kühl etwa 6 Monate
	!	Der peroxidhaltige Härter ist explosiv und wirkt ätzend - Schutzbrille tragen! Das Lösemittel reizt die Schleimhäute!
	A	Spritzen oder Gießen, schon bei einer Schicht große Schichtdicke; Holzfläche muss grundiert und absolut fettfrei sein (nur an den Kanten anfassen), Gelierphase genau einhalten
	V	als Klarlack und Lackfarbe zum Beschichten von Holz, vorwiegend bei starker Beanspruchung (Hotel-, Kaufhaus- und Laboreinrichtungen) sowie im Schiff- und Möbelbau eingeschränkt durch bestimmten Schwierigkeiten an exotischen Hölzern (Palisander, Teak, Kambala u.a.) durch erforderliche polyesterfeste Beizen und kurze Verarbeitungszeit (pot-life), außerdem wird porenschließender Überzug heute weniger gefragt
Polyurethanlacke DD-Lacke	E	aus den beiden Komponenten **D**esmophen (als Stammlack) und **D**esmodur als Härter, Zwei-Komponenten-Lack (Mischung im vorgegebenen Verhältnis unmittelbar vor der Verarbeitung); körperreich (40 bis 50 % Filmbildner), chemisch härtend durch Polyaddition der Komponenten (staubtrocken 15 bis 30 min., Durchtrocknung ein bis mehrere Tage, durch Wärmeeinwirkung zu verkürzen) Lagerung kühl
	A	Spritzen oder Streichen in 2 bis 3 Schichten; Reste nach Eindicken unbrauchbar
	V	für besonders beanspruchte Objekte (z.B. Treppen, Parkettböden, Laboratorien, Gaststätten, Läden). Polyurethan-Klarlacke nicht für außen verwenden
Wasserlacke		Im Handel auch bekannt unter Hydro-Lacke und Aqua-Lacke. Der Anteil der organischen Löse- und Verdünnungsmittel liegt zwischen 3% und 10%. Wasserlacke werden daher als Schadstoffarm eingestuft. Das Bindemittel besteht aus Kunstharzen wie Alkyd-, Acrylat-, Polyurethan- und Polyesterharzen. Wasserlacke härten physikalisch aus. Die Holzfeuchte der zu bearbeitenden Materialien sollte max.14% betragen und die Umgebungstemperatur nicht unter ca. 18 °C–20 °C liegen. Höhere Temperaturen von ca. 30 °C–40 °C und Luft Bewegung wirken sich günstig aus .Die vorherrschende relative Luftfeuchte sollte 60% nicht übersteigen, da die Luft das verdunstende Wasser der Lacke nur schwer und nicht zügig aufnehmen kann. Die Verarbeitung kann durch Spritzen und Streichen erfolgen. Die Palette der heutigen Wasserlacke reicht von klar bis pigmentiert, für offen und geschlossenporige Anwendungen. Unterschiedliche Buntlackeffekte von Sprenkel bis Metallic sind möglich. Wasserlacke oder –schlämme sind trotz ihrer schadstoffarmen Einstufung als Sondermüll zu behandeln. Anwendung finden Wasserlacke beim Innenausbau, Treppen, Parkett, Möbelbau und Messebau.

Vom Fließverhalten (Viskosität, siehe Abschnitt 6.3) hängt es ab, wie dick die getrocknete Lackschicht wird. Zähflüssige (hochviskose) Lacke ergeben dickere, dünnflüssige (niedrigviskose) Lacke dagegen dünnere Schichten. Körperarme Lacke sind in der Regel dünnflüssiger als körperreiche und eignen sich vor allem zum Spritzen und Gießen. Körperreiche Lacke dagegen wählen wir zum Streichen, Walzen und Tauchen. Passen Viskosität und Auftragsverfahren nicht zusammen, ergeben sich Lackierfehler. Bei der *Auftragsmenge* richten wir uns nach den Herstellerangaben. 100 g/m² entsprechen etwa einer Nassfilmdicke von 100 µm.

Das Angebot an Lacken ist sehr groß und erfüllt praktisch alle Anforderungen. Die für uns wichtigsten zeigt Tabelle **9.6**.

Wasserlacke/Aqualacke (Wasserbasis-Lacke bzw. Lasuren). Nach wissenschaftlichen Untersuchungen haben Lösemittel einen hohen Anteil an der Luftverschmutzung. Forschung und Entwicklung in der Lackindustrie werden daher stark beeinflusst durch Gesetze für den Umweltschutz. Außerdem spielen der Gesundheitsschutz der Lackverarbeiter und die problematische Beseitigung von Lackresten eine große Rolle bei der Entwicklung wasserverdünnbarer Lacksysteme. Inzwischen haben die Wasserlacke einen erheblichen Stellenwert und stehen im Programm aller großen Lackhersteller. Wasserlacke werden auf Ein- oder Zwei-Komponenten-Basis angeboten. Sie bestehen aus wasserverdünnbaren Emulsionen (Alkyden) oder Dispersionen (Acrylat, Polyurethan). Ihr Lösemittelzusatz beträgt weniger als 10 %, ihr Festkörpergehalt liegt bei 30 bis 35 %.

Um Lackierfehler zu vermeiden, müssen wir die Eigenschaften und Verwendungsmöglichkeiten der wichtigsten Lacke kennen und stets die Herstellerangaben befolgen.

9.3.2 Lackiertechniken

Arbeitsauftrag Nr. 80 Lernfeld TI 4, 5, 11, 12; HM 4, 5, 9

- Für die Kunstgalerie wurden inzwischen zwei Hängeschränkchen nachgebaut (vgl. Arbeitsauftrag Nr. 68). Bei der Oberflächenbehandlung ist nur eine geringe Lackmenge verarbeitet worden. Für das Applikationsverfahren wurde die vorteilhafte Hochdruckspritztechnik gewählt.
  Ihr Mitauszubildender im 3. Ausbildungsjahr hat die nachfolgende Fachdokumentation über dieses Verfahren geschrieben.
- Lesen Sie den Bericht! Überprüfen und vervollständigen Sie die darin enthaltenen Aussagen mithilfe des Buchtextes über „Lackierverfahren".

Fachdokumentation zum Thema „Hochdruckspritzen".

Für die Verarbeitung von kleinen Lackmengen ist als Applikationsverfahren das Hochdruckspritzen angesagt. Für eine glatte Oberfläche und einen gleichmäßigen Lackauftrag ist eine störungsfrei funktionierende Hochdruckspritzpistole von wesentlicher Bedeutung.

Bei diesem Verfahren wird mit einem Druck von drei bis sechs bar gearbeitet, wobei die Luftzufuhr stimmen muss. Ein Kompressor sollte die benötigte Luftmenge ohne Druckabfall liefern. Für den Schlauch wird ein Durchmesser von mindestens 9 mm empfohlen. Er sollte aus druckfestem, antistatischem und silikonfreiem Material bestehen. Ein eingebauter Filter hat die Aufgabe die zum Spritzen zu verwendende Luft von möglichen Öl- und Wasserpartikeln zu reinigen.

Spritzfehler können durch falschen Düsensatz und durch falsche Einstellung des Spritzendrucks nun leider immer noch entstehen. So wie bei meiner ersten Übung.

Der Spritzdruck war zu hoch (ich hatte ordentlich Power gegeben…) den Lack hatte ich ordentlich verdünnt (man will ja sparen…) somit war der Strahl in der Mitte gespalten.

9.3 Lackieren

Bei zu niedrigem Spritzdruck oder zu niedriger Viskosität wird der Materialauftrag in der Strahlmitte zu stark. Ich habe gelernt, dass die Viskosität auf den Druck abgestimmt werden bzw. in richtiger Relation stehen muss. Nach dem ich die Verarbeitungshinweise des Lackherstellers gelesen und bei der Verarbeitung berücksichtigt hatte, klappte es viel besser.

Sauberkeit ist natürlich die halbe Miete, da Verunreinigungen die Farb- oder Luftdüse verstopfen können. Dies führt zu einem ungleichmäßigen Spritzbild. Ein Fremdteilchen zwischen Farbnadel und Farbdüse kann dazu führen, dass die Pistole tropft. Ein Flatterstrahl ist die Folge davon, dass Düse oder Nadel nicht richtig angezogen wurden.

Die Pistolenführung ist entscheidend für eine qualitativ hochwertige Lackierung. Logischerweise müssen die Spritzgänge überlappt ausgeführt werden um eine Streifenbildung zu vermeiden. Der Spritzabstand zum Werkstück sollte bei herkömmlichen Spritzpistolen 20 cm betragen. Bei nebelreduzierten Modellen sollte er etwas geringer sein um ein optimales Spritzbild zu erhalten. Die Pistole sollte immer parallel zum Lackierobjekt geführt werden.

Natürlich nicht die Atemschutzmaske vergessen.

Lackieren macht spaß! *Alexander Gehret*

- Skizzieren Sie den Aufbau einer Spritzpistole auf einem DIN-A4-Blatt zur Ergänzung der Fachdokumentation.
- Die folgenden Fragen sollten Sie nach Bearbeitung dieses Arbeitsauftrages beantworten können.
  1. Wozu grundiert man?
  2. Nennen Sie Grundierungen und ihre Eignung.
  3. Was versteht man unter Ballenmattierung?
  4. Erläutern Sie die Auftragsverfahren für Holzlacke.
  5. Welche Vor- und Nachteile hat die Spritzlackierung?
  6. Wie wirkt das Airless-Verfahren? Welche Vorteile bietet es?
  7. Wozu dienen Löse- und Verdünnungsmittel? Nennen Sie 5 Lösemittel und ihre Anwendungen.
  8. Was tun Sie, wenn der Spritzauftrag in der Mitte zu stark ist?
  9. Wie kann es beim Lackieren zu einer „Apfelsinenschalenhaut" kommen?
  10. Wodurch entstehen beim Lackieren graue Flecken?
  11. Was ist beim Umgang mit Lacken und Beizen zu beachten, um Unfälle zu vermeiden?

Bei der Darstellung der Lackarten wurde verschiedentlich eine Grundierung als Voraussetzung für den Lacküberzug gefordert. Warum? Polyesterlacke verlangen eine Nachbehandlung durch Schleifen und Polieren. Gibt es noch andere Gründe für eine Nachbehandlung?

Die *Grundierung* bildet die Basis für die nachfolgende Lackierung bzw. den Lackaufbau. Nach Zwischenschliff und Entstauben sind die Voraussetzungen gegeben, dass die folgende Lackierung griffglatt auftrocknet. Manche Lacke sind gegen Inhaltsstoffe eines Holzes empfindlich (z.B. UP-Lacke). In diesem Fall kann über die Grundierung eine Isolierung der Schadstoffe erfolgen, ohne die Poren ganz zu sperren. Für dieses Isolieren verwendet man verdünnte DD-Lacke (Zwei-Komponenten-Basis).

Anforderungen. Ein Grundiermittel muss sich mit dem folgenden Lacküberzug „vertragen". Gegen Holzinhaltsstoffe soll es unempfindlich sein. Außerdem verlangen wir, dass es schnell trocknet, schleierfrei und lichtecht ist, sich gut schleifen lässt. Dünn, dennoch körperhaltig soll die Grundierung sein, um die Poren auszukleiden und die obere Holzschicht zu festigen. Bei allen diesen Eigenschaften bildet der dünne Grundfilm auch im festen Zustand keine widerstandsfähige Oberfläche, sondern verlangt stets einen Überzug. SH-Lacke setzen auch eine Grundierung voraus. Wenn NC-Hartgrund verwendet werden soll, sind die Herstellervorschriften genau zu beachten. Auf NC-Basis sind Grundierungen im Handel

- als Einlassgrund mit guter Tiefenwirkung und Saugverringerung,

- als Aufhellgrund, für Ahorn, Eiche hell und Esche mit Aufhellwirkung,
- als Haftgrund zur Verbesserung der Haftfähigkeit z.B. bei feinporigen Hölzern,
- als Haftgrund mit guter Verfestigung der oberen Zellschicht und mit füllkräftiger, guter Filmbildung,
- als Schnellschliffgrund, gut schleifbar und schnelltrocknend.

Auftrag. Je nach Holzart wird ein- oder zweimal in den üblichen Auftragsverfahren grundiert (s. Abschn. 9.3.3).

Zwischenschliff. Grundierte Flächen fühlen sich durch hochstehende Fasern etwas rau an. Deshalb schleifen wir die gut getrocknete Fläche mit 240er Körnung. Nach diesem Zwischenschliff wird die Oberfläche sorgfältig entstaubt und damit für den Lacküberzug vorbereitet.

> **Grundieren – Zwischenschliff – Lackieren**
> Grundiermittel bewirken eine gute Verbindung zwischen Untergrund und Anstrich. Gut grundiert ist halb lackiert!

Mattieren. Mattierungen sind schnell trocknende, unpigmentierte Präparate, vorwiegend aus Nitrozellulose mit Hartharzen, Alkydharzen und Weichmachern. Der Festkörpergehalt liegt bei 25 % gegenüber 75 % flüchtigen Verdünnungsmitteln.

Schellackmattierungen bestehen aus Schellack und Lösemitteln (Alkoholen, vorwiegend Ethanol) unter Zusatz von Spindelöl.

Neben der üblichen Spritzmattierung wird vereinzelt noch die **Ballenmattierung** angewendet. Mit einem ballenförmigen zusammengelegten Trikotuch wird die Mattierung Strich an Strich mit leichtem Druck in Faserrichtung aufgetragen, bis die gewünschte Filmstärke erreicht ist.

Polieren. Zur Herstellung hochglänzender, geschlossener und ebener Oberflächen ist nach wie vor das Polieren erforderlich. Dabei spielt das Handpolieren mit Schellackpolituren nur noch in der Möbelrestauration eine Rolle. Sonst polieren wir im *Abbauverfahren*, bei dem aufgetragene Lacke durch Schleifen nachbearbeitet werden.

Beim **Nitropolierlack-Verfahren** (Spritzauftrag) arbeitet man mit Lacken und Polituren; Erstere auf NC-Basis, Letztere auf Schellack-Basis. Grobporige Hölzer bearbeiten wir dabei zuerst mit Porenfüllern, bevor wir die Fläche in mehreren Arbeitsgängen lackieren. Zwischen den Verfahren muss die zuerst aufgetragene Schicht vollständig durchhärten. Nach völliger Durchtrocknung wird trocken oder nass geschliffen. Zum Auspolieren der Fläche tragen wir Polituren mit dem Ballen auf, bis Hochglanz erzielt ist.

Beim Schwabbel-Polierverfahren wird die völlig durchgehärtete Lackschicht plan- und feinstgeschliffen und erst dann mit einer Schwabbelscheibe auf Hochglanz geschwabbelt (poliert). Dabei bewegen wir die rotierende Scheibe ohne Druck so lange, bis Hochglanz entsteht.

Lackieren nennt man das Auftragen von Holzlacken. Es kann durch Auftrag mit dem Pinsel, durch Aufspritzen mit Spritzgeräten, durch Walzen, Gießen, Tauchen oder Fluten, unter bestimmten Voraussetzungen auch durch elektrostatisches Spritzen geschehen. Für die verschiedenen Auftragsverfahren (Applikationsverfahren) müssen die Lacke entsprechend eingestellt sein (Viskosität).

Tabelle 9.7 Löse- und Verdünnungsmittel

Wasser	Wasserlacke
Testbenzin (Terpentin)	Kunstharzlacke Urethan-Alkydharzlacke
Alkohole	Schellack-Mattierungen Schellack-Polituren Nitrozellulose-Kombinationslacke
Ester	Nitrozellulose-Kombinationslacke Acryl-DD-Lacke, DD-Lacke
Ketone	Nitrozellulose-Kombinationslacke Acryl-DD-Lacke, DD-Lacke
Toluol, Xylol (Aromate)	Kunstharzlacke Nitrozellulose-Kombinationslacke Acryl-DD-Lacke, DD-Lacke Urethan-Alkydharzlacke
Glykolether	Wasserlacke Nitrozellulose-Kombinationslacke Acryl-DD-Lacke, DD-Lacke
Spezialbenzine	Nitrozellulose-Kombinationslacke

Löse- und Verdünnungsmittel tragen entscheidend zur Umweltbelastung bei. Ihr Einsatz muss daher drastisch verringert werden. Neuentwicklungen (s. Abschn. 9.3.1, Wasserlacke) und überlegter Einsatz können bei der Problemlösung helfen.

Löse- und Verdünnungsmittel machen Beschichtungsstoffe verarbeitungsfähig. Nach dem Auftrag der Beschichtung verdunsten sie je nach Flüssigkeit schnell, normal oder langsam (**9.7**).

Zum Anstrichstoff das richtige Verdünnungsmittel wählen, Herstellerangaben beachten. Nur die nötige Lösemittelmenge zusetzen. Ein „Zuviel" oder „Zuwenig" beeinflusst den Anstrichstoff nachteilig; fehlerhafte Oberflächen sind die Folge.

Lösemittel sind feuergefährlich. Beachten Sie die Kennzeichnungsschilder (siehe Abschnitt 1.3) und das absolute Rauchverbot.

Lösemitteldämpfe sind gesundheitsschädlich. Schützen Sie sich dagegen.

Befolgen Sie die Vorschriften der Berufsgenossenschaft.

9.3.3 Lackierverfahren

Durch Beschichten mit dem Pinsel wird der Lack noch gelegentlich in kleinen bis mittleren Handwerksbetrieben aufgetragen. Dazu eignen sich Pinsel mit feinen, biegsamen Borsten. Die Größe richtet sich nach der zu lackierenden Fläche. Der Pinsel muss sauber sein und nach Gebrauch sorgfältig mit Lösemittel gereinigt werden.

Der Auftrag mit der Spritzpistole ist in der handwerklichen Fertigung das wichtigste Verfahren. Vorteile gegenüber dem Pinselauftrag: kürzere Arbeitszeit (Kostenfrage), höhere Oberflächenqualität, gleichmäßigerer Lackauftrag (durch Regulierung der Lackabgabe). Beim Spritzen wird der Lack zu feinsten Tröpfchen zerstäubt, die auf der behandelten Oberfläche zu einem Lackfilm ineinanderfließen (**9.8**). *Nachteil*: 40 bis 50 % des Lackes gehen verloren. Die Spritzverfahren unterscheiden sich danach, ob und in welcher Weise Luft eingesetzt wird.

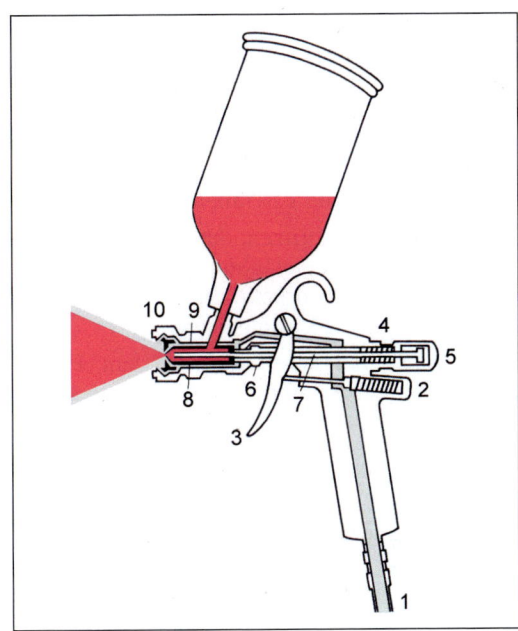

Bild 9.8 Spritzpistole
1 Griff mit Zuleitung
2 Luftkolben mit Feder und Dichtungskappe
3 Abzugsbügel
4 Nockenstange mit Feder
5 Farbreguliermutter
6 Feststellmutter
7 Düsen- oder Farbnadel
8 Farbdüse
9 Luftdüsen mit Verschlusskappen
10 Strahlkopf

Beim Niederdruckspritzen wird nur mit einem geringen Betriebsdruck (bis 1,5 bar) gearbeitet. Die Luft wird über ein Gebläse erzeugt (Staubsaugerprinzip) und der Niederdruck-Spritzpistole zugeführt. Dieses Verfahren eignet sich z.B. für DD-Lacke. Im Niederdruck-Heißspritzverfahren wird das Spritzgut über ein elektrisches Heizgerät im Becher erhitzt.

Bei der HVLP-Niederdruck-Spritztechnik handelt es sich um ein Verfahren mit reduzierter Farbnebelentwicklung, verringertem Lösungsmittelausstoß und damit verbesserter Umweltverträglichkeit sowie einer Materialübertragungsrate von mindestens 65 % (konventionelle Hochdruckpistolen liegen bei 35%!). Der Eingangsfließdruck wird durch ein entsprechendes System in ein hohes Luftvolumen umgewandelt (HVLP = High Volume Low Pressure = hohes Volumen niedriger Druck). Daneben lassen erhebliche Materialeinsparungen von 10 bis 30 % und geringerer Spritzabstand von ca. 13 bis 18 cm zum Objekt die HVLP oder auch NR-Technik (nebelreduziert) an Bedeutung gewinnen.

Beim Hochdruckspritzen, dem häufigsten Verfahren, wird die Zerstäubungsluft (Druckluft) mit einem Betriebsdruck von 3 bis 6 bar dem Spritzgut über die Luftdüse zugeführt.

Beide Verfahren arbeiten nach dem Fließ-, Saug- und Drucksystem. Danach unterscheiden wir:

- Fließbecherpistolen zum Spritzen von liegenden und stehenden Werkstücken (**9.**9a),
- Saugbecherpistolen zum Spritzen von Innenflächen, Unterseiten und Fußgestellen (**9.**9b),
- Druckkesselpistolen zum Spritzen großer Mengen (**9.**9c); rationeller lassen sich größere Lackmengen mit der Lackgießmaschine verarbeiten.

Bei allen Lackierpistolen hängen Strahlform und Qualität der Lackzerstäubung davon ab, dass Farbdüse, Farbnadel und Luftdüse übereinstimmen. Die Düsenweiten liegen je nach dem Spritzgut zwischen 0,8 und 3 mm. Die Strahlbreite lässt sich innerhalb der vorgewählten Luftdüseneinstellung stufenlos einstellen (**9.**10).

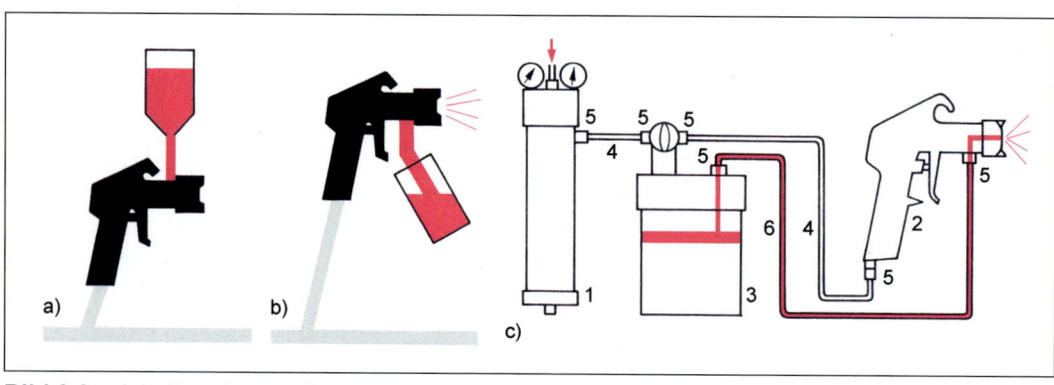

Bild 9.9 Arbeitsweise der Spritzpistolen
  a) Fließbecherpistole, b) Saugbecherpistole, c) Druckkesselpistole
  1 Luftreiniger
  2 Spritzpistole
  3 Farbdruckgefäß
  4 Druckluftschlauch
  5 Schlauchkupplungen
  6 Farbschlauch

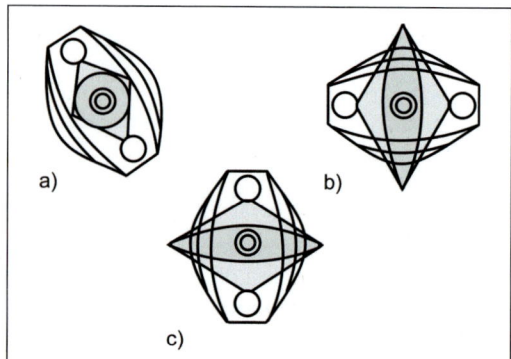 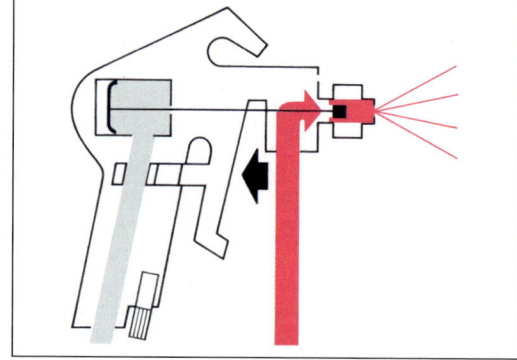

Bild 9.10 Stellung des Strahlkopfs
  a) beim Rundstrahl,
  b) beim senkrechten Flachstrahl,
  c) beim waagerechten Flachstrahl

Bild 9.11 Airless-Spritzpistole

9.3 Lackieren

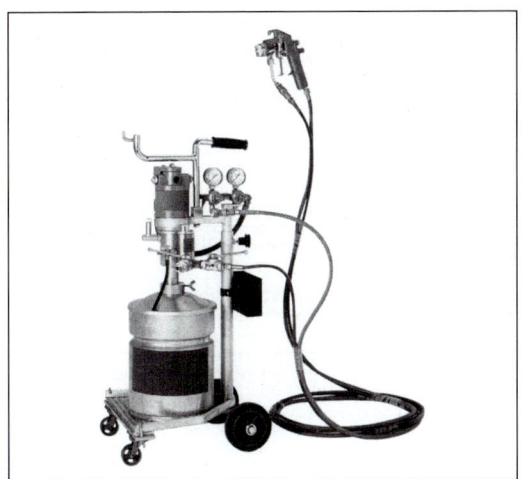

Bild 9.12 Mischverfahren

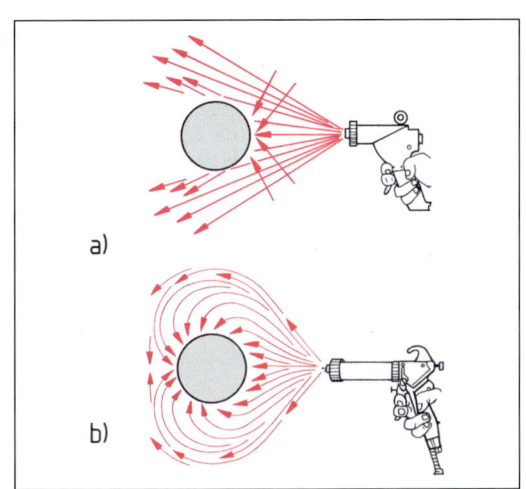

Bild 9.13 Elektrostatisches Verfahren
a) normal, b) elektrostatisch

Moderne Spritzpistolen verfügen heute über eine im Pistolenkörper integrierte Bedieneinheit, die eine stufenlose Rund-/Breitstrahlregulierung ohne Lösen der Luftdüse ermöglicht. So kann der Spritzstrahl ohne Arbeitsunterbrechung mühelos an das zu lackierende Objekt angepasst werden.

Beim Höchstdruckverfahren (Airless-Verfahren) wird der Lack über eine Pumpe in ein hydraulisches System befördert und unter hohem Spritzdruck von 100 bis 250 bar erst beim Austritt aus der Düse luftlos (engl. = airless) zerstäubt (9.11). Die Nebelbildung ist hier erheblich vermindert, weil es keine Zerstäubungsluft gibt.

Beim Mischverfahren kombiniert man die Hochdruck-Spritztechnik mit dem Höchstdruckverfahren. Das Spritzgut wird einem Materialdruck von 40 bis 50 bar ausgesetzt und nach dem Airlessprinzip an der Spritzpistole vorzerstäubt (9.12). Über spezielle Hornbohrungen trifft Zerstäubungsluft von 1 bis 1,5 bar an der Luftklappe auf den vorzerstäubten Airless-Spritzstrahl, der dadurch feinst zerstäubt. Durch die geringen Luftverbrauchswerte (40 bis 60 l/min) entsteht keine zusätzliche Nebelbildung (umweltfreundlich).

Beim elektrostatischen Verfahren werden die Lackteilchen nach dem Verlassen der Pistole elektrisch aufgeladen und gelangen durch ein elektrisches Feld (Kraftfeld) zum geerdeten Werkstück (9.13). Dieses Verfahren wendet man vorwiegend bei Metall-Lackierungen an. Um bei Holz ein entsprechendes Kraftfeld aufbauen zu können, ist eine Holzfeuchte von 8 bis 10 % erforderlich. Der Lackauftrag ist auf allen Seiten gleichmäßig dick.

Nach dem Spritzen wird die Pflege der Lackpistole oft vernachlässigt. Spritzpistolen müssen gepflegt, d.h. gereinigt und gefettet werden, um eine hohe Lebensdauer dieses Präzisionsinstruments zu gewährleisten und schlechte Lackierergebnisse zu vermeiden.

Die *sorgfältige Reinigung* sollte nach jedem Arbeitstag unter Berücksichtigung der folgenden Arbeiten erfolgen:

– zur *Außenreinigung* die Pistole mit Reinigungsmittel abwaschen und trocknen,
– bei der *Demontage* zuerst die Farbnadel, dann die Farbdüse ausbauen, die Lufkappe abnehmen und reinigen; das passende Spezialwerkzeug (Universalschlüssel, Bürsten des Herstellers) verwenden,
– Farbnadelmitnehmer und Nadelfeder sowie alle beweglichen Teile und Gewinde hauchdünn mit Pistolenfett *einfetten*,
– der *Zusammenbau* erfolgt in umgekehrter Reihenfolge.

Zusätzliche Reinigungsarbeiten sollten am Arbeitstag erfolgen:

– bei jedem Farbwechsel die Fließbecher säubern und mit Reinigungsmittel füllen,

Tabelle 9.14 Spritzstörungen

Störung	Ursache	Abhilfe
Pistole tropft	Farbnadel nicht angezogen, Fremdkörper zwischen Farbnadel und Farbdüse	festschrauben, Farbdüse in Verdünnung reinigen oder auswechseln
Farbe tritt an Farbnadel-Stopfbuchse aus	Stopfbüchse zu schwach angezogen, Stopfbuchsenpackung defekt oder verloren	anziehen, ersetzen
Luftkolben klemmt oder kommt nur langsam	Stopfbuchse zu stark angezogen oder Feder defekt	lösen bzw. ersetzen
Luft strömt am Luftkolben aus	verschlissene oder fehlende Packung, Stopfbuchse zu schwach angezogen	ölen oder auswechseln festziehen
Spritzbild sichelförmig	Hornbohrung verstopft	in Verdünnung einweichen und mit Düsenreinigungsnadel reinigen
Strahl tropfenförmig oder oval	Farbdüsenzäpfchen oder Luftkreis verschmutzt	Luftdüse um 180° drehen, wenn Störung anhält, beide reinigen
Strahlspaltung (Schwalbenschwanz)	zu hoher Zerstäubungsdruck, nicht genügend Material, zu dünnes Material	Zerstäubungsdruck verringern, Düsenweite korrigieren, Mengenregulierung zudrehen
Auftrag in der Mitte zu stark	zu viel Material, zu dick eingestelltes Material, zu wenig Zerstäubungsdruck	Materialzufuhr verringern oder andere Düsenweite Material verdünnen, Zerstäubungsdruck erhöhen
Strahl flattert	nicht genügend Material im Behälter, Farbdüse oder Stopfbuchse nicht angezogen, Farbdüse verschmutzt oder beschädigt	Material nachfüllen, Teile anziehen, reinigen oder auswechseln
Material sprudelt oder „kocht" im Farbbecher	Zerstäubungsluft gelangt über Farbkanal in den Farbbecher, Farbdüse oder -nadel nicht genügend angezogen, Luftdüse nicht vollständig aufgeschraubt, Luftkreis verstopft oder Sitz defekt	Teile anziehen, Teile reinigen oder ersetzen
Zerstäubung ergibt ungleichmäßige Tropfen	Positionierung von Farbnadel und Düsensatz nicht optimal, während der Anfangsöffnungsphase des Abzugsbügels Luftabnahme, Packung für Luftkolben verschmutzt oder defekt	Einbau korrigieren, Markierung auf vorgeschriebene Stellung bringen, reinigen oder neuen Düsensatz einbauen
Pistole bläst in Ruhestellung	Ventilfeder oder Ventilkegel beschädigt, Ventilschaft schwergängig, Dichtungspaket für Luftkolbenstange verschlissen	Teileersatz, mit Verdünnung reinigen, leicht mit Pistolenfett schmieren, Luftkolben-Serviceeinheit einbauen
keine Materialströmung	Farbregulierung zugedreht, Düsenlöcher verstopft, Belüftungsbohrung im Becher verstopft	Einstellung korrigieren, Düse reinigen, ggf. neuen Düsensatz einbauen, Bohrung freimachen

9.3 Lackieren

- die Lackierpistole drucklos durchlaufen lassen, bis keine Farbreste mehr zu erkennen sind,
- den Pistolenkörper mit Reinigungsmittel reinigen und trocknen.

Spritzstörungen entstehen durch Farbreste, defekte Dichtungen oder beschädigte Bohrungen (**9.14**).

Spritztechnik. Beim Spritzen ist stets auf den richtigen Abstand zwischen der Spritzpistole und dem Werkstück zu achten (20 bis 25 cm). Ist der *Abstand* zu gering, kommt es infolge zu großer Materialmenge häufig zum Lacklauf. Ist der Abstand zu groß, kann das Lackmaterial schon etwas vortrocknen, starke Spritznebel entstehen und die Oberfläche wird durch schlecht verlaufenden Lack rauh und glanzlos.

Um eine *gleichmäßige Schichtstärke* zu erzielen, führen wir die Lackpistole parallel zum Werkstück niemals bogenförmig (**9.15**). Dabei wird der Lack im *Kreuzgang* aufgetragen (**9.16**). Das gleichmäßige Hin- und Herführen der Pistole und ein sich überschneidender Lackstrahl sind sehr wichtig. Begonnen wird bei waagerechten Flächen mit dem ersten Spritzgang an der vorderen Fläche außerhalb des Plattenrands, bei senkrechten Flächen am oberen Plattenrand.

Spritzpistole niemals gegen Personen richten! Lösemittel führen zu Verätzungen! An Kesselpistolen nicht unter anstehendem Materialdruck montieren!

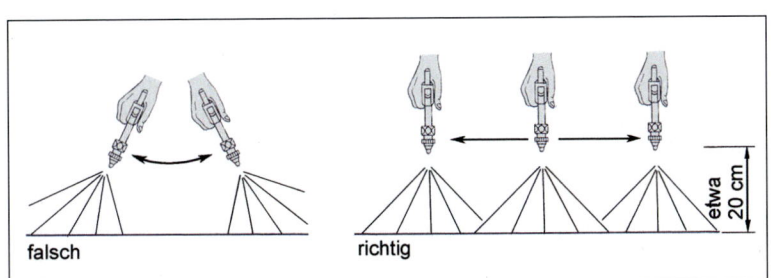

Bild 9.15 Haltung und Abstand der Spritzpistole

Bild 9.16 Kreuzgang-Spritzauftrag

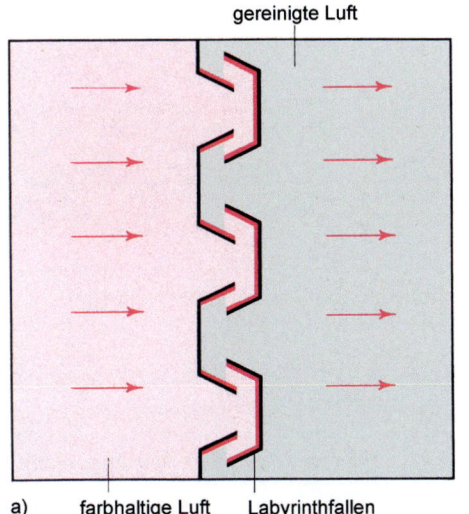
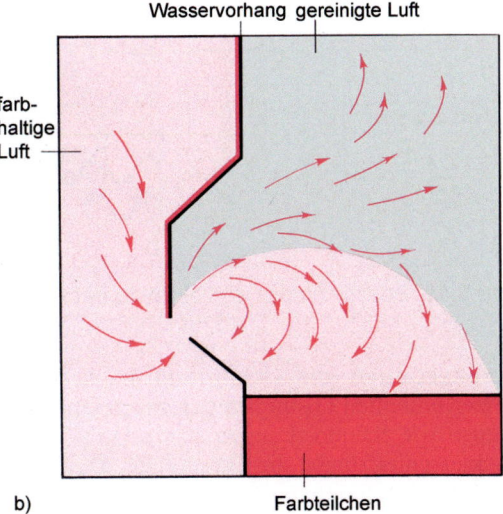

Bild 9.17 Spritzkabine
a) Trockenabscheidung, b) Nassabscheidung

Die Druckluftanlage (Kompressor) ist heute in jedem Handwerks- und Industriebetrieb zu finden (s. Abschn. 5.2.9). Bei den mit Kompressor betriebenen *Spritzständen* unterscheiden wir nach der Lacknebelabscheidung Trocken- und Nassspritzstände.

Bei der *Trockenabscheidung* wird der Lacknebel mittels Ventilator durch schmale Spalten (Labyrinthe) in der Blechkonstruktion geblasen (**9.**17a). Die Lackteilchen bleiben dabei in den Wegwerf-Trockenfiltern (Glasfasermatten) hängen, die gereinigte Luft wird aus der Kabine abgesaugt. In der Regel sind die Arbeitsflächen 2 bis 3 m breit und 2 m hoch.

Wesentlich wirkungsvoller ist die *Nassabscheidung*. Hier erlauben wasserberieselte Spritzwände mit Wasserwanne die intensive Lacknebel-Auswaschung durch Prallbleche und Wirbelwäscher (**9.**17b).

Vornehmlich wird der maschinelle Lackauftrag in der industriellen Möbelfertigung (Serienfertigung) genutzt. *Gieß-* und *Walzmaschinen* setzt man dabei für ebene, flache Werkstücke ein. *Spritzmaschinen* eignen sich auch zum Lackieren von profilierten oder anderen unebenen Teilen. Alle Maschinenverfahren sind rationell und tragen den Lack bei geringstem Verlust gleichmäßig auf.

Tabelle 9.18 Lackierfehler

Fehler	Ursache
Luftblasen	zu dicker Lack, zu hoher Spritzdruck oder zu feuchtes Holz (**9.**19), zu großer Temperaturunterschied zwischen Werkstück, Lack und Raum
Apfelsinenschalenhaut (Orangenhaut)	zu dicker Lackauftrag (Lack verläuft nicht), falsch eingestellter Spritzdruck
graue Flecken (Anlaufen)	Reste von Porenfüllern, Trockenzeiten zwischen einzelnen Arbeitsgängen nicht eingehalten, Lackauftrag in zu feuchten oder zu kalten Räumen, Lack zu stark verdünnt, zu geringe Schichtdicke, falsche Lösemittel verwendet, Erzeugnisse verschiedener Hersteller verarbeitet

Holzfußböden werden meist *versiegelt*. Der Lack füllt die Poren des Untergrunds und bildet auf der Oberfläche einen widerstandsfähigen Film. Dabei bleibt die Holzstruktur erhalten, die Pflege ist einfach, die Lebensdauer des Holzfußbodens wird erhöht. Versiegelungen können wir nur auf trockenes, sauber und planeben geschliffenes Holz auftragen (s. Abschn. 9.3.4).

Lackschäden und Anstrichfehler zeigen Tabelle **9.**18 und Bild **9.**19.

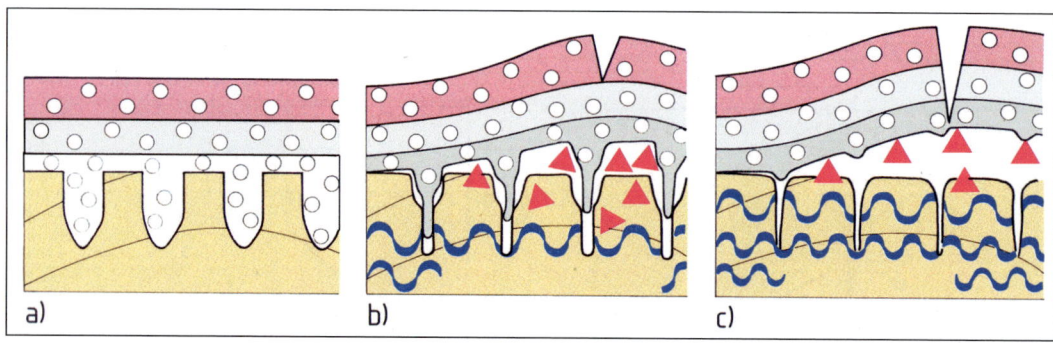

Bild 9.19 Beschichtung a) bei trockenem b) bei feuchtem c) bei nassem Anstrichgrund

Unfallgefahren und -verhütung. Lacke und Beizen enthalten Lösungsmittel. Sie gefährden ebenso wie Säuren, Laugen sowie Holz- und Lackierschleifstäube die Gesundheit. Deshalb sind die Unfallverhütungsregeln unbedingt zu beachten.

Unfallverhütungsregeln

– Beim Umgang mit Säuren, Laugen, Wasserstoffperoxid und Härtern Gummihandschuhe, Schutzbrille und Schürze tragen!

9.3 Lackieren

- Bei Augenverletzungen oder Hautverätzungen sofort mit viel Wasser spülen und unbedingt einen Arzt aufsuchen!
- Das Tragen von Atemschutz-Sets ist bei Lackier- und Schleifarbeiten eine zwingende Notwendigkeit. So schützt sich der Lackierer mit der Schutzfunktion vor Staubpartikeln, organischen Lösemitteln und Isocyanaten, die zu schwerwiegenden Gesundheitsbeeinträchtigungen mit Spätfolgen führen können.
- Stets für gute Be- und Entlüftung sorgen, um einer Explosionsgefahr vorzubeugen!
- Am Arbeitsplatz nicht rauchen, essen oder trinken!
- Lackabfälle und gebrauchte Lappen in verschließbaren Behältern aufbewahren und ordnungsgemäß entsorgen (Entzündungsgefahr).
- Pistole wegen elektrostatischer Aufladung erden.

9.3.4 Glaslacke

Arbeitsauftrag Nr. 81 Lernfeld TI 5, 12
Entwerfen Sie eine Glasfüllung für die Eingangstür Ihrer Ausbildungswerkstatt. Verwenden Sie ein DIN-A2-Blatt. Schreiben Sie einen praxisnahen Arbeitsablaufplan.

Praxistipp für die Anwendung von Wasserlacken auf Glas zur Gestaltung von Glasfüllungen. Um eine haltbare Oberflächengestaltung auf Glas mit Lacken zu erreichen, ist das Einhalten einer bestimmten Arbeitsfolge notwendig (**9.20**).

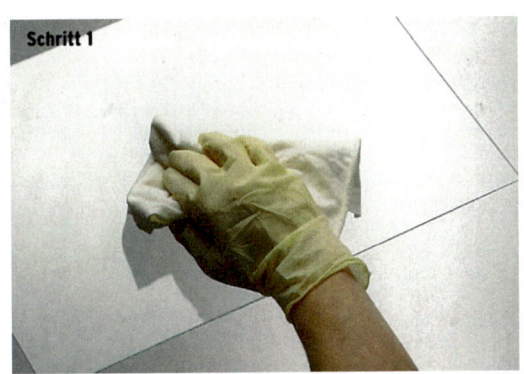

Bild 9.20 Arbeitsschritte – Wasserlacke auf Glas

Schritt 1:

Die Glasplatte wird gereinigt und entfettet. Da die Fläche anschließend völlig frei von Fasern und Staubpartikeln sein muss, sollte ein flusenfreies Reinigungstuch verwendet werden.

Schritt 2:

Die nicht zu lackierenden Flächen, d.h., die Flächen, die hervorgehoben werden sollen (Schriftzüge etc.), werden mit einer Spezialfolie, die sich nicht durch im Lack enthaltene Lösungsmittel auflöst, abgeklebt. Zur Vermeidung von Spritznebelunterschlag sollte auch die Glasrückenseite abgeklebt werden.

Schritt 3:

Der Glaslack wird gleichmäßig mittels Spritzpistole aufgetragen. Unterschiedliche Schichtstärken haben unterschiedliche Transparenzen zur Folge.

Schritt 4:

Nach der vollständigen Trocknung des Lackes werden die Folien vorsichtig entfernt. Die Wahl des richtigen Zeitpunktes entscheidet über die Qualität der Arbeit. Bei zu frühem Entfernen der Folien kann der Glaslack evtl. noch nachfließen. Bei zu spätem Entfernen brechen die Übergänge evtl. aus, da sich die Folie nur noch schwer abziehen lässt. Der optimale Zeitpunkt für das Entfernen der Folie ist abhängig von der Menge des Lackauftrags, Lacktyp sowie Temperatur und Luftzirkulation im Raum. Hier sind die Lackherstellerangaben in die Erfahrungswerte mit einzubeziehen.

9.3.5 Natürliche Mittel zur Oberflächenbehandlung

> **Arbeitsauftrag Nr. 82 Lernfeld TI 4, 5, 11, 12; HM 4, 5, 9; FKU 5, 6**
> - Die Verwendung natürlicher Oberflächenmittel nimmt durch das wachsende Umweltbewusstsein zu.
>   Erarbeiten Sie den nachfolgenden Text, indem Sie fünf Fragen entwickeln.
>   Die Auswertung sollte in einer Abfrage- und Antwortrunde erfolgen.
> - *Zum Verlauf*:
>   Der Lehrer bestimmt, wer mit der ersten Frage beginnt. Dieser sucht sich den Mitschüler aus, der die Frage beantworten soll. Bei richtiger Antwort darf der Schüler die nächste Frage stellen usw. Wird die Frage jedoch falsch beantwortet, muss der Fragesteller einen anderen Schüler mit der Beantwortung der Frage beauftragen.

Die Umweltgesetzgebung und der Wunsch der Kunden nach umweltgerechter Beschichtung, insbesondere bei Massivholz, führen zu neuen Produkten und Systemen bei der Oberflächenbehandlung. Alte Verfahren zur Oberflächenbeschichtung werden wieder neu entdeckt und angewendet. Die hierfür verwendeten Grundstoffe sollten aus nachwachsenden Rohstoffquellen stammen.

Die öffentlichen Auseinandersetzungen über das Gas Formaldehyd in Holzwerkstoffen, Pentachlorphenol (PCP) und Lindan (HCH) in sogenannten Holzschutzmitteln, das Waldsterben, der Anstieg der CO_2-Belastung in der Atmosphäre, die Entsorgungsproblematik chemisch-synthetischer Stoffe, die Zunahme der allergischen Erkrankungen und vieles andere mehr, haben u. a. die Forderung nach einem stärkeren Einsatz von Naturerzeugnissen im Wohnbereich zur Folge. Uns geht diese Forderung nach Naturprodukten im Bereich der Holzbe- und -verarbeitung in besonderer Weise an. Schließlich ist unser Werkstoff Holz ein idealer, umweltfreundlicher Baustoff. Wie können wir dieses schöne Material „biologisch" veredeln und erhalten? Dazu gibt es z.B. natürliche Harze und Wachse. Ihre Verarbeitung ist einfach und für Gesundheit und Umwelt unproblematisch. Aber auch natürliche Mittel enthalten Gifte, die bei unsachgemäßer Anwendung Gesundheitsrisiken in sich bergen. So sind in jedem Fall die Angaben der Hersteller genau zu beachten. Zur Herstellung der Produkte werden fast ausschließlich Substanzen aus der

Pflanze verwendet. Natürliche Bindemittel sind Öle, Harze, Gummi, Wachse und Casein.

Leinöl ist dabei der wichtigste Grundstoff der Pflanzenchemie. Als Grundieröl für Wachse und Lasuren bildet es den Untergrund, der den anschließenden Oberflächenfilm fest verankert. Der Gehalt an Leinöl bewirkt außerdem die Elastizität des Anstrichfilms bzw. die hohe Wasserdampfdurchlässigkeit der Lasuren.

Hartöl besteht aus natürlich trocknenden Ölen, Baumharz, Ölester, Terpenen und Balsamterpentinöl. Zusätzlich sind Trockenstoffkomponenten auf der Basis von Calcium, Zirkonium und Kobalt enthalten. Es wirkt stark anfeuernd und wird oft als Grundierung für Hartwachs bzw. Heißspritzwachs verwendet. Die Kombination aus wasserverdünnbarer Grundierung im Erstauftrag und anschließender Weiterverarbeitung mit Hartöl ist möglich.

Verarbeitungshinweise für das Ölen. Bei geölten Oberflächen zieht das Öl tief in den Holzuntergrund ein. Nach der oxidativen Trocknung ist es gut vernetzt. Der gesamte Holzinnenausbau steht als Anwendungsgebiet zur Verfügung. Das Öl wird bis zum Sättigungsgrad des Holzes aufgetragen und manuell oder maschinell verteilt. Geölte Flächen müssen in regelmäßigen Abständen nachbehandelt werden.

> **Wichtig!**
> Überschüssiges Öl muss abgerieben werden, da sonst die Oberflächen verkleben!

Harze sind pflanzlichen Ursprungs (Baumharze wie Lärchenharz, Kolophonium u.a.) oder tierischen Ursprungs (Schellack oder Propolis).

Natur-Latex = Naturkautschukmilch verleiht Anstrichmitteln und Klebern einen elastischen, wasserabweisenden, aber luftdurchlässigen Film.

Pflanzenwachse dienen als Bindemittel bei Polituren und Pflegemitteln. *Carnaubawachs* ist mechanisch hoch belastbar und wird wegen des hohen Härtungsvermögens z.B. weichen Wachsen und Polituren zugesetzt. Fußbodenwachse erhalten so ihre Trittfestigkeit.

Mit Bienenwachs pflegt und veredelt man Oberflächen im Innenbereich. Das wohlriechende Wachs wird von den Bienen durch ihre Bauchdrüsen ausgeschieden und zum Bau der Waben benutzt.

Hartwachse sind Oberflächenprodukte auf der Basis trockener natürlicher Öle wie Naturharzöl, Ester, Carnauba- und Bienenwachs. Die Basis der Trockenstoffe bilden Calcium, Zirkonium und Kobalt mit Isoaliphaten. Hartwachse sind als Deckbeschichtung auf verschiedenen Grundierungen einsetzbar.

Casein ist der wichtigste Eiweißbestandteil der Milch und dient als Bindemittel für Anstrichstoffe im Innenbereich. Durch Zusatz von Kalkmilch erhält man wetterfeste Kalkcaseinfarben für den Außenbereich.

Lösemittel bestimmen die Konsistenz oder Viskosität von Farben und Lacken. In der Pflanzenchemie werden Wasser, Alkohol, ätherische Öle und Isoaliphate als Verdünnungsmittel eingesetzt.

> Viele der Naturprodukte erfüllen die Anforderungen der folgenden Prüfnormen:
>
> – DIN 53160 Speichel- und schweißecht/für Kinderspielzeug geeignet,
> – EN 71-3   frei von löslichen Schwermetallen/für Kinderspielzeug geeignet.

Bei der *Oberflächenbehandlung mit natürlichen Mitteln* verbessert sich die Oberflächengüte bei entsprechender Pflege. Bei lackierten Oberflächen ist die höchste Qualität bereits im Lackierraum erreicht. Bei der Behandlung von Massivholz werden hauptsächlich natürliche Öle und hochwertige Wachse verwendet. Die Materialien, Einsatzgebiet, Lösemittelgehalt und Auftragsverfahren sind abzustimmen (**9.**21).

Tabelle 9.21 Produkte auf Naturharzbasis – Materialübersicht, Einsatzgebiete

Materialtype	Einsatzgebiet	Lösemittelgehalt	Auftrag			
			Spritzen	Einlassen	Streichen	Walzen
Hartgrund	Grundierung mit egalisierenden Effekten	lösemittelfrei	X	X	X	X
Harzöl	Grundierung stark anfeuernd	39 % Isoaliphaten	X	X	X	X
Hartwachs	Universalmaterial	15,6 % Isoaliphaten	X	X	X	X
Heißspritzwachs	Deckbeschichtung	> 1,0 %	X	X		
Heißspritzöl	Decklackbeschichtung	lösemittelfrei	X			

Verarbeitungshinweise für das Wachsen. Für das Wachsen sind weiche Hölzer besonders geeignet, aber auch Eiche findet als grobporiges Hartholz Verwendung. Das fein geschliffene und gesäuberte Holz kann vor dem ersten Wachsauftrag mit Leinöl oder mit einer porenfüllenden Grundierung grundiert werden. Auf die grundierte oder nicht grundierte, fein geschliffene Oberfläche wird das Wachs mit einem weichen Lappen dünn aufgetragen und in Maserrichtung eingerieben. Nach kurzer Trockenzeit wird die Fläche geglättet oder blank gerieben. Zum Glätten eignen sich Rosshaarbürsten oder Bürsten mit Ledernoppeneinsatz.

Gründe für den bevorzugten Einsatz von Ölen und Wachsen:
– die Produkte sind lösemittelfrei bzw. lösemittelarm,
– die Lösemittelfreiheit wird von den Kunden positiv bewertet,
– zufriedenstellende Oberflächen lassen sich mit einfachen Mitteln erzielen,
– Haptik und Geruch sind von vielen Mitarbeitern und Kunden positiv besetzt,
– Defekte lassen sich mit geringerem Aufwand beheben als bei lackierten Oberflächen.

Schellack ist das Ausscheidungsprodukt der ostindischen Schildlaus. Es gilt als eines der hochwertigsten Harze zur Herstellung von klaren Holzlacken und Polituren. Das Material hat eine starke Bindekraft und eine hohe Isolierwirkung. Es wird deshalb auch als Fixativ und Sperrgrundierung für Anstriche und Vergoldungen verwendet. Der blättrige Schellack ist nur begrenzt haltbar. Deshalb wird er meist mit reinem Alkohol im Verhältnis 1:1 zur Herstellung eines Konzentrats aufgelöst. Er zeichnet sich nach gelungener Verarbeitung durch Härte und Transparenz aus. Blätterschellacke sind hoch rein, entwachst und untereinander zur Erzielung bestimmter Tönungen mischbar. Die Schellackpolitur gilt als die anspruchsvollste der Oberflächentechniken (9.22).

Bild 9.22 Schellackpolitur

Verschlissene oder defekte Oberfächen können durch Überpolieren schnell ausgebessert werden. Schellackoberflächen sollten nicht mit chemischen Reinigungsmitteln oder Alkohol in Berührung kommen.

10 Innenausbau und Außenbau

10.1 Maßordnung im Hochbau

> **Arbeitsauftrag Nr. 83 Lernfeld TI 7, 9; HM 7, 10**
> - Die Fertigung und der Einbau von Fenstern und Türen setzt elementare Kenntnisse über das Maßnehmen am Bau voraus. Hierbei sind insbesondere die Rohbau-Richtmaße (RR) und die Nennmaße (Baulichtmaße, BL) von Bedeutung.
>   Als Übung und Verdeutlichung dieser Maße bauen/gestalten Sie in Gruppen jeweils ein Anschauungsmodell/Plakat für die drei verschiedenen Anschlagarten (Horizontalschnitt).
>   Gestalten Sie Ihre Arbeiten farbig. Nutzen Sie Pappe, Papier, Styropor und Holz.
>   Das Öffnungsmaß/Innenmaß muss ebenso wie die Anzahl der Steine und Fugen innerhalb der Maueröffnung deutlich werden.
>   Die lichte Breite ist mit 1,26 m zu bemessen.
> - Beantworten Sie die nachfolgenden Fragen und vervollständigen Sie Ihren Fragenkatalog.
> 1. Was regelt die **VOB**?
> 2. Was legt die Maßordnung im Hochbau fest?
> 3. Erläutern Sie Begriff und Bedeutung des Achtelmeters.
> 4. Welche Möglichkeiten sind bei Nennmaßen zu unterscheiden?
> 5. Von wo aus wird die Nennmaßhöhe gemessen?
> - Errechnen Sie die Blendrahmen und Flügelmaße für ein IV 68 Fenster.
>   Die Maueröffnung hat einen Innenanschlag. Die Baulichtmaße betragen in der Breite 1.760 mm und in der Höhe 1.385 mm. Erstellen Sie eine Holzliste für fünf Fenster aus Kiefer.

Der Tischler fertigt nicht nur Möbel an, sondern arbeitet am Innenausbau und Außenbau eines Gebäudes mit.

Zum *Innenausbau* gehören: Wand- und Deckenverkleidungen, leichte Trennwände, Einbaumöbel, Innentüren, Treppen.

Dem *Außenbau* (Bautischlerarbeiten) ordnet man zu: Fenster, Außentüren.

Die Errichtung eines Gebäudes erfordert die sinnvolle Zusammenarbeit verschiedener Berufsgruppen. Um einen problemlosen Arbeitsablauf zu gewährleisten, sind alle an bestimmte Vorschriften, Normen und Bedingungen gebunden. Die Vergabe- und Vertragsordnung für Bauleistungen (VOB) regelt die Zusammenarbeit der am Bau Beteiligten. Sie ist ein von interessierten Fachkreisen erarbeitetes und anerkanntes Vertragswerk. Sie ist Grundlage für Angebot, Ausführung und Abrechnung von Bauleistungen. Damit sie jedoch wirksam wird, muss im Vertrag auf die Geltung der VOB verwiesen werden. Die VOB enthält drei Teile:

- **Teil A:** Regelungen für die Vergabe von Bauaufträgen durch öffentliche Auftraggeber
- **Teil B:** Regelungen für den Bauvertrag
- **Teil C:** Allgemeine und gewerksspezifische Vertragsbedingungen (ATV)

Wichtig für die holzverarbeitenden Berufe sind:

DIN 18355 Tischlerarbeiten
DIN 18361 Verglasungsarbeiten
DIN 18357 Beschlagarbeiten

Die Normen der VOB regeln die Zusammenarbeit der verschiedenen Berufe am Bau. Sie legen die Mindestanforderungen an Bauleistungen und einzelne Arbeiten fest. Um wirksam zu werden, muss auf die Geltung der VOB im Vertrag hingewiesen werden.

Früher genügten für das Bauen und Ausbauen eines Hauses wenige Grundregeln, viel Zeit und handwerkliches Können. Heute muss ein Bau in wenigen Wochen oder Monaten bezugsfertig errichtet sein. Jede Stunde zählt und schlägt sich im Baupreis nieder. Nur rationelles, genormtes Bauen macht es möglich, Bauteile in kürzester Zeit bereitzustellen oder auszuwechseln und stets passend einzubauen.

Die Maßordnung im Hochbau (DIN 4172) schafft die Voraussetzungen dafür. Sie bildet die Grundlage für die Abmessung von Gebäuden, Bauteilen und Bausteinen. Durch die Verbindlichkeit der Norm für das Baugewerbe ergeben sich Zeit- und Kosteneinsparungen sowie rationelles Bauen. Die Standardsteinformate sind festgelegt, für die genormten Öffnungsmaße können Fenster, Türen und andere Bauelemente vorgefertigt und in Großserie preisgünstig hergestellt werden.

Grundlage der Maßordnung ist der achte Teil eines Meters, das *Achtelmeter* (am) mit 12,5 cm. Alle weiteren Maße ergeben sich als Vielfache oder Teile von 12,5 cm. Zu unterscheiden sind Rohbau-Richtmaße und Nennmaße (Baulichtmaße).

Rohbau-Richtmaße (RR), auch Baurichtmaße genannt, sind Ausgangspunkt für alle Rohbau- und Ausbaumaße. Sie betragen ein Vielfaches von 12,5 cm (am). Die Breite eines Mauersteins (Normalformat) mit Fuge stimmt damit überein. RR werden zur Vereinfachung und Übersichtlichkeit besonders für vorgefertigte Bauelemente durch Kennziffern angegeben (z. B. 15/12). Multipliziert man die Kennziffern mit 125 mm, erhält man das Rohbaurichtmaß der Öffnung. Nach DIN 18050 und 18100 gibt man bei den Abmessungen zuerst die Breite, dann die Höhe an.

Kennziffer 15 × 12 bedeutet:

in der Breite	15 × 125 mm = 1.875 mm
in der Höhe	12 × 125 mm = 1.500 mm

Nennmaße, auch Baulichtmaße (BL) genannt, sind die tatsächlich vorhandenen Maße am Bau. Im Mauerwerksbau ergeben sie sich aus den RR ab- oder zuzüglich der Mörtelfuge. Die Dicke der Stoßfuge wird mit 1 cm angenommen. Die Nennmaße sind in Bauplänen und Zeichnungen eingetragen.

Bei Bauten ohne Mörtelfuge (z. B. Betonbauten) entsprechen die Nennmaße den RR.

Höhenmaße. Für uns ist wichtig, dass die Höhe des Nennmaßes immer von der Oberkante des Fertigfußbodens (OKF) aus gemessen wird. Bei den Maueröffnungen für Fenster erhalten wir so die Brüstungshöhe und das *lichte* Maß. Wenn wir ein Türfutter einbauen, müssen wir uns nach dem Meterriss richten, weil meist noch kein Fußboden eingebaut ist (**10.**1). Der *Meterriss* kennzeichnet die vorgesehene Oberkante des fertigen Fußbodens. Der Maurer oder Bauführer (Polier) bringt diese Markierung in jedem Stockwerk an.

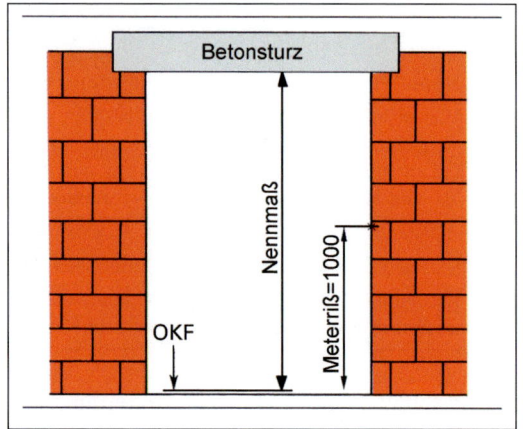

Bild 10.1 Meterriss

Die Maßordnung im Hochbau DIN 4172 ist Baugrundlage.

Baurichtmaße für den Rohbau werden durch das Achtelmeter bestimmt. Nennmaße sind die tatsächlichen Maße und Abmessungen am Rohbau.

Zur Ermittlung der Rahmenaußenmaße (RAM) muss die jeweilige Anschlagart festgelegt sein.

Es wird in drei Anschlagarten unterschieden.

– Anschlagart 1 (Innenanschlag)
– Anschlagart 2 (Außenschlag)
– Anschlagart 3 (Ohne Anschlag)

10.1 Maßordnung im Hochbau

Anschlagart 1 (Innenanschlag)

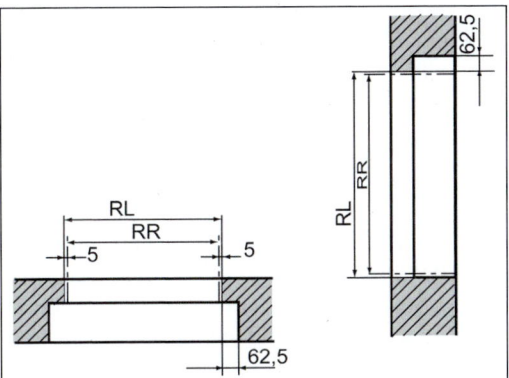

Diese Anschlagart bietet Platz für den Einbau von Rollläden und guten Schutz des Blendrahmens. Die Anschlussfuge ist nicht direkt der Witterung ausgesetzt. Für den Einbau des Fensters ist keine Rüstung erforderlich.

Anschlagart 2 (Außenschlag)

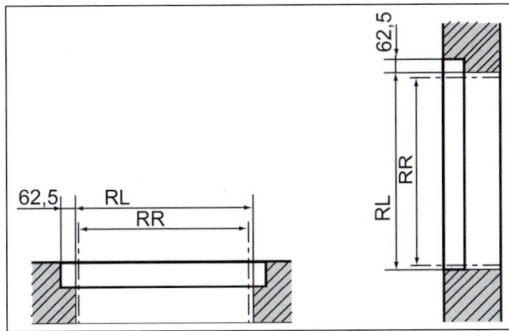

Hier ist ein breiter Blendrahmen notwendig, um das Fenster problemlos nach innen öffnen zu können. Der Blendrahmen und die Anschlussfugen sind direkt der Witterung und UV-Strahlung ausgesetzt. Das Fenster wird von außen eingesetzt. Für den Einbau wird ein Gerüst benötigt.

Anschlagart 3 (ohne Anschlag)

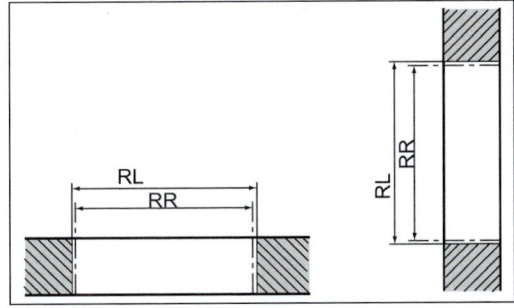

Diese Anschlagart spart viel Maurerarbeit. Der Blendrahmen und die Anschlussfugen sind direkt der Witterung ausgesetzt. Es wird kein Gerüst für den Einbau benötigt.

> **Die Rahmenaußenmaße (RAM)** der Blendrahmen werden aus den Rohbau-Richtmaßen (RR) ermittelt.

Für die Anschlagarten 1 und 2 werden die Breitenmaße mit dem Rahmenüberdeckmaß a nach DIN 18051 mit dem Mindestmaß 37,5 mm errechnet. Die Breitenmaße werden um 2 × 37,5 mm = 75 mm und die Höhenmaße um 37,5 mm + 2,5 mm = 40 mm erhöht.

In der heutigen Fensterbaupraxis wird mit einem Rahmenüberdeckmaß a von 40–50 mm gerechnet. Die Rohbaulichtmaße (RL) ergeben sich aus den Rohbaurichtmaßen (RR) und jeweils 2 halbe Fugenbreiten (2 × 5 mm) (**10.2**).

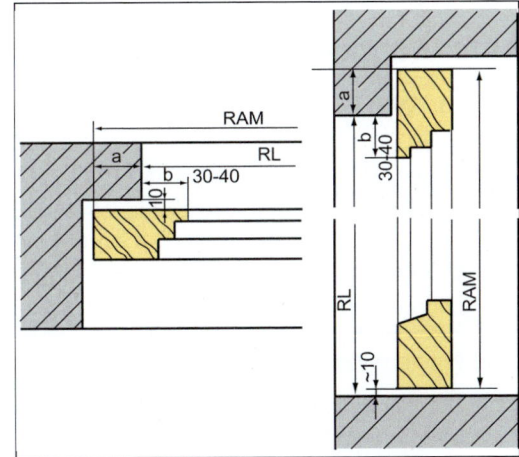

Bild 10.2 Rahmenmaße (RAM), Rohbau-Richtmaße (RR), Rahmenüberdeckmaß a, Rohbaulichtmaß (RL)

Beispiel:

> **Rohbaurichtmaß (RR) - Kennummer 15/12**
> RR in der Breite = 15 × 125 mm = 1.875 mm
> RR in der Höhe = 12 × 125 mm = 1.500 mm
> **Daraus ergeben sich die Rohbaulichtmaße (RL)**
> RL in der Breite = 1875 mm + 2 × 5 mm
> (2 × halbe Fuge) = 1885 mm
> RL in der Höhe = 1500 mm + 2 × 5 mm
> = 1.510 mm
> **Das Rahmendeckübermaß a wird hier mit 40 mm angenommen!**
> Es werden die Rahmenaußenmaße (RAM) ermittelt
> RAM in der Breite = 1.885 mm + 2 × 40 mm
> = 1.965 mm
> RAM in der Höhe = 1.510 mm + 40 mm – 10 mm
> (Montageluft)
> = 1.540 mm

Stand der Technik

Vom Gesetzgeber wird eine fachgerechte Abdichtung der Anschlussfugen durch Architekten/Planer, Verarbeiter/Tischler und Bauherren gefordert. Dies bedeutet, dass eine dauerhaft schlagregendichte und luftdichte Abdichtung entsprechend der DIN 4108-7 der VOB und der Energieeinsparverordnung (EnEV) erfolgen muss.

Die fachgerechte Abdichtung hat drei Dichtungsebenen. Die Wetterschutzebene wird als *äußere* Abdichtung dauerhaft schlagregendicht und trotzdem dampfdiffusionsoffen ausgeführt. Die *innere* Abdichtung dient der Trennung von Raum- und Außenklima. Sie muss luftdicht und dampfdiffusionsdichter als die äußere Abdichtung sein. Der *mittlere Funktionsbereich* befindet sich zwischen Fensterrahmen und Anschlussmaterial. Er muss mit wärmedämmendem Material vollständig ausgefüllt werden. Es kann die Regel „innen dichter als außen" abgeleitet werden.

Eine Abdichtung, die dem Stand der Technik entspricht, sollte die folgenden wichtigen Normen erfüllen:

> – **Dampfdiffusionswerte nach DIN EN 4108-3**
> – **schlagregendicht nach DIN EN 1027/DIN 18542**
> – **luftdicht nach DIN 4108-7 DIN EN 1026**
> – **schalldämmend nach DIN EN 20140-3**
> – **Tischlerarbeiten nach VOB DIN 18355**

Die fachgerechte Ausführung und Einhaltung der gesetzlichen Normen dient dem Handwerker als rechtliche Sicherheit, da er in der Gewährleistungspflicht steht.

10.2 Wärme-, Schall- und Brandschutz

10.2.1 Wärme, Temperatur und Wärmeausdehnung

> **Arbeitsauftrag Nr. 84 Lernfeld TI 7, 8; HM 7, 8, 11**
> - Ihr Berufsschullehrer bittet Sie, einen Vortrag zum Thema „Wärme, Temperatur und Wärmeausdehnung" zu halten. Der Vortrag ist so zu gestalten, dass er auch für das Berichtsheft genutzt werden kann.
> Die Begriffe *Wärmedurchlasszahl oder -koeffizient, Wärmeübergang* und *Wärmedurchgang* sind jeweils als Skizze darzustellen und können im Vortrag mittels OH-Folie oder Power Point präsentiert werden.
> - Zur Vorbereitung der näher rückenden Abschlussprüfung vervollständigen Sie bitte Ihren Lernkarteiordner mit den nachfolgenden Fragen. Die Antworten entnehmen Sie dem entsprechenden Buchtext.
> 1. Wie wirkt sich die Wärmeausdehnung im Holzbau und im Zusammenbau von Holz mit Metall aus?
> 2. Was versteht man unter der Anomalie des Wassers?

3. Was bedeutet maximale Luftfeuchte?
4. Auf welche drei Arten wird Wärme übertragen?
5. Erläutern Sie das Prinzip der Wärmeströmung.
6. Was drückt die Wärmeleitzahl aus?
7. Zwei Werkstoffe haben die Wärmeleitzahl 0,8 bzw. 3,75. Welcher Stoff dämmt die Wärme besser, welcher leitet sie besser?
8. Welches Verhältnis gibt der Wärmedurchlasskoeffizient an?

Wärmequellen. Wärme erhalten wir auf natürliche Weise, durch mechanische Arbeit oder chemische Reaktion. Der natürliche Wärmespender ist die Sonne, ohne die kein Leben auf unserer Erde möglich wäre. Durch Reibung oder Elektrizität wird ebenfalls Wärme frei (z. B. Heizstrahler). Schließlich wärmen wir die Wohnung auf chemischem Weg durch Verbrennen von Brennstoffen. Wärme wird also durch Umwandlung von Energien frei und ist damit selbst eine Energieform. Ursache ist die Bewegung der Moleküle.

Temperatur und Thermometer. Der Wärmezustand eines Körpers heißt Temperatur. Unsere Empfindung für Temperatur ist subjektiv. Um die Temperatur objektiv festzustellen, brauchen wir ein Messgerät, ein Thermometer (griech. thermos = warm, metron = Maß). Die meisten Thermometer enthalten Quecksilber oder Alkohol, die erst bei großer Kälte erstarren. Halten wir ein Quecksilberthermometer in Eiswasser, zeigt es den Gefrierpunkt *(Eis-punkt)* an = 0 °C. Halten wir es in siedendes Wasser, dehnt sich das Quecksilber in der luftleeren Röhre aus und zeigt den *Siedepunkt (Dampfpunkt)* = 100 °C an. Über diese beiden Punkte geht die Skala hinaus – nach oben praktisch unbegrenzt, nach unten bis zum absoluten Nullpunkt = –273,15 °C. Bei dieser tiefsten Temperatur beginnt die Skala nach Lord Kelvin mit 0 K. Den Siedepunkt zeigt sie entsprechend mit 373,15 K an. Die Einheiten der Celsius- und Kelvinskala sind gleich groß, sodass wir *Temperaturunterschiede* in K oder °C angeben können (z. B. 15 °C $\triangleq$ 15 K). Bei den *Temperaturpunkten* erhalten wir jedoch andere Werte (z. B. 15 °C = 288,15 K; **10.**3). Gleich ist das Messprinzip beider Skalen – die Ausdehnung der Flüssigkeit bei Erwärmung und das Zusammenziehen bei Abkühlung.

Wärmeausdehnung. Feste, flüssige und gasförmige Körper dehnen sich (bis auf wenige Ausnahmen) bei Erwärmung aus und ziehen sich bei Abkühlung zu größerer Dichte zusammen. In der Regel dehnen sich Flüssigkeiten mehr als feste Körper, Gase wiederum mehr als Flüssigkeiten. Doch auch die einzelnen Werkstoffe dehnen sich unterschiedlich stark aus – Holz z. B. weniger als Mauerwerk, Mauerwerk weniger als Metall. Werden solche Festkörper fugenlos aneinander geschlossen oder Gase im Behälter verschlossen, können sie sich bei Erwärmung nicht ausdehnen – der Verband oder der Behälter platzt auseinander. Dies müssen wir beachten, wenn wir unterschiedliche Werkstoffe zusammen verarbeiten (z. B. bei einem Aluminium-Holz-Fenster). Jedes Material braucht genügend Dehnungsraum! Im Holzbau selbst sind die Wärmeausdehnungen so gering, dass wir sie vernachlässigen können.

Anomalie des Wassers. Eine Ausnahme im Dehnverhalten macht das Wasser. Es zieht sich bei Abkühlung bis + 4 °C zusammen, hat dann

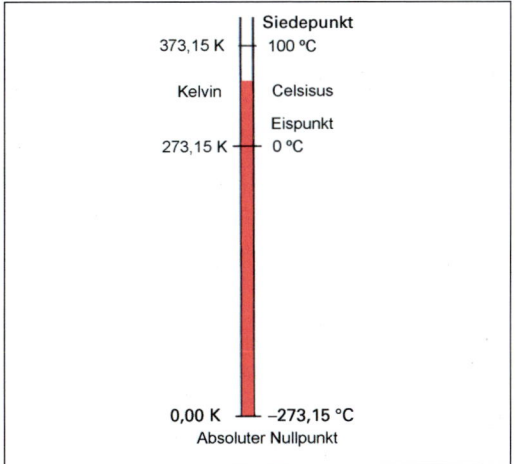

Bild 10.3 Thermometerskalen von Celsius und Kelvin

aber sein geringstes Volumen und seine größte Dichte erreicht. Bei weiterer Abkühlung bis auf 0 °C dehnt es sich wieder aus. Deshalb schwimmt Eis auf dem Wasser, deshalb sprengt eingesickertes und gefrorenes Wasser Steine auseinander.

> Körper dehnen sich bis auf wenige Ausnahmen (Wasser) bei Erwärmung aus und ziehen sich bei Abkühlung zusammen. Diese Volumen- und Dichteänderung ist bei jedem Werkstoff unterschiedlich.

Wärmemenge Q. Um einen Körper zu erwärmen, brauchen wir eine bestimmte Menge Wärme oder Wärmeenergie. Einheit der Wärmemenge Q ist das Joule (J, sprich dschuhl).

Wärmemenge, Energie und Arbeit sind gleichartige Größen (**10**.4). Um 1 kg Wasser um 1 °C zu erwärmen, müssen wir 4187 J, Nm oder Ws aufwenden.

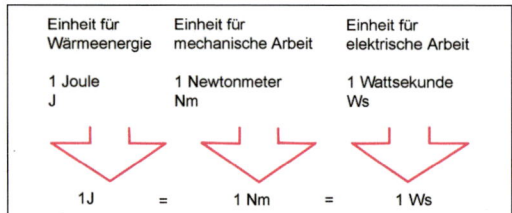

Bild 10.4 Wärmemenge, Arbeit und Energie sind gleichartige Größen

> Einheit der Wärmemenge ist das Joule.
> 1 Joule (J) = 1 Wattsekunde (Ws) = 1 Newtonmeter (Nm)

Luftfeuchtigkeit. Flüssigkeiten gehen bei Erwärmung auf den Siedepunkt in Dampf über. So verdampft die Sonne die Feuchtigkeit der Erde und sorgt dafür, dass die Luft immer eine gewisse Menge Wasserdampf enthält. Warme Luft kann mehr Feuchtigkeit aufnehmen als kalte – wir merken das bei schwülem Wetter. Ist der Sättigungspunkt erreicht, kann die Luft keinen Wasserdampf mehr aufnehmen (maximale Luftfeuchte, gemessen in g/m^3). Wird der Sättigungspunkt überschritten oder kühlt die Luft ab, fällt der Dampf in Form von Regen oder Tau (Taupunkt) nieder. Auf diese Beziehung zwischen Luftfeuchte und Lufttemperatur haben wir schon in Abschnitt 3.3.5 hingewiesen.

10.2.2 Wärmeausbreitung und -speicherung

Wärme breitet sich durch Wärmeleitung, Wärmeströmung oder Wärmestrahlung aus.

Wärmeleitung. Wärme überträgt sich innerhalb eines Körpers auf weniger warme Teile. Die Moleküle geben die Wärme weiter, ohne ihre Lage zu verändern – sie leiten die Wärme. Einige Werkstoffe leiten die Wärme schnell (gut), andere langsam (schlecht) oder kaum. Metalle sind die besten Wärmeleiter. Flüssigkeiten (außer Quecksilber und geschmolzenen Metallen), Holz, Glas und ruhende Gase sind schlechte Wärmeleiter. Doch auch beim gleichen Werkstoff ergeben sich noch Unterschiede durch den Gehalt an Feuchtigkeit (Wasser leitet 25mal besser als Luft) und Poren (porige Stoffe leiten schlecht, **10**.5).

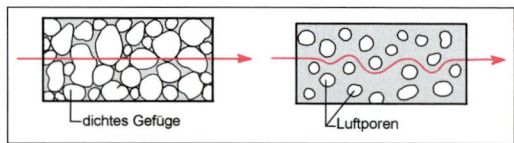

Bild 10.5 Poren verzögern den Wärmeabfluss

> Schlechte Wärmeleiter sind gute Dämmstoffe.

Wärmeleitzahl λ (klein lambda = griech. Buchstabe λ). Die Wärmeleitfähigkeit der Stoffe gibt man durch die Wärmeleitzahl an. Sie nennt die Wärmemenge Q in Joule je Sekunde (= Watt), die durch 1 m² Fläche eines 1 m dicken Körpers geleitet wird, wenn der Temperaturunterschied der Oberflächen 1 K (oder 1 °C) beträgt (**10**.8). Einheit ist Watt durch Meter mal Kelvin (W/mK). Je größer die Wärmeleitzahl, desto besser die Wärmeleitung und desto geringer die Wärmedämmung (**10**.6).

Tabelle 10.6 Wärmeleitzahl λ verschiedener Stoffe in W/mK

0,04 Glaswolle, Hartschaum	0,81 Glas
0,14 Fichte, Spanplatten	2,03 Normalbeton
0,17 Buche	58,00 Stahl
0,21 Eiche	203,00 Aluminium

Wärmeströmung. Flüssigkeiten und Gase leiten die Wärme schlecht. Sobald wir sie erwärmen, dehnen sie sich aus, werden leichter und steigen deshalb hoch. Dabei verlagern sich ihre Moleküle. Weil immer wieder kältere Flüssigkeit bzw. Gase nachfolgen und erwärmt werden, entsteht eine Molekül- oder Wärmeströmung (Konvektion). Wir nutzen sie z. B. bei der Warmwasserheizung.

Als Wärmestrahlung durch die Sonnenstrahlen erhalten wir die lebensnotwendige Sonnenenergie. Wir spüren sie, wenn sie auf einen Körper trifft, der sie aufnimmt. Die Luft wird nicht von den Sonnenstrahlen erwärmt, sondern erst durch die Wärmeströmung des wärmebestrahlten Körpers (**10.7**).

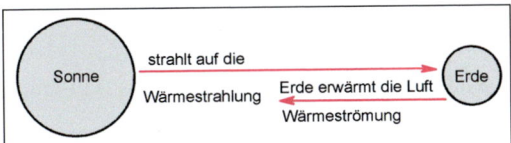

Bild 10.7   Wärmestrahlung und Wärmeströmung

Wärmeleitung = Wärmeübertragung von Molekül zu Molekül eines Körpers, ausgedrückt durch die Wärmeleitzahl k

Wärmeströmung = Wärmeübertragung durch Molekülverlagerung bei Flüssigkeiten und Gasen

Wärmestrahlung = Wärmeübertragung ohne Mitwirkung eines Stoffs

Wärmedurchlasszahl oder -koeffizient Λ (groß lambda). Bei der Wärmeleitzahl λ sind wir von einem 1 m dicken Körper ausgegangen. Viele Baumaterialien und Bauteile sind aber erheblich dünner. Deshalb drückt man das Verhältnis von Wärmeleitfähigkeit λ und Dicke d eines Stoffs durch die Wärmedurchlasszahl (Wärmedurchlasskoeffizient) Λ aus. Sie gibt an, welche Wärmemenge in Joule je Sekunde (= Watt) durch 1 m² eines Werkstoffs mit der Dicke d in m bei 1 K (1 °C) Temperaturgefälle strömt (**10.8**). Einheit ist Watt durch Quadratmeter mal Kelvin (W/m² K).

Wärmedurchlasswiderstand (Wärmeleitwiderstand) R. Jeder Werkstoff setzt dem Wärmedurchlass Widerstand entgegen. Dieser Widerstand ist der Kehrwert (die Umkehrung) des Wärmedurchlasskoeffizienten in m² K/W.

Wir brauchen ihn zum Beurteilen der Wärmedämmung und nennen ihn darum auch *Wärmedämmwert*. Bei einem mehrschichtigen Bauteil setzt sich der Gesamtwärmedurchlasswiderstand aus den Wärmedurchlasswiderständen der einzelnen Schichten zusammen.

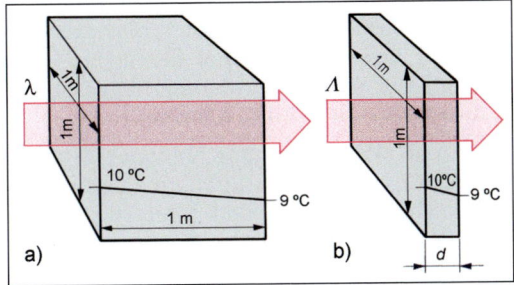

Bild 10.8   Wärmeabfluss
a) nach der Wärmeleitfähigkeit l
b) nach dem Wärmedurchlasskoeffizienten Λ

Wärmedurchlasskoeffizient
$$\Lambda = \frac{\lambda}{d} \text{ in } \frac{W}{m^2 K}$$
Wärmedurchlasswiderstand
$$R = \frac{d}{\lambda} \text{ in } \frac{W}{m^2 K} \qquad R = \frac{d_1}{\Lambda_1} + \frac{d_2}{\Lambda_2} + \frac{d_3}{\Lambda_3}$$
Je größer der Wärmedurchlasswiderstand (Wärmedämmwert), desto besser dämmt der Bauteil bzw. wirkt der Dämmstoff.

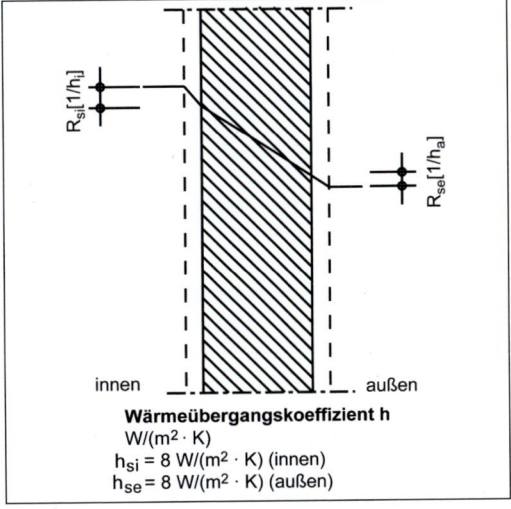

Bild 10.9   Wärmeübergangszahl/Warmeübergangskoeffizient

Wärmeübergang und -durchgang. Den Wärmetransport zwischen zwei Körpern nennen wir Wärmeübergang. Der Wärmeübergang zwischen der Luft und einem Bauteil ist abhängig von dem Bewegungszustand der Luft, der Oberflächenbeschaffenheit des Bauteils (Material, Farbe, Rauigkeit) und der Temperatur. Der Wärmedurchgang durch einen Körper begegnet uns vor allem bei der technischen Nutzung der Wärmeübertragung. Er geschieht in drei Phasen, wie Bild **10.9** zeigt.

Auch der Wärmeübergang und der Wärmedurchgang sind jeweils durch eine „Zahl" benannt. Und wiederum sind Widerstände vorhanden.

Wärmeübergangszahl oder -koeffizient h. Auch Luft ist ein Körper und muss daher bei der Wärmeübertragung berücksichtigt werden. Der Übergangskoeffizient ist das Maß für die Berechnung dieses Wärmeaustausches in W/m²K. Weil die Bedingungen an der Innenfläche anders sind als an der Außenfläche, unterscheiden wir nach auf der Innenseite h_{si} und auf der Außenseite h_{se}.

Der Wärmeübergangswiderstand R_S ist, wie das Formelzeichen besagt, der Kehrwert der Wärmeübergangszahl in m² K/W. DIN 4108 gibt dafür vereinheitlichte Werte (**10.10**).

Tabelle 10.10 Wärmeübergangswiderstand nach DIN ISO 6946

innen	Wandfläche, Fensterfläche, Decken und Fußböden	$R_{si} = 0{,}13 \frac{m^2 K}{W}$
außen	Außenwand	$R_{se} = 0{,}04 \frac{m^2 K}{W}$

Die Wärmedurchgangszahl (-koeffizient, U-Wert) U gibt die Wärmemenge in Joule je Sekunde (= Watt) an, die durch 1 m² Bauteilfläche bei einem Temperaturgefälle von 1 K (1 °C) hindurchströmt. Einheit ist Watt durch Quadratmeter mal Kelvin (W/m² K). Der U-Wert ist die wichtigste Kenngröße für den baulichen Wärmeschutz (DIN 4108, Wärmeschutz und Energieeinsparung in Gebäuden, Energieeinsparungsverordnung (EnEv)). Wir brauchen ihn, um die Wärmedämmfähigkeit eines Bauteils zu beurteilen. Je kleiner der U-Wert, desto weniger Wärme geht verloren.

Der Wärmedurchgangswiderstand R_T in m² K/W ist die Summe der Wärmeübergangs- und Wärmedurchlasswiderstände oder der Kehrwert der Wärmedurchgangszahl.

Wärmedurchgangskoeffizient
$$U = \frac{1}{R_T} \quad \left[\frac{W}{m^2 \cdot K}\right]$$
oder
$$U = \frac{1}{R_{si} + R + R_{se}} \quad \left[\frac{W}{m^2 \cdot K}\right]$$
Wärmedurchgangswiderstand
$$R_T = R_{si} + R + R_{se} \quad \left[\frac{W}{m^2 \cdot K}\right]$$

Je kleiner der U-Wert, desto weniger Wärme geht verloren. Je größer der U-Wert, desto größer der Wärmedurchgang und desto schlechter das Dämmvermögen des Bauteils.

Setzt sich ein Bauteil aus mehreren Schichten zusammen, so ergibt sich der Wärmedurchlasswiderstand (R) aus der Summe der Durchlasswiderstände ($\Sigma d/\lambda$) der einzelnen Schichten.

Rechenbeispiele:
Beispiel 1:

Ermittlung des Wärmedurchlasswiderstandes (R) einer mehrschichtigen Wand.

Gegeben: Außenputz d_1, Wand aus Ziegelmauerwerk d_2, Dämmschicht d_3, Innenputz d_4
$d_1 = 2{,}0$ cm, $\quad d_2 = 24$ cm,
$d_3 = 2{,}5$ cm, $\quad d_4 = 1{,}5$ cm

Gesucht: Wärmedurchlasswiderstand (R) dieser Wand muss größer als die Mindestanforderung gemäß Wärmeschutzverordnung von 0,55 m² K/W sein.

Lösung:
$R = 0{,}02/0{,}87 + 0{,}24/0{,}79 + 0{,}025/0{,}09 + 0{,}015/0{,}87$
$= \mathbf{0{,}62 \ m^2 \ K/W}$

Beispiel 2:

Nachweis des Wärmeschutzes von Bauteilen einschließlich des Temperaturverlaufs:

Der U-Wert (Wärmedurchgangskoeffizient) einer mehrschichtigen Wand ist zu ermitteln, der Temperaturverlauf durch die Wand ist darzustellen. Gegeben: Außentemperatur: − 10 °C, Innentemperatur: + 20 °C, relative Luftfeuchte: 60 %

Schichtaufbau der Wand von außen nach innen:
11,5 cm KHLZ 20; 5 cm Luft; 4 cm Dämmung;
17,5 cm HLZ 12/1,0; 1,5 cm Innenputz

Gesucht: Vorhandener U-Wert; Temperaturverlauf in der Wand

Wand-schichten	Dicke (d)	λ	d/λ
	m	W/(m · K)	(m² · K)/W
KHLZ 20	0,115	0,79	0,15
Luftschicht	0,05		0,17
Dämmung	0,04	0,04	1,00
HLZ 12/1,0	0,175	0,47	0,37
Innenputz	0,015	0,87	0,02

Lösung:

$R_T = 0{,}13 + 0{,}15 + 0{,}17 + 1{,}00 + 0{,}37 + 0{,}02 + 0{,}04$
$= \mathbf{1{,}88\ m^2 \cdot K/W}$

Der Wärmedurchgangskoeffizient ist:

$U = 1/R_T = 0{,}53\ W/(m^2 \cdot K)$

> Zur Übung sollten Sie die Darstellung des Temperaturverlaufs einer Wand maßstäblich zeichnen. Der Wärmedurchgangskoeffizient wird (auf cm umgesetzt) auf die Wandfläche aufgetragen. R_T wird in eine Temperaturskala unterteilt und Übergangs- und Durchlasswiderstand aufgetragen. Orientieren Sie sich an Bild **10.9**.

10.2.3 Wärmeschutz

Schon immer war der Mensch bestrebt, warm und behaglich zu wohnen. Die Feuerstelle war einst Mittelpunkt der Familie: Kochstelle, Essensplatz, Versammlungsort und Schlafstelle. Heute können wir durch die moderne Heizungstechnik mit Thermostatregelung eine gleich bleibende Temperatur in der ganzen Wohnung erreichen und Behaglichkeit schaffen.

Am wohlsten fühlen wir uns in Wohnräumen mit Lufttemperaturen von 20 °C, bei 17 bis 18 °C Oberflächentemperatur der Wände, Decken und Fußböden, bei geringer Luftbewegung und ausreichender Luftfeuchtigkeit. Im Winter müssen wir darum Wärme speichern, ihren Durchlass nach draußen verhindern. Im Sommer dagegen sollen die Sonnenstrahlen nicht die Räume erhitzen. Starke Luftbewegungen (etwa durch Ventilator) führen zu Zugerscheinungen und stören. Zu viel Luftfeuchtigkeit ist für unseren Organismus ungesund, führt zu Fäulnis und Schimmelpilzen. Zu wenig Luftfeuchte macht dagegen die Luft „trocken" und wirkt sich auf die Atemwege aus.

Energie ist knapp und teuer! Beginnend mit der Energiekrise der 70er-Jahre hat die Bedeutung des baulichen Wärmeschutzes zugenommen. War anfangs der ökonomische Aspekt vordergründig, haben heute ökologische Gesichtspunkte mindestens den gleichen Stellenwert. Ein besserer Wärmeschutz führt zu geringerem Energieverbrauch, zu verminderter Nutzung fossiler Energieträger, zu geringerer Belastung der Erdatmosphäre durch Schadstoffe und zur Einsparung von Heizkosten.

Es gilt durch richtige Werkstoffauswahl und bauliche (konstruktive) Maßnahmen Wärmeenergie zu sparen und zu speichern. Vorschriften und Richtlinien dazu finden wir in DIN 4108, und der Energieeinsparungsverordnung (EnEv).

DIN 4108 enthält die Anforderungen (Mindest bzw. Höchstwerte) an einzelne Bauteile.

Anforderungen nach der Energieeinsparverordnung (EnEV).

Die EnEV 2009 trat Oktober 2009 in Kraft und löste damit die EnEV von 2007 ab. Ziel der Verordnung ist es, den Energiebedarf für Heizung und Warmwasser im Gebäudebereich um weitere 30 % gegenüber 2007 zu senken. Ab 2012 sind die energetischen Anforderungen nochmals um bis zu 30 % erhöht worden.

Zum rechnerischen Nachweis des Einhaltens der Anforderungen an den Wärmeschutz eines Gebäudes dient die Ermittlung des jährlichen Primärenergiebedarfs Qp. Dieser berücksichtigt neben dem Energiebedarf für Heizung und Warmwasser die zum Betrieb der Anlagetechnik erforderlichen Hilfsenergien (i.R. Elektro), sowie Verluste der Energiegewinnung und Speicherung.

Energiebilanz eines Hauses

Im Wärmeaustausch mit der Umgebung verliert und gewinnt ein Haus Energie auf unterschiedliche Weise. Neben den Wärmeverlusten werden die Wärmegewinne rechnerisch berücksichtigt (Energiebilanz eines Hauses).

Der geforderte rechnerische Nachweis berücksichtigt:

Wärmeverluste
- Transmissionswärmeverlust H_T
- Lüftungswärmeverlust (Öffnen)

Wärmegewinne
- solare Wärmegewinne (Sonneneinstrahlung)
- interne Wärmegewinne (Kochen, Beleuchtung)

Energieausweis

Die Regelung für den 2008 eingeführten Energieausweis für Bestandsgebäude bleibt bestehen. Er soll Mietern, Käufer oder Pächtern in übersichtlicher Form über die energetische Leistungsfähigkeit eines Gebäudes informieren und den Vergleich ermöglichen. Eigentümer haben die Wahlmöglichkeit zwischen dem rechnerisch ermittelten Energiebedarf oder dem gemessenen Verbrauch der letzten drei Heizperioden. Der Energieausweis enthält auch Modernisierungsempfehlungen zur energetischen Verbesserung des Gebäudes (z.B. Fassadendämmung, Erneuerung von Fenstern und Türen).

Eine wesentliche Änderung ergibt sich in der EnEV 09 beim Berechnungsverfahren. Das vereinfachte Berechnungsverfahren aus der EnEV 07 entfällt. Für Wohngebäude wird nun auch das Referenzgebäudeverfahren verwendet. Die Anforderungen werden über ein Gebäude gleicher Geometrie und Ausrichtung mit festgelegter Minimalqualität und Anlagentechnik ermittelt. Für Wohngebäude besteht Wahlmöglichkeit für den Nachweis nach DIN V 4108-6, DIN V 4701-10 oder der DIN V 18599.

Neubauten:
- Die Obergrenze des Jahres-Primärenergiebedarfs wird durchschnittlich um 30 % gegenüber der EnEV 07 gesenkt.
- Die Anforderungen an die Wärmedämmung der gesamten Gebäudehülle (spezifischer Transmissionswärmeverlust H_T) wird um durchschnittlich 15 % erhöht.

Modernisierung von Altbauten (Bestandsgebäude)

Für größere bauliche Umbaumaßnahmen besteht die Wahl zwischen zwei Alternativen:

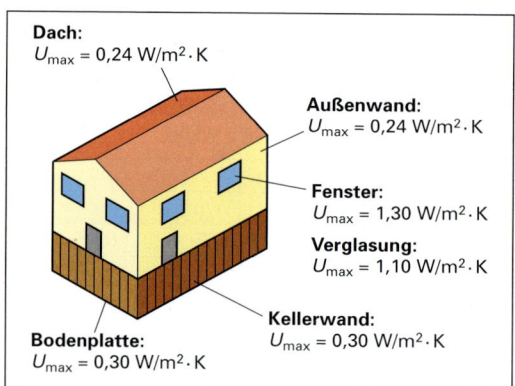

Bild 10.11a Anforderungen bei Änderungen von Außenbauteilen (Sanierung)

1. Bauteilverfahren
- die Anforderungen an ausgetauschte Bauteile werden um ca. 30 % verschärft und halten die in Tab. 1 angegebenen U-Werte ein (**10.11a**, **10.11b**).

2. Referenzgebäudeverfahren
- der Jahresprimärenergiebedarf Qp und der Transmissionswärmeverlust H_T des sanierten Gebäudes dürfen die entsprechenden Werte eines gleichartigen Neubaus (Referenzgebäude) um nicht mehr als 40 % überschreiten (Kompensation möglich)

oder
- nach Sanierung muss der Jahresenergiebedarf des Gebäudes um 30 % weniger sein und die Gebäudehülle um 15 % besser gedämmt sein als bisher.

Nachrüstpflichten im Altbau:
- bessere Dachdämmung oder Dämmung oberster Geschossdecken ist Pflicht.
- Klimaanlagen müssen Be- und Entfeuchtungen automatisch regeln und ggf. nachgerüstet werden.
- Nachtspeicherheizungen dürfen ab 2020 (bei 500 m² Nutzfläche) nicht mehr betrieben werden, wenn sie mehr als 30 Jahre alt sind.

Regelungen zum Vollzug der Verordnung:
- Unternehmererklärung auf Einhaltung der EnEV 09
- Schornsteinfeger prüft die Heizung auf EnEV-Konformität
- Ordnungswidrigkeiten für vorsätzliche und leichtfertige Verstöße

10.2 Wärme-, Schall- und Brandschutz

Tabelle 10.11b Höchstwerte des Wärmedurchgangskoeffizienten U im Bauteilverfahren (Wohngebäude und Nichtwohngebäude: Innentemperatur ≥ 19 °C)

Bauteile	U [W/(m²K)]
Außenwand gegen Außenluft	0,24
Außenwand gegen Erdreich	0,30
Dach, oberste Decke	0,24
Fenster, Fenstertüren	1,30
Dachflächenfenster	1,40
Glasdächer	2,00
Außentüren	1,80
Vorhangfassade	1,50

Wärmedämmstoffe haben eine geringere Wärmeleitfähigkeit (viel Luft) und einen möglichst hohen Durchlasswiderstand. Besonders eignen sich Faserdämmstoffe (z. B. Torffaserplatten, Holzwolle-Leichtbauplatten, Glas- und Steinwolle) und porige Kunststoffe (z. B. Styropor, Polystyrol, Polyurethan, Phenolharzschaum; siehe Abschnitt 6.2).

Konstruktive Maßnahmen verbessern die Wärmedämmung erheblich. Dazu gehören die Dämmung der Dächer, Außenwände, Decken und erdberührenden Böden durch Dämmschichten und hinterlüftete Außenhaut (**10.**12). Im Fensterbau verwendet man Doppelscheiben oder 3-Scheiben-Isolierverglasung mit thermisch getrennten Abstandshaltern.

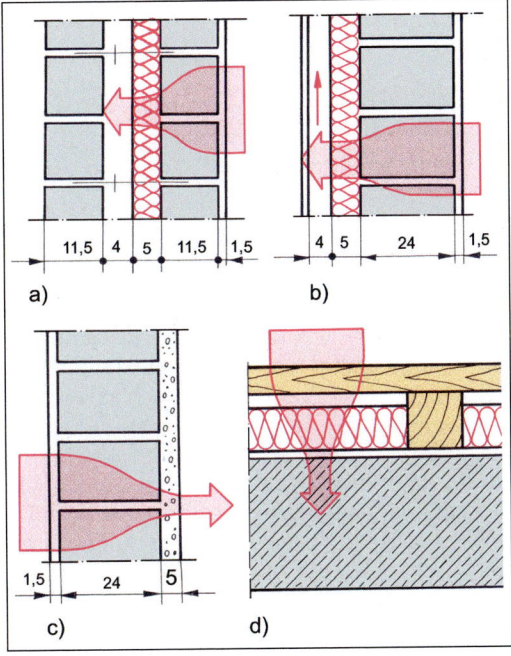

Bild 10.12 Konstruktive Dämm-Maßnahmen
a) mehrschalige Außenwand,
b) aufgesetzte Außendämmung,
c) dämmender Außenputz,
d) Dämmschicht zwischen den Decken-/Boden-Holzlagern

10.2.4 Schall

> **Arbeitsauftrag Nr. 85 Lernfeld TI 7, 8; HM 7, 8, 11; FKU 13**
>
> - Sie sollen in verschiedenen Gruppen einen Vortrag zum Thema „Schall" erarbeiten und vor der Klasse halten. Der Vortrag soll möglichst anschaulich gestaltet werden.
>
>   Nutzen Sie hierfür Experimente und erstellen Sie Plakate und/oder Folien. Die Vorträge sollten verschiedene Schwerpunkte haben.
>
> - Folgende Fragen sollten nach Ihrem Vortrag von der Klasse beantwortet werden können:
>   1. Wodurch entsteht Schall?
>   2. Was versteht man unter Schall?
>   3. Welche Schallarten gibt es?
>   4. Was bedeutet Frequenz? Welche Einheit hat sie?
>   5. Erläutern Sie die Begriffe Hör- und Schmerzschwelle.
>   6. In welchen Stoffen breitet sich Schall gut aus?
>   7. Welcher Schall dringt durch die Wände von Zimmer zu Zimmer?
>   8. Wie ist ein schalldämmender Werkstoff beschaffen?
>   9. Was versteht man unter Schallschluckung?
>   10. Welche schalldämmenden Maßnahmen trifft man an Wänden und Decken?
>   11. Die Tür zum Sprechzimmer eines Arztes muss schalldicht sein. Welche Maßnahmen schlagen Sie vor?

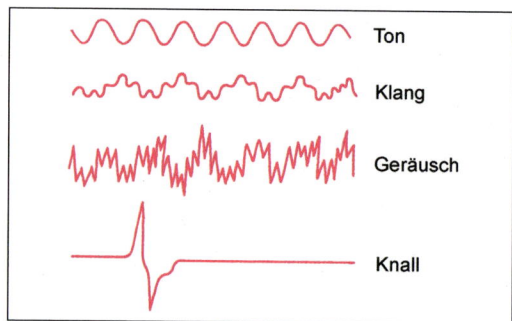

Bild 10.13 Schwingungswahrnehmung

Schall nennen wir alles, was mit dem Gehör wahrnehmbar ist. Schall entsteht durch Schwingungen eines Körpers (Schallerreger oder -quelle), die sich wellenförmig im Raum ausbreiten. Feste, flüssige und gasförmige Stoffe leiten den Schall sehr unterschiedlich. Wasser und Eisen leiten ihn besser als Luft. Im luftleeren Raum gibt es keine Schallausbreitung – es fehlen die Moleküle eines Schallträgers, die die Schwingungen an ihre Nachbarmoleküle weiterleiten. Regelmäßige Schwingungen erzeugen einen Ton, unregelmäßige ein Geräusch. Mehrere Töne zusammen ergeben einen *Klang*, ein heftig schwingender Körper verursacht einen Knall (**10.**13).

Schallgeschwindigkeit. Aus Erfahrung wissen wir, dass der Schall zur Ausbreitung eine gewisse Zeit braucht. Die Schallgeschwindigkeit in der Luft beträgt bei 15 °C 340 m/s. In flüssigen Körpern breitet sich der Schall erheblich schneller aus: in Wasser 1.500 m/s. Noch höher ist die Schallgeschwindigkeit in festen Körpern: Mauerwerk bis 4.000 m/s, Holz bis 5.000 m/s, Glas etwa 5.100 m/s, Stahl bis 5.500 m/s.

> **Schall** entsteht durch mechanische Schwingungen eines Schallerregers und breitet sich in Druckwellen allseitig in festen, flüssigen und gasförmigen Körpern aus.

Tabelle 10.14 Lautstärkebeispiele in dB(A)

Geräuschart		Schallintensität in dB(A)
Düsenmotor		140
Niethammer		130
Schmerzschwelle		
Propellermaschine		120
Diskothek		90 bis 120
Bohrmaschine		110
Mp3-Player		70 bis 120
Bandsäge, Astlochbohrmaschine		80 bis 95
Dickenhobelmaschine		85 bis 105
Tischkreissäge, Abrichthobelmaschine		90 bis 115
Oberfräse		95 bis 105
Gehörschutzmaßnahmen müssen ergriffen werden (UVV)		**85**
Schweres Fahrzeug		90
Starker Straßenverkehr		80
Personenwagen		70
Normales Gespräch		50
Leise Radiomusik		40
Flüstern		30
Blätterrauschen		10
	Hörschwelle	**0**

Frequenz. Die Anzahl der Schwingungen in einer Sekunde heißt Frequenz (lat. frequentia = Häufigkeit). Ihre Einheit ist das Hertz (Hz). 1 Hz = 1 Schwingung in der Sekunde, 1.000 Hz = 1 kHz (Kilohertz), 1.000.000 Hz = 1 MHz (Megahertz). Frequenzen unter 16 Hz nennt man Infraschall. Das menschliche Ohr nimmt nur Schwingungen zwischen 16 und 20.000 Hz wahr (Normalschall), Tiere dagegen weitaus höhere Frequenzen. Solche hohen Frequenzen heißen *Ultraschall*.

> **Frequenz** = Anzahl der Schwingungen je Sekunde in Hertz (Hz)

Schallpegel. Die Wahrnehmung eines Tons hängt von seiner Frequenz und dem Schallpegel (Lautstärke) ab. So wie unser Ohr den Schall aufnimmt, gibt es auch Geräte, die den Schall aufnehmen und messen. Sie zeigen den Schallpegel an. Die internationale Messeinheit dafür ist das Dezibel (dB – $^1/_{10}$ Bel, benannt nach dem Amerikaner G. Bell). Um die Schallstärken (-intensitäten) vergleichen zu können, geht man von der Hörschwelle 1.000 Hz als Normfrequenz aus. Das menschliche Gehör nimmt Schalldrücke hoher und tiefer Töne unterschiedlich auf – tiefe Töne gleichen Schalldrucks hören wir leiser als hohe Töne. Dagegen zeigen die Messgeräte die wirklichen Größen der Schalldrücke an. Um diese Messwerte dem menschlichen Hörempfinden anzupassen, enthalten die Geräte einen Bewertungsfilter. Der so gemessene Schallpegel ist der „bewertete Schallpegel" dB (A).

Tabelle **10**.14 zeigt solche Werte. Die Hörschwelle beginnt bei 0 dB (A), die Schmerzschwelle liegt bei etwa 130 dB (A). Schon bei 85 dB (A) Dauerbelastung wird das menschliche Nervensystem geschädigt.

> Die Lautstärke des Schalls hängt von den Druckschwankungen und der Frequenz ab.

10.2.5 Schallschutz

> Schon 85 dB(A) Dauerbelastung führt zu Nervenschäden. Dieser Wert ist bei unserem Verkehrs- und Arbeitslärm, aber auch z. B. beim Lärm in Diskotheken schnell erreicht und überschreitet nicht selten die

Schmerzschwelle. Bereits kurzzeitige hohe Lautstärke, verursacht durch Presslufthammer, Steinbohrer, Silvesterknaller etc., kann dauerhaft das Gehör schädigen und zu dauerhaften Krankheiten wie Tinnitus und Taubheit führen. Diese Krankheiten sind nicht heilbar.

Lärmschäden. Lärm beeinträchtigt nicht nur unser Wohlbefinden, sondern kann unsere Gesundheit dauerhaft schädigen. Gehörschäden, Störungen des Nervensystems, Schlaflosigkeit, nachlassende Leistungsfähigkeit und Konzentration sind die Folgen. Deshalb legt DIN 4109 Mindestanforderungen für Schalldämmung in Bauteilen fest. Nach Art der Schallausbreitung unterscheiden wir (**10**.15):

> - **Luftschall** breitet sich in der Luft aus.
> - **Körperschall** pflanzt sich in festen Körpern fort (z. B. Wände, Decken, Rohre) und geht von dort aus in die Luft über (→ Luftschall).
> - **Trittschall** entsteht beim Begehen des Fußbodens und breitet sich in der Decke als Körperschall aus.

Der Schallschutz umfasst Maßnahmen gegen Schallentstehung und Schallübertragung von einer Schallquelle zum Hörer. Vor Schallübertragung kann durch Maßnahmen der *Schalldämmung* oder durch *Schallschluckung geschützt* werden. Der Schallschutz umfasst sowohl schalldämmende als auch schallschluckende Maßnahmen.

Unter Schalldämmung versteht man den Widerstand eines Bauteils gegen den Schalldurchgang in angrenzende Räume. Von den auf ein Bauteil treffenden Schallwellen wird ein Teil reflektiert (in den Raum zurückgeworfen). Der andere Teil durchdringt das Bauteil und tritt gedämpft aus. Die Verminderung des Schallpegels beim Durchgang ist die Schalldämmung des Bauteils und wird in db gemessen.

Schallschluckende Maßnahmen dienen der Verringerung des Schallpegels innerhalb eines Raumes. Sie sind weitgehend wirkungslos gegen die Ausbreitung des Schalls in angrenzende Räume (Schalldämmung). *Der Schallschluckgrad* gibt an, welcher Anteil der Schallenergie absorbiert (verschluckt) wird. Ein Schallschluckgrad von 0,7 bedeutet, dass 70 % der Schallenergie absorbiert werden. Bei den schallschluckenden Maßnahmen unterscheidet man zwei grundsätzliche Möglichkeiten, die

einen Teil der Schallenergie in Wärme- und Bewegungsenergie umformen und dadurch den Schallpegel im Raum verringern:
- **Poröse Schallschlucker** zur Absorption vorwiegend hoher Töne. Verwendet werden leichte Werkstoffe mit offenporiger rauer Oberfläche (Mineralfaserplatten, poröse Holzfaserplatten).
- **Resonanzschallschlucker** zur Absorption vorwiegend tiefer Töne. Verwendet werden dünne Plattenwerkstoffe, die durch die Schallwellen schwingen.

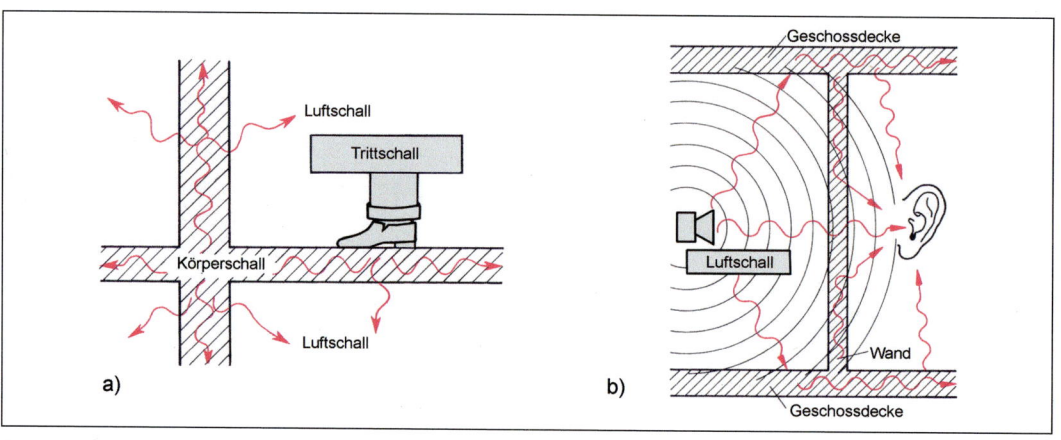

Bild 10.15 Schallarten
a) Körperschall, b) Luftschall; Trittschall = Körperschall + Luftschall

Beide Maßnahmen können auch kombiniert angewendet werden.

In **DIN 4109** – Schallschutz im Hochbau – sind Anforderungen zum Schallschutz von Bauteilen festgelegt. Durch die Norm sollen Menschen in Aufenthaltsräumen vor unzumutbarem Lärm aus fremden Räumen, haustechnischen Anlagen und vor Außenlärm geschützt werden. Außerdem regelt sie das Verfahren zum Nachweis des geforderten Schallschutzes. Für diesen Nachweis gibt es zwei grundsätzliche Möglichkeiten:
- **Rechnerischer Nachweis** mithilfe von Tabellenwerten der DIN
- **Eignungsprüfung** durch bauakustische Messung in Prüfständen oder an ausgeführten Bauten.

Kennzeichnende Größe für die Anforderungen an den Schallschutz ist der R_w-Wert (bewertetes Schalldämmmaß), gemessen in dB (Dezibel). Mit dem R_w-Wert erfasst man jedoch nur den unmittelbar am Bauelement (Fenster, Tür) übertragenen Schall, nicht die Schallübertragung über Nebenwege (z. B. Wand, Decke). Da bei einer Eignungsprüfung im Labor die Flankenübertragungen (z. B. Bauanschlussfuge) nicht erfasst werden, muss der im Prüfstand ermittelte Wert noch mit dem sogenannten Vorhaltemaß korrigiert werden (Fenster – 2 dB, Türen – 5 dB).

Beispiel

Schalldämm-rechenwert	=	Schalldämm-wert Prüfstand	−	Vorhaltemaß
$R_{w,R}$	=	$R_{w,p}$	−	2db (Fenster)

Außenbauteile. Grundlage für die Festlegung der erforderlichen Luftschalldämmung der *Außenbauteile* ist der Außenlärmpegel (z. B. durch Messung, Lärmkarte, Nomogramm). In die weitere Ermittlung gehen als Einflussgrößen Raumnutzung, Raumabmessungen und Außenwandanteil ein. Zur schalltechnischen Beurteilung von Außenbauteilen ist das mittlere Schalldämmmaß des Gesamtbauteils (resultierendes Schalldämmmaß) wesentlich. Da die Anforderungswerte für das Gesamtbauteil erhoben werden (Fenster und Wand), ist ein Ausgleich der Bauteile mit unterschiedlicher Schalldämmung möglich. In die Berechnungen gehen Raumgröße, Außenwandfläche, Fensteranteil ein. Das erforderliche mittlere Schalldämmmaß richtet sich nach dem Außenlärmpegel, der z. B. durch Messungen, Berechnungen oder mit einem DIN-Nomogramm ermittelt werden kann.

10.2 Wärme-, Schall- und Brandschutz

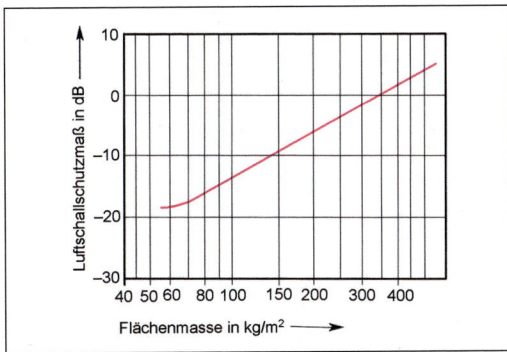

Bild 10.16 Zunehmende Flächenmasse verbessert den Luftschallschutz

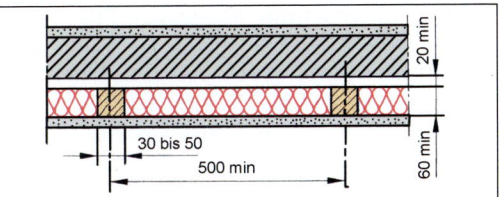

Bild 10.17 Optimaler Schallschutz durch zweischalige Wand

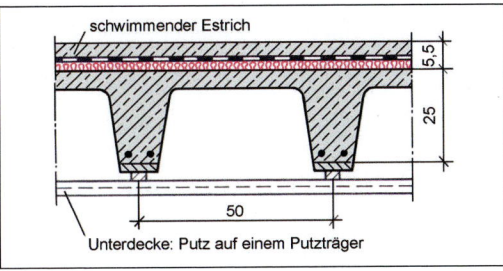

Bild 10.18 Guter Luftschallschutz durch eine Rippendecke mit Unterschale

Anders als bei Fenstern, werden an Türen spezielle Bauteilanforderungen gestellt. Der im Prüfstand ermittelte Wert der Luftschalldämmung einer betriebsfertigen Tür muss mit 5 db (Vorhaltemaß) über dem Anforderungswert liegen.

Wände. Einschalige leichte Wände geraten beim Auftreffen der Luftschallwellen in Schwingung und geben den Schall in den nächsten Raum ab. Biegefeste Wände mit Flächenmasse ab 350 kg/m³ verhindern dies, wie das Diagramm **10.16** zeigt. Voraussetzung ist allerdings, dass Poren, Luftspalten, undichte Fugen, Risse und Löcher durch Putz verstopft sind. Noch besser dämmen zweischalige Wände mit einer Luftschicht oder weich federnden Dämmschicht zwischen einer schweren, biegesteifen Wand und einer dünnen, biegeweichen Wand aus Holzfaserplatten oder Gipskartonplatten (**10.**17).

Decken. Auch hier hängt die Dämmwirkung von der Dichtigkeit und Biegefestigkeit des Materials ab. Eine 14 cm dicke Betonplatte bietet guten Schallschutz. Bei Hohlkörper- und Stahlbetonrippendecken ist eine zweite Deckenschale (Unterdecke) nötig (**10.**18). Gute Trittschalldämmung erreichen wir durch schwimmenden Estrich – eine nicht fest mit der tragenden Decke oder dem Fußboden verbundene Mörtelschicht. Der Estrich „schwimmt" auf einer Dämmschicht (z. B. Glasfaserplatten), nur durch eine Folie zum Schutz gegen die Mörtelfeuchtigkeit von ihr getrennt. Ein Teppichbelag mindert den Trittschall zusätzlich. Herkömmliche einschalige Holzbalkendecken erzielen meist keinen ausreichenden Schallschutz. Eine Verbesserung der Schalldämmung kann durch ein- oder zweischaligen Deckenaufbau erreicht werden. Den Fußboden bildet eine vollflächig schwimmend verlegte Spanplatte oder ein Estrich. Die Unterdecke ist durch Federbügel und Latten von der Balkenlage getrennt, der Balkenhohlraum wird mit Mineralwolle gefüllt (**10.**19).

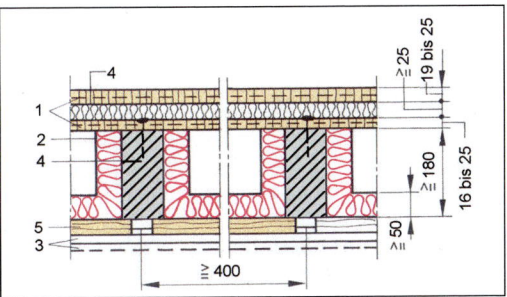

Bild 10.19 Gute Trittschalldämmung durch schwimmende Ausführung
1 Spanplatte mit Nut und Feder
2 Holzbalken
3 Gipskarton-Bauplatte
4 Faserdämmstoff
5 Holzlatten, Federbügel

Im Maschinenraum schlucken Platten mit rauher und poröser Oberfläche an Wänden und Decken den Lärm. Auch gelochte Leichtbauplatten eignen sich. Poröse Schallschlucker werden direkt an Wand oder Decke befestigt, geschlossenporige dagegen in einigem Abstand davon. Maschinenschwingungen (Erschütterungen) fängt man durch eine schwingende oder elastische Unterlage aus Kork, Hartgummi oder Stahlfedern auf.

Persönlicher Lärmschutz. Der Lärm laufender Maschinen ist besonders groß und erfordert nach den Bestimmungen der Holzberufsgenossenschaft ab 85 dB (A) für und von jedem Mitarbeiter einen Gehörschutz (**10.20**).

Bild 10.20 Gebotsschild für persönlichen Schallschutz

Lärm beeinträchtigt unser Wohlbefinden und schadet unserer Gesundheit. Deshalb legt DIN 4109 Mindestanforderungen an Bauteile fest, die wir durch geeignete Werkstoffe und konstruktive Maßnahmen erreichen.

10.2.6 Brandschutz

> **Arbeitsauftrag Nr. 86 Lernfeld TI 7, 8, 9; HM 7, 8, 11; FKU 13**
> - Für die Vorbereitung zur nächsten Klassenarbeit und Facharbeiterprüfung sollen zehn Prüfungsfragen- und -antworten entwickelt werden.
>   Formulieren Sie in vier Gruppen jeweils sieben Fragen und Antworten.
>   Schreiben Sie diese einzeln, gut leserlich in Normschrift auf Karteikarten/Blätter im DIN-A5-Format auf Vorder- bzw. Rückseite. Die einzelnen Gruppen stellen ihre Fragen anschließend dem Klassenverband vor und befestigen sie an einer Pinwand oder Tafel.
> - Anschließend werden die Fragen im Klassenverband gesichtet und den jeweiligen Schwerpunkten entsprechend zugeordnet. Gleiche oder ähnliche Fragen werden aussortiert. Die verbleibenden Fragen werden in einem Frage – Antwortspiel bearbeitet und anschließend in der Lernkartei gesichert.

Jährlich entstehen erhebliche Personen- und Sachschäden durch Unachtsamkeit, unzureichenden oder mangelhaften Brandschutz. Um Menschenleben zu schützen und Sachwerte zu erhalten wurden Gesetze, Verordnungen und Bestimmungen zum Brandschutz erlassen. Für den Tischler, der neben Holz und Holzwerkstoffen eine große Anzahl brennbarer Baustoffe beim Ausbau verarbeitet, sind Kenntnisse und Beachtung der einschlägigen Vorschriften von besonderer Bedeutung.

Aufgabe des Brandschutzes ist es, der Brandentstehung und -ausbreitung vorzubeugen und bei einem dennoch entstandenen Brand eine wirksame Bekämpfung zu ermöglichen. Dies kann durch konstruktive Maßnahmen oder durch Verwendung geeigneter Baustoffe und einen chemischen Feuerschutz erreicht werden.

Die DIN 4102 unterscheidet zwischen dem Brandverhalten von Baustoffen und Bauteilen.

Baustoffe werden im Prüflabor nach genormten Verfahren auf Brandverhalten, Entzündbarkeit, Wärme- und Rauchentwicklung sowie Flammenausbreitung an der Oberfläche geprüft und nach ihrem Brandverhalten in Klassen eingeteilt. Das Ergebnis wird durch ein Prüfzeugnis bzw. -zeichen bestätigt.

Nach DIN 4102 werden sie in *nichtbrennbare* (A) und *brennbare* (B) Baustoffe eingeteilt. Bei den brennbaren Baustoffen unterscheidet man zwischen schwer, normal und leicht entflammbaren. Beispiele für die Zuordnung enthält die Tabelle **10.22a**. Für alle in der DIN erfassten und dort eingeordneten Baustoffe kann

10.2 Wärme-, Schall- und Brandschutz

eine besondere Zulassungsprüfung entfallen. Einen Überblick über aktuelle Brandschutznormen gibt die Tabelle **10.**21.

Tabelle 10.21 Brandschutznormen

Klassifizierung	DIN EU	DIN
Brandverhalten	DIN EN 1350-1	DIN 4102
Feuerwiderstandsdauer	DIN EN 1634-3	DIN 4102-5
Dauerfunktionsprüfung	DIN EN 1191	DIN 4102-18
Feuerwiderstandsfähigkeit/-klasse	DIN EN 1350-2	DIN 4102-2
Brandschutz	DIN EN 1634-1	DIN 4102-5/13
Rauchschutz	DIN EN 1634-3	DIN 18095
Schließmittel	DIN EN 1154A	DIN 18236

Hinweis:
Auf eine ausführliche Einbeziehung/Darstellung der DIN EN 13501-(1-3) wird bewusst verzichtet. Zum einen haben die nationalen DIN-Normen ihre Gültigkeit nicht verloren, zum anderen könnten die neuen Brandschutzkriterien und die Zuordnung der Feuerwiderstandsklassen das Kapitel in Verbindung mit den bisherigen Normen missverständlich darstellen.

Bauteile werden ebenfalls auf ihr Brandverhalten hin geprüft. Decken, Wände und Stützen müssen dabei eine „Feuerprobe" bestehen. Die im Prüfstand ermittelte Feuerwiderstandsdauer eines Bauteils gibt in Minuten an, wie lange der Branddurchgang mindestens verhindert wird. Die Feuerwiderstandsfähigkeit des gesamten Bauteils ist vom Zusammenwirken einzelner Baustoffe abhängig.

Beispiel
In den ersten 5 Minuten wird das Bauteil einer Temperatur von 556 °C ausgesetzt, in den weiteren 25 Minuten etwa 822 °C, in den folgenden 60 Minuten 986 °C.

(Die geprüften Bauteile werden entsprechend ihrer Feuerwiderstandsdauer in Feuerwiderstandsklassen eingeteilt.)

Je nach Dauer in Minuten, die ein Bauteil dem Feuer widersteht, ordnet man es den Feuerwiderstandsklassen 30, 60, 90, 120 oder 180 zu. Nach Art der Bauteile werden die Feuerwiderstandsklassen unterschiedlich gekennzeichnet und der Zeitangabe vorangestellt:

F Wände, Decken, Stützen, Unterzüge, Treppen,
W nichttragende Außenwände, Brüstungen, Schürzen,
T Feuerschutzabschlüsse, Türen, Klappen, Rollläden,
L Lüftungsleitungen,
G Verglasungen.

Bei Kennzeichnung der Bauteile ist neben der Angabe der Feuerwiderstandsklasse auch die Baustoffklasse (Brennbarkeitsklasse) notwendig (s. Tab. **10.**22a).

Beispiel
F 90-A: Das Bauteil entspricht der Feuerwiderstandsklasse F 90 und ist in allen Teilen aus Baustoffen der Brennbarkeitsklasse „A". Sonderbauteile erhalten besondere Feuerwiderstandsklassen.

Brandverhalten des Holzes. Im Vergleich zu anderen brennbaren Stoffen verhält sich brennendes Holz günstig. Ausreichend dimensionierte Holzteile können ohne chemischen Holzschutz die Feuerwiderstandsklassen F 30 oder F 60 erreichen. Bei 100 °C verdampft das gebundene Wasser im Holz, und bei 200 °C beginnt die thermische Zersetzung unter Bildung von Holzkohle und brennbaren Gasen. Der Brennpunkt liegt zwischen 260 und 290 °C. Je geringer nun die Wärmeleitfähigkeit eines Werkstoffs ist, um so langsamer erreicht er hohe Temperaturen. Stahl hat die Wärmeleitzahl 60, Holz 0,14. Daraus ergibt sich, dass sich die Wärme im Stahl 400-mal schneller ausbreitet als im Holz. Über 500 °C lässt die Gasbildung des Holzes nach, während die Holzkohlenbildung zunimmt. Diese Holzkohleschicht schützt für längere Zeit den Holzkern vor dem Verbrennen, erhält die Tragfähigkeit der Holzkonstruktion, verzögert die Einsturzgefahr und erhöht die Rettungsmöglichkeiten. Die Einsturzgefahr von Holzteilen kündigt sich vorher durch Knistern an.

Feuerschutz des Holzes. Durch konstruktive Maßnahmen und chemische Feuerschutzmittel verbessern wir die vorbeugenden Schutzmaßnahmen.

Konstruktive Maßnahmen

- Verwendung von Hölzern mit großer Rohdichte,
- Verwendung von Holzquerschnitten mit geringer Oberfläche,
- glatte Oberflächen, gerundete Ecken und Kanten,
- rissfreies Holz (Risse leiten den Sauerstoff ins Holzinnere),
- Verkleidung der Bauteile z. B. mit Gipskarton-, Brandschutz- oder Leichtbauplatten aus Holzwolle,
- Einbau von Brandschutzgläsern.

Tabelle 10.22a Feuerwiderstandsklassen nach DIN 4102

Feuerwiderstandsklasse	Kurzbezeichnung	DIN-Benennung	Baurechtliche Benennung
F 30, 60, 90, 120, 180 für Wand- und Deckenbauteile, Stützen, Unterzüge, sonstige Tragwerke	F 30-B	F 30	feuerhemmend
	F 30-AB	F 30 und wesentliche Teile aus nichtbrennbaren Stoffen	feuerhemmend und tragende Teile aus nichtbrennbaren Stoffen
	F 30-A	F 30 und aus nichtbrennbaren Baustoffen	feuerhemmend und aus nichtbrennbaren Baustoffen
	F 90-AB	F 90 und wesentliche Teile aus nichtbrennbaren Baustoffen	feuerbeständig
	F 90-A	F 90 und aus nichtbrennbaren Baustoffen	feuerbeständig und aus nichtbrennbaren Baustoffen
W 30, 60, 90, 120, 180 für nichttragende Außenwände, Brüstungen und Schürzen			
T 30, 60, 90, 120, 180 für Feuerschutzabschlüsse (z. B. Türen, Klappen, Rollläden und Tore)			
G 30, 60, 90, 120, 180 für Verglasungen			
L 30, 60, 90, 120, für Lüftungsleitungen			

Chemischer Feuerschutz macht das Holz schwer entflammbar. Die organischen oder anorganischen Schutzmittel werden aufgestrichen und zersetzen sich bei etwa 200 °C. Sie bilden eine wärmedämmende Schaumschicht, die das Holz vollständig umhüllt und dem Sauerstoff den Zutritt verwehrt. Dadurch verzögert sich die thermische Zersetzung des Holzes. Ähnlich wirken *Brandschutzplatten* auf den Bauteilen, die außerdem feuerhemmende Zusatzstoffe enthalten. *Gips* besteht aus feinen Kristallgittern mit je zwei Wassermolekülen. Bei Feuer verdampft das Wasser, der Dampf legt sich als schützende Schicht zwischen das Feuer und den Gips. Die langsame Entwässerung verzögert die Ausbreitung des Feuers. Selbst der völlig trockene Gips hemmt als mehlige Schicht noch den Brand.

Verglasungen aus mehreren Silikatscheiben schützen vor Rauch und Flammen, weil zwischen den Scheiben eine Brandschutzschicht eingelagert ist. Im Brandfall springt das Glas, das dem Feuer zugekehrt ist. Die nun freiliegende Schutzschicht schäumt und nimmt Wärme auf.

Tabelle 10.22b Feuerwiderstandsklasse G nach DIN 4102 (feuerfeste Verglasungen)

G 30 ≥	30 Minuten
G 60 ≥	60 Minuten
G 90 ≥	90 Minuten
G 120 ≥	120 Minuten
G 180 ≥	180 Minuten

Mit solchen Verglasungssystemen erreichen wir große Feuerwiderstandsklassen. Sie sind besonders dort einzubauen, wo im Gebäude Schutzwege zu schützen und freizuhalten sind (**10.**22b).

G-Gläser verhindern den Flammen- und Brandgasdurchtritt, unterbinden aber nicht die Wärmestrahlung. Gegen Feuer sind sie widerstandsfähig.

Feuerschutz im Betrieb. Feuerausbruch muss sofort gemeldet werden (Handy, Feuermelder). Kleinere Brände löscht man mit dem Feuerlöscher. Erst am Brandherd wird der Feuerlöscher betriebsbereit gemacht. Die Fluchtwege müssen bekannt sein und freigehalten werden.

Erste Hilfe bei Verbrennungen

- Brennende Kleidung ablegen bzw. durch Abdecken ersticken.
- Brandverletzungen mit kaltem Wasser behandeln, bis der Schmerz nachlässt – kein Gel oder Salbe auftragen! Brandblasen nicht öffnen.
- Bei Rauchvergiftung für frische Luft sorgen; künstliche Beatmung und Wiederbelebungsversuche durchführen.

Regeln für den Einsatz von Feuerlöschern

- Immer mit dem Wind löschen.
- Nicht sinnlos, sondern von unten nach oben löschen.
- Bei Kleinbränden den Löscher nicht ganz entleeren, sondern durch kurze Pulverstöße löschen und Löschmittelreserve behalten.
- Größere Brände nicht allein löschen, sondern gemeinsam mit mehreren Feuerlöschern zugleich angreifen.
- Nicht von der Mitte aus, sondern von vorn nach hinten ablöschen.
- Brennendes Öl oder Benzin in offenen Behältern nicht mit vollem Pulverstrahl von oben bekämpfen, sondern Pulverwolke sanft über das ganze brennende Objekt legen.
- Brennende Lösungsmittel, Öl und Benzin nie mit Wasser löschen, da diese Stoffe leichter als Wasser sind und den Brandherd vergrößern. Diese Brände sind zu ersticken oder mit Löschschaum/Pulver zu bekämpfen.

10.3 Wand- und Deckenverkleidungen

Arbeitsauftrag Nr. 87 Lernfeld TI, HM 8

- Ihre Firma hat den Auftrag bekommen eine „Pizzeria" innenarchitektonisch zu gestalten. Der Restaurantbesitzer wünscht sich ein gemütliches und rustikales Restaurant und erbittet einen Vorentwurf. Nach Besichtigung der Pizzeria entscheidet Ihr Firmenchef, einzelne Wände der Pizzeria mit Rahmen- und Plattenvertäfelungen zu verkleiden.
- Zeichnen Sie hierzu nach DIN 919 im Maßstab 1:1 je eine technische Konstruktion und ergänzen Sie diese jeweils durch eine Innen- und Außeneckausbildung.
- Entscheiden Sie frei über die Raumhöhe und jeweilige Wandlänge. Zeichnen Sie zwei Ansichten im Maßstab 1:5.
- Details und Ansichten sind jeweils für die Rahmen- und Plattenvertäfelungen auf DIN-A3-Blättern darzustellen.

Durch Verkleiden der Wände und Decken können wir einen Raum verschönern und behaglicher machen. Auch der Raumeindruck kann durch geschickte Anordnung der Verkleidung verändert werden (z. B. wirkt er größer oder kleiner, höher oder niedriger). Gleichzeitig werden Rohre und Leitungsführungen verdeckt sowie die Schall- und Wärmedämmung verbessert.

Wand- und Deckenverkleidungen sind nicht nur wesentliches Gestaltungselement. Sie können Installationen verdecken und die Wärme- und Schalldämmung eines Raumes verbessern.

10.3.1 Wandverkleidungen

Wandverkleidungen mit Profilbrettern und -Stäbe, Rahmen- oder Plattentäfelungen ergeben durch die lebendige Holzstruktur und die Anordnung der Fugen ein schönes Flächenbild und beeinflussen die Wirkung eines Raumes (**10.**23):

- Verkleiden wir zwei gegenüberliegende Wände, wirkt der Raum kürzer,
- montieren wir die Profilbretter vertikal, wirkt der Raum höher,
- befestigen wir die Vertäfelung horizontal, wirkt der Raum breiter,
- wählen wir nur für eine Wand Paneele, betonen wir diese Fläche,
- durch großflächige Wandelemente vergrößern, durch kleine Aufteilungen verkleinern wir einen Raum optisch.

> **Allgemein gilt:**
> Durch senkrechte Verkleidung wirkt ein Raum höher, kürzer und schmäler.
> Durch waagerechte Verkleidung wirkt er niedriger, länger und breiter.

Daneben haben auch Holzart und -farbe Einfluss auf die Raumwirkung. Dunkle Hölzer wirken schwerer und meist gediegener, helle Hölzer leichter und freundlicher.

Bei der Höhe der Wandverkleidung sollte man sich aus gestalterischen Gründen an Bezugshöhen im Raum orientieren, z. B. Fensterbrüstung, Fenstersturz, Tür- oder Deckenhöhen (**10.**24).

Durch eine entsprechende Wahl des Werkstoffs, der Konstruktion und Anordnung der Wand- und Deckenverkleidung lässt sich die Akustik verändern. Unterbrochene, d.h., geschlitzte oder gelochte Akustikplatten oder hinterlegte Mineralwolle verringern die Schallreflexion und die Lautstärke.

> Je größer die Schallabsorptionsfläche, desto niedriger der Schallpegel.

Meist können wir die Verkleidungen als Halbfertigerzeugnisse montagefertig kaufen. Wie montiert man sie?

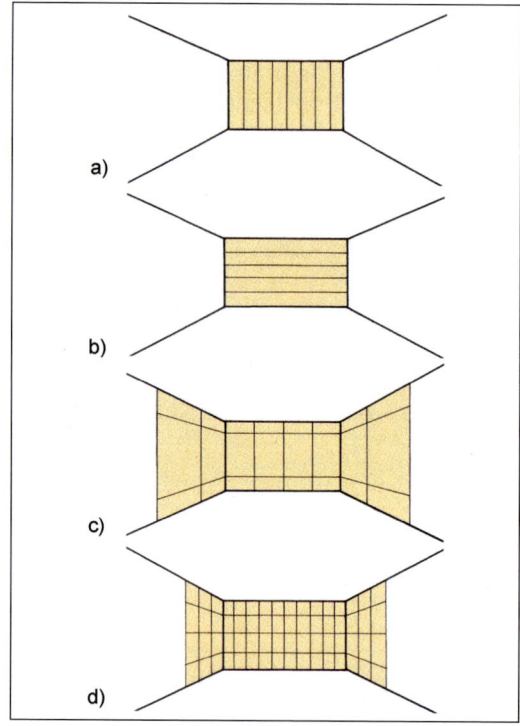

Bild 10.23 Veränderung der Raumwirkung durch Elementanordnung und Aufteilung a) wirkt höher, b) wirkt breiter (niedriger), c) wirkt größer und schmäler, d) wirkt kleiner

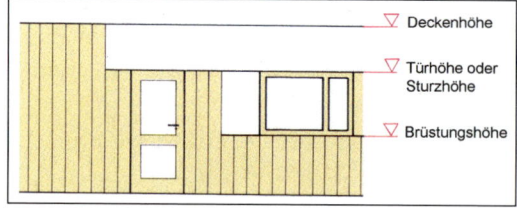

Bild 10.24 Bezugshöhen für Verkleidungen

Unterkonstruktion. Direkt an die Wand können wir die Verkleidung nicht befestigen. Meist ist die Wand uneben und oft stören auch auf den Putz verlegte Leitungen. Außerdem entsteht infolge unterschiedlicher Temperaturen an der Außen- und Innenwand leicht Schwitzwasser, wenn keine Luftzirkulation (*Hinterlüftung*) möglich ist. Durch eine Unterkonstruktion aus Latten erhalten wir den erforderlichen Abstand zwischen Raumwand und Verklei-

10.3 Wand- und Deckenverkleidungen

dung. Bei senkrechter Verkleidung montieren wir die Latten waagerecht, bei querlaufender Verkleidung senkrecht laufend auf der Wand.

Die Latten sollten einen Querschnitt von 24/48 oder 30/50 haben (Normmaße) und gehobelt sein. Ihr Abstand hängt von der Dicke des Bekleidungsmaterials ab und beträgt 500 bis 800 mm. Um eine ausreichende Hinterlüftung zu erreichen, erhält die Verkleidung Lüftungsschlitze – möglichst unsichtbar über den Fußboden und unter der Decke. Die Luftzirkulation bei einer waagerechten Unterlattung erreicht man durch Bohrungen oder Aussparungen in den Latten (1 m² Wandfläche erfordert mindestens 20 cm² Lüftungsquerschnitt). Die Montage einer zusätzlichen Grundlattung ermöglicht zwar auch eine Luftzirkulation, erfordert aber Platz und sollte nur bei Raumbedarf für eine notwendige Dämmmatte vorgesehen werden.

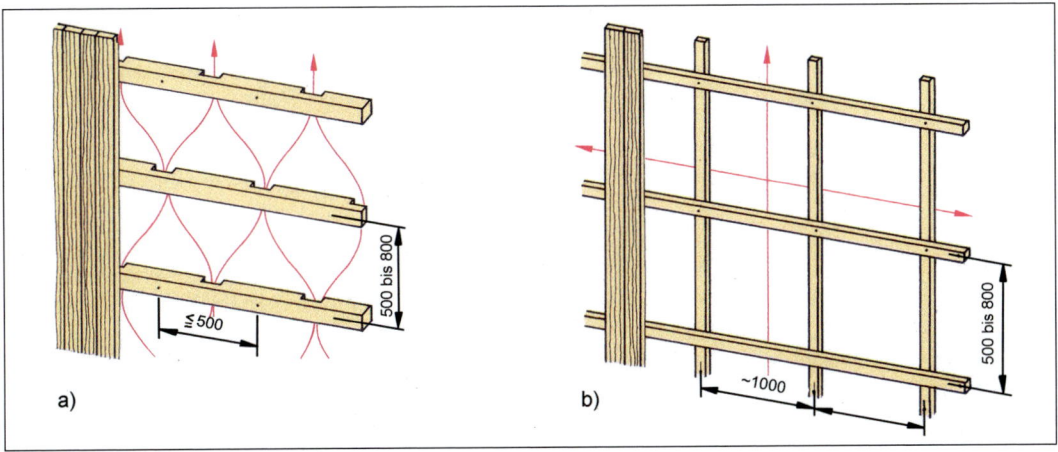

Bild 10.25 Ausführung der Unterkonstruktion a) waagerechte Lattung mit Lüftungsschlitzen, b) senkrechte Grundlattung, waagerechte Feinlattung (Konterlattung)

Die Unterkonstruktion richtet man mit Wasserwaage sorgfältig aus. Sie wird in der Regel im Abstand von 600 mm mit Schrauben in Spreizdübel aus Kunststoff oder Metall befestigt. Kunststoffdübel mit verlängertem Schaft erleichtern die Montage. Die Bohrung in der Unterkonstruktion und der Wand wird in einem Arbeitsgang ausgeführt, das Schaftende sitzt in der Lattung. Neben Latten können auch Rahmen als Unterkonstruktion montiert werden (häufig bei Platten- und Rahmentäfelungen). Weil Schäden an der Unterkonstruktion später nur unter großen Kosten behoben werden können, müssen die Wände völlig trocken sein. In Räumen mit hoher Luftfeuchtigkeit und an Außenwänden ist ein vorbeugender chemischer Holzschutz notwendig.

> Die Unterkonstruktion gleicht Wandunebenheiten aus, verdeckt Installationen und dient der Befestigung und Hinterlüftung.

Montage. Zunächst befestigen wir die Randlatten rechtwinklig zur Verkleidungsrichtung an der Wand. Danach montieren wir die Lattung der Unterkonstruktion im Abstand von 500 bis 800 mm fluchtrecht (**10.25a**).

Wenn Dämmmaterial vorzusehen ist, sollten wir zuerst eine Grundlattung anschrauben, zwischen der die Dämmung eingebaut werden kann. Die mit Aluminiumfolie kaschierte Seite kommt zur Raumseite. Die Beschichtung dient als Dampfsperre, die ein Durchfeuchten der Dämmung verhindert. Anschließend montieren wir rechtwinklig dazu die Feinlattung (Konterlattung) zur Aufnahme der Verkleidung (**10.25b**). Das oberste und unterste, rechte oder linke Profilbrett dient als Wand- oder Deckenabschluss und als feste Unterfütterung der Stirnkanten. Die weitere Arbeit hängt von der Art der Verkleidung ab.

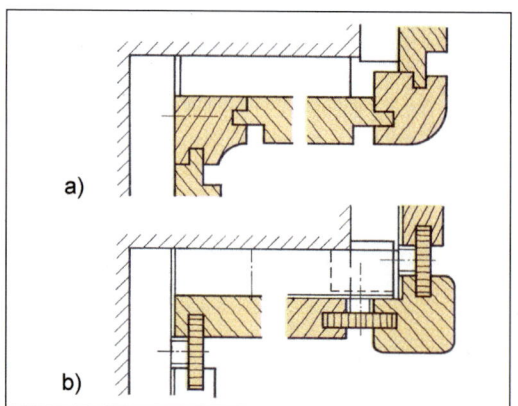

Bild 10.26 Eckverbindung der Paneele durch Profilklammern
a) Eckprofil mit Nut und Feder
b) Eckprofil mit loser Feder

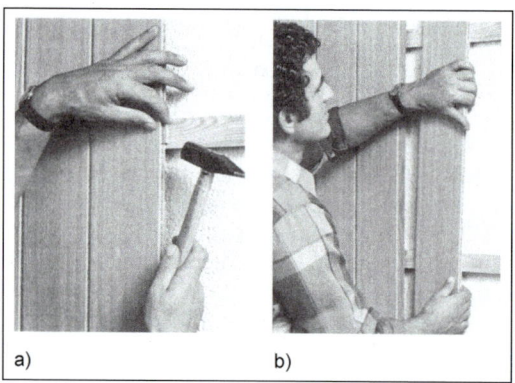

Bild 10.27 Montage von Paneelen
a) das Paneel wird mit einer Klammer befestigt, b) nach Einsatz der Feder wird das nächste Paneel eingesetzt

Beim Befestigen der Paneele sind die Abstände vom Boden einzuhalten. Ein Holzklotz im gewünschten Abstandsmaß erleichtert die regelmäßige Montage. Das erste Brett wird mit der Wasserwaage ausgerichtet und nur leicht angeschraubt, um die Stellung (genau senkrecht) justieren zu können.

Jede Ungenauigkeit und Nachlässigkeit bei der Montage wird später in der Gesamtverkleidung sichtbar.

Bei Wandanschlüssen können wir dafür vorgesehene Schienenprofile wählen oder Endkanten (Schattenkanten) befestigen, die einen sauberen Abschluss erlauben. An den Ecken sind entsprechende Profile, Nut- und Federverbindungen möglich (**10**.26).

Verkleidung aus Brettern (Verbretterung, Brett-Täfelung). Die Anordnung der Bretter (waagerecht, senkrecht (**10**.27), diagonal), Holzfarbe und Oberflächenbehandlung sowie ihre Profilierung (Schattenfuge, Fase, Kehle) bestimmen die Gliederung und Gesamtwirkung der Wand. Sie werden gespundet, gefedert, überfälzt, überschoben oder überluckt (aufgesetzt) miteinander verbunden (**10**.28). Nicht sichtbare Spreiz- und Heftklammern oder Fugenkrallen halten die Bretter auf der Unterkonstruktion fest. Möglich ist auch eine Befestigung mit Nägeln oder sichtbaren Zierschrauben. Niedrige Verkleidungen können durch eine Nut in der Sockel- und Abdeckleiste gehalten werden. Bild **10**.29 zeigt Innen- und Außenecken sowie den Vertikalschnitt einer Brettverkleidung.

Durch die Verstäbung erreicht man eine stärkere Wandgliederung. Für die Verstäbung der Wände montiert man schmale profilierte Leisten (max. 60 mm breit) als fortlaufende Stabform (geschlossene Verstäbung) oder abwechselnd schmale Profilleisten und Bretter/Platten (offene Verstäbung, **10**.28). Schmale Profilstäbe eignen sich besonders für die Verkleidung gewölbter Flächen und Säulen.

Rahmentäfelungen (Rahmen mit Füllung) verwendet man, wenn eine starke Gliederung der Wandfläche in rechteckige oder quadratische Felder erwünscht ist. Als Unterkonstruktion dienen neben einer Lattung oft auch Rahmenelemente. Die Füllungen bestehen meist aus furnierten Holzwerkstoffplatten, selten aus Vollholz. Wir legen sie in Nuten, in Fälze oder überschoben ein. Die eingelegten Füllungen können von der Rückseite oder von der Sichtseite her verleistet werden (**10**.30, **10**.31). Bei einer Verleistung von der Sichtseite mit stark profilierten Stäben lässt sich das Rahmenelement betonen und ausdrucksvoll gliedern. Neben dieser Konstruktion gibt es vorgefertigte kassettenartige Platten, die wie Rahmentäfelungen wirken.

10.3 Wand- und Deckenverkleidungen

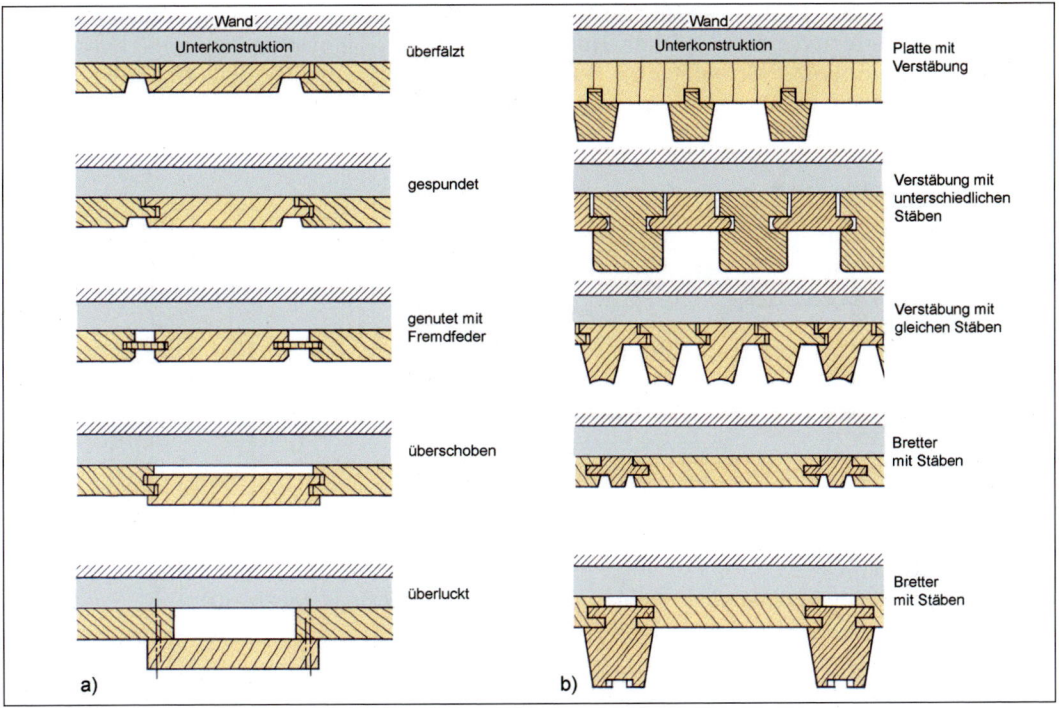

Bild 10.28 a) Verbretterung, b) Verstäbung (offen und geschlossen)

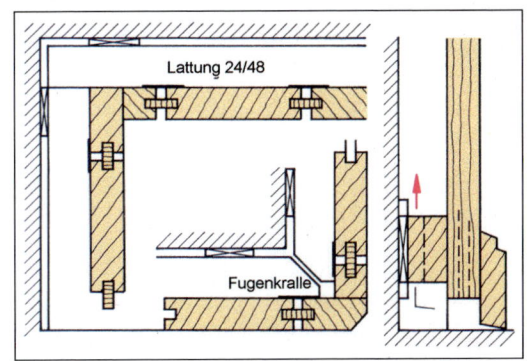

Bild 10.29 Verbreiterung einer Innen- und Außenecke mit Sockelanschluss

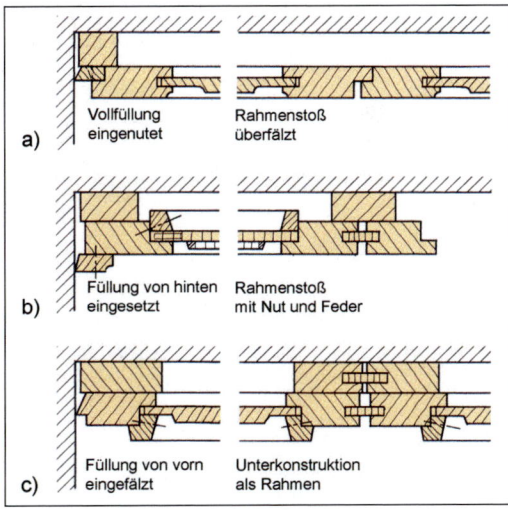

Bild 10.30 Rahmentäfelung
a) Vollholzfüllung eingenutet, Rahmenstoß überfälzt b) Füllung von hinten eingesetzt, Rahmenstoß mit Nut und Feder c) Füllung von vorn eingefälzt, Unterkonstruktion als Rahmen

Verkleidungen aus Plattentäfelungen bestehen aus furnierten oder beschichteten Holzwerkstoffen (Sperrholz, Spanplatten) oder anderen Materialien und werden auf Latten oder Rahmen befestigt (**10.**32). Platten können ebenso wie Rahmen auch an eine horizontale Lattung eingehängt werden (**10.**32d).

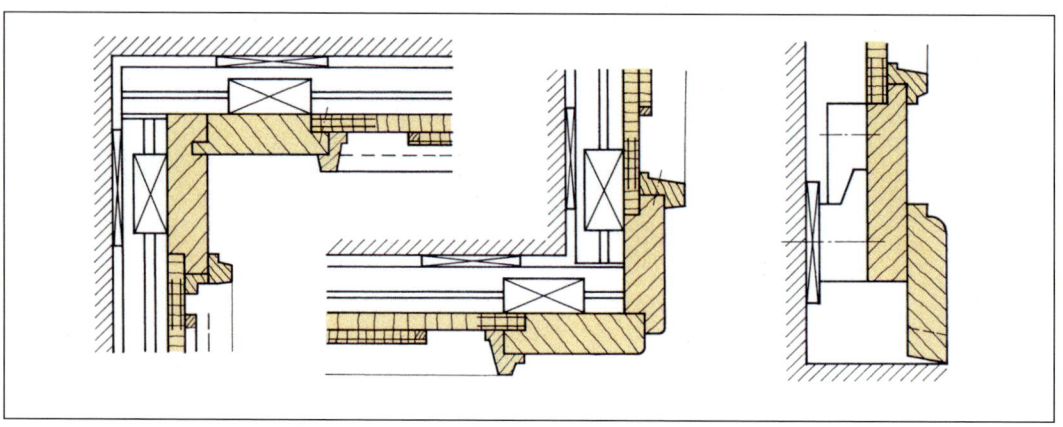

Bild 10.31   Rahmentäfelung einer Innen- und Außenecke mit Sockelausbildung

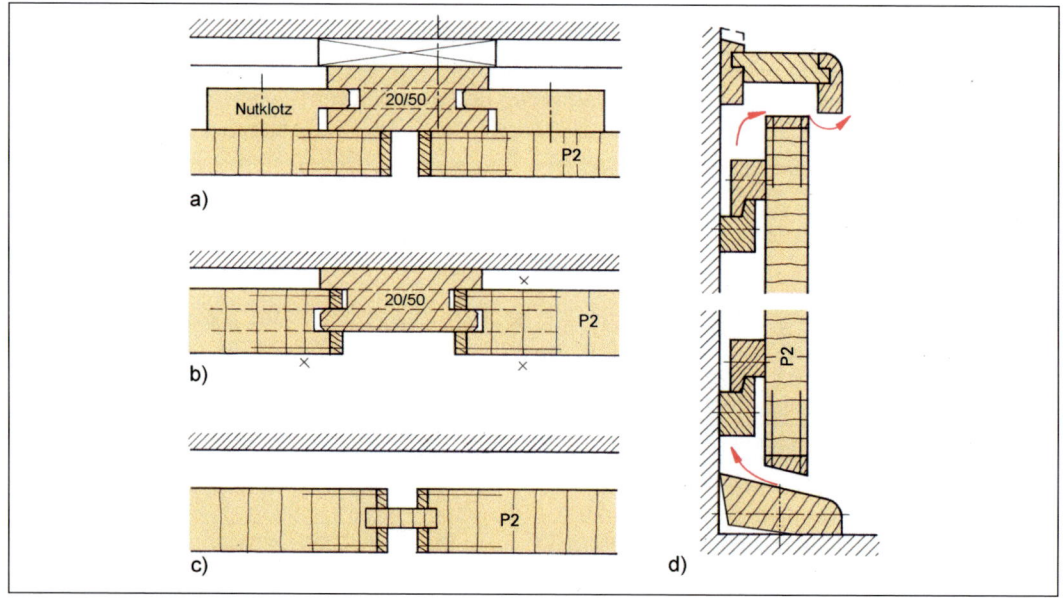

Bild 10.32   Plattentäfelung
a) Befestigung mit Nutklotz, b) mit Nutleiste, c) eingehängt, Kante genutet mit Feder, d) eingehängt in Falzleisten (Vertikalschnitt)

Neben Platten mit unterschiedlichen Formaten verwendet man auch vorgefertigte, oberflächenbehandelte Streifenelemente (Paneele) für die Verkleidung. Die genuteten oder gefalzten Stöße erhalten schmale oder breite Fugen. Dadurch wirkt die Fläche geschlossen oder gegliedert. Zur Befestigung der Elemente dienen Leisten oder Einhängevorrichtungen (**10.**33, **10.**34).

10.3 Wand- und Deckenverkleidungen

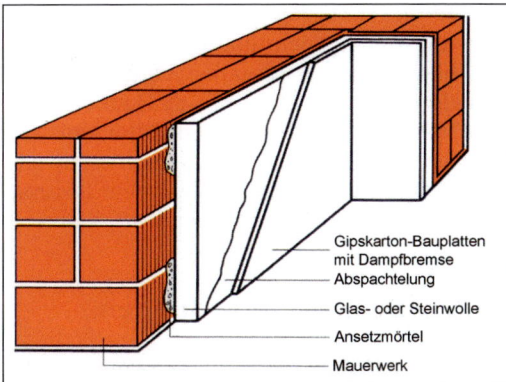

Bild 10.35 Aufbau einer wärmegedämmten Wand (Vorsatzschale)

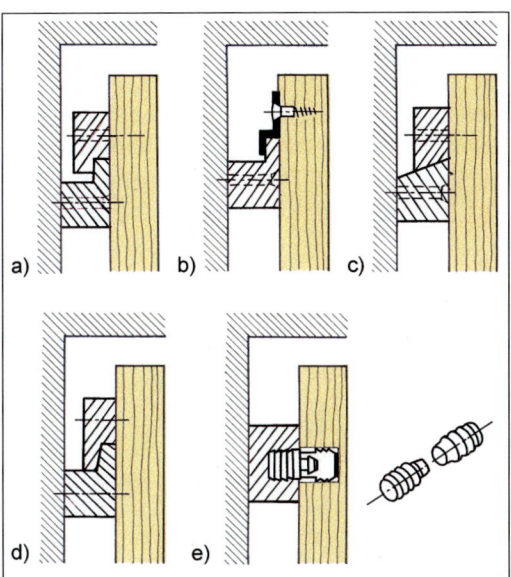

Bild 10.33 Elementbefestigung
a) Falzleisten,
b) Falzleiste mit Haken,
c) konische Leisten,
d) konische Falzleiste,
e) Steckverbindung

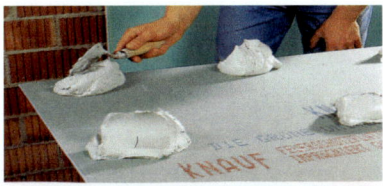

Bild 10.36 Die Gipskartonplatte erhält im Punktverfahren Gipsmörtel und wird mit versetzten Stößen angeklebt

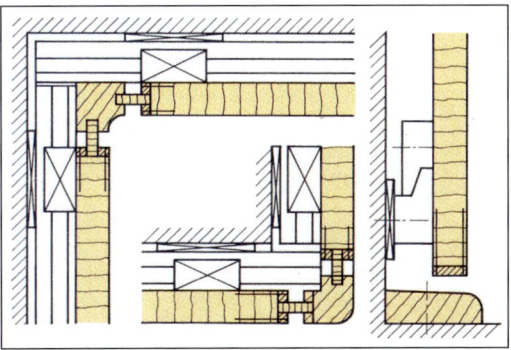

Bild 10.34 Plattenvertäfelung einer Innen- und Außenecke mit Eckprofil, Sockelanschluss

Technische Verkleidungen empfehlen sich als zusätzliche Dämmungen, um den hohen Anforderungen an Wärme- und Schallschutz zu genügen. Eine Gips-Vorsatzschale erhöht den *Wärmeschutz*. Der Gipsmörtel wird im Punktklebeverfahren (kleine Häufchen) aufgebracht (**10.36**). Dann drücken wir die Tafel gegen die Mauer, bis der Gips haftet. Zwischen den Gipsballen zirkuliert die Luft und verhindert Stockflecken oder Schwitzwasser. Die Fugen werden mit Fugenmassen verspachtelt.

Zur Dämmung der Außenwand kann eine Dämmstoffschicht aus Polystyrol, Glas- oder Steinwolle zwischen der Gipsbauplattenwand und der Außenwand dienen. Eine zusätzliche Kunststoff- oder Aluminiumfolie auf der raumseitig gelegenen Dämmschicht wirkt als Dampfbremse und verhindert Schwitzwasser (**10.35**). Zum Befestigen nehmen wir nur nichtrostendes Material. Im Handel erhältlich sind auch Verbundplatten (Gipskartonplatten mit Polystyrolbeschichtung).

Auch zur *Schalldämmung* verwendet man Dämmstoffe zwischen Wand und Vorsatzschale. Wenn keine starren, steifen Verbindungselemente dazwischenliegen, gibt es auch keine

Schallbrücken. Daher wird die Unterkonstruktion mit Metallbügeln und federnden Profilen aus nichtrostenden Metallen befestigt. Auch eine Randdämpfung aus Filz an Boden, Decke und Wand unterbindet die Schallleitung. Andere schalldämmende Maßnahmen: schweres Plattenmaterial; Vorsatzschalen nicht fest miteinander verbinden, damit sich der Schall nicht über Decken, Fußboden und Wände fortpflanzen kann (biegeweiche Stoffe).

Wandverkleidung: Verbretterung, Verstäbung, Rahmentäfelung, Plattentäfelung, zusätzliche Wärme- und Schalldämmung durch Vorsatzschalen.

10.3.2 Deckenverkleidungen

Arbeitsauftrag Nr. 88 Lernfeld TI, HM 8

- Der Leiter der Kunstgalerie hat sich mit der Bitte an Ihre Firma gewandt, ihm einen Vorschlag für die optische Abminderung der Deckenhöhe in einem der Ausstellungsräume zu unterbreiten. Die Kosten hierfür sollen möglichst gering sein. Sie werden von Ihrem Meister beauftragt die nachfolgende Teilzeichnung (**10.**37 Vertikalschnitt eines Scheinbalkens) mit anschließenden Profilbrettern fachgerecht nach DIN 919 zu vervollständigen, zu bemaßen und im M 1:1 auf einem DIN-A4-Blatt zu zeichnen, um die späteren Fertigungsarbeiten selbstständig ausführen zu können. Der Scheinbalken soll aus mit Eiche furnierten Spanplatten mit den Maßen 130 × 160 mm hergestellt werden. Die Profilbretter liegen auf Viertelstäben. Die Balkenkonstruktion wird an einem 26 mm dicken Blindbrett befestigt.
- Die folgenden Fragen sind nach der „Zweischritt-Methode" zu beantworten (vergleiche **10.**3.1 sowie Arbeitsauftrag Nr. 33).

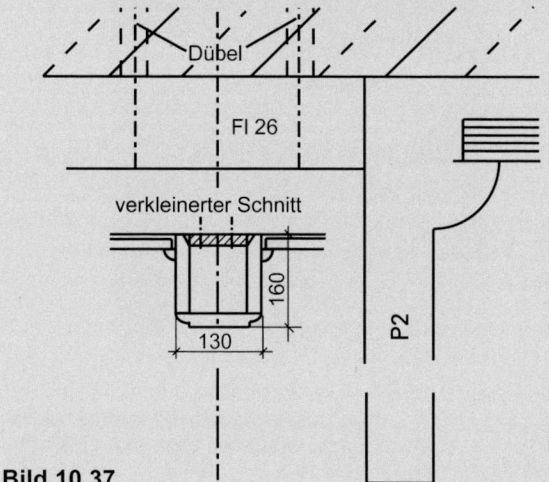

Bild 10.37

1. Wozu dienen Wand- und Deckenverkleidungen?
2. Welche Möglichkeiten gibt es, einen Raum optisch zu verkürzen?
3. Warum befestigt man Wand- und Deckenverkleidungen nicht direkt an der Mauer bzw. Decke?
4. Erklären Sie die Montage einer Verbretterung.
5. Wie verhindern Sie, dass die Füllungen von Rahmentäfelchen nicht aus dem Falz fallen?
6. Wie werden Plattenverkleidungen befestigt?
7. Nennen Sie zusätzliche wärme- und schalldämmende Maßnahmen bei Wänden und Decken.
8. Nennen Sie die Möglichkeiten der Deckenverkleidung.
9. Wie werden Scheinbalken befestigt und montiert?
10. Warum dürfen Bretter bei einer Deckenverkleidung nicht genagelt werden?
11. Was versteht man unter einer Lamellendecke?
12. Was müssen Sie bei Kassettendecken beachten?
13. Welche Maßnahmen treffen Sie, wenn Wand und Decke Fugen bilden?
14. Wodurch lässt sich die Trittschalldämmung bei einer Decke verstärken?
15. Nennen Sie vier Maßnahmen, um bei Deckenverkleidungen die Schallwellen zu verringern.
16. Welche Aufgabe hat die Lochung einer Akustikplatte?

10.3 Wand- und Deckenverkleidungen

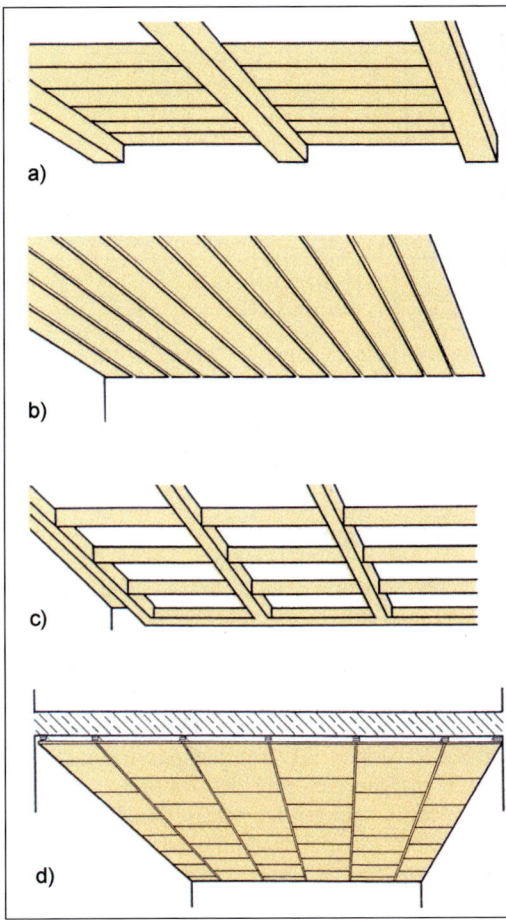

Bild 10.38 Deckenarten
a) Balkendecke,
b) Bretterdecke,
c) Kassettendecke,
d) Plattendecke

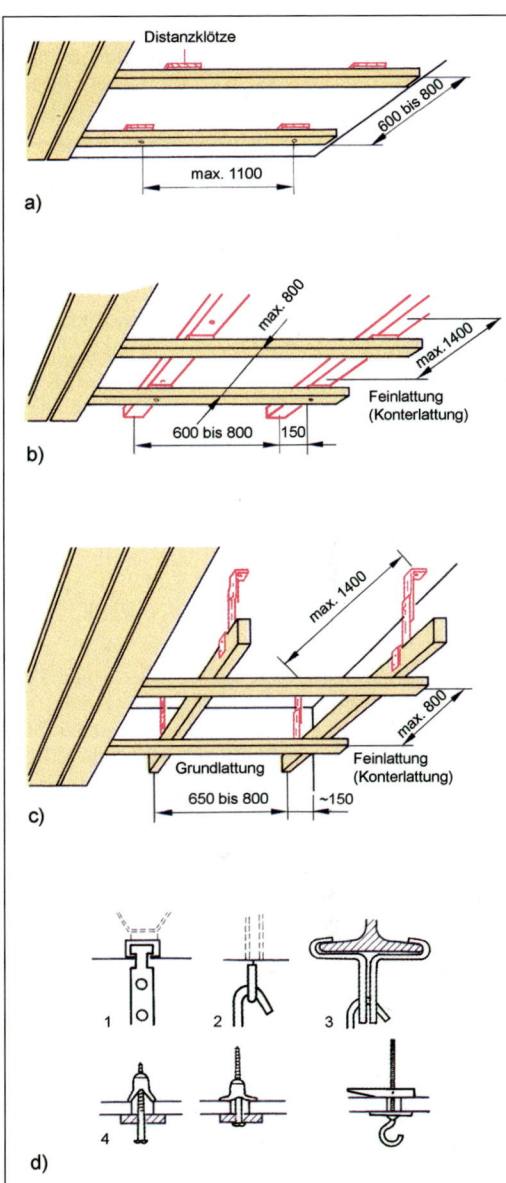

Bild 10.39 Befestigung der Unterkonstruktion
a) direkt: Unterlattung (50/30 oder 60/40) b) direkt: Grundlattung (50/30 oder 60/40), Feinlattung (Konterlattung, 48/24 oder 50/30) c) abgehängt: Grundlattung (60/40 hochkant), Feinlattung (Konterlattung, 48/24 oder 50/30) d) Befestigung der Abhänger: 1 einbetonierte Ankerschiene, 2 Spreizdübel mit Öse, 3 Stahlträger mit Lasche, 4 Patentdübel zur Hohlraumbefestigung

Auch bei Deckenkonstruktionen ist die Verkleidung ein wesentliches Element. Sie verändert die Raumwirkung, verdeckt Leitungen und Lüftungskanäle, verbessert die Schall- und Wärmedämmung. Durch abgehängte Verkleidungen wirken hohe und lange Räume niedriger und harmonischer. Man kann sie als Balken-, Bretter-, Platten- oder Kassettendecke gestalten, die an einer Unterkonstruktion befestigt ist (**10.**38).

Die Unterkonstruktion wird entweder direkt an der tragenden Decke befestigt oder mit einem bestimmten Abstand abgehängt. Sie kann aus Metallschienen mit Abhängevorrichtung oder einer Holzkonstruktion bestehen. Die auf Zug belastete Unterkonstruktion muss sicher befestigt werden, um ein Herabstürzen der Verkleidung auszuschließen (DIN 18168). Bei schweren Konstruktionen müssen die verwendeten Dübel eine Zulassung haben. Das Anschießen an die Decke ist nicht erlaubt. Lattenquerschnitte, -abstände und Befestigungspunkte richten sich nach dem Deckengewicht und der Elementanordnung. Wenn die Stützweiten zu groß gewählt werden, kann es zum Durchhängen der Decke und zu Schäden kommen. Das Holz der Unterkonstruktion muss den Gütebedingungen nach DIN 4074 entsprechen und in Räumen mit hoher Luftfeuchtigkeit mit vorbeugendem Holzschutzmittel behandelt sein. Bild **10.**39 zeigt unterschiedliche Befestigungsmöglichkeiten für die Unterkonstruktion. Bei Betondecken benutzt man Ankerschienen, Spreizdübel mit passenden Schrauben, für Hohlraumdecken Kippdübel oder Hohlraumdübel.

Bei der direkten Befestigung der Decke wird die Unterkonstruktion unmittelbar an der Rohdecke befestigt. Unebenheiten werden durch Distanzklötze oder Abstandmontageschrauben ausgeglichen. Eine zusätzliche Grundlattung unter der Feinlattung ermöglicht das Einlegen von Dämmmaterial und Leitungen.

Bei der abgehängten Decke wird die Grundlattung wegen des besseren Tragverhaltens hochkant gestellt. Sinnvoll ist eine seitliche Befestigung der Abhängung an den Latten, damit die Schrauben keine Zugbelastung erhalten. Der Deckenraum kann für Installationsleitungen, Lüftungsrohre und Dämmmaßnahmen genutzt werden.

Decken-Unterkonstruktionen werden stark auf Zug beansprucht und müssen darum sicher befestigt werden.

Balkendecke. Ursprünglich hatten Balken die Aufgabe, die Deckenlast zu tragen. Die schweren Hölzer wirken rustikal, behaglich und geben dem Raum zusammen mit passender Inneneinrichtung eine warme, gemütliche Atmosphäre. Die Deckenflächen zwischen den Balken können verputzt, mit Platten oder mit einer quer laufenden Verbretterung verkleidet sein. Wegen der rauen Oberfläche und vorhandener Schwundrisse verkleidet man alte Balken oft mit Brettern zur Verschönerung.

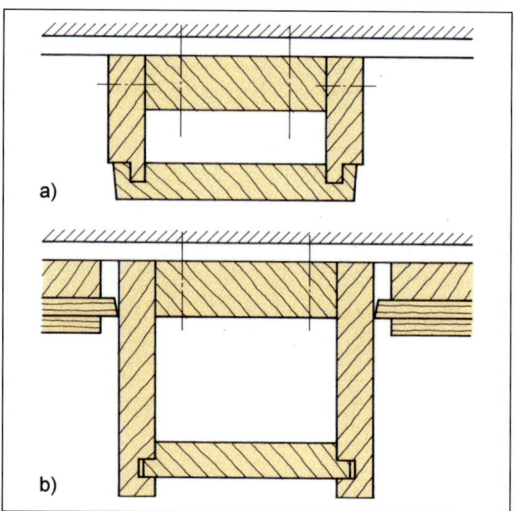

Bild 10.40 Balkendecke
a) flacher Scheinbalken mit Putzdecke b) hoher Scheinbalken mit Deckenverkleidung

Häufig sind Holzbalken jedoch keine tragenden Bauelemente, sondern nur aus Brettern gefügte Scheinbalken und dienen rein dekorativen Zwecken (Balkendeckenwirkung). Sie sollten in Querrichtung des Raumes angeordnet werden, wie es den statischen Regeln für Tragbalken entspricht. Dazu wird ein Montageholz mit Dübeln an die Decke geschraubt. Um dieses Kantholz werden die Seiten und die Abdeckplatten des Scheinbalkens geleimt, geschraubt oder festgestiftet (**10.**40).

Bei abgehängten *Scheinbalkendecken* hängt das Montageholz für den Scheinbalken an einem Tragrost aus Latten oder Brettern. Abhängbandeisen (Schlitzbandabhänger) halten die Tragkonstruktion an der Decke (**10.**41).

Bretterdecke. Die Verkleidung besteht aus Profilbrettern, die gespundet, gefedert, überfälzt, überschoben, überluckt oder mit Fuge verlegt werden können. Die Brettbreiten liegen bei 85 bis 160 mm, die Brettdicken bei 12,5 bis 22 mm. Beidseitig genutete Profilbretter mit einer Fremdfeder sparen Holz und sind besonders bei teueren Holzarten vorteilhaft. Neben Profilbrettern verwendet man auch im Handel erhältliche furnierte oder beschichtete Holzwerkstoffpaneele. Die Unterkonstruktion (Lattenabstand 600 bis 800 mm) befestigt man direkt an der Decke oder an einer Abhängung.

10.3 Wand- und Deckenverkleidungen

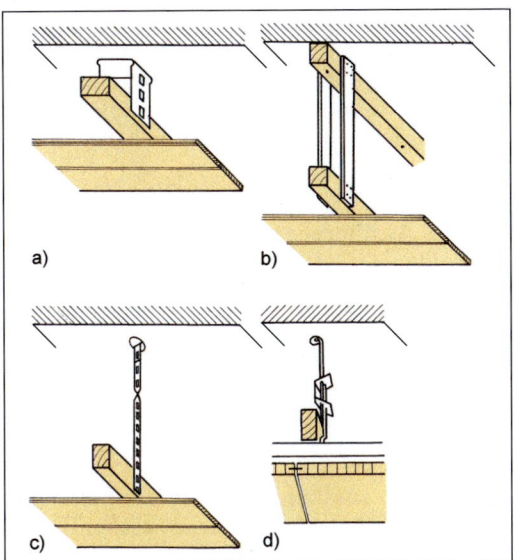

Bild 10.41 Abgehängte Decken
a) mit Federbügelhalter,
b) mit Holzleisten, c) mit Schlitzbandabhänger, d) mit Federspannabhänger

Klammern oder Profilkrallen halten die einzelnen Bretter zusammen (**10.**42). Durch eine Schattennut oder eine Profilleiste erreicht man einen sauberen Wandanschluss. Wenn wir Bretter oder Platten hochkant montieren, erhalten wir *Lamellendecken*. Sie verringern optisch die Raumhöhe und betonen die Längsrichtung (**10.**43). Der Deckenraum über den Lamellen wird offen gehalten, sodass ein größeres Luftvolumen zur Verfügung steht. Den angehängten Bereich streicht man einschließlich Installation dunkel, damit er nicht einsehbar ist.

Plattendecke. Die rechteckigen oder quadratischen Platten aus furnierten oder beschichteten Holzwerkstoffen sind meist montagegerecht vorgefertigt. Sie werden auf einer Unterkonstruktion an der Decke befestigt. Die Plattenstöße erhalten meist eine Nut zur Aufnahme einer Feder. Den Wandanschluss bilden Randleisten, umlaufende Friese oder Schattennuten. Zum Befestigen an der Unterkonstruktion dienen unsichtbare Profilklammern, Metallschienen, Randkrallen oder Nutklötze (**10.**44).

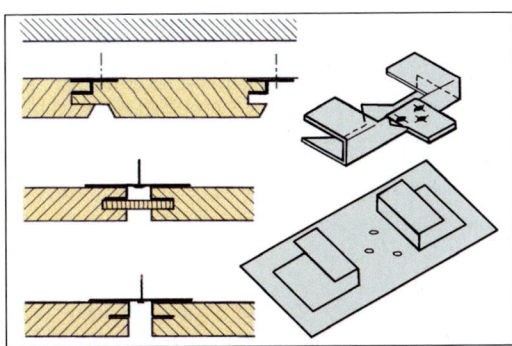

Bild 10.42 Die einzelnen Bretter werden mit Profilklammern oder Fugenkrallen zusammengefügt

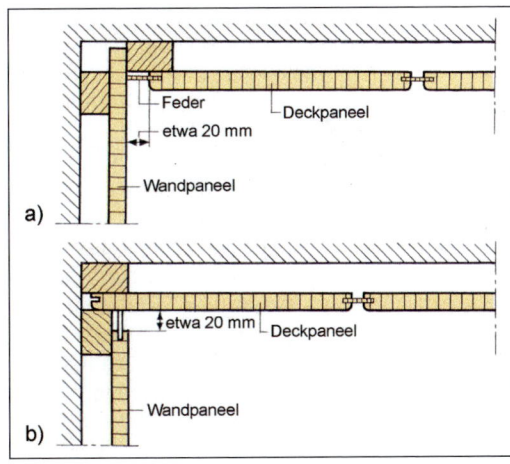

Bild 10.44 Plattendecke, Decken/Wand-Anschluss
a) Das Deckenpaneel wird mit Federn gegen die durchgehende Wandpaneele geschoben
b) Wandpaneele mit Feder schließt gegen durchgehende Deckenpaneele ab

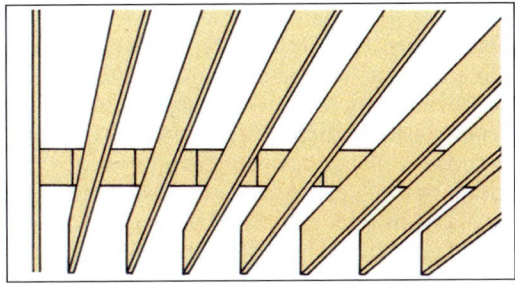

Bild 10.43 Lamellendecke

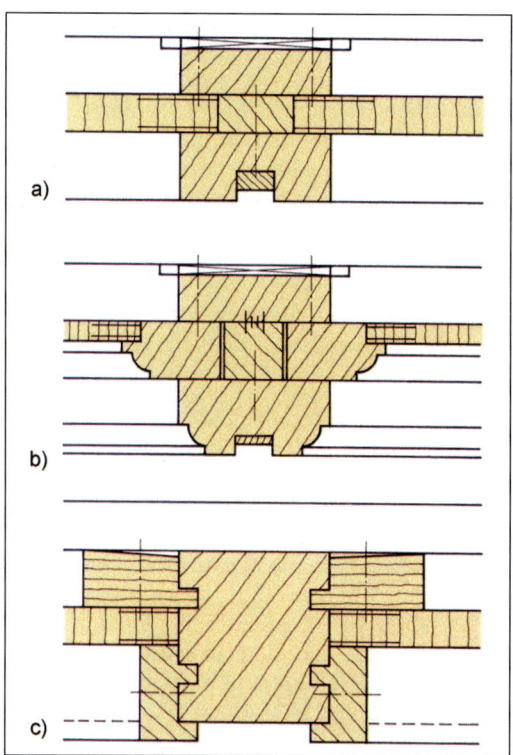

Bild 10.45 Kassettendecke
a) Eingelegte Füllung mit Deckleiste
b) Eingelegter Rahmen durch Profilleiste gehalten
c) Zarge mit eingelegter Füllung und Falzleiste

Kassettendecken setzen sich meist aus quadratischen, rechteckig oder geometrisch anders geformten Feldern zusammen. Rahmenfriese, Profilleisten, Zargen oder Scheinbalken begrenzen sie (**10.45**). In der Regel wird man nur große Räume mit Kassetten verkleiden, wo die plastische Wirkung der Konstruktion deutlich wird.

Die Wahl der Konstruktion hängt von der beabsichtigten Wirkung ab. Flache Kassetten stellt man als Rahmen mit Füllung oder durch eine Grundplatte mit aufgeleimten Profilleisten her. Tiefe Kassetten erhalten eine Zarge mit Füllung oder werden durch sich kreuzende Scheinbalken mit eingesetzter Füllung gebildet. Furniert man die Füllungen, muss dies auf beiden Seiten geschehen. Als Unterkonstruktion wählt man Rahmenelemente oder Lattung aus Längs- und Querlatten (Konterlattung). Schwere Kassetten müssen als Einzelelemente an der Decke montiert werden. In Sälen finden wir auch Kassettendecken mit Feldern aus offenen Kastenformen, die eine sehr plastische Wirkung haben.

Bei der Ausführung von Decken- und Wandverkleidungen ist darauf zu achten, dass beides zusammenpasst. Wir erreichen dies, indem wir z. B. die hervorstechenden Gestaltungselemente der Decke an der Wandtäfelung wieder erscheinen lassen und harmonisch mit der Deckenverkleidung abstimmen. Wo Wand und Decke Fugen bilden, sind entsprechende Eckanschlüsse wie Profilleisten, besondere Fälze oder zusätzliche Friese zu befestigen oder betonte Schattenfugen vorzusehen.

> Zur Kassettendecke muss die Wandverkleidung passen, d.h., die Hauptgestaltungselemente müssen wiederkehren. Zuerst wird die Decke, dann die Wand verkleidet.

Technische Deckenverkleidungen. Dies sind abgehängte Bekleidungen von Decken. Sie werden in Unter-, hängende Drahtputz- und Rohrgewebedecken unterschieden. Der Raumeindruck kann verbessert, gestaltet und Installationsführungen verborgen werden. Unterdecken gibt es in Form von Platten, Paneelen und Kassetten aus Gips, Metall, Kunststoff und Holz. Die Lasten der Bekleidung müssen sicher über die tragenden Teile der Unterkonstruktion (Abhänger etc.) auf die tragenden Teile übertragen werden (**10.41**). Unterdecken sind dem Einsatz entsprechend gegen Wind, Sog- und Stoßbeanspruchung, Lösen der Abhänger und der Verbindungselemente zu sichern. Die Durchbiegung darf nicht mehr als 4 mm betragen. Die Anforderungen an den *Schallschutz* sind in der DIN 4109 geregelt. Biegeweiche Unterdecken können die *Luftschalldämmung* verbessern, auch eine Verbesserung des *Trittschalls* ist möglich. Hierbei wirken sich federnde Aufhängungen mit geschlossener Bekleidung und das Auffüllen des Hohlraumes bzw. das Beschichten der Unterdecke, mit Mineralfaserdämmung positiv aus. Dies gilt auch für Deckenbekleidungen aus Mineralfaserplat-

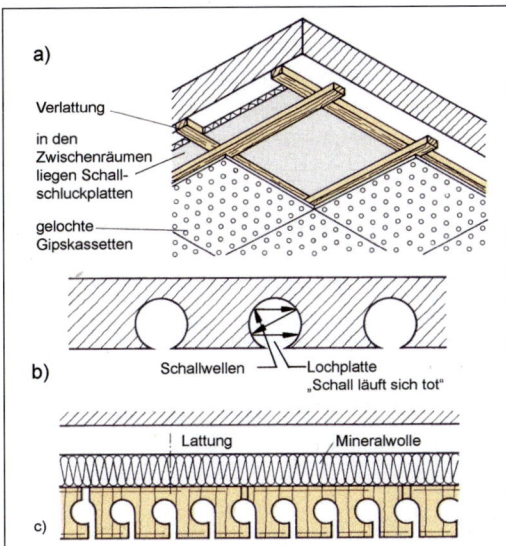

Bild 10.46 Schalldämmende und schluckende Deckenverkleidungen,
a) Gipskarton-Lochplatte,
b) Prinzip der Schallschluckung,
c) geschlitzte Röhrenspanplatte, Mineralwolle hinterlegt.

ten, hinterlegte Lochkassetten oder -paneele, Gipskarton-Lochplatten und geschlitzte Röhrenspanplatten (**10.**46). Die Verwendung von gedämmten Unterdecken verbessert auch den Wärmeschutz. Als Dämmmaterial bieten sich neben den Mineralfasern Hartschaum, Wolle, Baumwolle, Steinwolle und Hanf an. Über den *Brandschutz* geben die jeweiligen Bauordnungen der Länder und die DIN 4102 Auskunft. Da Gips nicht brennbar und leicht im Trockenbau zu verarbeiten ist, werden gern *Gipskartonplatten* bei Modernisierung und Ausbau verwendet. Der Verbund mit Stahlblechen oder Kunststoffen auf der Oberfläche sowie die rückwärtige Beschichtung der Platten mit Alufolie als Dampfsperre ist allgemein möglich. Gipsfaserplatten mit Zellulose werden als Bau-, Feuerschutz- und Feuchtraumplatten eingesetzt. Zur Verwendung in Bereichen mit hoher Luftfeuchtigkeit (Bäder etc.) sind sie ebenfalls geeignet.

10.4 Trennwände

> **Arbeitsauftrag Nr. 89 Lernfeld TI, HM 8**
> - Erläutern Sie die Vor- und Nachteile leichter Trennwände. Erstellen Sie einen Arbeitsablaufplan zum Bau einer einfachen, leichten Trennwand. Ordnen Sie die für den Bau benötigten Werkzeuge den jeweiligen Arbeitsschritten zu. Skizzieren Sie den Aufbau einer leichten Trennwand im Horizontal- und Vertikalschnitt. Beachten Sie Wand-, Boden- und Deckenanschlüsse. Die Materialien sind zu benennen.
> - Vervollständigen Sie mit den nachfolgenden Fragen Ihre Lernkartei.
> 1. Welche beiden Arten von Trennwänden unterscheidet man grundsätzlich?
> 2. Woraus bestehen feststehende Trennwände?
> 3. Nennen Sie Vorteile beweglicher Trennwände.
> 4. Welche bauphysikalischen Anforderungen stellt man an Trennwände?

Trennwände dienen dazu, große Räume dauernd oder zeitweilig in kleinere Raumeinheiten aufzuteilen. Sie werden gewöhnlich in Leichtbauweise erstellt.

Trennwandarten. Wir unterscheiden *feststehende* und *bewegliche* Trennwände. Die beweglichen sollen leicht zu transportieren und zu montieren sein. Die festen Trennwände sind in der Regel schwerer, besonders wenn sie auch schalldämmend wirken sollen.

Trennwände teilen dauernd oder zeitweilig große Räume in kleinere Einheiten. Es sind statisch nichttragende Wände in Leichtbauweise.

10.4.1 Feststehende Trennwände

Gerippewände. Sie bestehen aus einer Tragkonstruktion (Metall oder Holz), die mit Winkeleisen, Metallprofilen oder Langschrauben direkt mit dem Boden oder der Decke verbunden wird (Gerippewand, **10.**47). Für die Beplankung kann man Bretter, Holzwerkstoff- oder Gipskartonplatten aufnageln oder aufschrauben.

Zur besseren Schalldämmung können wir die Pfosten auch versetzt als Doppelständerwand aufstellen. Dadurch werden Schallbrücken vermieden. In dem Ständerzwischenraum kann eine durchlaufende Dämmmatte wellenförmig montiert werden (**10.**48c).

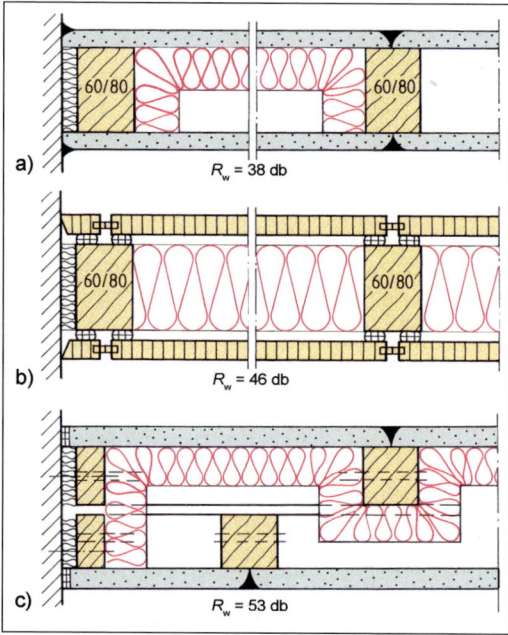

Bild 10.47 Rahmenkonstruktion einer Trennwand

Bild 10.48 Trennwandkonstruktionen
  a) Holzständer mit Gipskartonplatten beplankt, innen Mineralwolle
  b) Holzständer federnd beplankt, innen Mineralwolle
  c) Doppelständerwand mit Gipskartonplatten beplankt, Mineralwolle durchlaufend

Bei der Holzgerippewand montieren wir zunächst die Decken- und Bodenschwelle auf Dämmstreifen (z. B. Filz), anschließend die senkrechten Pfosten aus Kanthölzern mit der Schmalseite zur Beplankung. Der Pfostenabstand (600 bis 800 mm) richtet sich nach dem Beplankungsmaterial und den Plattenformaten (Plattenstoß am Pfosten). Die Verarbeitungsvorschriften für Gipskartonplatten und andere Materialien müssen berücksichtigt werden. Die Räume zwischen den Pfosten können mit wärme- oder schalldämmenden Mineralfasermatten ausgefüllt werden. Zwischen den Pfosten montieren wir zur Aussteifung Riegel.

Wo die Wandteile aneinander treffen, werden sie mit Spezialprofilen am Unterbau und an den Kanthölzern befestigt. Besonders geformte Profile stabilisieren die Wandfläche (**10.**49). Die Wand-, Decken- und Bodenanschlüsse einer Holzgerippewand zeigt Bild **10.**50. Bei Holzwerkstoffplatten wird die Stoßfuge meist durch eine Fase oder Schattennut betont, bei Gipskartonplatten verspachtelt man die Fuge und kann die Wand anschließend tapezieren.

Außer diesen Trennwänden gibt es Innenwände aus montagefertig hergestellten Einzelelementen (Elementwände oder Montagewände).

10.4 Trennwände

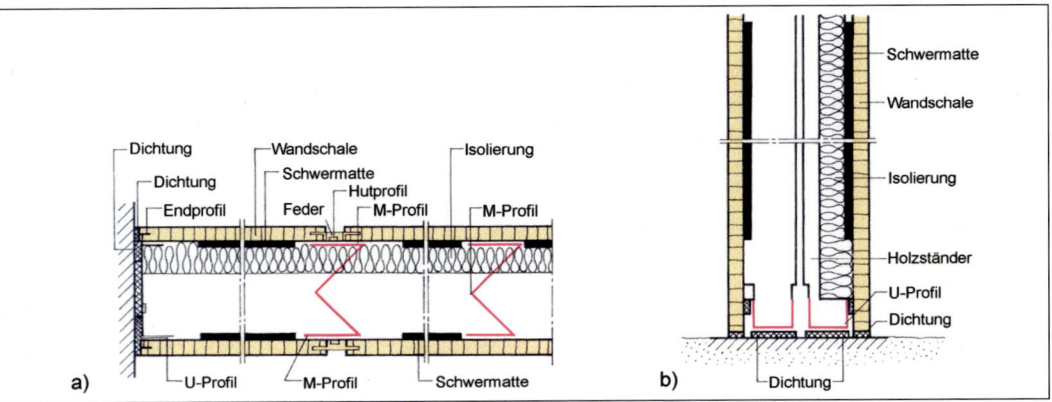

Bild 10.49 Zweischalige Trennwand
a) mit Metallständer und M-Profilen, b) mit Holzständer und U-Profilen

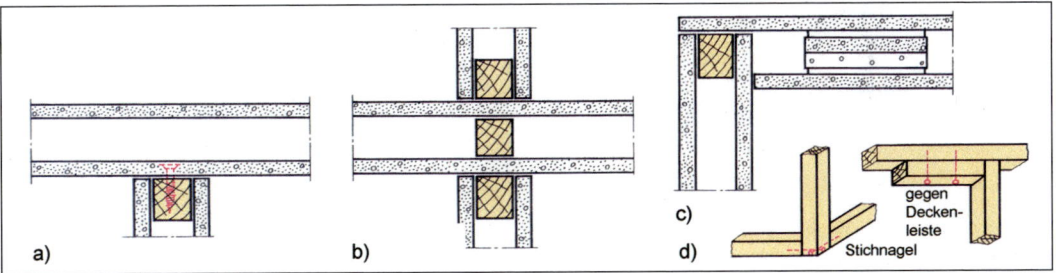

Bild 10.50 Wandanschlüsse und -übergänge
a) T-Anschluss,
b) zweiseitiger Anschluss,
c) Eckübergang,
d) Übergang gegen Boden und Deckenleiste

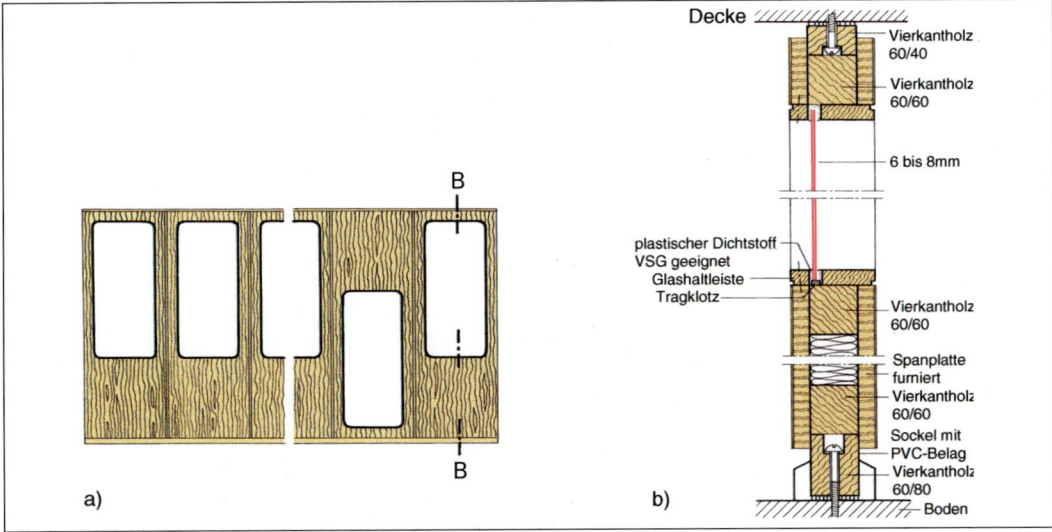

Bild 10.51 Elementwände
a) Ansicht, b) Schnitt mit Decken- und Bodenanschluss

Elementwände (Montagewände). Montagewände bestehen aus vorgefertigten Wandelementen, die auf der Baustelle zusammengesetzt werden. Die Elemente müssen einfach zu transportieren und schnell aufzustellen sein. Sie enthalten bereits Oberlichter, Türen oder ganze Glasfronten. Um die Vorfertigung zu erleichtern und das Auswechseln und Versetzen zu ermöglichen, wird ein Rastersystem festgelegt (Achs- oder Bandraster **10.**52). Die Elemente gibt es sowohl als Holzkonstruktion als auch aus Aluminium, Stahl oder als Verbundwerkstoff (**10.**51).

wände und bewegen sich in festen Führungen und Schienen in der Decke, häufig auch im Fußboden. Besondere Anforderungen werden an den Schall- und Feuerschutz gestellt. So montiert man z. B. zweischalige, schwer entflammbare Wandelemente unter Verwendung von Metall- und Stahlrohrprofilen (**10.**53). Bewegliche Trennwände mit einem mittleren Schalldämmwert von 45 dB wirken nur schallschützend, wenn Schallnebenwege vermieden werden. Je höher die Schalldämmung, um so bedeutender ist die Nebenwegübertragung des Schalls.

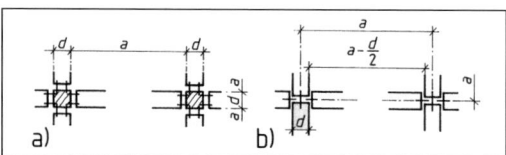

Bild 10.52   Rastersysteme
a) Bandraster, b) Achsraster

10.4.2 Bewegliche Trennwände

Wir finden sie vor allem in Großraumbüros, Restaurants und Ausstellungshallen, Schulen und Turnhallen. Aufgebaut sind sie aus Fertigelementen mit beweglichen Verbindungen – es sind fahrbare Wände. Sie begegnen uns als Schiebe-, Falt-, Harmonika-, Roll-, Hub- und Versenk-

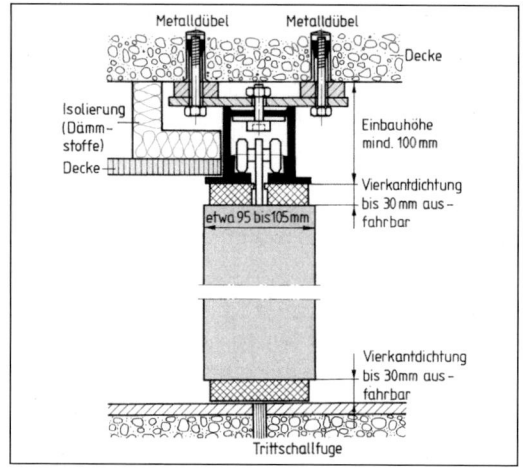

Bild 10.53   Boden- und Deckenanschluss mit Isolierung

10.5 Systemmöbel und Einbaumöbel

> **Arbeitsauftrag Nr. 90 Lernfeld TI, HM 6, 7; FKU 7, 8**
> - Fertigen Sie eine Grundrissskizze des Wochenendhauses der Familie Mustermann im M 1 : 50 (vgl. Arbeitsauftrag). Ergänzen Sie den Grundriss, indem Sie die drei grundlegenden Arten von Einbaumöbeln sinnvoll einzeichnen und benennen. Orientieren Sie sich an der Abbildung **10.**54 Einbaumöbel.
> - Erarbeiten Sie einen Kurzvortrag zum Thema „System- und Einbaumöbel" unter Einbeziehung der nachfolgenden Fragen:
> 1. Auf welche Weise gelingt es der Möbelindustrie, trotz maschineller und vollautomatischer Fertigungsverfahren die Wünsche des einzelnen Kunden zu erfüllen?
> 2. Was sind Einbauschränke, Schrankwände und Wandschränke? Nennen Sie die wesentlichen Unterschiede.
> 3. Was ist beim Montieren eines Einbauschranks zu beachten?
> 4. Welche Aufbausysteme gibt es bei Einbaumöbeln?
> 5. Was bedeuten die Begriffe System 32, Eurosystem, System 25?
> 6. Welche Ziele will man durch Möbelsysteme erreichen?
>
> Beachten Sie bei Ihrem Vortrag die im Kapitel „Methoden" gegebenen Hinweise.
> Die Schülerinnen und Schüler können die gehaltenen Vorträge bewerten und Verbesserungsvorschläge erarbeiten (siehe Methoden).

10.5 Systemmöbel und Einbaumöbel

Systemmöbel werden heute aus Kostengründen meist industriell und aus vorgefertigten Normbauteilen hergestellt. Regale, Schränke, Schrankwände und Raumteiler können den räumlichen Gegebenheiten angepasst werden. Das Lochreihensystem mit verschiedenen Grundabständen (z. B. 20, 25, 30 oder 32 mm) ermöglicht dabei

- höchste Anpassungsfähigkeit,
- einfache Befestigung von Schrankverbindern, Beschlägen und Bodenträgern,
- mühelose Zerlegbarkeit.

Anforderungen an Systemmöbel

- moderne Produktmerkmale
- kurze Lieferzeiten
- Möglichkeit der sofortigen Mitnahme
- flexible Bauweise
- sollen ökologischen Grundsätzen und Nachhaltigkeit entsprechen
- sollen Trendmärkte (für Junioren und Senioren) zufriedenstellen.

Obwohl genaue Bauanleitungen dem Bezieher den Zusammenbau ermöglichen, bleibt für den Tischler noch ein weiteres Betätigungsfeld. So kann er dem Interessenten die Gestaltungsvielfalt der verschiedenen Systeme erläutern, ihn beraten und den Auf- und Einbau an Ort und Stelle übernehmen.

Einbauschränke sind mit dem Gebäude verbundene Schrankwände und Raumteiler (**10.**54).

Der Wandschrank füllt meist Nischen oder Ecken aus. Durch den bündigen Boden-, Wand- und Deckenanschluss nutzt er den Raum optimal aus. Erforderlich ist ein Frontrahmen (Blendrahmen) aus Holz mit den angeschlagenen Türen. Die Träger der Einlegeböden können im Mauerwerk befestigt sein. Neben dieser einfachen Ausführung gibt es Schränke aus Kastenelementen (Unter- und Oberboden, Seiten- und Rückwände, **10.**55).

Die Schrankwand füllt eine ganze Wandfläche aus. Wir können sie auf die verschiedenste Weise aufteilen und damit Einfluss auf die räumliche Gestaltung nehmen (z. B. Betonen der Waagerechten oder Senkrechten).

Der Raumteiler ist eine Schrankwand, die zwei Räume trennt bzw. einen Raum aufteilt. Auch hierbei bieten sich viele Möglichkeiten für individuelle Raumgestaltung (z. B. geschlossen, teilweise offen oder transparent).

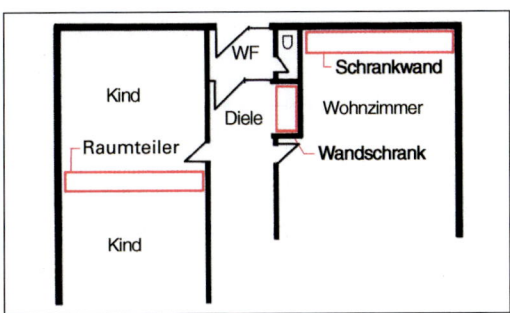

Bild 10.54 Einbauschränke

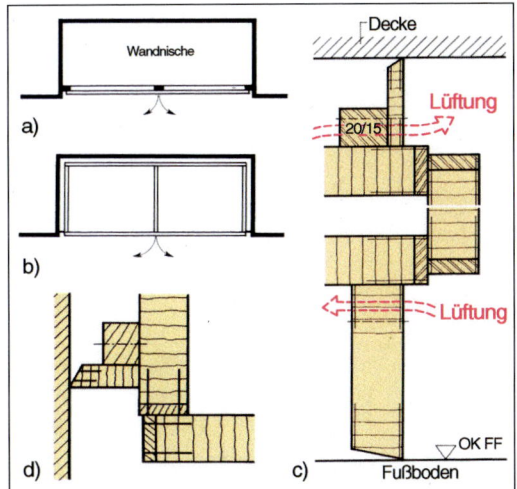

Bild 10.55 Wandschrank
a) einfache Ausführung mit Frontrahmen und daran angeschlagenen Türen,
b) Schrank mit Böden, Seiten und Rückwand,
c) Hinterlüftung,
d) vorderer Wandanschluss

Wandschränke verdecken einen Teil der Wandfläche, Schrankwände füllen die ganze Wandfläche aus, Raumteiler trennen oder unterteilen Räume.

Eingebaute Schränke müssen zu den umgebenden Bauteilen (Wände, Boden, Decke) einen Mindestabstand von 20 mm haben. Boden- und Deckenanschlüsse sind mit Löchern oder Schlitzen zu versehen, damit Feuchtigkeit abziehen kann (Hinterlüftung, **10.**55c).

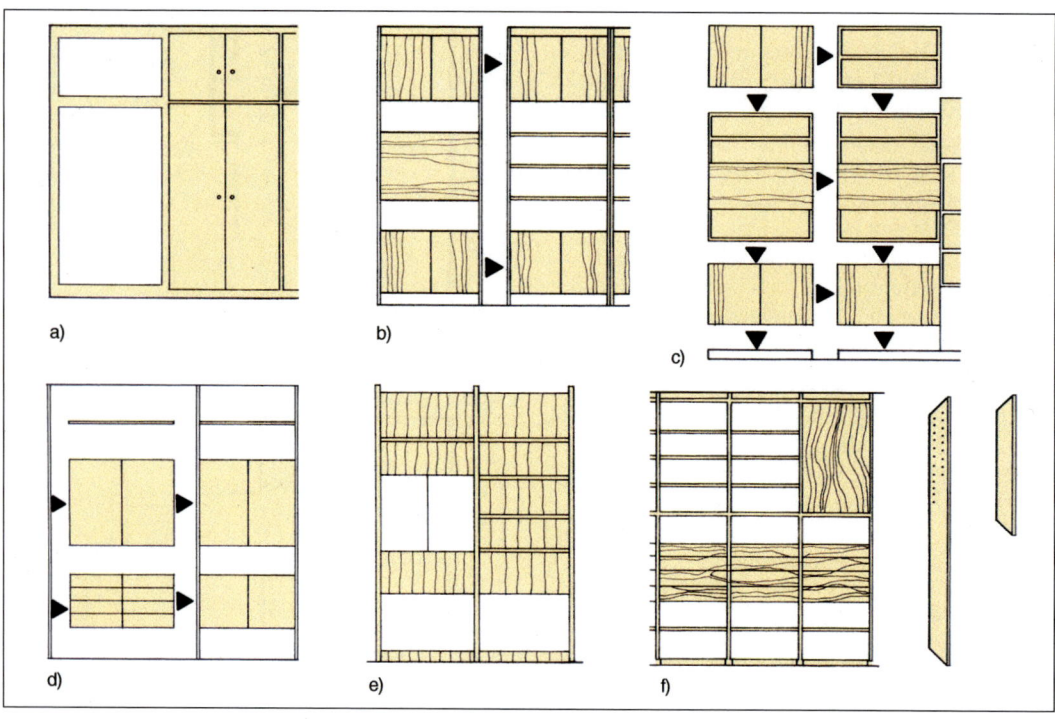

Bild 10.56a Aufbausystem von Schrankwänden
a) Frontrahmen mit Türen, b) raumhohe Schrankelemente aneinander gereiht, c) Kastenelemente, zusammengesetzt, d) raumhohe Seiten oder Stollen mit eingehängten Elementen, e) Wandträger mit Elementen, f) Einzelteile mit Schrankverbinder (z. B. 32-System)

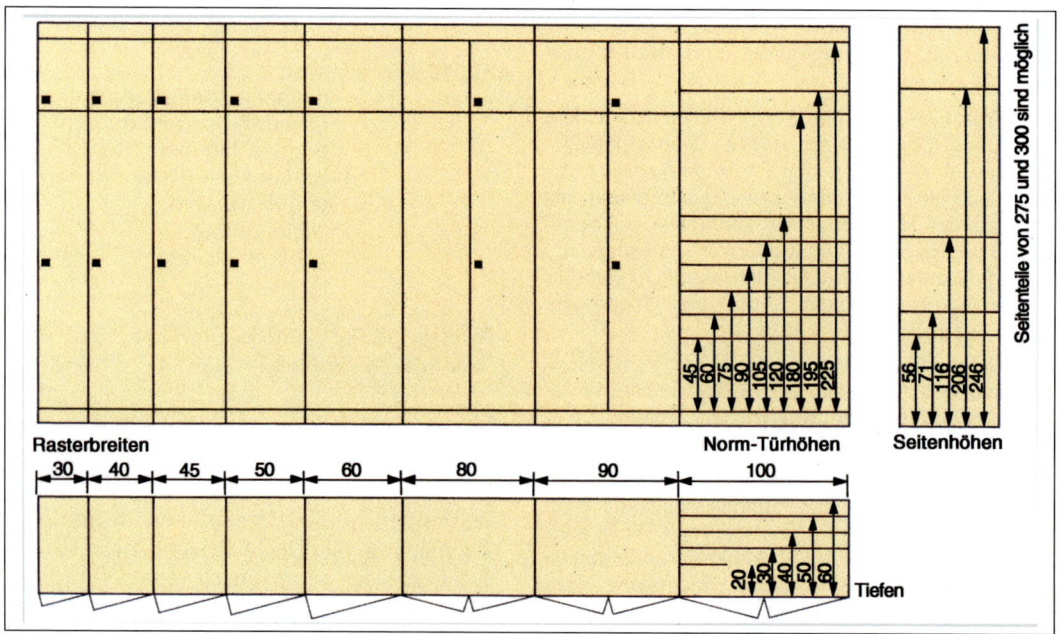

Bild 10.56b Modul Euro 25

Aufbau. Einbaumöbel werden in leicht transportierbaren Einzelteilen oder kleineren Kastenelementen geliefert und an Ort und Stelle zusammengebaut. Dabei unterscheiden wir mehrere Aufbausysteme:
- Einzelteile, die durch zeitaufwendige Montage von Schrankverbindern verbunden werden;
- getrennter Aufbau von Korpus und Frontrahmen mit schon angeschlagenen Türen;
- Kombination von fertigen Kastenelementen und einzelnen Teilen;
- Aufeinanderstellen gleich breiter Kastenelemente, daher leichte Montage, aber jeweils doppelte Böden und Seiten (**10.56a**).

Vereinfacht wird der Aufbau durch das Rastermaß (Modul). Der Bohrloch-Achsabstand beträgt je nach System 16 bzw. 32 mm oder (Euro) 25 mm. So ist ein ganzes Programm von Hänge-, Kompakt-, Raumteiler-, Regal- und Singlewänden aufeinander abgestimmt und kombinierbar (**10.56b**).

Beispiel

Schrankwände in einer Einraum-Wohnung mit schwenkbarem Klapptisch, TV-Fächern mit ausziehbaren Drehtüren, Kleiderschrank, Toilettentisch, die alle in die Schrankwand zu klappen sind und bei Bedarf herausgezogen werden können.

10.6 Holzfußböden

Arbeitsauftrag Nr. 91 Lernfeld TI, HM 8

- Erstellen Sie einen Arbeitsablaufplan für die Herstellung eines Trockenbodens. Ergänzen Sie den Plan mit einer Montage-Check-Liste für die bei der Montage notwendigen Werkzeuge und Hilfsmittel.
- Für ein Gespräch mit dem Bauherrn vor Ort sollten Sie die folgenden Fragen beantworten können.
  1. Zählen Sie Vorzüge von Holzfußböden auf.
  2. Warum ist die Verwendung von Holzfußböden gegenüber Stein- und Kunststoffbelägen so gering?
  3. Warum soll bei Dielenfußböden die linke Seite von Seitenbrettern oben liegen?
  4. Welche Vorteile bietet die Verwendung von Brettern mit stehenden Jahrringen?
  5. Warum sollen Fußbodenbretter mit Abstand zur Wand verlegt werden?
  6. Welche Holzarten eignen sich für die Herstellung von Parkett?
  7. Was versteht man unter Fertigparkett?
  8. Erläutern Sie die Vorteile eines Fußbodenbelags aus Holzpflaster.
  9. Welche Plattentypen werden für Trockenunterböden eingesetzt?
  10. Warum müssen die Verlegeplatten in einem Mindestabstand zur Wand verlegt werden?
- Üben Sie das Kundengespräch als „Rollenspiel" im Klassenverband. Nutzen Sie Video-Kameras und werten Sie die Gespräche aus.

Seit Jahrhunderten ist der Holzfußboden ein raumgestaltendes Element im Innenausbau. Wohl kein anderes Belagsmaterial vereint so viele Vorzüge in sich.

Die Entstehung des Holzfußbodens

Der Zeitpunkt der Entstehung des Holzbodens bzw. des Parketts lässt sich heute nicht genau nachweisen, aber bereits vor 3.000 Jahren – wie Ausgrabungen in einem Tempel des hebräischen Königs Salomon belegen – wurden Fußböden aus verschiedenen Holzarten zusammengesetzt, welche zumindest die Vorstufe des heutigen Parketts darstellen.

In unserer Region wurde der Fußboden erst nach dem Mittelalter in die Raumgestaltung mit einbezogen, wobei vorwiegend gehobelte Dielen aus Weichhölzern wie Tanne, Fichte oder Kiefer eingesetzt wurden. Von Frankreich aus drang dann die Technik des furnierten Parketts nach Deutschland, welches in den Schlössern des Barock und Rokokos auch als Tafel- und Intarsienparkett seinen schöpferischen Höhepunkt hatte.

Holzfußböden
- haben eine außergewöhnlich hohe Lebensdauer (geringer Abnutzungsfaktor),
- sind fußwarm, preiswert und wirtschaftlich,
- sind in Verbindung mit Oberflächenversiegelungen leicht zu reinigen und zu pflegen,
- laden sich nicht elektrisch auf,
- strahlen Wärme aus und fördern das Wohlbefinden, da sie ein Stück Natur im Wohnbereich bedeuten,
- können jederzeit wieder abgeschliffen und somit erneuert werden.

Trotzdem liegt der Anteil der Holzfußböden weit hinter Belagstoffen aus Stein und Kunststoff zurück. Dabei unterscheiden wir zwischen Dielenfußböden, Parkettböden und Holzpflaster.

Dielenfußböden. Das Verlegen von einfachen Dielenfußböden aus gehobelten, gespundeten Nadelholzbrettern gehört nur noch zu den seltenen Tätigkeiten des Tischlers. Das verwendete Holz muss trocken (8 bis 12 % Holzfeuchte), frei von Rissen, möglichst astfrei und gesund sein. Vor der Verlegung sollte es über einen längeren Zeitraum (1 bis 2 Wochen) am Verwendungsort gelagert werden. Bei der Holzauswahl ist Brettware mit stehenden Jahresringen vorzuziehen. Wenn Seitenbretter verwendet werden, muss die linke Seite oben liegen, weil auf der rechten leicht Jahresringe heraussplittern können (**10.**58). Holzfußböden sind gegen aufsteigende Bodenfeuchtigkeit zu schützen und mit chemischen Holzschutzmitteln zu behandeln (Insekten- und Pilzschutz). Ein Abstand der Dielen von etwa 20 mm zur Wand verhindert die Schallübertragung in die umgebenden Bauteile und lässt dem Holz genügend Raum zum „Arbeiten".

Parkettböden erfreuen sich zunehmender Beliebtheit. Durch die mehrfache Versiegelung der Holzoberfläche gehören Pflegemethoden wie das Spänen und Schrubben der Vergangenheit an. Bei normaler Beanspruchung (z. B. im Wohnbereich) ist eine Erneuerung der Versiegelung frühestens nach 10 Jahren erforderlich. Obwohl Parkett aus Vollholz besteht, haben Tischler oder Holzmechaniker wenig mit seiner Verarbeitung zu tun. Dies gehört zum Aufgabenbereich des Parkettlegers. Nach DIN 280 ist „Parkett ein Holzfußboden, der aus Parkettstäben, Tafeln für Tafelparkett, Mosaikparkettlamellen, Parkettriemen, Parkettdielen, Parkettplatten und industriell hergestellten Fertigparkett-Elementen besteht". Verwendet werden von den einheimischen Harthölzern vorwiegend Eiche, Rotbuche, Esche, Nussbaum, Rüster und Nadelhölzer wie Kiefer und Lärche. Von ausländischen Harthölzern Mahagoni, Wenge, Nuhuhu, Afrormosia, Afzelia sowie Nadelhölzer wie Pitchpine, Oregon pine (Douglasie), Carolina pine und Seestrandkiefer. Das Holz muss gesund und frei von Fraßstellen durch Insekten sein. Je nach Güteklasse (z. B. Exquisit, Standard oder Rustikal) dürfen Äste, Splintholz oder kleinere Risse nicht oder in geringem Umfang vorhanden sein. Der Gehalt an Holzfeuchte soll zum Zeitpunkt der Lieferung zwischen 6 und 11 % liegen.

Bild 10.57a Die gebräuchlichsten Verlegearten von Stabparkett
 a) regelmäßiger Verband
 b) Würfel
 c) Flechtmuster
 d) Fischgrät (zweifach diagonal)
 e) Alt-Deutscher Verband

Stabparkett (Massivparkett) ist die hochwertigste industriell gefertigte Parkettart. Stabparkett verfügt durch das günstige Verhältnis von 22 mm Stärke zu max. 80 mm Breite über eine hohe Formstabilität und kann in sehr unterschiedlichen Arten verlegt werden (**10.**57a).

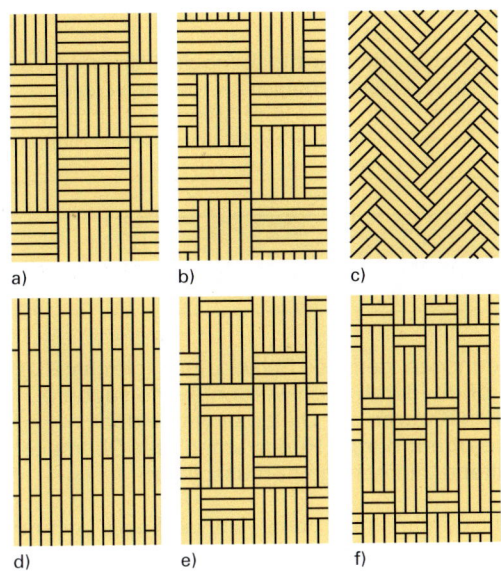

Bild 10.57b Verlegearten von Mosaikparkett
  a) Würfel
  b) Einlage Eiche/Wenge
  c) Fischgrät
  d) Englischer Verband
  e) Flecht
  f) Burgunder

Mosaikparkett (Massivparkett) wird rechtwinklig und ohne Profilierung gefertigt. Durch die geringe Stärke von 8 mm ist es nahezu überall einsetzbar. Verschiedene Holzarten und Verlegemuster bieten eine Vielzahl von gestalterischen Möglichkeiten (**10.57b**).

Fertigparkett ist oberflächenbehandeltes, geschliffenes und versiegeltes Holz, aufgebaut als zwei- oder auch dreischichtiges Element. Die teilweise großformatigen Elemente sind leicht und schnell zu verlegen, brauchen nicht geschliffen und versiegelt zu werden. Durch die geringe Gesamtdicke des Elements (z. B. 9 mm) bietet Fertigparkett eine echte Alternative zu Teppichböden oder PVC-Belägen.

Fertigparkett wird von den Herstellern in den unterschiedlichsten Bodenkollektionen angeboten. So gibt es gebürstetes oder gelaugtes Parkett mit optischen Gebrauchsspuren und zum Teil künstlichen Wurmlöchern. Pigmentierte Öle sorgen für eine intensive Färbung.

Auch Holzart und Sortierung beeinflussen die Anmutung des Parkettbodens. Die Auswahlpalette reicht von massiven Parkettstäben und Holzdielen in künstlich hergestellter Mooreiche (hierbei wird das Holz mit einem mehrwöchigen Ammoniak-Dampf-Verfahren behandelt), bis zu Dreischichtdielen in unterschiedlichsten Holzarten. Die Decklagen der Dreischichtdielen betragen bei Nadelholz 5 mm, bei Laubholz 4 mm. Ober- und Unterseite werden, um das Arbeiten des Holzes zu berücksichtigen, aus der gleichen Holzart gefertigt. Fertigparkett wird mit Nut und Feder hergestellt und kann als Leimverbindung oder mit dem leichter zu handhabenden Klicksystem verlegt werden.

Bambusparkett wird aus Bambus gefertigt. Dieser Rohstoff ist in Asien seit Jahrtausenden fester kultureller Bestandteil. Er findet dort nicht nur im Innenausbau, sondern auch bei Baugerüsten für Hochhäuser und einfachen Brücken Verwendung. In der Botanik wird Bambus den Gräsern zugeordnet, obwohl es zu ca. 20 % aus Lignin und ca. 75 % aus Cellulose besteht. Bambus ist ein außerordentlich schnell wachsender Rohstoff. Die für die Parkettproduktion verwendete Art Phyllostachys Pubescens wächst in 24 Stunden ca. 30 cm. Nach 4 bis 5 Jahren besitzen die Stämme die „Schlagreife". Die günstigen Materialeigenschaften wie geringes Gewicht, hohe Belastbarkeit auf Druck, Zug und Biegung, nur geringe Schwind- und Quellmaße aufgrund der dichten Zellstruktur und die relativ leichte Verarbeitbarkeit haben zu seiner Verbreitung als Baustoff beigetragen. Mit einer Oberflächenhärte von durchschnittlich 4,0 kp/mm^2 ist dieses Hartholz selbst Eiche (3,4 kp/mm^2) überlegen. Bambusparkett besteht aus dreifach verleimten Massivparkettriemen und wird als Rohware und Hochkantlamellenparkett in Naturhell, Lichtbraun angeboten. Die Abmessungen betragen 15 mm Dicke, davon 5 bis 7 mm Laufsohle, 920 mm Länge und 92 mm in der Breite. Eine schwimmende Verlegung ist ebenso wie die vollflächige Verklebung möglich.

Im Anschluss an die Verlegung wird das Parkett geschliffen, gesäubert, versiegelt bzw. alternativ mit Öl oder Wachs behandelt.

Holzpflaster wird vorwiegend für Industriefußböden (Kiefer, Lärche, Rotbuche, Eiche) sowie für Verwaltungs-, Kirchen-, Sport- und Schulbauten verwendet (polnische Kiefer, Eiche, Oregon pine = Douglasie) (**10.59**).

Vorteile:
– Fußwärme,
– verbesserte Akustik, dazu schalldämmend, weil keine Erschütterungen übertragen werden,
– gute Elastizität, schöne Maserung (Hirnholz),
– lange Lebensdauer bei höchster Beanspruchung.

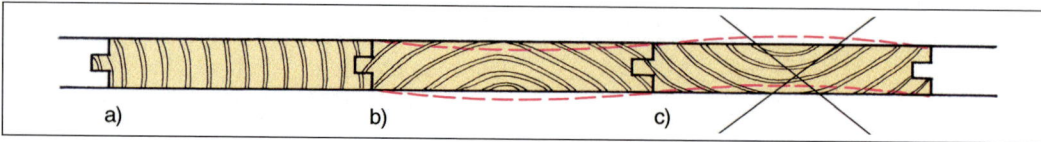

Bild 10.58 Verlegen von Fußbodenbrettern
    a) **stehende Jahresringe**, gutes Stehvermögen, geringes Schwindmaß (gleichmäßig)
    b) **liegende Jahresringe, linke Seite oben,** durch „Hohlwerden" keine saubere und plane Oberfläche, unangenehmes Knarren der Dielen unvermeidbar
    c) **liegende Jahresringe, rechte Seite oben;** durch „Rundwerden" der Oberseite Gefahr, dass mittig flach angeschnittene Jahresringe heraussplittern

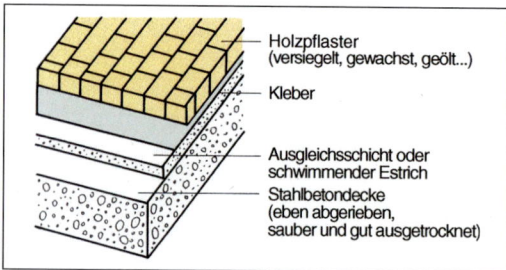

Bild 10.59 Holzpflasterverlegung

Holzpflaster besteht aus scharfkantig geschnittenen Holzklötzen mit unterschiedlichen Abmessungen, bei denen eine Hirnholzfläche als Lauffläche dient (**10.59**). Je nach dem Zweck werden die Klötze mit chemischen Holzschutzmitteln vorbehandelt. Der Feuchtegehalt darf in repräsentativen Räumen zwischen 8 und 12 % liegen. Die Verlegung erfolgt in eine hartplastische Kunststoffklebemasse. Untereinander werden die einzelnen Holzklötze nicht verklebt. Nach dem Abschleifen kann die Oberfläche durch Versiegelung, heißes Wachs oder mit entsprechenden Ölen geschützt werden.

Trockenunterböden nach DIN 68771 bieten sich als Alternative zum herkömmlichen nass eingebrachten schwimmenden Estrich an. Die Konstruktion besteht aus Trockenelementen wie Flachpressplatten (OSB 3/4; mind. 19 mm dick) und Gipsverbundplatten, mit oder ohne Spezialkaschierung der Ober- und Unterseite gegen Feuchtigkeit. Die Verlegeplatten sollen dem Plattentyp V 100 oder V 100 G für Feuchträume entsprechen. Sie werden vollflächig schwimmend (ohne Befestigung nach unten) auf Massivdecken (auch auf alten Belägen) und auf Lagerhölzern mit untergelegten Filzstreifen verlegt. Die Platten mit umlaufendem Randprofil aus Nut und Feder werden in Dicken bis zu 38 mm verlegt. Sie sollen einen Abstand zur Wand von mind. 15 mm haben um Ausdehnungen ausgleichen zu können und die Hinterlüftung der Plattenrückseite zu gewährleisten (Bild **10**.60).

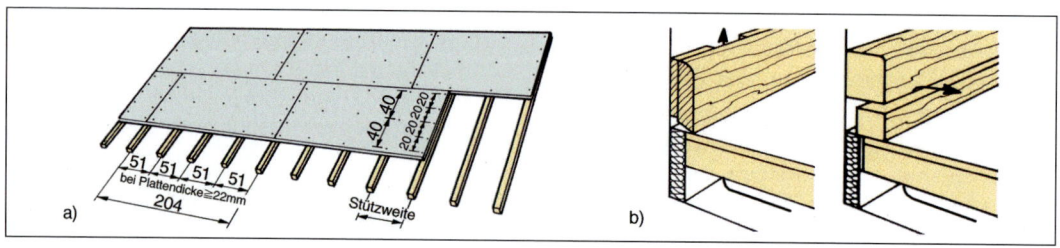

Bild 10.60 Trockenunterböden
    a) Anordnung der Lagerhölzer und Verlegeplatten, Abstände der Schrauben (in cm)
    b) Belüftung durch Fußleiste mit Abstandsklötzchen oder doppelte Fußleiste

10.6 Holzfußböden

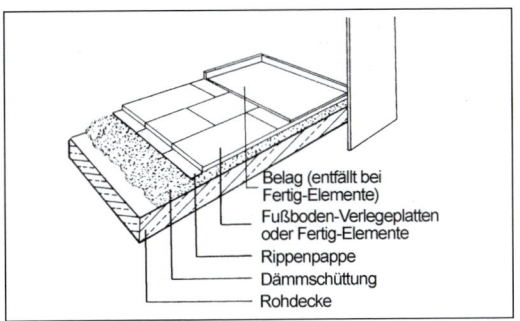

Bild 10.61a Bodenaufbau – Fertigdecke, Dämmschüttung, Trockenelement

Wärme- und schalldämmende Zwischenschichten können aus Mineralfaser, Holzfaserdämmplatten oder Rippenpappe bestehen. Auch kann eine Trockenschüttung (Dämmstoffkörnung) zum Ausgleich verschiedener Höhen eingebracht werden. Bei nicht unterkellerten Räumen ist eine Abdichtung gegen aufsteigende Bau- und Bodenfeuchte, bei Decken über Nassräumen eine Dampfsperre vorzusehen. Trockenböden werden auch als Fertigelemente mit fertiger Nutzschicht (z. B. Parkettdielen) im Handel angeboten (**10.61a**).

Laminatböden. Als Laminat (von lat. Lamina: Schicht) wird ein mehrlagiger Werkstoff bezeichnet, der durch Verpressen und Verkleben mindestens zweier Lagen gleicher oder verschiedener Materialien entsteht. Durch Kombination der Materialien können auch ihre Eigenschaften einander ergänzen. Als Trägerwerkstoff finden Faserplatten (MDF, HDF) oder Flachpressplatten (P2) Verwendung. Sie sind auf der Oberseite und oft auch auf der Unterseite mit einer harten Deckschicht aus ein oder mehreren Lagen Papier oder Kunststofffolien (HPL, CPL) belegt. Die Anwendung von gehärteten Acrylatschichten mit mineralischen Anteilen und wärmegehärteten Aminoplastharzen (Melaminharz) führt zu einer hohen Abriebfestigkeit. Anwendung finden Laminatböden in Wohnbereichen, Hotelzimmern, Büros, Schulen und Kaufhäusern.

Laminatteilflächen sind an den Kanten mit Nut und Feder versehen und können mit PVAC-Leim trocken, schwimmend oder aufgeklebt verlegt werden. Die maximale Verlegelänge sollte 8 m nicht überschreiten. Größere Längen können zu Wölbungen der Fläche führen. Der Abstand zur Wand kann wegen der geringen Ausdehnung des Materials auf 8–10 mm begrenzt werden. Ein Abschleifen der Böden ist infolge der dünnen Nutzschicht nicht möglich.

Die Produktqualität der Laminat-Fußbodenelemente wird durch das Gütezeichen RAL-GZ-711 dokumentiert. Dieses Zeichen dürfen nur Laminatböden tragen, die umfangreiche Tests durch ein neutrales, firmenunabhängiges Prüfinstitut bestanden haben.

Die Verpackung der Laminatböden muss entsprechend der Norm EN 13329 wie folgt gekennzeichnet sein:

– Nummer dieser Europäischen Norm mit entsprechender Ziffer der Beanspruchungsklasse
  Beispiel: Produkt X für den Bereich „Normale Gewerbliche Nutzung" EN 13329-32
– Hersteller und/oder Lieferant
– Name des Produkts
– Farbe/Dekor und Chargennummer
– Klassen/Symbole für das jeweilige Produkt (**10.61b**)
– Nennmaße eines Elementes (Länge, Breite, Dicke)
– Anzahl der Elemente je Verpackungseinheit
– Gesamtfläche je Verpackungseinheit in m²

	Wohnen	Gewerblich
Mäßig	21	31
Normal	22	32
Stark	23	33

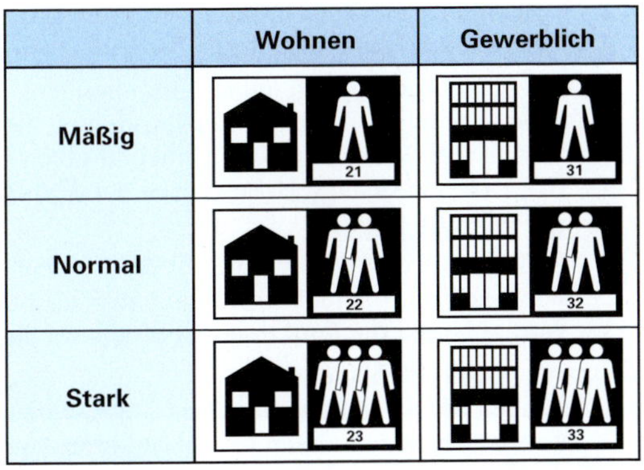

Bild 10.61b Piktogramme – Klassifizierung der Beanspruchungsklassen

Ein guter Fußboden sollte grundsätzliche Anforderungen/Aufgaben erfüllen:
- Widerstandsfähigkeit gegen Abnutzung/Abrieb,
- Schallschutz,
- wärmedämmend,
- hohe Druckfestigkeit,
- Behaglichkeit (Fußwärme),
- geringes elektrostatisches Verhalten,
- dekorative Wirkung,
- Gleitsicherheit,
- Aufnahme von Vibrationen,
- Beständigkeit gegen Flüssigkeiten.

10.7 Türen

Arbeitsauftrag Nr. 92 Lernfeld TI 9, 12; HM 10

- Um sich Kenntnisse über das Fachgebiet **Innentüren** zu erarbeiten und diese später auch in Form einer kleinen Fachmesse präsentieren zu können, nutzen Sie die Möglichkeiten des „Stationen-Lernens".
- Teilen Sie den Klassenraum in neun Stationen ein.
- Bilden Sie neun Fachteams bestehend aus zwei bis drei Mitschülern im Losverfahren.
- Jedes Team entscheidet sich für die Bearbeitung eines Spezialgebietes an einer Station. Verschiedene Fachbücher, Medien, Kataloge etc. können bei der Bearbeitung/Präsentation der Fragen/Inhalte genutzt werden.

Station 1: Türarten
1. Nach welchen Gesichtspunkten unterscheiden wir Türen?
2. Wie unterscheiden sich rechte und linke Türen?

Station 2: Türumrahmungen
1. Nennen Sie vier Bauarten von Türumrahmungen.
2. Wodurch unterscheiden sich Blendrahmen von Blockrahmen?
3. Wie werden Türumrahmungen an der Mauerleibung befestigt?
4. Was ist unter einem Futterrahmen mit Bekleidung zu verstehen?
5. Welche Vorteile haben Türzargen aus Stahl?

Station 3: Konstruktion der Türblätter
1. Wie muss die Strebe an Latten und Brettertüren angeordnet werden?
2. Beschreiben Sie den Aufbau einer Sperrtür!
3. Aus welchen Materialien kann die Einlage bestehen?

Station 4: Eckverbindungen und Türmaße
1. Welche Möglichkeiten der Eckverbindung gibt es für die Rahmentür?
2. Warum soll eine gedübelte Rahmentür einen Nutzapfen oder ein Konterprofil haben?
3. Wovon leiten sich die Normgrößen der Türblätter ab?

Station 5: Sondertüren
1. Erklären Sie die Abkürzungen T 30, T 90 bei Feuerschutztüren.
2. Wie sind schall- und wärmedämmende Türen aufgebaut?
3. Worauf beruht die Funktion von Strahlenschutztüren und wo werden sie eingebaut?

Station 6: Türbeschläge
1. Nennen Sie die gebräuchlichsten Türbeschläge.
2. Welche Angaben müssen beim Kauf eines Schlosses gemacht werden?
3. Was ist unter dem Dornmaß und der Entfernung zu verstehen?
4. Aus welchen Teilen besteht eine Drückergarnitur?

Station 7: Türverschlüsse und Dichtungen
1. Wozu dienen Türdichtungen?
2. Erklären Sie mit einer Skizze die Bodendichtung.
3. Wodurch lässt sich die Einbruchhemmung einer Außentür erhöhen?

10.7 Türen

Station 8: Pendeltüren und Schiebetüren
1. Warum sollten Pendeltüren Glasfüllungen haben?
2. Nennen Sie verschiedene Pendeltürbeschläge.
3. Welche Laufkonstruktion hat eine Schiebetür?
4. Welche Besonderheiten haben Schiebetürbeschläge?

Station 9: Harmonika-Falttüren und Schiebewände
1. Ein Innenausbaubetrieb steht vor folgender Aufgabe:
   In einer Gaststätte soll durch eine zeitweilige Raumunterteilung ein separater Bereich für Veranstaltungen geschaffen werden. Welche Möglichkeiten bieten sich an?
2. Erklären Sie den Unterschied zwischen Harmonika- und Falttür anhand einer Skizze.

Zum weiteren Verlauf:
Bei der Erarbeitung der Spezialthemen haben sich die jeweiligen Teams zu Fachberatern qualifiziert. Jeweils ein Fachberater bleibt nun an seiner Station. Die anderen besuchen die anderen Stationen und lassen sich dort beraten. Der Besuch der Stationen sollte zeitlich begrenzt sein (ca. 3–5 Min.) und im Uhrzeigersinn erfolgen. Zwischenzeitlich wechseln sich die Berater mit der Präsentation ihres Standes ab. Nach Durchlauf aller Stationen erfolgt ein Abschlussgespräch im Klassenverband.

Türen geben uns Zugang zu Gebäuden, Wohnungen oder Zimmern. Sie lassen sich absperren und bieten damit Sicherheit und Schutz.

Die Türsymbole und Öffnungsrichtung sind genormt (**10.**62).

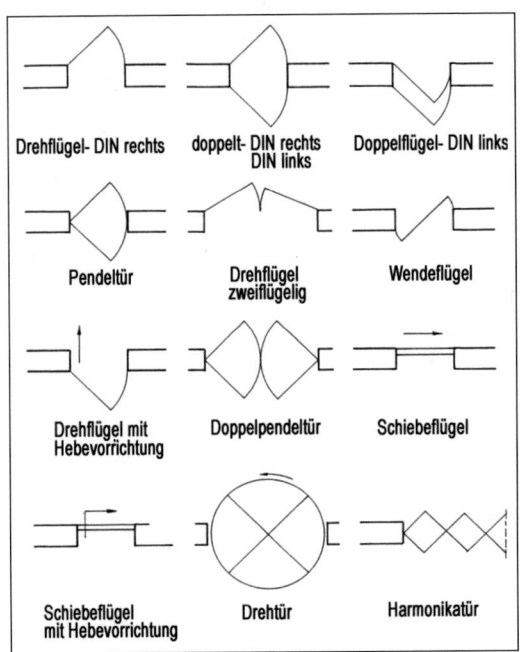

Bild 10.62 Türsymbole nach DIN 1356 (Auswahl)

Tabelle 10.63 Türarten

Unterscheidung	Türen
nach der Lage im Gebäude	Innentür, Außentür
nach dem Verwendungszweck	Außentür, Innentür, Zimmertür, Wohnungstür, Windfangtür, WC- und Badezellentür, schall- und wärmedämmende Tür, feuerhemmende Tür, Strahlenschutztür, Hotel- und Krankenhaustür
nach der Bewegungsrichtung	Drehflügeltür, Pendeltür, Schiebetür, Falttür, Harmonikatür, Drehkreuztür
nach der Türumrahmung	Blendrahmen, Block- oder Stockrahmen, Zargenrahmen, Tür mit Futter und Bekleidung
nach der Form des Türblatts	Stichbogentür, Rundbogentür, Korbbogentür, Rechtecktür
nach der Konstruktion des Türblatts	Rahmentür, Brettertür, Lattentür, Sperrtür, aufgedoppelte Tür
nach dem Material	Holztür, Glastür, Metalltür, Kunststofftür
nach Anzahl der Türflügel	einflügelige Tür, mehrflügelige Tür, Tür mit feststehendem Seitenteil
nach dem Anschlag	Links-, Rechtstür, überfälzte Tür, stumpf einschlagende Tür

Türen bestehen aus dem Türblatt, der Türumrahmung und den Türbeschlägen. Die Türumrahmung ist fest mit der Wand verbunden und trägt das Türblatt, das sich durch Bänder bewegen lässt. Türmaße sind in der Regel genormt.

10.7.1 Türarten

Wir können Türen nach verschiedenen Gesichtspunkten unterscheiden, wie die Tabelle **10**.63 zeigt.

10.7.2 Innentüren

(Wohnungstüren, Zimmertüren) sind in der Regel nicht der Feuchtigkeit ausgesetzt und daher einfacher konstruiert als Außentüren. Konstruktion, Werkstoff und Beschläge der Tür bestimmen die Atmosphäre eines Raumes mit. In ihrer Ausführung sollen sich die Türen dem Stil der Umgebung anpassen. Oft erfüllen Türen besondere Aufgaben, z. B. als Schall-, Feuer- und Strahlenschutztüren.

tes Band und Schloss) und eine DIN-Linkstür nach links (linkes Band und Schloss **10**.64). Drehtüren bestehen aus der Türumrahmung, dem Türblatt und den Beschlägen.

Die Türumrahmung ist fest mit der Wand verbunden und trägt das Türblatt, das sich durch Bänder bewegen lässt. In die Türumrahmung kann unten eine Schwelle oder eine Metallschiene eingebaut werden, die dem Türblatt als Anschlag dient. Wir unterscheiden Blend-, Block-, Zargenrahmen und Futterrahmen mit Bekleidung.

Der Blendrahmen aus zwei aufrechten und einem oberen Querfries liegt meist in einem Maueranschlag und wird in der Leibung mit Mauerdübel, Flacheisen, Bankeisen, Stein- oder Blendrahmenschrauben befestigt. Als Eckverbindungen für den rechteckigen Rahmenquerschnitt dienen Schlitz und Zapfen oder Dübel, selten ein gestemmter Zapfen. Die Blendrahmendicke entspricht meist der Türflügeldicke. Wegen der großen Stabilität und dichten Fuge am Maueranschlag verwendet man Blendrahmen vorzugsweise für Außentüren (**10**.65).

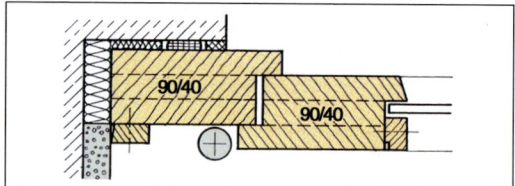

Bild 10.65 Blendrahmen, Tür überfälzt

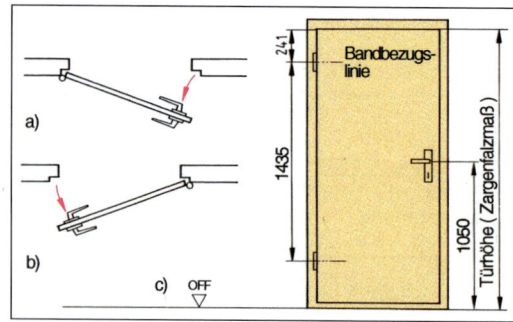

Bild 10.64 Drehtür
 a) Linkstür (linkes Band und Schloss)
 b) Rechtstür (rechtes Band und Schloss)
 c) Sitz der Bänder und Drückerhöhe nach DIN 18101

Drehtüren sind die gebräuchlichsten Türen, sie können ein- oder zweiflüglig sein. Sie sind rechts oder links am Türrahmen angeschlagen und drehen um eine Längskante des Flügels. Betrachtet man die Tür von der Öffnungsseite, so dreht eine DIN-Rechtstür nach rechts (rech-

Beim Blockrahmen hat die Türumrahmung einen annähernd quadratischen Querschnitt. Sie liegt stumpf in der Mauerleibung, meist auf dem Putz oder Sichtmauerwerk, und wird mit Wanddübeln, Winkeleisen oder auf einer Grundleiste befestigt. Durch den großen Rahmenquerschnitt verringern sich die Durchgangsbreite und -höhe erheblich. An den Ecken wird der Blockrahmen durch Doppelschlitz und -zapfen oder Dübel verbunden. Den Blockrahmen verwendet man wegen seiner großen Stabilität für Pendeltüren, große Türen in Durchgängen, Windfang- und Außentüren. Eine an der Wand befestigte Grundleiste und ein Außenfalz des Blockrahmens ermöglichen eine saubere Montage. Nach dem Einsetzen wird die Montagefuge durch eine Leiste verdeckt (**10**.66).

10.7 Türen

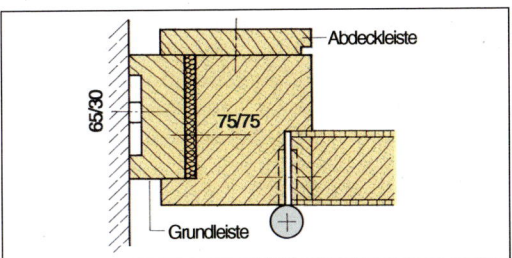

Bild 10.66 Blockrahmen mit Grundleiste, Tür stumpf einschlagend

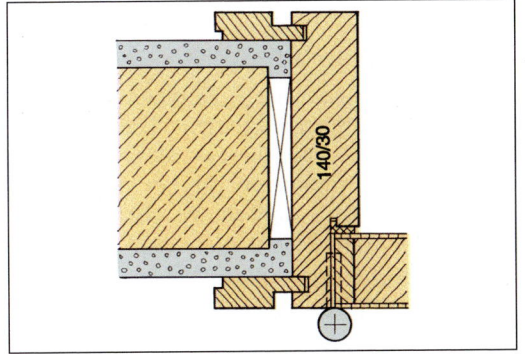

Bild 10.67 Zargenrahmen mit Deckleiste

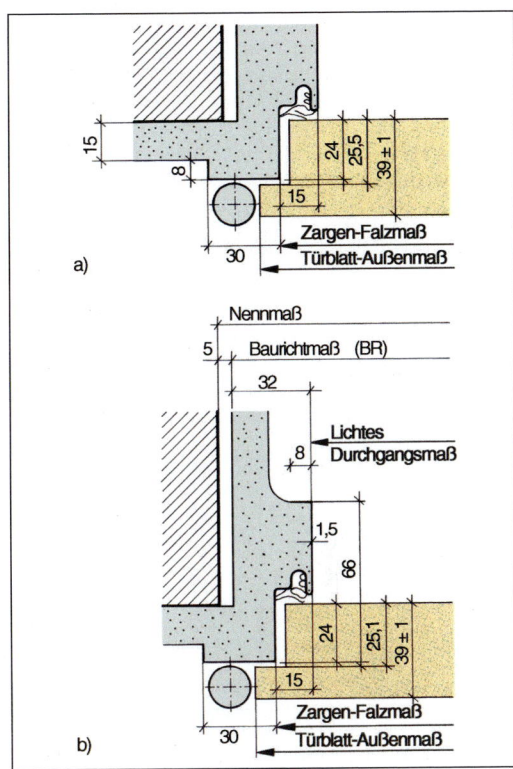

Bild 10.68 Stahlzargen für gefälzte Türblätter (Beispiele)
a) Umfassungszarge
b) Eckzarge

Der Zargenrahmen liegt flach in der Maueröffnung und verdeckt die Mauerleibung. Seine Breite entspricht der Dicke der verputzten Wand mit einer geringen Maßzugabe. Meist besteht er wegen der großen Breite aus Holzwerkstoffen. Vollholz lässt sich zum Zargenrahmen nur verarbeiten, wenn es stehende Jahresringe aufweist und 150 mm nicht überschritten werden. Wanddicke und Zargenmaß sind genau abzustimmen, um einen sauberen Anschluss zu erreichen. Nur wenn ausreichend Luft zwischen Zarge und Maueröffnung vorhanden ist, lässt sich das Zargenfutter genau ausrichten. Die Zargenteile werden an den oberen Ecken mit Nut und Feder verbunden, gedübelt oder geschraubt (**10.67**).

Türzargen aus Stahl gibt es als Umfassungs- oder Eckzargen. Sie erhalten eine Nut zur Aufnahme einer Dichtung und werden in unterschiedlichen Abmessungen für gefälzte und ungefälzte Türblätter hergestellt. Sie werden vom Maurer eingesetzt und eignen sich für Links- und Rechtstüren (**10.68**).

Futterrahmen mit Bekleidung ist eine Konstruktion, die die Innenseite der Türleibung und die Mauerecke verkleidet. Das Türfutter liegt in der Maueröffnung, die beidseitig aufgesetzte Bekleidung deckt die Montagefuge zwischen Futter und Bekleidung ab. Das Futter besteht aus den beiden aufrechten Seiten, dem Kopfstück und – falls vorhanden – der Türschwelle aus Hartholz. Die Futtertiefe richtet sich nach der Wanddicke einschließlich Putz und hat Auswirkung auf die Materialwahl. Schmale Futter (bis 150 mm) können aus Vollholz hergestellt werden, für breite Futter verwendet man Holzwerkstoffe (ST, STAE, P2, MDF) oder profilierte Rahmen mit Füllungen. Anstelle der früher üblichen Zinkung verwendet man heute als Eckverbindung Nut und Feder, Falz oder Dübel, die zusätzlich verleimt und genagelt werden. Bei der 100 bis 150 mm breiten Bekleidung unterscheidet man zwischen Falz- und Zierbekleidung. Die Falzbekleidung wird meistens vor der Montage am Futter befestigt. Für überfälzte Türen entspricht mitunter die Dicke der Falzbekleidung der Falztiefe im Türflügel (25 mm).

Eine Falzleiste oder eine Schattennut an der Bekleidung ermöglicht einen sauberen Wandanschluss. Sowohl beim Futter als auch bei der Bekleidung soll wegen der Gefahr des Werfens die rechte Brettseite außen sein. Für die Gehrungsverbindung verwendet man neben der Überblattung hauptsächlich Form- oder Furnierfedern als Verbindungsmittel (**10.**69).

Türzargen und -futter sind heute meistens vorgefertigte Bauelemente, die eine Mauerdickenanpassung und unsichtbare Montage ermöglichen.

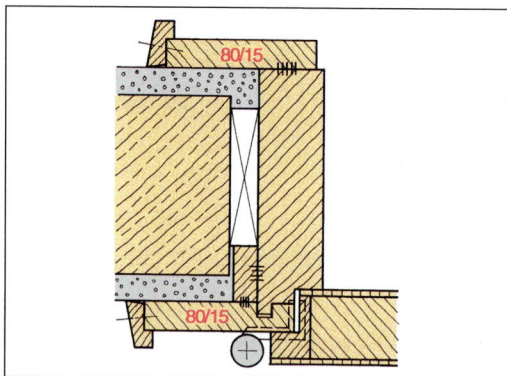

Bild 10.69 Türfutter mit Bekleidung

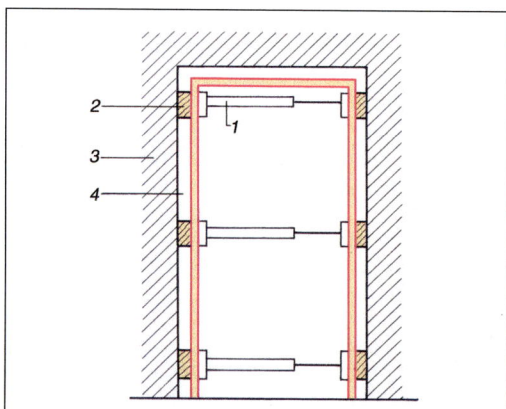

Bild 10.70 Befestigen der Türrahmung
1 Spreizen *2* Hölzer für Ausfütterung *3* Mauerwerk *4* Ausschäumen

Türrahmenbefestigung. Die Türumrahmung muss fest mit dem Mauerwerk verbunden werden. Zur Befestigung von Futter oder Zarge werden häufig vor der Montage Dübelklötze oder Telleranker in der Leibung befestigt. Nach dem Einsetzen, Ausrichten und Festkeilen des Futters (Tür dabei einhängen) folgt die Befestigung durch Schrauben, Dübel oder Stahlnägel, Montageschaum dichtet die Wandanschlussfuge und gibt der Türumrahmung zusätzlich Halt (**10.**70).

> Bei den Türumrahmungen unterscheiden wir nach der Konstruktion Blendrahmen, Blockrahmen, Zargenrahmen und Türfutter mit Bekleidung.

Konstruktion der Türblätter

Türblätter können nach Verwendungszweck und Anforderungen als Latten-, Bretter-, Rahmen- oder Sperrtüren hergestellt werden. Für spezielle Anforderungen gibt es Sonderausführungen wie Schallschutz-, Brandschutz- und Strahlenschutztüren.

Latten- und Brettertüren dienen meist zum Abschluss von Keller- und Abstellräumen zur Einfriedung von Grundstücken. Die Gestaltung ist oft untergeordnet.

Bei *Lattentüren* werden die einzelnen Latten im Abstand ihrer Breite auf die Querriegel genagelt oder geschraubt. (Außenbretter breiter wählen!) Eine diagonale Strebe verläuft von der oberen Querleiste an der Schlossseite zur unteren Querleiste an der Bandseite. Dadurch wird ein Teil des Türgewichts als Druckkraft auf das untere Band übertragen und ein Absenken des Flügels auf der Schlossseite vermieden.

Brettertüren zeigen dieselbe Grundkonstruktion. Die Bretter werden stumpf gefügt (mit Deckleiste über der Fuge), mit Wechselfalz oder Nut- und Federverbindung auf Strebe und Querleisten befestigt. Wenn die Bretter flächig verleimt werden sollen, ist die Querleiste als Gratleiste auszubilden. Um das Arbeiten einzuschränken, ist auf eine Breite unter 80 mm und auf den Jahresringverlauf zu achten. Zum Anschlagen der Tür verwendet man gewöhnlich zwei Langbänder mit Kloben für Mauerwerk oder Türpfosten. Aufschraubkastenschloss mit Drücker oder Überfallklappe mit Vorhängeschloss dienen zum Verschließen (**10.**71).

10.7 Türen

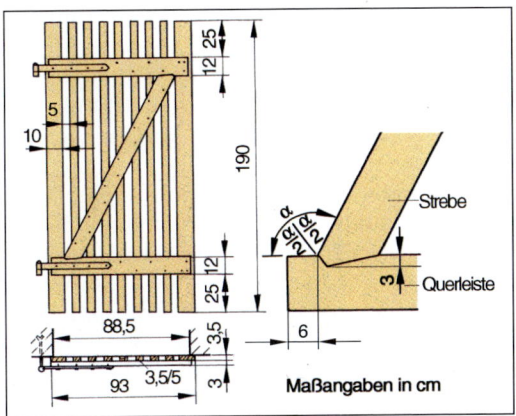

Bild 10.71 Lattentür mit Strebe

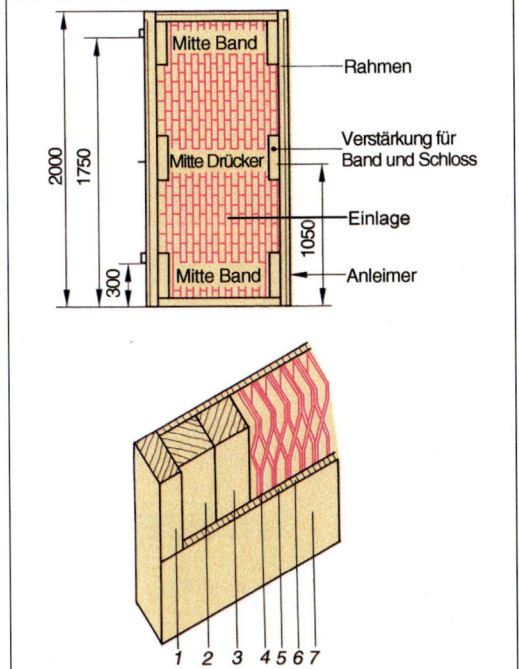

Bild 10.72 Aufbau einer Sperrtür
1 Anleimer 2, 3 Rahmenfriese
4 Wabenmittellage 5 Sperrfurnier
6 Holzfaserhartplatte als Deckplatte 7 Decklage

Rahmen, Einlage und Deckplatten und müssen beidseitig gleichmäßig aufgebaut sein, damit sie sich nicht verformen.

Der Rahmen mit den aufgeleimten Deckplatten umschließt die Einlage und erhält in Höhe der Bänder und des Schlosses Verstärkungen (**10.**72). Zusätzliche Querriegel verbessern die Stabilität und verhindern das Verziehen.

Die Einlage als innerer Teil der Tür hält den Abstand zwischen den Deckplatten, gibt der Tür Stabilität und hat Einfluss auf die Schalldämmung. Sie besteht aus Leisten, Furnier- oder Spanplattenstreifen, Kartonwaben, Röhrenplatten oder Hartschaumelementen (**10.**73). Kantenanleimer oder ein von der Deckplatte beidseitig überdeckter Kanteneinleimer bilden die Außenkante der Tür. Die mit dem Rahmen und der Einlage verleimten *Deckplatten* bestehen aus Furnier-, Span- oder Hartfaserplatten, die auch mit einer beidseitigen Decklage aus Furnier, Schichtpressstoffplatten, Folien oder fertigen Oberflächenbehandlung geliefert werden. Für den Außenbereich müssen Sperrtüren wasserfest verleimt sein.

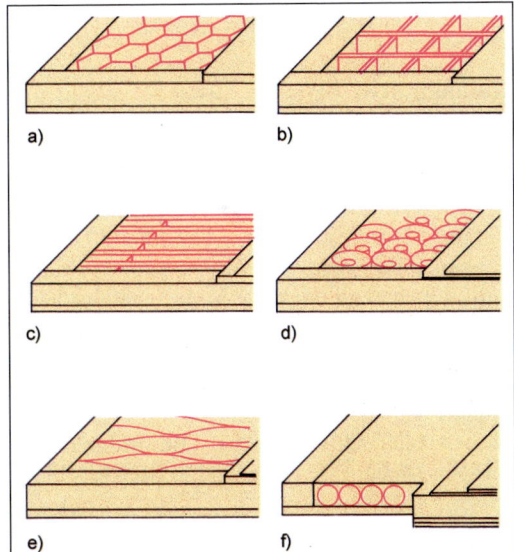

Bild 10.73 Sperrtür mit verschiedenen Einlagen
a) Pappwaben   b) Holzraster,
c) Holzleisten   d) Holzspan,
e) Furnierstreifen
f) Röhrenplatte

Sperrtüren sind nach DIN 68706 glatte Türblätter aus Holz oder Holzwerkstoffen. Sie haben ein geringes Gewicht, gutes Stehvermögen und sind kostengünstig. Die in der Regel industriell hergestellten Türen bestehen aus

Sperrtüren werden als Halbfertig-(Rohlinge) oder Fertigprodukte angeboten. Durch aufgeleimte Zierleisten oder Lichtausschnitte ergeben sich weitere Variationsmöglichkeiten. Zimmertüren können stumpf um Türblattdicke einschlagend oder mit Falz angeschlagen werden. Nach der DIN 68706 betragen die Falzmaße 13 mm in der Tiefe und 25 mm in der Breite (**10**.74).

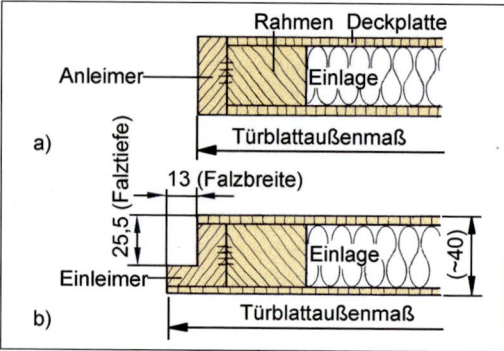

Bild 10.74 Türblatt
    a) ungefälzt mit Anleimer (stumpf),
    b) gefälzt mit Einleimer

Rahmentüren bestehen aus senkrechten und waagerechten Rahmenfriesen mit Füllungen. Die in der Herstellung aufwendige, aber qualitativ hochwertige Bauart ermöglicht eine Vielzahl gestalterischer und konstruktiver Lösungen. Durch die unterschiedliche Anordnung der Rahmenfriese lassen sich Türblätter aufteilen und gliedern. Für die gestalterische Wirkung der Tür ist die harmonische Teilung der Türfläche, die Profilierung der Rahmen, Falzleisten und Füllungen wesentlich. Die Füllungen bestehen aus Vollholz, Holzwerkstoffplatten oder Glas (**10**.76). Die Rahmenteile müssen so breit sein, dass sich die Beschläge gut befestigen lassen. Die Dicke der Rahmentür hängt von dem Verwendungszweck (innen oder außen) und der gewählten Füllung (z. B. Isolierglas) ab. Als Breite gelten 100 bis 150 mm, als Dicke 40 bis 60 mm im Innenbereich als Richtwert. Für die Rahmentüren eignet sich nur gesundes, fehlerfreies Holz (kein Drehwuchs, keine Risse) aus der Stammmittellage. Durch stehende Jahresringe vermeidet man ein Werfen. Die harte Kernkante sollte wegen der Beschläge und besonderen Beanspruchung außen sein. Die *Eckverbindung* kann gestemmt oder gedübelt ausgeführt werden (**10**.75).

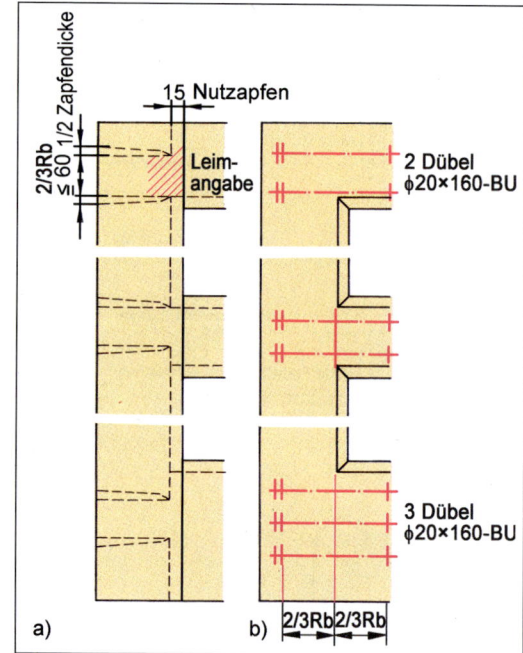

Bild 10.75 Rahmenverbindung
    a) gestemmte,
    b) gedübelte Rahmenecke

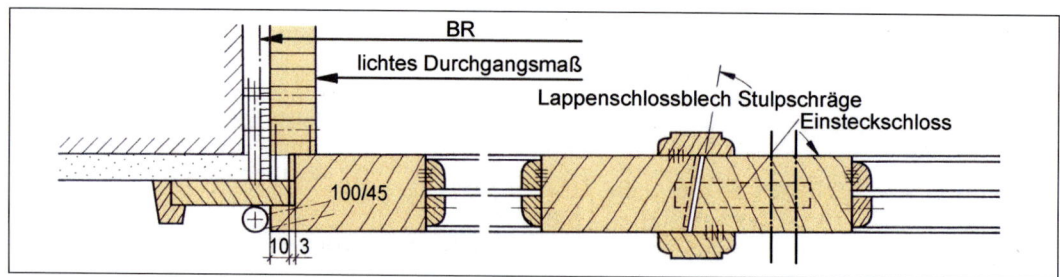

Bild 10.76 Schnitt durch eine zweiflügelige Rahmentür (innen) mit Futter und Bekleidung

10.7 Türen

Gestemmte Rahmenecke. Die waagerechten Friese erhalten durchgehende Zapfen. Die Zapfenbreite beträgt $^2/_3$ der Friesbreite, wobei 60 mm nicht überschritten werden sollen – durch starkes Schwinden könnte sonst der Zapfen locker werden. Die Zapfenlöcher werden für die zwei Keile außen konisch erweitert. Der äußere Keil soll zuerst anziehen, damit die Gehrungsfuge dicht bleibt. Wenn man die Zapfenlöcher auf der Langlochbohrmaschine herstellt, muss man die Zapfen außen runden. Zwei Zapfeneinschnitte nehmen die symmetrischen Keile auf. Den Leim geben wir nur im inneren Drittel des Zapfens an. Dadurch bleibt die Brüstungsfuge dicht, das Holz schwindet von außen nach innen. Der Zapfen muss im Außenfalz liegen. Endet er im Türaufschlag, wird nicht nur das Aussehen beeinträchtigt, sondern es besteht auch die Gefahr der Feuchtigkeitsaufnahme am Hirnholz. Ein Nutzapfen von 15 mm hält die Brüstungsfuge dicht und verhindert das Werfen des Rahmenholzes. Sockel über 200 mm Höhe führt man zweiteilig aus.

Gedübelte Rahmenecke. Heute werden Rahmentüren wegen der Holzeinsparung (10 bis 15 %) und rationeller Fertigung, vielfach gedübelt. Bei genauer Ausführung, richtiger Anordnung und Bemessung der Dübel ist diese Verbindung ebenso haltbar wie die gestemmte Rahmenecke. Ein Profil an der Rahmeninnenkante und ein entsprechendes Konterprofil im Rahmenquerstück verbessern die Haltbarkeit. Bei Rahmen mit glatter Innenkante soll zusätzlich zur Dübelung noch ein Nutzapfen angeordnet werden. Die Dübelabmessungen und -abstände richten sich nach dem Querschnitt des Rahmenholzes:

Dübelzahl:	2 Stück bis 150 mm Rahmenholzbreite
	3 Stück über 150 mm Rahmenholzbreite
Dübellänge:	4/3 der Rahmenbreite
Dübeldurchmesser:	2/5 der Rahmendicke

Beispiel

Der Rahmenquerschnitt beträgt 120/50 mm. Gewählt werden:

Dübelzahl: 2 Stück, da Rahmenbreite unter 150 mm

Rahmenbreite 120 mm: Dübellänge 4/3 × 120 = 160 mm

Rahmendicke 50 mm: Dübeldurchmesser 2/5 × 50 = 20 mm

Der Dübelabstand soll mindestens den dreifachen Durchmesser betragen, damit das Holz zwischen den Dübeln nicht abschert. Die Dübelbohrung an den senkrechten Rahmenhölzern muss ca. 10 mm tiefer gebohrt werden, damit die Brüstungsfuge beim Schwinden dicht bleibt.

Türmaße. Um Türen rationell herstellen und einbauen zu können, sind die Größen für Öffnungen und Blätter ein- oder zweiflügeliger Türen genormt und gelten für gefälzte wie ungefälzte Türblätter (10.77). Bei den Außenmaßen gehen wir von den Rohbaurichtmaßen aus (10.78). Die Kennnummer gibt das Öffnungsmaß in Achtelmeter (am) an. Wir rechnen von der Oberfläche Fußboden (OFF) bis zum Türblatt mit einem Zwischenraum von 7,5 mm. Die Maße für den Sitz der Bänder und des Schlosses sind durch DIN 18101 festgelegt (10.78).

Beispiel

für eine normgerechte Türblattbezeichnung (gefälzt) Türblattgröße 7 × 16 = 860 × 1.985 DIN 18101

Tabelle 10.77 Türblattgrößen nach DIN 18101

gefälzt	Türblattaußenmaß/Breite	Rohbaurichtmaß – 15 mm (2 × 7,5 mm)
	Türblattaußenmaß/Höhe	Rohbaurichtmaß – 15 mm (2 × 7,5 mm)
	Falzbreite = 13 mm	Falztiefe = 25 mm
ungefälzt	Türblattaußenmaß/Breite	Breite des gefälzten Türblatts – 26 mm (2 × 13 mm)
	Türblattaußenmaß/Höhe	Höhe des gefälzten Türblatts – 13 mm

Tabelle 10.78 Türblattgrößen nach DIN 18101

	Kennnummer	Rohbau-Richtmaße nach DIN 18100		Türblatt-Außenmaße			
				gefälzt		ungefälzt	
		Breite	Höhe	Breite	Höhe	Breite	Höhe
einflügelige Türen	5 × 15	625	1.875	610	1.860	584	1.847
	6 × 15	750	1.875	735	1.860	709	1.847
	7 × 15	875	1.875	860	1.860	834	1.847
	5 × 16	625	2.000	610	1.985	584	1.972
	6 × 16	750	2.000	735	1.985	709	1.972
	7 × 16	875	2.000	860	1.985	834	1.972
	8 × 16	1.000	2.000	985	1.985	959	1.972

Pendeltüren schwingen ein- oder zweiflüglig nach jeder Raumseite und kommen selbsttätig wieder in die geschlossene Türblattstellung zurück. Die dafür notwendige Schließkraft muss vom Benutzer beim Öffnen zusätzlich aufgebracht werden. Der Kraftaufwand ist dadurch höher als bei Normaltüren. Sie werden dort eingebaut, wo in häufig begangenen Fluren und Durchgängen vor Zugluft geschützt werden soll (z. B. in Krankenhäusern und Verwaltungsgebäuden **10.79**). Durch eine Glasfüllung in den Türblättern muss ein Durchblick möglich sein. Zur Bruchsicherheit verwendet man ESG oder Drahtglas.

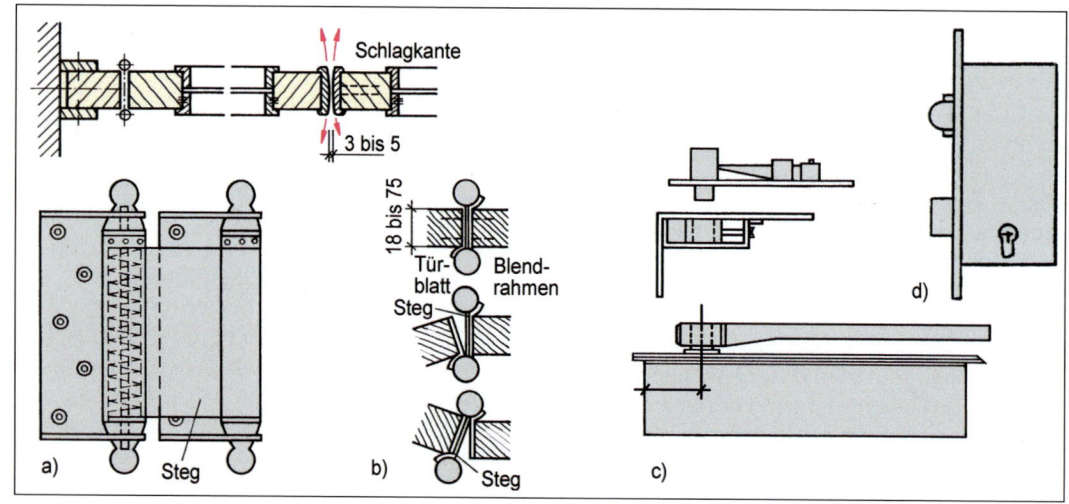

Bild 10.79 Pendeltür zweiflüglig mit Bommerband, Horizontalschnitt
a) Bommerband, Ansicht, b) in Funktion, c) Bodentürschließer, d) Einsteckschloss mit Rollfalle

Die Türblätter erhalten eine Glasfüllung aus ESG oder Drahtglas, um einen Durchblick zu ermöglichen.

Als Türrahmen dienen Blend- oder Blockrahmen, die wegen der großen Kräfte ausreichend dimensioniert und sicher befestigt sein müssen. Damit sich die Türblätter bei der Bewegung nicht berühren, muss ein gleichmäßiger Abstand von 2 bis 5 mm eingehalten werden. Pendeltüren werden mit besonderen Bändern angeschlagen, die das Schwingen und selbsttätige Schließen der Tür ermöglichen.

Bommerbänder. In den durch einen Steg verbundenen Rollen mit Bandlappen befinden sich Spannfedern, die das Türblatt nach jedem Öffnen in die Ausgangsstellung zurückdrücken. Die Türen schließen hart federnd ohne Bremsung, der Federdruck lässt sich an einem Stellring verändern.

10.7 Türen

Pendulobänder erhalten einen Bandteil an der Tür-ober- und -unterkante. Durch das untere Bandelement pendelt die Tür entsprechend der mechanisch eingestellten Spannschraube.

Hawgoodband. An einem im Blendrahmen eingelassenen runden Federzapfen befindet sich drehbar ein U-förmiger Schuh, der das Türblatt trägt. Die Federkraft lässt sich nicht regulieren.

Bodentürschließer ermöglichen ein langsames abgebremstes Schließen der Tür. Das in den Boden eingelassene Gehäuse enthält die Schließmechanik. Die Pendelbewegung wird hydraulisch gebremst, die Schließgeschwindigkeit ist einstellbar (Schließverzögerung, Türfeststellung, Öffnungsdämpfung sind möglich). Die Beschlagteile stören nicht die Türansicht (**10**.79c).

Zum Verschließen dienen Einsteckschlösser mit Rollfalle oder Bodentürschließer.

Schiebetüren verwendet man, wenn für das Öffnen einer Drehtür kein Raum vorhanden ist, die Öffnung sehr breit ist und Räume zeitweilig offen bleiben können. Die Türen sind aufgrund der etwas schwierigen Betätigung für stark begangene Durchgangstüren ungeeignet und lassen sich nur ungenügend abdichten. Schiebetüren können ein-, zwei- oder mehrflügelig ausgeführt werden (**10**.80). Für die Türblätter wählen wir Rahmenkonstruktionen mit verschiedenartigen Füllungen, Sperr-, Holzwerkstoff- oder Ganzglastüren. Eine Schiebetür kann sichtbar vor der Wand, unsichtbar in einer Mauernische (-tasche) oder hinter Wandtäfelungen oder Einbauschränken geschoben werden. Als Türumrahmung verwendet man meistens zwei Halbfutter mit Bekleidung (**10**.81a).

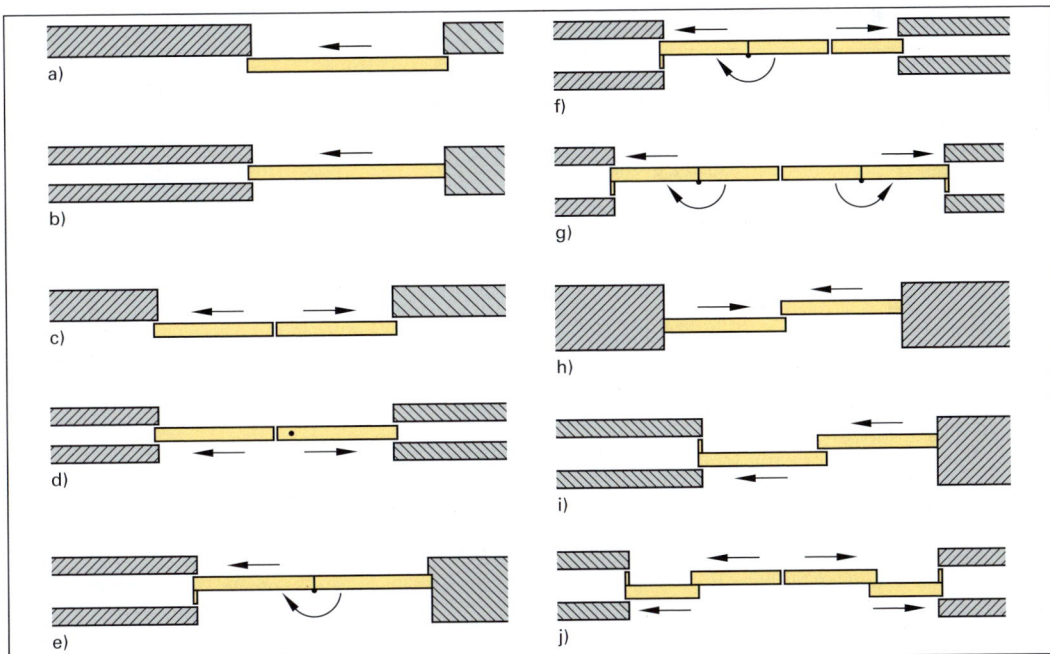

Bild 10.80 Anordnungen von Schiebetüren
  a) einflügelig, vor der Wand laufend
  b) einflügelig, in Türtasche laufend
  c) zweiflügelig, vor der Wand laufend
  d) zweiflügelig, in je eine Türtasche laufend
  e) zweiflügelig, mit Drehflügel in einer Türtasche laufend
  f) dreiflügelig, zwei Flügel als Drehflügel und ein Flügel in jeweils eine Türtasche laufend
  g) vierflügelig, jeweils zwei Flügel als Drehflügel in zwei Türtaschen laufend
  h) zweiflügelig, voreinander laufend
  i) zweiflügelig, in eine Türtasche laufend
  j) vierflügelig, je zwei Flügel nach links und rechts in Türtasche laufend

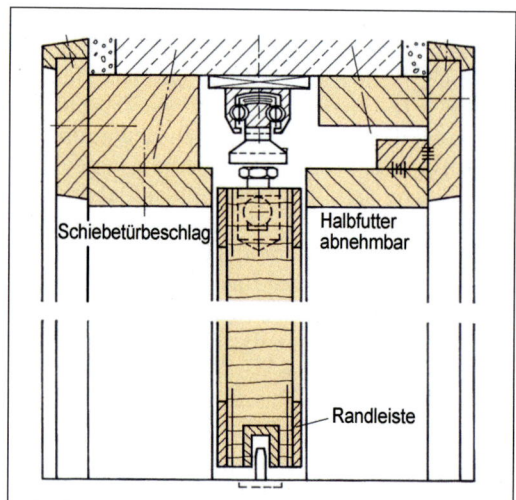

Bild 10.81a Schiebetür mit zwei Halbfuttern

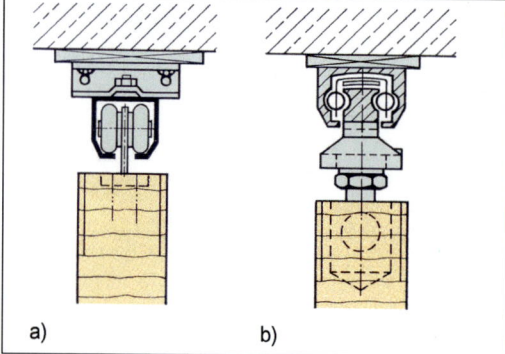

Bild 10.81b Laufwerk für Schiebetüren
a) Laufrohr mit Rollenführung,
b) Kugelschiebetürbeschlag

Beschläge. Gewöhnlich wird an der Oberkante der Türblätter das höhenverstellbare Rollen- oder Kugellaufwerk montiert, das in einer Führungsschiene läuft (**10.**81b). Die waagerecht anzubringende Führungsschiene kann an der Decke oder vor der Wand montiert werden. Durch ein abnehmbares Halbfutter muss das Laufwerk für Reparatur- und Wartungsarbeiten zugängig sein.

Die Schiebetür muss sich geräuscharm und ohne zu verkanten bewegen lassen. Eine umlaufende Randleiste auf beiden Seiten schützt das Türblatt vor Beschädigung durch das Futter. Als untere Führung dienen Nocken oder eine Führungsschiene. Die Türpuffer zum Abstoppen werden in Höhe des Schwerpunktes montiert. Als Schließbeschläge verwendet man Flügelriegel-, Hakenriegel- oder Hakenfallenschlösser (**10.**82) und anstelle von Drückern Griffmuscheln und Stirn-Springgriffe. Schlüssel haben einen umklappbaren Griff (Gelenkschlüssel).

Für größere Türöffnungen oder Raumunterteilungen verwendet man Harmonika-, Falttüren oder Schiebewände.

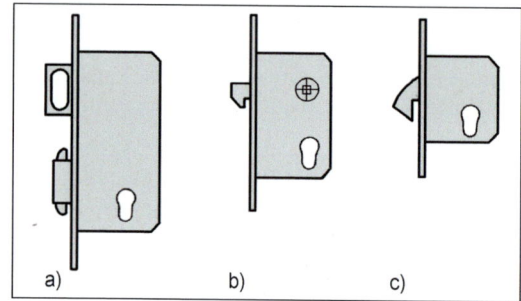

Bild 10.82 Einsteckschlösser für Schiebetüren
a) Flügelriegelschloss mit Ziehgriff (Springgriff),
b) Hakenfallenschloss,
c) Zirkelriegelschloss

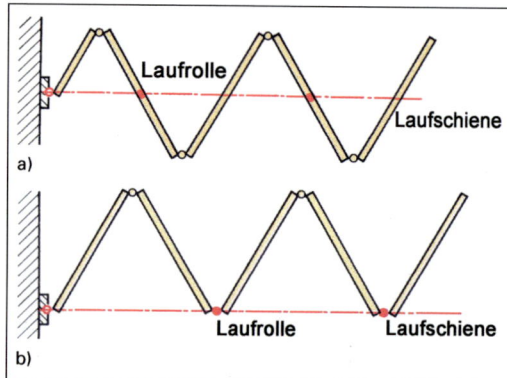

Bild 10.83 Anordnung von Laufrollen und Laufschienen
a) Harmonikatüren
b) Falttüren

Harmonikatüren haben Türblattbreiten von 700 bis 1.000 mm. Das Wandelement hat halbe Flügelbreite. Jedes zweite Türblatt ist mittig an der Oberkante mit Laufrollen in der an der Decke befestigten Laufschiene aufgehängt. Durch die Aufhängung in der Schwerachse kann auf eine Bodenführung verzichtet werden. Scharniere verbinden die Flügel, die geschlossene Tür muss durch Einlassriegel an der Türunterkante festgestellt werden (**10.**83a).

Durch Fälzen oder Profilieren der Türkanten erreicht man eine bessere Abdichtung (**10.**84). Industriell gefertigte Harmonikatüren haben eine scherenartige Metalltragkonstruktion, die mit Kunststoff oder schmalen furnierten Holzwerkstoffplatten verkleidet ist. Zusätzliche Schleifdichtungen und besondere Türeinlagen erhöhen die Schalldämmwerte.

Falttüren haben annähernd gleiche Türblätter zwischen 600 und 900 mm, die beim Öffnen seitlich zu einem Paket gefaltet werden. Jeder zweite Flügel ist an der oberen Ecke mit einer Laufrolle am waagerecht ausgerichteten Laufrohr aufgehängt (**10.**83b). Das Laufrohr kann unter der Decke oder vor der Wand montiert werden, die Verkleidung muss abnehmbar sein. Zur Stabilisierung der nicht mittig aufgehängten Flügel benötigt man an der unteren Ecke einen Führungszapfen und eine U-Führungsschiene. Scharniere verbinden die Türflügel. Zum Verschließen dienen Einsteckschlösser.

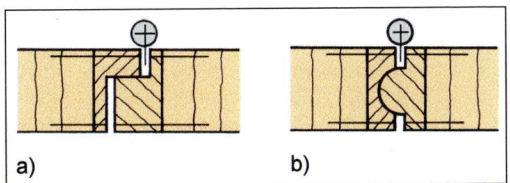

Bild 10.84 Kantenausbildung bei Falt- und Harmonikatüren
a) Falz,
b) Kehle

Achtung! Zur Vermeidung von abtrennenden Quetschungen sollten die Kanten gerundet ausgebildet oder eine Quetschsicherung angebracht werden.

Schiebewände dienen der Raumunterteilung. Die raumhohen einzelnen Elemente sind nicht miteinander verbunden. Sie werden durch Laufrollen an den Ecken in zwei nebeneinander angeordneten Führungsschienen eingehängt. Diese Führungskonstruktion ermöglicht das paketartige Aufbewahren der Elemente vor der Wand oder in Taschen. Beim Schließen erreicht man durch in die Kanten eingelassene Magnetstangen einen dichten Abschluss der Elemente.

Drehkreuztüren kennen wir vor allem von Geschäftshäusern. Sie haben meist vier Flügel und drehen sich in einem zylindrischen Futter um die Mittelachse.

Glastüren bestehen aus 8 bis 12 mm dickem Einscheiben-Sicherheitsglas und sind rahmenlos. Verbundsicherheitsglas liegt dagegen in einem Rahmen, um den offenen Glasrand (Folie) zu schützen. Die Maße der Glastüren entsprechen den Baurichtmaßen. Ganzglastüranlagen für ein- oder mehrflügelige Türblätter werden oben und unten durch Zapfenbänder oder Bodentürschließer gehalten.

Sondertüren

Schall- und wärmedämmende Türen. Die Schalldämmung unserer Zimmertüren ist meist gering und liegt bei 12 bis 20 dB. Für besondere Zwecke (z. B. Arzt- oder Anwaltspraxis, Studio, Sitzungssaal, Konferenzraum) reichen diese Werte nicht aus (**10.**85). Um den Dämmwert zu erhöhen, müssen wir Türblatt, Türrahmen und die Verbindung von Mauerleibung und Türumrahmung konstruktiv verbessern. Damit vermindern sich zugleich Wärmeverluste. Oft füllt man den Türblatt-Hohlraum mit Sand oder Dämmplatten (einschalige Türblätter). Andere Türblätter in Sandwichbauweise erhalten biegeweiche dünne Schalen mit punktueller Verbindung und ausgepolsterter Türinnenseite sowie mehrere Lagen von Holzfaser-, Gipskarton- oder Mineralfaserdämmplatten in den Hohlräumen (mehrschalige Türblätter). Auch Doppeltüren oder doppelschalige Stahlblechtüren mit ausgefülltem Hohlraum lassen sich montieren. Doppelfälze, mehrere Dichtungen sowie die besondere Ausbildung der Türunterkante und der Schlösser vergrößern den Dämmwert. Den Schalldurchgang zwischen Türfutter und Mauerwerk unterbinden wir durch Ausstopfen mit Mineralfaser oder Ausschäumen (**10.**86).

Tabelle 10.85 Nach DIN 4109 „erforderliches R_w" (erf. R_w) an die Schalldämmung für die funktionsfertige Tür am Bau

Geschosshäuser mit Wohnungen und Arbeitsräumen	erf. R_w
Türen, die von Hausfluren oder Treppenräumen in Flure und Dielen von Wohnungen, Wohnheimen oder Arbeitsräumen führen	27 dB
Türen, die von Hausfluren oder Treppenräumen unmittelbar in Aufenthaltsräume – außer Flure und Dielen – von Wohnungen, Wohnheimen oder Arbeitsräumen führen	37 dB
Beherbergungsstätten	
Türen zwischen Fluren und Übernachtungsräumen	32 dB
Schulen und vergleichbare Unterrichtsbauten	
Türen zwischen Unterrichtsräumen oder ähnlichen Räumen und Fluren	32 dB
Krankenanstalten, Sanatorien	
Türen zwischen • Fluren und Krankenräumen • Operations- bzw. Behandlungsräumen • Fluren und Operations- bzw. Behandlungsräumen	32 dB
Türen zwischen • Untersuchungs- bzw. Sprechzimmern • Fluren und Untersuchungs- bzw. Sprechzimmern	37 dB

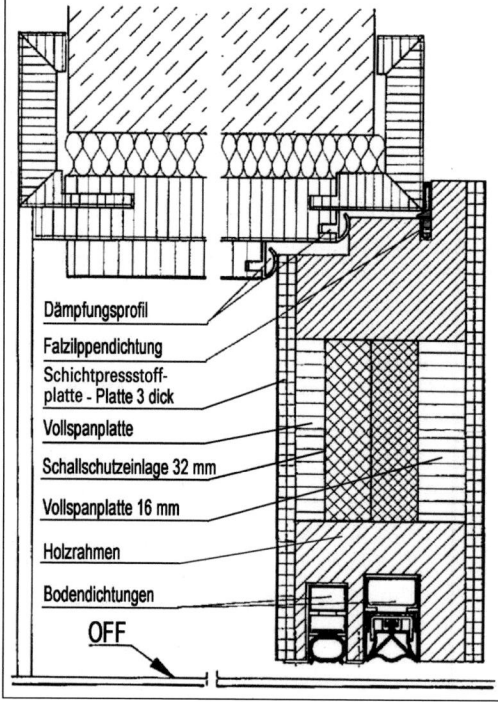

Bild 10.86 Schalldämmende Tür nach DIN 4109, SK III, 42 dB

Schall- und wärmedämmende Türen sind ein- oder mehrschalig konstruiert. Sie haben Dichtungen im Falz und Boden sowie zwischen Türumrahmung und Mauerwerk.

Zehn Punkte müssen bei der Montage grundsätzlich berücksichtigt werden:

1. Die Montagevorschriften der Türhersteller müssen beachtet werden.
2. Das Türblatt muss so plan sein, dass die Dichtungen entsprechend der Einbauvorschriften komprimiert werden.
3. Für die Falzluft sind die Höchstwerte der Einbauanleitung (meistens 5 mm bei gefälzten, 4 mm bei stumpfen Türen) einzuhalten.
4. Die Tür muss i.d.R. mindestens 7 mm auf der Dichtung aufliegen.
5. Die Zarge darf nicht windschief montiert werden.
6. Die Holzzarge muss vollvolumig mit 2K-Montageschaum oder fest gestopfter Mineralwolle verfüllt sein. Das beidseitige Abdichten mit dauerelastischem Dichtstoff ist unerlässlich.
7. Stahlzargen in Massivwänden sind vollvolumig zu vergießen und dauerelastisch abzudichten.
8. Bei Stahlzargen in Montagewänden muss der Spiegel auf der Anschlagseite mit Mörtel vergossen werden. Resthohl-

räume sind mit Mineralwolle auszustopfen bzw. müssen mit 2-K-Schaum ausgeschäumt werden. Die Zargen werden dauerelastisch beidseitig abgedichtet.
9. Die Bodendichtung muss an eine ebene, glatte Fläche (z.B. Metallschiene) gleichmäßig und fest anschließen. Die Bodenluft darf max. 6 mm betragen. Auf Teppichen funktionieren diese Dichtungen nicht.
10. Die Lippen der Bodendichtung müssen exakt mit dem Zargenfalzmaß am Fußboden übereinstimmen.

Brandschutztüren verhindern das Ausbreiten des Feuers. Feuerhemmende Türen (fh) werden der Brandschutzklasse T30, feuerbeständige Türen (fb) der Klasse T90 zugeordnet (siehe Abschnitt 10.2.6). Einzelheiten über Art und Einbau sind den Bestimmungen der zuständigen Bauaufsichtsbehörde zu entnehmen.

Alle zur Verwendung vorgesehenen Zubehörteile müssen das **Übereinstimmungszeichen (Ü-Zeichen)** tragen. Es werden Einsteckbeschläge nach DIN 18250 und Türdrückergarnituren nach DIN 18273 verwendet. Da Feuer- und Rauchschutztüren selbstschließend sein müssen, kommen vorzugsweise genormte Schließmittel nach DIN 18263 bzw. DIN EN 1154/f zum Einsatz.

Strahlenschutztüren verringern durch Bleieinlagen gefährliche Strahlungen in Arztpraxen, Laboratorien und Luftschutzanlagen.

Ganzglastüren bestehen aus Sicherheitsglas. Sie können durchsichtig, eingefärbt oder strukturiert als einflügelige, zweiflügelige, als Drehflügeltür, Schiebetür oder Pendeltür gefertigt werden.

Brandschutztüren verhindern den Durchtritt des Feuers. Feuerwiderstandsklassen für Türen geben in Minuten an, wie lange das Bauteil dem Feuer Widerstand leisten muss, ohne die Funktionsfähigkeit zu verlieren. Strahlenschutztüren erhalten Bleieinlagen.

Die Falzabdichtung kann bei Drehflügeltüren durch ein aufgestecktes Leichtmetallprofil, welches gleichzeitig als Kantenschutz dient, erreicht werden. Die Türbänder werden aus Edelstahl oder Leichtmetall hergestellt. Für die Türgriffe werden Materialien aus Glas, Holz, Stahl, Leichtmetall und Kunststoff genutzt. Diese modernen Türen bieten viele Gestaltungsvarianten (Bild **10.87**). Sie finden daher in allen Wohnbereichen, Eingängen oder Durchgängen repräsentativer, öffentlicher Gebäude, Läden und Kaufhäusern Anwendung.

Türbeschläge und -verschlüsse

Beschläge. Durch Beschläge aus Stahl, Kunststoff oder Aluminium drehen, öffnen, schließen und sperren oder dichten wir die Türen ab. Das sorgfältige Einbauen (Montage) ist wichtig, um die Funktion nicht zu beeinträchtigen.

Türbänder und -scharniere ermöglichen das Drehen des Türblattes und damit das Öffnen und Schließen. Nach DIN 107 werden Rechts- und Linkstüren unterschieden (**10.64**). Sind Bänder einer aufschlagenden Tür rechts zu sehen, handelt es sich um eine Rechtstür mit Rechtsschloss. Bei der Linkstür ist es umgekehrt. DIN 18101 und 18268 enthält Angaben über die Anordnung der Bänder und des Drückers. Bezugspunkt ist der obere Zargenfalz, von dem die Bandbezugslinien abzumessen sind. Für Zimmertüren bis 2,20 m Höhe bauen wir zwei Bänder ein, darüber drei.

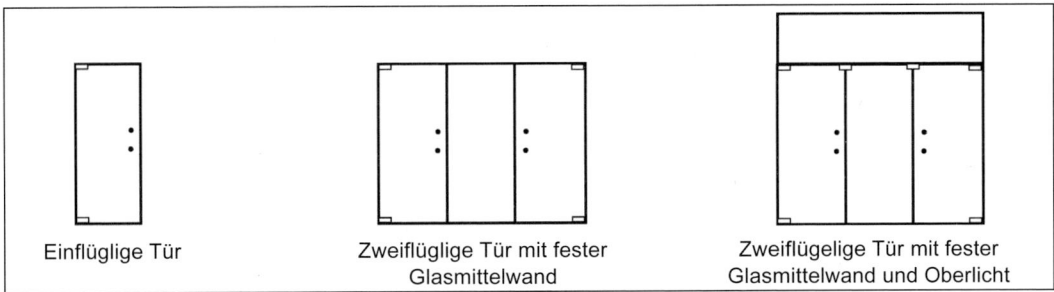

| Einflügelige Tür | Zweiflügelige Tür mit fester Glasmittelwand | Zweiflügelige Tür mit fester Glasmittelwand und Oberlicht |

Bild 10.87 Gestaltungsvarianten mit Ganzglastüren

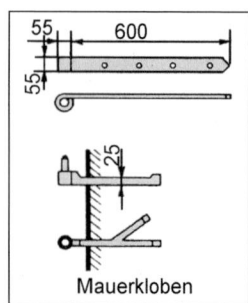

Bild 10.88
Langband

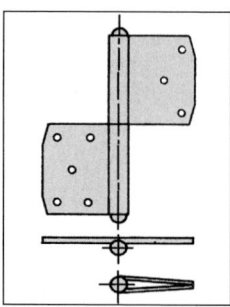

Bild 10.89
Einstemmband
(Fitschen)

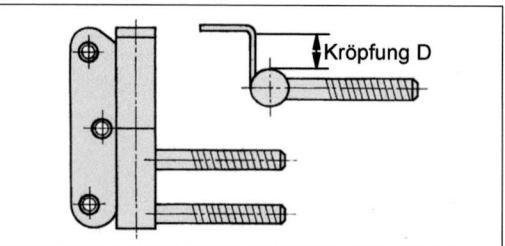

Bild 10.91 Kombibänder

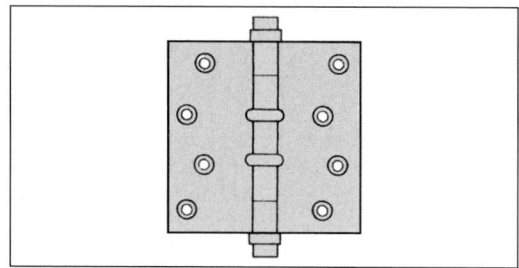

Bild 10.92 Türscharnier (Rollband mit Kugellagerringen)

Langbänder. Die Lappen werden an die Querriegel von Latten- oder Brettertüren geschraubt. Sie bewegen sich um den Dorn des Klobens, der in der Mauer verankert wird (**10.**88).

Einstemmbänder (Fitschen) verwendet man für gefälzte Türen. Sie bestehen aus einem Ober- und Unterlappen zum Einstemmen (**10.**89). Bei der Bestellung ist die Drehrichtung der Tür anzugeben. Wegen der aufwendigen Montage sind diese Bänder außer bei Reparaturarbeiten kaum noch im Einsatz.

Einbohrbänder lassen sich schnell und genau anschlagen. Sie eignen sich für überfälzte und stumpfe Türen mit Rechts- oder Linksanschlag. Bei gefälzten Türen muss der Überschlag mindestens 16 mm betragen. Die Ausführung ist zwei- oder mehrteilig. Die Zapfen können eingedreht, eingeschlagen, verstiftet oder verschraubt werden (**10.**90). Mit besonderen Bohrlehren bohren wir die Löcher in das Türblatt und die Türumrahmung. Schwere Türen erhalten drei Bänder. Bei steigenden Einbohrbändern hebt sich das Türblatt beim Öffnen und senkt sich beim Schließen.

Kombibänder bestehen aus einem Einbohr- und einem Aufschraubelement (**10.**91). Den Bandlappen schraubt man an die Türumrahmung, den Zapfen in das Türblatt. Sie sind meistens links und rechts zu verwenden.

Türscharniere bestehen aus einem mehrgliedrigen Gewerbe und einem losen und festen Stift. Das Scharnier ist aushängbar, wenn der lose Stift herausgezogen wird. Es kann rechts oder links angeschlagen werden (**10.**92).

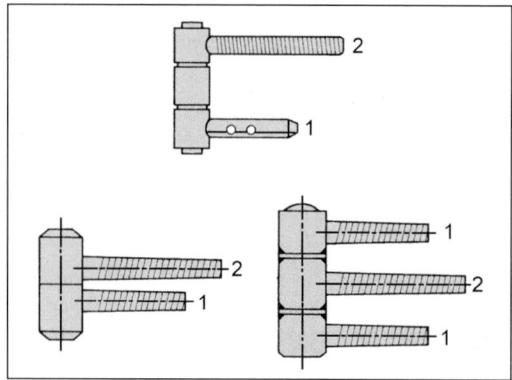

Bild 10.90 Einbohrbänder, zwei- und dreiteilig
 1 Türumrahmung,
 2 Türblatt

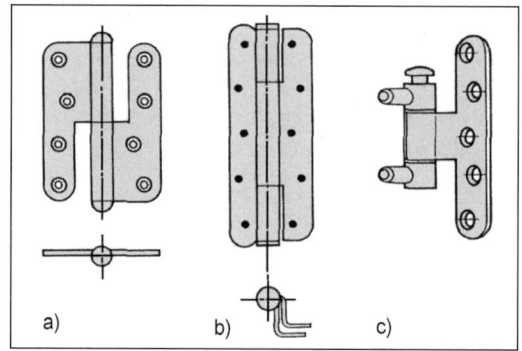

Bild 10.93 Aufschraubband
 a) gerader Lappen (A) für stumpfe Tür
 b) gekröpfter Lappen (D) für überfälzte Tür
 c) für Stahlzarge (DIN L u. R)

10.7 Türen

Aufschraubbänder (Lappenbänder) mit Kröpfung D bauen wir bei gefälzten Türen ein. Bänder mit geraden Lappen (A) wählen wir für stumpf angeschlagene Türen (**10.**93). Vorstehende Türen erhalten Kröpfung C, zurückspringende Kröpfung B. Angeboten werden sie für Links- oder Rechtsanschlag. Die Lappen können maschinell bündig eingelassen werden.

Türverschlüsse verschiedener Systeme und Drückergarnituren gibt es aus Stahl und Kunststoff.

Sie dienen als mechanische Sicherungsmaßnahmen zum Schutz von Objekten, Räumen, Einrichtungen und Geräten vor unbefugter Benutzung, Diebstahl oder Beschädigung.

Ihr Anforderungsprofil richtet sich nach dem Wert des zu schützenden Gutes, dem Sicherungsbedürfnis des Eigentümers, den Anforderungen der Sachversicherer, der örtlichen Lage des Objektes, der Art der Nutzung, den feuerschutztechnischen und baupolizeilichen Erfordernissen.

> Nach DIN 18251 „Einsteckschlösser für Wohnungsabschlusstüren und Innentüren" werden Einsteckschlösser (Bild **10.**95) für Rechts- und Linkstüren, gefälzte und ungefälzte sowie aufgedoppelte Türen verwendet. Es wird in folgende Schließsysteme unterschieden (**10.**94):

– **Buntbartschlösser** haben eine Zuhaltung und bieten verschiedene Schließmöglichkeiten durch unterschiedliche Schlüsselbartformen. Bei Bad- oder WC-Türen wird im Schlüssellochbereich eine Schlossnut zur Aufnahme einer Olive für die Riegelbetätigung von der Innenseite eingesetzt. Sie eignen sich für Innentüren mit geringen Sicherheitsanforderungen.

– **Zuhaltungsschlösser** (Chupp-Schlösser) verfügen über mehrere Zuhaltungen, einzeln abgefedert mit Tourstift auf dem Riegelschaft. Die verschiedenen Schließmöglichkeiten ergeben sich durch Einschnitte im Schlüsselbart, die der Zuhaltungsordnung entsprechen. Die Sicherheit nimmt mit der Anzahl der Zuhaltungen und Variation der Bartform zu. Sie finden in Wohnungsabschlusstüren und Haustüren Verwendung.

– **Zylinderschlösser** verfügen über Schließzylinder nach DIN 18252 mit runden, ovalen oder profilierten Querschnitten. Sie sollen an den Türaußenflächen mit den Türschildern bündig abschließen. Sie werden in Wohnungsabschlusstüren und Haustüren mit erhöhten Sicherheitsanforderungen eingebaut.

– **Doppelzylinder** werden für Türen und Tore verwand, die von beiden Seiten verschliessbar sein müssen (z. B. Wohnungs-, Hotelzimmertüren).

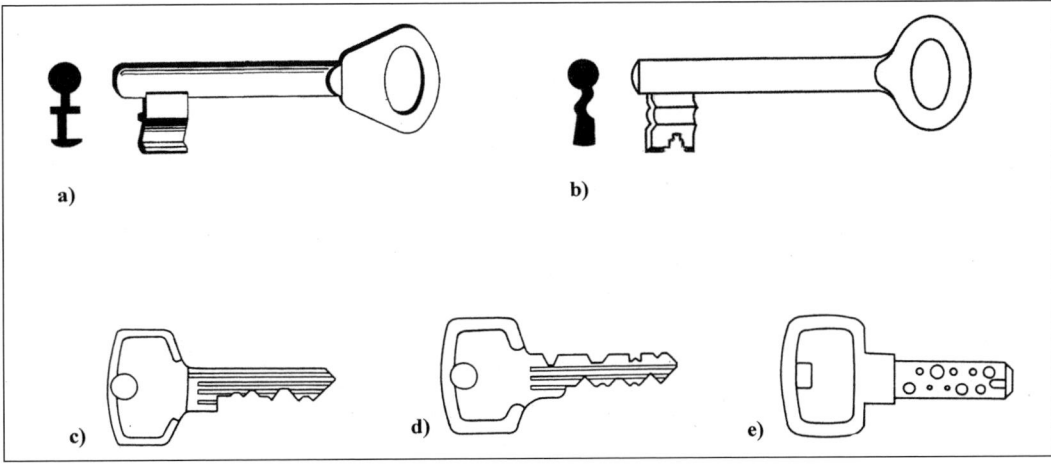

Bild 10.94 Schlüsselformen
a) Buntbartschlüssel b) Schlüssel für Zuhaltungsschloss c) Zylinder-Einfachschlüssel
d) Zylinder-Doppelschlüssel e) Wendeschlüssel

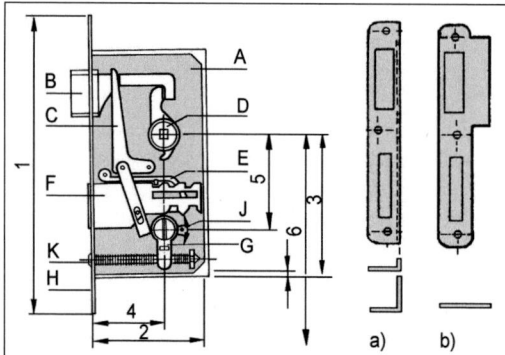

Bild 10.95 Einsteckschloss
a) Winkel- und
b) Lappenschließblech

A	Schlosskasten	1	Stulplänge
B	Falle	2	Kastenbreite
C	Wechsel	3	Kastenhöhe bis Nuss
D	Nuss mit quadratischem Vierkantloch	4	Dornmaß
E	Zuhaltung	5	Entfernung Dorn – Nuss
F	Riegel	6	Drückerhöhe von OK Fußböden bis Mitte Drückermaß = 1050 mm
G	Schlüsselloch oder Zylinder-Ausführung		
H	Stulp		
J	Schlossbart		
K	Schlupschraube = Zylindersicherung		

Den erhöhten Sicherheitsanforderungen trägt der Wendeschlüssel Rechnung. Er verfügt über beidseitig identische Schließbohrungen für eine zusätzliche Blockiereinrichtung, hat eine geringe Profilschwächung und größere Bruchstabiltät. Die Zahl der Zuhaltungen ist an der Schlüsseleinstecköffnung nicht zu erkennen (Bild **10**.94).

Spezialschlösser finden u. a. für Türen bei Räumen mit Strahlungsquellen (die Schlüssel- oder Zylinderlöcher sind seitlich versetzt); bei Feuerschutztüren nach DIN 18250 und in Kaufhäusern sowie Versammlungsstätten (Türen müssen in Fluchtrichtung immer zu öffnen sein) Verwendung.

Beim Kauf und Einbau von Einsteckschlössern müssen wir das Dornmaß (Vorderkante Stulp bis Mitte Schlüsselloch) und die Entfernung kennen. In der Regel beträgt das Dornmaß 55 oder 60 mm. Unter Entfernung verstehen wir den Abstand zwischen Mitte Nuss und Mitte Schlüsselloch. Der Wechsel erlaubt eine Betätigung der Falle mit dem Schlüssel.

Schließbleche. Winkelschließbleche für Falztüren und Lappenschließbleche für stumpfe Türen nehmen die Falle und den Schließriegel des Türschlosses auf.

Türdrückergarnituren. Hierzu gehören die beiden Drücker mit Stift- und Lochteil, die Lang- oder Kurzschilder und Drückerrosetten mit Schlüsselschildern. Die beiden Drücker aus Stahl oder Kunststoff werden durch einen Vierkantstift verbunden. Wechselgarnituren bestehen aus einem Drücker mit Schild und Rosette und einem nicht drehbaren Knopf. Beide verbindet ein Wechselstift. Durch einen besonderen Federhebel im Vierkantstift werden die Türdrücker bewegt. Dieser Federbolzen rastet nach dem Aufsetzen des Drückers ein (**10**.96).

Türdichtungen dienen dazu, Schließgeräusche zu dämpfen, die Wärme- und Schalldämmung zu verbessern und Zugluft zu verringern. Als Falzdichtung dienen Hohlkammerdichtungen, Lippendichtungen und Dichtungen in Aluminiumschienen. Die Profile sind hochelastisch und haben rechteckige oder profilierte Querschnitte. Für Bodendichtungen gibt es verschiedene Ausführungen. Neben Auflaufdichtungen finden wir Dichtungsautomaten, die sich beim Schließen absenken (**10**.97).

Anschlag- und Bodendichtungen dämpfen Schließgeräusche, verbessern die Wärme- und Schalldämmung und verringern Zugluft.

10.7 Türen

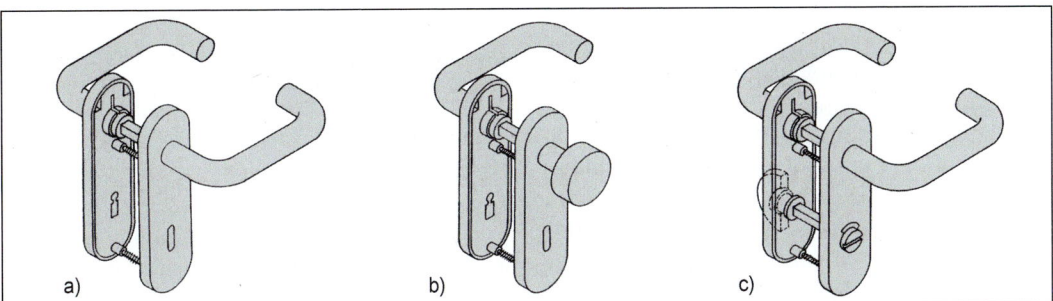

Bild 10.96 Drückergarnituren
    a) Zimmertürgarnitur,
    b) Wohnungs- oder Haustür-Wechselgarnitur,
    c) Badezellen- oder Toilettengarnitur

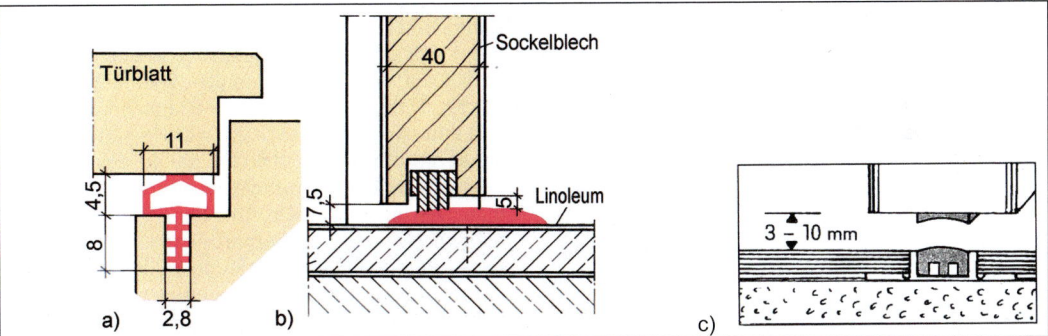

Bild 10.97 Türdichtungen
    a) Falz- oder Anschlagdichtung (Hohlkammer)
    b) Bodendichtung mit Dichtungsprofil in der Türunterkante
    c) Magnetdichtung

10.7.3 Außentüren

Arbeitsauftrag Nr. 93 Lernfeld TI 10, 12; HM 11

- Ihre Firma wurde beauftragt, für die Skulpturengalerie eine neue Hauseingangstür (Rahmenmaße 1010 mm × 2010 mm) zu bauen. Dem Galeriebesitzer fehlen mögliche Entscheidungshilfen.
- Entwerfen Sie acht verschiedene Vorderansichten im M 1:20, Blattgröße DIN-A3-Querformat, beziehen Sie die in diesem Kapitel präsentierten Gestaltungsmöglichkeiten in Ihre Überlegungen mit ein.
- Wählen Sie aus den Entwürfen Ihren Favoriten und erstellen Sie eine Collage im M 1:10 auf einem DIN-A4-Blatt hochkant. Nutzen Sie Furniere, Pappen, Folien, Buntstifte etc..
- Fertigen Sie die Schnittzeichnungen (Horizontal- und Vertikalschnitt) einer aufgedoppelten Haustür mit eingelegter Wärmedämmung im Maßstabe 1:1 nach DIN 919, DIN-A2-Hochformat an.
- Beantworten Sie die möglichen Kundenfragen und ergänzen Sie Ihre Lernkartei.
1. Beschreiben Sie den Aufbau einer aufgedoppelten Hauseingangstür!
2. Wie können die Füllungen einer Rahmentür ausgeführt werden?
3. Wodurch lässt sich die Einbruchhemmung bei einer Außentür erhöhen?

Für Außentüren bestehen gegenüber Innentüren zusätzliche Anforderungen. Wesentlich sind eine ansprechende, mit der Hausfassade abgestimmte Gestaltung, Einbruchhemmung, Witterungsbeständigkeit, Wärme- und Schallschutz sowie Formbeständigkeit bei unterschiedlichen klimatischen Bedingungen.

Werkstoff. Außentüren bestehen aus Vollholz, Holzwerkstoffen, Metall oder Kunststoff. Bei der Holzauswahl und Ausführung sind DIN 68360 (Gütebedingungen für Holz) und DIN 18355 (Tischlerarbeiten) besonders zu beachten. Es eignen sich nur Hölzer mit großer Festigkeit, gutem Stehvermögen sowie Beständigkeit gegen Witterung und Holzschädlinge. Geeignete inländische Hölzer sind Kiefer, Lärche und Eiche; geeignete ausländische Hölzer sind Pitch Pine, Meranti, Sipo, Afromosia, Afzelia und Teak. Die Rahmenteile sollen stehende Jahresringe aufweisen. Die Holzfeuchtigkeit muss bei der Verarbeitung 11 bis 15 % betragen. Die Verleimung soll der Qualität D3 oder D4 (DIN 68602) und bei Furniersperrholz AW100 entsprechen, d. h., sie müssen wasser- und wetterfest nach EN 204 sein. Außentüren sind durch chemischen Holzschutz und eine witterungsbeständige Oberflächenbehandlung (deckend oder nichtdeckend) ausreichend zu schützen. Dachüberstand und Nischen bieten zusätzlichen Witterungsschutz.

Die Türumrahmungen bestehen aus Blend- oder Blockrahmen (**10.**98), selten aus einer Zarge. Eine in den Blendrahmen eingelassene Schiene (gerade oder winklig) bildet den unteren Türanschlag und trennt den Innen- vom Außenbereich thermisch. Die Rahmenecke wird geschlitzt, gestemmt oder gedübelt.

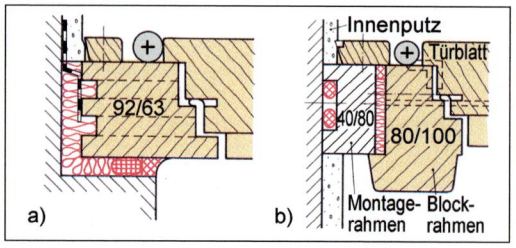

Bild 10.98 Türumrahmung für Außentüren
    a) Blendrahmen mit Maueranschlag
    b) Blockrahmen mit Montageholz ohne Maueranschlag

Konstruktion des Türblatts

Das Türblatt soll einen Doppelfalz erhalten. Der innere Falz hinter dem Aufschlag muss so breit sein, dass der Stulp des Türschlosses gut montiert werden kann (etwa 25 mm). Einbohrbänder erfordern mindestens 16 mm Blattaufschlag. Der Wetterschenkel auf der Außenseite des Türblatts dient dazu, abfließendes Wasser nach außen abzuleiten. Die obere Schräge beträgt 15 bis 20 Grad. Die Wasserabreißnut an der Unterseite muss ausreichend bemessen sein.

Rahmentür mit Füllung

Entsprechend ihrer Funktion und der Bedeutung für das Aussehen des Hauses werden Rahmentüren besonders sorgfältig gegliedert und durch Füllungsstäbe und Profile ansprechend gestaltet (**10.**99). Die Rahmendicke wird bestimmt durch die Füllungsart, den Platzbedarf für Dämmmaterial und den Doppelfalz an der Türumrahmung. Die Rahmendicke beträgt 55 bis 80 mm, bei der Rahmenbreite sollen 150 mm nicht überschritten werden, um Schwindrisse zu vermeiden. Da für die Fertigung meist Fensterwerkzeuge mitbenutzt werden, orientiert man sich an diesen Profilmaßen. Breitere Sockel müssen zweiteilig ausgeführt werden (**10.**100). Für Fenstertüren gelten die Profilmaße der DIN 68121, die ab 140 mm Breite ein zweiteiliges unteres Querholz vorschreibt. Die Rahmenhölzer werden durch Zapfen oder Dübel verbunden. Für die Verleimung sind Klebstoffe der Beanspruchungsgruppe D 3 und D 4 zu verwenden.

Die Beschläge müssen auf die Rahmenquerschnitte abgestimmt werden.

Eine besondere Art der Ausführung ist die *Kassettentür*. Die Aufteilung in kleine Flächen hat neben der gestalterischen Wirkung vor allem konstruktive Bedeutung. Bei kleinformatigen Vollholzfüllungen vermeidet man starkes Schwinden und Rissbildung.

Ausführung und Befestigung der Füllung: Füllungen müssen sich im Rahmen frei bewegen können. Wenn sie der Witterung ausgesetzt sind, muss der Regen sofort ablaufen, denn durch Wassernester würde das Holz zerstört. Der Anschluss an das Rahmenholz ist so auszubilden, dass sich kein Wasser sammelt. An der Außenseite sind die Füllungen zu versiegeln. Bild **10.**101 zeigt unterschiedliche Möglichkeiten, die Füllung einzubauen.

Die **eingelegte Füllung** setzt man von der Innenseite ein. Sie kann aus Vollholz, Holzwerkstoffen oder Glas bestehen. Vollholzfüllungen sollen kleinformatig sein.

10.7 Türen

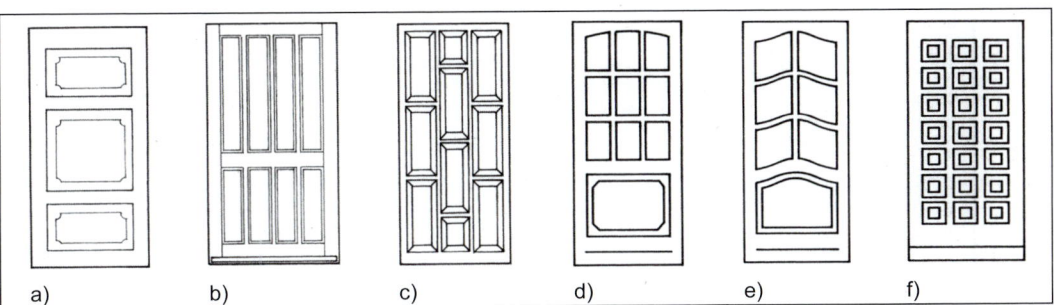

Bild 10.99 Gestaltung von Rahmentüren
a) bis e) durch Füllungen, f) durch Kassetten

Die **überschobene Füllung** sitzt in einer umlaufenden Nut und muss beim Zusammenbau des Rahmens gleichzeitig mit eingesetzt werden. Ein späteres Auswechseln ist nicht möglich. Um die Hirnholzflächen zu schützen, ist auf einen waagerechten Faserverlauf zu achten. Eine weitere Ausführung ist der *Doppelrahmen*, der übergeschoben oder eingeschoben wird. Er muss vor dem Zusammenbau des Türrahmens verleimt werden.

Der **überschobene Kehlstoß** wird auf Gehrung geschnitten und mit eingeleimter Feder oder Dübel verbunden. Er eignet sich zur Aufnahme dicker Füllungen oder Isolierglas.

Die aufgedoppelte Tür besteht aus dem tragenden Teil (Rahmen oder Holzwerkstoffplatte), der Außenschale (Bretter, Stäbe, Holzwerkstoffe) und einer Innenschale oder Füllung. Die Vorteile liegen in den gestalterischen Möglichkeiten, in der Dauerhaftigkeit und Formbeständigkeit sowie im hohen Wärme- und Schallschutz durch den mehrschaligen Aufbau.

Tragendes Teil. Verwendet man einen Rahmen als tragendes Konstruktionsteil, lässt sich in den Rahmenfeldern die Wärmedämmung einfügen. Eine Dampfsperre vermindert die Gefahr der Schwitzwasserbildung im Dämmmaterial (**10.**103). Der Rahmen gewährleistet bei geringem Gewicht hohe Stabilität und Formbeständigkeit. Die Aufdopplung ist einfach zu befestigen, bei senkrechter Brettanordnung müssen Mittelfriese vorhanden sein. Die Rahmenecke wird gestemmt oder gedübelt. Die tragende Konstruktion kann auch aus einem Sperrtürblatt oder einer Holzwerkstoffplatte (z. B. Tischlerplatte) bestehen. Die Plattenkante erhält einen Umleimer. Eine aufgeleimte umlaufende Randleiste in der Türebene ermöglicht die Montage einer Dämmschicht (**10.**104 a, b).

Außenschale. Durch die unterschiedliche Anordnung der Bretter (z. B. waagerecht, senkrecht, strahlenförmig) oder eine Kombination von Brettern und Profilstäben ergeben sich viele gestalterische Möglichkeiten (**10.**102). Die Außenschale befestigt man sichtbar mit Ziernägeln oder Schrauben oder unsichtbar durch Klammern oder Nägel in der Brettnut.

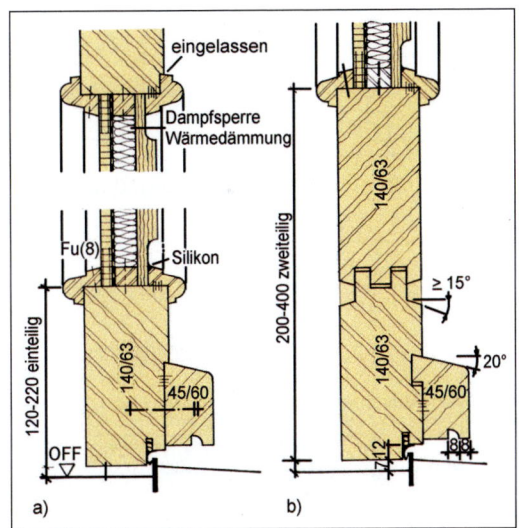

Bild 10.100 Sockelausführung
a) einteilig, Wetterschenkel eingefälzt, Querfries mit eingelassener Profilleiste b) zweiteilig, Wetterschenkel in Gratnut eingelassen

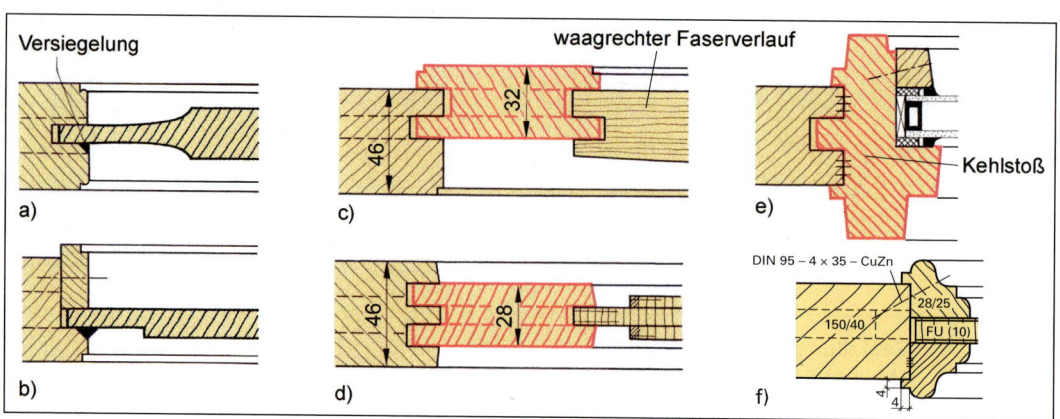

Bild 10.101 Ausführung der Füllung
a) eingenutet, b) eingelegt, c) Rahmen überschoben, d) Rahmen eingeschoben,
e) Kehlstoß, f) beidseitig Profilleisten

Bild 10.102 Gestaltung von aufgedoppelten Türen

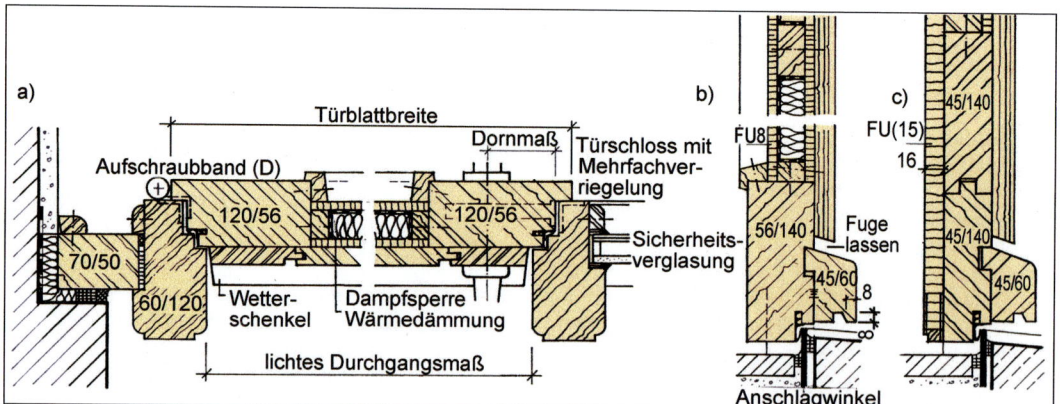

Bild 10.103 Aufgedoppelte Haustür mit eingelegter Wärmedämmung und Dampfsperre
a) Horizontalschnitt: Aufdoppelung aus vertikal verlaufenden gespundeten Brettern, fest verglastes Seitenteil. Montagerahmen als Wandanschluss
b) Vertikalschnitt: Einteiliger Sockel (Querholz), Wetterschenkel schräg eingenutet
c) Vertikalschnitt: Alternative Ausführung mit Innenschale aus Furniersperrholz, zweiteiligem Sockel, Wetterschenkel eingenutet.

Innenschale. Eine aufgedoppelte Innenschale aus Holzwerkstoffplatten oder Profilbrettern verdeckt den Rahmen. Soll die Rahmenkonstruktion sichtbar bleiben und die Türinnenseite harmonisch gegliedert werden, verwendet man eingelegte Füllungen aus Vollholz oder Holzwerkstoffen (**10.**104 a, b).

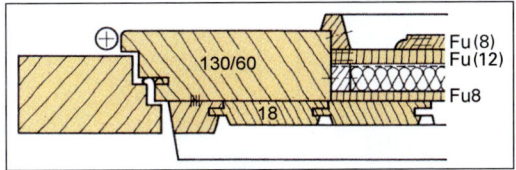

Bild 10.104a Vollholzrahmen mit einseitiger Aufdoppelung außen: senkrechte Profilbretter, innen: Füllung

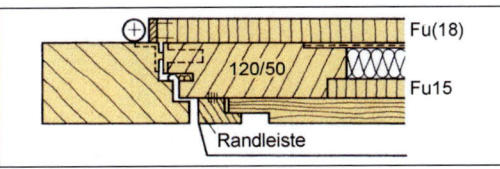

Bild 10.104b Vollholzrahmen mit beidseitiger Aufdoppelung außen: waagerechte Profilbretter, innen: Furniersperrholz

Grundsätze für die Aufdopplung von Außentüren:
- symmetrischer Aufbau von Innen- und Außenschale,
- gleiche Materialbeschaffenheit (besser Sperrholz als Vollholz),
- gleiche Lagenzahl (Sperrholz),
- gleiche Furnierdicken,
- gleiche Holzart,
- Aufdopplungen aus Massivholz werden auch bei symmetrischem Aufbau, durch die unterschiedliche Feuchteaufnahme innen und außen, unterschiedlich arbeiten,
- Massivholzfüllungen nur als *„gleitende Vorsatzschalen"* (z. B. Einhängen in Klipse) herstellen,
- Aufdopplungen allseitig mit Silikon abdichten und sichern,
- Aufdopplungen nicht durch direkte und einseitige Verleimung auf dem tragenden Rahmen befestigen (führt zu Verformungen).

Bei der glatten Tür wird die Wirkung der Türfläche und ihre farbliche Gestaltung zum besonderen Ausdrucksmittel. Bei einer Kompaktbauweise besteht das Türblatt aus einem Holzwerkstoff (meist Stäbchenplatte, AW 100 verleimt). Bei einer Rahmenbauweise beplankt man beide Seiten symmetrisch (in Materialart und Dicke) mit einer Holzwerkstoffplatte (meist Furniersperrholz, AW 100 verleimt).

Türdrücker und Beschläge sind die „Visitenkarte" des Hauses. Positiven Eindruck bei Besuchern machen sie aber nur, wenn die folgenden **Regeln für Einbau und Material** beachtet werden:
- sie müssen aus geeignetem, hochwertigem Material hergestellt sein,
- sie entsprechen modernen, zeitgemäßen, handlichen Formen,
- sie sind materialgerecht und technisch einwandfrei konstruiert,
- sie werden fachlich einwandfrei angeschlagen.

Haustürbeschläge. Wegen des großen Gewichts der Türblätter, der erhöhten Anforderungen und Belastungen (z. B. Einbruchhemmung, Winddruck) sind Beschläge für Außentüren stabiler als für Innentüren.

Als **Bänder** verwendet man Einbohrbänder, Aufsatzbänder (DIN L oder R) oder Kombibänder auch mit zusätzlichen Tragzapfen. Leichte Türen erhalten zwei, schwere oder breite Türblätter erhalten drei Bänder, wobei die Entfernung vom oberen zum mittleren Band ca. 300 mm beträgt.

Als **Schlösser** dienen schwere Einstecktürschlösser, meist mit Wechsel (die Falle kann mit Schlüssel betätigt werden) und einer Aussparung für den Schließzylinder (Profil-, Oval- oder Rundzylinder). Zur Einbruchhemmung sind Türschilder oder Rosetten von innen verschraubt; der Schließzylinder darf nicht überstehen. Für Außentüren mit einer erhöhten Einbruchhemmung verwendet man einen verlängerten Türstulp mit Mehrfachverriegelung (Riegel oder Rollzapfen) und Sicherheitsschließbleche (**10.**105). Für erhöhte Anforderungen können die Schließbleche zusätzlich mit Schwerlastdübeln im Beton oder Mauerwerk befestigt werden. Gegen das Ausheben der Tür auf der Bandseite montiert man Hintergreifhaken in Höhe der Bänder.

> Bei einbruchhemmenden Türen unterscheidet die DIN EN 1634-1 die Widerstandsklassen WK_1 bis WK_6. Auswirkung auf die Sicherheit haben Werkstoffart und -dicke, Verglasung, Beschlag, Falzausbildung, Anschluss an Baukörper.

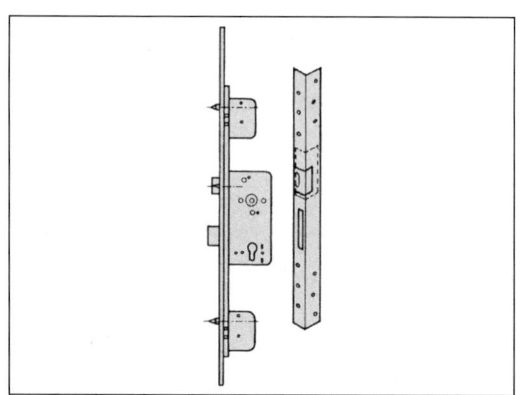

Bild 10.105 Sicherheitsschloss mit Mehrfachverriegelung, Sicherheitsschließblech

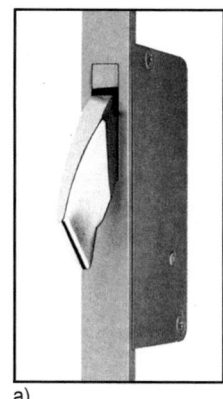
a)

b)

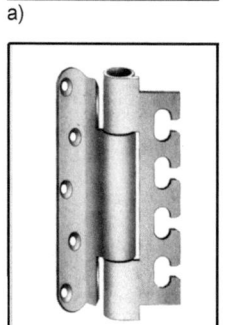
c)

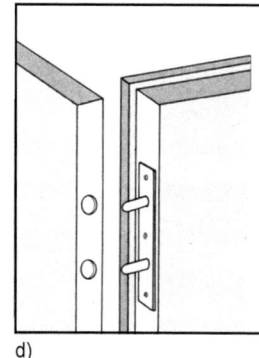
d)

Bild 10.106 a) Schwenkriegelverkrallung
b) Zylinder-Safe-Garnitur
c) Stabiles Band
d) Tresorverriegelung

Erhöhte Sicherheit, von der Kriminalpolizei empfohlen, bieten **Schwenkriegelverkrallungen** gegen Aushebelungen der Tür, **Zylinder-Safe-Garnituren** gegen die „Korkenzieher- Methode, stabile Bänder mit extremer Reißfestigkeit und die **Tresorverriegelung** als Unterstützung der Bandseite (**10.106**).

Beim **Einbau** der Außentür sind die Regeln für den Fenstereinbau sinngemäß anzuwenden. Der Meterriss dient dabei als Bezugshöhe. Auf das Einhalten der vorgeschriebenen Band- und Drückerhöhen ist zu achten.

Arbeitsauftrag Nr. 94 Lernfeld TI 10, 11; HM 11

- Ihr Firmenchef hat mit der Hausverwaltung, den Eigentümern und dem für den Umbau des neu erworbenen alten Mehrfamilienhauses verantwortlichen Architekten eine Baubegehung vorgenommen. Im anschließenden Gespräch wurde vereinbart, Ihre Tischlerei mit der Erneuerung und teilweisen Restaurierung der Fenster und Hauseingangstür zu beauftragen. Insbesondere die große Hauseingangstür mit den Doppeltüren und dem Oberlicht in Form eines Korbbogens soll schnell erneuert werden, um die Baustelle sichern zu können.

  Ihr Meister beauftragt Sie, als Vorübung für den späteren Brettaufriss, die Konstruktion eines Korbbogens mit drei Einsatzpunkten auf einem DIN-A3-Blatt zu üben. Orientieren Sie sich an den ermittelten lichten Maßen der nachfolgenden Skizze und empfohlenen Konstruktionshinweisen.

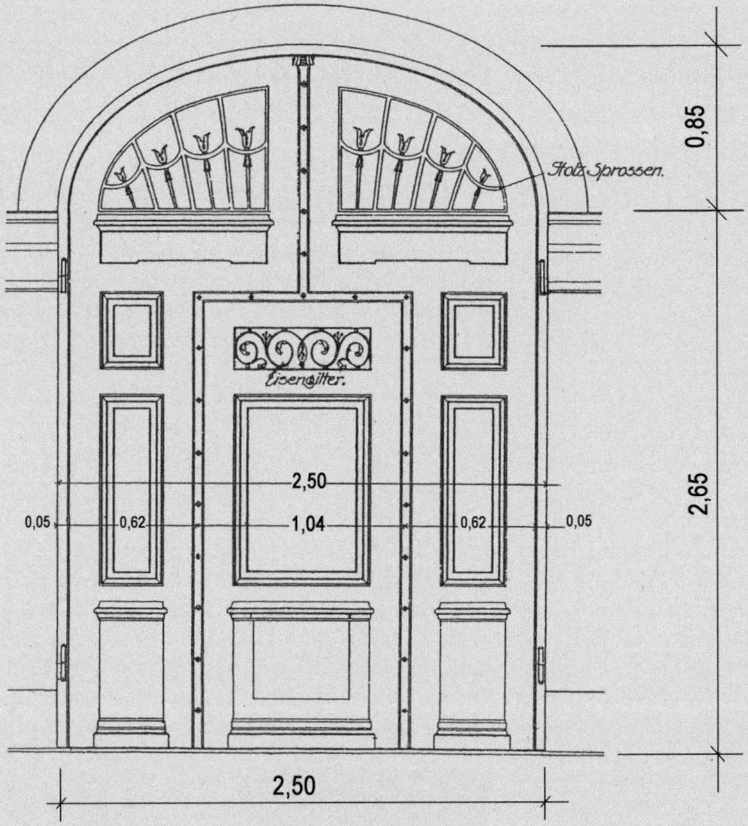

10.7 Türen

**Hauseingangstür
Vorderansicht**

Konstruktionshinweise

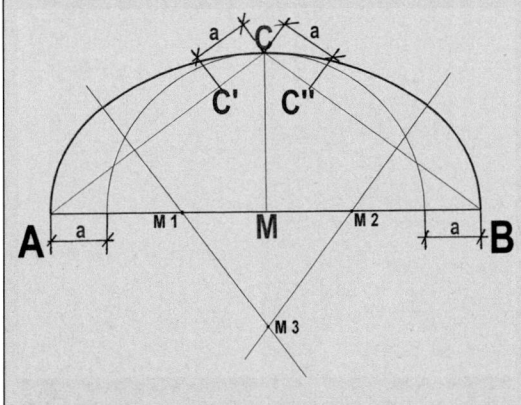

Arbeitsschritte

1. Spannweite zwischen den Punkten A und B abtragen;
2. Mittelsenkrechte (Stichhöhe) auf der Strecke AB errichten (Strecke MC);
3. Punkte A und C sowie B und C verbinden;
4. Kreisbogen um M mit dem Radius der Strecke MC abtragen. Daraus ergeben sich auf der Strecke AB die Teilstrecken 2 × a.
5. a auf den Strecken AC und BC abtragen. Es ergeben sich die Punkte C' und C";
6. Die Mittelsenkrechten auf die Strecken AC' und BC" errichten. Es ergeben sich auf der Strecke AB die Schnittpunkte M1 und M2. Die Verlängerung der beiden Mittelsenkrechten ergibt den Schnittpunkt M3.
7. Kreisbögen mit dem Radius M1A von M1 bzw. M2B von M2 beginnend in Punkten A bzw. B bis zu der jeweiligen Mittelsenkrechten schlagen.
8. Kreisbogen um M3 mit dem Radius M3C beginnend und endend an den Mittelsenkrechten schlagen.

10.8 Fenster

Die Geschichte des Fensters

Ausgrabungen von Archäologen belegen, dass es bereits 4000 v. Chr. Fenster gab. Die ersten Häuser der Menschen waren jedoch noch fensterlos. Der Einlass von Luft und Licht erfolgte durch den Eingang und einer Öffnung für den Rauchabzug über der Feuerstätte. In den frühen Pfahlbauten (um 2000 v. Chr.) wurden Lichtöffnungen eingebaut jedoch nicht verschlossen. Im Orient und Kleinasien wurden die Maueröffnungen mit Teppichen verhängt oder mit durchbrochen Tonplatten abgesperrt. In China und Japan wurde Papier, im alten Germanien geölte Leinwand oder mit Darmseide durchzogenes Papier zum Verschließen genutzt (um 700 v. Chr.). Zum Schutz vor Witterungseinflüssen brachte man zusätzlich Läden aus Holzgeflecht an. Nach der Erfindung des Glases in Ägypten (um 1800 v. Chr.) nutzten die Römer (um 100 n. Chr.) als erste gegossene Scheiben als Fensterfüllung. Das Glas konnte noch nicht geschnitten werden Es wurde durch glühende Trenn- oder Sprengeisen zum Springen gebracht. Später wurden in Blei gefasste Gläser (Butzenscheiben) hauptsächlich beim Kirchenbau verwendet. Das älteste Kirchenfenster Deutschlands befindet sich im Augsburger Dom aus dem Jahre 1065. Bei der Herstellung der Butzenscheiben wurde das Glas zu einer Kugel geblasen und in noch weichem Zustand zu einer Scheibe zusammen gedrückt. Es entstanden runde Scheiben mit einem Durchmesser von 12–15 cm. Bis in das 18. Jahrhundert wurde diese Verglasungsart gefertigt, die durch Bleifassungen gehalten in Holzrahmen eingesetzt wurden.

Im 17. Jahrhundert erfand man das Tafelglas in England. Die Einführung einer Fenstersteuer, Gebäude mit mehr als sechs Fenstern mussten diese Steuer entrichten, hemmte die weitere Entwicklung. Erst nachdem die Steuer im Jahre 1851 aufgehoben wurde, setzte sich das Tafelglas im Fensterbau durch. Eine ähnliche Entwicklung nahm der Fensterbau in Frankreich, wo ab 1917 die Gemeinden Fenster zur Straßenseite besteuern konnten. Die spätere fabrikmäßige Tafelglasherstellung und das Einlegen der Gläser in ein Kittbett führte zu einer erheblichen Kostensenkung im Vergleich zu den Bleiverglasungen. Die Fensteröffnungen und ihre Verteilung beeinflussten immer mehr das Erscheinungsbild einer Fassade bzw. eines Hauses. Stilprägend waren nun romanische Rundbögen und gotische Spitzbögen. Die Fensterumrandung gewann an Bedeutung. Das allgemeine Landrecht der Preußischen Staaten von 1794 befand ein Fenster als ausreichend bemessen, wenn der Bewohner der Parterrewohnung den Himmel bei ungeöffneten Fenster erblicken konnte. Dies führte zum Bau von relativ schmalen und hohen Fenstern.

Nach dem 2. Weltkrieg begann 1945 für den Fensterbau eine neue Entwicklung. Die Fensterflächen wurden größer. Neue Konstruktionen, Beschläge und Werkstoffe brachten Veränderungen und ermöglichten technisch bessere Lösungen. Die bauphysikalischen Vorgänge wurden erforscht und fanden Eingang in konstruktive Vorschriften und technische Richtlinien. Der Fortschritt in der Maschinen- und Werkzeugtechnik rationalisierte die Fertigung.

Bild 10.107 Fenster als Gestaltungsmittel einer Hausfassade

10.8 Fenster

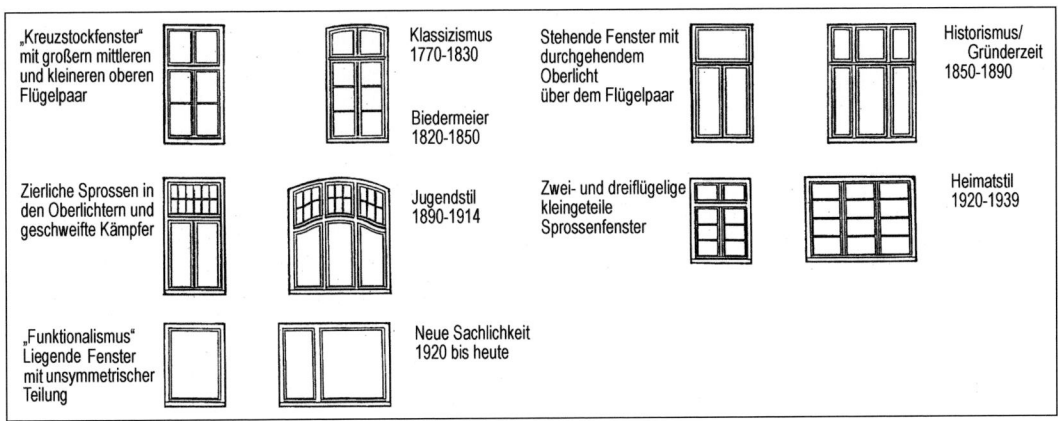

Bild 10.108 Fenster der Baustile zweier Jahrhunderte

10.8.1 Aufgaben und Anforderungen

> **Arbeitsauftrag Nr. 95 Lernfeld TI 10, 12; HM 11**
> Welche Anforderungen werden heute an den modernen Fensterbau gestellt?
> Entwerfen Sie zu diesem Thema ein Plakat. Orientieren Sie sich an den Oberbegriffen des folgenden Kapitels. Berücksichtigen Sie bei Ihrer Darstellung Bild **10.**114.

Fenster lassen nicht nur das Tageslicht ein, sondern schützen auch vor Wärmeverlust, Straßenlärm und Witterung. Sie dienen zum Lüften und gewähren uns Aussicht auf die Umwelt. Fenster beeinflussen auch wesentlich die Hausfassade, gliedern die Flächen und lockern die Baumasse auf (**10.**107).

Architektonisches Gestaltungsmittel. Fenster müssen zur Fassade des Gebäudes passen. Anordnung, Größe und Gliederung sind wesentliche Gestaltungsmittel und prägen das Fassadenbild. Großflächige Fenster lassen ein Haus einladender und offen erscheinen. Fensterunterteilungen durch Pfosten, Kämpfer und Sprossen beleben das Aussehen und lockern die Fassade auf.

Fenster sind ein wesentliches Stilmerkmal der einzelnen Epochen (Bild **10.**108).

Raumbelichtung. Aufenthaltsräume müssen durch Fensterflächen ausreichend mit Tageslicht versorgt werden. Der Lichteinfall wirkt sich auf die Raumqualität aus. Die Raumnutzung ist maßgebend für die Anforderung an die Belichtung. Die Belichtung des Raumes hängt ab von:

– Fenstergröße,
– dem Anteil der Glasfläche,
– Lage des Fensters nach Himmelsrichtung und in der Wand (oben oder unten),
– Art der Verglasung.

Die Lüftung soll schnell und zugleich zugfrei sein, damit nur wenig Wärme verloren geht und das Wohlbefinden des Menschen nicht beeinträchtigt wird. Sie ist nicht nur nötig um Frischluft und Sauerstoff zuzuführen, sondern auch um die Raumfeuchte sowie Geruchs- und Schadstoffe abzuführen. Während bei einer Stoßlüftung der Luftaustausch in kurzer Zeit erfolgt und die Raumwände nicht abkühlen, entstehen bei einer Dauerlüftung z. B. durch Kippen (Bild **10.**109) leicht Zugerscheinungen und in der Heizperiode ein erhöhter Wärmebedarf. Die Öffnungsart der Fenster hat Auswirkungen auf den Lüftungsgrad.

Der Wärmeschutz hat heute große Bedeutung. Man versteht darunter alle Maßnahmen, die den Wärmedurchgang zwischen Bereichen unterschiedlicher Temperatur wirksam einschränken. Beispielsweise geht durch ein einfach verglastes Holzfenster rund fünfmal mehr Wärme verloren als durch ein 36,5 cm dickes Mauerwerk aus Lochziegel. An der

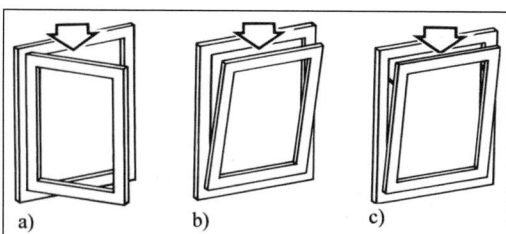

Bild 10.109 Lüftungsarten
a) Stoßlüftung
b) Kipp-Dauerlüftung
c) Kipp-Spaltlüftung

Glas- und Rahmenfläche sowie an den Fugen des Fensters kommt es bei einem Temperaturunterschied zwischen innen und außen zu einem Wärmeaustausch. Der Wärmeverlust hängt ab von:
- der Bauart des Fensters,
- der Verglasungsart,
- dem Rahmenmaterial,
- der Dichtigkeit der Fälze und Fugen.

Zur Beurteilung der Wärmedämmeigenschaften eines Fensters dient der U-Wert. Je kleiner der U-Wert, desto geringer ist der Wärmeverlust.

Abschnitt 6.4.2 weist auf den Zusammenhang zwischen Verglasungsart und Wärmedämmung hin.

Während mit altem herkömmlichen Zweischeibenisolierglas ein U-Wert von 2,8 erreicht wird, lässt sich durch Wärmeschutzglas mit Edelgasfüllung und wärmereflektierende Edelmetallbeschichtung an der Scheibeninnenseite ein U-Wert von 0,6 erzielen. Wärmeverlust entsteht außerdem durch den Wärmedurchgang an Fugen und am Fensterrahmen. DIN 4108 unterscheidet bei dem Rahmenmaterial drei Gruppen.

Da U-Werte von Verglasung und Rahmenmaterial unterschiedlich sind, ist zur Beurteilung das gesamte Fensterelement zu betrachten.

Der Zusammenhang des U_g-Wertes von Verglasung und Rahmenwerkstoff ist in der Tabelle **10.**110 dargestellt.

Tabelle 10.110

Art der Isolierverglasung	U_g-Wert der Verglasung	Wärmedurchgangskoeffizient U_w in W/(m² · K)		
		Bemessungswert für den Rahmen = alte Rahmenmaterialgruppe	$U_{f,BW}$ = 2,2 W/(m² · K) 1 (Holz und Kunststoff)	$U_{f,BW}$ = 3,0 W/(m² · K) 2 (wärmeged. Metallprofile)	$U_{f,BW}$ = 7,0 W/(m² · K) 3 (Beton, Stahl oder Aluminium)
2-fach-Verglasung	1,7	2,0	2,3	3,3
3-fach-Verglasung	1,1	1,6	1,9	2,9
Wärmeschutzverglasung	0,7	1,3	1,6	2,6
	0,5	1,2	1,4	2,5

Die **Energieeinsparverordnung (EnEv)** bildet die gesetzliche Grundlage für die Berechnung des Wärmebedarfs bei Gebäuden mit normalen und niedrigen Innentemperaturen einschließlich ihrer heizungs-, raumtechnischen und zur Warmwasseraufbereitung dienenden Anlage.

Der Jahres-Primärenergiebedarf, der Transmissionswärmeverlust und der Wärmegewinn (z. B. durch Sonneneinstrahlung) sind in einem Bilanzierungsverfahren zu berücksichtigen (Bild **10.**111).

Berechnung des Wärmedurchgangskoeffizienten (U_w) unter Berücksichtigung der Wärmeverluste infolge Wärmeleitung durch die drei Übergangswege Glasfläche, Glasrand sowie Blend- und Flügelrahmen.

Um für ein Fenster den gesamten U-Wert ausrechnen zu können, müssen die U-Werte von Rahmen und Verglasung mit ihrem jeweiligen Flächenanteil in die Berechnung mit eingehen.

10.8 Fenster

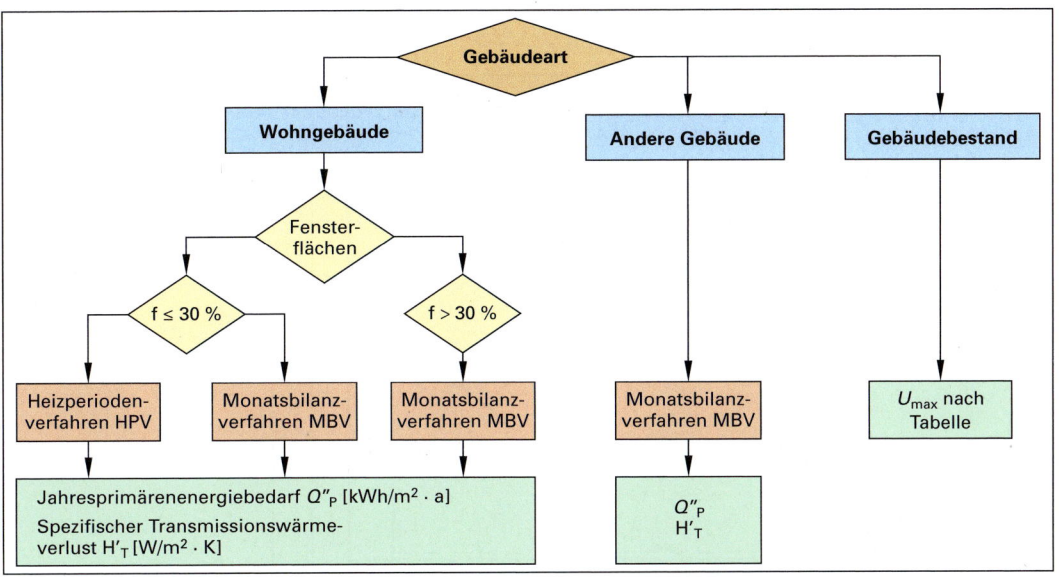

Bild 10.111 Nachweisverfahren der Energieeinsparverordnung (EnEV)

$$U_w = \frac{U_g \cdot A_g + U_f \cdot A_f + L_g \cdot \psi_{(Psi)}}{A_g + A_f}$$

- A_f sichtbare Fläche des Rahmens
- A_g sichtbare Fläche des Glases
- U_w Wärmedurchgangskoeffizient des Fensters (window)
- U_f Wärmedurchgangskoeffizient des Rahmens (frame)
- U_g Wärmedurchgangskoeffizient des Glases (glass)
- lg Länge des Glasrandes (Randverbund) (in m)
- $\psi_{(Psi)}$ Linearer Wärmedurchgangskoeffizient des Glasrandes

Berechnungsbeispiel für den U_w-Wert eines Fensters (IV 68, Kiefer, Schwingflügel) (10.112)

A_f = (1,86 m · 1,48 m) − (1,624 m · 1,217 m)
A_f = 0,776 m²
A_g = 1,624 m · 1,217 m
A_g = 1,976 m²
U_f = 1,5 $\frac{W}{m^2 K}$
U_g = 1,2 $\frac{W}{m^2 K}$
Zweischeiben-Isolierverglasung (lt. DIN EN 673/DIN 4108)
lg = 2 · 1,624 m + 2 · 1,217 m
lg = 5,68 m
$\psi_{(Psi)}$ = 0,068 (Aluminium-Abstandhalter)

Werte in die Formel einsetzen:

$$U_w = \frac{1,2 \frac{W}{m^2 K} \cdot 1,976 \, m^2 + 1,5 \frac{W}{m^2 K} \cdot 0,776 \, m^2 + 5,68 \, m \cdot 0,068 \frac{W}{mK}}{1,976 \, m^2 + 0,776 \, m^2}$$

U_w = 1,42

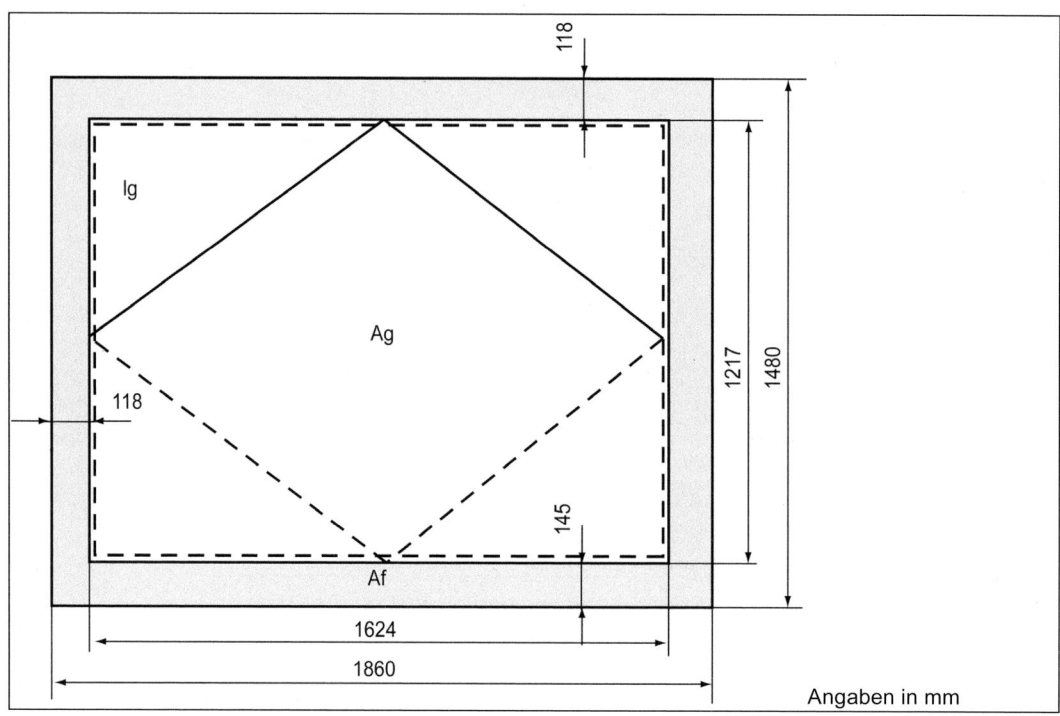

Bild 10.112 Angaben für die Berechnung des U_w-Wertes

Der Schallschutz gewinnt mit dem zunehmenden Außenlärmpegel (z. B. Verkehrs- und Fluglärm) und den gestiegenen Ansprüchen immer mehr an Bedeutung. Unter Schallschutz verstehen wir Maßnahmen zur Verminderung der Schallübertragung von außen nach innen. Die Schalldämmung ist die Differenz zwischen Außen- und Innenschallpegel, gemessen in dB (Dezibel). DIN 4109 legt Mindestanforderungen fest (siehe Abschnitt 10.2.5).

Die erforderliche Luftschalldämmung richtet sich nach der Gebäudenutzung, dem Schallpegel außerhalb des Gebäudes und dem zulässigen Schallpegel innerhalb eines Raumes. Für den Nachweis der geforderten Schalldämmung gibt es zwei Möglichkeiten.

Auswahl einer geeigneten Konstruktion: Um die Mindestanforderungen zu erfüllen, muss eine geeignete Fensterkonstruktion gewählt werden. Zur schalltechnischen Beurteilung eines Fensters enthält die DIN 4109 Ausführungsbeispiele mit bewerteten Schalldämmmaßen (25 bis 47 dB).

Eignungsprüfung: Die Auswahl kann außerdem aufgrund einer Fensterprüfung erfolgen (im Labor oder durch Messung am Bauwerk). Im Wesentlichen hängt die Schalldämmung eines Fensters ab von:

– der Konstruktion des Fensters,
– dem Material und der Abmessung der Rahmenhölzer,
– der Anzahl der Fälze und Dichtungen,
– der Verglasungsart (mehrere Scheiben, unterschiedlicher Dicken), Randeinspannung,
– den Wandanschlüssen und der Fugendichtigkeit.

In der Praxis verwendet man meistens zur Beschreibung der schalltechnischen Anforderungen an Fenstern die Schallschutzklassen 1 bis 6 mit Abstufungen von jeweils 5 dB (VDI-Richtlinie 2719, **10.**113).

Tabelle 10.113   Schallschutzklassen

Schallschutzklassen	Schalldämmung in dB
1	25 bis 29
2	30 bis 34
3	35 bis 39
3	40 bis 44
5	45 bis 49
6	50 und mehr

10.8 Fenster

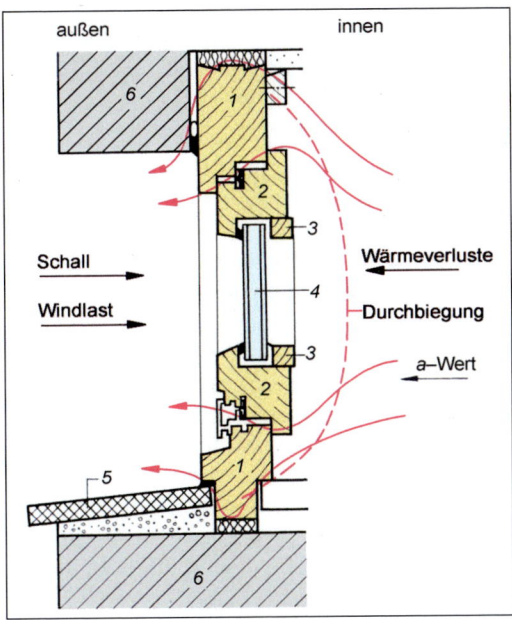

Bild 10.114 Beanspruchung des Fensters
1 Blendrahmen
2 Flügelrahmen
3 Glasleiste
4 Isolierverglasung
5 Fensterbank außen
6 Mauer

Windbelastung. Fenster müssen die auftretenden Windkräfte aufnehmen und an den Baukörper abgeben. Dabei dürfen sich die Rahmenhölzer nicht mehr als 1/300 der Öffnungshöhe bzw. -breite durchbiegen. Die Windbelastung hat Auswirkung auf die Glasdicken.

Die **Schlagregendichtigkeit** wird gemäß DIN EN 1027 geprüft und die Ergebnisse gemäß DIN EN 12208 klassifiziert. Bei Schlagregen wirken Wind und Regen gleichzeitig auf das Fenster ein. Sturmböen peitschen den Regen mit 100 km/h und mehr gegen die Außenwände freistehender Gebäude! Ein Fenster im 20. Stockwerk eines Hochhauses (also in etwa 50 m Höhe) muss einen Winddruck von etwa 100 daN/m² (1 KN/m²) aushalten. Bei diesen Windlasten biegt sich der Fensterflügel durch, sodass der Regen bei konstruktiven Mängeln durch die Rahmenfälze eindringen kann (**10.**114). Das Fenster setzt dem Eindringen des Regenwassers einen Widerstand entgegen, den man als Schlagregensicherheit bezeichnet.

Um sie zu gewährleisten, sind die Rahmenquerschnitte richtig zu dimensionieren (siehe Abschnitt 10.8.4), genügend Verschlusspunkte und ausreichende Falzdichtungen vorzusehen. Wichtig sind außerdem eine räumliche Trennung von Regen- und Winddichtung sowie ein umlaufender Spalt zum Druckausgleich.

Fugendurchlässigkeit (DIN EN 12207). Ein Fenster besteht aus beweglichen Flügelrahmen mit Verglasung und feststehendem Blendrahmen. Das geschlossene Fenster muss so dicht sein, dass zwar ein geringer Luftwechsel stattfinden kann (keine Schwitzwasserbildung), jedoch möglichst wenig Wärme verloren geht, keine Zugluft entsteht und Schlagregen nicht eindringt.

Die Gesamtdurchlässigkeit (Q) beschreibt den Luftstrom in m³/h, der über die Fugen zwischen Flügel und Blendrahmen infolge einer am Fenster vorhandenen Druckdifferenz (p) hindurchströmt. Der Prüfaufbau nach prEN1026 entspricht weitestgehend den bekannten Dichtheitsprüfständen. Die bei einem bestimmten Prüfdruck (p) gemessene Gesamtdurchlässigkeit (Q) wird auf einen Referenzdruck (p) von 100 Pa umgerechnet. Dies beschreibt den Begriff der Referenzluftdurchlässigkeit (Q 100). Die Referenzluftdurchlässigkeit wird entweder auf die Gesamtfläche (m³/hm²) oder auf die Fugenlänge (m³/hm) des Fensters bezogen. Die Beanspruchungsgruppen werden in Klassen 0-4 klassifiziert. In Klasse 0 werden keinerlei Anforderungen an die Fugendurchlässigkeit gestellt und nicht geprüft (Tabelle **10.**115).

Tabelle 10.115 Zusammenhang zwischen der Referenzdurchlässigkeit, max. Prüfdruck und Beanspruchungsgruppen nach DIN EN 12207

Klasse nach DIN EN 12207	Referenzluftdurchlässigkeit bei 100 Pa in m³/(hm²)	Referenzluftdurchlässigkeit bei 100 Pa in m³/(hm)	maximaler Prüfdruck in Pa
0	nicht geprüft		
1	50	12,50	150
2	27	6,75	300
3	9	2,25	600
4	3	0,75	600

Fensterprüfung. Die Güte eines fertig verglasten Fensters kann man auf dem Prüfstand kontrollieren. Durch die Simulation unterschiedlicher Witterungsbedingungen lassen sich Schlagregensicherheit, Fugendurchlässigkeit, Schallschutz und Wärmeschutz ermitteln. Bei der Prüfung auf Schlagregensicherheit erzeugt man an der Fensteraußenseite, entsprechend der Beanspruchungsgruppe, künstlichen Winddruck, bei gleichzeitigem Regen. Die Schlagregensicherheit gilt als erfüllt, wenn bei gleichbleibendem Prüfdruck und Beregnung während der Prüfzeit kein Wasser durch die Fälze dringt.

Einbruchhemmung. Wie die Einbruchstatistik zeigt, erfolgen die meisten Einbrüche am Fenster durch Ausheben des Fensterflügels (Bild **10.**116).

> DIN 52290 unterscheidet bei der Verglasung:
> – Durchwurfhemmende Verglasung Widerstandsklasse A (A1 bis A3)
> – Durchbruchhemmende Verglasung Widerstandsklasse B (B 1 bis B3)
> – Durchschusshemmende Verglasung Widerstandsklasse C (C1 bis C5)

Innerhalb der Widerstandsklassen wird nach Anforderungen differenziert.

Die EN-Norm enthält Anforderungen und Konstruktionsmerkmale für einbruchhemmende Fensterkonstruktionen. Entsprechend der Wirkung unterscheidet man die Klassen WK_1 bis WK_6. Einfluss haben: Verglasung, Rahmenabmessung und -material, Beschläge, Falzausbildung, Anschluss am Baukörper.

> **Aufgaben und Anforderungen an Fenster**
> – Raumbelichtung, Sichtkontakt,
> – Bautengliederung,
> – Wärme- und Schallschutz, Lüftung,
> – Schlagregensicherheit, Fugendichtheit,
> – Einbruchhemmung.
>
> **Besondere Anforderungen**
> – Feuerschutz,
> – Rauchschutz,
> – Strahlenschutz,
> – Durchschusshemmung,
> – Sprengwirkungshemmung.

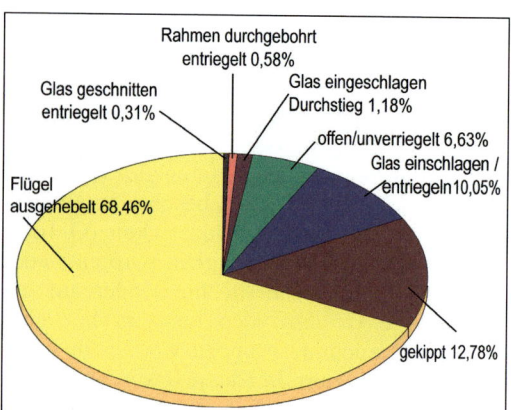

Bild 10.116   Einbruchstatistik für Fenster

Erhöhte Sicherheitsanforderungen haben Auswirkungen auf die Fensterkonstruktion. Einbruchhemmende Verglasung und Beschläge (abnehmbare Griffe, Mehrfachverriegelung, Pilzzapfenausbildung der Schließzapfen) verringern die Gefahr des gewaltsamen Eindringens und des Diebstahls (Bild **10.**117).

Bild 10.117   Pilzzapfen

10.8.2 Bezeichnungen am Fenster

Fenster bestehen in der Regel aus dem am Bauwerk befestigten Blendrahmen und einem oder mehreren Flügelrahmen.

Die unterschiedlichsten Einteilungen, Öffnungsarten und Öffnungseinrichtungen der Fensterarten sind in der Tabelle **10.**120 entsprechend der DIN EN 12511 dargestellt.

Der Blendrahmen kann durch Pfosten oder Riegel unterteilt werden (**10.**118). Er trägt die beweglich angebrachten Flügelrahmen mit den Glasscheiben, dient der Befestigung und überträgt die auftretenden Kräfte (z. B. Winddruck, Flügelgewicht) auf das Gebäude. Die Anschlussfuge zur Wand muss gut gegen Regen und Wind abgedichtet, aber auch elastisch

10.8 Fenster

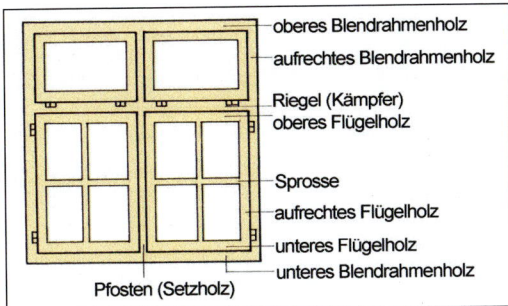

Bild 10.118 Bezeichnungen am Fenster

Bild 10.119 Eckausbildung am Blend- und Flügelrahmen eines Einfachfensters

sein, um Bewegungen und Erschütterungen aufnehmen zu können. Das Fenster kann ohne Maueranschlag oder mit einem Anschlag an der Innen- oder Außenseite eingebaut werden.

Der Blendrahmen besteht aus den aufrechten, den oberen und unteren Blendrahmenhölzern mit Schlitz und Zapfen als Verbindung. Oberes und unteres Blendrahmenholz erhalten den Schlitz, die aufrechten Hölzer den Zapfen (**10.**119).

Der Flügelrahmen ist der mit dem Blendrahmen beweglich verbundene Teil des Fensters. Er ist meist zu öffnen und besteht aus den aufrechten, dem oberen und unteren (Wetterschenkel) Flügelholz (**10.**118). Wir unterscheiden für die Fensterunterteilung Sprossen, Pfosten und Riegel.

- Sprossen sind Profilleisten zum Unterteilen des Flügelrahmens in horizontaler oder vertikaler Richtung. Sich kreuzende Sprossen heißen Kreuzsprossen.
- Pfosten oder Setzhölzer unterteilen ein mehrteiliges Fenster in der Breite. Sie stabilisieren das Element und können zur Flügelbefestigung dienen.
- Riegel bzw. Kämpfer unterteilen das Fenster in der Höhe. Sie stabilisieren den Blendrahmen und ermöglichen den Einbau von Flügeln im oberen Bereich (Oberlicht) oder unten liegende Kippflügel. Pfosten und Riegel wirken als aussteifendes Element gegen Windlasten.

10.8.3 Fensterarten

> **Arbeitsauftrag Nr. 96 Lernfeld TI 10, 11, 12; HM 11**
>
> - Nach der Bauart unterscheiden wir Einfachfenster, Verbundfenster und Kastenfenster.
>
> Im Zuge der Arbeiten Ihrer Firma im alten Mehrfamilienhaus sollen die Kastendoppelfenster renoviert werden. Hier bietet sich für Sie die Gelegenheit grundlegende Kenntnisse des Fensterbaus zu erwerben um Fensterkonstruktionen zu verstehen.
>
> Zeichnen Sie den Horizontalschnitt A-A und den Vertikalschnitt B-B durch ein einfaches Blendrahmenfenster mit Kreuzsprosse und Mittelverschluss nach innen aufgehend. Zeichnen Sie die Schnitte auf einem DIN-A3-Blatt Hochformat, im Maßstab 1:1; die Ansicht im M 1:10. Die Fensteröffnung hat einen Innenanschlag. Die Fenstergröße ist mit 9 × 13 bemessen. Nutzen Sie die abgebildeten Profilgrößen für Ihre Zeichnung.

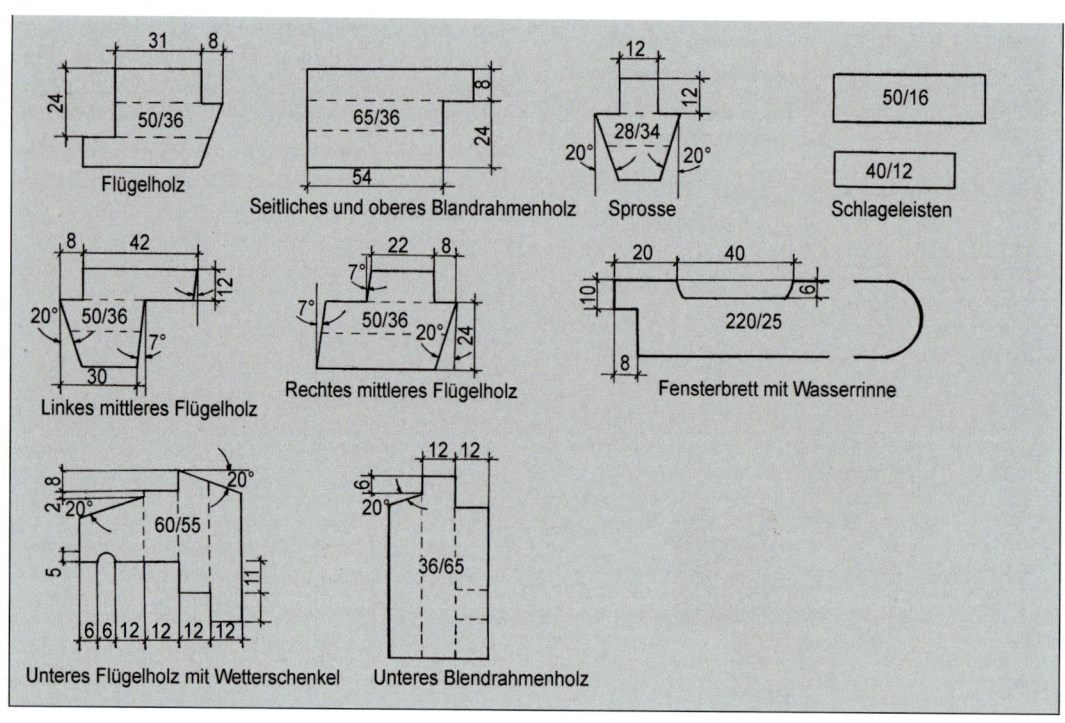

Tabelle 10.120 Fensterarten

Unterscheidung	Fenster
Lage	Außen-, Innen-, Dachflächenfenster
Funktion	Fenster mit Festverglasung oder mit Flügeln, Fenstertüren
Bauart	Einfachfenster, Verbundfenster, Kastenfenster
Verglasungsart	Einfach-, Doppel- oder Isolierverglasung
Anschlag des Flügels	Drehflügel nach innen, Drehflügel nach außen, Kippflügel, Klappflügel, Wendeflügel, Hebedrehflügel, Schwingflügel, Schiebeflügel vertikal, Hebeschiebeflügel
Werkstoff	Holz-, Kunststoff-, Aluminium-, Stahlfenster und Kombinationen

Einfachfenster bestehen aus dem Blendrahmen und einem oder mehreren nebeneinander angeordneten Flügeln. Sie können mit Einfach- oder Isolierverglasung ausgeführt werden.

Bei Einfachverglasung (Kurzzeichen: EV) liegt nur eine Scheibe im Kittfalz des Fensterflügels. Einfachverglaste Fenster dämmen Schall und Wärme schlecht und beschlagen leicht. Sie sind nur noch für untergeordnete unbewohnte Räume zulässig (z. B. Keller, Abstell- und Dachräume).

Bei Isolierverglasung (Kurzzeichen: IV) ist der Flügel mit einem Element aus zwei oder mehreren Scheiben verglast (**10.**122). Die trockene Luft oder Edelgasfüllung zwischen den Scheiben wirkt wärmedämmend. Die Isolierverglasung erfordert einen entsprechend großen Glasfalz und ist von der Rauminnenseite her verleistet. Die Mindestauflagebreite dieser Leisten beträgt bei einer Befestigung durch Schrauben 12 mm und bei Nägeln oder Klammern 14 mm. Das Flügelrahmenprofil ist dicker als bei der Einfachverglasung und hat Doppelfalz an der Blendrahmenseite.

Beispiel

Holzfenster DIN 68 121 IV 63 - 78 - 1
- Isolierverglasung (IV)
- Profildicke (63)
- Profilbreite (78)
- Anzahl der Falzdichtungen (1)

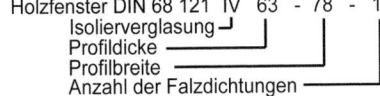

Beim Verbundfenster liegen zwei einfach verglaste Flügelrahmen hintereinander (**10.**123). Wegen der zwei Glasebenen spricht man von einer *Doppelverglasung* (Kurzzeichen: DV). Der Außenflügel ist mit 1 mm Abstand so angeordnet, dass eine Luftzirkulation möglich wird, um Tauwasserbildung und Beschlagen weitgehend zu verhindern. Außen- und Innenflügel sind durch einen Beschlag miteinander verbunden (gekoppelt) und haben einen gemeinsamen Drehpunkt. Die Flügelrahmen liegen in einem Doppelfalz des breiten Blendrahmens. Beide Flügel haben gewöhnlich Einfachverglasung. Wenn der innere Flügel zur besseren Wärmedämmung isolierverglast wird, vergrößern sich die Profilabmessungen. Verbundfenster haben eine gute Wärme- und Schalldämmung, die sich durch eine dickere Verglasung des Außenflügels noch verbessern lässt. Nachteilig sind der hohe Material- und Arbeitsaufwand.

Beispiel

Holzfenster DIN 68 121 DV 32 / 44 - 51 / 78 - 1
- Doppelverglasung (DV)
- Profildicke (Außen-/Innenflügel) (32 / 44)
- Profilbreite (Außen-/Innenflügel) (51 / 78)
- Anzahl der Falzdichtungen (1)

Arbeitsauftrag Nr. 97 Lernfeld TI 10, 11, 12; HM 11

B
B

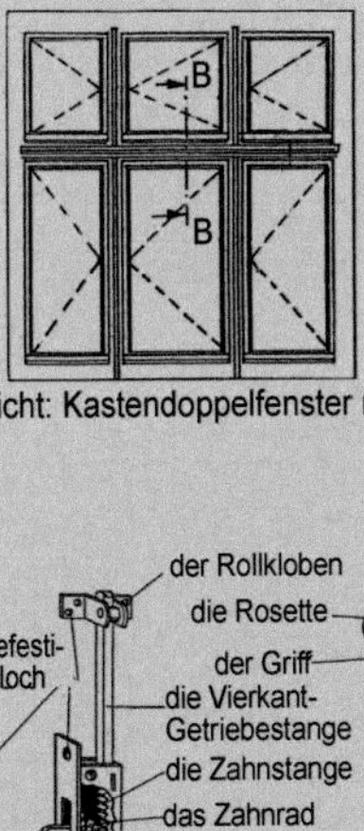

Ansicht: Kastendoppelfenster mit Oberlicht

60
55
15
47
94
36
20
Hubhöhe
Kannelierung
36
50
44
36
Rollkloben
Puffer
Schlageleiste

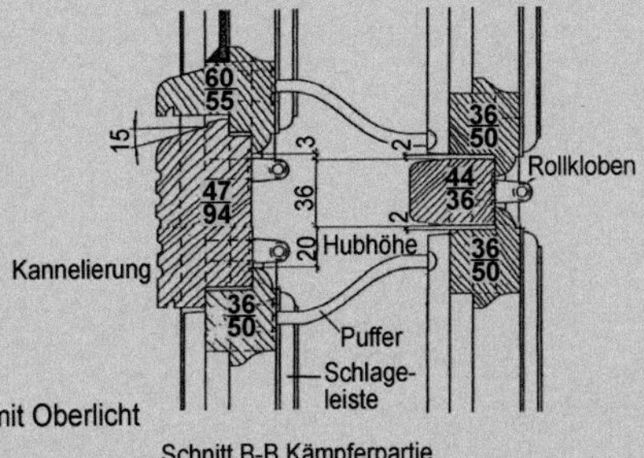

Schnitt B-B Kämpferpartie

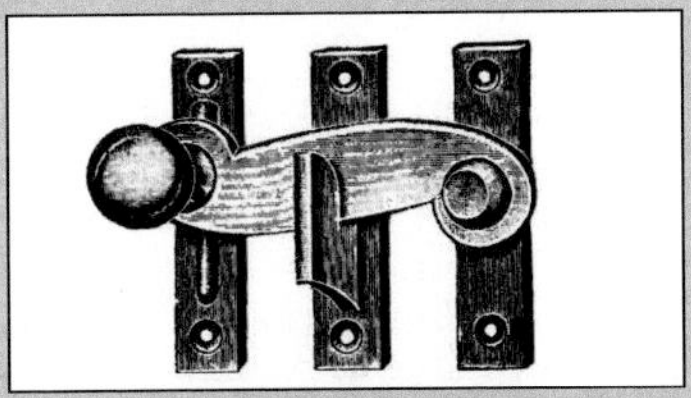

Fensterruder

der Rollkloben
die Rosette
der Griff
das Befestigungsloch
die Vierkant-Getriebestange
die Fensterolive
die Zahnstange
das Zahnrad
der Vierkantstift
der Kloben
die Einreiberzunge
die Führung
das Basquill-Schließblech
das Befestigungsloch
der Riegel
die Rolle
das Einlassgetriebe (das Einlassbasquill)
der Oberlichtschnapper
der Riegel
die Grundplatte
die Führung
der Schubriegel

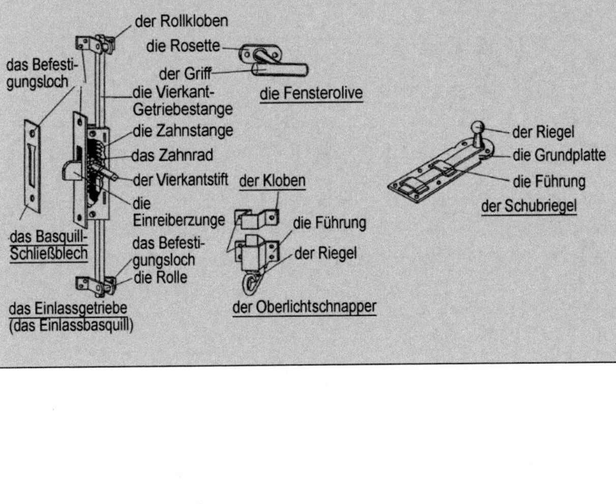

Bei der Sanierung der Kastendoppelfenster hat sich herausgestellt, dass mehrere Kämpferpartien erneuert und auch die alten Beschläge gangbar gemacht werden müssen.

- Zeichnen Sie eine Kämpferpartie im Maßstab 1:1 nach DIN 919 auf einem DIN-A4-Blatt Querformat. Orientieren Sie sich an den, den alten Bauunterlagen des Hauses entnommenen Zeichnungen.

10

Beim Kastenfenster sind äußerer und innerer Blendrahmen durch ein Kastenfutter miteinander verbunden (**10.**121). Außen- und Innenflügel haben eigene Drehachsen und im Regelfall Einfachglas. Die Schalldämmung des Fensters ist sehr gut, die Wärmedämmung wegen des großen Scheibenabstands (Luftzirkulation) geringer als beim Verbundfenster, lässt sich aber durch Isolierverglasung des Außenflügels verbessern. Nachteilig sind auch hier der hohe Material- und Arbeitsaufwand. Der Zwischenraum zwischen Außen- und Innenflügel muss ausreichend Platz für die Olive des Außenflügels bieten (55 bis 60 mm). Puffer am Außenflügel verhindern das Gegeneinanderschlagen der Flügel und einen Glasschaden durch das Einschlagen der Olive. Das Oberlicht wird durch ein Fensterruder verschlossen.

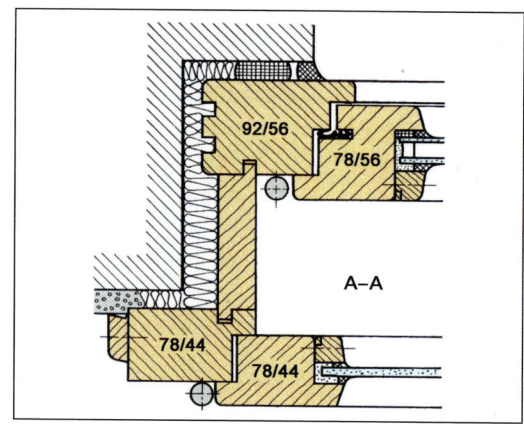

Bild 10.121 Kastenfenster mit Doppelverglasung

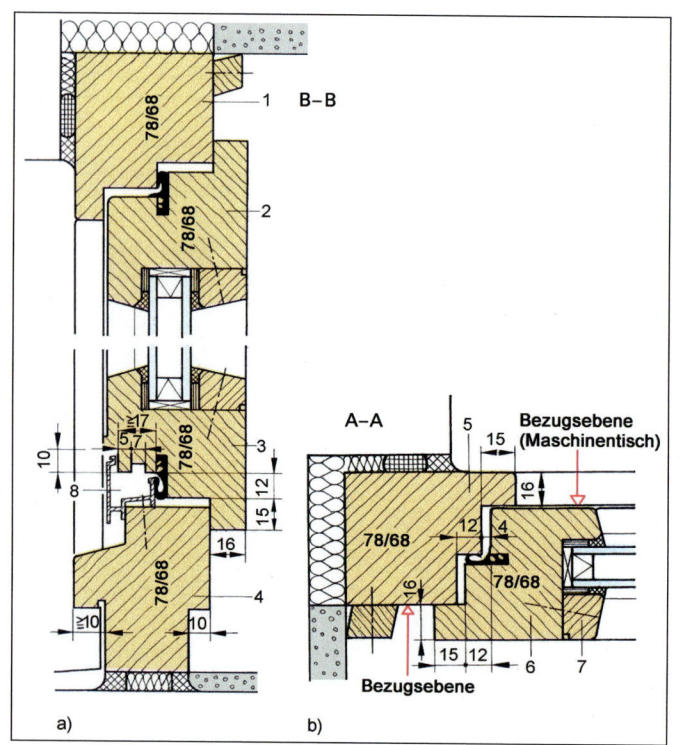

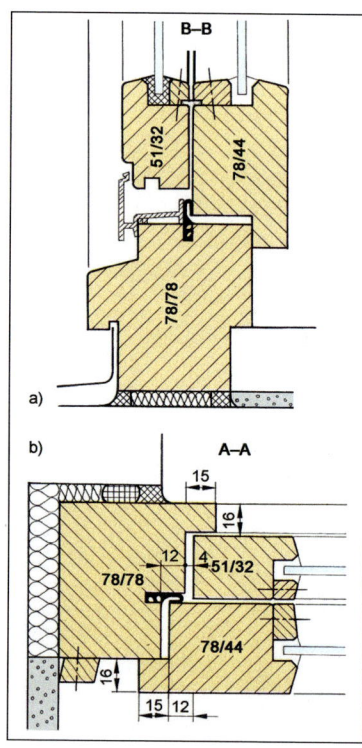

Bild 10.122 Einfachfenster mit Isolierverglasung
  1 oberes Blendrahmenholz
  2 oberes Flügelholz
  3 unteres Flügelholz
  4 unteres Blendrahmenholz
  5 aufrechtes Blendrahmenholz
  6 aufrechtes Flügelholz
  7 Glashalteleiste
  8 Regenschutzschiene

Bild 10.123 Verbundfenster DV 32/44 mit Doppelverglasung

10.8 Fenster

Gestiegene Anforderungen und Rationalisierungen fanden Eingang in Normen und technische Richtlinien für den Fensterbau. Man vereinheitlichte Maße, Abmessungen und Profile. Die Norm zeigt als verbindliches Regelwerk die konstruktiv richtige Lösung auf und sichert die Gebrauchstauglichkeit. So legt DIN 68121-1 die Profilquerschnitte für Dreh-, Drehkipp- und Kippfenster/-türen in Abhängigkeit von der Beanspruchungsgruppe und Flügelabmessung fest (**10.**125). Der Teil 2 der Norm enthält Grundsätze zur Konstruktion.

Werkzeuge, Beschläge und Schnittholzmaße sind auf die Norm abgestellt. Die Normmaße sind Nennabmessungen und gelten für eine Holzfeuchtigkeit von 11 bis 15 %, bezogen auf das Darrgewicht. Als Bezugsebene für den Flügelrahmen dient beim Fälzen die äußere Seite des Profils, beim Blendrahmen dagegen die innere.

Profilabmessungen für Holzfenster. Um den unterschiedlichen technischen Anforderungen zu genügen, müssen Mindestabmessungen eingehalten werden. Den einzelnen genormten Profilabschnitten sind Diagramme zugeordnet (DIN 68121-1). Sie gelten sowohl für Fenster als auch Fenstertüren. Bei Dreh- und Drehkippfenstern/-türen sind die Flügelbreiten durch die Beanspruchungsgruppen A, B und C nach DIN 18055 begrenzt. Aus dem Größendiagramm sind erforderliche Zusatzverriegelungen zu entnehmen (**10.**127).

Erforderliche Zusatzverriegelung für Dreh- und Drehkippflügel

in der Höhe:	ab 1.100 mm	1
	ab 2.000 mm	2
in der Breite:	ab 1.100 mm Breite	1
	ab 2.000 mm	2

Vorgehen bei der Wahl der Profil- und Konstruktionsmaße

– Ermitteln der Beanspruchungsgruppe,
– Festlegen der Profilmaße und Anzahl der Verschlusspunkte unter Berücksichtigung der Beanspruchungsgruppe, Öffnungsart (Dreh-, Drehkipp-, Kippflügel) und Flügelabmessungen.

Arbeitsauftrag Nr. 98 Lernfeld TI 10, 11, 12; HM 11

- Die Hausverwaltung war mit der Instandsetzung der Kastendoppelfenster sehr zufrieden. Wie sich in einem Gespräch herausstellt, vertritt der Hausverwalter eine Eigentümergemeinschaft die alte, teilweise unter Denkmalschutz stehende Häuser aufkauft, instand setzt, die Wohnungen in Eigentumswohnungen umwandelt und verkauft. Für ein gerade erworbenes Projekt benötigt er eine fachliche Beratung hinsichtlich Fensterformen und deren Öffnungsmöglichkeiten.
- Erstellen Sie ein entsprechendes Plakat zur Unterstützung des zu führenden Kunden-/Fachgesprächs. Erstellen Sie eine Zeitleiste mit historischen Fensterformen und benennen Sie die Epochen (**10.**108).
- Zeichnen/Skizzieren Sie jeweils einen Horizontalschnitt eines Einfachfensters, Doppelfensters, Isolierglasfensters und Kastendoppelfenster auf einem DIN-A2-Blatt. Benennen Sie die jeweiligen Vor- und Nachteile hinsichtlich der Anforderungen von Schall- und Wärmeschutz.

10.8.4 Profilquerschnitte und Konstruktionsmaße für Holzfenster

Arbeitsauftrag Nr. 99 Lernfeld TI 10, 12; HM 11

- Die Hauseingangstür mit Korbbogen wurde inzwischen fertiggestellt.

  Der Denkmalschutzbeauftragte gestattet der Hausverwaltung den Einbau genormter Fenster auf der Hinterhofseite des Hauses.

  Ihre Firma arbeitet seit Jahren mit einem bestimmten Werkzeughersteller (GOLD Werkzeuge) zusammen und hat den dargestellten Vertikal-Schnitt eines IV-78 Fensters erstellt.

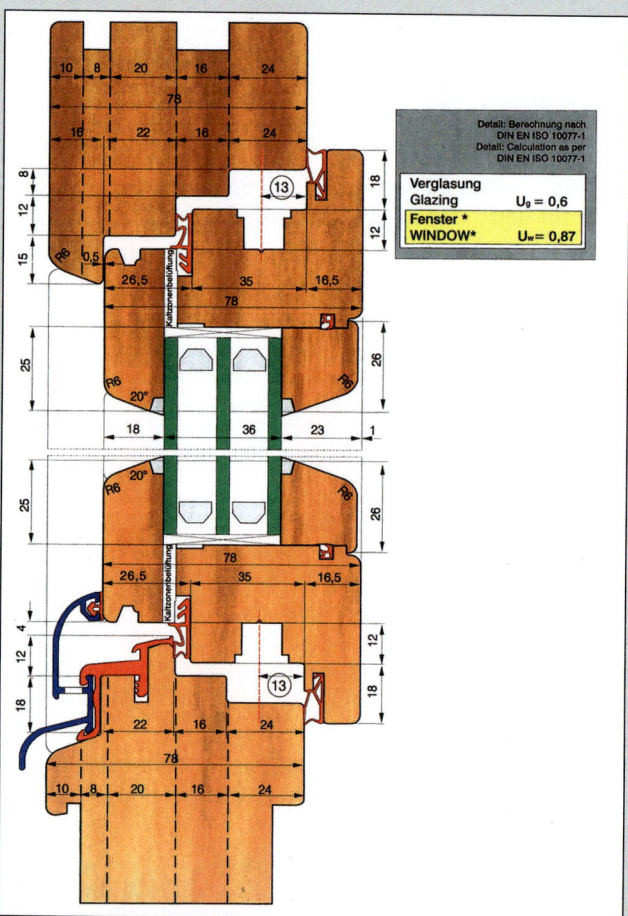

Vor der Auftragserteilung möchte die Hausverwaltung über die Fensterkonstruktion und eine mögliche Variante informiert werden.

- Ihr Meister erteilt Ihnen den Auftrag, den Vertikalschnitt und Horizontalschnitt eines IV 78 Fensters auf einem DIN-A2-Blatt im Maßstab 1:1 zu zeichnen, um Sie mit den Originalmaßen des modernen Fensterbaus vertraut zu machen und Ihre Zeichentechnik zu schulen. Ergänzen Sie die Zeichnung mit einer Variante des Mittenanschlags.

- Informieren Sie sich bei verschiedenen Fensterprofil-Werkzeugherstellern über entsprechende Zeichenvorlagen und vergleichen Sie diese mit dem genannten Werkzeughersteller. Erarbeiten Sie Vor- und Nachteile der jeweiligen Produkte.

10.8 Fenster

Beispiel

Ein Drehkippfenster mit der Flügelgröße 1.300 mm Breite und 1.600 mm Höhe soll in einem 18 m hohen Gebäude eingebaut werden. (Bis 20 m Gebäudehöhe gilt Beanspruchungsgruppe B, **10**.124.)

Lösung

Nach dem Größendiagramm für den Querschnitt IV 68 kann das Fenster mit diesem Profil ausgeführt werden. Wegen der Flügelmaße ist eine Zusatzverriegelung in der Breite und in der Höhe erforderlich (**10**.126, **10**.127).

Tabelle 10.124 Windbeanspruchung bei normaler Gebäudelage (Regelfall)

Beanspruchungsgruppe[1]	A	B	C	D
Gebäudehöhe in m	bis 8	bis 20	bis 100	Sonderregelung
Prüfdruck in Pa (N/m^2)	bis 150	bis 300	bis 600	
Windstärke[2]	bis 7	bis 9	bis 11	

[1] im Leistungsverzeichnis anzugeben
[2] nach Beaufort-Skala

Tabelle 10.125 Normfensterprofile für Holzfenster nach DIN 68121 (Die Angaben in Klammern sind nicht zu unterschreitende Mindestmaße)

Einfachfenster mit Isolierverglasung (IV)					
Profilbezeichnung	IV 56	IV 63	IV 68	IV 78	IV 92
Dicke des Flügel- und Blendrahmens	56(55)	63(62)	68 (66)	78 (76)	92 (90)
Breite des Flügel- und Blendrahmens	78,92	78,92	78,92	78,92	92
Verbundfenster mit Doppelverglasung (DV)					
Profilbezeichnung	DV 32/44	DV 36/56	DV 44/44		
Dicke in mm – Außenflügel – Innenflügel	32(30) 44(42)	36(34) 56(54)	44(42) 44(42)		
Breite in mm – Außenflügel – Innenflügel	51,65* 78, 92*	51,65* 78, 92*	51,65* 78, 92*	*Fenstertüren	

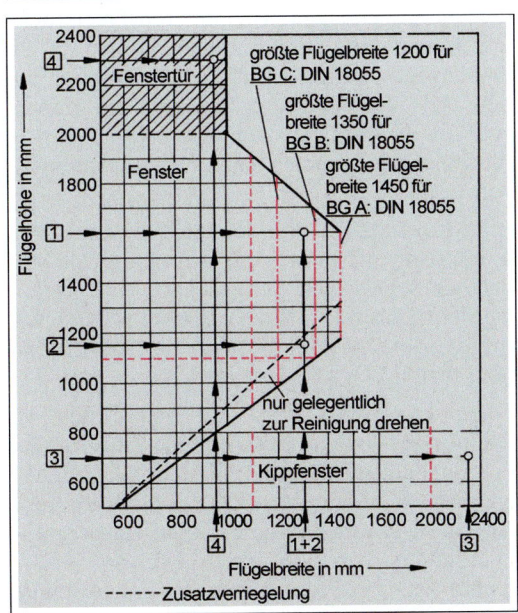

Bild 10.127 Diagramm zum Ermitteln der Flügelmaße und Anwendungsbereiche bei Holzfenstern IV 68-78-1 (DIN 68121)

Tabelle 10.126 Fensterarten, Verriegelungen

Benennung	Flügelbreite	BG	Zusatzverriegelung in der	
Pos.	Flügelhöhe		Breite	Höhe
2 Drehkipp	1.300/1.150	B		1
3 Kippfenster	2.200/700	B	2	
4 Fenstertür	950/2.300	C		2

Den Zusammenhang zwischen Flügelabmessung und Belastung der Beschläge zeigt Bild **10**.129. Bei flach liegenden Fensterformaten kann das obere Band die auftretenden großen Zugkräfte nicht mehr aufnehmen. Möglich ist nur noch eine Ausführung als Kippfenster (**10**.127, unterer Bereich). Im Größendiagramm wird deshalb die zulässige maximale Flügelbreite für Dreh- und Drehkippfenster festgelegt.

Konstruktionsgrundsätze und -maße. Um Material- und Funktionsschäden an Holzfenstern zu vermeiden, enthält die DIN 68121-2 Ausführungsgrundsätze.

Wasserabreißnut und Falzdichtung. Am unteren Flügelholz ist eine mindestens 7 mm breite und 5 mm tiefe Wasserabreißnut vorzusehen. Die Wange soll eine Mindesttiefe von 5 mm haben. Um das Eindringen von Schlagregen zu erschweren, soll die Trennung zwischen Regen- und Windsperre mindestens 17 mm betragen. Wegen der geringen Profildicke ist das IV 56 davon ausgenommen (**10.**128).

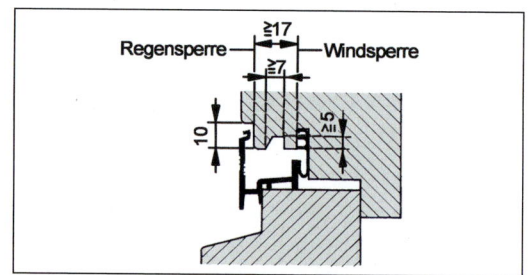

Bild 10.128 Räumliche Trennung zwischen Regen- und Windsperre, Ausführung der Wasserabreißnut

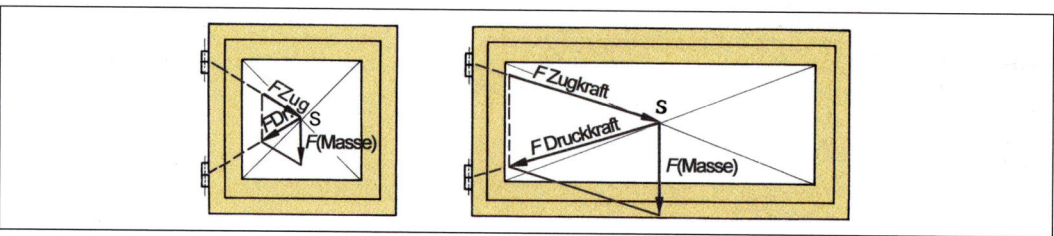

Bild 10.129 Auswirkung der Flügelabmessung auf die Bänderbelastung

Wasserabführung. Der Flügel soll außen nicht dicht am Blendrahmen anliegen, damit eine Belüftung des Falzraumes möglich ist. Der auch an der Regenschutzschiene vorhandene Lüftungsspalt dient außerdem dem Druckausgleich zwischen Außenklima und Falzbereich. Auch bei starker Windbelastung soll das Regenwasser in der Sammelkammer der Regenschiene abfließen können.

Zum Schutz des Blendrahmens ist die Wetterschutzschiene **seitlich** mit einer **Endkappe** oder durch **elastischen Dichtstoff** abzudichten (**10.**130).

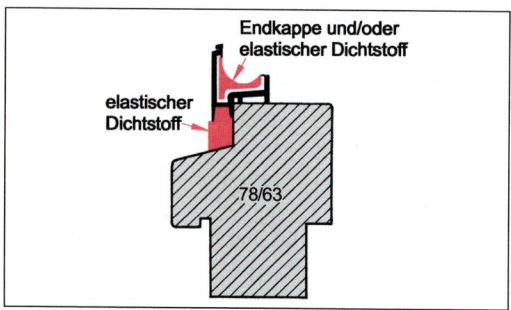

Bild 10.130 Abdichten der Wetterschutzschienen zum Blendrahmen

Die Befestigung kann mit Schrauben an der Innenseite oder Klemmverbindungen (Tannenzapfen) erfolgen. Die unteren Querstücke von Flügel- und Blendrahmen müssen an der Außenseite wenigstens 15° Ablaufneigung haben. Alle der Witterung ausgesetzten Kanten sind mit einem Radius von mindestens 2 mm zu runden. Ausgenommen ist die Wasserabreißnut.

Der *Innen- und Außenfalz* des Flügels soll 15, der Mittelfalz 12 mm sein. Die Falzluft von 4 mm kann auf 11 mm zur Aufnahme von verdeckter Schere und Schließplatten vergrößert werden (Eurofalz). Eine zusätzliche Nut (Euronut) erleichtert die Montage der Schließplatten (**10.**131).

Falzdichtungen. Anzahl und Ausführung der Dichtungen haben besonderen Einfluss auf die Fugendurchlässigkeit und Schlagregensicherheit. Während die Beanspruchungsgruppe A keine Dichtung erfordert, sind für B und C Dichtungen vorgeschrieben. Die aus elastomeren Kunststoffen (meist Kunstkautschuk) hergestellten Dichtungen werden als Lippendichtungen oder Quetschdichtungen (großes Rückstellvermögen) am Flügel oder Blendrahmen befestigt. Sie müssen in einer Ebene,

10.8 Fenster

mindestens 17 mm hinter der Regensperre liegen und umlaufend so ausgeführt werden, dass eine Entwässerung in die Regenschiene möglich ist. Die Dichtungen sollen weich federnd, alterungsbeständig und leicht auswechselbar sein (**10.**128).

Sie werden eingezogen und oben in der Mitte des Querstücks gestoßen. Da die Dichtungen in den Ecken nicht mehr getrennt werden, entfällt das Verschweißen der Gehrungen.

Eckverbindungen für Holzfenster. Die Fensterverbindungen müssen den hohen Beanspruchungen standhalten, dauerhaft dicht sein und dürfen die Formstabilität nicht beeinträchtigen. Häufigste Verbindung ist Schlitz und Zapfen. Bei IV-Fenstern sind grundsätzlich wegen der erforderlichen Holzdicke Doppelzapfen notwendig. Wegen des Schwind- und Quellverhaltens des Holzes sollen Schlitz- und Zapfenmaß 15 mm nicht überschreiten.

In der industriellen Fensterfertigung verwendet man immer häufiger Keilzinken auf Gehrung für die Rahmeneckverbindung. Alle Eckverbindungen lassen sich mit dem gleichen Werkzeug rationell und holzsparend herstellen, Innenecken müssen jedoch verspachtelt werden. Durch Präzision und Passgenauigkeit der Anschlussfuge erreicht man eine hohe Festigkeit. Der geringe Hirnholzanteil an den Ecken erschwert das Eindringen von Feuchtigkeit. Für den Anschluss von Riegel, Pfosten und Sprossen verwendet man häufig neben Zapfen die fertigungstechnisch günstigere Dübelverbindung. DIN 68121-2 enthält Beispiele für die Dübelanordnung einzelner Elemente. Für die Dichtigkeit der Stoßfuge ist es vorteilhaft, wenn die Dübel möglichst weit außen angeordnet werden (**10.**132). Die Leime müssen den jeweiligen Beanspruchungsgruppen (D3 oder D4) und genormten Anforderungen an Holz- Leimverbindungen (DIN EN 204) entsprechen.

Sockelausbildung. Bei Fenstertüren kann das untere Querholz bis 140 mm Breite ungeteilt ausgeführt werden. Bei geteiltem Sockel muss der Regen ungehindert ablaufen können, ohne in die Konstruktion einzudringen. Die äußere Querfuge erhält eine Abdichtung (**10.**133).

Mehrteilige Fenster. Eine Unterteilung der Fensterfläche erreicht man durch Pfosten und Riegel oder die Anordnung von 2 Flügeln nebeneinander mit Mittelschluss anstelle eines Pfostens (Stulpfenster).

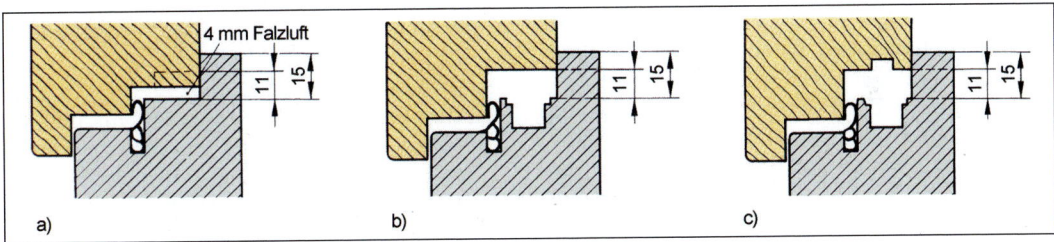

Bild 10.131 Falzausbildung zwischen Flügel- und Blendrahmen
   a) Falz mit 4 mm Luft, Schließplatten und Schere eingelassen,
   b) Eurofalz mit 11 mm Luft vergrößerter Falz für Schließplatten,
   c) Euronut mit 11 mm Luft, vergrößerter Falz mit Führungsnut für Schließplatten

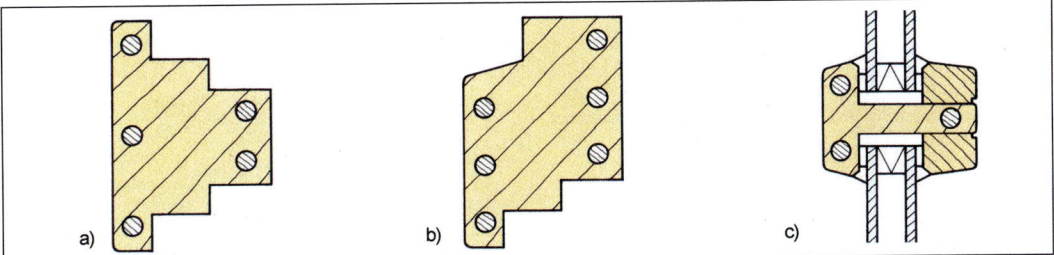

Bild 10.132 Dübelverbindungen bei a) Pfosten, b) Riegel, c) Sprossen

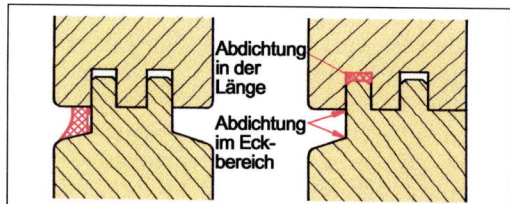

Bild 10.133 Unteres Querholz; Ausbildung und Ausrichtung der Querfuge

Stulpfenster. Das zweiflüglige Fenster ohne Pfosten ermöglicht eine größere Öffnungsbreite. Die Doppelfälze der beiden Flügel sind so angeordnet, dass sich der rechte Flügel zuerst öffnen lässt. Schlagleisten verdecken die Stoßfuge der Flügel. Die äußere am linken Flügel wird aufgeleimt, die innere am rechten Flügel aufgeschraubt. Auf gleiche Ansichtsflächen der Flügelrahmen innen und außen ist zu achten (**10.**134).

Herstellen eines Holzfensters

Eine Tischlerei erhält den Auftrag, für einen Neubau Einfachfenster mit Isolierverglasung in Holz herzustellen. Obwohl Ausschreibung und Bauzeichnungen genaue Maßangaben enthalten, müssen alle Öffnungsmaße am Bau überprüft werden, um Abweichungen bei der Ausführung festzustellen.

Arbeitsvorbereitung. Nach Auftragserteilung sind die baulichen Verhältnisse sowie die Anforderungen an das Fenster zu überprüfen und die konstruktiven Einzelheiten festzulegen. Die Maßaufnahmen am Bau trägt man in ein Maßbuch ein. Nach einer Fertigungszeichnung wird die *Stückliste* erstellt, die für die Herstellung benötigt wird.

Aufmaß auf der Baustelle

– Leibungen auf Waagerechtig- und Lotrechtigkeit überprüfen.
– Öffnungsmaße an mehreren Stellen messen (zuerst die Breite unten, oben und in der Mitte, dann die Höhe links, rechts und in der Mitte),
– Anschlagart überprüfen (die Anschlagart hat Auswirkung auf das Blendrahmenmaß, der Abstand zwischen Blendrahmen und Mauerwerk sollte an jeder Seite 10 bis 15 mm betragen),
– Brüstungs- und Sturzhöhe kontrollieren,
– Meterriss beachten,
– Transport- und Einbaumöglichkeiten überprüfen,
– zum Aufzeichnen der Messergebnisse dient ein Maßbuch. Die Messergebnisse werden in der Reihenfolge und möglichst mit Skizze festgehalten.

Arbeitsablauf in der handwerklichen Fertigung

– *Holzauswahl*:
Berücksichtigung der Gütebedingungen DIN 68360,
Überprüfen der Holzfeuchte bei Arbeitsbeginn (11 bis 15%).
– *Holzzuschnitt*:
Ablängen der Bohlen (Kappsäge, Pendelsäge, Kreissäge), Maßzugabe für Weiterbearbeitung ca. 50 mm,
Breitenzuschnitt (Kreissäge), Maßzugabe für Weiterbearbeitung ca. 5 mm.
– *Aushobeln der Rahmenhölzer*:
Abrichten der Bezugsflächen im rechten Winkel (breite Seite und Winkelkante) Holzbreite und Holzdicke aushobeln,
– Blendrahmenfälze und Flügelinnenfälze herstellen, Kanten abrunden,
– Schlitz- und Zapfenverbindung am Blend- und Flügelrahmen fräsen, Dübel- und Zapfenlöcher herstellen.

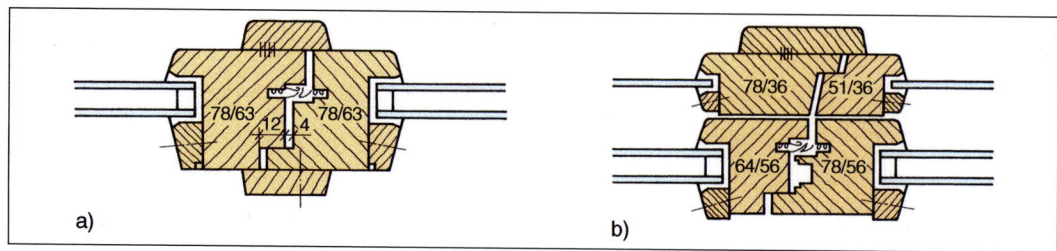

Bild 10.134 Stulpfenster als a) Einfachfenster und b) Verbundfenster

10.8 Fenster

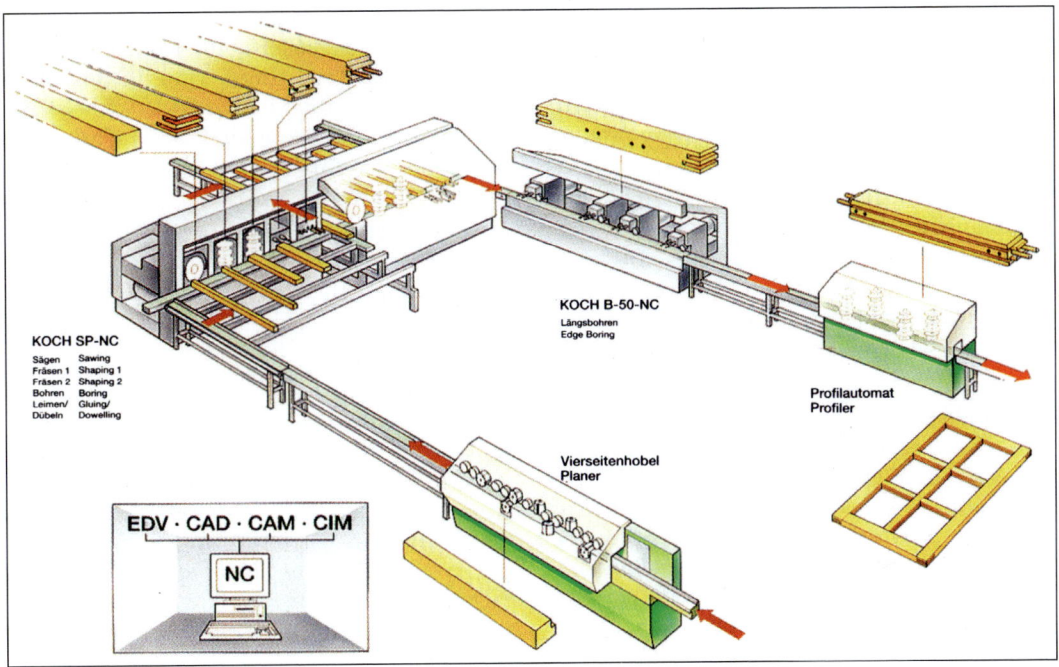

Bild 10.135 Fertigungsstraße für Fenster und Türen

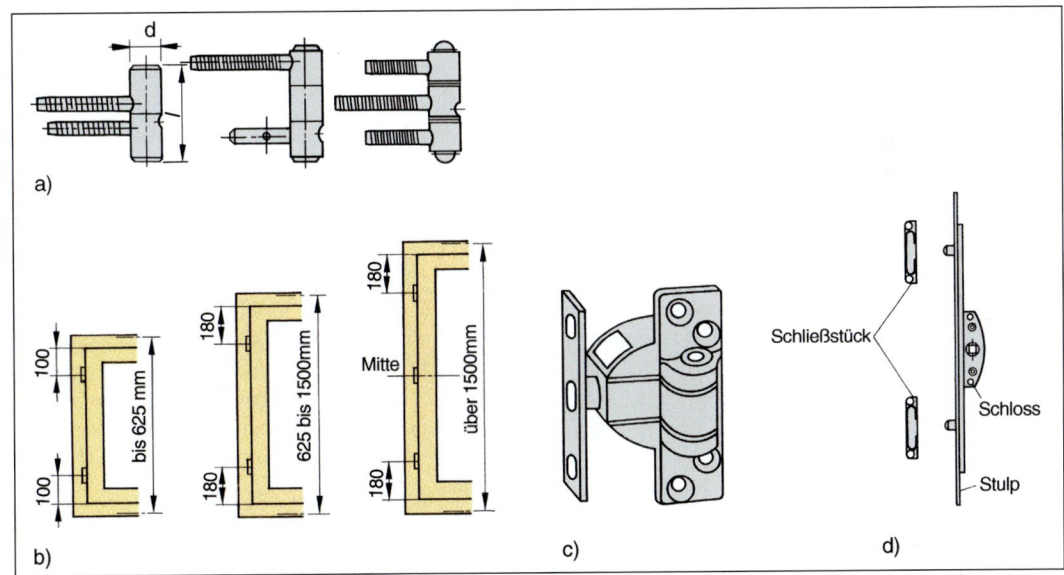

Bild 10.136 a) Einbohrbänder für leichte und schwere Flügel,
  b) Sitz und Anzahl der Bänder nach DIN 18051,
  c) Topfscharnier,
  d) Kantengetriebe

Beachte: Beim Blendrahmen erhalten die senkrechten Hölzer den Zapfen! (Hirnholz ist dadurch verdeckt).

- Verleimen der Rahmen mit D4-Klebstoff, bei deckendem Anstrich ist auch D3 zulässig (DIN 68602). Eine Rahmenpresse erleichtert die Arbeit, garantiert Rechtwinkligkeit und hohen Pressdruck.
- Fräsen der Flügelaußenfälze,
- Schleifen der Oberfläche,
- Imprägnieren und Grundieren,
- Beschläge montieren, Dichtprofile einbauen,
- Verglasung.

Fertigung auf der Fensterstraße (10.135)

Die CNC-Technik ermöglicht eine rationelle Fensterfertigung auf automatischen Fertigungsstraßen innerhalb weniger Minuten. Das Fertigungsprogramm umfasst alle Arbeitsschritte vom Zuschnitt bis zur Beschlagmontage in optimierter Folge auf kombinierten Produktionsmaschinen einschließlich dem automatischen Materialtransport.

10.8.5 Flügelöffnung und Fensterbeschläge

Durch technischen Fortschritt in der Beschlagindustrie ergaben sich neue Öffnungsmöglichkeiten für Fenster und mehr Bedienungskomfort.

Beschläge verbinden Flügel- und Blendrahmen und ermöglichen das Öffnen und Schließen des Fensters. Die Auswahl ist abhängig von der Flügelöffnung, der Fenstergröße, dem Zweck und Werkstoff sowie der Beanspruchungsart.

Fensterbänder verbinden den Flügelrahmen drehbar mit dem Blendrahmen. Als Drehbeschläge verwendet man, wegen der einfachen Montage und Justierbarkeit, hauptsächlich Einbohrbänder oder Topfscharniere (**10.**136). Die Bohrungen für die Einbohrbänder führt man mithilfe von Bohrschablonen und Stufenbohrern aus. Die Flügel der Verbundfenster werden mit speziellen Verbundfensterbändern oder -scharnieren und einer Kupplung verbunden.

Fensterverschlüsse sind zum Verschließen und Verriegeln des Flügels. Nach der Konstruktion unterscheiden wir: Einreiberverschluss, Kantengetriebe mit Rollzapfen oder Nocken, Einlassgetriebe mit Stangenverschluss, Ein- oder Mehrpunktverschluss. Bis auf das Bedienelement sind die Funktionselemente heute weitgehend verdeckt in das Rahmenholz eingelassen.

Öffnungsarten der Fensterflügel (nach DIN 18059)

Drehflügelfenster können ein- oder mehrteilig ausgeführt werden.

Für kleine einfache Fensterflügel nimmt man vielfach Einreiberschlösschen mit Zunge oder Rollzapfen. Aufliegende Verschlüsse wie Vorreiber und Ruderverschlüsse werden heute nicht mehr eingebaut. Für größere Flügel verwendet man *Kantengetriebe*. Sie haben einen Getriebekasten zur Aufnahme des Bediengriffs, eine flach liegende Stulpschiene und mehrere Verriegelungspunkte mit Rollzapfen oder Nocken. Für großflächige Fenster nimmt man Zentralverschlüsse mit Eckumlenkung und zusätzlicher oberer und unterer sowie bandseitiger Verriegelung. Für zweiflügelige Fenster ohne Mittelpfosten (Stulpfenster) eignen sich Kanten- oder *Einlassgetriebe* mit Treibstangen, die man nach Bedarf abzählt.

Kippflügelfenster werden am unteren Flügelholz angeschlagen und meist als Oberlichtfenster verwendet. Bevorzugte Formate sind Quadrate oder flach liegende Rechtecke. Die Außenflächen sind schwer zu reinigen, die Fenster ermöglichen eine gute, zugfreie Belüftung. Beim Einbau oberhalb der Griffhöhe sollte ein verdeckt- oder aufliegender Oberlichtöffner vorgesehen werden. Beschläge für Kippflügel als Oberlichtfenster erhalten eine verdeckt oder aufliegende Schubstange mit Quergestänge und Schere. Den Bedienhebel montiert man gut erreichbar auf dem Blendrahmen.

Das Drehkippflügelfenster ist am verbreitetsten und verbindet die Vorteile von Dreh- und Kippflügel.

Drehkippbeschläge drehen den Flügel zum Öffnen und Schließen um die senkrechte Achse oder kippen ihn am unteren Blendrahmenholz um die waagerechte Achse. So erreichen wir in der Kippstellung eine gute, zugfreie

10.8 Fenster

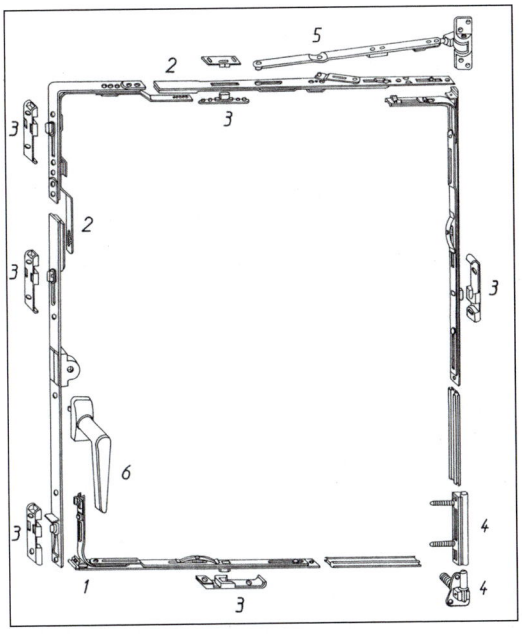

Bild 10.137 Drehkippbeschlag
1 Schlossstück mit Einstiegsicherung
2 veränderbarer Verbindungsteil
3 Verriegelung
4 Eckband mit Ecklager
5 Ausstellschere
6 Halbolive für Einhandbedienung

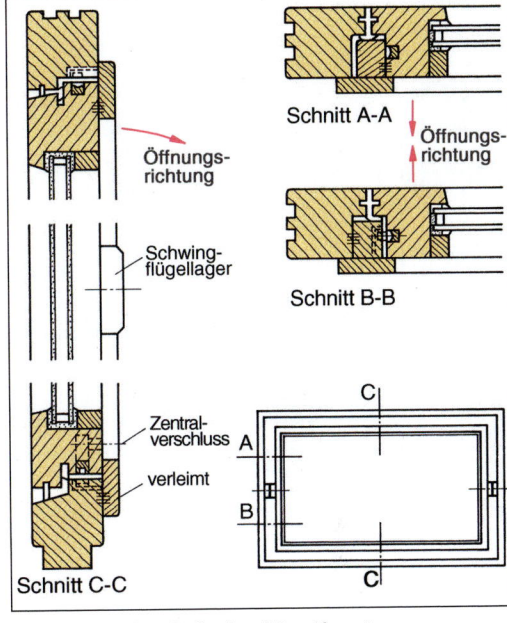

Bild 10.138 Schwingflügelfenster

Lüftung (**10.**137). Üblich ist heute die verdeckt liegende Ausführung.

Schwingflügelfenster. Der Flügelrahmen ist horizontal in der Flügelmitte (Querachse) an beiden Seiten so gelagert, dass der untere Flügelteil nach außen und der obere nach innen schwingt. Die Drehung nach innen und außen erfordert Wechselfälze mit Deckleisten. Verbrauchte Raumluft strömt oben aus, Frischluft unten zu (Zweiweglüftung). Die Außenflächen lassen sich bei einer Flügeldrehung um 180° reinigen.

Anwendung: Großflächige Fenster, günstig sind liegende Rechteckformate.

Schwingbeschläge halten das Fenster in verschiedenen Drehpunkten um eine waagerechte Achse und erlauben damit eine genau einstellbare Belüftung bis zur Spaltöffnung (zugfreie Dauerlüftung **10.**138).

Wendeflügelfenster. Der Flügelrahmen ist vertikal meist in Flügelmitte gelagert und dreht sich nach außen bzw. innen. Das obere bzw. untere Wendelager ermöglichen durch Bremsvorrichtung eine windsichere Fixierung in jedem Öffnungswinkel. Wendeflügel eignen sich besonders für stehende großformatige Flügel (**10.**139).

Hebedrehflügelfenster und -türen. Den Flügel kann man nur im angehobenen Zustand durch Drehen öffnen. Auf das untere Blendrahmenholz ist eine Sattelschiene montiert, auf der der Flügel dicht aufsitzt (**10.**140).

Hebeschiebefenster und -türen öffnen seitlich durch Verschieben der Flügel auf Rollen.

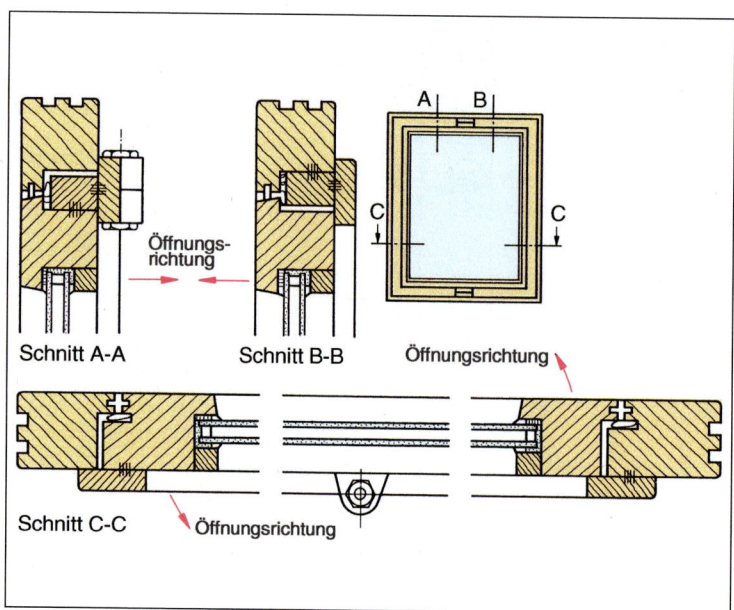

Bild 10.139 Wendeflügelfenster

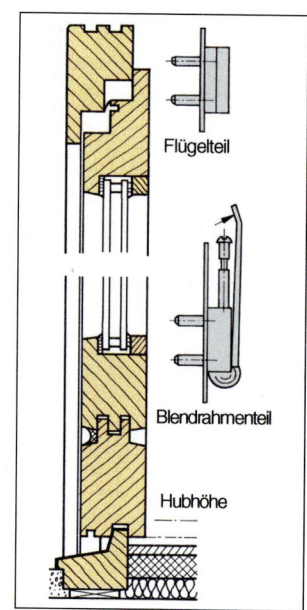

Bild 10.140 Hebedrehtür

10.8.6 Werkstoffe im Fensterbau

Fenster stellt man aus Holz, Aluminium, Kunststoff und Stahl sowie aus Kombinationen dieser Werkstoffe her.

Für Holzfenster eignen sich Hölzer mit hoher Festigkeit und gutem Stehvermögen, Beständigkeit gegen Pilze- und Insektenbefall, günstiges Trocknungsverhalten und guter Lackhaftung (**10.**142a). Außerdem müssen sie gut zu bearbeiten sein. Die einheimischen Holzarten im Fensterbau sind heute Fichte, Kiefer, Lärche, Douglasie und in geringem Maße Eiche. Die Gütebedingungen für Fensterholz legt DIN 68360 fest (**10.**142b). Man unterscheidet zwischen Fensterholz mit deckend und nichtdeckend behandelter Oberfläche (z. B. lasiert, **10.**143). In den letzten Jahren wird zunehmend *lamelliertes* Fensterholz verarbeitet. Die mehrschichtigen wasserfest verleimten Kanteln haben einen symmetrischen Aufbau und an den Außenflächen weitgehend astfreies, qualitativ hochwertiges Holz. Die Leimfugen der einzelnen Holzlagen dürfen der Witterung nicht direkt ausgesetzt sein. Die D4-Verleimung erfolgt nach DIN EN 204.

Acetylierung. Mit diesem Verfahren des niederländischen Unternehmens „Titan-Wood" kann Holz dimensionsstabiler und resistenter gemacht werden. Hierbei wird unter Wärme und Druck Essigsäurehydrid ins Holz eingebracht (**10.**141). Die Wasseraufnahmefähigkeit des Holzes wird hierdurch herabgesetzt und das Quell- und Schwindverhalten gegenüber unbehandeltem Holz um ca. 80 % verringert.

Das modifizierte Holz mit dem Namen „Accoya" zeichnet sich durch eine sehr hohe Dauerhaftigkeit und Resistenz gegen Feuchtigkeit, Pilze, Mikroorganismen und Insekten aus (Resistenzklasse 1 nach DIN EN 350-2). Das Material gilt als vollwertige Alternative zu Hart- bzw. Tropenhölzern.

Holzschutz. Fensterholz muss vor Witterungseinflüssen, Schädlingen und dem organischen Abbau geschützt werden. Durch konstruktive Maßnahmen erhöhen wir die Wetterbeständigkeit der Hölzer, z. B. durch abgerundete Kanten an den Profilen, schnelles kontrolliertes Ableiten von Wasser, Schutz der Brüstungsfugen. Nach DIN 68800 sind Holzfenster vor dem Einbau allseitig durch chemische Holzschutzmittel gegen Pilze und Insekten zu schützen. Der *chemische Holzschutz* kann entfallen, wenn zwischen Auftraggeber und -nehmer eine Übereinkunft besteht. Dies entbindet den Auftragnehmer jedoch nicht von seiner Gewährleistungspflicht. Zum *vorbeugenden Holzschutz* verarbeitet man hauptsächlich lösungsmittelhaltige Holzschutzmittel. Außenlasuren enthalten in der Regel Holzschutzmittel.

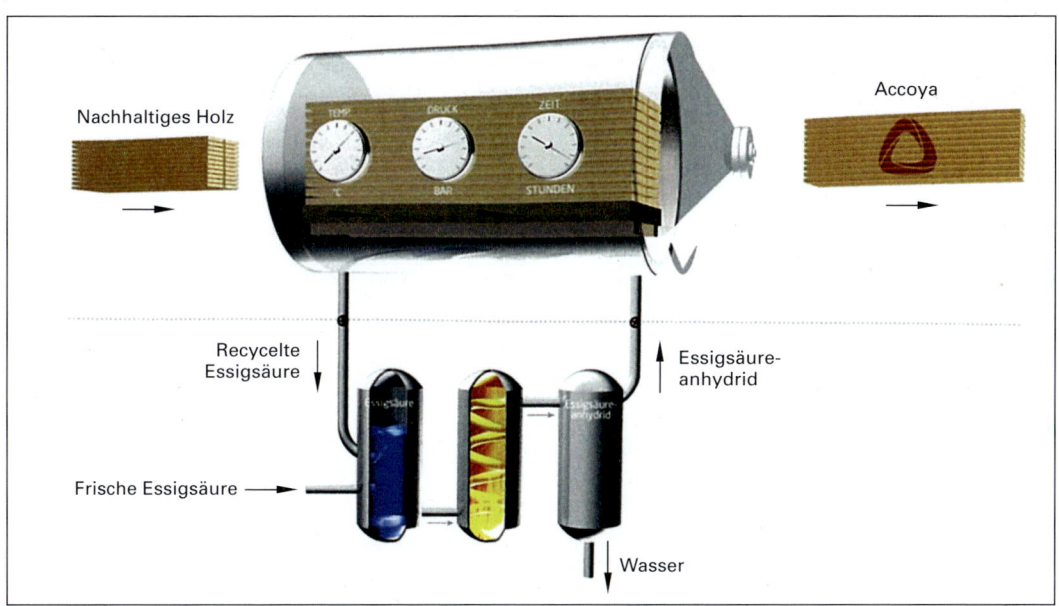

Bild 10.141 Schematische Darstellung des Acetylierungsverfahrens

Tabelle 10.142a Hölzer für den Fensterbau, Klassifizierung entsprechend der Dauerhaftigkeit nach DIN EN 350-2

Klasse	Beschreibung	Holzarten	Rohdichte g/cm^3	Dimensionsstabilität	Feuchteangleichgeschwindigkeit
1	sehr dauerhaft	Teak Afzelia Macoré	0,65–0,75 0,73–0,83 0,62–0,72	sehr gut sehr gut gut	gering bis mittel sehr gering gering
1 bis 2	sehr dauerhaft bis dauerhaft	Merbau Iroko	0,73–0,83 0,63–0,67	sehr gut gut	sehr gering sehr gering
2	dauerhaft	Eiche europäisch Mahagoni Swiet. Sipo Mahagoni	0,67–0,76 0,51–0,77 0,59–0,66	mittel sehr gut gut	gering sehr gering sehr gering
2 bis 3	dauerhaft bis mäßig dauerhaft	Amerik. Weißeiche Framiré Western Red Cedar Tola, Agba	0,67–0,77 0,52–0,56 0,33–0,39 0,48–0,51	mittel gut gut gut	gering mittel gering gering
3	mäßig dauerhaft	Dark Red Meranti Niangon Khaya Mahagoni Oregon Pine	≥ 0,68 0,67–0,71 0,48–0,60 0,47–0,55	gut gut gut gut	gering sehr gering gering gering
3 bis 4	mäßig dauerhaft bis wenig dauerhaft	Meranti Kiefer Lärche Eucalyptus grandis	≥ 0,49 0,50–0,54 0,47–0,65 0,37–0,55	gut mittel mittel mittel	mittel mittel gering mittel
4	wenig dauerhaft	Fichte/Tanne Hemlock Amerik. Roteiche West. White Spruce	0,44–0,48 0,47–0,51 0,65–0,79 0,42–0,54	gut gut mittel gut	mittel mittel mittel mittel
5	nicht dauerhaft	Sitka Fichte Pinus Radiata	0,44–0,45 0,42–0,50	gut mittel	mittel mittel

Tabelle 10.142b Gütebedingungen für Fensterholz nach DIN 68360-1, DIN EN 942

Merkmale	deckend behandelte Oberfläche	nichtdeckend behandelte Oberfläche
Allgemein	Das Holz muss gesund (frei von holzzerstörenden Pilzen und Insekten) und frei von Markröhre sein.	
Oberfläche	Die Oberfläche muss eben sein. Zulässig ist eine nur geringe Faseraufrichtung. Unzulässig sind Sägespuren und Hobelschläge an den nach dem Einbau sichtbaren Flächen, soweit nicht eine bestimmte Oberflächenbearbeitung vereinbart ist.	
Farbunterschiede	zulässig	Zulässig sind nur naturbedingte Farbunterschiede, die durch die fertige anstrichtechnische Oberflächenbehandlung weitgehend ausgeglichen werden.
Bläue	zulässige Anbläue (geringe Bläue im Anfangsstadium)	Zulässig geringe Bläue, soweit sie durch durch die fertige anstrichtechnische Oberflächenbehandlung weitgehend auszugleichen ist.
Splint	zulässig z. B. bei Kiefern und anderen in den Splinteigenschaften ähnlichen Holzarten, unzulässig bei Holzarten, deren Kern- und Splintholz sich in den Eigenschaften wesentlich unterscheiden	
Faserneigung	Unzulässig sind Drehwuchs und Abweichungen des Faserverlaufs > 2 cm je m.	
Längsrisse	Zulässig sind kleine Risse und dauerhaft[1]) ausgebesserte Risse, die in Faserrichtung laufen, nicht durchgehen und nach der Oberflächenbehandlung nicht mehr stören.	
Querrisse	unzulässig	
Harzgallen und Rindeneinschlüsse	Zulässig sind bis 5 mm Breite dauerhaft[1]) ausgebesserte Rindeneinschlüsse, die sich nach der Oberflächenbehandlung bei AD nicht störend abzeichnen, und die bei AND in Farbe und Holzart mit dem umgebenden Holz übereinstimmen.	
Baumkante	zulässig ohne Rinde an Stellen, die nach dem Einbau nicht mehr sichtbar sind	
Insektenfraßgänge	unzulässig, ausgenommen vereinzelte Fraßgänge bis 2 mm Durchmesser von Frischholzinsekten	
Äste – nicht ausgebessert – ausgedübelt	Zulässig sind Punktäste (bis 5 mm Ø) und gesunde verwachsene Äste, die das Stehvermögen der Teile und ihre Gebrauchstauglichkeit nicht beinflussen. Diese sind beeinträchtigt wenn z. B. der größte Astdurchmesser größer als $1/3$ der Breite eines Teils (etwa eines Rahmens) ist. Dübel müssen auch an den Kanten vollflächig verleimt sein. Verleimung entsprechend dem Anwendungsbereich des Teils nach Beanspruchungsgruppe B3 oder B4 (DIN 68502).	
	zulässig Dübel bis 25 mm Ø und Kettendübelungen bis 2 Dübel	zulässig Dübel bis 25 mm Ø

[1]) dauerhaft = Ausbesserung mit Holz, das auch an den Kanten vollflächig eingeleimt ist. Verleimung entsprechend dem Anwendungsbereich des Teils nach Beanspruchungsgruppe B3 oder B4.

Tabelle 10.143 Nichtdeckende Oberflächenbehandlungen

Oberflächenbehandlung	Wirkung	Mindestanforderungen an Untergrund und Anstrich
Lacklasuren	Sie dringen ins Holz ein und bilden einen Film auf der Holzoberfläche	Geeignetes, möglichst splintfreies Holz; Nadelhölzer nach DIN 68800 imprägnieren; Kittfälze durch alle Holzteile, die mit Dichtstoffen in Berührung kommen, mit einem abschließenden Lack behandeln; bei Harthölzern nach einem Jahr einen dritten Anstrich auftragen; Überholungsturnus etwa 2 bis 3 Jahre
Imprägnierlasuren	Sie dringen tief ins Holz ein, bilden jedoch keinen Film an der Oberfläche	Geeignetes, splintfreies Holz; Kittfälze und alle Holzteile, die mit Dichtstoffen in Verbindung kommen, mit abschließendem Lack behandeln; innen möglichst abschließend lackieren; Nachbehandlung; je nach Holzart und Witterungseinflüssen, u. U. mehrmals im Jahr
Klarlack	Sie bilden auf der Holzoberfläche einen Film, dringen jedoch nicht ins Holz ein und bieten wenig Schutz vor UV-Strahlung	Geeignetes splintfreies Holz; entharztes und getrocknetes Holz (max. 12 % Feuchtigkeit); fettige Harthölzer mit Nitroverdünnung auswaschen und mit Spezial-DD-Lack grundieren; nur geeignete Fensterlacke wählen; Lackierung bis zum völligen Porenschluss

Oberflächenbehandlungen dienen der farblichen Gestaltung des Fensters und schützen das Holz vor Feuchtigkeit, Schädlingsbefall, Schmutz und Verfärbungen. Verwendet werden als deckende Anstriche hauptsächlich Lacke auf Alkydharz- oder Acrylharzbasis, als nichtdeckende Anstriche pigmentierte Lasuren (**10.**143). Die Anstrichsysteme sind lösungsmittel- oder wasserverdünnbar. Aus Gründen des Umweltschutzes nimmt die Bedeutung der wasserverdünnbaren Anstriche zu. Die Verträglichkeit der Anstriche mit Dichtstoffen und -profilen ist zu prüfen. Dunkle Anstriche sind zu vermeiden. Sie führen bei starker Sonneneinstrahlung zu einer hohen Oberflächentemperatur und möglichen Schäden. Farblose Außenanstriche haben sich als ungeeignet erwiesen, da sie nur unzureichend das Holz vor UV-Strahlung und Vergrauen schützen.

Zur richtigen Holzfenster-Oberfächen-Behandlung gehören:
- eine einwandfreie Imprägnierung durch gutes Eindringen des Holzschutzmittels in die Holzoberfläche,
- ein gleichmäßiger Schichtaufbau des Anstrichs,
- UV-Schutz zur Verhinderung des Ligninabbaus,
- Wasserdampfdurchlässigkeit bei gleichzeitig hohem Feuchtewiderstand,
- Dauerelastizität der Beschichtung,
- Haltbarkeit der Oberfläche (besonders im unteren Kantenbereich),
- Schutz durch Beschichtung gegen mechanische Belastungen und chemische Einwirkungen,
- Umweltverträglichkeit der verwendeten Materialien.

Für Holzfenster eignen sich nur bestimmte Hölzer, die hohe Ansprüche erfüllen müssen. Die Rahmenecken werden vor allem durch Schlitz und Zapfen oder Keilzinken verbunden. Die Anstriche müssen von Zeit zu Zeit ausgebessert und erneuert werden.

Aluminiumfenster. Aluminium ist ein hartes, gut zu bearbeitendes, leichtes und sehr korrosionsbeständiges Metall, sieht gut aus und erfordert kaum Pflege. Es eignet sich daher besonders zum Fensterbau. Hinzu kommt eine große Passgenauigkeit der Profile. Verwendet werden Strangprofile mit Nuten, Vertiefungen und Stegen. Man verbindet sie
- durch Eckverbindungswinkel, die man in die Hohlkammern der Rahmenprofile schiebt und dort einstanzt bzw. einpasst oder durch verdeckte Keilstifte oder -bolzen fixiert,
- durch Kleben mit Zweikomponentenklebern,
- durch Schweißen, wobei man die Gehrungszonen schmilzt, zusammenpasst und den Schweißgrat entfernt.

Das Aluminiumprofil ist durch einen Kunststoffsteg in einen Innen- und Außenbereich getrennt. Durch dieses Zweikammersystem erreicht man einen wesentlich günstigeren U-Wert, jedoch nicht den von Holz- und Kunststofffenstern (**10.**144a).

Aluminiumfenster mit einem Polyurethankern als Profiltrennung, der gleichzeitig wärmedämmend wirkt, erzielen einen U-Wert von 1,5 (**10.**144b).

Aluminiumfenster sind teurer als Holzfenster, aber dauerhafter und anspruchsloser in der Pflege. Beim Einbau müssen die eloxierten Profile durch Selbstklebefolien vor mechanischen Beschädigungen geschützt werden.

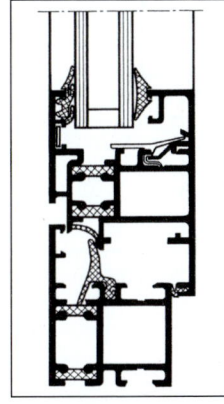
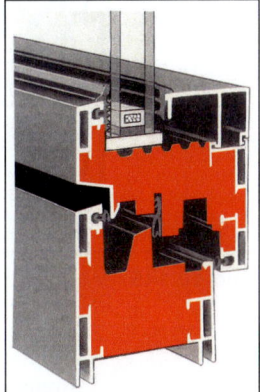

Bild 10.144a
Wärmegedämmtes Aluminiumfenster

Bild 10.144b
Aluminiumfenster mit PUR-Kern

Beim Aluminium-Holz-Fenster ist das Trägermaterial Holz durch ein Außenprofil aus Aluminium geschützt. So ergänzen sich die gute Wärmedämmung des Holzes und die hohe Witterungsbeständigkeit des Metalls.

Weil sich Aluminium jedoch bei Erwärmung ausdehnt und Holz arbeitet, dürfen beide nur an wenigen Punkten durch verschiebbare Laschen verbunden werden (**10.**145). Die Riegel dienen zum Einhängen der Aluminium-Elemente, die Laschen werden oberhalb der Riegel auf das Holz geschraubt. So haben beide Materialien ausreichend Platz, sich auszudehnen bzw. zu schwinden. Es ergibt sich eine „Hinterlüftung", die eine Bildung von Schwitzwasser verhindert. Die erforderlichen Anschlagdichtungen sind elastisch und in den Blendrahmenteil des Aluminiumprofils montiert.

Das Aluminium-Holz-Fenster verbindet die gute Wärmedämmung des Holzes mit der Wetterfestigkeit des Metalls. Bei der Herstellung ist zu beachten, dass Holz arbeitet und sich Aluminium bei Erwärmung ausdehnt.

Biegefestigkeit nimmt ab. Die Erweichungstemperatur liegt bei 80 °C. Weiße und hellfarbige Profile erwärmen sich in der Sonne deutlich weniger als dunkle. Wegen der verhältnismäßig großen Längenänderung muss im Falz zwischen Flügel und Blendrahmen ausreichend Luft bleiben (ca. 6 mm).

PVC-Fenster haben heute aufgrund einer verbesserten Herstellungstechnologie und Beschichtung eine gute Farbbeständigkeit. Die Farbigkeit der Profile erreicht man durch:
– in der Masse durchgefärbte Profile,
– coextruierte Profile (weiße Kernmasse mit eingefärbtem PVC oder PMMA-Folie überzogen),
– PMMA-beschichtete Profile,
– Lackbeschichtung.

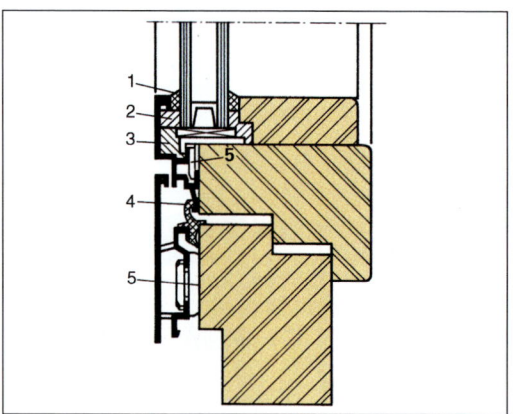

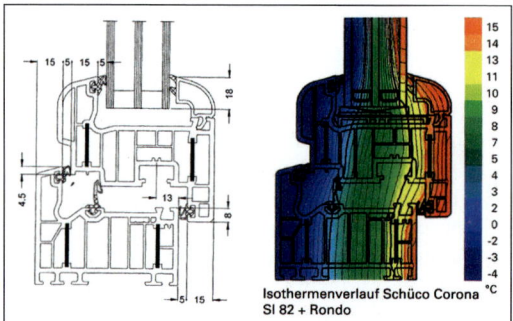

Bild 10.146 Kunststofffenster, 8-Kammersystem

Bild 10.145 Aluminium-Holz-Fenster
 1 Versiegelung
 2 Vorlegeband
 3 Dichtstoff
 4 Anschlagdichtung
 5 Halter

Kunststofffenster bestehen überwiegend aus schlagzähen, witterungsbeständigen, pflegeleichten PVC-Profilen (Polyvinylchlorid) mit guten Schall- und Wärmedämmeigenschaften. Das Material lässt sich leicht bearbeiten und ist gegen Verunreinigungen durch Kalk, Zement oder Mörtel unempfindlich. Kratzer können ausgeschliffen und nachgearbeitet werden. PVC erreicht jedoch nicht die Temperaturbeständigkeit anderer Fensterbaumaterialien. Es dehnt sich bei Erwärmung erheblich aus (ca. 1 mm/m bei 12 °C Temperaturdifferenz), die

PVC-Profile sind in den Abmessungen und Ausformungen nicht genormt. Man findet flächenbündige und flächenversetzte Konstruktionen. Die Kunststoff-Hohlprofile werden als Mehrkammersysteme hergestellt. Es sind mindestens 3-Kammer-Systeme erforderlich, Standard sind 5-Kammer-Systeme. Für hoch wärmedämmende Fenster finden 6- und 7-Kammer-Systeme Verwendung. Je höher die Anzahl der Kammern wird, umso kleiner wird das Armierungsprofil in der mittleren Kammer. Dies geht zulasten der Stabilität (**10.**146).

Die dickwandigen *Einkammersysteme* sind durch zusätzliche Stahl- oder Aluminiumprofile versteift. Eingedrungenes Wasser läuft über Ablauföffnungen nach außen ab. Wegen der unzureichenden Wärme- und Schalldämmung werden sie heute nur noch in Sonderfällen eingesetzt.

10.8 Fenster

Mehrkammersysteme verzögern den Wärmedurchgang und verhindern Schwitzwasser. Sie sind durch ein Stahl- oder Aluminiumprofil verstärkt und erhalten durch die Kammern zusätzliche Stabilität. Beschläge lassen sich besser montieren. Die Materialdicke beträgt 2 bis 4 mm. Der Metallkern wird durch entsprechende Befestigungssysteme (z. B. Schrauben oder Stifte) am PVC-Profil fixiert.

Zum Verschweißen der auf Gehrung geschnittenen Kunststoffrahmenteile dienen elektrisch beheizte Schweißspiegel (240 bis 260 °C). Während des automatischen Schweißvorgangs liegen die Profile in einer Spann- und Vorschubvorrichtung des Maschinentisches. Die Schweißstellen werden maschinell nachgearbeitet. Zur Befestigung der Beschläge dienen Spezialschrauben (**10.**147).

> Kunststofffenster bestehen in der Regel aus schlagfestem recycelfähigem Hart-PVC und sind pflegeleicht und sehr witterungsbeständig.
>
> Verwendet werden heute hauptsächlich flächenversetzte oder bündige Mehrkammersysteme, die auf Gehrung verschweißt werden.

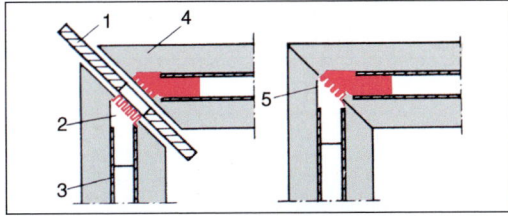

Bild 10.147 Verschweißen der Rahmenteile beim Kunststofffenster
1 Schweißspiegel mit Aussparung für Kammzinken
2 verkämmter Metalleckverbinder, geöffnet
3 Metallrohrrahmen
4 PVC-Profil
5 Rahmenecke nach der PVC-Schweißung, geschlossen (Kamm mit Metallkleber)

Die Verglasung von Kunststofffenstern erfolgt in der Regel mit elastischen Dichtungsprofilen als Trockenverglasung. Bei hohen Beanspruchungen führt man die Verglasung als Druckverglasung aus. Die mit Falz-, Aufschlag- und Mitteldichtungen versehen Rahmenprofile werden abschließend versiegelt. Zur Befestigung der Beschläge dienen Spezialschrauben.

Bei der Montage der Beschläge ist darauf zu achten, dass Bänder und Verriegelungen keine größeren Abstände als 60 bis 70 cm haben. Die Befestigungsdübel oder Anker setzen wir dort, wo die Beschläge am Rahmen angebracht sind. Fensterbefestigung und Abdichtung zum Baukörper müssen die temperaturbedingten Längenänderungen der Fensterelemente ermöglichen.

Nahezu alle in Deutschland eingesetzten Rohstoffe für PVC-Profile und die daraus hergestellten Fenstersysteme unterliegen der RAL-Güterichtlinie (GZ 716/1), die eine ständige inner- und außerbetriebliche Überwachung der Qualität einschließt. Über die bundesweit bestehenden Sammelsysteme können PVC-Fenster ebenso wie Abschnitte, die bei der Fensterproduktion anfallen, vollständig recycelt werden. Bei der Verarbeitung zu neuen Profilen werden zur Vereinheitlichung der unterschiedlichen Farben der Granulate die Oberfläche der Profile beschichtet.

Zunehmend finden wir Kunststoff-Fenstersysteme aus Vollprofilen.

Profile aus *Polyurethanhartschaum* haben eine wesentlich bessere Wärmedämmung als Holz. Die Oberfläche ist wartungsfrei. Zur Stabilisierung des Rahmens ist ein Metallkernprofil erforderlich, das bei der Herstellung des Profils eingeschäumt wird. Metallwinkel verbinden die Rahmenteile an den Ecken winkelstabil.

PVC/Acrylglas-Fenster haben einen glasfaserverstärkten Kern aus einem wärmedämmenden PVC/Acrylglasgemenge. Die Oberfläche ist acrylbeschichtet.

Einen **vergleichenden Überblick** der im Fensterbau verwendeten Materialien bietet die folgende Tabelle (**10.**148).

Tabelle 10.148 Allgemein vergleichende Bewertung von Holz-, Kunststoff- und Aluminiumfenstern

	Positive Merkmale	Weniger günstige Eigenschaften
HOLZFENSTER		
Gestaltung	Inhomogen, natürlich gewachsen und gezeichnet = Ästhetisch „Schön"	Nur bei unfachgerechter Konstruktion und Ausführung
Technik	Hohe Stabilität (E-Modul) Besonders hohes Wärmedämmvermögen Gute Schalldämmung Günstig gegen Einbruchversuch	kann faulen kann reißen kann verformen – kann jedoch vermieden werden
Formung	Mit eigenen Betriebsmitteln können individuelle Wünsche anpassungsfähig erfüllt werden	Ausbesserungs- und Nachanstriche je nach Belastung und Holzart
Versorgung	Holz wächst nach. Es wird derzeit mehr nachgeforstet als eingeschlagen	Geringe Probleme derzeit noch bei der Entsorgung und Wiederverwertung
KUNSTSTOFFFENSTER (PVC)		
Gestaltung	Ausdruck und Struktur wird nicht durch homogenes Material, sondern durch Farbgebung und Strukturzuordnung erreicht. Vorwiegend weiß durchgefärbt	Geringe Eigenstabilität (muss fachgerecht versteift werden) Hoher Dehnungswert
Technik	Gutes Wärmedämmvermögen (je nach Kammeraufbau). Gute Schalldämmvoraussetzung Materialbedingt „zäher" Widerstand gegen Aufbruch	Elektrostatische Auflladung Reparaturen nur bedingt möglich Grenzen in der Farbgebung
Formung	Geringe Anpassungsfähigkeit: System festgelegt	
Versorgung	Salz unbegrenzt. Öl bzw. Kohle, solange „Vorrat reicht". Recycling 100% gelöst	
ALUMINIUMFENSTER		
Gestaltung	Sehr technisch und nüchtern, jedoch elegant	Gefahr des Korrodierens bei mechanischen oder agressiven Einwirkungen
Technik	Hohe Stabilität durch das Material. Wärmedämmung nur durch thermische Trennung Hohe Stabiliäat gegen Aufbruch	Geringe Wärmedämmung im Material (Zusatzmaßnahmen erforderlich)
Formung	Gering, da Profil unveränderlich	Systemgebunden: Geringe Gestaltungsvariationen
Versorgung	Unbegrenzt: Bauxit. Jedoch hoher Energieaufwand. Recycling 100 % gelöst	

10.8.7 Verglasungsarbeiten

Fäulnisschäden am Flügelrahmen oder Klemmen des Fensters haben oft die Ursache in einer mangelhaft ausgeführten Verglasung oder fehlerhaften Verklotzung. Eine fachgerechte und sorgfältig ausgeführte Verglasung ist Voraussetzung für die Funktionsfähigkeit des Fensters und dient einer langen Lebensdauer und Werterhaltung.

Verglasung nennt man die Lagerung der Scheibe im Fensterrahmen und die Abdichtung zwischen Glas und Flügelrahmen. Dabei dürfen im Glas keine mechanischen Spannungen entstehen – sonst gibt es Glasbruch!

Für die Verglasungsarbeiten sind festzulegen:
– Glasfalzabmessung,
– Glasdicke,
– Verglasungssystem,
– Verklotzung,
– Verbindung zwischen Scheibe und Rahmen.

Glasfalzabmessungen. Die Glasfalzmaße sind genormt. Sie richten sich nach Belastung, Verglasungsart (Einfach- und Isolierglas) und Scheibengröße (**10.**149a). Die Breite des Glasfalzes besteht aus der Scheibendicke, dem Abstand Falzwange-Glasscheibe und Glashalteleiste-Glasscheibe. Der Spielraum zwischen Scheibenkante und Falzgrund muss ein Drittel

10.8 Fenster

Falzhöhe betragen (**10.**149b). Die Scheibendicke richtet sich nach der Scheibengröße, Gebäudehöhe und Windbelastung.

Tabelle 10.149a Mindestfalzhöhen nach DIN 68121-2

Längste Seite der Verglasungseinheit	Glasfalzhöhe h in mm	
	Einfachglas	Mehrscheiben-Isolierglas
bis 1000 mm	10	18
> 1000 bis 3500 mm	12	18
> 3500 bis 4000 mm	15	20

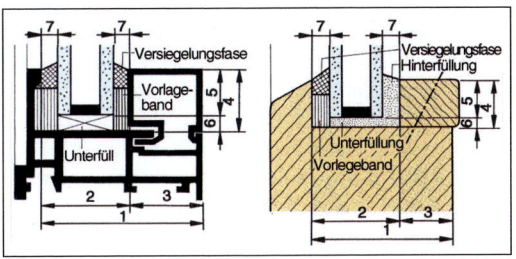

Bild 10.149b Bezeichnungen und Maße am Glasfalz

1 Gesamtbreite
2 Glasfalzbreite
3 Auflagefläche der Glashalteleiste
4 Glasfalzhöhe
5 Auflagefläche der Scheibe 2/3 d)
6 Luftzwischenraum = 3 mm für Verklotzung
7 Kittvorlage bzw. Breite der Versiegelungsfuge = 3 mm

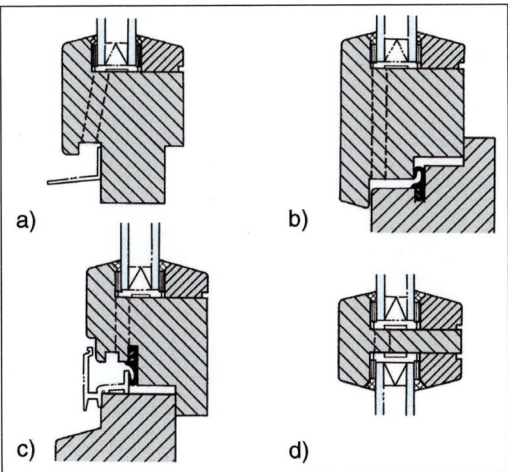

Bild 10.150 Dampfdruckausgleich
a) bei Festverglasung,
b) Riegeln,
c) Flügeln (ab 63 mm),
d) Sprossen

Bei Verglasung mit dichtstofffreiem Falzraum muss der Falzraum zum Dampfdruckausgleich zur Außenseite geöffnet werden. Dazu dienen Bohrungen (d = 8 mm) oder Schlitze an den Rahmenecken (mind. 5 × 12 mm). Das Bild **10.**150 zeigt Ausführungsbeispiele für Dampfdruck-Ausgleichsöffnungen an verschiedenen Fensterteilen.

Die erforderliche Glasdicke entnehmen wir den Tabellen oder Diagrammen der Glasindustrie. DIN 18056 enthält Angaben über die Mindestglasdicke.

Die Glasdicke ist von der Scheibengröße und der Einbauhöhe abhängig. Die dem Diagramm entnommenen erforderlichen Glasdicken werden auf die handelsübliche Dicke aufgerundet (**10.**151). Für Einbauhöhen über 8 m sind Zuschlagfaktoren zu berücksichtigen.

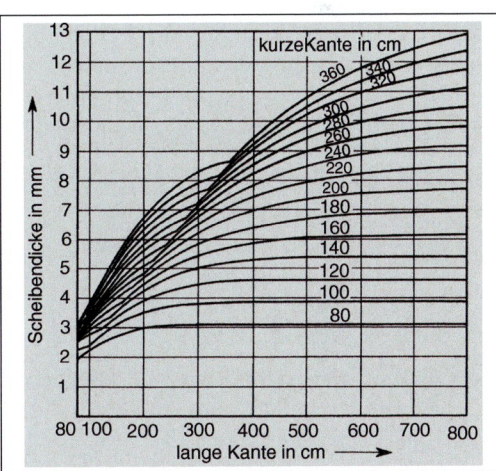

Bild 10.151 Glasdicken in Abhängigkeit von Scheibenflächen

Beispiel

Scheibengröße 1.200 × 2.000 mm, Einbauhöhe 18 m, ges. Glasdicke

Lösung

Kurve der „kurzen Kante" 1.200 mm und Senkrechte über der Achse „lange Kante" ergeben einen Schnittpunkt. Ihm ist die Glasdicke 3,9 mm zugeordnet (Achse Scheibendicke).

Umrechnungsfaktor aus Tab. **10.**152
8 – 20 m = 1,26
1,26 × 3,9 = 4,9
gew. Handelsdicke 5 mm

Tabelle 10.152 Faktoren zur Berücksichtigung der Verglasungshöhe

Verglasungshöhe	Faktor bei normalem Bauwerk
8	1
8 bis 20	1,26
20 bis 100	1,48
> 100	1,60

Verglasungssystem. Die unterschiedlichen Beanspruchungen der Fenster führen zu einer Bewegung der Scheiben im Rahmen. Einfluss darauf haben Scheibengrößen, Rahmenmaterial, Gebäudehöhe, Belastung der Glasauflage und Dichtstoffvorlage. Um Schäden an Rahmen und Scheibe zu vermeiden, muss die Beanspruchung bei der Wahl des Verglasungssystems berücksichtigt werden. Man unterscheidet 5 Beanspruchungsgruppen. Die Einflussgrößen sind in der Tabelle (**10.**153) erfasst. Unterschieden werden Verglasungssysteme mit freiliegender Dichtstofffase (Beanspruchungsgruppe 1), mit Glashalteleiste und ausgefülltem Falzraum (Beanspruchungsgruppe 2 bis 5) sowie mit Glashalteleiste und dichtstofffreiem Falzraum (Beanspruchungsgruppe 3 bis 5). Das Verglasungssystem wird meist durch Kurzzeichen angegeben:

V = Verglasungssystem,
a = ausgefüllter Falzraum,
f = dichtstofffreier Falzraum.

Den Verglasungssystemen werden Dichtstoffgruppen zugeordnet, die man mit den Buchstaben A bis E bezeichnet (**10.**155).

Beispiel

Für ein 12 m hohes Wohnhaus sind Drehkippfenster aus Holz vorgesehen. Die größte Flügelabmessung beträgt 1,20 × 1,65 m.

Lösung

Flügelgröße 1,20 × 1,65 m
Öffnungsart: Drehkippfenster → BG 1
Belastung von der raumseitigen
Umgebung normal oder erhöht → BG 1
Beanspruchung aus Rahmenmaterial Holz
Dichtstoffvorlage: 3 mm (gewählt) → BG 4
größte Kantenlänge 1,65 m

Berücksichtigt wird die höchste ermittelte Beanspruchungsgruppe **BG 4**. Als Verglasungssystem kann gewählt werden:

– Va 4 mit Dichtstoffgruppe B für den Falzraum und D für die Versiegelung oder bei dichtstofffreiem Falzraum,
– Vf 4 mit Dichtstoffgruppe D für die Versiegelung.

Vorbereiten der Fälze. Auf verschmutzten Fälzen haftet kein Dichtstoff. Nasse, fettige und staubige Fälze sind gründlich zu reinigen. Farbanstriche und Haftvermittler müssen gut durchgetrocknet sein. Bei Holzfenstern sind die Fälze so vorzubehandeln, dass die Holzporen geschlossen und die Oberflächen abgesperrt sind, damit keine Öle und Weichmacher in das Holz abwandern können.

Verklotzen. Jede Verglasungseinheit muss ausreichend Luft (Spielraum) zwischen der Glasscheibenkante und dem Falzgrund haben, um Spannungen und Glasbruch zu verhindern und die Gängigkeit des Flügels nicht zu beeinträchtigen.

Das Festsetzen der Scheibe (auch Verklotzen genannt) gehört zu den wichtigsten Aufgaben vor dem Abdichten. Wir unterscheiden zwischen Trag- und Distanzklötzen aus Hartholz, Kunststoff oder Hartgummi.

– **Tragklötze** tragen die Scheibe im Flügelrahmen. Sie werden so angeordnet, dass sie das Glasgewicht auf das untere Band übertragen. Die Klötze tragen die Scheibe im Rahmen, sorgen für Abstand zwischen Scheibenkante und Rahmen und steifen den Rahmen aus.
– **Distanz- oder Abstandsklötze** gewährleisten den notwendigen Abstand zwischen Glasscheibenkante und Rahmen. Sie sind etwa 1 mm dünner als Tragklötze (**10.**154). Der Abstand der Klötze von der Glasecke soll eine Klotzlänge, also 60 bis 100 mm betragen.

10.8 Fenster

Tabelle 10.153 Beanspruchungsgruppen zur Fensterverglasung und Verglasungssysteme nach DIN 18545 (Rosenheimer Tabelle)

Beanspruchungsgruppe			1	2	3	4	5
Verglasungssystem			Va1	Va2	Va3 Vf3	Va4 Vf4	Va5 Vf5
Beansprucht durch **Art der Öffnung**			Festverglasung, Drehfenster, Drehkippfenster		Schwingfenster, Hebefenster und vergleichbar beanspruchte Fenster		
raumseitige Umgebung					Feuchtigkeit, drohende mechanische Beschädigung		
Scheibengröße bei			Farbton		Kantenlänge bis (in m)		
Rahmenwerkstoff	Dichtstoffvorlage						
Aluminium Aluminium-Holz Stahl	3 mm		hell	dunkel	0,80	1,00	1,50
					0,80	1,00	1,50
	4 mm		hell	dunkel	1,50	2,00	2,50
					1,25	1,50	2,00
	5 mm		hell	dunkel	1,75	2,25	3,00
					1,50	2,00	2,75
Holz	3 mm		0,80	1,00	1,50	1,75	2,00
	4 mm				1,75	2,50	3,00
	5 mm				2,00	3,00	4,00
Kunststoff	4 mm		hell	dunkel	0,80	1,00	1,50
					0,80	1,00	1,50
	5 mm		hell	dunkel	1,50	2,00	2,50
					1,25	1,50	2,00
	6 mm			dunkel	1,50	2,00	2,50

Verglasungssysteme

Beanspruchungsgruppe	1	2	3	4	5
mit ausgefülltem Falzraum					
Kurzzeichen	Va1	Va2	Va3	Va4	Va5
Schematische Darstellung					
Dichtstoffgruppe nach DIN 18545 für Falzraum	A oder B	B	B	B	B
für Versiegelung	–	–	C	D	E
mit dichtstofffreiem Falz					
Kurzzeichen	–	–	Vf3	Vf4	Vf5
Schematische Darstellung	nicht möglich	nicht möglich			
Dichtstoffgruppe nach DIN 18545 für Versiegelung			c	D	E

Dichte des Falzraumes   Dichtstoff der Versiegelung   Vorlegeband

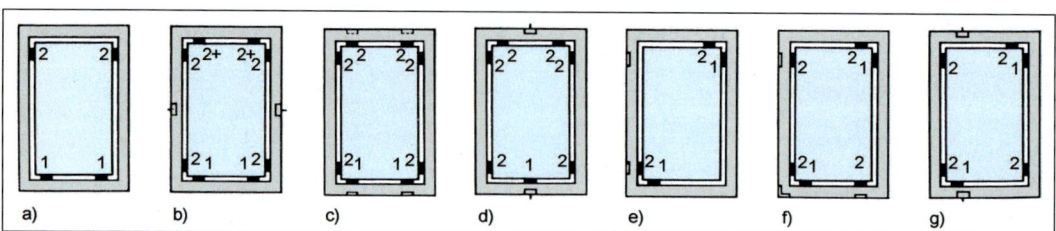

Bild 10.154 Verklotzung der Fensterscheiben (a bis d symmetrische, e bis g asymmetrische Verklotzung)
1 Tragklotz, *2* Abstandsklotz + Abstandsklotz wird bei umgeschlagenem Flügel zum Tragklotz
a) feststehende Verglasung,
b) Schwingflügel,
c) Klapp-/Kippflügel,
d) Wendeflügel mittig,
e) Drehflügel,
f) Drehkippflügel,
g) Wendeflügel außermittig

Tabelle 10.155 Anforderungen an Dichtstoffgruppen

Zeile	Eigenschaft	Anforderung für Dichtstoffgruppe				
		A	B	C	D	E
1	**Rückstellvermögen** in %	–	–	≥ 5	≥ 30	≥ 60
2	**Haft- und Dehnverhalten nach Lichtalterung** kein Adhäsions- oder Kohäsionsriss bei Dehnung in % um	–	≥ 5	≥ 50	≥ 75	≥ 100
3	**Haft- und Dehnverhalten nach Wechsellagerung** kein Adhäsions- oder Kohäsionsriss bei Dehnung in % um	–	≥ 5	≥ 50	≥ 75	≥ 100
4	**Kohäsion** Zugspannung bei Dehnung nach Zeile 3 in N/mm²	–	–	≤ 0,6	≤ 0,5	≤ 0,4
5	**Volumenänderung** in %	≤ 5	≤ 5	≤ 15	≤ 10	≤ 10
6	**Standvermögen,** Ausbuchtungen in mm	≤ 2	≤ 2	≤ 2	≤ 2	≤ 2

Die Werte für Bindemittelabwanderung, Verarbeitbarkeit, Verträglichkeit mit anderen Baustoffen, mit anderen Dichtstoffen und mit Chemikalien sind vom Hersteller anzugeben.

Abdichten der Fuge zwischen Flügel und Glas. Eine gute Abdichtung darf weder Luft noch Feuchtigkeit durchlassen. Die Dichtungsmittel müssen daher alle Bewegungen der Glasscheibe auffangen und ausgleichen, ohne Risse oder Fugen zu bilden, einzusacken oder auszulaufen.

Nass- und Trockenverglasung. Bei der Verglasung unterscheiden wir aufgrund der Dichtstoffe und Dichtungsprofile zwischen Nass- und Trockenverglasung. Bei der Nassverglasung werden formbare Dichtstoffe (dauerelastisch bzw. elastisch) verarbeitet, bei der Trockenverglasung vorgefertigte Dichtungsprofile. Die Trockenverglasung eignet sich für Metall- und Kunststoff-Fenster. Für hohe Beanspruchungen durch Wind und Regen wird sie als Druckverglasung ausgeführt. Spannelemente bewirken dabei einen hohen Anpressdruck auf das Dichtprofil.

Arbeitsablauf einer Nassverglasung (Beispiel: Beanspruchungsgruppe, mit Versiegelung)

– Glasfalz vorbehandeln: Reinigen, Haftmittel (Primer) auftragen, Fugenränder schützen,
– Hinterfüllung: Vorlegeband einkleben bzw. plastischen Dichtstoff verarbeiten,
– Glasscheibe einsetzen: Verklotzen (nach DIN 18361),
– Glasfalzgrund mit plastischem Dichtstoff ausfüllen,
– Glashalteleisten feststiften,
– Zwischenraum (Glasscheibe – Glashalteleiste) mit plastischem Dichtstoff ausfüllen,
– Versiegelung: äußere Seite, Masse abschrägen und glätten.

10.8 Fenster

Abdichtung. Eine Glasabdichtung entspricht den Vorschriften, wenn
- sie das Glas im Fensterrahmen wasser- und luftundurchlässig abschließt,
- die Glasscheibe in einem elastischen Kittbett lagert und so die verschiedenen Bewegungen zwischen Scheibe und Fensterrahmen ausgleicht,
- sie den Glasfalz vor Feuchtigkeit schützt.

Der Glasfalz muss so groß sein, dass Platz für die Glasdicke, Abdichtung und Auflagebreite der Befestigung vorhanden ist (DIN 18545, DIN 18361).

10.8.8 Dichtstoffe

Beim Verbinden der Bauelemente (z. B. Türen, Fenster) entstehen Fugen im Bau. Daraus können sich durch eindringende Feuchtigkeit, Temperatur-Schwankungen, Absetzen und Bewegung der Bauteile große Schadstellen entwickeln. Deshalb werden diese Verbindungsstellen sorgfältig abgedichtet. Voraussetzung dazu ist die Kenntnis der verschiedenen Dichtungsmaterialien und ihrer Eigenschaften.

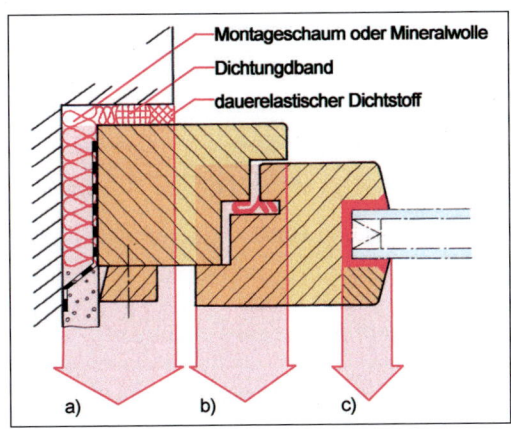

Bild 10.156 Die drei Dichtungsebenen

Bei der Verglasung und dem Einbau von Fenstern und Türen ist die Dichtung besonders wichtig. Wir unterscheiden drei Dichtungsebenen:

a) zwischen Blendrahmen und Maueranschluss
b) zwischen Flügelrahmen und Blendrahmen,
c) zwischen Glas und Flügelrahmen (**10.**156).

Dichtstoffe müssen abdichten und zugleich Bewegungen elastisch auffangen. Je größer die Belastungen eines Fensters sind und je häufiger sie auftreten, desto elastischer muss der Dichtstoff sein.

Dichtstoffe dienen zur Abdichtung und elastischen Verbindung einzelner Bauteile.

Die Eigenschaften ergeben sich aus den Anforderungen (**10.**155). Dichtstoffe müssen
- gut an anderen Werkstoffen haften,
- beständig sein gegen Witterungs- und Temperatureinflüsse, aggressive Bestandteile der Luft, Fäulnis und Insekten,
- lange halten, dürfen nicht reißen, einsacken oder verspröden,
- elastisch und formbeständig sein (Kohäsionskräfte, Adhäsionskräfte),
- je nach Anwendungsgebiet eine Shore-A-Härte zwischen 15 und 30 haben (Maß für Härte von Gummi und gummielastischen Stoffen).

Arten. Nach der Anwendung unterscheidet man formbare und vorgeformte Dichtstoffe.

formbare Dichtstoffe	vorgeformte Dichtstoffe
erhärtende	Dichtungsstreifen
plastische	(Vorlegebänder)
elastische	Dichtungsprofile

Formbare Dichtstoffe

Erhärtende Kitte (Dichtstoffe) wie Leinölkitt auf Leinölbasis mit mineralischen Füllstoffen (etwa Schlemmkreide) trocknen vollkommen durch. Ein Teil des Leinöls zieht dabei ins Holz, der Leinölkitt oxidiert, verharzt und erhärtet. Durch die Bewegungen im Glasfalz bilden sich Risse im Kitt, und er bröckelt ab (**10.**157). Diese erhärtenden Kitte verwenden wir bei Verglasungsarbeiten, wo im Kittbett kaum Bewegungen stattfinden. Nach der Rosenheimer Tabelle dürfen Leinölkitte nur bei Holz- und Stahlfenstern mit einer Scheibengröße bis 0,6 m^2 und für Gebäude bis 8 m Höhe verarbeitet werden. Beachten müssen wir, dass Leinölkitt Aluminium angreift.

Plastische Kitte bestehen aus Leinölkitt mit plastomeren oder elastomeren Kunststoffen (Butylkautschuk oder Polyacrylat), Füllstoffen, Weichmachern, Primern und organischen Lösungsmitteln. Sie sind gut und lang andauernd verformbar, kehren aber nicht in die ursprüngliche Form zurück. Bewegungen bis 5 % der Fugenbreite werden aufgefangen. Nach dem Auftragen verdunsten die Lösungsmittel, die Massen binden ab und behalten ihren zähplastischen Endzustand. Beim Verdunsten schwinden die plastischen Materialien und bilden an der Oberfläche konkave (nach innen gewölbte) Fugenquerschnitte aus. Durch Beimengung lufttrockener Öle entsteht eine dünne, klebfreie Haut, die bei Bewegungen reißt und eine neue Oberflächenhaut bildet. Infolge der wechselnden Beanspruchung (Reißen der Oberfläche, Neubildung, erneutes Reißen) verliert der Kitt im Lauf der Zeit seine Plastizität. Durch Erhärten und Schrumpfen entstehen undichte Stellen (**10**.158). Diese Durchhärtung verhindern wir durch einen dichten Anstrich, der aber so elastisch sein muss, dass er die durch den Schrumpfprozess entstehenden Bewegungen mitmacht. Die Anstrichschicht muss häufig erneuert werden. Die endgültige Versiegelung geschieht mit einer elastischen Dichtungsmasse.

> Erhärtende Kitte trocknen völlig und reißen bei Bewegungen im Falz.
>
> Plastische Kitte sind bis 5 % Fugenbreite verformbar, verlieren aber durch wechselnde Beanspruchung ihre Plastizität und müssen daher einen elastischen Anstrich erhalten.

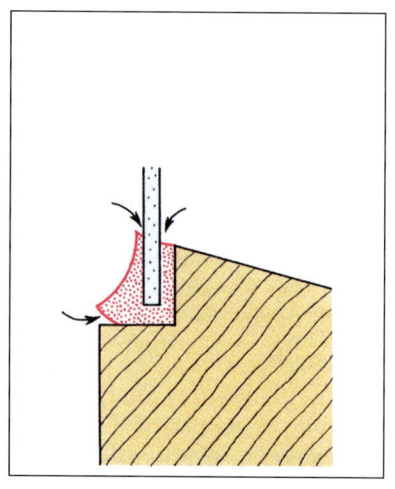

Bild 10.157 Dichtung mit abbröckelndem Leinölkitt

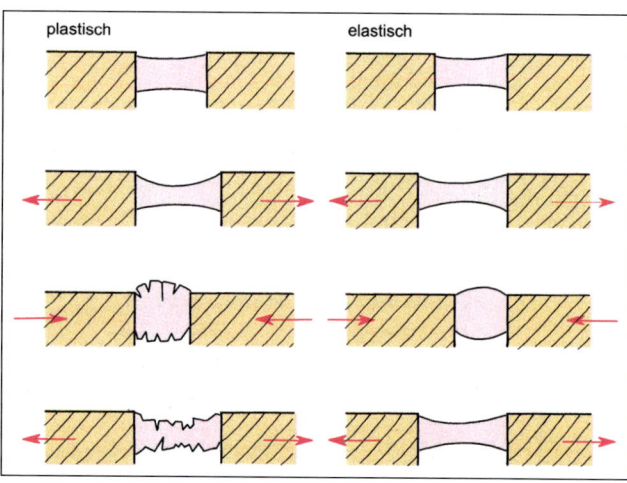

Bild 10.158 Plastisches und elastisches Verhalten von Dichtstoffen

Elastische Dichtungsmassen bestehen aus elastomeren Kunststoffen. Bei Bewegung verformen sie sich, gehen aber im Gegensatz zu den plastischen Dichtstoffen wieder in die Ausgangslage zurück (**10**.158). Sie werden in pastöser Form verarbeitet und erreichen durch chemische Reaktion (chemisch vernetzt) ihren elastischen Endzustand und gummiartigen Charakter. Um die Haftung zu verbessern, erhalten die Haftflächen teilweise einen Voranstrich mit einem Haftvermittler (Primer). Die höchstzulässige Dauerbewegung elastischer Dichtstoffe beträgt 25 % der Fugenbreite.

Die Polysulfidkautschuk- (Thiokol), Polyurethan- oder Silikon-Dichtstoffe werden als Einkomponenten- und Zweikomponenten-Produkte angeboten. Die Einkomponentenstoffe lassen sich in der Lieferform verarbeiten und vernetzen durch die Luftfeuchtigkeit. Bei 2-K-Massen müssen wir das Basisharz und den Härter mischen. Die chemische Vernetzung (Vulkanisation) beginnt sofort – deshalb muss die Masse innerhalb einer bestimmten, vom Hersteller festgelegten Zeit (zwischen 2 und 4 Stunden) verarbeitet und aus der Kartusche gedrückt werden! Danach beginnt die Masse dick zu werden.

Polysulfidmassen sind vielseitig einsetzbar und mit vielen Farben und Lacken überstreichbar. 1-K-Polysulfide lassen eine maximale Dauerbewegung von 15 bis 20 % zu, 2-K-Polysulfide 20 bis 25 %. Beide sind gut alterungsbeständig, elastisch und bei Temperaturen zwischen −30 und +100 °C einsetzbar. 1-K-Erzeugnisse reagieren langsamer als 2-K-Massen. Je nach Fugenquerschnitt dauert die Aushärtung 2 bis 4 Wochen.

Polyurethanmassen werden als 1-K- oder 2-K-Systeme angeboten. Beide widerstehen recht gut organischen Lösungsmitteln, schwachen Laugen und Säuren, bei kurzzeitiger Einwirkung auch verschiedenen Ölen. Ihre hohe Elastizität entspricht den Polysulfidkautschukmassen. Die maximal mögliche Dauerbeanspruchung beträgt je nach Harzanteil 15 bis 25 % der Fugenbreite. Polyurethanmassen verwendet man hauptsächlich bei Anschlussfugen zwischen Fensterrahmen und Mauerwerk, aber auch beim Einpassen von Türen. Als 2-K-Systeme werden sie selten angeboten.

Silikonmassen sind bereits gemischt und vernetzen durch die Luftfeuchtigkeit zu einem elastischen Silikongummi. Silikonkautschuk hat im Gegensatz zu den anderen Kautschukarten (mit organischem Kohlenstoffgerüst) einen Silicium-Sauerstoff-Aufbau (Quarz), Silikone sind noch bei −10 °C spritzbar. Sie sind alterungsbeständig, wasser-, chemikalien- und temperaturbeständig (von −60 °C bis +200 °C), jedoch nicht überstreichbar. Vorteilhaft sind ihre hohe Elastizität, schnelle Aushärtung und besondere Kerbfestigkeit. Sie haften ohne Voranstrich gut auf glatten und dichten Oberflächen und werden daher auch bei Aluminium- und Kunststoff-Fenstern verwendet. Bei der Fensterversiegelung bilden sie die wichtigste Gruppe der Dichtungsmassen (**10.**159, **10.**160).

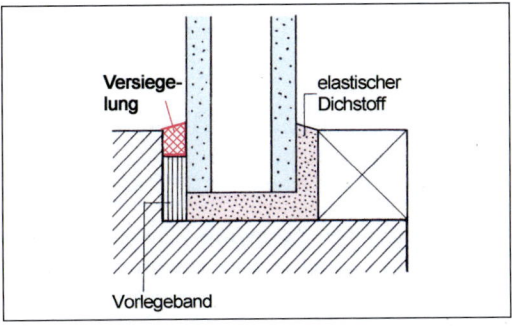

Bild 10.159 Verglasung mit elastischem Dichtstoff, Vorlegeband und Versiegelung

Elastische Dichtstoffe nehmen Bewegungen zwischen 15 und 25 % der Fugenbreite auf und sind sehr alterungsbeständig. Sie werden als 1- und 2- Komponentenmassen angeboten.

Vorgeformte Dichtstoffe

An Fenstern oder bei Türen benutzt man außer Dichtungsmassen auch selbstklebende Dichtungsstreifen (Vorlegebänder) aus Weichgummi und Dichtungsprofile aus Kunststoff (PVC), Synthesekautschuk oder Silikonprofile (Profilabdichtung **10.**161).

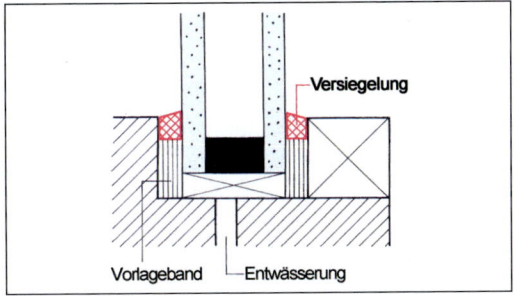

Bild 10.160 Verglasung mit Vorlegeband und beidseitiger Versiegelung

Dichtungsstreifen, Vorlegebänder. Elastische Flachprofile dienen als selbstklebende Vorlegebänder bei der Fensterversiegelung. Die Dichtungen aus Zellgummi sind ein- oder beidseitig mit Klebstoff beschichtet. Sie

- begrenzen die Fugentiefe und sichern eine gleich bleibende Fugenbreite,
- verhindern ein Festkleben der Versiegelungsmasse auf dem Fugengrund (bewegliche Dichtungsmasse),
- verteilen zusammen mit den anderen Dichtstoffen die Belastungen und verhindern eine Überbeanspruchung der Versiegelung,
- halten die Fugenränder sauber (**10.**160).

Dichtungsprofil aus Synthese-Kautschuk oder Kunststoffen verarbeitet man, wenn der Raum zwischen Glas und Flügelrahmen durch Trocken- oder Nassverglasung (Druckverglasung oder Verglasung mit formbaren Dichtstoffen) abgedichtet werden muss (**10.**161). Außerdem dienen diese Profile als Falzdichtung zwischen Flügel- und Blendrahmen. Sie sind gummielastisch und weisen eine gleich bleibende Shore-A-Härte auf.

Bild 10.161
a) Verglasung mit Dichtprofil unter Anpressdruck,
b) APTK-Profil
   1 Wassersammelrinne
   2 Glasfalzentwässerung/Belüftung
   3 Abtropfnase
   4 Luftspalt
   5 Mitteldichtung am Flügelrahmen
   6 Wassersammelkammer im Blendrahmen
   7 Vorkammer (Zwangsentwässerung)
   8 Stahlrohrverstärkung
   9 Anschluss für Fensterbänke
 10 Glasfalzdichtung
 11 Flügel
 12 Mehrkammersystem
 13 Verschraubung der Beschläge

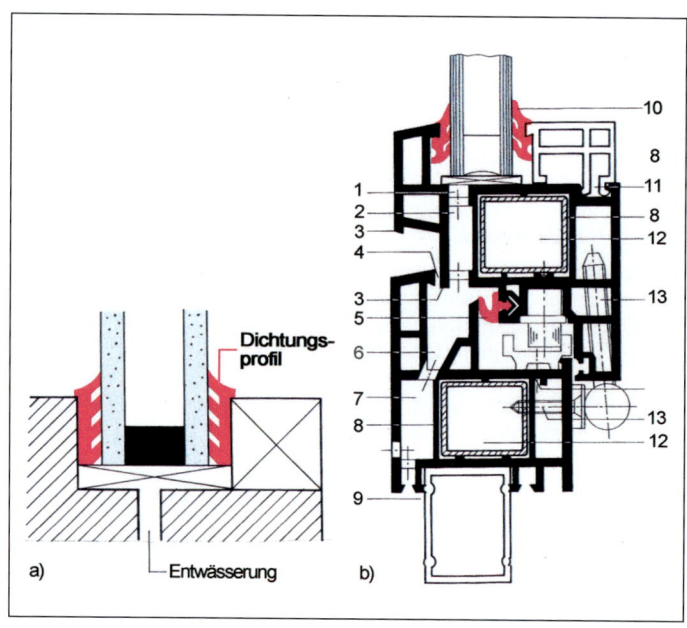

Polychloropren, ein elastomerer Kautschuk, hat bei Temperaturen zwischen – 40 und + 120 °C gute Elastizität, soll aber nicht mit Öl oder Benzin in Berührung kommen.

Für APTK-Profile (**A**ethylen-**P**ropylen-**T**erpolymer-**K**autschuk) gilt das gleiche wie für Polychloroprene.

Polyvinylchlorid ist eigentlich ein harter, thermoplastischer Kunststoff. Je nach gewünschter Härte wird er mit 25 bis 50 % Weichmachern vermischt, sodass sich das Profil verformen kann. Als Weich-PVC zeigt es temperaturunabhängiges Verhalten und verformt sich bei Dauerbelastung („Kriechen" oder „kalter Fluss"). Der Anpressdruck lässt nach, die Dichtung ermüdet. Solche Profile schrumpfen bei Kälte und beginnen gleichzeitig zu verhärten. Wir verarbeiten dieses Dichtungsmaterial daher bei Falzdichtungen, die nicht der Witterung ausgesetzt sind.

Dichtungsprofile für die Verglasung (DIN 7715) verarbeiten wir für die Abdichtung zwischen Glasscheibe und Fensterrahmen. Flügelfalzabdichtungen bauen wir zwischen Flügelrahmen und Blendrahmen ein. Dabei drücken wir den unteren Teil (Profilfuß) der Lippendichtung in die Aufnahmenut. Der obere Teil (Dichtungskopf) des Dichtungsprofils arbeitet leicht federnd und kann auf Druck beansprucht werden.

Vorgefertigte Dichtungsstreifen und -profile verwenden wir bei Trockenverglasung.

10.8.9 Fenstereinbau und Baukörperanschluss

Maueranschlag. Da das Fenster im eingebauten Zustand der Witterung, unterschiedlichen Belastungen und Bewegungen ausgesetzt ist, muss der Anschluss zwischen Blendrahmen und Mauerwerk besonders sorgfältig ausgeführt werden. Die Beanspruchungen dürfen nicht zum Bruch der Anschlussfuge und zum Eindringen von Wasser führen. Die Lage und Befestigung im Baukörper hängen vom Maueranschlag ab. Wir unterscheiden die Maueröffnung ohne Anschlag, mit Innen- und mit Außenanschlag.

Die Anschlagart hat wesentlichen Einfluss auf den Wetterschutz, den Einbau und das Aussehen des Fensters in der Fassade.

Blendrahmenverankerung. Fenster müssen waagerecht, lotrecht und fluchtrecht in der vorgeschriebenen Höhe eingebaut werden. Hilfreich zum Ausrichten der Fensterrahmen sind Montagekissen. Die Einpassung und Befestigung kann durch eine Person erfolgen (**10.**162). Als Befestigungsmittel zum Verankern des Blendrahmens dienen Maueranker, Stahllaschen, Fensterstifte oder Dübel aus

Kunststoff oder Metall. Jede Blendrahmenseite soll an mindestens zwei Stellen befestigt werden. Der Abstand der Befestigungspunkte darf 80 cm nicht überschreiten. Der ausgerichtete Blendrahmen wird an den Ecken und Befestigungspunkten festgekeilt. Nach dem Einhängen des Flügels prüfen wir die Gangbarkeit und dichte Flügelauflage am Blendrahmen.

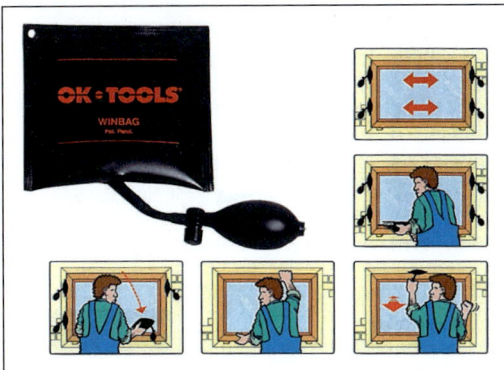

Bild 10.162 Montagekissen WINBAG zum Ausrichten von Fenster- und Türrahmen

Anschlussfuge. Auch für die Anschlussfuge (den Raum zwischen Blendrahmen und Mauerwerk) benutzen wir Dichtstoffe (DIN 18055). Legen wir den Blendrahmen in ein Mörtelbett, entsteht eine starre Abdichtung, die bei kleinsten Erschütterungen reißt und undicht wird. Fugenbewegungen entstehen auch durch die temperaturabhängigen Längenänderungen der unterschiedlichen Fensterwerkstoffe und Baustoffe. Für die Abdichtung der bewitterten Fuge (Blendrahmen/Wand) soll ein dauerelastischer Dichtstoff verwendet werden. Um die Fugentiefe zu begrenzen und den Blendrahmen nicht unmittelbar am Mauerwerk anliegen zu lassen, benutzt man eine Hinterfüllung oder ein Dichtungsband als Vorlage. Zunehmend finden selbstklebende, vorkomprimierte Dichtungsbänder aus Schaumstoff Verwendung. Den Hohlraum zwischen Fenster und Mauer dichten wir mit Dämmstoffen oder Montageschaum ab. Polyurethan-Schaum eignet sich zum Füllen, Dämmen, Isolieren, Kleben und Befestigen. Wir arbeiten damit beim Ausschäumen der Anschlussfuge, beim Einbau von Rollladenkästen, bei der Fenstermontage und dem Einpassen von Innen- und Außentüren. PUR-Schaum quillt als dünner Strahl aus einer Kunststoffdüse des Behälters mit einer Volumenzunahme bis 150 % auf. Achten Sie auf FCKW-freie Treibmittel! Die vollständige Aushärtung dauert mehrere Stunden.

Wichtige Informationen

Polyurethanschäume (PU-Schäume oder Montageschäume) werden in vielen Bereichen der privaten Nutzung eingesetzt. Einige dieser Produkte enthalten als wichtige Komponente Methylendiphenyldiisocyanat (MDI) in Mengen über 1 Masseprozent. Ab dem 01.12.2010 sind für MDI-haltige Produkte die Pflichten nach §§ 3 und 5 Chemikalienverbotsverordnung (zum Beispiel Sachkunde, Informationspflicht, Selbstbedienungsverbot) zu berücksichtigen. Deshalb müssen für die Abgabe der MDI-haltigen Bau- und Montageschäume an den privaten Endverbraucher die folgenden Voraussetzungen erfüllt sein: Die Abgabe darf nicht an Erwerber erfolgen, die das 18. Lebensjahr noch nicht vollendet haben (§ 3 Chemikalienverbotsverordnung Absatz 1, Nummer 3). Die Abgabe im Einzelhandel darf nicht durch Automaten oder andere Formen der Selbstbedienung erfolgen (§ 4 Selbstbedienungsverbot Chemikalienverbotsverordnung). Der Abgebende informiert den Erwerber über die mit dem Verwenden des Stoffes oder der Zubereitung verbundenen Gefahren, die notwendigen Vorsichtsmaßnahmen beim bestimmungsgemäßen Gebrauch und für den Fall des unvorhergesehenen Verschüttens oder Freisetzens sowie über die ordnungsgemäße Entsorgung (§ 3 Chemikalienverbotsverordnung Absatz 1, Nummer 5). Es muss in jeder Betriebsstätte (Verkaufseinrichtung) eine Person vorhanden sein (§ 3 Chemikalienverbotsverordnung Absatz 2), die
- *die Sachkunde nach § 5 nachgewiesen hat,*
- *die erforderliche Zuverlässigkeit besitzt und*
- *mindestens 18 Jahre alt ist.*

Diese Person ist verantwortlich für die Abgabe unter der Berücksichtigung der beschriebenen Pflichten (§ 3 Chemikalienverbotsverordnung). Die Produkte müssen zusammen mit Einweghandschuhen verkauft werden.

In der Anschlussfuge werden auch Dämmstoffe (Holzwolle, Steinwolle, Glaswolle, Schafswolle, Hanf, Schaumkunststoff, Kork) verarbeitet. Der eigentliche Anschluss und die Abdichtung der Anschlussfuge gegen die Witterungseinflüsse erfolgt mit elastischen Dichtstoffen (**10.**164).

Tabelle 10.163 gibt noch einmal einen Überblick über die besprochenen Dichtstoffe.

Tabelle 10.163 Übersicht über die Dichtstoffe

	härtend	plastisch	elastisch
Basis	Leinöl	pflanzliche Öle, Kunststoffe (Acrylate, Butylkautschuk)	Acrylate, Polyurethane, Polysulfide, Silikone
Eigenschaften	härtet nach kurzer Zeit aus, nimmt keine Erschütterungen und Bewegungen auf	geht nicht in Ausgangsform zurück, nimmt nur begrenzt Bewegung auf, max. Dauerbelastung 3 bis 10%	geht wieder in die Ausgangsform zurück, nimmt bis zu 25 % Dauerbelastung auf
Schutzanstrich	erforderlich	z.T. erforderlich	nicht erforderlich
Verwendung (Rota = Rosenheimer Tabelle)	nach Rota nur für Beanspruchung Gr. 1, Einfachverglasung	nach Rota für Beanspruchung Gr. 2. Bei Vermischung mit elastischen Dichtstoffen auch für Gr. 3 bis 5, Einfachverglasung und Isolierverglasung	nach Rota für Beanspruchung Gr. 3 bis 5, Einfachverglasung und Isolierverglasung
Unfallgefahr		**Primer und Reinigungsmittel enthalten brennbare Lösungsmittel – Feuergefahr!**	
Auftrag	mit Kittmesser	mit Kittspritze oder Handdruckversiegelungsspritze	mit Handpistole, Druckluftkittspritze oder Kittmesser
Schrumpfung	0 bis 3%	5 bis 20 % (je nach Mischung)	etwa 5%
Komponenten	1	1	2 oder 1
Lebensdauer	3 bis 5 Jahre	5 bis 15 Jahre (je nach Mischung)	Polyurethan 5 bis 10 Jahre Polysulfid 10 bis 20 Jahre Silikon 20 bis 30 Jahre

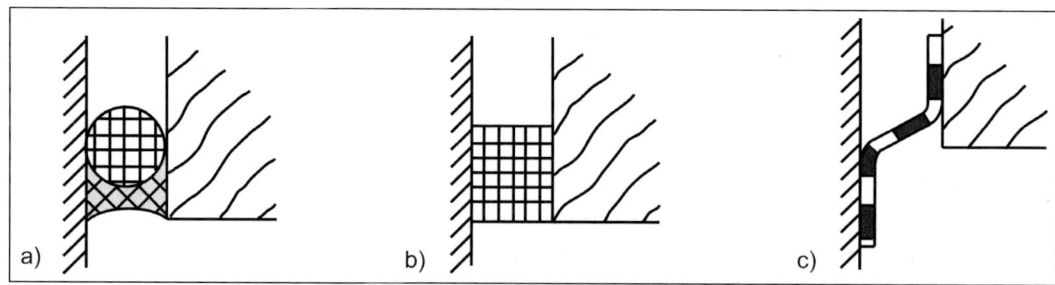

Bild 10.164 Dichtmaterialien: a) Dichtstoffe b) Dichtbänder c) Folien

Grundsätzlich gilt, dass die innere Abdichtung diffusionsdichter sein muss als die äußere! Innen dampfdicht, außen schlagregendicht!

Arbeitsauftrag Nr. 100 Lernfeld TI 10, 11, 12; HM 11

- Zur nachhaltigen Sicherung Ihres Wissens und Vorbereitung auf die Abschlussprüfung beantworten Sie bitte die nachfolgenden Fragen nach der „*Zweischritt-Methode*" (siehe hierzu Arbeitsauftrag Nr. 33 und Methoden).
  1. Welche Aufgaben hat ein Fenster?
  2. Nennen Sie fünf Teile eines Fensters.
  3. Worauf beruht die Wärmedämmung von Isolierglas?
  4. Nennen Sie fünf verschiedene Fensterbeschläge
  5. Welche Anstrichsysteme kennen Sie?
  6. Welche Mindestanforderungen sind an Lacklasuren zu stellen?
  7. Warum muss die natürliche Oxydschicht des Aluminiums entfernt werden?
  8. Welchen Nachteil hat Aluminium als Fensterwerkstoff?
  9. Welche Kammersysteme gibt es bei Kunststofffenstern?
  10. Welche Schäden können durch unsachgemäße Abdichtung am Fenster entstehen?
  11. Welchen Anforderungen müssen Dichtstoffe gerecht werden?
  12. An welcher Seite wird die Glashalteleiste befestigt?
  13. Durch welche Maßnahmen lassen sich die Belastungen ausgleichen, denen ein Fenster ausgesetzt ist?
  14. Warum müssen Fensterscheiben verklotzt werden?
  15. Erklären Sie den Begriff der Vulkanisation.
  16. Mit welcher Lebensdauer ist bei Silikon als Dichtstoff zu rechnen?
  17. Der Kunde beklagt sich, dass die Dichtstoffe der Scheiben nicht halten. Welche Fehler wurden bei der Verarbeitung gemacht?
  18. Ein Gebäude liegt an einer stark befahrenen Hauptverkehrsstraße. Welche Fensterdichtung ist zu wählen?
- Nach Einordnung der Fragen in Ihre Lernkartei führen Sie bitte ein „*Frage-Antwortspiel*" in der Klasse durch.

10.9 Treppen

Arbeitsauftrag Nr. 101 Lernfeld TI 9, 12; HM 10

- Die Skulpturengalerie hat infolge der guten Zusammenarbeit mit Ihrer Firma einen weiteren Auftrag erteilt. Die Galerie hat weitere Räume angemietet.
  Der Zugang wurde bereits von einer Baufirma geschaffen. Da die neue Ausstellungsebene jedoch höher als die bisherige Ausstellungsfläche liegt, wird eine gerade Treppe benötigt. Ihr Meister war bereits vor Ort und hat die nachfolgende Aufmaßskizze gefertigt.
- Zeichnen Sie Grundriss und Abwicklung der geraden eingestemmten Treppe mit Setzstufen im M 1:10! Die Treppe soll aus Esche gefertigt werden. Folgende technische Vorgaben sind zu beachten:
  - Stufenstärke 40 mm, Stufenüberstand 40 mm, Stoßbrettdicke 20 mm, Einstemmtiefe 15 mm, Wangenstärke 50 mm, Besteck oben und unten je 50 mm, Laufbreite 1,20 m, Handlaufprofil und Geländerstärke sind frei wählbar.

Übergang: Skulpturengalerie – Erweiterungsbau

- Es ist ein Modell im M 1:20 zu fertigen und eine Materialliste mit Berechnung der Kosten unter Berücksichtigung von 20 % Verschnitt zu erstellen.
- Geben Sie einen Überblick dreier Möglichkeiten der Oberflächenbehandlung einschließlich der jeweiligen Vor- und Nachteile. Um auf mögliche Fragen des Kunden beim späteren Einbau vorbereitet zu sein, sollten Sie die nachfolgenden Fragen beantworten können.

1. Aus welchen Teilen besteht eine Treppe?
2. Auf welche Weise wird in einer Zeichnung die Gehrichtung einer Treppe angegeben?
3. Bei welcher Treppenart werden Stufen verzogen?
4. Wie unterscheiden sich Links- und Rechtstreppen?
5. Erläutern Sie die Begriffe Krümmung, Trittstufe, Lauflinie und Treppenlauf.
6. Erklären Sie den Begriff Steigungsverhältnis.
7. Ermitteln Sie das günstige Steigungsverhältnis für eine Wohnhaustreppe bei einer Geschosshöhe von 2,75 m und 15 bzw. 16 Steigungen.
8. Welchen günstigen Neigungswinkel sollen Wohnungstreppen haben?
9. Zählen Sie geeignete Hölzer für Holztreppen auf.
10. Vergleichen Sie die eingeschobene Treppe mit der eingestemmten Treppe.
11. Was kennzeichnet die aufgesattelte Treppe?
12. Welche Aufgaben hat ein Tragholm?
13. Die Galerie wird zur Kunsterziehung von einer Vorschulgruppe genutzt. Welche Sicherheitsvorschriften sind beim Bau der Treppe zu beachten?

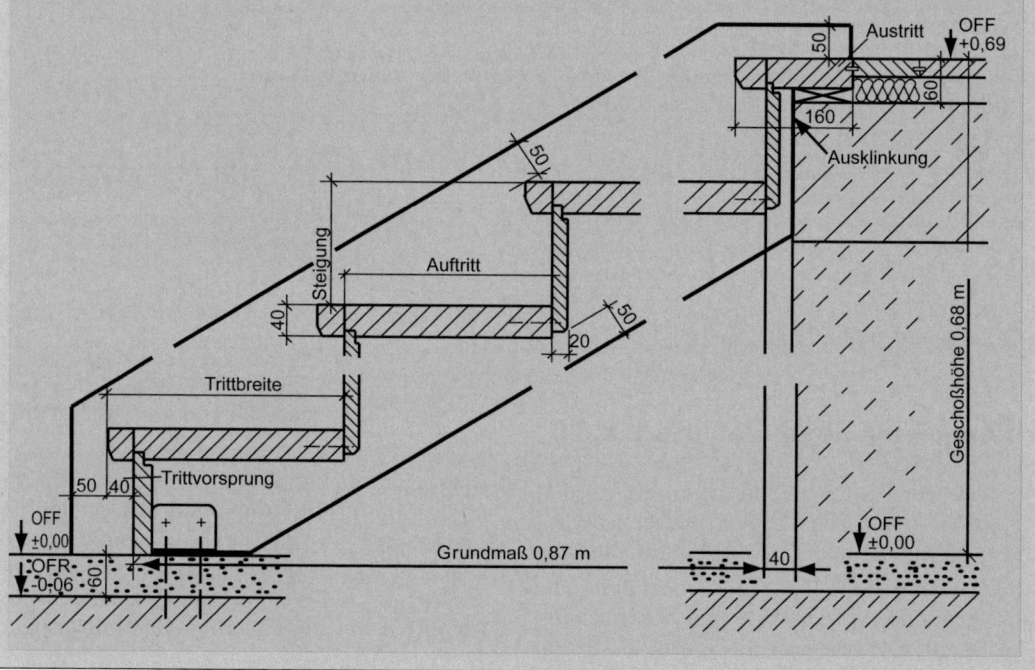

Treppen helfen uns, verschiedene Ebenen oder Geschosse zu überwinden.

Die Grundrissform wird durch die Lauflinie bestimmt (**10.165, 10.**167). Gerade Lauflinien ergeben gerade einläufige Treppen und gerade mehrläufige Treppen mit Zwischenpodesten (Eck- oder Halbpodesten). Lauflinien aus geraden und gewendelten Teilstücken ergeben gewendelte Treppen. Bei Bogentreppen ist die ganze Lauflinie Teilstück einer Kreis-, Korbbogen- oder Ellipsenlinie. Wendeltreppen mit Treppenauge oder Spindel haben Lauflinien in der Form ganz oder fast ganz geschlossener Kreis-, Korbbogen- oder Ellipsenlinien.

10.9 Treppen

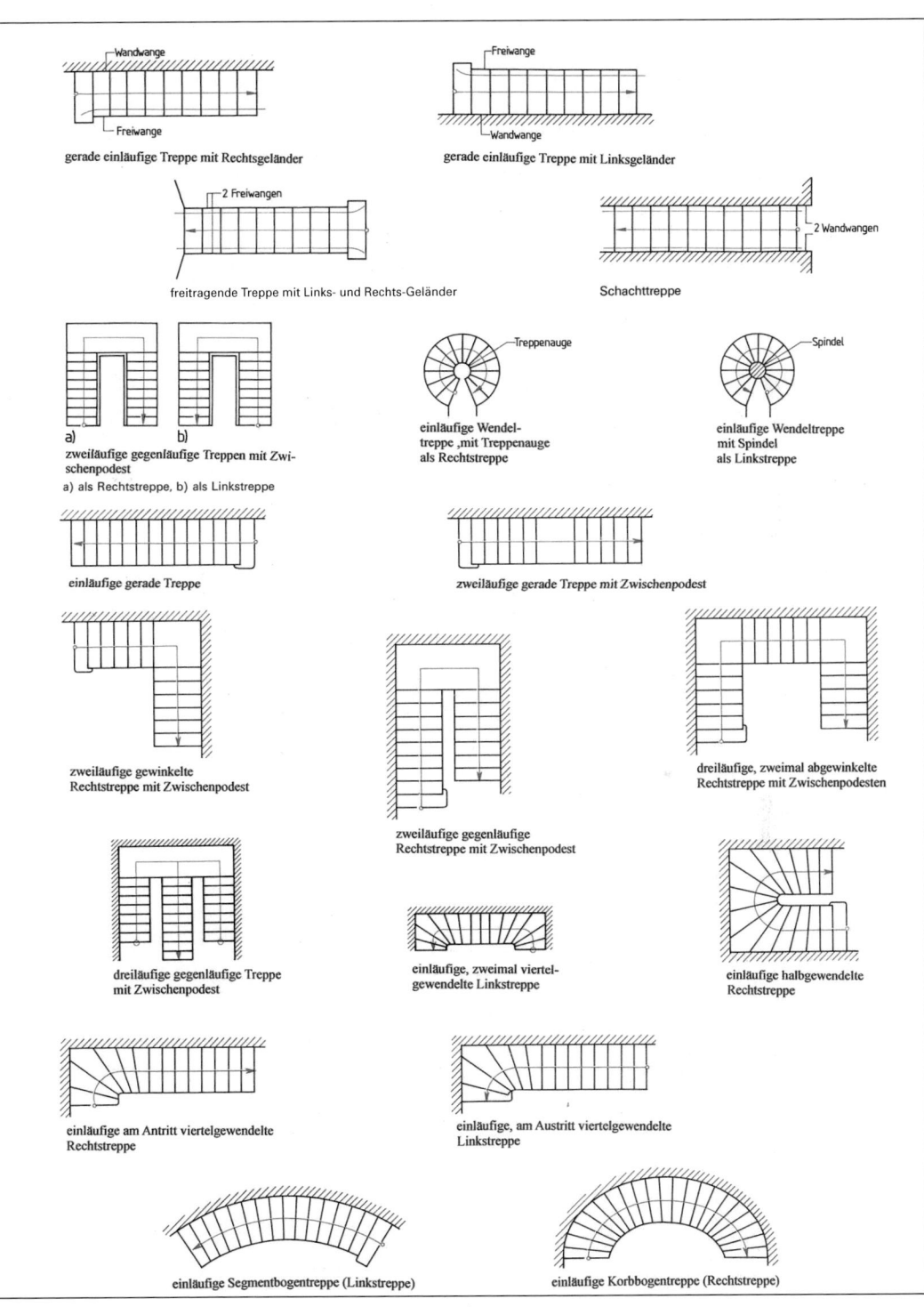

Bild 10.165 Treppengrundrissformen

Begriffe. Den waagerechten Teil der Treppe nennt man Trittstufe, den senkrechten Teil Setzstufe (**10.**168a). Die Höhe zwischen den einzelnen Stufen bezeichnen wir als *Steigung*. Folgen mindestens 3 Stufen hintereinander, sprechen wir von einem *Treppenlauf*, der mit einem *Treppenpodest* beginnen und enden kann. Oft werden Treppenläufe auch von Zwischenpodesten unterbrochen. Die *Lauflinie* liegt bei geraden Treppen in der Mitte, bei Wendel- und Spindeltreppen außermittig (**10.**165, **10.**167).

aus Holz, Kunststoff oder Metall soll griffgerecht ausgebildet sein und sicheren Halt geben. Die Geländerfüllung kann aus Eisengitter, Füllbrettern, Holzstäben, Acryl- oder Sicherheitsglas bestehen. Der *Krümmling* verbindet als Zwischenstück die inneren Wangen einer gewendelten Treppe. *Kropfstück* (Wangenkrümmling) nennt man den Wangenteil in der Krümmung des Treppenlaufs. Der Freiraum zwischen Treppenläufen und Podest heißt *Treppenauge*.

Tabelle 10.166 Treppen

Unterscheidung	Treppen
Lage	Außentreppen (Frei-, Hauseingangs-, Kelleraußentreppe), Innentreppen (Geschoss-, Dachbodentreppe)
Laufrichtung	Links- und Rechtstreppe
Grundrissform	gerade, viertel- und halbgewendelte, ein- und mehrläufige Treppe, Bogentreppe, Wendeltreppe, Spindeltreppe (**10.**165)
Konstruktion	freitragende, freiaufliegende oder eingespannte Treppe
Werkstoff	Mauerwerk, Werkstein, Stahl, Holz

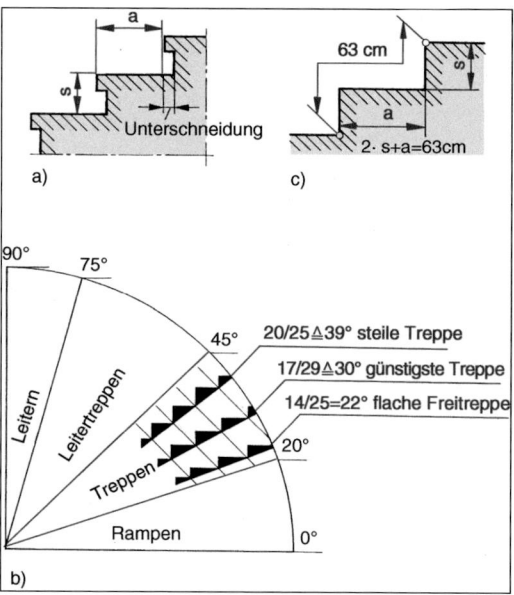

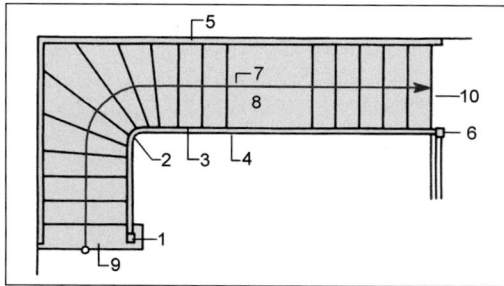

Bild 10.167 Treppenteile
1 Antrittspfosten
2 Krümmung
3 Handlauf
4 Freiwange (Innenwange)
5 Wandwange
6 Austrittspfosten
7 Lauflinie
8 Podest
9 Antritt
10 Austritt

Bild 10.168 Steigungsverhältnis und Neigung
a) Stufenteile,
b) Einteilung der Treppen nach der Neigung,
c) Steigungsverhältnisse

Bei Wendeltreppen und bei teilgewendelten Treppen sind die Stufen verzogen *(Stufenverziehung)*. Das *Treppengeländer* besteht aus dem Antritts- und Austrittspfosten, dem Handlauf und der Geländerfüllung. Der Handlauf

Steigungsverhältnis. Die Unfallsicherheit und Bequemlichkeit einer Treppe hängt weitgehend vom Steigungsverhältnis und von der Stufenhöhe ab. Die Höhe aufeinander folgender Stufen muss immer gleich bleiben – sonst besteht Stolpergefahr. Als Steigungsverhältnis bezeichnet DIN 18065 das Verhältnis von Steigung s (Stufenhöhe) zu Auftritt a (**10.**168a). Der Quotient aus $s : a$ ist das Maß für die *Neigung*. Die Unfallgefahr wächst mit dem Neigungswinkel. Kellertreppen haben einen Neigungswinkel bis 45°, Wohnungstreppen nur etwa 30° (**10.**168b). Um das günstigste Stei-

10.9 Treppen

gungsverhältnis einer Treppe zu ermitteln, gehen wir von der Schrittlänge eines erwachsenen Menschen aus (60 bis 65 cm). Das mittlere Schrittmaß von 63 cm soll sich ergeben, wenn wir zur Auftrittsbreite a 2 Steigungen s addieren (**10.168c**).

> Grundlage für die Ermittlung des Steigungsverhältnisses ist die Schrittmaßformel
>
> $$\text{Auftrittsbreite} + 2 \cdot \text{Steigungshöhe} = 630 \text{ mm}$$
> $$a + 2 \cdot s = 630 \text{ mm}$$

Beispiel

Welche Auftrittsbreite ist bei einer vorgegebenen Stufenhöhe (Steigung) von 170 mm zu wählen?

Lösung

$a = 630 \text{ mm} - 2 \cdot s$
$a = 630 \text{ mm} - 2 \cdot 170 \text{ mm} = 290 \text{ mm}$

Tabelle 10.169 Treppenabmessungen (DIN 18065)

Laufbreite (Mindestmaße)	in 1- bis 2-geschossigen Wohnhäusern 0,90 m, in sonstigen Gebäuden mit mehr als 2 Vollgeschossen 1,00 m bei Keller- und Dachgeschosstreppen 0,80 m
Stufenhöhe	(Steigung) höchstens 21 cm
Auftrittbreite	(Auftritt) mindestens 23 cm, bei Wendeltreppen und verzogenen Stufen im engsten Bereich gewendelter Treppen mindestens 10 cm
Lichte Durchgangshöhe	(Kopfhöhe) mindestens 2,00 m
Podest	(Treppenabsatz) nach 18 Stufen; seine Länge muss mindestens gleich der Laufbreite sein, darf aber nicht kürzer als 1,00 m sein
Handlauf und Geländer	Mindesthöhe 0,90 m. Geländerhöhe 1,10 m, wenn die Absturzhöhe größer als 12,00 m ist und bei Innenseiten von Wendeltreppen
Öffnungen	in Geländern und Umwehrungen (z. B. lichter Abstand der Geländerstäbe) nicht breiter als 12 cm

Das Ergebnis unseres Beispiels ist z. B. das für Wohnungstreppen als günstig empfundene Steigungsverhältnis 170/290 mm. Dabei ist die Treppenneigung etwa 30°.

Für steile Treppen ergeben sich sehr schmale, für flache Treppen sehr breite Auftritte. Welches Steigungsverhältnis wir wählen, hängt vom Verwendungszweck der Treppe, der Art ihrer Benutzung, dem zur Verfügung stehenden Raum und der Geschosshöhe ab. Das Steigungsverhältnis einer Treppe darf sich auf der „Lauflinie" nicht ändern.

Vorschriften und Bestimmungen über die Treppenabmessungen sind in den Bundesländern unterschiedlich geregelt. Tabelle 10.169 zeigt uns Beispiele.

Treppenarten. Für Holztreppen eignet sich festes Holz wie Eiche, Kiefer, Buche, Esche, Ahorn, Afzelia, Sipo, Iroko oder Kambala. Um ein übermäßiges Arbeiten des Holzes zu verhindern, soll die Holzfeuchte nicht mehr als 8 bis 10 % betragen. Verarbeiten wir bei den Treppenteilen Sperrholz, beträgt die Furnierdicke der Einzelstufe etwa 3 bis 6 mm. Da Holz ein brennbarer Werkstoff ist, gibt es für den Einbau von Holztreppen besondere Baurechtsbestimmungen.

Je nach Gestaltung der Stufen, Treppenwangen und den einzelnen Verbindungen der Treppenelemente unterscheidet man Block-, eingestemmte, eingeschobene und aufgesattelte Treppen.

Blocktreppen. Bei dieser ältesten Treppenart zeigen die massiven Stufen einen dreieckigen Querschnitt und sind auf Balken oder Trägern aufgelagert. Häufig werden die Stufen mit Holznägeln an der hinteren Kante befestigt, damit das Holz arbeiten kann (**10.170a**).

Eingestemmte Treppen. Die Stufen liegen in einzelnen Nuten der Treppenwangen und bestehen aus Trittstufe und Setzstufe (Futterstufe). Fehlt die Setzstufe, spricht man von einer halbgestemmten Treppe. Das obere Besteck kann ca. 30–50 mm betragen. Das untere soll wegen der Belastung mind. 50 mm haben. Die eingestemmten Stufen sind diesen Maßen entsprechend von der Wangenvorderkante entfernt. Tritt- und Setzstufen können miteinander vernutet sein, wobei die Trittstufe etwa 30 bis 40 mm über die Futterstufe ragt (Untertritt). Die Setzstufenverkeilung dient einer besseren Stabilisierung der Treppe (**10.170b**). Gestemmte Treppen eignen sich für gerade, gewendelte oder Wendeltreppen.

Eingeschobene Treppen (nur bei geraden Treppen). Die Trittstufen sind in die Wangen eingegratet. Die Gratnut geht nicht durch; es bleibt ein Vorholz (Besteck) stehen, das die Tragfestigkeit vergrößert. Die Trittstufen reichen häufig bis an die Wangenaußenkante oder stehen vor (Nase) und werden dann abgefast oder abgerundet. Eingeschobene Treppen verschalt man an der Unterseite. Bei eingestemmten und eingeschobenen Treppen sind die Stirnseiten der Trittstufen durch die Wangen verdeckt (**10.**170c).

Aufgesattelte Treppen. Die Wangen werden hier treppenartig ausgeschnitten. Auf diesen Ausschnitten liegen die einzelnen Stufen. Werden die Wangen zu Tragholmen der Stufen, setzt man dreieckige Hölzer darauf. Es ist auch möglich, die Stufen auf die Freiwange zu dübeln oder aufzuschrauben und sie in die Wandwange einzustemmen (**10.**170d). Oft liegen die einzelnen Stufen lediglich auf einem Tragholm unter der Lauflinie (oder auf einem Doppelholz) und sind verschraubt.

> Wir unterscheiden Block-, eingestemmte, eingeschobene und aufgesattelte Treppen.

Stufenverziehung. Verläuft die Treppe nicht rechtwinklig, sondern gewendelt, müssen die Stufen allmählich der Wendelung angepasst werden. Diese Veränderung der Stufen nennt man Stufenverziehung und konstruiert sie u.a. durch die Abwicklungsmethode (Steigungslinienverfahren) oder die Verhältnismethode (Proportionalteilung).

Bei der Abwicklungsmethode werden zunächst die geraden Stufen und Auftritte entlang der Lauflinie im Auf- und Grundriss eingezeichnet (**10.**171a). Wenn der Radius der Innenwange (Krümmlingsmittelpunkt) bestimmt ist, werden im Grundriss die Vorderkante der ersten und letzten geraden Stufe festgelegt, mit Punkt A und Punkt B gekennzeichnet, durch eine Linie verbunden und in C das Mittellot darauf errichtet. Dieses Lot schneidet die Senkrechte von A im Punkt M_1 (bzw. von B in M_2). Schlagen wir um M_1 und M_2 jeweils Kreisbögen, schneiden ihre Schnittpunkte die Stufenhöhen und ergeben die Stufenvorderkanten.

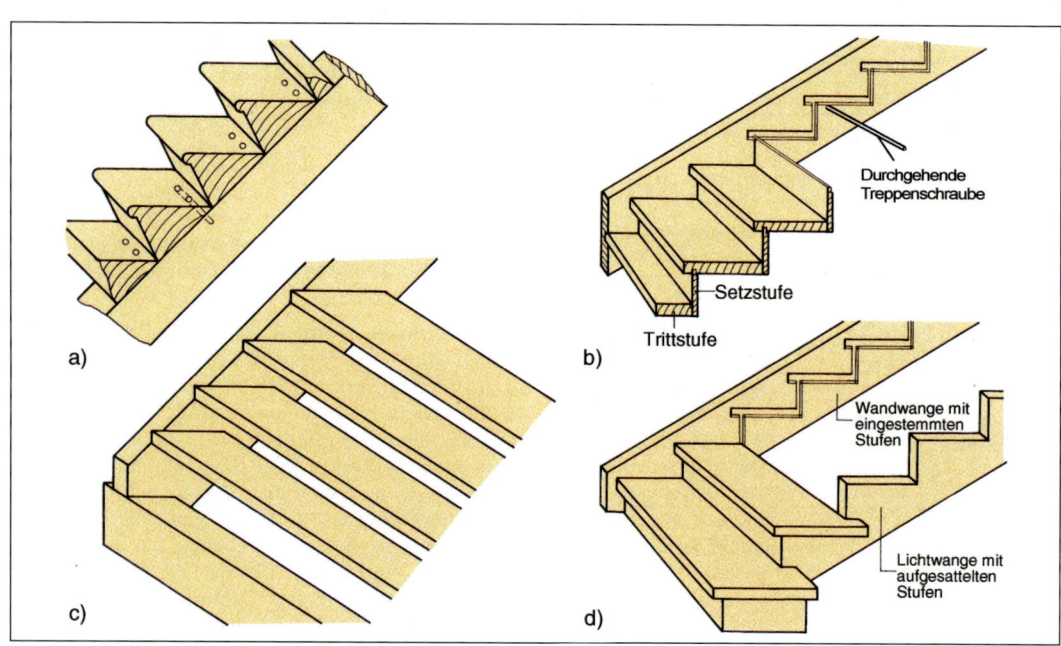

Bild 10.170 Treppenarten
   a) Blocktreppe,
   b) eingestemmte Treppe,
   c) eingeschobene Treppe,
   d) aufgesattelte Treppe

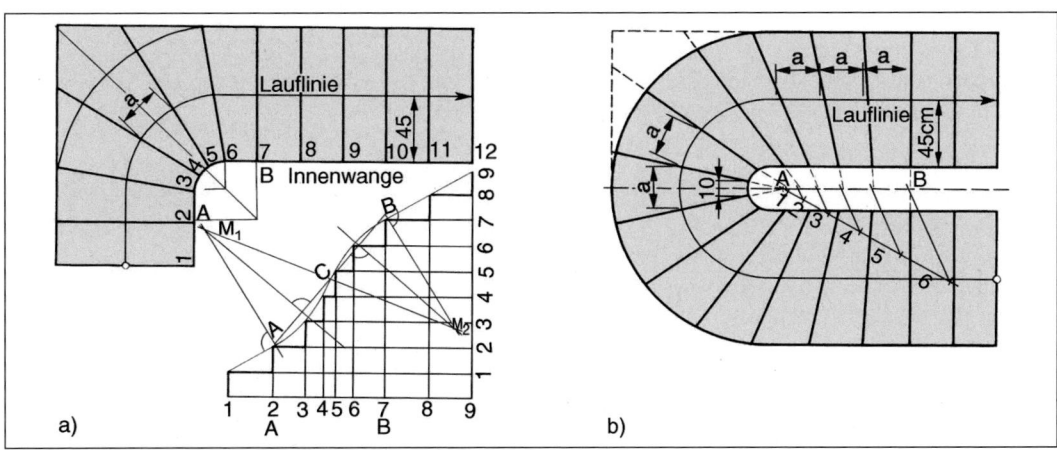

Bild 10.171 Stufenverziehung, a) Abwicklungsmethode (Evolutenverfahren), b) Proportionalteilung

Proportionalteilung. Die Eckstufe liegt in der Krümmung und ist an ihrem Kropfstück noch 10 cm breit. Die Vorderkante der ersten und letzten geraden Stufe werden verlängert (Punkt *B*). Ebenso verlängern wir die Vorderkanten der Eckstufe bis Punkt *A*. Der Abstand *A–B* wird danach im Verhältnis 1 : 2 : 3 : 4 geteilt (Stufenzahl). Die entsprechenden Punkte auf der Mittelachse werden mit den Punkten auf der Lauflinie verbunden (**10.171b**). Bei der Stufenverziehung müssen die Stufen auf der Lauflinie alle gleich breit sein.

> Durch die Wendelung wechselt die Gehrichtung einer Treppe. Der allmähliche Übergang der Stufen erfolgt durch ein Verziehen der Stufen. Dabei geht man nach der Abwicklungs- oder Proportionalteilung vor.

Die Oberflächenbehandlung von Holztreppen erfolgt mit PUR-, Hydro- oder Kunstharzlacken. Geländerstäbe lassen sich mit Hydro-Lacken problemlos im Tauchverfahren beschichten. Für eine natürliche Oberflächenvergütung eignen sich Wachse und Öle, die jedoch regelmäßig nachbehandelt werden müssen.

Sicherheit. Sorgfältiges Überlegen und Planen ist eine der wichtigsten Grundlagen im Treppenbau. Für die Sicherheit einer Treppe ist der Hersteller haftbar und sollte deswegen auf die Sicherheit größten Wert legen. Geringste Unfallzahlen haben nach einer Untersuchung der Berufsgenossenschaft gradlinige Treppen sowie Treppen mit gleichmäßiger Wendelung (**10.165**) ergeben. Höchste Unfallzahlen weisen 2-läufige Winkeltreppen mit Zwischenpodest (**10.165**) auf.

- **Handläufe:**

- müssen die Verkehrssicherheit gewährleisten,
- sind für Treppen mit mehr als 3 Steigungen Pflicht,
- müssen griffsicher und biegefest sein,
- haben einen Abstand zur Wand oder anderen Bauteilen, größer 50 mm,
- sind an beiden Seiten bei einer Laufbreite größer als 2 m anzubringen,
- sollten generell bis über die letzte Stufe geführt werden,
- sollten möglichst durchgängig sein und nicht unterbrochen werden (z. B. Pfosten),
- haben eine Mindesthöhe von 0,90 m, bei einer Absturzhöhe über 12 m müssen sie mindestens 1,10 m sein,
- sollten für Seh- und Gehbehinderte am Ende Markierungen (Riffelungen, Ringe, Knöpfe) erhalten.

- Ein zweiter Handlauf ist für die Sicherheit von Kindern und alten Menschen in 0,60 m Höhe anzubringen. Dieser Kinderhandlauf ist in Kindertagesstätten Pflicht. Die lichten Öffnungen zwischen den stabilen Geländerstäben dürfen nicht mehr als 12 cm betragen (Kinderkopfgröße). Desgleichen muss der lichte Abstand zwischen den Trittstufen bei einer offenen Treppe auch weniger als 12 cm betragen (Landes-Bauordnung).

- Der Freiraum zwischen Geländer und Treppe bzw. Podest muss so stark verringert werden, dass keine Absturzgefahr besteht, d. h. mit einer Kugel von 12 cm Durchmesser prüfen!
- Das Überklettern von waagerecht verlaufenden Füllungen kann durch fugenlose Montage verhindert werden.
- Ein nach innen geneigter Handlauf verhindert ein „Überkopfhangeln" von Kindern.
- Der An- und Austrittspfosten muss fest verankert sein.
- Eine Kopfhöhe von 2 m ist einzuhalten.
- Alle Treppenstufen sollten aus dem gleichen Material sein.
- Die Steigungshöhe ist über dem gesamten Treppenverlauf gleichmäßig zu halten.
- Ein ideales Steigungsverhältnis von 2×17 cm $+ 1 \times 29$ cm $= 63$ cm ist anzustreben.
- Die schmalste Auftrittbreite bei gewendeten Treppen (Spickeltritt, Drachenstufe) sollte 10 cm betragen (in 15 cm Entfernung von den Innenkante der Lichtwange gemessen).
- Das Tragverhalten der gesamten Treppe einschließlich Geländer, Verankerung etc., welche nicht nach den „allgemeinen anerkannten Regeln der Baukunst" gefertigt wird, muss durch eine statische Berechnung überprüft werden.

Entsprechend der Gebäude- und Treppenart ermittelt man die Steigungshöhe vorläufig und berechnet die Anzahl der Steigungen aufgrund der Geschosshöhe.

$$\text{Steigungsanzahl} = \frac{\text{Geschosshöhe}}{\text{Steigungshöhe}} \qquad n = \frac{h}{s}$$

Beispiel

Wie viel Steigungen und welche Steigungshöhe hat eine Kellertreppe in einem Zweifamilienhaus bei einer Geschosshöhe von 2,50 m? Gewählte Steigungshöhe 19 cm.

$$\text{Steigungsanzahl} = \frac{250 \text{ cm}}{19 \text{ cm}} = 13{,}2 = \textbf{13 Steigungen}$$

$$\text{Steigungshöhe} = \frac{250 \text{ cm}}{13} = \textbf{19,2 cm}$$

Die endgültige Steigungshöhe wird also nach dieser Formel ermittelt:

$$\text{Steigungshöhe} = \frac{\text{Geschosshöhe}}{\text{Steigungsanzahl}} \qquad s = \frac{h}{n}$$

Schrittmaßregel
2 Steigungen + 1 Auftrittbreite = Schrittlänge
$2s + a = 63$ cm

Bei bekannter Steigungshöhe können wir nach Umstellen der Schrittmaßformel; die Auftrittbreite berechnen.

Auftrittbreite $a = 63$ cm $- 2s$

Das so berechnete Steigungsverhältnis kann mit der Bequemlichkeits- und der Gehsicherheitsformel geprüft werden.

Bequemlichkeitsformel:
Auftrittbreite a – Steigung $s = 12$ cm
Gehsicherheitsformel:
Auftrittbreite a + Steigung $s = 46$ cm

Beispiel

Das Steigungsverhältnis einer Geschosstreppe in einem Gebäude mit mehr als zwei Wohnungen ist für eine Geschosshöhe von 2,50 m zu berechnen. Gewählte Steigungshöhe 18 cm.

$$\text{Steigungsanzahl} = \frac{h}{s} = \frac{250 \text{ cm}}{18 \text{ cm}} = 13{,}9$$

$$\stackrel{\wedge}{=} \textbf{14 Steigungen}$$

$$\text{Steigungshöhe} = \frac{h}{n} = \frac{250 \text{ cm}}{14} = \textbf{17,9 cm}$$

Auftrittbreite nach der Schrittmaßregel
$a = 63$ cm $- 2 \cdot 17{,}9$ cm $= 27{,}2$ cm
Prüfung nach der Bequemlichkeitsformel:
$a = 12$ cm $+ 17{,}9$ cm $= 29{,}9$ cm
Prüfung nach der Gehsicherheitsformel:
$a = 46$ cm $- 17{,}9$ cm $= 28{,}1$ cm

Steigungsverhältnis nach der Gehsicherheitsformel
$$\frac{14 \text{ Stg}}{17{,}9/28}$$

Die berechnete Auftrittbreite darf auf volle Zentimeter gerundet werden. Die Steigungshöhe ist dagegen mit der Millimeterangabe hinter dem Komma einzuhalten.

10.9 Treppen

Die Treppenlauflänge ist im Grundriss und Schnitt das horizontale Maß in Treppenmitte von der Vorderkante der Antrittstufe bis zur Vorderkante der Austrittstufe. Da die Austrittstufe bereits zur Decke des nächsten Geschosses gehört, hat jede Treppe bei der Berechnung einen Auftritt weniger als die Anzahl der Steigungen.

> Anzahl der Auftritte = Anzahl der Steigungen – 1
> Treppenlauflänge = (Steigungsanzahl – 1) ·
> Auftrittbreite $l = (n - 1) \cdot a$

Beispiel
Berechnen Sie die Treppenlauflänge der Treppe.
Anzahl der Steigungen = 16
Steigungsverhältnis s/a = 17,2/29 cm
Treppenlauflänge = (16 – 1) · 29 cm = 435 cm
= **4,35 m**

Stufenverziehung. Die Stufen sind so zu verziehen, dass ein allmählicher Übergang entsteht. Im Eckbereich soll die Trittstufenvorderkante nicht in die Wandecke führen, sondern möglichst deutlich davor liegen. Je größer die Zahl der verzogenen Stufen, desto weniger Sprünge entstehen im Treppenlauf und desto sicherer kann der Benutzer sie begehen. Eine Verziehung soll langsam zunehmen und nach der schmalsten Stufe wieder abnehmen.

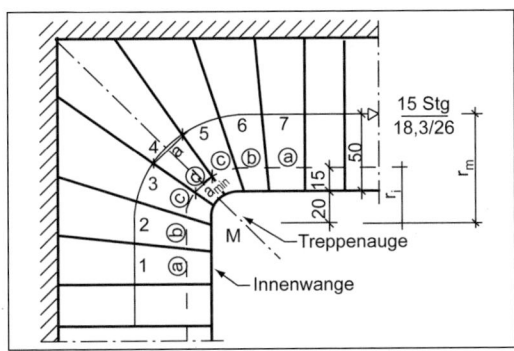

Bild 10.172 Viertelgewendelte Treppe

Empfehlenswert ist bei viertelgewendelten Treppen das Verziehen mit 7 Stufen (**10.**172), bei halbgewendelten Treppen mit 15 Stufen.

Rechnerische Verziehung. Mit dem Verhältnisteilungsverfahren (Proportionalitätsteilung) werden die Auftrittmaße der Wendelstufen an der Innenwange berechnet (**10.**172).

Beispiel
Für die viertelgewendelte Treppe in einem Gebäude mit Wohnungen sind die Auftrittmaße ⓐ bis ⓓ an der Innenwange für die 7 verzogenen Stufen zu berechnen. Das Steigungsverhältnis s/a ist 18,3/26 cm, der Radius des Treppenauges 20 cm.

Zuerst wird die durch Stufenverziehung auszugleichende Differenz zwischen der Lauflinienlänge in Treppenmitte und im 15-cm-Abstand von der Innenwange berechnet.

$r_m = 50$ cm + 20 cm $\qquad r_i = 35$ cm

$\Delta l = \dfrac{2 \cdot r_m \cdot \pi}{4} - \dfrac{2 \cdot r_i \cdot \pi}{4} = \dfrac{2 \cdot \pi}{4} \cdot (r_m - r_i)$

> **Differenz der Lauflinienlängen**
> $\Delta l = \dfrac{\pi}{2} \cdot (r_m - r_i)$
> $\Delta l = \dfrac{\pi}{2} \cdot (50 \text{ cm} + 20 \text{ cm} - 35 \text{ cm})$
> $= 54,98$ cm $\hat{=}$ 55 cm

Der vierte Auftritt, der in der Wandecke liegt, wird am stärksten verjüngt. Jeder folgende Auftritt davor oder dahinter wird um das Verjüngungsmaß Δa größer als der vorhergehende. Um das Verjüngungsmaß berechnen zu können, müssen wir erst die Summe der Verjüngungsteile bei 7 Stufen ermitteln.

Stufe	Verjüngungen	
	einzeln	zusammen
1 und 7	1 Teil	2 · 1 = 2 Teile
2 und 6	2 Teile	2 · 2 = 4 Teile
3 und 5	3 Teile	2 · 3 = 6 Teile
4	4 Teile	1 · 4 = 4 Teile
		Summe = 16 Teile

Verjüngungsmaß

$\Delta a = \dfrac{\text{Differenz der Lauflinienlängen } \Delta l}{\text{Summe der Verjüngungsteile}}$

$\Delta a = \dfrac{55 \text{ cm}}{16} = 3,4$ cm

Auftrittmaße im 15-cm-Abstand von der Innenwange:
ⓐ 1. und 7. Stufe = 26 cm – 3,4 cm = **22,6 cm**
ⓑ 2. und 6. Stufe = 26 cm – 2 · 3,4 cm = **19,2 cm**
ⓒ 3. und 5. Stufe = 26 cm – 3 · 3,4 cm = **15,8 cm**
ⓓ 4. Stufe = 26 cm – 4 · 3,4 cm = **12,4 cm** > **mind. 10 cm**

Ist der am stärksten verjüngte Auftritt im 15-cm-Abstand von der Innenwange < 10 cm, muss die nächstgrößere Zahl an Stufen verzogen werden (z. B. 9 Stufen). Bei verzogenen Stufen ist die Auftrittbreite a nicht gleich dem Bogenmaß der Lauflinie, sondern gleich der Sehne, die sich durch die Schnittpunkte der gekrümmten Lauflinie mit den Stufenvorderkanten ergibt.

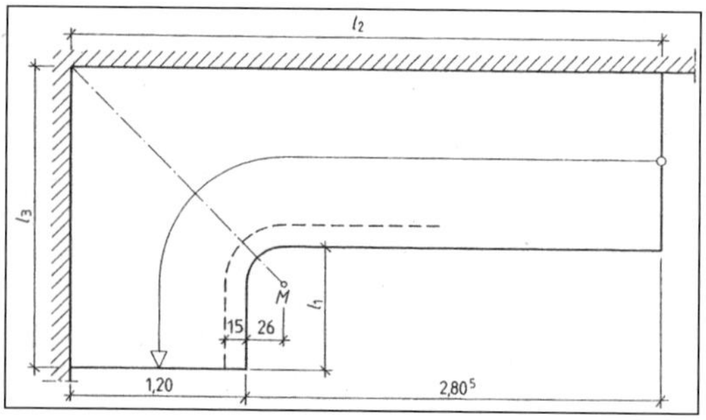

c) die Lauflänge und die Treppenmaße l_1 bis l_3.
d) Die Treppe ist im Grundriss M 1:20 auf einem DIN-A4-Blatt im Querformat zu zeichnen.
e) Verziehen Sie die viertelgewendelte Treppe nach dem Evolutenverfahren und vergleichen Sie das Ergebnis mit der rechnerischen Lösung.

Bild 10.173a Viertelgewendelte Treppe (Maße in m/cm)

Übungsaufgabe 1

Für die viertelgewendelte Linkstreppe (**10**.173a) sind zu berechnen:

a) das Steigungsverhältnis nach der Schrittmaßregel bei 17 Steigungen und einer Geschosshöhe von 3,00 m,
b) die Auftrittbreiten der sieben gewendelten Stufen ⑩ bis ⑯ im 15-cm-Abstand von der Innenwange,
c) die Lauflänge und die Treppenmaße l_1 bis l_3.

Übungsaufgabe 2

Für die im Austritt viertelgewendelte Rechtstreppe (**10**.173b) sind die Auftrittbreiten der gewendelten Stufen an der Innenwange ⓐ bis ⓔ zu berechnen. Es sollen 9 Stufen verzogen werden, wobei die schmalste Stufe an der Innenwange 10 cm breit sein muss.

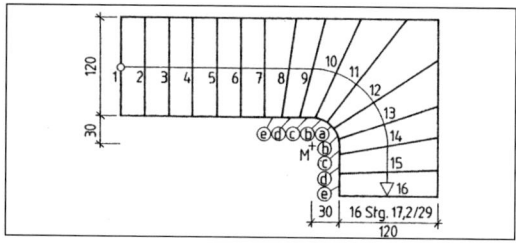

Bild 10.173b Treppe (Maße in cm)

10.10 Montage- und Befestigungstechnik

> **Arbeitsauftrag Nr. 102a Lernfeld TI 2, 8, 10; FKU 7, 8**
> Fertigen Sie eine Schautafel zum Thema „Montage- und Befestigungsmittel".
> Bringen Sie hierzu Dübel, Schrauben, Prospekte etc. aus Ihrem Betrieb mit.
> Informieren Sie vorher Ihren Ausbilder.
> Sollte Ihr Betrieb über wenig Anschauungsmaterial verfügen, suchen Sie einen Baumarkt auf.
> Orientieren Sie sich bei der Gestaltung der Schautafel an der Arbeitsablaufplanung und nehmen Sie eine logische Einteilung der Befestigungssysteme vor.

Es entstehen immer wieder Sach- und Personenschäden, weil Bauelemente nicht fachgerecht befestigt wurden. Folgenschwere Schäden wären zu vermeiden gewesen, wenn der Ausführende über Kenntnisse der modernen Befestigungstechnik verfügte und die entsprechenden Vorschriften beachtet hätte.

Der Einbau von Bauelementen wie Fenster und Türen oder Decken- und Wandverkleidungen gehört in der Praxis zu den üblichen Montagearbeiten des Tischlers. Um die Elemente sicher zu befestigen und die auftretenden Lasten in den Baukörpern ableiten zu können, verwenden wir Dübel. Als Ankergrund finden wir unterschiedliche Baustoffe vor, die sich in Art und Beschaffenheit unterscheiden und entscheidend sind für die Auswahl des geeigneten Dübelsystems. Ein Dübel der für den Einsatz in Beton bestimmt ist, kann nicht die gleichen Lasten aufnehmen, wenn er für Porenbeton verwendet wird. In druckfeste Baustoffe wie Beton oder Vollziegel können hohe, in weniger druckfeste Baustoffe wie Porenbeton nur geringe Lasten eingeleitet werden.

Beachte: Die Wahl des Dübels ist immer abhängig vom vorhandenen Baustoff! Kein Dübel kann höhere Lasten übertragen als der Baustoff aufnimmt, in dem er verankert wird.

10.10 Montage- und Befestigungstechnik

Folgende Fragen dienen der Arbeitsablaufplanung:

1. In welchem Baustoff muss verankert werden?
2. Welche Dübel wähle ich aus, unter Berücksichtigung des Baustoffs und der Belastung?
3. Mit welchem Bohrverfahren erstelle ich das Bohrloch?
4. Wie montiere ich das Bauelement?
5. Sind besondere Sicherheitsbestimmungen zu berücksichtigen?

1.1 Baustoff (Ankergrund):

Wir unterscheiden drei Hauptgruppen von gebräuchlichen Baustoffen:

- **Beton:** als Normalbeton oder Leichtbeton,
- **Mauerwerk:** als Vollstein mit dichtem oder porigem Gefüge oder Lochstein mit dichtem oder porigem Gefüge,
- **Platten oder Tafeln:** dünnwandige Baustoffe hauptsächlich für den Innenausbau mit meist geringer Festigkeit (**10.174**).

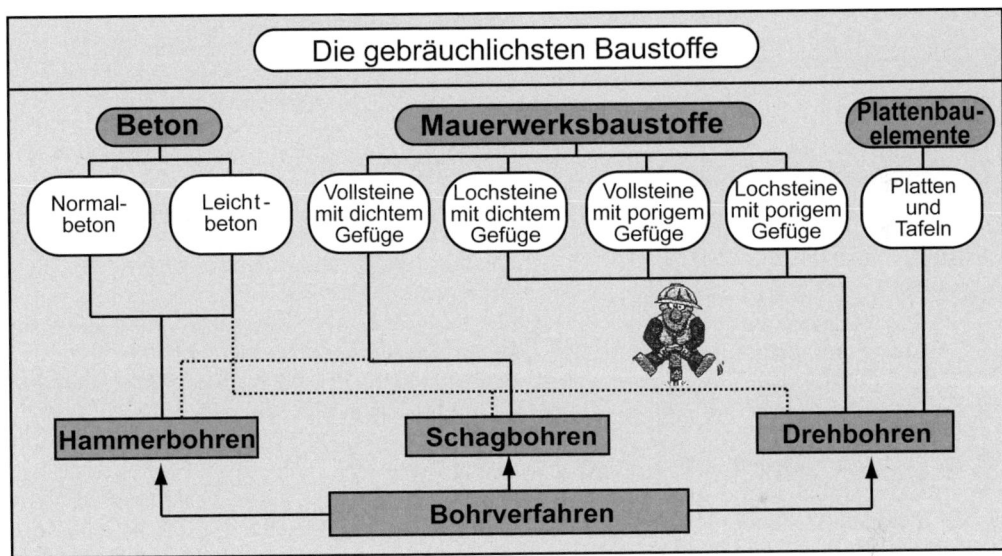

Bild 10.174 Gebräuchliche Baustoffe als Ankergrund

Beton kann als Normal- oder Leichtbeton ausgeführt sein. Das Bindemittel ist immer Zement. Leichtbeton enthält jedoch Zuschläge wie Bims und Blähton, die die Druckfestigkeit beeinträchtigen. Die Kurzbezeichnung des Betons kennzeichnet die Druckfestigkeit. Ein häufig verwendeter Beton ist C25/30, der eine Druckfestigkeit von 25 N/cm^2 aufweist. (C = engl. concret = Beton).

Mauerwerk ist ein Verbundwerkstoff aus Steinen und Mörtel. Die Druckfestigkeit der Mauersteine ist meistens höher als die des Mörtels. Die Verankerung sollte deshalb immer im Stein erfolgen und nicht in der Fuge.

Plattenelemente sind dünnwandige Baustoffe, die oft eine geringe Festigkeit aufweisen. Hier wählt man Dübel, die Kräfte formschlüssig einleiten. Diese Dübel verankern sich an der Plattenrückwand im Hohlraum (sogenannte Hohlraumdübel).

Dübelauswahl. Wie wir gesehen haben, ist der Ankergrund wichtig für die Auswahl des geeigneten Dübels. Gleichzeitig muss aber auch die Last beachtet werden, die der Dübel auf den Ankergrund abgeben soll. Die Herstellerangaben dazu müssen unbedingt beachtet werden. Rand- und Achsabstand sind dem jeweiligen Dübeltyp entsprechend nach der Montageangabe einzuhalten.

Wirkungsweise der Dübelverbindung:

Um die am Dübel auftretenden Kräfte sicher in den Baustoff zu leiten, unterscheiden wir drei Grundprinzipien (**10.**175a–c):

Stoffschluss:

Mineralischer Mörtel oder Kunstharz verbindet sich mit dem Dübel und dem Ankergrund und bilden eine Brücke. Dabei entstehen keine Spreizkräfte, Rand- und Achsabstände können geringer gewählt werden.

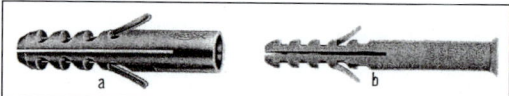

Bild 10.176 Standarddübel in Nylon
 a) Normallänge
 b) mit verlängertem Schaft (für Isolierwände, dicker Putz, Verkleidungen)

Dübel für Reibschluss:

Die Standarddübel aus Nylon sind die am häufigsten eingesetzten Dübel. Durch Reibschluss entsteht eine kraftschlüssige Verbindung zum Ankergrund. Das Bohrloch muss immer tiefer als die Dübellänge sein, da die Schraube beim Eindrehen um ca. einen Schraubendurchmesser übersteht (**10.**176). Mehrzweckdübel sind geeignet für Beton und Vollziegel (**10.**177). Rahmendübel besitzen einen langen Schaft mit einem Spreizteil. Die große Spreizzone erzeugt eine günstige Druckverteilung in Vollbaustoffen und ermöglicht in Lochsteinen die Verankerung in mehreren Steinstegen. Sie eignen sich für das Befestigen von Profilen, Latten und Kanthölzern. Für die Befestigung von Fensterblendrahmen finden Fensterrahmendübel Verwendung (**10.**178).

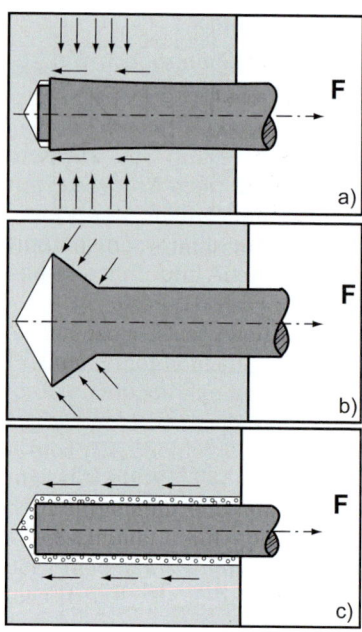

Bild 10.175 Wirkungsweise von Dübeln
 a) Reibschluss
 b) Formschluss
 c) Stoffschluss

Reibschluss: entsteht durch das Aufspreizen des Dübels beim Eindrehen der Schraube. Dadurch wird der Dübel an die Bohrwand gepresst, die dabei entstehende Reibkraft hält den Dübel im Baustoff. Die Beschaffenheit des Baustoffs und das Spreizvermögen sind wesentlich für die erreichbaren Haltekräfte. Weiche Baustoffe (z. B. Porenbeton) benötigen eine größere Aufspreizung als harte Werkstoffe (z. B. Beton). Kunststoffdübel spreizen sich durch das Eindrehen einer Schraube. Für hohe Belastungen verwendet man an Stelle der üblichen Kunststoffdübel Metalldübel, sogenannte Schwerlastdübel. Eine Gewindeschraube spannt einen Konus, der den Dübel spreizt. Wegen der hohen Spreizkräfte im Baustoff sind bei Spreizdübeln große Rand- und Achsabstände erforderlich.

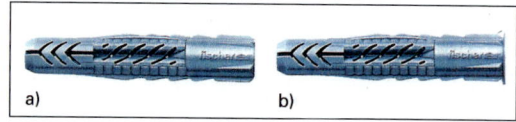

Bild 10.177 Universaldübel für leichte und mittelschwere Befestigung aus Nylon, geeignet für alle Baustoffe, a) Normalausführung, b) mit Rand

Formschluss:

Der Dübel passt sich der Form des Bohrlochs bzw. des Untergrundes an. Wir wählen dieses Prinzip bei geringer Materialstärke, Hohlwänden, Lochsteinen oder wenn Spreizkräfte vermieden werden müssen (geringer Rand- oder Achsabstand).

Bild 10.178 Fensterrahmendübel

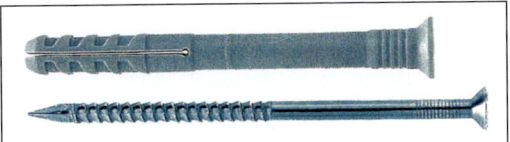

Bild 10.179 Nageldübel für rationelle Schlagmontage von Rahmen, Latten, Sockelleisten usw.

Nageldübel eignen sich für die rationelle Schlagmontage von Rahmen, Latten und Sockelleisten (**10.**179).

Schwerlastanker sind aus Stahl gefertigt und dienen für Verankerung schwerer Lasten in Beton sowohl in der Druck- als auch in der Zugzone. Beim Anziehen der Schraube spreizt sich die Metallhülse und bewirkt einen sicheren Kraftschluss (**10.**180).

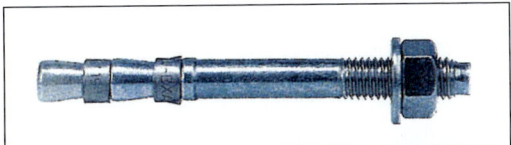

Bild 10.180 Schwerlastanker aus Metall

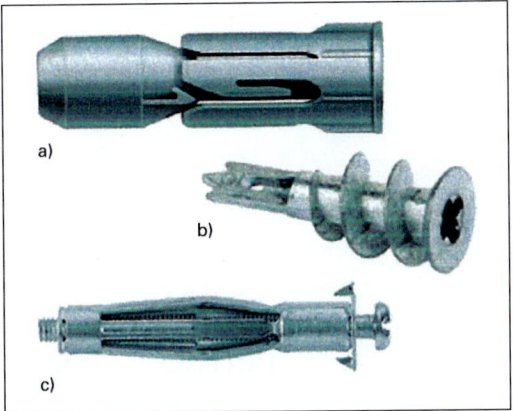

Bild 10.181 Hohlraumdübel
a) Plattendübel
b) Gipskartondübel
c) Metalldübel

Dübel und Anker für Formschluss:

Diese Dübel dienen vor allem der spreizdruckfreien Befestigung in massiven und porösen Baustoffen. Sie passen sich durch Formveränderung beim Anziehen der Schraube dem Ankergrund an. Rand- und Achsabstände können gering gewählt werden. Hohlraumdübel sind für formschlüssige Verbindungen an Faserplatten, GK-Platten u. a. Platten geeignet (**10.**181).

Dübel und Anker für Stoffschluss:

Diese Befestigungsmittel eignen sich insbesondere für die Befestigung schwerer Lasten an porösen Baustoffen oder Hohlbausteinen. Injektionsanker sind zum Befestigen von Bauelementen mit Durchsteckmontage geeignet. Die Befestigung erfolgt durch Auspressen des Ankerlochs mit einen hohlraumfüllenden Material (Mörtel, Kleber). Verbund wird über den eingegeben Stoff hergestellt – es entsteht Stoffschluss (**10.**182).

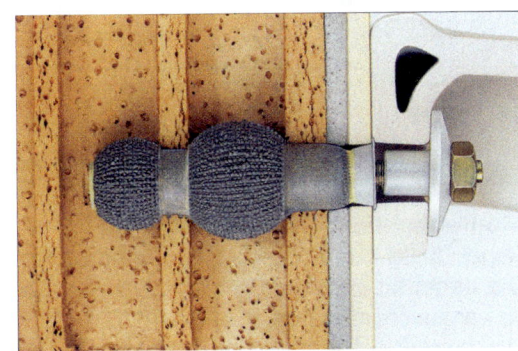

Bild 10.182 Injektionssystem in Lochstein mit 2 K-Kunststoffmörtel

Herstellen der Bohrung

In Abhängigkeit von der Beschaffenheit und Festigkeit des Baustoffs kommen drei unterschiedliche Bohrverfahren zum Einsatz (**10.**183a–c):

Drehbohren:

Bei diesem Bohrverfahren wird das Bohrloch ohne Schlagenergie hergestellt. Es wird bei leichten und porösen Baustoffen (Porenbeton) angewandt.

Schlagbohren:

Das Bohrloch wird mit vielen kurzen Schlägen und hoher Umdrehung des Bohrers hergestellt. Das Verfahren ist für Vollbaustoffe mit dichtem Gefüge geeignet.

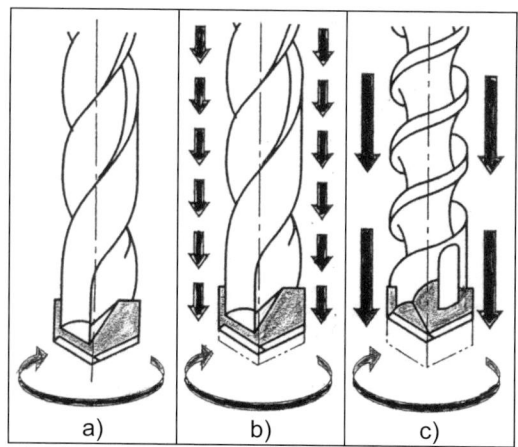

Bild 10.183 Bohrverfahren
  a) Drehbohrer
  b) Schlagbohrer
  c) Hammerbohrer

Hammerbohren:

Der Bohrer arbeitet mit wenigen Schlägen und Umdrehungen je Zeiteinheit, dafür aber mit hoher Schlagenergie. Er dient zum Bohren in Beton. Die Bohrlochtiefe muss bis auf wenige Ausnahmen größer als die Verankerungstiefe sein. Dadurch bleibt Platz für die eventuell austretende Schraube.

Bei wenig druckfesten Baustoffen und Baustoffen mit Hohlräumen wird in der Regel ohne Schlag gebohrt. Für einige Dübelverbindungen bestimmen Zulassungsvorschriften auch das Bohrverfahren.

Montage:

Wir unterscheiden folgende 3 Montagearten (**10.**184a, b, c):

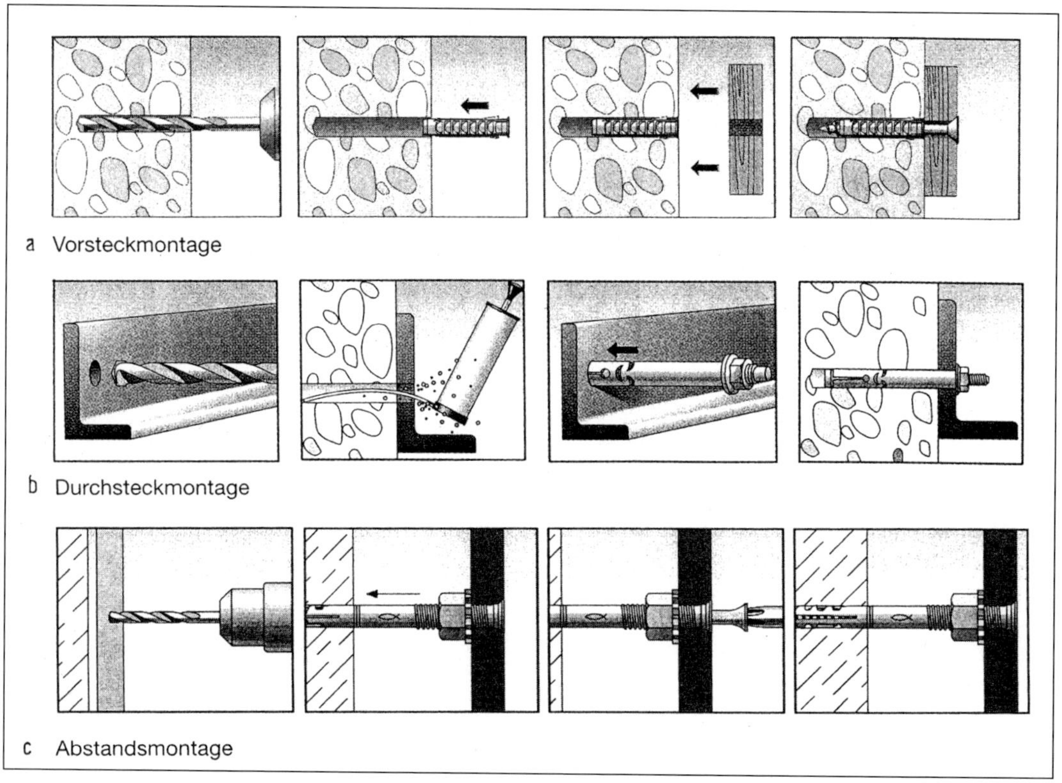

a Vorsteckmontage

b Durchsteckmontage

c Abstandsmontage

Bild 10.184 Montageverfahren
  a) Vorsteckmontage
  b) Durchsteckmontage
  c) Abstandsmontage

Vorsteckmontage:

Nach dem Herstellen der Bohrung wird der Dübel flächenbündig eingesetzt, anschließend erfolgt die Montage des Bauteils. Das Bohrloch im Verankerungsgrund ist größer als das Montageloch im anzuschließenden Bauteil. Angewendet bei Einzelmontage.

Durchsteckmontage:

Die Dübellöcher werden durch das Montageteil in den Verankerungsgrund gebohrt.

Anschließend wird der Dübel mit seinem verlängerten Schaft durch das Montageteil in das Bohrloch gesteckt und durch das Eindrehen der Schraube gespreizt.

Abstandsmontage:

Das anzuschließende Bauteil soll mit einem bestimmten Abstand vor dem Verankerungsgrund montiert werden. Wir wenden diese Montage an, wenn die Unterkonstruktion exakt zu justieren ist oder für Fassadenelemente. Die Abstandsmontage kann als Vorsteck- oder Durchsteckmontage ausgeführt werden.

Montagehinweise:

Die Technischen Merkblätter der Hersteller enthalten Angaben über Rand- und Achsabstand der Dübel. Diese Angaben sind unbedingt einzuhalten, um Abplatzen und Rissbildung zu vermeiden und eine gute Tragfähigkeit zu erreichen. Entscheidend für die Tragfähigkeit eines Dübels ist außerdem die exakte Ausführung des Bohrlochs. Die Bohrung muss immer rechtwinklig zum Anbauteil sein, eine Richtungsänderung während das Bohrvorgangs beeinträchtigt die Tragfähigkeit und ist zu vermeiden. Die Herstellerangaben über die Bohrerabmessung müssen wir unbedingt beachten. In weniger druckfesten Baustoffen (z. B. Gasbeton) sollte die Bohrung etwa 1mm kleiner als der Dübeldurchmesser gewählt werden. Dadurch verbessert sich die Tragfähigkeit. Die Bohrlochtiefe muss im Regelfall größer sein als die Verankerungstiefe, damit die an der Dübelspitze austretende Schraube genügend Platz hat. Vor Einsetzten des Dübels muss der Bohrstaub aus dem Bohrloch entfernt werden. Die Schraubenlänge richtet sich nach der Dübellänge und der Dicke des zu befestigenden Bauteils einschließlich der Unterkonstruktion (falls vorhanden). Die Schraube soll im eingedrehten Zustand den Dübel in der gesamten Länge ausfüllen und an der Dübelspitze um den Schraubendurchmesser überstehen (**10.**185).

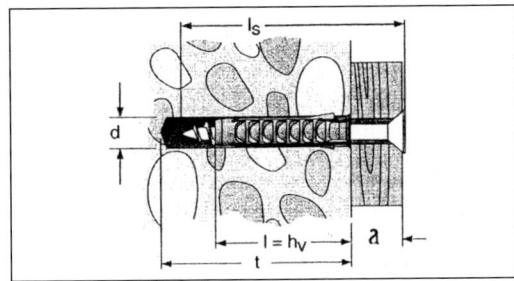

Bild 10.185 Bohrlochtiefe, Schraubenlänge
Ls- Schraubenlänge
a — Abstand
l — Dübellänge
t — Bohrlochtiefe
d — Bohrlochdurchmesser

Ermittlung der Schraubenlänge:

$$\begin{array}{r}+\ \text{Schraubendurchmesser}\\ +\ \text{Dübellänge}\\ +\ \text{Dicke des Bauteils mit Unterkonstruktion}\\ \hline =\ \text{Gesamtlänge der Schraube}\end{array}$$

Bei Befestigung in Loch- und Hohlblocksteinen, muss die Spreizzone des Dübels mindestens in einem Steg fest verankert sein (**10.**185).

Zulassung von Dübeln, Brandschutz

Wenn beim Versagen einer Befestigung Gefahr für die öffentliche Sicherheit durch herabstürzende Teile besteht (z. B. Fassaden-, Deckenkonstruktionen), müssen zugelassene Dübel verwendet werden. Die Verwendung ist durch die „Bauaufsichtliche Zulassung" geregelt, die das Deutsche Institut für Bautechnik erteilt.

Oft werden bei der Befestigung von Bauteilen besondere Anforderungen an den Brandschutz gestellt. Bei einer geforderten Feuerwiderstandsdauer muss in der Regel das Brandverhalten der Gesamtkonstruktion einschließlich der Verankerung nachgewiesen werden.

10.11 Messebau

> **Arbeitsauftrag Nr. 102b Lernfeld TI 6**
>
> - Bei einer Exkursion Ihrer Klasse zu einem international bekannten Furnierwerk haben Sie erfahren, dass das Werk sich auf einer Holzmesse präsentieren möchte. Der Auftrag für den Bau eines Messestandes wurde bisher noch nicht vergeben. Sie haben dem Leiter des Furnierwerkes vorgeschlagen einen Entwurf zu erarbeiten und dies mit Ihrem begeisterten Meister abgestimmt.
>
> Der Stand soll über das breite Angebot von Schäl- und Messerfurnieren informieren, über Ablageflächen für Prospektmaterialien und Platz für acht Messebesucher verfügen. Die Info-Wände werden mit einer Fläche von 12 m² geplant. Für das Roll-On/Roll-Off-Konzept stehen 4 m³ Transportvolumen zur Verfügung.
>
> - Entwerfen Sie einen Messestand (Vierer-Teams) unter Berücksichtigung von mindestens drei der folgenden Kriterien:
>
>
>
> **Funktion** – Platzbedarf, Größenverhältnisse, Variabilität
>
> **Technik** – Fertigungsprinzipien, Aufbau, Konstruktion
>
> **Ästhetik** – Optik, Proportion, Farbe, gestalterische Besonderheiten
>
> **Ökonomie** – finanzieller Aufwand, Fertigungstechnik
>
> **Ökologie** – Material, Umweltverträglichkeit, Recycling
>
> - Präsentieren Sie Ihre Arbeitsergebnisse der Klasse (Auftraggeber). Teilen Sie die Präsentationsbeiträge gruppenanteilig auf. Die gezeigte Teamfähigkeit hat für Ihren Auftraggeber einen hohen Stellenwert bei der Auftragsvergabe.

Die Geschichte des Messebaus lässt sich wie folgt kurz skizzieren. Am Anfang war der Messestand gleichzusetzen mit einem Marktstand, d. h. der Erlös für die verkauften Produkte füllte die Kasse und war beim Standabbau zählbar. Bis in die sechziger Jahre standen auf den Messen die Produkte selber im Vordergrund, sie waren die eigentliche Sensation. In den folgenden Jahren bis hinein in die achtziger Jahre wurde der Messestand immer aufwendiger. Die Bemühungen richteten sich zunehmend darauf, die Produkte an einem möglichst aufwendigen und attraktiven Messestand anzubieten. Somit bekam der Messebau ein immer größeres Gewicht und wurde immer umfangreicher. Seit den Neunzigern werden die Messestände durch attraktive Models, Animateure und digitale Medienevents zusätzlich unterstützt, um die Neugierde der Besucher zu wecken. Somit stehen heute die Events im

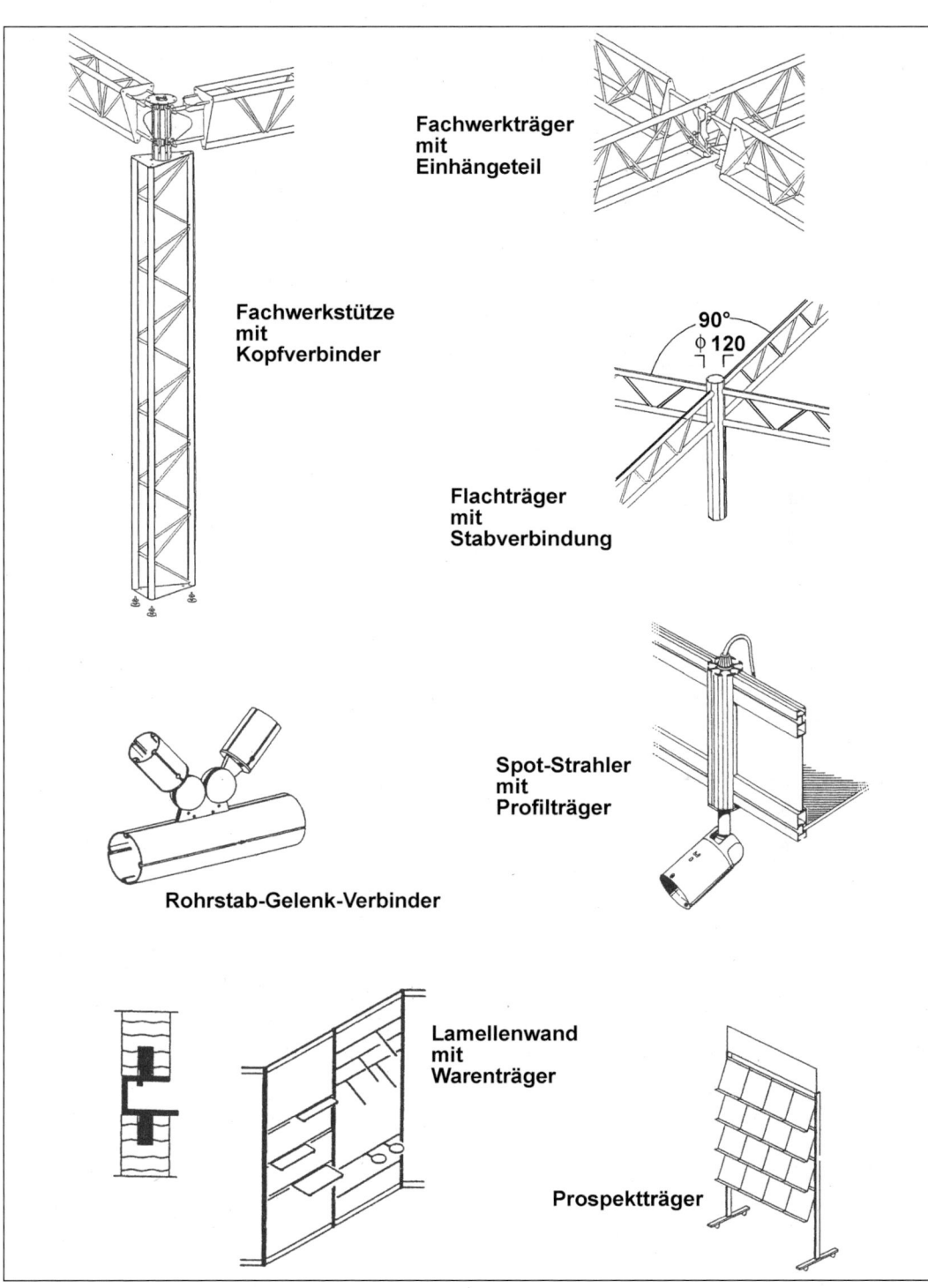

Bild 10.186   Ausstellungssysteme

Mittelpunkt der Präsentation. Ziel ist es, die Produkte mit dem Messebau erlebnisorientiert zu vermitteln. Alle Sinne sollen durch den Messestand angesprochen werden. Hauptziel für den Messebau sollte aber das Prinzip sein, einen Ort für Kommunikation zu schaffen. Wichtig bleibt dabei, dass der Messestand im großen Getümmel nicht übersehen wird, d. h., die Messebauer und Standgestalter brauchen Fantasie und Können, langweilige Messestände zur Produktpräsentationen werden vom Messebauer nicht mehr verlangt. Gefragt wird eine gefühlsbetonte Kommunikationsvermittlung.

> Wichtige Grundsätze sind für den Messebauer das Auffallen durch Farbe, Form und Material. Der Messebauplaner sollte folgende Planungskriterien berücksichtigen:

- Platz für Infomaterial,
- Stellfläche für Kühlschrank, Getränkelager,
- Spülbecken bei Bedarf,
- Zonen für Beratungsgespräche,
- Bedarfsfläche für die Anfertigung von kalten Platten, Kaffee, Tee,
- Anbringung von effektvoller Beleuchtung, Unterbringung Kabelstrang etc.

> Ziel des Messebauers ist es, auf geringer Fläche einen angenehmen „Raum" für Kommunikation und Information zu schaffen.

> Für den fachkundigen Messebauer bedeutet dies, dass er folgende fachliche Schwerpunkte beherrschen muss:
> - Gefahrenlehre, insbesondere die Unfallverhütungsvorschriften,
> - Geräte- und Werkstoffkunde, Systemkunde für standardisierte Messebausysteme,
> - Farbenlehre und Gestaltung,
> - Grundkenntnisse in Standsicherheit und Statik,
> - Prüfung des Messestandes und Übergabe.

Heute gibt es große Anbieter von Ausstellungssystemen, welche durchdachte Fertigprodukte anbieten, z. B.:
- räumliches Fachwerk bzw. Gitterträgerstrukturen, Trägerroste,
- Profilsysteme mit Stab- und Knotenverbindungen, d. h. großer Raumgewinn bei minimaler Belastung,
- Designbaukastensysteme für ansprechende Konstruktionslösungen,
- Leichtbauwandelemente, Lamellenwände zur Aufnahme von Warenträgern,
- durchdachte Waren- und Prospektträger etc.

Der Messestand sollte schnell auf- und abgebaut werden können. Die Stellwände, Fußbodenplatten usw. sollten für die Handlichkeit bzw. Beweglichkeit das Prinzip der „Ein-Mann-Tafel" berücksichtigen, d. h., alleiniger Transport ist leicht möglich. Der Messebau ist in Roll-On/Roll-Off-Qualität zu entwickeln, d. h. er lässt sich im Handumdrehen von der Werkstatt auf einen Laster laden und zum Messestand bringen, vorzugsweise in Rollcontainern. Die Ergonomie und die Ökonomie sind zu berücksichtigen. Der Messebauer sollte sparsam, aber doch wirkungskräftig mit dem Einsatz von Ressourcen auskommen. Das Prinzip der Nachhaltigkeit ist zu berücksichtigen. Die Messestandfläche sollte sich von der umgebenden Fläche abgrenzen. Der Messestand ist visuell reizvoll zu gestalten, aber auch ein haptisches (greifbares) Erleben des Materials ist zu ermöglichen um Verbindungen zwischen Messestand und Besucher zu schaffen.

> Oberstes Ziel bei allen Ausstellungskonzepten sollte für den Messebauer die Sicherheit sein.

11 Ladesicherung auf Fahrzeugen

> **Arbeitsauftrag Nr. 103 Lernfeld TI 9; HM 12; FKU 9, 10**
>
> a) Ihr Lehrer beauftragt Sie, einen Vortrag zum Thema „Ladesicherung auf Fahrzeugen" auszuarbeiten und vor der Klasse zu halten. Sie dürfen sich einen Mitschüler als zweiten Referenten aussuchen.
>
> Der Vortrag soll unter Berücksichtigung folgender Begriffe erarbeitet werden:
> - Gesetzliche Bestimmungen
> - Physikalische Grundlagen
> - Massenkräfte
> - Gleitreibung
> - Sicherungskräfte
> - Vorspannkraft
> - Zurrarten
>
> - Erläutern Sie in Bild und Schrift den Zusammenhang von Lastenverteilungsplan und Gesamtschwerpunkt am Beispiel der Verladung von drei verschiedenen Ladungen (A/1 t, B/3 t, C/4,5 t).
> - Entwickeln Sie 15 Fragen und Antworten zum Thema Ladesicherung als Übung zur nächsten Klassenarbeit (s. Methoden „Karteikarten erstellen").
>
> b) Beschaffen Sie sich einen Unfallbericht zu einem durch fahrlässigen Transport verursachten Unfall (Internet, ADAC etc).
> - Erarbeiten Sie in Partnerarbeit die Ursachen des folgenschweren Unfalls.
> - Erarbeiten Sie die technischen Möglichkeiten, mit denen bei fachgerechter Ausführung der Unfall hätte vermieden werden können.
> - Treten Sie als Experten einer Versicherung vor die Klasse und erläutern Sie Ihre Ausarbeitungen.

Die Wichtigkeit der Sicherung von geladenen Gütern wird häufig unterschätzt und führt oft zu schweren Verletzungen und tödlichen Unfällen durch das Verrutschen der Ladung. Die richtige, fachgerechte Sicherung der Ladung dient der Sicherheit der zu transportierenden Güter und der daran beteiligten Personen.

Tischler/Schreiner, Holzmechaniker und insbesondere die Fachkräfte für Möbel-, Küchen- und Umzugsservice tragen beim täglichen Transport von Werkzeugen, Materialien und der hergestellten Ware zum Kunden eine hohe Verantwortung.

11.1 Gesetzliche Bestimmungen

Allgemein gilt im Straßenverkehr die **Straßenverkehrsordnung (STVO)** für den Schutz aller am öffentlichen Straßenverkehr motorisiert oder unmotorisiert (Radfahrer, Fußgänger, Reiter, Kinder) teilnehmenden Personen. In der **Straßenverkehrs-Zulassungsordnung (StVZO)** werden die Beschaffenheitsanforderungen an Fahrzeuge geregelt. Darüber hinaus wurden die autonomen **Rechtsnormen der gewerblichen Berufsgenossenschaften** (UVV „Fahrzeuge" BGV D 29) erlassen, um auch den innerbetrieblichen Verkehr und den Schutz von Personen während der Be- und Entladephase zu regeln und Arbeitsunfälle zu verhüten.

Grundsätzlich gilt, dass nur Fahrzeuge zum Einsatz kommen dürfen, die durch Aufbau und Ausrüstung die durch die Ladung auftretenden Kräfte sicher aufnehmen können (StVZO § 30 (1)).

Der Halter/der Betrieb trägt die Verantwortung für den Betrieb der Fahrzeuge und die geeignete Leitung der Fahrzeuge (StVZO § 31 (2)).

Die „**Fahrzeugaufbauten** müssen so beschaffen sein, dass bei bestimmungsmäßiger Verwendung des Fahrzeuges die Ladung gegen Verrutschen, Verrollen, Umfallen, Herabfallen gesichert ist oder gesichert werden kann. Hilfsmittel zur Ladesicherung müssen vorhanden sein" (UVV „Fahrzeuge" § 22 (1)). Diese Forderung schließt auch Fahrzeugaufbauten und Ladeflächen von Pkw-Kombi und Kastenwagen (Transportern) ein, wie sie oft von Tischlereibetrieben verwendet werden.

Die von Hand zu betätigenden **Bordwandverschlüsse** und mit dem Fahrzeug verbundenen **Rampen** müssen so angeordnet sein, dass sie vom Fahrzeug und der Fahrbahn erreichbar sind. Sie müssen außerhalb des Schwenkbereichs der Bordwand oder der Rampe betätigt werden können. Die Bordwandverschlüsse an Fahrzeugen, deren Bordwandoberkante oder Rampe höher als 1,60 m über der Fahrbahn liegt, müssen so gestaltet sein, dass möglicher Ladedruck vor der vollständigen Entriegelung festgestellt werden kann. Verschlüsse für Pendelbordwände sind hiervon ausgenommen (UVV „Fahrzeuge" (BGV D 29 § 22 (11)).

Der **Fahrzeugführer** ist für die freie Sicht beim Führen seines Fahrzeugs verantwortlich. Die Sicht darf nicht durch die Besetzung, die Ladung oder den Zustand des Fahrzeugs beeinträchtigt werden.

Dies gilt auch für die Einschränkung der Sicht an der Frontscheibe durch entsprechende „Innendekoration" wie Vereinswimpel, Namensschilder, Duftbäume, Kleinfernseher, Plüschtiere usw.

Die **Verkehrssicherheit** muss in den genannten Bereichen gewährleistet sein (§ 23 (1) StVO).

Der Absender (Spediteur, Unternehmer) hat die Pflicht, das Gut beförderungssicher nach dem Stand der Technik zu verladen, zu stauen, zu befestigen und zu entladen.

Zur betriebssicheren/verkehrssicheren Verladung zählen:
- der Einsatz eines für den Gütertransport geeigneten Fahrzeugs,
- die Einhaltung der vorgeschriebenen Achslasten, Gewichte und Abmessungen,
- die Feststellung der Lastverteilung.

Der Frachtführer/Fahrer ist für die betriebssichere Verladung verantwortlich (§ 412 (1) Handelsgesetzbuch (HGB)).

Er ist verpflichtet:
- die Betriebssicherheit des Fahrzeugs vor Fahrtantritt zu überprüfen,
- bei erkennbaren Mängeln an der Beförderungssicherheit diese dem Absender mitzuteilen,
- die Mängel vor Abfahrt beheben zu lassen oder die Fahrt abzulehnen,
- das Fahrverhalten auf die Ladung abzustimmen.

Sollte im **Frachtbrief** vertraglich geregelt sein, dass der Frachtführer/Fahrer gegen Vergütung die Beladung vornimmt, haftet dieser für die beförderungs- und betriebssichere Verladung.

Im umgekehrten Fall ist der Verlader zur Kontrolle der Ladung verpflichtet. Er darf dem Fahrer Anweisungen zur Sicherung der Ladung erteilen. Hilft der Frachtführer/Fahrer dem Verlader evtl. aus Zeitgründen freiwillig bei der Arbeit, bleibt der Absender für die beförderungssichere Verladung verantwortlich.

11.1.1 Be- und Entladen der Fahrzeuge

Die zulässigen Werte für das Gesamtgewicht, die Achslasten, die statische Stützlast und die Sattellast der Fahrzeuge darf nicht überschritten werden. Die Verteilung der Ladung hat so zu erfolgen, dass das Fahrverhalten des Fahrzeugs nicht über das unvermeidbare Maß hinaus beeinträchtigt wird (UVV „Fahrzeuge" (BGV D29 Be- und Entladen § 37 (1), (3), (4)).

Darüber hinaus hat das Be- und Entladen der Fahrzeuge so zu erfolgen, dass Personen nicht durch herabfallende, umfallende oder wegrollende Gegenstände gefährdet werden (§ 37 (3) UVV „Fahrzeuge"). Die Ladung ist so zu verstauen und zu sichern, dass bei „normalen" Verkehrsbedingungen eine Gefährdung von Personen ausgeschlossen ist (§ 37 (4) UVV „Fahrzeuge"). Hierzu gehören auch Unebenheiten auf der Fahrbahn, notwendige Vollbremsungen, Verkehrs-, Sicht- und Witterungsverhältnisse (§ 44 (3) UVV „Fahrzeuge"). Beim Be- und Entladen besteht die Gefahr, dass Bordwände aufschlagen oder nachrückendes Ladegut herausfällt. Dies ist bei der Betätigung der Bordwandverschlüsse oder anderer Aufbauverriegelungen unbedingt zu berücksichtigen. Ob ein Ladedruck gegen die Bordwände vorliegt, ist daher vor deren Öffnung unbedingt zu prüfen. Kippeinrichtungen dürfen erst nach Öffnung der Bordwandverschlüsse von Hand geöffnet werden.

11.1.2 Die Regeln der Technik

Die beschriebenen und zitierten Vorschriften der StVZO, StVO und UVV „Fahrzeuge" beinhalten allgemeine Sicherheitsforderungen. Die Regeln der Technik geben genaue Anweisungen und Auskünfte darüber, wie ein Fahrzeug auszurüsten und die Ladung vorschriftsmäßig zu sichern ist.

Die wichtigsten Regeln der Technik im Überblick:

- VDI 2700 „Ladungssicherung auf Straßenfahrzeugen"
- VDI 2700 Blatt 4 „Ladungssicherung auf Straßenfahrzeugen; Lastverteilungsplan"
- VDI 2700 Blatt 5 „Ladungssicherung auf Straßenfahrzeugen; Qualitätsmanagement-Systeme"
- VDI 2701 „Ladungssicherung auf Straßenfahrzeugen; Zurrmittel"
- VDI 2702 „Ladungssicherung auf Straßenfahrzeugen; Zurrkräfte"

Die Regeln der Technik werden durch DIN-Normen ergänzt:

- DIN EN 12195-2 „Ladungssicherheitseinrichtungen auf Straßenfahrzeugen; Sicherheit; Teil 2: Zurrgurte aus Chemiefasern"
- DIN EN 12640 „Ladungssicherung auf Straßenfahrzeugen; Zurrpunkte an Nutzfahrzeugen zur Güterbeförderung; Mindestanforderungen und Prüfung"
- DIN 75410 Teil 2 „Ladungssicherung auf Straßenfahrzeugen; Ladungssicherung in Pkw, Pkw-Kombi und Mehrzweck-Pkw"
- DIN 75410 Teil 3 „Ladungssicherung auf Straßenfahrzeugen; Ladungssicherung in Kastenwagen"

Sollte das für das Laden und Fahren zuständige Personal mit der ordnungsgemäßen Sicherung der Ladung überfordert sein, muss in solchen Fällen eine Betriebsanweisung (in der Regel schriftlich) durch den verantwortlichen Unternehmer erfolgen.

11.2 Ladesicherung – Physikalische Grundlagen

Oft wird das Beladen von Fahrzeugen nach eigenen Erfahrungswerten und nicht unter Einbeziehung der Kenntnisse von physikalischen Grundlagen und technischen Vorschriften vorgenommen. Dies ist häufig die Ursache für schwere Verkehrsunfälle mit hohen Sach- und Personenschäden.

11.2.1 Gewichtskraft

Bezogen auf das Beladen von Fahrzeugen ist die Masse (kg, t) der Ladung die Gewichtskraft (F_G) die auf die Ladefläche drückt. Die Gewichtskraft berechnet sich aus der Masse, muliplizert mit der Erdbeschleunigung/Erdanziehungskraft (9,81 m/s²) (**11.1**). Benannt wird sie mit N (Newton; 1 N = 1 kgm/s²). Gerechnet wird in der Regel mit 10,00 m/s². Dies entspricht einer Beschleunigung von v (in Meter pro Sekunde zum Quadrat (m/s²)) = 0 km/h auf v = 100 km/h in einer Zeit (t) von ungefähr 2,8 s.

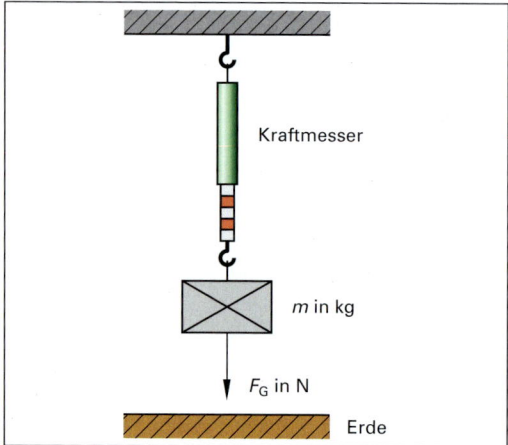

Bild 11.1 Wirkung der Erdanziehungskraft

Infolge der Massenanziehung wird jeder Körper von der Erde angezogen.

Gewichtskraft = Masse des Körpers · Fallbeschleunigung

$$F_G = m \cdot g$$
$$g = 9{,}81 \, \frac{m}{s^2} \approx 10 \, \frac{m}{s^2}$$

Im Bereich der Ladungssicherung werden die Kräfteangaben in der Einheit daN (deka-Newton) verwendet. Der Newton-Wert wird durch den Faktor 10 dividiert, sodass er mit der immer noch gebräuchlichen kg-Angabe annähernd gleichzusetzen ist.

11.2.2 Massenkraft F

Die Massenkraft (F_M) wird auch **Trägheitskraft** oder **Fliehkraft/Zentrifugalkraft** genannt, da jede Masse einer Bewegungsänderung entgegenwirkt. So werden beispielsweise ein verpackter Küchenschrank oder ein verpacktes Fenster durch die *Trägheitskraft* **beim Anfahren** im Gegensatz zur Fahrtrichtung **nach hinten** gedrückt und **beim Bremsen nach vorne**. Durch die *Fliehkraft* werden sie **beim Fahren einer Rechtskurve in Geradeausbewegung nach links außen gedrückt**.

Die Massenkraft F_M als Trägheitskraft wird berechnet, indem die Masse mit der Beschleunigung multipliziert wird.

Massenkraft F_M = Masse in kg · Beschleunigung a in m/s²

$$F_M = m \cdot a$$

Die Fliehkraft F_Z wird berechnet nach der Formel:

$$F_Z = \frac{m \cdot v^2}{r}$$

Hierbei gilt:

m = Masse in kg
v = Geschwindigkeit in m/s
r = Radius in m

Um die Lageänderung der geladenen Güter durch die genannten Kräfte zu verhindern, müssen Gegenkräfte in Form der Ladungssicherung aufgebracht werden.

Nach den Regeln der Technik, zugrunde gelegt in den VDI-Richtlinien und deutschen sowie europäischen Normen, sind die zu berücksichtigenden Massenkräfte für den Fahrbetrieb im Straßenverkehr festgelegt (**11.2**).

Bei der rechnerischen Ermittlung der Massenkräfte werden diese ihrer Richtungswirkung entsprechend bezeichnet:

F_v = Massenkraft nach vorne
F_q = Massenkraft zu den Seiten
F_h = Massenkraft nach hinten
F_R = Reibungskraft Widerstandskraft

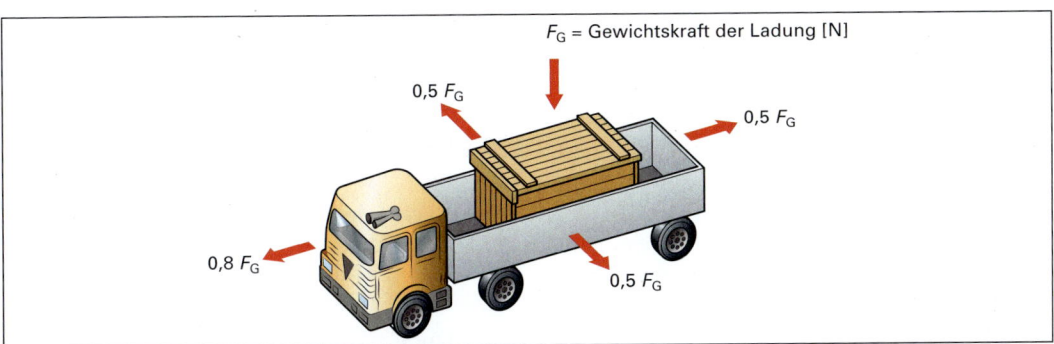

Bild 11.2 Im Fahrbetrieb wirkende Massenkräfte

Hinweis

Diese Werte gelten nur bei „standfesten, in sich stabilen Ladeeinheiten" gemäß VDI 2702 „Ladungssicherung auf Straßenfahrzeugen; Zurrkräfte". In anderen Fällen sind weitere Faktoren zu berücksichtigen.

Bei einer Vollbremsung werden Spitzenverzögerungswerte um 8 m/s² erreicht. Somit sind Massekräfte von $0{,}8 \cdot F_G = 0{,}8\, F_G$ zu berücksichtigen. Dies entspricht 80 % des Ladungsgewichts. Beim Anfahren und bei Kurvenfahrten ist mit 0,5 F_G, also max. 50 % des Ladegewichts als wirkende Massenkraft zu rechnen.

Die genannten und in Bild 11.2 dargestellten Werte treten unabhängig von der zuvor gefahrenen Geschwindigkeit erst kurz vor Stillstand des Fahrzeugs auf. Es ist egal, ob vorher mit einer Geschwindigkeit mit 100 km/h oder nur mit 30 km/h gefahren wurde. Die Ladung muss immer gesichert werden.

Ladungssicherung ist immer erforderlich, auch wenn man nur langsam fährt!

11.3 Reibungskraft *F*

Die Reibungskraft F_R wirkt als Widerstandskraft gegen das Verschieben eines Körpers auf einem Untergrund. Es ist die Kraft die der Ladungsverschiebung entgegen wirkt. Sie wirkt immer entgegen der Bewegungsrichtung. Es wird in Haftreibung und Gleitreibung unterschieden, die wie folgt definiert werden:

- **Haftreibung** ist die Widerstandskraft, die ein ruhender Körper dem Verschieben auf einem Untergrund entgegensetzt.
- **Gleitreibung** ist die Widerstandskraft, die ein bewegter Körper dem weiteren Verschieben auf seinem Untergrund entgegensetzt. Sie entspricht der Kraft, die man aufbringen muss, um einen in Bewegung befindlichen Gegenstand in seinem Gleitzustand zu halten.

Die Haftreibung ist immer größer (ca. 20 %) als die Gleitreibung.

Die Höhe des Reibungswiderstandes wird durch die Gleitreibungszahl/Gleit-Reibbeiwert μ (sprich: „mü") ausgedrückt. Sie ist abhängig von dem jeweiligen Material des Körpers (Ladung) und der Unterlage (Ladefläche) (**11.**3) sowie dem Ladungsgewicht (F_G).

Tabelle 11.3 Gleitreibungszahlen verschiedener Materialpaarungen (aus: VDI Richtlinie 2700)

Material-paarung	Gleitreibungszahl µ		
	trocken	nass	fettig
Holz/Holz	0,20–0,50	0,20–0,25	0,05–0,15
Metall/Holz	0,20–0,50	0,20–0,25	0,02–0,10
Metall/Metall	0,10–0,25	0,10–0,20	0,01–0,10
Beton/Holz	0,30–0,60	0,30–0,50	0,10–0,20

Bezogen auf die in Tabelle **11**.3 genannten Werte hat die Reibungszahl μ folgende Bedeutung:

Beispiel

Es wird ein Körper aus Holz geladen, auch die waagerechte Ladefläche besteht aus Holz und ist trocken (Holz/Holz). Der Körper setzt dem Verschieben eine Reibungskraft (Widerstandskraft) vom 0,2-Fachen seiner Gewichtskraft entgegen. Dies entspricht 20 % seiner Gewichtskraft.

Bei einer Materialpaarung Metall/Metall setzt der Körper nur das 0,1-Fache (10 %) seiner Gewichtskraft dem Verschieben entgegen. Die Mikroverzahnung zwischen den jeweiligen Materialien ist unterschiedlich.

Die Reibungs- oder Widerstandskraft errechnet sich bei einer waagerechten Unterlage wie folgt:

$F_R = \mu \cdot F_G$
Reibungskraft F_R =
Gleitreibungszahl μ · Gewichtskraft F_G

Beispiel

Gewicht der Ladung: m = 5.000 kg
Oberfläche der Ladefläche: Holz
Oberfläche des Ladegutes: Holz
angenommener Zustand: nass
anzunehmender Wert:
niedrigster Gleitreibwert μ (der Situation entsprechend)

Lösung

1. **Die Gewichtskraft wird N (Newton) ermittelt:**

   Formel:
   $F_G = 5.000 \text{ kg} \cdot 9,81 \text{ m/s}^2$
   Rechnung:
   $F_G = 5.000 \text{ kg} \cdot 10,0 \text{ m/s}^2$
   $= 50.000$ N (Newton)
   $= 5.000$ daN (Deka-Newton)

2. **Die Reibungskraft F wird in daN (Deka-Newton) ermittelt:**

   Entsprechend der Tabelle **11**.3 gilt für Holz/Holz bei Nässe der geringste Gleitreibwert $\mu = 0,20$.
   Formel:
   $F_R = \mu \cdot F_G$
   Rechnung:
   $F_R = 0,2 \cdot 5.000$ daN $= 1.000$ daN

Die Gefahr des Verrutschen der Ladung wird somit durch eine Reibungskraft von 1.000 daN gemindert. Dies entspricht einem Verhältnis von 20 % ($\mu = 0,2$) des Gewichts der Ladung.

Hinweis

Das Verhältnis bleibt bei Veränderung des Gewichtes immer gleich, egal ob die Ladung 20 kg oder 20.000 kg schwer ist. Die Reibungszahl μ ändert sich nicht bei Vergrößerung oder Verkleinerung der Masse und der Auflagefläche, sie bleibt konstant.

11.4 Sicherungskraft

Da die Reibungskraft ein Verrutschen der Ladung nicht verhindern kann, muss eine zusätzliche Sicherungskraft (F_S) eingesetzt werden, die Ladungssicherung.

Die Sicherungskraft errechnet sich wie folgt:

Sicherungskraft F_S =
Massenkraft F_M – Reibungskraft F_R

Beispiel

Bei unserem vorangegangenen Beispiel beträgt das Gewicht der Ladung m = 5.000 kg, die Gewichtskraft F_G 5.000 daN.

Kommt es zu einer Vollbremsung wirken Massenkräfte

$F_M = 5.000$ daN $\cdot 0,8 =$ **4.000 daN**
(vgl. **11**.2).

Der ermittelte Gleitbeiwert $\mu = 0,2$ beträgt
$F_R =$ **1.000 daN**.

Lösung

Formel:
$F_S = F_M - F_R$

Rechnung:
$F_S = 4.000 \text{ daN} - 1.000 \text{ daN} = \mathbf{3.000 \text{ daN}}$

Die Ladung muss zusätzlich mit einer Sicherungskraft von 3.000 daN gesichert werden.

Kommen bei diesem Beispiel **Antirutschmatten** mit einem **Gleitreibwert von $\mu = 0,6$ zum Einsatz,** steigt die Reibungskraft F_R auf 3.000 daN.

Somit muss in diesem Beispiel die Ladung nur noch mit einer Sicherungskraft von 4.000 daN − 3.000 daN = 1.000 daN zusätzlich gesichert werden.

Die Annahme, dass schwerere Ladungen auch schwerer verrutschen, ist grundsätzlich falsch. Die Sicherungskraft F_S muss mit zunehmendem Ladegewicht erhöht werden.

Die bei **Kurvenfahrten** entstehenden Massenkräfte (Fliehkräfte) treten besonders häufig beim scharfen Abbiegen an Kreuzungen oder fahren von Kurven mit hohen Geschwindigkeiten auf.

Dies ist besonders gefährlich im Anhängerbetrieb. Selbst wenn eine ungesicherte Ladung bei einer zügigen Kurvenfahrt noch nicht verrutschen würde, könnte die Ladung beim Durchfahren eines Schlagloches oder eines Bahnübergangs die Haftung verlieren und sich in Bewegung setzen. Dies kann zur Beschädigung und Durchbrechen der seitlichen Laderaumbegrenzungen oder zum Umkippen des Fahrzeugs durch die Schwerpunktverlagerung der Ladung führen (**11.4**). Dieser Umstand ist häufig auch Ursache für Unfälle in Kurven an Autobahnanschlussstellen.

Bild 11.4 LKW mit nicht gesicherter Ladung (Kurvenfahrt)

Bei Kurvenfahrten muss mit Beschleunigungswerten um 5 m/s² gerechnet werden. Es ist mit Massenkräften von $0,5 \cdot F_G$, dies entspricht 50 % des Ladegewichts, zu rechnen (**11.2**).

Beispiel

Die verstaute Ladung hat eine Gewichtskraft von 1.000 daN (ca. 1.000 kg Masse). Der Lkw fährt eine scharfe Kurve. Es sind die quer zur Fahrtrichtung wirkende Massenkräfte (F_q) zu berechnen.

Formel: $F_q = \mu \cdot F$

Rechnung: $F_q = 0,5 \cdot 1.000 \text{ daN} = 500 \text{ daN}$

Bei einem Ladungsgewicht von 1.000 daN ist bei Kurvenfahrt mit Massekräften (Fliehkräften) in Höhe von 500 daN zu rechnen und die Sicherung der Ladung darauf auszulegen.

Rutschhemmende Matten könnten auch hier helfen, die quer wirkenden Massenkräfte zu entschärfen.

11.5 Arten der Ladungssicherung

Bei der Ladungssicherung wird in drei verschiedene Sicherungsarten unterschieden.

– die kraftschlüssige Sicherung
– die formschlüssige Sicherung
– die kombinierte Sicherung

11.5.1 Kraftschlüssige Ladungssicherung – Niederzurren

Bei dieser Art der Ladesicherung erfolgt die Sicherung der Ladung durch Niederzurren mithilfe von Zurrmitteln. Die Zurrmittel bestehen in der Regel aus Chemiefasern, werden mit einem Spannelement (z.B. Ratsche) gespannt und pressen die Ladung auf die Ladefläche. Beim Niederzurren soll die Sicherungskraft durch Erhöhung der Reibungskraft (Widerstandskraft) erreicht werden. Die Reibungskraft sichert die Ladung (**11.**3). Diese Art der Ladungssicherung ist nur für formstabile Güter geeignet. Die Verwendung von Kantengleitern kann eine Beschädigung durch Niederzurren bei den zu transportierenden Gütern oftmals vermeiden.

Auch die Verwendung von Paletten mit Aufsatzrahmen oder Gitterbox oder das Ummanteln der Paletten mit Schrumpffolie bieten besseren Schutz.

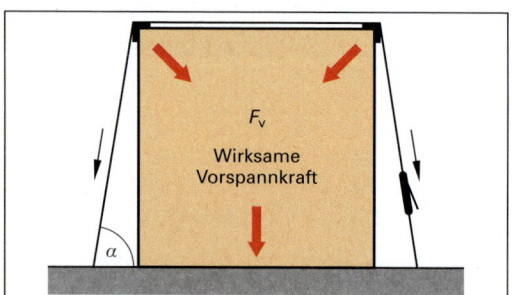

Bild 11.5 Niederzurren – wirkende Kräfte

Die für das Niederzurren verwendeten handelsüblichen „Ratschen" können bei 50 mm breiten Zurrgurten maximale Vorspannkräfte von 400 daN erreichen. Besser ist es, Spezialratschen (Ergo-Ratschen) zu verwenden, mit denen Vorspannkräfte bis 800 daN zu erreichen sind. Die Vorspannkräfte können mithilfe von Vorspannkraftmessgeräten gemessen werden. In der Regel werden Gurte mit zulässigen Höchstzugkräften (LC) im geraden Zug von 1.000 daN bei 35 mm Breite und 1.500 daN bei 50 mm Breite verwendet. Die europäische Normung hat hierbei das bisherige Zeichen F_{zul} durch das Zeichen LC (Lashing Capacity) ersetzt.

Der **Zurrwinkel** α (alpha) beeinflusst die Vorspannkraft (**11.**5). Dieser ist bei einem Winkel von $\alpha = 90°$ am größten und nimmt entsprechend der Verkleinerung des Winkels alpha ab. Bei einem Zurrwinkel von 30° wirkt die Vorspannkraft nur noch mit 50 %.

Die Berechnung der Gesamtvorspannkraft wird in der Praxis mit vereinfachter Formel durchgeführt:

$$F_V = \frac{f \cdot \mu}{\mu} \cdot \frac{F_G}{1{,}5}$$

Hierbei gilt:

F_V = Vorspannkraft zur Sicherung der gesamten Ladung
f = Sicherungsfaktor (nach vorne 0,8; nach hinten und zu den Seiten je 0,5)
μ = Gleit-Reibbeiwert
F_G = Ladungsgewicht in daN

11.5.2 Formschlüssige Ladesicherung

Diese Art der Ladesicherung ist gegeben, wenn die Ladung durch enges Anliegen an Stirnwand, Rückwand und Seiten lückenlos verstaut wird. Diese Verstaumethode setzt nach DIN EN 12642 einen stabilen Fahrzeugbau voraus. Die Stirnwände müssen Belastungen von 40 % der Nutzlast (max. 5.000 daN), die Rückwände 25 % der Nutzlast (max. 3.100 daN) und die Seitenwände 24 % der Nutzlast ohne sich zu verformen auffangen können. Im Straßen-Schienen-Verkehr und bei Containern und Spezialfahrzeugen gelten andere Belastungswerte.

Die Ladung kann auch direkt in Form von **Schrägzurren, Diagonalzurren oder Schlingenzurren** verzurrt werden.

11.5.2.1 Schrägzurren

Hierbei werden mindestens acht Zurrmittel (jeweils zwei auf jeder Seite) im rechten Winkel zur Außenkante der Ladefläche gespannt (**11.6**). Die Sicherungskraft ist von der maximal zulässigen Zugkraft eines Zurrmittels (Lashing Capacity, LC) abhängig.

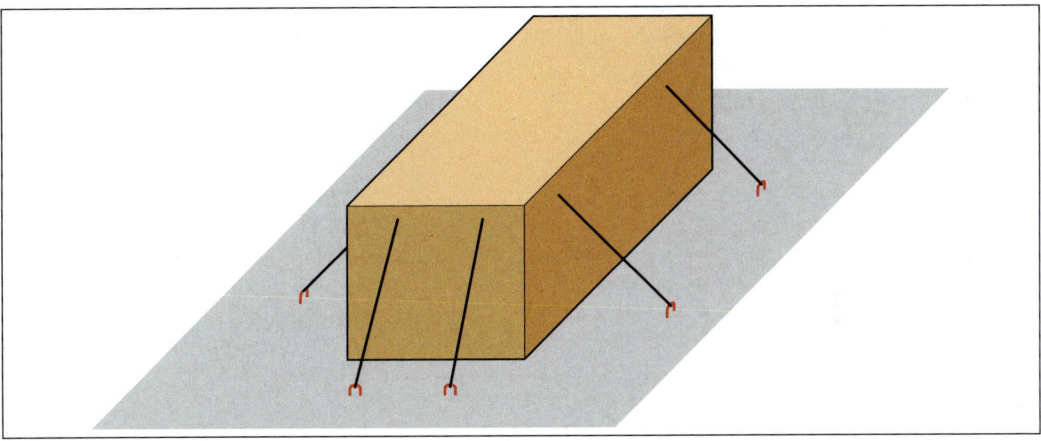

Bild 11.6 Sicherung der Ladung durch Schrägzurren

Die erforderlichen Haltekräfte S in daN können mit den folgenden Formeln ermittelt werden:

Wenn F_S bekannt ist:
$$S = \frac{F_s}{n} \cdot \frac{1}{\mu \cdot \sin \alpha + \cos \alpha}$$

Wenn F_S nicht bekannt ist:
$$S = \frac{F_G}{n} \cdot \frac{f - \mu}{\mu \cdot \sin \alpha + \cos \alpha}$$

Hierbei sind:

- S = die erforderliche Haltekraft [daN] pro Zurrmittel im geraden Zug
- F_s = die erforderliche Sicherungskraft [daN]
- μ = die Reibungszahl ohne Einheit
- α = der Winkel zwischen Zurrmittel und Ladefläche in ° (Grad)
- f = der Sicherungsfaktor (0,8 nach hinten und nach vorne; 0,5 zu den Seiten) ohne Einheit
- n = die Anzahl der Zurrmittelpaare, ohne Einheit
- F_G = die Gewichtskraft [daN]

Beispiel

Gewicht der Ladung: $F_G = 1.000$ daN
Gleitreibungszahl: $\mu = 0,2$
Vertikalwinkel längs: $\alpha_l = 45°$
Vertikalwinkel quer: $\alpha_q = 45°$
Anzahl der Zurrmittelpaare: $n = 2$

Lösung

Formel:
$$S = \frac{F_s}{n} \cdot \frac{1}{\mu \cdot \sin \alpha + \cos \alpha}$$

Rechnung:
Berechnung der Haltekraft S_l in Längsrichtung:
$$S_l = \frac{1.000 \text{ daN}}{2} \cdot \frac{0,8 - 2}{0,2 \cdot \sin 45° + \cos 45°}$$
$S_l = \mathbf{353{,}55 \text{ daN}}$

Berechnung der Haltekraft S_q in Querrichtung:
$$S_q = \frac{1.000 \text{ daN}}{2} \cdot \frac{0,5 - 0,2}{0,2 \cdot \sin 45° + \cos 45°}$$
$S_q = \mathbf{176{,}78 \text{ daN}}$

11.5.2.2 Diagonalzurren

Beim Diagonalzurren werden die Zurrmittel diagonal zur Außenkante der Ladefläche verspannt. Es sind nur vier Zurrmittel erforderlich. Die Sicherungskraft ist hierbei abhängig von den zulässigen Zugkräften der Zurrmittel und Zurrpunkte sowie den Zurrwinkeln α und β (**11.7**).

Der Winkel α sollte zwischen 20° und 65° und der Winkel β zwischen 10° und 50° liegen. Bei schlechteren Zurrwinkeln wird eine höhere Zugkraft notwendig.

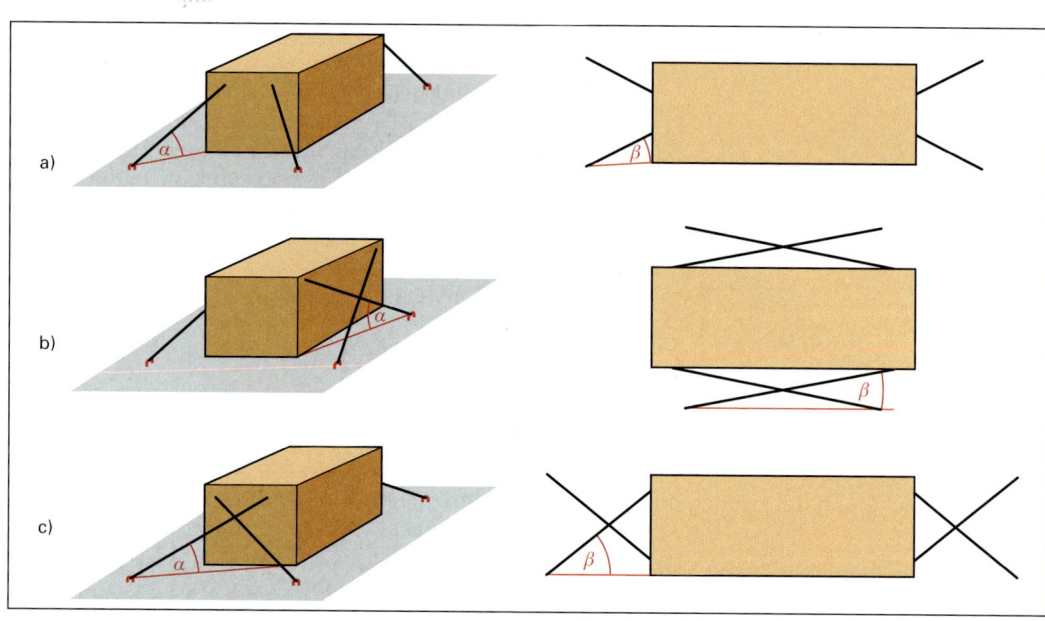

Bild 11.7 Möglichkeiten des Diagonalzurrens (Sicht von vorne und oben)

Die erforderlichen Haltekräfte S in daN können mit den folgenden Formeln ermittelt werden:

Haltekräfte längs:

$$S_1 = \frac{F_G}{n} \cdot \frac{f_1 - \mu}{\mu \cdot \sin \alpha + \cos \beta} \text{ oder}$$

$$S_1 = \frac{1}{n} \cdot \frac{F_{SV}}{\mu \cdot \sin \alpha + \cos \alpha + \cos \beta}$$

Haltekräfte quer:

$$S_q = \frac{F_G}{n} \cdot \frac{f_q - \mu}{\mu \cdot \sin \alpha + \cos \alpha \cdot \sin \beta} \text{ oder}$$

$$S_q = \frac{1}{n} \cdot \frac{F_{sq}}{\mu \cdot \sin \alpha + \cos \alpha \cdot \sin \beta}$$

Hierbei sind:
S_1 = die erforderliche Haltekraft in daN pro Zurrmittel im geraden Zug; längs
S_q = die erforderliche Haltekraft in daN pro Zurrmittel im geraden Zug; quer
F_{SV} = die erforderliche Sicherungskraft; nach vorne in daN
F_{sq} = die erforderliche Sicherungskraft; quer
μ = Reibungszahl [ohne Einheit]
α = der vertikale Winkel [Grad]
β = der horizontale Winkel [Grad]
f_1 = der Sicherungsfaktor in Längsrichtung = 0,8 [ohne Einheit]
f_q = der Sicherungsfaktor quer = 0,5 [ohne Einheit]
n = die Anzahl der Zurrmittelpaare
F_G = die Gewichtskraft [daN]

11.5 Arten der Ladungssicherung

Beispiel

Gewichtskraft der Ladung: $F_G = 1.000$ daN
Gleitreibungszahl: $\mu = 0{,}2$
Vertikalwinkel: $\alpha = 45°$
Horizontalwinkel: $\beta = 45°$
Anzahl der Zurrmittelpaare: $n = 2$

Lösung

Formel: wie vor

$$S = \frac{F_s}{n} \cdot \frac{1}{\mu \cdot \sin\alpha + \cos\alpha}$$

Rechnung:
Berechnung der Haltekraft S_l in Längsrichtung:

$$S_l = \frac{1.000 \text{ daN}}{2} \cdot \frac{0{,}8 - 0{,}2}{0{,}2 \cdot \sin 45° + \cos 45° \cdot \cos 45°}$$

$S_l = \mathbf{467{,}71}$ **daN**

Berechnung der Haltekraft S_q in Querrichtung:

$$S_q = \frac{1.000 \text{ daN}}{2} \cdot \frac{0{,}5 - 0{,}2}{0{,}2 \cdot \sin 45° + \cos 45° \cdot \sin 45°}$$

$S_q = \mathbf{233{,}86}$ **daN**

11.5.2.3 Schlingenzurren (Kopflasching)

Das Schlingenzurren ist eine formschlüssige Ladesicherung in Form einer Direktverzurrung. Das Schlingenzurren, auch Kopflasching genannt, dient als „Stirnwandersatz" wenn keine geeigneten Zurrpunkte am Ladungsgut zur Verfügung stehen oder die Ladung wegen der Lastverteilung nicht bis an die Stirnwand verladen werden kann. Hierbei muss unbedingt beachtet werden, dass das Zurrmittel beim Transport vor dem Ladungsteil immer in seiner Position gehalten wird und fest mit dem Fahrzeug verbunden ist.

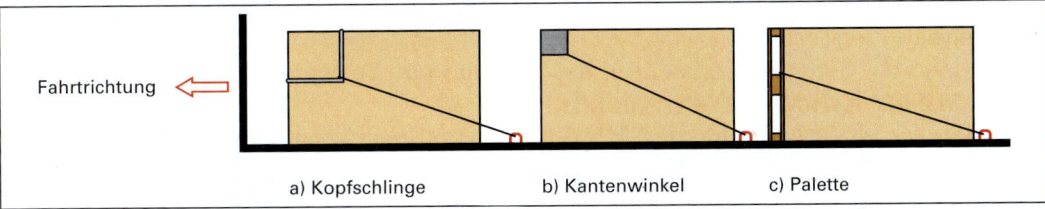

Bild 11.8 Sicherung der Ladung durch Schlingenzurren (Kopflasching)
  a) Rundschlinge mit Hebegurt
  b) mit Kantenaufsatz
  c) mit Palette

Es gibt verschiedene Möglichkeiten, die Ladung zu sichern:

Eine **Rundschlinge (Hebegurt)** wird um die vordere (Fahrtrichtung) Oberkante des Ladegutes gelegt, ein Zurrmittel befestigt und mit dem Fahrzeug auf der Ladefläche verbunden.

Ein Kantenaufsatz (Kantenwinkel), der als Halterung für das Zurrmittel dient, wird auf die linke und die rechte Oberkante des Ladegutes gelegt. Das Zurrmittel wird von einem Zurrpunkt linksseitig des Ladegutes gehalten und durch den Kantenaufsatz zu einem Zurrpunkt rechtsseitig des Ladegutes geführt. Die Zurrpunkte sind mit der Ladefläche verbunden.

Zur Sicherung der Ladung können auch **hochkant stehende Paletten** verwendet werden. Hierbei werden die Zurrgurte wie zuvor beschrieben durch die Palette geführt und mit den Zurrpunkten verbunden (**11.8**).

11.5.2.4 Hilfsmittel zur Ladesicherung

Nutzfahrzeuge für den Stückgutverkehr mit einem zulässigen Gesamtgewicht von mehr als 3,5 Tonnen müssen nach **DIN EN 12640** mit Zurrgurten ausgerüstet sein. Die geeigneten

Zurrpunkte mit entsprechender Zugkraft müssen auf der Ladefläche gekennzeichnet sein. Als variable Zurrpunkte können Zurrschienen Verwendung finden.

Als Zurrmittel kommen Zurrgurte, Zurrketten und Zurrdrahtseile zum Einsatz.

Zurrgurte bestehen aus dem Gurtband (meist aus Chemiefasern) und dem Spannelement, der Ratsche.

Die **Zurrgurte** müssen durch ein **Etikett** gekennzeichnet sein, auf dem die folgenden Werte eingetragen sein müssen:
- Lashing Capacity (LC) (die zulässige Zugkraft)
- Standing Hand Force (SHF) (die normale Handkraft, die für das Spannelement aufzuwenden ist)
- die normale Spannkraft (durch Handkraft erzeugt und als Vorspannkraft in das Zugmittel eingeleitet):

Die Vorspannkraft kann mit Vorspannmessgeräten gemessen werden.

> **Bei dem Gebrauch von Zurrgurten ist zu beachten:**
> Unbeschädigte Zurrgurte sollten bei der Sicherung der Ladung nicht über scharfe Kannten gespannt und verknotet werden. Auf ihnen sollten keine Lasten abgestellt und gehoben, ihre zulässige Zugkraft nicht überschritten werden.

Zurrketten bestehen aus Rundstahl. Ihre Festigkeit bzw. Leistungsfähigkeit (LC – Lashing capacity) ist abhängig von Ketten-Nenndicke und der Güteklasse des Stahls.

Wie bei den Zurrgurten werden als Spannelemente Ratschen verwendet. Endglieder, Schäkel und Zurrhaken dienen als Verbindungselemente. **Für den Gebrauch gilt Gleiches wie bei Zurrgurten.**

Die Leistungsfähigkeit der **Zurrdrahtseile** ist abhängig von der Nenndicke des Drahtseiles. Die Nenndicke ergibt sich aus der Anzahl der in dem Drahtseil enthaltenen Einzeldrähte. Als Spannelemente dienen Mehrzweckkettenzüge und/oder Drahtseilwinden. Der Gebrauch ist mit den Zurrketten vergleichbar. Zurrdrahtseile sollten nicht mehr verwendet werden, wenn Korrosion, Bruch, Quetschung, Verschleiß, Abrieb oder Knicken erkennbar ist. Auch bei einer Beschädigung der Pressklammern, der Verbindungs- oder Spannelemente sollten diese Zurrdrahtseile gegen intakte ausgetauscht werden.

Neben den genannten Hilfsmitteln können **Ankerschienen, Verzurrschienen, Zahn- und Keilleisten und Spannstangen in Verbindung mit Verzurrschienen und Zurrgurtfittings** zur Sicherung der Ladung hilfreich sein (**11.9, 11.10**).

Bild 11.9 Verzurrschiene mit Zurrgurtfitting

Bild 11.10 Spannstange mit Einzelverzurrpunkt

Weitere **Hilfsmittel zur Ladesicherung** sind u.a. **rutschhemmende Matten, Netze, Planen, Zwischenwände, Holzbalken, Holzkeile, Stausäcke** und **Schaumstoffpolster**.

11.6 Lastverteilung

Die Lastverteilung darf nach der Straßenverkehrsordnung (StVO) und der UVV „Fahrzeuge" (BGV D 29) die Verkehrs- und Betriebssicherheit des Fahrzeugs nicht beeinträchtigen.

Die zulässige Nutzlast ist die maximal mögliche Last, mit der ein Fahrzeug beladen werden darf. Diese Last darf nur aufgebracht werden, wenn der Schwerpunkt der Ladung in einem bestimmten Bereich der Ladefläche liegt.

In der Praxis ist es jedoch meist nicht möglich, den Ladungsschwerpunkt in die Mitte der Ladefläche oder in den Bereich zu legen, in dem das Fahrzeug die zulässige Nutzlast hat.

Daher wird in Abhängigkeit von den jeweils erforderlichen bzw. zulässigen Achslasten an mehreren Stellen der Ladefläche eines bestimmten Lkw die mögliche Nutzlast errechnet. Die errechneten Werte werden als Punkte in eine Zeichnung übertragen und miteinander verbunden, es entsteht eine grafische Kurve, der „Lastenverteilungsplan" (LVP). Durch ihn wird die Zuordnung der möglichen Nutzlasten zum jeweiligen Abstand von der vorderen Laderaumbegrenzung (Stirnwand) zum Ladungsschwerpunkt deutlich. Im Lastenverteilungsplan werden die Schwerpunktabstände in Meter (waagerecht) und die Nutzlasten in kg oder Tonnen (senkrecht) angegeben (**11.**11).

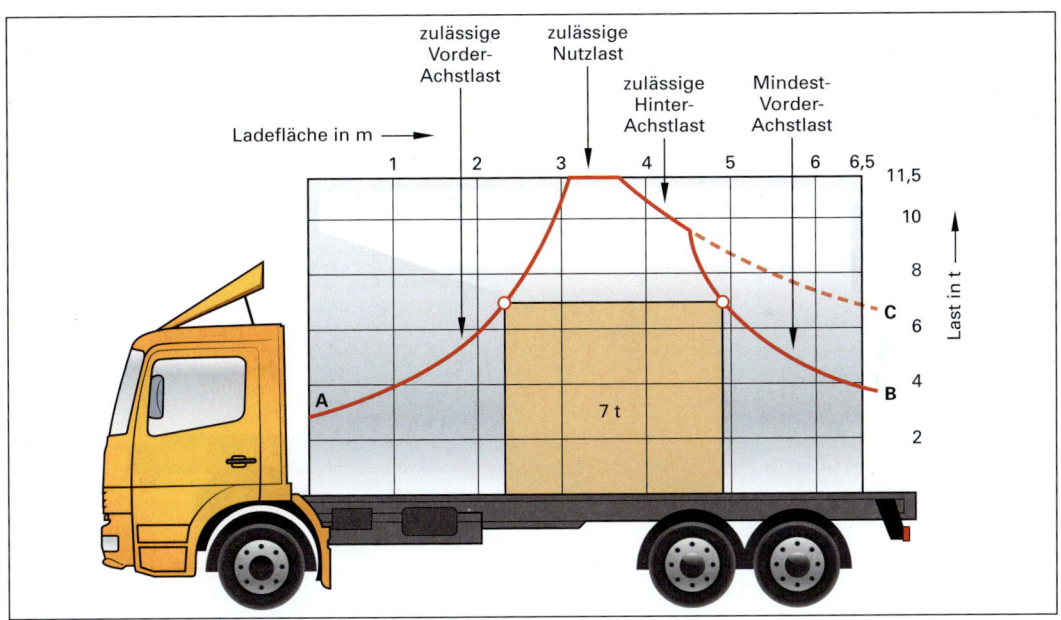

Bild 11.11 Lastverteilungsplan (Kurvenverlauf)

Der **Lastenverteilungsplan** (**11.**11) wurde für einen dreiachsigen Lkw mit folgenden Fahrzeugdaten ermittelt:
– zulässiges Gesamtgewicht 22,0 t
– zulässige Nutzlast 11,5 t
– Fahrzeugleergewicht 10,5 t

– Vorderachse unbeladen 4,5 t
– maximal zulässige Vorderachslast 7,0 t
– Hinterachsen unbeladen 2 × 2,0 t
– maximal zulässige Hinterachslasten 2 × 8,0 t
– Ladeflächenlänge 6,5 m

Die **Mindestvorderachslast** wird aus dem Momentangewicht (G_{tats}) des Fahrzeugs errechnet. Bei dem exemplarisch dargestellten Lkw sollte die Mindestvorderachslast ca. 2,1 t (20 % von 10,5 t Fahrzeugleergewicht) und voll beladen ca. 4,4 t (20 % von 22 t zulässigem Gesamtgewicht) betragen. Bei üblicherweise verwendeten Lkw beträgt die Mindestvorderachslast 20–35 % von G_{tats}.

In **unserem Beispiel** wurde der Lkw mit einer Masse von 7 t beladen. Wie aus dem Lastenverteilungsplan zu ersehen ist, muss der Schwerpunkt auf der Ladefläche zwischen 2,4 m und 4,9 m liegen (**11.**11). Wird die zulässige Nutzlast von 11,5 t ausgenutzt, muss der Schwerpunkt der Ladung im Bereich von 3,1 m und 3,7 m im Abstand zur vorderen Ladefläche liegen.

Bei symmetrischen Körpern ist die Erkennung des Ladungsschwerpunktes einfach, wenn die Ladung mit einem Schwerpunktsymbol versehen worden ist (**11.**12). Leider ist dies in der Praxis selten der Fall.

Bild 11.12 Schwerpunktsymbol

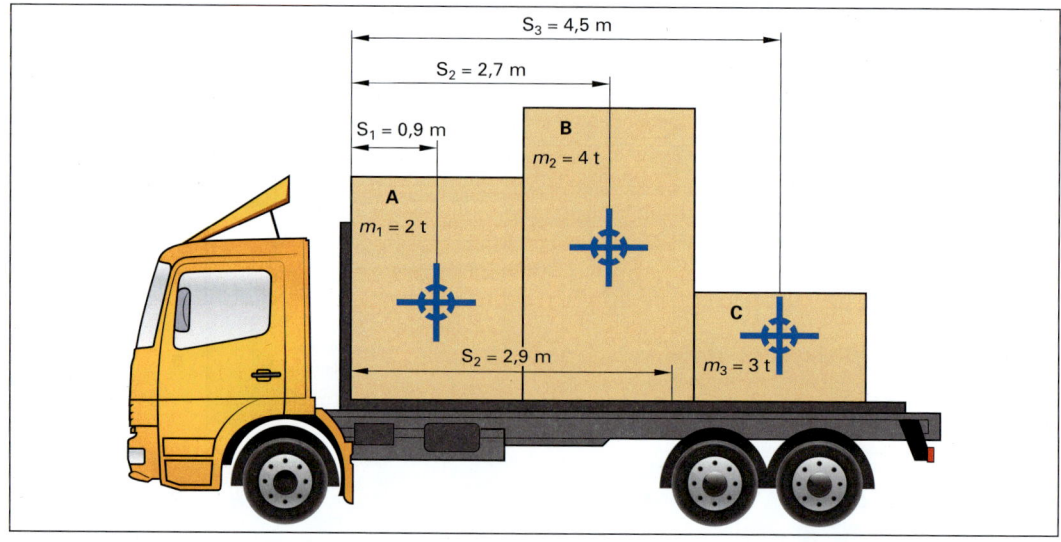

Bild 11.13 Beladung eines Lkw mit drei verschiedenen Ladungen (Gesamtschwerpunkt)

11.6 Lastverteilung

Wird das Fahrzeug mit verschiedenen Teilladungen beladen, ist auf eine gleichmäßige Gewichtsverlagerung zu achten, um die Fahrzeugachsen anteilig zu belasten.

Der „Gesamtschwerpunkt" („resultierender Schwerpunkt") muss ermittelt werden.

Der Gesamtschwerpunkt (S_{ges}) wird mit folgender Formel berechnet:

$$S_{ges} = \frac{m_1 \cdot S_1 + m_2 \cdot S_2 + m_3 \cdot S_3 + \ldots}{m_1 + m_2 + m_3 + \ldots}$$

Hierbei gilt:

S_{ges} Abstand des Gesamtschwerpunktes von der Stirnwand des Fahrzeugs
m das Gewicht (Masse) der einzelnen Ladung in [kg] oder [t]
S der Schwerpunktabstand des jeweiligen Ladegutes zur Stirnwand in [m]

Beispiel

Es soll ein Lkw mit drei verschiedenen Ladungen beladen werden:

Ladung	A	B	C
	m_1	m_2	m_3
Gewicht	2 t	4 t	3 t
Länge	1,8 m	1,8 m	1,8 m
Schwerpunkt	0,9 m	0,9 m	0,9 m
Abstand des Schwerpunktes von der Stirnseite	0,9 m	2,7 m	4,5 m

Der Gesamtschwerpunkt [S_{ges}] errechnet sich wie folgt:

$$S_{ges} = \frac{2\,t \cdot 0,9\,m + 4\,t \cdot 2,7\,m + 3\,t \cdot 4,5\,m}{2\,t + 4\,t + 3\,t}$$

$$= \frac{26,1\,m}{9} = \mathbf{2,9\,m}$$

Der Gesamtschwerpunkt [S_{ges}] der drei Ladungen liegt bei 2,9 m Abstand von der Stirnwand des Fahrzeugs (11.13).

Jetzt kann mithilfe des Lastverteilungsplans (11.13) festgestellt werden, ob die Beladung des Lkw in dieser Form erfolgen kann.

12 Betriebstechnik

> **Arbeitsauftrag Nr. 104 Lernfeld TI 6, 12; HM 6**
> - Planen Sie Ihre Wunschwerkstatt. Die Abmessungen der zur Verfügung stehenden Halle betragen 40 m × 30 m. Orientieren Sie sich an Abbildung **12.11**. Berücksichtigen Sie bei der Planung den Werkstatt- und den Kundenbereich, die Transportwege für An- und Abfahrt, Wirtschaftlichkeit sowie die nachhaltige Rohstoffverarbeitung.
> - Planen Sie die Objekte (z. B. Maschinen) einzeln in entsprechendem Maßstab auf farbigem Papier/Karton, um flexibel auf Änderungen im Grundriss reagieren zu können.
> - Vervollständigen Sie mit den folgenden Fragen Ihre Lernkartei:
>   1. Welche Bereiche gehören zur Betriebsanlage?
>   2. Nach welchen Gesichtspunkten sind die Bereiche angeordnet?
>   3. Welche Bedingungen sollen Lagerräume erfüllen?
>   4. Was ist bei der Anlage des Schnittholzlagers zu beachten?
>   5. Wonach wird ein Arbeitsplatz beurteilt?
>   6. Nennen Sie einige Vorschriften, die bei der Gestaltung des Arbeitsplatzes beachtet werden müssen.
>   7. Wie werden moderne Fördermittel angetrieben?
>   8. Welchen Vorteil bietet der Hängeförderer gegenüber dem Flurkettenförderer?
>   9. Nennen Sie die hydraulisch betriebenen Fördermittel.
>   10. Welche Möglichkeiten der Späneabsaugung gibt es?
>   11. Warum hat die Frage des innerbetrieblichen Transports eine so große Bedeutung?
>   12. Welche Möglichkeiten des Fertigungsablaufs gibt es?
>   13. Was versteht man unter Mechanisierung und Automatisierung?
>   14. Worin bestehen die Unterschiede im Fertigungsablauf zwischen einem spezialisierten und einem nicht spezialisierten Tischlerbetrieb?
>   15. Schildern Sie den Arbeitsablauf im eigenen Ausbildungsbetrieb und vergleichen Sie ihn mit dem Ihrer Mitschüler.
>   16. Welche Vorteile bietet die Teilspezialisierung?
>   17. Erläutern Sie den Austauschbau und seine Vorzüge.
>   18. Welche Vor- und Nachteile hat die spezialisierte Produktion?

Von alters her ist der Tischler ein „Handwerker". Mithilfe seiner Werkzeuge verarbeitete er viele Jahrhunderte hindurch Holz auf Bestellung zu Einzelmöbeln und Innenausstattungen. Erst die sprunghafte Bevölkerungszunahme im 19. Jahrhundert steigerte den Bedarf an preiswerten Einzelmöbeln, der nur durch Einsatz von Maschinen zu decken war. Aus der Einzelanfertigung wurde eine industrielle Massenproduktion, aus der Werkstatt eine Fabrik. Neue Werkstoffe wie die Furnier-, Span- und Faserplatten (Holzwerkstoffe) förderten diese Entwicklung. Heute kommt selbst eine kleinere Schreinerei nicht mehr ohne Maschinen aus, weil sie rationell (schnell und preisgünstig) arbeiten muss.

12.1 Betriebsanlage

Die Anlage eines holzverarbeitenden Betriebs wird durch den rationellen Arbeitsablauf bestimmt. Lange Wege zwischen den einzelnen Bearbeitungsstationen sind unwirtschaftlich und stören den gesamten Arbeitsablauf. Vor jeder Betriebsgründung steht deshalb die Planung.

Betriebsplanung bedeutet die Berücksichtigung aller Informationen, die für das Errichten eines Betriebs nötig sind. Die Informationen bestehen aus *Vorgaben* (z. B. Grundstücksgröße, Verkehrsnetz) und aus *Annahmen*, die nur geschätzt werden können (z. B. Produktauswahl, Absatzmöglichkeiten, Verkaufspreise).

Alle Entscheidungen (z. B. welche Grundstücksfläche wie hoch überbaut wird) müssen aufeinander abgestimmt und in sich ausgewogen sein. Es wäre Unsinn, eine dreigeschossige Halle mit einer Grundfläche von 100 m × 50 m zu erstellen, um nachher mit 10 Mitarbeitern individuellen Möbelbau zu betreiben. Diese Erzeugnisse könnte sicher kein Mensch bezahlen.

Planungsstufen. Geplant wird in einer bestimmten Reihenfolge. Es wäre unlogisch, sich über das Fertigungsprogramm und den Fertigungsablauf Gedanken zu machen, wenn Absatzmarkt und Finanzierung noch nicht geklärt sind.

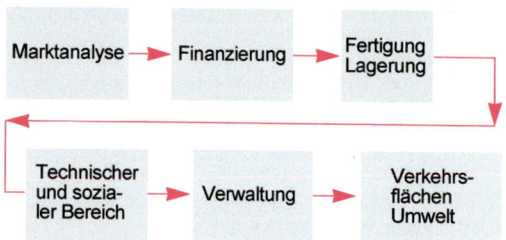

Durch Marktanalyse wird festgestellt, welche und wie viele Produkte absatzfähig sind, d. h. sich direkt oder über den Fachhandel verkaufen lassen. Durch Analyse des Arbeitsmarkts ist zu ermitteln, welche und wie viel Arbeitskräfte am Ort verfügbar sind.

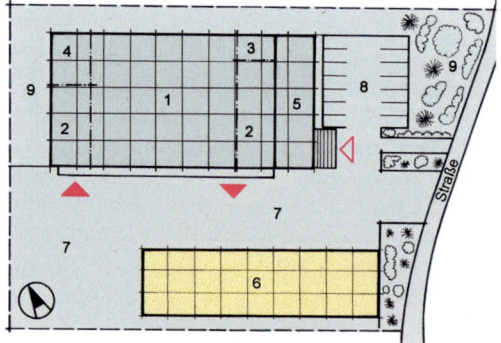

Bild 12.1 Betriebsanlage (M 1:500)
    1 Fertigungsbereich
    2 Lagerräume
    3 technischer Bereich
    4 sozialer Bereich
    5 Verwaltung
    6 Schnittholzlager
    7 Verkehrsbereich
    8 Parkflächen
    9 Grünflächen

Der Finanzierungsplan sagt aus, wie viel Eigenkapital vorhanden ist und welches Fremdkapital zu welchem Zinssatz in welchem Zeitraum zurückgezahlt werden muss.

Nun erst geht es an die Planung der Betriebsanlage.

Der Fertigungsbereich ist Mittelpunkt der Anlage, das Herz des Betriebs. Hier wird an Bänken und Maschinen produziert. Das Material wird zugeschnitten, gelangt in die Maschinen- und Bankwerkstatt und nach der Oberflächenbehandlung ins Fertiglager bzw. zur Montage. Der *Maschinenaufstellungsplan* richtet sich nach dem Fertigungsablauf. Er muss die unterschiedlichen Stückzahlen der verschiedenen Produkte und ihre Bearbeitungszeiten berücksichtigen. Die Maschinen sollen möglichst ausgelastet, die Transportwege dazwischen kurz sein. Bild 12.1 zeigt die sinnvolle Anordnung einer Betriebsanlage.

Die Lagerräume sind den Fertigungsräumen zugeordnet, so dass keine langen Wege nötig sind. Die Lagergüter sind übersichtlich und geordnet aufzubewahren. An- und Auslieferung sollen reibungslos vor sich gehen. Verkehrs- und Fluchtwege sind freizuhalten, Fluchtwege deutlich zu kennzeichnen. Je nach Art des Lagerguts stellt der Gesetzgeber besondere Anforderungen an die Bauausführung, Installations- und Klimatechnik.

Beispiel
    Das Furnierlager sollte klimatisiert sein.

In der industriellen Fertigung setzt man Hochregallager ein, wo das Lagergut über elektronisch gesteuerte Anlagen ein- und ausgestapelt wird. Nach den Lagergütern unterscheiden wir
–   das Rohstofflager (Platten und Schnittholz),
–   das Fertigteillager (Halbfabrikate, Beschläge und Schrauben)
–   das Endlager (Fertigprodukte).

Das Schnittholzlager im Freien wird in Hauptwindrichtung und in geschützter Lage errichtet. Es sollte Anschluss an das öffentliche Verkehrsnetz (Straße, Bahn) haben. Für Stapler oder Kräne sind entsprechende Fahrstraßen einzuplanen. Die Hölzer lagert man nach Art und Dicke getrennt. Der Unterbau des Lagerplatzes soll trocken (Regenwasserabfluss), sauber und in den Verkehrsbereichen möglichst befestigt sein.

Der technische Bereich umfasst die Räume mit den technischen Anlagen (Heizung, Absaugung und Späneverwertung, Luft- und Wasserver- und -entsorgung).

Zum sozialen Bereich gehören Aufenthalts-, Wasch- und Duschräume, evtl. auch ein Sanitätsraum sowie Toiletten. Zahl und Größe dieser Räume richten sich nach der Anzahl der Mitarbeiter. Für Frauen und Männer sind getrennte Waschräume und Toiletten vorzusehen.

Zu den Verkehrsflächen gehören neben den Lagerplatz-Erschließungsstraßen alle innerbetrieblichen und fertigungsbedingten Wege und Flächen (z. B. zum Beladen und Abtransport durch Lkw oder Container). Für Kunden und Mitarbeiter sind Parkflächen einzuplanen.

Grünflächen in der Betriebsanlage erfreuen nicht nur Kunden und Mitarbeiter, sondern auch die Nachbarn. Oft erfüllt die Bepflanzung um die Fertigungshalle auch Lärmschutzaufgaben. Verwahrloste Grünflächen sind jedoch keine gute Werbung!

> Eine sinnvoll geplante Betriebsanlage spart Wege und Zeit.
>
> Ein richtig angelegtes, ordentliches Lager spart Verluste.

12.2 Arbeitsplatz

Zum Wohl und Schutz des Arbeitnehmers gelten Gesetze und Vorschriften für die Gestaltung und Einrichtung der Arbeitsplätze. Dazu gehören:
– das Betriebsverfassungsgesetz,
– die Arbeitsstättenverordnung,
– das Arbeitssicherheitsgesetz,
– die Verordnung über gefährliche Arbeitsstoffe,
– das Gesetz über gesundheitsschädliche oder feuergefährliche Arbeitsstoffe,
– das Jugendarbeitsschutzgesetz,
– die Unfallverhütungsvorschriften.

Betriebsverfassungsgesetz. Bei der Planung von Neu-, Um- oder Erweiterungsbauten, technischen Anlagen, Arbeitsverfahren und -abläufen sowie Arbeitsplätzen muss nach § 90 des Betriebsverfassungsgesetzes der Betriebsrat unterrichtet und zu Rate gezogen werden. Die Qualität des Arbeitsplatzes wird nach drei Gesichtspunkten beurteilt (**12.2**).

Mit der optimalen Gestaltung des Arbeitsplatzes versucht man zwei Ziele zu erreichen:

– Wirtschaftliches Ziel. Der Arbeitnehmer soll möglichst zweckmäßig mit Werkzeugen, Werkstoffen und Hilfsmitteln umgehen, d.h. in einer vorgegebenen Zeit eine große Menge von Erzeugnissen mit den geforderten Eigenschaften herstellen.
– Humanitäres Ziel (menschenfreundliches Ziel). Der Arbeitnehmer soll dieses Ziel möglichst kraftsparend, ohne Überbelastung erreichen und dafür eine angemessene Vergütung erhalten.

Arbeitsstättenverordnung. Damit diese Ziele nicht zu einseitig unter wirtschaftlichem Gesichtspunkt betrachtet und ausgelegt werden, enthält z. B. die Arbeitsstättenverordnung klare Aussagen:

– In den Arbeitsräumen muss ausreichend gesundheitlich zuträgliche *Atemluft* vorhanden sein.
– Die *Raumtemperatur* muss gesundheitlich zuträglich sein.

Tabelle 12.2 Qualität des Arbeitsplatzes

Umgebung	Betriebsmittel (Maschinen, Werkzeuge)	Innerbetriebliche Arbeitsorganisation
Beleuchtung, Lärm, Klima, Vibration, Staub, Dämpfe, Gase	Anpassung an Körpermaße Lage im Seh- und Griffbereich Sicherheit	Arbeitszeitregelung Arbeitsablauf (Fertigungsweise) Leistungsvorgabe und -erfassung

- Türen mit Glaseinsätzen müssen *Schutzvorkehrungen* haben.
- Fußböden dürfen keine *Stolperstellen* haben.
- Je nach Betriebsart sind höchstzulässige Schallpegelwerte *(Lärmschutz)* festgelegt.
- Arbeitsräume müssen eine *Mindesthöhe* haben (bei einer Grundfläche von 10 m² mindestens 2,75 m).

Die Arbeitsplatzgestaltung
- hat ein wirtschaftliches und ein humanitäres Ziel,
- unterliegt den Auflagen der Arbeitsstättenverordnung.

12.3 Förder- und Transportvorrichtungen, Spänebeseitigung

Bei jedem Arbeitsgang im Betrieb, ob an der Hobelbank oder an der Maschine, muss das Werkstück nicht nur bearbeitet, sondern auch aufgenommen, abgelegt und weggetragen werden. Diese Tätigkeiten gehören nicht unmittelbar zur Werkstückbearbeitung und sind daher nach REFA (Reichsverband für Arbeitszeitstudien) *Nebentätigkeiten*. Der Kostenaufwand für diese „unproduktiven" innerbetrieblichen Transporte macht bis zu 50 % der Gesamtlohnkosten aus! Deshalb ist jeder Betrieb bestrebt, die Transportzeiten durch einen rationellen Arbeitsablauf von Maschine zu Maschine zu verringern.

Welche Transportmittel für welchen Zweck? Die Antwort richtet sich nach den betrieblichen Gegebenheiten: nach dem Fabrikationsprogramm, der Fördermenge (Stückzahlen), den Räumlichkeiten, Wegen und Gebäudehöhen. Der Antrieb geschieht durch Muskelkraft, elektrisch, pneumatisch oder hydraulisch. Die 4 Kernfragen zum Werkstücktransport lauten:

1. **Was** (Material) soll transportiert werden?
2. **Wohin** (Wege, Raumverhältnisse) soll es transportiert werden?
3. **Wann** (Lagerhaltung, Zwischenlager) soll es transportiert werden?
4. **Womit** (Fördermittel) soll es transportiert werden?

Zu unterscheiden sind:

Flurförderer	**Stetigförderer**
– Transportwagen	– Hängeförderer
– Plattenroller	– Rollen- und Röllchenförderer
– Etagenwagen	– Flurkettenförderer
– Hubwagen	– Plattenbandförderer
– Gabelstapler	– Fließbänder

Hebezeuge
- Hebebühnen
- Hubtische
- Kräne

Rutschen
- Vorschubapparate
- Beschickungseinrichtungen

Vor allem werden in den Betrieben des handwerklichen und industriellen Möbelbaus Flurfördermittel eingesetzt.

Transportwagen sind sehr flexibel und auf kleinstem Raum einsetzbar, wenn sie mit vier Lenkgummirollen ausgestattet sind (12.3). Anordnung und Größe (Durchmesser) der Räder sind wichtig, denn sie werden am stärksten belastet. Jeder Arbeitnehmer sollte einen vollbeladenen Wagen noch allein transportieren können.

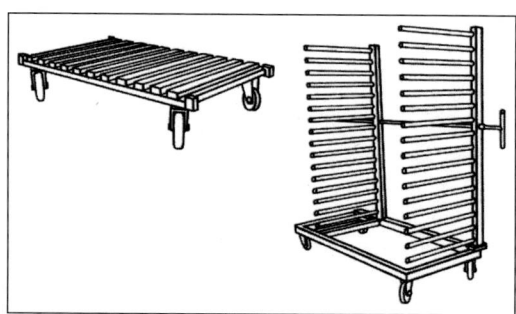

Bild 12.3   Transportwagen

Plattenroller und Etagenwagen. Der zweirädrige Plattenroller dient zum Transport einzelner Platten. Den Etagenwagen setzt man häufig zur Aufnahme und zum Transport frischlackierter Korpusteile in der Serienfertigung ein.

Der Hubwagen arbeitet hydraulisch. Er hebt Lasten bis zu mehreren Tonnen auf Paletten und transportiert sie.

Den Gabelstapler verwendet man besonders im Plattenlager und auf dem Schnittholzplatz zum Be- und Entladen. Es gibt Front- und Seitenstapler; beide arbeiten hydraulisch.

Hängeförderer finden wir vorwiegend in der Großserienfertigung. Ihr Vorteil besteht darin, dass sie mit einer umlaufenden Kette *über dem* teuren Arbeitsraum fördern, also keine Flurwege brauchen. Sie werden in der Lackierung eingesetzt und zum Transport von einer Fertigungshalle zur anderen.

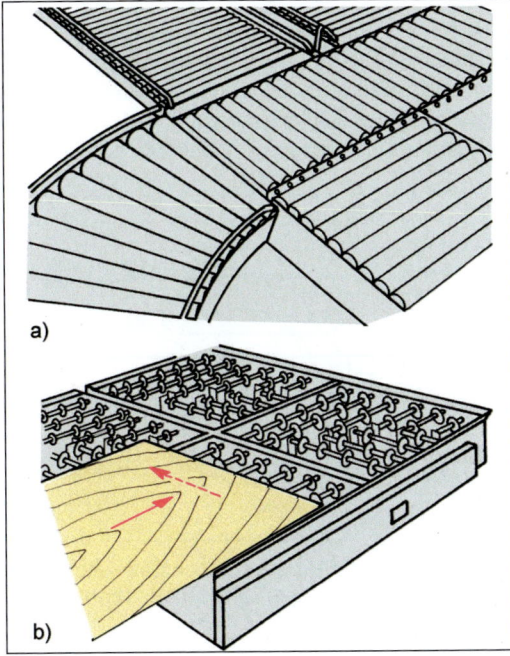

Bild 12.4 a) Rollenbahnen,
 b) Röllchenbahn (180°-Umlenkung)

Auf Rollen- und Röllchenbahnen lassen sich einzelne Werkstücke oder ganze Stapel manuell schieben oder sie fördern die Last durch Schwerkraft selbst. Über querverfahrbare Gleiswagen können die Bahnen gewechselt und die Wagen zur nächsten Bearbeitungsstelle transportiert werden (**12.4**). Rollen- oder Röllchenbahnen brauchen eine Auslaufsperre.

Bei Flurkettenförderern ist die Transportkette im Flurboden eingelassen. Einzelne Rollenwagen werden über Mitnehmerbolzen transportiert und über Weichen selbsttätig zum nächsten Arbeitsplatz gebracht.

Plattenbandförderer und Fließbänder werden elektrisch betrieben und vor allem bei der Fertigungskontrolle, Nacharbeit, Endmontage und Sortierung eingesetzt (**12.5**).

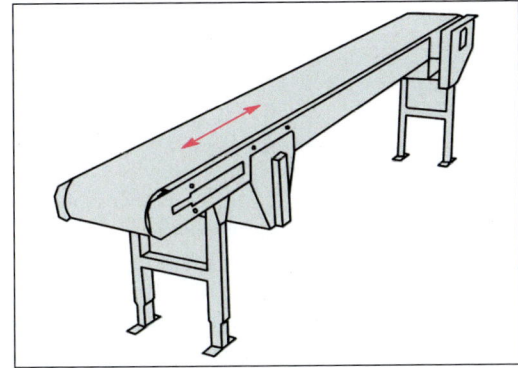

Bild 12.5 Bandförderer

Hebebühnen und Hubtische werden in Laderampen eingebaut (Be- und Entladen) oder in der Fertigung eingesetzt (Heben und Senken z. B. von Plattenstapeln bei vollautomatischer Beschickung und Abnahme, **12.6**).

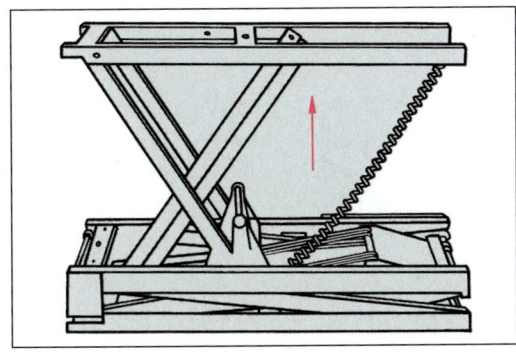

Bild 12.6 Hebebühne

Der fahrbare Hängekran wird beim Platten- und Vollholzzuschnitt eingesetzt. Eine elektrisch betriebene *Laufkatze* mit Haken, Plattengreifer oder Vakuumsaugheber kann quer und längs verfahren werden.

Rutschen erleichtern den manuellen Transport z. B. von Schränken. Voraussetzung ist, dass die Rutschen oberflächenbehandelt sind. Vorschubapparate und Beschickungseinrichtungen sind selbstständige Geräte, die vorsortierte einzelne Werkstücke in meist regulierbaren

Geschwindigkeiten den Bearbeitungsstellen zuführen.

Spänebeseitigung. Der Fachausschuss Holz der Holz-Berufsgenossenschaft hat in einer Sicherheitsregel die sicherheitstechnischen Anforderungen an Absaug- und Abscheideanlagen für Holzstaub und Holzspäne festgelegt. Von Holzstaub und Holzspänen gehen drei Gefahren aus:

- Brand- und Explosionsgefahr,
- Verletzungsgefahr (Augen),
- Gesundheitsgefahr (z. B. Allergien, Geschwulstbildung in den Atmungsorganen).

Nach der Einstufung von Eichen- und Buchenholzstaub in die Gruppe III/A1 der MAK-Werte-Liste (**M**aximale **A**rbeitsplatz-**K**onzentration) darf die Staubkonzentration der Atemluft am Arbeitsplatz beim Verarbeiten von Buchen- und Eichenholz den Wert von 2 mg/m^3 bzw. 5 mg/m^3 im Gesamtstaubgemisch nicht überschreiten.

In der Regel sind die Maschinen bereits mit wirksamen Späneabsauganschlüssen ausgestattet (**12.7**). Für Neuanlagen geben die Sicherheitsregeln Mindestabsaug-Geschwindigkeiten für die Anschlussstelle und die folgende Förderleistung vor.

Beispiel

    20 m/s für Holzstaub, Hobel- und Feinspäne

Bei Abscheidern (Zyklonen) wird der Staub über Flieh- und Schwerkraft von der Luft getrennt (**12.8**b). Die Späne fallen nach unten und sammeln sich im Bunker (Silo). Zyklone eignen sich nur bei geringem Staubanteil im Abfallgemisch. Wirksamere Abscheider arbeiten mit hintereinander geschalteten Filtern aus Baumwoll- und Kunststoffgeweben (Teflon), durch die die Staubluft hindurchströmt (**12.8**a). Der feine Staub bleibt im Gewebe hängen und wird später durch Rütteln herausgelöst, in Kunststoffsäcken gesammelt und beseitigt. Moderne Filteranlagen reinigen die Gewebebahnen selbsttätig.

Bei festen Sammel- und Lagereinrichtungen (Silos) für Staub und Späne ist der Brandschutz besonders zu beachten. Es wird empfohlen, die Anlagen nachzurüsten bzw. bei Neuanlagen mit Druckentlastungs- (Berstscheiben)

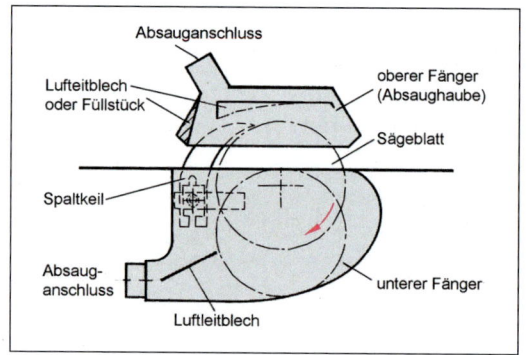

Bild 12.7 Späneabsauganschlüsse einer Tisch- und Formatkreissäge

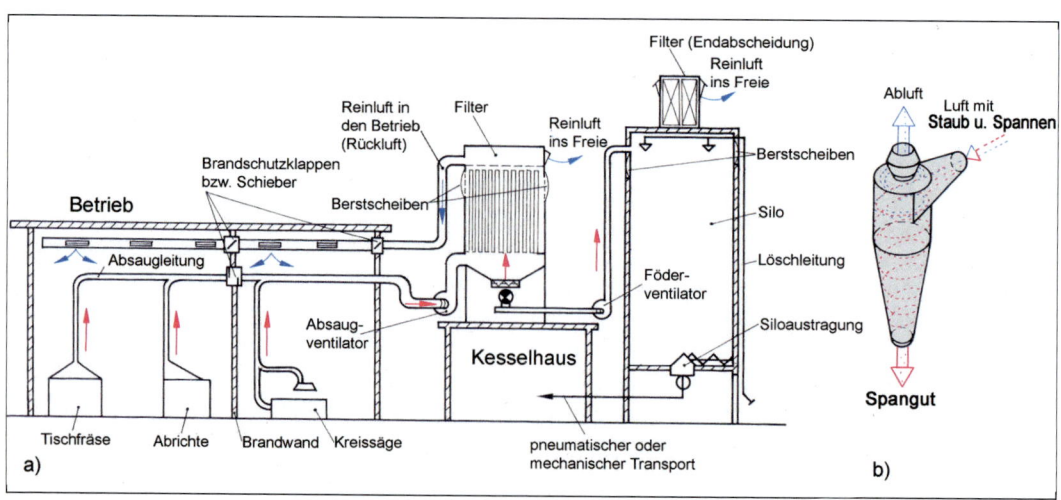

Bild 12.8 a) Absauganlage mit Filter und Silo, b) Fliehkraftwirkung beim Zyklonenabscheider

12.3 Förder- und Transportvorrichtungen, Spänebeseitigung

und Feuerlöscheinrichtungen (Wasser und Schaum) zu versehen. Sind im Kleinbetrieb keine Silos vorhanden, sondern werden Staub und Späne in den Arbeitsräumen gesammelt und gelagert, müssen die Vorschriften der Holzberufsgenossenschaft über Art und Volumen der Behältnisse beachtet werden (**12.9e**). Aus Gründen der Energieersparnis wird die gefilterte Luft in die Arbeitsräume zurückgeführt. Der Reststaubgehalt der zurückgeführten Umluft darf 0,2 mg/m³ (nach BG-H1/H3) nicht überschreiten. Bei Abluft ins Freie darf ein Reststaubgehalt von 20 mg/m³ nicht überschritten werden.

Absauganlagen im Tischlerbetrieb arbeiten als Zentral, Einzel- oder Gruppenabsaugung (**12.9**). Sie erfüllen folgende Aufgaben:

– Absaugen, Fördern, Hacken,
– Bunkern, Filtern, Luftrückführung,
– Späneaustragen, Heizen,
– Rauchgasreinigung (Umweltschutz).

Abgesaugte und gelagerte Späne kann man zur Energiegewinnung verheizen. Dabei sind die Vorgaben der TA Luft (= Technische Anweisung) hinsichtlich der Emissionswerte zu beachten. Die gewonnene Wärmeenergie lässt sich für das Betriebsgebäude oder eine Trockenkammer nutzen.

Brikettierpressen bieten eine weitere Möglichkeit, den Abfall umweltfreundlich zu nutzen. Sie pressen die trockenen Späne unter hohem Druck zu Strängen. Grobholzabfälle müssen dazu erst in Restholzzerkleinern zerspant werden.

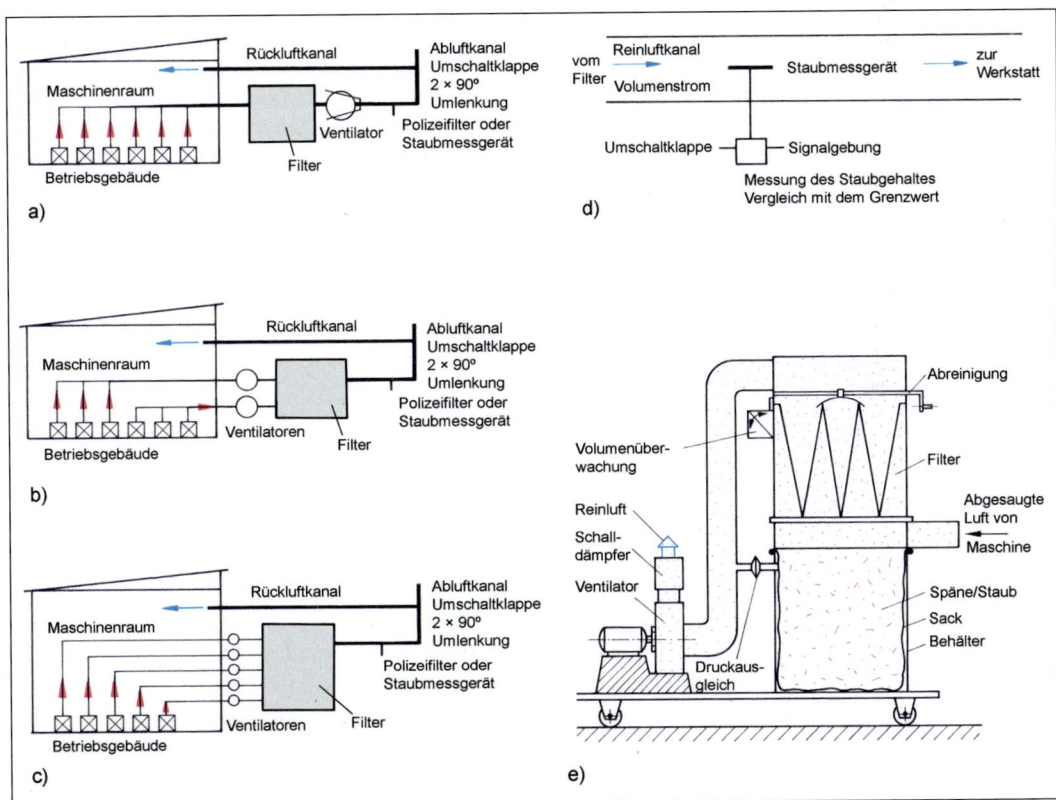

Bild 12.9 Späne- und Staubabsaugung mit Luftrückführung
a) Zentralabsaugung mit Luftrückführung, b) Gruppenabsaugung mit Luftrückführung
c) Einzelabsaugung mit Luftrückführung, d) Staubmessgerät im Reinluftkanal
e) Ortsbewegliche Einzelabsaugung (schematisch)

Mobile Druckluft-Kompressoren werden heute in vielen Betrieben für das Arbeiten mit Kartuschenpistolen, Bohrmaschinen, Farbspritzpistolen, Kombinaglern, Schlagschraubern, Klammergeräten etc. eingesetzt. Diese Geräte benötigen wenig Platz und können leicht transportiert werden. Für den Betrieb kleiner Kompressoren (z. B. eines Klammergerätes) reicht eine Füllleistung ab 50 l/min. Werkzeuge mit größerem Druckluftbedarf (z. B. Lackierpistolen, Meißel) benötigen Kompressoren mit mindestens 155 l/min Füllmenge. Die meisten Druckluftwerkzeuge müssen mit Pneumatiköl geschmiert werden und bedürfen der ständigen Wartung. Die Wartung mit Filterdruckminderer und Nebelöler stellt die ideale Lösung dar.

Vorteile:

- keine Explosionsgefahr, da Luft nicht brennbar ist,
- keine Funkenbildung im Antrieb,
- universell einsetzbar für zahlreiche Geräte,
- Arbeitsdruck und Arbeitsgeschwindigkeit sind stufenlos regulierbar,
- Überbelastung führt nicht zu Schäden an Werkzeugen und Druckluftelementen,
- Einfach speicher- und transportierbar (in Druckluftbehältern),
- keine Rückleitungen erforderlich,
- nicht gesundheitsschädlich,
- nicht umweltschädlich.

Nachteile:

- teurer Energieträger, da Strom für die Druckluftherstellung benötigt wird und Energie als Wärme- und Reibungsverlust verloren geht,
- ungleichmäßige Leistung druckluftbetriebener Werkzeuge und Anlagen,
- nicht für sehr langsame Antriebe geeignet,
- aufwendige Wartung (die Luft muss gereinigt, Kondenswasser entzogen und evtl. mit Ölnebel versetzt werden),
- evtl. Belästigung durch ausströmende kalte Luft mit verbundener Geräuschbelästigung,
- Betriebsgeräusch des Kompressors.

Der TÜV überwacht die Kompressoren entsprechend der Druckbehälterverordnung. Das Druckinhaltsprodukt (DIP) errechnet sich aus dem Behältervolumen (in Litern) multipliziert mit dem Wert für den max. Druck. Kompressoren bis 200 l DIP unterliegen keiner Prüfung. Kompressoren größer als 200 l DIP bis 1000 l DIP unterliegen der TÜV-Abnahme. Ab 1000 l DIP muss die Aufstellung der stationären Anlage bei der Installation durch einen Sachverständigen erfolgen. Dieser führt auch nachfolgende Prüfungen in festgelegten Abständen durch.

12.4 Fertigungsablauf

Die Fertigung ist nach Art des Betriebs und der Produktion in einzelne Aufgaben- und Verantwortungsbereiche geteilt. Wir unterscheiden:

nach der Produktion

- Fertigung auf Bestellung,
- lagerorientierte Fertigung,
- Ein- und Mehrproduktfertigung,

nach dem Fertigungsablauf

- Bandfertigung (große Betriebe mit kleinem Sortiment),
- Werkstattfertigung (mittlere und kleinere Betriebe mit großem Sortiment),
- Objektfertigung.

Mechanisierung und Automatisierung. Bei unspezialisierten mittleren und kleineren Betrieben findet man meist die mechanisierte Fertigungsweise. Hier stellt der Tischler die Spanabnahme und den Vorschub an der Dickenhobelmaschine ein, legt das Werkstück auf und nimmt es nach der Bearbeitung wieder ab. Bei spezialisierten Großbetrieben ist die Fertigung automatisiert. Hier werden die Maschinen computergesteuert und vom Arbeitnehmer nur noch kontrolliert. Das Werkstück wird automatisch von einer Bearbeitungsstation zur nächsten transportiert, vom Breitenzuschnitt über die Verleimung und Profilierung bis zum Endschliff. Werden in einem Maschinendurchlauf bis zu 10 verschiedene Arbeitsgänge auf beiden Seiten zusammengefasst, spricht man von einer „Fertigungsstraße" (**12.**10). Viel Zeit und größte Genauigkeit werden auf das Rüsten und Einstellen der Maschinen auf die bestimmten Werkstücke verwendet.

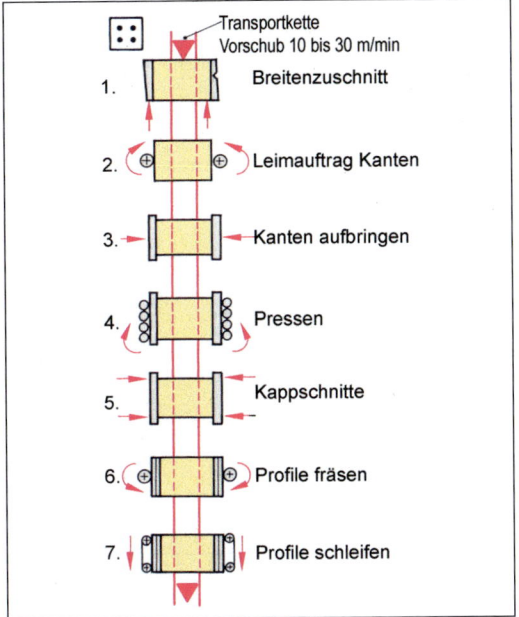

Bild 12.10 Fertigungsstraße

Wenn der Schreiner ein Werkstück falsch bearbeitet, ist nur dieses Stück unbrauchbar. Wenn jedoch ein vollautomatisierter Betrieb einige Arbeitsstunden mit falsch eingestellten Maschinen läuft, ist der Schaden sehr groß. Das Rüsten der Maschine und die Endkontrolle der Werkstücke können nur Fachkräfte durchführen!

Der Handwerksbetrieb (Schreinerei) ist nach Mitarbeiterzahl und Umsatz (Jahresleistung) ein Kleinbetrieb, der jedoch durch entsprechenden Maschineneinsatz und durchdachte Arbeitsplatzgestaltung oft industrielle Arbeitsmethoden übernimmt. Konkurrenzdruck und Rationalisierungszwang führen auch handwerkliche Betriebe immer stärker zur Spezialisierung. Wenn sich ein Betrieb auf die Fertigung bestimmter Produkte beschränkt (spezialisiert), kann er größere, schnellere Spezialmaschinen einsetzen und damit die Herstellungskosten je Stück niedrig halten. Solche Maschinen sind teuer, lohnen sich aber, wenn sie ausgelastet werden. Nicht zu vergessen ist jedoch, dass ein spezialisierter Betrieb stärker vom Markt abhängt als ein nicht spezialisierter. Viele Handwerksbetriebe haben sich deshalb teilspezialisiert (**12.**11).

Beispiel

Eine Schreinerei fertigt zu 60 bis 80 % ihrer Kapazität (Leistung) Türumrahmungen (Futter, Zargen, Blockrahmen) und kauft das Türblattmaterial ein. Die Restkapazität von 20 bis 40 % setzt sie im individuellen Innenausbau ein.

Dieser Betrieb arbeitet wirtschaftlich, denn er deckt durch seine Teilspezialisierung die gesamten Maschinenkosten und kann die Maschinen außerdem Gewinn bringend für Einzelaufträge einsetzen. Andere Schreinereien sind schon wie Großbetriebe industrialisiert.

Beispiel

Ein moderner Fensterbaubetrieb stellt Holzfenster her und führt Verglasungen durch. Im Fertigungsablauf dieses ursprünglich handwerklichen Betriebes erzeugen Doppelendprofiler (Kehlautomaten) computergesteuert in einem Durchlauf aus rohen Kanthölzern fertig gefälzte und profilierte Fensterrahmen, die anschließend auf der doppelseitigen Schlitz- und Zapfenschneidmaschine angefräst und abgelängt werden. Die Mitarbeiter müssen die Hölzer nur noch verleimen und die Scheiben einsetzen. Die verschiedenen Profile erzielt man durch stärkere Kanthölzer und Umrüsten des Verbundwerkzeugs.

Der Industriebetrieb (z. B. Möbelfabrik) ist häufig aus kleinen Schreinereien hervorgegangen. Durch immer strengere Beschränkung auf bestimmte Produkte konnte er Spezialmaschinen einsetzen, Förder- und Transportmittel wie Rollenbahn, Förderband und Hängeförderer zu Fertigungsstraßen verknüpfen. Die Arbeitnehmer legen die Werkstücke auf und nehmen sie am Ende der Straße wieder ab – eine sehr einseitige Tätigkeit, für die angelernte Kräfte genügen (**12.**12). Kontroll-, Nach- und Sonderarbeiten dagegen setzen auch hier noch handwerkliches Geschick voraus und bleiben daher Aufgabe des Facharbeiters, des Schreiners/Holzmechanikers oder der Fachkraft für Möbel-, Küchen und Umzugsservice.

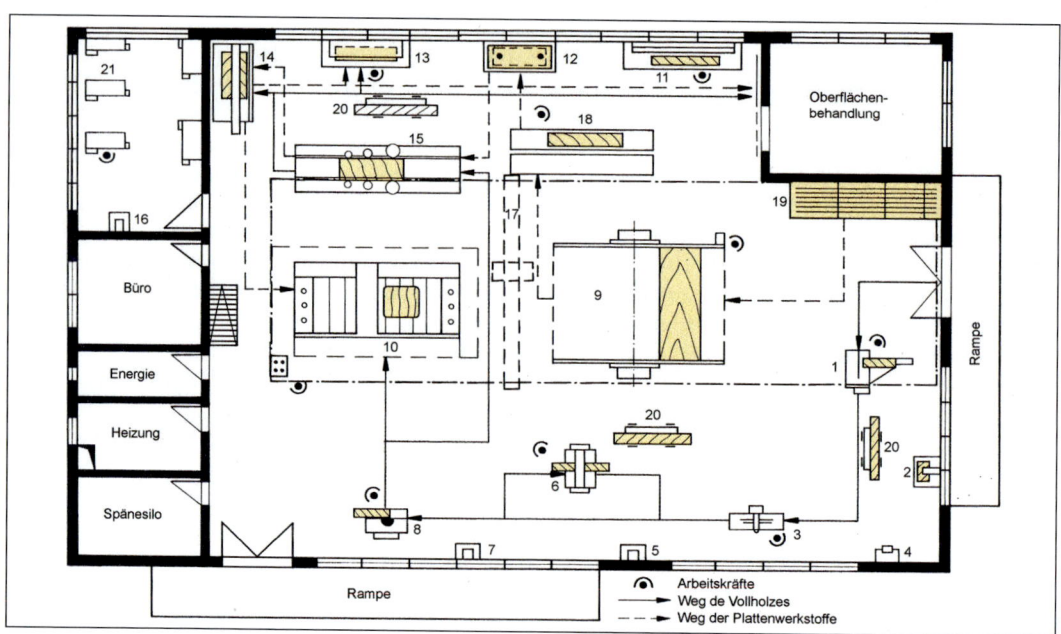

Bild 12.11 Handwerklicher Fertigungsablauf (8 bis 12 Beschäftigte)
1 Formatkreissäge
2 Tischbandsäge
3 Abrichthobelmaschine
4 Kettenfräse
5 Oberfräse
6 Dickenhobelmaschine
7 Astlochbohrmaschine
8 Tischfräse
9 Plattenaufteilsäge (horizontal)
10 CNC-Bearbeitungszentrum
11 Furnierschere
12 Furnierpresse
13 Reihenlochbohrmaschine
14 Bandschleifmaschine
15 Kantenanleimmaschine
16 Ständerbohrmaschine
17 Brückenkran
18 Leimauftrag
19 Plattenlager
20 Transportwagen
21 Werkbank

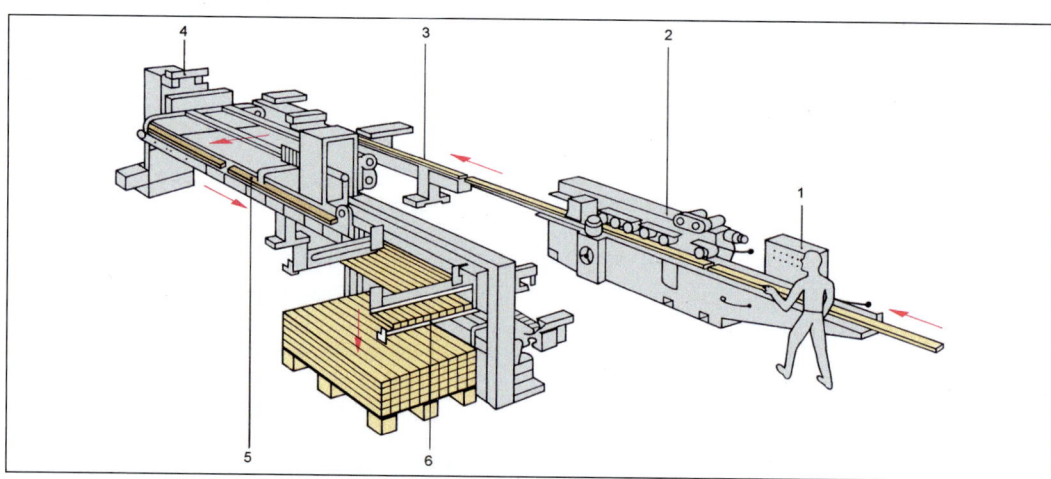

Bild 12.12 Industrialisierte Fertigung (Teil-Fertigungsstraße/Rahmenhölzer, Einmannbedienung)
1 Steuerpult 2 Kehlmaschine 3 Übergabevorrichtung 4 Doppelseitige Abkürz-Zapfenschneid- und Schlitzmaschine 5 Transportband 6 Stapelautomat

Austauschbau. Die Produktpalette einer Möbelfabrik besteht meist aus einigen von Innenarchitekten entworfenen Wohn-, Schlaf- oder Kinderzimmer-Anbauprogrammen, die über Möbelhäuser verkauft werden. Häufig werden sie im Austauschbau entworfen, so dass z. B. Böden, Schubkästen oder Türen einzelner Programme ausgetauscht und daher preisgünstig hergestellt werden können. Sie unterscheiden sich oft nur in Form und Farbe (Holzart, Oberflächenbehandlung). Auch die Beschläge und Verbindungen haben gleiche Abstände (Schablonen). Durch die höheren Stückzahlen verbilligt sich die Fertigung erheblich.

Arbeitsvorbereitung. Komplizierte Fertigungsanlagen wie Alleskönner oder Doppelendprofiler- Straßen erfordern viel Zeit zum Umrüsten (Umbauen) der Werkzeuge, Anschläge und Vorschubeinrichtungen auf andere Werkstücke. Ziel ist es deshalb, die Maschinenlaufzeit voll auszunutzen und so die Maschinenkosten je Stück niedrig zu halten. Dazu sind Planung und Kontrollen nötig. Zur Arbeitsvorbereitung eines Industriebetriebs gehören aber auch Terminplanung, Abstimmen von Lagerhaltung, Fertigung, Ein- und Verkauf. Diese Arbeiten werden in den Verwaltungsbüros vorgenommen. Nicht selten bietet diese Arbeitsteilung tüchtigen Facharbeitern Gelegenheit zu beruflichem Aufstieg.

Spezialisierte Produktion
- ermöglicht rationelle Serienfertigung mit Austauschbau,
- erfordert bei automatisierter Fertigung genaue Arbeitsvorbereitung,
- ist marktabhängiger als nicht- oder teilspezialisierte Produktion.

13 Service im Handwerk

> **Arbeitsauftrag Nr. 105 Lernfeld TI 11, 12; FKU 2, 3, 12, 13**
> - *Ausgangssituation A*
>   Ihre Firma hat den Auftrag erhalten, fünf Fenster des Typs IV68 herzustellen, zu liefern und einzubauen. Die alten Fenster sollen ausgebaut und entsorgt werden.
> - *Ausgangssituation B*
>   Ihre Firma hat den Auftrag erhalten, eine Küche mit Herd, Mikrowelle, Geschirrspüler und Kühlschrank zu liefern. Die Küche soll aufgebaut, die Elektrogeräte installiert und die Wasseranschlüsse fachgerecht ausgeführt werden.
>   Die Besitzer des an einer engen Straße gelegenen Einfamilienhauses, ein älteres Ehepaar, macht sich Sorgen, ob die Mitarbeiter der Firma pünktlich zum vereinbarten Termin um 8 Uhr eintreffen und der Einbau ohne viel Schmutz erledigt wird. Auch hoffen sie, dass die Arbeiten bis 17 Uhr erledigt sind, da sie noch einen Krankenbesuch machen möchten.
> - Erarbeiten Sie in Vierergruppen unter Berücksichtigung des folgenden Kapitels ein mögliches Kunden-/Begrüßungsgespräch zu dieser Ausgangssituation. Verteilen Sie die Rollen. Machen sie sich Stichpunkte auf Ihrer Rollenkarte. Tragen Sie Ihr Kundengespräch den Mitschülern in einem Rollenspiel vor.
> - Die Gruppen führen nacheinander die Rollenspiele vor. Die Kundengespräche werden mit einer Video-Kamera abwechselnd von den Mitschülern gefilmt. Die nicht am Rollenspiel beteiligten Schüler bewerten die Vorführungen mit einem Beobachtungsbogen (siehe Arbeitsmethoden). Nachdem alle Gruppen die Gespräche geführt haben, werden die einzelnen Videosequenzen vorgeführt und unter Einbeziehung der Beobachtungsbögen diskutiert bzw. ausgewertet.

13.1 Kundenwerbung

Bevor sich der Kunde für den Kauf von einem Möbel, Fensters Büroeinrichtung, Küche etc. oder für die Auftragserteilung zur Herstellung bzw. Instandsetzung derselben entscheidet, wird er sich Auskünfte über das Internet oder über andere Kunden einholen und dann in Kontakt mit der gewünschten Firma treten. Um neue Kunden zu werben, ist von Bedeutung, wie sich der Betrieb im Internet präsentiert, welchen Eindruck er bei bisherigen Kunden hinterlassen hat und wie er sich im Verlauf des Telefongesprächs verhält, um einen persönlichen Gesprächstermin beim Kunden oder in der Firma zu erhalten.

Bei der Präsentation der Mitarbeiter im Internet und im direkten Kontakt erwartet der Kunde, dass der oder die Handwerker angemessene, professionelle Berufskleidung tragen und einen sauberen und gepflegten Eindruck machen. Dies vermittelt den Eindruck von Zuverlässigkeit und bestärkt ihn in seiner richtigen Kaufentscheidung.

Das Betriebsfahrzeug sollte sauber und aufgeräumt präsentiert werden, da es als Werbefläche dient. Während der Fahrt zum Kunden und der Montagezeit ist darauf zu achten, dass andere Verkehrsteilnehmer nicht gefährdet werden. Ein Unternehmen kann nur überleben und somit Arbeitsplätze sichern, wenn es ihm gelingt zukünftige Kunden im positiven Sinne auf die Firma aufmerksam zu machen und derzeitige Kunden mit seinen Leistungen zufrieden zu stellen. Der Kauf/Wiederkauf seiner Produkte bzw. die Inanspruchnahme seiner Dienstleistungen muss das Ziel aller Firmenmitarbeiter sein.

Im Idealfall empfehlen Kunden die Firma Freunden oder Bekannten und werden somit zu positiven Botschaftern des Unternehmens. Zufriedene Kunden kommen wieder, verlorene Auftraggeber zu gewinnen ist teuer und aufwändig.

Das Telefongespräch

Oft ist das erste Telefongespräch mit einem Kunden von entscheidender Bedeutung für den weiteren Verlauf der Beziehung zwischen Kunde und Betrieb, einer Auftragserteilung, einer neuen Kundenempfehlung.

> Stimme und Gesprächsverlauf entscheiden über Sympathie oder Antipathie gegenüber dem Gesprächspartner. Bereits ein Lächeln ist „zu hören".

Zu Beginn des Telefongesprächs sollte sich der Firmenmitarbeiter mit deutlicher Nennung des Betriebsnamens und eigenen Namens melden. Auf vorgefertigten Gesprächsblättern können der Name des Anrufers, Adresse, Datum und Uhrzeit des Gesprächs, Grund des Anrufs und gegebenenfalls ein neuer Gesprächstermin bzw. Kundenbesuchstermin notiert werden. Die sorgfältige Ablage der Gesprächsblätter bietet den schnellen Zugriff und als „kleine Datenbank" gute Vorbereitungsmöglichkeiten für ein neues Gespräch oder Kundenbesuch.

Beim Telefonieren und in persönlichen Gesprächen mit dem Kunden ist insbesondere auf die eigene Fragetechnik zu achten. Es sind öffnende mit „W" beginnende Fragen zu stellen. Der Kunde kann nicht nur mit „ja" oder „nein" antworten. Die Firma erhält mehr Auskünfte. Das Gespräch verläuft positiver. Der Kunde ist zufriedener.

Persönlicher Kontakt

Der persönliche Kontakt mit dem Kunden kann bereits bei Gesprächen vor Auftragserteilung zu Stande kommen. Hier entscheiden oft die ersten Sekunden der Begrüßung über den weiteren Verlauf der Begegnung. Das ordentliche, freundliche eigene Vorstellen mit eigenem Namen und Firmennahmen sowie der Namen der Kollegen ist als selbstverständlich anzusehen. Im Gespräch sollten folgende Regeln beachtet werden:

- der Sprechstil sollte langsam, betont, im wechselnden Sprechtempo mit gezielter Pausentechnik erfolgen
- abgehacktes Sprechen mit Verlegenheitslauten wie Ä, EEh und -E, Dass- E sind zu vermeiden
- die Endlaute müssen deutlich gesprochen werden

Auch das folgende kleine „ABC der Körpersprache" bietet möglicherweise Rückschlüsse auf die momentane Gefühlswelt des Gesprächspartners und sollte in das eigene Gesprächsverhalten einbezogen werden (**13.1**).

Tabelle 13.1 ABC der Körpersprache

Körperteil	Signal	mögliche Bedeutung
Augen	Pupillen weiten sich, Pupillen normal geöffnet Pupillen verengt	Bereitschaft, Interesse, Aufgeschlossenheit Ablehnung, Desinteresse
Arme	verschränkt, ausgebreitet	Ablehnung, Reserviertheit, Offenheit
Hände	an der Stirn, Nägel kauen, am Tisch/ Stuhl etc. fest halten, auf dem Rücken reiben	Nachdenklichkeit, Unsicherheit Haltsuche bei sich selbst, Erwartung, Schadenfreude
Händedruck	zu stark, feucht	Unsicherheit, Angst
Füße	um Stuhlbein/e gelegt wippend	Schutzbedürfnis, Ungeduld
Nase	an die Nase fassen	Unentschlossenheit
Kopf	leicht geneigt, kratzen	Interesse, Unsicherheit

Sind die Gespräche positiv verlaufen und hat die Firma den Auftrag erhalten, gilt es für die Mitarbeiter des Betriebes sich bei der Ausführung des Auftrages entsprechend zu verhalten bzw. den Auftrag zur Zufriedenheit des Kunden auszuführen. Hierbei sollten die folgenden Regeln eingehalten werden:

- pünktliches Erscheinen beim Montagetermin,
- ordentliches Auftreten der Mitarbeiter
- gepflegtes Werkzeug und Firmenfahrzeug,
- die Privatsphäre des Kunden gilt es zu respektieren,
- die Dauer der Arbeitszeit ist dem Kunden mitzuteilen,
- Sauberkeit am Kundenarbeitsplatz ist unbedingt zu gewährleisten (Abdeckfolien, Decken, Absauger etc.),
- verursachter Schmutz ist gegebenenfalls auch gegen Kundeneinwände zu beseitigen,
- nicht rauchen,
- die Pausen sind im Werkstattfahrzeug bzw. nicht im Kundenbereich zu verbringen,
- Konflikte mit den Mitarbeitern sind nicht in Gegenwart des Kunden auszutragen, der Standort des Firmenfahrzeugs ist zu klären,
- bei evtl. Abwesenheit des Kunden muss die zwischenzeitliche Erreichbarkeit des Kunden und eigenes Verhalten beim Verlassen des Auftragsortes geklärt sein,
- vor Verlassen des Kunden ist dieser mit der Funktion der Einbauten (z. B. Fenster, Küchenfronten) und evtl. Pflegehinweisen vertraut zu machen.

13.2 Mängelbeseitigung – Rechte und Pflichten

Der Kunde hat laut Gesetz bei geringer Qualität der Waren das Recht auf *Wandelung*, *Minderung*, *Ersatzlieferung* und *Schadenersatz*.

Wandelung. Der Kunde kann den Kauf rückgängig machen, die Ware zurückgeben und die Erstattung seines Geldes verlangen. Die Firma trägt alle Kosten für die Rückabwicklung des Vertrages.

Minderung. Der Kunde behält die Ware und kürzt den Kaufpreis. Er kann auch einen Teilbetrag des bereits gezahlten Geldes zurückverlangen. Hierbei können evtl. anfallende Reparaturkosten als Orientierungshilfe für die Minderungssumme dienen.

Ersatzlieferung. Der Kunde kann verlangen, dass die Herstellungsfirma/der Händler das mangelhafte Möbel gegen ein mangelfreies neues austauscht, soweit ihm dies möglich ist. Dies gilt natürlich nur für serienmäßig hergestellte Ware und nicht für Einzelstücke.

Schadensersatz. Der Kunde kann nur Schadenersatz verlangen, wenn die Verkaufsfirma wesentliche Mängel verschwiegen hat oder dem Möbel, Fenster, Tür etc. eine zugesicherte Eigenschaft fehlt. Dies trifft beispielsweise zu, wenn der Kunde ein Drehkippfenster mit einem bestimmten U-Wert erwirbt, das Fenster jedoch den beim Kauf zugesicherten U-Wert überschreitet und nicht gekippt werden kann.

Wesentliche Mängel sind Mängel, die der Kunde vor Vertragsabschluss nicht kannte, auf die er durch den Verkäufer nicht hingewiesen wurde. Dies könnten Sitzmulden auf einem teuren Sofa, die sich nach kurzer Zeit bilden, große Lederflecken oder zu hohe Formaldehydwerte (z. B. bei Küchen) sein.

Die genannten Rechte sind Teil der gesetzlich verankerten Gewährleistung. Diese gilt allgemein sechs Monate lang für alle neuen Waren. Eine Ausnahme stellen Einbauküchen dar, die individuell für den Kunden geplant, zugeschnitten und montiert werden. Hier ist eine fünfjährige Gewährleistungspflicht vorgesehen.

Nachbesserung. In der Praxis ist es üblich, dass der Hersteller/Händler sich im Kaufvertrag ein Nachbesserungsrecht sichert. Dann darf er, wenn der Kunde einen Gewährleistungsanspruch geltend macht, zuerst versuchen, das Möbelstück zu reparieren. Dies muss der Kunde zulassen. Die Kosten trägt der Hersteller/Händler. Erfolgt die Nachbesserung nicht in angemessener Frist, kann der Kunde vom Kaufvertrag zurücktreten.

Konfliktvermeidung. Um Auseinandersetzungen mit dem Kunden zu vermeiden sollte die Ware grundsätzlich auf höchstem Niveau hergestellt und gegebenenfalls den Ansprüchen geltender DIN-Normen gerecht werden. Beim Transport ist unbedingt auf die richtige Sicherung und Verpackung der Waren zu achten, um Beschädigungen zu vermeiden. Insbesondere sollte bei der Installation von Elektrogeräten und Wasseranschlüssen bei der Küchenmontage Sicherheit und Funktionstüchtigkeit Vorrang haben.

Die folgende Checkliste kann bei der Vermeidung von Konflikten helfen:

Beim Einbau von Küchen:
- Sind die eingebauten Elektrogeräte funktionstüchtig? Wurde der Kunde in den Gebrauch derselben eingewiesen?
- Lassen sich die Schubkästen leicht herausziehen und hineinschieben?
- Wird der Auszug beim Schließen (wenn mechanische Führungen montiert wurden) in den letzten Zentimetern automatisch eingezogen?
- Zieht sich die Kühlschranktür kurz vor dem Schließen selbstständig zu?

Nach dem Einbau von Schiebetüren:
- Lassen sich die Türen geräuschlos bewegen?
- Hängt das Gewicht an den oberen Beschlägen?
- Ist die Tür gesichert?

Nach der Lieferung von Möbeln:
- sind die evtl. vorhandenen Kratzer gleich ausgebessert worden?
- Haben Sie die evtl. Wasserspritzer gleich weggewischt?
- Haben Sie den Funktionsstuhl/das Funktionssofa überprüft und den Kunden eingewiesen?

13.3 Nachhaltige Kundenbindung

Sind die Möbel, Fenster, Türen, Küchen etc. ausgeliefert und installiert, der Kunde über den Umgang mit der Ware informiert worden, bietet die Kundenzufriedenheitsabfrage eine gute Möglichkeit die Zufriedenheit/Nichtzufriedenheit des Kunden zu erfragen und ihn nachhaltig an den Betrieb zu binden (**13.**2).

Hier kann mit ansprechender Gestaltung das Unternehmen (Firmenlogo etc.) präsentiert und die Kundenzufriedenheit erforscht werden. Der Kunde fühlt sich mit seinen Wünschen und Ängsten ernstgenommen. Reklamationen können umgehend beseitigt werden. Der Fragebogen (DIN A4) sollte mit einem kurzen Begleitbrief oder auf der Vorderseite mit folgendem Einleitungstext versehen sein:

„Sehr geehrte Kundin, sehr geehrter Kunde (evtl. persönlichen Namen nennen), wir sind sehr interessiert zu erfahren, wie Sie unsere Arbeit bewerten. Bitte beantworten Sie die folgenden Fragen und senden Sie uns den Fragebogen im beiliegenden frankierten Freiumschlag zurück. Für Ihre Mitarbeit bedanken wir uns im Voraus."

Der Fragebogen könnte wie folgt aussehen:

Bitte vergeben Sie die Noten durch ankreuzen und beantworten Sie die folgenden Fragen!

	Note	1	2	3	4	5	6
Beratung Wie kompetent war die Beratung?							
Angebot Wie waren Sie mit der Angebotserstellung zufrieden?							
Planung Wie gefielen Ihnen Planung und Präsentation?							
Betreuung Wie gut sind wir auf Ihre Wünsche eingegangen?							
Termintreue Wurden alle Termine zu Ihrer Zufriedenheit eingehalten?							
Ausführung der Montage Waren Sie mit der Montage zufrieden?							
Harmonie Wie freundlich waren unsere Mitarbeiter?							
Produkte Wie zufrieden sind Sie mit den von uns gelieferten Produkten?							
Preis Ist unsere Leistung dem Preis angemessen?							

Wie sind Sie auf uns aufmerksam geworden?

Was hat Ihnen besonders gut gefallen?

Was hat Ihnen nicht gefallen?

Warum haben Sie unsere Firma gewählt?

Welche Verbesserungsvorschläge haben Sie für uns?

Haben Sie noch Wünsche, Fragen, Anmerkungen?

Sollen wir Sie noch einmal anrufen?	**Wenn ja, wann?**

Ihr Kundenname

Ort	**Anschrift**	**Datum**

E-Mail-Adresse

Herzlichen Dank!

Bild 13.2 Fragebogen zur Abfrage der Kundenzufriedenheit

Das Schulnotensystem zeigt dem Kunden ein vertrautes System und bietet durch übersichtliche Gestaltung einer Excel-Tabelle Vorteile. Dem Kunden sollte nach Beendigung der Arbeiten genügend Zeit für die Beantwortung des Fragebogens eingeräumt werden um eine geringe Rücklaufquote zu vermeiden.

Sollten sich bei der Auswertung negative Antworten herausstellen, kann die Firma reagieren und die Versäumnisse umgehend beheben. Der Kunde fühlt sich anerkannt. Dies führt wiederum zu größerer Kundenzufriedenheit.

14 Gesellenstück/Facharbeiterprüfung im Tischlerhandwerk

Das Gesellenstück wird in der letzte Ausbildungsphase vom zukünftigen Gesellen/Facharbeitern völlig selbstständig gefertigt. Unzulässige Hilfen führen zum Ausschluss aus dem Prüfverfahren. Fremde Hilfe darf lediglich beim Entwurf in Anspruch genommen werden. Es gelten die Richtlinien der jeweiligen Innungen.

14.1 Art und Konstruktion

Das zu bauende Gesellenstück sollte möglichst dem Tätigkeitsbereich entsprechen, in dem der Prüfungskandidat überwiegend ausgebildet wurde. Ausnahmen können aber erteilt werden. Die Art und Form ist der Auswahl des Ausbildungsbetriebes überlassen. Dem Betrieb gehört das Gesellenstück, sollten nicht andere Absprachen bezüglich Kosten und Besitzverhältnis mit dem Auszubildenden getroffen werden. Oft bieten Kundenaufträge die Möglichkeit, ein anspruchsvolles Stück zu fertigen. Somit wird der Aufforderung, dass das Gesellenstück ein Erzeugnis sein soll, welches einer Verwendung zugeführt werden kann, Rechnung getragen. Das Gesellenstück sollte in der Regel in maximal 120 Arbeitsstunden angefertigt werden. Die Zulassungskommissionen der Innungen in den einzelnen Bundesländern prüfen **vor der Zulassung zur Prüfung** den Schwierigkeitsgrad des zu fertigenden Gesellenstücks anhand der Entwurfszeichnung (Hauptzeichnung M 1:10, Teilschnitte und Einzelheiten im M 1:1, Maßangaben nach DIN, Blattgröße DIN A4 bzw. DIN A3-normgefaltet). Dieser Entwurf ist in Berlin Bestandteil einer **Prüfungsmappe/Entwurfsmappe** (**14.**7), die auch einen Arbeitsablaufplan mit Zeitangaben und Stückliste enthält.

Der Gesellenprüfungsausschuss kann notwendige Änderungen und Erweiterungen anordnen. Bei Bautischlerarbeiten (Türen, Fenster) wird oft zusätzlich der Bau eines klassisch geführten Schubkastens gefordert.

Wird ein Möbel gebaut, sollte die größte Projektionsfläche (größte Breite mal größte Höhe) nicht größer als 1,25 m^2, bei anderen Erzeugnissen nicht größer als 2,0 m^2 sein. Handelt es sich bei dem Gesellenstück um einen Kundenauftrag, kann eine Ausnahmegenehmigung erteilt werden.

Folgende Kriterien sind bei dem Bau eines Möbels zu berücksichtigen:

– mindestens ein klassisch geführter Schubkasten muss von Hand gezinkt sein, Lauf-, Streich- und Kippleisten aus Vollholz bestehen,

– liegt ein Schubkasten hinter einer Tür (Beistoß nicht vergessen), muss er bei 90°-Öffnung der Tür problemlos herauszuziehen sein,

– mindestens eine Tür oder Klappe muss mit von Hand eingelassenen Bändern versehen sein,

– wahlweise muss eine Tür, Klappe, Schubkasten, Rollladen durch Einsteck- oder Einlassschloss verschließbar sein.

14.2 Hinweise für Entwurf und Fertigung

Überschätzen Sie nicht Ihre Fähigkeiten bei der Fertigung. Berücksichtigen Sie diese bereits in der Entwurfsphase. Die für die Fertigung des Gesellenstücks zur Verfügung stehende Zeit von 120 Stunden erfordert eine strukturierte Planung und zügige Ausführung.

Vergessen Sie nicht, das erforderliche Material rechtzeitig zu bestellen. Eventuell braucht das Holz noch Zeit zum Nachtrocknen und die gewünschten Beschläge benötigen längere Lieferzeiten. Nutzen Sie vor Beginn des Entwurfs entsprechende Hinweise zum Design von Fachbüchern und Fachzeitschriften. Besuchen Sie Ausstellungen und Möbelhäuser, um Anregungen zu bekommen.

Hier noch einige Tipps für die Fertigung in den verschieden Bauarten:

Plattenbau: Bei dieser Bauart wird meist mit ST, STAE und/oder P2-Platten mit überfurnierten Anleimern gearbeitet. Der Korpus kann mit Formfedern verbunden werden. Von der Verwendung von Dübeln wird abgeraten, wenn mit einem Dübelgerät noch nicht gearbeitet wurde. Die Tür kann als Rahmentür oder Platte konstruiert werden. Das Stück sollte mit einer entsprechenden Unterkonstruktion gebaut werden.

Rahmenbau: Diese Bauart ist aufwendig und zeitintensiv. Für die Füllungen, eingenutet oder eingelegt, kann Massivholz oder Furnierplatte verwendet werden. Für den Schubkasten wird ein Laufrahmen benötigt.

Stollenbau: Auch diese Bauweise ist, insbesondere beim Einbau zurückspringender Türen, relativ aufwendig. Die Füllungen müssen eingenutet, für den Schubkasten ein Laufrahmen gebaut werden.

Brettbau: Brettbau erfordert die Absicherung der verleimten Flächen gegen das Arbeiten des Holzes, meist durch Gratleisten oder eingegratete Böden. Für die Verbindung der Korpusecken bieten sich die schwalbenschwanz- oder Fingerzinkung an. Die Härte des Holzes beeinflusst hierbei den Aufwand.

Mischkonstruktionen sollten vermieden werden. Die Verbindungen müssen der gewählten Bauart entsprechen und die konstruktive Richtigkeit im Vordergrund stehen.

14.3 Die Zeichnung

Die Gesellenzeichnung ist auf der Grundlage der DIN 919 zu fertigen. Bei Möbeln wird, ebenso wie bei Türen und Fenstern, mit Luft gezeichnet. Auf eine Bemaßung kann hierbei jedoch verzichtet werden.

Die Fertigungszeichnung wird entsprechend der Entwurfszeichnung nach den gültigen Normen angefertigt. Darin enthalten sind Vorder-, Seitenansicht und Draufsicht im Maßstab 1:10 und die notwendigen Teilschnittzeichnungen im Maßstab 1:1 mit genauen Maßangaben. Die Zeichnung muss auf einem Blatt der Größe DIN A1 oder DIN A0 gezeichnet werden. Eine sinnvolle Blattaufteilung bzw. Anordnung der Zeichnungen sollte nach DIN mit evtl. notwendigen Luftschnitten erfolgen.

14.4 Die Bewertung des Gesellenstücks

Das Gesellenstück wird im Allgemeinen nach folgenden Kriterien bewertet:

- Holzauswahl
- Holzbearbeitung
- Holzverbindungen
- Furniere
- Beschläge
- Abputzen und Schleifen
- Oberflächenbehandlung
- Maßgenauigkeit
- Zusammenbau
- Formgebung
- konstruktive Richtigkeit (Verbindungsauswahl)

Entsprechend der Qualität werden von den Prüfern Punkte vergeben. Mithilfe des IHK Notenschlüssels wird die Note für das Gesellenstück ermittelt. Die Gesamtnote für Theorie und Praxis setzt sich aus den einzelnen Prüfungsteilen zusammen. Die Gewichtung erfolgt prozentual entsprechend dem Schwierigkeitsgrad und Zeitaufwand.

14.5 Schriftliche Prüfung

Dieser Prüfungsteil unterteilt sich in die Prüfungsfächer

- Werkstoff- und Fertigungstechnik
- Konstruktions- und Arbeitsplanung
- berufsbezogene Mathematik
- Wirtschafts- und Sozialkunde

Die Prüfungsfragen können in komplexe Aufgaben eingebunden oder einzeln gestellt werden. Sie sollen in selbst formulierten Sätzen beantwortet werden. Auch multiple choice fragen, die durch Ankreuzen beantwortet werden, können Anwendung finden. Die im Prüfungsfach Werkstoff- und Fertigungstechnik erreichte Punktzahl wird doppelt bewertet.

14.6 Hand- und Maschinenarbeitsprobe, mündliche Prüfung

Vor Beginn der Hand- und Maschinenarbeitsprobe muss eine Bescheinigung über den erfolgreichen Besuch des TSM 1-3-Lehrgangs der Holzberufsgenossenschaft vorliegen. Diese Bescheinigung wird in der Regel bei der Anmeldung zur Gesellenprüfung/Facharbeiterprüfung mit dem Zeugnis der Abschlussklasse der Allgemeinbildenden Schule, dem Berufsschulzeugnis und dem Zeugnis der Zwischenprüfung als Kopie und Original vorgelegt.

Bei dieser Prüfung ist ein Werkstück mit mindestens zwei unterschiedlichen Holzverbindungen von Hand und ein weiteres Werkstück nach den Vorschriften der Holzberufsgenossenschaft maschinell zu fertigen.

Für die Arbeitsproben mitzubringende Werkzeuge und Werkstücke werden in der Einladung zu diesem Prüfungstermin genannt.

Als **Bewertungskriterien** können zugrunde gelegt werden:

- Planen des Arbeitsablaufes
- Anreißen/Aufreißen
- Maschinenarbeit
- Unfallschutz
- Werkzeughandhabung
- Passgenauigkeit der Verbindungen
- Maß- und Formgenauigkeit
- Schleifen, Putzen, Sauberkeit

Die **Ergebnisse der einzelnen Prüfungsteile** werden am letzten Prüfungstag bzw. nach Beendigung aller Prüfungsteile und Abnahme des Gesellenstücks bekannt gegeben.

Die **mündliche Prüfung** (20 bis 30 Minuten) in Form eines Fachgesprächs kann als Beratungsgespräch/Kundengespräch am Tag der Arbeitsprobe oder **Ergänzungsprüfung** (zusätzlich zur schriftlichen Prüfung) durchgeführt werden.

Hinweis: Die in diesem Kapitel genannten Hinweise, Kriterien orientieren sich an den Richtlinien für die Anfertigung eines Gesellenstücks im Berliner Tischlerhandwerk.

14.7 Entwurfsmappe/Prüfungsmappe

Die **Entwurfsmappe** sollte folgende Mindestinhalte enthalten:

- Deckblatt
- Inhaltsverzeichnis
- Hauptzeichnung (Ansichten) Maßstab 1:10
- Detailzeichnungen Maßstab 1:1
- Arbeitsablaufplan mit Zeitkalkulation
- Werkstoffliste, Materialliste, Stückliste, Beschlagzubehörliste

Ergänzende Inhalte können sein:

- Formfindungsprozess mit Skizzen
- Kurzbeschreibung des Gesellenstücks
- genaue Bezeichnung der verwendeten Beschläge
- Oberflächenvergütung
- Detailvergrößerungen
- Hinweise zu Spezialeinbauten, Geheimfächer
- Quellenangaben

14.8 Beispielhafte Darstellung

Entwurfsmappe: Hauseingangstür in Kiefer

Hauseingangstür aus Kiefer
(Kundenauftrag)

Sascha Harlass

Registriernummer: ...

Beschreibung

Grundlage meiner Arbeit zur Gesellenprüfung ist ein Kundenauftrag zur Herstellung einer Hauseingangstür in Kiefer.
Der Kunde möchte eine vorhandene Mauerwerköffnung nutzen. Daraus ergeben sich die notwendigen Maße und die Drehrichtung.
Der Aufbau und die Materialien der Tür wurden zusammen mit dem Auftraggeber erarbeitet.
Sein Wunsch war es, größtmögliche Glasflächen zu integrieren. So ergeben sich schmale Sprossen zum größtmöglichen Lichtdurchlass in den Wohnraum.

Inhaltsverzeichnis

Beschreibung des Gesellenstücks

Ansicht im Maßstab 1:10

A – A Schnitte

B – B Schnitte

Arbeitsablaufplan zur Fertigung

Werkstoffliste

Hinweise zum Arbeitsschutz

14.8 Beispielhafte Darstellung

Beschreibung

Grundlage meiner Arbeit zur Gesellenprüfung ist ein Kundenauftrag zur Herstellung einer Hauseingangstür in Kiefer.
Der Kunde möchte eine vorhandene Mauerwerksöffnung nutzen. Daraus ergeben sich die notwendigen Maße und die Drehrichtung.
Der Aufbau und die Materialien der Tür wurden zusammen mit dem Auftraggeber erarbeitet.
Sein Wunsch war es, größtmögliche Glasflächen zu integrieren. So ergeben sich schmale Sprossen zum größtmöglichen Lichtdurchlass in den Wohnraum.

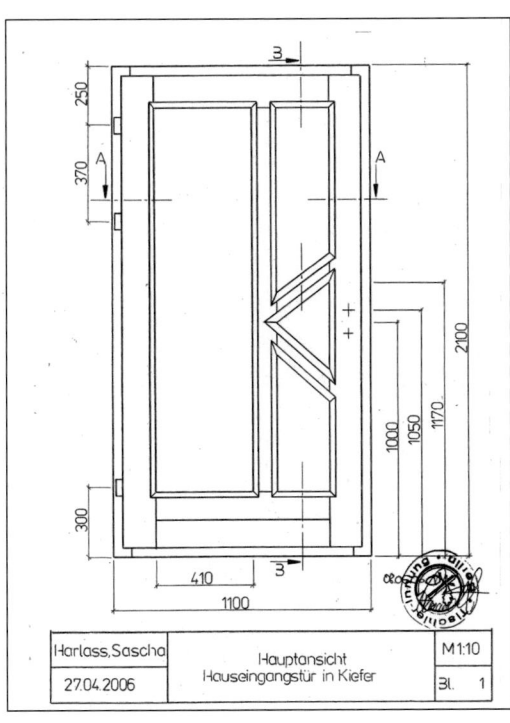

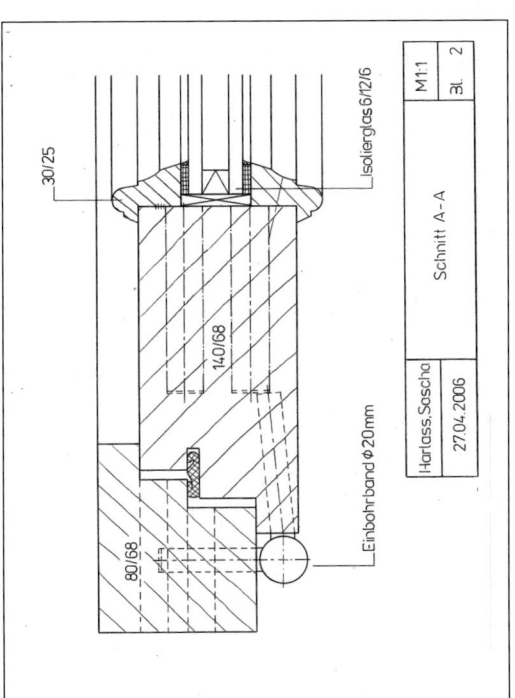

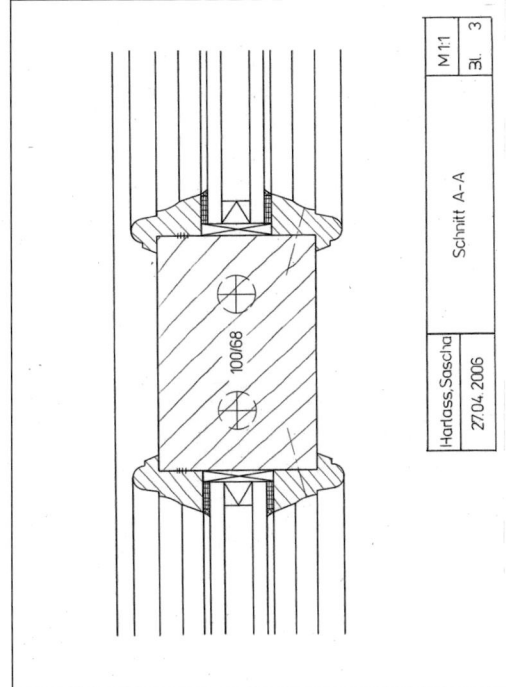

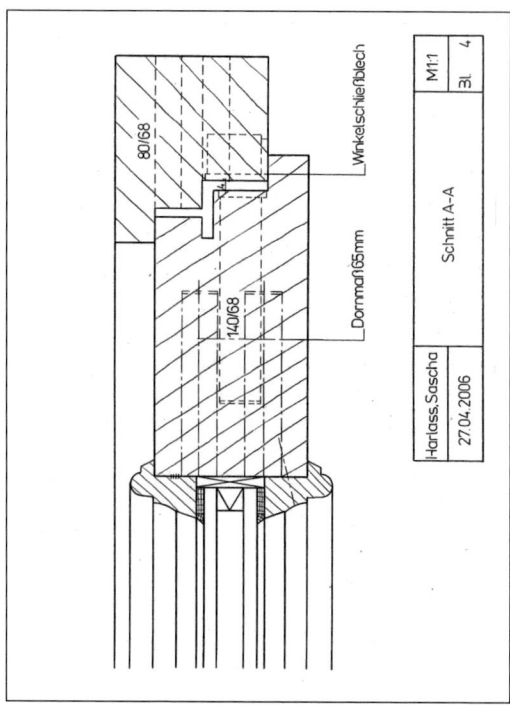
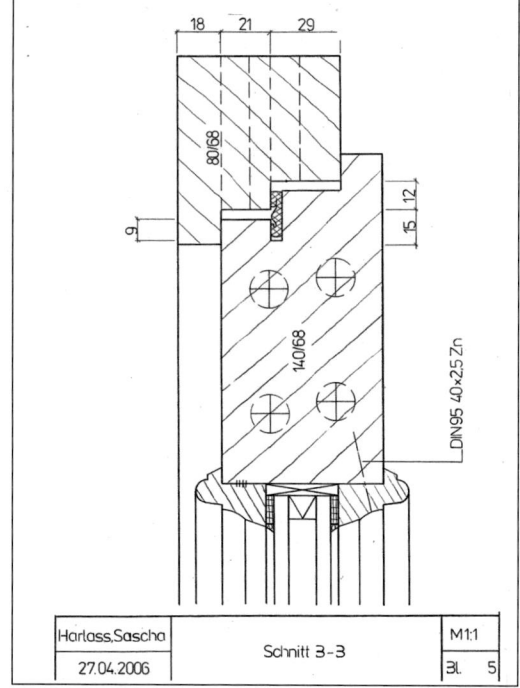
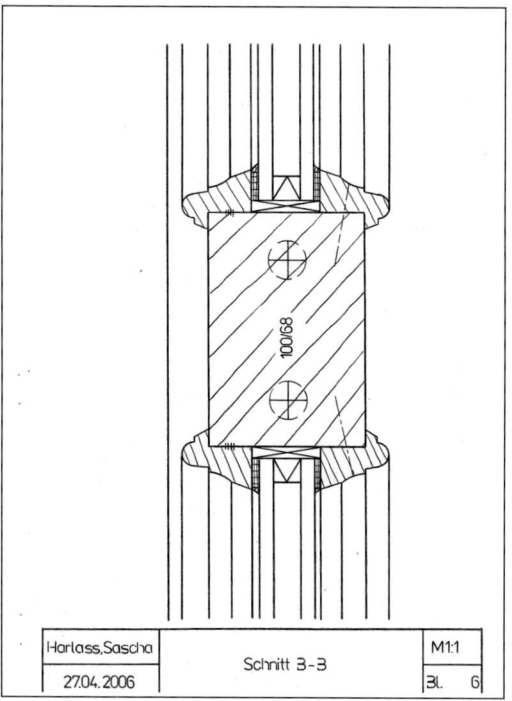
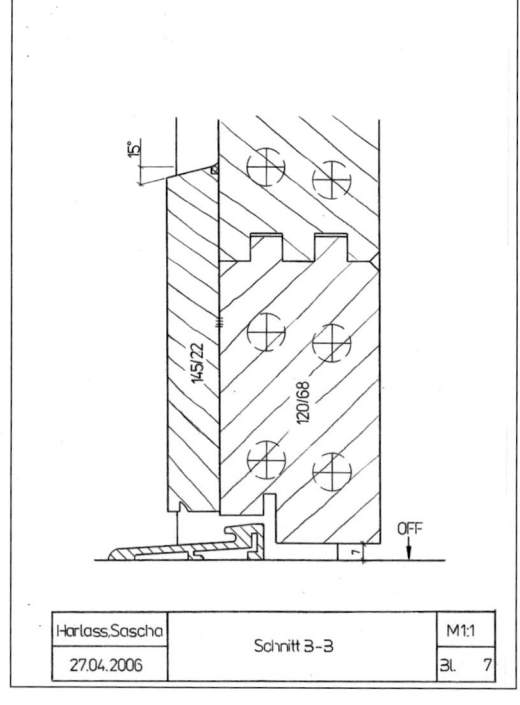

14.8 Beispielhafte Darstellung

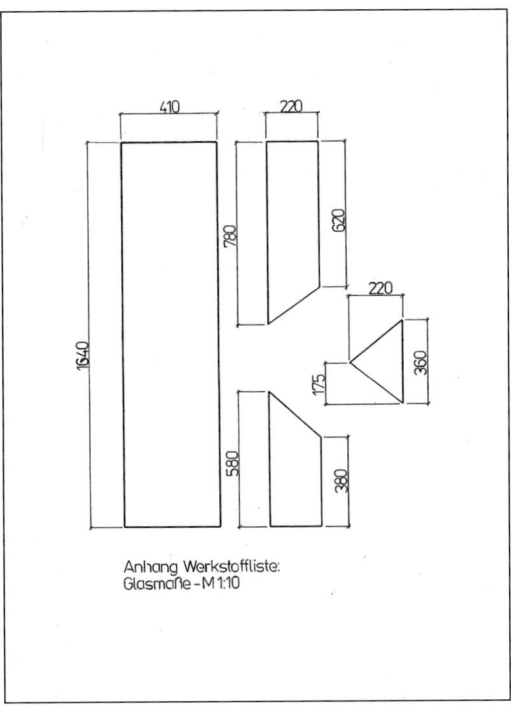

Anhang Werkstoffliste:
Glasmaße - M 1:10

Arbeitsablaufplan
Zur Fertigung, Blatt 4

Arbeitsbereich	Arbeitsschritt	Werkzeug / Bemerkungen
Schleifarbeiten	Stockfurnier schleifen	Schleifpapier Körnung 180, Schleifklotz
Vorleimarbeiten	Stockfurnier auf Unterstück leimen	Leim, nasser Lappen, Zwingen
Bohr- und Fräsarbeiten	Schleifflächen einlassen	Langlochbohrmaschine, Handoberfräse
Bohrarbeiten	Schraubenlöcher bohren und senken	Bohrmaschine
Oberflächenbehandlung	Komplette Oberflächenbehandlung	Grundierung, Lack, Schleifpapier für Zwischenschliff
Zusammenbau	Glas einsetzen und verfugen, Glasleisten innen einsetzen und verschrauben	Schraubenbohrer, Schrauben, unbedingt auf die Reihfolgen zum verfixen achten

Arbeitsablaufplan
Zur Fertigung, Blatt 5

Arbeitsbereich	Arbeitsschritt	Werkzeug / Bemerkungen
Zusammenbau	Bänder und Verriegelung einschrauben, Türblatt einhängen und einstellen	Schraubendreher, Schrauben
Vorbereitung für die Ausstellung	Rahmengestell fertigen, Türelement befestigen sowie gang- und schließbar machen	Gestell zur schnellen Demontage fertigen. Möglichkeiten zum Öffnen und Schließen sollte gegeben sein
Transport, Präsentation, Abtransport	Verpacken des Elements	Transporter, Verpackungsmaterialien, Befestigungstechnik, Gesellenzeichnung, Mappe, Schild, Anhau der Drückgarnitur

Bemerkung:
Der Arbeitsablaufplan beschreibt die Fertigung des Türelements im kompletten Arbeitsgang. Zur Ausstellung und zur Abnahme des Gesellenstücks wird das Türelement jedoch ohne Endlack ausgestellt. Arbeiten wie grundieren, lackieren, eingläsen und das endgültige montieren der inneren Glasleisten erfolgt nach der Abnahme.

Werkstoffliste
Blatt 1

Nr.	Teilwerkst.	Werkst.	Anz.	Fertigmaße in mm Länge / Breite / Dicke	Flächen-Inhalt in m²	Verschnitt in %	Rohholzmaße in mm	Rohmenge in m³	Preis je Einheit in €/m³	Teilwerkstück, Preis in €
1	Blendrahmen Aufrecht	KI	2	2100 / 80 / 68	0,03	35	2200 / 85 / 75	0,03	550,00	16,50
2	Blendrahmen Waagerecht	KI	1	1100 / 80 / 68	0,09	35	1200 / 85 / 75	0,01	550,00	5,50
3	Türblatt Aufrecht	KI	2	2020 / 140 / 68	0,30	35	2100 / 145 / 75	0,05	550,00	27,50
4	Türblatt o. Waagerecht	KI	1	740 / 140 / 68	0,10	35	800 / 145 / 75	0,01	550,00	5,50
5	Türblatt u Waagerecht	KI	1	740 / 120 / 68	0,18	35	800 / 135 / 75	0,02	550,00	11,00
6	Sprosse Senkrecht	KI	1	1640 / 100 / 68	0,16	35	1700 / 115 / 75	0,01	550,00	5,50
7	Sprossen waagerecht	KI	2	280 / 100 / 68	0,06	35	300 / 115 / 75	0,005	550,00	2,75
8	Glasleisten Innen / außen	KI	2	18950 / 30 / 25	0,57	35	25000 / 35 / 30	0,03	550,00	16,50

Werkstoffliste
Blatt 2

Nr.	Teilwerkst.	Werkst.	Anz.	Fertigmaße in mm Länge / Breite / Dicke	Flächen-Inhalt in m²	Verschnitt in %	Rohholzmaße in mm	Rohmenge in m³	Preis je Einheit in €/m³	Teilwerkstück, Preis in €
9	Rüffeldübel	BU	24	160 / D = 16	-	-	-	-	0,16	3,84
10	Einbohrbänder	ST	3	D = 20	-	-	-	-	4,10	12,30
11	Dichtungsgummi	-	7 lfm	-	-	-	-	-	1,25 lfm	8,75
12	Vorlegeband	-	1	20000 / 18 / 4	-	-	-	-	4,95 / Rolle	4,95 / Rolle
13	Schrauben Glasleisten	Zn	56	40 x 2,5	-	-	-	-	500 Stk	3,49
14	Isolierglas groß	ISO	1	Siehe Anhang	-	-	-	-	-	-
15	Isolierglas Re. Oben	ISO	1	Siehe Anhang	-	-	-	-	-	-
16	Isolierglas Re. Mitte	ISO	1	Siehe Anhang	-	-	-	-	-	-
17	Isolierglas Re. Unten	ISO	1	Siehe Anhang	-	-	-	-	-	-
18							Gesamt:	0,435		124,08 o. Glas

14.8 Beispielhafte Darstellung

Hinweise zum Arbeitsschutz

Persönliche Schutzmaßnahmen

- Arbeitsschutzschuhe nach DIN 4843 (S2) tragen
- beim Umgang mit bzw. an Maschinen Gehörschutz tragen
- enganliegende Kleidung
- Uhren, Ringe, Ketten etc. abnehmen

Hinweise zum Arbeitsschutz

bei Sägearbeiten

- richtiges Sägeblatt wählen
- Drehzahl bei Hand- und Stationärmaschinen beachten und einstellen
- Spaltkeil richtig einsetzen, auf Sägeblattdicke achten und auf festen Sitz prüfen
  Spaltkeil 2 mm unterhalb der Sägezahnspitze und 8 mm vom Sägeblatt entfernt einsetzen
- Schutzhaube auf Werkstückdicke einstellen
- bei Werkstücken unter 120 mm Schiebestock benutzen, bei einer Materiallänge unter 30 mm zusätzlich Schiebeholz verwenden

---

Hinweise zum Arbeitsschutz

an der Abrichthobelmaschine

- Aufgabetisch auf vorgesehene Spanabnahme einstellen
- Schutzabdeckung auf Beschädigungen überprüfen und so einstellen, dass die Messerwelle möglichst weit abgedeckt ist
- Fügeanschlag auf Winkligkeit überprüfen
- Hände immer nur mit geschlossenem Finger auf das Werkstück auflegen
- hohle Seite des Brettes auflegen
- Druck nur auf Abnahmetisch
- bei kurzen Werkstücken Zuführlade verwenden

Hinweise zum Arbeitsschutz

an Fräsmaschinen

- nur Werkzeuge mit einem BG - Testzeichen verwenden
- Drehzahl beachten und einstellen und nach Möglichkeit immer von unten fräsen
- erst die Höhe, dann die Tiefe einstellen
- Tischöffnung durch Einlegeringe soweit wie möglich schließen, sowie die Anschlagöffnung soweit wie möglich schließen, ggf. Anschlagbrücke verwenden
- Fräswerkzeuge mit geeigneter Abdeckung verschließen
- Drehrichtung des Fräswerkzeuges unbedingt beachten
- wenn es geht, Vorschubapparat verwenden

Hinweise zum Arbeitsschutz

bei Bohrarbeiten

- Werkstück nach Möglichkeit festspannen
- Bohrfutter bei nachlaufenden Maschinen nicht abbremsen
- Zulagen verwenden, um das Ausreißen an der Werkstückunterseite zu verhindern

Hinweise zum Arbeitsschutz

bei der Oberflächenbehandlung

- nach Möglichkeit nur Lacke verwenden, die nicht oder wenig gesundheitsschädlich sind
- bei Bedarf Atemschutzmaske und Handschuhe tragen
- immer für ausreichende Belüftung sorgen
- Staub nicht wegpusten oder abfegen, sondern mit geeigneten Mitteln absaugen
- für Lacke und Lösungsmittel keine Lebensmittelverpackungen verwenden

14.8 Beispielhafte Darstellung

Entwurfsmappe: Schreibtisch in Erle

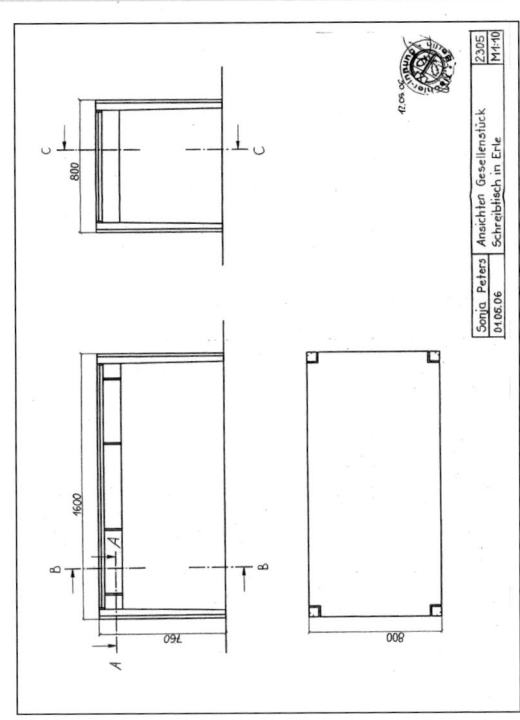

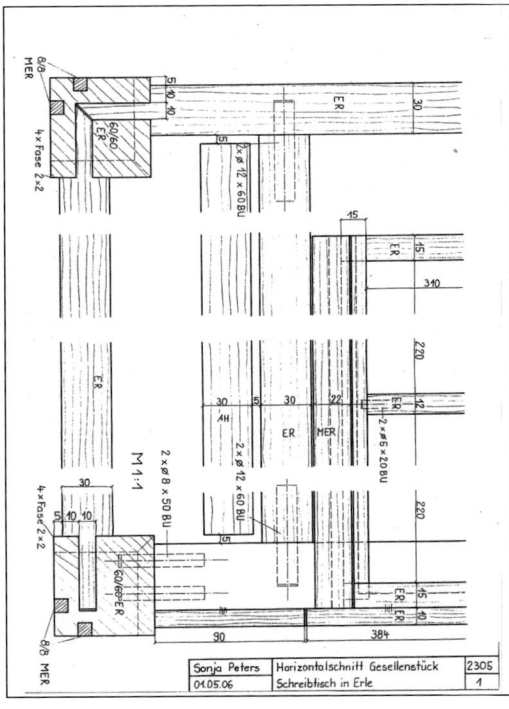

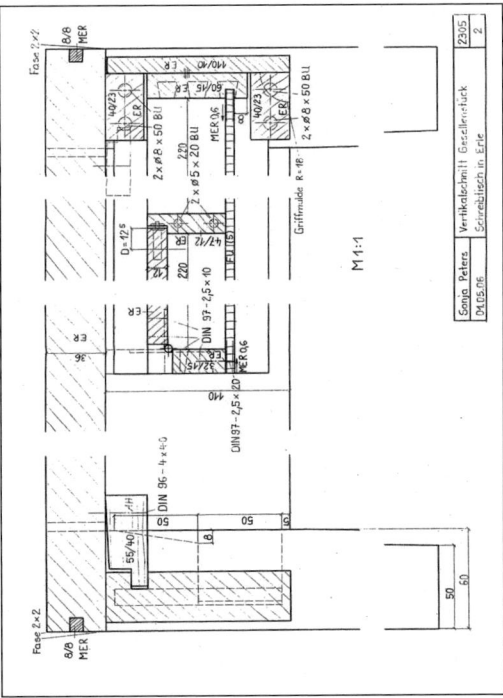

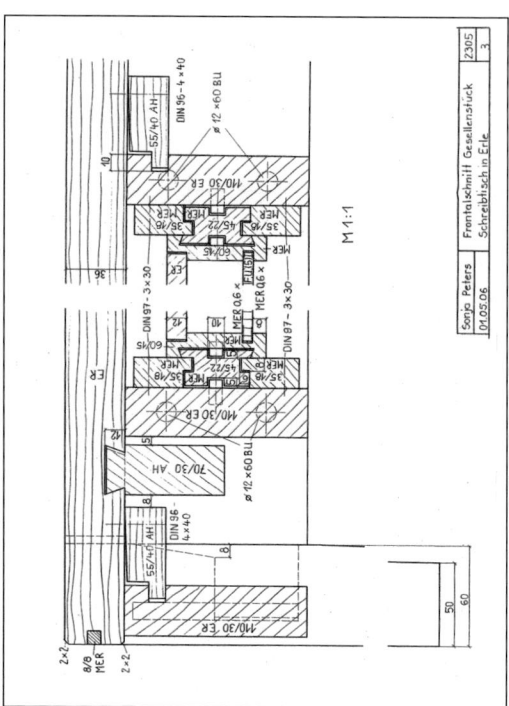

Holzliste

Position	Bezeichnung	Stück	Länge	Breite	Dicke	Bemerkungen
	Gestell					
1	Tischbein	4	760	60	60	ER
2	Längszarge	1	1570	110	30	ER
3	Querzarge	2	770	110	30	ER
4	Traverse	2	1480	40	23	ER
5	Querstück	4	710	110	30	ER
6	*Tischblatt*	1	1600	800	36	ER
	Schubkästen					
7	Vorderstück	2	340	60	15	ER
8	Hinterstück	1	340	47	15	ER
8.1	Hinterstück	1	340	32	15	ER
9	Seite	4	482	60	15	MAS
10	Boden	2	473	320	5	FU
11	Doppel	2	384	110	10	Schubkästen, ER
11.1	Doppel	2	90	110	10	Zarge (außen), ER
11.2	Doppel	1	528	110	10	Zarge (Mitte), ER
12	Führungsleisten	8	442	35	18	MAS
12.1	Kulisse	4	482	45	22	MAS
13	Klappe	1	318	238	12	ER
14	Adern	2	1600	8	8	MAS
15	Adern	2	800	8	8	MAS
16	Adern	8	760	8	8	MAS
17	Nutklotz	15	55	40	25	AH
17.1	Nutklotz	3	40	30	18	AH
18	Gratleiste	3	700	70	30	AH
19	Furnier	4	473	320		MAS (Messerfurnier)

Arbeitsablaufplan

Tätigkeit	Werkstücke/Arbeitsgänge	Maschinen/Werkzeuge	Dauer
Ablängen	Rohholz ablängen	Kettensäge	2,0
Sägen	Rohholz besäumen, auftrennen	Kreissäge	4,0
Hobeln	Zuschnitt abrichten, auf Breite und Dicke hobeln	Abrichte, Dickenhobel	4,0
Verleimen	Tischblatt (2 Hälften), Klappe verleimen	Zulagen, Zwingen	2,5
Hobeln	Tischblatthälften, Klappe auf Dicke hobeln	Abrichte, Dickenhobel	4,0
Sägen	Formatschnitt	Kreissäge	1,0
Gestell/Tischblatt			
Fräsen	Grat an Gratleisten fräsen	Tischfräse	4,0
Fräsen	Gratnuten in Tischblatthälften fräsen	Oberfräse	3,0
Verleimen	Tischblatthälften zusammenleimen	Zulagen, Zwingen	1,0
Fräsen	Zapfen an Zargen absetzen	Tischfräse, Kreissäge	3,0
Sägen	Zapfen auf Gehrung absetzen	Kreissäge	1,0
Stemmen	Schlitze in Tischbeine einstemmen	Kettenstemmer	3,0
Stemmen	Schlitze für Feder nachstemmen	Stechbeitel	2,0
Bohren	Dübellöcher in Tischbeine, Traversen, Doppel und Querstücke bohren	Ständerbohrmaschine/ Langlochbohrmaschine	3,0
Sägen	Tischbeine an 2 Seiten konisch sägen (Schablone)	Kreissäge	3,0
Fräsen	Griffmulden in Traverse fräsen	Oberfräse	2,0
Fräsen	Nuten in Zargen, Traverse und Querstücke frässen	Tischfräse	2,0
Fräsen	Nuten für Mahagoniadern in Tischbeine und Tischblatt fräsen	Tischfräse	4,0
Verleimen	Mahagoniadern in Tischbeine und Tischblatt einleimen	Zulagen, Zwingen	1,0
Verputzen	bündig sägen, hobeln, schleifen	Japansäge, Putzhobel, Schleifpapier	
Fräsen	Fase an Tischbeine und Tischblatt fräsen	Tischfräse	3,0
Verleimen	Gestell verleimen	Zulagen, Zwingen	2,0
Sägen	Aussparungen im Tischblatt für Tischbeine sägen	Japansäge	1,5
Fräsen	Fälze an feste Doppel fräsen	Tischfräse	2,0

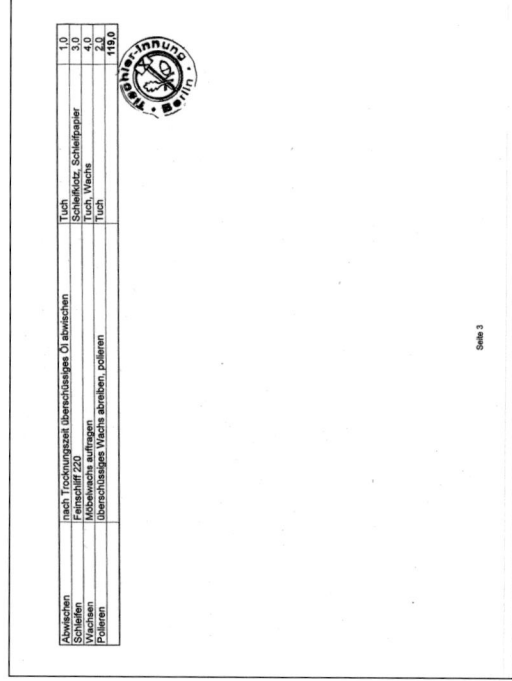

Tätigkeit	Werkstücke/Arbeitsgänge	Maschinen/Werkzeuge	Dauer
Abwischen	nach Trocknungszeit überschüssiges Öl abwischen	Tuch	1,0
Schleifen	Feinschliff 220	Schleifklotz, Schleifpapier	3,0
Wachsen	Möbelwachs auftragen	Tuch, Wachs	4,0
Polieren	Überschüssiges Wachs abreiben, polieren	Tuch	2,0
			119,0

Frontalschnitt Gesellenstück Schreibtisch in Erle
Sonja Peters — 01.05.06

15 Arbeitsmethoden im Unterricht

Der Unterricht soll auf das lebenslange Lernen vorbereiten und die berufliche Handlungskompetenz der Schüler fördern (**15.**1). Die Schüler müssen die Möglichkeit erhalten, Aufgaben selbstständig und zielgerichtet zu lösen und das Erlernte nachhaltig zu sichern. Sie müssen reflektieren können, welche der bewusst erlernten Methoden zur Lösung bestimmter Aufgaben- und Problemstellungen geeignet sind.

Methodenkompetenz ist integraler Bestandteil der Fach-, Sozial- und Personalkompetenz. Sie erleichtert die Informationssuche und -verarbeitung von (Fach-)wissen, die effektive Arbeit, einschließlich der Lösung von Konflikten, in einem Team und fördert die Selbstwahrnehmung sowie die persönliche Weiterentwicklung der Schüler und Lehrer.

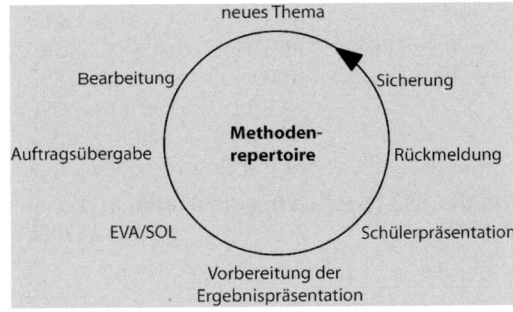

Bild 15.1 Kreislauf des handlungsorientierten Lernens

15.1 Methodenrepertoire

Der Unterricht orientiert sich an dem Modell der vollständigen Handlung. Um die Methodenkompetenz zu fördern, benötigen die Schülerinnen und Schüler ein Methodenrepertoire.

Methodenkompetenzen für die Informationsaufnahme und -verarbeitung

- Lese-/Zuhörtechniken
- Umgang mit Stichwortverzeichnis und Stichwortregister
- Techniken des Mitschreibens, Notierens, Protokollierens
- Markieren von Texten, Herausfiltern von Kernaussagen
- Lern- und Gedächtnistechniken
- Vorbereitung auf Prüfungen

für die Informationswiedergabe

- Präsentationstechniken
- Gestaltung von Kurzvorträgen und Referaten
- Kooperationstechniken

Methodenrepertoire für die Anwendung der aktuellen Lernkultur, „Selbstorganisiertes Lernen (SOL), „Eigenverantwortliches Arbeiten (EVA) **zur Informationsaufnahme und -verarbeitung**

- Arbeitsablaufplan
- 1, 2, 3 Manager-Team-Writing-Methode
- Karteikarten erstellen
- Kartenabfrage
- Konfetti-Methode (long/short)
- Kopf-Stand-Methode
- Lese-Fix-Methode
- Mind-Map
- Puzzle-Methode
- Prioritätenspiel
- Stationenlernen
- Thematische Landkarte
- Zehn-Wörter-Methode, Fünf-Wörter-Methode
- Zwei-Schritt-Methode

zur Informationswiedergabe

- Plakat erstellen/Schaukasten/Collage
- Präsentationsmappe/Beratungsmappe/Projektmappe
- Präsentation
- Kurzvortrag
- Kundengespräch

Für die Bewertung von Arbeitsprozessen und Arbeitsergebnissen können folgende Faktoren mit herangezogen werden:

- Regeln, die durch die Schüler für die Zusammenarbeit im Team erarbeitet werden
- Bewertungskriterien der Schüler
- Schülerprotokolle
- Präsentationen der Schüler
- Beobachtungsbögen der Schüler für das Arbeits- und Sozialverhalten
- Beurteilungsbögen der Schüler für das Team bzw. alle Teams
- Reflexionsbögen der Schüler für die Auswertung der eigenen Arbeitsleistung und Teamarbeit
- Beobachtungs- und Beurteilungsbögen der Lehrer

15.2 Methodenbeschreibung

Arbeitsablaufplan

Ziel

Planerisches Handeln unter Einbeziehung von Kenntnissen und Erfahrungen und Aufzeigen der Ursachen

Verlauf

- Einzel-, Partner-, Gruppenarbeit wählen
- Arbeitsschritte zum Erreichen eines Endprodukts festlegen
- Fehlplanungen und falsche Reihenfolge der Arbeitsschritte führen nicht zum Ziel

1,2,3 Manager-Team-Writing-Methode

Ziel

Stille Eigenleistung, visuelle Kommunikation, gemeinsames erarbeiten einer Problemstellung, Förderung der Konzentrationsfähigkeit

Verlauf

- Formblatt themenbezogen entwerfen
- Gruppen bilden
- Jeder Teilnehmer wählt eine Skizze, Merkmal oder Namen etc. und ergänzt das entsprechende Feld des Formblattes
- Bearbeitungszeit 3–5 Min.
- Weiterreichen des Formblattes
- nach Vollständiger Bearbeitung Präsentation durch die Gruppen

Karteikarten erstellen

Ziel

Zielgerichtetes Sammeln und Beantworten von Prüfungsfragen für Abschlussarbeiten, immanente Wiederholung und nachhaltige Sicherung des Lernstoffs

Verlauf

- Größe und Farbe der Karteikarten wählen
- Grundregeln der Beschriftung beachten
- Visualisierung der Frage und Problemstellung auf der Vorderseite
- Beantwortung auf der Rückseite
- Überprüfen und Sichern der Antworten im Klassenverband

Kartenabfrage

Ziel

Eigenständiges Erarbeiten, Zuordnen, Beantworten, Diskutieren und Sichern von Fragen/Antworten.

Verlauf

- Thema vorgeben
- Fragen selbstständig erarbeiten und Karteikarten beschriften
- Karten an Tafel/Pinnwand sichern
- Karten nach Themenbereichen ordnen
- Fragen auswählen, beantworten und diskutieren
- Karteikarten mit Fragen und Antworten beschriften, in Karteiordner sichern

Konfetti-Methode (long/short)

Ziel
Spielerische Lernzielkontrolle und Sicherung von Lerninhalten, Sichtbarmachung von Gesamtzusammenhängen, Vorbereitung von Vorträgen und Förderung der Teamentwicklung

Verlauf
Fragen zum Thema (vorgegeben oder selbst erarbeitet) werden im Losverfahren an die Schülerinnen und Schüler verteilt. Die Fragen werden auf Papier- oder Pappstreifen (long) geschrieben, die Antworten in Stichworten (short) ebenfalls. Fragen und Antworten werden, inhaltlich strukturiert, gemeinsam zu einem oder mehreren Gesamtbildern (Pinnwand) zusammengefügt.

Kopf-Stand-Methode

Ziel
Auseinandersetzen mit konträren Ideen und Problemstellungen, Entwickeln neuer Sichtweisen

Verlauf
Verschiedene, vorgegebene oder von den Schülern selbst entwickelte Fragen werden einzeln, in Teams oder Gruppen auf Karteikarten gesichert. die Fragen werden von den Teilnehmern beantwortet, in das Gegenteil verkehrt und auf der Rückseite gesichert, ausgewählte, in das Gegenteil verkehrte Fragen sind nun im Klassenverband von den Mitschülern zu beantworten und wieder „auf die Beine zu stellen".

Lese-Fix-Methode

Ziel
Erarbeitung und Erfassen schwieriger, umfangreicher Fachtexte

Verlauf
- der Text wird überflogen
- behaltene Stichwörter werden auf Karten notiert
- die Karten werden an der Tafel/Pinnwand gesammelt
- neue Überschriften werden gebildet und die Karten zugeordnet
- der Inhalt der neuen Abschnitte wird in Gruppen oder im Klassenverband diskutiert und bewertet

Mind-Map

Ziel
Sammeln von Ideen und deren Systematisierung unter Einbeziehung von Vorkenntnissen und Erfahrungen. Es wird mit einer Kombination aus Schrift, Symbol und Bild gearbeitet.
Die Kommunikation wird gefördert.

Verlauf
- Einteilung in Gruppen
- Nennung des Hauptthemas und Darstellung mit Namen oder Bild, Symbol in der Mitte des Blattes (empfohlen DIN A1)
- Gedanken, Ideen zu diesem Thema werden in Form einer Gedankenlandkarte aufgezeichnet
- Hauptäste und Nebenäste werden den Ober- bzw. Unterpunkten entsprechend angelegt
- Präsentation der Arbeiten

Puzzle-Methode

Ziel
Methode zur Visualisierung von Vorkenntnissen, Auswertung von abgeschlossenen Lernfeldern und Vorbereitung von Arbeitsabläufen.

Verlauf
- vorstrukturierte Bilder, Symbole, Piktogramme werden verteilt
- zugehörige Schriften, Benennungen, Überschriften werden zugeordnet
- durch selbstständige Schülerarbeit gefertigte Arbeiten werden im Klassenverband zur nachhaltigen Sicherung des Lernstoffs ausgewertet

Prioritätenspiel

Ziel

Erfassen und Strukturieren von Fachtexten.

Verlauf

- Ziel/Schwerpunkt der Erarbeitung festlegen
- Text zielgerichtet in Einzel-/partnerarbeit erarbeiten und markieren
- persönliche Rangfolge der Schwerpunkte erstellen
- Arbeitsergebnisse in Kleingruppen vorstellen, diskutieren und neue gemeinsame Rangfolge festlegen
- die Gruppen stellen Ihre Arbeitsergebnisse im Klassenverband vor und begründen ihre Entscheidungen

Stationenlernen

Ziel

Selbstständige Kenntniserarbeitung unter Einbeziehung von Vorwissen. Individuelle Auseinandersetzung mit dem Lernfeld mit selbstbestimmtem Arbeitstempo.

Verlauf

- Themenbereiche bestimmen
- Standorte und Anzahl der Lernstationen festlegen
- Stationen mit Materialien ausstatten
- Fachteams im Losverfahren zusammenstellen
- Erarbeitung der Lerninhalte an den Stationen durch die Teams, Qualifizierung zu Fachberatern
- ein Fachberater verbleibt an seiner Station, die anderen wechseln im Uhrzeigersinn zu den anderen Stationen und lassen sich dort ca. 3–5 Min. beraten
- die Fachberater wechseln sich bei der Betreuung ihres „Informationsstandes" ab
- nach Durchlauf aller Stationen werden Verlauf und Inhalte im Klassenverband diskutiert und gesichert

Thematische Landkarte

Ziel

Aufzeigen von Arbeitsgebieten zu einem Thema, Übersicht über Planungsschwerpunkte

Verlauf

- Text erarbeiten
- Sammeln von Schwerpunkten zum Thema (Einzel-, Partner- oder Gruppenarbeit)
- Schwerpunkte unter Berücksichtigung der Strukturhilfe und Leitfragen festlegen
- Reihenfolge festlegen
- Arbeitsblatt, Plakat erstellen
- Ergebnisse diskutieren und auswerten

Zehn-Wörter-Methode, Fünf-Wörter-Methode

Ziel

Anbahnung und Feststellen von Meinungen unter Einbeziehung von Vorwissen

Verlauf

- fünf oder zehn Wörter zum Thema auf einzelne Karteikarten schreiben
- Sammeln der Karten (Begriffe) im Klassenverband oder Gruppen an Tafel/Pinnwand
- Ordnen der Karten, Sammelbegriffe bilden
- Erklärung, Begründung und Ausdifferenzierung der einzelnen Wörter/Begriffe

Zwei-Schritt-Methode, Drei-Schritt-Methode

Ziel

Erarbeiten von umfangreichen Fragenkatalogen und Sachtexten

Verlauf

- Fragen oder Textabschnitte werden bearbeitet, indem in Zweier- oder Dreierteams jeweils die 1., 2., 3. usw. Frage/Textabschnitt beantwortet wird
- Fragen und Antworten werden auf Karteikarten gesichert
- Austausch der Fragen und Lösungen

15.2 Methodenbeschreibung

Plakat erstellen/Schaukasten/Collage

Ziel

Visualisierung verschiedener Themenbereiche, Sammeln von Informationen, selbstständige Informationserarbeitung, Präsentieren von Arbeitsergebnissen

Verlauf
- Thema vorgeben
- Gruppen auslosen
- Arbeitsregeln besprechen (Schrifthöhe, farbige Gestaltung etc.)
- Schwerpunkte herausarbeiten
- Arbeitsergebnisse präsentieren und diskutieren

Präsentationsmappe/Beratungsmappe/Projektmappe

Ziel

Selbstständige Kenntniserarbeitung und Entscheidungsfindung, Visualisierung eines Kundenauftrags, Präsentation und Kundengespräch, Annahme von Kritik

Verlauf
- Thema vorgeben bzw. wählen
- Umfang besprechen
- Deckblatt Thema bezogen erstellen
- Inhaltsverzeichnis
- Hauptzeichnung M 1:10
- Teilschnittzeichnungen M 1:1
- Arbeitsablaufplan
- Materialliste
- Preiskalkulation
- Alternative Vorschläge
- Ergebnisse im Kundengespräch präsentieren
- Bewertung der Arbeitsergebnisse

Präsentation

Ziel

Präsentation von selbstständig erarbeiteten Lerninhalten, lebendiges Lernen, Förderung der Kommunikationstechnik und Steigerung des Selbstwertgefühls

Verlauf
- Vorbereitung der Präsentation (Aufbau, Flip-Chart, Powerpoint etc.)
- Begrüßung
- Überblick geben
- normales Sprechtempo, Betonung, Pausen und Lautstärke beachten
- angemessene Gestik
- wichtige Inhalte visualisieren
- Zusammenfassung
- Dank an die Zuhörer

Kurzvortrag

Ziel

Eigenverantwortliches, selbstbestimmtes kooperatives Lernen, Förderung der Kommunikationstechnik und Steigerung des Selbstwertgefühls

Verlauf
- Thema erarbeiten
- über Vortragsform und Medien entscheiden (Tafel, Projektor, Powerpoint etc.)
- Vortrag unter Beachtung von verständlicher Sprache, Lebendigkeit des Vortrags, Einbeziehung der Mitschüler und Sicherung der Lernergebnisse halten

Kundengespräch

Ziel

Kommunikation trainieren, Einfühlungsvermögen und Eigenverantwortung im Rollenspiel entwickeln, Sprachhemmungen abbauen

Verlauf
- Situationsbeschreibung (z.B. Demontage alter und Montage neuer Fenster)
- Rollen verteilen
- Rollen erarbeiten
- Rollenspiel/Gespräch durchführen
- Gespräch beobachten
- Gespräch analysieren

15.3 Arbeitsbogen/Bewertungsbogen/Beobachtungsbogen

Bewertungsbogen   Team bewertet Team   Team:_____
Thema:_____
Datum:_____
Teilnehmer:_____

Bewertungskriterien

Im Team haben alle … mitgearbeitet	… immer und sehr gut	… fast immer und gut	… unterschiedlich gut	… ein wenig	… nicht
Unsere Zusammenarbeit war …	… sehr gut	… gut	… zufriedenstellend	… verbesserungsbedürftig	… nicht vorhanden
Wir haben … Informationen beschafft und verarbeitet	… sehr viele	… viele	… einige	… wenige	… gar keine
Wir haben im Team … zielgerichtet und konzentriert gearbeitet.	… immer	… fast immer	… meistens	… selten	… gar nicht
Unser Umgangston im Team war …	… immer gut	… fast immer gut	… meistens gut	… manchmal nicht gut	… oft nicht gut

Gut gefallen hat uns allen an der Arbeit in unserem Team:
_____
_____
_____

Gestört hat uns alle an der Arbeit in unserem Team:
_____
_____
_____

Bei der nächsten Teamarbeit möchten wir Folgendes besser machen (bitte begründen):
_____
_____

15.3 Arbeitsbogen/Bewertungsbogen/Beobachtungsbogen

Bewertungsbogen   *Lehrer bewertet Schüler*   Klasse: _____

Lernfeld: _____

Arbeitsauftrag: _____

Datum: _____

SCHÜLER \ Datum	INHALT				SOZIAL-KOMPETENZ				METHODEN-KOMPETENZEN		
	hat Fachwissen	ist kreativ	kann Wesentliches erkennen	gibt Zusammenfassung.	kooperiert	Handlungen sind teamorientiert	ist kritikfähig	hat sinnvolle Zeiteinteilung	benutzt AM, Bücher, graph. Darst. ...	arbeitet ausdauernd/zielgerichtet	arbeitet konzentriert/arbeitsteilig
											arbeitet selbstständig

\+ vorhanden   (+) in Ansätzen vorhanden   − nicht vorhanden

Bewertungsbogen *Gruppenarbeit*	Gruppe: _____
Thema: _____	
Datum: _____	
Teilnehmer:	*Endnote:* _____

Bewertung der Planung	10 %	– –	–	0	+	+ +
Arbeits- und Zeitplan						
Beschaffung des Informationsmaterials						
Gemeinsame Note						

Bewertung der Arbeit in der Gruppe	30 %					
Selbstständigkeit						
Zweckmäßige Arbeitsteilung						
Kommunikationsfähigkeit der Gruppenmitglieder						
Konfliktfähigkeit der Gruppenmitglieder						
Kooperationsfähigkeit der Gruppenmitglieder						
Gemeinsame Note						

Bewertung der Präsentation	30 %					
Originalität der Präsentation						
Verständlichkeit der Darstellungen						
Einhaltung von Visualisierungsregeln						
Auftreten der Vortragenden						
Verständlichkeit der Sprache						
Sauberkeit der Darstellungen						
Gemeinsame Note						

Bewertung des erstellten Informationsmaterials	30 %					
Vollständigkeit der Inhalte						
Sachliche Richtigkeit						
Verständlichkeit						
Gemeinsame Note						

15.3 Arbeitsbogen/Bewertungsbogen/Beobachtungsbogen

Arbeitsbogen   Erkundung   Betrieb/Einrichtung: _____
Thema: _____
Datum: _____

Beobachtung					
Antwort					
Konkrete Frage					

Beobachtungsbogen   **Kundengespräch**   **Gruppe:** _____

Thema: _____

Datum: _____ **Teilnehmer:** _____ **Rolle:** _____

                            Teilnehmer: _____ **Rolle:** _____

Name: _____

Bewertungskriterien	Bewertungsskala					
	– –	–	0	+	+ +	Bemerkungen
Erscheinungsbild						
Körpersprache						
Mimik						
Gestik						
Gesprächsaufbau						
Argumentation						
Beantwortung von Fragen						
Fachkompetenz						
Informationsgehalt						
Verständlichkeit						
Beratung						
Verbesserungsvorschläge						

Name: _____

Bewertungskriterien	Bewertungsskala					
	– –	–	0	+	+ +	Bemerkungen
Erscheinungsbild						
Körpersprache						
Mimik						
Gestik						
Gesprächsaufbau						
Argumentation						
Beantwortung von Fragen						
Fachkompetenz						
Informationsgehalt						
Verständlichkeit						
Beratung						
Verbesserungsvorschläge						

16 Lernfelder

Die Länder übernehmen die Rahmenlehrpläne der ständigen Konferenz der Kultusminister und Senatoren der Länder (KMK) unmittelbar oder setzen sie in eigene Lehrpläne um.

Die Lernfelder 1–12 für die Berufsgruppe Tischler/Tischlerin sind im Folgenden dargestellt.

Die Lernfelder 1–8 der Berufsgruppe Holzmechaniker/Holzmechanikerin entsprechen den Lernfeldern der Tischler.

Die von diesem Plan abweichenden Lernfelder 9–12 der Holzmechaniker sind im Anschluss zu finden.

Es folgen die Lernfelder 1–13 der Berufsgruppe Fachkraft für Möbel-, Küchen- und Umzugsservice.

Auszug aus dem Rahmenlehrplan für den Ausbildungsberuf
Tischler/Tischlerin (Lernfelder 1–12)

Lernfeld 1:	Einfache Produkte aus Holz herstellen	1. Ausbildungsjahr Zeitrichtwert: 80 Stunden

Ziel:
Die Schülerinnen und Schüler planen und fertigen auftragsbezogen einfache Produkte aus Holz. Sie wählen geeignete Holzarten entsprechend ihrer Eigenschaften und unter Berücksichtigung ästhetischer, ökonomischer und ökologischer Gesichtspunkte aus. Die Schülerinnen und Schüler skizzieren und zeichnen konstruktive Lösungen und wenden geeignete Darstellungsformen normgerecht an. Sie erstellen, auch rechnergestützt, Fertigungsunterlagen und führen materialbezogene Berechnungen durch. Die Schülerinnen und Schüler organisieren gemeinsam ihren Lernprozess. Sie richten ihren Arbeitsplatz nach betrieblichen und ergonomischen Vorgaben ein. Sie fertigen mit geeigneten Werkzeugen Produkte unter Berücksichtigung der Arbeitssicherheit und des Gesundheitsschutzes. Die Schülerinnen und Schüler beurteilen und bewerten ihre Arbeitsergebnisse nach vorgegebenen Qualitätskriterien.

Inhalte:
Werkstoff Holz
Proportionen
Zeichnungsnormen
Handwerkzeuge
Handgeführte Maschinen
Anreiß-, Mess- und Prüfwerkzeuge
Technische Informationsquellen
Betriebliche Kommunikation
Betriebsstrukturen
Arbeitsmethoden und Lerntechniken

Lernfeld 2:	Zusammengesetzte Produkte aus Holz und Holzwerkstoffen herstellen	1. Ausbildungsjahr Zeitrichtwert: 80 Stunden

Ziel:

Die Schülerinnen und Schüler planen und fertigen auftragsbezogen zusammengesetzte Produkte aus Holz und Holzwerkstoffen. Sie definieren die Anforderungen an die Produkte und deren Qualitätsmerkmale. Bei der Auswahl der Materialien berücksichtigen sie deren Eigenschaften. Die Schülerinnen und Schüler wählen geeignete Verbindungen aus und bestimmen Mess- und Prüfverfahren zur Qualitätssicherung. Sie erstellen Fertigungsunterlagen und führen produkt- und werkstoffbezogene Berechnungen durch. Die Schülerinnen und Schüler fertigen die Produkte mit Handwerkzeugen und Maschinen. Sie prüfen und reflektieren gemeinsam ihren Arbeitsprozess und präsentieren die Arbeitsergebnisse. Die Schülerinnen und Schüler arbeiten auch rechnergestützt.

Inhalte:

Holzwerkstoffe
Furniere
Materialbedarf
Verbindungen
Dreitafelprojektion
Schnittzeichnungen
Einführung in die Verwendung stationärer Maschinen
Vorrichtungen
Arbeitsorganisation
Teambildung
Regeln der Kommunikation
Präsentationstechniken

Lernfeld 3:	Produkte aus unterschiedlichen Werkstoffen herstellen Zeitrichtwert:	1. Ausbildungsjahr 80 Stunden

Ziel:

Die Schülerinnen und Schüler stellen Produkte aus unterschiedlichen Werkstoffen her. Sie erfassen Arbeitsaufträge zur Anfertigung von Produkten. Sie nutzen Informationen aus technischen Unterlagen und anderen Medien zu den unterschiedlichen Werkstoffen und bewerten deren Eigenschaften im Vergleich zu Holz und Holzwerkstoffen. Die Schülerinnen und Schüler fertigen auftragsbezogen Entwurfszeichnungen an. Daraus wählen sie unter Berücksichtigung ökologischer, wirtschaftlicher und fertigungstechnischer Kriterien eine konstruktive Lösung aus und erstellen Fertigungsunterlagen. Sie rüsten die erforderlichen Maschinen und fertigen die Teile. Die Schülerinnen und Schüler bewerten ihre Arbeitsergebnisse, begründen ihre Entscheidungen, reagieren sachbezogen auf Kritik und optimieren den Planungs- und Herstellungsprozess.

Inhalte:

Schnittdarstellungen

Metall, Glas, Kunststoffe und sonstige Werkstoffe

Werkzeuge und Maschinen für unterschiedliche Werkstoffe

Grundlagen der Elektrotechnik

Arbeitssicherheit und Gesundheitsschutz

Klebstoffe

Materialkosten

Maßgenauigkeit

Oberflächengüte

Arbeitsablaufplan

Lernfeld 4:	Kleinmöbel herstellen	1. Ausbildungsjahr Zeitrichtwert: 80 Stunden

Ziel:

Die Schülerinnen und Schüler entwerfen, planen und fertigen Kleinmöbel unter Berücksichtigung auftragsspezifischer Vorgaben. Sie entwickeln, auch im Team, das Werkstück und wählen geeignete Materialien und Verbindungen aus. Hierbei bringen sie die ästhetischen und funktionalen Anforderungen mit den technisch-konstruktiven Erfordernissen in Einklang. Die Schülerinnen und Schüler legen gemeinsam Qualitätskriterien fest und erstellen auch rechnergestützt die notwendigen Fertigungsunterlagen. Sie stellen das Produkt maschinell her und überprüfen die jeweiligen Arbeitsergebnisse unter Berücksichtigung der festgelegten Qualitätskriterien. Die Schülerinnen und Schüler reflektieren und präsentieren auch im Team den gesamten Planungs- und Fertigungsprozess. Sie bewerten das fertige Produkt.

Inhalte:

Entwurfsskizzen
Teilschnittzeichnungen
Oberflächenvorbereitung
Verschnitt
Einführung in den Qualitätsregelkreis
Einführung in rechnergestützte Technik

Lernfeld 5:	Einzelmöbel herstellen	2. Ausbildungsjahr Zeitrichtwert: 80 Stunden

Ziel:

Die Schülerinnen und Schüler gestalten, planen und fertigen Einzelmöbel. Sie entwickeln Gestaltungsvarianten anhand von Kundenaufträgen. Sie erarbeiten Lösungen auf der Grundlage ästhetischer, funktionaler und konstruktiver Aspekte. Die Schülerinnen und Schüler erstellen Zeichnungen und technische Unterlagen und wählen Beschläge für bewegliche Möbelteile auch rechnergestützt aus. Sie stellen Einzelteile her, behandeln die Oberfläche und bauen das Möbel zusammen. Für die Qualitätssicherung nutzen sie geeignete Mess- und Prüfverfahren und überprüfen die Fertigungsergebnisse. Die Schülerinnen und Schüler präsentieren das fertige Produkt, beurteilen den Entwurfs-, Planungs- und Herstellungsprozess und analysieren Probleme in der Teamarbeit.

Inhalte:

Gestaltung
Möbelbauarten
Anschlagarten
Schubkastensysteme
Schmal- und Breitflächenbeschichtung
Furnierverarbeitung
Klebetechnik
Schleiftechnik
Reststoffentsorgung
Farbgebung von Oberflächen
Oberflächenschutz

Lernfeld 6:	Systemmöbel herstellen	2. Ausbildungsjahr Zeitrichtwert: 80 Stunden

Ziel:

Die Schülerinnen und Schüler planen, fertigen und montieren Systemmöbel. Dabei berücksichtigen sie die Besonderheiten der rationellen Fertigung.

Unter Beachtung der Kombinierbarkeit der Elemente, der Rastermaße und der Wirtschaftlichkeit wählen sie geeignete Werkstoffe, Halbzeuge und System-Beschläge aus. Sie planen die Fertigung und bestimmen geeignete Werkzeuge, Maschinen und Transportmittel. Sie stellen deren Funktionsfähigkeit sicher. Sie sichern die Qualität des Fertigungsprozesses durch die Wahl geeigneter spanungstechnischer Parameter. Die Schülerinnen und Schüler produzieren die Elemente und überprüfen die Arbeitsergebnisse nach vorgegebenen Qualitätskriterien. Sie bereiten die Elemente für den Transport und die Endmontage vor.

Inhalte:

Fertigungsplanung

Arbeitsteilung

Rüsten der Maschinen

Fertigen mit rechnergestützten Techniken

Vorrichtungsbau

Spanntechniken

Hebe- und Transportgeräte

Wartung und Instandhaltung von Maschinen und Werkzeugen

Verschnittoptimierung

Einzelteilzeichnungen

Toleranzen

Lernfeld 7:	Einbaumöbel herstellen und montieren	2. Ausbildungsjahr Zeitrichtwert: 60 Stunden

Ziel:

Die Schülerinnen und Schüler gestalten, planen, fertigen und montieren nach Kundenauftrag Einbaumöbel. Sie entwerfen raumbezogene Ansichten unter Einbeziehung unterschiedlicher Konstruktionsprinzipien. Sie zeichnen und präsentieren ihre Entwürfe auch rechnergestützt. Sie entwickeln technische Unterlagen unter Beachtung der baulichen Gegebenheiten und stimmen sich mit anderen Gewerken ab.

Die Schülerinnen und Schüler nutzen für die rationelle Fertigung auch programmierbare Maschinen, konzipieren Vorrichtungen und wenden Kenntnisse der Steuer- und Regeltechnik an.

Sie organisieren den Transport, richten die Baustelle ein und montieren die Produkte unter Verwendung geeigneter Befestigungsmittel und unter Beachtung der Bedingungen vor Ort.

Inhalte:

Maßnehmen am Bau
Schnittzeichnungen
CAD, Anwenderprogramme
Wand- und Deckenanschlüsse
Baufeuchte, Hinterlüftung
Montagehilfen
Vorbereitung zum Einbau von Elektrogeräten, Objekten und Armaturen

Lernfeld 8:	Raumbegrenzende Elemente des Innenausbaus herstellen und montieren	2. Ausbildungsjahr Zeitrichtwert: 80 Stunden

Ziel:

Die Schülerinnen und Schüler erfassen Kundenaufträge, gestalten, planen und fertigen Verkleidungen, Trennwände und Fußböden für den Innenausbau und montieren sie. Unter Berücksichtigung der örtlichen Gegebenheiten, der Kundenerwartungen sowie der bauphysikalischen Anforderungen entwickeln sie konstruktive Lösungen entsprechend der Bauvorschriften und wählen geeignete Oberflächen aus. Sie präsentieren ihre Ergebnisse und entscheiden sich gemeinsam für eine angemessene Variante. Sie erarbeiten Unterlagen für die Fertigung und führen diese aus. Die Schülerinnen und Schüler planen die Baustelleneinrichtung, Baustellensicherung und montieren die Bauteile. Dabei benutzen sie montagetypische Hilfsmittel, Werkzeuge und Maschinen. Sie trennen die Reststoffe und führen diese den Sammelstellen zu. Die Schülerinnen und Schüler übergeben die fertig gestellten Arbeiten an den Kunden.

Inhalte:

Schall-, Feuchte-, Wärme- und Brandschutz
Unterkonstruktionen
Bauwerksanschlüsse
Raumwirkung und Farbe
Detailzeichnungen
Produktinformationen
Montagepläne
Werkstoffkreislauf

16 Lernfelder

Lernfeld 9:	Bauelemente des Innenausbaus herstellen und montieren	3. Ausbildungsjahr Zeitrichtwert: 60 Stunden

Ziel:

Die Schülerinnen und Schüler planen, fertigen und montieren auf der Grundlage eines Kundenauftrages Innentüren und Treppen.

Sie überprüfen die baulichen Gegebenheiten, beraten den Kunden und gestalten die Erzeugnisse. Die Schülerinnen und Schüler planen die Fertigung sowie Montage der Bauelemente und berücksichtigen hierbei die sicherheitstechnischen Erfordernisse. Sie setzen ihre Planung um, stimmen sich mit anderen Gewerken ab und sichern die Erzeugnisse. Sie informieren den Kunden über das Serviceangebot des Betriebes.

Inhalte:

Maßordnung im Hochbau
Regelwerke
Konstruktionsbedingte Berechnungen
Oberflächenbeanspruchung
Sicherung und Transport von Bauteilen
Bauwerksanschlüsse
Kundenorientierung

Lernfeld 10:	Baukörper abschließende Bauelemente herstellen und montieren	3. Ausbildungsjahr Zeitrichtwert: 100 Stunden

Ziel:

Die Schülerinnen und Schüler erfassen einen Kundenauftrag, gestalten, planen, fertigen und montieren Baukörper abschließende Bauelemente.

Sie entwickeln mit dem Kunden das Anforderungsprofil für Fenster und Außentüren. Auf dieser Grundlage bestimmen sie die Konstruktion, Formgebung, Materialien und Oberflächengüte. Sie erstellen Unterlagen für die betriebliche Fertigung sowie den Einbau auf der Baustelle. Die Schülerinnen und Schüler fertigen Bauelemente mit speziellen Maschinen und Werkzeugen. Sie demontieren die zu ersetzenden Elemente bauwerkschonend. Bei der Arbeit auf der Baustelle beachten sie die Arbeitssicherheit und den Gesundheitsschutz. Sie stellen die Bauanschlüsse nach den bauphysikalischen Erfordernissen her. Anfallende Reststoffe werden dem Werkstoffkreislauf zugeführt.

Die Schülerinnen und Schüler beraten den Kunden über Bedienungs-, Wartungs- sowie Pflegemaßnahmen und nehmen mögliche Reklamationen entgegen.

Inhalte:

Bauphysikalische Zusammenhänge
Öffnungs- und Bauarten
Dicht- und Dämmstoffe
Beschlagtechnik
Sicherheitstechnik
Befestigungssysteme
Glasarten und Verglasungssysteme
Konstruktiver und chemischer Holzschutz

Lernfeld 11:	Erzeugnisse warten und instand halten	3. Ausbildungsjahr Zeitrichtwert: 40 Stunden

Ziel:

Die Schülerinnen und Schüler führen Wartungsarbeiten durch, planen und realisieren Instandsetzungsarbeiten. Sie untersuchen und dokumentieren Schäden sowie Fehlfunktionen an Erzeugnissen und ermitteln mögliche Ursachen. Unter Berücksichtigung des Bearbeitungsaufwandes entscheiden sie sich für Maßnahmen zur Schadensbegrenzung bzw. Schadensbehebung und legen die Art sowie den Umfang der Instandhaltung fest. Die Schülerinnen und Schüler unterbreiten dem Kunden Lösungen, die für den Werterhalt notwendig und sinnvoll sind. Sie führen die erforderlichen Arbeiten durch und protokollieren die Arbeitsschritte.

Inhalte:

Schadensanalyse

Gestaltungsmerkmale von Bau- und Möbelstilen

Pflege- und Wartungsanleitungen

Konservierungstechniken

Instandhaltungstechniken

Lernfeld 12:	Einen Arbeitsauftrag aus dem Tätigkeitsfeld ausführen	3. Ausbildungsjahr Zeitrichtwert: 80 Stunden

Ziel:

Die Schülerinnen und Schüler bearbeiten selbständig einen vollständigen Kundenauftrag. Sie informieren sich eingehend über den Auftrag und entwerfen einen Plan für die Auftragsabwicklung. Sie konzipieren verschiedene Lösungsansätze. Dabei achten sie auf die Wechselbeziehungen und Abhängigkeiten zwischen Kundenforderungen, ästhetischen, technologischen, ökologischen und wirtschaftlichen Gesichtspunkten. Die Schülerinnen und Schüler bereiten ein Kundengespräch mit Präsentation der verschiedenen Varianten vor. Die Beurteilung der vorgestellten Ausführungsalternativen erfolgt aus Sicht des Kunden und des Herstellers. Dabei entwickeln sie eine Lösung. Für diese erstellen die Schülerinnen und Schüler alle erforderlichen Unterlagen sowohl für den Kunden als auch für den Fertigungsprozess, den sie anschließend ausführen. Sie nehmen gemeinsam mit dem Kunden den Auftrag ab.

Die Schülerinnen und Schüler stellen ihre Arbeitsergebnisse vor und sind in der Lage, ihre während des Planungs- und Fertigungsprozesses getroffenen Entscheidungen zu begründen.

Inhalte:

Gestaltungskriterien

Kalkulation

Modell, Prototyp oder Muster

Angebot, Auftragsbestätigung, Rechnung

Fertigungszeichnung

Materialdisposition

Qualitätssicherung

Abnahme

Branchenspezifische rechnergestützte Technik

16 Lernfelder

Auszug aus dem Rahmenlehrplan für den Ausbildungsberuf
Holzmechaniker/Holzmechanikerin (Lernfelder 9–12)

Lernfeld 9:	Holz und Holzwerkstoffe beschichten	3. Ausbildungsjahr Zeitrichtwert: 80 Stunden

Ziel:

Die Schülerinnen und Schüler beschichten Holz, Holzwerkstoffe, Rahmen und Profile. Unter ökonomischen, ökologischen und sicherheitsrelevanten Gesichtspunkten organisieren sie die Lagerung der verschiedenen Beschichtungsmaterialien.

Sie wählen geeignete Stoffe für Flächen- und Schmalflächenbeschichtung unter Berücksichtigung der späteren Verwendung aus. Dazu nutzen sie technische Informationen. Sie ermitteln Materialbedarf, Materialkosten und Verschnitt. Das Trägermaterial wird geprüft und vorbereitet. Unter Nutzung maschineller Auftragsverfahren führen die Schülerinnen und Schüler die Oberflächenbeschichtung durch. Dabei berücksichtigen sie die ökologischen Folgen und den persönlichen und allgemeinen Gesundheitsschutz. Die Schülerinnen und Schüler analysieren Fehler und Schäden an den Beschichtungsstoffen und bei der Produktion. Sie wirken regelnd auf den Fertigungsprozess ein und führen geeignete Maßnahmen zur Fehlerbehebung durch. Sie überprüfen die Oberflächenqualität und dokumentieren das Ergebnis auch im Team.

Inhalte:

Oberflächenbearbeitungstechniken

Zuschnittpläne

Presstechnik

Mischungsverhältnis

Gefahrstoffverordnung

Prüfmethoden

Lernfeld 10:	Bauelemente des Innenausbaus auftragsgerecht herstellen	3. Ausbildungsjahr Zeitrichtwert: 80 Stunden

Ziel:

Die Schülerinnen und Schüler erfassen den Auftrag, entwerfen und konstruieren Bauelemente des Innenausbaus und beschreiben den Arbeitsablauf. Dabei berücksichtigen sie, dass die Bauelemente auch modular verwendbar sein müssen. Sie entscheiden sich unter wirtschaftlichen Gesichtspunkten für geeignete Materialien, Halbzeuge und Zulieferteile. Sie erarbeiten, auch in Gruppenarbeit, verschiedene Lösungen und Produktionsverfahren, diskutieren diese und entscheiden sich für eine geeignete Variante. Die Schülerinnen und Schüler erstellen Fertigungsunterlagen, beachten spezifische Qualitätsstandards des Innenausbaus und legen Toleranzen und Prüfverfahren fest. Sie setzen die erstellten Planungsunterlagen praktisch um und präsentieren die Ergebnisse.

Inhalte:

Maßordnung im Hochbau
Innentüren
Treppen
Rahmen
Beschläge
Einzelteilzeichnungen
rechnergestützte Techniken
Informationsquellen
Lagerhaltung

Lernfeld 11:	Fenster und Außentüren herstellen	3. Ausbildungsjahr Zeitrichtwert: 80 Stunden

Ziel:

Die Schülerinnen und Schüler planen und fertigen nach Auftrag Fenster und Außentüren. Sie analysieren die Planungsunterlagen auch im Team und leiten daraus Anforderungen an die Bauelemente ab. Auf dieser Grundlage erstellen sie Fertigungsunterlagen, aus denen die Bauart, die Material- und Profilwahl, die Konstruktions- und Beschlagauswahl, der Oberflächenschutz und der erforderliche Materialbedarf hervorgehen.

Für die Herstellung rüsten sie Maschinen, kontrollieren die Arbeitsergebnisse und ergreifen notwendige Schritte zur Fehlerbeseitigung. Abschließend beschreiben sie die komplexe Fertigung und ziehen Verbesserungsvorschläge in Betracht.

Inhalte:

Bauphysikalische Anforderungen
Holzschutz
Technische Holztrocknung
Schnittzeichnungen
Stückliste
Arbeitsplan
Innerbetrieblicher Transport
Werkstoffkreislauf
Branchensoftware

Lernfeld 12:	Packmittel herstellen	3. Ausbildungsjahr Zeitrichtwert: 40 Stunden

Ziel:

Die Schülerinnen und Schüler planen und fertigen auftragsbezogen Verpackungen. Sie erfassen die Anforderungen bezüglich der Belastbarkeit und Verwendung und wählen geeignete Materialien und Verbindungen für die Packmittel aus. Sie führen produkt- und werkstoffbezogene Berechnungen durch und erstellen Fertigungsunterlagen. Dabei berücksichtigen sie die besonderen Vorschriften für Packmittel. Sie produzieren das Packmittel rationell. Dabei führen sie Holzschutzmaßnahmen unter Berücksichtigung der Verwendung des Packmittels und des Gesundheits- und Umweltschutzes durch. Reststoffe werden der Entsorgung zugeführt. Die Schülerinnen und Schüler stellen einen angemessenen Schutz des Packgutes im Packmittel sicher. Sie überprüfen ihr Produktionsverfahren auch im Team hinsichtlich der Effizienz und Materialökonomie.

Inhalte:

Packmittelarten

Konstruktion

Kennzeichnung

Internationale Standards

Stabilität

Berechnungen von Masse und Volumen

Rechnergestützte Technik

Auszug aus dem Rahmenlehrplan für den Ausbildungsberuf
Fachkraft für Möbel-, Küchen- und Umzugsservice (Lernfelder 1–13)

Lernfeld 1:	Den Ausbildungsbetrieb präsentieren	1. Ausbildungsjahr Zeitrichtwert: 20 Stunden

Ziel:

Die Schülerinnen und Schüler präsentieren ihren Ausbildungsbetrieb. Im Hinblick auf ihre berufliche Tätigkeit stellen sie die Arbeitsgebiete und Leistungsschwerpunkte dar. Sie erläutern das Unternehmensleitbild, die ökonomischen und ökologischen Zielsetzungen sowie die gesamtgesellschaftliche Verantwortung. Sie informieren sich selbstständig im Ausbildungsbetrieb und halten diese Informationen aktuell. Sie beschreiben die Art ihres Betriebes und die Eingliederung in die Gesamtwirtschaft. Sie kennen die Bedeutung ihres eigenen Auftretens für den wirtschaftlichen Erfolg ihres Betriebes im Dienstleistungssektor. Sie verinnerlichen die Kundenorientierung als Leitbild ihres beruflichen Handelns.

Inhalte:

Dienstleistung, Branche, Service
Corporate Identity
Außendienst
Kommunikation mit Kunden
Präsentationstechniken

Lernfeld 2:	Einen Arbeitsauftrag im Möbel-, Küchen- und Umzugsservice erfassen und planen	1. Ausbildungsjahr Zeitrichtwert: 80 Stunden

Ziel:

Die Schülerinnen und Schüler planen kundenorientiert einen Arbeitsauftrag im Möbel-, Küchen- und Umzugsservice. Sie nehmen eine Kundenanfrage entgegen, stellen die Bedarfe des Kunden fest und vergleichen sie mit dem Leistungsangebot des Betriebes. Sie analysieren den Bedarf, beraten den Kunden und nehmen den Auftrag entgegen. Sie beschaffen sich die notwendigen Information zur Bearbeitung des Arbeitsauftrages, werten diese aus und dokumentieren das Ergebnis. Hierbei nutzen sie Informations- und Kommunikationssysteme unter Beachtung des Datenschutzes. Die Schülerinnen und Schüler planen im Team die Arbeitsabläufe unter Berücksichtigung sicherheitstechnischer Aspekte, sie legen die Arbeitsmittel und Termine unter Berücksichtigung der Auftragsvorgaben fest. Hierbei beachten sie die ergonomischen, ökonomischen und ökologischen Gesichtspunkte. Sie führen Gespräche situationsgerecht und stellen die entsprechenden Sachverhalte dar.

Inhalte:

Softwareanwendungen
Datenpflege und Datensicherung
Gesprächsführung
Aktennotiz
Material- und Lohnkosten
einfache Kostenrechnungen

Lernfeld 3:	Warenbestände sichern und Umzugsgut kontrollieren	1. Ausbildungsjahr Zeitrichtwert: 40 Stunden

Ziel:

Die Schülerinnen und Schüler analysieren den Kundenauftrag, unterscheiden zwischen Waren und Umzugsgut und kontrollieren und sichern die Bestände. Sie beachten Maßnahmen zur Werterhaltung. Sie werten den vorliegenden Kundenauftrag nach den notwendigen Anforderungen aus und dokumentieren diese. Mithilfe von Informations- und Kommunikationstechniken prüfen sie Warenbestände. Sie beurteilen deren Zustand anhand von Qualitätsmerkmalen und dokumentieren ihn. Bei festgestellten Mängeln, Schäden und Fehlern veranlassen sie Maßnahmen zu deren Beseitigung. Sie veranlassen erforderliche Bestellungen und Lieferungen von Waren und nehmen diese entgegen. Bei Lieferstörungen reagieren sie sachgerecht.

Inhalte:

Warenbegleitpapiere
Warenrückführung
Sicherheitskennzeichen
Kommunikation mit Lieferanten
Qualitätsregelkreis

Lernfeld 4:	Möbel, Küchen, Geräte oder Umzugsgut verpacken, lagern, transportieren	1. Ausbildungsjahr Zeitrichtwert: 60 Stunden

Ziel:

Die Schülerinnen und Schüler verpacken, lagern und transportieren Waren oder Umzugsgüter kundenorientiert unter ökonomischen, ökologischen und werterhaltenden Gesichtspunkten. Dabei berücksichtigen sie Erfordernisse der Kommissionierung. In Abstimmung mit den Kundenwünschen und den örtlichen Gegebenheiten planen die Schülerinnen und Schüler den Arbeitsablauf und entwickeln Lösungsstrategien. Sie wählen Verpackungsmaterialien und Verpackungsarten je nach Verwendungszweck unter Beachtung ökonomischer und ökologischer Gesichtspunkte aus. Sie wenden Hebe- und Tragetechniken ergonomisch an. Sie beurteilen Transportmittel und Transporthilfsmittel für die gegebenen Einsatzbedingungen. Sie prüfen deren Einsatzbereitschaft und setzen sie unter Beachtung der Vorschriften zur Arbeitssicherheit ein.

Inhalte:

Transportvorschriften und gesetzliche Vorgaben
Verordnungen und Gesetze zum Umgang mit Gefahrstoffen
Gesetze zur Arbeitssicherheit
Abfallvermeidung und -entsorgung
Umgang mit Wertstoffen
Kommissionieren
Transportgewicht, Transportvolumen

Lernfeld 5:	Möbel- und Küchenteile aus Vollholz bearbeiten	1. Ausbildungsjahr Zeitrichtwert: 60 Stunden

Ziel:

Die Schülerinnen und Schüler bearbeiten Möbel- und Küchenteile aus Vollholz. Sie wählen zur Erfüllung des Arbeitsauftrages die Arbeitstechniken aus und setzen die entsprechenden Werkzeuge und Maschinen werkstoffgerecht ein. Dazu entwickeln sie im Rahmen der Arbeitsvorbereitung Arbeitsablaufpläne mit den notwendigen Arbeitsschritten und den erforderlichen Zeichnungen. Dabei wenden sie unterschiedliche Arbeitsmethoden an, wodurch die Teamfähigkeit gefördert wird. Sie beurteilen verschiedene Lösungsmöglichkeiten unter Beachtung der entsprechenden Arbeits-, Gesundheits- und Umweltschutzanforderungen. Sie richten ihren Arbeitsplatz nach ergonomischen Gesichtspunkten ein. Sie bearbeiten die Werkstücke mit geeigneten Handwerkzeugen und Maschinen, die sie selbstständig pflegen und warten. Die Schülerinnen und Schüler prüfen, bewerten und dokumentieren ihre Arbeitsergebnisse. Sie führen Maßnahmen zur Qualitätssicherung durch.

Inhalte:

anwendungsbezogene Holzarten

Holzeigenschaften

Arbeitstechniken: Sägen, Hobeln, Bohren, Fräsen, Schleifen, Polieren

Vollholzverbindungen: Rahmenecken, Kastenecken

Verbindungsmittel

Klebstoffe

Oberflächenmittel

Oberflächentechniken

Unfallverhütungsvorschriften

Regeln für elektrische Anlagen Prüf- und Messgeräte

Freihandskizzen

Bemaßung nach DIN

Längen, Flächen, Volumen, Gewicht und Materialkosten

16 Lernfelder

Lernfeld 6:	**Möbel- und Küchenteile aus Holzwerkstoffen, Kunststoffen und Metallen bearbeiten**	**2. Ausbildungsjahr** **Zeitrichtwert: 80 Stunden**

Ziel:

Die Schülerinnen und Schüler bearbeiten Möbel- und Küchenteile aus Holzwerkstoffen, Kunststoffen und Metallen. Sie wählen zur Erfüllung des Arbeitsauftrages die Arbeitstechniken aus und setzen die entsprechenden Werkzeuge und Maschinen zur Bearbeitung werkstoffgerecht ein. Im Rahmen der Arbeitsvorbereitung erstellen sie Arbeitsablaufpläne mit den notwendigen Arbeitsschritten und den erforderlichen Zeichnungen. Durch unterschiedliche Arbeitsmethoden entwickeln sie eigene Handlungskompetenz und fördern ihre Teamfähigkeit. Sie beurteilen verschiedene Lösungsmöglichkeiten zur Erfüllung ihres Arbeitsauftrags unter Beachtung der entsprechenden Arbeits-, Gesundheits- und Umweltschutzanforderungen. Ihren Arbeitsplatz richten sie nach ergonomischen Gesichtspunkten ein. Sie bearbeiten die Möbel- oder Küchenteile mit geeigneten Handwerkzeugen und Maschinen, die sie selbstständig pflegen und warten. Die Schülerinnen und Schüler prüfen, bewerten und dokumentieren ihre Arbeitsergebnisse. Sie führen Maßnahmen zur Qualitätssicherung durch.

Inhalte:

anwendungsbezogene Werkstoffe: Arten, Eigenschaften

Arbeitstechniken: Sägen, Bohren, Fräsen, Feilen, Schleifen, Polieren

Verbindungen, Verbindungsmittel, Klebstoffe, Dichtstoffe

Flächenbearbeitung, Furniertechnik

Kantenbearbeitung: Techniken, Materialien

Oberflächenveredelung

Korrosionsschutz

Unfallverhütungsvorschriften

Prüf- und Messgeräte

Freihandskizzen

Bemaßung nach DIN

Längen, Flächen, Volumen, Gewicht und Materialkosten

Verschnitt, Vorschub, Schnittgeschwindigkeit

Lernfeld 7:	Möbel und Küchen montieren	2. Ausbildungsjahr Zeitrichtwert: 60 Stunden

Ziel:

Die Schülerinnen und Schüler montieren nach Kundenauftrag Möbel und Küchen. Dabei kontrollieren sie die Lieferung auf Vollständigkeit und Mängel, dokumentieren Beschädigungen, Fehl- oder Falschlieferungen. Sie prüfen die örtlichen Gegebenheiten, insbesondere Maße und Anschlüsse, vergleichen diese mit ihren Arbeitsunterlagen und dokumentieren Änderungen. Sie richten ihren Montagearbeitsplatz ein und ordnen die Möbel- und Küchenelemente. Bei der Montage gehen sie unter Beachtung der Aufbauanleitung des Herstellers zielgerichtet vor. Sie setzen Verbindungs- und Befestigungsmittel fachlich richtig ein, montieren Beschläge und überprüfen deren Funktion. Sie führen notwendige Anpassarbeiten entsprechend den baulichen Gegebenheiten durch. Zur Qualitätssicherung führen sie die Endkontrolle durch und dokumentieren diese. Die Schülerinnen und Schüler trennen, sortieren und lagern die Abfallstoffe und veranlassen deren Entsorgung.

Inhalte:

Arbeitsablaufplan

Montageanleitungen

Montagewerkzeuge

Verbindungsmittel und Verbindungstechniken

Beschläge und Beschlagstechniken, Befestigungsmittel und Befestigungstechniken

Arbeitssicherheit

Lasten und Kräfte

Lernfeld 8:	Möbel und Küchen auf- und abbauen	2. Ausbildungsjahr Zeitrichtwert: 60 Stunden

Ziel:

Die Schülerinnen und Schüler bauen auftragsgemäß Möbel- und Küchenteile auf bzw. ab. Dabei vergleichen sie den Kundenauftrag mit den Gegebenheiten vor Ort und analysieren die Auf- und Abbausituation. Anhand der Arbeitsunterlagen legen sie die notwendigen Arbeitsschritte fest. Sie führen Kundengespräche und klären noch ausstehende Fragen. Sie führen den fachgerechten Auf- und Abbau zielgerichtet und arbeitsökonomisch durch und schützen dabei die Möbel- und Küchenelemente vor Beschädigungen. Sie erfassen die Mengen und den Zeitaufwand für den Transport. Beim Aufbau richten sie die Möbel- und Küchenteile aus und überprüfen die Funktion. Die Schülerinnen und Schüler reflektieren ihr Auftreten beim Kunden und entwickeln Vertrauen in die eigene Urteilsfähigkeit.

Inhalte:

Möbelkonstruktionen

Arbeitstechniken

Messwerkzeuge

Werkzeuge

Materiallisten

Gesprächsführung

Lernfeld 9:	Waren und Güter abholen und ausliefern	2. Ausbildungsjahr Zeitrichtwert: 80 Stunden

Ziel:

Die Schülerinnen und Schüler planen unter Beachtung der Verkehrsgeografie ihre Touren zum Transport von Waren und Gütern. Hierbei orientieren sie sich an zeitlichen Vorgaben und wirtschaftlichen Aspekten. In Absprache mit dem Kunden übernehmen sie die Waren und Güter, prüfen dabei die Vollständigkeit und Unversehrtheit und dokumentieren diese. Unter Berücksichtigung von Anfahrtsfolge, Gewichtsverteilung, Höchstladung und ausreichender Kennzeichnung beladen und sichern die Schülerinnen und Schüler das Frachtgut. Während des Transports gewährleisten sie die eigene Sicherheit, die Sicherheit anderer und den schadensfreien Transport durch Beachtung der Regelungen des Straßenverkehrs. Sie beurteilen Transportwege und ergreifen Maßnahmen zu deren Nutzung und Genehmigung. Anschließend veranlassen sie Verkehrssicherungsmaßnahmen zum Be- und Entladen. Zur Be- und Entladung nutzen die Schülerinnen und Schüler technische Hilfsmittel unter Beachtung des Arbeitsschutzes. Sie führen laut Übergabebedingungen die Warenauslieferung an den Kunden durch und prüfen erneut die Lieferung auf Menge und Beschaffenheit. Bei festgestellten Abweichungen ergreifen sie entsprechende Maßnahmen. Anhand von Lieferunterlagen wird der Erhalt der Waren bzw. Güter von den Schülerinnen und Schülern quittiert und abgerechnet. Die entsprechenden Belege und Zahlungen werden auf Vollständigkeit geprüft und weitergeleitet.

Inhalte:

Personaleinsatz

Speditionsvertrag

Frachtvertrag

Transportdokumente (Beweisurkunden)

Rechnungen

Zahlungsanweisungen

Lieferfristen

Sammelladungen

Verpackungspflicht

Kennzeichnungspflicht

Gefahrguteigenschaften

Gefahrgutkennzeichnung

Schadensarten (Güter- und Vermögensschäden)

Pfand- und Zurückbehaltungsrecht

Flächenberechnungen

Mengenberechnungen

Lernfeld 10:	Elektrische Einrichtungen und Geräte installieren und deinstallieren	2. Ausbildungsjahr Zeitrichtwert: 80 Stunden

Ziel:

Die Schülerinnen und Schüler erfassen einen Kundenauftrag zur Installation einer elektrischen Einrichtung oder eines elektrischen Gerätes. Im Rahmen der Arbeitsvorbereitung überprüfen sie die Lieferung und den Einbauort. Unter Beachtung der Unfallverhütungsvorschriften für elektrische Anlagen führen sie die Installation durch. Hierzu stellen sie die notwendigen elektrischen Anschlüsse her, führen Potentialausgleichsmaßnahmen durch und beachten die Sicherheitsregeln zur Vermeidung von Gefahren durch elektrischen Strom. Zur Abnahme führen sie die Funktionsprüfungen durch und beraten den Kunden zur Inbetriebnahme. Bei der Deinstallation von elektrischen Einrichtungen und Geräten verfahren die Schülerinnen und Schüler entsprechend: Sie prüfen den Einbauort, die elektrischen Anschlüsse und führen Potenzialausgleichsmaßnahmen durch unter Beachtung der Sicherheitsregeln. Sie bauen die elektrische Einrichtungen und Geräte aus, kennzeichnen und verpacken diese und lagern sie zwischen.

Inhalte:

Grundlagen der Elektrotechnik

elektrische Leitungen und Anschlüsse

Ohmsches Gesetz, Elektrische Leistung, Elektrische Arbeit

Lieferpapiere

Beschädigungen Betriebsanleitung

mechanische Funktionsprüfung

elektrotechnische Funktionsprüfung

bauliche Gegebenheiten

sicherheitstechnische Gegebenheiten

Kennzeichnung und Dokumentation

Verpackung, Transportsicherung, Lagerung

Lernfeld 11:	Wasserleitungen, Abwasserleitungen und Lüftungsanlagen einbauen und an- oder abschließen	3. Ausbildungsjahr Zeitrichtwert: 80 Stunden

Ziel:

Die Schülerinnen und Schüler erfassen einen Kundenauftrag zum Durchführen von Anschluss- oder Abschlussarbeiten an Wasserleitungen, Abwasserleitungen oder Lüftungsanlagen. Zur Arbeitsvorbereitung überprüfen sie den Einbauort und die Leitungen nach Qualität und nach baulichen und sicherheitstechnischen Gesichtspunkten. Sie wählen die entsprechenden Materialien, Objekte und Armaturen aus und führen mit den notwendigen Werkzeugen, Geräten und Maschinen die Einbau-, Anschluss- oder Abschlussarbeiten durch. Hierbei orientieren sie sich an den Anleitungen und halten sich an die Sicherheitsregeln. Zur Abnahme führen sie die notwendigen Funktions-, Wartungs- und Dichtigkeitsprüfungen durch und beraten den Kunden im Hinblick auf die Handhabung der Anlagen. Einen Auftrag zum Abbauen von Objekten oder Armaturen führen die Schülerinnen und Schüler entsprechend durch. Sie kennzeichnen die Teile, verpacken sie und lagern sie zwischen.

Inhalte:

Einbau- und Betriebsanleitung
technische Merkblätter
Betriebsanweisungen
Lüftungsrohre und Kanäle
Objekte und deren Funktion
Armaturen und Funktion
Abwasserrohre und Anschlüsse
Werkstoffe
Querschnitte
Verbindungen, Verbindungsmittel, Dichtstoffe
Korrosionsschutz
Werkzeuge, Spezialwerkzeuge
Luftmengenberechnungen, Wasserdruck
metrische Maße, Zollmaße

Lernfeld 12:	Beschwerden und Reklamationen bearbeiten	3. Ausbildungsjahr Zeitrichtwert: 40 Stunden

Ziel:

Die Schülerinnen und Schüler nehmen Beschwerden und Reklamationen entgegen und wirken bei deren Bearbeitung mit. Durch die Analyse von Schäden und Mängeln schließen sie auf Fehlerursachen. Sie dokumentieren diese und unterbreiten Vorschläge zu deren Beseitigung. In diesem Zusammenhang erkennen die Schülerinnen und Schüler die Bedeutung von Aufgaben und Zielen qualitätssichernder Maßnahmen und tragen mit ihrem Auftreten und Verhalten zum Betriebserfolg bei. Dabei wird ihnen der Zusammenhang zwischen Qualität, Kundenzufriedenheit und ökonomischen Herausforderungen als Grundlage für die eigene Tätigkeit bewusst. Um Geschäfts- und Arbeitsprozesse zu optimieren, ergreifen die Schülerinnen und Schüler qualitätssichernde Maßnahmen in allen ihren Handlungsfeldern.

Inhalte:

Schadensarten

Mängelprotokoll

Medieneinsatz zur Dokumentation

Schadensersatzansprüche

Haftung und Versicherung

Lernfeld 13:	Aufträge von der Planung bis zur Abnahme durchführen	3. Ausbildungsjahr Zeitrichtwert: 80 Stunden

Ziel:

Die Schülerinnen und Schüler erfassen Aufträge, planen selbstständig deren Ausführung, realisieren sie und führen deren Abnahme durch. Nach Abschluss aller Arbeiten eines vollständigen Auftrags prüfen sie unter Anwendung ausgewählter Prüf- und Messmethoden die Funktionstüchtigkeit der gelieferten Waren und Güter. Dabei beachten sie die Vorschriften des Gesundheits-, Arbeits- und Brandschutzes. Bei Mängeln ergreifen sie geeignete Maßnahmen zu deren Beseitigung. Die Schülerinnen und Schüler erläutern dem Kunden die Eigenschaften der Ware und gehen auf etwaige Fragen ein. Sie nehmen gemeinsam für den Kunden Produkteinweisungen vor und nutzen dabei Bedienungsanleitungen. Sie stellen neue Bedarfe des Kunden fest, nehmen diese auf und bieten Realisierungsmöglichkeiten an. Abschließend vergleichen sie ihre geleistete Arbeit mit dem Arbeitsauftrag und erstellen mit dem Kunden ein Abnahmeprotokoll. Um Arbeits- und Geschäftsprozesse zu optimieren, reflektieren die Schülerinnen und Schüler ihre Arbeit und stellen ihre Ergebnisse den Mitarbeitern vor.

Inhalte:

Qualitätsregelkreis

Bedienungsanleitungen

Pflegemittel

Abnahmeprotokoll

Informationsmaterial des Ausbildungsbetriebes

Firmenverzeichnis

Adolf Würth GmbH & Co. KG, Künzelsau

AEG, Frankfurt/Main

Fa. Georg Aigner, Reisbach

Altendorf, Formatkreissägen, Minden

AMROC Baustoffe GmbH, Magdeburg

Arbeitskreis Deutsche Stilmöbel, Detmold

Bäuerle, Böblingen:

Baubeschlag Taschenbuch, Wohlfarth Verlag, Duisburg

Bessey, Bietigheim-Bissingen

BGF Berufsgenossenschaft für Fahrzeughaltungen, Hamburg

BGHM Berufsgenossenschaft Holz und Metall, Michael Lockhoff

R. Bürkle GmbH & Co, Maschinenfabrik, Freudenstadt

Gebr. Bütfering, Beckum

Carl-Legien-Schule, Berlin

Centrale Marketingges. der dt. Agrarwirtschaft, Bonn

K. Danzer Furnierwerke, Reutlingen

Desowag-Bayer Holzschutz GmbH, Düsseldorf:

Deutsche Rockwool, Gladbeck

Dick GmbH, Metten

DIN Deutsches Institut für Normung e.V., Berlin

Festo Maschinenfabrik Gottlieb Stoll, Esslingen

Flachglas AG, Gelsenkirchen

Förderverein Aus- und Weiterbildung im Tischlerhandwerk e.V., Berlin

Frick/Knöll/Neumann/Weinbrenner, Baukonstruktionslehre, Verlag Vieweg+Teubner, Wiesbaden

Furnierwerk Prignitz GmbH & Co.KG, Falkenhagen

Gussglas-Werbung, Köln

J. Gympel, Geschichte der Architektur, Könemann-Verlag Köln

Gyproc GmbH, Düsseldorf

Häfele KG, Nagold

Hahn + Kolb, Stuttgart

Sascha Harlass, Entwurfsmappe: Hauseingangstür in Kiefer, Berlin

Hauptberatungsstelle für Elektrizitätsanwendung, Frankfurt/Main

Klaus Henke, Tischlermeister, Fa. Zinken & Zapfen, Berlin

Henselmann GmbH, Waldshut-Tiengen

Hercynia, Harmonikatüren-Fabrik, Hambühren

Hettich, Vlotho, Kirchlengern

R. Hildebrand Maschinenbau GmbH, Oberboihingen

Hartmut Hinze OStD i.R., Berlin

Holz-Berufsgenossenschaft, München

Holz-Her, K. M. Reich, Maschinenfabrik, Nürtingen

Holz Posseling, Berlin

Hörnitex-Werke Gebr. Künnemeyer, Horn-Bad Meinberg

Huga, H. Gaisendrees, Gütersloh

Ibegla Glasverkauf GmbH, Köln

Illbruck, Leverkusen

Informationsdienst Holz, Düsseldorf

Informationsdienst Holz, München

Institut für Bildung und Wissenschaft, Berlin

Interpane, Lauenförde

Isolar-Glasberatung, Kirchberg

Isover, Grünzweig + Hartmann und Glasfaser AG, Ludwigshafen

Jänchen GmbH & Co. KG, Berlin

Joos Maschinenfabrik GmbH & Co, Pfalzgrafenweiler

Karl Gold Werkzeugfabrik GmbH, Oberkochen

Knauf Bauprodukte, Iphofen

Koch Maschinenfabrik, Tauberbischofsheim

Kölle, Esslingen

Kömmerling KG, Pirmasens

Küchenaktiv, Berlin Alt-Glienicke

Kuper, Furniertechnologie, Rietberg

Ernst Ludwig Laux, Bundesvorstand IG Bau, Frankfurt/Main

Lehmann, in- und ausländische Furniere und Hölzer, Berlin

Leitz, Oberkochen

Maier, Fellbach

Meisterschule, Berlin

Metzeier Schaum GmbH, Memmingen

R. Montenegro, Möbel, Orbis-Verlag, München

Oni-Metallwarenfabriken Günter & Co, Vlotho

Palette CAD GmbH

Parador, Coesfeld

Perenator, Alfred Hagen GmbH, Wiesbaden

Sonja Peters, Entwurfsmappe: Schreibtisch in Erle, Firma RWB GmbH Berlin

Mario Pinkpank, Leitung Meisterschule Berlin

Reichenbacher Maschinenfabrik, Dörfles Esbach

Remmers, Baustofftechnik, Löningen

E. Rettelbusch, Stilhandbuch. Julius Hoffmann Verlag, Stuttgart

Uwe Richter, Prof., Berlin

Röthlisberger, CH-Gümligen/Bern

Sata-Farbspritztechnik GmbH, Ludwigsburg

C. F. Scheer & Cie GmbH, Stuttgart

H. Seling, Jugendstil. Keysersche Verlagsbuchhandlung, München

SMG-Treppen, Jörg Arras, Berlin

Stiftung Warentest Berlin

Tabellenbuch Metall, U. Fischer u. a., Europa Lehrmittel, Nourney, Vollmer GmbH & Co, Haan-Gruiten

Gebrüder Thonet GmbH, Frankenberg

Tischler-Innung, Berlin

Tischler-Kolleg. Karl Kopp Verlag, Freiburg

Titan Wood, Niederlande

Ulmia, G. Ott, Ulm

Valentin, Berlin

Vekaplast, Sendenhorst

Verkehrsverein der Freien Hansestadt Bremen

Wiha Werkzeuge GmbH Schonach

E. Zeiß und Robert E. Luedtke, Gießen

Zweihorn/Akzo Nobel Deco GmbH

Sachwortverzeichnis

A

Abachi 73
Abbeizen 415
Abdichtung
– äußere 442
– innere 442
Ablängsägemaschine 190
Abluftbetrieb 394
Auslufthaube 394, 395
Abmaß 125
Abnahmetisch 193
Abrichten 141
Abrichthobelmaschine 193
Abricht- und Dickenhobel-
maschine
– kombinierte 198
Absatz-Simshobel 147
Absauganlage 581
Absauggerät 220
Abscheider 580
Absetzsäge 142
Absolutbemaßung 241
Absperrfurnier 108
Abstandsklotz 532
Abstandsmontage 555
Abwassersystem 390
Abwicklungsmethode 546
Achslast 571
Achtelmeter 440
Acrylharzlack 424
Acryl-Mineralwerkstoff 123
Adhäsion 19
Afrormosia 73
Afzelia 74
Aggregatzustand 16
Ahorn 70
Airless-Verfahren 227, 431
Akustikbrett 103
Alkohol 428
Alkydharzlack 424
Altertum 396
Aluminiumfenster 527
Aluminium-Holz-Fenster 527
Ankerschiene 570
Anobie 85
Anreißwerkzeug 132
Anschlag
– Außenanschlag 440
– Innenanschlag 440
– ohne Anschlag 440
Anschlussfuge 539
Anstrichmittel 93
– deckendes 93
Antennensteckdose 393
Antike 396
Antirutschmatte 565
Antischall-Sägeblatt 186
Antrieb 174
Aqualack 426
Arbeit 137, 169
Arbeiten 59
Arbeitsablaufplan 606
Arbeitsbogen 610
Arbeitsmaschine 174
Arbeitsmethode
– im Unterricht 605, 612, 614
Arbeitsplatte 380
Arbeitsplattenhöhe 380
Arbeitsplatz 577
Arbeitsplatzgestaltung 578
Arbeitssicherheit 9
Arbeitsstättenverordnung 577
Arbeitsunfall 7
Arbeitsvorbereitung 585
Arbeitsvorrichtung „Fritz
und Franz" 188
Asbestzementplatte 124
Assimilation 40
Astfäule 81
Astflickautomat 214
Astlochbohrmaschine 214
Asynchronmotor 171
Atemschutz 10
Atom 22, 23
Atomaufbau 23
Atomkern 166
Ätzen 289
Aufnahmetisch 193
Aufschraubband 349
Aufschraubschloss 355
Aufsteckbohrer 153
Aufzinker 378
Ausformen 96
Auskitten 414
Ausschalter 393
Außenbau 439
Außenlärmpegel 452
Außenschlag 441
Außentür 497
Ausstellungssystem 557
Austauschbau 585
Aus- und Weiterbildung
– Tischlerhandwerk 3
Ausziehtisch
– Holländer 377
Auszugswalze 197
Auszugswiderstand 298
Automatisierung 582

B

Backofen 393
Bahnsteuerung 239
Bajonettwuchs 47
Balken 101
Balkenbrett 103
Balkendecke 466
Balkenschnitt 99
Ballenmattierung 428
Balsa 74
Band 349
Bandage 183
Bandleimzwinge 160
Bandmaß 128
Bandsägeblatt 183
Bandsägenrolle 182
Bandschleifmaschine 217
Bankraum 7
Barock 402
Barockmöbel 403
Barometer 223
Base 27, 28
Bastschicht 42
Baudübel 301
Bau-Furniersperrholz 115
Bauhaus 409
Bauhausmöbel 410
Bauholz
– Feuchtigkeitsgehalt 63
– Schnittklasse 102
Baukörperanschluss 538
Baulaser 129

Baulichtmaß 440
Baum
　– Alter 44
Baumart 34
Baumkrebs 80
Baumsterben 36
Bau-Stabsperrholz 116
Baustahl 250
　– unlegierter 251
Baustoff 454
Baustoffklasse
　– nach Brandverhalten 92
Beanspruchungs-
　gruppe 518, 532, 533
Befestigung
　– formschlüssige 204
　– kraftschlüssige 203
Befestigungstechnik 550
Beilade 126
Beizauftrag 421
Beizbild
　– negatives 419
　– positives 419
Beize
　– chemische 422
　– kratzfeste 420
　– Verarbeitungsregeln 420
Beizen 417
　– chemisches 419
Beizpinsel 421
Beizschwamm 421
Bekleidungsplatte 118
Beleuchtung 393
Beleuchtungsauslass 393
Beobachtungsbogen 610
Beratungsmappe 609
Berufswelt 1
Besäumen 186, 188
Besäumhilfe 187
Besäumniederhalter 187
Bestoßhobel 147
Betriebsanlage 575
Betriebsanweisung 11
Betriebsplanung 575
Betriebstechnik 575
Betriebsverfassungsgesetz .. 577
Bewertungsbogen 610
Bewertungskriterium 595
Biedermeier 407
Biedermeiermöbel 407
Biegefaktor 254

Biegeumformen 254
Biegevorgang
　– Belastungszonen 254
Bienenwachs 437
Bildung
　– berufliche, in Europa 5, 6
Birke 71
Birnbaum 71
Bitumen-Holzfaserplatte 121
Blasen 288
Blättling 82
Bläue 81
Blechschraube 255
Bleichen 416
Bleichmittel 416
Blendrahmen 482, 510
Blendrahmenverankerung .. 538
Blindfurnier 108
Blockrahmen 482
Blocktreppe 545
Blockware 101
Bodentürschließer 489
Bogenfräsen 207
Bohle 101
　– unbesäumte 100
Bohlenschnitt 99
Bohren 151
Bohrer 257
Bohrmaschine 211
　– stationäre 212
Bohr- und Montageautomat
　– kombinierter 214
Bohrvorgang 152
Bohrvorrichtung 163
Bohrwerkzeug 211
Bommerband 488
Bootslack 424
Bordwandverschluss 560
Borke 42
Borkenkäfer 84
Brandschutz 87, 442, 454
Brandschutzglas 292
Brandschutznorm 455
Brandschutztür 493
Brandverhalten 455
Brasilkiefer 73
Braunfäule 80
Breitbandschleifmaschine .. 218
Breitenmesszeug 127
Breitenverbindung 305
　– unverleimte 305

　– verleimte 308
Brett
　– gespundetes 103
　– unbesäumtes 100
Brettbau 336, 594
Bretterdecke 466
Bretterschnitt 99
Brettertür 484
Brettschichtholz 102
Breuer, Marcel 409
Brikettierpresse 581
Brüstung
　– überschobene 316
Buchdrucker 84
Buche 34, 69
Bügelsäge 142
Bugholzmöbel 407
Buntbartschloss 495
Buntbartschlüssel 356

C

CAD/CAM System 244
Casein 437
Centro-Fix-Welle 194
CE-Zeichen 181
Chemikalienbeständigkeit . 420
Chippendale, Thomas 406
Chlorbleichlauge 416
CNC-Holzbearbeitungs-
　maschine
　– Programmierung 240
CNC-Maschine 229
　– Bedienfeld 246
　– Bezugspunkt 237
　– Bildzeichen 247
CNC-Oberfräsautomat 236
CNC-Steuerung 235
CO_2-Gehalt 38
Collage 609

D

Dämmstoff
　aus Mineralfaser 124
Dampfdruckausgleich 531
Dampfsperre 459
DD-Lack 424, 425, 427
Deckenverkleidung 457, 464
Deckfurnier 108
Dendrochronologie 45
Deutsche Gesellschaft für
　internationale Zusammen-

Sachwortverzeichnis

arbeit (GIZ) 6
Diagonalzurren 567, 568
Dichte 18
Dichtstoff 274, 285, 535, 540
– elastisch 540
– härtend 540
– plastisch 540
– vorgeformter 537
Dichtstoffgruppe 534
Dichtungsmasse
– elastische 536
Dichtungsprofil 537
Dichtungsstreifen 537
Dickenhobelmaschine 196
Dickenmesszeug 127
Dickenwachstum 43, 44
Dickschichtlasur 93
Dielenfußboden 476
Diffusion 20, 21
Dimensionsware 101
DIN 68901 380
DIN 75410 Teil 2 561
DIN 75410 Teil 3 562
DIN EN 12195-2 562
DIN EN 12640 561
Direktverzurrung 569
Dispersion 21
Dispersionsbeize 420
Dispersionsleim 279
– natürlicher 284
Distanzklotz 532
Domino-Dübel 304
Doppelabkürz-Kreissäge-
   maschine 189
Doppelendprofiler 210
Doppelhobel 146
Doppelkern 47
Doppelspüle 386
Doppelzylinder 495
Dornmaß 356
Douglasie 34, 68
Dozuki 143
Drahtseilwinde 570
Drahtstift 297
– Haltekraft 298
Drehbeschlag 349
Drehbohren 553
Drehflügelfenster 522
Drehkippflügelfenster 522
Drehkreuztür 491
Drehmoment 135

Drehstangenschloss 355
Drehstrom 169
Drehtür 346
Drehwuchs 48
Dreiecksverzahnung 143
Drei-Schritt-Methode 608
Druck
– hydraulischer 222
– hydrostatischer 222
Druckbalken 197
Druckholz 48
Druckimprägnierung 91
Druckluftanlage 224, 434
Druckluftfilter 225
Druckluft-Kompressor 582
Druckluftöler 225
Druckluftspritzpistole 227
Druckregler 225
Druckstelle 414
Druckventil 232
Druck-Volumen-Gasgesetz 224
Dübel 303
Dübelabmessung 303
Dübelauswahl 551
Dübellochbohrer 212
Dübellochbohrmaschine 214
Dübelzulassung 555
Dünnschichtlasur 93
Dunstabzugshaube 394
Durchfallast 51
Durchsteckmontage 555
Duromer 266, 267, 281
Duroplast 266, 267, 281

E

Ebene
– schiefe 137
Ebenholz 74
Echt-Quartier-Messern 106
Eckverbindung
– genagelte 320
– gespundete 329
– gezinkte 324
Edelstahl
– unlegierter 251
Eiche 34, 70
Eiche, gekalkt 422
Eigenlast 18
Eignungsprüfung 508
Einbauküche 380
Einbaumöbel 472

Einbauschrank 473
Einbauspüle 386
Einbohrband 349
Eindringtiefe 92
Einfachfenster 511, 512
Einfachverglasung 512
Einhand-Zwinge 160
Einhebel-Standarmatur 389
Einhebel-Standarmatur mit
   herausziehbarer Geschirr-
   brause 389
Einhebelwandarmatur 389
Einlassschloss 354
Einsatzklinge 302
Einscheibensicherheitsglas 292
Einsetzfräsen 205
Einsteckschloss 355
Einstell-Messlehre 129
Einstemmband 349
Einzeilige Küche 382
Einzelfuß 344
Einzelspüle 386
Einzinker 378
Einzugswalze 197
Eisen 250
Elastomer 266, 267
Elektrische Durchfluser-
   wärmer 387
Elektrischer Anschluss ...391, 393
Elektrische Spannung 392
Elektrizität 166
Elektrodruckspeicher 387
Elektrogerät, allgemein 393
Elektroherd 393
Elektroinstallation 383
Elektroklammergerät 299
Elektromotor 169, 170
Elektron 166, 167
Elektrotechnik 165
Element 22
Elementwand 472
Emissionsklasse 120
Empiremöbel 406
Empire-Stil 407
Emulsion 21
Energie 138
Energieeinsparverordnung
   (EnEv) 506
Energiesteuerung 227
Energieumformung 227
Energieumwandlung 138

Entharzungsmittel 414
Entwurf 593
Entwurfsmappe 593, 596
Epoxidharzkleber 284
Epoxidharzlack 424
Erdanziehungskraft 562
Erde 392
Erderwärmung 38
Erdstamm 98
erglasungsarbeit 530
Erle 71
Ersatzlieferung 589
Esche 70
Ester 428
Etagenwagen 578
Eurofalz 519
Euronut 519
Europass 5
Exzenterschleifer 220
Exzentrischer Wuchs 48
Exzentrischschälen 107

F

Facharbeiterprüfung 593
Fachboden 370
Fahrzeug 561
Fahrzeugaufbauten 560
Fahrzeugführer 560
Fahrzeugleergewicht 571
Fallbeschleunigung 562
Faltschiebetür 363
Falttür 491
Falzdichtung 518
Falzhobel 147
Farbeffekt
 – antiker 421
Farbgebung 421
Farbmittel 283
Fasebrett 103
Faserplatte
 – mitteldichte 121
Faux-Quartier-Messern 106
Feder 303, 304
Federring 255
Federscheibe 255
Feile 154, 155
Feilkloben 141
Feilvorgang 154
Feinsäge
 – gekröpfte und umlegbare .142
 – gerade 142

Feinschnittmaschine 190
Feld, elektromagnetisches 170
Fenster 504
 – Beanspruchungsgruppe 509
 – Einbruchshemmung 510
 – mehrteilige 519
Fensteranforderung 505
Fensteraufmaß 520
Fensterband 522
Fensterbau
 – Holz 525
 – Werkstoffe 524
Fensterbeschlag 522
Fenstereinbau 538
Fensterflügel
 – Öffnungsart 522
Fensterholz
 – Gütebedingungen 524, 526
 – lamelliertes 524
Fensterleim 281
Fensteroberflächen-
 behandlung 526
Fensterprüfung 510
Fensterverschluss 522
Fernmeldesteckdose 393
Fertigparkett 477
Fertigung 593
 – industrialisierte 584
Fertigungsablauf 582
 – handwerklicher 584
Fertigungsbereich 576
Fertigungsstraße 521, 583
Fettfleck 414
Feuchtemessung
 – digitale 61
Feuchteschutz
 – Maßnahmen 87
Feuchtigkeitsschutz 87
Feuer 87
Feuerlöscher 457
Feuerschutz 456
 – chemischer 456
Feuerschutzmittel
 – chemisches 92
 – schaumbildendes 93
Feuerschutzsalze,
 anorganische 93
Feuerwiderstandsklasse 456
Fichte 34, 68
Filmbildner 423
Finanzierungsplan 576

Fingerzapfen 328
Fingerzinken 328
Fitsche 349
Fitscheneisen 151
Flachmessern 106
Flachpressplatte 117, 120
 – kunststoffbeschichtete ...118
 – leichte 118
Flach-Quartier-Messern 106
Flachriemen 174
Flachrundschraube 255
Fliehkraft 562
Fließband 579
Floaten 287
Floatglas 290
Float-Verfahren 288
Flügelöffnung 522
Flügelrahmen 511
Flurförderer 578
Flurkettenförderer 579
Fördervorrichtung 578
Formaldehyd 119
Formatkreissäge 184
Formfeder 304, 305
Formschluss 552
Formschlüssige Lade-
 sicherung 566
Formschlüssige Sicherung ..566
Forstnerbohrer 212
Forstschädling 83
Fotosynthese 40
Frachtbrief 560
Frachtführer/Fahrer 560
Framire 74
Fräsdorn 201
Fräsmaschine 199
Frässpindel 200
Fräswerkzeug 201
 – Winkel 205
Fräszyklus 245
Freiwinkel 140
Fremdspannungsarme Erde 392
Frequenz 169
Frischluftzufuhr 394
Frostleiste 50
Fuchsschwanz 142
Fuge
 – gedübelte 310
 – gefederte 307, 310
 – gespundete 307
 – stumpfe 306

– überfälzte 306
Fügeanschlag 195
Fügen 309
Fugendurchlässigkeit 509
Fugendurchlasskoeffizient 295
Fugenpapier 414
Fugenschneider 112
Füllmittel 282
Füllung
– eingelegte 498
– überschobene 499
Fünf-Wörter-Methode 608
Furnier 104, 112
Furnieraderschneider 112
Furnieranordnung 110
Furnierart 105
Furnierbearbeitungswerkzeug 112
Furnieren 109
– Aufleimen 111
– Auswahl 109
– Fügen 110
– Stürzen 110
– Vorbereitung 109
Furnierfehler 110
Furnierherstellung 105
Furnierleim 281
Furnierplatte 114
Furnierpresse 111
Furniersäge 112, 142
Furniersperrholz 114, 116
Furniertechnik 104
Furnierverwendung 108
Fußbodenlack 424
Fußleiste 103
Futterrahmen
– mit Bekleidung 483

G

Gabelstapler 579
Gabelung 47
Ganzglastür 493
Ganzholzquerschnitt 102
Gatterschnitt 99
Gefährdungsklasse 88
Gefahrenhinweis 11
Gefahrenstelle 392
Gefahrstoff 11
Gefahrstoffverordnung 94
Gefriergerät 393
Gehörschutz 10
Gehrungs-Kantenzwinge 159

Gehrungskappsäge 190
Gehrungsmaß 131
Gehrungssäge 142
Gehrungsspanner 160
Gehrungsstoßlade 161
Gehrungswerkzeug 161
Gehrungszinkung 327
Gemenge 21, 22
Gemisch 22
Gerät
– hydraulisches ... 221, 222, 223
– pneumatisches 221, 223
Gesamtdurchlassgrad 295
Gesamtschwerpunkt 572, 573
Gesamtvorspannkraft 566
Geschirrrücknahme 395
Geschirrspüler 393
Geschwindigkeit 174, 175
Gesellenstück 593
– Bewertung 594
Gesetzliche Bestimmung 559
Gestellfuß 126
Gestellsäge 141
Gestellverbindung 331
Gesundheitsschutz 9, 179
Gesundheitsschutz-Kenn-
  zeichnung 13
Gewichtskraft 18, 562, 564
Gewindeschneiden 259
– Außengewinde 259
– Innengewinde 259
Gießen 288
Gießmaschine 434
Gipsfaserplatte 123
Gipskartonplatte 123
Gipsspritzer 414
Glanzeffekt 423
Glas 286
– Biegefestigkeit 287
– Dichte 287
– Druckfestigkeit 287
– Härte 287
– Lagerung 294
– Lichtdurchlässigkeit 287
– Produktkennzeichnung 294
– Transport 294
Glasdicke 531
Glaserzeugnis 290
Glasfalzabmessung 530
Glaslack 435, 436
Glasschiebetür 363

Glastür 491
Gleichgewicht 134
Gleichstrom 392
– pulsierender 169
Gleichstrommotor 171
Gleich- und Wechselstrom 392
Gleitreibung 136, 559, 563
Gleitreibungszahlen 563
Gleitreibwert 565
Gliedermaßstab 128
Glutinleim 279
Glykolether 428
Goldener Schnitt 338, 340
Gotik 399
Grafische Symbole 392
Granzholz 62
Grathobel 147
Gratleiste 322
– liegende 323
– stehende 322
Gratsäge 142
Gravitationskraft 18
Griechenland 397
Gropius, Walter 409
Großküche 395
Großküchenplaner 395
Gründerzeit 407
Grundhobel 147
Grundierung 427
– eingefärbte 422
Grundlagen
– chemische 15
– physikalische 15
Grundriss 395
GS-Zeichen 181
Gusseisenwerkstoff 252
Gussglas 290
Güteklasse 97, 102, 117
Gütesortierung 97

H

Haftreibung 563
Hainbuche 71
Halbfertigerzeugnis 102, 103
Halbholz 62
Halbinsel- oder Inselküche 382
Halbrundholzschraube 300
Halbrundschälen 107
Hammerbohren 554
Handarbeitsprobe 595
Handbandschleifer 219

Handbohrmaschine 212, 215
Handelsform............................95
Handelsgesetzbuch (HGB).....560
Handhobelmaschine 199
Handknabber........................272
Handkreissägemaschine 191
Handmaschine
 – druckluftbetriebene 226
Handnutfräsmaschine.............211
Handoberfräse 210
Handsäge.............................142
Handschlagbohrmaschine 215
Handschleifgerät 415
Handvorschub 204
Handwerk................................6
 – Service 587
Handwerkszeug.....................123
Hängeförderer 579
Hängekran 579
Harmonikatür.......................490
Harnstoffharzleim 282
Härter 281
Hartmetall 252
Hartöl 437
Hartschaumplatte 123
Harz....................................437
Harzgalle 49
Hausbock.........................84, 85
Hausfäule 81
Hausschwamm, echter 81, 82
Haustürbeschlag 501
Hawgoodband 489
Hebebühne 579
Hebedrehflügelfenster 523
Hebedrehflügeltür 523
Hebel...................................135
Hebelart...............................136
Hebelgesetz..........................136
Hebeschiebefenster 523
Hebeschiebetür 523
Heizelementschweißen 270
Hemlock................................73
Hepplewhite 406
Hertz...................................169
Herzbrett 62
Hieb....................................155
Hiebverlauf 257
Hilfsmittel zur Lade-
 sicherung 569
Hilfsspannstock 159
Hirnleiste.............................323

Hirnschnitt..............................42
Historismus 407
Hobel............................143, 145
Hobelbank 125, 126, 158
Hobeleisen
 – Einstellung 144
 – Pflege 145
Hobelfehler 148
Hobelmaschine.....................192
Hobelmesser........................194
Hobelteil..............................144
Hobelvorgang 144
Hobelwinkel.........................145
Hobelwirkung 144
Hochbau
 – Maßordnung.............439, 440
Hochleistungstrockner 66
Höchstdruckverfahren 431
Hohlbeitel............................151
Hohlraumplatte 122
Holz......................................31
 – Biegefestigkeit 57
 – Dauerhaftigkeit 56
 – Drehfestigkeit 57
 – Druckfestigkeit...................56
 – Eigenschaft 53
 – Elastizität 55
 – europäisches......................68
 – Farbe 53
 – Fasersättigung 59
 – Faserverlauf 53
 – Festigkeit.....................55, 56
 – Freilufttrocknung 64, 65
 – Geruch..............................53
 – Gewicht 55
 – Glanz 53
 – Härte 55
 – hygroskopisch 59
 – Knickfestigkeit 57
 – Kondensationstrocknung....66
 – Lagerplatz 64
 – Lagerung 63
 – Leitfähigkeit 58
 – Niedrigtemperatur-
  trocknung..........................66
 – Normaltemperatur-
  trocknung..........................66
 – Oberflächenschutz 91
 – Pflege 63
 – Porigkeit 77
 – Quellen........................59, 62

 – Rohdichte 55, 58
 – Scherfestigkeit 57
 – Schwinden....................59, 62
 – Solartrocknung...................66
 – sommergefälltes 95
 – Spaltfestigkeit 57
 – Trocknung 63
 – Trocknungsablauf...............66
 – Trocknungsschaden......66, 67
 – Verformung 62
 – Wärmeleitfähigkeit.............58
 – Zerreißfestigkeit.................56
 – Zugfestigkeit 56
Holzart..................................68
 – Bestimmung 67, 77
Holzartbestimmung 78
Holzauswahl..........................63
Holzbalken 570
Holzbearbeitungsmaschine
 – numerisch gesteuerte........230
Holzbeize
 – Anforderungen 420
Holzbeizen 418
Holz-Berufsgenossenschaft....181
Holzfaser-Dämmplatte 121
Holzfaser-Hartplatte.............121
Holzfaserplatte 114, 121
 – extraharte 121
 – harte 121, 122
 – kunststoffbeschichtete......122
 – mittelharte 121
 – poröse 121, 122
 – Vorzugsmaß.....................122
Holzfehler 45, 46
Holzfenster 524
 – Herstellung 520
 – Profilabmessung...............515
Holzfeuchtegleichgewicht.......59
Holzfeuchtigkeit 59, 61
Holzfußboden......................475
Holzinhaltsstoff 40
Holzkeile 570
Holzlack 424
Holzlagerung
 – Blockstapel........................65
 – Kastenstapel 65
 – Stapel 65
 – Stapelleiste 65
 – Stapelunterbau 64
Holzmerkmal.........................45

Holzoberfläche
- strukturierte 417
- Strukturierung 416
- Vorbereitung 414
Holzpflaster 478
Holzschädling 79
Holzschraube 300
Holzschutz 79, 88, 524
- baulicher 87
- chemischer 88, 525
- Sonderverfahren 92
- Spritzen 91
- Streichen 91
- Tauchen 91
- vorbeugender 525
Holzschutzgrundierung 93
Holzschutzlasur 93
Holzschutzmaßnahme 86
- chemische 87
Holzschutzmittel
- Anwendungsverfahren 91
- biologisches 93
- Gefahrensymbole 94
- nicht fixierendes Salz 89
- öliges 89
- wasserlösliches 89
Holzspanplatte 114, 117
Holzspiralbohrer 153
Holztechnik
- Berufsfeld 4
Holztrocknung
- Formänderung 67
- künstliche 64, 65
- natürliche 64
- technische 66
- Verfärbung 67
- Zellkollaps 67
Holzverarbeitung 63
Holzverbindung 297, 305
Holzverwendung 31
Holzwerkstoff 31, 114
Holzwespe 86
Holzwolle-Leichtbauplatte 118
Horta, Victor 408
HT-Rohrformstück 390
Hubtisch 579
Hubwagen 578
Hutmutter 255, 303
HVLP-Niederdruck-
  Spritztechnik 429

I

Inbusschraube 300
Industrie 6
Industriebetrieb 583
Industrieholz 97
Information
- technologische 243
Infrarotgrill 393
Inkrementalbemaßung 241
Innenanschlag 441
Innenausbau 439
Innenschubkasten 368
Innensechskant 302
Innensternschraube 300, 302
Innentür 482
Insekt 84
- Entwicklungsstadium 84
- holzzerstörendes 83
Ion 167
Iroko Kambala 74
Isolierglas 290
Isolierverglasung 513

J

Jugendarbeitsschutzgesetz 13
Jugendstil 408
Jugendstilmöbel 409

K

Kalibrierschliff 218
Kalkspritzer 414
Kaltwasserleitung 387
Kambiumschicht 42
Kantenaufsatz (Kanten-
  winkel) 569
Kantenfräse 210
Kantengleiter 566
Kantenleimer 110
Kantenleimmaschine 210
Kantenschleifmaschine 219
Kantenzwinge 159, 160
Kantholz 101
Kantholzschnitt 99
Kapillarität 20, 21
Karteikarte 606
Kartenabfrage 606
Kaseinleim 280
Kassette 118
Kassettendecke 468
Kasteneckverbindung 319

Kastenfenster 511, 514
Kataba 143
Kehlautomat 198
Kehlstoß
- überschobener 499
Keilkraft 134
Keilleiste 570
Keilriemen 174
Keilverschluss 311
Keilwinkel 140
Keilzinken 332
Keilzinkenverbindung 311
Kellerschwamm 82
Kennzeichnung elektrischer
  Teile 392
Kennziffer 440
Kernholz 42
Kernholzbaum 43
Kernreifholzbaum 43
Kernriss 50
Keton 428
Kettenbemaßung 241
Kettenfräsmaschine 209
Kiefer 34, 68
Kiefernspinner 84
Kippflügelfenster 522
Kippleiste 367
Kirschbaum 72
Kitt
- erhärtender 535
- plastischer 535
Kittfräse 210
Klammer 297, 299
Klappe 360
Klappenbremse 361
Klappenscharnier 361
Klappenschere 361
Klappenschutz 195
Klapptisch 376
Klassizismus 405
- englischer 406
Kleben 257, 270
Klebeverbindung 256
Klebevorgang 274
Klebstoff 274, 284
- Abbindezeit 278
- Presszeit 278
- Reifezeit 278
- synthetischer 280, 284
- Topfzeit 278
- Wartezeit 278

Kleinküche 380
Klemmzwinge 159, 160
Klimaaufzeichnung 38
Klimabedingung 38
Klima der Welt 37
Kluppen 97
Kohäsion 19
Kohlenstoffatom 263
Kohlenstoffchemie 262
Kohlenstoffverbindung
 – gesättigte 263
 – ungesättigte 263
Kohlenstoff-Verbindung 41
Kohlenwasserstoff
 – gesättigter 262
Kohlenwasserstoff-
 Verbindung
 – ungesättigte 262
Kolbenverdichter 225
Kombiband 494
Kombinationsbeize 419, 422
Kombinierte Kreissäge-
 Mehrzweckmaschine 216
Kombinierte Sicherung 566
Kompressor 434
Konfetti-Methode 607
Konfliktvermeidung 590
 – Checkliste 590
Konstruktionsmaß 516
Kontaktkleber 283
Koordinate 236
Koordinationsmaß 381
Koordinationsmaße für die
 Kücheneinrichtung 380
Kopfschutz 10
Kopf-Stand-Methode 607
Kopierfräsen 208
Körnung 157
Körper 16
Körperschall 451
Körpersprache, ABC der 588
Korpuseckverbindung
 – lösbare 330
Korpuszwinge 159, 160
Korrosion 253
Korrosionsschutz 253
Kraft 133, 137
Kraftmoment 135, 136
Kraftschlüssige Ladungs-
 sicherung 566
Kraftschlüssige Sicherung 566

Kreisschneider.........................272
Kreuzgang-Spritzauftrag........433
Kreuzschalter 393
Kreuzschlitzschraube 300
Kreuzüberblattung 313
Kronenfuge 310
Kropfstück...............................544
Krümmling..............................544
Krummschäftigkeit 46
Küchenentlüftung 394
Küchenplanung 380
Küchenplanung für
 Behinderte 385
Küchenspüle...........................387
Kühlgerät................................393
Kundenbindung......................590
Kundengespräch.....................609
Kundenkontakt
 – persönlicher....................588
Kundenwerbung.....................587
Kundenzufriedenheit..............591
Kunstbohrer............................212
Kunstharzlack.........................424
Kunstharz-Pressholz...............116
Kunststoff.............264, 265, 268
 – Abkanten 271
 – Aufreiben 271
 – Biegen 271
 – Bohren 271
 – Eigenschaften.................268
 – Feilen 271
 – Handelsname..................268
 – Hobeln 272
 – Raspeln 271
 – Sägen 272
 – Verarbeitungsverfahren 273
Kunststofffenster....................528
Kunststofflack 424
Kunststoffverarbeitung..........273
Kurvenfahrt 565
Kurzvortrag............................609

L

Lack...............422, 423, 424, 425
 – ölfreier............................424
 – ölhaltiger........................424
 – säurehärtender................425
Lackieren..................... 422, 428
Lackierfehler..........................434
Lackiertechnik.......................426
Lackierverfahren 429

Lacktrockenwagen 424
Lacktrocknung 424
Ladesicherung........................559
Ladesicherung =
 Physikalische Grundlage 561
Ladungssicherung 566
Lager 7
Lagerfäule 81
Lagerplatz 105
Lagerraum 576
Lamellendecke 467
Laminatboden 479
Landkarte
 – thematische 608
Langband................................494
Längenmesszeug....................127
Längenwachstum 44
Langlochbohrmaschine 214
Längsschneiden......................188
Längsverbindung....................311
Lärche 34, 69
Lärm 180
Lärmschaden 451
Lärmschutz
 – persönlicher....................454
Laserstrahl......................272, 273
Lastenverteilungsplan 571
Lastenverteilungsplan (LVP)..571
Lastverteilung 571
Lattentür.................................484
Laubholz 69, 74, 75, 76
Laufleiste 367
Lauge.................................28, 29
LC (Lashing Capacity)...........566
Le Corbusier...........................409
Legierung 22
Leichtholz 74
Leim
 – natürlicher 278
Leimauftrag............................111
Leimdurchschlag...........276, 414
Leimflotte 278
 – Zusatzstoffe....................282
Leimfuge
 – stumpfe...........................309
Leinöl 437
Leistung 138
 – elektrische 169
Leiter 167
Leitungsquerschnitt...............391
Leitungsschutzschalter..........172

Sachwortverzeichnis

Lernfeld 615
Lese-Fix-Methode 607
Leuchte 393
Levin-Spiralbohrer 212
L-förmige Küche 382
Limba 75
Linde 72
Linsensenkholzschraube 300
Lippendichtung 518
Listenware 101
llomba 74
Lochbeitel 150, 151
Lösemittel 423, 428, 437
Lösungsmittel 26, 415
Lösungsmitteldampf 270
Lösungsmittelkleber 283
Lötverbindung 256
Louis-Seize-Stil 406
Luft 24
Luftaustausch 394
Luftdruck 223
Luftfeuchtigkeit 60, 444
 – absolute 60
 – maximale 60
 – relative 60
Luftriss 51
Luftschall 451
Lufttemperatur 60
Luftverschmutzung 24

M

Magazinnagler 299
Mahagoni 75
Makassar 74
Makore 75
MAK-Wert 180
Manager-Team-Writing-
 Methode 606
Mangel
 – wesentlicher 589
Mängelbeseitigung 589
Mansonia 75
Markröhre 42
Markstrahl 42
Marktanalyse 576
Maschinenarbeitsprobe 595
Maschinenaufstellungsplan....576
Maschinenbohrer 212
Maschinennullpunkt 238
Maschinenraum 7
Maschinenschraube 302

Maschinenzinken 328
Maserwuchs 48
Masse 16, 23
Massenkraft 559, 563
Massenkraft F 562
Massenkraft F_M 562
Matteffekt 423
Mattierung 428
Mechanisierung 582
Mehrscheiben-Isolierglas 290
Mehrseitenhobelmaschine......198
Mehrzweckkettenzug 570
Mehrzweckmaschine 215
Melaminharzleim 282
Meranti 75
Messebau 556
Messerfurnier 105, 106
Messern 106
Messerschlagbogen 178
Messerwelle 194
Messerwellenverdeckung 195
Messlatte 128
Messlehre 128
Messuhr 128
Metall 249
Metallbearbeitung
 – spanende 257
Metalllegierung 252
Meter 127
Meterriss 440
Methodenbeschreibung 606
Methodenrepertoire 605
Mikrowellenherd 393
Minderung 589
Mindestvorderachslast 572
Mind-Map 249, 607
Mischarmatur (Misch-
 batterie) 388
Mischkonstruktion 594
Mischverfahren 431
Mittelalter 398
Mittelanschluss 347
Mittelbrett 62
Mittelstamm 98
Mitteldurchmesser 96, 97
Mittenstärkesortierung 96
Möbel
 – ägyptische 397
 – Bauweise 335
 – Bereich 335
 – gotische 400

 – griechische 397
 – romanische 399
 – römische 398
 – Verwendung 335
 – Werkstoffe 335
 – Zweck 335
Möbelbau 335
Möbelbauweise 336
Möbelkorpus 343
Möbellack 424
Möbelmaß 335
Möbeloberteil 344
Möbelschloss 354
Möbelteil 341
Moderne 409
Molekül 22, 23
Mondring 50
Montageleim 280
Montageschaum 285, 539
Montagetechnik 550
Motorschutz 171
Msambu 74
Multifunktionalität 380
Multiplexplatte 115

N

Nachbeize
 – metallsalzhaltige 419
Nachbesserung 589
Nachlinksschweißen 256
Nachrechtsschweißen 256
Nadelholz 73, 74
Nagekäfer, gewöhnlicher 85
Nagelschraube 300, 303
Nagelverbindung 298
Nassabscheidung 434
Nassschliff 157, 217
Nassverglasung 534
Natur-Latex 437
NC-Lack 425
Negative Polarität 392
NE-Metall 252
 – Gebrauchseigenschaften ..252
 – Legierung 252
Nennmaß 127
Netze 570
Neutralisation 29
Neuzeit 400
Nichteisenmetall 252
Nichtleiter 167
NICHT-Schaltung 235

Niederdruckspeicher/offene
  Speicher 387
Niederdruckspritze 429
Niederzurren 566
Nietform 255
Nietverbindung 255
Nietvorgang 256
Nitrokombinationslack 424
Nitropolierlack-Verfahren 428
Nitro(zellulose)lack 425
Nitrozelluloselack 424
Nonne 84
Normfensterprofil 517
Nullpunktverschiebung 243
Nussbaum 72
Nutenbartschlüssel 356
Nuthobel 147
Nutleistenführung 367
Nutzholzart 35, 37

O

Oberboden 344
Oberflächenbehandlung 413
  – natürliche 436
Oberflächengüte 193
Oberflächenveredelung 93
Oberfräsmaschine
  – Fräswerkzeug 208
  – stationäre 207
Oberschrank 380
ODER-Schaltung 235
Ohmsches Gesetz 168
Okoumé 75
Ölfleck 414
Ollack 424
Osmose 21
Oxalsäure 416
Oxidation 26
Oxidationsfleck 414, 416

P

Padouk 75
Palisander 75
Paneel 118
Paneelplatte 116
Pappel 72
Parallelschraubstock 159
Parana Pine 73
Parenchymzelle 41
Parkettboden 476
Patinierung 422

Pendelkreissäge 190
Pendeltür 488
Penduloband 489
Periodensystem 23
Pflanzenwachs 437
Phenolharzlack 424
Phenolharzleim 282
pH-Wert 29
Physikalische Grundlage 559
Pilz
  – holzzerstörender 79
Pilzbefall 89, 90
Pinsel 429
Pitch Pine 73
Plakaterstellung 609
Planen 570
Planungsstufe 576
Plastomer 265, 267, 280
Plattenbandförderer 579
Plattenbau 338, 594
Plattendecke 467
Plattenformat-Kreissäge-
  maschine 190
Plattenroller 578
Plattentäfelung 462
Plattentyp
  – nach DIN EN 312 117
Plattenwerkstoff 114, 123
Pneumatik-Zylinder 226
Pockholz 76
Polieren 289, 428
Polyaddition 265
Polychloropren 283, 538
Polyesterlack 424, 425
Polykondensation 264, 265
Polymerisation 264, 265
Polysulfidmasse 537
Polyurethankleber 284, 285
Polyurethanlack 425
Polyurethanmasse 537
Polyvinylacetatleim 280, 281
Porenbeizung 420
Porenschwamm, weißer 82
Porigkeit 78
Positive Polarität 392
Posthornwuchs 47
Postmoderne 411
Präsentation 609
Präsentationsmappe 609
Presse
  hydraulische 222

Pressen 289
Prioritätenspiel 608
Probebeizung 421
Profilabmessung 515
Profilbrett 103
Profilfräsmaschine 210
Profilquerschnitt 516
Programmierung
  – Gerade 242
  – Kreisbogen 242
  – Vollkreis 242
  – Werkstück 243
Programmnullpunkt 238
Programmsatz 240
Programmspeicher 234
Programmstruktur 241
Programmwort 240
Projektmappe 609
Prozessregelung 231
Prüfprädikat 91
Prüfung
  – mündliche 595
  – schriftliche 595
  – Zulassung 593
Prüfungsmappe 593, 596
Prüfzeichen 91
Punktsteuerung 239
PUR-Schaum 539
Putzhobel 146
Puzzle-Methode 607
PVC/Acrylglas-Fenster 529
PVC-Lack 424

Q

Quellmaß 61
Querschneiden 188
Querschnitt 42
Quetschdichtung 518

R

Radialschnitt 42
Radiokarbonmethode 45
Rahmen 312, 313
Rahmenaußenmaß 441
Rahmenbau 337, 594
Rahmenecke
  – gedübelte 487
  – gestemmte 487
Rahmeneckverbindung ... 312, 313
Rahmenpressen-Vorrichtung .. 160
Rahmentäfelung 460

Sachwortverzeichnis

Rahmentür 486
  – mit Füllung 498
Rahmenverbindung
  – auf Hobel geschlitzte 316
Ramin 76
Rampa-Muffe 303
Rampe 560
Raspel 154, 155
Rastersystem 472
Ratsche 570
Rauhbank 146
Raumbelichtung 505
Raumteiler 473
Reaktionsholz 48, 49
Rechte-Hand-Regel 236
Rechtsnormen der gewerb-
  lichen Berufsgenossen-
  schaften (UVV „Fahrzeuge"
  BGV D 29) 559
Recycling 261
Red Cedar Western 73
Red Pine 73
Reduktion 26
Redwood 73
Referenzpunkt 238
Reformputzhobel 146
Regel der Technik 561
Regelungstechnik 230
Regenschutzschiene 518
Regensperre 518
Regler 231
Reibschluss 552
Reibung 136
Reibungskraft 136, 564
Reibungskraft F 563
Reibungszahl 137
Reifholz 42
Reifholzbaum 43
Reihenlochbohrmaschine 214
Reindichte 17
Renaissance 400
Renaissancemöbel 401
Resonanzschallschlucker 452
Resorcinharzleim 282
Richtschnur 129
Richtungsmesszeug 129
Riegel 353
Riegelocheisen 151
Riemen 174
Riemenscheibe 175

Riemerschmid
  – Richard 408
Rietveld 410
Riftschnitt 99
Rinde 42
Ringriss 51
Rocaille-Ornament 404
Roentgen, David 405
Rohbau-Richtmaß 440
Rohdichte 17
Roheisen
  – graues 250
  – weißes 250
Rohholz-Kennzeichnung 96
Rohholzsortierung 96
Rokoko 404
Rokokomöbel 404
Rollbandmaß 128
Röllchenbahn 579
Rollenbahn 579
Rollladen 357
Rollreibung 136
Romanik 398
Römer 397
Rotbuche 69
Rückensäge 142
Rückschlagsicherung 196
Rückwandschraube 303
Rund-Endlosschälen 106
Rundholz 95, 105
  – Aufmaß 97
  – Berechnung 97
Rundschlinge (Hebegurt) 569
Rüster 70
Rutsche 579
rutschhemmende Matten 570
Ryoba 143

S

Säbelwuchs 47
Säge 139
  – japanische 142
Sägeblatt 185
Sägefurnier 105
Sägemaschine 182
Sägevorgang 139
Sägewerk
  – Einschnitt 98
Salz 27, 29
Sandstrahlen 289, 417
Sapeli 76

Sauerstoff 25
Saugvermögen
  – Egalisierung 417
Säure 27, 28, 29
Schabhobel 148
Schadensersatz 589
Schädlinge, tierische 83
Schäftung 311
Schälfurnier 106, 107
Schall 449, 450
Schalldämmung 291, 451
Schalldämmwert 295
Schallgeschwindigkeit 450
Schallpegel 451
Schallschlucker, poröser 452
Schallschluckgrad 451
Schallschutz 442, 451, 508
Schallschutz-Isolierglas 291
Schaltinformation 240
Schalung
  – überschobene 307
Schalungsplatte 116
Scharnier 352
Schattenfugensägemaschine .. 191
Schaukasten 609
Schaummittel 283
Schaumstoffpolster 570
Scheibenschleifmaschine 219
Scheibenschneider 213
Scheinbalkendecke 466
Schellack 438
Schellackpolitur 438
Schichtholz 96, 122
Schichtpressstoffplatte 123
Schiebehandgriff 186
Schiebestock 186
Schiebetür 362
  – hängende 363
  – stehende 363
Schiebewand 491
Schierlingstanne 73
Schiffshobel 147
Schlagbohren 553
Schlagregendichtigkeit 509
Schlangenbohrer 153
Schlauchwasserwaage 129
Schleifen 156, 415
Schleifmaschine 216
Schleifmittel 156, 218
Schleifpapier 157
Schleifregel 416

Schleifschuh 217
Schleifvorgang 156
Schlichthobel 146
Schließblech 496
Schlingenzurren 567
Schlingenzurren
  (Kopflasching) 569
Schlitzmaschine 189
Schlitzverbindung 313
Schloss 501
Schlüsselschraube 300
Schmelzkleber 283
  – plastomerer 284
Schmelzsicherung 172
Schnäpper 353
Schneckenbohrer 152
Schneiden 289
Schneidengeometrie 205
Schneidenwerkstoff 205
Schneidewerkzeug
  – Schleifen 157
Schneidwerkzeug
  – Außengewinde 259
  – Innengewinde 260
Schnellmessverfahren
  – elektrisches 61
Schnittbewegung 177
Schnittgeschwindigkeit 176
Schnittgüte 177
Schnittholz 98
  – besäumtes 99
  – Handelsformen 101
  – konisch besäumtes 100
  – parallel besäumtes 100
  – unbesäumtes 99, 100
Schnittholzlager 576
Schnittklasse 102
  – fehlkantig 102
  – sägegestreift 102
  – scharfkantig 102
  – vollkantig 102
Schnittwinkel 139
Schnittwirkung 140
Schrägzinkung 327
Schrägzurren 567
Schränken 140
Schrankwand 473
Schraubendreher 301
Schraubverbindung 254
Schraubzwinge
  – mechanische 159

Schreinerklüpfel 151
Schrupphobel 146
Schubkasten 364, 365
  – aufschlagender 366
  – überfälzter 366
  – vorspringender 366
  – zurückspringender 366
Schubkastenführung 366
  – klassische 367
  – mechanische 368
Schubkastenschloss 369
Schutzausrüstung 10
  – persönliche 10
Schutzbrille 10
Schutzerde 392
Schutzhandschuh 10
Schutzhaube 185
Schutzisolierung 172
Schutzisolierung, Gerät der
  Schutzklasse II 392
Schutzisolierung, Gerät der
  Schutzklasse III 392
Schutzkontakt 393
Schutzwirkung 92
Schwabbel-Polierverfahren ... 428
Schweifarbeit 183
Schweifsäge 142
Schweißverbindung 256
Schwellenholz 97
Schwenkriegelverkrallung 502
Schwenkschutz 195
Schwerkraft 18
Schwerpunkt 571
Schwerpunktabstand 571
Schwerpunktsymbol 572
Schwimmen 287
Schwindmaß 61
Schwingflügelfenster 523
Schwingschleifer 220
Sechskantmutter 255
Sechskantschraube 255, 303
Seitenbrett 62
Seitengestell 344
Sen 76
Senken 259
Senkholzschraube 300
Senkrechtspanner 162
Sepa-Scharnier 352
Sequoia 73
Serienschalter 393
Sheraton 406

SH-Lack 427
Sicherheitsglas 292
Sicherheits-Kennzeichnung 13
Sicherheitsratschlag 11
Sicherheitsschuh 8, 10
Sicherungskraft 559, 564, 567
Sicherung von geladenen
  Gütern 559
Siebdruck 290
Siebloch 156
Silicon 267
Silikon-Dichtstoff 536
Simshobel 146
Sipo 76
Sitzmöbel 371
Sklerenchymfaser 41
Sockel 343
Sonderleim 281
Sonderstahl 251
Sondertür 491
Sonnenschutz-Isolierglas 293
Spaltkeil 185
Spaltschnitt 42
Spanabheber 153
Spanbrecherklappe 148
Späneabsaugung 581
Späneauswurfhaube 197
Spänebeseitigung 578, 580
Spanholz-Formteil 118
Spanner 158
Spannklammer 160
Spannrückigkeit 49
Spannstangen in Verbindung
  mit Verzurrschienen und
  Zurrgurtfittings 570
Spannsystem
  – hydraulisches 203
Spannung 168, 169
Spannungsmesser 168
Spannvorrichtung 158
Spannwerkzeug 158
Spanplatte
  – magnesitgebundene 118
  – zementgebundene 118
Spanplattenschraube 300, 302
Span-Tischlerplatte 119
Spanwinkel 140
Spediteur, Unternehmer 560
Sperrholz 114
Sperrholz 114
  – beschichtetes 116

– zusammengesetztes 116
Sperrholzformteile 116
Sperrholz-Vorzugsmaß 116
Sperrtür 485
Sperrventil 232
Spezialbenzin 428
Spezialplatte 118, 120
Spezialratschen 566
Spezialschloss 496
Spiegelschnitt 42, 99
Spiralbohrer 212
Spiralmesser 194
Spitzbohrer 132
Spitzzirkel 132
Splintholz 42
Splintholzbaum 43
Splintholzkäfer 85
Spritzkabine 433
Spritzmaschine 434
Spritzpistole 429, 430, 433
Spritzraum 7
Spritzstörung 432, 433
Spritztechnik 433
Spritzverfahren 421
Sprossenverbindung 318
Spülbecken 385
Spülbeckenablauf 391
Spülbeckenanlage 385
Spülenabmessung 386
Spültischarmatur 389
Stäbchensperrholz 115, 116
Stabsperrholz 115, 116
Stahl 250
 – hochlegierter 251
 – niedriglegierter 251
Stamm
 – Querschnitt 43
 – Radialschnitt 43
 – Tangentialschnitt 43
Stammfäule 80
Stammschnitt 43
Stammteil 43, 98
Standbatterie 388
Ständerbohrmaschine 213
Stangenscharnier 352
Stangenschloss 355
Stangensortierung 96
Stangenzirkel 132
Stationenlernen 608
Staubabsaugung 581
Stausäcke 570

Stay-Log-Schälen 107
Stay-Log-Verfahren 107
Stechbeitel 150
Steckdose mit Schutzkontakt . 393
Stegzapfen
 – verkeilter 333
Steigungsverhältnis 544
Stemmen 150
Stemmvorgang 150
Stemmwerkzeug 151
Sternholz 115
Sternriss 50
Stetigförderer 578
Steuerung 231, 239
 – elektrische 233
 – elektronische 233
 – hydraulische 232
 – mechanische 231
 – numerische 235
 – pneumatische 232
 – programmierbare 233
 – speicherprogrammierte 233
 – verbindungsprogram-
   mierte 233
Steuerungstechnik 230
Steuerwerk 234
Stichsäge 142
Stichsägemaschine 191
Stickstoff 25
Stijl 409
Stilkunde 396
Stirnwandersatz 569
Stockigkeit 81
Stockschraube 302
Stoff 16
 – ätzender 11
 – gesundheitsschädlicher 11
 – giftiger 11
 – leichtentzündlicher 11
 – umweltgefährlicher 11
Stoffschluss 552
Stoffwechsel 39
Stollenbau 337, 594
Stollenfuß 344
Stollenverbindung
 – gedübelte 332
 – gestemmte 331
Stoppklotz 367
Strahlenschutztür 493
Strangpressplatte 118, 120
Strangpress-Röhrenplatte 118

Straßenverkehrsordnung
 (StVO) 559, 571
Straßenverkehrs-Zulassungs-
 ordnung (StVZO) 559
Streckensteuerung 239
Streckmittel 282
Streichleiste 367
Streichmaß 132
Streifenhobelmesser 194
Streifenplatte 116
Streifenschneider 112
Strom 166
Stromkreis 166
Strommesser 168
Stromstärke 168
Strömungsgeschwindigkeit 395
Stromventil 232
Stufenbohrer 153, 212
Stufenverziehung 544, 546, 549
Stulpfenster 520
Stülpschalungsbrett 103
StVZO § 30 (1) 559
StVZO § 31 (2) 560
StVZO, StVO 561
Substratbeize 420
Suspension 21
Symbole von Elektrogeräten .. 393
System
 – duales 4
System-32 370
Systemmöbel 472, 473

T

Tablettauszug 369
Tacker 299
Tanne 34, 69
Tastschalter 393
Tauchimprägnierung 91
Taupunkt 60
teach-in-Verfahren 244
Teak 76
Technische Regel für Trink-
 wasserinstallation
 (TWRI, DIN 1988) 387
Telefongespräch 588
Teleskop-Messstab 128
Temperatur 443
Temperaturänderung 390
Terpentin 428
Tersa-Welle 193
Testbenzin 428

Thermometer 443
Thermoplast 265, 267, 280
Thonet
– Michael 408
Tiefkühlgerät 393
Tisch 375
Tischbandsägemaschine 182
Tischfräsmaschine 200
Tischkreissägemaschine 184
Toluol 428
Topfscharnier 352
Trachee 41
Tracheide 41
Trägheitskraft 562
Tragklotz 532
Transistor 233
Transportvorrichtung 578
Transportwagen 578
Trapezverzahnung 143
Travers 378
Trennschnitt 42
Trennwand 469
– bewegliche 472
– feststehende 470
Trennwandkonstruktion 470
Treppe 541
– aufgesattelte 546
– Auftrittsbreite 545
– eingeschobene 546
– eingestemmte 545
– Lauflinie 544
– Schrittmaßformel 545
– Steigungshöhe 545
Treppenauge 544
Treppengeländer 544
Treppenlauf 544
Treppenlauflänge 549
Treppenpodest 544
Treppensicherheit 547
Tresorverriegelung 502
Trinkwasseranschluss 387
Trittschall 451
Trockenabscheidung 434
Trockenschliff 157, 217
Trockenunterboden 478
Trockenverglasung 534
Trocknen 107
Trocknung
– chemische 424
– oxidative 424
– physikalische 424

Tür 346
– aufgedoppelte 499
– aufschlagende 346
– Band 501
– überfälzte 347
– vorspringende 347
– zurückspringende 347
Türbeschlag 493
Türblatt 484, 498
Türdichtung 496
Türdrückergarnitur 496
Türfutter 286
Türfutterstrebe 161
Türmaß 487
Türrahmenbefestigung 484
Türscharnier 494
Türspanner 160
Türumrahmung 482, 498
Türverschluss 493, 495
Türzargen 483

U

Überblattung 311, 313
– auf Gehrung 313
Übersetzung 174
Übersetzungsverhältnis 176
Überwallung 50
U-förmige Küche 382
Ulmer 70
Ultraschallschweißen 270
Umfangsgeschwindigkeit 176
Umleimerfräse 210
Umlufthaube 394, 395
Umschlingungswinkel 175
UND-Schaltung 235
Unfall
– elektrischer 173
Unfallgefahr 7, 434
Unfallschutz 179, 422
Unfallverhütung 7, 173, 434
Unfallverhütungsregel ...151, 434
Universalmotor 171
Universalverzahnung 143
Unterbauausführung 386
Unterbauhaube 394
Unterfurnier 108
Unterkonstruktion 458, 465
Unterlegscheibe 255
Unterschrank 380
Untertisch-Niederdruck-
speicher 388

UP-Lack 425, 427
UVV „Fahrzeuge"
(BGV D 29) 571
UVV „Fahrzeuge"
(BGV D29 Be- und
Entladen § 37 (1), (3), (4) 561
UVV „Fahrzeuge" § 44 (3) 561
Ü-Zeichen 295

V

van der Rohe, Mies 409
van de Velde
– Henry 408
VDE-Schutzmaßnahme 172
VDI 2700 Blatt 4 „Ladungs-
sicherung auf Straßenfahrzeugen; Lastverteilungs-
plan" 561
VDI 2700 Blatt 5 „Ladungs-
sicherung auf Straßenfahrzeugen; Qualitätsmanagement-
Systeme" 561
VDI 2700 „Ladungssicherung
auf Straßenfahrzeugen" 561
VDI 2701 „Ladungssicherung
auf Straßenfahrzeugen;
Zurrmittel" 561
VDI 2702 „Ladungssicherung
auf Straßenfahrzeugen;
Zurrkräfte" 561
Verbindung
– chemische 22
– gedübelte 329
– gefederte 330
– lösbare 254
– unlösbare 254
– unverleimte 297
– verleimte 297
Verbundfenster 511, 513
Verbundkreissägeblatt 185
Verbundsicherheitsglas ...292, 293
Verbundwerkzeug 203
Verdecktschneiden 188
Verdingungsordnung für
Bauleistungen (VOB) 439
Verdünnung 11
Verdünnungsmittel 428
Verfahrachse 236
Verfahren
– elektrostatisches 431

Sachwortverzeichnis

Verfahrweg
– Koordinaten 241
Verfärbung 81, 414
Vergabe- und Vertragsordnung für
Bauleistungen (VOB) 439
Verglasung 529
– angriffhemmende 292
Verglasungssystem 532, 533
Verkehrssicherheit 560
Verkleidung
– aus Brettern 460
– technische 463
Verklotzen 532
Verleimfehler 114
Verleimständer 163
Verrutschen der Ladung 564
Versenker 153
Versiegelung 434
Versorgungssystem 395
Verstäbung 460
Verstaumethode 566
Verziehung
– rechnerische 549
Verzurrschiene 570
Vici-Scharnier 352
Vielblattkreissägemaschine 189
Viertelholz 62
Viskosität 276, 424
Vollgattereinschnitt 98
Vollholzigkeit 46
Vollholzverbindung
– gegratete 321
Volumen 98
Vorbehandlung 413
Vorbeize
– gerbstoffhaltige 419
Vorderzange 126
– parallele (französische) 126
Vorkondensation 281
Vorlegeband 537
Vorratsware 101
Vorschneider 153
Vorschub
– mechanischer 204
Vorschubgeschwindigkeit 176
Vorsichtsmaßnahme 93
Vorspannkraft 559, 566, 570
Vorspannkraftmessgerät 566
Vorspannmessgerät 570
Vorsteckmontage 555

W

Wachsfleck 414
Wachstum 43
Wald 31
Waldfläche
– in Europa 35
Walzen 288
Walzenbeizmaschine 421
Walzmaschine 434
Walz-Rustikalbeize 421
Walzvorgang 254
Wandbatterie 388
Wandelung 589
Wandleuchte, mit Schalter 393
Wandschrank 473
Wandverkleidung 457, 458
Wange 343
Wärmeausbreitung 444
Wärmeausdehnung 443
Wärmedämmstoff 449
Wärmedurchgang 446
Wärmedurchgangs-
koeffizient 295, 506
Wärmedurchgangs-
widerstand 446
Wärmedurchgangszahl 446
Wärmedurchlasskoeffizient ... 445
Wärmedurchlasswiderstand .. 445
Wärmedurchlasszahl 445
Wärmeleitung 444
Wärmeleitzahl 444
Wärmemenge 444
Wärmequelle 443
Wärmeschutz 442, 447
Wärmeschutz-Isolierglas 291
Wärmespeicherung 444
Wärmestrahlung 445
Wärmeströmung 445
Wärmeübergang 446
Wärmeübergangskoeffizient .. 446
Wärmeübergangswiderstand .. 446
Wärmeübergangszahl 446
Wärmeverteilung 38
Warmgasschweißen 270
Warmwasserleitung 387
Wäschetrockner 393
Waschmaschine 393
Wasser 24, 25, 26
– Anomalie 26
– Kreislauf 25
Wasserabreißnut 518

Wasseranschluss 383
Wasserbedarf 25
Wasserdampf 394
Wasserlack 425, 426, 435
Wässern 414
Wasserstoff 25
Wasserstoffperoxid 416
– Arbeitsregeln 416
– Unfallverhütung 416
Wasserwaage 129
Wechselschalter 393
Wechselstrom 392
Weg 137
Wegbedingung 242
Wegemesssystem 237
Wegeventil 232
Weginformation 240, 241
Wegmessung
– inkrementale 238
Weißbuche 71
Weißfäule 80
Weißleim 280
Wendeflügelfenster 523
Wendemesser 194
Wenge 76
Werkstatt-Trocknung 424
Werkstoff
– Tischler 2
Werkstück
– Anreißen 126
– Messen 126
Werkstücknullpunkt 238
Werkzeug 248
– einteiliges 202
– zusammengesetztes 202
Werkzeugbahnkorrektur 243
Werkzeugkorrektur 242
Werkzeuglängenkorrektur 243
Werkzeugsatz 203
Werkzeugstahl 250
– hochlegierter 251
– niedriglegierter 251
– unlegierter 250
Werkzeugwechsel 248
Wertigkeit 23
Wetterschutz 93
Wetterschutzschiene 518
Weymouthskiefer 74
Widerstand 167, 168
Widerstandskraft 564
Wimmerwuchs 49

Windbeanspruchung...............517
Windbelastung 509
Windsperre..............................518
Winkel.......................................131
Winkelband 351
Winkeldübel............................304
Winkelfeder.............................304
Winkelmaß..............................131
Winkelmesser.........................131
Winkelmesszeug 131
Winkelschleifer 220
Winterfällung 95
Wirkungsgrad................138, 170
Wirkungslinie...............133, 134
Wuchsfehler 45, 46

X
Xylol 428

Y
Yellow Pine 74

Z
Zahnform..................................140
Zahnhobel................................146
Zahnleiste................................570
Zahnscheibe 255
Zahnteilung 140
Zapfenband 349
Zapfenschneidmaschine...........189
Zapfenverbindung 313
 – auf Gehrung 316
 – mit durchgestemmten
   Zapfen................................316
 – mit Innenfalz 315
 – mit Nut 315
Zarge
 – eingeschnittene.................332
Zargengestell..........................344
Zargenrahmen 483
Zargentisch
 – runder 379
Zebrano 76
Zehn-Wörter-Methode 608
Zeichenbrett, digitales...........244
Zeichnung 594
Zelle 40
Zellenart 43
Zelluloselack-Verdünnung 415
Zementspritzer 414
Zentrierspitze 153
Zentrifugalkraft......................562
Zentrumsbohrer....................153
Ziehklinge 149
  – Schärfen 149
Ziehklingenhobel 149
Zierzinken 328
Zinkeneinteilung 325
Zinkenfräsmaschine 209
Zinkenverbindung 324
Zinkung
 – halbverdeckte 327
Zirbelkiefer 69
Zitronensäure 416
Zonenplanung 381
Zopfstück 98

Zug
 – englischer........................369
Zugholz....................................48
Zugversuch.............................275
Zuhaltungseinrichtung 356
Zuhaltungsschloss 495
Zulässige Nutzlast..................571
Zulässiges Gesamtgewicht.....571
Zurrart 559
Zurrdrahtseil..........................570
Zurrgurt 570
Zurrkette................................570
Zurrkraft.................................563
Zurrmittel 566, 570
Zurrpunkt 568
Zurrwinkel................566, 568
Zustandsform 16, 17
Zweigriff-Standarmatur 389
Zwei-Schritt-Methode...........608
Zweizeilige Küche 382
Zwieselung 47
Zwinge 158
Zwischenschliff.......................428
Zwischenwände.....................570
Zyklon......................................580
Zylinderbandschleif-
  maschine.............................218
Zylinderkopfbohrer.................212
 – mit Wendeschneide-
   platten.................................213
Zylinder-Safe-Garnitur............502
Zylinderschleifwalze..............219
Zylinderschloss 356
Zysa-Scharnier......................353